UNIX 环境高级编程

第3版

[美] W. 理查德 · 史蒂文斯（W. Richard Stevens）
史蒂芬 · A. 拉戈（Stephen A. Rago） 著
戚正伟 张亚英 尤晋元 译

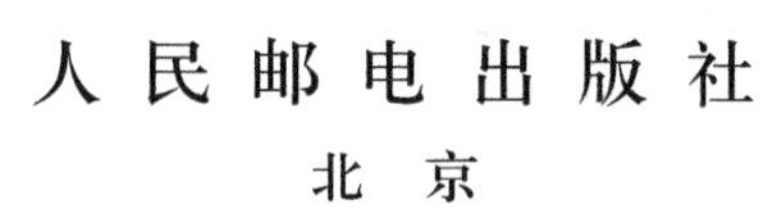

人 民 邮 电 出 版 社
北 京

图书在版编目（CIP）数据

UNIX环境高级编程 ：第3版 / （美）W.理查德•史蒂文斯（W. Richard Stevens），（美）史蒂芬•A.拉戈（Stephen A. Rago）著 ；戚正伟，张亚英，尤晋元译. -- 3版. -- 北京 ：人民邮电出版社，2019.10（2021.10重印）
书名原文：Advanced Programming in the UNIX Environment, Third Edition
ISBN 978-7-115-51675-6

Ⅰ. ①U… Ⅱ. ①W… ②史… ③戚… ④张… ⑤尤… Ⅲ. ①UNIX操作系统－程序设计 Ⅳ. ①TP316.81

中国版本图书馆CIP数据核字(2019)第195625号

内容提要

本书是被誉为UNIX编程“圣经”的*Advanced Programming in the UNIX Environment*一书的第3版。在本书第2版出版后的8年中，UNIX发生了巨大的变化，特别是影响UNIX编程接口的有关标准变化很大。本书在保持前一版风格的基础上，根据新的标准对内容进行了修订和增补，反映了新的技术发展。书中除了介绍UNIX文件和目录、标准I/O库、系统数据文件和信息、进程环境、进程控制、进程关系、信号、线程、线程控制、守护进程、各种I/O、进程间通信、网络IPC、伪终端等方面的内容，还在此基础上介绍了众多应用实例，包括如何创建数据库函数库以及如何与网络打印机通信等。此外，还在附录中给出了函数原型和部分习题的答案。

本书内容权威，概念清晰，阐述精辟，对于所有层次UNIX/Linux程序员都是一本不可或缺的参考书。

◆ 著　[美]W. 理查德•史蒂文斯（W. Richard Stevens）
[美]史蒂芬•A. 拉戈（Stephen A. Rago）
译　戚正伟　张亚英　尤晋元
责任编辑　杨海玲
责任印制　焦志炜

◆ 人民邮电出版社出版发行　北京市丰台区成寿寺路11号
邮编　100164　电子邮件　315@ptpress.com.cn
网址　http://www.ptpress.com.cn
固安县铭成印刷有限公司印刷

◆ 开本：787×1092　1/16
印张：52.25
字数：1 345千字　2019年10月第3版
印数：16 001－17 500册　2021年10月河北第8次印刷

著作权合同登记号　图字：01-2013-5713号

定价：169.00元

读者服务热线：(010)81055410　印装质量热线：(010)81055316
反盗版热线：(010)81055315
广告经营许可证：京东市监广登字20170147号

版权声明

译者序

作为UNIX环境编程方面的经典著作，由著名技术专家W. Richard Stevens撰写的*Advanced Programming in the UNIX® Environment*自1992年出版以来，受到专家和读者的普遍欢迎。由Stephen A. Rago作为共同作者，根据新的系统和规范进行了更新，2005年出版了第2版。2013年由Rago更新到了第3版，涵盖了70多个最新版POSIX.1标准的新增接口，删除了STREAMS相关接口的内容，并将使用的典型平台更新为Solaris 10、Darwin 10.8.0、FreeBSD 8.0和Ubuntu 12.04。

目前UNIX版本不断涌现，例如广为使用的苹果Mac OS X和iOS使用开源类UNIX操作系统Darwin，谷歌的Android采用Linux作为操作系统内核。尽管在UNIX编程环境和C程序设计语言的标准化方面已经做了不少工作，但系统接口不断增加，例如Single UNIX Specification第1版（SUSv1）1994年出版时大约包含了1170个接口（也被称为Spec 1170），到2010年发布第4版时（SUSv4），已经包括1833个接口。虽然系统调用接口和库函数可参见《UNIX程序员手册》第2、3部分，但“手册中没有给出实例及基本原理，而这些正是本书所要讲述的内容”（第1版前言）。本书精选了常用的400多个系统调用和库函数，这些接口基本是UNIX系统软件的核心功能，涵盖了UNIX/Linux系统编程的方方面面。本书通过简明完整的例子来说明其用途，不仅仅说明了其基本用法，还反映了不同平台之间细微差异，有助于读者对整个编程环境有全面深入的了解。在翻译本书的过程中，译者也是收益良多，同时，一些经典的案例已经用于大学课堂教学和编程实践中。

本书的第2章至第12章由同济大学张亚英翻译和校对，其余由上海交通大学软件学院戚正伟翻译和校对，上海交通大学计算机系尤晋元教授对全书统稿。本书第1版和第2版中译本自出版以来，很多读者对其提出了宝贵意见，在本版本中尽量采纳了这些意见。同时，我们的工作还得到上海交通大学软件学院许多研究生（葛馨霓、王佳骏、李垚、王润泽、朱新宇、孙海洋、张子卓、许欣昊、马军、梁丹）的帮助，在此一并表示感谢。

还要特别感谢人民邮电出版社编辑杨海玲在本书的编辑、出版方面所付出的辛勤劳动。

我们希望本书的出版对相关科技人员和读者有所帮助，同时也期望广大专家和读者提出宝贵意见。

第 2 版序

我差不多每次在接受专访当中，或是做技术讲座后的提问时间里，总会被问及这样一个问题："你想到过 UNIX 会生存这么长时间吗？"自然，每次的回答都是："没有，我们没想到会是这样。"从某种角度说，UNIX 系统已经伴随了商用计算行业历史的大半，而这也早就不是什么新闻了。

发展的历程错综复杂，充满变数。自 20 世纪 70 年代初以来，计算机技术经历了沧海桑田般的变化，尤其体现在网络技术的普遍应用、图形化的无所不在、个人计算的触手可及，然而 UNIX 系统却奇迹般地容纳和适应了所有这些变化。虽然商业应用环境在桌面领域目前仍然为微软和英特尔两家公司所统治，但是在某些方面已经从单一供应商向多种来源转变，特别是近年来对公共标准和免费可用来源的信赖与日俱增。

UNIX 作为一种现象而不单是商标品牌，有幸能与时俱进，乃至领导潮流。在 20 世纪 70～80 年代，AT&T 虽对 UNIX 的实际源代码进行了版权保护，但却鼓励在系统的接口和语言基础上进行标准化的工作。例如，AT&T 发布了 SVID（System V Interface Definition，系统 V 接口定义），这成为 POSIX 及其后续工作的基础。后来，UNIX 可以说相当优雅地适应了网络环境，虽不那么轻巧却也充分地适应了图形环境。再往后，开源运动的技术基础中集成了 UNIX 的基本内核接口和许多它独特的用户级工具。

即使在 UNIX 软件系统本身还是专有的时候，鼓励出版 UNIX 系统方面的论文和书籍也是至关重要的，著名的例子就是 Maurice Bach 的《UNIX 操作系统设计》一书。其实我要说明的是，UNIX 长寿的主要原因是，它吸引了极具天分的技术作者，为大众解读它的优美和神秘所在。Brian Kernighan 是其中之一，Richard Stevens 自然也是。本书第 1 版连同 Stevens 所著的系列网络技术书，被公认为优秀的、匠心独具的名著，成为极其畅销的作品。

然而，本书第 1 版毕竟出版时间太早了，那时还没有出现 Linux，源自伯克利 CSRG 的 UNIX 接口的开源版本还没有广为流行，很多人的网络还在用串行调制解调器。Stephen Rago 认真仔细地更新了本书，以反映所有这些技术进展，同时还考虑到各种 ISO 标准和 IEEE 标准这些年来的变化。因此，他的例子是最新的，也是最新测试过的。

总之，这是一本弥足珍贵的经典著作的更新版。

Dennis Ritchie

2005 年 3 月于新泽西州默里山市

第 3 版前言

引言

从我第一次修订《UNIX 环境高级编程》一书以来已经快有 8 年了，其间发生了很多的变化。

- 在出版第 2 版之前，Open Group 完成了 2004 版的 Single UNIX Specification，它涵盖了两套勘误表的修改。2008 年，Open Group 完成了新版的 Single UNIX Specification，它更新了基本定义，添加了新的接口，并且去除了弃用的接口。这套规范被称为 2008 年版的 POSIX.1，其中包含第 7 版的基本规范，并在 2009 年发行。2010 年，它与更新后的 curses 接口捆绑，一起作为 Single UNIX Specification 第 4 版（SUSv4）进行再版。
- 运行在 Intel 处理器上的 Mac OS X 操作系统的 10.5、10.6 和 10.8 版，被 Open Group 认证为 UNIX 系统。
- 苹果公司停止了 PowerPC 平台上 Mac OS X 的开发。在 10.6 发行版（Snow Leopard）之后只针对 x86 平台发布了新的操作系统版本。
- Solaris 操作系统以开源的形式发布，试图与 FreeBSD、Linux 和 Mac OS X 遵循的开源模式在声望上一争高下。在 2010 年，Oracle 收购了 Sun Microsystems 之后，OpenSolaris 的开发被终止。作为替代，Solaris 社区组建了 Illumos 项目来继续基于 OpenSolaris 的开源开发。
- 2011 年，C 语言标准被更新，但是因为系统并未能跟上其变化，本书中依然参照 1999 版。

最重要的是，在第 2 版中使用的平台已经过时了。本书这一版中涉及以下平台。

（1）FreeBSD 8.0，前身是加州大学伯克利分校计算机系统研究组发布的 4.4BSD 系统，运行在 32 位 Intel Pentium 处理器上。

（2）Linux 3.2.0（Ubuntu 12.04 发布版），这是一个免费的类 UNIX 操作系统，运行在 64 位的 Intel Core i5 处理器上。

（3）Apple Mac OS X 10.6.8 版（Darwin 10.8.0），运行在 64 位 Intel Core2 Duo 处理器上（Darwin 基于 FreeBSD 和 Mach）。我选择从 PowerPC 平台转向 Intel 平台，是因为最新版的 Mac OS X 不再支持 PowerPC 平台。这次选择带来的缺点是涉及的处理器倾向了 Intel，而当讨论到异构性问题时，让处理器具有不同的特性（如字节序和整数大小等）将是很有帮助的。

（4）Solaris 10，Sun Microsystems（现在的 Oracle）的 System V Release 4 的派生系统，运行在 64 位 UltraSPARC IIi 处理器上。

与第 2 版的不同

最大的变化之一是 POSIX.1-2008 中的 Single UNIX Specification 弃用了一些 STREAMS 相关接口。这是准备在该标准的未来版本中去掉全部这些接口过程的第一步。因此，我已经不情愿地在这一版中删除了 STREAMS 的内容。这是一个不幸的变化，因为 STREAMS 接口为 socket 接口提供了一个很好的对照，并且在很多方面更为灵活。不可否认，当谈论到 STREAMS 时我并非绝对公正，但是毫无疑问的是，在现有系统中它的分量已经减轻。

- Linux 基础系统中未包含 STREAMS，虽然添加该功能的包（LiS 和 OpenSS7）是可用的。
- 虽然 Solaris 10 中包含了 STREAMS，但是 Solaris 11 的 socket 实现并没有构建在 STREAMS 之上。
- Mac OS X 不包含 STREAMS 支持。
- FreeBSD 不包含 STREAMS 支持（也从未包含过）。

随着 STREAMS 相关内容的去除，新的主题变得有机会替代它，例如 POSIX 异步 I/O。

在本书第 2 版中，Linux 版本是基于 2.4 版的。在这次的版本中，我们已经更新到了 3.2 版。两个版本的最大不同之一是线程系统。在 Linux 2.4 和 Linux 2.6 之间，线程的实现变为 Native POSIX Thread Library（NPTL）。NPTL 使得 Linux 线程的行为与其他系统的线程更加相似。

总的来说，这次的版本涵盖了超过 70 个新的接口，包括处理异步 I/O、自旋锁、屏障和 POSIX 信号量等接口。除了一些普遍使用的接口被保留，大多数弃用的接口均被删除。

致谢

许多读者为第 2 版寄来了评论和错误报告。我很感谢他们提高了第 2 版的准确性。下面提及的各位是最早提出建议或者指出错误的：Seth Arnold、Luke Bakken、Rick Ballard、Johannes Bittner、David Bronder、Vlad Buslov、Peter Butler、Yuching Chen、Mike Cheng、Jim Collins、Bob Cousins、Will Dennis、Thomas Dickey、Loïc Domaigné、Igor Fuksman、Alex Gezerlis、M. Scott Gordon、Timothy Goya、Tony Graham、Michael Hobgood、Michael Kerrisk、Youngho Kwon、Richard Li、Xueke Liu、Yun Long、Dan McGregor、Dylan McNamee、Greg Miller、Simon Morgan、Harry Newton、Jim Oldfield、Scott Parish、Zvezdan Petkovic、David Reiss、Konstantinos Sakoutis、David Smoot、David Somers、Andriy Tkachuk、Nathan Weeks、Florian Weimer、Qingyang Xu 和 Michael Zalokar。

技术审校者也提高了内容的准确性，感谢 Steve Albert、Bogdan Barbu 和 Robert Day。特别感谢 Geoff Clare 和 Andrew Josey 为 Single UNIX Specification 的升华和第 2 章的准确性提供了帮助。另外，感谢 Ken Thompson 对历史问题做出了解答。

我得再一次说，与 Addison-Wesley 的工作人员的合作非常愉快。感谢 Kim Boedigheimer、Romny French、John Fuller、Jessica Goldstein、Julie Nahil 和 Debra Williams-Cauley，此外，感谢 Jill Hobbs 在这段时间提供了她的专业审稿能力。

最后，感谢我的家人对我在这次再版上花费了如此多时间给予的理解。

我非常欢迎读者发来邮件，发表评论，提出建议，订正错误。

Stephen A. Rago
sar@apuebook.com
2013 年 1 月于新泽西州沃伦市

第 2 版前言

引言

我与 Rich Stevens 最早是通过电子邮件开始交往的，当时我发邮件报告他的第一本书《UNIX 网络编程》的一个排版错误。他回信开玩笑说我是第一个给他发这本书勘误的人。到他 1999 年故去之前，我们会时不时地通一些邮件，一般都是在有了问题认为对方能解答的时候。我们在 USENIX 会议期间多次相见，并共进晚餐，Rich 在会议中给大家做技术培训。

Rich Stevens 真是个益友，行为举止很有绅士风度。我在 1993 年写《UNIX 系统 V 网络编程》时，试图把书写成他的《UNIX 网络编程》的系统 V 版。Rich 高兴地为我审阅了好几章，并不把我当成竞争对手，而是当作一起写书的同事。我们曾多次谈到要合作给他的《TCP/IP 详解》写个 STREAMS 版。天若有情，我们或许已经完成了这个心愿。然而，Rich 已经驾鹤西去，修订《UNIX 环境高级编程》就成为我跟他一起写书的最易实现的方式。

当 Addison-Wesley 公司的编辑找到我说想修订 Rich 的这本书时，我第一反应是这本书没有多少要改的。尽管 13 年过去了，Rich 的书还是巍然屹立。但是，与当初本书出版的时候相比，今日的 UNIX 行业已经有了巨大的变化。

- 系统 V 的各个变种渐渐被 Linux 所取代。原来生产硬件配以各自的 UNIX 版本的几个主要厂商，要么提供了 Linux 的移植版本，要么宣布支持 Linux。Solaris 可能算是硕果仅存的占有一定市场份额的 UNIX 系统 V 版本 4 的后裔了。
- 加州大学伯克利分校的 CSRG（计算机科学研究组）在发布了 4.4BSD 之后，已经决定不再开发 UNIX 操作系统，只有几个志愿者小组还维护着一些可公开获得的版本。
- Linux 得到数以千计的志愿者的支持，它的引入使任何一个拥有计算机的人都能运行类似于 UNIX 系统的操作系统，并且可以免费获得源代码支持哪怕最新的硬件设备。在已经存在几种免费 BSD 版本的情况下，Linux 的成功确实是个奇迹。
- 苹果公司作为一个富有创新精神的公司，已经放弃了老的 Mac 操作系统，取而代之的是一个在 Mach 和 FreeBSD 基础上开发的新系统。

因此，我努力更新本书中的内容，以反映这 4 种平台。

在 Rich 1992 年出版了《UNIX 环境高级编程》之后，我扔掉了手头几乎所有的 UNIX 程序员手册。这些年来，我桌上最常摆放的就是两本书：一本是字典，另一本就是《UNIX 环境高级编程》。我希望读者也能认为本修订版一样有用。

对第1版的改动

Rich 的书依然屹立，我试图不去改动他这本书原来的风格。但是 13 年间世事兴衰，尤其是影响 UNIX 编程接口的有关标准变化很大。

我依据标准化组织的标准，更新了全书相关的接口方面的内容。第 2 章改动较大，因为它主要是讨论标准的。本书第 1 版是根据 POSIX.1 标准的 1990 年版写的，本修订版依据 2001 年版的新标准，内容要丰富很多。1990 年 ISO 的 C 标准在 1999 年也更新了，有些改动影响到 POSIX.1 标准中的接口。

目前的 POSIX.1 规范涵盖了更多的接口。Open Group（原称 X/Open）发布的"Single UNIX Specification"的基本规范现在已经并入 POSIX.1，后者包含了几个 1003.1 标准和另外几个标准草案，原来这些标准是分开出版的。

我也相应地增加了些章节，讨论新主题。线程和多线程编程是相当重要的概念，因为它们为程序员处理并发和异步提供了更清楚的方式。

套接字接口现在也是 POSIX.1 的一部分了。它为进程间通信（IPC）提供了单一的接口，而不考虑进程的位置。它成为 IPC 章节的自然扩展。

我省略了 POSIX.1 中的大部分实时接口。这些内容最好是在一本专门讲述实时编程的书中介绍。参考文献里有一本这方面的书。

我把最后面几章的案例研究也更新了，用了更接近现实的例子。例如，现在很少有系统通过串口或并口连接 PostScript 打印机了，多数 PostScript 打印机是通过网络连接的，所以我对 PostScript 打印机通信的例子做了修改。

有关调制解调器通信的那一章如今已经不太适用了。

书中多数实例已经在下述 4 种平台上运行过了。

（1）FreeBSD 5.2.1，是加州大学伯克利分校 CSRG 的 4.4BSD 的一个变种，在英特尔奔腾处理器上运行。

（2）Linux 2.4.22（Mandrake 9.2 发布），是一个免费的类 UNIX 操作系统，运行于英特尔奔腾处理器上。

（3）Solaris 9，是 Sun 公司系统 V 版本 4 的变种，运行于 64 位的 UltraSPARC IIi 处理器上。

（4）Darwin 7.4.0，是基于 FreeBSD 和 Mach 的操作系统环境，也是 Apple Mac OS X 10.3 版本的核心，运行于 PowerPC 处理器上。

致谢

首先要感谢 Rich Stevens 独立创作了本书第 1 版，它立即成为一本经典著作。

没有家人的支持，我不可能修订此书。他们容忍我满屋子散落稿纸（比平常更甚），霸占了家里的好几台机器，成天埋头于电脑屏幕前。我的妻子 Jeanne 甚至亲自动手帮我在一台测试的机器上安装了 Linux。

多名技术审校者提出了很多改进意见，以确保内容准确。我非常感谢 David Bausum、David Boreham、Keith Bostic、Mark Ellis、Phil Howard、Andrew Josey、Mukesh Kacker、Brian Kernighan、Bengt Kleberg、Ben Kuperman、Eric Raymond 和 Andy Rudoff。

我还要谢谢 Andy Rudoff 给我解答有关 Solaris 的问题，谢谢 Dennis Ritchie 不惜花时间从故纸堆中为我寻找有关历史方面问题的答案。再次谢谢 Addison-Wesley 公司的员工，与他们合作令人愉快，谢谢 Tyrrell Albaugh、Mary Franz、John Fuller、Karen Gettman、Jessica Goldstein、Noreen Regina 和 John Wait。特别感谢 Evelyn Pyle 细致地编辑了本书。

就像 Rich 曾经做到的那样，我非常欢迎读者发来邮件，发表评论，提出建议，订正错误。

Stephen A. Rago
sar@apuebook.com
2005 年 4 月于新泽西州沃伦市

第1版前言

引言

本书描述了UNIX系统的程序设计接口——系统调用接口和标准C库提供的很多函数。本书针对的是所有的程序员。

与大多数操作系统一样，UNIX为程序运行提供了大量的服务——打开文件、读文件、启动一个新程序、分配存储区以及获得当前时间等。这些服务被称为*系统调用接口*（system call interface）。另外，标准C库提供了大量广泛用于C程序中的函数（格式化输出变量的值、比较两个字符串等）。

系统调用接口和库函数可参见《UNIX程序员手册》第2、3部分。本书不是这些内容的重复。手册中没有给出实例及基本原理，而这些则正是本书所要讲述的内容。

UNIX标准

20世纪80年代出现了各种版本的UNIX，20世纪80年代后期，人们在此基础上制定了数个国际标准，包括C程序设计语言的ANSI标准、IEEE POSIX标准系列（还在制定中）、X/Open可移植性指南。

本书也介绍了这些标准，但是并不只是说明标准本身，而是着重说明它们与应用广泛的一些实现（主要指SVR4以及即将发布的4.4BSD）之间的关系。这是一种贴近现实世界的描述，而这正是标准本身以及仅描述标准的文献所缺少的。

本书的组织

本书分为以下6个部分。

（1）对UNIX程序设计基本概念和术语的简要描述（第1章），以及对各种UNIX标准化工作和不同UNIX实现的讨论（第2章）。

（2）I/O——不带缓存的I/O（第3章）、文件和目录（第4章）、标准I/O库（第5章）和标准系统数据文件（第6章）。

（3）进程——UNIX进程的环境（第7章）、进程控制（第8章）、进程之间的关系（第9章）和信号（第10章）。

（4）更多的I/O——终端I/O（第11章）、高级I/O（第12章）和守护进程（第13章）。

（5）IPC——进程间通信（第14章和第15章）。

（6）实例——一个数据库的函数库（第16章）、与PostScript打印机的通信（第17章）、调制解调器拨号程序（第18章）和使用伪终端（第19章）。

如果对C语言较熟悉并具有某些应用UNIX的经验，对学习本书将非常有益，但是并不要求读者必须具有UNIX编程经验。本书面向的读者主要是：熟悉UNIX的程序员，以及熟悉其他某个操作系统且希望了解大多数UNIX系统提供的各种服务细节的程序员。

本书中的实例

本书包含了大量实例——大约10 000行源代码。所有实例都用ANSI C语言编写。在阅读本书时，建议准备一本你所使用的UNIX系统的《UNIX程序员手册》，在细节方面有时需要参考该手册。

几乎对于每一个函数和系统调用，本书都用一个小的完整的程序进行了演示。这可以让读者清楚地了解它们的用法，包括参数和返回值等。有些小程序还不足以说明库函数和系统调用的复杂功能和应用技巧，所以书中还包含了一些较大的实例（见第16章至第19章）。

所有实例的源代码文件都可在因特网上用匿名ftp从因特网主机ftp.uu.net的published/books/stevens. advprog.tar.Z文件下载。读者可以在自己的机器上修改并运行这些源代码。

用于测试实例的系统

遗憾的是，所有的操作系统都在不断变更，UNIX也不例外。下图给出了系统V和4.xBSD最近的进展情况。

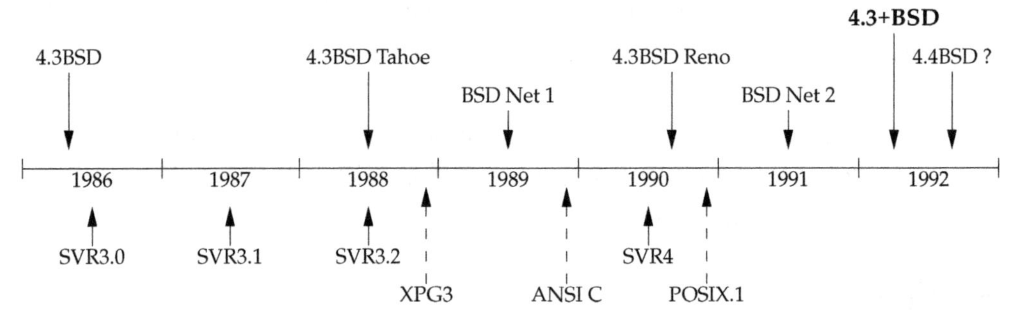

4.xBSD是由加州大学伯克利分校CSRG开发的。该小组还发布了BSD Net1和BSD Net2版，其公开的源代码源自4.xBSD系统。SVR*x*表示AT&T的系统V第*x*版。XPG3指X/Open可移植性指南的第3个发行版。ANSI C是C语言的ANSI标准。POSIX.1是IEEE和ISO的类UNIX系统接口标准。2.2节和2.3节将对这些标准和不同版本之间的差别做更多的说明。

> **本书中用4.3+BSD表示源自伯克利的介于BSD Net2和4.4BSD之间的UNIX系统。**
>
> 在本书写作时，4.4BSD尚未发布，所以还不能称之为4.4BSD。为了用一个简单的名字来引用该系统，故使用4.3+BSD。

本书中的大多数实例曾在下面4种UNIX系统上运行过。

（1）U.H公司（UHC）的UNIX系统V/386 R4.0.2（vanilla SVR4），运行于Intel 80386处理器上。

（2）加州大学伯克利分校CSRG的4.3+BSD，运行于惠普工作站上。

（3）伯克利软件设计公司的BSD/386（是BSD Net2的变种），运行于Intel 80386处理器上。

该系统与4.3+BSD几乎相同。

（4）Sun公司的SunOS 4.1.1和4.1.2（该系统与伯克利系统有很深的渊源，但也包含了许多系统V的特性），运行于SPARCstation SLC上。

本书还提供了许多对系统进行的时间测试，并注明了用于测试的实际系统。

致谢

在过去的一年半中，家人给予了我大力支持和爱，因为写书我们失去了很多快乐的周末，我深感歉疚。写书从许多方面影响了整个家庭。谢谢Sally、Bill、Ellen和David。

我要特别感谢Brian Kernighan对我写作此书的帮助。他审阅了全部书稿，不但提出了大量深入细致的审稿意见，还对更好的行文风格给出了恰当的建议，但愿我能够在最终成稿中已经加以体现。Stephen Rago也成为了我的创作源泉，不但审阅了全部书稿，还为我解答了有关系统V的许多技术细节和历史问题。还要感谢Addison-Wesley公司邀请的其他技术审校者，他们对书稿的各个部分提出了很有价值的意见，他们是Maury Bach、Mark Ellis、Jeff Gitlin、Peter Honeyman、John Linderman、Doug McIlroy、Evi Nemeth、Craig Patridge、Dave Presotto、Gary Wilson、Gary Wright。

感谢加州大学伯克利分校CSRG的Keith Bostic和Kirk McKusick给了我一个账号，可在最新的BSD系统上测试书中实例（还要感谢Peter Salus）。UHC的Sam Nataros和Joachim Sacksen给我提供了一份SVR4，用来测试书中例子。Trent Hein则帮助我获得BSD/386的alpha和beta版。

其他朋友在过去这些年以各种方式提供了帮助，这些帮助看似不大，却非常重要。他们是Paul Lucchina、Joe Godsil、Jim Hogue、Ed Tankus和Gary Wright。本书的编辑是Addison-Wesley公司的John Wait，他自始至终是我的忠实朋友。我不断地延期交稿，写作篇幅也一再超过计划，他从不抱怨。特别还要感谢美国国家光学天文台（NOAO），尤其是Sidney Wolff、Richard Wolff和Steve Grandi，为我提供准确的计算机时间。

真正的UNIX图书应该用troff写成，本书也遵循了这一优秀传统。最终清样是作者用James Clark写的groff软件包做出来的。非常感谢James Clark提供了这个优异的写作软件，并迅速地修正其中所发现的bug。也许有一天我会最终弄清楚troff软件做脚注的技巧。

我十分欢迎读者发来电子邮件，发表评论，提出建议，订正错误。

W. Richard Stevens
rstevens@kohala.com
1992年4月于亚利桑那州塔克森市

资源与服务

本书由异步社区出品，社区（https://www.epubit.com/）为您提供后续服务。

配套资源

本书提供配套源代码，请在异步社区本书页面中点击 配套资源 ，跳转到下载界面，按提示进行操作即可。注意：为保证购书读者的权益，该操作会给出相关提示，要求输入提取码进行验证。

提交勘误

作者和编辑尽最大努力来确保书中内容的准确性，但难免会存在疏漏。欢迎您将发现的问题反馈给我们，帮助我们提升图书的质量。

当您发现错误时，请登录异步社区，按书名搜索，进入本书页面，单击“提交勘误”，输入勘误信息，单击“提交”按钮即可（见下图）。本书的作者和编辑会对您提交的勘误进行审核，确认并接受后，您将获赠异步社区的 100 积分。积分可用于在异步社区兑换优惠券、样书或奖品。

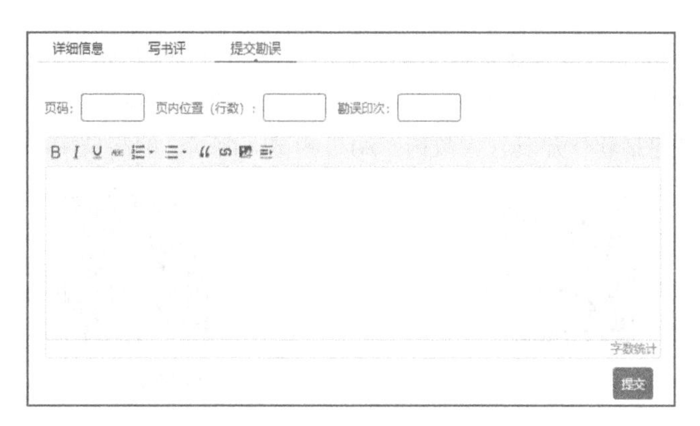

扫码关注本书

扫描下方二维码，您将会在异步社区微信服务号中看到本书信息及相关的服务提示。

与我们联系

我们的联系邮箱是 contact@epubit.com.cn。

如果您对本书有任何疑问或建议，请您发邮件给我们，并请在邮件标题中注明本书书名，以便我们更高效地做出反馈。

如果您有兴趣出版图书、录制教学视频，或者参与图书翻译、技术审校等工作，可以发邮件给我们；有意出版图书的作者也可以到异步社区在线提交投稿（直接访问 www.epubit.com/selfpublish/submission 即可）。

如果您来自学校、培训机构或企业，想批量购买本书或异步社区出版的其他图书，也可以发邮件给我们。

如果您在网上发现有针对异步社区出品图书的各种形式的盗版行为，包括对图书全部或部分内容的非授权传播，请您将怀疑有侵权行为的链接发邮件给我们。您的这一举动是对作者权益的保护，也是我们持续为您提供有价值的内容的动力之源。

关于异步社区和异步图书

“异步社区”是人民邮电出版社旗下 IT 专业图书社区，致力于出版精品 IT 技术图书和相关学习产品，为作译者提供优质出版服务。异步社区创办于 2015 年 8 月，提供大量精品 IT 技术图书和电子书，以及高品质技术文章和视频课程。更多详情请访问异步社区官网 https://www.epubit.com。

“异步图书”是由异步社区编辑团队策划出版的精品 IT 专业图书的品牌，依托于人民邮电出版社近 30 年的计算机图书出版积累和专业编辑团队，相关图书在封面上印有异步图书的 LOGO。异步图书的出版领域包括软件开发、大数据、AI、测试、前端、网络技术等。

异步社区

微信服务号

目录

第 1 章

UNIX 基础知识

1.1 引言

所有操作系统都为它们所运行的程序提供服务。典型的服务包括：执行新程序、打开文件、读文件、分配存储区以及获得当前时间等，本书集中阐述不同版本的 UNIX 操作系统所提供的服务。

想要按严格的先后顺序介绍 UNIX，而不超前引用尚未介绍过的术语，这几乎是不可能的（可能也会令人厌烦）。本章从程序员的角度快速浏览 UNIX，对书中引用的一些术语和概念进行简要的说明并给出实例。在以后各章中，将对这些概念做更详细的说明。对于初涉 UNIX 环境的程序员，本章还简要介绍了 UNIX 提供的各种服务。

1.2 UNIX 体系结构

从严格意义上说，可将操作系统定义为一种软件，它控制计算机硬件资源，提供程序运行环境。我们通常将这种软件称为内核（kernel），因为它相对较小，而且位于环境的核心。图 1-1 显示了 UNIX 系统的体系结构。

内核的接口被称为*系统调用*（system call，图 1-1 中的阴影部分）。公用函数库构建在系统调用接口之上，应用程序既可使用公用函数库，也可使用系统调用。（我们将在 1.11 节对系统调用和库函数做更多说明。）shell 是一个特殊的应用程序，为运行其他应用程序提供了一个接口。

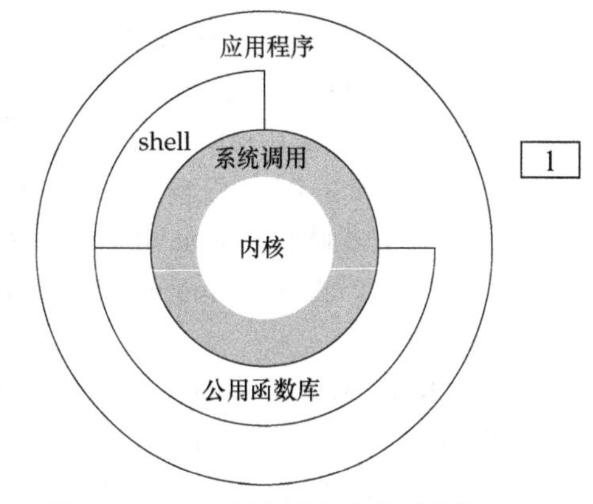

图 1-1 UNIX 操作系统的体系结构

从广义上说，操作系统包括了内核和一些其他软件，这些软件使得计算机能够发挥作用，并使计算机具有自己的特性。这里所说的其他软件包括系统实用程序（system utility）、应用程序、shell 以及公用函数库等。

例如，Linux 是 GNU 操作系统使用的内核。一些人将这种操作系统称为 GNU/Linux 操作系统，但是，更常见的是简单地称其为 Linux。虽然这种表达方法在严格意义上讲并不正确，但鉴于“操作系统”这个词的双重含义，这种叫法还是可以理解的（这样的叫法更简洁）。

1.3 登录

1. 登录名

用户在登录 UNIX 系统时，先键入登录名，然后键入口令。系统在其口令文件（通常是/etc/

passwd 文件）中查看登录名。口令文件中的登录项由 7 个以冒号分隔的字段组成，依次是：登录名、加密口令、数字用户 ID（205）、数字组 ID（105）、注释字段、起始目录（/home/sar）以及 shell 程序（/bin/ksh）。

```
sar:x:205:105:Stephen Rago:/home/sar:/bin/ksh
```

目前，所有的系统已将加密口令移到另一个文件中。第 6 章将说明这种文件以及访问它们的函数。

2

2. shell

用户登录后，系统通常先显示一些系统信息，然后用户就可以向 shell 程序键入命令。（当用户登录时，某些系统启动一个视窗管理程序，但最终总会有一个 shell 程序运行在一个视窗中）。shell 是一个命令行解释器，它读取用户输入，然后执行命令。shell 的用户输入通常来自于终端（交互式 shell），有时则来自于文件（称为 shell 脚本）。图 1-2 总结了 UNIX 系统中常见的 shell。

名称	路径	FreeBSD 8.0	Linux 3.2.0	Mac OS X 10.6.8	Solaris 10
Bourne shell	/bin/sh	•	•	bash 的副本	•
Bourne-again shell	/bin/bash	可选的	•	•	•
C shell	/bin/csh	链接至 tcsh	可选的	链接至 tcsh	•
Korn shell	/bin/ksh	可选的	可选的	•	•
TENEX C shell	/bin/tcsh	•	可选的	•	•

图 1-2 UNIX 系统中常见的 shell

系统从口令文件中相应用户登录项的最后一个字段中了解到应该为该登录用户执行哪一个 shell。

自 V7 以来，由 Steve Bourne 在贝尔实验室开发的 Bourne shell 得到了广泛应用，几乎每一个现有的 UNIX 系统都提供 Bourne shell，其控制流结构类似于 Algol 68。

C shell 是由 Bill Joy 在伯克利开发的，所有 BSD 版本都提供这种 shell。另外，AT&T 的 System V/386 R3.2 和 System V R4（SVR4）也提供 C shell（下一章将对这些不同版本的 UNIX 系统做更多说明）。C shell 是在第 6 版 shell 而非 Bourne shell 的基础上构造的，其控制流类似于 C 语言，它支持 Bourne shell 没有的一些特色功能，例如作业控制、历史机制以及命令行编辑等。

Korn shell 是 Bourne shell 的后继者，它首先在 SVR4 中提供。Korn shell 是由贝尔实验室的 David Korn 开发的，在大多数 UNIX 系统上运行，但在 SVR4 之前，通常它需要另行购买，所以没有其他两种 shell 流行。它与 Bourne shell 向上兼容，并具有使 C shell 广泛得到应用的一些特色功能，包括作业控制以及命令行编辑等。

Bourne-again shell 是 GNU shell，所有 Linux 系统都提供这种 shell。它的设计遵循 POSIX 标准，同时也保留了与 Bourne shell 的兼容性。它支持 C shell 和 Korn shell 两者的特色功能。

TENEX C shell 是 C shell 的加强版本。它从 TENEX 操作系统（1972 年 BBN 公司开发）借鉴了很多特色，例如命令完备。TENEX C shell 在 C shell 基础上增加了很多特性，常被用来替换 C shell。

3

POSIX 1003.2 标准对 shell 进行了标准化。这项规范基于 Korn shell 和 Bourne shell 的特性。

> 不同的 Linux 系统使用不同的默认 shell。一些 Linux 默认使用 Bourne-again shell。另外一些使用 BSD 的对 Bourne shell 的替代品 dash（Debian Almquist shell，最早由 Kenneth Almquist 开发，并在后来移植入 Linux）。FreeBSD 的默认用户 shell 衍生于 Almquist shell。Mac OS X 的默认 shell 是 Bourne-again shell。
>
> Solaries 继承了 BSD 和 System V 两者，它提供了图 1-2 中所示的所有 shell。在因特网上可以找到 shell 的自由移植版软件。
>
> 本书将使用这种形式的注释来描述历史注释，并对不同的 UNIX 系统的实现进行比较。当我们了解到历史缘由后，会更好地理解采用某种特定实现技术的原因。

本书将使用很多交互式 shell 实例来执行所开发的程序，这些实例使用了 Bourne shell、Korn shell 和 Bourne-again shell 通用的功能。

1.4 文件和目录

1. 文件系统

UNIX 文件系统是目录和文件的一种层次结构，所有东西的起点是称为根（root）的目录，这个目录的名称是一个字符“/”。

目录（directory）是一个包含目录项的文件。在逻辑上，可以认为每个目录项都包含一个文件名，同时还包含说明该文件属性的信息。文件属性是指文件类型（是普通文件还是目录等）、文件大小、文件所有者、文件权限（其他用户能否访问该文件）以及文件最后的修改时间等。`stat` 和 `fstat` 函数返回包含所有文件属性的一个信息结构。第 4 章将详细说明文件的各种属性。

> 目录项的逻辑视图与实际存放在磁盘上的方式是不同的。UNIX 文件系统的大多数实现并不在目录项中存放属性，这是因为当一个文件具有多个硬链接时，很难保持多个属性副本之间的同步。这一点将在第 4 章讨论硬链接时理解得更明晰。

2. 文件名

目录中的各个名字称为*文件名*（filename）。只有斜线（/）和空字符这两个字符不能出现在文件名中。斜线用来分隔构成路径名的各文件名，空字符则用来终止一个路径名。尽管如此，好的习惯还是只使用常用印刷字符的一个子集作为文件名字符（如果在文件名中使用了某些 shell 的特殊字符，则必须使用 shell 的引号机制来引用文件名，这会带来很多麻烦）。事实上，为了可移植性，POSIX.1 推荐将文件名限制在以下字符集之内：字母（a～z、A～Z）、数字（0～9）、句点（.）、短横线（-）和下划线（_）。

创建新目录时会自动创建了两个文件名：.（称为点）和..（称为点点）。点指向当前目录，点点指向父目录。在最高层次的根目录中，点点与点相同。

4

> Research UNIX System 和某些早期 UNIX System V 的文件系统限制文件名的最大长度为 14 个字符，BSD 版本则将这种限制扩展为 255 个字符。现今，几乎所有商业化的 UNIX 文件系统都支持超过 255 个字符的文件名。

3. 路径名

由斜线分隔的一个或多个文件名组成的序列（也可以斜线开头）构成*路径名*（pathname），以斜线开头的路径名称为*绝对路径名*（absolute pathname），否则称为*相对路径名*（relative pathname）。相对路径名指向相对于当前目录的文件。文件系统根的名字（/）是一个特殊的绝对路径名，它不包含文件名。

实例

不难列出一个目录中所有文件的名字，图1-3是ls(1)命令的简要实现。

```
#include "apue.h"
#include <dirent.h>

int
main(int argc, char *argv[])
{
    DIR             *dp;
    struct dirent   *dirp;

    if (argc != 2)
        err_quit("usage: ls directory_name");

    if ((dp = opendir(argv[1])) == NULL)
        err_sys("can't open %s", argv[1]);
    while ((dirp = readdir(dp)) != NULL)
        printf("%s\n", dirp->d_name);

    closedir(dp);
    exit(0);
}
```

图1-3 列出一个目录中的所有文件

ls(1)这种表示方法是UNIX系统的惯用方法，用以引用UNIX系统手册中的一个特定项。ls(1)引用第一部分中的ls项。各部分通常用数字1～8编号，在每个部分中的各项则按字母顺序排列。在本书中始终假定你有自己所使用的UNIX系统的手册。

> 早期的UNIX系统把8个部分都集中在一本《UNIX程序员手册》(*UNIX Programmer's Manual*)中。随着页数的增加，现在的趋势是把这些部分分别安排在不同的手册中，例如用户手册、程序员手册以及系统管理员手册等。
>
> 一些UNIX系统用大写字母把某一部分手册进一步分成若干小部分，例如，AT&T[1990e]中的所有标准I/O函数都被指明位于3S部分中，例如fopen(3S)。另一些UNIX系统不用数字而是用字母将手册分成若干部分，如用C表示命令部分等。

5

现今，大多数手册都以电子文档形式提供。如果用的是联机手册，则可用下面的命令查看ls命令手册页：

```
man 1 ls
```

或

```
man -s1 ls
```

图1-3只打印一个目录中各个文件的名字，不显示其他信息，如果该源文件名为myls.c，则可以用下面的命令对其进行编译，编译结果是生成默认名为a.out的可执行文件中。

```
cc myls.c
```

> 历史上，cc(1)是 C 编译器。在配置了 GNU C 编译系统的系统中，C 编译器是 gcc(1)。其中，cc 通常链接至 gcc。

示例输出如下：

```
$ ./a.out /dev
.
..
cdrom
stderr
stdout
stdin
fd
sda4
sda3
sda2
sda1
sda
tty2
tty1
console
tty
zero
null
                    很多行未显示
mem
$ ./a.out /etc/ssl/private
can't open /etc/ssl/private: Permission denied
$ ./a.out /dev/tty
can't open /dev/tty: Not a directory
```

本书将以以下方式表示输入的命令及其输出：输入的字符以等宽粗体表示，程序输出则以上面所示的等宽字体表示。对输出的注释以中文宋体表示。输入之前的美元符号（$）是 shell 的提示符，本书总是将 shell 提示符表示为$。

6

注意，myls 程序列出的目录中的文件名不是以字母顺序列出的，而 ls 命令一般是按字母顺序打印目录项。

在这个 20 行的程序中，有很多细节需要考虑。

- 首先，其中包含了一个头文件 apue.h。本书中几乎每一个程序都包含此头文件。它包含了某些标准系统头文件，定义了许多常量及函数原型，这些都将用于本书的各个实例中，附录 B 列出了这一头文件。
- 接下来，我们包含了一个系统头文件 dirent.h，以便使用 opendir 和 readdir 的函数原型，以及 dirent 结构的定义。在其他一些系统里，这些定义被分成多个头文件。比如，在 Ubuntu 12.04 中，/usr/include/dirent.h 声明了函数原型，并且包含 bits/dirent.h，后者定义了 dirent 结构（真正存放在/usr/include/x86_64-linux-gnu/bits 下）。
- main 函数的声明使用了 ISO C 标准所使用的风格（下一章将对 ISO C 标准进行更多说明）。
- 程序获取命令行的第 1 个参数 argv[1]作为要列出其各个目录项的目录名。第 7 章将说明 main 函数如何被调用，程序如何存取命令行参数和环境变量。

- 因为各种不同 UNIX 系统目录项的实际格式是不一样的，所以使用函数 opendir、readdir 和 closedir 对目录进行处理。
- opendir 函数返回指向 DIR 结构的指针，我们将该指针传送给 readdir 函数。我们并不关心 DIR 结构中包含了什么。然后，在循环中调用 readdir 来读每个目录项。它返回一个指向 dirent 结构的指针，而当目录中已无目录项可读时则返回 null 指针。在 dirent 结构中取出的只是每个目录项的名字（d_name）。使用该名字，此后就可调用 stat 函数（见 4.2 节）以获得该文件的所有属性。
- 程序调用了两个自编的函数对错误进行处理：err_sys 和 err_quit。从上面的输出中可以看到，err_sys 函数打印一条消息（“Permission denied”或“Not a directory”），说明遇到了什么类型的错误。这两个出错处理函数在附录 B 中说明，1.7 节将更多地叙述出错处理。
- 当程序将结束时，它以参数 0 调用函数 exit。函数 exit 终止程序。按惯例，参数 0 的意思是正常结束，参数值 1～255 则表示出错。8.5 节将说明一个程序（如 shell 或我们所编写的程序）如何获得它所执行的另一个程序的 exit 状态。

7

4. 工作目录

每个进程都有一个*工作目录*（working directory），有时称其为*当前工作目录*（current working directory）。所有相对路径名都从工作目录开始解释。进程可以用 chdir 函数更改其工作目录。

例如，相对路径名 doc/memo/joe 指的是当前工作目录中的 doc 目录中的 memo 目录中的文件（或目录）joe。从该路径名可以看出，doc 和 memo 都应当是目录，但是却不能分辨 joe 是文件还是目录。路径名/usr/lib/lint 是一个绝对路径名，它指的是根目录中的 usr 目录中的 lib 目录中的文件（或目录）lint。

5. 起始目录

登录时，工作目录设置为*起始目录*（home directory），该起始目录从口令文件（见 1.3 节）中相应用户的登录项中取得。

1.5　输入和输出

1. 文件描述符

文件描述符（file descriptor）通常是一个小的非负整数，内核用以标识一个特定进程正在访问的文件。当内核打开一个现有文件或创建一个新文件时，它都返回一个文件描述符。在读、写文件时，可以使用这个文件描述符。

2. 标准输入、标准输出和标准错误

按惯例，每当运行一个新程序时，所有的 shell 都为其打开 3 个文件描述符，即*标准输入*（standard input）、*标准输出*（standard output）以及*标准错误*（standard error）。如果不做特殊处理，例如就像简单的命令 ls，则这 3 个描述符都链接向终端。大多数 shell 都提供一种方法，使其中任何一个或所有这 3 个描述符都能重新定向到某个文件，例如：

```
ls > file.list
```

执行 ls 命令，其标准输出重新定向到名为 file.list 的文件。

3. 不带缓冲的 I/O

函数 open、read、write、lseek 以及 close 提供了不带缓冲的 I/O。这些函数都使用文件描述符。

实例

如果愿意从标准输入读，并向标准输出写，则图 1-4 中所示的程序可用于复制任一 UNIX 普通文件。

8

```
#include "apue.h"

#define    BUFFSIZE    4096

int
main(void)
{
    int     n;
    char    buf[BUFFSIZE];

    while ((n = read(STDIN_FILENO, buf, BUFFSIZE)) > 0)
        if (write(STDOUT_FILENO, buf, n) != n)
            err_sys("write error");

    if (n < 0)
        err_sys("read error");

    exit(0);
}
```

图 1-4 将标准输入复制到标准输出

头文件<unistd.h>（apue.h 中包含了此头文件）及两个常量 STDIN_FILENO 和 STDOUT_FILENO 是 POSIX 标准的一部分（下一章将对此做更多的说明）。头文件<unistd.h>包含了很多 UNIX 系统服务的函数原型，例如图 1-4 程序中调用的 read 和 write。

两个常量 STDIN_FILENO 和 STDOUT_FILENO 定义在<unistd.h>头文件中，它们指定了标准输入和标准输出的文件描述符。在 POSIX 标准中，它们的值分别是 0 和 1，但是考虑到可读性，我们将使用这些名字来表示这些常量。

3.9 节将详细讨论 BUFFSIZE 常量，说明它的各种不同值将如何影响程序的效率。但是不管该常量的值如何，此程序总能复制任一 UNIX 普通文件。

read 函数返回读取的字节数，此值用作要写的字节数。当到达输入文件的尾端时，read 返回 0，程序停止执行。如果发生了一个读错误，read 返回−1。出错时大多数系统函数返回−1。

如果将该程序编译成标准名称的 a.out 文件，并以下列方式执行它：

```
./a.out > data
```

那么标准输入是终端，标准输出则重新定向至文件 data，标准错误也是终端。如果此输出文件并不存在，则 shell 会创建它。该程序将用户键入的各行复制到标准输出，键入文件结束符（通常是 Ctrl+D）时，将终止本次复制。

若以下列方式执行该程序：

```
./a.out < infile > outfile
```

会将名为 infile 文件的内容复制到名为 outfile 的文件中。

9

第 3 章将更详细地说明不带缓冲的 I/O 函数。

4. 标准 I/O

标准 I/O 函数为那些不带缓冲的 I/O 函数提供了一个带缓冲的接口。使用标准 I/O 函数无需担心如何选取最佳的缓冲区大小，如图 1-4 中的 BUFFSIZE 常量的大小。使用标准 I/O 函数还简化了对输入行的处理（常常发生在 UNIX 的应用程序中）。例如，fgets 函数读取一个完整的行，而 read 函数读取指定字节数。在 5.4 节中我们将了解到，标准 I/O 函数库提供了使我们能够控制该库所使用的缓冲风格的函数。

我们最熟悉的标准 I/O 函数是 printf。在调用 printf 的程序中，总是包含<stdio.h>（在本书中，该头文件包含在 apue.h 中），该头文件包括了所有标准 I/O 函数的原型。

实例

图 1-5 程序的功能类似于前一个调用了 read 和 write 的程序，5.8 节将对此程序进行更详细的说明。它将标准输入复制到标准输出，也就能复制任一 UNIX 普通文件。

```
#include "apue.h"

int
main(void)
{
    int     c;

    while ((c = getc(stdin)) != EOF)
        if (putc(c, stdout) == EOF)
            err_sys("output error");

    if (ferror(stdin))
        err_sys("input error");

    exit(0);
}
```

图 1-5　用标准 I/O 将标准输入复制到标准输出

函数 getc 一次读取一个字符，然后函数 putc 将此字符写到标准输出。读到输入的最后一个字节时，getc 返回常量 EOF（该常量在<stdio.h>中定义）。标准 I/O 常量 stdin 和 stdout 也在头文件<stdio.h>中定义，它们分别表示标准输入和标准输出。

1.6　程序和进程

1. 程序

程序（program）是一个存储在磁盘上某个目录中的可执行文件。内核使用 exec 函数（7 个 exec 函数之一），将程序读入内存，并执行程序。8.10 节将说明这些 exec 函数。

10

2. 进程和进程 ID

程序的执行实例被称为进程（process）。本书的每一页几乎都会使用这一术语。某些操作系统用任务（task）表示正在被执行的程序。

UNIX 系统确保每个进程都有一个唯一的数字标识符，称为进程 ID（process ID）。进程 ID 总是一个非负整数。

实例

图 1-6 程序用于打印进程 ID。

```
#include "apue.h"

int
main(void)
{
    printf("hello world from process ID %ld\n", (long)getpid());
    exit(0);
}
```

图 1-6　打印进程 ID

如果将该程序编译成 a.out 文件，然后执行它，则有：

```
$ ./a.out
hello world from process ID 851
$ ./a.out
hello world from process ID 854
```

此程序运行时，它调用函数 getpid 得到其进程 ID。我们将会在后面看到，getpid 返回一个 pid_t 数据类型。我们不知道它的大小，仅知道的是标准会保证它能保存在一个长整型中。因为我们必须在 printf 函数中指定需要打印的每一个变量的大小，所以我们必须把它的值强制转换为它可能会用到的最大的数据类型（这里是长整型）。虽然大多数进程 ID 可以用整型表示，但用长整型可以提高可移植性。

3. 进程控制

有 3 个用于进程控制的主要函数：fork、exec 和 waitpid。（exec 函数有 7 种变体，但经常把它们统称为 exec 函数。）

实例

UNIX 系统的进程控制功能可以用一个简单的程序说明（见图 1-7）。该程序从标准输入读取命令，然后执行这些命令。它类似于 shell 程序的基本实施部分。 11

```
#include "apue.h"
#include <sys/wait.h>

int
main(void)
{
    char    buf[MAXLINE];    /* from apue.h */
    pid_t   pid;
    int     status;

    printf("%% ");    /* print prompt (printf requires %% to print %) */
    while (fgets(buf, MAXLINE, stdin) != NULL) {
        if (buf[strlen(buf) - 1] == '\n')
            buf[strlen(buf) - 1] = 0; /* replace newline with null */
```

```
        if ((pid = fork()) < 0) {
            err_sys("fork error");
        } else if (pid == 0) {        /* child */
            execlp(buf, buf, (char *)0);
            err_ret("couldn't execute: %s", buf);
            exit(127);
        }

        /* parent */
        if ((pid = waitpid(pid, &status, 0)) < 0)
            err_sys("waitpid error");
        printf("%% ");
    }
    exit(0);
}
```

图 1-7　从标准输入读命令并执行

在这个 30 行的程序中，有很多功能需要考虑。

- 用标准 I/O 函数 fgets 从标准输入一次读取一行。当键入文件结束符（通常是 Ctrl+D）作为行的第一个字符时，fgets 返回一个 null 指针，于是循环停止，进程也就终止。第 18 章将说明所有特殊的终端字符（文件结束、退格字符、整行擦除等），以及如何改变它们。
- 因为 fgets 返回的每一行都以换行符终止，后随一个 null 字节，因此用标准 C 函数 strlen 计算此字符串的长度，然后用一个 null 字节替换换行符。这样做是因为 execlp 函数要求的参数是以 null 结束的而不是以换行符结束的。
- 调用 fork 创建一个新进程。新进程是调用进程的一个副本，我们称调用进程为父进程，新创建的进程为子进程。fork 对父进程返回新的子进程的进程 ID（一个非负整数），对子进程则返回 0。因为 fork 创建一个新进程，所以说它被调用一次（由父进程），但返回两次（分别在父进程中和在子进程中）。

12

- 在子进程中，调用 execlp 以执行从标准输入读入的命令。这就用新的程序文件替换了子进程原先执行的程序文件。fork 和跟随其后的 exec 两者的组合就是某些操作系统所称的产生（spawn）一个新进程。在 UNIX 系统中，这两部分分离成两个独立的函数。第 8 章将对这些函数进行更多说明。
- 子进程调用 execlp 执行新程序文件，而父进程希望等待子进程终止，这是通过调用 waitpid 实现的，其参数指定要等待的进程（即 pid 参数是子进程 ID）。waitpid 函数返回子进程的终止状态（status 变量）。在我们这个简单的程序中，没有使用该值。如果需要，可以用此值准确地判定子进程是如何终止的。
- 该程序的最主要限制是不能向所执行的命令传递参数。例如不能指定要列出目录项的目录名，只能对工作目录执行 ls 命令。为了传递参数，先要分析输入行，然后用某种约定把参数分开（可能使用空格或制表符），再将分隔后的各个参数传递给 execlp 函数。尽管如此，此程序仍可用来说明 UNIX 系统的进程控制功能。

如果运行此程序，将得到下列结果。注意，该程序使用了一个不同的提示符（%），以区别于 shell 的提示符。

```
$ ./a.out
% date
```

```
Sat Jan 21 19:42:07 EST 2012
% who
sar       console   Jan 1  14:59
sar       ttys000   Jan 1  14:59
sar       ttys001   Jan 15 15:28
% pwd
/home/sar/bk/apue/3e
% ls
Makefile
a.out
shell1.c
% ^D                                          键入文件结束符
$                                             常规的 shell 提示符
```

> ^D 表示一个控制字符。控制字符是特殊字符，其构成方法是：在键盘上按下控制键——通常被标记为 Control 或 Ctrl，同时按另一个键。Ctrl+D 或^D 是默认的文件结束符。在第 18 章中讨论终端 I/O 时，会介绍更多的控制字符。

13

4. 线程和线程 ID

通常，一个进程只有一个控制线程（thread）——某一时刻执行的一组机器指令。对于某些问题，如果有多个控制线程分别作用于它的不同部分，那么解决起来就容易得多。另外，多个控制线程也可以充分利用多处理器系统的并行能力。

一个进程内的所有线程共享同一地址空间、文件描述符、栈以及与进程相关的属性。因为它们能访问同一存储区，所以各线程在访问共享数据时需要采取同步措施以避免不一致性。

与进程相同，线程也用 ID 标识。但是，线程 ID 只在它所属的进程内起作用。一个进程中的线程 ID 在另一个进程中没有意义。当在一进程中对某个特定线程进行处理时，我们可以使用该线程的 ID 引用它。

控制线程的函数与控制进程的函数类似，但另有一套。线程模型是在进程模型建立很久之后才被引入到 UNIX 系统中的，然而这两种模型之间存在复杂的交互，在第 12 章中，我们会对此进行说明。

1.7 出错处理

当 UNIX 系统函数出错时，通常会返回一个负值，而且整型变量 errno 通常被设置为具有特定信息的值。例如，open 函数如果成功执行则返回一个非负文件描述符，如出错则返回-1。在 open 出错时，有大约 15 种不同的 errno 值（文件不存在、权限问题等）。而有些函数对于出错则使用另一种约定而不是返回负值。例如，大多数返回指向对象指针的函数，在出错时会返回一个 null 指针。

文件<errno.h>中定义了 errno 以及可以赋予它的各种常量。这些常量都以字符 E 开头。另外，UNIX 系统手册第 2 部分的第 1 页，intro(2)列出了所有这些出错常量。例如，若 errno 等于常量 EACCES，表示产生了权限问题（例如，没有足够的权限打开请求文件）。

> 在 Linux 中，出错常量在 errno(3)手册页中列出。

POSIX 和 ISO C 将 errno 定义为一个符号，它扩展成为一个可修改的整形左值（lvalue）。它可以是一个包含出错编号的整数，也可以是一个返回出错编号指针的函数。以前使用的定义是：

```
extern int errno;
```

但是在支持线程的环境中，多个线程共享进程地址空间，每个线程都有属于它自己的局部 errno 以避免一个线程干扰另一个线程。例如，Linux 支持多线程存取 errno，将其定义为：

14

```
extern int *__errno_location(void);
#define errno (*__errno_location())
```

对于 errno 应当注意两条规则。第一条规则是：如果没有出错，其值不会被例程清除。因此，仅当函数的返回值指明出错时，才检验其值。第二条规则是：任何函数都不会将 errno 值设置为 0，而且在<errno.h>中定义的所有常量都不为 0。

C 标准定义了两个函数，它们用于打印出错信息。

```
#include <string.h>

char *strerror(int errnum);
```

返回值：指向消息字符串的指针

strerror 函数将 *errnum*（通常就是 errno 值）映射为一个出错消息字符串，并且返回此字符串的指针。

perror 函数基于 errno 的当前值，在标准错误上产生一条出错消息，然后返回。

```
#include <stdio.h>

void perror(const char *msg);
```

它首先输出由 *msg* 指向的字符串，然后是一个冒号，一个空格，接着是对应于 errno 值的出错消息，最后是一个换行符。

实例

图 1-8 程序显示了这两个出错函数的使用方法。

```
#include "apue.h"
#include <errno.h>

int
main(int argc, char *argv[])
{
    fprintf(stderr, "EACCES: %s\n", strerror(EACCES));
    errno = ENOENT;
    perror(argv[0]);
    exit(0);
}
```

图 1-8　例示 strerror 和 perror

如果将此程序编译成文件 a.out，然后执行它，则有

```
$ ./a.out
EACCES: Permission denied
./a.out: No such file or directory
```

15

注意，我们将程序名（argv[0]，其值是./a.out）作为参数传递给 perror。这是一个标准的 UNIX 惯例。使用这种方法，在程序作为管道的一部分执行时，例如：

```
prog1 < inputfile | prog2 | prog3 > outputfile
```

我们就能分清 3 个程序中的哪一个产生了一条特定的出错消息。

本书中的所有实例基本上都不直接调用 strerror 或 perror，而是使用附录 B 中的出错函数。该附录中的出错函数使我们只用一条 C 语句就可利用 ISO C 的可变参数表功能处理出错情况。

出错恢复

可将在<errno.h>中定义的各种出错分成两类：致命性的和非致命性的。对于致命性的错误，无法执行恢复动作。最多能做的是在用户屏幕上打印出一条出错消息或者将一条出错消息写入日志文件中，然后退出。对于非致命性的出错，有时可以较妥善地进行处理。大多数非致命性出错是暂时的（如资源短缺），当系统中的活动较少时，这种出错很可能不会发生。

与资源相关的非致命性出错包括：EAGAIN、ENFILE、ENOBUFS、ENOLCK、ENOSPC、EWOULDBLOCK，有时 ENOMEM 也是非致命性出错。当 EBUSY 指明共享资源正在使用时，也可将它作为非致命性出错处理。当 EINTR 中断一个慢速系统调用时，可将它作为非致命性出错处理（在 10.5 节对此会进行更多说明）。

对于资源相关的非致命性出错的典型恢复操作是延迟一段时间，然后重试。这种技术可应用于其他情况。例如，假设出错表明一个网络连接不再起作用，那么应用程序可以采用这种方法，在短时间延迟后，尝试重建该连接。一些应用使用指数补偿算法，在每次迭代中等待更长时间。

最终，由应用的开发者决定在哪些情况下应用程序可以从出错中恢复。如果能够采用一种合理的恢复策略，那么可以避免应用程序异常终止，进而就能改善应用程序的健壮性。

1.8 用户标识

1. 用户 ID

口令文件登录项中的用户 ID（user ID）是一个数值，它向系统标识各个不同的用户。系统管理员在确定一个用户的登录名的同时，确定其用户 ID。用户不能更改其用户 ID。通常每个用户有一个唯一的用户 ID。下面将介绍内核如何使用用户 ID 来检验该用户是否有执行某些操作的权限。

用户 ID 为 0 的用户为根用户（root）或超级用户（superuser）。在口令文件中，通常有一个登录项，其登录名为 root，我们称这种用户的特权为超级用户特权。我们将在第 4 章中看到，如果一个进程具有超级用户特权，则大多数文件权限检查都不再进行。某些操作系统功能只向超级用户提供，超级用户对系统有自由的支配权。

16

> Mac OS X 客户端版本交由用户使用时，禁用超级用户账户，服务器版本则可使用该账户。在 Apple 的网站可以找到使用说明，它告知如何才能使用该账户。

2. 组 ID

口令文件登录项也包括用户的组 ID（group ID），它是一个数值。组 ID 也是由系统管理员在指定用户登录名时分配的。一般来说，在口令文件中有多个登录项具有相同的组 ID。组被用于将若干用户集合到项目或部门中去。这种机制允许同组的各个成员之间共享资源（如文件）。4.5 节将介绍可以通过设置文件的权限使组内所有成员都能访问该文件，而组外用户不能访问。

组文件将组名映射为数值的组 ID。组文件通常是/etc/group。

使用数值的用户 ID 和数值的组 ID 设置权限是历史上形成的。对于磁盘上的每个文件，文件系统都存储该文件所有者的用户ID和组ID。存储这两个值只需4字节（假定每个都以双字节的整型值存放）。如果使用完整ASCII登录名和组名，则需更多的磁盘空间。另外，在检验权限期间，比较字符串较之比较整型数更消耗时间。

但是对于用户而言，使用名字比使用数值方便，所以口令文件包含了登录名和用户ID之间的映射关系，而组文件则包含了组名和组ID之间的映射关系。例如，`ls -l`命令使用口令文件将数值的用户ID映射为登录名，从而打印出文件所有者的登录名。

> 早期的UNIX系统使用16位整型数表示用户ID和组ID。现今的UNIX系统使用32位整型数表示用户ID和组ID。

实例

图1-9程序用于打印用户ID和组ID。

```
#include "apue.h"

int
main(void)
{
    printf("uid = %d, gid = %d\n", getuid(), getgid());
    exit(0);
}
```

图1-9 打印用户ID和组ID

程序调用`getuid`和`getgid`以返回用户ID和组ID。运行该程序的结果如下：

```
$ ./a.out
uid = 205, gid = 105
```

17

3. 附属组ID

除了在口令文件中对一个登录名指定一个组ID外，大多数UNIX系统版本还允许一个用户属于另外一些组。这一功能是从4.2BSD开始的，它允许一个用户属于多至16个其他的组。登录时，读文件`/etc/group`，寻找列有该用户作为其成员的前16个记录项就可以得到该用户的附属组ID（supplementary group ID）。在下一章将说明，POSIX要求系统至少应支持8个附属组，实际上大多数系统至少支持16个附属组。

1.9 信号

信号（signal）用于通知进程发生了某种情况。例如，若某一进程执行除法操作，其除数为0，则将名为`SIGFPE`（浮点异常）的信号发送给该进程。进程有以下3种处理信号的方式。

（1）忽略信号。有些信号表示硬件异常，例如，除以0或访问进程地址空间以外的存储单元等，因为这些异常产生的后果不确定，所以不推荐使用这种处理方式。

（2）按系统默认方式处理。对于除数为0，系统默认方式是终止该进程。

（3）提供一个函数，信号发生时调用该函数，这被称为捕捉该信号。通过提供自编的函数，我们就能知道什么时候产生了信号，并按期望的方式处理它。

很多情况都会产生信号。终端键盘上有两种产生信号的方法，分别称为中断键（interrupt key，通常是 Delete 键或 Ctrl+C）和退出键（quit key，通常是 Ctrl+\），它们被用于中断当前运行的进程。另一种产生信号的方法是调用 kill 函数。在一个进程中调用此函数就可向另一个进程发送一个信号。当然这样做也有些限制：当向一个进程发送信号时，我们必须是那个进程的所有者或者是超级用户。

实例

回忆一下基本的 shell 实例（见图 1-7 程序）。如果调用此程序，然后按下中断键，则执行此程序的进程终止。产生这种后果的原因是：对于此信号（SIGINT）的系统默认动作是终止进程。该进程没有告诉系统内核应该如何处理此信号，所以系统按默认方式终止该进程。

为了能捕捉到此信号，程序需要调用 signal 函数，其中指定了当产生 SIGINT 信号时要调用的函数的名字。函数名为 sig_int，当其被调用时，只是打印一条消息，然后打印一个新提示符。在图 1-7 程序中添加了 11 行，构成了图 1-10 程序（添加的 11 行以行首的+号指示）。

18

```
  #include "apue.h"
  #include <sys/wait.h>

+ static void sig_int(int);     /* our signal-catching function */
+
  int
  main(void)
  {
      char  buf[MAXLINE]; /* from apue.h */
      pid_t pid;
      int   status;

+     if (signal(SIGINT, sig_int) == SIG_ERR)
+         err_sys("signal error");
+
      printf("%% "); /* print prompt (printf requires %% to print %) */
      while (fgets(buf, MAXLINE, stdin) != NULL) {
          if (buf[strlen(buf) - 1] == '\n')
              buf[strlen(buf) - 1] = 0; /* replace newline with null */

          if ((pid = fork()) < 0) {
              err_sys("fork error");
          } else if (pid == 0) {  /* child */
              execlp(buf, buf, (char *)0);
              err_ret("couldn't execute: %s", buf);
              exit(127);
          }

          /* parent */
          if ((pid = waitpid(pid, &status, 0)) < 0)
              err_sys("waitpid error");
          printf("%% ");
      }
      exit(0);
  }
```

```
+
+ void
+ sig_int(int signo)
+ {
+     printf("interrupt\n%% ");
+ }
```

图 1-10 从标准输入读命令并执行

19

因为大多数重要的应用程序都对信号进行处理，所以第 10 章将详细介绍信号。

1.10 时间值

历史上，UNIX 系统使用过两种不同的时间值。

（1）日历时间。该值是自协调世界时（Coordinated Universal Time，UTC）1970 年 1 月 1 日 00:00:00 这个特定时间以来所经过的秒数累计值（早期的手册称 UTC 为格林尼治标准时间）。这些时间值可用于记录文件最近一次的修改时间等。

系统基本数据类型 `time_t` 用于保存这种时间值。

（2）进程时间。也被称为 CPU 时间，用以度量进程使用的中央处理器资源。进程时间以时钟滴答计算。每秒钟曾经取为 50、60 或 100 个时钟滴答。

系统基本数据类型 `clock_t` 保存这种时间值。2.5.4 节将说明如何用 `sysconf` 函数得到每秒的时钟滴答数。

当度量一个进程的执行时间时（见 3.9 节），UNIX 系统为一个进程维护了 3 个进程时间值：

- 时钟时间；
- 用户 CPU 时间；
- 系统 CPU 时间。

时钟时间又称为墙上时钟时间（wall clock time），它是进程运行的时间总量，其值与系统中同时运行的进程数有关。每当在本书中提到时钟时间时，都是在系统中没有其他活动时进行度量的。

用户 CPU 时间是执行用户指令所用的时间量。系统 CPU 时间是为该进程执行内核程序所经历的时间。例如，每当一个进程执行一个系统服务时，如 `read` 或 `write`，在内核内执行该服务所花费的时间就计入该进程的系统 CPU 时间。用户 CPU 时间和系统 CPU 时间之和常被称为 CPU 时间。

要取得任一进程的时钟时间、用户时间和系统时间是很容易的——只要执行命令 `time(1)`，其参数是要度量其执行时间的命令，例如：

```
$ cd /usr/include
$ time -p grep _POSIX_SOURCE */*.h > /dev/null
real    om0.81s
user    om0.11s
sys     om0.07s
```

`time` 命令的输出格式与所使用的 shell 有关，其原因是某些 shell 并不运行 `/usr/bin/time`，而是使用一个内置函数测量命令运行所使用的时间。

20

8.17 节将说明一个运行进程如何取得这 3 个时间。关于时间和日期的一般说明见 6.10 节。

1.11 系统调用和库函数

所有的操作系统都提供多种服务的入口点，由此程序向内核请求服务。各种版本的UNIX实现都提供良好定义、数量有限、直接进入内核的入口点，这些入口点被称为系统调用（system call，见图1-1）。Research UNIX系统第7版提供了约50个系统调用，4.4BSD提供了约110个系统调用，而SVR4则提供了约120个系统调用。具体数字在不同操作系统版本中会不同，新近的大多数系统大大增加了支持的系统调用的个数。Linux 3.2.0提供了380个系统调用，FreeBSD 8.0提供的系统调用超过450个。

系统调用接口总是在《UNIX程序员手册》的第2部分中说明，是用C语言定义的，与具体系统如何调用一个系统调用的实现技术无关。这与很多早期的操作系统不同，那些系统按传统方式用机器的汇编语言定义内核入口点。

UNIX所使用的技术是为每个系统调用在标准C库中设置一个具有同样名字的函数。用户进程用标准C调用序列来调用这些函数，然后，函数又用系统所要求的技术调用相应的内核服务。例如，函数可将一个或多个C参数送入通用寄存器，然后执行某个产生软中断进入内核的机器指令。从应用角度考虑，可将系统调用视为C函数。

《UNIX程序员手册》的第3部分定义了程序员可以使用的通用库函数。虽然这些函数可能会调用一个或多个内核的系统调用，但是它们并不是内核的入口点。例如，`printf`函数会调用`write`系统调用以输出一个字符串，但函数`strcpy`（复制一个字符串）和`atoi`（将ASCII转换为整数）并不使用任何内核的系统调用。

从实现者的角度来看，系统调用和库函数之间有根本的区别，但从用户角度来看，其区别并不重要。在本书中，系统调用和库函数都以C函数的形式出现，两者都为应用程序提供服务。但是，我们应当理解，如果希望的话，我们可以替换库函数，但是系统调用通常是不能被替换的。

以存储空间分配函数`malloc`为例。有多种方法可以进行存储空间分配及与其相关的无用空间回收操作（最佳适应、首次适应等），并不存在对所有程序都最优的一种技术。UNIX系统调用中处理存储空间分配的是`sbrk`(2)，它不是一个通用的存储器管理器。它按指定字节数增加或减少进程地址空间。如何管理该地址空间却取决于进程。存储空间分配函数`malloc`(3)实现一种特定类型的分配。如果我们不喜欢其操作方式，则可以定义自己的`malloc`函数，它很可能将使用`sbrk`系统调用。事实上，有很多软件包，它们使用`sbrk`系统调用实现自己的存储空间分配算法。图1-11显示了应用程序、`malloc`函数以及`sbrk`系统调用之间的关系。 21

从中可见，两者职责不同，内核中的系统调用分配一块空间给进程，而库函数`malloc`则在用户层次管理这一空间。

另一个可说明系统调用和库函数之间差别的例子是，UNIX 系统提供的判断当前时间和日期的接口。一些操作系统分别提供了一个返回时间的系统调用和另一个返回日期的系统调用。任何特殊的处理，例如正常时制和夏令时之间的转换，由内核处理或要求人为干预。UNIX 系统则不同，它只提供一个系统调用，该系统调用返回自协调世界时1970年1月1日零时这个特定时间以来所经过的秒数。对该值的任何解释，例如将其变换成人们可读的、适用于本地时区的时间和日期，都留给用户进程进行处理。在标准C库中，提供了若干例程以处理大多数情况。这些库函数处理各种细节，如各种夏令时算法等。

应用程序既可以调用系统调用也可以调用库函数。很多库函数则会调用系统调用。图1-12显示了这种差别。

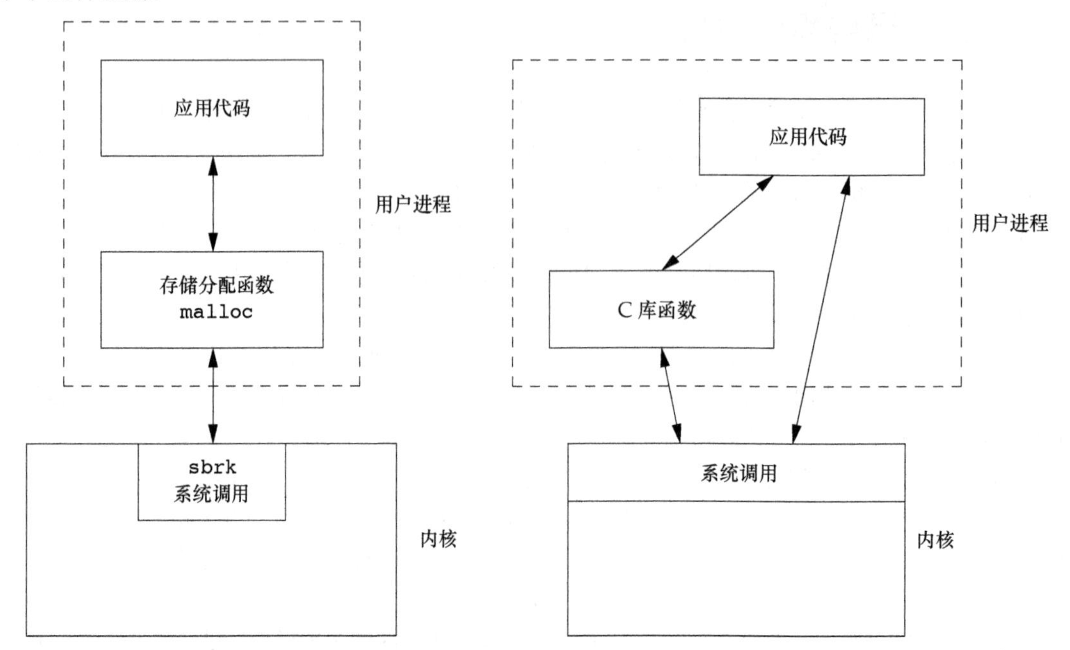

图 1-11 malloc 函数和 sbrk 系统调用　　图 1-12 C 库函数和系统调用之间的差别

系统调用和库函数之间的另一个差别是：系统调用通常提供一种最小接口，而库函数通常提供比较复杂的功能。我们从 sbrk 系统调用和 malloc 库函数之间的差别中可以看到这一点。当我们比较不带缓冲的 I/O 函数（见第 3 章）和标准 I/O 函数（见第 5 章）时，还将看到这种差别。

进程控制系统调用（fork、exec 和 wait）通常由用户应用程序直接调用（请回忆图 1-7 中的基本 shell）。但是为了简化某些常见的情况，UNIX 系统也提供了一些库函数，如 system 和 popen。8.13 节将说明 system 函数的一种实现，它使用基本的进程控制系统调用。10.18 节还将强化这一实例以正确地处理信号。

为使读者了解大多数程序员应用的 UNIX 系统接口，我们不得不既说明系统调用，又介绍某些库函数。例如，若只描述 sbrk 系统调用，那么就会忽略很多应用程序使用的 malloc 库函数。本书除了必须要区分两者时，对系统调用和库函数都使用函数（function）这一术语来表示。

1.12 小结

本章快速浏览了 UNIX 系统。说明了某些以后会多次用到的基本术语，介绍了一些小的 UNIX 程序实例。读者可以从中大概了解到本书其余部分将要介绍的内容。

下一章是关于 UNIX 系统的标准，以及这方面的工作对当前系统的影响。标准，特别是 ISO C 标准和 POSIX.1 标准，将影响本书的余下部分。

习题

1.1 在系统上验证，除根目录外，目录 . 和 .. 是不同的。

1.2 分析图 1-6 程序的输出，说明进程 ID 为 852 和 853 的进程发生了什么情况？

1.3 在1.7节中，perror的参数是用ISO C的属性const定义的，而strerror的整型参数没有用此属性定义，为什么？

1.4 若日历时间存放在带符号的32位整型数中，那么到哪一年它将溢出？可以用什么方法扩展溢出浮点数？采用的策略是否与现有的应用相兼容？

1.5 若进程时间存放在带符号的32位整型数中，而且每秒为100时钟滴答，那么经过多少天后该时间值将会溢出？

24

第2章

UNIX标准及实现

2.1 引言

人们在UNIX编程环境和C程序设计语言的标准化方面已经做了很多工作。虽然UNIX应用程序在不同的UNIX操作系统版本之间进行移植相当容易，但是20世纪80年代UNIX版本种类的剧增以及它们之间差别的扩大，导致很多大用户（如美国政府）呼吁对其进行标准化。

本章首先回顾过去近25年人们在UNIX标准化方面做出的种种努力，然后讨论这些UNIX编程标准对本书所列举的各种UNIX操作系统实现的影响。所有标准化工作的一个重要部分是对每种实现必须定义的各种限制进行说明，所以我们将说明这些限制以及确定它们值的各种方法。

2.2 UNIX标准化

2.2.1 ISO C

1989年下半年，C程序设计语言的ANSI标准X3.159-1989得到批准。此标准也被采纳为国际标准ISO/IEC 9899:1990。ANSI是美国国家标准学会（American National Standards Institute）的缩写，它是国际标准化组织（International Organization for Standardization，ISO）中代表美国的成员。IEC是国际电子技术委员会（International Electrotechnical Commission）的缩写。

25

ISO C标准现在由ISO/IEC的C程序设计语言国际标准工作组维护和开发，该工作组称为ISO/IEC JTC1/SC22/WG14，简称WG14。ISO C标准的意图是提供C程序的可移植性，使其能适合于大量不同的操作系统，而不只是适合UNIX系统。此标准不仅定义了C程序设计语言的语法和语义，还定义了其标准库（参见ISO 1999第7章；Plauger[1992]；Kernighan和Ritchie[1988]中的附录B）。因为所有现今的UNIX系统（如本书介绍的几个UNIX系统）都提供C标准中定义的库函数，所以该标准库非常重要。

1999年，ISO C标准被更新，并被批准为ISO/IEC 9899:1999，它显著改善了对进行数值处理的应用软件的支持。除了对某些函数原型增加了关键字`restrict`外，这种改变并不影响本书中描述的POSIX接口。`restrict`关键字告诉编译器，哪些指针引用是可以优化的，其方法是指出指针引用的对象在函数中只通过该指针进行访问。

1999年以来，已经公布了3个技术勘误来修正ISO C标准中的错误，分别在2001年、2004年和2007年公布。如同大多数标准一样，在批准标准和修改软件使其符合标准两者之间有一段时间延迟。随着供应商编译系统的不断演化，对最新ISO C标准的支持也就越来越多。

> 虽然 C 标准已经在 2011 年更新，但由于其他标准还没有进行相应的更新，因此在本书中我们还是沿用 1999 年的版本。

按照该标准定义的各个头文件（见图 2-1）可将 ISO C 库分成 24 个区。POSIX.1 标准包括这些头文件以及另外一些头文件。从图 2-1 中可以看出，所有这些头文件在 4 种 UNIX 实现（FreeBSD 8.0、Linux 3.2.0、Mac OS X 10.6.8 和 Solaris 10）中都支持。本章后面将对这 4 种 UNIX 实现进行说明。

> ISO C 头文件依赖于操作系统所配置的 C 编译器的版本。FreeBSD 8.0 配置了 `gcc` 4.2.1 版，Solaris 10 配置了 `gcc` 3.4.3 版（以及 Sun Studio 自带的 C 编译器），Ubuntu 12.04（Linux 3.2.0）配置了 `gcc` 4.6.3 版，Mac OS X 10.6.8 配置了 `gcc` 4.0.1 和 4.2.1 版。

头文件	FreeBSD 8.0	Linux 3.2.0	Mac OS X 10.6.8	Solaris 10	说明
`<assert.h>`	•	•	•	•	验证程序断言
`<complex.h>`	•	•	•	•	复数算术运算支持
`<ctype.h>`	•	•	•	•	字符分类和映射支持
`<errno.h>`	•	•	•	•	出错码（1.7 节）
`<fenv.h>`	•	•	•	•	浮点环境
`<float.h>`	•	•	•	•	浮点常量及特性
`<inttypes.h>`	•	•	•	•	整型格式变换
`<iso646.h>`	•	•	•	•	赋值、关系及一元操作符宏
`<limits.h>`	•	•	•	•	实现常量（2.5 节）
`<locale.h>`	•	•	•	•	本地化类别及相关定义
`<math.h>`	•	•	•	•	数学函数、类型声明及常量
`<setjmp.h>`	•	•	•	•	非局部 `goto`（7.10 节）
`<signal.h>`	•	•	•	•	信号（第 10 章）
`<stdarg.h>`	•	•	•	•	可变长度参数表
`<stdbool.h>`	•	•	•	•	布尔类型和值
`<stddef.h>`	•	•	•	•	标准定义
`<stdint.h>`	•	•	•	•	整型
`<stdio.h>`	•	•	•	•	标准 I/O 库（第 5 章）
`<stdlib.h>`	•	•	•	•	实用函数
`<string.h>`	•	•	•	•	字符串操作
`<tgmath.h>`	•	•	•	•	通用类型数学宏
`<time.h>`	•	•	•	•	时间和日期（6.10 节）
`<wchar.h>`	•	•	•	•	扩充的多字节和宽字符支持
`<wctype.h>`	•	•	•	•	宽字符分类和映射支持

图 2-1 ISO C 标准定义的头文件

2.2.2 IEEE POSIX

POSIX 是一个最初由 IEEE（Institute of Electrical and Electronics Engineers，电气和电子工程师学会）制订的标准族。POSIX 指的是可移植操作系统接口（Portable Operating System Interface）。它原来指的只是 IEEE 标准 1003.1-1988（操作系统接口），后来则扩展成包括很多标记为 1003 的标准及标准草案，如 shell 和实用程序（1003.2）。

与本书相关的是 1003.1 操作系统接口标准，该标准的目的是提升应用程序在各种 UNIX 系统环境之间的可移植性。它定义了“符合 POSIX 的”（POSIX compliant）操作系统必须提供的各种服务。该标准已被很多计算机制造商采用。虽然1003.1标准是以UNIX操作系统为基础的，但是它并不限于UNIX和UNIX类的系统。确实，有些提供专有操作系统的制造商也声称他们的系统符合POSIX（同时还保留所有专有功能）。

由于1003.1标准说明了一个接口（interface）而不是一种实现（implementation），所以并不区分系统调用和库函数。所有在标准中的例程都被称为函数。

标准是不断演进的，1003.1标准也不例外。该标准的1988版，即IEEE标准1003.1-1988经修改后递交给ISO，它没有增加新的接口或功能，但修订了文本。最终的文档作为IEEE标准1003.1-1990正式出版[IEEE 1990]，这也就是国际标准ISO/IEC 9945-1:1990。该标准通常称为POSIX.1，本书将使用此术语来表示不同版本的标准。

IEEE 1003.1工作组此后继续对这一标准做了更多修改。1996年，该标准的修订版发布，它包括了1003.1-1990、1003.1b-1993实时扩展标准以及被称为pthreads的多线程编程接口（POSIX线程），这就是国际标准ISO/IEC 9945-1:1996。1999年出版了IEEE标准1003.1d-1999，其中增加了更多实时接口。一年后，出版了IEEE标准1003.1j-2000和1003.1q-2000，前者包含了更多实时接口，后者增加了标准在事件跟踪方面的扩展。

26 ~ 27

2001年的1003.1版本与以前各版本有较大的差别，它组合了多个1003.1的修正、1003.2标准以及Single UNIX Specification（SUS）第2版的若干部分（对于SUS，后面将进行更多说明），这形成了IEEE标准1003.1-2001，它包括下列几个标准。

- ISO/IEC 9945-1（IEEE标准1003.1-1996），包括
  - IEEE标准1003.1-1990
  - IEEE标准1003.1b-1993（实时扩展）
  - IEEE标准1003.1c-1995（pthreads）
  - IEEE标准1003.1i-1995（实时技术勘误表）
- IEEE P1003.1a草案（系统接口修正）
- IEEE标准1003.1d-1999（高级实时扩展）
- IEEE标准1003.1j-2000（更多高级实时扩展）
- IEEE标准1003.1q-2000（跟踪）
- 部分IEEE标准1003.1g-2000（协议无关接口）
- ISO/IEC 9945-2（IEEE标准1003.2-1993）
- IEEE P1003.2b草案（shell及实用程序的修正）
- IEEE标准1003.2d-1994（批处理扩展）
- Single UNIX Specification第2版基本说明，包括
  - 系统接口定义，第5发行版
  - 命令和实用程序，第5发行版
  - 系统接口和头文件，第5发行版
- 开放组技术标准，网络服务，5.2发行版
- ISO/IEC 9899-1999，C程序设计语言

2004年，POSIX.1说明随着技术勘误得到更新，2008年做了更多综合的改动并作为基本说明的第7发行版发布，ISO在2008年底批准了这个版本并在2009年进行发布，即国际标准ISO/IEC9945:2009。该标准基于其他几个标准。

- IEEE标准1003.1，2004年版。

- 开放组织技术标准，2006，扩展 API 集，第 1～4 部分。
- ISO/IEC 9899:1999，包含勘误表。

图 2-2、图 2-3 以及图 2-4 总结了 POSIX.1 指定的必需的和可选的头文件。因为 POSIX.1 包含了 ISO C 标准库函数，所以它还需要图 2-1 中列出的各个头文件。这 4 张图中的表也总结了本书所讨论的 4 种 UNIX 系统实现所包含的头文件。

头文件	FreeBSD 8.0	Linux 3.2.0	Mac OS X 10.6.8	Solaris 10	说明
<aio.h>	•	•	•	•	异步 I/O
<cpio.h>	•	•	•	•	cpio 归档值
<dirent.h>	•	•	•	•	目录项（4.22 节）
<dlfcn.h>	•	•	•	•	动态链接
<fcntl.h>	•	•	•	•	文件控制（3.14 节）
<fnmatch.h>	•	•	•	•	文件名匹配类型
<glob.h>	•	•	•	•	路径名模式匹配与生成
<grp.h>	•	•	•	•	组文件（6.4 节）
<iconv.h>	•	•	•	•	代码集变换实用程序
<langinfo.h>	•	•	•	•	语言信息常量
<monetary.h>	•	•	•	•	货币类型与函数
<netdb.h>	•	•	•	•	网络数据库操作
<nl_types.h>	•	•	•	•	消息类
<poll.h>	•	•	•	•	投票函数（14.4.2 节）
<pthread.h>	•	•	•	•	线程（第 11 章、第 12 章）
<pwd.h>	•	•	•	•	口令文件（6.2 节）
<regex.h>	•	•	•	•	正则表达式
<sched.h>	•	•	•	•	执行调度
<semaphore.h>	•	•	•	•	信号量
<strings.h>	•	•	•	•	字符串操作
<tar.h>	•	•	•	•	tar 归档值
<termios.h>	•	•	•	•	终端 I/O（第 18 章）
<unistd.h>	•	•	•	•	符号常量
<wordexp.h>	•	•	•	•	字扩充类型
<arpa/inet.h>	•	•	•	•	因特网定义（第 16 章）
<net/if.h>	•	•	•	•	套接字本地接口（第 16 章）
<netinet/in.h>	•	•	•	•	因特网地址族（16.3 节）
<netinet/tcp.h>	•	•	•	•	传输控制协议定义
<sys/mman.h>	•	•	•	•	存储管理声明
<sys/select.h>	•	•	•	•	select 函数（14.4.1 节）
<sys/socket.h>	•	•	•	•	套接字接口（第 16 章）
<sys/stat.h>	•	•	•	•	文件状态（第 4 章）
<sys/statvfs.h>	•	•	•	•	文件系统信息
<sys/times.h>	•	•	•	•	进程时间（8.17 节）
<sys/types.h>	•	•	•	•	基本系统数据类型（2.8 节）
<sys/un.h>	•	•	•	•	UNIX 域套接字定义（17.2 节）
<sys/utsname.h>	•	•	•	•	系统名（6.9 节）
<sys/wait.h>	•	•	•	•	进程控制（8.6 节）

图 2-2 POSIX 标准定义的必需的头文件

本书中描述了 POSIX.1 2008 年版，其接口分成两部分：必需部分和可选部分。可选接口部分按功能又进一步分成40个功能分区。图2-5按各自的选项码总结了包含未弃用的编程接口。选项码是能够表述标准的2～3个字母的缩写，用以标识属于各个功能分区的接口，其中的接口依赖于特定选项的支持。很多选项处理实时扩展。

头文件	FreeBSD 8.0	Linux 3.2.0	Mac OS X 10.6.8	Solaris 10	说明
<fmtmsg.h>	•	•	•	•	消息显示结构
<ftw.h>	•	•	•	•	文件树漫游（4.22节）
<libgen.h>	•	•	•	•	路径名管理函数
<ndbm.h>	•		•	•	数据库操作
<search.h>	•	•	•	•	搜索表
<syslog.h>	•	•	•	•	系统出错日志记录（13.4节）
<utmpx.h>		•	•	•	用户账户数据库
<sys/ipc.h>	•	•	•	•	IPC（15.6节）
<sys/msg.h>	•	•	•	•	XSI消息队列（15.7节）
<sys/resource.h>	•	•	•	•	资源操作（7.11节）
<sys/sem.h>	•	•	•	•	XSI信号量（15.8节）
<sys/shm.h>	•	•	•	•	XSI共享存储（15.9节）
<sys/time.h>	•	•	•	•	时间类型
<sys/uio.h>	•	•	•	•	矢量I/O操作（14.6节）

图2-3 POSIX标准定义的XSI可选头文件

头文件	FreeBSD 8.0	Linux 3.2.0	Mac OS X 10.6.8	Solaris 10	说明
<mqueue.h>	•	•		•	消息队列
<spawn.h>	•	•	•	•	实时spawn接口

图2-4 POSIX标准定义的可选头文件

选项码	SUS强制的	符号常量	说明
ADV		_POSIX_ADVISORY_INFO	建议性信息（实时）
CPT		_POSIX_CPUTIME	进程CPU时间时钟（实时）
FSC	•	_POSIX_FSYNC	文件同步
IP6		_POSIX_IPV6	IPv6接口
ML		_POSIX_MEMLOCK	进程存储区加锁（实时）
MLR		_POSIX_MEMLOCK_RANGE	存储区域加锁（实时）
MON		_POSIX_MONOTONIC_CLOCK	单调时钟（实时）
MSG		_POSIX_MESSAGE_PASSING	消息传送（实时）
MX		__STDC_IEC_559__	IEC 60559浮点选项
PIO		_POSIX_PRIORITIZED_IO	优先输入和输出
PS		_POSIX_PRIORITIZED_SCHEDULING	进程调度（实时）
RPI		_POSIX_THREAD_ROBUST_PRIO_INHERIT	健壮的互斥量优先权继承（实时）
RPP		_POSIX_THREAD_ROBUST_PRIO_PROTECT	健壮的互斥量优先权保护（实时）
RS		_POSIX_RAW_SOCKETS	原始套接字
SHM		_POSIX_SHARED_MEMORY_OBJECTS	共享存储对象（实时）
SIO		_POSIX_SYNCHRONIZED_IO	同步输入和输出（实时）
SPN		_POSIX_SPAWN	产生（实时）
SS		_POSIX_SPORADIC_SERVER	进程阵发性服务器（实时）
TCT		_POSIX_THREAD_CPUTIME	线程CPU时间时钟（实时）

图2-5 POSIX.1可选接口组和选项码

TPI		_POSIX_THREAD_PRIO_INHERIT	非键壮的互斥量优先权继承（实时）
TPP		_POSIX_THREAD_PRIO_PROTECT	非键壮的互斥量优先权保护（实时）
TPS		_POSIX_THREAD_PRIORITY_SCHEDULING	线程执行调度（实时）
TSA	•	_POSIX_THREAD_ATTR_STACKADDR	线程栈地址属性
TSH	•	_POSIX_THREAD_PROCESS_SHARED	线程进程共享同步
TSP		_POSIX_THREAD_SPORADIC_SERVER	线程阵发性服务器（实时）
TSS	•	_POSIX_THREAD_ATTR_STACKSIZE	线程栈长度属性
TYM		_POSIX_TYPED_MEMORY_OBJECTS	类型存储对象（实时）
XSI	•	_XOPEN_UNIX	X/Open 扩充接口

图 2-5　POSIX.1 可选接口组和选项码（续）

POSIX.1 没有包括超级用户（superuser）这样的概念，代之以规定某些操作要求“适当的优先权”，POSIX.1 将此术语的含义留由具体实现进行解释。某些符合美国国防部安全性指南要求的 UNIX 系统具有很多不同的安全级。本书仍使用传统的 UNIX 术语，并指明要求超级用户特权的操作。

经过 20 多年的工作，相关标准已经成熟稳定。POSIX.1 标准现在由 Austin Group 开放工作组维护。为了保证它们仍然有价值，仍需经常对这些标准进行更新或再确认。

2.2.3　Single UNIX Specification

Single UNIX Specification（SUS，单一 UNIX 规范）是 POSIX.1 标准的一个超集，它定义了一些附加接口扩展了 POSIX.1 规范提供的功能。POSIX.1 相当于 Single UNIX Specification 中的基本规范部分。

POSIX.1 中的 X/Open 系统接口（X/Open System Interface，XSI）选项描述了可选的接口，也定义了遵循 XSI（XSI conforming）的实现必须支持 POSIX.1 的哪些可选部分。这些必须支持的部分包括：文件同步、线程栈地址和长度属性、线程进程共享同步以及_XOPEN_UNIX 符号常量(在图 2-5 中它们被加上“SUS 强制的”的标记)。只有遵循 XSI 的实现才能称为 UNIX 系统。

> Open Group 拥有 UNIX 商标，他们使用 Single UNIX Specification 定义了一系列接口。一个系统要想称为 UNIX 系统，其实现必须支持这些接口。UNIX 系统供应商必须以文件形式提供符合性声明，并通过验证符合性的测试，才能得到使用 UNIX 商标的许可证。

有些接口在遵循 XSI 的系统中是可选的，这些接口根据功能被分成若干选项组（option group），具体如下。

- 加密：由符号常量_XOPEN_CRYPE 标记。
- 实时：由符号常量_XOPEN_REALTIME 标记。
- 高级实时。
- 实时线程：由符号常量_XOPEN _REALTIME_THREADS 标记。
- 高级实时线程。

Single UNIX Specification 是 Open Group 的出版物，而 Open Group 是由两个工业社团 X/Open 和开放系统软件基金会（Open System Software Foundation，OSF）在 1996 年合并构成的。X/Open 过去出版了 *X/Open Portability Guide*（X/Open 可移植性指南），它采用了若干特定

28 ~ 31

标准，填补了其他标准缺失功能的空白。这些指南的目的是改善应用的可移植性，使其不仅仅符合已发布的标准。

X/Open在1994年发布了Single UNIX Specification第1版，因为它大约包含了1170个接口，因此也称为“Spec 1170”。它源自通用开放软件环境（Common Open Software Environment，COSE）的倡议，该倡议的目标是进一步改善应用程序在所有UNIX操作系统实现之间的可移植性。COSE的成员包括Sun、IBM、HP、Novell/USL以及OSF等，他们的UNIX都包含了通用商业化应用软件使用的接口，这较之仅仅赞同和支持标准前进了一大步。从这些应用软件的接口中选出的1170个接口被包括在下列标准中：X/Open通用应用环境（Common Application Environment，CAE）第4发行版（也被称为XPG4，以表示它与其前身X/Open Portability Guide的历史关系）、系统V接口定义（System V Interface Definition，SVID）第3版Level 1接口、OSF应用环境规范（Application Environment Specification，AES）Full Use接口。

1997年，Open Group发布了Single UNIX Specification第2版。新版本增加了对线程、实时接口、64位处理、大文件以及增强的多字节字符处理等功能的支持。

Single UNIX Specification第3版（SUSv3）由Open Group在2001年发布。SUSv3的基本规范与IEEE标准1003.1-2001相同，分成4个部分：基本定义、系统接口、shell和实用程序以及基本理论。SUSv3还包括X/Open Curses第4发行版第2版，但该规范并不是POSIX.1的组成部分。

2002年，ISO将IEEE标准1003.1-2001批准为国际标准ISO/IEC 9945:2002。Open Group在2003年再次更新了1003.1标准，包括了技术方面的更正。ISO将其批准为国际标准ISO/IEC 9945:2003。2004年4月，Open Group发布了Single UNIX Specification第3版2004年版，将更多技术上的更正合并到标准的正文中。

2008年，Single UNIX Specification再次更新，包括了更正和新的接口、移除弃用的接口以及将一些未来可能被删除的接口标记为弃用接口等。另外，有一些过去被认为可选的接口变成必选接口，其中包括异步I/O、屏障、时钟选择、存储映像文件、内存保护、读写锁、实时信号、POSIX信号量、旋转锁、线程安全函数、线程、超时机制以及时钟等。最终形成的标准就是基本规范的第7发行版，也即POSIX.1-2008。Open Group把这个版本和X/OPEN Curses规范的更新版打包，并于2010年作为Single UNIX Specification第4版发布。我们把这个规范称为SUSv4。

2.2.4 FIPS

FIPS代表的是联邦信息处理标准（Federal Information Processing Standard），这一标准是由美国政府发布的，并由美国政府用于计算机系统的采购。FIPS151-1（1989年4月）基于IEEE标准1003.1-1988及ANSI C标准草案。此后是FIPS 151-2（1993年5月），它基于IEEE标准1003.1-1990。在POSIX.1中列为可选的某些功能，在FIPS 151-2中是必需的。所有这些可选功能在POSIX.1-2001中已成为强制性要求。

32

POSIX.1 FIPS的作用是，它要求任何希望向美国政府销售符合POSIX.1标准的计算机系统的厂商都应支持POSIX.1的某些可选功能。因为POSIX.1 FIPS已经撤回，所以在本书中我们不再进一步考虑它。

2.3 UNIX系统实现

上一节说明了3个由各自独立的组织所制定的标准：ISO C、IEEE POSIX以及Single UNIX

Specification。但是，标准只是接口的规范。这些标准是如何与现实世界相关联的呢？这些标准由厂商采用，然后转变成具体实现。本书中我们不仅对这些标准感兴趣，还对它们的具体实现感兴趣。

在 McKusick 等[1996]的 1.1 节中给出了 UNIX 系统家族树的详细历史。UNIX 的各种版本和变体都起源于在 PDP-11 系统上运行的 UNIX 分时系统第 6 版（1976 年）和第 7 版（1979 年）（通常称为 V6 和 V7）。这两个版本是在贝尔实验室以外首先得到广泛应用的 UNIX 系统。从这棵树上演进出以下 3 个分支。

（1）AT&T 分支，从此引出了系统 III 和系统 V（被称为 UNIX 的商用版本）。

（2）加州大学伯克利分校分支，从此引出 4.xBSD 实现。

（3）由 AT&T 贝尔实验室的计算科学研究中心不断开发的 UNIX 研究版本，从此引出 UNIX 分时系统第 8 版、第 9 版，终止于 1990 年的第 10 版。

2.3.1 SVR4

SVR4（UNIX System V Release 4）是 AT&T 的 UNIX 系统实验室（UNIX System Laboratories，USL，其前身是 AT&T 的 UNIX Software Operation）的产品，它将下列系统的功能合并到了一个一致的操作系统中：AT&T UNIX 系统 V 3.2 版（SVR3.2）、Sun Microsystems 公司的 SunOS 操作系统、加州大学伯克利分校的 4.3BSD 以及微软的 Xenix 系统（Xenix 是在 V7 的基础上开发的，后来又采纳了很多系统 V 的功能）。其源代码于 1989 年后期发布，在 1990 年开始向终端用户提供。SVR4 符合 POSIX 1003.1 标准和 X/Open XPG3 标准。

AT&T 也出版了系统 V 接口定义（SVID）[AT&T 1989]。SVID 第 3 版说明了 UNIX 系统要达到 SVR4 质量要求必须提供的功能。如同 POSIX.1 一样，SVID 定义了一个接口，而不是一种实现。SVID 并不区分系统调用和库函数。对于一个 SVR4 的具体实现，应查看其参考手册，以了解系统调用和库函数的不同之处[AT&T 1990e]。

33

2.3.2 4.4BSD

BSD（Berkeley Software Distribution）是由加州大学伯克利分校的计算机系统研究组（CSRG）研究开发和分发的。4.2BSD 于 1983 年问世，4.3BSD 则于 1986 年发布。这两个版本都在 VAX 小型机上运行。它们的下一个版本 4.3BSD Tahoe 于 1988 年发布，在一台称为 Tahoe 的小型机上运行（Leffler 等[1989]说明了 4.3BSD Tahoe 版）。其后又有 1990 年的 4.3BSD Reno 版，它支持很多 POSIX.1 的功能。

最初的 BSD 系统包含了 AT&T 专有的源代码，它们需要 AT&T 许可证。为了获得 BSD 系统的源代码，首先需要持有 AT&T 的 UNIX 源代码许可证。这种情况正在改变，近几年，越来越多的 AT&T 源代码被替换成非 AT&T 源代码，很多添加到 BSD 系统上的新功能也来自于非 AT&T 方面。

1989 年，伯克利将 4.3BSD Tahoe 中很多非 AT&T 源代码包装成 BSD 网络软件 1.0 版，并使其成为可公开获得的软件。1991 年发布了 BSD 网络软件 2.0 版，它是从 4.3BSD Reno 版派生出来的，其目的是使大部分（如果不是全部的话）4.4BSD 系统不再受 AT&T 许可证的限制，这样，大家都可以得到源代码。

4.4BSD-Lite 是 CSRG 计划开发的最后一个发行版。由于与 USL 产生的法律纠纷，该版本曾一度延迟推出。在纠纷解决后，4.4BSD-Lite 立即于 1994 年发布，并且不再需要具有 UNIX 源代码使用许可证就可以使用它。1995 年 CSRG 发布了修复了 bug 的版本。4.4BSD-Lite 第 2 发行版是 CSRG 的最后一个 BSD 版本（McKusick 等[1996]描述了该 BSD 版本）。

在伯克利所进行的UNIX开发工作是从PDP-11开始的，然后转移到VAX小型机上，接着又转移到工作站上。20世纪90年代早期，伯克利得到支持在广泛应用的80386个人计算机上开发BSD版本，结果产生了386BSD。这一工作是由Bill Jolitz完成的，其工作在1991年全年的*Dr. Dobb's*期刊上以每月一篇文章连载发表。其中很多代码出现在BSD网络软件2.0版中。

2.3.3 FreeBSD

FreeBSD基于4.4BSD-Lite操作系统。在加州大学伯克利分校的CSRG决定终止其在UNIX操作系统的BSD版本的研发工作，而且386BSD项目被忽视很长时间之后，为了继续坚持BSD系列，形成了FreeBSD项目。

由FreeBSD项目产生的所有软件，包括其二进制代码和源代码，都是免费使用的。为了测试书中的实例，本书选取了4个操作系统，FreeBSD 8.0操作系统是其中之一。

> 有许多基于BSD的免费操作系统。NetBSD项目类似于FreeBSD项目，但是更注重不同硬件平台之间的可移植性。OpenBSD项目也类似于FreeBSD项目，但更注重于安全性。

34

2.3.4 Linux

Linux是一种提供类似于UNIX的丰富编程环境的操作系统，在GNU公用许可证的指导下，Linux是免费使用的。Linux的普及是计算机产业中的一道亮丽风景线。Linux经常是支持较新硬件的第一个操作系统，这一点使其引人注目。

Linux是由Linus Torvalds在1991年为替代MINIX而研发的。一位当时名不见经传人物的努力掀起了澎湃巨浪，吸引了遍布全世界的很多软件开发者，在使用和不断增强Linux方面自愿贡献出了他们大量的时间。

Ubuntu 12.04的Linux分发版本是用以测试本书实例的操作系统之一。该系统使用了Linux操作系统3.2.0版内核。

2.3.5 Mac OS X

与其以前的版本相比，Mac OS X使用了完全不同的技术。其核心操作系统称为“Darwin”，它基于Mach内核（Accetta等[1986]）、FreeBSD操作系统以及具有面向对象框架的驱动和其他内核扩展的结合。Mac OS X 10.5的Intel部分已经被验证为是一个UNIX系统。

Mac OS X 10.6.8（Darwin 10.8.0）是用以测试本书实例的操作系统之一。

2.3.6 Solaris

Solaris是由Sun Microsystems（现为Oracle）开发的UNIX系统版本。它基于SVR4，在超过15年的时间里，Sun Microsystems的工程师对其功能不断增强。它是唯一在商业上取得成功的SVR4后裔，并被正式验证为UNIX系统。

2005年，Sun Microsystems把Solaris操作系统的大部分源代码开放给公众，作为OpenSolaris开放源代码操作系统的一部分，试图建立围绕Solaris的外部开发人员社区。

Solaris 10 UNIX操作系统也是用以测试本书实例的操作系统之一。

2.3.7 其他 UNIX 系统

已经通过验证的其他 UNIX 版本包括：

- AIX，IBM 版的 UNIX 系统；
- HP-UX，HP 版的 UNIX 系统；
- IRIX，Silicon Graphics 版的 UNIX 系统；
- UnixWare，SVR4 派生的 UNIX 系统，现由 SCO 销售。

35

2.4 标准和实现的关系

前面提到的各个标准定义了任一实际系统的子集。本书主要关注 4 种实际的 UNIX 系统：FreeBSD 8.0、Linux 3.2.0、Mac OS X 10.6.8 和 Solaris 10。在这 4 种系统中，虽然只有 Mac OS X 和 Solaris 10 能够称自己是一种 UNIX 系统，但是所有这 4 种系统都提供 UNIX 编程环境。因为所有这 4 种系统都在不同程度上符合 POSIX 标准，所以我们也将重点关注 POSIX.1 标准所要求的功能，并指出这 4 种系统具体实现与 POSIX 之间的差别。仅仅一个特定实现所具有的功能和例程会被清楚地标记出来。我们还关注那些属于 UNIX 系统必需的，但却在符合 POSIX 标准的系统中是可选的功能。

应当看到，这些实现都提供了对它们早期版本（如 SVR3.2 和 4.3BSD）功能的向后兼容性。例如，Solaris 对 POSIX.1 规范中的非阻塞 I/O（O_NONBLOCK）以及传统的系统 V 中的方法（O_NDELAY）都提供了支持。本书将只使用 POSIX.1 的功能，但是也会提及它所替换的是哪一种非标准功能。与此相类似，SVR3.2 和 4.3BSD 以某种方法提供了可靠的信号机制，这种方法也有别于 POSIX.1 标准。第 10 章将只说明 POSIX.1 的信号机制。

2.5 限制

UNIX 系统实现定义了很多幻数和常量，其中有很多已被硬编码到程序中，或用特定的技术确定。由于大量标准化工作的努力，已有若干种可移植的方法用以确定这些幻数和具体实现定义的限制。这非常有助于改善 UNIX 环境下软件的可移植性。

以下两种类型的限制是必需的。

（1）编译时限制（例如，短整型的最大值是什么？）

（2）运行时限制（例如，文件名有多少个字符？）

编译时限制可在头文件中定义。程序在编译时可以包含这些头文件。但是，运行时限制则要求进程调用一个函数获得限制值。

另外，某些限制在一个给定的实现中可能是固定的（因此可以静态地在一个头文件中定义），而在另一个实现中则可能是变动的（需要有一个运行时函数调用）。这种类型限制的一个例子是文件名的最大字符数。SVR4 之前的系统 V 由于历史原因只允许文件名最多包含 14 个字符，而源于 BSD 的系统则将此增加为 255。目前，大多数 UNIX 系统支持多文件系统类型，而每一种类型有它自己的限制。文件名的最大长度依赖于该文件处于何种文件系统，例如，根文件系统中的文件名长度限制可能是 14 个字符，而在另一个文件系统中文件名长度限制可能是 255 个字符，这是运行时限制的一个例子。

为了解决这类问题，提供了以下 3 种限制。

36

（1）编译时限制（头文件）。

（2）与文件或目录无关的运行时限制（sysconf 函数）。

（3）与文件或目录有关的运行时限制（pathconf 和 fpathconf 函数）。

使事情变得更加复杂的是，如果一个特定的运行时限制在一个给定的系统上并不改变，则可将其静态地定义在一个头文件中，但是，如果没有将其定义在头文件中，应用程序就必须调用 3 个 conf 函数中的一个（我们很快就会对它们进行说明），以确定其运行时的值。

2.5.1 ISO C限制

ISO C 定义的所有编译时限制都列在头文件<limits.h>中（见图 2-6）。这些限制常量在一个给定系统中并不会改变。表中第 3 列列出了 ISO C 标准可接受的最小值。这用于 16 位整型的系统，用 1 的补码表示。第 4 列列出了 32 位整型 Linux 系统的值，用 2 的补码表示。注意，我们没有列出无符号数据类型的最小值，这些值应该都为 0。在 64 位系统中，其 long 整型的最大值与表中 long long 整型的最大值相匹配。

名称	说明	可接受的最小值	典型值
CHAR_BIT	char 的位数	8	8
CHAR_MAX	char 的最大值	（见后）	127
CHAR_MIN	char 的最小值	（见后）	-128
SCHAR_MAX	signed char 的最大值	127	127
SCHAR_MIN	signed char 的最小值	-127	-128
UCHAR_MAX	unsigned char 的最大值	255	255
INT_MAX	int 的最大值	32 767	2 147 483 647
INT_MIN	int 的最小值	-32 767	-2 147 483 648
UINT_MAX	unsigned int 的最大值	65 535	4 294 967 295
SHRT_MAX	short 的最大值	32 767	32 767
SHRT_MIN	short 的最小值	-32 767	-32 768
USHRT_MAX	unsigned short 的最大值	65 535	65 535
LONG_MAX	long 的最大值	2 147 483 647	2 147 483 647
LONG_MIN	long 的最小值	-2 147 483 647	-2 147 483 648
ULONG_MAX	unsigned long 的最大值	4 294 967 295	4 294 967 295
LLONG_MAX	long long 的最大值	9 223 372 036 854 775 807	9 223 372 036 854 775 807
LLONG_MIN	long long 的最小值	-9 223 372 036 854 775 807	-9 223 372 036 854 775 808
ULLONG_MAX	unsigned long long 的最大值	18 446 744 073 709 551 615	18 446 744 073 709 551 615
MB_LEN_MAX	在一个多字节字符常量中的最大字节数	1	6

图 2-6 <limits.h>中定义的整型值大小

37

我们将会遇到的一个区别是系统是否提供带符号或无符号的字符值。从图 2-6 中的第 4 列可以看出，该特定系统使用带符号字符。从图中可以看到 CHAR_MIN 等于 SCHAR_MIN，CHAR_MAX 等于 SCHAR_MAX。如果系统使用无符号字符，则 CHAR_MIN 等于 0，CHAR_MAX 等于 UCHAR_MAX。

在头文件<float.h>中，对浮点数据类型也有类似的一组定义。如若读者在工作中涉及大量浮点数据类型，则应仔细查看该文件。

虽然 ISO C 标准规定了整型数据类型可接受的最小值，但 POSIX.1 对 C 标准进行了扩充。为了符合 POSIX.1 标准，具体实现必须支持 INT_MAX 的最小值为 2 147 483 647，INT_MIN 为-2 147 483 647，UINT_MAX 为 4 294 967 295。因为 POSIX.1 要求具体实现支持 8 位的 char 类型，所以 CHAR_BIT 必须是 8，SCHAR_MIN 必须是-128，SCHAR_MAX 必须是 127，UCHAR_MAX 必须是 255。

我们会遇到的另一个 ISO C 常量是 FOPEN_MAX，这是具体实现保证可同时打开的标准 I/O 流的最小个数，该值在头文件<stdio.h>中定义，其最小值是 8。POSIX.1 中的 STREAM_MAX（若定义的话）则应与 FOPEN_MAX 具有相同的值。

ISO C 还在<stdio.h>中定义了常量 TMP_MAX，这是由 tmpnam 函数产生的唯一文件名的最大个数。关于此常量我们将在 5.13 节中进行更多说明。

虽然 ISO C 定义了常量 FILENAME_MAX，但我们应避免使用该常量，因为 POSIX.1 提供了更好的替代常量（NAME_MAX 和 PATH_MAX），我们很快就会介绍该常量。

在图 2-7 中，我们列出了本书所讨论 4 种平台上的 FILENAME_MAX、FOPEN_MAX 和 TMP_MAX 值。

限制	FreeBSD 8.0	Linux 3.2.0	Mac OS X 10.6.8	Solaris 10
FOPEN_MAX	20	16	20	20
TMP_MAX	308 915 776	238 328	308 915 776	17 576
FILENAME_MAX	1 024	4 096	1 024	1 024

图 2-7 在各种平台上 ISO 的限制

2.5.2 POSIX 限制

POSIX.1 定义了很多涉及操作系统实现限制的常量，遗憾的是，这是 POSIX.1 中最令人迷惑不解的部分之一。虽然 POSIX.1 定义了大量限制和常量，我们只关心与基本 POSIX.1 接口有关的部分。这些限制和常量分成下列 7 类。

（1）数值限制：LONG_BIT、SSIZE_MAX 和 WORD_BIT。

（2）最小值：图 2-8 中的 25 个常量。

（3）最大值：_POSIX_CLOCKRES_MIN。

38

（4）运行时可以增加的值：CHARCLASS_NAME_MAX、COLL_WEIGHTS_MAX、LINE_MAX、NGROUPS_MAX 和 RE_DUP_MAX。

（5）运行时不变值（可能不确定）：图 2-9 中的 17 个常量（加上 12.2 节中介绍的 4 个常量和 14.5 节中介绍的 3 个常量）。

（6）其他不变值：NL_ARGMAX、NL_MSGMAX、NL_SETMAX 和 NL_TEXTMAX。

（7）路径名可变值：FILESIZEBITS、LINK_MAX、MAX_CANON、MAX_INPUT、NAME_MAX、PATH_MAX、PIPE_BUF 和 SYMLINK_MAX。

在这些限制和常量中，某些可能定义在<limits.h>中，其余的则按具体条件可定义、可不定义。在 2.5.4 节中说明 sysconf、pathconf 和 fpathconf 函数时，我们将描述可定义或可不定义的限制和常量。在图 2-8 中，我们列出了 25 个最小值。

这些最小值是不变的——它们并不随系统而改变。它们指定了这些特征最具约束性的值。一个符合 POSIX.1 的实现应当提供至少这样大的值。这就是为什么将它们称为最小值，虽然它们的名字都包含了 MAX。另外，为了保证可移植性，一个严格符合 POSIX 标准的应用程序不应要求更大的值。我们将在本书的适当章节说明每一个常量的含义。

> 一个严格符合（strictly conforming）POSIX 的应用区别于一个刚刚符合 POSIX（merely POSIX confirming）的应用。符合 POSIX 的应用只使用在 IEEE 1003.1-2001 中定义的接口。严格符合 POSIX 的应用满足更多的限制，例如，不依赖于 POSIX 未定义的行为、不使用其任何已弃用的接口以及不要求所使用的常量值大于图 2-8 中所列出的最小值。

名称	说明：最小可接受值	值
_POSIX_ARG_MAX	exec 函数的参数长度	4 096
_POSIX_CHILD_MAX	每个实际用户 ID 的子进程数	25
_POSIX_DELAYTIMER_MAX	定时器最大超限运行次数	32
_POSIX_HOST_NAME_MAX	gethostname 函数返回的主机名长度	255
_POSIX_LINK_MAX	至一个文件的链接数	8
_POSIX_LOGIN_NAME_MAX	登录名的长度	9
_POSIX_MAX_CANON	终端规范输入队列的字节数	255
_POSIX_MAX_INPUT	终端输入队列的可用空间	255
_POSIX_NAME_MAX	文件名中的字节数，不包括终止 null 字节	14
_POSIX_NGROUPS_MAX	每个进程同时添加的组 ID 数	8
_POSIX_OPEN_MAX	每个进程的打开文件数	20
_POSIX_PATH_MAX	路径名中的字节数，包括终止 null 字节	256
_POSIX_PIPE_BUF	能原子地写到一个管道中的字节数	512
_POSIX_RE_DUP_MAX	当使用间隔表示法\{m,n\}时，regexec 和 regcomp 函数允许的基本正则表达式重复发生次数	255
_POSIX_RTSIG_MAX	为应用预留的实时信号编号个数	8
_POSIX_SEM_NSEMS_MAX	一个进程可以同时使用的信号量个数	256
_POSIX_SEM_VALUE_MAX	信号量可持有的值	32 767
_POSIX_SIGQUEUE_MAX	一个进程可发送和挂起的排队信号的个数	32
_POSIX_SSIZE_MAX	能存在 ssize_t 对象中的值	32 767
_POSIX_STREAM_MAX	一个进程能同时打开的标准 I/O 流数	8
_POSIX_SYMLINK_MAX	符号链接中的字节数	255
_POSIX_SYMLOOP_MAX	在解析路径名时，可遍历的符号链接数	8
_POSIX_TIMER_MAX	每个进程的定时器数目	32
_POSIX_TTY_NAME_MAX	终端设备名长度，包括终止 null 字节	9
_POSIX_TZNAME_MAX	时区名字节数	6

39

图 2-8 <limits.h>中的 POSIX.1 最小值

遗憾的是，这些不变最小值中的某一些在实际应用中太小了。例如，目前在大多数 UNIX 系统中，每个进程可同时打开的文件数远远超过 20。另外，_POSIX_PATH_MAX 的最小限制值为 255，这太小了，路径名可能会超过这一限制。这意味着在编译时不能使用_POSIX_OPEN_MAX 和_POSIX_PATH_MAX 这两个常量作为数组长度。

图 2-8 中的 25 个不变最小值的每一个都有一个相关的实现值，其名字是将图 2-8 中的名字删除前缀_POSIX_后构成的。没有_POSIX_前缀的名字用于给定具体实现支持的该不变最小值的实际值。这 25 个实现值是本节开始部分所列出的 1、4、5、7 类：2 个是运行时可以增加的值、15 个是运行时不变值（见图 2-9）、7 个是路径名可变值，以及数值 SSIZE_MAX。问题是并不能确保所有这 25 个实现值都在<limit.h>头文件中定义。

例如，某个特定值可能不在此头文件中定义，其理由是：一个给定进程的实际值可能依赖于系统的存储总量。如果没有在头文件中定义它们，则不能在编译时使用它们作为数组边界。所以，POSIX.1 提供了 3 个运行时函数以供调用，它们是 sysconf、pathconf 和 fpathconf。使用这 3 个函数可以在运行时得到实际的实现值。但是，还有一个问题，其中某些值由 POSIX.1 定义为“可能不确定的”（逻辑上无限的），这就意味着该值没有实际上限。例如，在 Solaris 中，进程结束时注册可运行 atexit 的函数个数仅受系统存储总量的限制。所以在 Solaris 中，ATEXIT_MAX 被认为是不确定的。2.5.5 节还将讨论运行时限制不确定的问题。

名称	说明	最小可接受值
ARG_MAX	exec 函数族的参数最大长度	_POSIX_ARG_MAX
ATEXIT_MAX	可用 atexit 函数登记的最大函数个数	32
CHILD_MAX	每个实际用户 ID 的子进程最大个数	_POSIX_CHILD_MAX
DELAYTIMER_MAX	定时器最大超限运行次数	_POSIX_DELAYTIMER_MAX
HOST_NAME_MAX	gethostname 返回的主机名长度	_POSIX_HOST_NAME_MAX
LOGIN_NAME_MAX	登录名最大长度	_POSIX_LOGIN_NAME_MAX
OPEN_MAX	赋予新建文件描述符的最大值+1	_POSIX_OPEN_MAX
PAGESIZE	系统内存页大小（以字节为单位）	1
RTSIG_MAX	为应用程序预留的实时信号的最大个数	_POSIX_RTSIG_MAX
SEM_NSEMS_MAX	一个进程可使用的信号量最大个数	_POSIX_SEM_NSEMS_MAX
SEM_VALUE_MAX	信号量的最大值	_POSIX_SEM_VALUE_MAX
SIGQUEUE_MAX	一个进程可排队信号的最大个数	_POSIX_SIGQUEUE_MAX
STREAM_MAX	一个进程一次可打开的标准 I/O 流的最大个数	_POSIX_STREAM_MAX
SYMLOOP_MAX	路径解析过程中可访问的符号链接数	_POSIX_SYMLOOP_MAX
TIMER_MAX	一个进程的定时器最大个数	_POSIX_TIMER_MAX
TTY_NAME_MAX	终端设备名长度，其中包括终止的 null 字节	_POSIX_TTY_NAME_MAX
TZNAME_MAX	时区名的字节数	_POSIX_TZNAME_MAX

图 2-9 <limits.h>中的 POSIX.1 运行时不变值

2.5.3 XSI 限制

XSI 定义了代表实现限制的几个常量。

（1）最小值：图 2-10 中列出的 5 个常量。

（2）运行时不变值（可能不确定）：IOV_MAX 和 PAGE_SIZE。

图 2-10 列出了最小值。最后两个常量值说明了 POSIX.1 最小值太小的情况，根据推测这可能是考虑到了嵌入式 POSIX.1 实现。为此，Single UNIX Specification 为符合 XSI 的系统增加了具有较大最小值的符号。

名称	说明	最小可接受值	典型值
NL_LANGMAX	在 LANG 环境变量中最大字节数	14	14
NZERO	默认进程优先级	20	20
_XOPEN_IOV_MAX	readv 或 writev 可使用的最多 iovec 结构个数	16	16
_XOPEN_NAME_MAX	文件名中的字节数	255	255
_XOPEN_PATH_MAX	路径名中的字节数	1 024	1 024

图 2-10 <limits.h>中的 XSI 最小值

40 ~ 41

2.5.4 函数 sysconf、pathconf 和 fpathconf

我们已列出了实现必须支持的各种最小值，但是怎样才能找到一个特定系统实际支持的限制值呢？正如前面提到的，某些限制值在编译时是可用的，而另外一些则必须在运行时确定。我们也曾提及某些限制值在一个给定的系统中可能是不会更改的，而其他限制值可能会更改，因为它们与文件和目录相关联。运行时限制可调用下面 3 个函数之一获得。

```
#include <unistd.h>

long sysconf(int name);

long pathconf(const char *pathname, int name);

log fpathconf(int fd, int name);
```

所有函数返回值：若成功，返回相应值；若出错，返回-1（见后）

后面两个函数的差别是：一个用路径名作为其参数，另一个则取文件描述符作为参数。

图2-11中列出了 sysconf 函数所使用的 *name* 参数，它用于标识系统限制。以 _SC_ 开始的常量用作标识运行时限制的 sysconf 参数。图2-12列出了 pathconf 和 fpathconf 函数为标识系统限制所使用的 *name* 参数。以 _PC_ 开始的常量用作标识运行时限制的 pathconf 或 fpathconf 参数。

我们需要更详细地讨论一下这3个函数不同的返回值。

（1）如果 *name* 参数并不是一个合适的常量，这3个函数都返回-1，并把 errno 置为 EINVAL。图2-11和图2-12的第3列给出了我们在整本书中将要涉及的限制常量。

（2）有些 *name* 会返回一个变量值（返回值≥0）或者提示该值是不确定的。不确定的值通过返回-1来体现，而不改变 errno 的值。

限制名	说明	***name* 参数**
ARG_MAX	exec 函数的参数最大长度（字节）	_SC_ARG_MAX
ATEXIT_MAX	可用 atexit 函数登记的最大函数个数	_SC_ATEXIT_MAX
CHILD_MAX	每个实际用户 ID 的最大进程数	_SC_CHILD_MAX
时钟滴答/秒	每秒时钟滴答数	_SC_CLK_TCK
COLL_WEIGHTS_MAX	在本地定义文件中可以赋予 LC_COLLATE 顺序关键字项的最大权重数	_SC_COLL_WEIGHTS_MAX
DELAYTIMER_MAX	定时器最大超限运行次数	_SC_DELAYTIMER_MAX
HOST_NAME_MAX	gethostname 函数返回的主机名最大长度	_SC_HOST_NAME_MAX
IOV_MAX	readv 或 writev 函数可以使用最多的 iovec 结构的个数	_SC_IOV_MAX
LINE_MAX	实用程序输入行的最大长度	_SC_LINE_MAX
LOGIN_NAME_MAX	登录名的最大长度	_SC_LOGIN_NAME_MAX
NGROUPS_MAX	每个进程同时添加的最大进程组 ID 数	_SC_NGROUPS_MAX
OPEN_MAX	每个进程最大打开文件数	_SC_OPEN_MAX
PAGESIZE	系统存储页长度（字节数）	_SC_PAGESIZE
PAGE_SIZE	系统存储页长度（字节数）	_SC_PAGE_SIZE
RE_DUP_MAX	当使用间隔表示法\{m,n\}时，函数 regexec 和 regcomp 允许的基本正则表达式重复发生次数	_SC_RE_DUP_MAX
RTSIG_MAX	为应用程序预留的实时信号的最大个数	_SC_RTSIG_MAX
SEM_NSEMS_MAX	一个进程可使用的信号量最大个数	_SC_SEM_NSEMS_MAX
SEM_VALUE_MAX	信号量的最大值	_SC_SEM_VALUE_MAX
SIGQUEUE_MAX	一个进程可排队信号的最大个数	_SC_SIGQUEUE_MAX
STREAM_MAX	一个_SC_STREAM_MAX 进程在任意给定时刻标准 I/O 流的最大个数。如果定义，必须与 FOPEN_MAX 有相同值	_SC_STREAM_MAX
SYMLOOP_MAX	在解析路径名时，可遍历的符号链接数	_SC_SYMLOOP_MAX
TIMER_MAX	每个进程的最大定时器个数	_SC_TIMER_MAX
TTY_NAME_MAX	终端设备名长度，包括终止 null 字节	_SC_TTY_NAME_MAX
TZNAME_MAX	时区名中的最大字节数	_SC_TZNAME_MAX

图2-11 对 sysconf 的限制及 *name* 参数

限制名	说明	*name* 参数
FILESIZEBITS	以带符号整型值表示在指定目录中允许的普通文件最大长度所需的最小位（bit）数	_PC_FILESIZEBITS
LINK_MAX	文件链接计数的最大值	_PC_LINK_MAX
MAX_CANON	终端规范输入队列的最大字节数	_PC_MAX_CANON
MAX_INPUT	终端输入队列可用空间的字节数	_PC_MAX_INPUT
NAME_MAX	文件名的最大字节数（不包括终止 null 字节）	_PC_NAME_MAX
PATH_MAX	相对路径名的最大字节数，包括终止 null 字节	_PC_PATH_MAX
PIPE_BUF	能原子地写到管道的最大字节数	_PC_PIPE_BUF
_POSIX_TIMESTAMP_RESOLUTION	文件时间戳的纳秒精度	_PC_TIMESTAMP_RESOLUTION
SYMLINK_MAX	符号链接的字节数	_PC_SYMLINK_MAX

图 2-12　对 pathconf 和 fpathconf 的限制及 *name* 参数

（3）_SC_CLK_TCK 的返回值是每秒的时钟滴答数，用于 times 函数的返回值（8.17 节）。

对于 pathconf 的参数 *pathname* 和 fpathconf 的参数 *fd* 有很多限制。如果不满足其中任何一个限制，则结果是未定义的。

（1）_PC_MAX_CANON 和_PC_MAX_INPUT 引用的文件必须是终端文件。

（2）_PC_LINK_MAX 和_PC_TIMESTAMP_RESOLUTION 引用的文件可以是文件或目录。如果是目录，则返回值用于目录本身，而不用于目录内的文件名项。

（3）_PC_FILESIZEBITS 和_PC_NAME_MAX 引用的文件必须是目录，返回值用于该目录中的文件名。

（4）_PC_PATH_MAX 引用的文件必须是目录。当所指定的目录是工作目录时，返回值是相对路径名的最大长度（遗憾的是，这不是我们想要知道的一个绝对路径名的实际最大长度，我们将在 2.5.5 节中再次回到这一问题上来）。

（5）_PC_PIPE_BUF 引用的文件必须是管道、FIFO 或目录。在管道或 FIFO 情况下，返回值是对所引用的管道或 FIFO 的限制值。对于目录，返回值是对在该目录中创建的任一 FIFO 的限制值。

（6）_PC_SYMLINK_MAX 引用的文件必须是目录。返回值是该目录中符号链接可包含字符串的最大长度。

实例

图 2-13 中所示的 awk(1)程序构建了一个 C 程序，它打印各 pathconf 和 sysconf 符号的值。

```
#!/usr/bin/awk -f
BEGIN   {
    printf("#include \"apue.h\"\n")
    printf("#include <errno.h>\n")
    printf("#include <limits.h>\n")
    printf("\n")
    printf("static void pr_sysconf(char *, int);\n")
    printf("static void pr_pathconf(char *, char *, int);\n")
    printf("\n")
    printf("int\n")
```

42
～
44

```
    printf("main(int argc, char *argv[])\n")
    printf("{\n"}
    printf("\tif (argc != 2)\n")
    printf("\t\terr_quit(\"usage: a.out <dirname>\");\n\n")
    FS="\t+"
    while (getline <"sysconf.sym" > 0) {
        printf("#ifdef %s\n", $1)
        printf("\tprintf(\"%s defined to be %%ld\\n\", (long)%s+0);\n", $1, $1)
        printf("#else\n")
        printf("\tprintf(\"no symbol for %s\\n\");\n", $1)
        printf("#endif\n")
        printf("#ifdef %s\n", $2)
        printf("\tpr_sysconf(\"%s =\", %s);\n", $1, $2)
        printf("#else\n")
        printf("\tprintf(\"no symbol for %s\\n\");\n", $2)
        printf("#endif\n")
    }
    close("sysconf.sym")
    while (getline <"pathconf.sym" > 0) {
        printf("#ifdef %s\n", $1)
        printf("\tprintf(\"%s defined to be %%ld\\n\", (long)%s+0);\n", $1, $1)
        printf("#else\n")
        printf("\tprintf(\"no symbol for %s\\n\");\n", $1)
        printf("#endif\n")
        printf("#ifdef %s\n", $2)
        printf("\tpr_pathconf(\"%s =\", argv[1], %s);\n", $1, $2)
        printf("#else\n")
        printf("\tprintf(\"no symbol for %s\\n\");\n", $2)
        printf("#endif\n")

}
    close("pathconf.sym")
    exit
}
END {
    printf("\texit(0);\n")
    printf("}\n\n")
    printf("static void\n")
    printf("pr_sysconf(char *mesg, int name)\n")
    printf("{\n"}
    printf("\tlong val;\n\n")
    printf("\tfputs(mesg, stdout);\n")
    printf("\terrno = 0;\n")
    printf("\tif ((val = sysconf(name)) < 0) {\n"}
    printf("\t\tif (errno != 0) {\n"}
    printf("\t\t\tif (errno == EINVAL)\n")
    printf("\t\t\t\tfputs(\" (not supported)\\n\", stdout);\n")
    printf("\t\t\telse\n")
    printf("\t\t\t\terr_sys(\"sysconf error\");\n")
    printf("\t\t) else {\n"}
    printf("\t\t\tfputs(\" (no limit)\\n\", stdout);\n")
    printf("\t\t)\n")
    printf("\t} else {\n"}
    printf("\t\tprintf(\" %%ld\\n\", val);\n")
    printf("\t)\n")
```

45

```
    printf("}\n\n")
    printf("static void\n")
    printf("pr_pathconf(char *mesg, char *path, int name)\n")
    printf("{\n")
    printf("\tlong val;\n")
    printf("\n")
    printf("\tfputs(mesg, stdout);\n")
    printf("\terrno = 0;\n")
    printf("\tif ((val = pathconf(path, name)) < 0) {\n")
    printf("\t\tif (errno != 0) {\n")
    printf("\t\t\tif (errno == EINVAL)\n")
    printf("\t\t\t\tfputs(\" (not supported)\\n\", stdout);\n")
    printf("\t\t\telse\n")
    printf("\t\t\t\terr_sys(\"pathconf error, path = %%s\", path);\n")
    printf("\t\t} else {\n")
    printf("\t\t\tfputs(\" (no limit)\\n\", stdout);\n")
    printf("\t\t}\n")
    printf("\t} else {\n")
    printf("\t\tprintf(\" %%ld\\n\", val);\n")
    printf("\t}\n")
    printf("}\n")
}
```

图 2-13 构建 C 程序以打印所有得到支持的系统配置限制

该 awk 程序读两个输入文件——pathconf.sym 和 sysconfig.sym，这两个文件中包含了用制表符分隔的限制名和符号列表。并非每种平台都定义所有符号，所以围绕每个 pathconf 和 sysconf 调用，awk 程序都使用了必要的#ifdef 语句。

例如，awk 程序将输入文件中类似于下列形式的行：

```
NAME_MAX    _PC_NAME_MAX
```

转换成下列 C 代码：

```
#ifdef NAME_MAX
     printf("NAME_MAX is defined to be %d\n", NAME_MAX+0);
#else
     printf("no symbol for NAME_MAX\n");
#endif
#ifdef _PC_NAME_MAX
     pr_pathconf("NAME_MAX =", argv[1], _PC_NAME_MAX);
#else
     printf("no symbol for _PC_NAME_MAX\n");
#endif
```

由 awk 产生的 C 程序如图 2-14 所示，它会打印所有这些限制，并处理未定义限制的情况。 46

```
#include "apue.h"
#include <errno.h>
#include <limits.h>

static void pr_sysconf(char *, int);
static void pr_pathconf(char *, char *, int);

int
main(int argc, char *argv[])
```

```
{
    if (argc != 2)
        err_quit("usage: a.out <dirname>");

#ifdef ARG_MAX
    printf("ARG_MAX defined to be %ld\n", (long)ARG_MAX+0);
#else
    printf("no symbol for ARG_MAX\n");
#endif
#ifdef _SC_ARG_MAX
    pr_sysconf("ARG_MAX =", _SC_ARG_MAX);
#else
    printf("no symbol for _SC_ARG_MAX\n");
#endif

/* similar processing for all the rest of the sysconf symbols... */

#ifdef MAX_CANON
    printf("MAX_CANON defined to be %ld\n", (long)MAX_CANON+0);
#else
    printf("no symbol for MAX_CANON\n");
#endif
#ifdef _PC_MAX_CANON
    pr_pathconf("MAX_CANON =", argv[1], _PC_MAX_CANON);
#else
    printf("no symbol for _PC_MAX_CANON\n");
#endif

/* similar processing for all the rest of the pathconf symbols... */

    exit(0);
}

static void
pr_sysconf(char *mesg, int name)
{
    long    val;

    fputs(mesg, stdout);
    errno = 0;
    if ((val = sysconf(name)) < 0) {
        if (errno != 0) {
            if (errno == EINVAL)
                fputs(" (not supported)\n", stdout);
            else
                err_sys("sysconf error");
        } else {
            fputs(" (no limit)\n", stdout);
        }
    } else {
        printf(" %ld\n", val);
    }
}

static void
```

47

```
pr_pathconf(char *mesg, char *path, int name)
{
    long    val;

    fputs(mesg, stdout);
    errno = 0;
    if ((val = pathconf(path, name)) < 0) {
        if (errno != 0) {
            if (errno == EINVAL)
                fputs(" (not supported)\n", stdout);
            else
                err_sys("pathconf error, path = %s", path);
        } else {
            fputs(" (no limit)\n", stdout);
        }
    } else {
        printf(" %ld\n", val);
    }
}
```

图 2-14 打印所有可能的 sysconf 和 pathconf 值

图 2-15 总结了在本书讨论的 4 种系统上图 2-14 所示程序的输出结果。"无符号"项表示该系统没有提供相应_SC 或_PC 符号以查询相关常量值。因此，该限制是未定义的。与此对比，"不支持"项表示该符号由系统定义，但是未被 sysconf 和 pathcon 函数识别。"无限制"项表示该系统将相关常量定义为无限制，但并不表示该限制值可以是无限的，它只表示该限制值不确定。

限制	FreeBSD 8.0	Linux 3.2.0	Mac OS X 10.6.8	Solaris 10	
				UFS 文件系统	PCFS 文件系统
ARG_MAX	262 144	2 097 152	262 144	2 096 640	2 096 640
ATEXIT_MAX	32	2 147 483 647	2 147 483 647	无限制	无限制
CHARCLASS_NAME_MAX	无符号	2 048	14	14	14
CHILD_MAX	1 760	47 211	266	8 021	8 021
时钟滴答/秒	128	100	100	100	100
COLL_WEIGHTS_MAX	0	255	2	10	10
FILESIZEBITS	64	64	64	41	不支持
HOST_NAME_MAX	255	64	255	255	255
IOV_MAX	1 024	1 024	1 024	16	16
LINE_MAX	2 048	2 048	2 048	2 048	2 048
LINK_MAX	32 767	65 000	32 767	32 767	1
LOGIN_NAME_MAX	17	256	255	9	9
MAX_CANON	255	255	1 024	256	256
MAX_INPUT	255	255	1 024	512	512
NAME_MAX	255	255	255	255	8
NGROUPS_MAX	1 023	65 536	16	16	16
OPEN_MAX	3 520	1 024	256	256	256
PAGESIZE	4 096	4 096	4 096	8 192	8 192
PAGE_SIZE	4 096	4 096	4 096	8 192	8 192
PATH_MAX	1 024	4 096	1 024	1 024	1 024
PIPE_BUF	512	4 096	512	5 120	5 120
RE_DUP_MAX	255	32 767	255	255	255
STREAM_MAX	3 520	16	20	256	256

图 2-15 配置限制的实例

SYMLINK_MAX	1 024	无限制	255	1 024	1 024
SYMLOOP_MAX	32	无限制	32	20	20
TTY_NAME_MAX	255	32	255	128	128
TZNAME_MAX	255	6	255	无限制	无限制

图 2-15 配置限制的实例（续）

> 注意，有些限制报告地并不正确。例如，在 Linux 中，SYMLOOP_MAX 被报告成无限制，但是检查源代码后就会发现，实际上它在硬编码中有限制值，这一限制将循环缺失的情况下遍历连续符号链接的数目限制为 40（参阅 fs/namei.c 中的 follow_link 函数）。
>
> Linux 中另一个潜在的不精确的来源是 pathconf 和 fpathconf 函数都是在 C 库函数中实现的，这些函数返回的配置限制依赖于底层的文件系统类型，因此如果你的文件系统不被 C 库熟知的话，函数返回的是一个猜测值。

我们将在 4.14 节中看到，UFS 是 Berkeley 快速文件系统的 SVR4 实现，PCFS 是 Solaris 的 MS-DOS FAT 文件系统的实现。

2.5.5 不确定的运行时限制

前面已提及某些限制值可能是不确定的。我们遇到的问题是，如果这些限制值没有在头文件<limits.h>中定义，那么在编译时也就不能使用它们。但是，如果它们的值是不确定的，那么在运行时它们可能也是未定义的。让我们来观察两个特殊的情况，为一个路径名分配存储区，以及确定文件描述符的数目。

1. 路径名

很多程序需要为路径名分配存储区，一般来说，在编译时就为其分配了存储区，而且不同的程序使用各种不同的幻数（其中很少是正确的）作为数组长度，如 256、512、1 024 或标准 I/O 常量 BUFSIZ。4.3BSD 头文件<sys/param.h>中的常量 MAXPATHLEN 才是正确的值，但是很多 4.3BSD 应用程序并未使用它。

48~49

POSIX.1 试图用 PATH_MAX 值来帮助我们，但是如果此值是不确定的，那么仍是毫无帮助的。图 2-16 程序是本书用来为路径名动态分配存储区的函数。

```
#include "apue.h"
#include <errno.h>
#include <limits.h>

#ifdef  PATH_MAX
static long pathmax = PATH_MAX;
#else
static long pathmax = 0;
#endif

static long posix_version = 0;
static long xsi_version = 0;

/* If PATH_MAX is indeterminate, no guarantee this is adequate */
#define PATH_MAX_GUESS 1024

char *
path_alloc(size_t *sizep) /* also return allocated size, if nonnull */
```

```
{
    char    *ptr;
    size_t size;

    if (posix_version == 0)
        posix_version = sysconf(_SC_VERSION);

    if (xsi_version == 0)
        xsi_version = sysconf(_SC_XOPEN_VERSION);

    if (pathmax == 0) {     /* first time through */
       errno = 0;
      if ((pathmax = pathconf("/", _PC_PATH_MAX)) < 0) {
          if (errno == 0)
              pathmax = PATH_MAX_GUESS; /* it's indeterminate */
          else
              err_sys("pathconf error for _PC_PATH_MAX");
      } else {
          pathmax++;    /* add one since it's relative to root */
      }
    }

    /*
     * Before POSIX.1-2001, we aren't guaranteed that PATH_MAX includes
     * the terminating null byte.  Same goes for XPG3.
     */
    if ((posix_version < 200112L) && (xsi_version < 4))
        size = pathmax + 1;
    else
        size = pathmax;

    if ((ptr = malloc(size)) == NULL)
        err_sys("malloc error for pathname");

    if (sizep != NULL)
        *sizep = size;
    return(ptr);
}
```

图 2-16　为路径名动态地分配空间

如果<limits.h>中定义了常量 PATH_MAX，那么就没有任何问题；如果未定义，则需调用 pathconf。因为 pathconf 的返回值是基于工作目录的相对路径名的最大长度，而工作目录是其第一个参数，所以，指定根目录为第一个参数，并将得到的返回值加 1 作为结果值。如果 pathconf 指明 PATH_MAX 是不确定的，那么我们就只能猜测某个值。

对于 PATH_MAX 是否考虑到在路径名末尾有一个 null 字节这一点，2001 年以前的 POSIX.1 版本表述得并不清楚。出于安全方面的考虑，如果操作系统的实现符合某个先前版本的标准，但并不符合 Single UNIX Specification 的任何版本（SUS 明确要求在结尾处加一个终止 null 字节），则需要在为路径名分配的存储量上加 1。

处理不确定结果情况的正确方法与如何使用分配的存储空间有关。例如，如果我们为 getcwd 调用分配存储空间（返回当前工作目录的绝对路径名，见 4.23 节），但分配到的空间太小，则会返回一个错误，并将 errno 设置为 ERANGE。然后可调用 realloc 来增加分配的空间（见 7.8

节和习题4.16）并重试。不断重复此操作，直到getcwd调用成功执行。

2. 最大打开文件数

守护进程（daemon process，在后台运行且不与终端相连接的一种进程）中一个常见的代码序列是关闭所有打开文件。某些程序中有下列形式的代码序列，这段程序假定在<sys/param.h>头文件中定义了常量NOFILE。

```
#include <sys/param.h>;

for (i = 0; i < NOFILE; i++)
    close(i);
```

另外一些程序则使用某些<stdio.h>版本提供的作为上限的常量_NFILE。某些程序则直接将其上限值硬编码为20。但是，这些方法都不是可移植的。

50 ~ 51

我们希望用POSIX.1的OPEN_MAX确定此值以提高可移植性，但是如果此值是不确定的，则仍然有问题，如果我们编写下列代码：

```
#include <unistd.h>

for (i = 0; i < sysconf(_SC_OPEN_MAX); i++)
     close(i);
```

如果OPEN_MAX是不确定的，那么for循环根本不会执行，因为sysconf将返回-1。在这种情况下，最好的选择就是关闭所有描述符直至某个限制值（如256）。如同上面的路径名实例一样，虽然并不能保证在所有情况下都能正确工作，但这却是我们所能选择的最好方法。图2-17的程序中使用了这种技术。

我们可以耐心地调用close，直至得到一个出错返回，但是从close（EBADF）出错返回并不区分无效描述符和没有打开的描述符。如果使用此技术，而且描述符9未打开，描述符10打开了，那么将停止在9上，而不会关闭10。dup函数（见3.12节）在超过了OPEN_MAX时确实会返回一个特定的出错值，但是用复制一个描述符两三百次的方法来确定此值是一种非常极端的方法。

```
#include "apue.h"
#include <errno.h>
#include <limits.h>

#ifdef OPEN_MAX
static long openmax = OPEN_MAX;
#else
static long openmax = 0;
#endif

/*
 * If OPEN_MAX is indeterminate, this might be inadequate.
 */
#define OPEN_MAX_GUESS 256

long
open_max(void)
{
    if (openmax == 0) {     /* first time through */
        errno = 0;
```

```
        if ((openmax = sysconf(_SC_OPEN_MAX)) < 0) {
            if (errno == 0)
                openmax = OPEN_MAX_GUESS; /* it's indeterminate */
            else
                err_sys("sysconf error for _SC_OPEN_MAX");
        }
    }
    return(openmax);
}
```

图 2-17 确定文件描述符个数

某些实现返回 LONG_MAX 作为限制值，但这与不限制其值在效果上是相同的。Linux 对 ATEXIT_MAX 所取的限制值就属于此种情况（见图 2-15），这将使程序的运行行为变得非常糟糕，因此并不是一个好方法。

52

例如，我们可以使用 Bourne-again shell 的内建命令 ulimit 来更改进程可同时打开文件的最多个数。如果要将此限制值设置为在效果上是无限制的，那么通常要求具有特权（超级用户）。但是，一旦将其值设置为无穷大，sysconf 就会将 LONG_MAX 作为 OPEN_MAX 的限制值报告。程序若将此值作为要关闭的文件描述符数的上限（如图 2-17 所示），那么为了试图关闭 2 147 483 647 个文件描述符，就会浪费大量时间，实际上其中绝大多数文件描述符并未得到使用。

支持 Single UNIX Specification 中 XSI 扩展的系统提供了 getrlimit(2)函数（见 7.11 节）。它返回一个进程可以同时打开的描述符的最多个数。使用该函数，我们能够检测出对于进程能够打开的文件数实际上并没有设置上限，于是也就避开了这个问题。

> OPEN_MAX 被 POSIX 称为运行时不变值，这意味着在一个进程的生命周期中其值不应发生变化。但是在支持 XSI 扩展的系统上，可以调用 setrlimit(2)函数（见 7.11 节）更改一个运行进程的 OPEN_MAX 值（也可用 C shell 的 limit 或 Bourne shell、Bourne-again shell、Debian Almquist 和 Korn shell 的 ulimit 命令更改这个值）。如果系统支持这种功能，则可以更改图 2-17 中的函数，使得每次调用此函数时都会调用 sysconf，而不只是在第一次调用此函数时调用 sysconf。

2.6 选项

图 2-5 列出了 POSIX.1 的选项，并且 2.2.3 节讨论了 XSI 的选项组。如果我们要编写可移植的应用程序，而这些程序可能会依赖于这些可选的支持的功能，那么就需要一种可移植的方法来判断实现是否支持一个给定的选项。

如同对限制的处理（见 2.5 节）一样，POSIX.1 定义了 3 种处理选项的方法。

（1）编译时选项定义在<unistd.h>中。

（2）与文件或目录无关的运行时选项用 sysconf 函数来判断。

（3）与文件或目录有关的运行时选项通过调用 pathconf 或 fpathconf 函数来判断。

选项包括了图 2-5 中第 3 列的符号以及图 2-19 和图 2-18 中的符号。如果符号常量未定义，则必须使用 sysconf、pathconf 或 fpathconf 来判断是否支持该选项。在这种情况下，这些函数的 *name* 参数前缀_POSIX 必须替换为_SC 或_PC。对于以_XOPEN 为前缀的常量，在构成 *name* 参数时必须在其前放置_SC 或_PC。例如，若常量_POSIX_RAW_THREADS 是未定义的，那么就可以将 *name*

53

参数设置为SC_RAW_THREADS，并以此调用sysconf来判断该平台是否支持POSIX线程选项。如若常量_XOPEN_UNIX是未定义的，那么就可以将*name*参数设置为_SC_XOPEN_UNIX，并以此调用sysconf来判断该平台是否支持XSI扩展。

53

对于每一个选项，有以下3种可能的平台支持状态。

（1）如果符号常量没有定义或者定义值为-1，那么该平台在编译时并不支持相应选项。但是有一种可能，即在已支持该选项的新系统上运行老的应用时，即使该选项在应用编译时未被支持，但如今新系统运行时检查会显示该选项已被支持。

（2）如果符号常量的定义值大于0，那么该平台支持相应选项。

（3）如果符号常量的定义值为0，则必须调用sysconf、pathconf或fpathconf来判断相应选项是否受到支持。

图2-18总结了pathconf和fpathconf使用的符号常量。除了图2-5中列出的选项之外，图2-19总结了其他一些sysconf使用的未弃用的选项及它们的符号常量。注意，我们省略了与实用命令相关的选项。

选项名	说明	*name* 参数
_POSIX_CHOWN_RESTRICTED	使用chown是否是受限的	_PC_CHOWN_RESTRICTED
_POSIX_NO_TRUNC	路径名长于NAME_MAX是否出错	_PC_NO_TRUNC
_POSIX_VDISABLE	若定义，可用此值禁用终端特殊字符	_PC_VDISABLE
_POSIX_ASYNC_IO	对相关联的文件是否可以使用异步I/O	_PC_ASYNC_IO
_POSIX_PRIO_IO	对相关联的文件是否可以使用优先的I/O	_PC_PRIO_IO
_POSIX_SYNC_IO	对相关联的文件是否可以使用同步I/O	_PC_SYNC_IO
_POSIX2_SYMLINKS	目录中是否支持符号链接	_PC_2_SYMLINKS

图2-18 pathconf和fpathconf的选项及*name*参数

选项名	说明	*name* 参数
_POSIX_ASYNCHRONOUS_IO	此实现是否支持POSIX异步I/O	_SC_ASYNCHRONOUS_IO
_POSIX_BARRIERS	此实现是否支持屏障	_SC_BARRIERS
_POSIX_CLOCK_SELECTION	此实现是否支持时钟选择	_SC_CLOCK_SELECTION
_POSIX_JOB_CONTROL	此实现是否支持作业控制	_SC_JOB_CONTROL
_POSIX_MAPPED_FILES	此实现是否支持存储映像文件	_SC_MAPPED_FILES
_POSIX_MEMORY_PROTECTION	此实现是否支持存储保护	_SC_MEMORY_PROTECTION
_POSIX_READER_WRITER_LOCKS	此实现是否支持读者-写者锁	_SC_READER_WRITER_LOCKS
_POSIX_REALTIME_SIGNALS	此实现是否支持实时信号	_SC_REALTIME_SIGNALS
_POSIX_SAVED_IDS	此实现是否支持保存的设置用户ID和保存的设置组ID	_SC_SAVED_IDS
_POSIX_SEMAPHORES	此实现是否支持POSIX信号量	_SC_SEMAPHORES
_POSIX_SHELL	此实现是否支持POSIX shell	_SC_SHELL
_POSIX_SPIN_LOCKS	此实现是否支持旋转锁	_SC_SPIN_LOCKS
_POSIX_THREAD_SAFE_FUNCTIONS	此实现是否支持线程安全函数	_SC_THREAD_SAFE_FUNCTIONS
_POSIX_THREADS	此实现是否支持线程	_SC_THREADS
_POSIX_TIMEOUTS	此实现是否支持基于超时的变量选择函数	_SC_TIMEOUTS
_POSIX_TIMERS	此实现是否支持定时器	_SC_TIMERS
_POSIX_VERSION	POSIX.1版本	_SC_VERSION
_XOPEN_CRYPT	此实现是否支持XSI加密可选组	_SC_XOPEN_CRYPT

图2-19 sysconf的选项及*name*参数

_XOPEN_REALTIME	此实现是否支持 XSI 实时选项组	_SC_XOPEN_REALTIME
_XOPEN_REALTIME_THREADS	此实现是否支持实时线程选项组	_SC_XOPEN_REALTIME_THREADS
_XOPEN_SHM	此实现是否支持 XSI 共享存储选项组	_SC_XOPEN_SHM
_XOPEN_VERSION	XSI 版本	_SC_XOPEN_VERSION

图 2-19 sysconf 的选项及 *name* 参数（续）

如同系统限制一样，关于 sysconf、pathconf 和 fpathconf 如何处理选项，有如下几点值得注意。

（1）_SC_VERSION 的返回值表示标准发布的年（以 4 位数表示）、月（以 2 位数表示）。该值可能是 198808L、199009L、199506L 或表示该标准后续版本的其他值。与 SUSv3（POSIX.1 2001 年版）相关联的值是 200112L，与 SUSv4（POSIX.1 2008 年版）相关联的值是 200809L。

（2）_SC_XOPEN_VERSION 的返回值表示系统支持的 XSI 版本。与 SUSv3 相关联的值是 600，与 SUSv4 相关的值是 700。

（3）_SC_JOB_CONTROL、_SC_SAVED_IDS 以及_PC_VDISABLE 的值不再表示可选功能。虽然 XPG4 和 SUS 早期版本要求支持这些选项，但从 SUSv3 起，不再需要这些功能，但这些符号仍然被保留，以便向后兼容。

（4）符合 POSIX.1-2008 的平台还要求支持下列选项：

- _POSIX_ASYNCHRONOUS_IO
- _POSIX_BARRIERS
- _POSIX_CLOCK_SELECTION
- _POSIX_MAPPED_FILES
- _POSIX_MEMORY_PROTECTION
- _POSIX_READER_WRITER_LOCKS
- _POSIX_REALTIME_SIGNALS
- _POSIX_SEMAPHORES
- _POSIX_SPIN_LOCKS
- _POSIX_THREAD_SAFE_FUNCTIONS
- _POSIX_THREADS
- _POSIX_TIMEOUTS
- _POSIX_TIMERS

这些常量定义成具有值 200809L。相应的_SC 符号同样是为了向后兼容而被保留下来的。

（5）如果对指定的 *pathname* 或 *fd* 已不再支持此功能，那么_PC_CHOWN_RESTRICTED 和_PC_NO_TRUNC 返回-1，而 errno 不变，在所有符合 POSIX 的系统中，返回值将大于 0（表示该选项被支持）；

（6）_PC_CHOWN_RESTRICT 引用的文件必须是一个文件或者是一个目录。如果是一个目录，那么返回值指明该选项是否可应用于该目录中的各个文件。

（7）_PC_NO_TRUNC 和_PC_2_SYMLINKS 引用的文件必须是一个目录。

（8）_PC_NO_TRUNC 的返回值可用于目录中的各个文件名。

54 ～ 56

（9）_PC_VDISABLE 引用的文件必须是一个终端文件。

（10）_PC_ASYNC_IO、_PC_PRIO_IO 和_PC_SYNC_IO 引用的文件一定不能是一个目录。

图 2-20 列出了若干配置选项以及在本书所讨论的 4 个示例系统上的对应值。如果系统定义了某个符号常量但它的值为-1 或 0，但是相应的 sysconf 或 pathconf 调用返回的是-1，就表示该项未被支持。可以看到，有些系统实现还没有跟上 Single UNIX Specification 的最新版本。

限制	FreeBSD 8.0	Linux 3.2.0	Mac OS X 10.6.8	Solaris 10	
				UFS 文件系统	PCFS 文件系统
_POSIX_CHOWN_RESTRICTED	1	1	200112	1	1
_POSIX_JOB_CONTROL	1	1	200112	1	1
_POSIX_NO_TRUNC	1	1	200112	1	不支持
_POSIX_SAVED_IDS	不支持	1	200112	1	1
_POSIX_THREADS	200112	200809	200112	200112	200112
_POSIX_VDISABLE	255	0	255	0	0
_POSIX_VERSION	200112	200809	200112	200112	200112
_XOPEN_UNIX	不支持	1	1	1	1
_XOPEN_VERSION	不支持	700	600	600	600

图 2-20　配置选项的实例

注意，当用于 Solaris PCFS 文件系统中的文件时，对于_PC_NO_TRUNC，pathconf 返回-1。PCFS 文件系统支持 DOS 格式（软盘格式），DOS 文件名按 DOS 文件系统所要求 8.3 格式截断，在进行此种操作时并无任何提示。

2.7　功能测试宏

如前所述，头文件定义了很多 POSIX.1 和 XSI 符号。但是除了 POSIX.1 和 XSI 定义外，大多数实现在这些头文件中也加入了它们自己的定义。如果在编译一个程序时，希望它只与 POSIX 的定义相关，而不与任何实现定义的常量冲突，那么就需要定义常量_POSIX_C_SOURCE。一旦定义了_POSIX_C_SOURCE，所有 POSIX.1 头文件都使用此常量来排除任何实现专有的定义。

> POSIX.1 标准的早期版本定义了_POSIX_SOURCE 常量。在 POSIX.1 的 2001 版中，它被替换为_POSIX_C_SOURCE。

常量_POSIX_C_SOURCE 及_XOPEN_SOURCE 被称为**功能测试宏**（feature test macro）。所有57功能测试宏都以下划线开始。当要使用它们时，通常在 cc 命令行中以下列方式定义：

```
cc -D_POSIX_C_SOURCE=200809L  file.c
```

这使得 C 程序在包括任何头文件之前，定义了功能测试宏。如果我们仅想使用 POSIX.1 定义，那么也可将源文件的第一行设置为：

```
#define _POSIX_C_SOURCE 200809L
```

为使 SUSv4 的 XSI 选项可由应用程序使用，需将常量_XOPEN_SOURCE 定义为 700。除了让 XSI 选项可用以外，就 POSIX.1 的功能而言，这与将_POSIX_C_SOURCE 定义为 200809L 的作用相同。

SUS 将 c99 实用程序定义为 C 编译环境的接口。随之，就可以用如下方式编译文件：

```
c99 -D_XOPEN_SOURCE=700 file.c -o file
```

可以使用-std=c99 选项在 gcc 的 C 编译器中启用 1999 ISO C 扩展，如下所示：

```
gcc -D_XOPEN_SOURCE=700 -std=c99 file.c -o file
```

2.8 基本系统数据类型

历史上，某些 UNIX 系统变量已与某些 C 数据类型联系在一起，例如，历史上主、次设备号存放在一个 16 位的短整型中，8 位表示主设备号，另外 8 位表示次设备号。但是，很多较大的系统需要用多于 256 个值来表示其设备号，于是，就需要一种不同的技术。（实际上，Solaris 用 32 位表示设备号：14 位用于主设备号，18 位用于次设备号。）

头文件<sys/types.h>中定义了某些与实现有关的数据类型，它们被称为**基本系统数据类型**（primitive system data type）。还有很多这种数据类型定义在其他头文件中。在头文件中，这些数据类型都是用 C 的 typedef 来定义的。它们绝大多数都以_t 结尾。图 2-21 列出了本书将使用的一些基本系统数据类型。

用这种方式定义了这些数据类型后，就不再需要考虑因系统不同而变化的程序实现细节。在本书中涉及这些数据类型时，我们会说明为什么要使用它们。

类型	说明
clock_t	时钟滴答计数器（进程时间）（1.10 节）
comp_t	压缩的时钟滴答（POSIX.1 未定义；8.14 节）
dev_t	设备号（主和次）（4.24 节）
fd_set	文件描述符集（14.4.1 节）
fpos_t	文件位置（5.10 节）
gid_t	数值组 ID
ino_t	i 节点编号（4.14 节）
mode_t	文件类型，文件创建模式（4.5 节）
nlink_t	目录项的链接计数（4.14 节）
off_t	文件长度和偏移量（带符号的）（lseek，3.6 节）
pid_t	进程 ID 和进程组 ID（带符号的）（8.2 和 9.4 节）
pthread_t	线程 ID（11.3 节）
ptrdiff_t	两个指针相减的结果（带符号的）
rlim_t	资源限制（7.11 节）
sig_atomic_t	能原子性地访问的数据类型（10.15 节）
sigset_t	信号集（10.11 节）
size_t	对象（如字符串）长度（不带符号的）（3.7 节）
ssize_t	返回字节计数的函数（带符号的）（read、write，3.7 节）
time_t	日历时间的秒计数器（1.10 节）
uid_t	数值用户 ID
wchar_t	能表示所有不同的字符码

图 2-21 一些常用的基本系统数据类型

2.9 标准之间的冲突

就整体而言，这些不同的标准之间配合得相当好。因为 SUS 基本说明和 POSIX.1 是同一个东西，所以我们不对它们进行特别的说明，我们主要关注 ISO C 标准和 POSIX.1 之间的差别。它们之间的冲突并非有意，但如果出现冲突，POSIX.1 服从 ISO C 标准。然而它们之间还是存在着一些差别的。

ISO C 定义了 clock 函数，它返回进程使用的 CPU 时间，返回值是 clock_t 类型值，但 ISO C 标准没有规定它的单位。为了将此值变换成以秒为单位，需要将其除以在<time.h>头文件中定义的 CLOCKS_PER_SEC。POSIX.1 定义了 times 函数，它返回其调用者及其所有终止子进程的 CPU 时间以及时钟时间，所有这些值都是 clock_t 类型值。sysconf 函数用来获得每秒滴答数，用于表示 times 函数的返回值。ISO C 和 POSIX.1 用同一种数据类型（clock_t）来保存对时间的测量，但定义了不同的单位。这种差别可以在 Solaris 中看到，其中 clock 返回微秒数（CLOCK_PER_SEC 是 100 万），而 sysconf 为每秒滴答数返回的值是 100。因此，我们在使用 clock_t 类型变量的时候，必须十分小心以免混淆不同的时间单位。

另一个可能产生冲突的地方是：在 ISO C 标准说明函数时，可能没有像 POSIX.1 那样严。在 POSIX 环境下，有些函数可能要求有一个与 C 环境下不同的实现，因为 POSIX 环境中有多个进程，而 ISO C 环境则很少考虑宿主操作系统。尽管如此，很多符合 POSIX 的系统为了兼容性也会实现 ISO C 函数。signal 函数就是一个例子。如果在不了解的情况下使用了 Solaris 提供的 signal 函数（希望编写可在 ISO C 环境和较早 UNIX 系统中运行的可兼容程序），那么它提供了与 POSIX.1 sigaction 函数不同的语义。第 10 章将对 signal 函数做更多说明。

58~59

2.10 小结

在过去 25 年多的时间里，UNIX 编程环境的标准化已经取得了很大进展。本章对 3 个主要标准——ISO C、POSIX 和 Single UNIX Specification 进行了说明，也分析了这些标准对本书主要关注的 4 个实现，即 FreeBSD、Linux、Mac OS X 和 Solaris 所产生的影响。这些标准都试图定义一些可能随实现而更改的参数，但是我们已经看到这些限制并不完美。本书将涉及很多这种限制和幻常量。

在本书最后的参考书目中，说明了如何获得这些标准的方法。

习题

2.1 在 2.8 节中提到一些基本系统数据类型可以在多个头文件中定义。例如，在 FreeBSD 8.0 中，size_t 在 29 个不同的头文件中都有定义。由于一个程序可能包含这 29 个不同的头文件，但是 ISO C 却不允许对同一个名字进行多次 typedef，那么如何编写这些头文件呢？

2.2 检查系统的头文件，列出实现基本系统数据类型所用到的实际数据类型。

2.3 改写图 2-17 中的程序，使其在 sysconf 为 OPEN_MAX 限制返回 LONG_MAX 时，避免进行不必要的处理。

60

第3章

文件I/O

3.1 引言

本章开始讨论UNIX系统，先说明可用的文件I/O函数——打开文件、读文件、写文件等。UNIX系统中的大多数文件I/O只需用到5个函数：open、read、write、lseek以及close。然后说明不同缓冲长度对read和write函数的影响。

本章描述的函数经常被称为不带缓冲的I/O（unbuffered I/O，与将在第5章中说明的标准I/O函数相对照）。术语不带缓冲指的是每个read和write都调用内核中的一个系统调用。这些不带缓冲的I/O函数不是ISO C的组成部分，但是，它们是POSIX.1和Single UNIX Specification的组成部分。

只要涉及在多个进程间共享资源，原子操作的概念就变得非常重要。我们将通过文件I/O和open函数的参数来讨论此概念。然后，本章将进一步讨论在多个进程间如何共享文件，以及所涉及的内核有关数据结构。在描述了这些特征后，将说明dup、fcntl、sync、fsync和ioctl函数。

3.2 文件描述符

对于内核而言，所有打开的文件都通过文件描述符引用。文件描述符是一个非负整数。当打开一个现有文件或创建一个新文件时，内核向进程返回一个文件描述符。当读、写一个文件时，使用open或creat返回的文件描述符标识该文件，将其作为参数传送给read或write。

61

按照惯例，UNIX系统shell把文件描述符0与进程的标准输入关联，文件描述符1与标准输出关联，文件描述符2与标准错误关联。这是各种shell以及很多应用程序使用的惯例，与UNIX内核无关。尽管如此，如果不遵循这种惯例，很多UNIX系统应用程序就不能正常工作。

在符合POSIX.1的应用程序中，幻数0、1、2虽然已被标准化，但应当把它们替换成符号常量STDIN_FILENO、STDOUT_FILENO和STDERR_FILENO以提高可读性。这些常量都在头文件<unistd.h>中定义。

文件描述符的变化范围是0～OPEN_MAX-1（见图2-11）。早期的UNIX系统实现采用的上限值是19（允许每个进程最多打开20个文件），但现在很多系统将其上限值增加至63。

> 对于FreeBSD 8.0、Linux 3.2.0、Mac OS X 10.6.8以及Solaris 10，文件描述符的变化范围几乎是无限的，它只受到系统配置的存储器总量、整型的字长以及系统管理员所配置的软限制和硬限制的约束。

3.3　函数 open 和 openat

调用 open 或 openat 函数可以打开或创建一个文件。

```
#include <fcntl.h>

int open(const char *path, int oflag,... /* mode_t mode */);

int openat(int fd, const char *path, int oflag, ... /* mode_t mode */ );
```

两函数的返回值：若成功，返回文件描述符；若出错，返回-1

我们将最后一个参数写为...，ISO C 用这种方法表明余下的参数的数量及其类型是可变的。对于 open 函数而言，仅当创建新文件时才使用最后这个参数（稍后将对此进行说明）。在函数原型中将此参数放置在注释中。

path 参数是要打开或创建文件的名字。*oflag* 参数可用来说明此函数的多个选项。用下列一个或多个常量进行“或”运算构成 *oflag* 参数（这些常量在头文件<fcntl.h>中定义）。

O_RDONLY　　只读打开。

O_WRONLY　　只写打开。

O_RDWR　　读、写打开。

> 大多数实现将 O_RDONLY 定义为 0，O_WRONLY 定义为 1，O_RDWR 定义为 2，以与早期的程序兼容。

O_EXEC　　只执行打开。

62

O_SEARCH　　只搜索打开（应用于目录）。

> O_SEARCH 常量的目的在于在目录打开时验证它的搜索权限。对目录的文件描述符的后续操作就不需要再次检查对该目录的搜索权限。本书中涉及的操作系统目前都没有支持 O_SEARCH。

在这 5 个常量中必须指定一个且只能指定一个。下列常量则是可选的。

O_APPEND　　每次写时都追加到文件的尾端。3.11 节将详细说明此选项。

O_CLOEXEC　　把 FD_CLOEXEC 常量设置为文件描述符标志。3.14 节中将说明文件描述符标志。

O_CREAT　　若此文件不存在则创建它。使用此选项时，open 函数需同时说明第 3 个参数 *mode*（openat 函数需说明第 4 个参数 *mode*），用 *mode* 指定该新文件的访问权限位（4.5 节将说明文件的权限位，那时就能了解如何指定 *mode*，以及如何用进程的 umask 值修改它）。

O_DIRECTORY　　如果 *path* 引用的不是目录，则出错。

O_EXCL　　如果同时指定了 O_CREAT，而文件已经存在，则出错。用此可以测试一个文件是否存在，如果不存在，则创建此文件，这使测试和创建两者成为一个原子操作。3.11 节将更详细地说明原子操作。

O_NOCTTY　　如果 *path* 引用的是终端设备，则不将该设备分配作为此进程的控制终端。9.6 节将说明控制终端。

O_NOFOLLOW　　如果 *path* 引用的是一个符号链接，则出错。4.17 节将说明符号链接。

O_NONBLOCK　　如果 *path* 引用的是一个 FIFO、一个块特殊文件或一个字符特殊文件，则此选项为文件的本次打开操作和后续的 I/O 操作设置非阻塞方式。14.2 节将说明此工作模式。

> 较早的 System V 引入了 O_NDELAY（不延迟）标志，它与 O_NONBLOCK（不阻塞）选项类似，但它的读操作返回值具有二义性。如果不能从管道、FIFO 或设备读得数据，则不延迟选项使 read 返回 0，这与表示已读到文件尾端的返回值 0 冲突。基于 SVR4 的系统仍支持这种语义的不延迟选项，但是新的应用程序应当使用不阻塞选项代替之。

O_SYNC　　使每次 write 等待物理 I/O 操作完成，包括由该 write 操作引起的文件属性更新所需的 I/O。3.14 节将使用此选项。

O_TRUNC　　如果此文件存在，而且为只写或读-写成功打开，则将其长度截断为 0。 63

O_TTY_INIT　　如果打开一个还未打开的终端设备，设置非标准 termios 参数值，使其符合 Single UNIX Specification。第 18 章将讨论终端 I/O 的 termios 结构。

下面两个标志也是可选的。它们是 Single UNIX Specification（以及 POSIX.1）中同步输入和输出选项的一部分。

O_DSYNC　　使每次 write 要等待物理 I/O 操作完成，但是如果该写操作并不影响读取刚写入的数据，则不需等待文件属性被更新。

> O_DSYNC 和 O_SYNC 标志有微妙的区别。仅当文件属性需要更新以反映文件数据变化（例如，更新文件大小以反映文件中包含了更多的数据）时，O_DSYNC 标志才影响文件属性。而设置 O_SYNC 标志后，数据和属性总是同步更新。当文件用 O_DSYN 标志打开，在重写其现有的部分内容时，文件时间属性不会同步更新。与此相反，如果文件是用 O_SYNC 标志打开，那么对该文件的每一次 write 都将在 write 返回前更新文件时间，这与是否改写现有字节或追加写文件无关。

O_RSYNC　　使每一个以文件描述符作为参数进行的 read 操作等待，直至所有对文件同一部分挂起的写操作都完成。

> Solaris 10 支持所有这 3 个标志。FreeBSD（和 Mac OS X）设置了另外一个标志（O_FSYNC），它与标志 O_SYNC 的作用相同。因为这两个标志是等效的，它们定义的标志具有相同的值。FreeBSD 8.0 不支持 O_DSYNC 或 O_RSYNC 标志。Mac OS X 并不支持 O_RSYNC，但却定义了 O_DSYNC，处理 O_DSYNC 与处理 O_SYNC 相同。Linux 3.2.0 定义了 O_DSYNC，但处理 O_RSYNC 与处理 O_SYNC 相同。

由 open 和 openat 函数返回的文件描述符一定是最小的未用描述符数值。这一点被某些应用程序用来在标准输入、标准输出或标准错误上打开新的文件。例如，一个应用程序可以先关闭标准输出（通常是文件描述符 1），然后打开另一个文件，执行打开操作前就能了解到该文件一定会在文件描述符 1 上打开。在 3.12 节说明 dup2 函数时，可以了解到有更好的方法来保证在一个给定的描述符上打开一个文件。

fd 参数把 open 和 openat 函数区分开，共有 3 种可能性。

（1）*path* 参数指定的是绝对路径名，在这种情况下，*fd* 参数被忽略，openat 函数就相当于 open 函数。

（2）*path* 参数指定的是相对路径名，*fd* 参数指出了相对路径名在文件系统中的开始地址。*fd* 参数是通过打开相对路径名所在的目录来获取。 64

（3）*path* 参数指定了相对路径名，*fd* 参数具有特殊值 AT_FDCWD。在这种情况下，路径名在当前工作目录中获取，openat 函数在操作上与 open 函数类似。

openat 函数是 POSIX.1 最新版本中新增的一类函数之一，希望解决两个问题。第一，让线程可以使用相对路径名打开目录中的文件，而不再只能打开当前工作目录。在第 11 章我们会看到，同一进程中的所有线程共享相同的当前工作目录，因此很难让同一进程的多个不同线程在同一时间工作在不同的目录中。第二，可以避免 time-of-check-to-time-of-use（TOCTTOU）错误。

TOCTTOU 错误的基本思想是：如果有两个基于文件的函数调用，其中第二个调用依赖于第一个调用的结果，那么程序是脆弱的。因为两个调用并不是原子操作，在两个函数调用之间文件可能改变了，这样也就造成了第一个调用的结果就不再有效，使得程序最终的结果是错误的。文件系统命名空间中的 TOCTTOU 错误通常处理的就是那些颠覆文件系统权限的小把戏，这些小把戏通过骗取特权程序降低特权文件的权限控制或者让特权文件打开一个安全漏洞等方式进行。Wei 和 Pu[2005]在 UNIX 文件系统接口中讨论了 TOCTTOU 的缺陷。

文件名和路径名截断

如果 NAME_MAX 是 14，而我们却试图在当前目录中创建一个文件名包含 15 个字符的新文件，此时会发生什么呢？按照传统，早期的 System V 版本（如 SVR2）允许这种使用方法，但总是将文件名截断为 14 个字符，而且不给出任何信息，而 BSD 类的系统则返回出错状态，并将 errno 设置为 ENAMETOOLONG。无声无息地截断文件名会引起问题，而且它不仅仅影响到创建新文件。如果 NAME_MAX 是 14，而存在一个文件名恰好就是 14 个字符的文件，那么以路径名作为其参数的任一函数（open、stat 等）都无法确定该文件的原始名是什么。其原因是这些函数无法判断该文件名是否被截断过。

在 POSIX.1 中，常量_POSIX_NO_TRUNC 决定是要截断过长的文件名或路径名，还是返回一个出错。正如我们在第 2 章中已经见过的，根据文件系统的类型，此值可以变化。我们可以用 fpathconf 或 pathconf 来查询目录具体支持何种行为，到底是截断过长的文件名还是返回出错。

> 是否返回一个出错值在很大程度上是历史形成的。例如。基于 SVR4 的系统对传统的 System V 文件系统（S5）并不出错，但是它对 BSD 风格的文件系统（UFS）则出错。作为另一个例子（参见图 2-20），Solaris 对 UFS 返回出错，对与 DOS 兼容的文件系统 PCFS 则不返回出错，其原因是 DOS 会无声无息地截断不匹配 8.3 格式的文件名。BSD 类系统和 Linux 总是会返回出错。

若_POSIX_NO_TRUNC 有效，则在整个路径名超过 PATH_MAX，或路径名中的任一文件名超过 NAME_MAX 时，出错返回，并将 errno 设置为 ENAMETOOLONG。

> 大多数的现代文件系统支持文件名的最大长度可以为 255。因为文件名通常比这个限制要短，因此对大多数应用程序来说这个限制还未出现什么问题。

65

3.4 函数 creat

也可调用 creat 函数创建一个新文件。

```
#include <fcntl.h>

int creat(const char *path, mode_t mode);
```

返回值：若成功，返回为只写打开的文件描述符；若出错，返回-1

注意，此函数等效于：

```
open(path, O_WRONLY | O_CREAT | O_TRUNC, mode);
```

> 在早期的 UNIX 系统版本中，open 的第二个参数只能是 0、1 或 2。无法打开一个尚未存在的文件，因此需要另一个系统调用 creat 以创建新文件。现在，open 函数提供了选项 O_CREAT 和 O_TRUNC，于是也就不再需要单独的 creat 函数。

在 4.5 节中，我们将详细说明文件访问权限，并说明如何指定 *mode*。

creat 的一个不足之处是它以只写方式打开所创建的文件。在提供 open 的新版本之前，如果要创建一个临时文件，并要先写该文件，然后又读该文件，则必须先调用 creat、close，然后再调用 open。现在则可用下列方式调用 open 实现：

```
open(path, O_RDWR | O_CREAT | O_TRUNC, mode);
```

3.5 函数 close

可调用 close 函数关闭一个打开文件。

```
#include <unistd.h>

int close (int fd);
```

返回值：若成功，返回 0；若出错，返回-1

关闭一个文件时还会释放该进程加在该文件上的所有记录锁。14.3 节将讨论这一点。

当一个进程终止时，内核自动关闭它所有的打开文件。很多程序都利用了这一功能而不显式地用 close 关闭打开文件。实例见图 1-4 程序。

3.6 函数 lseek

每个打开文件都有一个与其相关联的“当前文件偏移量”（current file offset）。它通常是一个非负整数，用以度量从文件开始处计算的字节数（本节稍后将对“非负”这一修饰词的某些例外进行说明）。通常，读、写操作都从当前文件偏移量处开始，并使偏移量增加所读写的字节数。按系统默认的情况，当打开一个文件时，除非指定 O_APPEND 选项，否则该偏移量被设置为 0。 66

可以调用 lseek 显式地为一个打开文件设置偏移量。

```
#include <unistd.h>

off_t lseek(int fd, off_t offset, int whence);
```

返回值：若成功，返回新的文件偏移量；若出错，返回-1

对参数 *offset* 的解释与参数 *whence* 的值有关。

- 若 *whence* 是 SEEK_SET，则将该文件的偏移量设置为距文件开始处 *offset* 个字节。
- 若 *whence* 是 SEEK_CUR，则将该文件的偏移量设置为其当前值加 *offset*，*offset* 可为正或负。
- 若 *whence* 是 SEEK_END，则将该文件的偏移量设置为文件长度加 *offset*，*offset* 可正可负。

若 lseek 成功执行，则返回新的文件偏移量，为此可以用下列方式确定打开文件的当前偏移量：

```
off_t    currpos;
currpos = lseek(fd, 0, SEEK_CUR);
```

这种方法也可用来确定所涉及的文件是否可以设置偏移量。如果文件描述符指向的是一个管道、FIFO或网络套接字，则 lseek 返回-1，并将 errno 设置为 ESPIPE。

> 3 个符号常量 SEEK_SET、SEEK_CUR 和 SEEK_END 是在 System V 中引入的。在 System V 之前，*whence* 被指定为 0（绝对偏移量）、1（相对于当前位置的偏移量）或 2（相对文件尾端的偏移量）。很多软件仍然把这些数字直接写在代码里。
>
> 在 lseek 中的字符 l 表示长整型。在引入 off_t 数据类型之前，*offset* 参数和返回值是长整型的。lseek 是在 UNIX V7 中引入的，当时 C 语言中增加了长整型（在 UNIX V6 中，用函数 seek 和 tell 提供类似功能）。

实例

图 3-1 所示的程序用于测试对其标准输入能否设置偏移量。

```
#include "apue.h"
int
main(void)
{
    if (lseek(STDIN_FILENO, 0, SEEK_CUR) == -1)
         printf("cannot seek\n");
    else
         printf("seek OK\n");
    exit(0);
}
```

67

图 3-1 测试标准输入能否被设置偏移量

如果用交互方式调用此程序，则可得

```
$ ./a.out < /etc/passwd
seek OK
$ cat < /etc/passwd| ./a.out
cannot seek
$ ./a.out < /var/spool/cron/FIFO
cannot seek
```

通常，文件的当前偏移量应当是一个非负整数，但是，某些设备也可能允许负的偏移量。但对于普通文件，其偏移量必须是非负值。因为偏移量可能是负值，所以在比较 lseek 的返回值时应当谨慎，不要测试它是否小于 0，而要测试它是否等于-1。

> 在 Intel x86 处理器上运行的 FreeBSD 的设备/dev/kmem 支持负的偏移量。
>
> 因为偏移量（off_t）是带符号数据类型（见图 2-21），所以文件的最大长度会减少一半。例如，若 off_t 是 32 位整型，则文件最大长度是 $2^{31}-1$ 字节。

lseek 仅将当前的文件偏移量记录在内核中，它并不引起任何 I/O 操作。然后，该偏移量用于下一个读或写操作。

文件偏移量可以大于文件的当前长度，在这种情况下，对该文件的下一次写将加长该文件，并在文件中构成一个空洞，这一点是允许的。位于文件中但没有写过的字节都被读为 0。

文件中的空洞并不要求在磁盘上占用存储区。具体处理方式与文件系统的实现有关，当定位到超出文件尾端之后写时，对于新写的数据需要分配磁盘块，但是对于原文件尾端和新开始写位置之间的部分则不需要分配磁盘块。

实例

图 3-2 所示的程序用于创建一个具有空洞的文件。

```
#include "apue.h"
#include <fcntl.h>

char    buf1[] = "abcdefghij";
char    buf2[] = "ABCDEFGHIJ";

int
main(void)
{
    int     fd;

    if ((fd = creat("file.hole", FILE_MODE)) < 0)
        err_sys("creat error");

    if (write(fd, buf1, 10) != 10)
        err_sys("buf1 write error");
    /* offset now = 10 */

    if (lseek(fd, 16384, SEEK_SET) == -1)
        err_sys("lseek error");
    /* offset now = 16384 */

    if (write(fd, buf2, 10) != 10)
        err_sys("buf2 write error");
    /* offset now = 16394 */

    exit(0);
}
```

68

图 3-2 创建一个具有空洞的文件

运行该程序得到:

```
$ ./a.out
$ ls -l file.hole                        检查其大小
-rw-r--r-- 1 sar        16394 Nov 25 01:01 file.hole
$ od -c file.hole                        观察实际内容
0000000 a  b  c  d  e  f  g  h  i  j \0 \0 \0 \0 \0 \0
0000020  \0 \0 \0 \0 \0 \0 \0 \0 \0 \0 \0 \0 \0 \0 \0 \0
*
0040000  A  B  C  D  E  F  G  H  I  J
0040012
```

使用 od(1)命令观察该文件的实际内容。命令行中的-c 标志表示以字符方式打印文件内容。从中可以看到,文件中间的 30 个未写入字节都被读成 0。每一行开始的一个 7 位数是以八进制形式表示的字节偏移量。

为了证明在该文件中确实有一个空洞,将刚创建的文件与同样长度但无空洞的文件进行比较:

```
$ ls -ls file.hole file.nohole    比较长度
  8 -rw-r--r-- 1 sar       16394 Nov 25 01:01 file.hole
 20 -rw-r--r-- 1 sar       16394 Nov 25 01:03 file.nohole
```

虽然两个文件的长度相同，但无空洞的文件占用了20个磁盘块，而具有空洞的文件只占用8个磁盘块。

在此实例中调用了将在3.8节中说明的write函数。4.12节将对具有空洞的文件进行更多说明。■

因为lseek使用的偏移量是用off_t类型表示的，所以允许具体实现根据各自特定的平台自行选择大小合适的数据类型。现今大多数平台提供两组接口以处理文件偏移量。一组使用32位文件偏移量，另一组则使用64位文件偏移量。

69

Single UNIX Specification向应用程序提供了一种方法，使其通过sysconf函数确定支持何种环境（见2.5.4节）。图3-3总结了定义的sysconf常量。

选项名称	说明	*name* 参数
_POSIX_V7_ILP32_OFF32	int、long、指针和off_t类型是32位	_SC_V7_ILP32_OFF32
_POSIX_V7_ILP32_OFFBIG	int、long、指针类型是32位，off_t类型至少是64位	_SC_V7_ILP32_OFFBIG
_POSIX_V7_LP64_OFF64	int类型是32位，long、指针和off_t类型是64位	_SC_V7_LP64_OFF64
_POSIX_V7_LP64_OFFBIG	int类型是32位，long、指针和off_t类型至少是64位	_SC_V7_LP64_OFFBIG

图3-3 sysconf的数据大小选项和*name*参数

c99编译器要求使用getconf(1)命令将所期望的数据大小模型映射为编译和链接程序所需的标志。根据每个平台支持环境的不同，可能需要不同的标志和库。

> 遗憾的是，在这方面，实现还未跟上标准的步伐。如果你的系统没有匹配标准的最新版本，那么系统还可能支持Single UNIX Specification前一版本中的选项名：_POSIX_V6_ILP32_OFF32、_POSIX_V6_ILP32_OFFBIG、_POSIX_V6_LP64_OFF64和_POSIX_V6_LP64_OFFBIG。
>
> 为了避开这一点，应用程序可以将符号常量_FILE_OFFSET_BITS设置为64，以支持64位偏移量。这样就将off_t定义更改为64位带符号整型。将_FILE_OFFSET_BITS符号常量设置为32以支持32位偏移量。但是，应当注意的是，虽然本书讨论的4种平台都支持32位和64位文件偏移量，但是通过设置_FILE_OFFSET_BITS符号常量的值这种方法并不能保证应用程序是可移植的，也有可能达不到预期的效果。
>
> 图3-4总结了在本书涉及的4种平台上，当应用程序没有定义_FILE_OFFSET_BITS时，off_t数据类型的字节数以及_FILE_OFFSET_BITS被定义成32或64时，off_t数据类型的字节数。

操作系统	CPU架构	_FILE_OFFSET_BITS值		
		未定义	32	64
FreeBSD 8.0	x86 32位	8	8	8
Linux 3.2.0	x86 64位	8	8	8
Mac OS X 10.6.8	x86 64位	8	8	8
Solaris 10	SPARC 64位	8	4	8

图3-4 不同平台上off_t的字节数

注意：尽管可以实现 64 位文件偏移量，但是能否创建一个大于 2 GB（$2^{31}-1$ 字节）的文件则依赖于底层文件系统的类型。

70

3.7 函数 read

调用 read 函数从打开文件中读数据。

```
#include <unistd.h>

ssize_t read(int fd, void *buf, size_t nbytes);
```

返回值：读到的字节数，若已到文件尾，返回 0；若出错，返回-1

如 read 成功，则返回读到的字节数。如已到达文件的尾端，则返回 0。

有多种情况可使实际读到的字节数少于要求读的字节数：

- 读普通文件时，在读到要求字节数之前已到达了文件尾端。例如，若在到达文件尾端之前有 30 字节，而要求读 100 字节，则 read 返回 30。下一次再调用 read 时，它将返回 0（文件尾端）。
- 当从终端设备读时，通常一次最多读一行（第 18 章将介绍如何改变这一点）。
- 当从网络读时，网络中的缓冲机制可能造成返回值小于所要求读的字节数。
- 当从管道或 FIFO 读时，如若管道包含的字节少于所需的数量，那么 read 将只返回实际可用的字节数。
- 当从某些面向记录的设备（如磁带）读时，一次最多返回一个记录。
- 当一信号造成中断，而已经读了部分数据量时。我们将在 10.5 节进一步讨论此种情况。

读操作从文件的当前偏移量处开始，在成功返回之前，该偏移量将增加实际读到的字节数。

POSIX.1 从几个方面对 read 函数的原型做了更改。经典的原型定义是：

```
int read(int fd, char *buf, unsigned nbytes);
```

- 首先，为了与 ISO C 一致，第 2 个参数由 char *改为 void *。在 ISO C 中，类型 void * 用于表示通用指针。
- 其次，返回值必须是一个带符号整型（ssize_t），以保证能够返回正整数字节数、0（表示文件尾端）或-1（出错）。
- 最后，第 3 个参数在历史上是一个无符号整型，这允许一个 16 位的实现一次读或写的数据可以多达65 534字节。在 1990 POSIX.1 标准中，引入了新的基本系统数据类型 ssize_t 以提供带符号的返回值，不带符号的 size_t 则用于第 3 个参数（见 2.5.2 节中的 SSIZE_MAX 常量）。

71

3.8 函数 write

调用 write 函数向打开文件写数据。

```
#include <unistd.h>
ssize_t write(int fd, const void *buf, size_t nbytes);
```

返回值：若成功，返回已写的字节数；若出错，返回-1

其返回值通常与参数 *nbytes* 的值相同，否则表示出错。write 出错的一个常见原因是磁盘已写满，或者超过了一个给定进程的文件长度限制（见 7.11 节及习题 10.11）。

对于普通文件，写操作从文件的当前偏移量处开始。如果在打开该文件时，指定了 O_APPEND 选项，则在每次写操作之前，将文件偏移量设置在文件的当前结尾处。在一次成功写之后，该文件偏移量增加实际写的字节数。

3.9 I/O 的效率

图 3-5 程序只使用 read 和 write 函数复制一个文件。

```
#include "apue.h"

#define BUFFSIZE    4096

int
main(void)
{
    int     n;
    char    buf[BUFFSIZE];

    while ((n = read(STDIN_FILENO, buf, BUFFSIZE)) > 0)
        if (write(STDOUT_FILENO, buf, n) != n)
            err_sys("write error");

    if (n < 0)
        err_sys("read error");

    exit(0);
}
```

图 3-5 将标准输入复制到标准输出

关于该程序应注意以下几点。

- 它从标准输入读，写至标准输出，这就假定在执行本程序之前，这些标准输入、输出已由 shell 安排好。确实，所有常用的 UNIX 系统 shell 都提供一种方法，它在标准输入上打开一个文件用于读，在标准输出上创建（或重写）一个文件。这使得程序不必打开输入和输出文件，并允许用户利用 shell 的 I/O 重定向功能。

72

- 考虑到进程终止时，UNIX 系统内核会关闭进程的所有打开的文件描述符，所以此程序并不关闭输入和输出文件。
- 对 UNIX 系统内核而言，文本文件和二进制代码文件并无区别，所以本程序对这两种文件都有效。

我们还没有回答的一个问题是如何选取 BUFFSIZE 值。在回答此问题之前，让我们先用各种不同的 BUFFSIZE 值来运行此程序。图 3-6 显示了用 20 种不同的缓冲区长度，读 516 581 760 字节的文件所得到的结果。

用图 3-5 的程序读文件，其标准输出被重新定向到/dev/null 上。此测试所用的文件系统是 Linux ext4 文件系统，其磁盘块长度为 4 096 字节（磁盘块长度由 st_blksize 表示，在 4.12 节中说明其值为 4 096）。这也证明了图 3-6 中系统 CPU 时间的几个最小值差不多出现在 BUFFSIZE 为 4 096 及以后的位置，继续增加缓冲区长度对此时间几乎没有影响。

BUFFSIZE	用户 CPU（s）	系统 CPU（s）	时钟时间（s）	循环次数
1	20.03	117.50	138.73	516 581 760
2	9.69	58.76	68.6	258 290 880
4	4.60	36.47	41.27	129 145 440
8	2.47	15.44	18.38	64 572 720
16	1.07	7.93	9.38	32 286 360
32	0.56	4.51	8.82	16 143 180
64	0.34	2.72	8.66	8 071 590
128	0.34	1.84	8.69	4 035 795
256	0.15	1.30	8.69	2 017 898
512	0.09	0.95	8.63	1 008 949
1 024	0.02	0.78	8.58	504 475
2 048	0.04	0.66	8.68	252 238
4 096	0.03	0.58	8.62	126 119
8 192	0.00	0.54	8.52	63 060
16 384	0.01	0.56	8.69	31 530
32 768	0.00	0.56	8.51	15 765
65 536	0.01	0.56	9.12	7 883
131 072	0.00	0.58	9.08	3 942
262 144	0.00	0.60	8.70	1 971
524 288	0.01	0.58	8.58	986

图 3-6 Linux 上用不同缓冲长度进行读操作的时间结果

大多数文件系统为改善性能都采用某种预读（read ahead）技术。当检测到正进行顺序读取时，系统就试图读入比应用所要求的更多数据，并假想应用很快就会读这些数据。预读的效果可以从图 3-6 中看出，缓冲区长度小至 32 字节时的时钟时间与拥有较大缓冲区长度时的时钟时间几乎一样。 73

我们以后还将回到这一实例上。3.14 节将用此说明同步写的效果，5.8 节将比较不带缓冲的 I/O 时间与标准 I/O 库所用的时间。

> 应当了解，在什么时间对实施文件读、写操作的程序进行性能度量。操作系统试图用高速缓存技术将相关文件放置在主存中，所以如若重复度量程序性能，那么后续运行该程序所得到的计时很可能好于第一次。其原因是，第一次运行使得文件进入系统高速缓存，后续各次运行一般从系统高速缓存访问文件，无需读、写磁盘。（incore 这个词的意思是在主存中，早期计算机的主存是用铁氧体磁心（ferrite core）做的，这也是“core dump”这个词的由来：程序的主存镜像存放在磁盘的一个文件中以便测试诊断）。
>
> 在图 3-6 所示的测试数据中，不同缓冲区长度的各次运行使用不同的文件副本，所以后一次运行不会在前一次运行的高速缓存中找到它需要的数据。这些文件都足够大，不可能全部保留在高速缓存中（测试系统配置了 6 GB RAM）。

3.10 文件共享

UNIX 系统支持在不同进程间共享打开文件。在介绍 dup 函数之前，先要说明这种共享。为此先介绍内核用于所有 I/O 的数据结构。

> 下面的说明是概念性的，与特定实现可能匹配，也可能不匹配。请参阅 Bach[1986]对 System V 中相关数据结构的讨论。McKusick 等[1996]说明 4.4BSD 中的相关数据结构。McKusick 和 Neville-Nell[2005]对 FreeBSD 5.2 进行了介绍。对 Solaris 的类似讨论请参见 McDougall 和 Marno[2007]。Linux 2.6 内核体系结构介绍请参见 Bovet 和 Cesati[2006]。

内核使用3种数据结构表示打开文件，它们之间的关系决定了在文件共享方面一个进程对另一个进程可能产生的影响。

（1）每个进程在进程表中都有一个记录项，记录项中包含一张打开文件描述符表，可将其视为一个矢量，每个描述符占用一项。与每个文件描述符相关联的是：

a．文件描述符标志（close_on_exec，参见图3-7和3.14节）；

b．指向一个文件表项的指针。

（2）内核为所有打开文件维持一张文件表。每个文件表项包含：

a．文件状态标志（读、写、添写、同步和非阻塞等，关于这些标志的更多信息参见3.14节）；

b．当前文件偏移量；

c．指向该文件v节点表项的指针。

（3）每个打开文件（或设备）都有一个v节点（v-node）结构。v节点包含了文件类型和对此文件进行各种操作函数的指针。对于大多数文件，v节点还包含了该文件的i节点（i-node，索引节点）。这些信息是在打开文件时从磁盘上读入内存的，所以，文件的所有相关信息都是随时可用的。例如，i节点包含了文件的所有者、文件长度、指向文件实际数据块在磁盘上所在位置的指针等（4.14节较详细地说明了典型UNIX系统文件系统，并将更多地介绍i节点）。

74

> Linux没有使用v节点，而是使用了通用i节点结构。虽然两种实现有所不同，但在概念上，v节点与i节点是一样的。两者都指向文件系统特有的i节点结构。

我们忽略了那些不影响讨论的实现细节。例如，打开文件描述符表可存放在用户空间（作为一个独立的对应于每个进程的结构，可以换出），而非进程表中。这些表也可以用多种方式实现，不必一定是数组，例如，可将它们实现为结构的链表。如果不考虑实现细节的话，通用概念是相同的。

图3-7显示了一个进程对应的3张表之间的关系。该进程有两个不同的打开文件：一个文件从标准输入打开（文件描述符0），另一个从标准输出打开（文件描述符为1）。

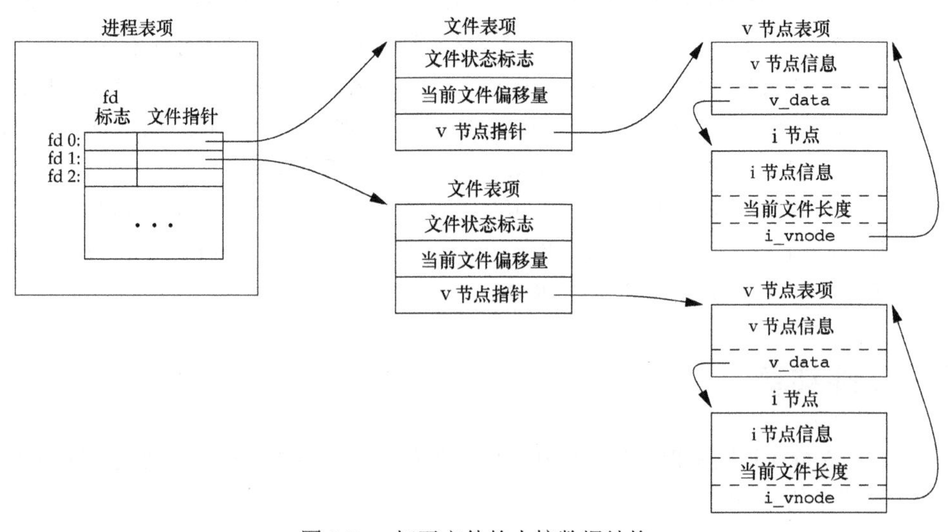

图3-7　打开文件的内核数据结构

从UNIX系统的早期版本[Thompson 1978]以来，这3张表之间的关系一直保持至今。这种关系对于在不同进程之间共享文件的方式非常重要。在以后的章节中涉及其他文件共享方式时还会回到这张图上来。

75

> 创建 v 节点结构的目的是对在一个计算机系统上的多文件系统类型提供支持。这一工作是 Peter Weinberger（贝尔实验室）和 Bill Joy（Sun 公司）分别独立完成的。Sun 把这种文件系统称为虚拟文件系统（Virtual File System），把与文件系统无关的 i 节点部分称为 v 节点[Kleiman 1986]。当各个制造商的实现增加了对 Sun 的网络文件系统（NFS）的支持时，它们都广泛采用了 v 节点结构。在 BSD 系列中首先提供 v 节点的是增加了 NFS 的 4.3BSD Reno。
>
> 在 SVR4 中，v 节点替代了 SVR3 中与文件系统无关的 i 节点结构。Solaris 是从 SVR4 发展而来的，因此它也使用 v 节点。
>
> Linux 没有将相关数据结构分为 i 节点和 v 节点，而是采用了一个与文件系统相关的 i 节点和一个与文件系统无关的 i 节点。

如果两个独立进程各自打开了同一文件，则有图 3-8 中所示的关系。

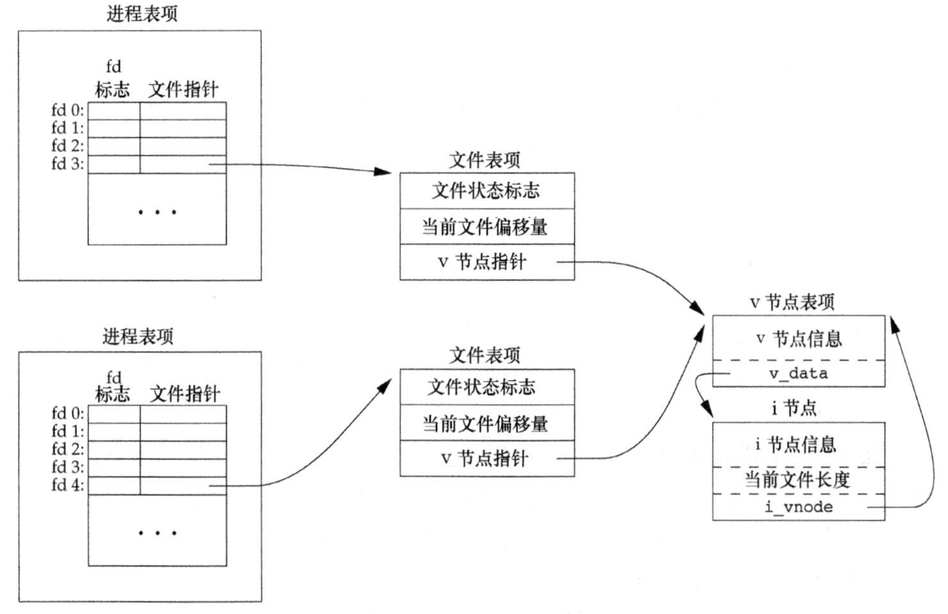

图 3-8 两个独立进程各自打开同一个文件

我们假定第一个进程在文件描述符 3 上打开该文件，而另一个进程在文件描述符 4 上打开该文件。打开该文件的每个进程都获得各自的一个文件表项，但对一个给定的文件只有一个 v 节点表项。之所以每个进程都获得自己的文件表项，是因为这可以使每个进程都有它自己的对该文件的当前偏移量。

给出了这些数据结构后，现在对前面所述的操作进一步说明。 76

- 在完成每个 `write` 后，在文件表项中的当前文件偏移量即增加所写入的字节数。如果这导致当前文件偏移量超出了当前文件长度，则将 i 节点表项中的当前文件长度设置为当前文件偏移量（也就是该文件加长了）。
- 如果用 `O_APPEND` 标志打开一个文件，则相应标志也被设置到文件表项的文件状态标志中。每次对这种具有追加写标志的文件执行写操作时，文件表项中的当前文件偏移量首先会被设置为 i 节点表项中的文件长度。这就使得每次写入的数据都追加到文件的当前尾端处。
- 若一个文件用 `lseek` 定位到文件当前的尾端，则文件表项中的当前文件偏移量被设置为 i 节点表项中的当前文件长度（注意，这与用 `O_APPEND` 标志打开文件是不同的，详见 3.11 节）。
- `lseek` 函数只修改文件表项中的当前文件偏移量，不进行任何 I/O 操作。

可能有多个文件描述符项指向同一文件表项。在 3.12 节中讨论 dup 函数时，我们就能看到这一点。在 fork 后也发生同样的情况，此时父进程、子进程各自的每一个打开文件描述符共享同一个文件表项（见 8.3 节）。

注意，文件描述符标志和文件状态标志在作用范围方面的区别，前者只用于一个进程的一个描述符，而后者则应用于指向该给定文件表项的任何进程中的所有描述符。在 3.14 节说明 fcntl 函数时，我们将会了解如何获取和修改文件描述符标志和文件状态标志。

本节前面所述的一切对于多个进程读取同一文件都能正确工作。每个进程都有它自己的文件表项，其中也有它自己的当前文件偏移量。但是，当多个进程写同一文件时，则可能产生预想不到的结果。为了说明如何避免这种情况，需要理解原子操作的概念。

3.11 原子操作

1. 追加到一个文件

考虑一个进程，它要将数据追加到一个文件尾端。早期的 UNIX 系统版本并不支持 open 的 O_APPEND 选项，所以程序被编写成下列形式：

```
if (lseek(fd,0L, 2) < 0)            /*position to EOF*/
    err_sys("lseek error");
if (write(fd, buf, 100) != 100)     /*and write*/
    err_sys("write error");
```

77

对单个进程而言，这段程序能正常工作，但若有多个进程同时使用这种方法将数据追加写到同一文件，则会产生问题（例如，若此程序由多个进程同时执行，各自将消息追加到一个日志文件中，就会产生这种情况）。

假定有两个独立的进程 A 和 B 都对同一文件进行追加写操作。每个进程都已打开了该文件，但未使用 O_APPEND 标志。此时，各数据结构之间的关系如图 3-8 中所示。每个进程都有它自己的文件表项，但是共享一个 v 节点表项。假定进程 A 调用了 lseek，它将进程 A 的该文件当前偏移量设置为 1500 字节（当前文件尾端处）。然后内核切换进程，进程 B 运行。进程 B 执行 lseek，也将其对该文件的当前偏移量设置为 1500 字节（当前文件尾端处）。然后 B 调用 write，它将 B 的该文件当前文件偏移量增加至 1600。因为该文件的长度已经增加了，所以内核将 v 节点中的当前文件长度更新为 1600。然后，内核又进行进程切换，使进程 A 恢复运行。当 A 调用 write 时，就从其当前文件偏移量（1500）处开始将数据写入到文件。这样也就覆盖了进程 B 刚才写入到该文件中的数据。

问题出在逻辑操作“先定位到文件尾端，然后写”，它使用了两个分开的函数调用。解决问题的方法是使这两个操作对于其他进程而言成为一个原子操作。任何要求多于一个函数调用的操作都不是原子操作，因为在两个函数调用之间，内核有可能会临时挂起进程（正如我们前面所假定的）。

UNIX 系统为这样的操作提供了一种原子操作方法，即在打开文件时设置 O_APPEND 标志。正如前一节中所述，这样做使得内核在每次写操作之前，都将进程的当前偏移量设置到该文件的尾端处，于是在每次写之前就不再需要调用 lseek。

2. 函数 pread 和 pwrite

Single UNIX Specification 包括了 XSI 扩展，该扩展允许原子性地定位并执行 I/O。pread 和 pwrite 就是这种扩展。

```
#include <unistd.h>

ssize_t pread(int fd, void *buf, size_t nbytes, off_t offset);
                                  返回值：读到的字节数，若已到文件尾，返回 0；若出错，返回-1

ssize_t pwrite(int fd, const void *buf, size_t nbytes, off_t offset);
                                                 返回值：若成功，返回已写的字节数；若出错，返回-1
```

调用 pread 相当于调用 lseek 后调用 read，但是 pread 又与这种顺序调用有下列重要区别。

- 调用 pread 时，无法中断其定位和读操作。
- 不更新当前文件偏移量。

78

调用 pwrite 相当于调用 lseek 后调用 write，但也与它们有类似的区别。

3. 创建一个文件

对 open 函数的 O_CREAT 和 O_EXCL 选项进行说明时，我们已见到另一个有关原子操作的例子。当同时指定这两个选项，而该文件又已经存在时，open 将失败。我们曾提及检查文件是否存在和创建文件这两个操作是作为一个原子操作执行的。如果没有这样一个原子操作，那么可能会编写下列程序段：

```
if ((fd = open(pathname, O_WRONLY)) <0){
    if (errno == ENOENT) {
        if ((fd = creat(path, mode)) < 0)
            err_sys("creat error");
    } else{
        err_sys("open error");
    }
}
```

如果在 open 和 creat 之间，另一个进程创建了该文件，就会出现问题。若在这两个函数调用之间，另一个进程创建了该文件，并且写入了一些数据，然后，原先进程执行这段程序中的 creat，这时，刚由另一进程写入的数据就会被擦去。如若将这两者合并在一个原子操作中，这种问题也就不会出现。

一般而言，*原子操作*（atomic operation）指的是由多步组成的一个操作。如果该操作原子地执行，则要么执行完所有步骤，要么一步也不执行，不可能只执行所有步骤的一个子集。在 4.15 节描述 link 函数以及在 14.3 节中说明记录锁时，还将讨论原子操作。

3.12 函数 dup 和 dup2

下面两个函数都可用来复制一个现有的文件描述符。

```
#include <unistd.h>

int dup(int fd);

int dup2(int fd, int fd2);
                                    两函数的返回值：若成功，返回新的文件描述符；若出错，返回-1
```

由 dup 返回的新文件描述符一定是当前可用文件描述符中的最小数值。对于 dup2，可以用 *fd2* 参数指定新描述符的值。如果 *fd2* 已经打开，则先将其关闭。如若 *fd* 等于 *fd2*，则 dup2 返回 *fd2*，而不关闭它。否则，*fd2* 的 FD_CLOEXEC 文件描述符标志就被清除，这样 *fd2* 在进程

79 调用 exec 时是打开状态。

这些函数返回的新文件描述符与参数 *fd* 共享同一个文件表项，如图 3-9 所示。

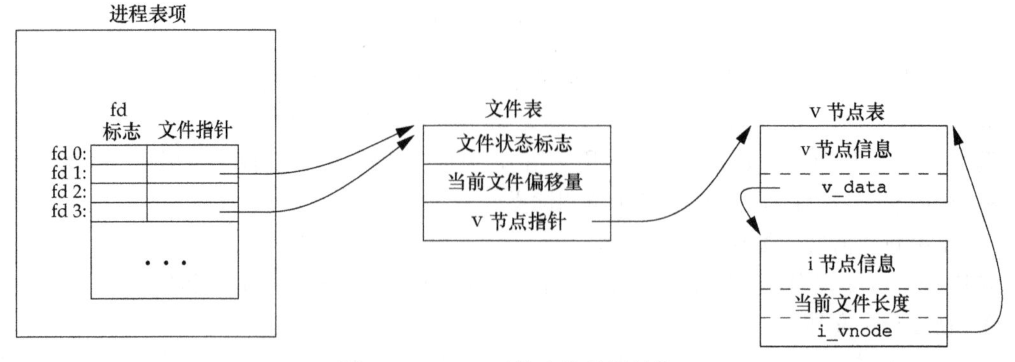

图 3-9 dup(1)后的内核数据结构

在此图中，我们假定进程启动时执行了：

```
newfd = dup(1);
```

当此函数开始执行时，假定下一个可用的描述符是 3（这是非常可能的，因为 0，1 和 2 都由 shell 打开）。因为两个描述符指向同一文件表项，所以它们共享同一文件状态标志（读、写、追加等）以及同一当前文件偏移量。

每个文件描述符都有它自己的一套文件描述符标志。正如我们将在下一节中说明的那样，新描述符的执行时关闭（close-on-exec）标志总是由 dup 函数清除。

复制一个描述符的另一种方法是使用 fcntl 函数，3.14 节将对该函数进行说明。实际上，调用

```
dup(fd);
```

等效于

```
fcntl (fd, F_DUPFD, 0);
```

而调用

```
dup2(fd, fd2);
```

等效于

```
close(fd2);
fcntl(fd, F_DUPFD, fd2);
```

80 在后一种情况下，dup2 并不完全等同于 close 加上 fcntl。它们之间的区别具体如下。

（1）dup2 是一个原子操作，而 close 和 fcntl 包括两个函数调用。有可能在 close 和 fcntl 之间调用了信号捕获函数，它可能修改文件描述符（第 10 章将说明信号）。如果不同的线程改变了文件描述符的话也会出现相同的问题（第 11 章将说明线程）。

（2）dup2 和 fcntl 有一些不同的 errno。

> dup2 系统调用起源于 V7，然后传播至所有 BSD 版本。而复制文件描述符的 fcntl 方法则首先由系统 III 使用，然后由 System V 继续采用。SVR3.2 选用了 dup2 函数，4.2BSD 则选用了 fcntl 函数及 F_DUPFD 功能。POSIX.1 要求兼有 dup2 及 fcntl 的 F_DUPFD 两种功能。

3.13 函数 sync、fsync 和 fdatasync

传统的 UNIX 系统实现在内核中设有缓冲区高速缓存或页高速缓存，大多数磁盘 I/O 都通过缓冲区进行。当我们向文件写入数据时，内核通常先将数据复制到缓冲区中，然后排入队列，晚些时候再写入磁盘。这种方式被称为延迟写（delayed write）（Bach[1986]的第 3 章详细讨论了缓冲区高速缓存）。

通常，当内核需要重用缓冲区来存放其他磁盘块数据时，它会把所有延迟写数据块写入磁盘。为了保证磁盘上实际文件系统与缓冲区中内容的一致性，UNIX 系统提供了 sync、fsync 和 fdatasync 三个函数。

```
#include<unistd.h>

int fsync(int fd);

int fdatasync(int fd);

                                    返回值：若成功，返回 0；若出错，返回-1

void sync(void);
```

sync 只是将所有修改过的块缓冲区排入写队列，然后就返回，它并不等待实际写磁盘操作结束。

通常，称为 update 的系统守护进程周期性地调用（一般每隔 30 秒）sync 函数。这就保证了定期冲洗（flush）内核的块缓冲区。命令 sync(1)也调用 sync 函数。

fsync 函数只对由文件描述符 *fd* 指定的一个文件起作用，并且等待写磁盘操作结束才返回。fsync 可用于数据库这样的应用程序，这种应用程序需要确保修改过的块立即写到磁盘上。

fdatasync 函数类似于 fsync，但它只影响文件的数据部分。而除数据外，fsync 还会同步更新文件的属性。

> 本书说明的所有 4 种平台都支持 sync 和 fsync 函数。但是，FreeBSD 8.0 不支持 fdatasync。

81

3.14 函数 fcntl

fcntl 函数可以改变已经打开文件的属性。

```
#include<fcntl.h>

int fcntl(int fd, int cmd, ... /* int arg */);

                          返回值：若成功，则依赖于 cmd（见下）；若出错，返回-1
```

在本节的各实例中，第 3 个参数总是一个整数，与上面所示函数原型中的注释部分对应。但是在 14.3 节说明记录锁时，第 3 个参数则是指向一个结构的指针。

fcntl 函数有以下 5 种功能。

（1）复制一个已有的描述符（*cmd* = F_DUPFD 或 F_DUPFD_CLOEXEC）。

（2）获取/设置文件描述符标志（*cmd* = F_GETFD 或 F_SETFD）。

（3）获取/设置文件状态标志（*cmd* = F_GETFL 或 F_SETFL）。

（4）获取/设置异步 I/O 所有权（*cmd* = F_GETOWN 或 F_SETOWN）。

（5）获取/设置记录锁（*cmd* = F_GETLK、F_SETLK 或 F_SETLKW）。

我们先说明这 11 种 *cmd* 中的前 8 种（14.3 节说明后 3 种，它们都与记录锁有关）。参照图 3-7，我们将讨论与进程表项中各文件描述符相关联的文件描述符标志以及每个文件表项中的文件状态标志。

F_DUPFD　　复制文件描述符 *fd*。新文件描述符作为函数值返回。它是尚未打开的各描述符中大于或等于第 3 个参数值（取为整型值）中各值的最小值。新描述符与 *fd* 共享同一文件表项（见图 3-9）。但是，新描述符有它自己的一套文件描述符标志，其 FD_CLOEXEC 文件描述符标志被清除（这表示该描述符在 exec 时仍保持有效，我们将在第 8 章对此进行讨论）。

F_DUPFD_CLOEXEC　　复制文件描述符，设置与新描述符关联的 FD_CLOEXEC 文件描述符标志的值，返回新文件描述符。

F_GETFD　　对应于 *fd* 的文件描述符标志作为函数值返回。当前只定义了一个文件描述符标志 FD_CLOEXEC。

82

F_SETFD　　对于 *fd* 设置文件描述符标志。新标志值按第 3 个参数（取为整型值）设置。

> 要知道，很多现有的与文件描述符标志有关的程序并不使用常量 FD_CLOEXEC，而是将此标志设置为 0（系统默认，在 exec 时不关闭）或 1（在 exec 时关闭）。

F_GETFL　　对应于 *fd* 的文件状态标志作为函数值返回。我们在说明 open 函数时，已描述了文件状态标志。它们列在图 3-10 中。

文件状态标志	说明
O_RDONLY	只读打开
O_WRONLY	只写打开
O_RDWR	读、写打开
O_EXEC	只执行打开
O_SEARCH	只搜索打开目录
O_APPEND	追加写
O_NONBLOCK	非阻塞模式
O_SYNC	等待写完成（数据和属性）
O_DSYNC	等待写完成（仅数据）
O_RSYNC	同步读和写
O_FSYNC	等待写完成（仅 FreeBSD 和 Mac OS X）
O_ASYNC	异步 I/O（仅 FreeBSD 和 Mac OS X）

图 3-10　对于 fcntl 的文件状态标志

遗憾的是，5 个访问方式标志（O_RDONLY、O_WRONLY、O_RDWR、O_EXEC 以及 O_SEARCH）并不各占 1 位（如前所述，由于历史原因，前 3 个标志的值分别是 0、1 和 2。这 5 个值互斥，一个文件的访问方式只能取这 5 个值之一）。因此首先必须用屏蔽字 O_ACCMODE 取得访问方式位，然后将结果与这 5 个值中的每一个相比较。

F_SETFL　　将文件状态标志设置为第 3 个参数的值（取为整型值）。可以更改的几个标志是：O_APPEND、O_NONBLOCK、O_SYNC、O_DSYNC、O_RSYNC、O_FSYNC 和 O_ASYNC。

F_GETOWN　　获取当前接收 SIGIO 和 SIGURG 信号的进程 ID 或进程组 ID。14.5.2 节将论述这两种异步 I/O 信号。

F_SETOWN　　设置接收 SIGIO 和 SIGURG 信号的进程 ID 或进程组 ID。正的 *arg* 指定一个进程 ID，负的 *arg* 表示等于 *arg* 绝对值的一个进程组 ID。

fcntl 的返回值与命令有关。如果出错，所有命令都返回-1，如果成功则返回某个其他值。下列 4 个命令有特定返回值：F_DUPFD、F_GETFD、F_GETFL 以及 F_GETOWN。第 1 个命令返回新的文件描述符，第 2 个和第 3 个命令返回相应的标志，最后一个命令返回一个正的进程 ID 或负的进程组 ID。

83

实例

图 3-11 中所示程序的第 1 个参数指定文件描述符，并对于该描述符打印其所选择的文件标志说明。

```
#include "apue.h"
#include <fcntl.h>

int
main(int argc, char *argv[])
{
    int    val;

    if (argc != 2)
        err_quit("usage: a.out <descriptor#>");

    if ((val = fcntl(atoi(argv[1]), F_GETFL, 0)) < 0)
        err_sys("fcntl error for fd %d", atoi(argv[1]));

    switch (val & O_ACCMODE) {
    case O_RDONLY:
        printf("read only");
        break;

    case O_WRONLY:
        printf("write only");
        break;

    case O_RDWR:
        printf("read write");
        break;

    default:
        err_dump("unknown access mode");
    }

    if (val & O_APPEND)
        printf(", append");
    if (val & O_NONBLOCK)
        printf(", nonblocking");
    if (val & O_SYNC)
        printf(", synchronous writes");

#if !defined(_POSIX_C_SOURCE) && defined(O_FSYNC) && (O_FSYNC != O_SYNC)
    if (val & O_FSYNC)
        printf(", synchronous writes");
```

```
#endif

    putchar('\n');
    exit(0);
}
```

图 3-11 对于指定的描述符打印文件标志

注意，我们使用了功能测试宏_POSIX_C_SOURCE，并且条件编译了 POSIX.1 中没有定义的文件访问标志。下面显示了从 bash（Bourne-again shell）调用该程序时的几种情况。当使用不同 shell 时，结果会有些不同。

84

```
$./a.out 0 < /dev/tty
read only
$./a.out 1 > temp.foo
$ cat temp.foo
write only
$./a.out 2 2>>temp.foo
write only, append
$./a.out 5 5<>temp.foo
read write
```

子句 5<>temp.foo 表示在文件描述符 5 上打开文件 temp.foo 以供读、写。

实例

在修改文件描述符标志或文件状态标志时必须谨慎，先要获得现在的标志值，然后按照期望修改它，最后设置新标志值。不能只是执行 F_SETFD 或 F_SETFL 命令，这样会关闭以前设置的标志位。

图 3-12 是对于一个文件描述符设置一个或多个文件状态标志的函数。

```
#include "apue.h"
#include <fcntl.h>

void
set_fl(int fd, int flags) /* flags are file status flags to turn on */
{
    int         val;

    if ((val = fcntl(fd, F_GETFL, 0)) < 0)
        err_sys("fcntl F_GETFL error");

    val |= flags;       /* turn on flags */

    if (fcntl(fd, F_SETFL, val) < 0)
        err_sys("fcntl F_SETFL error");
}
```

图 3-12 对一个文件描述符开启一个或多个文件状态标志

如果将中间的一条语句改为：

```
val &= ~flags;          /* turn flags off */
```

就构成另一个函数，我们称为 clr_fl，并将在后面某些例子中用到它。此语句使当前文件状态标志值 val 与 flags 的反码进行逻辑“与”运算。

85

如果在图 3-5 程序的开始处加上下面一行以调用 set_fl，则开启了同步写标志。

```
set_fl(STDOUT_FILENO, O_SYNC);
```

这就使每次 write 都要等待，直至数据已写到磁盘上再返回。在 UNIX 系统中，通常 write 只是将数据排入队列，而实际的写磁盘操作则可能在以后的某个时刻进行。而数据库系统则需要使用 O_SYNC，这样一来，当它从 write 返回时就知道数据已确实写到了磁盘上，以免在系统异常时产生数据丢失。

程序运行时，设置 O_SYNC 标志会增加系统时间和时钟时间。为了测试这一点，先运行图 3-5 程序，它从一个磁盘文件中将 492.6 MB 的数据复制到另一个文件。然后，对比设置了 O_SYNC 标志的程序，使其完成同样的工作。在使用 ext4 文件系统的 Linux 上执行上述操作，得到的结果如图 3-13 所示。

操作	用户 CPU（s）	系统 CPU（s）	时钟时间（s）
取自图 3-6 中 BUFFSIZE=4 096 的读时间	0.03	0.58	8.62
正常写到磁盘文件	0.00	1.05	9.70
设置 O_SYNC 后写到磁盘文件	0.02	1.09	10.28
写到磁盘后接着调用 fdatasync	0.02	1.14	17.93
写到磁盘后接着调用 fsync	0.00	1.19	18.17
设置 O_SYNC 后写到磁盘，接着调用 fsync	0.02	1.15	17.88

图 3-13　在 Linux ext4 中采用各种同步机制后的计时结果

图 3-13 中的 6 行都是在 BUFFSIZE 为 4 096 字节时测量的。图 3-6 中的结果所测量的情况是读一个磁盘文件，然后写到/dev/null，所以没有磁盘输出。图 3-13 中的第 2 行对应于读一个磁盘文件，然后写到另一个磁盘文件中。这就是为什么图 3-13 中第 1 行与第 2 行有差别的原因。在写磁盘文件时，系统时间增加了，其原因是内核需要从进程中复制数据，并将数据排入队列以便由磁盘驱动器将其写到磁盘上。当写至磁盘文件时，我们期望时钟时间也会增加。

当支持同步写时，系统时间和时钟时间应当会显著增加。但从第 3 行可见，同步写所用的系统时间并不比延迟写所用的时间增加很多。这意味着要么 Linux 操作系统对延迟写和同步写操作的工作量相同（这其实是不太可能的），要么 O_SYNC 标志并没有起到期望的作用。在这种情况下，Linux 操作系统并不允许我们用 fcntl 设置 O_SYNC 标志，而是显示失败但没有返回出错（但如果在文件打开时能指定该标志，我们还是应该遵从这个标志的）。

最后 3 行中的时钟时间反映了所有写操作写入磁盘时需要的附加等待时间。同步写入文件之后，我们希望对 fsync 的调用并不会产生效果。这种情况理应在图 3-13 中的最后一行中呈现，但既然 O_SYNC 标志并没有起到预期的作用，所以最后一行和第 5 行的表现几乎相同。

86

图 3-14 显示了在采用 HFS 文件系统的 Mac OS X 10.6.8 上运行同样的测试得到的计时结果。该计时结果与我们的期望相符：同步写比延迟写所消耗的时间增加了很多，而且在同步写后再调用函数 fsync 并不产生测量结果上的显著差别。还要注意的是，在延迟写后增加一个 fsync 函数调用，测量结果的差别也不大。其可能原因是，在向某个文件写入新数据时，操作系统已经将以前写入的数据都冲洗到了磁盘上，所以在调用函数 fsync 时只需要做很少的工作。

操作	用户 CPU（s）	系统 CPU（s）	时钟时间（s）
写到/dev/null	0.14	1.02	5.28
正常写到磁盘文件	0.14	3.21	17.04
设置 O_SYNC 后写到磁盘文件	0.39	16.89	60.82
写到磁盘后接着调用 fsync	0.13	3.07	17.10
设置 O_SYNC 后写到磁盘，接着调用 fsync	0.39	18.18	62.39

图 3-14　在 Mac OS X HFS 中采用各种同步机制后的计时结果

比较 fsync 和 fdatasync，两者都更新文件内容，用了 O_SYNC 标志，每次写入文件时都更新文件内容。每一种调用的性能依赖很多因素，包括底层的操作系统实现、磁盘驱动器的速度以及文件系统的类型。

在本例中，我们看到了 fcntl 的必要性。我们的程序在一个描述符（标准输出）上进行操作，但是根本不知道由 shell 打开的相应文件的文件名。因为这是 shell 打开的，因此不能在打开时按我们的要求设置 O_SYNC 标志。使用 fcntl，我们只需要知道打开文件的描述符，就可以修改描述符的属性。在讲解非阻塞管道时（15.2 节）还会用到 fcntl，因为对于管道，我们所知的只有其描述符。

3.15　函数 ioctl

ioctl 函数一直是 I/O 操作的杂物箱。不能用本章中其他函数表示的 I/O 操作通常都能用 ioctl 表示。终端 I/O 是使用 ioctl 最多的地方（在第 18 章中将看到，POSIX.1 已经用一些单独的函数代替了终端 I/O 操作）。

```
#include <unistd.h>     /* System V */

#include <sys/ioctl.h> /* BSD and Linux */

int ioctl(int fd, int request, ...);
```

87

返回值：若出错，返回-1；若成功，返回其他值

> ioctl 函数是 Single UNIX Specification 标准的一个扩展部分，以便处理 STREAMS 设备[Rago 1993]，但是，在 SUSv4 中已被移至弃用状态。UNIX 系统实现用它进行很多杂项设备操作。有些实现甚至将它扩展到用于普通文件。

我们所示的函数原型对应于 POSIX.1，FreeBSD 8.0 和 Mac OS X 10.6.8 将第 2 个参数声明为 unsigned long。因为第 2 个参数总是头文件中一个#defined 的名字，所以这种细节并没有什么影响。

对于 ISO C 原型，它用省略号表示其余参数。但是，通常只有另外一个参数，它常常是指向一个变量或结构的指针。

在此原型中，我们表示的只是 ioctl 函数本身所要求的头文件。通常，还要求另外的设备专用头文件。例如，除 POSIX.1 所说明的基本操作之外，终端 I/O 的 ioctl 命令都需要头文件<termios.h>。

每个设备驱动程序可以定义它自己专用的一组 ioctl 命令，系统则为不同种类的设备提供通用的 ioctl 命令。图 3-15 中总结了 FreeBSD 支持的通用 ioctl 命令的一些类别。

类别	常量名	头文件	ioctl 数
盘标号	DIOxxx	<sys/disklabel.h>	4
文件 I/O	FIOxxx	<sys/filio.h>	14
磁带 I/O	MTIOxxx	<sys/mtio.h>	11
套接字 I/O	SIOxxx	<sys/sockio.h>	73
终端 I/O	TIOxxx	<sys/ttycom.h>	43

图 3-15　FreeBSD 中通用的 ioctl 操作

磁带操作使我们可以在磁带上写一个文件结束标志、倒带、越过指定个数的文件或记录等，用本章中的其他函数（read、write、lseek 等）都难于表示这些操作，所以，对这些设备进行操作最容易的方法就是使用 ioctl。

在 18.12 节中将说明使用 ioctl 函数获取和设置终端窗口大小，19.7 节中使用 ioctl 函数访问伪终端的高级功能。

3.16 /dev/fd

较新的系统都提供名为/dev/fd 的目录，其目录项是名为 0、1、2 等的文件。打开文件/dev/fd/*n* 等效于复制描述符 *n*（假定描述符 *n* 是打开的）。

> /dev/fd 这一功能是由 Tom Duff 开发的，它首先出现在 Research UNIX 系统的第 8 版中，本书说明的所有 4 种系统（FreeBSD 8.0、Linux 3.2.0、Mac OS X 10.6.8 和 Solaris 10）都支持这一功能。它不是 POSIX.1 的组成部分。

在下列函数调用中：

88

```
fd = open("/dev/fd/0", mode);
```

大多数系统忽略它所指定的 mode，而另外一些系统则要求 mode 必须是所引用的文件（在这里是标准输入）初始打开时所使用的打开模式的一个子集。因为上面的打开等效于

```
fd = dup(0);
```

所以描述符 0 和 fd 共享同一文件表项（见图 3-9）。例如，若描述符 0 先前被打开为只读，那么我们也只能对 fd 进行读操作。即使系统忽略打开模式，而且下列调用是成功的：

```
fd = open("/dev/fd/0", O_RDWR);
```

我们仍然不能对 fd 进行写操作。

> Linux 实现中的/dev/fd 是个例外。它把文件描述符映射成指向底层物理文件的符号链接。例如，当打开/dev/fd/0 时，事实上正在打开与标准输入关联的文件，因此返回的新文件描述符的模式与/dev/fd 文件描述符的模式其实并不相关。

我们也可以用/dev/fd 作为路径名参数调用 creat，这与调用 open 时用 O_CREAT 作为第 2 个参数作用相同。例如，若一个程序调用 creat，并且路径名参数是/dev/fd/1，那么该程序仍能工作。

> 注意，在 Linux 上这么做必须非常小心。因为 Linux 实现使用指向实际文件的符号链接，在/dev/fd 文件上使用 creat 会导致底层文件被截断。

某些系统提供路径名/dev/stdin、/dev/stdout和/dev/stderr，这些等效于/dev/fd/0、/dev/fd/1和/dev/fd/2。

/dev/fd文件主要由shell使用，它允许使用路径名作为调用参数的程序，能用处理其他路径名的相同方式处理标准输入和输出。例如，cat(1)命令对其命令行参数采取了一种特殊处理，它将单独的一个字符“-”解释为标准输入。例如：

```
filter file2 | cat file1 - file3 | lpr
```

首先cat读file1，接着读其标准输入（也就是filter file2命令的输出），然后读file3，如果支持/dev/fd，则可以删除cat对“-”的特殊处理，于是我们就可键入下列命令行：

```
filter file2 | cat file1 /dev/fd/0 file3 | lpr
```

作为命令行参数的“-”特指标准输入或标准输出，这已由很多程序采用。但是这会带来一些问题，例如，如果用“-”指定第一个文件，那么看来就像指定了命令行的一个选项。/dev/fd则提高了文件名参数的一致性，也更加清晰。

89

3.17　小结

本章说明了UNIX系统提供的基本I/O函数。因为read和write都在内核执行，所以称这些函数为不带缓冲的I/O函数。在只使用read和write情况下，我们观察了不同的I/O长度对读文件所需时间的影响。我们也观察了许多将已写入的数据冲洗到磁盘上的方法，以及它们对应用程序性能的影响。

在说明多个进程对同一文件进行追加写操作以及多个进程创建同一文件时，本章介绍了原子操作。也介绍了内核用来共享打开文件信息的数据结构。在本书的稍后还将涉及这些数据结构。

我们还介绍了ioctl和fcntl函数，本书后续部分还会涉及这两个函数。第14章还将fcntl用于记录锁，第18章和第19章将ioctl用于终端设备。

习题

3.1　当读/写磁盘文件时，本章中描述的函数确实是不带缓冲机制的吗？请说明原因。

3.2　编写一个与3.12节中dup2功能相同的函数，要求不调用fcntl函数，并且要有正确的出错处理。

3.3　假设一个进程执行下面3个函数调用：

```
fd1 = open(path, oflags);
fd2 = dup(fd1);
fd3 = open(path, oflags);
```

画出类似于图3-9的结果图。对fcntl作用于fd1来说，F_SETFD命令会影响哪一个文件描述符？F_SETFL呢？

3.4　许多程序中都包含下面一段代码：

```
dup2(fd, 0);
dup2(fd, 1);
```

```
dup2(fd, 2);
if (fd > 2)
    close(fd);
```

为了说明 if 语句的必要性，假设 fd 是 1，画出每次调用 dup2 时 3 个描述符项及相应的文件表项的变化情况。然后再画出 fd 为 3 的情况。

3.5 在 Bourne shell、Bourne-again shell 和 Korn shell 中，*digit1>&digit2* 表示要将描述符 *digit1* 重定向至描述符 *digit2* 的同一文件。请说明下面两条命令的区别。

```
./a.out > outfile 2>&1
./a.out 2>&1 > outfile
```

（提示：shell 从左到右处理命令行。） 90

3.6 如果使用追加标志打开一个文件以便读、写，能否仍用 lseek 在任一位置开始读？能否用 lseek 更新文件中任一部分的数据？请编写一段程序验证。 91

第4章

文件和目录

4.1 引言

上一章我们说明了执行 I/O 操作的基本函数，其中的讨论是围绕普通文件 I/O 进行的——打开文件、读文件或写文件。本章将描述文件系统的其他特征和文件的性质。我们将从 stat 函数开始，逐个说明 stat 结构的每一个成员以了解文件的所有属性。在此过程中，我们将说明修改这些属性的各个函数（更改所有者、更改权限等），还将更详细地说明 UNIX 文件系统的结构以及符号链接。本章最后介绍对目录进行操作的各个函数，并且开发了一个以降序遍历目录层次结构的函数。

4.2 函数 stat、fstat、fstatat 和 lstat

本章主要讨论 4 个 stat 函数以及它们的返回信息。

```
#include <sys/stat.h>

int stat(const char *restrict pathname, struct stat *restrict buf);

int fstat(int fd, struct stat *buf);

int lstat(const char *restrict pathname, struct stat *restrict buf);

int fstatat(int fd, const char *restrict pathname, struct stat *restrict buf, int flag);

                              所有 4 个函数的返回值：若成功，返回 0；若出错，返回-1
```


一旦给出 *pathname*，stat 函数将返回与此命名文件有关的信息结构。fstat 函数获得已在描述符 *fd* 上打开文件的有关信息。lstat 函数类似于 stat，但是当命名的文件是一个符号链接时，lstat 返回该符号链接的有关信息，而不是由该符号链接引用的文件的信息。（在 4.22 节中，当以降序遍历目录层次结构时，需要用到 lstat。4.17 节将更详细地说明符号链接。）

fstatat 函数为一个相对于当前打开目录（由 *fd* 参数指向）的路径名返回文件统计信息。*flag* 参数控制着是否跟随着一个符号链接。当 AT_SYMLINK_NOFOLLOW 标志被设置时，fstatat 不会跟随符号链接，而是返回符号链接本身的信息。否则，在默认情况下，返回的是符号链接所指向的实际文件的信息。如果 *fd* 参数的值是 AT_FDCWD，并且 *pathname* 参数是一个相对路径名，fstatat 会计算相对于当前目录的 *pathname* 参数。如果 *pathname* 是一个绝对路径，*fd* 参数就会被忽略。这两种情况下，根据 *flag* 的取值，fstatat 的作用就跟 stat 或 lstat 一样

第 2 个参数 *buf* 是一个指针，它指向一个我们必须提供的结构。函数来填充由 *buf* 指向的结构。结构的实际定义可能随具体实现有所不同，但其基本形式是：

```
struct stat {
```

```
    mode_t            st_mode;      /* file type & mode (permissions) */
    ino_t             st_ino;       /* i-node number (serial number) */
    dev_t             st_dev;       /* device number (file system) */
    dev_t             st_rdev;      /* device number for special files */
    nlink_t           st_nlink;     /* number of links */
    uid_t             st_uid;       /* user ID of owner */
    gid_t             st_gid;       /* group ID of owner */
    off_t             st_size;      /* size in bytes, for regular files */
    struct timespec   st_atime;     /* time of last access */
    struct timespec   st_mtime;     /* time of last modification */
    struct timespec   st_ctime;     /* time of last file status change */
    blksize_t         st_blksize;   /* best I/O block size */
    blkcnt_t          st_blocks;    /* number of disk blocks allocated */
};
```

> POSIX.1 未要求 st_rdev、st_blksize 和 st_blocks 字段。Single UNIX Specification XSI 扩展定义了这些字段。

timespec 结构类型按照秒和纳秒定义了时间，至少包括下面两个字段：

```
time_t tv_sec;
long   tv_nsec;
```

> 在 2008 年版以前的标准中，时间字段定义成 st_atime、st_mtime 以及 st_ctime，它们都是 time_t 类型的（以秒来表示）。timespec 结构提供了更高精度的时间戳。为了保持兼容性，旧的名字可以定义成 tv_sec 成员。例如，st_atime 可以定义成 st_atim.tv_sec。

94

注意，stat 结构中的大多数成员都是基本系统数据类型（见 2.8 节）。我们将说明此结构的每个成员以了解文件属性。

使用 stat 函数最多的地方可能就是 ls -l 命令，用其可以获得有关一个文件的所有信息。

4.3 文件类型

至此我们已经介绍了两种不同的文件类型：普通文件和目录。UNIX 系统的大多数文件是普通文件或目录，但是也有另外一些文件类型。文件类型包括如下几种。

（1）普通文件（regular file）。这是最常用的文件类型，这种文件包含了某种形式的数据。至于这种数据是文本还是二进制数据，对于 UNIX 内核而言并无区别。对普通文件内容的解释由处理该文件的应用程序进行。

> 一个值得注意的例外是二进制可执行文件。为了执行程序，内核必须理解其格式。所有二进制可执行文件都遵循一种标准化的格式，这种格式使内核能够确定程序文本和数据的加载位置。

（2）目录文件（directory file）。这种文件包含了其他文件的名字以及指向与这些文件有关信息的指针。对一个目录文件具有读权限的任一进程都可以读该目录的内容，但只有内核可以直接写目录文件。进程必须使用本章介绍的函数才能更改目录。

（3）块特殊文件（block special file）。这种类型的文件提供对设备（如磁盘）带缓冲的访问，每次访问以固定长度为单位进行。

> 注意，FreeBSD不再支持块特殊文件。对设备的所有访问需要通过字符特殊文件进行。

（4）字符特殊文件（character special file）。这种类型的文件提供对设备不带缓冲的访问，每次访问长度可变。系统中的所有设备要么是字符特殊文件，要么是块特殊文件。

（5）FIFO。这种类型的文件用于进程间通信，有时也称为命名管道（named pipe）。15.5节将对其进行说明。

（6）套接字（socket）。这种类型的文件用于进程间的网络通信。套接字也可用于在一台宿主机上进程之间的非网络通信。第16章将用套接字进行进程间的通信。

（7）符号链接（symbolic link）。这种类型的文件指向另一个文件。4.17节将更多地描述符号链接。

95

文件类型信息包含在stat结构的st_mode成员中。可以用图4-1中的宏确定文件类型。这些宏的参数都是stat结构中的st_mode成员。

宏	文件类型
S_ISREG()	普通文件
S_ISDIR()	目录文件
S_ISCHR()	字符特殊文件
S_ISBLK()	块特殊文件
S_ISFIFO()	管道或FIFO
S_ISLNK()	符号链接
S_ISSOCK()	套接字

图4-1 在<sys/stat.h>中的文件类型宏

POSIX.1允许实现将进程间通信（IPC）对象（如消息队列和信号量等）说明为文件。图4-2中的宏可用来从stat结构中确定IPC对象的类型。这些宏与图4-1中的不同，它们的参数并非st_mode，而是指向stat结构的指针。

宏	对象的类型
S_TYPEISMQ()	消息队列
S_TYPEISSEM()	信号量
S_TYPEISSHM()	共享存储对象

图4-2 在<sys/stat.h>中的IPC类型宏

消息队列、信号量以及共享存储对象等将在第15章中讨论。但是，本书讨论的4种UNIX系统都不将这些对象表示为文件。

实例

图4-3程序取其命令行参数，然后针对每一个命令行参数打印其文件类型。

```
#include "apue.h"

int
main(int argc, char *argv[])
{
    int     i;
    struct stat buf;
    char    *ptr;
```

```
    for (i = 1; i < argc; i++) {
        printf("%s: ", argv[i]);
        if (lstat(argv[i], &buf) < 0) {
            err_ret("lstat error");
            continue;
        }
        if (S_ISREG(buf.st_mode))
            ptr = "regular";
        else if (S_ISDIR(buf.st_mode))
            ptr = "directory";
        else if (S_ISCHR(buf.st_mode))
            ptr = "character special";
        else if (S_ISBLK(buf.st_mode))
            ptr = "block special";
        else if (S_ISFIFO(buf.st_mode))
            ptr = "fifo";
        else if (S_ISLNK(buf.st_mode))
            ptr = "symbolic link";
        else if (S_ISSOCK(buf.st_mode))
            ptr = "socket";
        else
            ptr = "** unknown mode **";
        printf("%s\n", ptr);
    }
    exit(0);
}
```

96

图 4-3 对每个命令行参数打印文件类型

图 4-3 程序的示例输出是：

```
$ ./a.out /etc/passwd /etc /dev/log /dev/tty \
> /var/lib/oprofile/opd_pipe /dev/sr0  /dev/cdrom
/etc/passwd: regular
/etc: directory
/dev/log: socket
/dev/tty: character special
/var/lib/oprofile/opd_pipe: fifo
/dev/sr0: block special
/dev/cdrom: symbolic link
```

（其中，在第一个命令行末端我们键入了一个反斜杠，通知 shell 要在下一行继续键入命令，然后，shell 在下一行上用其辅助提示符>提示我们。）我们特地使用了 lstat 函数而不是 stat 函数以便检测符号链接。如若使用 stat 函数，则不会观察到符号链接。

早期的 UNIX 版本并不提供 S_ISxxx 宏，于是就需要将 st_mode 与屏蔽字 S_IFMT 进行逻辑“与”运算，然后与名为 S_IFxxx 的常量相比较。大多数系统在文件<sys/stat.h>中定义了此屏蔽字和相关的常量。如若查看此文件，则可找到 S_ISDIR 宏定义为：

```
#define S_ISDIR (mode)  (((mode) & S_IFMT) == S_IFDIR)
```

我们说过，普通文件是最主要的文件类型，但是观察一下在一个给定的系统中各种文件的比例是很有意思的。图 4-4 显示了在一个单用户工作站 Linux 系统中的统计值和百分比。这些数据是由 4.22 节中的程序得到的。

97

文件类型	统计值	百分比（%）
普通文件	415 803	79.77
目录	62 197	11.93
符号链接	40 018	8.25
字符特殊	155	0.03
块特殊	47	0.01
套接字	45	0.01
FIFO	0	0.00

图 4-4 不同类型文件的统计值和百分比

4.4 设置用户 ID 和设置组 ID

与一个进程相关联的 ID 有 6 个或更多，如图 4-5 所示。

ID	用途
实际用户 ID 实际组 ID	我们实际上是谁
有效用户 ID 有效组 ID 附属组 ID	用于文件访问权限检查
保存的设置用户 ID 保存的设置组 ID	由 exec 函数保存

图 4-5 与每个进程相关联的用户 ID 和组 ID

- 实际用户 ID 和实际组 ID 标识我们究竟是谁。这两个字段在登录时取自口令文件中的登录项。通常，在一个登录会话期间这些值并不改变，但是超级用户进程有方法改变它们，8.11 节将说明这些方法。
- 有效用户 ID、有效组 ID 以及附属组 ID 决定了我们的文件访问权限，下一节将对此进行说明（我们已在 1.8 节中说明了附属组 ID）。
- 保存的设置用户 ID 和保存的设置组 ID 在执行一个程序时包含了有效用户 ID 和有效组 ID 的副本，在 8.11 节中说明 setuid 函数时，将说明这两个保存值的作用。

> 在 POSIX.1 2001 年版中，要求这些保存的 ID。在早期 POSIX 版本中，它们是可选的。一个应用程序在编译时可测试常量_POSIX_SAVED_IDS，或在运行时以参数_SC_SAVED_IDS 调用函数 sysconf，以判断此实现是否支持这一功能。

通常，有效用户 ID 等于实际用户 ID，有效组 ID 等于实际组 ID。

每个文件有一个所有者和组所有者，所有者由 stat 结构中的 st_uid 指定，组所有者则由 98 st_gid 指定。

当执行一个程序文件时，进程的有效用户 ID 通常就是实际用户 ID，有效组 ID 通常是实际组 ID。但是可以在文件模式字（st_mode）中设置一个特殊标志，其含义是“当执行此文件时，将进程的有效用户 ID 设置为文件所有者的用户 ID（st_uid）”。与此相类似，在文件模式字中可以设置另一位，它将执行此文件的进程的有效组 ID 设置为文件的组所有者 ID（st_gid）。在文件模式字中的这两位被称为*设置用户* ID（set-user-ID）位和*设置组* ID（set-group-ID）位。

例如，若文件所有者是超级用户，而且设置了该文件的设置用户 ID 位，那么当该程序文件由一个进程执行时，该进程具有超级用户权限。不管执行此文件的进程的实际用户 ID 是什么，都会是这样。例如，UNIX 系统程序 passwd(1)允许任一用户改变其口令，该程序是一个设置用户 ID 程序。因为该程序应能将用户的新口令写入口令文件中（一般是/etc/passwd 或/etc/shadow），而只有超级用户才具有对该文件的写权限，所以需要使用设置用户 ID 功能。因为运行设置用户 ID 程序的进程通常会得到额外的权限，所以编写这种程序时要特别谨慎。第 8 章将更详细地讨论这种类型的程序。

再回到 stat 函数，设置用户 ID 位及设置组 ID 位都包含在文件的 st_mode 值中。这两位可分别用常量 S_ISUID 和 S_ISGID 测试。

4.5　文件访问权限

st_mode 值也包含了对文件的访问权限位。当提及文件时，指的是前面所提到的任何类型的文件。所有文件类型（目录、字符特别文件等）都有访问权限（access permission）。很多人认为只有普通文件有访问权限，这是一种误解。

每个文件有 9 个访问权限位，可将它们分成 3 类，见图 4-6。

st_mode 屏蔽	含义
S_IRUSR	用户读
S_IWUSR	用户写
S_IXUSR	用户执行
S_IRGRP	组读
S_IWGRP	组写
S_IXGRP	组执行
S_IROTH	其他读
S_IWOTH	其他写
S_IXOTH	其他执行

图 4-6　9 个访问权限位，取自<sys/stat.h>

在图 4-6 前 3 行中，术语*用户*指的是文件所有者（owner）。chmod(1)命令用于修改这 9 个权限位。该命令允许我们用 u 表示用户（所有者），用 g 表示组，用 o 表示其他。有些书把这 3 种用户类型分别称为所有者、组和世界。这会造成混乱，因为 chmod 命令用 o 表示其他，而不是所有者。我们将使用术语*用户*、*组*和*其他*，以便与 chmod 命令保持一致。

99

图 4-6 中的 3 类访问权限（即读、写及执行）以各种方式由不同的函数使用。我们将这些不同的使用方式汇总在下面。当说明相关函数时，再进一步讨论。

- 第一个规则是，我们用名字打开任一类型的文件时，对该名字中包含的每一个目录，包括它可能隐含的当前工作目录都应具有执行权限。这就是为什么对于目录其执行权限位常被称为搜索位的原因。

  例如，为了打开文件/usr/include/stdio.h，需要对目录/、/usr 和/usr/include 具有执行权限。然后，需要具有对文件本身的适当权限，这取决于以何种模式打开它（只读、读-写等）。

  如果当前目录是/usr/include，那么为了打开文件 stdio.h，需要对当前目录有执行权限。这是隐含当前目录的一个示例。打开 stdio.h 文件与打开./stdio.h 作用相同。

注意，对于目录的读权限和执行权限的意义是不相同的。读权限允许我们读目录，获得在该目录中所有文件名的列表。当一个目录是我们要访问文件的路径名的一个组成部分时，对该目录的执行权限使我们可通过该目录（也就是搜索该目录，寻找一个特定的文件名）。引用隐含目录的另一个例子是，如果 PATH 环境变量（8.10 节将对其进行说明）指定了一个我们不具有执行权限的目录，那么 shell 绝不会在该目录下找到可执行文件。

- 对于一个文件的读权限决定了我们是否能够打开现有文件进行读操作。这与 open 函数的 O_RDONLY 和 O_RDWR 标志相关。
- 对于一个文件的写权限决定了我们是否能够打开现有文件进行写操作。这与 open 函数的 O_WRONLY 和 O_RDWR 标志相关。
- 为了在 open 函数中对一个文件指定 O_TRUNC 标志，必须对该文件具有写权限。
- 为了在一个目录中创建一个新文件，必须对该目录具有写权限和执行权限。
- 为了删除一个现有文件，必须对包含该文件的目录具有写权限和执行权限。对该文件本身则不需要有读、写权限。
- 如果用 7 个 exec 函数（见 8.10 节）中的任何一个执行某个文件，都必须对该文件具有执行权限。该文件还必须是一个普通文件。

100

进程每次打开、创建或删除一个文件时，内核就进行文件访问权限测试，而这种测试可能涉及文件的所有者（st_uid 和 st_gid）、进程的有效 ID（有效用户 ID 和有效组 ID）以及进程的附属组 ID（若支持的话）。两个所有者 ID 是文件的性质，而两个有效 ID 和附属组 ID 则是进程的性质。内核进行的测试具体如下。

（1）若进程的有效用户 ID 是 0（超级用户），则允许访问。这给予了超级用户对整个文件系统进行处理的最充分的自由。

（2）若进程的有效用户 ID 等于文件的所有者 ID（也就是进程拥有此文件），那么如果所有者适当的访问权限位被设置，则允许访问；否则拒绝访问。*适当的访问权限位*指的是，若进程为读而打开该文件，则用户读位应为 1；若进程为写而打开该文件，则用户写位应为 1；若进程将执行该文件，则用户执行位应为 1。

（3）若进程的有效组 ID 或进程的附属组 ID 之一等于文件的组 ID，那么如果组适当的访问权限位被设置，则允许访问；否则拒绝访问。

（4）若其他用户适当的访问权限位被设置，则允许访问；否则拒绝访问。

按顺序执行这 4 步。注意，如果进程拥有此文件（第 2 步），则按用户访问权限批准或拒绝该进程对文件的访问——不查看组访问权限。类似地，若进程并不拥有该文件。但进程属于某个适当的组，则按组访问权限批准或拒绝该进程对文件的访问——不查看其他用户的访问权限。

4.6 新文件和目录的所有权

在第 3 章中讲述用 open 或 creat 创建新文件时，我们并没有说明赋予新文件的用户 ID 和组 ID 是什么。4.21 节将说明 mkdir 函数，此时就会了解如何创建一个新目录。关于新目录的所有权规则与本节将说明的新文件所有权规则相同。

新文件的用户 ID 设置为进程的有效用户 ID。关于组 ID，POSIX.1 允许实现选择下列之一作为新文件的组 ID。

（1）新文件的组 ID 可以是进程的有效组 ID。

（2）新文件的组 ID 可以是它所在目录的组 ID。

> FreeBSD 8.0 和 Mac OS X 10.6.8 总是使用目录的组 ID 作为新文件的组 ID。有些 Linux 文件系统使用 mount(1)命令选项允许在 POSIX.1 提出的两种选项中进行选择。对于 Linux 3.2.0 和 Solaris 10，默认情况下，新文件的组 ID 取决于它所在的目录的设置组 ID 位是否被设置。如果该目录的这一位已经被设置，则新文件的组 ID 设置为目录的组 ID；否则新文件的组 ID 设置为进程的有效组 ID。

101

使用 POSIX.1 所允许的第二个选项（继承目录的组 ID）使得在某个目录下创建的文件和目录都具有该目录的组 ID。于是文件和目录的组所有权从该点向下传递。例如，在 Linux 的/var/mail 目录中就使用了这种方法。

> 正如前面提到的，这种设置组所有权的方法是 FreeBSD 8.0 和 Mac OS X 10.6.8 系统默认的，但对于 Linux 和 Solaris 则是可选的。在 Linux 3.2.0 和 Solaris 10 之下，必须使设置组 ID 位起作用。更进一步，为使这种方法能够正常工作，mkdir 函数要自动地传递一个目录的设置组 ID 位（4.21 节将说明 mkdir 就是这样做的）。

4.7 函数 access 和 faccessat

正如前面所说，当用 open 函数打开一个文件时，内核以进程的有效用户 ID 和有效组 ID 为基础执行其访问权限测试。有时，进程也希望按其实际用户 ID 和实际组 ID 来测试其访问能力。例如，当一个进程使用设置用户 ID 或设置组 ID 功能作为另一个用户（或组）运行时，就可能会有这种需要。即使一个进程可能已经通过设置用户 ID 以超级用户权限运行，它仍可能想验证其实际用户能否访问一个给定的文件。access 和 faccessat 函数是按实际用户 ID 和实际组 ID 进行访问权限测试的。（该测试也分成 4 步，这与 4.5 节中所述的一样，但将有效改为实际。）

```
#include <unistd.h>

int access(const char *pathname, int mode);

int faccessat(int fd, const char *pathname, int mode, int flag);
```

两个函数的返回值：若成功，返回 0；若出错，返回-1

其中，如果测试文件是否已经存在，*mode* 就为 F_OK；否则 mode 是图 4-7 中所列常量的按位或。

mode	说明
R_OK	测试读权限
W_OK	测试写权限
X_OK	测试执行权限

图 4-7 access 函数的 *mode* 标志，取自<unistd.h>

faccessat 函数与 access 函数在下面两种情况下是相同的：一种是 *pathname* 参数为绝对路径，另一种是 *fd* 参数取值为 AT_FDCWD 而 *pathname* 参数为相对路径。否则，faccessat 计算相对于打开目录（由 *fd* 参数指向）的 *pathname*。

102

flag 参数可以用于改变 faccessat 的行为，如果 *flag* 设置为 AT_EACCESS，访问检查用的是调用进程的有效用户 ID 和有效组 ID，而不是实际用户 ID 和实际组 ID。

实例

图4-8显示了access函数的使用方法。

```
#include "apue.h"
#include <fcntl.h>

int
main(int argc, char *argv[])
{
    if (argc != 2)
        err_quit("usage: a.out <pathname>");
    if (access(argv[1], R_OK) < 0)
        err_ret("access error for %s", argv[1]);
    else
        printf("read access OK\n");
    if (open(argv[1], O_RDONLY) < 0)
        err_ret("open error for %s", argv[1]);
    else
        printf("open for reading OK\n");
    exit(0);
}
```

图4-8 access函数实例

下面是该程序的示例会话：

```
$ ls -l a.out
-rwxrwxr-x 1 sar              15945 Nov 30 12:10 a.out
$ ./a.out a.out
read access OK
open for reading OK
$ ls -l /etc/shadow
-r-------- 1 root             1315 Jul 17 2002 /etc/shadow
$ ./a.out /etc/shadow
access error for /etc/shadow: Permission denied
open error for /etc/shadow: Permission denied
$ su                          成为超级用户
Password:                     输入超级用户口令
# chown root a.out            将文件用户 ID 改为 root
# chmod u+s a.out             并打开设置用户 ID 位
# ls -l a.out                 检查所有者和 SUID 位
-rwsrwxr-x 1 root             15945 Nov 30 12:10 a.out
# exit                        恢复为正常用户
$ ./a.out /etc/shadow
access error for /etc/shadow: Permission denied
open for reading OK
```

103

在本例中，尽管open函数能打开文件，但通过设置用户ID程序可以确定实际用户不能正常读指定的文件。

> 在上例及第8章中，我们有时要成为超级用户，以便演示某些功能是如何工作的。如果你使用多用户系统，但无超级用户权限，那么你就不能完整地重复这些实例。

4.8 函数 umask

至此我们已说明了与每个文件相关联的 9 个访问权限位，在此基础上我们可以说明与每个进程相关联的文件模式创建屏蔽字。

umask 函数为进程设置文件模式创建屏蔽字，并返回之前的值。（这是少数几个没有出错返回函数中的一个。）

```
#include <sys/stat.h>

mode_t umask(mode_t cmask);
```

返回值：之前的文件模式创建屏蔽字

其中，参数 *cmask* 是由图 4-6 中列出的 9 个常量（S_IRUSR、S_IWUSR 等）中的若干个按位“或”构成的。

在进程创建一个新文件或新目录时，就一定会使用文件模式创建屏蔽字（回忆 3.3 节和 3.4 节，在那里我们说明了 open 和 creat 函数。这两个函数都有一个参数 *mode*，它指定了新文件的访问权限位）。我们将在 4.21 节说明如何创建一个新目录。在文件模式创建屏蔽字中为 1 的位，在文件 *mode* 中的相应位一定被关闭。

实例

图 4-9 程序创建了两个文件，创建第一个时，umask 值为 0，创建第二个时，umask 值禁止所有组和其他用户的访问权限。

```
#include "apue.h"
#include <fcntl.h>

#define RWRWRW (S_IRUSR|S_IWUSR|S_IRGRP|S_IWGRP|S_IROTH|S_IWOTH)

int
main(void)
{
    umask(0);
    if (creat("foo", RWRWRW) < 0)
        err_sys("creat error for foo");
    umask(S_IRGRP | S_IWGRP | S_IROTH | S_IWOTH);
    if (creat("bar", RWRWRW) < 0)
     err_sys("creat error for bar");
     exit(0);
}
```

图 4-9 umask 函数实例

若运行此程序可得如下结果，从中可见访问权限位是如何设置的。

104

```
$ umask                   先打印当前文件模式创建屏蔽字
002
$ ./a.out
$ ls -l foo bar
-rw------- 1 sar          0 Dec 7 21:20 bar
-rw-rw-rw- 1 sar          0 Dec 7 21:20 foo
```

```
$ umask                     观察文件模式创建屏蔽字是否更改
002
```

UNIX 系统的大多数用户从不处理他们的 umask 值。通常在登录时，由 shell 的启动文件设置一次，然后，再不改变。尽管如此，当编写创建新文件的程序时，如果我们想确保指定的访问权限位已经激活，那么必须在进程运行时修改 umask 值。例如，如果我们想确保任何用户都能读文件，则应将 umask 设置为 0。否则，当我们的进程运行时，有效的 umask 值可能关闭该权限位。

在前面的示例中，我们用 shell 的 umask 命令在运行程序的前、后打印文件模式创建屏蔽字。从中可见，更改进程的文件模式创建屏蔽字并不影响其父进程（常常是 shell）的屏蔽字。所有 shell 都有内置 umask 命令，我们可以用该命令设置或打印当前文件模式创建屏蔽字。

用户可以设置 umask 值以控制他们所创建文件的默认权限。该值表示成八进制数，一位代表一种要屏蔽的权限，这示于图 4-10 中。设置了相应位后，它所对应的权限就会被拒绝。常用的几种 umask 值是 002、022 和 027。002 阻止其他用户写入你的文件，022 阻止同组成员和其他用户写入你的文件，027 阻止同组成员写你的文件以及其他用户读、写或执行你的文件。

屏蔽位	含义
0400	用户读
0200	用户写
0100	用户执行
0040	组读
0020	组写
0010	组执行
0004	其他读
0002	其他写
0001	其他执行

图 4-10　umask 文件访问权限位

105

Single UNIX Specification 要求 shell 应该支持符号形式的 umask 命令。与八进制格式不同，符号格式指定许可的权限（即在文件创建屏蔽字中为 0 的位）而非拒绝的权限（即在文件创建屏蔽字中为 1 的位）。下面显示了两种格式的命令。

```
$ umask                     先打印当前文件模式创建屏蔽字
002
$ umask -S                  打印符号格式
u=rwx,g=rwx,o=rx
$ umask 027                 更改文件模式创建屏蔽字
$ umask -S                  打印符号格式
u=rwx,g=rx,o=
```

4.9 函数 chmod、fchmod 和 fchmodat

chmod、fchmod 和 fchmodat 这 3 个函数使我们可以更改现有文件的访问权限。

```
#include <sys/stat.h>

int chmod(const char *pathname, mode_t mode);
```

```
int fchmod(int fd, mode_t mode);

int fchmodat(int fd, const char *pathname, mode_t mode, int flag);
```
3 个函数返回值：若成功，返回 0；若出错，返回−1

chmod 函数在指定的文件上进行操作，而 fchmod 函数则对已打开的文件进行操作。fchmodat 函数与 chmod 函数在下面两种情况下是相同的：一种是 *pathname* 参数为绝对路径，另一种是 *fd* 参数取值为 AT_FDCWD 而 *pathname* 参数为相对路径。否则，fchmodat 计算相对于打开目录（由 *fd* 参数指向）的 *pathname*。*flag* 参数可以用于改变 fchmodat 的行为，当设置了 AT_SYMLINK_NOFOLLOW 标志时，fchmodat 并不会跟随符号链接。

为了改变一个文件的权限位，进程的有效用户 ID 必须等于文件的所有者 ID，或者该进程必须具有超级用户权限。

参数 *mode* 是图 4-11 中所示常量的按位或。

mode	说明
S_ISUID	执行时设置用户 ID
S_ISGID	执行时设置组 ID
S_ISVTX	保存正文（粘着位）
S_IRWXU	用户（所有者）读、写和执行
S_IRUSR	用户（所有者）读
S_IWUSR	用户（所有者）写
S_IXUSR	用户（所有者）执行
S_IRWXG	组读、写和执行
S_IRGRP	组读
S_IWGRP	组写
S_IXGRP	组执行
S_IRWXO	其他读、写和执行
S_IROTH	其他读
S_IWOTH	其他写
S_IXOTH	其他执行

图 4-11 chmod 函数的 *mode* 常量，取自<sys/stat.h>

106

注意，在图 4-11 中，有 9 项是取自图 4-6 中的 9 个文件访问权限位。我们另外加了 6 个，它们是两个设置 ID 常量（S_ISUID 和 S_ISGID）、保存正文常量（S_ISVTX）以及 3 个组合常量（S_IRWXU、S_IRWXG 和 S_IRWXO）。

> 保存正文位（S_ISVTX）不是 POSIX.1 的一部分。在 Single UNIX Specification 中，它被定义在 XSI 扩展中。我们在下一节说明其目的。

实例

为了演示 umask 函数，我们在前面运行了图 4-9 程序，先让我们回忆文件 foo 和 bar 当时的最后状态：

```
$ ls -l foo bar
-rw------- 1 sar             0 Dec 7 21:20 bar
-rw-rw-rw- 1 sar             0 Dec 7 21:20 foo
```

图 4-12 的程序修改了这两个文件的模式。

```
#include "apue.h"

int
main(void)
{
    struct stat  statbuf;

    /* turn on set-group-ID and turn off group-execute */

    if (stat("foo", &statbuf) < 0)
        err_sys("stat error for foo");
    if (chmod("foo", (statbuf.st_mode & ~S_IXGRP) | S_ISGID) < 0)
        err_sys("chmod error for foo");

    /* set absolute mode to "rw-r--r--" */

    if (chmod("bar", S_IRUSR | S_IWUSR | S_IRGRP | S_IROTH) < 0)
        err_sys("chmod error for bar");
    exit(0);
}
```

图 4-12 chmod 函数实例

在运行图 4-12 程序后，这两个文件的最后状态是：

```
$ ls -l foo bar
-rw-r--r-- 1 sar         0 Dec 7 21:20 bar
-rw-rwSrw- 1 sar         0 Dec 7 21:20 foo
```

在本例中，不管文件 bar 的当前权限位如何，我们都将其权限设置为一个绝对值。对文件 foo，我们相对于其当前状态设置权限。为此，先调用 stat 获得其当前权限，然后修改它。我们显式地打开了设置组 ID 位、关闭了组执行位。注意，ls 命令将组执行权限表示为 S，它表示设置组 ID 位已经设置，同时，组执行位未设置。

107

> 在 Solaris 中，ls 命令显示 l 而非 S，这表明对该文件可以加强制性文件或记录锁。这只能用于普通文件，14.3 节将更详细地讨论这一点。

最后还要注意，在运行图 4-12 程序后，ls 命令列出的时间和日期并没有改变。在 4.19 节中，我们会了解到 chmod 函数更新的只是 i 节点最近一次被更改的时间。按系统默认方式，ls -l 列出的是最后修改文件内容的时间。

chmod 函数在下列条件下自动清除两个权限位。

- Solaris 等系统对用于普通文件的粘着位赋予了特殊含义，在这些系统上如果我们试图设置普通文件的粘着位（S_ISVTX），而且又没有超级用户权限，那么 *mode* 中的粘着位自动被关闭（我们将在下一节说明粘着位）。这意味着只有超级用户才能设置普通文件的粘着位。这样做的理由是防止恶意用户设置粘着位，由此影响系统性能。

  > 在 FreeBSD 8.0 和 Solaris 10 中，只有超级用户才能对普通文件设置粘着位。Linux 3.2.0 和 Mac OS X 10.6.8 对设置粘着位并无此种限制，其原因是，粘着位对 Linux 普通文件并无意义。虽然粘着位对 FreeBSD 的普通文件也无意义，但还是阻止除超级用户以外的任何用户对普通文件设置该位。

- 新创建文件的组 ID 可能不是调用进程所属的组。回忆一下 4.6 节，新文件的组 ID 可能是父目录的组 ID。特别地，如果新文件的组 ID 不等于进程的有效组 ID 或者进程附属组 ID 中的一个，而且进程没有超级用户权限，那么设置组 ID 位会被自动被关闭。这就防止了用户创建一个设置组 ID 文件，而该文件是由并非该用户所属的组拥有的。

> 这种情况下，FreeBSD 8.0 对试图设置组 ID 的操作肯定会返回失败，而其他的系统则无声息地关闭该位，但不会对试图改变文件访问权限的操作直接做失败处理。
>
> FreeBSD 8.0、Linux 3.2.0、Mac OS X 10.6.8 和 Solaris 10 增加了另一个安全性功能以试图阻止误用某些保护位。如果没有超级用户权限的进程写一个文件，则设置用户 ID 位和设置组 ID 位会被自动清除。如果恶意用户找到一个他们可以写的设置组 ID 和设置用户 ID 文件，即使可以修改此文件，他们也没有对该文件的特殊权限。

4.10 粘着位

`S_ISVTX` 位有一段有趣的历史。在 UNIX 尚未使用请求分页式技术的早期版本中，`S_ISVTX` 位被称为粘着位（sticky bit）。如果一个可执行程序文件的这一位被设置了，那么当该程序第一次被执行，在其终止时，程序正文部分的一个副本仍被保存在交换区（程序的正文部分是机器指令）。这使得下次执行该程序时能较快地将其装载入内存。其原因是：通常的 UNIX 文件系统中，文件的各数据块很可能是随机存放的，相比较而言，交换区是被作为一个连续文件来处理的。对于通用的应用程序，如文本编辑程序和 C 语言编译器，我们常常设置它们所在文件的粘着位。自然地，对于在交换区中可以同时存放的设置了粘着位的文件数是有限制的，以免过多占用交换区空间，但无论如何这是一个有用的技术。因为在系统再次自举前，文件的正文部分总是在交换区中，这正是名字中“粘着”的由来。后来的 UNIX 版本称它为*保存正文位*（saved-text bit），因此也就有了常量 `S_ISVTX`。现今较新的 UNIX 系统大多数都配置了虚拟存储系统以及快速文件系统，所以不再需要使用这种技术。

108

现今的系统扩展了粘着位的使用范围，Single UNIX Specification 允许针对目录设置粘着位。如果对一个目录设置了粘着位，只有对该目录具有写权限的用户并且满足下列条件之一，才能删除或重命名该目录下的文件：

- 拥有此文件；
- 拥有此目录；
- 是超级用户。

目录`/tmp` 和`/var/tmp` 是设置粘着位的典型候选者——任何用户都可在这两个目录中创建文件。任一用户（用户、组和其他）对这两个目录的权限通常都是读、写和执行。但是用户不应能删除或重命名属于其他人的文件，为此在这两个目录的文件模式中都设置了粘着位。

> POSIX.1 没有定义保存正文位，Single UNIX Specification 将它定义在 XSI 扩展部分。FreeBSD 8.0、Linux 3.2.0、Mac OS X 10.6.8 和 Solaris 10 则支持这种功能。
>
> 在 Solaris 10 中，如果对普通文件设置了粘着位，那么它就具有特殊含义。在这种情况下，如果任何执行位都没有设置，那么操作系统就不会缓存文件内容。

4.11 函数 chown、fchown、fchownat 和 lchown

下面几个 chown 函数可用于更改文件的用户 ID 和组 ID。如果两个参数 *owner* 或 *group* 中的任意一个是-1，则对应的 ID 不变。

```
#include <unistd.h>

int chown(const char *pathname, uid_t owner, gid_t group);

int fchown(int fd, uid_t owner, gid_t group);

int fchownat(int fd, const char *pathname, uid_t owner, gid_t group, int flag);

int lchown(const char *pathname, uid_t owner, gid_t group);

                    4 个函数的返回值：若成功，返回 0；若出错，返回-1
```

109

除了所引用的文件是符号链接以外，这 4 个函数的操作类似。在符号链接情况下，lchown 和 fchownat（设置了 AT_SYMLINK_NOFOLLOW 标志）更改符号链接本身的所有者，而不是该符号链接所指向的文件的所有者。

fchown 函数改变 *fd* 参数指向的打开文件的所有者，既然它在一个已打开的文件上操作，就不能用于改变符号链接的所有者。

fchownat 函数与 chown 或者 lchown 函数在下面两种情况下是相同的：一种是 *pathname* 参数为绝对路径，另一种是 *fd* 参数取值为 AT_FDCWD 而 *pathname* 参数为相对路径。在这两种情况下，如果 *flag* 参数中设置了 AT_SYMLINK_NOFOLLOW 标志，fchownat 与 lchown 行为相同，如果 *flag* 参数中清除了 AT_SYMLINK_NOFOLLOW 标志，则 fchownat 与 chown 行为相同。如果 *fd* 参数设置为打开目录的文件描述符，并且 *pathname* 参数是一个相对路径名，fchownat 函数计算相对于打开目录的 *pathname*。

基于 BSD 的系统一直规定只有超级用户才能更改一个文件的所有者。这样做的原因是防止用户改变其文件的所有者从而摆脱磁盘空间限额对他们的限制。System V 则允许任一用户更改他们所拥有的文件的所有者。

> 按照_POSIX_CHOWN_RESTRICTED 的值，POSIX.1 允许在这两种形式的操作中选用一种。
>
> 对于 Solaris 10，此功能是个配置选项，其默认值是施加限制。而 FreeBSD 8.0、Linux 3.2.0 和 Mac OS X 10.6.8 则总对 chown 施加限制。

回忆 2.6 节，_POSIX_CHOWN_RESTRICTED 常量可选地定义在头文件<unistd.h>中，而且总是可以用 pathconf 或 fpathconf 函数进行查询。此选项还与所引用的文件有关——可在每个文件系统基础上，使该选项起作用或不起作用。在下文中，如提及“若_POSIX_CHOWN_RESTRICTED 生效”，则表示“这适用于我们正在谈及的文件”，而不管该实际常量是否在头文件中定义。

若_POSIX_CHOWN_RESTRICTED 对指定的文件生效，则

（1）只有超级用户进程能更改该文件的用户 ID；

（2）如果进程拥有此文件（其有效用户 ID 等于该文件的用户 ID），参数 *owner* 等于-1 或文件的用户 ID，并且参数 *group* 等于进程的有效组 ID 或进程的附属组 ID 之一，那么一个非超级用户进程可以更改该文件的组 ID。

这意味着，当_POSIX_CHOWN_RESTRICTED有效时，不能更改其他用户文件的用户ID。你可以更改你所拥有的文件的组ID，但只能改到你所属的组。

如果这些函数由非超级用户进程调用，则在成功返回时，该文件的设置用户ID位和设置组ID位都被清除。 110

4.12 文件长度

stat结构成员st_size表示以字节为单位的文件的长度。此字段只对普通文件、目录文件和符号链接有意义。

> FreeBSD 8.0、Mac OS X 10.6.8和Solaris 10对管道也定义了文件长度，它表示可从该管道中读到的字节数，我们将在15.2中讨论管道。

对于普通文件，其文件长度可以是0，在开始读这种文件时，将得到文件结束（end-of-file）指示。对于目录，文件长度通常是一个数（如16或512）的整倍数，我们将在4.22节中说明读目录操作。

对于符号链接，文件长度是在文件名中的实际字节数。例如，在下面的例子中，文件长度7就是路径名usr/lib的长度：

```
lrwxrwxrwx 1 root          7 Sep 25 07:14 lib -> usr/lib
```

（注意，因为符号链接文件长度总是由st_size指示，所以它并不包含通常C语言用作名字结尾的null字节。）

现今，大多数现代的UNIX系统提供字段st_blksize和st_blocks。其中，第一个是对文件I/O较合适的块长度，第二个是所分配的实际512字节块块数。回忆3.9节，其中提到了当我们将st_blksize用于读操作时，读一个文件所需的时间量最少。为了提高效率，标准I/O库（我们将在第5章中说明）也试图一次读、写st_blksize个字节。

> 应当了解的是，不同的UNIX版本其st_blocks所用的单位可能不是512字节的块。使用此值并不是可移植的。

文件中的空洞

在3.6节中，我们提及普通文件可以包含空洞。在图3-2程序中例示了这一点。空洞是由所设置的偏移量超过文件尾端，并写入了某些数据后造成的。作为一个例子，考虑下列情况：

```
$ ls -l core
-rw-r--r-- 1 sar      8483248 Nov 18 12:18 core
$ du -s core
272         core
```

文件core的长度稍稍超过8 MB，可是du命令报告该文件所使用的磁盘空间总量是272个512字节块（即139 264字节）。很明显，此文件中有很多空洞。

> 在很多BSD类系统上，du命令报告的是1 024字节块的块数，Solaris报告的是512字节块的块数。在Linux上，报告的块数单位取决于是否设置了环境变量POSIXLY_CORRECT。当设置了该环境变量，du命令报告的是1 024字节块的块数；没有设置该环境变量时，du命令报告的是512字节块的块数。

111

正如我们在3.6节中提及的，对于没有写过的字节位置，read函数读到的字节是0。如果执行下面的命令，可以看出正常的I/O操作读整个文件长度：

```
$ wc -c core
8483248 core
```

> 带-c选项的wc(1)命令计算文件中的字符数（字节）。

如果使用实用程序（如cat(1)）复制这个文件，那么所有这些空洞都会被填满，其中所有实际数据字节皆填写为0。

```
$ cat core > core.copy
$ ls -l core*
-rw-r--r--  1 sar     8483248 Nov 18 12:18 core
-rw-rw-r--  1 sar     8483248 Nov 18 12:27 core.copy
$ du -s core*
272     core
16592   core.copy
```

从中可见，新文件所用的实际字节数是8 495 104（512×16 592）。此长度与ls命令报告的长度不同，其原因是，文件系统使用了若干块以存放指向实际数据块的各个指针。

有兴趣的读者可以参阅Bach[1986]的4.2节、McKusick等[1996]的7.2节和7.3节（或McKusick和Neville-Neil[2005]的8.2节和8.3节）、McDougall和Mauro[2007]的15.2节以及Singh[2006]的第12章，以更详细地了解文件的物理结构。

4.13 文件截断

有时我们需要在文件尾端处截去一些数据以缩短文件。将一个文件的长度截断为0是一个特例，在打开文件时使用O_TRUNC标志可以做到这一点。为了截断文件可以调用函数truncate和ftruncate。

```
#include <unistd.h>

int truncate(const char *pathname, off_t length);

int ftruncate(int fd, off_t length);

                        两个函数的返回值：若成功，返回0；若出错，返回-1
```

这两个函数将一个现有文件长度截断为*length*。如果该文件以前的长度大于*length*，则超过*length*以外的数据就不再能访问。如果以前的长度小于*length*，文件长度将增加，在以前的文件尾端和新的文件尾端之间的数据将读作0（也就是可能在文件中创建了一个空洞）。

112

> 早于4.4BSD的BSD系统只能用truncate函数截短一个文件，不能用它扩展一个文件。
>
> Solaris对fcntl函数进行了扩展，增加了F_FREESP，它允许释放一个文件中的任何一部分，而不只是文件尾端处的一部分。

图13-6的程序使用了ftruncate函数，以便在获得对一个文件的锁后，清空该文件。

4.14 文件系统

为了说明文件链接的概念，先要介绍UNIX文件系统的基本结构。同时，了解i节点和指向

i 节点的目录项之间的区别也是很有益的。

目前，正在使用的 UNIX 文件系统有多种实现。例如，Solaris 支持多种不同类型的磁盘文件系统：传统的基于 BSD 的 UNIX 文件系统（称为 `UFS`），读、写 DOS 格式软盘的文件系统（称为 `PCFS`），以及读 CD 的文件系统（称为 `HSFS`）。在图 2-20 中，我们已经看到了不同类型文件系统的一个区别。`UFS` 是以 Berkeley 快速文件系统为基础的。本节讨论该文件系统。

> 每一种文件系统类型都有它各自的特征，有些特征可能是混淆不清的。例如，大部分 UNIX 文件系统支持大小写敏感的文件名。因此，如果创建了一个名为 `file.txt` 的文件以及另外一个名为 `file.TXT` 的文件，就是创建了两个不同的文件。在 Mac OS X 上，`HFS` 文件系统是大小写保留的，并且是大小写不敏感比较的。因此，如果创建了一个名为 `file.txt` 的文件，当你再创建名为 `file.TXT` 的文件时，就会覆盖原来的 `file.txt` 文件。但是，保存在文件系统中的是文件创建时的文件名（即 `file.txt`，因为是大小写保留的）。事实上，在“`f`，`i`，`l`，`e`，`.`，`t`，`x`，`t`”这个序列中的大写或小写字母的排列都会在搜索这个文件时得到匹配（大小写不敏感比较）。因此，除了 `file.txt` 和 `file.TXT`，我们还可以用 `File.txt`、`fILE.tXt` 以及 `FiLe.TxT` 等名字来访问该文件。

我们可以把一个磁盘分成一个或多个分区。每个分区可以包含一个文件系统（见图 4-13）。i 节点是固定长度的记录项，它包含有关文件的大部分信息。 113

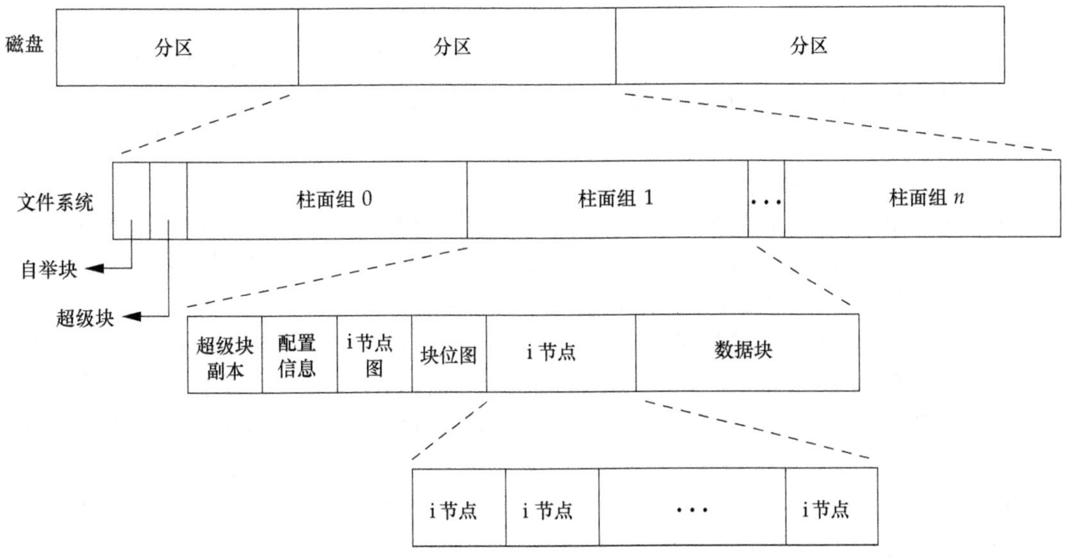

图 4-13 磁盘、分区和文件系统

如果更仔细地观察一个柱面组的 i 节点和数据块部分，则可以看到图 4-14 中所示的情况。注意图 4-14 中的下列各点。

- 在图中有两个目录项指向同一个 i 节点。每个 i 节点中都有一个链接计数，其值是指向该 i 节点的目录项数。只有当链接计数减少至 0 时，才可删除该文件（也就是可以释放该文件占用的数据块）。这就是为什么“解除对一个文件的链接”操作并不总是意味着“释放该文件占用的磁盘块”的原因。这也是为什么删除一个目录项的函数被称之为 `unlink` 而不是 `delete` 的原因。在 `stat` 结构中，链接计数包含在 `st_nlink` 成员中，其基本系统数据类型是 `nlink_t`。这种链接类型称为硬链接。回忆 2.5.2 节，其中，POSIX.1 常量 LINK_MAX 指定了一个文件链接数的最大值。

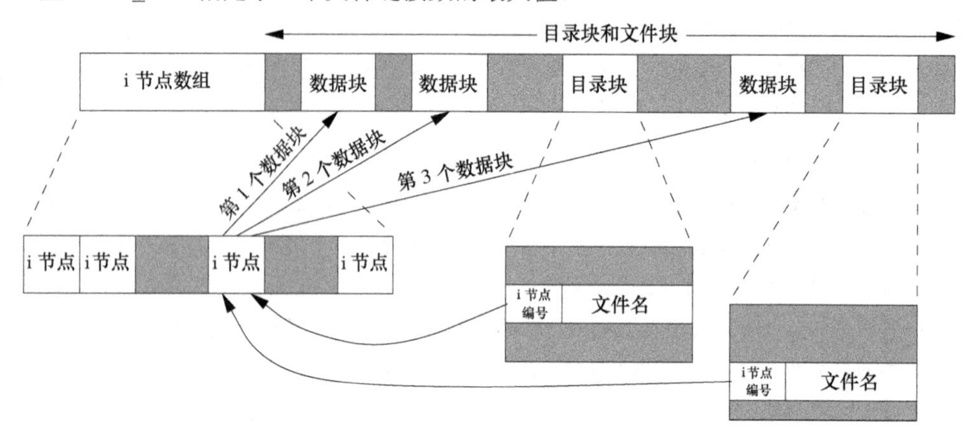

图 4-14 较详细的柱面组的 i 节点和数据块

- 另外一种链接类型称为符号链接（symbolic link）。符号链接文件的实际内容（在数据块中）包含了该符号链接所指向的文件的名字。在下面的例子中，目录项中的文件名是 3 个字符的字符串 lib，而在该文件中包含了 7 字节的数据 usr/lib：

```
lrwxrwxrwx 1 root      7 Sep 25 07:14 lib -> urs/lib
```

  该 i 节点中的文件类型是 S_IFLNK，于是系统知道这是一个符号链接。
- i 节点包含了文件有关的所有信息：文件类型、文件访问权限位、文件长度和指向文件数据块的指针等。stat 结构中的大多数信息都取自 i 节点。只有两项重要数据存放在目录项中：文件名和 i 节点编号。其他的数据项（如文件名长度和目录记录长度）并不是本书关心的。i 节点编号的数据类型是 ino_t。

114

- 因为目录项中的 i 节点编号指向同一文件系统中的相应 i 节点，一个目录项不能指向另一个文件系统的 i 节点。这就是为什么 ln(1)命令（构造一个指向一个现有文件的新目录项）不能跨越文件系统的原因。我们将在下一节说明 link 函数。
- 当在不更换文件系统的情况下为一个文件重命名时，该文件的实际内容并未移动，只需构造一个指向现有 i 节点的新目录项，并删除老的目录项。链接计数不会改变。例如，为将文件/usr/lib/foo 重命名为/usr/foo，如果目录/usr/lib 和/usr 在同一文件系统中，则文件 foo 的内容无需移动。这就是 mv(1)命令的通常操作方式。

我们说明了普通文件的链接计数概念，但是对于目录文件的链接计数字段又如何呢？假定我们在工作目录中构造了一个新目录：

```
$ mkdir testdir
```

图 4-15 显示了其结果。注意，该图显式地显示了.和..目录项。

编号为 2549 的 i 节点，其类型字段表示它是一个目录，链接计数为 2。任何一个叶目录（不包含任何其他目录的目录）的链接计数总是 2，数值 2 来自命名该目录（testdir）的目录项以及在该目录中的.项。编号为 1267 的 i 节点，其类型字段表示它是一个目录，链接计数大于或等于 3。它大于或等于 3 的原因是，至少有 3 个目录项指向它：一个是命名它的目录项（在图 4-15 中没有表示出来），第二个是在该目录中的.项，第三个是在其子目录 testdir 中的..项。注意，在父目录中的每一个子目录都使该父目录的链接计数增加 1。

115

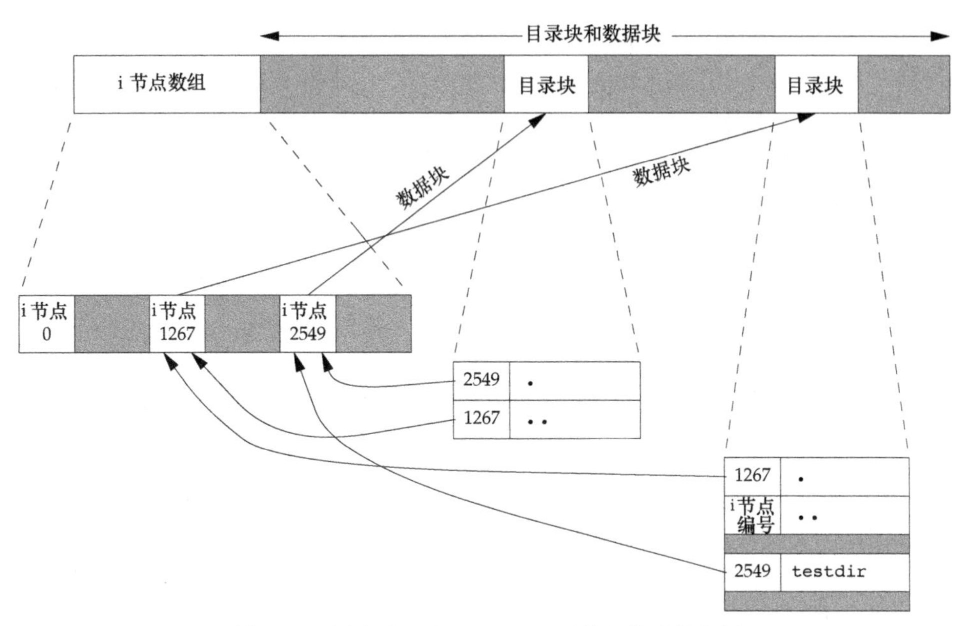

图 4-15 创建了目录 testdir 后的文件系统实例

这种格式与 UNIX 文件系统的经典格式类似，在 Bach[1986]的第 4 章中对此进行了详细说明。关于伯克利快速文件系统对此所做的更改请参阅 McKusick 等[1996]的第 7 章以及 McKusick 和 Neville-Neil[2005]中的第 8 章。关于 UFS（伯克利快速文件系统的 Solaris 版）的详细情况，请参见 McDougall 和 Mauro[2007]的第 15 章。关于 Mac OS X 使用的 HFS 文件系统格式，请参阅 Singh[2006]的第 12 章。

4.15 函数 link、linkat、unlink、unlinkat 和 remove

如上节所述，任何一个文件可以有多个目录项指向其 i 节点。创建一个指向现有文件的链接的方法是使用 link 函数或 linkat 函数。

```
#include <unistd.h>

int link(const char *existingpath, const char *newpath);
int linkat(int efd, const char *existingpath, int nfd, const char *newpath, int flag);
                    两个函数的返回值：若成功，返回 0；若出错，返回-1
```

这两个函数创建一个新目录项 *newpath*，它引用现有文件 *existingpath*。如果 *newpath* 已经存在，则返回出错。只创建 *newpath* 中的最后一个分量，路径中的其他部分应当已经存在。

对于 linkat 函数，现有文件是通过 *efd* 和 *existingpath* 参数指定的，新的路径名是通过 *nfd* 和 *newpath* 参数指定的。默认情况下，如果两个路径名中的任一个是相对路径，那么它需要通过相对于对应的文件描述符进行计算。如果两个文件描述符中的任一个设置为 AT_FDCWD，那么相应的路径名（如果它是相对路径）就通过相对于当前目录进行计算。如果任一路径名是绝对路径，相应的文件描述符参数就会被忽略。

当现有文件是符号链接时，由 *flag* 参数来控制 linkat 函数是创建指向现有符号链接的链接还是创建指向现有符号链接所指向的文件的链接。如果在 *flag* 参数中设置了 AT_SYMLINK_FOLLOW 标志，就创建指向符号链接目标的链接。如果这个标志被清除了，则创建一个指向符号链接本身的链接。 116

创建新目录项和增加链接计数应当是一个原子操作（请回忆在 3.11 节中对原子操作的讨论）。

虽然 POSIX.1 允许实现支持跨越文件系统的链接，但是大多数实现要求现有的和新建的两个路径名在同一个文件系统中。如果实现支持创建指向一个目录的硬链接，那么也仅限于超级用户才可以这样做。其理由是这样做可能在文件系统中形成循环，大多数处理文件系统的实用程序都不能处理这种情况（4.17 节将说明一个由符号链接引入循环的例子）。因此，很多文件系统实现不允许对于目录的硬链接。

为了删除一个现有的目录项，可以调用 unlink 函数。

```
#include <unistd.h>

int unlink(const char *pathname);
int unlinkat(int fd, const char *pathname, int flag);
```

两个函数的返回值：若成功，返回 0；若出错，返回-1

这两个函数删除目录项，并将由 *pathname* 所引用文件的链接计数减 1。如果对该文件还有其他链接，则仍可通过其他链接访问该文件的数据。如果出错，则不对该文件做任何更改。

我们在前面已经提及，为了解除对文件的链接，必须对包含该目录项的目录具有写和执行权限。正如 4.10 节所述，如果对该目录设置了粘着位，则对该目录必须具有写权限，并且具备下面三个条件之一：

- 拥有该文件；
- 拥有该目录；
- 具有超级用户权限。

只有当链接计数达到 0 时，该文件的内容才可被删除。另一个条件也会阻止删除文件的内容——只要有进程打开了该文件，其内容也不能删除。关闭一个文件时，内核首先检查打开该文件的进程个数；如果这个计数达到 0，内核再去检查其链接计数；如果计数也是 0，那么就删除该文件的内容。

如果 *pathname* 参数是相对路径名，那么 unlinkat 函数计算相对于由 *fd* 文件描述符参数代表的目录的路径名。如果 *fd* 参数设置为 AT_FDCWD，那么通过相对于调用进程的当前工作目录来计算路径名。如果 *pathname* 参数是绝对路径名，那么 *fd* 参数被忽略。

flag 参数给出了一种方法，使调用进程可以改变 unlinkat 函数的默认行为。当 AT_REMOVEDIR 标志被设置时，unlinkat 函数可以类似于 rmdir 一样删除目录。如果这个标志被清除，unlinkat 与 unlink 执行同样的操作。

117

实例

图 4-16 的程序打开一个文件，然后解除它的链接。执行该程序的进程然后睡眠 15 秒，接着就终止。

```
#include "apue.h"
#include <fcntl.h>

int
main(void)
{
    if (open("tempfile", O_RDWR) < 0)
        err_sys("open error");
    if (unlink("tempfile") < 0)
        err_sys("unlink error");
    printf("file unlinked\n");
```

```
    sleep(15);
    printf("done\n");
    exit(0);
}
```

图 4-16 打开一个文件，然后 unlink 它

运行该程序，其结果是：

```
$ ls -l tempfile                          查看文件大小
-rw-r----- 1 sar     413265408 Jan 21 07:14 tempfile
$ df /home                                检查可用磁盘空间
Filesystem  1K-blocks    Used  Available  Use%  Mounted  on
/dev/hda4    11021440  1956332   9065108   18%  /home
$ ./a.out &                               在后台运行图 4-16 程序
1364                                      shell 打印其进程 ID
$ file unlinked                           解除文件链接
ls -l tempfile                            观察文件是否仍然存在
ls: tempfile: No such file or directory              目录项已删除
$ df /home                                检查可用磁盘空间有无变化
Filesystem  1K-blocks    Used  Available  Use%  Mounted  on
/dev/hda4    11021440  1956332   9065108   18%  /home
$ done                                    程序执行结束，关闭所有打开文件
df /home                                  现在，应当有更多可用磁盘空间
Filesystem  1K-blocks    Used  Available  Use%  Mounted  on
/dev/hda4    11021440  1552352   9469088   15%  /home
                                          现在，394.1 MB 磁盘空间可用
```

unlink 的这种特性经常被程序用来确保即使是在程序崩溃时，它所创建的临时文件也不会遗留下来。进程用 open 或 creat 创建一个文件，然后立即调用 unlink，因为该文件仍旧是打开的，所以不会将其内容删除。只有当进程关闭该文件或终止时（在这种情况下，内核关闭该进程所打开的全部文件），该文件的内容才被删除。

118

如果 *pathname* 是符号链接，那么 unlink 删除该符号链接，而不是删除由该链接所引用的文件。给出符号链接名的情况下，没有一个函数能删除由该链接所引用的文件。

如果文件系统支持的话，超级用户可以调用 unlink，其参数 *pathname* 指定一个目录，但是通常应当使用 rmdir 函数，而不使用 unlink 这种方式。我们将在 4.21 节中说明 rmdir 函数。

我们也可以用 remove 函数解除对一个文件或目录的链接。对于文件，remove 的功能与 unlink 相同。对于目录，remove 的功能与 rmdir 相同。

```
#include <stdio.h>

int remove(const char *pathname);
```

返回值：若成功，返回 0；若出错，返回-1

> ISO C 指定 remove 函数删除一个文件，这更改了 UNIX 历来使用的名字 unlink，其原因是实现 C 标准的大多数非 UNIX 系统并不支持文件链接。

4.16 函数 rename 和 renameat

文件或目录可以用 rename 函数或者 renameat 函数进行重命名。

```
#include <stdio.h>

int rename(const char *oldname, const char *newname);

int renameat(int oldfd, const char *oldname, int newfd, const char *newname);
```

两个函数的返回值：若成功，返回0；若出错，返回-1

> ISO C 对文件定义了 rename 函数（C 标准不处理目录）。POSIX.1 扩展此定义，使其包含了目录和符号链接。

根据 *oldname* 是指文件、目录还是符号链接，有几种情况需要加以说明。我们也必须说明如果 *newname* 已经存在时将会发生什么。

（1）如果 *oldname* 指的是一个文件而不是目录，那么为该文件或符号链接重命名。在这种情况下，如果 *newname* 已存在，则它不能引用一个目录。如果 *newname* 已存在，而且不是一个目录，则先将该目录项删除然后将 *oldname* 重命名为 *newname*。对包含 *oldname* 的目录以及包含 *newname* 的目录，调用进程必须具有写权限，因为将更改这两个目录。

（2）如若 *oldname* 指的是一个目录，那么为该目录重命名。如果 *newname* 已存在，则它必须引用一个目录，而且该目录应当是空目录（空目录指的是该目录中只有 . 和 .. 项）。如果 *newname* 存在（而且是一个空目录），则先将其删除，然后将 *oldname* 重命名为 *newname*。另外，当为一个目录重命名时，*newname* 不能包含 *oldname* 作为其路径前缀。例如，不能将/usr/foo 重命名为/usr/foo/testdir，因为旧名字（/usr/foo）是新名字的路径前缀，因而不能将其删除。

119

（3）如若 *oldname* 或 *newname* 引用符号链接，则处理的是符号链接本身，而不是它所引用的文件。

（4）不能对 . 和 .. 重命名。更确切地说，. 和 .. 都不能出现在 *oldname* 和 *newname* 的最后部分。

（5）作为一个特例，如果 *oldname* 和 *newname* 引用同一文件，则函数不做任何更改而成功返回。

如若 *newname* 已经存在，则调用进程对它需要有写权限（如同删除情况一样）。另外，调用进程将删除 *oldname* 目录项，并可能要创建 *newname* 目录项，所以它需要对包含 *oldname* 及包含 *newname* 的目录具有写和执行权限。

除了当 *oldname* 或 *newname* 指向相对路径名时，其他情况下 renameat 函数与 rename 函数功能相同。如果 *oldname* 参数指定了相对路径，就相对于 *oldfd* 参数引用的目录来计算 *oldname*。类似地，如果 *newname* 指定了相对路径，就相对于 *newfd* 引用的目录来计算 *newname*。*oldfd* 或 *newfd* 参数（或两者）都能设置成 AT_FDCWD，此时相对于当前目录来计算相应的路径名。

4.17　符号链接

符号链接是对一个文件的间接指针，它与上一节所述的硬链接有所不同，硬链接直接指向文件的 i 节点。引入符号链接的原因是为了避开硬链接的一些限制。

- 硬链接通常要求链接和文件位于同一文件系统中。
- 只有超级用户才能创建指向目录的硬链接（在底层文件系统支持的情况下）。

对符号链接以及它指向何种对象并无任何文件系统限制，任何用户都可以创建指向目录的符号链接。符号链接一般用于将一个文件或整个目录结构移到系统中另一个位置。

当使用以名字引用文件的函数时，应当了解该函数是否处理符号链接。也就是该函数是否跟随符号链接到达它所链接的文件。如若该函数具有处理符号链接的功能，则其路径名参数引用由符号链接指向的文件。否则，一个路径名参数引用链接本身，而不是由该链接指向的文件。图 4-17 列出了本章中所说明的各个函数是否处理符号链接。在图 4-17 中没有列出 mkdir、mkinfo、mknod 和 rmdir 这些函数，其原因是，当路径名是符号链接时，它们都出错返回。以文件描述符作为参数的一些函数（如 fstat、fchmod 等）也未在该图中列出，其原因是，对符号链接的处理是由返回文件描述符的函数（通常是 open）进行的。chown 是否跟随符号链接取决于实现。在所有现代的系统中，chown 函数都跟随符号链接。

120

> 符号链接由 4.2BSD 引入，chown 最初并不跟随符号链接，但在 4.4BSD 中情况发生了变化。SVR4 中的 System V 包含了对符号链接的支持，但与原始 BSD 中的行为已大不相同，也实现了 chown 函数跟随符号链接。早期 Linux 版本中（Linux 2.1.81 以前的版本），chown 并不跟随符号链接。从 2.1.81 版开始，chown 跟随符号链接。FreeBSD 8.0、Mac OS X 10.6.8 和 Solaris 10 中，chown 跟随符号链接。所有这些平台都实现了 lchown，它改变符号链接自身的所有权。

函数	不跟随符号链接	跟随符号链接
access		•
chdir		•
chmod		•
chown		•
creat		•
exec		•
lchown	•	
link		•
lstat	•	
open		•
opendir		•
pathconf		•
readlink	•	
remove	•	
rename	•	
stat		•
truncate		•
unlink	•	

图 4-17 各个函数对符号链接的处理

图 4-17 的一个例外是，同时用 O_CREAT 和 O_EXCL 两者调用 open 函数。在此情况下，若路径名引用符号链接，open 将出错返回，errno 设置为 EEXIST。这种处理方式的意图是堵塞一个安全性漏洞，以防止具有特权的进程被诱骗写错误的文件。

实例

使用符号链接可能在文件系统中引入循环。大多数查找路径名的函数在这种情况发生时都将出错返回，errno 值为 ELOOP。考虑下列命令序列：

```
$ mkdir foo                    创建一个新目录
$ touch foo/a                  创建一个 0 长度的文件
$ ln -s ../foo foo/testdir     创建一个符号链接
$ ls -l foo
total 0
-rw-r----- 1 sar            0 Jan 22 00:16 a
lrwxrwxrwx 1 sar            6 Jan 22 00:16 testdir -> ../foo
```

121

这创建了一个目录 foo，它包含了一个名为 a 的文件以及一个指向 foo 的符号链接。在图 4-18 中显示了这种结果，图中以圆表示目录，以正方形表示一个文件。

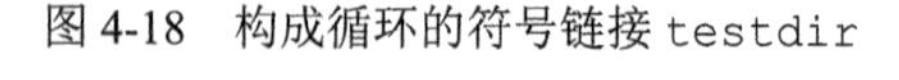

图 4-18 构成循环的符号链接 testdir

如果我们写一段简单的程序，使用 Solaris 的标准函数 ftw(3)以降序遍历文件结构，打印每个遇到的路径名，则其输出是：

```
foo
foo/a
foo/testdir
foo/testdir/a
foo/testdir/testdir
foo/testdir/testdir/a
foo/testdir/testdir/testdir
foo/testdir/testdir/testdir/a
  （更多行，直至 ftw 出错返回，此时，errno 值为 ELOOP）
```

4.22 节提供了我们自己的 ftw 函数版本，它用 lstat 代替 stat 以阻止它跟随符号链接。

> 注意，Linux 的 ftw 和 nftw 函数记录了所有看到的目录并避免多次重复处理一个目录，因此这两个函数不显示这种程序运行行为。

这样一个循环是很容易消除的。因为 unlink 并不跟随符号链接，所以可以 unlink 文件 foo/testdir。但是如果创建了一个构成这种循环的硬链接，那么就很难消除它。这就是为什么 link 函数不允许构造指向目录的硬链接的原因（除非进程具有超级用户权限）。

> 实际上，Rich Stevens 在写本节的最初版本时，在自己的系统上做了一个这样的实验。结果文件系统变得错误百出。正常的 fsck(1)实用程序不能修复问题。为了修复文件系统，不得不使用了并不推荐使用的工具 clri(8)和 dcheck(8)。
>
> 对目录的硬链接的需求由来已久，但是使用符号链接和 mkdir 函数，用户就不再需要创建指向目录的硬链接了。

用 open 打开文件时，如果传递给 open 函数的路径名指定了一个符号链接，那么 open 跟随此链接到达所指定的文件。若此符号链接所指向的文件并不存在，则 open 返回出错，表示它不能打开该文件。这可能会使不熟悉符号链接的用户感到迷惑，例如：

122

```
$ ln -s /no/such/file myfile              创建一个符号链接
$ ls myfile
myfile                                    ls 查到该文件
$ cat myfile                              试图查看该文件
cat: myfile: No such file or directory
$ ls -l myfile                            尝试-l 选项
lrwxrwxrwx  1  sar        13 Jan 22 00:26  myfile -> /no/such/file
```

文件 myfile 存在，但 cat 却称没有这一文件。其原因是 myfile 是个符号链接，由该符号链接所指向的文件并不存在。ls 命令的-l 选项给我们两个提示：第一个字符是 l，它表示这是一个符号链接，而->也表明这是一个符号链接。ls 命令还有另一个选项-F，它会在符号链接的文件名后加一个@符号，在未使用-l 选项时，这可以帮助我们识别出符号链接。

4.18 创建和读取符号链接

可以用 symlink 或 symlinkat 函数创建一个符号链接。

```
#include <unistd.h>

int symlink(const char *actualpath, const char *sympath);

int symlinkat(const char *actualpath, int fd, const char *sympath);

两个函数的返回值：若成功，返回 0；若出错，返回-1
```

函数创建了一个指向 *actualpath* 的新目录项 *sympath*。在创建此符号链接时，并不要求 *actualpath* 已经存在（在上一节结束部分的例子中我们已经看到了这一点）。并且，*actualpath* 和 *sympath* 并不需要位于同一文件系统中。

symlinkat 函数与 symlink 函数类似，但 *sympath* 参数根据相对于打开文件描述符引用的目录（由 *fd* 参数指定）进行计算。如果 *sympath* 参数指定的是绝对路径或者 *fd* 参数设置了 AT_FDCWD 值，那么 symlinkat 就等同于 symlink 函数。

因为 open 函数跟随符号链接，所以需要有一种方法打开该链接本身，并读该链接中的名字。readlink 和 readlinkat 函数提供了这种功能。

```
#include <unistd.h>

ssize_t readlink(const char *restrict pathname, char *restrict buf,
                 size_t bufsize);

ssize_t readlinkat(int fd, const char* restrict pathname,
                   char *restrict buf, size_t bufsize);

两个函数的返回值：若成功，返回读取的字节数；若出错，返回-1
```

123

两个函数组合了 open、read 和 close 的所有操作。如果函数成功执行，则返回读入 *buf* 的字节数。在 *buf* 中返回的符号链接的内容不以 null 字节终止。

当 *pathname* 参数指定的是绝对路径名或者 *fd* 参数的值为 AT_FDCWD，readlinkat 函数的行为与 readlink 相同。但是，如果 *fd* 参数是一个打开目录的有效文件描述符并且 *pathname* 参数是相对路径名，则 readlinkat 计算相对于由 *fd* 代表的打开目录的路径名。

4.19 文件的时间

在 4.2 节中，我们讨论了 Single UNIX Specification 2008 年版如何提高 stat 结构中时间字段的精度，从原来的秒提高到秒加上纳秒。每个文件属性所保存的实际精度依赖于文件系统的实现。对于把时间戳记录在秒级的文件系统来说，纳秒这个字段就会被填充为 0。对于时间戳的记录精度高于秒级的文件系统来说，不足秒的值被转换成纳秒并记录在纳秒这个字段中。

对每个文件维护 3 个时间字段，它们的意义示于图 4-19 中。

字段	说明	例子	ls(1)选项
st_atime	文件数据的最后访问时间	read	-u
st_mtime	文件数据的最后修改时间	write	默认
st_ctime	i 节点状态的最后更改时间	chmod、chown	-c

图 4-19 与每个文件相关的 3 个时间值

注意，修改时间（st_mtime）和状态更改时间（st_ctime）之间的区别。修改时间是文件内容最后一次被修改的时间。状态更改时间是该文件的 i 节点最后一次被修改的时间。在本章中我们已说明了很多影响到 i 节点的操作，如更改文件的访问权限、更改用户 ID、更改链接数等，但它们并没有更改文件的实际内容。因为 i 节点中的所有信息都是与文件的实际内容分开存放的，所以，除了要记录文件数据修改时间以外，还需要记录状态更改时间，也就是更改 i 节点中信息的时间。

注意，系统并不维护对一个 i 节点的最后一次访问时间，所以 access 和 stat 函数并不更改这 3 个时间中的任一个。

系统管理员常常使用访问时间来删除在一定时间范围内没有被访问过的文件。典型的例子是删除在过去一周内没有被访问过的名为 a.out 或 core 的文件。find(1)命令常被用来进行这种类型的操作。

124

修改时间和状态更改时间可被用来归档那些内容已经被修改或 i 节点已经被更改的文件。

ls 命令按这 3 个时间值中的一个排序进行显示。系统默认（用-l 或-t 选项调用时）是按文件的修改时间的先后排序显示。-u 选项使 ls 命令按访问时间排序，-c 选项则使其按状态更改时间排序。

图 4-20 列出了我们已说明过的各种函数对这 3 个时间的作用。回忆 4.14 节中所述，目录是包含目录项（文件名和相关的 i 节点编号）的文件，增加、删除或修改目录项会影响到它所在目录相关的 3 个时间。这就是在图 4-20 中包含两列的原因，其中一列是与该文件（或目录）相关的 3 个时间，另一列是与所引用的文件（或目录）的父目录相关的 3 个时间。例如，创建一个新文件影响到包含此新文件的目录，也影响该新文件的 i 节点。但是，读或写一个文件只影响该文件的 i 节点，而对目录则无影响。

函数	引用的文件或目录			所引用文件或目录的父目录			节	备注
	a	m	c	a	m	c		
chmod、fchmod			•				4.9	
chown、fchown			•				4.11	
creat	•	•	•		•	•	3.4	O_CREAT 新文件
creat		•	•				3.4	O_TRUNC 现有文件
exec	•						8.10	
lchown			•				4.11	
link			•		•	•	4.15	第二个参数的父目录
mkdir	•	•	•		•	•	4.21	
mkfifo	•	•	•		•	•	15.5	
open	•	•	•		•	•	3.3	O_CREAT 新文件
open		•	•				3.3	O_TRUNC 现有文件
pipe	•	•	•				15.2	
read	•						3.7	
remove			•		•	•	4.15	删除文件= unlink
remove					•	•	4.15	删除目录= rmdir
rename			•		•	•	4.16	对于两个参数
rmdir					•	•	4.21	
truncate、ftruncate		•	•				4.13	
unlink			•		•	•	4.15	
utimes、utimensat、futimens	•	•	•				4.20	
write		•	•				3.8	

125

图 4-20 各种函数对访问、修改和状态更改时间的作用

（mkdir 和 rmdir 函数将在 4.21 节中说明。utimes、utimensat、futimens 函数将在下一节中说明。7 个 exec 函数将在 8.10 节中讨论。第 15 章将说明 mkfifo 和 pipe 函数。）

4.20 函数 futimens、utimensat 和 utimes

一个文件的访问和修改时间可以用以下几个函数更改。futimens 和 utimensat 函数可以指定纳秒级精度的时间戳。用到的数据结构是与 stat 函数族相同的 timespec 结构（见 4.2 节）。

```
#include <sys/stat.h>

int futimens(int fd, const struct timespec times[2]);

int utimensat(int fd, const char *path, const struct timespec times[2], int flag);

                                两个函数返回值：若成功，返回 0；若出错，返回-1
```

这两个函数的 *times* 数组参数的第一个元素包含访问时间，第二元素包含修改时间。这两个时间值是日历时间，如 1.10 节所述，这是自特定时间（1970 年 1 月 1 日 00:00:00）以来所经过的秒数。不足秒的部分用纳秒表示。

时间戳可以按下列 4 种方式之一进行指定。

（1）如果 *times* 参数是一个空指针，则访问时间和修改时间两者都设置为当前时间。

（2）如果 *times* 参数指向两个 timespec 结构的数组，任一数组元素的 tv_nsec 字段的值为 UTIME_NOW，相应的时间戳就设置为当前时间，忽略相应的 tv_sec 字段。

（3）如果 *times* 参数指向两个 timespec 结构的数组，任一数组元素的 tv_nsec 字段的值为 UTIME_OMIT，相应的时间戳保持不变，忽略相应的 tv_sec 字段。

（4）如果 *times* 参数指向两个 timespec 结构的数组，且 tv_nsec 字段的值为既不是 UTIME_NOW 也不是 UTIME_OMIT，在这种情况下，相应的时间戳设置为相应的 tv_sec 和 tv_nsec 字段的值。

执行这些函数所要求的优先权取决于 *times* 参数的值。

- 如果 *times* 是一个空指针，或者任一 tv_nsec 字段设为 UTIME_NOW，则进程的有效用户 ID 必须等于该文件的所有者 ID；进程对该文件必须具有写权限，或者进程是一个超级用户进程。
- 如果 *times* 是非空指针，并且任一 tv_nsec 字段的值既不是 UTIME_NOW 也不是 UTIME_OMIT，则进程的有效用户 ID 必须等于该文件的所有者 ID，或者进程必须是一个超级用户进程。对文件只具有写权限是不够的。
- 如果 *times* 是非空指针，并且两个 *tv_nsec* 字段的值都为 UTIME_OMIT，就不执行任何的权限检查。

126

futimens 函数需要打开文件来更改它的时间，utimensat 函数提供了一种使用文件名更改文件时间的方法。*pathname* 参数是相对于 *fd* 参数进行计算的，*fd* 要么是打开目录的文件描述符，要么设置为特殊值 AT_FDCWD（强制通过相对于调用进程的当前目录计算 *pathname*）。如果 *pathname* 指定了绝对路径，那么 *fd* 参数被忽略。

utimensat 的 *flag* 参数可用于进一步修改默认行为。如果设置了 AT_SYMLINK_NOFOLLOW 标志，则符号链接本身的时间就会被修改（如果路径名指向符号链接）。默认的行为是跟随符号链接，并把文件的时间改成符号链接的时间。

futimens 和 utimensat 函数都包含在 POSIX.1 中，第 3 个函数 utimes 包含在 Single

UNIX Specification 的 XSI 扩展选项中。

```
#include <sys/time.h>

int utimes(const char *pathname, const struct timeval times[2]);
```

函数返回值：若成功，返回 0；若出错，返回-1

utimes 函数对路径名进行操作。*times* 参数是指向包含两个时间戳（访问时间和修改时间）元素的数组的指针，两个时间戳是用秒和微妙表示的。

```
struct timeval {
        time_t tv_sec;  /* seconds */
        long tv_usec;   /* microseconds */
};
```

注意，我们不能对状态更改时间 st_ctime（i 节点最近被修改的时间）指定一个值，因为调用 utimes 函数时，此字段会被自动更新。

在某些 UNIX 版本中，touch(1)命令使用这些函数中的某一个。另外，标准归档程序 tar(1)和 cpio(1)可选地调用这些函数，以便将一个文件的时间值设置为将它归档时保存的时间。

实例

图 4-21 的程序使用带 O_TRUNC 选项的 open 函数将文件长度截断为 0，但并不更改其访问时间及修改时间。为了做到这一点，首先用 stat 函数得到这些时间，然后截断文件，最后再用 futimens 函数重置这两个时间。

127

```
#include "apue.h"
#include <fcntl.h>

int
main(int argc, char *argv[])
{
    int             i, fd;
    struct stat     statbuf;
    struct timespec times[2];
    for (i = 1; i < argc; i++) {
        if (stat(argv[i], &statbuf) < 0) { /* fetch current times */
            err_ret("%s: stat error", argv[i]);
            continue;
        }
        if ((fd = open(argv[i], O_RDWR | O_TRUNC)) < 0) { /* truncate */
            err_ret("%s: open error", argv[i]);
            continue;
        }
        times[0] = statbuf.st_atime;
        times[1] = statbuf.st_mtime;
        if (futimens(fd, times) < 0)   /* reset times */
            err_ret("%s: futimens error", argv[i]);
        close(fd);
    }
    exit(0);
}
```

图 4-21 futimens 函数实例

可以用以下 Linux 命令演示图 4-21 中的程序：

```
$ ls -l changemod times            查看长度和最后修改时间
-rwxr-xr-x 1 sar 13792 Jan 22 01:26 changemod
-rwxr-xr-x 1 sar 13824 Jan 22 01:26 times
$ ls -lu changemod times           查看最后访问时间
-rwxr-xr-x 1 sar 13792 Jan 22 22:22 changemod
-rwxr-xr-x 1 sar 13824 Jan 22 22:22 times
 $ date                            打印当天日期
 Fri Jan 27 20:53:46 EST 2012
 $ ./a.out changemod times         运行图 4-21 的程序
 $ ls -l changemod times           检查结果
-rwxr-xr-x 1 sar         0 Jan 22 01:26 changemod
-rwxr-xr-x 1 sar         0 Jan 22 01:26 times
 $ ls -lu changemod times          检查最后访问时间
-rwxr-xr-x 1 sar         0 Jan 22 22:22 changemod
-rwxr-xr-x 1 sar         0 Jan 22 22:22 times
 $ ls -lc changemod times          检查状态更改时间
-rwxr-xr-x 1 sar         0 Jan 27 20:53 changemod
-rwxr-xr-x 1 sar         0 Jan 27 20:53 times
```

正如我们所预见的一样，最后修改时间和最后访问时间未变。但是，状态更改时间则更改为程序运行时的时间。

128

4.21　函数 mkdir、mkdirat 和 rmdir

用 mkdir 和 mkdirat 函数创建目录，用 rmdir 函数删除目录。

```
#include <sys/stat.h>

int mkdir(const char *pathname, mode_t mode);

int mkdirat(int fd, const char *pathname, mode_t mode);

                              两个函数返回值：若成功，返回 0；若出错，返回-1
```

这两个函数创建一个新的空目录。其中，. 和 .. 目录项是自动创建的。所指定的文件访问权限 *mode* 由进程的文件模式创建屏蔽字修改。

常见的错误是指定与文件相同的 *mode*（只指定读、写权限）。但是，对于目录通常至少要设置一个执行权限位，以允许访问该目录中的文件名（见习题 4.16）。

按照 4.6 节中讨论的规则来设置新目录的用户 ID 和组 ID。

> Solaris 10 和 Linux 3.2.0 也使新目录继承父目录的设置组 ID 位。这就使得在新目录中创建的文件将继承该目录的组 ID。对于 Linux，文件系统的实现决定是否支持此特征。例如，ext2、ext3 和 ext4 文件系统用 mount(1)命令的一个选项来控制是否支持此特征。但是，Linux 的 UFS 文件系统实现则是不可选择的，新目录继承父目录的设置组 ID 位，这仿效了历史上 BSD 的实现。在 BSD 系统中，新目录的组 ID 是从父目录继承的。
>
> 基于 BSD 的系统并不要求在目录间传递设置组 ID 位，因为不论设置组 ID 位如何，新创建的文件和目录总是继承父目录的组 ID。因为 FreeBSD 8.0 和 Mac OS X 10.6.8 是基于 4.4BSD 的，它们不要求继承设置组 ID 位。在这些平台上，新创建的文件和目录总是继承父目录的组 ID，这与是否设置了设置组 ID 位无关。

早期的UNIX版本并没有mkdir函数，它是由4.2BSD和SVR3引入的。在早期版本中，进程要调用mknod函数创建一个新目录，但是只有超级用户进程才能使用mknod函数。为了避免这一点，创建目录的命令mkdir(1)必须由根用户拥有，而且对它设置了设置用户ID位。要通过一个进程创建一个目录，必须用system(3)函数调用mkdir(1)命令。

mkdirat函数与mkdir函数类似。当*fd*参数具有特殊值AT_FDCWD或者*pathname*参数指定了绝对路径名时，mkdirat与mkdir完全一样。否则，*fd*参数是一个打开目录，相对路径名根据此打开目录进行计算。

129

用rmdir函数可以删除一个空目录。空目录是只包含.和..这两项的目录。

```
#include <unistd.h>

int rmdir(const char *pathname);

                                        返回值：若成功，返回0；若出错，返回-1
```

如果调用此函数使目录的链接计数成为0，并且也没有其他进程打开此目录，则释放由此目录占用的空间。如果在链接计数达到0时，有一个或多个进程打开此目录，则在此函数返回前删除最后一个链接及.和..项。另外，在此目录中不能再创建新文件。但是在最后一个进程关闭它之前并不释放此目录。（即使另一些进程打开该目录，它们在此目录下也不能执行其他操作。这样处理的原因是，为了使rmdir函数成功执行，该目录必须是空的。）

4.22　读目录

对某个目录具有访问权限的任一用户都可以读该目录，但是，为了防止文件系统产生混乱，只有内核才能写目录。回忆4.5节，一个目录的写权限位和执行权限位决定了在该目录中能否创建新文件以及删除文件，它们并不表示能否写目录本身。

目录的实际格式依赖于UNIX系统实现和文件系统的设计。早期的系统（如V7）有一个比较简单的结构：每个目录项是16字节，其中14字节是文件名，2字节是i节点编号。而对于4.2BSD，由于它允许更长的文件名，所以每个目录项的长度是可变的。这就意味着读目录的程序与系统相关。为了简化读目录的过程，UNIX现在包含了一套与目录有关的例程，它们是POSIX.1的一部分。很多实现阻止应用程序使用read函数读取目录的内容，由此进一步将应用程序与目录格式中与实现相关的细节隔离。

```
#include <dirent.h>

DIR *opendir(const char *pathname);

DIR *fdopendir(int fd);

                          两个函数返回值：若成功，返回指针；若出错，返回NULL

struct dirent *readdir(DIR *dp);

                          返回值：若成功，返回指针；若在目录尾或出错，返回NULL

void rewinddir(DIR *dp);

int closedir(DIR *dp);

                                        返回值：若成功，返回0；若出错，返回-1

long telldir(DIR *dp);

                                        返回值：与dp关联的目录中的当前位置

void seekdir(DIR *dp, long loc);
```

130

fdopendir 函数最早出现在 SUSv4（Single UNIX Specification 第 4 版）中，它提供了一种方法，可以把打开文件描述符转换成目录处理函数需要的 DIR 结构。

telldir 和 seekdir 函数不是基本 POSIX.1 标准的组成部分。它们是 Single UNIX Specification 中的 XSI 扩展，所以可以期望所有符合 UNIX 系统的实现都会提供这两个函数。

回忆一下，在图 1-3 程序中（ls 命令的基本实现部分）使用了其中几个函数。

定义在头文件<dirent.h>中的 dirent 结构与实现有关。实现对此结构所做的定义至少包含下列两个成员：

```
ino_t d_ino;            /* i-node number */
char  d_name[];         /* null-terminated filename */
```

> POSIX.1 并没有定义 d_ino 项，因为这是一个实现特征，但在 POSIX.1 的 XSI 扩展中定义了 d_ino。POSIX.1 在此结构中只定义了 d_name 项。

注意，d_name 项的大小并没有指定，但必须保证它能包含至少 NAME_MAX 个字节（不包含终止 null 字节，回忆图 2-15）。因为文件名是以 null 字节结束的，所以在头文件中如何定义数组 d_name 并无多大关系，数组大小并不表示文件名的长度。

DIR 结构是一个内部结构，上述 7 个函数用这个内部结构保存当前正在被读的目录的有关信息。其作用类似于 FILE 结构。FILE 结构由标准 I/O 库维护，我们将在第 5 章中对它进行说明。

由 opendir 和 fdopendir 返回的指向 DIR 结构的指针由另外 5 个函数使用。opendir 执行初始化操作，使第一个 readdir 返回目录中的第一个目录项。DIR 结构由 fdopendir 创建时，readdir 返回的第一项取决于传给 fdopendir 函数的文件描述符相关联的文件偏移量。注意，目录中各目录项的顺序与实现有关。它们通常并不按字母顺序排列。

实例

我们将使用这些对目录进行操作的例程编写一个遍历文件层次结构的程序，其目的是得到如图 4-4 中所示的各种类型的文件计数。图 4-22 的程序只有一个参数，它说明起点路径名，从该点开始递归降序遍历文件层次结构。Solaris 提供了一个遍历此层次结构的函数 ftw(3)，对于每一个文件它都调用一个用户定义的函数。ftw 函数的问题是：对于每一个文件，它都调用 stat 函数，这就使程序跟随符号链接。例如，如果从根目录（root）开始，并且有一个名为/lib 的符号链接，它指向/usr/lib，则所有在目录/usr/lib 中的文件都会被计数两次。为了纠正这一点，Solaris 提供了另一个函数 nftw(3)，它具有一个停止跟随符号链接的选项。尽管可以使用 nftw，但是为了说明目录例程的使用方法，我们还是编写了一个简单的文件遍历程序。

131

> 在 SUSv4 中，nftw 包含在 XSI 选项中。FreeBSD 8.0、Linux 3.2.0、Mac OS X 10.6.8 以及 Solaris 10 都包括了该函数的实现。（在 SUSv4 中，ftw 函数已被标记为弃用。）基于 BSD 的 UNIX 系统则有另一个函数 fts(3)，它提供类似的功能。该函数在 FreeBSD 8.0、Linux 3.2.0 和 Mac OS X 10.6.8 中是可用的。

```
#include "apue.h"
#include <dirent.h>
#include <limits.h>
```

```
/* function type that is called for each filename */
typedef int Myfunc(const char *, const struct stat *, int);

static Myfunc myfunc;
static int    myftw(char *, Myfunc *);
static int    dopath(Myfunc *);
static long nreg, ndir, nblk, nchr, nfifo, nslink, nsock, ntot;

int
main(int argc, char *argv[])
{
    int     ret;
    if (argc != 2)
        err_quit("usage:  ftw  <starting-pathname>");
    ret = myftw(argv[1], myfunc);       /* does it all */
    ntot = nreg + ndir + nblk + nchr + nfifo + nslink + nsock;
    if (ntot == 0)
        ntot = 1;       /* avoid divide by 0; print 0 for all counts */
    printf("regular files  = %7ld, %5.2f %%\n", nreg,
      nreg*100.0/ntot);
    printf("directories    = %7ld, %5.2f %%\n", ndir,
      ndir*100.0/ntot);
    printf("block special  = %7ld, %5.2f %%\n", nblk,
      nblk*100.0/ntot);
    printf("char special   = %7ld, %5.2f %%\n", nchr,
      nchr*100.0/ntot);
    printf("FIFOs          = %7ld, %5.2f %%\n", nfifo,
      nfifo*100.0/ntot);
    printf("symbolic links = %7ld, %5.2f %%\n", nslink,
      nslink*100.0/ntot);
    printf("sockets        = %7ld, %5.2f %%\n", nsock,
      nsock*100.0/ntot);
    exit(ret);
}
/*
 * Descend through the hierarchy, starting at "pathname".
 * The caller's func() is called for every file.
 */
#define FTW_F 1             /* file other than directory */
#define FTW_D 2             /* directory */
#define FTW_DNR 3           /* directory that can't be read */
#define FTW_NS 4            /* file that we can't stat */

static char *fullpath;      /* contains full pathname for every file */
static size_t pathlen;

static int              /* we return whatever func() returns */
myftw(char *pathname, Myfunc *func)
{
    fullpath = path_alloc(&pathlen); /* malloc PATH_MAX+1 bytes */
                                    /* ({Flgure 2.16}) */
    if (pathlen <= strlen(pathname)) {
        pathlen = strlen(pathname) * 2;
        if ((fullpath = realloc(fullpath, pathlen)) == NULL)
            err_sys("realloc failed");
```

132

```
    }
    strcpy(fullpath, pathname);
    return(dopath(func));
}

/*
 * Descend through the hierarchy, starting at "fullpath".
 * If "fullpath" is anything other than a directory, we lstat() it,
 * call func(), and return. For a directory, we call ourself
 * recursively for each name in the directory.
 */

static int                      /* we return whatever func() returns */
dopath(Myfunc* func)
{
    struct stat     statbuf;
    struct dirent   *dirp;
    DIR             *dp;
    int             ret, n;
    if (lstat(fullpath, &statbuf) < 0) /* stat error */
        return(func(fullpath, &statbuf, FTW_NS));
    if (S_ISDIR(statbuf.st_mode) == 0) /* not a directory */
        return(func(fullpath, &statbuf, FTW_F));
    /*
     * It's a directory. First call func() for the directory,
     * then process each filename in the directory.
     */
    if ((ret = func(fullpath, &statbuf, FTW_D)) != 0)
        return(ret);
    n = strlen(fullpath);
    if (n + NAME_MAX + 2 > pathlen) { /* expand path buffer */
        pathlen *= 2;
        if ((fullpath = realloc(fullpath, pathlen)) == NULL)
            err_sys("realloc failed");
    }
    fullpath[n++] = '/';
    fullpath[n] = 0;
    if ((dp = opendir(fullpath)) == NULL) /* can't read directory */
        return(func(fullpath, &statbuf, FTW_DNR));
    while ((dirp = readdir(dp)) != NULL) {
        if (strcmp(dirp->d_name, ".") == 0  ||
            strcmp(dirp->d_name, "..") == 0)
                continue;       /* ignore dot and dot-dot */
        strcpy(&fullpath[n], dirp->d_name); /* append name after "/" */
        if ((ret = dopath(func)) != 0)      /* recursive */
            break; /* time to leave */
    }
    fullpath[n-1] = 0; /* erase everything from slash onward */
    if (closedir(dp) < 0)
        err_ret("can't close directory %s", fullpath);
    return(ret);
}
static int
myfunc(const char *pathname, const struct stat *statptr, int type)
{
```

133

```
    switch (type) {
    case FTW_F:
        switch (statptr->st_mode & S_IFMT) {
        case S_IFREG:   nreg++;     break;
        case S_IFBLK:   nblk++;     break;
        case S_IFCHR:   nchr++;     break;
        case S_IFIFO:   nfifo++;    break;
        case S_IFLNK:   nslink++;   break;
        case S_IFSOCK:  nsock++;    break;
        case S_IFDIR: /* directories should have type = FTW_D */
            err_dump("for S_IFDIR for %s", pathname);
        }
        break;
    case FTW_D:
        ndir++;
        break;
    case FTW_DNR:
        err_ret("can't read directory %s", pathname);
        break;
    case FTW_NS:
        err_ret("stat error for %s", pathname);
        break;
    default:
        err_dump("unknown type %d for pathname %s", type, pathname);
    }
    return(0);
}
```

134

图4-22　递归降序遍历目录层次结构，并按文件类型计数

在程序中，我们提供了比所要求的更多的通用性，这样做的目的是为了具体说明 `ftw` 和 `nftw` 函数的应用。例如，函数 `myfunc` 总是返回0，即使调用它的函数准备了处理非0返回也是如此。

关于降序遍历文件系统的更多信息，以及在很多标准UNIX命令（如 `find`、`ls`、`tar` 等）中使用这种技术的情况，请参阅Fowler、Korn和Vo[1989]。

4.23　函数 chdir、fchdir 和 getcwd

每个进程都有一个当前工作目录，此目录是搜索所有相对路径名的起点（不以斜线开始的路径名为相对路径名）。当用户登录到UNIX系统时，其当前工作目录通常是口令文件（`/etc/passwd`）中该用户登录项的第6个字段——用户的起始目录（home directory）。当前工作目录是进程的一个属性，起始目录则是登录名的一个属性。

进程调用 `chdir` 或 `fchdir` 函数可以更改当前工作目录。

```
#include <unistd.h>

int chdir(const char *pathname);

int fchdir(int fd);
```

两个函数的返回值：若成功，返回0；若出错，返回-1

在这两个函数中，分别用 *pathname* 或打开文件描述符来指定新的当前工作目录。

实例

因为当前工作目录是进程的一个属性，所以它只影响调用 chdir 的进程本身，而不影响其他进程（我们将在第 8 章更详细地说明进程之间的关系）。这就意味着图 4-23 的程序并不会产生我们可能希望得到的结果。

```
#include "apue.h"

int
main(void)
{
    if (chdir("/tmp") < 0)
       err_sys("chdir failed");
    printf("chdir to /tmp succeeded\n");
    exit(0);
}
```

135

图 4-23　chdir 函数实例

如果编译图 4-23 程序，并且调用其可执行目标代码文件 mycd，则可以得到下列结果：

```
$ pwd
/usr/lib
$ mycd
chdir to /tmp succeeded
$ pwd
/usr/lib
```

从中可以看出，执行 mycd 命令的 shell 的当前工作目录并没有改变，这是 shell 执行程序工作方式的一个副作用。每个程序运行在独立的进程中，shell 的当前工作目录并不会随着程序调用 chdir 而改变。由此可见，为了改变 shell 进程自己的工作目录，shell 应当直接调用 chdir 函数，为此，cd 命令内建在 shell 中。

因为内核必须维护当前工作目录的信息，所以我们应能获取其当前值。遗憾的是，内核为每个进程只保存指向该目录 v 节点的指针等目录本身的信息，并不保存该目录的完整路径名。

> Linux 内核可以确定完整路径名。完整路径名的各个组成部分分布在 mount 表和 dcache 表中，然后进行重新组装，比如在读取/proc/self/cwd 符号链接时。

我们需要一个函数，它从当前工作目录（.）开始，用..找到其上一级目录，然后读其目录项，直到该目录项中的 i 节点编号与工作目录 i 节点编号相同，这样地就找到了其对应的文件名。按照这种方法，逐层上移，直到遇到根，这样就得到了当前工作目录完整的绝对路径名。很幸运，函数 getcwd 就提供了这种功能。

```
#include <unistd.h>

char *getcwd(char *buf, size_t size);
```

返回值：若成功，返回 *buf*；若出错，返回 NULL

必须向此函数传递两个参数，一个是缓冲区地址 *buf*，另一个是缓冲区的长度 *size*（以字节为单位）。该缓冲区必须有足够的长度以容纳绝对路径名再加上一个终止 null 字节，否则返回出错

（请回忆2.5.5节中有关为最大长度路径名分配空间的讨论）。

> 某些getcwd的早期实现允许第一个参数*buf*为NULL。在这种情况下，此函数调用malloc动态地分配*size*字节数的空间。这不是POSIX.1或Single UNIX Specification的所属部分，应当避免使用。

实例

图4-24的程序将工作目录更改至一个指定的目录，然后调用getcwd，最后打印该工作目录。如果运行该程序，则可得

```
$ ./a.out
cwd = /var/spool/uucppublic
$ ls -l /usr/spool
lrwxrwxrwx 1 root 12 Jan 31 07:57 /usr/spool -> ../var/spool
```

136

```
#include "apue.h"
int
main(void)
{
    char *ptr;
    size_t  size;
    if (chdir("/usr/spool/uucppublic") < 0)
        err_sys("chdir failed");
    ptr = path_alloc(&size); /* our own function */
    if (getcwd(ptr, size) == NULL)
        err_sys("getcwd failed");
    printf("cwd = %s\n", ptr);
    exit(0);
}
```

图4-24　getcwd函数实例

注意，chdir跟随符号链接（正如我们希望的，如图4-17中所示），但是当getcwd沿目录树上溯遇到/var/spool 目录时，它并不了解该目录由符号链接/usr/spool 所指向。这是符号链接的一种特性。

当一个应用程序需要在文件系统中返回到它工作的出发点时，getcwd函数是有用的。在更换工作目录之前，我们可以调用getcwd函数先将其保存起来。在完成了处理后，就可将所保存的原工作目录路径名作为调用参数传送给chdir，这样就返回到了文件系统中的出发点。

fchdir函数向我们提供了一种完成此任务的便捷方法。在更换到文件系统中的不同位置前，无需调用getcwd函数，而是使用open打开当前工作目录，然后保存其返回的文件描述符。当希望回到原工作目录时，只要简单地将该文件描述符传送给fchdir。

4.24　设备特殊文件

st_dev和st_rdev这两个字段经常引起混淆，在18.9节，我们编写ttyname函数时，需要使用这两个字段。有关规则很简单：

- 每个文件系统所在的存储设备都由其主、次设备号表示。设备号所用的数据类型是基本系统数据类型 dev_t。主设备号标识设备驱动程序，有时编码为与其通信的外设板；次设备号标识特定的子设备。回忆图 4-13，一个磁盘驱动器经常包含若干个文件系统。在同一磁盘驱动器上的各文件系统通常具有相同的主设备号，但是次设备号却不同。 137
- 我们通常可以使用两个宏：major 和 minor 来访问主、次设备号，大多数实现都定义这两个宏。这就意味着我们无需关心这两个数是如何存放在 dev_t 对象中的。

> 早期的系统用 16 位整型存放设备号：8 位用于主设备号，8 位用于次设备号。FreeBSD 8.0 和 Mac OS X 10.6.8 使用 32 位整型，其中 8 位表示主设备号，24 位表示次设备号。在 32 位系统中，Solaris 10 用 32 位整型表示 dev_t，其中 14 位用于主设备号，18 位用于次设备号。在 64 位系统中，Solaris 10 用 64 位整型表示 dev_t，主设备号和次设备号各用其中的 32 位表示。在 Linux 3.2.0 上，虽然 dev_t 是 64 位整型，但其中只有 12 位用于主设备号，20 位用于次设备号。
>
> POSIX.1 说明 dev_t 类型是存在的，但没有定义它包含什么，或如何取得其内容。大多数实现定义了宏 major 和 minor，但在哪一个头文件中定义它们则与实现有关。基于 BSD 的 UNIX 系统将它们定义在<sys/types>中。Solaris 在<sys/mkdev.h>中定义了它们的函数原型，因为在<sys/sysmacros.h>中的宏定义都弃用了。Linux 将它们定义在<sys/sysmacros.h>中，而该头文件又包含在<sys/type.h>中。

- 系统中与每个文件名关联的 st_dev 值是文件系统的设备号，该文件系统包含了这一文件名以及与其对应的 i 节点。
- 只有字符特殊文件和块特殊文件才有 st_rdev 值。此值包含实际设备的设备号。

实例

图 4-25 的程序为每个命令行参数打印设备号，另外，若此参数引用的是字符特殊文件或块特殊文件，则还打印该特殊文件的 st_rdev 值。

```
#include "apue.h"
#ifdef SOLARIS
#include <sys/mkdev.h>
#endif

int
main(int argc, char *argv[])
{
    int         i;
    struct stat buf;
    for (i = 1; i < argc; i++) {
        printf("%s: ", argv[i]);
        if (stat(argv[i], &buf) < 0) {
            err_ret("stat error");
            continue;
        }
        printf("dev = %d/%d", major(buf.st_dev),  minor(buf.st_dev));
        if (S_ISCHR(buf.st_mode) || S_ISBLK(buf.st_mode)) {
            printf(" (%s) rdev = %d/%d",
```

138

```
                (S_ISCHR(buf.st_mode)) ? "character" : "block",
                major(buf.st_rdev), minor(buf.st_rdev));
        }
        printf("\n");
    }
    exit(0);
}
```

图 4-25 打印 st_dev 和 st_rdev 值

在 Linux 上运行此程序得到下面的输出：

```
$ ./a.out / /home/sar /dev/tty[01]
/: dev = 8/3
/home/sar: dev = 8/4
/dev/tty0: dev = 0/5 (character) rdev = 4/0
/dev/tty1: dev = 0/5 (character) rdev = 4/1
$ mount                                       哪些目录安装在哪些设备上?
/dev/sda3 on / type ext3 (rw,errors=remount-ro,commit=0)
/dev/sda4 on /home type ext2 (rw,commit=0)
$ ls -l /dev/tty[01] /dev/sda[34]
brw-rw---- 1 root    8, 3 2011-07-01 11:08 /dev/sda3
brw-rw---- 1 root    8, 4 2011-07-01 11:08 /dev/sda4
crw--w---- 1 root    4, 0 2011-07-01 11:08 /dev/tty0
crw------- 1 root    4, 1 2011-07-01 11:08 /dev/tty1
```

传给该程序的前两个参数是目录（/和/home/sar），后两个参数是设备名/dev/tty[01]。（我们用 shell 正则表达式语言以缩短所需的输入量。shell 将字符串/dev/tty[01]扩展为/dev/tty0 /dev/tty1。）

我们期望设备是字符特殊文件。从程序的输出可见，根目录和/home/sar 目录的设备号不同，这表示它们位于不同的文件系统中。运行 mount(1)命令可以证明这一点。

然后用 ls 命令查看由 mount 命令报告的两个磁盘设备和两个终端设备。这两个磁盘设备是块特殊文件，而两个终端设备是字符特殊文件。（通常，只有那些包含随机访问文件系统的设备类型是块特殊文件设备，如硬盘驱动器、软盘驱动器和 CD-ROM 等。UNIX 的早期版本支持磁带存放文件系统，但这从未广泛使用过。）

注意，两个终端设备（st_dev）的文件名和 i 节点在设备 0/5 上（devtmpfs 伪文件系统，它实现了/dev 文件系统），但是它们的实际设备号是 4/0 和 4/1。

139

4.25 文件访问权限位小结

我们已经说明了所有文件访问权限位，其中某些位有多种用途。图 4-26 列出了所有这些权限位，以及它们对普通文件和目录文件的作用。

最后 9 个常量还可以分成如下 3 组：

```
S_IRWXU = S_IRUSR | S_IWUSR | S_IXUSR
S_IRWXG = S_IRGRP | S_IWGRP | S_IXGRP
S_IRWXO = S_IROTH | S_IWOTH | S_IXOTH
```

常量	说明	对普通文件的影响	对目录的影响
S_ISUID	设置用户 ID	执行时设置有效用户 ID	（未使用）
S_ISGID	设置组 ID	若组执行位设置，则执行时设置有效组 ID；否则使强制性锁起作用（若支持）	将在目录中创建的新文件的组 ID 设置为目录的组 ID
S_ISVTX	黏着位	在交换区缓存程序正文（若支持）	限制在目录中删除和重命名文件
S_IRUSR	用户读	许可用户读文件	许可用户读目录项
S_IWUSR	用户写	许可用户写文件	许可用户在目录中删除和创建文件
S_IXUSR	用户执行	许可用户执行文件	许可用户在目录中搜索给定路径名
S_IRGRP	组读	许可组读文件	许可组读目录项
S_IWGRP	组写	许可组写文件	许可组在目录中删除和创建文件
S_IXGRP	组执行	许可组执行文件	许可组在目录中搜索给定路径名
S_IROTH	其他读	许可其他读文件	许可其他读目录项
S_IWOTH	其他写	许可其他写文件	许可其他在目录中删除和创建文件
S_IXOTH	其他执行	许可其他执行文件	许可其他在目录中搜索给定路径名

图 4-26　文件访问权限位小结

4.26 小结

本章内容围绕 stat 函数，详细介绍了 stat 结构中的每一个成员。这使我们对 UNIX 文件和目录的各个属性都有所了解。我们讨论了文件和目录在文件系统中是如何设计的以及如何使用文件系统命名空间。对文件和目录的所有属性以及对文件和目录进行操作的所有函数的全面了解，对于 UNIX 编程是非常重要的。 140

习题

4.1　用 stat 函数替换图 4-3 程序中的 lstat 函数，如若命令行参数之一是符号链接，会发生什么变化？

4.2　如果文件模式创建屏蔽字是 777（八进制），结果会怎样？用 shell 的 umask 命令验证该结果。

4.3　关闭一个你所拥有文件的用户读权限，将导致拒绝你访问自己的文件，对此进行验证。

4.4　创建文件 foo 和 bar 后，运行图 4-9 的程序，将发生什么情况？

4.5　4.12 节中讲到一个普通文件的大小可以为 0，同时我们又知道 st_size 字段是为目录或符号链接定义的，那么目录和符号链接的长度是否可以为 0？

4.6　编写一个类似 cp(1)的程序，它复制包含空洞的文件，但不将字节 0 写到输出文件中去。

4.7　在 4.12 节 ls 命令的输出中，core 和 core.copy 的访问权限不同，如果创建两个文件时 umask 没有变，说明为什么会发生这种差别。

4.8　在运行图 4-16 的程序时，使用了 df(1)命令来检查空闲的磁盘空间。为什么不使用 du(1)命令？

4.9　图 4-20 中显示 unlink 函数会修改文件状态更改时间，这是怎样发生的？

4.10　4.22 节中，系统对可打开文件数的限制对 myftw 函数会产生什么影响？

4.11　在 4.22 节中的 myftw 从不改变其目录，对这种处理方法进行改动：每次遇到一个目录就用其调用 chdir，这样每次调用 lstat 时就可以使用文件名而非路径名，处理完所有的目录项后执行 chdir("..")。比较这种版本的程序和书中程序的运行时间。

4.12 每个进程都有一个根目录用于解析绝对路径名，可以通过 chroot 函数改变根目录。在手册中查阅此函数。说明这个函数什么时候有用。

4.13 如何只设置两个时间值中的一个来使用 utimes 函数？

4.14 有些版本的 finger(1)命令输出“New mail received ...”和“unread since ...”，其中...表示相应的日期和时间。程序是如何决定这些日期和时间的？

141

4.15 用 cpio(1)和 tar(1)命令检查档案文件的格式（请参阅《UNIX 程序员手册》第 5 部分中的说明）。3 个可能的时间值中哪几个是为每一个文件保存的？你认为文件复原时，文件的访问时间是什么？为什么？

4.16 UNIX 系统对目录树的深度有限制吗？编写一个程序循环，在每次循环中，创建目录，并将该目录更改为工作目录。确保叶节点的绝对路径名的长度大于系统的 PATH_MAX 限制。可以调用 getcwd 得到目录的路径名吗？标准 UNIX 系统工具是如何处理长路径名的？对目录可以使用 tar 或 cpio 命令归档吗？

4.17 3.16 节中描述了/dev/fd 特征。如果每个用户都可以访问这些文件，则其访问权限必须为 rw-rw-rw-。有些程序创建输出文件时，先删除该文件以确保该文件名不存在，忽略返回码。

```
unlink (path);
if ( (fd = creat(path, FILE_MODE)) < 0)
    err_sys(...);
```

142

如果 path 是/dev/fd/1，会出现什么情况？

第5章

标准I/O库

5.1 引言

本章讲述标准I/O库。不仅是UNIX，很多其他操作系统都实现了标准I/O库，所以这个库由ISO C标准说明。Single UNIX Specification对ISO C标准进行了扩充，定义了另外一些接口。

标准I/O库处理很多细节，如缓冲区分配、以优化的块长度执行I/O等。这些处理使用户不必担心如何选择使用正确的块长度（如3.9节中所述）。这使得它便于用户使用，但是如果我们不深入地了解I/O库函数的操作，也会带来一些问题。

> 标准I/O库是由Dennis Ritchie在1975年左右编写的。它是Mike Lesk编写的可移植I/O库的主要修改版本。令人惊讶的是，35年来，几乎没有对标准I/O库进行修改。

5.2 流和`FILE`对象

在第3章中，所有I/O函数都是围绕文件描述符的。当打开一个文件时，即返回一个文件描述符，然后该文件描述符就用于后续的I/O操作。而对于标准I/O库，它们的操作是围绕流（stream）进行的（请勿将标准I/O术语流与System V的STREAMS I/O系统相混淆，STREAMS I/O系统是System V的组成部分，Single UNIX Specification则将其标准化为XSI STREAMS选项，但是在SUSv4中已经将其标记为弃用）。当用标准I/O库打开或创建一个文件时，我们已使一个流与一个文件相关联。

对于ASCII字符集，一个字符用一个字节表示。对于国际字符集，一个字符可用多个字节表示。标准I/O文件流可用于单字节或多字节（"宽"）字符集。流的定向（stream's orientation）决定了所读、写的字符是单字节还是多字节的。当一个流最初被创建时，它并没有定向。如若在未定向的流上使用一个多字节I/O函数（见`<wchar.h>`），则将该流的定向设置为宽定向的。若在未定向的流上使用一个单字节I/O函数，则将该流的定向设为字节定向的。只有两个函数可改变流的定向。`freopen`函数（稍后讨论）清除一个流的定向；`fwide`函数可用于设置流的定向。

143

```
#include <stdio.h>
#include <wchar.h>
int fwide(FILE *fp, int mode);
```

返回值：若流是宽定向的，返回正值；若流是字节定向的，返回负值；若流是未定向的，返回0

根据*mode*参数的不同值，`fwide`函数执行不同的工作。

- 如若*mode*参数值为负，`fwide`将试图使指定的流是字节定向的。

- 如若 *mode* 参数值为正，fwide 将试图使指定的流是宽定向的。
- 如若 *mode* 参数值为 0，fwide 将不试图设置流的定向，但返回标识该流定向的值。

注意，fwide 并不改变已定向流的定向。还应注意的是，fwide 无出错返回。试想，如若流是无效的，那么将发生什么呢？我们唯一可依靠的是，在调用 fwide 前先清除 errno，从 fwide 返回时检查 errno 的值。在本书的其余部分，我们只涉及字节定向流。

当打开一个流时，标准 I/O 函数 fopen（参考 5.5 节）返回一个指向 FILE 对象的指针。该对象通常是一个结构，它包含了标准 I/O 库为管理该流需要的所有信息，包括用于实际 I/O 的文件描述符、指向用于该流缓冲区的指针、缓冲区的长度、当前在缓冲区中的字符数以及出错标志等。

应用程序没有必要检验 FILE 对象。为了引用一个流，需将 FILE 指针作为参数传递给每个标准 I/O 函数。在本书中，我们称指向 FILE 对象的指针（类型为 FILE*）为文件指针。

在本章中，我们在 UNIX 系统环境中说明标准 I/O 库。正如前述，此标准库已移植到 UNIX 之外的很多系统中。但是为了说明该库实现的一些细节，我们将讨论其在 UNIX 系统上的典型实现。

144

5.3 标准输入、标准输出和标准错误

对一个进程预定义了 3 个流，并且这 3 个流可以自动地被进程使用，它们是：标准输入、标准输出和标准错误。这些流引用的文件与在 3.2 节中提到文件描述符 STDIN_FILENO、STDOUT_FILENO 和 STDERR_FILENO 所引用的相同。

这 3 个标准 I/O 流通过预定义文件指针 stdin、stdout 和 stderr 加以引用。这 3 个文件指针定义在头文件<stdio.h>中。

5.4 缓冲

标准 I/O 库提供缓冲的目的是尽可能减少使用 read 和 write 调用的次数（见图 3-6，其中显示了在不同缓冲区长度情况下，执行 I/O 所需的 CPU 时间量）。它也对每个 I/O 流自动地进行缓冲管理，从而避免了应用程序需要考虑这一点所带来的麻烦。遗憾的是，标准 I/O 库最令人迷惑的也是它的缓冲。

标准 I/O 提供了以下 3 种类型的缓冲。

（1）全缓冲。在这种情况下，在填满标准 I/O 缓冲区后才进行实际 I/O 操作。对于驻留在磁盘上的文件通常是由标准 I/O 库实施全缓冲的。在一个流上执行第一次 I/O 操作时，相关标准 I/O 函数通常调用 malloc（见 7.8 节）获得需使用的缓冲区。

术语冲洗（flush）说明标准 I/O 缓冲区的写操作。缓冲区可由标准 I/O 例程自动地冲洗（例如，当填满一个缓冲区时），或者可以调用函数 fflush 冲洗一个流。值得注意的是，在 UNIX 环境中，flush 有两种意思。在标准 I/O 库方面，flush（冲洗）意味着将缓冲区中的内容写到磁盘上（该缓冲区可能只是部分填满的）。在终端驱动程序方面（例如，在第 18 章中所述的 tcflush 函数），flush（刷清）表示丢弃已存储在缓冲区中的数据。

（2）行缓冲。在这种情况下，当在输入和输出中遇到换行符时，标准 I/O 库执行 I/O 操作。这允许我们一次输出一个字符（用标准 I/O 函数 fputc），但只有在写了一行之后才进行实际 I/O 操作。当流涉及一个终端时（如标准输入和标准输出），通常使用行缓冲。

对于行缓冲有两个限制。第一，因为标准 I/O 库用来收集每一行的缓冲区的长度是固定的，

所以只要填满了缓冲区，那么即使还没有写一个换行符，也进行 I/O 操作。第二，任何时候只要通过标准 I/O 库要求从（a）一个不带缓冲的流，或者（b）一个行缓冲的流（它从内核请求需要数据）得到输入数据，那么就会冲洗所有行缓冲输出流。在（b）中带了一个在括号中的说明，其理由是，所需的数据可能已在该缓冲区中，它并不要求一定从内核读数据。很明显，从一个不带缓冲的流中输入（即（a）项）需要从内核获得数据。

145

（3）不带缓冲。标准 I/O 库不对字符进行缓冲存储。例如，若用标准 I/O 函数 `fputs` 写 15 个字符到不带缓冲的流中，我们就期望这 15 个字符能立即输出，很可能使用 3.8 节的 `write` 函数将这些字符写到相关联的打开文件中。

标准错误流 `stderr` 通常是不带缓冲的，这就使得出错信息可以尽快显示出来，而不管它们是否含有一个换行符。

ISO C 要求下列缓冲特征。

- 当且仅当标准输入和标准输出并不指向交互式设备时，它们才是全缓冲的。
- 标准错误绝不会是全缓冲的。

但是，这并没有告诉我们如果标准输入和标准输出指向交互式设备时，它们是不带缓冲的还是行缓冲的；以及标准错误是不带缓冲的还是行缓冲的。很多系统默认使用下列类型的缓冲：

- 标准错误是不带缓冲的。
- 若是指向终端设备的流，则是行缓冲的；否则是全缓冲的。

> 本书讨论的 4 种平台都遵从标准 I/O 缓冲的这些惯例，标准错误是不带缓冲的，打开至终端设备的流是行缓冲的，其他流是全缓冲的。

我们将在 5.12 节和图 5-1 对标准 I/O 缓冲做更详细的说明。

对任何一个给定的流，如果我们并不喜欢这些系统默认，则可调用下列两个函数中的一个更改缓冲类型。

```
#include <stdio.h>

void setbuf(FILE *restrict fp, char *restrict buf);

int setvbuf(FILE *restrict fp, char *restrict buf, int mode, size_t size);

                                    返回值：若成功，返回 0；若出错，返回非 0
```

这些函数一定要在流已被打开后调用（这是十分明显的，因为每个函数都要求一个有效的文件指针作为它们的第一个参数），而且也应在对该流执行任何一个其他操作之前调用。

146

可以使用 `setbuf` 函数打开或关闭缓冲机制。为了带缓冲进行 I/O，参数 *buf* 必须指向一个长度为 `BUFSIZ` 的缓冲区（该常量定义在`<stdio.h>`中）。通常在此之后该流就是全缓冲的，但是如果该流与一个终端设备相关，那么某些系统也可将其设置为行缓冲的。为了关闭缓冲，将 *buf* 设置为 `NULL`。

使用 `setvbuf`，我们可以精确地说明所需的缓冲类型。这是用 *mode* 参数实现的：

`_IOFBF` 全缓冲

`_IOLBF` 行缓冲

`_IONBF` 不带缓冲

如果指定一个不带缓冲的流，则忽略 *buf* 和 *size* 参数。如果指定全缓冲或行缓冲，则 *buf* 和 *size* 可选择地指定一个缓冲区及其长度。如果该流是带缓冲的，而 *buf* 是 `NULL`，则标准 I/O 库将自动地为该流分配适当长度的缓冲区。适当长度指的是由常量 BUFSIZ 所指定的值。

> 某些 C 函数库实现使用 stat 结构中的成员 st_blksize 所指定的值（见 4.2 节）决定最佳 I/O 缓冲区长度。在本章的后续内容中可以看到，GNU C 函数库就使用这种方法。

图 5-1 列出了这两个函数的动作，以及它们的各个选项。

函数	*mode*	*buf*	缓冲区及长度	缓冲类型
setbuf		非空	长度为 BUFSIZ 的用户缓冲区 *buf*	全缓冲或行缓冲
		NULL	（无缓冲区）	不带缓冲
setvbuf	_IOFBF	非空	长度为 *size* 的用户缓冲区 *buf*	全缓冲
		NULL	合适长度的系统缓冲区 *buf*	
	_IOLBF	非空	长度为 *size* 的用户缓冲区 *buf*	行缓冲
		NULL	合适长度的系统缓冲区 *buf*	
	_IONBF	（忽略）	（无缓冲区）	不带缓冲

图 5-1 setbuf 和 setvbuf 函数

要了解，如果在一个函数内分配一个自动变量类的标准 I/O 缓冲区，则从该函数返回之前，必须关闭该流（7.8 节将对此做更多讨论）。另外，因为某些实现将缓冲区的一部分用于存放它自己的管理操作信息，所以可以存放在缓冲区中的实际数据字节数少于 *size*。一般而言，应由系统选择缓冲区的长度，并自动分配缓冲区。在这种情况下关闭此流时，标准 I/O 库将自动释放缓冲区。

任何时候，我们都可强制冲洗一个流。

```
#include<stdio.h>

int fflush(FILE *fp);

                                    返回值：若成功，返回 0；若出错，返回 EOF
```

此函数使该流所有未写的数据都被传送至内核。作为一种特殊情形，如若 *fp* 是 NULL，则此函数将导致所有输出流被冲洗。

147

5.5 打开流

下列 3 个函数打开一个标准 I/O 流。

```
#include <stdio.h>

FILE *fopen(const char *restrict pathname, const char *restrict type);

FILE *freopen(const char *restrict pathname, const char *restrict type, FILE *restrict fp);

FILE *fdopen(int fd, const char *type);

                    3 个函数的返回值：若成功，返回文件指针；若出错，返回 NULL
```

这 3 个函数的区别如下。

（1）fopen 函数打开路径名为 *pathname* 的一个指定的文件。

（2）freopen 函数在一个指定的流上打开一个指定的文件，如若该流已经打开，则先关闭该流。若该流已经定向，则使用 freopen 清除该定向。此函数一般用于将一个指定的文件打开为一个预定义的流：标准输入、标准输出或标准错误。

（3）fdopen 函数取一个已有的文件描述符（我们可能从 open、dup、dup2、fcntl、pipe、

socket、socketpair 或 accept 函数得到此文件描述符)，并使一个标准的 I/O 流与该描述符相结合。此函数常用于由创建管道和网络通信通道函数返回的描述符。因为这些特殊类型的文件不能用标准 I/O 函数 fopen 打开，所以我们必须先调用设备专用函数以获得一个文件描述符，然后用 fdopen 使一个标准 I/O 流与该描述符相结合。

> fopen 和 freopen 是 ISO C 的所属部分。而 ISO C 并不涉及文件描述符，所以仅有 POSIX.1 具有 fdopen。

type 参数指定对该 I/O 流的读、写方式，ISO C 规定 *type* 参数可以有 15 种不同的值，如图 5-2 所示。

type	说明	open(2)标志
r 或 rb	为读而打开	O_RDONLY
w 或 wb	把文件截断至 0 长，或为写而创建	O_WRONLY|O_CREAT|O_TRUNC
a 或 ab	追加；为在文件尾写而打开，或为写而创建	O_WRONLY|O_CREAT|O_APPEND
r+或 r+b 或 rb+	为读和写而打开	O_RDWR
w+或 w+b 或 wb+	把文件截断至 0 长，或为读和写而打开	O_RDWR|O_CREAT|O_TRUNC
a+或 a+b 或 ab+	为在文件尾读和写而打开或创建	O_RDWR|O_CREAT|O_APPEND

图 5-2 打开标准 I/O 流的 *type* 参数

148

使用字符 b 作为 *type* 的一部分，这使得标准 I/O 系统可以区分文本文件和二进制文件。因为 UNIX 内核并不对这两种文件进行区分，所以在 UNIX 系统环境下指定字符 b 作为 *type* 的一部分实际上并无作用。

对于 fdopen，*type* 参数的意义稍有区别。因为该描述符已被打开，所以 fdopen 为写而打开并不截断该文件。(例如，若该描述符原来是由 open 函数创建的，而且该文件已经存在，则其 O_TRUNC 标志将决定是否截断该文件。fdopen 函数不能截断它为写而打开的任一文件。) 另外，标准 I/O 追加写方式也不能用于创建该文件（因为如果一个描述符引用一个文件，则该文件一定已经存在）。

当用追加写类型打开一个文件后，每次写都将数据写到文件的当前尾端处。如果有多个进程用标准 I/O 追加写方式打开同一文件，那么来自每个进程的数据都将正确地写到文件中。

> 4.4BSD 以前的伯克利版本以及 Kernighan 和 Ritchie[1988]第 177 页上所示的简单版本的 fopen 函数并不能正确地处理追加写方式。这些版本在打开流时，调用 lseek 定位到文件尾端。在涉及多个进程时，为了正确地支持追加写方式，该文件必须用 O_APPEND 标志打开，我们已在 3.3 节中对此进行了讨论。在每次写前，做一次 lseek 操作同样也不能正确工作（如同在 3.11 节中讨论的一样）。

当以读和写类型打开一个文件时（*type* 中+号)，具有下列限制。

- 如果中间没有 fflush、fseek、fsetpos 或 rewind，则在输出的后面不能直接跟随输入。
- 如果中间没有 fseek、fsetpos 或 rewind，或者一个输入操作没有到达文件尾端，则在输入操作之后不能直接跟随输出。

对应于图 5-2，图 5-3 中列出了打开一个流的 6 种不同的方式。

限制	R	w	a	r+	w+	a+
文件必须已存在	•			•		
放弃文件以前的内容		•			•	
流可以读	•			•	•	•
流可以写		•	•	•	•	•
流只可在尾端处写			•			•

图 5-3 打开一个标准 I/O 流的 6 种不同方式

注意，在指定 w 或 a 类型创建一个新文件时，我们无法说明该文件的访问权限位（第 3 章中所述的 open 函数和 creat 函数则能做到这一点）。POSIX.1 要求实现使用如下的权限位集来创建文件：

```
S_IRUSR | S_IWUSR | S_IRGRP | S_IWGRP | S_IROTH | S_IWOTH
```

回忆 4.8 节，我们可以通过调整 umask 值来限制这些权限。

除非流引用终端设备，否则按系统默认，流被打开时是全缓冲的。若流引用终端设备，则该149流是行缓冲的。一旦打开了流，那么在对该流执行任何操作之前，如果希望，则可使用前节所述的 setbuf 和 setvbuf 改变缓冲的类型。

调用 fclose 关闭一个打开的流。

```
#include <stdio.h>

int fclose(FILE *fp);
```

返回值：若成功，返回 0；若出错，返回 EOF

在该文件被关闭之前，冲洗缓冲中的输出数据。缓冲区中的任何输入数据被丢弃。如果标准 I/O 库已经为该流自动分配了一个缓冲区，则释放此缓冲区。

当一个进程正常终止时（直接调用 exit 函数，或从 main 函数返回），则所有带未写缓冲数据的标准 I/O 流都被冲洗，所有打开的标准 I/O 流都被关闭。

5.6 读和写流

一旦打开了流，则可在 3 种不同类型的非格式化 I/O 中进行选择，对其进行读、写操作。

（1）每次一个字符的I/O。一次读或写一个字符，如果流是带缓冲的，则标准I/O 函数处理所有缓冲。

（2）每次一行的 I/O。如果想要一次读或写一行，则使用 fgets 和 fputs。每行都以一个换行符终止。当调用 fgets 时，应说明能处理的最大行长。5.7 节将说明这两个函数。

（3）直接 I/O。fread 和 fwrite 函数支持这种类型的 I/O。每次 I/O 操作读或写某种数量的对象，而每个对象具有指定的长度。这两个函数常用于从二进制文件中每次读或写一个结构。5.9 节将说明这两个函数。

> 直接 I/O（direct I/O）这个术语来自 ISO C 标准，有时也被称为：二进制 I/O、一次一个对象 I/O、面向记录的 I/O 或面向结构的 I/O。不要把这个特性和 FreeBSD 和 Linux 支持的 open 函数的 O_DIRECT 标志混淆，它们之间是没有关系的。

（5.11 节说明了格式化 I/O 函数，如 printf 和 scanf。）

1. 输入函数

以下 3 个函数可用于一次读一个字符。

```
#include <stdio.h>

int getc(FILE *fp);

int fgetc(FILE *fp);

int getchar(void);
```

150

3 个函数的返回值：若成功，返回下一个字符；若已到达文件尾端或出错，返回 EOF

函数 getchar 等同于 getc(stdin)。前两个函数的区别是，getc 可被实现为宏，而 fgetc

不能实现为宏。这意味着以下几点。

（1）getc 的参数不应当是具有副作用的表达式，因为它可能会被计算多次。

（2）因为 fgetc 一定是个函数，所以可以得到其地址。这就允许将 fgetc 的地址作为一个参数传送给另一个函数。

（3）调用 fgetc 所需时间很可能比调用 getc 要长，因为调用函数所需的时间通常长于调用宏。

这 3 个函数在返回下一个字符时，将其 unsigned char 类型转换为 int 类型。说明为无符号的理由是，如果最高位为 1 也不会使返回值为负。要求整型返回值的理由是，这样就可以返回所有可能的字符值再加上一个已出错或已到达文件尾端的指示值。在<stdio.h>中的常量 EOF 被要求是一个负值，其值经常是-1。这就意味着不能将这 3 个函数的返回值存放在一个字符变量中，以后还要将这些函数的返回值与常量 EOF 比较。

注意，不管是出错还是到达文件尾端，这 3 个函数都返回同样的值。为了区分这两种不同的情况，必须调用 ferror 或 feof。

```
#include <stdio.h>

int ferror(FILE *fp);

int feof(FILE *fp);

                两个函数返回值：若条件为真，返回非 0（真）；否则，返回 0（假）

void clearerr(FILE *fp);
```

在大多数实现中，为每个流在 FILE 对象中维护了两个标志：

- 出错标志；
- 文件结束标志。

调用 clearerr 可以清除这两个标志。

从流中读取数据以后，可以调用 ungetc 将字符再压送回流中。

```
#include <stdio.h>

int ungetc(int c, FILE *fp);

                                  返回值：若成功，返回 c；若出错，返回 EOF
```

压送回到流中的字符以后又可从流中读出，但读出字符的顺序与压送回的顺序相反。应当了解，虽然 ISO C 允许实现支持任何次数的回送，但是它要求实现提供一次只回送一个字符。我们不能期望一次能回送多个字符。

151

回送的字符，不一定必须是上一次读到的字符。不能回送 EOF。但是当已经到达文件尾端时，仍可以回送一个字符。下次读将返回该字符，再读则返回 EOF。之所以能这样做的原因是，一次成功的 ungetc 调用会清除该流的文件结束标志。

当正在读一个输入流，并进行某种形式的切词或记号切分操作时，会经常用到回送字符操作。有时需要先看一看下一个字符，以决定如何处理当前字符。然后就需要方便地将刚查看的字符回送，以便下一次调用 getc 时返回该字符。如果标准 I/O 库不提供回送能力，就需将该字符存放到一个我们自己的变量中，并设置一个标志以便判别在下一次需要一个字符时是调用 getc，还是从我们自己的变量中取用这个字符。

> 用 ungetc 压送回字符时，并没有将它们写到底层文件中或设备上，只是将它们写回标准 I/O 库的流缓冲区中。

2. 输出函数

对应于上面所述的每个输入函数都有一个输出函数。

```
#include <stdio.h>
int putc(int c, FILE *fp);
int fputc(int c, FILE *fp);
int putchar(int c);
```

3个函数返回值：若成功，返回 *c*；若出错，返回 EOF

与输入函数一样，putchar(c)等同于 putc(c, stdout)，putc 可被实现为宏，而 fputc 不能实现为宏。

5.7 每次一行 I/O

下面两个函数提供每次输入一行的功能。

```
#include <stdio.h>
char *fgets(char *restrict buf, int n, FILE *restrict fp);
char *gets(char *buf);
```

两个函数返回值：若成功，返回 *buf*；若已到达文件尾端或出错，返回 NULL

这两个函数都指定了缓冲区的地址，读入的行将送入其中。gets 从标准输入读，而 fgets 则从指定的流读。

对于 fgets，必须指定缓冲的长度 *n*。此函数一直读到下一个换行符为止，但是不超过 *n*−1 个字符，读入的字符被送入缓冲区。该缓冲区以 null 字节结尾。如若该行包括最后一个换行符的字符数超过 *n*−1，则 fgets 只返回一个不完整的行，但是，缓冲区总是以 null 字节结尾。对 fgets 的下一次调用会继续读该行。

152

gets 是一个不推荐使用的函数。其问题是调用者在使用 gets 时不能指定缓冲区的长度。这样就可能造成缓冲区溢出（如若该行长于缓冲区长度），写到缓冲区之后的存储空间中，从而产生不可预料的后果。这种缺陷曾被利用，造成 1988 年的因特网蠕虫事件。有关说明请见 1989 年 6 月的 *Communications of the ACM*（vol.32, no.6）。gets 与 fgets 的另一个区别是，gets 并不将换行符存入缓冲区中。

> 这两个函数对换行符处理方式的差别与 UNIX 的进展有关。在 V7 的手册（1979）中就说明："为了向后兼容，gets 删除换行符，而 fgets 则保留换行符。"

虽然 ISO C 要求提供 gets，但请使用 fgets，而不要使用 gets。事实上，在 SUSv4 中，gets 被标记为弃用的接口，而且在 ISO C 标准的最新版本（ISO/IEC 9899:2011）中已被忽略。

fputs 和 puts 提供每次输出一行的功能。

```
#include <stdio.h>
int fputs(const char *restrict str, FILE *restrict fp);
int puts(const char *str);
```

两个函数返回值：若成功，返回非负值；若出错，返回 EOF

函数 fputs 将一个以 null 字节终止的字符串写到指定的流，尾端的终止符 null 不写出。注意，这并不一定是每次输出一行，因为字符串不需要换行符作为最后一个非 null 字节。通常，在 null 字节之前是一个换行符，但并不要求总是如此。

puts 将一个以 null 字节终止的字符串写到标准输出，终止符不写出。但是，puts 随后又将一个换行符写到标准输出。

puts 并不像它所对应的 gets 那样不安全。但是我们还是应避免使用它，以免需要记住它在最后是否添加了一个换行符。如果总是使用 fgets 和 fputs，那么就会熟知在每行终止处我们必须自己处理换行符。

5.8 标准 I/O 的效率

使用前面所述的函数，我们能对标准 I/O 系统的效率有所了解。图 5-4 程序类似于图 3-4 程序，它使用 getc 和 putc 将标准输入复制到标准输出。这两个例程可以实现为宏。 153

```
#include "apue.h"

int
main(void)
{
    int     c;

    while ((c = getc(stdin)) != EOF)
        if (putc(c, stdout) == EOF)
            err_sys("output error");

    if (ferror(stdin))
        err_sys("input error");

    exit(0);
}
```

图 5-4 用 getc 和 putc 将标准输入复制到标准输出

可以用 fgetc 和 fputc 改写该程序，这两个一定是函数，而不是宏（我们没有给出对源代码更改的细节）。

最后，我们还编写了一个读、写行的版本，见图 5-5。

```
#include "apue.h"

int
main(void)
{
    char    buf[MAXLINE];

    while (fgets(buf, MAXLINE, stdin) != NULL)
        if (fputs(buf, stdout) == EOF)
            err_sys("output error");

    if (ferror(stdin))
        err_sys("input error");
```

```
    exit(0);
}
```

图 5-5　用 fgets 和 fputs 将标准输入复制到标准输出

注意，在图 5-4 程序和图 5-5 程序中，没有显式地关闭标准 I/O 流。我们知道 exit 函数将会冲洗任何未写的数据，然后关闭所有打开的流（我们将在 8.5 节讨论这一点）。将这 3 个程序的时间与图 3-6 中的时间进行比较是很有趣的。图 5-6 中显示了对同一文件（98.5 MB，300 万行）进行操作所得的数据。

函数	用户 CPU（s）	系统 CPU（s）	时钟时间（s）	程序正文字节数
图 3-6 中的最佳时间	0.05	0.29	3.18	
fgets、fputs	2.27	0.30	3.49	143
getc、putc	8.45	0.29	10.33	114
fgetc、fputc	8.16	0.40	10.18	114
图 3-6 中的单字节时间	134.61	249.94	394.95	

图 5-6　使用标准 I/O 例程得到的时间结果

对于这 3 个标准 I/O 版本的每一个，其用户 CPU 时间都大于图 3-6 中的最佳 read 版本，因为在每次读一个字符的标准 I/O 版本中有一个要执行 1 亿次的循环，而在每次读一行的版本中有一个要执行 3 144 984 次的循环。在 read 版本中，其循环只需执行 25 224 次（对于缓冲区长度为 4 096 字节）。因为系统 CPU 时间几乎相同，所以用户 CPU 时间的差别以及等待 I/O 结束所消耗时间的差别造成了时钟时间的差别。

系统 CPU 时间几乎相同，原因是因为所有这些程序对内核提出的读、写请求数基本相同。注意，使用标准 I/O 例程的一个优点是无需考虑缓冲及最佳 I/O 长度的选择。在使用 fgets 时需要考虑最大行长，但是与选择最佳 I/O 长度比较，这要方便得多。

图 5-6 的最后一列是每个 main 函数的文本空间字节数（由 C 编译器产生的机器指令）。从中可见，使用 getc 和 putc 的版本与使用 fgetc 和 fputc 的版本在文本空间长度方面大体相同。通常，getc 和 putc 实现为宏，但在 GNU C 库实现中，宏简单地扩充为函数调用。

使用每次一行 I/O 版本的速度大约是每次一个字符版本速度的两倍。如果 fgets 和 fputs 函数是用 getc 和 putc 实现的（参见 Kernighan 和 Ritchie[1988]的 7.7 节），那么，可以预期 fgets 版本的时间会与 getc 版本接近。实际上，每次一行的版本会更慢一些，因为除了现已存在的 600 万次函数调用外还需另外增加 2 亿次函数调用。而在本测试中所用的每次一行函数是用 memccpy(3)实现的。通常，为了提高效率，memccpy 函数用汇编语言而非 C 语言编写。正因为如此，每次一行版本才会有较高的速度。

这些时间数字的最后一个有趣之处在于：fgetc 版本较图 3-6 中 BUFFSIZE＝1 的版本要快得多。两者都使用了约 2 亿次的函数调用，在用户 CPU 时间方面，fgetc 版本的速度大约是后者的 16 倍，而在时钟时间方面几乎是 39 倍。造成这种差别的原因是：使用 read 的版本执行了 2 亿次函数调用，这也就引起 2 亿次系统调用。而对于 fgetc 版本，它也执行 2 亿次函数调用，但是这只引起 25 224 次系统调用。系统调用与普通的函数调用相比需要花费更多的时间。

154～155

需要声明的是，这些时间结果只在某些系统上才有效。这种时间结果依赖于很多实现的特征，而这种特征对于不同的 UNIX 系统可能是不同的。尽管如此，有这样一组数据，并对各种版本的差别做出解释，这有助于我们更好地了解系统。在本节及 3.9 节中我们了解到的基本事实是，标准 I/O 库与直接调用 read 和 write 函数相比并不慢很多。对于大多数比较复杂的应用程序，最主要的用户 CPU 时间是由应用本身的各种处理消耗的，而不是由标准 I/O 例程消耗的。

5.9 二进制 I/O

5.6 节和 5.7 节中的函数以一次一个字符或一次一行的方式进行操作。如果进行二进制 I/O 操作，那么我们更愿意一次读或写一个完整的结构。如果使用 getc 或 putc 读、写一个结构，那么必须循环通过整个结构，每次循环处理一个字节，一次读或写一个字节，这会非常麻烦而且费时。如果使用 fputs 和 fgets，那么因为 fputs 在遇到 null 字节时就停止，而在结构中可能含有 null 字节，所以不能使用它实现读结构的要求。相类似，如果输入数据中包含有 null 字节或换行符，则 fgets 也不能正确工作。因此，提供了下列两个函数以执行二进制 I/O 操作。

```
#include <stdio.h>

size_t fread(void *restrict ptr, size_t size, size_t nobj, FILE *restrict fp);

size_t fwrite(const void *restrict ptr, size_t size, size_t nobj, FILE *restrict fp);
```

两个函数的返回值：读或写的对象数

这些函数有以下两种常见的用法。

（1）读或写一个二进制数组。例如，为了将一个浮点数组的第 2～5 个元素写至一文件上，可以编写如下程序：

```
float   data[10];

if (fwrite(&data[2], sizeof(float), 4, fp) != 4)
    err_sys("fwrite error");
```

其中，指定 *size* 为每个数组元素的长度，*nobj* 为欲写的元素个数。

（2）读或写一个结构。例如，可以编写如下程序：

```
struct {
  short   count;
  long    total;
  char    name[NAMESIZE];
} item;

if (fwrite(&item, sizeof(item), 1, fp) != 1)
     err_sys("fwrite error");
```

其中，指定 *size* 为结构的长度，*nobj* 为 1（要写的对象个数）。

156

将这两个例子结合起来就可读或写一个结构数组。为了做到这一点，*size* 应当是该结构的 sizeof，*nobj* 应是该数组中的元素个数。

fread 和 fwrite 返回读或写的对象数。对于读，如果出错或到达文件尾端，则此数字可以少于 *nobj*。在这种情况，应调用 ferror 或 feof 以判断究竟是哪一种情况。对于写，如果返回值少于所要求的 *nobj*，则出错。

使用二进制 I/O 的基本问题是，它只能用于读在同一系统上已写的数据。多年之前，这并无问题（那时，所有 UNIX 系统都运行于 PDP-11 上），而现在，很多异构系统通过网络相互连接起来，而且，这种情况已经非常普遍。常常有这种情形，在一个系统上写的数据，要在另一个系统上进行处理。在这种环境下，这两个函数可能就不能正常工作，其原因是：

（1）在一个结构中，同一成员的偏移量可能随编译程序和系统的不同而不同（由于不同的对齐要求）。确实，某些编译程序有一个选项，选择它的不同值，或者使结构中的各成员紧密包装（这可以节省存储空间，而运行性能则可能有所下降）；或者准确对齐（以便在运行时易于存取结构中的各成员）。这意味着即使在同一个系统上，一个结构的二进制存放方式也可能因编译程序选项的不同而不同。

（2）用来存储多字节整数和浮点值的二进制格式在不同的系统结构间也可能不同。

在第 16 章讨论套接字时，我们将涉及某些相关问题。在不同系统之间交换二进制数据的实际解决方法是使用互认的规范格式。关于网络协议使用的交换二进制数据的某些技术，请参阅 Rago[1993]的 8.2 节或者 Stevens、Fenner 和 Rudoff[2004]的 5.18 节。

在 8.14 节中，我们将再回到 `fread` 函数，那时将用它读一个二进制结构——UNIX 的进程会计记录。

5.10　定位流

有 3 种方法定位标准 I/O 流。

（1）`ftell` 和 `fseek` 函数。这两个函数自 V7 以来就存在了，但是它们都假定文件的位置可以存放在一个长整型中。

（2）`ftello` 和 `fseeko` 函数。Single UNIX Specification 引入了这两个函数，使文件偏移量可以不必一定使用长整型。它们使用 `off_t` 数据类型代替了长整型。

（3）`fgetpos` 和 `fsetpos` 函数。这两个函数是由 ISO C 引入的。它们使用一个抽象数据类型 `fpos_t` 记录文件的位置。这种数据类型可以根据需要定义为一个足够大的数，用以记录文件位置。

157

需要移植到非 UNIX 系统上运行的应用程序应当使用 `fgetpos` 和 `fsetpos`。

```
#include <stdio.h>

long ftell(FILE *fp);

                    返回值：若成功，返回当前文件位置指示；若出错，返回-1L

int fseek(FILE *fp, long offset, int whence);

                                  返回值：若成功，返回 0；若出错，返回−1

void rewind(FILE *fp);
```

对于一个二进制文件，其文件位置指示器是从文件起始位置开始度量，并以字节为度量单位的。`ftell` 用于二进制文件时，其返回值就是这种字节位置。为了用 `fseek` 定位一个二进制文件，必须指定一个字节 *offset*，以及解释这种偏移量的方式。*whence* 的值与 3.6 节中 *lseek* 函数的相同：`SEEK_SET` 表示从文件的起始位置开始，`SEEK_CUR` 表示从当前文件位置开始，`SEEK_END` 表示从文件的尾端开始。ISO C 并不要求一个实现对二进制文件支持 `SEEK_END` 规格说明，其原因是某些系统要求二进制文件的长度是某个幻数的整数倍，结尾非实际内容部分则填充为 0。但是在 UNIX 中，对于二进制文件，则是支持 `SEEK_END` 的。

对于文本文件，它们的文件当前位置可能不以简单的字节偏移量来度量。这主要也是在非 UNIX 系统中，它们可能以不同的格式存放文本文件。为了定位一个文本文件，*whence* 一定要是 `SEEK_SET`，而且 *offset* 只能有两种值：0（后退到文件的起始位置），或是对该文件的 `ftell` 所返回的值。使用 rewind 函数也可将一个流设置到文件的起始位置。

除了偏移量的类型是 off_t 而非 long 以外，ftello 函数与 ftell 相同，fseeko 函数与 fseek 相同。

```
#include <stdio.h>

off_t ftello(FILE *fp);
                    返回值：若成功，返回当前文件位置；若出错，返回(off_t)-1

int fseeko(FILE *fp, off_t offset, int whence);
                    返回值：若成功，返回 0；若出错，返回-1
```

回忆 3.6 节中对 off_t 数据类型的讨论。实现可将 off_t 类型定义为长于 32 位。

正如我们已提及的，fgetpos 和 fsetpos 两个函数是 ISO C 标准引入的。

```
#include <stdio.h>

int fgetpos(FILE *restrict fp, fpos_t *restrict pos);

int fsetpos(FILE *fp, const fpos_t *pos);
                    两个函数返回值：若成功，返回 0；若出错，返回非 0
```

158

fgetpos 将文件位置指示器的当前值存入由 *pos* 指向的对象中。在以后调用 fsetpos 时，可以使用此值将流重新定位至该位置。

5.11 格式化I/O

1. 格式化输出

格式化输出是由 5 个 printf 函数来处理的。

```
#include <stdio.h>

int printf(const char *restrict format, ...);

int fprintf(FILE *restrict fp, const char *restrict format, ...);

int dprintf(int fd, const char *restrict format, ...);
                    3 个函数返回值：若成功，返回输出字符数；若输出出错，返回负值

int sprintf(char *restrict buf, const char *restrict format, ...);
                    返回值：若成功，返回存入数组的字符数；若编码出错，返回负值

int snprintf(char *restrict buf, size_t n, const char *restrict format, ...);
                    返回值：若缓冲区足够大，返回将要存入数组的字符数；若编码出错，返回负值
```

printf 将格式化数据写到标准输出，fprintf 写至指定的流，dprintf 写至指定的文件描述符，sprintf 将格式化的字符送入数组 *buf* 中。sprintf 在该数组的尾端自动加一个 null 字节，但该字符不包括在返回值中。

注意，sprintf 函数可能会造成由 *buf* 指向的缓冲区的溢出。调用者有责任确保该缓冲区足够大。因为缓冲区溢出会造成程序不稳定甚至安全隐患，为了解决这种缓冲区溢出问题，引入了 snprintf 函数。在该函数中，缓冲区长度是一个显式参数，超过缓冲区尾端写的所有字符都被丢弃。如果缓冲区足够大，snprintf 函数就会返回写入缓冲区的字符数。与 sprintf 相同，该返回值不包括结尾的 null 字节。若 snprintf 函数返回小于缓冲区长度 *n* 的正值，那么没有截

断输出。若发生了一个编码的错误，snprintf 返回负值。

虽然 dprintf 不处理文件指针，但我们仍然把它包括在处理格式化输出的函数中。注意，使用 dprintf 不需要调用 fdopen 将文件描述符转换为文件指针（fprintf 需要）。

格式说明控制其余参数如何编写，以后又如何显示。每个参数按照转换说明编写，转换说明以百分号%开始，除转换说明外，格式字符串中的其他字符将按原样，不经任何修改被复制输出。一个转换说明有4个可选择的部分，下面将它们都示于方括号中：

159

```
%[flags][fldwidth][precision][lenmodifier]convtype
```

图5-7总结了各种标志。

标志	说明
'	（撇号）将整数按千位分组字符
-	在字段内左对齐输出
+	总是显示带符号转换的正负号
（空格）	如果第一个字符不是正负号，则在其前面加上一个空格
#	指定另一种转换形式（例如，对于十六进制格式，加0x前缀）
0	添加前导0（而非空格）进行填充

图5-7　转换说明中的标志部分

fldwidth 说明最小字段宽度。转换后参数字符数若小于宽度，则多余字符位置用空格填充。字段宽度是一个非负十进制数，或是一个星号（*）。

precision 说明整型转换后最少输出数字位数、浮点数转换后小数点后的最少位数、字符串转换后最大字节数。精度是一个点（.），其后跟随一个可选的非负十进制数或一个星号（*）。

宽度和精度字段两者皆可为*。此时，一个整型参数指定宽度或精度的值。该整型参数正好位于被转换的参数之前。

lenmodifier 说明参数长度。其可能的值示于图5-8中。

长度修饰符	说明
hh	将相应的参数按 signed 或 unsigned char 类型输出
h	将相应的参数按 signed 或 unsigned short 类型输出
l	将相应的参数按 signed 或 unsigned long 或宽字符类型输出
ll	将相应的参数按 signed 或 unsigned long long 类型输出
j	intmax_t 或 uintmax_t
z	size_t
t	ptrdiff_t
L	long double

图5-8　转换说明中的长度修饰符

convtype 不是可选的。它控制如何解释参数。图5-9中列出了各种转换类型字符。

根据常规的转换说明，转换是按照它们出现在 *format* 参数之后的顺序应用于参数的。一种替代的转换说明语法也允许显式地用%*n*$序列来表示第 *n* 个参数的形式来命名参数。注意，这两种语法不能在同一格式说明中混用。在替代的语法中，参数从1开始计数。如果参数既没有提供字段宽度和也没有提供精度，通配符星号的语法就更改为**m$*，*m* 指明提供值的参数的位置。

160

转换类型	说明
d、i	有符号十进制
o	无符号八进制
u	无符号十进制
x、X	无符号十六进制
f、F	双精度浮点数
e、E	指数格式双精度浮点数
g、G	根据转换后的值解释为 f、F、e 或 E
a、A	十六进制指数格式双精度浮点数
c	字符（若带长度修饰符 l，为宽字符）
s	字符串（若带长度修饰符 l，为宽字符）
p	指向 void 的指针
n	到目前为止，此 printf 调用输出的字符的数目将被写入到指针所指向的带符号整型中
%	一个%字符
C	宽字符（XSI 扩展，等效于 lc）
S	宽字符串（XSI 扩展，等效于 ls）

图 5-9 转换说明中的转换类型

下列 5 种 printf 族的变体类似于上面的 5 种，但是可变参数表（...）替换成了 *arg*。

```
#include <stdarg.h>
#include <stdio.h>
int vprintf(const char *restrict format, va_list arg);
int vfprintf(FILE *restrict fp, const char *restrict format, va_list arg);
int vdprintf(int fd, const char *restrict format, va_list arg);
                          所有 3 个函数返回值：若成功，返回输出字符数；若输出出错，返回负值
int vsprintf(char *restrict buf, const char *restrict format, va_list arg);
                          函数返回值：若成功，返回存入数组的字符数；若编码出错，返回负值
int vsnprintf(char *restrict buf, size_t n, const char *restrict format, va_list arg);
                   函数返回值：若缓冲区足够大，返回存入数组的字符数；若编码出错，返回负值
```

161

在附录 B 的出错处理例程中，将使用 vsnprintf 函数。

关于ISO C标准中有关可变长度参数表的详细说明请参阅Kernighan和Ritchie[1988]的7.3节。应当了解的是，由 ISO C 提供的可变长度参数表例程（<stdarg.h>头文件和相关的例程）与由较早版本 UNIX 提供的<varargs.h>例程是不同的。

2. 格式化输入

执行格式化输入处理的是 3 个 scanf 函数。

```
#include <stdio.h>
int scanf(const char *restrict format, ...);
int fscanf(FILE *restrict fp, const char *restrict format, ...);
int sscanf(const char *restrict buf, const char *restrict format, ...);
       3 个函数返回值：赋值的输入项数；若输入出错或在任一转换前已到达文件尾端，返回 EOF
```

scanf 族用于分析输入字符串，并将字符序列转换成指定类型的变量。在格式之后的各参数

包含了变量的地址，用转换结果对这些变量赋值。

格式说明控制如何转换参数，以便对它们赋值。转换说明以%字符开始。除转换说明和空白字符外，格式字符串中的其他字符必须与输入匹配。若有一个字符不匹配，则停止后续处理，不再读输入的其余部分。

一个转换说明有3个可选择的部分，下面将它们都示于方括号中：

```
%[*][fldwidth][m][lenmodifier]convtype
```

可选择的星号（*）用于抑制转换。按照转换说明的其余部分对输入进行转换，但转换结果并不存放在参数中。

fldwidth 说明最大宽度（即最大字符数）。lenmodifier 说明要用转换结果赋值的参数大小。由 printf 函数族支持的长度修饰符同样得到 scanf 族函数的支持（见图5-8中的长度修饰符表）。

convtype 字段类似于 printf 族的转换类型字段，但两者之间还有些差别。一个差别是，作为一种选项，输入中带符号的可赋予无符号类型。例如，输入流中的-1可被转换成4 294 967 295赋予无符号整型变量。图5-10总结了 scanf 族函数支持的转换类型。

在字段宽度和长度修饰符之间的可选项 m 是赋值分配符。它可以用于%c、%s 以及%[转换符，162 迫使内存缓冲区分配空间以接纳转换字符串。在这种情况下，相关的参数必须是指针地址，分配的缓冲区地址必须复制给该指针。如果调用成功，该缓冲区不再使用时，由调用者负责通过调用 free 函数来释放该缓冲区。

scanf 函数族同样支持另外一种转换说明，允许显式地命名参数：序列*%n$*代表了第 *n* 个参数。与 printf 函数族相同，同一编号的参数在格式串中可引用多次。但 Single UNIX Specification 指出，这种情况在 scanf 函数族中如何作用还未定义。

转换类型	说明
d	有符号十进制，基数为10
i	有符号十进制，基数由输入格式决定
o	无符号八进制（输入可选地有符号）
u	无符号十进制，基数为10（输入可选地有符号）
x、X	无符号十六进制（输入可选地有符号）
a、A、e、E、f、F、g、G	浮点数
c	字符（若带长度修饰符 l，为宽字符）
s	字符串（若带长度修饰符 l，为宽字符串）
[	匹配列出的字符序列，以]终止
[^	匹配除列出字符以外的所有字符，以]终止
p	指向 void 的指针
n	将到目前为止该函数调用读取的字符数写入到指针所指向的无符号整型中
%	一个%符号
C	宽字符（XSI 扩展，等效于 lc）
S	宽字符串（XSI 扩展，等效于 ls）

图5-10 转换说明中的转换类型

与 printf 族相同，scanf 族也使用由<stdarg.h>说明的可变长度参数表。

```
#include <stdarg.h>
#include <stdio.h>
int vscanf(const char *restrict format, va_list arg);
```

```
int vfscanf(FILE *restrict fp, const char *restrict format, va_list arg);

int vsscanf(const char *restrict buf, const char *restrict format, va_list arg);
```

3 个函数返回值：指定的输入项目数；若输入出错或在任一转换前文件结束，返回 EOF

关于 scanf 函数族的详细情况，请参阅 UNIX 系统手册。

163

5.12 实现细节

正如前述，在 UNIX 中，标准 I/O 库最终都要调用第 3 章中说明的 I/O 例程。每个标准 I/O 流都有一个与其相关联的文件描述符，可以对一个流调用 fileno 函数以获得其描述符。

> 注意，fileno 不是 ISO C 标准部分，而是 POSIX.1 支持的扩展。

```
#include <stdio.h>

int fileno(FILE *fp);
```

返回值：与该流相关联的文件描述符

如果要调用 dup 或 fcntl 等函数，则需要此函数。

为了了解你所使用的系统中标准 I/O 库的实现，最好从头文件<stdio.h>开始。从中可以看到 FILE 对象是如何定义的、每个流标志的定义以及定义为宏的各个标准 I/O 例程（如 getc）。Kernighan 和 Ritchie[1988]中的 8.5 节含有一个示例实现，从中可以看到很多 UNIX 实现的基本样式。Plauger[1992]的第 12 章提供了标准 I/O 库一种实现的全部源代码。GNU 标准 I/O 库的实现也是公开可用的。

实例

图 5-11 程序为 3 个标准流以及一个与普通文件相关联的流打印有关缓冲的状态信息。

```
#include "apue.h"

void    pr_stdio(const char *, FILE *);
int     is_unbuffered(FILE *);
int     is_linebuffered(FILE *);
int     buffer_size(FILE *);

int
main(void)
{
    FILE    *fp;

    fputs("enter any character\n", stdout);
    if (getchar() == EOF)
        err_sys("getchar error");
    fputs("one line to standard error\n", stderr);

    pr_stdio("stdin",  stdin);
    pr_stdio("stdout", stdout);
    pr_stdio("stderr", stderr);

    if ((fp = fopen("/etc/passwd", "r")) == NULL)
        err_sys("fopen error");
    if (getc(fp) == EOF)
```

164

```
        err_sys("getc error");
    pr_stdio("/etc/passwd", fp);
    exit(0);
}

void
pr_stdio(const char *name, FILE *fp)
{
    printf("stream = %s, ", name);
    if (is_unbuffered(fp))
        printf("unbuffered");
    else if (is_linebuffered(fp))
        printf("line buffered");
    else /* if neither of above */
        printf("fully buffered");
    printf(", buffer size = %d\n", buffer_size(fp));
}

/*
 * The following is nonportable.
 */

#if defined(_IO_UNBUFFERED)

int
is_unbuffered(FILE *fp)
{
    return(fp->_flags & _IO_UNBUFFERED);
}

int
is_linebuffered(FILE *fp)
{
    return(fp->_flags & _IO_LINE_BUF);
}

int
buffer_size(FILE *fp)
{
    return(fp->_IO_buf_end - fp->_IO_buf_base);
}

#elif defined(__SNBF)

int
is_unbuffered(FILE *fp)
{
    return(fp->_flags & __SNBF);
}
```

165

```
int
is_linebuffered(FILE *fp)
{
    return(fp->_flags & __SLBF);
}
```

```
int
buffer_size(FILE *fp)
{
    return(fp->_bf._size);
}

#elif defined(_IONBF)

#ifdef _LP64
#define _flag __pad[4]
#define _ptr __pad[1]
#define _base __pad[2]
#endif

int
is_unbuffered(FILE *fp)
{
    return(fp->_flag & _IONBF);
}

int
is_linebuffered(FILE *fp)
{
    return(fp->_flag & _IOLBF);
}

int
buffer_size(FILE *fp)
{
#ifdef _LP64
    return(fp->_base - fp->_ptr);
#else
    return(BUFSIZ);   /* just a guess */
#endif
}

#else

#error unknown stdio implementation!

#endif
```

图 5-11 对各个标准 I/O 流打印缓冲状态信息

注意，在打印缓冲状态信息之前，先对每个流执行 I/O 操作，第一个 I/O 操作通常就造成为该流分配缓冲区。本例中的结构成员和常量是由本书中使用的 4 种平台实现的标准 I/O 库定义的。166 应当了解，标准 I/O 库实现在不同的系统中可能有所不同，像本例中的程序是不可移植的，因为它们嵌入了与特定实现相关的内容。

如果运行图 5-11 的程序两次，一次使 3 个标准流与终端相连接，另一次使它们重定向到普通文件，则所得结果是：

```
$ ./a.out                        stdin、stdout 和 stderr 都连至终端
enter any character
```

```
                                        键入换行符
one line to standard error
stream = stdin, line buffered, buffer size = 1024
stream = stdout, line buffered, buffer size = 1024
stream = stderr, unbuffered, buffer size = 1
stream = /etc/passwd, fully buffered, buffer size = 4096
$ ./a.out < /etc/group > std.out 2> std.err
                                        3个流都重定向，再次运行该程序
$ cat std.err
one line to standard error
$ cat std.out
enter any character
stream = stdin, fully buffered, buffer size = 4096
stream = stdout, fully buffered, buffer size = 4096
stream = stderr, unbuffered, buffer size = 1
stream = /etc/passwd, fully buffered, buffer size = 4096
```

从中可见，该系统的默认是：当标准输入、输出连至终端时，它们是行缓冲的。行缓冲的长度是1 024字节。注意，这并没有将输入、输出的行长限制为1 024字节，这只是缓冲区的长度。如果要将2 048字节的行写到标准输出，则要进行两次write系统调用。当将这两个流重新定向到普通文件时，它们就变成是全缓冲的，其缓冲区长度是该文件系统优先选用的I/O长度（从stat结构中得到的st_blksize值）。从中也可看到，标准错误如它所应该的那样是不带缓冲的，而普通文件按系统默认是全缓冲的。

5.13 临时文件

ISO C标准I/O库提供了两个函数以帮助创建临时文件。

```
#include<stdio.h>

char *tmpnam(char *ptr);
                                        返回值：指向唯一路径名的指针
FILE *tmpfile(void);
                                        返回值：若成功，返回文件指针；若出错，返回NULL
```

167

tmpnam函数产生一个与现有文件名不同的一个有效路径名字符串。每次调用它时，都产生一个不同的路径名，最多调用次数是TMP_MAX。TMP_MAX定义在<stdio.h>中。

> 虽然ISO C定义了TMP_MAX，但该标准只要求其值至少应为25。但是，Single UNIX Specification却要求符合XSI的系统支持其值至少为10 000。虽然此最小值允许一个实现使用4位数字(0000~9999)作为临时文件名，但是，大多数UNIX实现使用的却是大、小写字符。
>
> tmpnam函数在SUSv4中被标记为弃用，但是ISO C标准还继续支持它。

若*ptr*是NULL，则所产生的路径名存放在一个静态区中，指向该静态区的指针作为函数值返回。后续调用tmpnam时，会重写该静态区（这意味着，如果我们调用此函数多次，而且想保存路径名，则我们应当保存该路径名的副本，而不是指针的副本）。如若*ptr*不是NULL，则认为它应该是指向长度至少是L_tmpnam个字符的数组(常量L_tmpnam定义在头文件<stdio.h>中)。所产生的路径名存放在该数组中，*ptr*也作为函数值返回。

tmpfile创建一个临时二进制文件（类型wb+），在关闭该文件或程序结束时将自动删除这种文件。注意，UNIX 对二进制文件不进行特殊区分。

实例

图 5-12 程序说明了这两个函数的应用。

```
#include "apue.h"

int
main(void)
{
    char name[L_tmpnam], line[MAXLINE];
    FILE  *fp;

    printf("%s\n", tmpnam(NULL));       /* first temp name */

    tmpnam(name);                       /* second temp name */
    printf("%s\n", name);

    if ((fp = tmpfile()) == NULL)       /* create temp file */
        err_sys("tmpfile error");
    fputs("one line of output\n", fp); /* write to temp file */
    rewind(fp);                         /* then read it back */
    if (fgets(line, sizeof(line), fp) == NULL)
        err_sys("fgets error");
    fputs(line, stdout);                /* print the line we wrote */

    exit(0);
}
```

图 5-12 tmpnam 和 tmpfile 函数实例

168

执行图 5-12 的程序，可得：

```
$ ./a.out
/tmp/fileT0Hsu6
/tmp/filekmAsYQ
one line of output
```

tmpfile 函数经常使用的标准 UNIX 技术是先调用 tmpnam 产生一个唯一的路径名，然后，用该路径名创建一个文件，并立即 unlink 它。请回忆 4.15 节，对一个文件解除链接并不删除其内容，关闭该文件时才删除其内容。而关闭文件可以是显式的，也可以在程序终止时自动进行。

Single UNIX Specification 为处理临时文件定义了另外两个函数，即 mkdtemp 和 mkstemp，它们是 XSI 的扩展部分。

```
#include <stdlib.h>

char *mkdtemp(char *template);
```

返回值：若成功，返回指向目录名的指针；若出错，返回 NULL

```
int mkstemp(char *template);
```

返回值：若成功，返回文件描述符；若出错，返回−1

mkdtemp 函数创建了一个目录，该目录有一个唯一的名字；mkstemp 函数创建了一个文件，该文件有一个唯一的名字。名字是通过 *template* 字符串进行选择的。这个字符串是后 6 位设置为

XXXXXX 的路径名。函数将这些占位符替换成不同的字符来构建一个唯一的路径名。如果成功的话，这两个函数将修改 *template* 字符串反映临时文件的名字。

由 mkdtemp 函数创建的目录使用下列访问权限位集：S_IRUSR | S_IWUSR | S_IXUSR。注意，调用进程的文件模式创建屏蔽字可以进一步限制这些权限。如果目录创建成功，mkdtemp 返回新目录的名字。

mkstemp 函数以唯一的名字创建一个普通文件并且打开该文件，该函数返回的文件描述符以读写方式打开。由 mkstemp 创建的文件使用访问权限位 S_IRUSR | S_IWUSR。

与 tempfile 不同，mkstemp 创建的临时文件并不会自动删除。如果希望从文件系统命名空间中删除该文件，必须自己对它解除链接。

使用 tmpnam 和 tempnam 至少有一个缺点：在返回唯一的路径名和用该名字创建文件之间存在一个时间窗口，在这个时间窗口中，另一进程可以用相同的名字创建文件。因此应该使用 tmpfile 和 mkstemp 函数，因为它们不存在这个问题。

169

实例

图 5-13 程序显示了如何使用 mkstemp 函数。

```
#include "apue.h"
#include <errno.h>

void make_temp(char *template);

int
main()
{
    char    good_template[] = "/tmp/dirXXXXXX"; /* right way */
    char    *bad_template = "/tmp/dirXXXXXX";   /* wrong way*/

    printf("trying to create first temp file...\n");
    make_temp(good_template);
    printf("trying to create second temp file...\n");
    make_temp(bad_template);
    exit(0);
}

void
make_temp(char *template)
{
    int         fd;
    struct stat sbuf;

    if ((fd = mkstemp(template)) < 0)
        err_sys("can't create temp file");
    printf("temp name = %s\n", template);
    close(fd);
    if (stat(template, &sbuf) < 0) {
        if (errno == ENOENT)
            printf("file doesn't exist\n");
        else
            err_sys("stat failed");
    } else {
```

```
        printf("file exists\n");
        unlink(template);
    }
}
```

图 5-13 mkstemp 函数的应用

运行图 5.13 中的程序，得到：

```
$ ./a.out
trying to create first temp file...
temp name = /tmp/dirUmBT7h
file exists
trying to create second temp file...
Segmentation fault
```

170

两个模板字符串声明方式的不同带来了不同的运行结果。对于第一个模板，因为使用了数组，名字是在栈上分配的。但第二种情况使用的是指针，在这种情况下，只有指针自身驻留在栈上。编译器把字符串存放在可执行文件的只读段，当 mkstemp 函数试图修改字符串时，出现了段错误（segment fault）。

5.14 内存流

我们已经看到，标准 I/O 库把数据缓存在内存中，因此每次一字符和每次一行的 I/O 更有效。我们也可以通过调用 setbuf 或 setvbuf 函数让 I/O 库使用我们自己的缓冲区。在 SUSv4 中支持了内存流。这就是标准 I/O 流，虽然仍使用 FILE 指针进行访问，但其实并没有底层文件。所有的 I/O 都是通过在缓冲区与主存之间来回传送字节来完成的。我们将看到，即便这些流看起来像文件流，它们的某些特征使其更适用于字符串操作。

有 3 个函数可用于内存流的创建，第一个是 fmemopen 函数。

```
#include <stdio.h>

FILE *fmemopen(void *restrict buf, size_t size, const char *restrict type);
```

返回值：若成功，返回流指针；若错误，返回 NULL

fmemopen 函数允许调用者提供缓冲区用于内存流：*buf* 参数指向缓冲区的开始位置，*size* 参数指定了缓冲区大小的字节数。如果 *buf* 参数为空，fmemopen 函数分配 *size* 字节数的缓冲区。在这种情况下，当流关闭时缓冲区会被释放。

type 参数控制如何使用流。*type* 可能的取值如图 5-14 所示。

type	说明
r 或 rb	为读而打开
w 或 wb	为写而打开
a 或 ab	追加；为在第一个 null 字节处写而打开
r+或 r+b 或 rb+	为读和写而打开
w+或 w+b 或 wb+	把文件截断至 0 长，为读和写而打开
a+或 a+b 或 ab+	追加；为在第一个 null 字节处读和写而打开

图 5-14 打开内存流的 *type* 参数

注意，这些取值对应于基于文件的标准 I/O 流的 *type* 参数取值，但其中有些微小差别。第一，无论何时以追加写方式打开内存流时，当前文件位置设为缓冲区中的第一个 null 字节。如果缓冲

171

区中不存在null字节，则当前位置就设为缓冲区结尾的后一个字节。当流并不是以追加写方式打开时，当前位置设为缓冲区的开始位置。因为追加写模式通过第一个null字节确定数据的尾端，内存流并不适合存储二进制数据（二进制数据在数据尾端之前就可能包含多个null字节）。

第二，如果*buf*参数是一个null指针，打开流进行读或者写都没有任何意义。因为在这种情况下缓冲区是通过 fmemopen 进行分配的，没有办法找到缓冲区的地址，只写方式打开流意味着无法读取已写入的数据，同样，以读方式打开流意味着只能读取那些我们无法写入的缓冲区中的数据。

第三，任何时候需要增加流缓冲区中数据量以及调用 fclose、fflush、fseek、fseeko 以及 fsetpos 时都会在当前位置写入一个null字节。

实例

有必要看一下对内存流的写入是如何在我们自己提供的缓冲区上进行操作的。图5-15给出了用已知模式填充缓冲区时流写入是如何操作的。

```
#include "apue.h"

#define BSZ 48

int
main()
{
    FILE *fp;
    char buf[BSZ];

    memset(buf, 'a', BSZ-2);
    buf[BSZ-2] = '\0';
    buf[BSZ-1] = 'X';
    if ((fp = fmemopen(buf, BSZ, "w+")) == NULL)
       err_sys("fmemopen failed");
    printf("initial buffer contents: %s\n", buf);
    fprintf(fp, "hello, world");
    printf("before flush: %s\n", buf);
    fflush(fp);
    printf("after fflush: %s\n", buf);
    printf("len of string in buf = %ld\n", (long)strlen(buf));

    memset(buf, 'b', BSZ-2);
    buf[BSZ-2] = '\0';
    buf[BSZ-1] = 'X';
    fprintf(fp, "hello, world");
    fseek(fp, 0, SEEK_SET);
    printf("after  fseek: %s\n", buf);
    printf("len of string in buf = %ld\n", (long)strlen(buf));

    memset(buf, 'c', BSZ-2);
    buf[BSZ-2] = '\0';
    buf[BSZ-1] = 'X';
    fprintf(fp, "hello, world");
    fclose(fp);
    printf("after fclose: %s\n", buf);
    printf("len of string in buf = %ld\n", (long)strlen(buf));
```

172

```
    return(0);
}
```

图 5-15 观察内存流的写入操作

我们在 Linux 上运行该程序，得到如下结果：

```
$ ./a.out
                                               用 a 字符改写缓冲区
initial buffer contents:                       fmemopen 在缓冲区开始处放置 null 字节
before flush:                                  流冲洗后缓冲区才会变化
after fflush: hello, world
len of string in buf = 12                      null 字节加到字符串结尾
                                               现在用 b 字符改写缓冲区
after fseek: bbbbbbbbbbbbhello, world          fseek 引起缓冲区冲洗
len of string in buf = 24                      再次追加写 null 字节
                                               现在用 c 字符改写缓冲区
after fclose: hello, worldcccccccccccccccccccccccccccccccccc
len of string in buf = 46                      没有追加写 null 字节
```

这个例子给出了冲洗内存流和追加写 null 字节的策略。写入内存流以及推进流的内容大小（相对缓冲区大小而言，该大小是固定的）这个概念时，null 字节会自动追加写。流内容大小是由写入多少来确定的。

> 在本书所讨论的 4 个平台中，只有 Linux 3.2.0 支持内存流。这是具体实现还没有跟上最新的标准，相信随着时间的推移，这种情况会有所改变。

用于创建内存流的其他两个函数分别是 open_memstream 和 open_wmemstream。

```
#include <stdio.h>

FILE *open_memstream(char **bufp, size_t *sizep);

#include <wchar.h>

FILE *open_wmemstream(wchar_t **bufp, size_t *sizep);
```

两个函数的返回值：若成功，返回流指针；若出错，返回 NULL

173

open_memstream 函数创建的流是面向字节的，open_wmemstream 函数创建的流是面向宽字节的（回忆 5.2 节中对于多字节字符的说明）。这两个函数与 fmemopen 函数的不同在于：

- 创建的流只能写打开；
- 不能指定自己的缓冲区，但可以分别通过 *bufp* 和 *sizep* 参数访问缓冲区地址和大小；
- 关闭流后需要自行释放缓冲区；
- 对流添加字节会增加缓冲区大小。

但是在缓冲区地址和大小的使用上必须遵循一些原则。第一，缓冲区地址和长度只有在调用 fclose 或 fflush 后才有效；第二，这些值只有在下一次流写入或调用 fclose 前才有效。因为缓冲区可以增长，可能需要重新分配。如果出现这种情况，我们会发现缓冲区的内存地址值在下一次调用 fclose 或 fflush 时会改变。

因为避免了缓冲区溢出，内存流非常适用于创建字符串。因为内存流只访问主存，不访问磁盘上的文件，所以对于把标准 I/O 流作为参数用于临时文件的函数来说，会有很大的性能提升。

5.15　标准I/O的替代软件

标准I/O库并不完善。Korn和Vo[1991]列出了它的很多不足之处，其中，某些属于基本设计，但是大多数则与各种不同的实现有关。

标准I/O库的一个不足之处是效率不高，这与它需要复制的数据量有关。当使用每次一行函数fgets和fputs时，通常需要复制两次数据：一次是在内核和标准I/O缓冲区之间（当调用read和write时），第二次是在标准I/O缓冲区和用户程序中的行缓冲区之间。快速I/O库[AT&T 1990a中的fio(3)]避免了这一点，其方法是使读一行的函数返回指向该行的指针，而不是将该行复制到另一个缓冲区中。Hume[1988]报告：由于做了这种更改，grep(1)实用程序的速度提升了3倍。

Korn和Vo[1991]说明了标准I/O库的另一种替代版：*sfio*。这一软件包在速度上与*fio*相近，通常快于标准I/O库。*sfio*软件包也提供了一些其他标准I/O库所没有的新特征：推广了I/O流，使其不仅可以代表文件，也可代表存储区；可以编写处理模块，并以栈方式将其压入I/O流，这样就可以改变一个流的操作；较好的异常处理等。

Krieger、Stumm和Unrau[1992]说明了另一个替代软件包，它使用了映射文件——mmap函数，我们将在14.8节中说明此函数。该新软件包称为ASI（Alloc Stream Interface）。其编程接口类似于UNIX系统存储分配函数（malloc、realloc和free，这些函数将在7.8节中说明）。与*sfio*软件包相同，ASI使用指针力图减少数据复制量。

174

许多标准I/O库实现在C函数库中可用，这种C函数库是为内存较小的系统，如嵌入式系统设计的。这些实现对于合理内存要求的关注超过对可移植性、速度以及功能性等方面的关注。这种类型函数库的两种实现是：uClibc C库和Newlib C库。

5.16　小结

大多数UNIX应用程序都使用标准I/O库。本章说明了该库提供的很多函数以及某些实现细节和效率方面的考虑。应该看到，标准I/O库使用了缓冲技术，而它正是产生很多问题、引起许多混淆的部分。

习题

5.1　用setvbuf实现setbuf。

5.2　图5-5中的程序利用每次一行I/O（fgets和fputs函数）复制文件。若将程序中的MAXLINE改为4，当复制的行超过该最大值时会出现什么情况？对此进行解释。

5.3　printf返回0值表示什么？

5.4　下面的代码在一些机器上运行正确，而在另外一些机器运行时出错，解释问题所在。

```
#include    <stdio.h>

int
main(void)
{
    char    c;
```

```
    while ((c = getchar()) != EOF)
        putchar(c);
}
```

5.5 对标准 I/O 流如何使用 fsync 函数（见 3.13 节）？

5.6 在图 1-7 和图 1-10 程序中，打印的提示信息没有包含换行符，程序也没有调用 fflush 函数，请解释输出提示信息的原因是什么？

5.7 基于 BSD 的系统提供了 funopen 的函数调用使我们可以拦截读、写、定位以及关闭一个流的调用。使用这个函数为 FreeBSD 和 Mac OS X 实现 fmemopen。

175

第6章

系统数据文件和信息

6.1 引言

UNIX 系统的正常运作需要使用大量与系统有关的数据文件，例如，口令文件/etc/passwd 和组文件/etc/group 就是经常被多个程序频繁使用的两个文件。用户每次登录 UNIX 系统，以及每次执行 ls -l 命令时都要使用口令文件。

由于历史原因，这些数据文件都是 ASCII 文本文件，并且使用标准 I/O 库读这些文件。但是，对于较大的系统，顺序扫描口令文件很花费时间，我们需要能够以非 ASCII 文本格式存放这些文件，但仍向使用其他文件格式的应用程序提供接口。对于这些数据文件的可移植接口是本章的主题。本章也包括了系统标识函数、时间和日期函数。

6.2 口令文件

UNIX 系统口令文件（POSIX.1 则将其称为用户数据库）包含了图 6-1 中所示的各字段，这些字段包含在<pwd.h>中定义的 passwd 结构中。

177

> 注意，POSIX.1 只指定 passwd 结构包含的 10 个字段中的 5 个。大多数平台至少支持其中 7 个字段。BSD 派生的平台支持全部 10 个字段。

说明	struct passwd 成员	POSIX.1	FreeBSD 8.0	Linux 3.2.0	Mac OS X 10.6.8	Solaris 10
用户名	char *pw_name	•	•	•	•	•
加密口令	char *pw_passwd		•	•	•	•
数值用户 ID	uid_t pw_uid	•	•	•	•	•
数值组 ID	gid_t pw_gid	•	•	•	•	•
注释字段	char *pw_gecos		•	•	•	•
初始工作目录	char *pw_dir	•	•	•	•	•
初始 shell（用户程序）	char *pw_shell	•	•	•	•	•
用户访问类	char *pw_class		•		•	
下次更改口令时间	time_t pw_change		•		•	
账户有效期时间	time_t pw_expire		•		•	

图 6-1 /etc/passwd 文件中的字段

由于历史原因，口令文件是/etc/passwd，而且是一个 ASCII 文件。每一行包含图 6-1 中所示的各字段，字段之间用冒号分隔。例如，在 Linux 中，该文件中可能有下列 4 行：

```
root:x:0:0:root:/root:/bin/bash
squid:x:23:23::/var/spool/squid:/dev/null
nobody:x:65534:65534:Nobody:/home:/bin/sh
sar:x:205:105:Stephen Rago:/home/sar:/bin/bash
```

关于这些登录项，请注意下列各点：

- 通常有一个用户名为 root 的登录项，其用户 ID 是 0（超级用户）。
- 加密口令字段包含了一个占位符。较早期的 UNIX 系统版本中，该字段存放加密口令字。将加密口令字存放在一个人人可读的文件中是一个安全性漏洞，所以现在将加密口令字存放在另一个文件中。在下一节讨论口令字时，我们将详细涉及此问题。
- 口令文件项中的某些字段可能是空。如果加密口令字段为空，这通常就意味着该用户没有口令（不推荐这样做）。squid 登录项有一空白字段：注释字段。空白注释字段不产生任何影响。
- shell 字段包含了一个可执行程序名，它被用作该用户的登录 shell。若该字段为空，则取系统默认值，通常是/bin/sh。注意，squid 登录项的该字段为/dev/null。显然，这是一个设备，不是可执行文件，将其用于此处的目的是，阻止任何人以用户 squid 的名义登录到该系统。

> 很多服务对于帮助它们得以实施的不同守护进程使用不同的用户 ID（见第 13 章），squid 项是为实现 squid 代理高速缓存服务的进程设置的。

178

- 为了阻止一个特定用户登录系统，除使用/dev/null 外，还有若干种替代方法。常见的一种方法是，将/bin/false 用作登录 shell。它简单地以不成功（非 0）状态终止，该 shell 将此种终止状态判断为假。另一种常见方法是，用/bin/true 禁止一个账户。它所做的一切是以成功（0）状态终止。某些系统提供 nologin 命令，它打印可定制的出错信息，然后以非 0 状态终止。
- 使用 nobody 用户名的一个目的是，使任何人都可登录至系统，但其用户 ID（65534）和组 ID（65534）不提供任何特权。该用户 ID 和组 ID 只能访问人人皆可读、写的文件。（假定用户 ID 65534 和组 ID 65534 并不拥有任何文件，而实际情况就应如此。）
- 提供 finger(1)命令的某些 UNIX 系统支持注释字段中的附加信息。其中，各部分之间都用逗号分隔：用户姓名、办公室地点、办公室电话号码以及家庭电话号码等。另外，如果注释字段中的用户姓名是一个&，则它被替换为登录名。例如，可以有下列记录：

```
sar:x:205:105:Steve Rago, SF 5-121, 555-1111, 555-2222:/home/sar:/bin/sh
```

使用 finger 命令就可打印 Steve Rago 的有关信息。

```
$ finger -p sar
Login: sar                              Name: Steve Rago
Directory: /home/sar                    Shell: /bin/sh
Office:  SF 5-121,  555-1111            Home Phone:  555-2222
On since Mon Jan 19 03:57 (EST) on ttyv0 (messages off)
No Mail.
```

> 即使你所使用的系统并不支持 finger 命令，这些信息仍可存放在注释字段中，该字段只是一个注释，并不由系统实用程序解释。

某些系统提供了 vipw 命令，允许管理员使用该命令编辑口令文件。vipw 命令串行化地更改口令文件，并且确保它所做的更改与其他相关文件保持一致。系统也常常经由图形用户界面（GUI）提供类似的功能。

POSIX.1 定义了两个获取口令文件项的函数。在给出用户登录名或数值用户 ID 后，这两个函数就能查看相关项。

```
#include<pwd.h>
struct passwd *getpwuid(uid_t uid);
struct passwd *getpwnam(const char *name);
```

两个函数返回值：若成功，返回指针；若出错，返回 NULL

179

getpwuid 函数由 ls(1)程序使用，它将 i 节点中的数字用户 ID 映射为用户登录名。在键入登录名时，getpwnam 函数由 login(1)程序使用。

这两个函数都返回一个指向 passwd 结构的指针，该结构已由这两个函数在执行时填入信息。passwd 结构通常是函数内部的静态变量，只要调用任一相关函数，其内容就会被重写。

如果要查看的只是登录名或用户 ID，那么这两个 POSIX.1 函数能满足要求，但是也有些程序要查看整个口令文件。下列 3 个函数则可用于此种目的。

```
#include <pwd.h>
struct passwd *getpwent(void);
```

返回值：若成功，返回指针；若出错或到达文件尾端，返回 NULL

```
void setpwent(void);
void endpwent(void);
```

> 基本 POSIX.1 标准没有定义这 3 个函数。在 Single UNIX Specification 中，它们被定义为 XSI 扩展。因此，可预期所有 UNIX 实现都将提供这些函数。

调用 getpwent 时，它返回口令文件中的下一个记录项。如同上面所述的两个 POSIX.1 函数一样，它返回一个由它填写好的 passwd 结构的指针。每次调用此函数时都重写该结构。在第一次调用该函数时，它打开它所使用的各个文件。在使用本函数时，对口令文件中各个记录项的安排顺序并无要求。某些系统采用散列算法对/etc/passwd 文件中各项排序。

函数 setpwent 用来将 getpwent()的读写地址指向密码文件开头，endpwent 则关闭这些文件。在使用 getpwent 查看完口令文件后，一定要调用 endpwent 关闭这些文件。getpwent 知道什么时间应当打开它所使用的文件（第一次被调用时），但是它并不知道何时关闭这些文件。

实例

图 6-2 程序给出了 getpwnam 函数的一个实现。

```
#include <pwd.h>
#include <stddef.h>
#include <string.h>

struct passwd *
getpwnam(const char *name)
{
    struct passwd  *ptr;

    setpwent();
    while ((ptr = getpwent()) != NULL)
       if (strcmp(name, ptr->pw_name) == 0)
```

```
        break;       /* found a match */
    endpwent();
    return(ptr);           /* ptr is NULL if no match found */
}
```

图 6-2 getpwnam 函数

180

在函数开始处调用 setpwent 是自我保护性的措施，以便确保如果调用者在此之前已经调用 getpwent 打开了有关文件情况下，反绕有关文件使它们定位到文件开始处。getpwnam 和 getpwuid 完成后不应使有关文件仍处于打开状态，所以应调用 endpwent 关闭它们。

6.3 阴影口令

加密口令是经单向加密算法处理过的用户口令副本。因为此算法是单向的，所以不能从加密口令猜测到原来的口令。

历史上使用的算法总是在 64 字符集[a-zA-Z0-9./]中产生 13 个可打印字符（见 Morris 和 Thompson [1979]）。某些较新的系统使用其他方法，如 MD5 或 SHA-1 算法，对口令加密，产生更长的加密口令字符串。（加密口令的字符越多，这些字符的组合也就越多，于是用各种可能组合来猜测口令的难度就越大。）当我们将单个字符放在加密口令字段中时，可以确保任一加密口令都不会与其相匹配。

对于一个加密口令，找不到一种算法可以将其反变换到明文口令（明文口令是在 Password: 提示后键入的口令）。但是可以对口令进行猜测，将猜测的口令经单向算法变换成加密形式，然后将其与用户的加密口令相比较。如果用户口令是随机选择的，那么这种方法并不是很有用。但是用户往往以非随机方式选择口令（如配偶的姓名、街名、宠物名等）。一个经常重复的实验是先得到一份口令文件，然后用试探方法猜测口令。（Garfinkel 等[2003]的第 4 章对 UNIX 口令及口令加密处理方案的历史情况及细节进行了说明。）

为使企图这样做的人难以获得原始资料（加密口令），现在，某些系统将加密口令存放在另一个通常称为*阴影口令*（shadow password）的文件中。该文件至少要包含用户名和加密口令。与该口令相关的其他信息也可存放在该文件中（图 6-3）。

说明	struct spwd 成员
用户登录名	char *sp_namp
加密口令	char *sp_pwdp
上次更改口令以来经过的时间	int sp_lstchg
经多少天后允许更改	int sp_min
要求更改尚余天数	int sp_max
超期警告天数	int sp_warn
账户不活动之前尚余天数	int sp_inact
账户超期天数	int sp_expire
保留	unsigned int sp_flag

图 6-3 /etc/shadow 文件中的字段

181

只有用户登录名和加密口令这两个字段是必需的。其他的字段控制口令更改的频率，或者说口令的衰老以及账户仍然处于活动状态的时间。

阴影口令文件不应是一般用户可以读取的。仅有少数几个程序需要访问加密口令，如 login(1) 和 passwd(1)，这些程序常常是设置用户 ID 为 root 的程序。有了阴影口令后，普通口令文件

/etc/passwd 可由各用户自由读取。

在 Linux 3.2.0 和 Solaris 10 中，与访问口令文件的一组函数相类似，有另一组函数可用于访问阴影口令文件。

```
#include <shadow.h>

struct spwd *getspnam(const char *name);

struct spwd *getspent(void);
                        两个函数返回值：若成功，返回指针；若出错，返回 NULL

void setspent(void);

void endspent(void);
```

在 FreeBSD 8.0 和 Mac OS X 10.6.8 中，没有阴影口令结构。附加的账户信息存放在口令文件中（见图 6-1）。

6.4　组文件

UNIX 组文件（POSIX.1 称其为组数据库）包含了图 6-4 中所示字段。这些字段包含在<grp.h>中所定义的 group 结构中。

说明	struct group 成员	POSIX.1	FreeBSD 8.0	Linux 3.2.0	Mac OS X 10.6.8	Solaris 10
组名	char *gr_name	•	•	•	•	•
加密口令	char *gr_passwd		•	•	•	•
数值组 ID	int gr_gid	•	•	•	•	•
指向各用户名指针的数组	char **gr_mem	•	•	•	•	•

图 6-4　/etc/group 文件中的字段

字段 gr_mem 是一个指针数组，其中每个指针指向一个属于该组的用户名。该数组以 null 指针结尾。

可以用下列两个由 POSIX.1 定义的函数来查看组名或数值组 ID。

```
#include <grp.h>

struct group *getgrgid(gid_t gid);

struct group *getgrnam(const char *name);
                        两个函数返回值：若成功，返回指针；若出错，返回 NULL
```

182

如同对口令文件进行操作的函数一样，这两个函数通常也返回指向一个静态变量的指针，在每次调用时都重写该静态变量。

如果需要搜索整个组文件，则须使用另外几个函数。下列 3 个函数类似于针对口令文件的 3 个函数。

```
#include <grp.h>

struct group *getgrent(void);
                  返回值：若成功，返回指针；若出错或到达文件尾端，返回 NULL

void setgrent(void);

void endgrent(void);
```

> 这 3 个函数不是基本 POSIX.1 标准的组成部分。Single UNIX Specification 的 XSI 扩展定义了这些函数。所有 UNIX 系统都提供这 3 个函数。

setgrent 函数打开组文件（如若它尚未打开）并反绕它。getgrent 函数从组文件中读下一个记录，如若该文件尚未打开，则先打开它。endgrent 函数关闭组文件。

6.5 附属组 ID

在 UNIX 系统中，对组的使用已经做了些更改。在 V7 中，每个用户任何时候都只属于一个组。当用户登录时，系统就按口令文件记录项中的数值组 ID，赋给他实际组 ID。可以在任何时候执行 newgrp(1)以更改组 ID。如果 newgrp 命令执行成功（关于权限规则，请参阅手册），则实际组 ID 就更改为新的组 ID，它将被用于后续的文件访问权限检查。执行不带任何参数的 newgrp，则可返回到原来的组。

这种组成员形式一直维持到 1983 年左右。此时，4.2BSD 引入了附属组 ID（supplementary group ID）的概念。我们不仅可以属于口令文件记录项中组 ID 所对应的组，也可属于多至 16 个另外的组。文件访问权限检查相应被修改为：不仅将进程的有效组 ID 与文件的组 ID 相比较，而且也将所有附属组 ID 与文件的组 ID 进行比较。

> 附属组 ID 是 POSIX.1 要求的特性。（在较早的 POSIX.1 版本中，该特性是可选的。）常量 NGROUPS_MAX（见图 2-11）规定了附属组 ID 的数量，其常用值是 16（见图 2-15）。

使用附属组 ID 的优点是不必再显式地经常更改组。一个用户会参与多个项目，因此也就要同时属于多个组，此类情况是常有的。

为了获取和设置附属组 ID，提供了下列 3 个函数。

183

```
#include <unistd.h>
int getgroups(int gidsetsize, gid_t grouplist[]);
                                返回值：若成功，返回附属组 ID 数量；若出错，返回-1
#include <grp.h> /* on Linux */
#include <unistd.h> /* on FreeBSD, Mac OS X, and Solaris */
int setgroups(int ngroups, const gid_t grouplist[]);
#include <grp.h> /* on Linux and Solaris */
#include <unistd.h> /* on FreeBSD and Mac OS X */
int initgroups(const char *username, gid_t basegid);
                                两个函数的返回值：若成功，返回 0；若出错，返回-1
```

> 在这 3 个函数中，POSIX.1 只说明了 getgroups。因为 setgroups 和 initgroups 是特权操作，所以它们并非 POSIX.1 的组成部分。但是，本书说明的所有 4 种平台都支持这 3 个函数。在 Mac OS X 10.6.8 中，*basegid* 被声明为 int 类型。

getgroups 将进程所属用户的各附属组 ID 填写到数组 *grouplist* 中，填写入该数组的附属组 ID 数最多为 *gidsetsize* 个。实际填写到数组中的附属组 ID 数由函数返回。

作为一种特殊情况，如若 *gidsetsize* 为 0，则函数只返回附属组 ID 数，而对数组 *grouplist* 则不做修改。（这使调用者可以确定 *grouplist* 数组的长度，以便进行分配。）

setgroups 可由超级用户调用以便为调用进程设置附属组 ID 表。*grouplist* 是组 ID 数组，而 *ngroups* 说明了数组中的元素数。*ngroups* 的值不能大于 NGROUPS_MAX。

通常，只有 initgroups 函数调用 setgroups，initgroups 读整个组文件（用前面说明的函数 getgrent、setgrent 和 endgrent），然后对 *username* 确定其组的成员关系。然后，

它调用 setgroups，以便为该用户初始化附属组 ID 表。因为 initgroups 要调用 setgroups，所以只有超级用户才能调用 initgroups。除了在组文件中找到 *username* 是成员的所有组，initgroups 也在附属组 ID 表中包括了 *basegid*。*basegid* 是 *username* 在口令文件中的组 ID。

只有少数几个程序调用 initgroups，例如 login(1)程序在用户登录时调用该函数。

6.6 实现区别

我们已讨论了 Linux 和 Solaris 支持的阴影口令文件。FreeBSD 和 Mac OS X 则以不同方式存 184 储加密口令字。图 6-5 总结了本书涉及的 4 种平台如何存储用户和组信息。

信息	FreeBSD 8.0	Linux 3.2.0	Mac OS X 10.6.8	Solaris 10
账户信息	/etc/passwd	/etc/passwd	目录服务	/etc/passwd
加密口令	/etc/master.passwd	/etc/shadow	目录服务	/etc/shadow
是否是散列口令文件?	是	否	否	否
组信息	/etc/group	/etc/group	目录服务	/etc/group

图 6-5　账户实现的区别

在 FreeBSD 中，阴影口令文件是/etc/master.passwd。可以使用特殊命令编辑该文件，它会从阴影口令文件产生/etc/passwd 的一个副本。另外，也产生该文件的散列副本。/etc/pwd.db 是/etc/passwd 的散列副本，/etc/spwd.db 是/etc/master.passwd 的散列版本。这些为大型安装的系统提供了更好的性能。

但是，Mac OS X 只在单用户模式下使用/etc/passwd 和/etc/master.passwd（在维护系统时，单用户模式通常意味着不能提供任何系统服务）。在正常运行期间的多用户模式，目录服务守护进程提供对用户和组账户信息的访问。

虽然 Linux 和 Solaris 支持类似的阴影口令接口，但两者之间存在某些细微的差别。例如，图 6-3 中所示的整数字段在 Solaris 中定义为 int 类型，而在 Linux 中则定义为 long int。另一个差别是账户-不活动字段：Solaris 将其定义为自用户上次登录后到下次账户自动失效之间的天数，而 Linux 则将其定义为达到最大口令年龄尚余天数。

在很多系统中，用户和组数据库是用网络信息服务（Network Information Service，NIS）实现的。这使管理人员可编辑数据库的主副本，然后将它自动分发到组织中的所有服务器上。客户端系统联系服务器以查看用户和组的有关信息。NIS+和轻量级目录访问协议（Lightweight Directory Access Protocol，LDAP）提供了类似功能。很多系统通过配置文件/etc/nsswitch.conf 控制用于管理每一类信息的方法。

6.7 其他数据文件

至此仅讨论了两个系统数据文件——口令文件和组文件。在日常操作中，UNIX 系统还使用很多其他文件。例如，BSD 网络软件有一个记录各网络服务器所提供服务的数据文件（/etc/services），有一个记录协议信息的数据文件（/etc/protocols），还有一个则是记录网络信息 185 的数据文件（/etc/networks）。幸运的是，对于这些数据文件的接口都与上述对口令文件和组文件的相似。

一般情况下，对于每个数据文件至少有 3 个函数。

（1）get 函数：读下一个记录，如果需要，还会打开该文件。此种函数通常返回指向一个结构的指针。当已达到文件尾端时返回空指针。大多数 get 函数返回指向一个静态存储类结构的指针，如果要保存其内容，则需复制它。

（2）set 函数：打开相应数据文件（如果尚未打开），然后反绕该文件。如果希望在相应文件起始处开始处理，则调用此函数。

（3）end 函数：关闭相应数据文件。如前所述，在结束了对相应数据文件的读、写操作后，总应调用此函数以关闭所有相关文件。

另外，如果数据文件支持某种形式的键搜索，则也提供搜索具有指定键的记录的例程。例如，对于口令文件，提供了两个按键进行搜索的程序：getpwnam 寻找具有指定用户名的记录；getpwuid 寻找具有指定用户 ID 的记录。

图 6-6 中列出了一些这样的例程，这些都是 UNIX 常用的。在图中列出了针对口令文件和组文件的函数，这些已在前面说明过。图中也列出了一些与网络有关的函数。对于图中列出的所有数据文件都有 get、set 和 end 函数。

说明	数据文件	头文件	结构	附加的键搜索函数
口令	/etc/passwd	<pwd.h>	passwd	getpwnam、getpwuid
组	/etc/group	<grp.h>	group	getgrnam、getgrgid
阴影	/etc/shadow	<shadow.h>	spwd	getspnam
主机	/etc/hosts	<netdb.h>	hostent	getnameinfo、getaddrinfo
网络	/etc/networks	<netdb.h>	netent	getnetbyname、getnetbyaddr
协议	/etc/protocols	<netdb.h>	protoent	Getprotobyname、getprotobynumber
服务	/etc/services	<netdb.h>	servent	getservbyname、getservbyport

图 6-6 访问系统数据文件的一些例程

> 在 Solaris 中，图 6-6 中的最后 4 个数据文件都是符号链接，它们都链接到目录/etc/inet 下的同名文件上。大多数 UNIX 系统实现都有类似于图中所列的附加函数，但是这些附加函数都旨在处理系统管理文件，专用于各个实现。

6.8 登录账户记录

大多数 UNIX 系统都提供下列两个数据文件：utmp 文件记录当前登录到系统的各个用户；wtmp 文件跟踪各个登录和注销事件。在 V7 中，每次写入这两个文件中的是包含下列结构的一个二进制记录：

186

```
struct utmp {
  char  ut_line[8];  /* tty line: "ttyh0", "ttyd0", "ttyp0", ... */
  char  ut_name[8];  /* login name */
  long  ut_time;     /* seconds since Epoch */
};
```

登录时，login 程序填写此类型结构，然后将其写入到 utmp 文件中，同时也将其添写到 wtmp 文件中。注销时，init 进程将 utmp 文件中相应的记录擦除（每个字节都填以 null 字节），并将一个新记录添写到 wtmp 文件中。在 wtmp 文件的注销记录中，ut_name 字段清除为 0。在系统再启动时，以及更改系统时间和日期的前后，都在 wtmp 文件中追加写特殊的记录项。who(1) 程序读取 utmp 文件，并以可读格式打印其内容。后来的 UNIX 版本提供 last(1)命令，它读 wtmp 文件并打印所选择的记录。

大多数UNIX版本仍提供utmp和wtmp文件，但正如所期望的，其中的信息量却增加了。V7中写入的20字节的结构在SVR2中已扩充为36字节，而在SVR4中，utmp结构已扩充为多于350字节。

> 在Solaris中，这些记录的详细格式请参见手册页utmpx(4)。Solaris 10中这两个文件都在目录/var/adm中。Solaris提供了很多函数（见getutx(3)）读或写这两个文件。
>
> 在FreeBSD 8.0和Linux 3.2.0中，登录记录的格式请参见手册页utmp(5)。这两个文件的路径名是/var/run/utmp和/var/log/wtmp。在Mac OS X 10.6.8中，utmp和wtmp文件不存在。在Mac OS X 10.5中，wtmp文件中的信息可以从系统登录工具中获得，utmpx文件包含了活动的登录会话的信息。

6.9　系统标识

POSIX.1定义了uname函数，它返回与主机和操作系统有关的信息。

```
#include <sys/utsname.h>

int uname(struct utsname *name);
```

返回值：若成功，返回非负值；若出错，返回-1

通过该函数的参数向其传递一个utsname结构的地址，然后该函数填写此结构。POSIX.1只定义了该结构中最少需提供的字段（它们都是字符数组），而每个数组的长度则由实现确定。某些实现在该结构中提供了另外一些字段。

187

```
struct utsname {
  char sysname[ ];   /* name of the operating system */
  char nodename[ ];  /* name of this node */
  char release[ ];   /* current release of operating system */
  char version[ ];   /* current version of this release */
  char machine[ ];   /* name of hardware type */
};
```

每个字符串都以null字节结尾。本书讨论的4种平台支持的最大名字长度（包含终止null字节）列于图6-7中。utsname结构中的信息通常可用uname(1)命令打印。

> POSIX.1警告nodename元素可能并不适用于在通信网络上引用主机。此函数来自于System V，在早期，nodename元素适用于在UUCP网络上引用主机。
>
> 还要认识到，在此结构中并没有给出有关POSIX.1版本的信息。应当使用2.6节中所说明的_POSIX_VERSION获得该信息。
>
> 最后，此函数只给出了一种获取该结构中信息的方法，至于如何初始化这些信息，POSIX.1没有给出任何说明。

历史上，BSD派生的系统提供gethostname函数，它只返回主机名，该名字通常就是TCP/IP网络上主机的名字。

```
#include <unistd.h>

int gethostname(char *name, int namelen);
```

返回值：若成功，返回0；若出错，返回-1

*namelen*参数指定*name*缓冲区长度，如若提供足够的空间，则通过*name*返回的字符串以null字节结尾。如若没有提供足够的空间，则没有说明通过*name*返回的字符串是否以null结尾。

现在，gethostname函数已在POSIX.1中定义，它指定最大主机名长度是HOST_NAME_MAX。图6-7中总结列出了本书讨论的4种实现支持的最大名字长度。

接口	最大名字长度			
	FreeBSD 8.0	Linux 3.2.0	Mac OS X 10.6.8	Solaris 10
uname	256	65	256	257
gethostname	256	64	256	256

图6-7 系统标识名限制

如果宿主机连接到TCP/IP网络中，则此主机名通常是该主机的完整域名。

188

hostname(1)命令可用来获取和设置主机名。（超级用户用一个类似的函数sethostname来设置主机名。）主机名通常在系统自举时设置，它由/etc/rc或init取自一个启动文件。

6.10 时间和日期例程

由UNIX内核提供的基本时间服务是计算自协调世界时（Coordinated Universal Time，UTC）公元1970年1月1日00:00:00这一特定时间以来经过的秒数。1.10节中曾提及这种秒数是以数据类型time_t表示的，我们称它们为日历时间。日历时间包括时间和日期。UNIX在这方面与其他操作系统的区别是：（a）以协调统一时间而非本地时间计时；（b）可自动进行转换，如变换到夏令时；（c）将时间和日期作为一个量值保存。

time函数返回当前时间和日期。

```
#include <time.h>

time_t time(time_t *calptr);
```

返回值：若成功，返回时间值；若出错，返回-1

时间值作为函数值返回。如果参数非空，则时间值也存放在由*calptr*指向的单元内。

POSXI.1的实时扩展增加了对多个系统时钟的支持。在Single UNIX Specification V4中，控制这些时钟的接口从可选组被移至基本组。时钟通过clockid_t类型进行标识。图6-8给出了标准值。

标识符	选项	说明
CLOCK_REALTIME		实时系统时间
CLOCK_MONOTONIC	_POSIX_MONOTONIC_CLOCK	不带负跳数的实时系统时间
CLOCK_PROCESS_CPUTIME_ID	_POSIX_CPUTIME	调用进程的CPU时间
CLOCK_THREAD_CPUTIME_ID	_POSIX_THREAD_CPUTIME	调用线程的CPU时间

图6-8 时钟类型标识符

clock_gettime函数可用于获取指定时钟的时间，返回的时间在4.2节介绍的timespec结构中，它把时间表示为秒和纳秒。

```
#include <sys/time.h>

int clock_gettime(clockid_t clock_id, struct timespec *tsp);
```

返回值：若成功，返回0；若出错，返回-1

189

当时钟ID设置为CLOCK_REALTIME时，clock_gettime函数提供了与time函数类似的功能，不过在系统支持高精度时间值的情况下，clock_gettime可能比time函数得到更高精度的时间值。

```
#include <sys/time.h>

int clock_getres(clockid_t clock_id, struct timespec *tsp);
```

返回值：若成功，返回0；若出错，返回-1

clock_getres 函数把参数 *tsp* 指向的 timespec 结构初始化为与 *clock_id* 参数对应的时钟精度。例如，如果精度为1毫秒，则 tv_sec 字段就是0，tv_nsec 字段就是1 000 000。

要对特定的时钟设置时间，可以调用 clock_settime 函数。

```
#include <sys/time.h>

int clock_settime(clockid_t clock_id, const struct timespec *tsp);
```

返回值：若成功，返回0；若出错，返回-1

我们需要适当的特权来更改时钟值，但是有些时钟是不能修改的。

> 历史上，在 System V 派生的系统实现中，调用 stime(2)函数来设置系统时间，而在 BSD 派生的系统中调用 settimeofday(2)设置系统时间。

SUSv4 指定 gettimeofday 函数现在已弃用。然而，一些程序仍然使用这个函数，因为与 time 函数相比，gettimeofday 提供了更高的精度（可到微秒级）。

```
#include <sys/time.h>

int gettimeofday(struct timeval *restrict tp, void *restrict tzp);
```

返回值：总是返回0

tzp 的唯一合法值是 NULL，其他值将产生不确定的结果。某些平台支持用 *tzp* 说明时区，但这完全依实现而定，Single UNIX Specification 对此并没有定义。

gettimeofday 函数以距特定时间（1970年1月1日00：00：00）的秒数的方式将当前时间存放在 *tp* 指向的 timeval 结构中，而该结构将当前时间表示为秒和微秒。

一旦取得这种从上述特定时间经过的秒数的整型时间值后，通常要调用函数将其转换为分解的时间结构，然后调用另一个函数生成人们可读的时间和日期。图6-9说明了各种时间函数之间的关系。（图中以虚线表示的3个函数 localtime、mktime 和 strftime 都受到环境变量 TZ 的影响，我们将在本节的最后部分对其进行说明。点划线表示了如何从时间相关的结构获得日历时间。）

190

两个函数 localtime 和 gmtime 将日历时间转换成分解的时间，并将这些存放在一个 tm 结构中。

```
struct  tm {          /* a broken-down time */
  int   tm_sec;       /* seconds after the minute: [0 - 60] */
  int   tm_min;       /* minutes after the hour: [0 - 59] */
  int   tm_hour;      /* hours after midnight: [0 - 23] */
  int   tm_mday;      /* day of the month: [1 - 31] */
  int   tm_mon;       /* months since January: [0 - 11] */
  int   tm_year;      /* years since 1900 */
  int   tm_wday;      /* days since Sunday: [0 - 6] */
  int   tm_yday;      /* days since January 1: [0 - 365] */
  int   tm_isdst;     /* daylight saving time flag: <0, 0, >0 */
};
```

秒可以超过59的理由是可以表示润秒。注意，除了月日字段，其他字段的值都以0开始。如果夏令时生效，则夏令时标志值为正；如果为非夏令时时间，则该标志值为0；如果此信息不可用，则其值为负。

> Single UNIX Specification 的以前版本允许双润秒，于是，tm_sec 值的有效范围是0~61。UTC 的正式定义不允许双润秒，所以，现在 tm_sec 值的有效范围定义为0~60。

191

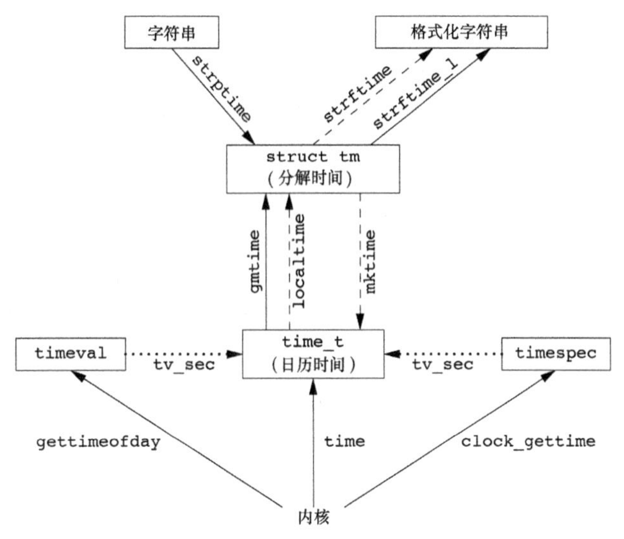

图 6-9 各个时间函数之间的关系

```
#include <time.h>

struct tm *gmtime(const time_t  *calptr);

struct tm *localtime(const time_t *calptr);
```

两个函数的返回值：指向分解的 tm 结构的指针；若出错，返回 NULL

localtime 和 gmtime 之间的区别是：localtime 将日历时间转换成本地时间（考虑到本地时区和夏令时标志），而 gmtime 则将日历时间转换成协调统一时间的年、月、日、时、分、秒、周日分解结构。

函数 mktime 以本地时间的年、月、日等作为参数，将其变换成 time_t 值。

```
#include <time.h>

time_t mktime(struct tm *tmptr);
```

返回值：若成功，返回日历时间；若出错，返回-1

函数 strftime 是一个类似于 printf 的时间值函数。它非常复杂，可以通过可用的多个参数来定制产生的字符串。

```
#include <time.h>

size_t strftime(char *restrict buf, size_t maxsize,
                const char *restrict format,
                const struct tm *restrict tmptr);

size_t strftime_l(char *restrict buf, size_t maxsize,
                  const char *restrict format,
                  const struct tm *restrict tmptr, locale_t locale);
```

两个函数的返回值：若有空间，返回存入数组的字符数；否则，返回 0

> 两个较早的函数——asctime 和 ctime 能用于产生一个 26 字节的可打印的字符串，类似于 date(1)命令默认的输出。然而，这些函数现在已经被标记为弃用，因为它们易受到缓冲区溢出问题的影响。

strftime_l 允许调用者将区域指定为参数，除此之外，strftime 和 strftime_l 函数是相同的。strftime 使用通过 TZ 环境变量指定的区域。

tmptr 参数是要格式化的时间值，由一个指向分解时间值 tm 结构的指针说明。格式化结果存放在一个长度为 *maxsize* 个字符的 *buf* 数组中，如果 *buf* 长度足以存放格式化结果及一个 null 终止符，则该函数返回在 *buf* 中存放的字符数（不包括 null 终止符）；否则该函数返回 0。

format 参数控制时间值的格式。如同 printf 函数一样，转换说明的形式是百分号之后跟一个特定字符。*format* 中的其他字符则按原样输出。两个连续的百分号在输出中产生一个百分号。

192

与 printf 函数的不同之处是，每个转换说明产生一个不同的定长输出字符串，在 *format* 字符串中没有字段宽度修饰符。图 6-10 中列出了 37 种 ISO C 规定的转换说明。

格式	说明	实例
%a	缩写的周日名	Thu
%A	全周日名	Thursday
%b	缩写的月名	Jan
%B	全月名	January
%c	日期和时间	Thu Jan 19 21:24:52 2012
%C	年/100（00～99）	20
%d	月日（01～31）	19
%D	日期（MM/DD/YY）	01/19/12
%e	月日（一位数字前加空格）（1～31）	19
%F	ISO 8601 日期格式（YYYY-MM-DD）	2012-01-19
%g	ISO 8601 基于周的年的最后 2 位数（00～99）	12
%G	ISO 8601 基于周的年	2012
%h	与%b 相同	Jan
%H	小时（24 小时制）（00～23）	21
%I	小时（12 小时制）（01～12）	09
%j	年日（001～366）	019
%m	月（01～12）	01
%M	分（00～59）	24
%n	换行符	
%p	AM/PM	PM
%r	本地时间（12 小时制）	09:24:52 PM
%R	与“%H:%M”相同	21:24
%S	秒：[00-60]	52
%t	水平制表符	
%T	与“%H:%M:%S”相同	21:24:52
%u	ISO 8601 周几（Monday=1, 1～7）	4
%U	星期日周数：（00～53）	03
%V	ISO 8601 周数：（01～53）	03
%w	周几：（0=Sunday, 0～6）	4
%W	星期一周数：（00～53）	03
%x	本地日期	01/19/12
%X	本地时间	21:24:52
%y	年的最后两位数字（00～99）	12
%Y	年	2012
%z	ISO 8601 格式的 UTC 偏移量	-0500
%Z	时区名	EST
%%	翻译为 1 个%	%

图 6-10　strftime 的转换说明

图中第 3 列的数据来自于在 Mac OS X 中执行 strftime 函数所得的结果，它对应的时间和日期是：Thu Jan 19 21:24:52 EST 2012。

图 6-10 中的大多数格式说明的意义很明显。需要略做解释的是%U、%V 和%W。%U 是相应日期在该年中所属周数，包含该年中第一个星期日的周是第一周。%W 也是相应日期在该年中所属的周数，不同的是包含第一个星期一的周为第一周。%V 说明符则与上述两者有较大区别。如果包含了 1 月 1 日的那一周包含了新一年的 4 天或更多天，那么该周是一年中的第一周；否则该周被认为是上一年的最后一周。在这两种情况下，周一都被视作每周的第一天。

193

同 printf 一样，strftime 对某些转换说明支持修饰符。可以使用 E 和 O 修饰符产生本地支持的另一种格式。

> 某些系统对 strftime 的 *format* 字符串提供另一些非标准的扩充支持。

实例

图 6-11 演示了如何使用本章中讨论的多个时间函数。特别演示了如何使用 strftime 打印包含当前日期和时间的字符串。

```
#include <stdio.h>
#include <stdlib.h>
#include <time.h>

int
main(void)
{
    time_t t;
    struct tm *tmp;
    char buf1[16];
    char buf2[64];

    time(&t);
    tmp = localtime(&t);
    if (strftime(buf1, 16, "time and date: %r, %a %b %d, %Y", tmp) == 0)
        printf("buffer length 16 is too small\n");
    else
        printf("%s\n", buf1);
    if (strftime(buf2, 64, "time and date: %r, %a %b %d, %Y", tmp) == 0)
        printf("buffer length 64 is too small\n");
    else
        printf("%s\n", buf2);
    exit(0);
}
```

图 6-11 使用 strftime 函数

回顾图 6-9 中的不同时间函数的关系。在以人们可读的格式打印时间之前，需要获取时间并将其转换成分解的时间结构。图 6-11 程序的输出如下：

```
$ ./a.out
buffer length 16 is too small
time and date: 11:12:35 PM, Thu Jan 19, 2012
```

194

strptime 函数是 strftime 的反过来版本，把字符串时间转换成分解时间。

```
#include <time.h>

char *strptime(const char *restrict buf, const char *restrict format,
               struct tm *restrict tmptr);
```

返回值：指向上次解析的字符的下一个字符的指针；否则，返回 NULL

format 参数给出了 *buf* 参数指向的缓冲区内的字符串的格式。虽然与 strftime 函数的说明稍有不同，但格式说明是类似的。strptime 函数转换说明符列在图 6-12 中。

格式	说明
%a	缩写的或完整的周日名
%A	与%a 相同
%b	缩写的或完整的月名
%B	与%b 相同
%c	日期和时间
%C	年的最后两位数字
%d	月日：[01-31]
%D	日期 [MM/DD/YY]
%e	与%d 相同
%h	与%b 相同
%H	小时（24 小时制）：[00-23]
%I	小时（12 小时制）：[01-12]
%j	年日：[001-366]
%m	月：[01-12]
%M	分：[00-59]
%n	任何空白
%p	AM/PM
%r	本地时间：（12 小时制）
%R	与“%H:%M”相同
%S	秒：[00-60]
%t	任何空白
%T	与“%H:%M:%S”相同
%U	星期日周数：[00-53]
%w	周日：[0=Sunday, 0-6]
%W	星期一周数：[00-53]
%x	本地日期
%X	本地时间
%y	年的最后两位数字：[00-99]
%Y	年
%%	翻译为 1 个%

图 6-12 strptime 函数的转换说明

我们曾在前面提及，图 6-9 中以虚线表示的 3 个函数受到环境变量 TZ 的影响。这 3 个函数是 localtime、mktime 和 strftime。如果定义了 TZ，则这些函数将使用其值代替系统默认时区。如果 TZ 定义为空串(即 TZ=)，则使用协调统一时间 UTC。TZ 的值常常类似于 TZ=EST5EDT，但是 POSIX.1 允许更详细的说明。有关 TZ 变量的详细情况，请参阅 Single UNIX Specification [Open Group 2010]中的环境变量章节。

195

> 关于 TZ 环境变量的更多信息可参见手册页 tzset(3)。

6.11 小结

所有 UNIX 系统都使用口令文件和组文件。我们说明了读这些文件的各种函数。本章也介绍了阴影口令，它可以增加系统的安全性。附属组 ID 提供了一个用户同时可以参加多个组的方法。我们还介绍了大多数系统所提供的访问其他与系统有关数据文件的类似函数。我们讨论了几个 POSIX.1 的系统标识函数，应用程序使用它们以标识它在何种系统上运行。最后，说明了 ISO C 和 Single UNIX Specification 提供的与时间和日期有关的一些函数。

习题

6.1 如果系统使用阴影文件，那么如何取得加密口令？

6.2 假设你有超级用户权限，并且系统使用了阴影口令，重新考虑上一道习题。

6.3 编写一程序，它调用 `uname` 并输出 `utsname` 结构中的所有字段，将该输出与 `uname`(1)命令的输出结果进行比较。

6.4 计算可由 `time_t` 数据类型表示的最近时间。如果超出了这一时间将会如何？

6.5 编写一程序，获取当前时间，并使用 `strftime` 将输出结果转换为类似于 `date`(1)命令的默认输出。将环境变量 `TZ` 设置为不同值，观察输出结果。

196

第7章 进程环境

7.1 引言

下一章将介绍进程控制原语，在此之前需先了解进程的环境。本章中将学习：当程序执行时，其 main 函数是如何被调用的；命令行参数是如何传递给新程序的；典型的存储空间布局是什么样式；如何分配另外的存储空间；进程如何使用环境变量；进程的各种不同终止方式等。另外，还将说明 longjmp 和 setjmp 函数以及它们与栈的交互作用。本章结束之前，还将查看进程的资源限制。

7.2 main 函数

C 程序总是从 main 函数开始执行。main 函数的原型是：

```
int main(int argc, char *argv[]);
```

其中，*argc* 是命令行参数的数目，*argv* 是指向参数的各个指针所构成的数组。7.4 节将对命令行参数进行说明。

当内核执行 C 程序时（使用一个 exec 函数，8.10 节将说明 exec 函数），在调用 main 前先调用一个特殊的启动例程。可执行程序文件将此启动例程指定为程序的起始地址——这是由连接编辑器设置的，而连接编辑器则由 C 编译器调用。启动例程从内核取得命令行参数和环境变量值，然后为按上述方式调用 main 函数做好安排。

197

7.3 进程终止

有 8 种方式使进程终止（termination），其中 5 种为正常终止，它们是：

（1）从 main 返回；

（2）调用 exit；

（3）调用_exit 或_Exit；

（4）最后一个线程从其启动例程返回（11.5 节）；

（5）从最后一个线程调用 pthread_exit（11.5 节）。

异常终止有 3 种方式，它们是：

（6）调用 abort（10.17 节）；

（7）接到一个信号（10.2 节）；

（8）最后一个线程对取消请求做出响应（11.5 节和 12.7 节）。

> 在第 11 章和第 12 章讨论线程之前，我们暂不考虑专门针对线程的 3 种终止方式。

上节提及的启动例程是这样编写的，使得从 main 返回后立即调用 exit 函数。如果将启动例程以 C 代码形式表示（实际上该例程常常用汇编语言编写），则它调用 main 函数的形式可能是：

```
exit(main(argc, argv));
```

1. 退出函数

3 个函数用于正常终止一个程序：_exit 和_Exit 立即进入内核，exit 则先执行一些清理处理，然后返回内核。

```
#include <stdlib.h>

void exit(int status);

void _Exit(int status);

#include <unistd.h>

void _exit(int status);
```

我们将在 8.5 节中讨论这 3 个函数对其他进程（如正在终止进程的父进程和子进程）的影响。

> 使用不同头文件的原因是 exit 和_Exit 是由 ISO C 说明的，而_exit 是由 POSIX.1 说明的。

198

由于历史原因，exit 函数总是执行一个标准 I/O 库的清理关闭操作：对于所有打开流调用 fclose 函数。回忆 5.5 节，这造成输出缓冲中的所有数据都被冲洗（写到文件上）。

3 个退出函数都带一个整型参数，称为终止状态（或退出状态，exit status）。大多数 UNIX 系统 shell 都提供检查进程终止状态的方法。如果（a）调用这些函数时不带终止状态，或（b）main 执行了一个无返回值的 return 语句，或（c）main 没有声明返回类型为整型，则该进程的终止状态是未定义的。但是，若 main 的返回类型是整型，并且 main 执行到最后一条语句时返回（隐式返回），那么该进程的终止状态是 0。

> 这种处理是 ISO C 标准 1999 版引入的。历史上，若 main 函数终止时没有显式使用 return 语句或调用 exit 函数，那么进程终止状态是未定义的。

main 函数返回一个整型值与用该值调用 exit 是等价的。于是在 main 函数中

```
exit(0);
```

等价于

```
return(0);
```

实例

图 7-1 中的程序是经典的“hello, world”实例。

```
#include <stdio.h>
main()
{
    printf("hello, world\n");
}
```

图 7-1 经典 C 程序

对该程序进行编译，然后运行，则可见到其终止码是随机的。如果在不同的系统上编译该程

序，我们很可能得到不同的终止码，这取决于 main 函数返回时栈和寄存器的内容：

```
$ gcc hello.c
$ ./a.out
hello, world
$ echo $?                    打印终止状态
13
```

199

现在，我们启用 1999 ISO C 编译器扩展，则可见到终止码改变了：

```
$ gcc -std=c99 hello.c       启用 gcc 的 1999 ISO C 扩展
hello.c:4: warning: return type defaults to 'int'
$ ./a.out
hello, world
$ echo $?                    打印终止状态
0
```

> 注意，当我们启用 1999 ISO C 扩展时，编译器发出警告消息。打印该警告消息的原因是：main 函数的类型没有显式地声明为整型。如果我们增加了这一声明，那么此警告消息就不会出现。但是，如果我们使编译器所推荐的警告消息都起作用（使用-Wall 标志），则可能见到类似于"control reaches end of nonvoid function."（控制到达非 void 函数的尾端）这样的警告消息。
>
> 将 main 声明为返回整型，但在 main 函数体内用 exit 代替 return，对某些 C 编译器和 UNIX lint(1)程序而言会产生不必要的警告信息，因为这些编译器并不了解 main 中的 exit 与 return 语句的作用相同。避开这种警告信息的一种方法是在 main 中使用 return 语句而不是 exit。但是这样做的结果是不能用 UNIX 的 grep 实用程序来找出程序中所有的 exit 调用。另一个解决方法是将 main 说明为返回 void 而不是 int，然后仍然调用 exit。这样做可以避免编译器的警告，但从程序设计角度看却并不正确，而且会产生其他的编译警告，因为 main 的返回类型应当是带符号整型。本章将 main 表示为返回整型，因为这是 ISO C 和 POSIX.1 所定义的。
>
> 不同的编译器产生警告消息的详细程度是不一样的。除非使用警告选项，否则 GNU C 编译器不会发出不必要的警告消息。

下一章我们将了解进程如何造成程序被执行，如何等待进程完成，然后又如何获取其终止状态。

2. 函数 atexit

按照 ISO C 的规定，一个进程可以登记多至 32 个函数，这些函数将由 exit 自动调用。我们称这些函数为终止处理程序（exit handler），并调用 atexit 函数来登记这些函数。

```
#include <stdlib.h>

int atexit(void (*func)(void));
```

返回值：若成功，返回 0；若出错，返回非 0

其中，atexit 的参数是一个函数地址，当调用此函数时无需向它传递任何参数，也不期望它返回一个值。exit 调用这些函数的顺序与它们登记时候的顺序相反。同一函数如若登记多次，也会被调用多次。

200

> 终止处理程序这一机制是由 ANSI C 标准于 1989 年引入的。早于 ANSI C 的系统，如 SVR3 和 4.3BSD，都不提供这种终止处理程序。
>
> ISO C 要求，系统至少应支持 32 个终止处理程序，但实现经常会提供更多的支持（参见图 2-15）。为了确定一个给定的平台支持的最大终止处理程序数，可以使用 sysconf 函数（如图 2-14 所示）。

根据 ISO C 和 POSIX.1，exit 首先调用各终止处理程序，然后关闭（通过 fclose）所有打开流。POSIX.1 扩展了 ISO C 标准，它说明，如若程序调用 exec 函数族中的任一函数，则将清除所有已安装的终止处理程序。图 7-2 显示了一个 C 程序是如何启动的，以及它终止的各种方式。

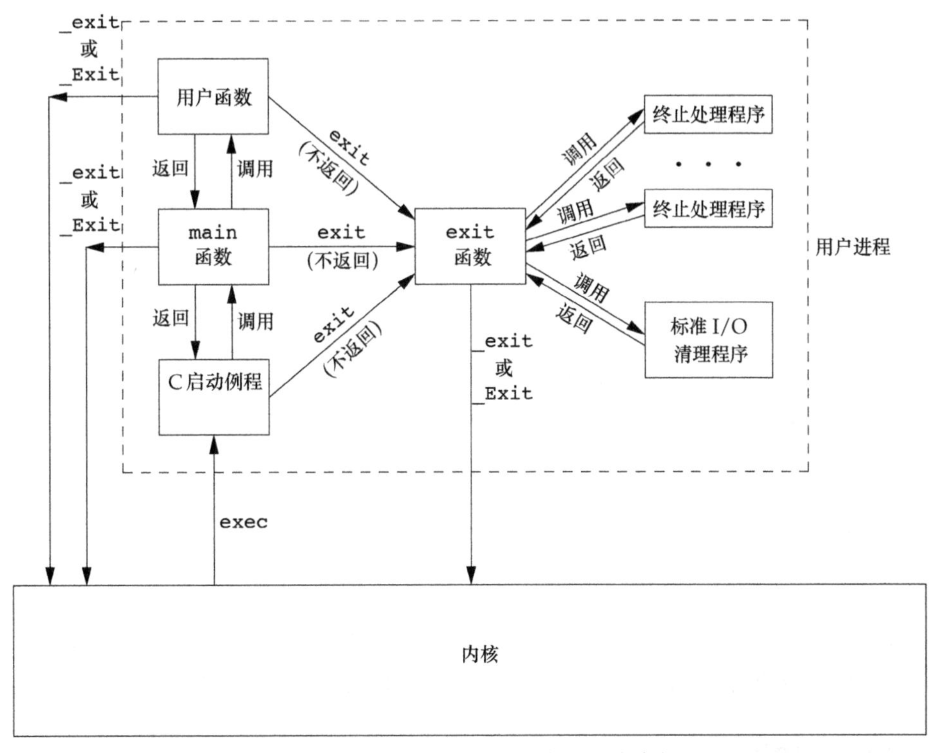

图 7-2 一个 C 程序是如何启动和终止的

注意，内核使程序执行的唯一方法是调用一个 exec 函数。进程自愿终止的唯一方法是显式或隐式地（通过调用 exit）调用_exit 或_Exit。进程也可非自愿地由一个信号使其终止（图 7-2 中没有显示）。

201

实例

图 7-3 的程序说明如何使用 atexit 函数。

```
#include "apue.h"

static void  my_exit1(void);
static void  my_exit2(void);

int
main(void)
{
    if (atexit(my_exit2) != 0)
        err_sys("can't register my_exit2");

    if (atexit(my_exit1) != 0)
        err_sys("can't register my_exit1");
    if (atexit(my_exit1) != 0)
        err_sys("can't register my_exit1");
```

```
    printf("main is done\n");
    return(0);
}

static void
my_exit1(void)
{
    printf("first exit handler\n");
}

static void
my_exit2(void)
{
    printf("second exit handler\n");
}
```

图 7-3 终止处理程序实例

执行该程序产生：

```
$ ./a.out
main is done
first exit handler
first exit handler
second exit handler
```

终止处理程序每登记一次，就会被调用一次。在图 7-3 的程序中，第一个终止处理程序被登记两次，所以也会被调用两次。注意，在 main 中没有调用 exit，而是用了 return 语句。

202

7.4 命令行参数

当执行一个程序时，调用 exec 的进程可将命令行参数传递给该新程序。这是 UNIX shell 的一部分常规操作。在前几章的很多实例中，我们已经看到了这一点。

实例

图 7-4 所示的程序将其所有命令行参数都回显到标准输出上。注意，通常的 echo(1)程序不回显第 0 个参数。

```
#include "apue.h"

int
main(int argc, char *argv[])
{
    int     i;

    for (i = 0; i < argc; i++)      /* echo all command-line args */
        printf("argv[%d]: %s\n", i, argv[i]);
    exit(0);
}
```

图 7-4 将所有命令行参数回显到标准输出

编译此程序，并将可执行代码文件命名为 echoarg，则得到：

```
$ ./echoarg arg1 TEST foo
argv[0]: ./echoarg
argv[1]: arg1
argv[2]: TEST
argv[3]: foo
```

ISO C 和 POSIX.1 都要求 argv[argc]是一个空指针。这就使我们可以将参数处理循环改写为：

```
for (i = 0; argv[i] != NULL; i++)
```

7.5　环境表

每个程序都接收到一张环境表。与参数表一样，环境表也是一个字符指针数组，其中每个指针包含一个以 null 结束的 C 字符串的地址。全局变量 environ 则包含了该指针数组的地址：

```
extern char **environ;
```

例如，如果该环境包含 5 个字符串，那么它看起来如图 7-5 中所示。其中，每个字符串的结尾处都显式地有一个 null 字节。我们称 environ 为**环境指针**（environment pointer），指针数组为环境表，其中各指针指向的字符串为**环境字符串**。

203

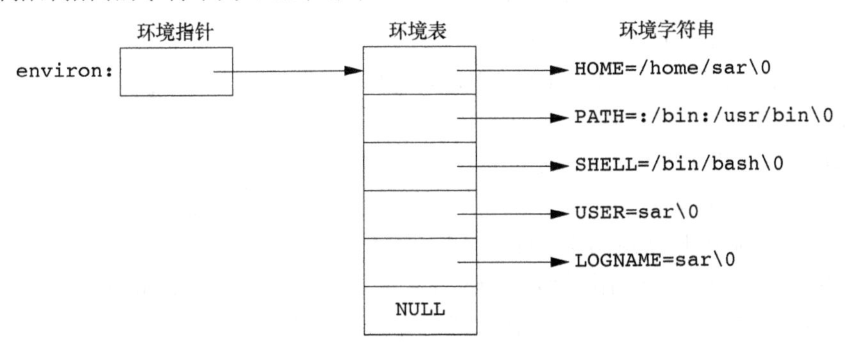

图 7-5　由 5 个字符串组成的环境

按照惯例，环境由

name = *value*

这样的字符串组成，如图 7-5 中所示。大多数预定义名完全由大写字母组成，但这只是一个惯例。

在历史上，大多数 UNIX 系统支持 main 函数带 3 个参数，其中第 3 个参数就是环境表地址：

```
int main(int argc, char *argv[], char *envp[]);
```

因为 ISO C 规定 main 函数只有两个参数，而且第 3 个参数与全局变量 environ 相比也没有带来更多益处，所以 POSIX.1 也规定应使用 environ 而不使用第 3 个参数。通常用 getenv 和 putenv 函数（见 7.9 节）来访问特定的环境变量，而不是用 environ 变量。但是，如果要查看整个环境，则必须使用 environ 指针。

7.6　C 程序的存储空间布局

历史沿袭至今，C 程序一直由下列几部分组成：

- 正文段。这是由 CPU 执行的机器指令部分。通常，正文段是可共享的，所以即使是频繁执行的程序（如文本编辑器、C 编译器和 shell 等）在存储器中也只需有一个副本，另外，正文段常常是只读的，以防止程序由于意外而修改其指令。

204

- 初始化数据段。通常将此段称为数据段，它包含了程序中需明确地赋初值的变量。例如，C 程序中任何函数之外的声明：

```
int    maxcount = 99;
```

使此变量以其初值存放在初始化数据段中。

- 未初始化数据段。通常将此段称为 bss 段，这一名称来源于早期汇编程序一个操作符，意思是“由符号开始的块”（block started by symbol），在程序开始执行之前，内核将此段中的数据初始化为 0 或空指针。函数外的声明：

```
long   sum[1000];
```

使此变量存放在非初始化数据段中。

- 栈。自动变量以及每次函数调用时所需保存的信息都存放在此段中。每次函数调用时，其返回地址以及调用者的环境信息（如某些机器寄存器的值）都存放在栈中。然后，最近被调用的函数在栈上为其自动和临时变量分配存储空间。通过以这种方式使用栈，C 递归函数可以工作。递归函数每次调用自身时，就用一个新的栈帧，因此一次函数调用实例中的变量集不会影响另一次函数调用实例中的变量。
- 堆。通常在堆中进行动态存储分配。由于历史上形成的惯例，堆位于未初始化数据段和栈之间。

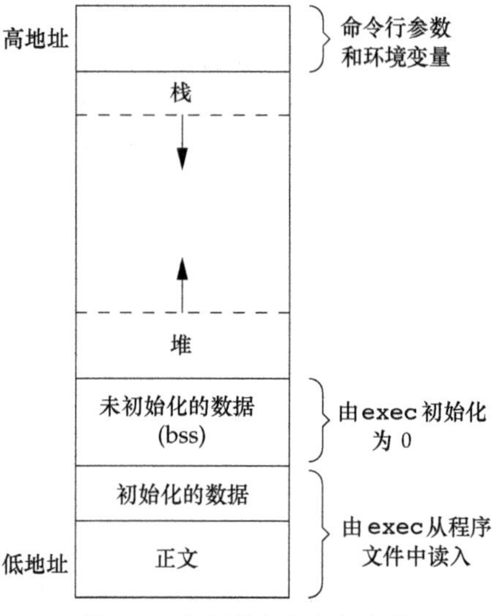

图 7-6　典型的存储空间安排

图 7-6 显示了这些段的一种典型安排方式。这是程序的逻辑布局，虽然并不要求一个具体实现一定以这种方式安排其存储空间，但这是一种我们便于说明的典型安排。对于 32 位 Intel x86 处理器上的 Linux，正文段从 `0x08048000` 单元开始，栈底则在 `0xC0000000` 之下开始（在这种特定结构中，栈从高地址向低地址方向增长）。堆顶和栈顶之间未用的虚地址空间很大。

> `a.out` 中还有若干其他类型的段，如包含符号表的段、包含调试信息的段以及包含动态共享库链接表的段等。这些部分并不装载到进程执行的程序映像中。

从图 7-6 还可注意到，未初始化数据段的内容并不存放在磁盘程序文件中。其原因是，内核在程序开始运行前将它们都设置为 0。需要存放在磁盘程序文件中的段只有正文段和初始化数据段。

205

`size(1)`命令报告正文段、数据段和 bss 段的长度（以字节为单位）。例如：

```
$ size /usr/bin/cc /bin/sh
   text    data     bss     dec     hex   filename
 346919    3576    6680  357175   57337   /usr/bin/cc
 102134    1776   11272  115182   1c1ee   /bin/sh
```

第 4 列和第 5 列是分别以十进制和十六进制表示的 3 段总长度。

7.7 共享库

现在，大多数 UNIX 系统支持共享库。Arnold[1986]说明了 System V 上共享库的一个早期实现，Gingell 等[1987]则说明了 SunOS 上的另一个实现。共享库使得可执行文件中不再需要包含公用的库函数，而只需在所有进程都可引用的存储区中保存这种库例程的一个副本。程序第一次执行或者第一次调用某个库函数时，用动态链接方法将程序与共享库函数相链接。这减少了每个可执行文件的长度，但增加了一些运行时间开销。这种时间开销发生在该程序第一次被执行时，或者每个共享库函数第一次被调用时。共享库的另一个优点是可以用库函数的新版本代替老版本而无需对使用该库的程序重新连接编辑（假定参数的数目和类型都没有发生改变）。

在不同的系统中，程序可能使用不同的方法说明是否要使用共享库。比较典型的有 cc(1)和 ld(1)命令的选项。作为长度方面发生变化的例子，先用无共享库方式创建下列可执行文件（典型的 hello.c 程序）： 206

```
$ gcc -static hello1.c          阻止 gcc 使用共享库
$ ls -l a.out
-rwxrwxr-x 1 sar       879443 Sep  2 10:39 a.out
$ size a.out
   text    data     bss     dec     hex    filename
 787775    6128   11272  805175   c4937    a.out
```

如果再使用共享库编译此程序，则可执行文件的正文和数据段的长度都显著减小：

```
$ gcc hello1.c                  gcc 默认使用共享库
$ ls -l a.out
-rwxrwxr-x 1 sar       8378 Sep  2 10:39 a.out
$ size a.out
    text    data     bss    dec      hex    filename
    1176     504      16   1696      6a0    a.out
```

7.8 存储空间分配

ISO C 说明了 3 个用于存储空间动态分配的函数。

（1）malloc，分配指定字节数的存储区。此存储区中的初始值不确定。

（2）calloc，为指定数量指定长度的对象分配存储空间。该空间中的每一位（bit）都初始化为 0。

（3）realloc，增加或减少以前分配区的长度。当增加长度时，可能需将以前分配区的内容移到另一个足够大的区域，以便在尾端提供增加的存储区，而新增区域内的初始值则不确定。

```
#include <stdlib.h>

void *malloc(size_t  size);

void *calloc(size_t  nobj,  size_t size);

void *realloc(void *ptr,  size_t  newsize);

                                3 个函数返回值：若成功，返回非空指针；若出错，返回 NULL

void free(void *ptr);
```

这 3 个分配函数所返回的指针一定是适当对齐的，使其可用于任何数据对象。例如，在一个特定的系统上，如果最苛刻的对齐要求是，double 必须在 8 的倍数地址单元处开始，那么这 3 个函数返回的指针都应这样对齐。

207

因为这 3 个 alloc 函数都返回通用指针 void *，所以如果在程序中包括了#include <stdlib.h>（以获得函数原型），那么当我们将这些函数返回的指针赋予一个不同类型的指针时，就不需要显式地执行强制类型转换。未声明函数的默认返回值为 int，所以使用没有正确函数声明的强制类型转换可能会隐藏系统错误，因为 int 类型的长度与函数返回类型值的长度不同（本例中是指针）。

函数 free 释放 *ptr* 指向的存储空间。被释放的空间通常被送入可用存储区池，以后，可在调用上述 3 个分配函数时再分配。

realloc 函数使我们可以增、减以前分配的存储区的长度（最常见的用法是增加该区）。例如，如果先为一个数组分配存储空间，该数组长度为 512，然后在运行时填充它，但运行一段时间后发现该数组原先的长度不够用，此时就可调用 realloc 扩充相应存储空间。如果在该存储区后有足够的空间可供扩充，则可在原存储区位置上向高地址方向扩充，无需移动任何原先的内容，并返回与传给它相同的指针值。如果在原存储区后没有足够的空间，则 realloc 分配另一个足够大的存储区，将现存的 512 个元素数组的内容复制到新分配的存储区。然后，释放原存储区，返回新分配区的指针。因为这种存储区可能会移动位置，所以不应当使任何指针指在该区中。习题 4.16 和图 C-3 显示了在 getcwd 中如何使用 realloc，以处理任何长度的路径名。图 17-27 的程序是使用 realloc 的另一个例子，用其可以避免使用编译时固定长度的数组。

注意，realloc 的最后一个参数是存储区的新长度，不是新、旧存储区长度之差。作为一个特例，若 *ptr* 是一个空指针，则 realloc 的功能与 malloc 相同，用于分配一个指定长度为 *newsize* 的存储区。

> 这些函数的早期版本允许调用 realloc 分配自上次 malloc、realloc 或 calloc 调用以来所释放的块。这种技巧可回溯到 V7，它利用 malloc 的搜索策略，实现存储器紧缩。Solaris 仍支持这一功能，而很多其他平台则不支持。这种功能不被赞同，不应再使用。

这些分配例程通常用 sbrk(2)系统调用实现。该系统调用扩充（或缩小）进程的堆（见图 7-6）。malloc 和 free 的一个样例实现请见 Kernighan 和 Ritchie[1988]的 8.7 节。

虽然 sbrk 可以扩充或缩小进程的存储空间，但是大多数 malloc 和 free 的实现都不减小进程的存储空间。释放的空间可供以后再分配，但将它们保持在 malloc 池中而不返回给内核。

大多数实现所分配的存储空间比所要求的要稍大一些，额外的空间用来记录管理信息——分配块的长度、指向下一个分配块的指针等。这就意味着，如果超过一个已分配区的尾端或者在已分配区起始位置之前进行写操作，则会改写另一块的管理记录信息。这种类型的错误是灾难性的，但是因为这种错误不会很快就暴露出来，所以也就很难发现。

在动态分配的缓冲区前或后进行写操作，破坏的可能不仅仅是该区的管理记录信息。在动态分配的缓冲区前后的存储空间很可能用于其他动态分配的对象。这些对象与破坏它们的代码可能无关，这造成寻求信息破坏的源头更加困难。

208

其他可能产生的致命性的错误是：释放一个已经释放了的块；调用 free 时所用的指针不是 3 个 alloc 函数的返回值等。如若一个进程调用 malloc 函数，但却忘记调用 free 函数，那么该进程占用的存储空间就会连续增加，这被称为泄漏（leakage）。如果不调用 free 函数释放不再使用的空间，那么进程地址空间长度就会慢慢增加，直至不再有空闲空间。此时，由于过度的换页开销，会造成性能下降。

因为存储空间分配出错很难跟踪，所以某些系统提供了这些函数的另一种实现版本。每次调用这 3 个分配函数中的任意一个或 free 时，它们都进行附加的检错。在调用连接编辑器时指定一个专用库，在程序中就可使用这种版本的函数。此外还有公共可用的资源，在对其进行编译时使用一个特殊标志就会使附加的运行时检查生效。

> FreeBSD、Mac OS X 以及 Linux 通过设置环境变量支持附加的调试功能。另外，通过符号链接/etc/malloc.conf 可将选项传递给 FreeBSD 函数库。

替代的存储空间分配程序

有很多可替代 malloc 和 free 的函数。某些系统已经提供替代存储空间分配函数的库。另一些系统只提供标准的存储空间分配程序。如果需要，软件开发者可以下载替代函数。下面讨论某些替代函数和库。

1. **libmalloc**

基于 SVR4 的 UNIX 系统，如 Solaries，包含了 libmalloc 库，它提供了一套与 ISO C 存储空间分配函数相匹配的接口。libmalloc 库包括 mallopt 函数，它使进程可以设置一些变量，并用它们来控制存储空间分配程序的操作。还可使用另一个名为 mallinfo 的函数，以对存储空间分配程序的操作进行统计。

2. **vmalloc**

Vo[1996]说明一种存储空间分配程序，它允许进程对于不同的存储区使用不同的技术。除了一些 vmalloc 特有的函数外，该库也提供了 ISO C 存储空间分配函数的仿真器。

3. **quick-fit**

历史上所使用的标准 malloc 算法是最佳适配或首次适配存储分配策略。quick-fit（快速适配）算法比上述两种算法快，但可能使用较多存储空间。Weinstock 和 Wulf[1988]对该算法进行了描述，该算法基于将存储空间分裂成各种长度的缓冲区，并将未使用的缓冲区按其长度组成不同的空闲区列表。现在许多分配程序都基于快速适配。

4. **jemalloc**

209

jemalloc 函数实现是 FreeBSD 8.0 中的默认存储空间分配程序，它是库函数 malloc 族在 FreeBSD 中的实现。它的设计具有良好的可扩展性，可用于多处理器系统中使用多线程的应用程序。Evans[2006]说明了具体实现及其性能评估。

5. **TCMalloc**

TCMalloc 函数用于替代 malloc 函数族以提供高性能、高扩展性和高存储效率。从高速缓存中分配缓冲区以及释放缓冲区到高速缓存中时，它使用线程-本地高速缓存来避免锁开销。它还有内置的堆检查程序和堆分析程序帮助调试和分析动态存储的使用。TCMalloc 库是开源可用的，是 Google-perftools 工具中的一个。Ghemawat 和 Menage[2005]对此做了简单介绍。

6. **函数 alloca**

还有一个函数也值得一提，这就是 alloca。它的调用序列与 malloc 相同，但是它是在当前函数的栈帧上分配存储空间，而不是在堆中。其优点是：当函数返回时，自动释放它所使用的栈帧，所以不必再为释放空间而费心。其缺点是：alloca 函数增加了栈帧的长度，而某些系统在函数已被调用后不能增加栈帧长度，于是也就不能支持 alloca 函数。尽管如此，很多软件包还是使用 alloca 函数，也有很多系统实现了该函数。

> 本书中讨论的 4 个平台都提供了 alloca 函数。

7.9 环境变量

如同前述，环境字符串的形式是：

name=value

UNIX 内核并不查看这些字符串，它们的解释完全取决于各个应用程序。例如，shell 使用了大量的环境变量。其中某一些在登录时自动设置（如 `HOME`、`USER` 等），有些则由用户设置。我们通常在一个 shell 启动文件中设置环境变量以控制 shell 的动作。例如，若设置了环境变量 `MAILPATH`，则它告诉 Bourne shell、GNU Bourne-again shell 和 Korn shell 到哪里去查看邮件。

ISO C 定义了一个函数 `getenv`，可以用其取环境变量值，但是该标准又称环境的内容是由实现定义的。

```
#include <stdlib.h>

char *getenv(const char *name);
```

返回值：指向与 *name* 关联的 *value* 的指针；若未找到，返回 `NULL`

210

注意，此函数返回一个指针，它指向 *name=value* 字符串中的 *value*。我们应当使用 `getenv` 从环境中取一个指定环境变量的值，而不是直接访问 `environ`。

Single UNIX Specification 中的 POSIX.1 定义了某些环境变量。如果支持 XSI 扩展，那么其中也包含了另外一些环境变量定义。图 7-7 列出了由 Single UNIX Specification 定义的环境变量，并指明本书讨论的 4 种实现对它们的支持情况。由 POSIX.1 定义的各环境变量标记为•，否则为 XSI 扩展。本书讨论的 4 种 UNIX 实现使用了很多依赖于实现的环境变量。注意，ISO C 没有定义任何环境变量。

变量	POSIX.1	FreeBSD 8.0	Linux 3.2.0	Mac OS X 10.6.8	Solaris 10	说　明
COLUMNS	•	•	•	•	•	终端宽度
DATEMSK	XSI		•	•	•	getdate(3)模板文件路径名
HOME	•	•	•	•	•	home 起始目录
LANG	•	•	•	•	•	本地名
LC_ALL	•	•	•	•	•	本地名
LC_COLLATE	•	•	•	•	•	本地排序名
LC_CTYPE	•	•	•	•	•	本地字符分类名
LC_MESSAGES	•	•	•	•	•	本地消息名
LC_MONETARY	•	•	•	•	•	本地货币编辑名
LC_NUMERIC	•	•	•	•	•	本地数字编辑名
LC_TIME	•	•	•	•	•	本地日期/时间格式名
LINES	•	•	•	•	•	终端高度
LOGNAME	•	•	•	•	•	登录名
MSGVERB	XSI	•	•	•	•	fmtmsg(3)处理的消息组成部分
NLSPATH	•	•	•	•	•	消息类模板序列
PATH	•	•	•	•	•	搜索可执行文件的路径前缀列表
PWD	•	•	•	•	•	当前工作目录的绝对路径名
SHELL	•	•	•	•	•	用户首选的 shell 名
TERM	•	•	•	•	•	终端类型
TMPDIR	•	•	•	•	•	在其中创建临时文件的目录路径名
TZ	•	•	•	•	•	时区信息

图 7-7　Single UNIX Specification 定义的环境变量

除了获取环境变量值，有时也需要设置环境变量。我们可能希望改变现有变量的值，或者是增加新的环境变量。（在下一章将会了解到，我们能影响的只是当前进程及其后生成和调用的任何子进程的环境，但不能影响父进程的环境，这通常是一个 shell 进程。尽管如此，修改环境表的能力仍然是很有用的。）遗憾的是，并不是所有系统都支持这种能力。图 7-8 列出了由不同的标准及实现支持的各种函数。

211

函　数	ISO C	POSIX.1	FreeBSD 8.0	Linux 3.2.0	Mac OS X 10.6.8	Solaris 10
getenv	•	•	•	•	•	•
putenv		XSI	•	•	•	•
setenv		•	•	•	•	
unsetenv		•	•	•	•	
clearenv				•		

图 7-8　对于各种环境表函数的支持

> clearenv 不是 Single UNIX Specification 的组成部分。它被用来删除环境表中的所有项。

在图 7-8 中，中间 3 个函数的原型是：

```
#include <stdlib.h>

int putenv(char *str);
                                        函数返回值：若成功，返回 0；若出错，返回非 0

int setenv(const char *name, const char *value, int rewrite);

int unsetenv(const char *name);
                                        两个函数返回值：若成功，返回 0；若出错，返回−1
```

这 3 个函数的操作如下。

- putenv 取形式为 *name=value* 的字符串，将其放到环境表中。如果 *name* 已经存在，则先删除其原来的定义。
- setenv 将 *name* 设置为 *value*。如果在环境中 *name* 已经存在，那么（a）若 *rewrite* 非 0，则首先删除其现有的定义；（b）若 *rewrite* 为 0，则不删除其现有定义（*name* 不设置为新的 *value*，而且也不出错）。
- unsetenv 删除 *name* 的定义。即使不存在这种定义也不算出错。

> 注意，putenv 和 setenv 之间的差别。setenv 必须分配存储空间，以便依据其参数创建 *name = value* 字符串。putenv 可以自由地将传递给它的参数字符串直接放到环境中。确实，许多实现就是这么做的，因此，将存放在栈中的字符串作为参数传递给 putenv 就会发生错误，其原因是，从当前函数返回时，其栈帧占用的存储区可能将被重用。

这些函数在修改环境表时是如何进行操作的呢？对这一问题进行研究、考察是非常有益的。回忆图 7-6，其中，环境表（指向实际 *name=value* 字符串的指针数组）和环境字符串通常存放在进程存储空间的顶部（栈之上）。删除一个字符串很简单——只要先在环境表中找到该指针，然后将所有后续指针都向环境表首部顺次移动一个位置。但是增加一个字符串或修改一个现有的字符串就困难得多。环境表和环境字符串通常占用的是进程地址空间的顶部，所以它不能再向高地址方向（向上）扩展：同时也不能移动在它之下的各栈帧，所以它也不能向低地址方向（向下）扩展。两者组合使得该空间的长度不能再增加。

212

（1）如果修改一个现有的 *name*：

a．如果新 *value* 的长度少于或等于现有 *value* 的长度，则只要将新字符串复制到原字符串所用的空间中；

b．如果新 *value* 的长度大于原长度，则必须调用 `malloc` 为新字符串分配空间，然后将新字符串复制到该空间中，接着使环境表中针对 *name* 的指针指向新分配区。

（2）如果要增加一个新的 *name*，则操作就更加复杂。首先，必须调用 `malloc` 为 *name=value* 字符串分配空间，然后将该字符串复制到此空间中。

a．如果这是第一次增加一个新 *name*，则必须调用 `malloc` 为新的指针表分配空间。接着，将原来的环境表复制到新分配区，并将指向新 *name=value* 字符串的指针存放在该指针表的表尾，然后又将一个空指针存放在其后。最后使 `environ` 指向新指针表。再看一下图 7-6，如果原来的环境表位于栈顶之上（这是一种常见情况），那么必须将此表移至堆中。但是，此表中的大多数指针仍指向栈顶之上的各 *name=value* 字符串。

b．如果这不是第一次增加一个新 *name*，则可知以前已调用 `malloc` 在堆中为环境表分配了空间，所以只要调用 `realloc`，以分配比原空间多存放一个指针的空间。然后将指向新 *name=value* 字符串的指针存放在该表表尾，后面跟着一个空指针。

7.10 函数 setjmp 和 longjmp

在 C 中，`goto` 语句是不能跨越函数的，而执行这种类型跳转功能的是函数 `setjmp` 和 `longjmp`。这两个函数对于处理发生在很深层嵌套函数调用中的出错情况是非常有用的。

考虑图 7-9 程序的骨架部分。其主循环是从标准输入读一行，然后调用 `do_line` 处理该输入行。`do_line` 函数调用 `get_token` 从该输入行中取下一个标记。一行中的第一个标记假定是一条某种形式的命令，`switch` 语句就实现命令选择。对程序中示例的命令调用 `cmd_add` 函数。

213

```
#include "apue.h"

#define  TOK_ADD     5

void     do_line(char *);
void     cmd_add(void);
int      get_token(void);

int
main(void)
{
    char    line[MAXLINE];

    while (fgets(line, MAXLINE, stdin) != NULL)
        do_line(line);
    exit(0);
}

char *tok_ptr;              /* global pointer for get_token() */

void
do_line(char *ptr)          /* process one line of input */
{
```

```
    int     cmd;

    tok_ptr = ptr;
    while ((cmd = get_token()) > 0) {
        switch (cmd) {    /* one case for each command */
        case TOK_ADD:
                cmd_add();
                break;
        }
    }
}

void
cmd_add(void)
{
    int     token;

    token = get_token();
    /* rest of processing for this command */
}

int
get_token(void)
{
    /* fetch next token from line pointed to by tok_ptr */
}
```

图 7-9 进行命令处理程序的典型骨架部分

214

图 7-9 的程序的骨架部分在读命令、确定命令的类型，然后调用相应函数处理每一条命令这类程序中是非常典型的。图 7-10 显示了调用了 cmd_add 之后栈的大致使用情况。

自动变量的存储单元在每个函数的栈桢中。数组 line 在 main 的栈帧中，整型 cmd 在 do_line 的栈帧中，整型 token 在 cmd_add 的栈帧中。

如上所述，这种形式的栈安排是非常典型的，但并不要求非如此不可。栈并不一定要向低地址方向扩充。某些系统对栈并没有提供特殊的硬件支持，此时一个 C 实现可能要用链表实现栈帧。

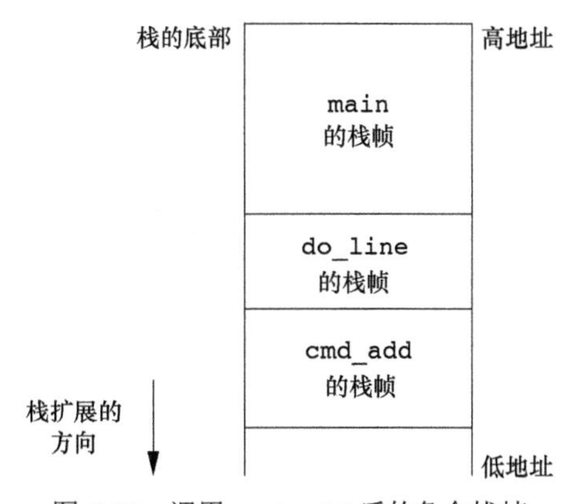

图 7-10 调用 cmd_add 后的各个栈帧

在编写图 7-9 这样的程序时经常会遇到的一个问题是，如何处理非致命性的错误。例如，若 cmd_add 函数发现一个错误（比如一个无效的数），那么它可能先打印一个出错消息，然后忽略输入行的余下部分，返回 main 函数并读下一输入行。但是如果这种情况出现在 main 函数中的深层嵌套层中时，用 C 语言难以做到这一点（在本例中，cmd_add 函数只比 main 低两个层次，在有些程序中往往低 5 个层次或更多）。如果我们不得不以检查返回值的方法逐层返回，那就会变得很麻烦。

解决这种问题的方法就是使用非局部 goto——setjmp 和 longjmp 函数。非局部指的是，这不是由普通的 C 语言 goto 语句在一个函数内实施的跳转，而是在栈上跳过若干调用帧，返回到当前函数调用路径上的某一个函数中。

```
#include <setjmp.h>

int setjmp(jmp_buf env);
```

返回值：若直接调用，返回0；若从 longjmp 返回，则为非0

215

```
void longjmp(jmp_buf env, int val);
```

在希望返回到的位置调用 setjmp，在本例中，此位置在 main 函数中。因为我们直接调用该函数，所以其返回值为0。setjmp 参数 *env* 的类型是一个特殊类型 jmp_buf。这一数据类型是某种形式的数组，其中存放在调用 longjmp 时能用来恢复栈状态的所有信息。因为需在另一个函数中引用 *env* 变量，所以通常将 *env* 变量定义为全局变量。

当检查到一个错误时，例如在 cmd_add 函数中，则以两个参数调用 longjmp 函数。第一个就是在调用 setjmp 时所用的 *env*；第二个参数是具非0值的 *val*，它将成为从 setjmp 处返回的值。使用第二个参数的原因是对于一个 setjmp 可以有多个 longjmp。例如，可以在 cmd_add 中以 *val* 为1调用 longjmp，也可在 get_token 中以 *val* 为2调用 longjmp。在 main 函数中，setjmp 的返回值就会是1或2，通过测试返回值就可判断造成返回的 longjmp 是在 cmd_add 还是在 get_token 中。

再回到程序实例中，图7-11中给出了经修改过后的 main 和 cmd_add 函数（其他两个函数 do_line 和 get_token 未更改）。

```
#include "apue.h"
#include <setjmp.h>

#define  TOK_ADD    5

jmp_buf  jmpbuffer;

int
main(void)
{
    char    line[MAXLINE];

    if (setjmp(jmpbuffer) != 0)
        printf("error");
    while (fgets(line, MAXLINE, stdin) != NULL)
        do_line(line);
    exit(0);
}

 . . .

void
cmd_add(void)
{
    int     token;

    token = get_token();
    if (token < 0)        /* an error has occurred */
        longjmp(jmpbuffer, 1);
    /* rest of processing for this command */
}
```

216

图7-11　setjmp 和 longjmp 实例

执行 main 时，调用 setjmp，它将所需的信息记入变量 jmpbuffer 中并返回 0。然后调用 do_line，它又调用 cmd_add，假定在其中检测到一个错误。在 cmd_add 中调用 longjmp 之前，栈如图 7-10 中所示。但是 longjmp 使栈反绕到执行 main 函数时的情况，也就是抛弃了 cmd_add 和 do_line 的栈帧（见图 7-12）。调用 longjmp 造成 main 中 setjmp 的返回，但是，这一次的返回值是 1（longjmp 的第二个参数）。

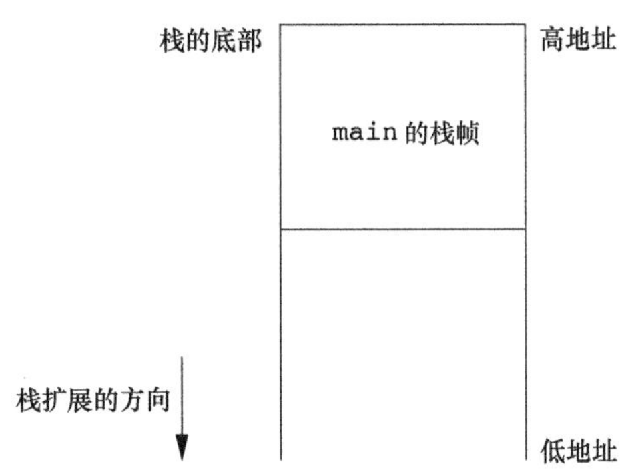

图 7-12　在调用 longjmp 后的栈帧

1. 自动变量、寄存器变量和易失变量

我们已经了解在调用 longjmp 后栈帧的基本结构，下一个问题是："在 main 函数中，自动变量和寄存器变量的状态如何？" 当 longjmp 返回到 main 函数时，这些变量的值是否能恢复到以前调用 setjmp 时的值(即回滚到原先值)，或者这些变量的值保持为调用 do_line 时的值(do_line 调用 cmd_add，cmd_add 又调用 longjmp）？遗憾的是，对此问题的回答是"看情况"。大多数实现并不回滚这些自动变量和寄存器变量的值，而所有标准则称它们的值是不确定的。如果你有一个自动变量，而又不想使其值回滚，则可定义其为具有 volatile 属性。声明为全局变量或静态变量的值在执行 longjmp 时保持不变。

实例

下面我们通过图 7-13 程序说明在调用 longjmp 后，自动变量、全局变量、寄存器变量、静态变量和易失变量的不同情况。

217

```
#include "apue.h"
#include <setjmp.h>

static void  f1(int, int, int, int);
static void  f2(void);

static jmp_buf    jmpbuffer;
static int        globval;

int
main(void)
{
     int             autoval;
     register int    regival;
     volatile int    volaval;
     static int      statval;

     globval = 1; autoval = 2; regival = 3; volaval = 4; statval = 5;

     if (setjmp(jmpbuffer) != 0) {
         printf("after longjmp:\n");
         printf("globval = %d, autoval = %d, regival = %d,"
             " volaval = %d, statval = %d\n",
             globval, autoval, regival, volaval, statval);
         exit(0);
```

```
    }

    /*
     * Change variables after setjmp, but before longjmp.
     */
    globval = 95; autoval = 96; regival = 97; volaval = 98;
    statval = 99;

    f1(autoval, regival, volaval, statval); /* never returns */
    exit(0);
}

static void
f1(int i, int j, int k, int l)
{
    printf("in f1():\n");
    printf("globval = %d, autoval = %d, regival = %d,"
        " volaval = %d, statval = %d\n", globval, i, j, k, l);
    f2();
}

static void
f2(void)
{
    longjmp(jmpbuffer, 1);
}
```

218

图 7-13　longjmp 对各类变量的影响

如果以不带优化和带优化选项对此程序分别进行编译，然后运行它们，则得到的结果是不同的：

```
$ gcc testjmp.c              不进行任何优化的编译
$ ./a.out
in f1():
globval = 95, autoval = 96, regival = 97, volaval = 98, statval = 99
after longjmp:
globval = 95, autoval = 96, regival = 97, volaval = 98, statval = 99
$ gcc -O testjmp.c           进行全部优化的编译
$ ./a.out
in f1():
globval = 95, autoval = 96, regival = 97, volaval = 98, statval = 99
after longjmp:
globval = 95, autoval = 2, regival = 3, volaval = 98, statval = 99
```

注意，全局变量、静态变量和易失变量不受优化的影响，在 longjmp 之后，它们的值是最近所呈现的值。在某个系统的 setjmp(3)手册页上说明，存放在存储器中的变量将具有 longjmp 时的值，而在 CPU 和浮点寄存器中的变量则恢复为调用 setjmp 时的值。这确实就是运行图 7-13 程序时所观察到的值。不进行优化时，所有这 5 个变量都存放在存储器中（即忽略了对 regival 变量的 register 存储类说明）。而进行了优化后，autoval 和 regival 都存放在寄存器中（即使 autoval 并未说明为 register），volatile 变量则仍存放在存储器中。通过这一实例我们可以理解到，如果要编写一个使用非局部跳转的可移植程序，则必须使用 volatile 属性。但是从一个系统移植到另一个系统，其他任何事情都可能改变。

在图 7-13 中，某些 printf 的格式字符串可能不适宜安排在程序文本的一行中。我们没有将

其分成多个 printf 调用，而是使用了 ISO C 的字符串连接功能，于是两个字符串序列

```
"string1" "string2"
```

等价于

```
"string1string2"
```

第 10 章讨论信号处理程序及 sigsetjmp 和 siglongjmp 时，将再次涉及 setjmp 和 longjmp 函数。

2. 自动变量的潜在问题

前面已经说明了处理栈帧的一般方式，现在值得分析一下自动变量的一个潜在出错情况。基本规则是声明自动变量的函数已经返回后，不能再引用这些自动变量。在整个 UNIX 手册中，关于这一点有很多警告。

图 7-14 中给出了一个名为 open_data 的函数，它打开了一个标准 I/O 流，然后为该流设置缓冲。219

```
#include <stdio.h>

FILE *
open_data(void)
{
    FILE *fp;
    char databuf[BUFSIZ];  /* setvbuf makes this the stdio buffer */

    if ((fp = fopen("datafile", "r")) == NULL)
        return(NULL);
    if (setvbuf(fp, databuf, _IOLBF, BUFSIZ) != 0)
        return(NULL);
    return(fp);        /* error */
}
```

图 7-14 自动变量的不正确使用

问题是：当 open_data 返回时，它在栈上所使用的空间将由下一个被调用函数的栈帧使用。但是，标准 I/O 库函数仍将使用这部分存储空间作为该流的缓冲区。这就产生了冲突和混乱。为了改正这一问题，应在全局存储空间静态地（如 static 或 extern）或者动态地（使用一种 alloc 函数）为数组 databuf 分配空间。

7.11 函数 getrlimit 和 setrlimit

每个进程都有一组资源限制，其中一些可以用 getrlimit 和 setrlimit 函数查询和更改。

```
#include <sys/resource.h>

int getrlimit(int resource, struct rlimit *rlptr);

int setrlimit(int resource, const struct rlimit *rlptr);
```

两个函数返回值：若成功，返回 0；若出错，返回非 0

> 这两个函数在 Single UNIX Specification 的 XSI 扩展中定义。进程的资源限制通常是在系统初始化时由 0 进程建立的，然后由后续进程继承。每种实现都可以用自己的方法对资源限制做出调整。

对这两个函数的每一次调用都指定一个资源以及一个指向下列结构的指针。

```
struct rlimit {
   rlim_t rlim_cur;   /* soft limit: current limit */
   rlim_t rlim_max;   /* hard limit: maximum value for rlim_cur */
};
```

220

在更改资源限制时，须遵循下列 3 条规则。

（1）任何一个进程都可将一个软限制值更改为小于或等于其硬限制值。

（2）任何一个进程都可降低其硬限制值，但它必须大于或等于其软限制值。这种降低，对普通用户而言是不可逆的。

（3）只有超级用户进程可以提高硬限制值。

常量 RLIM_INFINITY 指定了一个无限量的限制。

这两个函数的 *resource* 参数取下列值之一。图 7-15 显示哪些资源限制是由 Single UNIX Specification 定义并由本书讨论的 4 种 UNIX 系统实现支持的。

限制	XSI	FreeBSD 8.0	Linux 3.2.0	Mac OS X 10.6.8	Solaris 10
RLIMIT_AS	•	•	•		•
RLIMIT_CORE	•	•	•	•	•
RLIMIT_CPU	•	•	•	•	•
RLIMIT_DATA	•	•	•	•	•
RLIMIT_FSIZE	•	•	•	•	•
RLIMIT_MEMLOCK		•	•	•	
RLIMIT_MSGQUEUE			•		
RLIMIT_NICE			•		
RLIMIT_NOFILE	•	•	•	•	•
RLIMIT_NPROC		•	•	•	
RLIMIT_NPTS		•			
RLIMIT_RSS		•	•	•	
RLIMIT_SBSIZE		•			
RLIMIT_SIGPENDING			•		
RLIMIT_STACK	•	•	•	•	•
RLIMIT_SWAP		•			
RLIMIT_VMEM					•

图 7-15 对资源限制的支持

RLIMIT_AS　　进程总的可用存储空间的最大长度（字节）。这影响到 sbrk 函数（1.11 节）和 mmap 函数（14.8 节）。

RLIMIT_CORE　　core 文件的最大字节数，若其值为 0 则阻止创建 core 文件。

RLIMIT_CPU　　CPU 时间的最大量值（秒），当超过此软限制时，向该进程发送 SIGXCPU 信号。

RLIMIT_DATA　　数据段的最大字节长度。这是图 7-6 中初始化数据、非初始以及堆的总和。

RLIMIT_FSIZE　　可以创建的文件的最大字节长度。当超过此软限制时，则向该进程发送 SIGXFSZ 信号。

RLIMIT_MEMLOCK　　一个进程使用 mlock(2)能够锁定在存储空间中的最大字节长度。

RLIMIT_MSGQUEUE　　进程为 POSIX 消息队列可分配的最大存储字节数。

RLIMIT_NICE　　为了影响进程的调度优先级，友好值（8.16 节）可设置的最大限制。

RLIMIT_NOFILE　每个进程能打开的最多文件数。更改此限制将影响到 sysconf 函数在参数_SC_OPEN_MAX 中返回的值（见 2.5.4 节），亦见图 2-17。

RLIMIT_NPROC　每个实际用户 ID 可拥有的最大子进程数。更改此限制将影响到 sysconf 函数在参数_SC_CHILD_MAX 中返回的值（见 2.5.4 节）。

RLIMIT_NPTS　用户可同时打开的伪终端（第 19 章）的最大数量。

RLIMIT_RSS　最大驻内存集字节长度（resident set size in bytes，RSS）。如果可用的物理存储器非常少，则内核将从进程处取回超过 RSS 的部分。

RLIMIT_SBSIZE　在任一给定时刻，一个用户可以占用的套接字缓冲区的最大长度（字节）。

RLIMIT_SIGPENDING　一个进程可排队的信号最大数量。这个限制是 sigqueue 函数实施的（10.20 节）。

RLIMIT_STACK　栈的最大字节长度。见图 7-6。

RLIMIT_SWAP　用户可消耗的交换空间的最大字节数。

RLIMIT_VMEM　这是 RLIMIT_AS 的同义词。

资源限制影响到调用进程并由其子进程继承。这就意味着，为了影响一个用户的所有后续进程，需将资源限制的设置构造在 shell 之中。确实，Bourne shell、GNU Bourne-again shell 和 Korn shell 具有内置的 ulimit 命令，C shell 具有内置 limit 命令。（umask 和 chdir 函数也必须是 shell 内置的。）

实例

图 7-16 的程序打印由系统支持的所有资源当前的软限制和硬限制。为了在各种实现上编译该程序，我们已经条件地包括了各种不同的资源名。注意，有些平台定义 rlim_t 为 unsigned long long 而非 unsigned long。在同一系统中这个定义可能也会变动，这取决于我们在编译程序时是否支持 64 位文件。有些限制作用于文件大小，因此 rlim_t 类型必须足够大才能表示文件大小限制。为了避免使用错误的格式说明而导致编译器警告，通常会首先把限制复制到 64 位整型，这样只需处理一种格式。

221
~
222

```
#include "apue.h"
#include <sys/resource.h>

#define doit(name)    pr_limits(#name, name)

static void  pr_limits(char *, int);

int
main(void)
{
#ifdef  RLIMIT_AS
    doit(RLIMIT_AS);
#endif

    doit(RLIMIT_CORE);
    doit(RLIMIT_CPU);
    doit(RLIMIT_DATA);
    doit(RLIMIT_FSIZE);
```

223

```
#ifdef  RLIMIT_MEMLOCK
    doit(RLIMIT_MEMLOCK);
#endif

#ifdef RLIMIT_MSGQUEUE
    doit(RLIMIT_MSGQUEUE);
#endif

#ifdef RLIMIT_NICE
    doit(RLIMIT_NICE);
#endif

    doit(RLIMIT_NOFILE);

#ifdef  RLIMIT_NPROC
    doit(RLIMIT_NPROC);
#endif

#ifdef RLIMIT_NPTS
    doit(RLIMIT_NPTS);
#endif

#ifdef  RLIMIT_RSS
    doit(RLIMIT_RSS);
#endif

#ifdef  RLIMIT_SBSIZE
    doit(RLIMIT_SBSIZE);
#endif

#ifdef RLIMIT_SIGPENDING
    doit(RLIMIT_SIGPENDING);
#endif

    doit(RLIMIT_STACK);

#ifdef RLIMIT_SWAP
    doit(RLIMIT_SWAP);
#endif

#ifdef  RLIMIT_VMEM
    doit(RLIMIT_VMEM);
#endif

    exit(0);
}

static void
pr_limits(char *name, int resource)
{
    struct rlimit       limit;
    unsigned long long  lim;

    if (getrlimit(resource, &limit) < 0)
```

```
        err_sys("getrlimit error for %s", name);
    printf("%-14s  ", name);
    if (limit.rlim_cur == RLIM_INFINITY) {
        printf("(infinite)  ");
    } else {
        lim = limit.rlim_cur;
        printf("%10lld  ", lim);
    }
    if (limit.rlim_max == RLIM_INFINITY) {
        printf("(infinite)");
    } else {
        lim = limit.rlim_max;
        printf("%10lld", lim);
    }
    putchar((int)'\n');
}
```

图 7-16 打印当前资源限制

注意，在 doit 宏中使用了 ISO C 的字符串创建算符（#），以便为每个资源名产生字符串值。例如：

```
doit(RLIMIT_CORE);
```

这将由 C 预处理程序扩展为：

```
pr_limits("RLIMIT_CORE", RLIMIT_CORE);
```

224

在 FreeBSD 下运行此程序，得到：

```
$ ./a.out
RLIMIT_AS           (infinite)  (infinite)
RLIMIT_CORE         (infinite)  (infinite)
RLIMIT_CPU          (infinite)  (infinite)
RLIMIT_DATA          536870912   536870912
RLIMIT_FSIZE        (infinite)  (infinite)
RLIMIT_MEMLOCK      (infinite)  (infinite)
RLIMIT_NOFILE             3520        3520
RLIMIT_NPROC              1760        1760
RLIMIT_NPTS         (infinite)  (infinite)
RLIMIT_RSS          (infinite)  (infinite)
RLIMIT_SBSIZE       (infinite)  (infinite)
RLIMIT_STACK          67108864    67108864
RLIMIT_SWAP         (infinite)  (infinite)
RLIMIT_VMEM         (infinite)  (infinite)
```

在 Solaris 下运行此程序，得到：

```
$ ./a.out
RLIMIT_AS           (infinite)  (infinite)
RLIMIT_CORE         (infinite)  (infinite)
RLIMIT_CPU          (infinite)  (infinite)
RLIMIT_DATA         (infinite)  (infinite)
RLIMIT_FSIZE        (infinite)  (infinite)
RLIMIT_NOFILE              256       65536
RLIMIT_STACK           8388608  (infinite)
RLIMIT_VMEM         (infinite)  (infinite)
```

在介绍了信号机制后，习题 10.11 将继续讨论资源限制。

7.12 小结

理解 UNIX 系统环境中 C 程序的环境是理解 UNIX 系统进程控制特性的先决条件。本章说明了一个进程是如何启动和终止的，如何向其传递参数表和环境。虽然参数表和环境都不是由内核进行解释的，但内核起到了从 exec 的调用者将这两者传递给新进程的作用。

本章也说明了 C 程序的典型存储空间布局，以及一个进程如何动态地分配和释放存储空间。详细地了解用于维护环境的一些函数是有意义的，因为它们涉及存储空间分配。本章也介绍了 setjmp 和 longjmp 函数，它们提供了一种在进程内非局部转移的方法。最后介绍了各种实现提供的资源限制功能。

225

习题

7.1 在 Intel x86 系统上，使用 Linux，如果执行一个输出“hello, world”的程序但不调用 exit 或 return，则程序的返回代码为 13（用 shell 检查），解释其原因。

7.2 图 7-3 中的 printf 函数的结果何时才被真正输出？

7.3 是否有方法不使用（a）参数传递、（b）全局变量这两种方法，将 main 中的参数 argc 和 argv 传递给它所调用的其他函数？

7.4 在有些 UNIX 系统实现中执行程序时访问不到其数据段的 0 单元，这是一种有意的安排，为什么？

7.5 用 C 语言的 typedef 为终止处理程序定义了一个新的数据类型 Exitfunc，使用该类型修改 atexit 的原型。

7.6 如果用 calloc 分配一个 long 型的数组，数组的初始值是否为 0？如果用 calloc 分配一个指针数组，数组的初始值是否为空指针？

7.7 在 7.6 节结尾处 size 命令的输出结果中，为什么没有给出堆和栈的大小？

7.8 为什么 7.7 节中两个文件的大小（879 443 和 8 378）不等于它们各自文本和数据大小的和？

7.9 为什么 7.7 节中对于一个简单的程序，使用共享库以后其可执行文件的大小变化如此巨大？

7.10 在 7.10 节中我们已经说明为什么不能将一个指针返回给一个自动变量，下面的程序是否正确？

```
int
f1(int val)
{
    int     num = 0;
    int     *ptr = &num;
    if (val == 0) {
        int     val;
        val = 5;
        ptr = &val;
    }
    return(*ptr + 1);
}
```

226

第 8 章

进程控制

8.1 引言

本章介绍 UNIX 系统的进程控制，包括创建新进程、执行程序和进程终止。还将说明进程属性的各种 ID——实际、有效和保存的用户 ID 和组 ID，以及它们如何受到进程控制原语的影响。本章还包括了解释器文件和 system 函数。本章最后讲述大多数 UNIX 系统所提供的进程会计机制，这种机制使我们能够从另一个角度了解进程的控制功能。

8.2 进程标识

每个进程都有一个非负整型表示的唯一进程 ID。因为进程 ID 标识符总是唯一的，常将其用作其他标识符的一部分以保证其唯一性。例如，应用程序有时就把进程 ID 作为名字的一部分来创建一个唯一的文件名。

虽然是唯一的，但是进程 ID 是可复用的。当一个进程终止后，其进程 ID 就成为复用的候选者。大多数 UNIX 系统实现延迟复用算法，使得赋予新建进程的 ID 不同于最近终止进程所使用的 ID。这防止了将新进程误认为是使用同一 ID 的某个已终止的先前进程。

系统中有一些专用进程，但具体细节随实现而不同。ID 为 0 的进程通常是调度进程，常常被称为交换进程（swapper）。该进程是内核的一部分，它并不执行任何磁盘上的程序，因此也被称为系统进程。进程 ID 1 通常是 init 进程，在自举过程结束时由内核调用。该进程的程序文件在 UNIX 的早期版本中是/etc/init，在较新版本中是/sbin/init。此进程负责在自举内核后启动一个 UNIX 系统。init 通常读取与系统有关的初始化文件（/etc/rc*文件或/etc/inittab 文件，以及在/etc/init.d 中的文件），并将系统引导到一个状态（如多用户）。init 进程决不会终止。它是一个普通的用户进程（与交换进程不同，它不是内核中的系统进程），但是它以超级用户特权运行。本章稍后部分会说明 init 如何成为所有孤儿进程的父进程。

227

> 在 Mac OS X 10.4 中，init 进程被 launchd 进程替代，执行的任务集与 init 相同，但扩展了功能。可参阅 Singh[2006]在 5.10 节中的讨论来了解 launchd 是如何操作的。

每个 UNIX 系统实现都有它自己的一套提供操作系统服务的内核进程，例如，在某些 UNIX 的虚拟存储器实现中，进程 ID 2 是页守护进程（page daemon），此进程负责支持虚拟存储器系统的分页操作。

除了进程 ID，每个进程还有一些其他标识符。下列函数返回这些标识符。

```
#include <unistd.h>

pid_t getpid(void);
                                        返回值：调用进程的进程 ID
pid_t getppid(void);
                                        返回值：调用进程的父进程 ID
uid_t getuid(void);
                                        返回值：调用进程的实际用户 ID
uid_t geteuid(void);
                                        返回值：调用进程的有效用户 ID
gid_t getgid(void);
                                        返回值：调用进程的实际组 ID
gid_t getegid(void);
                                        返回值：调用进程的有效组 ID
```

注意，这些函数都没有出错返回，在下一节讨论 fork 函数时，将进一步讨论父进程 ID。在 4.4 节中已讨论了实际和有效用户 ID 及组 ID。

228

8.3 函数 fork

一个现有的进程可以调用 fork 函数创建一个新进程。

```
#include <unistd.h>

pid_t fork(void);
                  返回值：子进程返回 0，父进程返回子进程 ID；若出错，返回-1
```

由 fork 创建的新进程被称为子进程（child process）。fork 函数被调用一次，但返回两次。两次返回的区别是子进程的返回值是 0，而父进程的返回值则是新建子进程的进程 ID。将子进程 ID 返回给父进程的理由是：因为一个进程的子进程可以有多个，并且没有一个函数使一个进程可以获得其所有子进程的进程 ID。fork 使子进程得到返回值 0 的理由是：一个进程只会有一个父进程，所以子进程总是可以调用 getppid 以获得其父进程的进程 ID（进程 ID 0 总是由内核交换进程使用，所以一个子进程的进程 ID 不可能为 0）。

子进程和父进程继续执行 fork 调用之后的指令。子进程是父进程的副本。例如，子进程获得父进程数据空间、堆和栈的副本。注意，这是子进程所拥有的副本。父进程和子进程并不共享这些存储空间部分。父进程和子进程共享正文段（见 7.6 节）。

由于在 fork 之后经常跟随着 exec，所以现在的很多实现并不执行一个父进程数据段、栈和堆的完全副本。作为替代，使用了写时复制（Copy-On-Write，COW）技术。这些区域由父进程和子进程共享，而且内核将它们的访问权限改变为只读。如果父进程和子进程中的任一个试图修改这些区域，则内核只为修改区域的那块内存制作一个副本，通常是虚拟存储系统中的一“页”。Bach[1986]的 9.2 节和 McKusick 等[1996]的 5.6 节和 5.7 节对这种特征做了更详细的说明。

某些平台提供fork函数的几种变体。本书讨论的4种平台都支持下节将要讨论的vfork(2)。

Linux 3.2.0提供了另一种新进程创建函数——clone(2)系统调用。这是一种fork的推广形式，它允许调用者控制哪些部分由父进程和子进程共享。

FreeBSD 8.0提供了rfork(2)系统调用，它类似于Linux的clone系统调用。rfork调用是从Plan 9操作系统（Pike等[1995]）派生出来的。

Solaris 10提供了两个线程库：一个用于POSIX线程（pthreads），另一个用于Solaris线程。在这两个线程库中，fork的行为有所不同。对于POSIX线程，fork创建一个进程，它仅包含调用该fork的线程，但对于Solaris线程，fork创建的进程包含了调用线程所在进程的所有线程的副本。在Solaris 10中，这种行为改变了。不管使用哪种线程库，fork创建的子进程只保留调用线程的副本。Solaris也提供了fork1函数，它创建的进程只复制调用线程。还有forkall函数，它创建的进程复制了进程中所有的线程。第11章和第12章将详细讨论线程。

229

实例

图8-1程序演示了fork函数，从中可以看到子进程对变量所做的改变并不影响父进程中该变量的值。

```
#include "apue.h"

int     globvar = 6;    /* external variable in initialized data */
char    buf[] = "a write to stdout\n";

int
main(void)
{
    int     var;    /* automatic variable on the stack */
    pid_t   pid;

    var = 88;
    if (write(STDOUT_FILENO, buf, sizeof(buf)-1) != sizeof(buf)-1)
        err_sys("write error");
    printf("before fork\n");  /* we don't flush stdout */

    if ((pid = fork()) < 0) {
        err_sys("fork error");
    } else if (pid == 0) {          /* child */
        globvar++;                  /* modify variables */
        var++;
    } else {
        sleep(2);                   /* parent */
    }

    printf("pid = %ld, glob = %d, var = %d\n", (long)getpid(), globvar,
      var);
    exit(0);
}
```

图8-1　fork函数实例

如果执行此程序则得到：

```
$ ./a.out
a write to stdout
before fork
pid = 430, glob = 7, var = 89     子进程的变量值改变了
pid = 429, glob = 6, var = 88     父进程的变量值没有改变
$ ./a.out > temp.out
$ cat temp.out
a write to stdout
before fork
pid = 432, glob = 7, var = 89
before fork
pid = 431, glob = 6, var = 88
```

一般来说，在 fork 之后是父进程先执行还是子进程先执行是不确定的，这取决于内核所使用的调度算法。如果要求父进程和子进程之间相互同步，则要求某种形式的进程间通信。在图 8-1 程序中，父进程使自己休眠 2 s，以此使子进程先执行。但并不保证 2 s 已经足够，在 8.9 节讲述竞争条件时还将谈及这一问题及其他类型的同步方法。在 10.16 节中，我们将说明在 fork 之后如何使用信号使父进程和子进程同步。

230

当写标准输出时，我们将 buf 长度减去 1 作为输出字节数，这是为了避免将终止 null 字节写出。strlen 计算不包含终止 null 字节的字符串长度，而 sizeof 则计算包括终止 null 字节的缓冲区长度。两者之间的另一个差别是，使用 strlen 需进行一次函数调用，而对于 sizeof 而言，因为缓冲区已用已知字符串进行初始化，其长度是固定的，所以 sizeof 是在编译时计算缓冲区长度。

注意图 8-1 所示的程序中 fork 与 I/O 函数之间的交互关系。回忆第 3 章中所述，write 函数是不带缓冲的。因为在 fork 之前调用 write，所以其数据写到标准输出一次。但是，标准 I/O 库是带缓冲的。回忆一下 5.12 节，如果标准输出连到终端设备，则它是行缓冲的；否则它是全缓冲的。当以交互方式运行该程序时，只得到该 printf 输出的行一次，其原因是标准输出缓冲区由换行符冲洗。但是当将标准输出重定向到一个文件时，却得到 printf 输出行两次。其原因是，在 fork 之前调用了 printf 一次，但当调用 fork 时，该行数据仍在缓冲区中，然后在将父进程数据空间复制到子进程中时，该缓冲区数据也被复制到子进程中，此时父进程和子进程各自有了带该行内容的缓冲区。在 exit 之前的第二个 printf 将其数据追加到已有的缓冲区中。当每个进程终止时，其缓冲区中的内容都被写到相应文件中。

文件共享

对图 8-1 程序需注意的另一点是：在重定向父进程的标准输出时，子进程的标准输出也被重定向。实际上，fork 的一个特性是父进程的所有打开文件描述符都被复制到子进程中。我们说“复制”是因为对每个文件描述符来说，就好像执行了 dup 函数。父进程和子进程每个相同的打开描述符共享一个文件表项（见图 3-9）。

考虑下述情况，一个进程具有 3 个不同的打开文件，它们是标准输入、标准输出和标准错误。在从 fork 返回时，我们有了如图 8-2 中所示的结构。

重要的一点是，父进程和子进程共享同一个文件偏移量。考虑下述情况：一个进程 fork 了一个子进程，然后等待子进程终止。假定，作为普通处理的一部分，父进程和子进程都向标准输出进行写操作。如果父进程的标准输出已重定向（很可能是由 shell 实现的），那么子进程写到该标准输出时，它将更新与父进程共享的该文件的偏移量。在这个例子中，当父进程等待子进程时，子进程写到标准输出；而在子进程终止后，父进程也写到标准输出上，并

且知道其输出会追加在子进程所写数据之后。如果父进程和子进程不共享同一文件偏移量，要实现这种形式的交互就要困难得多，可能需要父进程显式地动作。

231

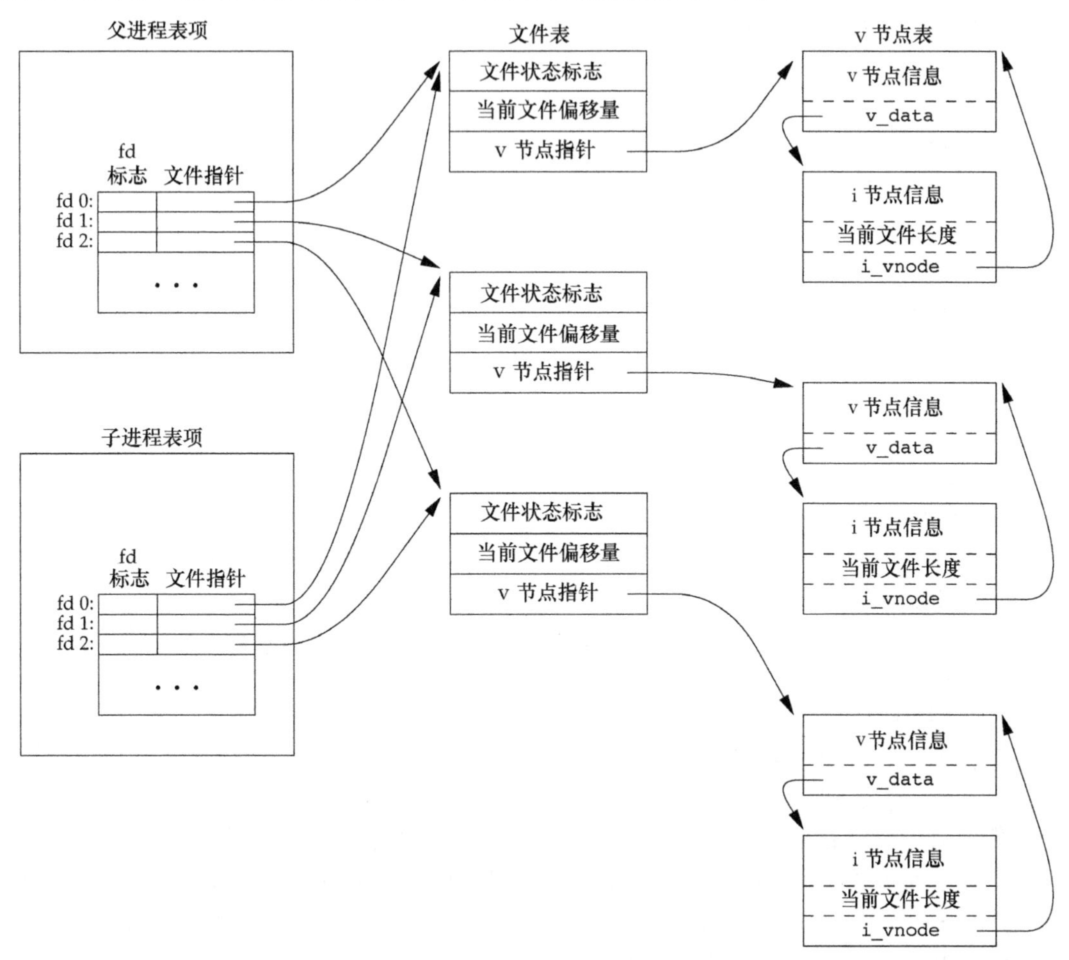

图 8-2　fork 之后父进程和子进程之间对打开文件的共享

如果父进程和子进程写同一描述符指向的文件，但又没有任何形式的同步（如使父进程等待子进程），那么它们的输出就会相互混合（假定所用的描述符是在 fork 之前打开的）。虽然这种情况是可能发生的（见图 8-2），但这并不是常用的操作模式。

在 fork 之后处理文件描述符有以下两种常见的情况。

（1）父进程等待子进程完成。在这种情况下，父进程无需对其描述符做任何处理。当子进程终止后，它曾进行过读、写操作的任一共享描述符的文件偏移量已做了相应更新。

（2）父进程和子进程各自执行不同的程序段。在这种情况下，在 fork 之后，父进程和子进程各自关闭它们不需使用的文件描述符，这样就不会干扰对方使用的文件描述符。这种方法是网络服务进程经常使用的。

232

除了打开文件之外，父进程的很多其他属性也由子进程继承，这些属性如下。

- 实际用户 ID、实际组 ID、有效用户 ID、有效组 ID。
- 附属组 ID。
- 进程组 ID。

- 会话ID。
- 控制终端。
- 设置用户ID标志和设置组ID标志。
- 当前工作目录。
- 根目录。
- 文件模式创建屏蔽字。
- 信号屏蔽和安排。
- 对任一打开文件描述符的执行时关闭（close-on-exec）标志。
- 环境。
- 连接的共享存储段。
- 存储映像。
- 资源限制。

父进程和子进程之间的区别具体如下。

- fork 的返回值不同。
- 进程ID不同。
- 这两个进程的父进程ID不同：子进程的父进程ID是创建它的进程的ID，而父进程的父进程ID则不变。
- 子进程的 tms_utime、tms_stime、tms_cutime 和 tms_ustime 的值设置为0（这些时间将在8.17节中介绍）。
- 子进程不继承父进程设置的文件锁。
- 子进程的未处理闹钟被清除。
- 子进程的未处理信号集设置为空集。

其中很多特性至今尚未讨论过，我们将在以后几章中对它们进行说明。

使 fork 失败的两个主要原因是：（a）系统中已经有了太多的进程（通常意味着某个方面出了问题），（b）该实际用户ID的进程总数超过了系统限制。回忆图2-11，其中 CHILD_MAX 规定了每个实际用户ID在任一时刻可拥有的最大进程数。

fork 有以下两种用法。

（1）一个父进程希望复制自己，使父进程和子进程同时执行不同的代码段。这在网络服务进程中是常见的——父进程等待客户端的服务请求。当这种请求到达时，父进程调用 fork，使子进程处理此请求。父进程则继续等待下一个服务请求。

（2）一个进程要执行一个不同的程序。这对 shell 是常见的情况。在这种情况下，子进程从 fork 返回后立即调用 exec（我们将在8.10节说明 exec）。

233

某些操作系统将第2种用法中的两个操作（fork 之后执行 exec）组合成一个操作，称为 spawn。UNIX 系统将这两个操作分开，因为在很多场合需要单独使用 fork，其后并不跟随 exec。另外，将这两个操作分开，使得子进程在 fork 和 exec 之间可以更改自己的属性，如I/O重定向、用户ID、信号安排等。在第15章中有很多这方面的例子。

> Single UNIX Specification 在高级实时选项组中确实包括了 spawn 接口。但是该接口并不想替换 fork 和 exec。它们的目的是支持难于有效实现 fork 的系统，特别是对存储管理缺少硬件支持的系统。

8.4 函数 vfork

vfork 函数的调用序列和返回值与 fork 相同，但两者的语义不同。

> vfork 起源于较早的 2.9BSD。有些人认为，该函数是有瑕疵的。但是本书讨论的 4 种平台都支持它。事实上，BSD 的开发者在 4.4BSD 中删除了该函数，但 4.4BSD 派生的所有开放源码 BSD 版本又将其收回。在 SUSv3 中，vfork 被标记为弃用的接口，在 SUSv4 中被完全删除。我们只是由于历史的原因还是把它包含进来。可移植的应用程序不应该使用这个函数。

vfork 函数用于创建一个新进程，而该新进程的目的是执行一个新程序（如上一节末尾的（2）中一样）。图 1-7 程序中的 shell 基本部分就是这类程序的一个例子。vfork 与 fork 一样都创建一个子进程，但是它并不将父进程的地址空间完全复制到子进程中，因为子进程会立即调用 exec（或 exit），于是也就不会引用该地址空间。不过在子进程调用 exec 或 exit 之前，它在父进程的空间中运行。这种优化工作方式在某些 UNIX 系统的实现中提高了效率，但如果子进程修改数据（除了用于存放 vfork 返回值的变量）、进行函数调用或者没有调用 exec 或 exit 就返回都可能会带来未知的结果。（就像上一节中提及的，实现采用写时复制技术以提高 fork 之后跟随 exec 操作的效率，但是不复制比部分复制还是要快一些。）

vfork 和 fork 之间的另一个区别是：vfork 保证子进程先运行，在它调用 exec 或 exit 之后父进程才可能被调度运行，当子进程调用这两个函数中的任意一个时，父进程会恢复运行。（如果在调用这两个函数之前子进程依赖于父进程的进一步动作，则会导致死锁。）

实例

图 8-3 中的程序是图 8-1 中的程序的修改版，其中用 vfork 代替了 fork，删除了对于标准输出的 write 调用。另外，我们也不再需要让父进程调用 sleep，因为我们可以保证，在子进程调用 exec 或 exit 之前，内核会使父进程处于休眠状态。

234

```c
#include "apue.h"

int     globvar = 6;     /* external variable in initialized data */

int
main(void)
{
    int     var;     /* automatic variable on the stack */
    pid_t   pid;

    var = 88;
    printf("before vfork\n"); /* we don't flush stdio */
    if ((pid = vfork()) < 0) {
        err_sys("vfork error");
    } else if (pid == 0) {          /* child */
        globvar++;                  /* modify parent's variables */
        var++;
        _exit(0);                   /* child terminates */
    }
```

```
    /* parent continues here */
    printf("pid = %ld, glob = %d, var = %d\n", (long)getpid(), globvar,
      var);
    exit(0);
}
```

图8-3　vfork函数实例

运行该程序得到：

```
$ ./a.out
before vfork
pid = 29039, glob = 7, var = 89
```

子进程对变量做增1的操作，结果改变了父进程中的变量值。因为子进程在父进程的地址空间中运行，所以这并不令人惊讶。但是其作用的确与fork不同。

注意，在图8-3程序中，调用了_exit而不是exit。正如7.3节所述，_exit并不执行标准I/O缓冲区的冲洗操作。如果调用的是exit而不是_exit，则该程序的输出是不确定的。它依赖于标准I/O库的实现，我们可能会看到输出没有发生变化，或者发现没有出现父进程的printf输出。

如果子进程调用exit，实现冲洗标准I/O流。如果这是函数库采取的唯一动作，那么我们会见到这样操作的输出与子进程调用_exit所产生的输出完全相同，没有任何区别。如果该实现也关闭标准I/O流，那么表示标准输出FILE对象的相关存储区将被清0。因为子进程借用了父进程的地址空间，所以当父进程恢复运行并调用printf时，也就不会产生任何输出，printf返回-1。注意，父进程的STDOUT_FILENO仍然有效，子进程得到的是父进程的文件描述符数组的副本（参见图8-2）。

235

> 大多数exit的现代实现不再在流的关闭方面自找麻烦。因为进程即将终止，那时内核将关闭在进程中已打开的所有文件描述符。在库中关闭这些，只是增加了开销而不会带来任何益处。

McKusick等[1996]的5.6节中包含了fork和vfork实现方面的更多信息。习题8.1和习题8.2将继续对vfork进行讨论。

8.5　函数exit

如7.3节所述，进程有5种正常终止及3种异常终止方式。5种正常终止方式具体如下。

（1）在main函数内执行return语句。如在7.3节中所述，这等效于调用exit。

（2）调用exit函数。此函数由ISO C定义，其操作包括调用各终止处理程序（终止处理程序在调用atexit函数时登记），然后关闭所有标准I/O流等。因为ISO C并不处理文件描述符、多进程（父进程和子进程）以及作业控制，所以这一定义对UNIX系统而言是不完整的。

（3）调用_exit或_Exit函数。ISO C定义_Exit，其目的是为进程提供一种无需运行终止处理程序或信号处理程序而终止的方法。对标准I/O流是否进行冲洗，这取决于实现。在UNIX系统中，_Exit和_exit是同义的，并不冲洗标准I/O流。_exit函数由exit调用，它处理UNIX系统特定的细节。_exit是由POSIX.1说明的。

> 在大多数UNIX系统实现中，exit(3)是标准C库中的一个函数，而_exit(2)则是一个系统调用。

（4）进程的最后一个线程在其启动例程中执行 return 语句。但是，该线程的返回值不用作进程的返回值。当最后一个线程从其启动例程返回时，该进程以终止状态 0 返回。

（5）进程的最后一个线程调用 pthread_exit 函数。如同前面一样，在这种情况中，进程终止状态总是 0，这与传送给 pthread_exit 的参数无关。在 11.5 节中，我们将对 pthread_exit 做更多说明。

3 种异常终止具体如下。

（1）调用 abort。它产生 SIGABRT 信号，这是下一种异常终止的一种特例。

（2）当进程接收到某些信号时。（第 10 章将较详细地说明信号。）信号可由进程自身（如调用 abort 函数）、其他进程或内核产生。例如，若进程引用地址空间之外的存储单元或者除以 0，内核就会为该进程产生相应的信号。

236

（3）最后一个线程对“取消”（cancellation）请求做出响应。默认情况下，“取消”以延迟方式发生：一个线程要求取消另一个线程，若干时间之后，目标线程终止。在 11.5 节和 12.7 节，我们将详细讨论“取消”请求。

不管进程如何终止，最后都会执行内核中的同一段代码。这段代码为相应进程关闭所有打开描述符，释放它所使用的存储器等。

对上述任意一种终止情形，我们都希望终止进程能够通知其父进程它是如何终止的。对于 3 个终止函数（exit、_exit 和_Exit），实现这一点的方法是，将其退出状态（exit status）作为参数传送给函数。在异常终止情况，内核（不是进程本身）产生一个指示其异常终止原因的终止状态（termination status）。在任意一种情况下，该终止进程的父进程都能用 wait 或 waitpid 函数（将在下一节说明）取得其终止状态。

注意，这里使用了“退出状态”（它是传递给 3 个终止函数的参数，或 main 的返回值）和“终止状态”两个术语，以表示有所区别。在最后调用_exit 时，内核将退出状态转换成终止状态（回忆图 7-2）。图 8-4 说明父进程检查子进程终止状态的不同方法。如果子进程正常终止，则父进程可以获得子进程的退出状态。

在说明 fork 函数时，显而易见，子进程是在父进程调用 fork 后生成的。上面又说明了子进程将其终止状态返回给父进程。但是如果父进程在子进程之前终止，又将如何呢？其回答是：对于父进程已经终止的所有进程，它们的父进程都改变为 init 进程。我们称这些进程由 init 进程收养。其操作过程大致是：在一个进程终止时，内核逐个检查所有活动进程，以判断它是否是正要终止进程的子进程，如果是，则该进程的父进程 ID 就更改为 1（init 进程的 ID）。这种处理方法保证了每个进程有一个父进程。

另一个我们关心的情况是，如果子进程在父进程之前终止，那么父进程又如何能在做相应检查时得到子进程的终止状态呢？如果子进程完全消失了，父进程在最终准备好检查子进程是否终止时是无法获取它的终止状态的。内核为每个终止子进程保存了一定量的信息，所以当终止进程的父进程调用 wait 或 waitpid 时，可以得到这些信息。这些信息至少包括进程 ID、该进程的终止状态以及该进程使用的 CPU 时间总量。内核可以释放终止进程所使用的所有存储区，关闭其所有打开文件。在 UNIX 术语中，一个已经终止、但是其父进程尚未对其进行善后处理（获取终止子进程的有关信息、释放它仍占用的资源）的进程被称为僵死进程（zombie）。ps(1)命令将僵死进程的状态打印为 Z。如果编写一个长期运行的程序，它 fork 了很多子进程，那么除非父进程等待取得子进程的终止状态，不然这些子进程终止后就会变成僵死进程。

237

> 某些系统提供了一种避免产生僵死进程的方法，这将在10.7节中介绍。

最后一个要考虑的问题是：一个由init进程收养的进程终止时会发生什么？它会不会变成一个僵死进程？对此问题的回答是“否”，因为init被编写成无论何时只要有一个子进程终止，init就会调用一个wait函数取得其终止状态。这样也就防止了在系统中塞满僵死进程。当提及“一个init的子进程”时，这指的可能是init直接产生的进程（如将在9.2节说明的getty进程），也可能是其父进程已终止，由init收养的进程。

8.6 函数wait和waitpid

当一个进程正常或异常终止时，内核就向其父进程发送SIGCHLD信号。因为子进程终止是个异步事件（这可以在父进程运行的任何时候发生），所以这种信号也是内核向父进程发送的异步通知。父进程可以选择忽略该信号，或者提供一个该信号发生时即被调用执行的函数（信号处理程序）。对于这种信号的系统默认动作是忽略它。第10章将说明这些选项。现在需要知道的是调用wait或waitpid的进程可能会发生什么。

- 如果其所有子进程都还在运行，则阻塞。
- 如果一个子进程已终止，正等待父进程获取其终止状态，则取得该子进程的终止状态立即返回。
- 如果它没有任何子进程，则立即出错返回。

如果进程由于接收到SIGCHLD信号而调用wait，我们期望wait会立即返回。但是如果在随机时间点调用wait，则进程可能会阻塞。

```
#include <sys/wait.h>

pid_t wait(int *statloc);

pid_t waitpid(pid_t pid, int *statloc, int options);
```

两个函数返回值：若成功，返回进程ID；若出错，返回0（见后面的说明）或-1

这两个函数的区别如下。

- 在一个子进程终止前，wait使其调用者阻塞，而waitpid有一选项，可使调用者不阻塞。
- waitpid并不等待在其调用之后的第一个终止子进程，它有若干个选项，可以控制它所等待的进程。

如果子进程已经终止，并且是一个僵死进程，则wait立即返回并取得该子进程的状态；否则wait使其调用者阻塞，直到一个子进程终止。如调用者阻塞而且它有多个子进程，则在其某一子进程终止时，wait就立即返回。因为wait返回终止子进程的进程ID，所以它总能了解是哪一个子进程终止了。

238

这两个函数的参数*statloc*是一个整型指针。如果*statloc*不是一个空指针，则终止进程的终止状态就存放在它所指向的单元内。如果不关心终止状态，则可将该参数指定为空指针。

依据传统，这两个函数返回的整型状态字是由系统实现定义的。其中某些位表示退出状态（正常返回），其他位则表示信号编号（异常返回），有一位表示是否产生了core文件等。POSIX.1规定，终止状态用定义在<sys/wait.h>中的各个宏来查看。有4个互斥的宏可用来取得进程终止的原因，它们的名字都以WIF开始。基于这4个宏中哪一个值为真，就可选用其他宏来取得退出状态、信号编号等。这4个互斥的宏示于图8-4中。

宏	说明
WIFEXITED(*status*)	若为正常终止子进程返回的状态，则为真。对于这种情况可执行 WEXITSTATUS(*status*)，获取子进程传送给 exit 或_exit 参数的低 8 位
WIFSIGNALED(*status*)	若为异常终止子进程返回的状态，则为真（接到一个不捕捉的信号）。对于这种情况，可执行 WTERMSIG(*status*)，获取使子进程终止的信号编号。另外，有些实现（非 Single UNIX Specification）定义宏 WCOREDUMP(*status*)，若已产生终止进程的 core 文件，则它返回真
WIFSTOPPED(*status*)	若为当前暂停子进程的返回的状态，则为真。对于这种情况，可执行 WSTOPSIG(*status*)，获取使子进程暂停的信号编号
WIFCONTINUED(*status*)	若在作业控制暂停后已经继续的子进程返回了状态，则为真（POSIX.1 的 XSI 扩展，仅用于 waitpid）

图 8-4 检查 wait 和 waitpid 所返回的终止状态的宏

在 9.8 节中讨论作业控制时，将说明如何停止一个进程。

实例

图 8-5 中的函数 pr_exit 使用图 8-4 中的宏以打印进程终止状态的说明。本书中的很多程序都将调用此函数。注意，如果定义了 WCOREDUMP 宏，则此函数也处理该宏。

239

```
#include "apue.h"
#include <sys/wait.h>

void
pr_exit(int status)
{
    if (WIFEXITED(status))
        printf("normal termination, exit status = %d\n",
                WEXITSTATUS(status));
    else if (WIFSIGNALED(status))
        printf("abnormal termination, signal number = %d%s\n",
                WTERMSIG(status),
#ifdef  WCOREDUMP
                WCOREDUMP(status) ? " (core file generated)" : "");
#else
                "");
#endif
    else if (WIFSTOPPED(status))
        printf("child stopped, signal number = %d\n",
                WSTOPSIG(status));
}
```

图 8-5 打印 exit 状态的说明

> FreeBSD 8.0、Linux 3.2.0、Mac OS X 10.6.8 以及 Solaris 10 都支持 WCOREDUMP 宏。但是如果定义了_POSIX_C_SOURCE 常量，有些平台就隐藏这个定义（回忆 2.7 节）。

图 8-6 中程序调用 pr_exit 函数，演示终止状态的各种值。

```
#include "apue.h"
#include <sys/wait.h>

int
```

```
main(void)
{
    pid_t    pid;
    int      status;

    if ((pid = fork()) < 0)
        err_sys("fork error");
    else if (pid == 0)              /* child */
        exit(7);

    if (wait(&status) != pid)      /* wait for child */
        err_sys("wait error");
    pr_exit(status);               /* and print its status */

    if ((pid = fork()) < 0)
        err_sys("fork error");
    else if (pid == 0)              /* child */
        abort();                   /* generates SIGABRT */

    if (wait(&status) != pid)      /* wait for child */
        err_sys("wait error");
    pr_exit(status);               /* and print its status */

    if ((pid = fork()) < 0)
        err_sys("fork error");
    else if (pid == 0)              /* child */
        status /= 0;               /* divide by 0 generates SIGFPE */

    if (wait(&status) != pid)      /* wait for child */
        err_sys("wait error");
    pr_exit(status);               /* and print its status */

    exit(0);
}
```

图8-6 演示不同的exit值

运行该程序可得：

```
$ ./a.out
normal termination, exit status = 7
abnormal termination, signal number = 6 (core file generated)
abnormal termination, signal number = 8 (core file generated)
```

现在，我们可以从WTERMSIG中打印信号编号。可以查看<signal.h>头文件验证SIGABRT的值为6，SIGFPE的值为8。我们将在10.22节中看到一种可移植的方式进行信号编号到说明性名字的映射。

正如前面所述，如果一个进程有几个子进程，那么只要有一个子进程终止，wait就返回。如果要等待一个指定的进程终止（如果知道要等待进程的ID），那么该如何做呢？在早期的UNIX版本中，必须调用wait，然后将其返回的进程ID和所期望的进程ID相比较。如果终止进程不是所期望的，则将该进程ID和终止状态保存起来，然后再次调用wait。反复这样做，直到所期望的进程终止。下一次又想等待一个特定进程时，先查看已终止的进程列表，若其中已有要等待的进程，则获取相关信息；否则调用wait。其实，我们需要的是等待一个特定进程的函数。POSIX.

定义了 waitpid 函数以提供这种功能（以及其他一些功能）。

对于 waitpid 函数中 *pid* 参数的作用解释如下。

pid==-1　等待任一子进程。此种情况下，waitpid 与 wait 等效。

pid>0　等待进程 ID 与 *pid* 相等的子进程。

pid==0　等待组 ID 等于调用进程组 ID 的任一子进程。（9.4 节将说明进程组。）

pid<-1　等待组 ID 等于 *pid* 绝对值的任一子进程。

240 ~ 241

waitpid 函数返回终止子进程的进程 ID，并将该子进程的终止状态存放在由 *statloc* 指向的存储单元中。对于 wait，其唯一的出错是调用进程没有子进程（函数调用被一个信号中断时，也可能返回另一种出错。第 10 章将对此进行讨论）。但是对于 waitpid，如果指定的进程或进程组不存在，或者参数 *pid* 指定的进程不是调用进程的子进程，都可能出错。

options 参数使我们能进一步控制 waitpid 的操作。此参数或者是 0，或者是图 8-7 中常量按位或运算的结果。

> FreeBSD 8.0 和 Solaris 10 支持另一个非标准的可选常量 WNOWAIT，它使系统将终止状态已由 waitpid 返回的进程保持在等待状态，这样它可被再次等待。

常量	说明
WCONTINUED	若实现支持作业控制，那么由 *pid* 指定的任一子进程在停止后已经继续，但其状态尚未报告，则返回其状态（POSIX.1 的 XSI 扩展）
WNOHANG	若由 *pid* 指定的子进程并不是立即可用的，则 waitpid 不阻塞，此时其返回值为 0
WUNTRACED	若某实现支持作业控制，而由 *pid* 指定的任一子进程已处于停止状态，并且其状态自停止以来还未报告过，则返回其状态。WIFSTOPPED 宏确定返回值是否对应于一个停止的子进程

图 8-7　waitpid 的 *options* 常量

waitpid 函数提供了 wait 函数没有提供的 3 个功能。

（1）waitpid 可等待一个特定进程，而 wait 则返回任一终止子进程的状态。在讨论 popen 函数时会再说明这一功能。

（2）waitpid 提供了一个 wait 的非阻塞版本。有时希望获取一个子进程的状态，但不想阻塞。

（3）waitpid 通过 WUNTRACED 和 WCONTINUED 选项支持作业控制。

实例

回忆 8.5 节中有关僵死进程的讨论。如果一个进程 fork 一个子进程，但不要它等待子进程终止，也不希望子进程处于僵死状态直到父进程终止，实现这一要求的诀窍是调用 fork 两次。图 8-8 程序实现了这一点。

242

```
#include "apue.h"
#include <sys/wait.h>

int
main(void)
{
    pid_t   pid;
```

```
    if ((pid = fork()) < 0) {
        err_sys("fork error");
    } else if (pid == 0) {        /* first child */
        if ((pid = fork()) < 0)
            err_sys("fork error");
        else if (pid > 0)
            exit(0); /* parent from second fork == first child */

        /*
         * We're the second child; our parent becomes init as soon
         * as our real parent calls exit() in the statement above.
         * Here's where we'd continue executing, knowing that when
         * we're done, init will reap our status.
         */
        sleep(2);
        printf("second child, parent pid = %ld\n", (long)getppid());
        exit(0);
    }

    if (waitpid(pid, NULL, 0) != pid)  /* wait for first child */
        err_sys("waitpid error");

    /*
     * We're the parent (the original process); we continue executing,
     * knowing that we're not the parent of the second child.
     */
    exit(0);
}
```

图 8-8 fork 两次以避免僵死进程

第二个子进程调用 sleep 以保证在打印父进程 ID 时第一个子进程已终止。在 fork 之后，父进程和子进程都可继续执行，并且我们无法预知哪一个会先执行。在 fork 之后，如果不使第二个子进程休眠，那么它可能比其父进程先执行，于是它打印的父进程 ID 将是创建它的父进程，而不是 init 进程（进程 ID 1）。

执行图 8-8 程序得到：

```
$ ./a.out
$ second child, parent pid = 1
```

注意，当原先的进程（也就是 exec 本程序的进程）终止时，shell 打印其提示符，这在第二个子进程打印其父进程 ID 之前。

243

8.7 函数 waitid

Single UNIX Specification 包括了另一个取得进程终止状态的函数——waitid，此函数类似于 waitpid，但提供了更多的灵活性。

```
#include <sys/wait.h>

int waitid(idtype_t idtype, id_t id, siginfo_t *infop, int options);
```

返回值：若成功，返回 0；若出错，返回-1

与 waitpid 相似，waitid 允许一个进程指定要等待的子进程。但它使用两个单独的参数表示要等待的子进程所属的类型，而不是将此与进程 ID 或进程组 ID 组合成一个参数。*id* 参数的作用与 *idtype* 的值相关。该函数支持的 *idtype* 类型列在图 8-9 中。

常量	说明
P_PID	等待一特定进程：*id* 包含要等待子进程的进程 ID
P_PGID	等待一特定进程组中的任一子进程：*id* 包含要等待子进程的进程组 ID
P_ALL	等待任一子进程：忽略 *id*

图 8-9 waitid 的 *idtype* 常量

options 参数是图 8-10 中各标志的按位或运算。这些标志指示调用者关注哪些状态变化。

常量	说明
WCONTINUED	等待一进程，它以前曾被停止，此后又已继续，但其状态尚未报告
WEXITED	等待已退出的进程
WNOHANG	如无可用的子进程退出状态，立即返回而非阻塞
WNOWAIT	不破坏子进程退出状态。该子进程退出状态可由后续的 wait、waitid 或 waitpid 调用取得
WSTOPPED	等待一进程，它已经停止，但其状态尚未报告

图 8-10 waitid 的 *options* 常量

WCONTINUED、WEXITED 或 WSTOPPED 这 3 个常量之一必须在 *options* 参数中指定。

infop 参数是指向 siginfo 结构的指针。该结构包含了造成子进程状态改变有关信号的详细信息。10.14 节将进一步讨论 siginfo 结构。

> 本书讨论的 4 种平台中，Linux 3.2.0、Mac OS X 10.6.8 和 Solaris 10 支持 waitid。但要注意的是，Mac OS X 10.6.8 并没有设置 siginfo 结构中的所有信息。

244

8.8 函数 wait3 和 wait4

大多数 UNIX 系统实现提供了另外两个函数 wait3 和 wait4。历史上，这两个函数是从 UNIX 系统的 BSD 分支沿袭下来的。它们提供的功能比 POSIX.1 函数 wait、waitpid 和 waitid 所提供功能的要多一个，这与附加参数有关。该参数允许内核返回由终止进程及其所有子进程使用的资源概况。

```
#include <sys/types.h>
#include <sys/wait.h>
#include <sys/time.h>
#include <sys/resource.h>

pid_t wait3(int *statloc, int options, struct rusage *rusage);

pid_t wait4(pid_t pid, int *statloc, int options, struct rusage *rusage);
```

两个函数返回值：若成功，返回进程 ID；若出错，返回-1

资源统计信息包括用户 CPU 时间总量、系统 CPU 时间总量、缺页次数、接收到信号的次数等。有关细节请参阅 getrusage(2)手册页（这种资源信息与 7.11 节中所述的资源限制不同）。图 8-11 列出了各个 wait 函数所支持的参数。

函数	*pid*	*options*	*rusage*	POSIX.1	Free BSD 8.0	Linux 3.2.0	MacOSX 10.6.8	Solaris 10
wait				•	•	•	•	•
waitid	•	•		•		•	•	•
waitpid	•	•		•	•	•	•	•
wait3		•	•		•	•	•	•
wait4	•	•	•		•	•	•	•

图 8-11　不同系统上各个 wait 函数所支持的参数

> Single UNIX Specification 的早期版本包括 wait3 函数。在 SUSv2 中，wait3 被移到了遗留目录下，在 SUSv3 中，则删去了 wait3。

8.9　竞争条件

当多个进程都企图对共享数据进行某种处理，而最后的结果又取决于进程运行的顺序时，我们认为发生了竞争条件（race condition）。如果在 fork 之后的某种逻辑显式或隐式地依赖于在 fork 之后是父进程先运行还是子进程先运行，那么 fork 函数就会是竞争条件活跃的滋生地。通常，我们不能预料哪一个进程先运行。即使我们知道哪一个进程先运行，在该进程开始运行后所发生的事情也依赖于系统负载以及内核的调度算法。

245

在图 8-8 程序中，当第二个子进程打印其父进程 ID 时，我们看到了一个潜在的竞争条件。如果第二个子进程在第一个子进程之前运行，则其父进程将会是第一个子进程。但是，如果第一个子进程先运行，并有足够的时间到达并执行 exit，则第二个子进程的父进程就是 init。即使在程序中调用 sleep，也不能保证什么。如果系统负载很重，那么在 sleep 返回之后、第一个子进程得到机会运行之前，第二个子进程可能恢复运行。这种形式的问题很难调试，因为在大部分时间，这种问题并不出现。

如果一个进程希望等待一个子进程终止，则它必须调用 wait 函数中的一个。如果一个进程要等待其父进程终止（如图 8-8 程序中一样），则可使用下列形式的循环：

```
while(getppid() != 1)
    sleep(1);
```

这种形式的循环称为轮询（polling），它的问题是浪费了 CPU 时间，因为调用者每隔 1 s 都被唤醒，然后进行条件测试。

为了避免竞争条件和轮询，在多个进程之间需要有某种形式的信号发送和接收的方法。在 UNIX 中可以使用信号机制，在 10.16 节将说明它在解决此方面问题的一种用法。各种形式的进程间通信（IPC）也可使用，在第 15 章和第 17 章将对此进行讨论。

在父进程和子进程的关系中，常常出现下述情况。在 fork 之后，父进程和子进程都有一些事情要做。例如，父进程可能要用子进程 ID 更新日志文件中的一个记录，而子进程则可能要为父进程创建一个文件。在本例中，要求每个进程在执行完它的一套初始化操作后要通知对方，并且在继续运行之前，要等待另一方完成其初始化操作。这种情况可以用代码描述如下：

```
#include  "apue.h"
TELL_WAIT();    /* set things up for TELL_xxx & WAIT_xxx*/
if ((pid = fork()) < 0) {
    err_sys("fork error");
} else if (pid == 0) {           /* child*/
```

```
        /* child does whatever is necessary ...*/
        TELL_PARENT(getppid());         /* tell parent we're done*/
        WAIT_PARENT();                  /* and wait for parent*/
        /* and the child continues on its way ...*/
        exit(0);
    }
    /* parent does whatever is necessary ...*/
    TELL_CHILD(pid);                    /* tell child we're done*/
    WAIT_CHILD();                       /* and wait for child*/
    /* and the parent continues on its way ...*/
    exit(0);
```

246

假定在头文件 apue.h 中定义了需要使用的各个变量。5 个例程 TELLWAIT、TELL PARENT、TELL_CHILD、WAIT_PARENT 以及 WAIT_CHILD 可以是宏，也可以是函数。

在后面几章中会说明实现这些 TELL 和 WAIT 例程的不同方法：10.16 节中说明使用信号的一种实现，图 15-7 程序说明使用管道的一种实现。下面先看一个使用这 5 个例程的实例。

实例

图 8-12 程序输出两个字符串：一个由子进程输出，另一个由父进程输出。因为输出依赖于内核使这两个进程运行的顺序及每个进程运行的时间长度，所以该程序包含了一个竞争条件。

```
#include "apue.h"

static void charatatime(char *);

int
main(void)
{
    pid_t    pid;

    if ((pid = fork()) < 0) {
        err_sys("fork error");
    } else if (pid == 0) {
        charatatime("output from child\n");
    } else {
        charatatime("output from parent\n");
    }
    exit(0);
}

static void
charatatime(char *str)
{
    char *ptr;
    int      c;

    setbuf(stdout, NULL);           /* set unbuffered */
    for (ptr = str; (c = *ptr++) != 0; )
        putc(c, stdout);
}
```

图 8-12 带有竞争条件的程序

在程序中将标准输出设置为不带缓冲的，于是每个字符输出都需调用一次 write。本例的目的是使内核能尽可能多次地在两个进程之间进行切换，以便演示竞争条件。（如果不这样做，可能也就决不会见到下面所示的输出。没有看到具有错误的输出并不意味着竞争条件不存在，这只是意味着在此特定的系统上未能见到它。）下面的实际输出说明该程序的运行结果是会改变的。

247

```
$ ./a.out
ooutput from child
utput from parent
$ ./a.out
ooutput from child
utput from parent
$ ./a.out
output from child
output from parent
```

修改图8-12中的程序，使其使用 TELL 和 WAIT 函数，于是形成了图8-13中的程序。行首标以+号的行是新增加的行。

```
#include "apue.h"

static void charatatime(char *);

int
main(void)
{
    pid_t   pid;

+   TELL_WAIT();
+
    if ((pid = fork()) < 0) {
        err_sys("fork error");
    } else if (pid == 0) {
+       WAIT_PARENT();          /* parent goes first*/
        charatatime("output from child\n");
    } else {
        charatatime("output from parent\n");
+       TELL_CHILD(pid);
    }
    exit(0);
}

static void
charatatime(char *str)
{
    char    *ptr;
    int     c;

    setbuf(stdout, NULL);           /* set unbuffered*/
    for (ptr = str; (c = *ptr++) != 0; )
        putc(c, stdout);
}
```

图8-13 修改图8-12程序以避免竞争条件

248

运行此程序则能得到所预期的输出——两个进程的输出不再交叉混合。

图8-13中的程序是使父进程先运行。如果将 fork 之后的行改成：

```
    else if (pid == 0) {
        charatatime("output from child\n");
        TELL_PARENT(getppid());
    } else {
        WAIT_CHILD();         /* child goes first */
        charatatime("output from parent\n");
    }
```

则子进程先运行。习题 8.4 将继续这一实例。

8.10 函数 exec

8.3 节曾提及用 fork 函数创建新的子进程后，子进程往往要调用一种 exec 函数以执行另一个程序。当进程调用一种 exec 函数时，该进程执行的程序完全替换为新程序，而新程序则从其 main 函数开始执行。因为调用 exec 并不创建新进程，所以前后的进程 ID 并未改变。exec 只是用磁盘上的一个新程序替换了当前进程的正文段、数据段、堆段和栈段。

有 7 种不同的 exec 函数可供使用，它们常常被统称为 exec 函数，我们可以使用这 7 个函数中的任一个。这些 exec 函数使得 UNIX 系统进程控制原语更加完善。用 fork 可以创建新进程，用 exec 可以初始执行新的程序。exit 函数和 wait 函数处理终止和等待终止。这些是我们需要的基本的进程控制原语。在后面各节中将使用这些原语构造另外一些如 popen 和 system 之类的函数。

```
#include <unistd.h>

int execl(const char *pathname, const char *arg0, ... /* (char *)0 */ );

int execv(const char *pathname, char *const argv[]);

int execle(const char *pathname, const char *arg0, ...
        /* (char *)0, char *const envp[] */ );

int execve(const char *pathname, char *const argv[], char *const envp[]);

int execlp(const char *filename, const char *arg0, ... /* (char *)0 */ );

int execvp(const char *filename, char *const argv[]);

int fexecve(int fd, char *const argv[], char *const envp[]);
```

7 个函数返回值：若出错，返回-1；若成功，不返回

249

这些函数之间的第一个区别是前 4 个函数取路径名作为参数，后两个函数则取文件名作为参数，最后一个取文件描述符作为参数。当指定 *filename* 作为参数时：

- 如果 *filename* 中包含/，则就将其视为路径名；
- 否则就按 PATH 环境变量，在它所指定的各目录中搜寻可执行文件。

PATH 变量包含了一张目录表（称为路径前缀），目录之间用冒号（:）分隔。例如，下列 *name=value* 环境字符串指定在 4 个目录中进行搜索。

```
PATH=/bin:/usr/bin:/usr/local/bin:.
```

最后的路径前缀.表示当前目录。（零长前缀也表示当前目录。在 *value* 的开始处可用:表示，在行中间则要用::表示，在行尾以:表示。）

> 出于安全性方面的考虑，有些人要求在搜索路径中决不要包括当前目录。请参见 Garfinkel 等[2003]。

如果 execlp 或 execvp 使用路径前缀中的一个找到了一个可执行文件，但是该文件不是由

连接编辑器产生的机器可执行文件，则就认为该文件是一个 shell 脚本，于是试着调用`/bin/sh`，并以该*filename* 作为 shell 的输入。

`fexecve` 函数避免了寻找正确的可执行文件，而是依赖调用进程来完成这项工作。调用进程可以使用文件描述符验证所需要的文件并且无竞争地执行该文件。否则，拥有特权的恶意用户就可以在找到文件位置并且验证之后，但在调用进程执行该文件之前替换可执行文件（或可执行文件的部分路径），具体可参考 3.3 节 TOCTTOU 的讨论。

第二个区别与参数表的传递有关（`l` 表示列表 list，`v` 表示矢量 vector）。函数 `execl`、`execlp` 和 `execle` 要求将新程序的每个命令行参数都说明为一个单独的参数。这种参数表以空指针结尾。对于另外 4 个函数（`execv`、`execvp`、`execve` 和 `fexecve`），则应先构造一个指向各参数的指针数组，然后将该数组地址作为这 4 个函数的参数。

在使用 ISO C 原型之前，对 `execl`、`execle` 和 `execlp` 三个函数表示命令行参数的一般方法是：

```
char *arg0, char *arg1, ..., char *argn, (char *)0
```

这种语法显式地说明了最后一个命令行参数之后跟了一个空指针。如果用常量 0 来表示一个空指针，则必须将它强制转换为一个指针；否则它将被解释为整型参数。如果一个整型数的长度与 `char *`的长度不同，那么 `exec` 函数的实际参数将出错。

最后一个区别与向新程序传递环境表相关。以 `e` 结尾的 3 个函数（`execle`、`execve` 和 `fexecve`）可以传递一个指向环境字符串指针数组的指针。其他 4 个函数则使用调用进程中的 `environ` 变量为新程序复制现有的环境（回忆 7.9 节及图 7-8 中对环境字符串的讨论。其中曾提及如果系统支持 `setenv` 和 `putenv` 这样的函数，则可更改当前环境和后面生成的子进程的环境，但不能影响父进程的环境）。通常，一个进程允许将其环境传播给其子进程，但有时也有这种情况，进程想要为子进程指定某一个确定的环境。例如，在初始化一个新登录的 shell 时，`login` 程序通常创建一个只定义少数几个变量的特殊环境，而在我们登录时，可以通过 shell 启动文件，将其他变量加到环境中。

250

在使用 ISO C 原型之前，`execle` 的参数是：

```
char *pathname, char *arg0, ..., char *argn, (char *)0, char *envp[]
```

从中可见，最后一个参数是指向环境字符串的各字符指针构成的数组的指针。而在 ISO C 原型中，所有命令行参数、空指针和 `envp` 指针都用省略号（`...`）表示。

这 7 个 `exec` 函数的参数很难记忆。函数名中的字符会给我们一些帮助。字母 `p` 表示该函数取 *filename* 作为参数，并且用 `PATH` 环境变量寻找可执行文件。字母 `l` 表示该函数取一个参数表，它与字母 `v` 互斥。`v` 表示该函数取一个 *argv*[ ]矢量。最后，字母 `e` 表示该函数取 *envp*[ ]数组，而不使用当前环境。图 8-14 显示了这 7 个函数之间的区别。

函数	*pathname*	*filename*	*fd*	参数表	*argv*[]	**environ**	*envp*[]
execl	•			•		•	
execlp		•		•		•	
execle	•			•			•
execv	•				•	•	
execvp		•			•	•	
execve	•				•		•
fexecve			•		•		•
（名字中的字母）		p	f	l	v		e

图 8-14　7 个 `exec` 函数之间的区别

每个系统对参数表和环境表的总长度都有一个限制。在 2.5.2 节和图 2-8 中，这种限制是由 ARG_MAX 给出的。在 POSIX.1 系统中，此值至少是 4 096 字节。当使用 shell 的文件名扩充功能产生一个文件名列表时，可能会受到此值的限制。例如，命令

```
grep getrlimit /usr/share/man/*/*
```

在某些系统上可能产生如下形式的 shell 错误：

```
Argument list too long
```

251

> 由于历史原因，System V 中此限制值是 5 120 字节。早期 BSD 系统的此限制值是 20 480 字节。当前系统中，此限制值要大得多。（如图 2-14 所示的程序的输出，图 2-15 总结列出了限制值。）

为了摆脱对参数表长度的限制，我们可以使用 xargs(1)命令，将长参数表断开成几部分。为了寻找在我们所用系统手册页中的 getrlimit，我们可以用

```
find /usr/share/man -type f -print | xargs grep getrlimit
```

如果所用的系统手册页是压缩过的，则可使用

```
find /usr/share/man -type f -print | xargs bzgrep getrlimit
```

对于 find 命令，我们使用选项-type f，以限制输出列表只包含普通文件。这样做的原因是，grep 命令不能在目录中进行模式搜索，我们也想避免不必要的出错消息。

前面曾提及，在执行 exec 后，进程 ID 没有改变。但新程序从调用进程继承了的下列属性：

- 进程 ID 和父进程 ID
- 实际用户 ID 和实际组 ID
- 附属组 ID
- 进程组 ID
- 会话 ID
- 控制终端
- 闹钟尚余留的时间
- 当前工作目录
- 根目录
- 文件模式创建屏蔽字
- 文件锁
- 进程信号屏蔽
- 未处理信号
- 资源限制
- 友好值（遵循 XSI 的系统，见 8.16 节）
- tms_utime、tms_stime、tms_cutime 以及 tms_cstime 值

对打开文件的处理与每个描述符的执行时关闭（close-on-exec）标志值有关。回忆图 3-7 以及 3.14 节中对 FD_CLOEXEC 标志的说明，进程中每个打开描述符都有一个执行时关闭标志。若设置了此标志，则在执行 exec 时关闭该描述符；否则该描述符仍打开。除非特地用 fcntl 设置了该执行时关闭标志，否则系统的默认操作是在 exec 后仍保持这种描述符打开。

POSIX.1 明确要求在 exec 时关闭打开目录流（见 4.22 节中所述的 opendir 函数）。这

252

通常是由 opendir 函数实现的，它调用 fcntl 函数为对应于打开目录流的描述符设置执行时关闭标志。

注意，在 exec 前后实际用户 ID 和实际组 ID 保持不变，而有效 ID 是否改变则取决于所执行程序文件的设置用户 ID 位和设置组 ID 位是否设置。如果新程序的设置用户 ID 位已设置，则有效用户 ID 变成程序文件所有者的 ID；否则有效用户 ID 不变。对组 ID 的处理方式与此相同。

在很多 UNIX 实现中，这 7 个函数中只有 execve 是内核的系统调用。另外 6 个只是库函数，它们最终都要调用该系统调用。这 7 个函数之间的关系示于图 8-15 中。

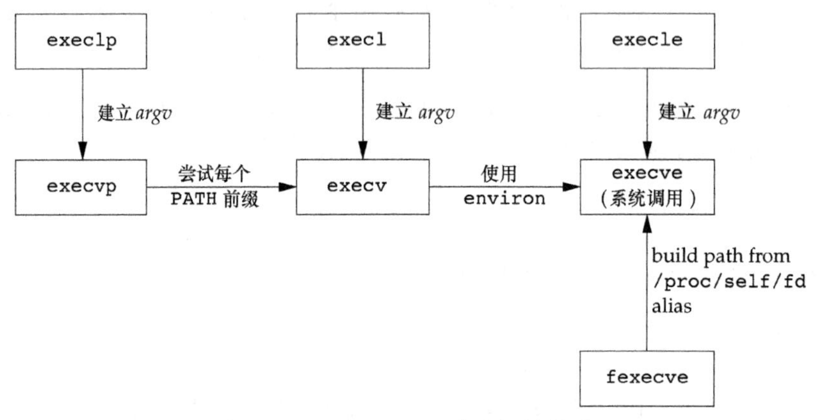

图 8-15 7 个 exec 函数之间的关系

253

在这种安排中，库函数 execlp 和 execvp 使用 PATH 环境变量，查找第一个包含名为 *filename* 的可执行文件的路径名前缀。fexecve 库函数使用/proc 把文件描述符参数转换成路径名，execve 用该路径名去执行程序。

> 这描述了在 FreeBSD 8.0 和 Linux 3.2.0 中是如何实现 fexecve 的。其他系统采用的方法可能不同。例如，没有/proc 和/dev/fd 的系统可能把 fexecve 实现为系统调用，把文件描述符参数转换成 i 节点指针，把 execve 实现为系统调用，把路径名参数转换成 i 节点指针，然后把 execve 和 fexecve 中剩余的 exec 公共代码放到单独的函数中，调用该函数时传入执行文件的 i 节点指针。

实例

图 8-16 中的程序演示了 exec 函数。

```
#include "apue.h"
#include <sys/wait.h>

char *env_init[] = { "USER=unknown", "PATH=/tmp", NULL };

int
main(void)
{
    pid_t   pid;

    if ((pid = fork()) < 0) {
        err_sys("fork error");
    } else if (pid == 0) {    /* specify pathname, specify environment */
        if (execle("/home/sar/bin/echoall", "echoall", "myarg1",
                "MY ARG2", (char *)0, env_init) < 0)
```

```
            err_sys("execle error");
    }

    if (waitpid(pid, NULL, 0) < 0)
        err_sys("wait error");

    if ((pid = fork()) < 0) {
        err_sys("fork error");
    } else if (pid == 0) {      /* specify filename, inherit environment */
        if (execlp("echoall", "echoall", "only 1 arg", (char *)0) < 0)
            err_sys("execlp error");
    }

    exit(0);
}
```

图 8-16 exec 函数实例

在该程序中先调用execle，它要求一个路径名和一个特定的环境。下一个调用的是execlp，它用一个文件名，并将调用者的环境传送给新程序。execlp 在这里能够工作是因为目录/home/sar/bin 是当前路径前缀之一。注意，我们将第一个参数（新程序中的 argv[0]）设置为路径名的文件名分量。某些 shell 将此参数设置为完全的路径名。这只是一个惯例。我们可将argv[0]设置为任何字符串。当 login 命令执行 shell 时就是这样做的。在执行 shell 之前，login在 argv[0]之前加一个/作为前缀，这向 shell 指明它是作为登录 shell 被调用的。登录 shell 将执行启动配置文件（start-up profile）命令，而非登录 shell 则不会执行这些命令。

图 8-16 中的程序要执行两次的 echoall 程序如图 8-17 所示。这是一个很普通的程序，它回显所有命令行参数及全部环境表。

254

```
#include "apue.h"

int
main(int argc, char *argv[])
{
    int         i;
    char        **ptr;
    extern char **environ;

    for (i = 0; i < argc; i++)      /* echo all command-line args */
        printf("argv[%d]: %s\n", i, argv[i]);

    for (ptr = environ; *ptr != 0; ptr++)   /* and all env strings */
        printf("%s\n", *ptr);

    exit(0);
}
```

图 8-17 回显所有命令行参数和所有环境字符串

执行图 8-16 中的程序得到：

```
$ ./a.out
argv[0]: echoall
argv[1]: myarg1
argv[2]: MY ARG2
```

```
USER=unknown
PATH=/tmp
argv[0]: echoall
$ argv[1]: only 1 arg
USER=sar
LOGNAME=sar
SHELL=/bin/bash
                         还有47行没有列出
HOME=/home/sar
```

注意，shell 提示符出现在第二个 exec 打印 argv[0]之前。这是因为父进程并不等待该子进程结束。

8.11 更改用户 ID 和更改组 ID

在 UNIX 系统中，特权（如能改变当前日期的表示法）以及访问控制（如能否读、写一个特定文件），是基于用户 ID 和组 ID 的。当程序需要增加特权，或需要访问当前并不允许访问的资源时，我们需要更换自己的用户 ID 或组 ID，使得新 ID 具有合适的特权或访问权限。与此类似，当程序需要降低其特权或阻止对某些资源的访问时，也需要更换用户 ID 或组 ID，新 ID 不具有相应特权或访问这些资源的能力。

255

一般而言，在设计应用时，我们总是试图使用最小特权（least privilege）模型。依照此模型，我们的程序应当只具有为完成给定任务所需的最小特权。这降低了由恶意用户试图哄骗我们的程序以未预料的方式使用特权造成的安全性风险。

可以用 setuid 函数设置实际用户 ID 和有效用户 ID。与此类似，可以用 setgid 函数设置实际组 ID 和有效组 ID。

```
#include <unistd.h>

int setuid(uid_t uid);

int setgid(gid_t gid);
```

两个函数返回值：若成功，返回 0；若出错，返回-1

关于谁能更改 ID 有若干规则。现在先考虑更改用户 ID 的规则（关于用户 ID 我们所说明的一切都适用于组 ID）。

（1）若进程具有超级用户特权，则 setuid 函数将实际用户 ID、有效用户 ID 以及保存的设置用户 ID（saved set-user-ID）设置为 *uid*。

（2）若进程没有超级用户特权，但是 *uid* 等于实际用户 ID 或保存的设置用户 ID，则 setuid 只将有效用户 ID 设置为 *uid*。不更改实际用户 ID 和保存的设置用户 ID。

（3）如果上面两个条件都不满足，则 errno 设置为 EPERM，并返回-1。

在此假定_POSIX_SAVED_IDS 为真。如果没有提供这种功能，则上面所说的关于保存的设置用户 ID 部分都无效。

> 在 POSIX.1 2001 版中，保存的 ID 是强制性功能。而在较早版本中，它们是可选择的。为了弄清楚某种实现是否支持这一功能，应用程序在编译时可以测试常量_POSIOX_SAVED_IDS，或者在运行时以_SC_SAVED_IDS 参数调用 sysconf 函数。

关于内核所维护的3个用户ID，还要注意以下几点。

（1）只有超级用户进程可以更改实际用户ID。通常，实际用户ID是在用户登录时，由login(1)程序设置的，而且绝不会改变它。因为login是一个超级用户进程，当它调用setuid时，设置所有3个用户ID。

（2）仅当对程序文件设置了设置用户ID位时，exec函数才设置有效用户ID。如果设置用户ID位没有设置，exec函数不会改变有效用户ID，而将维持其现有值。任何时候都可以调用setuid，将有效用户ID设置为实际用户ID或保存的设置用户ID。自然地，不能将有效用户ID设置为任一随机值。

（3）保存的设置用户ID是由exec复制有效用户ID而得到的。如果设置了文件的设置用户ID位，则在exec根据文件的用户ID设置了进程的有效用户ID以后，这个副本就被保存起来了。

图8-18总结了更改这3个用户ID的不同方法。

256

ID	exec		setuid(*uid*)	
	设置用户ID位关闭	设置用户ID位打开	超级用户	非特权用户
实际用户ID	不变	不变	设为*uid*	不变
有效用户ID	不变	设置为程序文件的用户ID	设为*uid*	设为*uid*
保存的设置用户ID	从有效用户ID复制	从有效用户ID复制	设为*uid*	不变

图8-18 更改3个用户ID的不同方法

注意，8.2节中所述的getuid和geteuid函数只能获得实际用户ID和有效用户ID的当前值。我们没有可移植的方法去获得保存的设置用户ID的当前值。

> FreeBSD 8.0和LINUX 3.2.0提供了getresuid和getresgid函数，它们可以分别用于获取保存的设置用户ID和保存的设置组ID。

1. 函数setreuid和setregid

历史上，BSD支持setreuid函数，其功能是交换实际用户ID和有效用户ID的值。

```
#include <unistd.h>

int setreuid(uid_t ruid, uid_t euid);

int setregid(gid_t rgid, gid_t egid);
```

两个函数返回值：若成功，返回0；若出错，返回-1

如若其中任一参数的值为-1，则表示相应的ID应当保持不变。

规则很简单：一个非特权用户总能交换实际用户ID和有效用户ID。这就允许一个设置用户ID程序交换成用户的普通权限，以后又可再次交换回设置用户ID权限。POSIX.1引进了保存的设置用户ID特性后，其规则也相应加强，它允许一个非特权用户将其有效用户ID设置为保存的设置用户ID。

> seteuid和setregid两个函数都是Single UNIX Specification的XSI扩展。因此，可以期望所有UNIX系统实现都将对它们提供支持。
>
> 4.3BSD并没有上面所说的保存的设置用户ID特性，而是使用setreuid和setregid来代替。这就允许一个非特权用户交换这两个用户ID的值，但是要注意，当使用此特性的程序生成shell进程时，它必须在exec之前先将实际用户ID设置为普通用户ID。如果不这样做的话，实际用户ID就可能是具有特权的（由setreuid的交换操作造成），然后shell进程可能会调用setreuid交换两个用户ID值并取得更多权限。作为一个保护性的解决这一问题的编程措施，程序在子进程调用exec之前，将子进程的实际用户ID和有效用户ID都设置成普通用户ID。

257

2. 函数 seteuid 和 setegid

POIX.1 包含了两个函数 seteuid 和 setegid。它们类似于 setuid 和 setgid，但只更改有效用户 ID 和有效组 ID。

```
#include <unistd.h>

int seteuid(uid_t uid);

int setegid(gid_t gid);
```

两个函数返回值：若成功，返回 0；若出错，返回-1

一个非特权用户可将其有效用户 ID 设置为其实际用户 ID 或其保存的设置用户 ID。对于一个特权用户则可将有效用户 ID 设置为 *uid*。（这区别于 setuid 函数，它更改所有 3 个用户 ID。）

图 8-19 给出了本节所述的更改 3 个不同用户 ID 的各个函数。

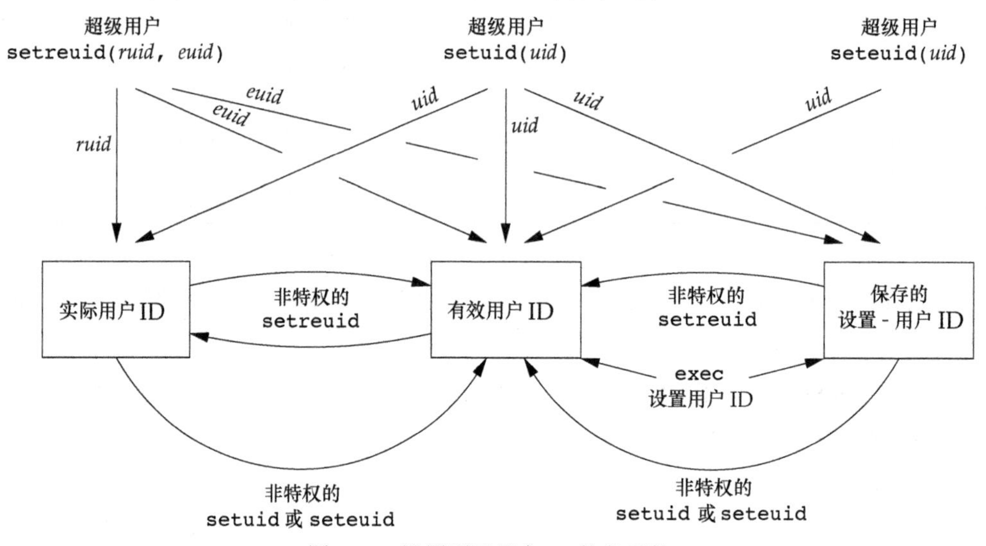

图 8-19 设置不同用户 ID 的各函数

3. 组 ID

本章中所说明的一切都以类似方式适用于各个组 ID。附属组 ID 不受 setgid、setregid 和 setegid 函数的影响。

258

实例

为了说明保存的设置用户 ID 特性的用法，先观察一个使用该特性的程序。我们所观察的是 at(1)程序，它用于调度将来某个时刻要运行的命令。

> 在 Linux 3.2.0 上安装的 at 程序的设置用户 ID 是 daemon 用户。在 FreeBSD 8.0、Mac OS X 10.6.8 以及 Solaris 10 上安装的 at 程序的设置用户 ID 是 root 用户。这允许 at 命令对守护进程拥有的特权文件具有写权限，守护进程代表用户运行 at 命令。在 Linux 3.2.0 上，程序是用 atd(8)守护进程运行的。在 FreeBSD 8.0 和 Solaris 10 上，程序通过 cron(1M)守护进程运行。在 Mac OS X 10.6.8 上，程序通过 launchd(8)守护进程运行。

为了防止被欺骗而运行不被允许的命令或读、写没有访问权限的文件，at 命令和最终代表用户运行命令的守护进程必须在两种特权之间切换：用户特权和守护进程特权。下面列出了其工作步骤。

（1）程序文件是由 root 用户拥有的，并且其设置用户 ID 位已设置。当我们运行此程序时，得到下列结果：

实际用户 ID=我们的用户 ID（未改变）
有效用户 ID=root
保存的设置用户 ID=root

（2）at 程序做的第一件事就是降低特权，以用户特权运行。它调用 setuid 函数把有效用户 ID 设置为实际用户 ID。此时得到：

实际用户 ID=我们的用户 ID（未改变）
有效用户 ID=我们的用户 ID
保存设置用户 ID=root（未改变）

（3）at 程序以我们的用户特权运行，直到它需要访问控制哪些命令即将运行，这些命令需要何时运行的配置文件时，at 程序的特权会改变。这些文件由为用户运行命令的守护进程持有。at 命令调用 setuid 函数把有效用户 ID 设为 root，因为 setuid 的参数等于保存的设置用户 ID，所以这种调用是许可的（这就是为什么需要保存的设置用户 ID 的原因）。现在得到：

实际用户 ID=我们的用户 ID（未改变）
有效用户 ID=root
保存的设置用户 ID=root（未改变）

因为有效用户 ID 是 root，文件访问是允许的。

（4）修改文件从而记录了将要运行的命令以及它们的运行时间以后，at 命令通过调用 seteuid，把有效用户 ID 设置为用户 ID，降低它的特权。防止对特权的误用。此时我们可以得到： 259

实际用户 ID=我们的用户 ID（未改变）
有效用户 ID=我们的用户 ID
保存的设置用户 ID=root（未改变）

（5）守护进程开始用 root 特权运行，代表用户运行命令，守护进程调用 fork，子进程调用 setuid 将它的用户 ID 更改为我们的用户 ID。因为子进程以 root 特权运行，更改了所有的 ID，所以

实际用户 ID=我们的用户 ID
有效用户 ID=我们的用户 ID
保存的设置用户 ID=我们的用户 ID

现在守护进程可以安全地代表我们执行命令，因为它只能访问我们通常可以访问的文件，我们没有额外的权限。

以这种方式使用保存的设置用户 ID，只有在需要提升特权的时候，我们通过设置程序文件的设置用户 ID 而得到的额外权限。然而，其他时间进程在运行时只具有普通的权限。如果进程不能在其结束部分切换回保存的设置用户 ID，那么就不得不在全部运行时间都保持额外的权限（这可能会造成麻烦）。

8.12 解释器文件

所有现今的 UNIX 系统都支持解释器文件（interpreter file）。这种文件是文本文件，其起始行

的形式是：

```
#!  pathname [ optional-argument ]
```

在感叹号和 *pathname* 之间的空格是可选的。最常见的解释器文件以下列行开始：

```
#! /bin/sh
```

pathname 通常是绝对路径名，对它不进行什么特殊的处理（不使用 PATH 进行路径搜索）。对这种文件的识别是由内核作为 exec 系统调用处理的一部分来完成的。内核使调用 exec 函数的进程实际执行的并不是该解释器文件，而是在该解释器文件第一行中 *pathname* 所指定的文件。一定要将解释器文件（文本文件，它以#!开头）和解释器（由该解释器文件第一行中的 *pathname* 指定）区分开来。

很多系统对解释器文件第一行有长度限制。这包括#!、*pathname*、可选参数、终止换行符以及空格数。

260

> 在 FreeBSD 8.0 中，该限制是 4 097 字节。Linux 3.2.0 中，该限制为 128 字节。Mac OS X 10.6.8 中，该限制为 513 字节，而 Solaris 10 的限制是 1 024 字节。

实例

让我们观察一个实例，从中可了解当被执行的文件是个解释器文件时，内核如何处理 exec 函数的参数及该解释器文件第一行的可选参数。图 8-20 中的程序调用 exec 执行一个解释器文件。

```
#include "apue.h"
#include <sys/wait.h>

int
main(void)
{
    pid_t    pid;

    if ((pid = fork()) < 0) {
        err_sys("fork error");
    } else if (pid == 0) {              /* child */
        if (execl("/home/sar/bin/testinterp",
                  "testinterp", "myarg1", "MY ARG2", (char *)0) < 0)
            err_sys("execl error");
    }
    if (waitpid(pid, NULL, 0) < 0) /* parent */
        err_sys("waitpid error");
    exit(0);
}
```

图 8-20　执行一个解释器文件的程序

下面先显示要被执行的该解释器文件的内容（只有一行），接着是运行图 8-20 中的程序得到的结果。

```
$ cat /home/sar/bin/testinterp
#!/home/sar/bin/echoarg foo
$ ./a.out
argv[0]: /home/sar/bin/echoarg
argv[1]: foo
```

```
argv[2]: /home/sar/bin/testinterp
argv[3]: myarg1
argv[4]: MY ARG2
```

程序 echoarg（解释器）回显每一个命令行参数（它就是图 7-4 中的程序）。注意，当内核 exec 解释器（/home/sar/bin/echoarg）时，argv[0]是该解释器的 *pathname*，argv[1]是解释器文件中的可选参数，其余参数是 *pathname*（/home/sar/bin/testinterp）以及图 8-20 所示的程序中调用 execl 的第 2 个和第 3 个参数(myarg1 和 MY ARG2)。调用 execl 时的 argv[1]和 argv[2]已右移了两个位置。注意，内核取 execl 调用中的 *pathname* 而非第一个参数（testinterp），因为一般而言，*pathname* 包含了比第一个参数更多的信息。 261

实例

在解释器 *pathname* 后可跟随可选参数。如果一个解释器程序支持-f 选项，那么在 *pathname* 后经常使用的就是-*f*。例如，可以以下列方式执行 awk(1)程序：

```
awk -f myfile
```

它告诉 awk 从文件 myfile 中读 awk 程序。

> 在 UNIX System V 派生的很多系统中，常包含有 awk 语言的两个版本。awk 常常被称为“老 awk”，它是与 V7 一起分发的原始版本。nawk（新 awk）包含了很多增强功能，对应于在 Aho、Kernighan 和 Weinberger[1988]中说明的语言。此新版本提供了对命令行参数的访问，这是下面的例子所需的。Solaris 10 提供了两个版本。
>
> POSIX 1003.2 标准现在是 Single UNIX Specification 中基本 POSIX.1 规范的一部分。在该标准中，awk 程序是其中的一个实用程序。该实用程序的基础也是 Aho、Kernighan 和 Weinberger[1988]中所描述的语言。
>
> Mac OS X 10.6.8 中的 awk 版本基于贝尔实验室版本，并已将其放在公共域（public domain）中。FreeBSD 8.0 和 Linux 的某些发行版提供 GNU awk（gawk），它链接至名字 awk。gawk 版本遵循 POSIX 标准，但也包括了一些扩展。因为 gawk 和贝尔实验室的 awk 版本比较新，所以较之 nawk 或老版本的 awk 更受人欢迎。

在解释器文件中使用-f 选项，可以写成：

```
#!/bin/awk -f
(在此解释器文件中后跟随 awk 程序)
```

例如，图 8-21 展示了在/usr/local/bin/awkexample 中的一个解释器文件程序。

```
#!/usr/bin/awk -f
# Note: on Solaris, use nawk instead
BEGIN {
    for (i = 0; i < ARGC; i++)
        printf "ARGV[%d] = %s\n", i, ARGV[i]
    exit
}
```

图 8-21 作为解释器文件的 awk 程序

如果路径前缀之一是/usr/local/bin，则可以用下列方式执行图 8-21 中的程序（假定我们已打开了该文件的执行位）：

```
$ awkexample file1 FILENAME2 f3
ARGV[0] = awk
ARGV[1] = file1
ARGV[2] = FILENAME2
ARGV[3] = f3
```

262

执行/bin/awk时，其命令行参数是：

```
/bin/awk -f /usr/local/bin/awkexample file1 FILENAME2 f3
```

解释器文件的路径名（/usr/local/bin/awkexample）被传送给解释器。因为不能期望解释器（在本例中是/bin/awk）会使用PATH变量定位该解释器文件，所以只传送其路径名中的文件名是不够的，要将解释器文件完整的路径名传送给解释器。当awk读解释器文件时，因为#是awk的注释字符，所以它忽略第一行。

可以用下列命令验证上述命令行参数。

```
$ /bin/su                                      成为超级用户
Password:                                      输入超级用户口令
# mv /usr/bin/awk /usr/bin/awk.save            保存原先的程序
# cp /home/sar/bin/echoarg /usr/bin/awk        暂时替换它
# suspend                                      用作业控制挂起超级用户 shell
[1] + Stopped          /bin/su
$ awkexample file1 FILENAME2 f3
argv[0]: /bin/awk
argv[1]: -f
argv[2]: /usr/local/bin/awkexample
argv[3]: file1
argv[4]: FILENAME2
argv[5]: f3
$ fg                                           用作业控制恢复超级用户 shell
/bin/su
# mv /usr/bin/awk.save /usr/bin/awk            恢复原先的程序
# exit                                         终止超级用户 shell
```

在此例子中，解释器的-f选项是必需的。正如前述，它告诉awk在什么地方找到awk程序。如果在解释器文件中删除-f选项，则在试图运行该解释器文件时，通常输出一条出错消息。该出错消息的精确文本可能有所不同，这取决于解释器文件存放在何处以及其余参数是否表示现有的文件等。因为在这种情况下命令行参数是：

```
/bin/awk /usr/local/bin/awkexample file1 FILENAME2 f3
```

于是awk企图将字符串/usr/local/bin/awkexample解释为一个awk程序。如果不能向解释器传递至少一个可选参数（在本例中是-f），那么这些解释器文件只有对shell才是有用的。

是否一定需要解释器文件呢？那也不完全如此。但是它们确实使用户得到效率方面的好处，其代价是内核的额外开销（因为识别解释器文件的是内核）。由于下述理由，解释器文件是有用的。

（1）有些程序是用某种语言写的脚本，解释器文件可将这一事实隐藏起来。例如，为了执行图8-21程序，只需使用下列命令行：

263

awkexample *optional-arguments*

而并不需要知道该程序实际上是一个awk脚本，否则就要以下列方式执行该程序：

```
awk -f awkexample optional-arguments
```

（2）解释器脚本在效率方面也提供了好处。再考虑一下前面的例子。仍旧隐藏该程序是一个awk脚本的事实，但是将其放在一个shell脚本中：

```
awk 'BEGIN {
    for (i = 0; i < ARGC; i++)
        printf "ARGV[%d] = %s\n", i, ARGV[i]
    exit
}' $*
```

这种解决方法的问题是要求做更多的工作。首先，shell读此命令，然后试图execlp此文件名。因为shell脚本是一个可执行文件，但却不是机器可执行的，于是返回一个错误，execlp就认为该文件是一个shell脚本（它实际上就是这种文件）。然后执行/bin/sh，并以该shell脚本的路径名作为其参数。shell正确地执行我们的shell脚本，但是为了运行awk程序，它调用fork、exec和wait。于是，用一个shell脚本代替解释器脚本需要更多的开销。

（3）解释器脚本使我们可以使用除/bin/sh以外的其他shell来编写shell脚本。当execlp找到一个非机器可执行的可执行文件时，它总是调用/bin/sh来解释执行该文件。但是，用解释器脚本则可简单地写成：

```
#!/bin/csh
（在解释器文件中后跟随C shell脚本）
```

再一次，我们也可将此放在一个/bin/sh脚本中（然后由其调用C shell），但是要有更多的开销。

如果3个shell和awk没有用#作为注释符，则上面所说的都无效。

8.13 函数 system

在程序中执行一个命令字符串很方便。例如，假定要将时间和日期放到某一个文件中，则可使用6.10节中的函数实现这一点。调用time得到当前日历时间，接着调用localtime将日历时间变换为年、月、日、时、分、秒、周日的分解形式，然后调用strftime对上面的结果进行格式化处理，最后将结果写到文件中。但是用下面的system函数则更容易做到这一点：

```
system("date > file");
```

ISO C定义了system函数，但是其操作对系统的依赖性很强。POSIX.1包括了system接口，它扩展了ISO C定义，描述了system在POSIX.1环境中的运行行为。 264

```
#include <stdlib.h>

int system(const char *cmdstring);
```

返回值：（见下）

如果*cmdstring*是一个空指针，则仅当命令处理程序可用时，system返回非0值，这一特征可以确定在一个给定的操作系统上是否支持system函数。在UNIX中，system总是可用的。

因为system在其实现中调用了fork、exec和waitpid，因此有3种返回值。

（1）fork失败或者waitpid返回除EINTR之外的出错，则system返回−1，并且设置errno以指示错误类型。

（2）如果exec失败（表示不能执行shell），则其返回值如同shell执行了exit(127)

一样。

（3）否则所有3个函数（fork、exec和waitpid）都成功，那么system的返回值是shell的终止状态，其格式已在waitpid中说明。

> 如果waitpid被一个捕捉到的信号中断，则某些早期的system实现都返回错误类型值EINTR。但是，因为没有可用的策略能让应用程序从这种错误类型中恢复（子进程的进程ID对调用者来说是未知的）。POSIX后来增加了下列要求：在这种情况下system不返回一个错误。（10.5节中将讨论被中断的系统调用。）

图8-22中的程序是system函数的一种实现。它对信号没有进行处理。10.18节中将修改此函数使其进行信号处理。

```
#include <sys/wait.h>
#include <errno.h>
#include <unistd.h>

int
system(const char *cmdstring)  /* version without signal handling */
{
    pid_t   pid;
    int     status;

    if (cmdstring == NULL)
        return(1);        /* always a command processor with UNIX */

    if ((pid = fork()) < 0) {
        status = -1;  /* probably out of processes */
    } else if (pid == 0) {                    /* child */
        execl("/bin/sh", "sh", "-c", cmdstring, (char *)0);
        _exit(127);       /* execl error */
    } else {                              /* parent */
        while (waitpid(pid, &status, 0) < 0) {
            if (errno != EINTR) {
                status = -1; /* error other than EINTR from waitpid() */
                break;
            }
        }
    }

    return(status);
}
```

图8-22　system函数（没有对信号进行处理）

shell的-c选项告诉shell程序取下一个命令行参数（在这里是*cmdstring*）作为命令输入（而不是从标准输入或从一个给定的文件中读命令）。shell对以null字节终止的命令字符串进行语法分析，将它们分成命令行参数。传递给shell的实际命令字符串可以包含任一有效的shell命令。例如，可以用<和>对输入和输出重定向。

如果不使用shell执行此命令，而是试图由我们自己去执行它，那将相当困难。首先，我们必须用execlp而不是execl，像shell那样使用PATH变量。我们必须将null字节终止的命令字符串分成各个命令行参数，以便调用execlp。最后，我们也不能使用任何一个shell元字符。

注意，我们调用_exit 而不是 exit。这是为了防止任一标准 I/O 缓冲（这些缓冲会在 fork 中由父进程复制到子进程）在子进程中被冲洗。

用图 8-23 中的程序对这种实现的 system 函数进行测试(pr_exit 函数定义在图 8-5 程序中)。

```
#include "apue.h"
#include <sys/wait.h>

int
main(void)
{
    int      status;

    if ((status = system("date")) < 0)
        err_sys("system() error");

    pr_exit(status);

    if ((status = system("nosuchcommand")) < 0)
        err_sys("system() error");

    pr_exit(status);

    if ((status = system("who; exit 44")) < 0)
        err_sys("system() error");

    pr_exit(status);

    exit(0);
}
```

图 8-23 调用 system 函数

运行图 8-23 程序得到：

```
$ ./a.out
Sat Feb 25 19:36:59 EST 2012
normal termination, exit status = 0     对于 date
sh: nosuchcommand: command not found
normal termination, exit status = 127   对于无此种命令
sar      console Jan  1 14:59
sar      ttys000 Feb  7 19:08
sar      ttys001 Jan 15 15:28
sar      ttys002 Jan 15 21:50
sar      ttys003 Jan 21 16:02
normal termination, exit status = 44    对于 exit
```

使用 system 而不是直接使用 fork 和 exec 的优点是：system 进行了所需的各种出错处理以及各种信号处理（在 10.18 节中的下一个版本 system 函数中）。

在 UNIX 的早期系统中，包括 SVR3.2 和 4.3BSD，都没有 waitpid 函数，于是父进程用下列形式的语句等待子进程：

```
while ((lastpid = wait(&status)) != pid && lastpid != -1)
    ;
```

如果调用 system 的进程在调用它之前已经生成子进程，那么将引起问题。因为上面的

while 语句一直循环执行，直到由 system 产生的子进程终止才停止，如果不是用 pid 标识的任一子进程在 pid 子进程之前终止，则它们的进程 ID 和终止状态都被 while 语句丢弃。实际上，由于 wait 不能等待一个指定的进程以及其他一些原因，POSIX.1 Rationale 才定义了 waitpid 函数。如果不提供 waitpid 函数，popen 和 pclose 函数也会发生同样的问题（见 15.3 节）。

设置用户 ID 程序

265 ~ 267

如果在一个设置用户 ID 程序中调用 system，那会发生什么呢？这是一个安全性方面的漏洞，决不应当这样做。图 8-24 程序是一个简单程序，它只是对其命令行参数调用 system 函数。

```
#include "apue.h"

int
main(int argc, char *argv[])
{
    int     status;

    if (argc < 2)
        err_quit("command-line argument required");

    if ((status = system(argv[1])) < 0)
        err_sys("system() error");

    pr_exit(status);

    exit(0);
}
```

图 8-24　用 system 执行命令行参数

将此程序编译成可执行目标文件 tsys。

图 8-25 所示的是另一个简单程序，它打印实际用户 ID 和有效用户 ID。

```
#include "apue.h"

int
main(void)
{
    printf("real uid = %d, effective uid = %d\n", getuid(), geteuid());
    exit(0);
}
```

图 8-25　打印实际用户 ID 和有效用户 ID

将此程序编译成可执行目标文件 printuids。运行这两个程序，得到如下结果：

```
$ tsys printuids                            正常执行，无特权
real uid = 205, effective uid = 205
normal termination, exit status = 0
$ su                                        成为超级用户
Password:                                   输入超级用户口令
# chown root tsys                           更改所有者
# chmod u+s tsys                            增加设置用户 ID
# ls -l tsys                                检验文件权限和所有者
-rwsrwxr-x 1 root     7888 Feb 25 22:13 tsys
# exit                                      退出超级用户 shell
$ tsys printuids
```

```
real uid = 205, effective uid = 0      哎呀！ 这是一个安全性漏洞
normal termination, exit status = 0
```

268

我们给予 tsys 程序的超级用户权限在 system 中执行了 fork 和 exec 之后仍被保持下来。

> 有些实现通过更改/bin/sh，当有效用户 ID 与实际用户 ID 不匹配时，将有效用户 ID 设置为实际用户 ID，这样可以关闭上述安全漏洞。在这些系统中，上述示例的结果就不会发生。不管调用 system 的程序设置用户 ID 位状态如何，都会打印出相同的有效用户 ID。

如果一个进程正以特殊的权限（设置用户 ID 或设置组 ID）运行，它又想生成另一个进程执行另一个程序，则它应当直接使用 fork 和 exec，而且在 fork 之后、exec 之前要更改回普通权限。设置用户 ID 或设置组 ID 程序决不应调用 system 函数。

> 这种警告的一个理由是：system 调用 shell 对命令字符串进行语法分析，而 shell 使用 IFS 变量作为其输入字段分隔符。早期的 shell 版本在被调用时不将此变量重置为普通字符集。这就允许一个恶意的用户在调用 system 之前设置 IFS，造成 system 执行一个不同的程序。

8.14 进程会计

大多数 UNIX 系统提供了一个选项以进行进程会计（process accounting）处理。启用该选项后，每当进程结束时内核就写一个会计记录。典型的会计记录包含总量较小的二进制数据，一般包括命令名、所使用的 CPU 时间总量、用户 ID 和组 ID、启动时间等。本节将较详细地说明这种会计记录，这样也使我们得到了一个再次观察进程的机会，以及使用 5.9 节中所介绍的 fread 函数的机会。

> 任一标准都没有对进程会计进行过说明。于是，所有实现都有令人厌烦的差别。例如，关于 I/O 的数量，Solaris 10 使用的单位是字节，FreeBSD 8.0 和 Mac OS X 10.6.8 使用的单位是块，但又不考虑不同的块长，这使得该计数值并无实际效用。Linux 3.2.0 则完全没有保持 I/O 统计数。
>
> 每种实现也都有自己的一套管理命令去处理这种原始的会计数据。例如，Solaris 提供了 runacct(1m)和 acctcom(1)，FreeBSD 则提供 sa(8)命令处理并总结原始会计数据。

一个至今没有说明的函数（acct）启用和禁用进程会计。唯一使用这一函数的是 accton(8)命令（这是在几种平台上都类似的少数几条命令中的一条）。超级用户执行一个带路径名参数的 accton 命令启用会计处理。会计记录写到指定的文件中，在 FreeBSD 和 Mac OS X 中，该文件通常是/var/account/acct；在 Linux 中，该文件是/var/account/pacct；在 Solaris 中，该文件是/var/adm/pacct。执行不带任何参数的 accton 命令则停止会计处理。

会计记录结构定义在头文件<sys/acct.h>中，虽然每种系统的实现各不相同，但会计记录样式基本如下：

269

```
typedef  u_short comp_t;        /* 3-bit base 8 exponent; 13-bit fraction*/
struct  acct
{
  char   ac_flag;               /* flag (see Figure 8.26)*/
  char   ac_stat;               /* termination status(signal & core flag only)*/
                                /* (Solaris only)*/
  uid_t  ac_uid;                /* real user ID*/
  gid_t  ac_gid;                /* real group ID*/
  dev_t  ac_tty;                /* controlling terminal*/
  time_t ac_btime;              /* starting calendar time*/
  comp_t ac_utime;              /* user CPU time*/
```

```
    comp_t ac_stime;              /* system CPU time*/
    comp_t ac_etime;              /* elapsed time*/
    comp_t ac_mem;                /* average memory usage*/
    comp_t ac_io;                 /* bytes transferred (by read and write)*/
                                  /* "blocks" on BSD systems*/
    comp_t ac_rw;                 /* blocks read or written*/
                                  /* (not present on BSD systems)*/
    char   ac_comm[8];            /* command name: [8] for Solaris,*/
                                  /* [10] for Mac OS X, [16] for FreeBSD, and*/
                                  /* [17] for Linux*/
};
```

在大多数的平台上，时间是以时钟滴答数记录的，但FreeBSD以微秒进行记录的。ac_flag成员记录了进程执行期间的某些事件。这些事件见图8-26。

ac_flag	说明	FreeBSD 8.0	Linux 3.2.0	Mac OS X 10.6.8	Solaris 10
AFORK	进程是由fork产生的，但从未调用exec	•	•	•	•
ASU	进程使用超级用户特权		•	•	•
ACORE	进程转储core	•	•	•	
AXSIG	进程由一个信号杀死	•	•	•	
AEXPND	扩展的会计条目				•
ANVER	新记录格式	•			

图8-26　会计记录中的ac_flag值

会计记录所需的各个数据（各CPU时间、传输的字符数等）都由内核保存在进程表中，并在一个新进程被创建时初始化（如fork之后在子进程中）。进程终止时写一个会计记录。这产生两个后果。

第一，我们不能获取永远不终止的进程的会计记录。像init这样的进程在系统生命周期中一直在运行，并不产生会计记录。这也同样适合于内核守护进程，它们通常不会终止。

第二，在会计文件中记录的顺序对应于进程终止的顺序，而不是它们启动的顺序。为了确定启动顺序，需要读全部会计文件，并按启动日历时间进行排序。这不是一种很完善的方法，因为日历时间的单位是秒（见1.10节），在一个给定的秒中可能启动了多个进程。而墙上时钟时间的单位是时钟滴答（通常，每秒滴答数在60～128）。但是我们并不知道进程的终止时间，所知道的只是启动时间和终止顺序。这就意味着，即使墙上时钟时间比启动时间要精确得多，仍不能按照会计文件中的数据重构各进程的精确启动顺序。

会计记录对应于进程而不是程序。在fork之后，内核为子进程初始化一个记录，而不是在一个新程序被执行时初始化。虽然exec并不创建一个新的会计记录，但相应记录中的命令名改变了，AFORK标志则被清除。这意味着，如果一个进程顺序执行了3个程序（A exec B、B exec C，最后是C exit），只会写一个会计记录。在该记录中的命令名对应于程序C，但CPU时间是程序A、B和C之和。

实例

为了得到某些会计数据以便查看，我们按图8-27编写了测试程序。

测试程序的源代码如图8-28所示。该程序调用4次fork。每个子进程做不同的事情，然后终止。

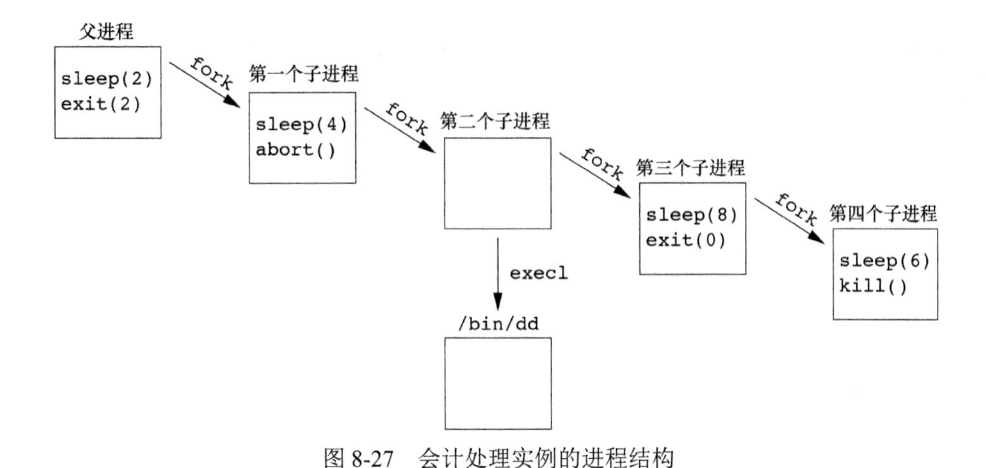

图 8-27 会计处理实例的进程结构

```
#include "apue.h"

int
main(void)
{
    pid_t   pid;

    if ((pid = fork()) < 0)
        err_sys("fork error");
    else if (pid != 0) {        /* parent */
        sleep(2);
        exit(2);                /* terminate with exit status 2 */
    }

    if ((pid = fork()) < 0)
        err_sys("fork error");
    else if (pid != 0) {        /* first child */
        sleep(4);
        abort();                /* terminate with core dump */
    }

    if ((pid = fork()) < 0)
        err_sys("fork error");
    else if (pid != 0) {        /* second child */
        execl("/bin/dd", "dd", "if=/etc/passwd", "of=/dev/null", NULL);
        exit(7);                /* shouldn't get here */
    }

    if ((pid = fork()) < 0)
        err_sys("fork error");
    else if (pid != 0) {        /* third child */
        sleep(8);
        exit(0);                /* normal exit */
    }

    sleep(6);                       /* fourth child */
    kill(getpid(), SIGKILL);    /* terminate w/signal, no core dump */
    exit(6);                    /* shouldn't get here */
}
```

图 8-28 产生会计数据的程序

270 ~ 271

在 Solaris 上运行该测试程序，然后用图 8-29 中的程序从会计记录中选择一些字段并打印出来。

```
#include "apue.h"
#include <sys/acct.h>

#if defined(BSD)  /* different structure in FreeBSD */
#define acct acctv2
#define ac_flag ac_trailer.ac_flag
#define FMT "%-*.*s  e = %.0f, chars = %.0f, %c %c %c %c\n"
#elif defined(HAS_AC_STAT)
#define FMT "%-*.*s  e = %6ld, chars = %7ld, stat = %3u: %c %c %c %c\n"
#else
#define FMT "%-*.*s  e = %6ld, chars = %7ld, %c %c %c %c\n"
#endif
#if defined(LINUX)
#define acct acct_v3  /* different structure in Linux */
#endif

#if !defined(HAS_ACORE)
#define ACORE 0
#endif
#if !defined(HAS_AXSIG)
#define AXSIG 0
#endif

#if !defined(BSD)
static unsigned long
compt2ulong(comp_t comptime)   /* convert comp_t to unsigned long */
{
    unsigned long    val;
    int              exp;

    val = comptime & 0x1fff;   /* 13-bit fraction */
    exp = (comptime >> 13) & 7;    /* 3-bit exponent (0-7) */
    while (exp-- > 0)
        val *= 8;
    return(val);
}
#endif

int
main(int argc, char *argv[])
{
    struct acct      acdata;
    FILE             *fp;

    if (argc != 2)
        err_quit("usage: pracct filename");
    if ((fp = fopen(argv[1], "r")) == NULL)
        err_sys("can't open %s", argv[1]);
    while (fread(&acdata, sizeof(acdata), 1, fp) == 1) {
        printf(FMT, (int)sizeof(acdata.ac_comm),
            (int)sizeof(acdata.ac_comm), acdata.ac_comm,
#if defined(BSD)
            acdata.ac_etime, acdata.ac_io,
```

272

```
#else
            compt2ulong(acdata.ac_etime), compt2ulong(acdata.ac_io),
#endif
#if defined(HAS_AC_STAT)
            (unsigned char) acdata.ac_stat,
#endif
            acdata.ac_flag & ACORE ? 'D' : ' ',
            acdata.ac_flag & AXSIG ? 'X' : ' ',
            acdata.ac_flag & AFORK ? 'F' : ' ',
            acdata.ac_flag & ASU   ? 'S' : ' ');
    }
    if (ferror(fp))
        err_sys("read error");
    exit(0);
}
```

图 8-29 打印从系统会计文件中选出的字段

273

BSD 派生的平台不支持 ac_stat 成员，所以我们在支持该成员的平台上定义了 HAS_AC_STAT 常量。基于特性而非平台定义的符号常量使代码更易读，也使我们更容易修改程序。修改的方法是对编译命令增加新的定义。替代方法可以是使用：

```
#if !defined(BSD) && !defined(MACOS)
```

但是，当将应用移植到其他平台上时，这种方法会带来很大的不便。

我们定义了类似的常量以判断该平台是否支持 ACORE 和 AXSIG 会计标志。我们不能直接使用这两个标志符号，其原因是，在 Linux 中，它们被定义为 enum 类型值，而在#ifdef 表达式中不能使用此种类型值。

为了进行测试，执行下列操作步骤。

（1）成为超级用户，用 accton 命令启用会计处理。注意，当此命令结束时，会计处理已经启用，因此在会计文件中的第一个记录应来自这一命令。

（2）终止超级用户 shell，运行图 8-28 程序。这会追加 6 个记录到会计文件中（超级用户 shell 一个、父进程一个、4 个子进程各一个）。

在第二个子进程中，execl 并不创建一个新进程，所以对第二个进程只有一个会计记录。

（3）成为超级用户，停止会计处理。因为在 accton 命令终止时已经停止会计处理，所以不会在会计文件中增加一个记录。

（4）运行图 8-29 程序，从会计文件中选出字段并打印。

第 4 步的输出如下面所示。在每一行中都对进程追加了说明，以便后面讨论。

```
accton   e =    1, chars =    336, stat =   0:      S
sh       e = 1550, chars =  20168, stat =   0:      S
dd       e =    2, chars =   1585, stat =   0:            第二个子进程
a.out    e =  202, chars =      0, stat =   0:            父进程
a.out    e =  420, chars =      0, stat = 134:    F       第一个子进程
a.out    e =  600, chars =      0, stat =   9:    F       第四个子进程
a.out    e =  801, chars =      0, stat =   0:    F       第三个子进程
```

墙上时钟时间值的单位是每秒滴答数。从图 2-15 中可见，本系统的每秒滴答数是 100。例如，在父进程中的 sleep(2)对应于墙上时钟时间 202 个时钟滴答。对于第一个子进程，sleep(4)变成 420 时钟滴答。注意，一个进程休眠的时间总量并不精确。（第 10 章将返回到 sleep 函数。）调用 fork 和 exit 也需要一些时间。

注意，ac_stat 成员并不是进程的真正终止状态。它只是 8.6 节中讨论的终止状态的一部分。274 如果进程异常终止，则此字节包含的信息只是 core 标志位（一般是最高位）以及信号编号数（一般是低 7 位）。如果进程正常终止，则从会计文件不能得到进程的退出（exit）状态。对于第一个子进程，此值是 128+6。128 是 core 标志位，6 是此系统信号 SIGABRT 的值（它是由调用 abort 产生的）。第四个子进程的值是 9，它对应于 SIGKILL 的值。从会计文件的数据中不能分辨出，父进程在退出时所用的参数值是 2，第三个子进程退出时所用的参数值是 0。

dd 进程将文件/etc/passwd 复制到第二个子进程中，该文件的长度是 777 字节。而 I/O 字符数是此值的 2 倍，其原因是读了 777 字节，然后又写了 777 字节。即使输出到空设备，但仍对 I/O 字符数进行计算。dd 命令还有 31 个附加字节，用于报告读写字节数的摘要信息，该摘要信息也会在 stdout 上打印输出。

ac_flag 值与我们所预料的相同。除调用 execl 的第二个子进程以外，其他子进程都设置了 F 标志。父进程没有设置 F 标志，其原因是执行父进程的交互式 shell 调用 fork，然后执行 a.out 文件。第一个子进程调用 abort，abort 产生信号 SIGABRT，产生了 core 转储。该进程的 X 标志和 D 标志都没有打开，因为 Solaris 不支持它们；相关信息可从 ac_stat 字段导出。第四个子进程也因信号而终止，但是 SIGKILL 信号并不产生 core 转储，它只是终止该进程。

最后要说明的是：第一个子进程的 I/O 字符数为 0，但是该进程产生了一个 core 文件。其原因是写 core 文件所需的 I/O 并不由该进程负责。

8.15 用户标识

任一进程都可以得到其实际用户 ID 和有效用户 ID 及组 ID。但是，我们有时希望找到运行该程序用户的登录名。我们可以调用 getpwuid(getuid())，但是如果一个用户有多个登录名，这些登录名又对应着同一个用户 ID，又将如何呢？（一个人在口令文件中可以有多个登录项，它们的用户 ID 相同，但登录 shell 不同。）系统通常记录用户登录时使用的名字（见 6.8 节），用 getlogin 函数可以获取此登录名。

```
#include <unistd.h>

char *getlogin(void);
```

返回值：若成功，返回指向登录名字符串的指针；若出错，返回 NULL

如果调用此函数的进程没有连接到用户登录时所用的终端，则函数会失败。通常称这些进程为守护进程（daemon），第 13 章将对这种进程专门进行讨论。275

给出了登录名，就可用 getpwnam 在口令文件中查找用户的相应记录，从而确定其登录 shell 等。

> 为了找到登录名，UNIX 系统在历史上一直是调用 ttyname 函数（见 18.9 节），然后在 utmp 文件（见 6.8 节）中找匹配项。FreeBSD 和 Mac OS X 将登录名存放在与进程表项相关联的会话结构中，并提供系统调用获取该登录名。
>
> System V 提供 cuserid 函数返回登录名。此函数先调用 getlogin 函数，如果失败则再调用 getpwuid(getuid())。IEEE 标准 1003.1-1988 说明了 cuserid，但是它以有效用户 ID 而不是实际用户 ID 来调用。POSIX.1 的 1990 版本删除了 cuserid 函数。
>
> 环境变量 LOGNAME 通常由 login(1)以用户的登录名对其赋初值，并由登录 shell 继承。但是，用户可以修改环境变量，所以不能使用 LOGNAME 来验证用户，而应当使用 getlogin 函数。

8.16 进程调度

UNIX 系统历史上对进程提供的只是基于调度优先级的粗粒度的控制。调度策略和调度优先级是由内核确定的。进程可以通过调整友好值选择以更低优先级运行（通过调整友好值降低它对CPU 的占有，因此该进程是“友好的”）。只有特权进程允许提高调度权限。

POSIX 实时扩展增加了在多个调度类别中选择的接口以进一步细调行为。我们这里只讨论用于调整友好值的接口，这些包括在 POSIX.1 的 XSI 扩展选项中。关于实时调度扩展更多的信息，可参考 Gallmeister[1995]。

Single UNIX Specification 中友好值的范围在 0～(2*NZERO)-1 之间，有些实现支持 0～2*NZERO。友好值越小，优先级越高。虽然这看起来有点倒退，但实际上是有道理的：你越友好，你的调度优先级就越低。NZERO 是系统默认的友好值。

> 注意，定义 NZERO 的头文件因系统而异。除了头文件以外，Linux 3.2.0 可以通过非标准的 sysconf 参数（_SC_NZERO）来访问 NZERO 的值。

进程可以通过 nice 函数获取或更改它的友好值。使用这个函数，进程只能影响自己的友好值，不能影响任何其他进程的友好值。

```
#include <unistd.h>

int nice(int incr);

                    返回值：若成功，返回新的友好值 NZERO；若出错，返回-1
```

276

incr 参数被增加到调用进程的友好值上。如果 *incr* 太大，系统直接把它降到最大合法值，不给出提示。类似地，如果 *incr* 太小，系统也会无声息地把它提高到最小合法值。由于-1 是合法的成功返回值，在调用 nice 函数之前需要清除 errno，在 nice 函数返回-1 时，需要检查它的值。如果 nice 调用成功，并且返回值为-1，那么 errno 仍然为 0。如果 errno 不为 0，说明 nice 调用失败。

getpriority 函数可以像 nice 函数那样用于获取进程的友好值，但是 getpriority 还可以获取一组相关进程的友好值。

```
#include <sys/resource.h>

int getpriority(int which, id_t who);

          返回值：若成功，返回-NZERO～NZERO-1 之间的友好值；若出错，返回-1
```

which 参数可以取以下三个值之一：PRIO_PROCESS 表示进程，PRIO_PGRP 表示进程组，PRIO_USER 表示用户 ID。*which* 参数控制 *who* 参数是如何解释的，*who* 参数选择感兴趣的一个或多个进程。如果 *who* 参数为 0，表示调用进程、进程组或者用户（取决于 *which* 参数的值）。当 *which* 设为 PRIO_USER 并且 *who* 为 0 时，使用调用进程的实际用户 ID。如果 *which* 参数作用于多个进程，则返回所有作用进程中优先级最高的（最小的友好值）。

setpriority 函数可用于为进程、进程组和属于特定用户 ID 的所有进程设置优先级。

```
#include <sys/resource.h>

int setpriority(int which, id_t who, int value);

                                        返回值：若成功，返回 0；若出错，返回-1
```

参数 *which* 和 *who* 与 getpriority 函数中相同。*value* 增加到 NZERO 上，然后变为新的友好值。

> nice 系统调用起源于早期 Research UNIX 系统的 PDP-11 版本。getpriority 和 setpriority 函数源于 4.2BSD。

Single UNIX Specification 没有对在 fork 之后子进程是否继承友好值制定规则，而是留给具体实现自行决定。但是遵循 XSI 的系统要求进程调用 exec 后保留友好值。

> 在 FreeBSD 8.0、Linux 3.2.0、MacOS X 10.6.8 以及 Solaris 10 中，子进程从父进程中继承友好值。

实例

图 8-30 的程序度量了调整进程友好值的效果。两个进程并行运行，各自增加自己的计数器。277 父进程使用了默认的友好值，子进程以可选命令参数指定的调整后的友好值运行。运行 10 s 后，两个进程都打印各自的计数值并终止。通过比较不同友好值的进程的计数值的差异，我们可以了解友好值时如何影响进程调度的。

```
#include "apue.h"
#include <errno.h>
#include <sys/time.h>

#if defined(MACOS)
#include <sys/syslimits.h>
#elif defined(SOLARIS)
#include <limits.h>
#elif defined(BSD)
#include <sys/param.h>
#endif

unsigned long long count;
struct timeval end;

void
checktime(char *str)
{
    struct timeval    tv;

    gettimeofday(&tv, NULL);
    if (tv.tv_sec >= end.tv_sec && tv.tv_usec >= end.tv_usec) {
        printf("%s count = %lld\n", str, count);
        exit(0);
    }
}

int
main(int argc, char *argv[])
{
    pid_t    pid;
    char     *s;
    int      nzero, ret;
    int      adj = 0;

    setbuf(stdout, NULL);
#if defined(NZERO)
```

```
    nzero = NZERO;
#elif defined(_SC_NZERO)
    nzero = sysconf(_SC_NZERO);
#else
#error NZERO undefined
#endif
    printf("NZERO = %d\n", nzero);
    if (argc == 2)
        adj = strtol(argv[1], NULL, 10);
    gettimeofday(&end, NULL);
    end.tv_sec += 10; /* run for 10 seconds */

    if ((pid = fork()) < 0) {
        err_sys("fork failed");
    } else if (pid == 0) {     /* child */
        s = "child";
        printf("current nice value in child is %d, adjusting by %d\n",
          nice(0)+nzero, adj);
        errno = 0;
        if ((ret = nice(adj)) == -1 && errno != 0)
            err_sys("child set scheduling priority");
        printf("now child nice value is %d\n", ret+nzero);
    } else {      /* parent */
        s = "parent";
        printf("current nice value in parent is %d\n", nice(0)+nzero);
    }
    for(;;) {
        if (++count == 0)
            err_quit("%s counter wrap", s);
        checktime(s);
    }
}
```

278

图 8-30 更改友好值的效果

执行该程序两次：一次用默认的友好值，另一次用最高有效友好值（最低调度优先级）。程序运行在单处理器 Linux 系统上，以显示调度程序如何在不同友好值的进程间进行 CPU 的共享。否则，对于有空闲资源的系统，如多处理器系统（或多核 CPU），两个进程可能无需共享 CPU（运行在不同的处理器上），就无法看出具有不同友好值的两个进程的差异。

```
$ ./a.out
NZERO = 20
current nice value in parent is 20
current nice value in child is 20, adjusting by 0
now child nice value is 20
child count = 1859362
parent count = 1845338
$ ./a.out 20
NZERO = 20
current nice value in parent is 20
current nice value in child is 20, adjusting by 20
now child nice value is 39
parent count = 3595709
child count = 52111
```

当两个进程的友好值相同时，父进程占用 50.2%的 CPU，子进程占用 49.8%的 CPU。可以看到，两个进程被有效地进行了平等对待。百分比并不完全相同，是因为进程调度并不精确，而且子进程和父进程在计算结束时间和处理循环开始时间之间执行了不同数量的处理。

279

相比之下，当子进程有最高可能友好值（最低优先级）时，我们看到父进程占用 98.5%的 CPU，而子进程只占用 1.5%的 CPU。这些值取决于进程调度程序如何使用友好值，因此不同的 UNIX 系统会产生不同的 CPU 占用比。

8.17　进程时间

在 1.10 节中说明了我们可以度量的 3 个时间：墙上时钟时间、用户 CPU 时间和系统 CPU 时间。任一进程都可调用 times 函数获得它自己以及已终止子进程的上述值。

```
#include <sys/times.h>

clock_t times(struct tms *buf));
```

返回值：若成功，返回流逝的墙上时钟时间（以时钟滴答数为单位）；若出错，返回-1

此函数填写由 *buf* 指向的 tms 结构，该结构定义如下：

```
struct tms {
  clock_t  tms_utime;  /* user CPU time */
  clock_t  tms_stime;  /* system CPU time */
  clock_t  tms_cutime; /* user CPU time,terminated children */
  clock_t  tms_cstime; /* system CPU time,terminated children */
};
```

注意，此结构没有包含墙上时钟时间。times 函数返回墙上时钟时间作为其函数值。此值是相对于过去的某一时刻度量的，所以不能用其绝对值而必须使用其相对值。例如，调用 times，保存其返回值。在以后某个时间再次调用 times，从新返回的值中减去以前返回的值，此差值就是墙上时钟时间。（一个长期运行的进程可能其墙上时钟时间会溢出，当然这种可能性极小，见习题 1.5）。

该结构中两个针对子进程的字段包含了此进程用本章开始部分的 wait 函数族已等待到的各子进程的值。

所有由此函数返回的 clock_t 值都用_SC_CLK_TCK（由 sysconf 函数返回的每秒时钟滴答数，见 2.5.4 节）转换成秒数。

> 大多数实现提供了 getrusage(2)函数，该函数返回 CPU 时间以及指示资源使用情况的另外 14 个值。它起源于 BSD 系统，所以 BSD 派生的实现与其他实现比较，支持的字段要多一些。

实例

图 8-31 中的程序将每个命令行参数作为 shell 命令串执行，对每个命令计时，并打印从 tms 结构取得的值。

280

```
#include "apue.h"
#include <sys/times.h>

static void  pr_times(clock_t, struct tms *, struct tms *);
static void  do_cmd(char *);
```

```
int
main(int argc, char *argv[])
{
    int     i;

    setbuf(stdout, NULL);
    for (i = 1; i < argc; i++)
        do_cmd(argv[i]);  /* once for each command-line arg */
    exit(0);
}

static void
do_cmd(char *cmd)      /* execute and time the "cmd" */
{
    struct tms   tmsstart, tmsend;
    clock_t      start, end;
    int          status;

    printf("\ncommand: %s\n", cmd);

    if ((start = times(&tmsstart)) == -1)   /* starting values */
        err_sys("times error");

    if ((status = system(cmd)) < 0)         /* execute command */
        err_sys("system() error");

    if ((end = times(&tmsend)) == -1)       /* ending values */
        err_sys("times error");

    pr_times(end-start, &tmsstart, &tmsend);
    pr_exit(status);
}

static void
pr_times(clock_t real, struct tms *tmsstart, struct tms *tmsend)
{
    static long      clktck = 0;

    if (clktck == 0)  /* fetch clock ticks per second first time */
        if ((clktck = sysconf(_SC_CLK_TCK)) < 0)
            err_sys("sysconf error");

    printf("  real:  %7.2f\n", real / (double) clktck);
    printf("  user:  %7.2f\n",
      (tmsend->tms_utime - tmsstart->tms_utime) / (double) clktck);
    printf("  sys:   %7.2f\n",
      (tmsend->tms_stime - tmsstart->tms_stime) / (double) clktck);
    printf("  child user:  %7.2f\n",
      (tmsend->tms_cutime - tmsstart->tms_cutime) / (double) clktck);
    printf("  child sys:   %7.2f\n",
      (tmsend->tms_cstime - tmsstart->tms_cstime) / (double) clktck);
}
```

281

图 8-31 计时并执行所有命令行参数

运行此程序可以得到：

```
$ ./a.out "sleep 5" "date" "man bash >/dev/null"
command: sleep 5
  real:     5.01
  user:     0.00
  sys:      0.00
  child user:     0.00
  child sys:      0.00
normal termination, exit status = 0

command: date
Sun Feb 26 18:39:23 EST 2012
  real:     0.00
  user:     0.00
  sys:      0.00
  child user:     0.00
  child sys:      0.00
normal termination, exit status = 0

command: man bash >/dev/null
  real:     1.46
  user:     0.00
  sys:      0.00
  child user:     1.32
  child sys:      0.07
normal termination, exit status = 0
```

在前两个命令中，命令执行时间足够快避免了以可报告的精度记录 CPU 时间。但在第 3 个命令中，运行了一个处理时间足够长的命令来表明所有的 CPU 时间都出现在子进程中，而 shell 和命令正是在子进程中执行的。■

8.18 小结

对在 UNIX 环境中的高级编程而言，完整地了解 UNIX 的进程控制是非常重要的。其中必须熟练掌握的只有几个函数——fork、exec 系列、_exit、wait 和 waitpid。很多应用程序都使用这些简单的函数。fork 函数也给了我们一个了解竞争条件的机会。

282 本章说明了 system 函数和进程会计，这也使我们能进一步了解所有这些进程控制函数。本章还说明了 exec 函数的另一种变体：解释器文件及它们的工作方式。对各种不同的用户 ID 和组 ID（实际、有效和保存的）的理解，对编写安全的设置用户 ID 程序是至关重要的。

在了解进程和子进程的基础上，下一章将进一步说明进程和其他进程的关系——会话和作业控制。第 10 章将说明信号机制并以此结束对进程的讨论。

习题

8.1 在图 8-3 程序中，如果用 exit 调用代替 _exit 调用，那么可能会使标准输出关闭，使 printf 返回-1。修改该程序以验证在你所使用的系统上是否会产生此种结果。如果并非如此，你怎样处理才能得到类似结果呢？

8.2 回忆图 7-6 中典型的存储空间布局。由于对应于每个函数调用的栈帧通常存储在栈中，并且由于调用 vfork 后，子进程运行在父进程的地址空间中，如果不是在 main 函数中而是在另一个函数中调用 vfork，此后子进程又从该函数返回，将会发生什么？请编写一段测试程序对此进行验证，并且画图说明发生了什么。

8.3 重写图 8-6 中的程序，把 wait 换成 waitid。不调用 pr_exit，而从 siginfo 结构中确定等价的信息。

8.4 当用$ **./a.out** 执行图 8-13 中的程序一次时，其输出是正确的。但是若将该程序按下列方式执行多次，则其输出不正确。

```
$ ./a.out ; a.out ;./a.out
output from parent
ooutput from parent
ouotuptut from child
put from parent
output from child
utput from child
```

原因是什么？怎样才能更正此类错误？如果使子进程首先输出，还会发生此问题吗？

8.5 在图 8-20 所示的程序中，调用 execl，指定 *pathname* 为解释器文件。如果将其改为调用 execlp，指定 testinterp 的 *filename*，并且如果目录/home/sar/bin 是路径前缀，则运行该程序时，argv[2]的打印输出是什么？

8.6 编写一段程序创建一个僵死进程，然后调用 system 执行 ps(1)命令以验证该进程是僵死进程。

8.7 8.10 节中提及 POSIX.1 要求在 exec 时关闭打开目录流。按下列方法对此进行验证：对根目录调用 opendir，查看在你系统上实现的 DIR 结构，然后打印执行时关闭标志。接着打开同一目录读并打印执行时关闭标志。

第 9 章

进程关系

9.1 引言

在上一章我们已了解到进程之间具有关系。首先，每个进程有一个父进程（初始的内核级进程通常是自己的父进程）。当子进程终止时，父进程得到通知并能取得子进程的退出状态。在 8.6 节说明 waitpid 函数时，我们也提到了进程组，以及如何等待进程组中的任意一个进程终止。

本章将更详细地说明进程组以及 POSIX.1 引入的会话的概念。还将介绍登录 shell（登录时所调用的）和所有从登录 shell 启动的进程之间的关系。

在说明这些关系时不可能不谈及信号，而讨论信号时又需要很多本章介绍的概念。如果你不熟悉 UNIX 系统信号机制，则可能先要浏览一下第 10 章。

9.2 终端登录

先说明当我们登录到 UNIX 系统时所执行的各个程序。在早期的 UNIX 系统（如 V7）中，用户用哑终端（用硬连接连到主机）进行登录。终端或者是本地的（直接连接）或者是远程的（通过调制解调器连接）。在这两种情况下，登录都经由内核中的终端设备驱动程序。例如，在 PDP-11 上常用的设备是 DH-11 和 DZ-11。因为连到主机上的终端设备数是固定的，所以同时的登录数也就有了已知的上限。

285

随着位映射图形终端的出现，开发出了窗口系统，它向用户提供了与主机系统进行交互的新方式。创建终端窗口的应用也被开发出来，它仿真了基于字符的终端，使得用户可以用熟悉的方式（即通过 shell 命令行）与主机进行交互。

现今，某些平台允许用户在登录后启动一个窗口系统，而另一些平台则自动为用户启动窗口系统。在后面一种情况中，用户可能仍然需要登录，这取决于窗口系统是如何配置的（某些窗口系统可被配置成自动为用户登录）。

我们现在描述的过程用于经由终端登录至 UNIX 系统。该过程几乎与所使用的终端类型无关，所使用的终端可以是基于字符的终端、仿真基于字符终端的图形终端，或者运行窗口系统的图形终端。

1. BSD 终端登录

在过去 35 年中，BSD 终端登录过程并没有多少改变。系统管理者创建通常名为/etc/ttys 的文件，其中，每个终端设备都有一行，每一行说明设备名和传到 getty 程序的参数。例如，其中一个参数说明了终端的波特率等。当系统自举时，内核创建进程 ID 为 1 的进程，也就是 init 进程。init 进程使系统进入多用户模式。init 读取文件/etc/ttys，对每一个允许登录的终端设备，init 调用一次 fork，它所生成的子进程则 exec getty 程序。这种情况示于图 9-1 中。

图 9-1 中所有进程的实际用户 ID 和有效用户 ID 都是 0（也就是说，它们都具有超级用户特权）。init 以空环境 exec getty 程序。

286

getty 对终端设备调用 open 函数，以读、写方式将终端打开。如果设备是调制解调器，则 open 可能会在设备驱动程序中滞留，直到用户拨号调制解调器，并且线路被接通。一旦设备被打开，则文件描述符 0、1、2 就被设置到该设备。然后 getty 输出“login：”之类的信息，并等待用户键入用户名。如果终端支持多种速度，则 getty 可以测试特殊字符以便适当地更改终端速度（波特率）。关于 getty 程序以及有关数据文件（gettytab）的细节，请参阅 UNIX 系统手册。

当用户键入了用户名后，getty 的工作就完成了。然后它以类似于下列的方式调用 login 程序：

```
execle("/bin/login", "login", "-p", username, (char *)0, envp);
```

（在 gettytab 文件中可能会有一些选项使其调用其他程序，但系统默认是 login 程序）。init 以一个空环境调用 getty。getty 以终端名（如 TERM=foo，其中终端 foo 的类型取自 gettytab 文件）和在 gettytab 中说明的环境字符串为 login 创建一个环境（envp 参数）。-p 标志通知 login 保留传递给它的环境，也可将其他环境字符串加到该环境中，但是不要替换它。图 9-2 显示了 login 刚被调用后这些进程的状态。

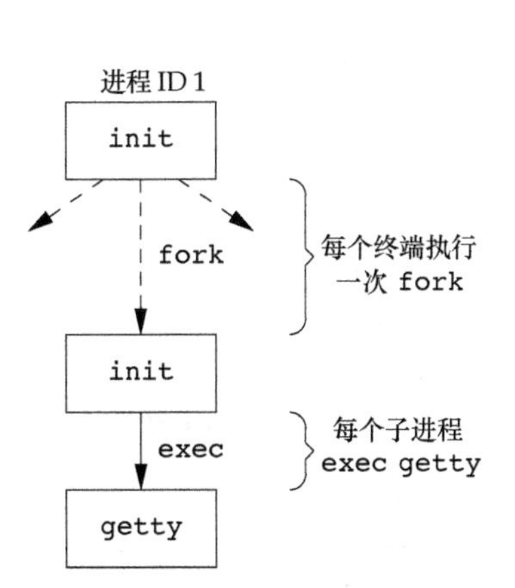

图 9-1 为允许终端登录，init 调用的进程

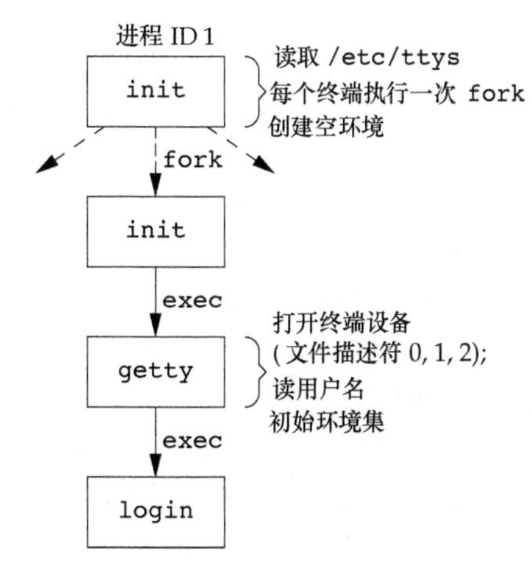

图 9-2 login 调用后进程的状态

因为最初的 init 进程具有超级用户特权，所以图 9-2 中的所有进程都有超级用户特权。图 9-2 中底部 3 个进程的进程 ID 相同，因为进程 ID 不会因执行 exec 而改变。并且，除了最初的 init 进程，所有进程的父进程 ID 均为 1。

login 能处理多项工作。因为它得到了用户名，所以能调用 getpwnam 取得相应用户的口令文件登录项。然后调用 getpass(3)以显示提示“Password：”，接着读用户键入的口令（自然，禁止回显用户键入的口令）。它调用 crypt(3)将用户键入的口令加密，并与该用户在阴影口令文件中登录项的 pw_passwd 字段相比较。如果用户几次键入的口令都无效，则 login 以参数 1 调用 exit 表示登录过程失败。父进程（init）了解到子进程的终止情况后，将再次调用 fork，其后又执行了 getty，对此终端重复上述过程。

287

这是 UNIX 系统传统的用户身份验证过程。现代 UNIX 系统已发展到支持多个身份验证过程。例如，FreeBSD、Linux、Mac OS X 以及 Solaris 都支持被称为 PAM（Pluggable Authentication Modules，可插入的身份验证模块）的更加灵活的方案。PAM 允许管理人员配置使用何种身份验证方法来访问那些使用 PAM 库编写的服务。

如果应用程序需要验证用户是否具有适当的权限去执行某个服务，那么我们要么将身份验证机制编写到应用中，要么使用 PAM 库得到同样的功能。使用 PAM 的优点是，管理员可以基于本地策略、针对不同任务配置不同的验证用户身份的方法。

如果用户正确登录，login 就将完成如下工作。

- 将当前工作目录更改为该用户的起始目录（chdir）。
- 调用 chown 更改该终端的所有权，使登录用户成为它的所有者。
- 将对该终端设备的访问权限改变成“用户读和写”。
- 调用 setgid 及 initgroups 设置进程的组 ID。
- 用 login 得到的所有信息初始化环境：起始目录（HOME）、shell（SHELL）、用户名（USER 和 LOGNAME）以及一个系统默认路径（PATH）。
- login 进程更改为登录用户的用户 ID（setuid）并调用该用户的登录 shell，其方式类似于：

```
execl("/bin/sh", "-sh", (char *)0);
```

> argv[0]的第一个字符负号“-”是一个标志，表示该 shell 被作为登录 shell 调用。shell 可以查看此字符，并相应地修改其启动过程。

login 程序实际所做的比上面说的要多。它可选择地打印日期消息（message-of-the-day）文件、检查新邮件以及执行其他一些任务。本章中我们主要关心上面所说的功能。

回忆 8.11 节中对 setuid 函数的讨论，因为 setuid 是由超级用户调用的，它更改所有 3 个用户 ID：实际用户 ID、有效用户 ID 和保存的用户 ID。login 在较早时间调用的 setgid 对所有 3 个组 ID 也有同样效果。

至此，登录用户的登录 shell 开始运行。其父进程 ID 是 init 进程（进程 ID 1），所以当此登录 shell 终止时，init 会得到通知（接到 SIGCHLD 信号），它会对该终端重复全部上述过程。登录 shell 的文件描述符 0、1 和 2 设置为终端设备。图 9-3 显示了这种安排。

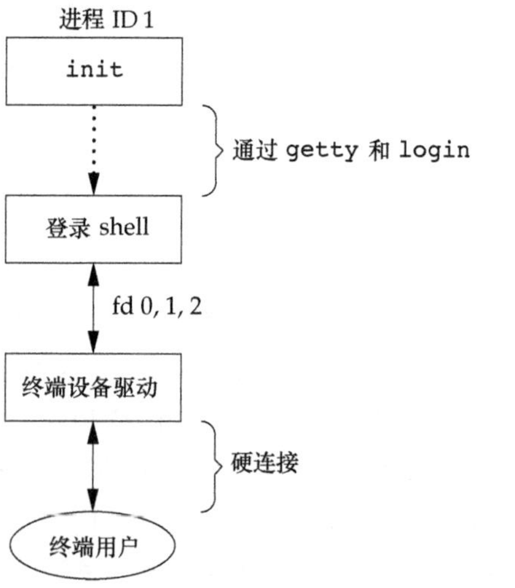

288

现在，登录 shell 读取其启动文件（Bourne shell 和 Korn shell 是.profile，GNU Bourne-again shell 是.bash_profile、.bash_login 或.profile，C shell 是.cshrc 和.login）。这些启动文件通常更改某些环境变量并增加很多环境变量。例如，大多数用户设置他们自己的 PATH 并常常提示实际终端类型（TERM）。当执行完启动文件后，用户最后得到 shell 提示符，并能键入命令。

进程 ID 1
init
通过 getty 和 login
登录 shell
fd 0, 1, 2
终端设备驱动
硬连接
终端用户

图 9-3 终端登录完成各种设置后的进程安排

2. Mac OS X 终端登录

Mac OS X 部分地基于 FreeBSD，所以其终端登录进程与 BSD 终端登录进程的工作步骤基本相同。但是，Mac OS X 有些不同之处。

- init 的工作是由 launchd 完成的。
- 一开始提供的就是图形终端。

3. Linux 终端登录

Linux 的终端登录过程非常类似于 BSD。确实，Linux login 命令是从 4.3BSD login 命令派生出来的。BSD 登录过程与 Linux 登录过程的主要区别在于说明终端配置的方式。

在 System V 的 init 文件格式之后，有些 Linux 发行版的 init 程序使用了管理文件方式。在这些系统中，/etc/inittab 包含配置信息，指定了 init 应当为之启动 getty 进程的各终端设备。

289

其他 Linux 发行版本，如最近的 Ubuntu 发行版，配有称为“Upstart”的 init 程序。使用存放在/etc/init 目录的*.conf 命名的配置文件。例如，运行/dev/tty1 上的 getty 需要的说明可能放在/etc/init/tty1.conf 文件中。

根据所使用的 getty 版本的不同，终端的特征要么在命令行中说明（如 agetty），要么在/etc/gettydefs 文件中说明（如 mgetty）。

4. Solaris 终端登录

Solaris 支持两种形式的终端登录：（a）getty 方式，这与前面对 BSD 终端登录的说明一样；（b）ttymon 登录，这是 SVR4 引入的一种新特性。通常，getty 用于控制台，ttymon 则用于其他终端的登录。

ttymon 命令是服务访问设施（Service Access Facility，SAF）的一部分。SAF 的目的是用一致的方式对提供系统访问的服务进行管理（关于 SAF 的详细信息可以参见 Rago[1993]的第 6 章）。按照本书的宗旨，我们只简单说明从 init 到登录 shell 之间不同的工作步骤，最后结果与图 9-3 中所示相似。init 是 sac（service access controller，服务访问控制器）的父进程，sac 调用 fork，然后，当系统进入多用户状态时，其子进程执行 ttymon 程序。ttymon 监控在配置文件中列出的所有终端端口，当用户键入登录名时，它调用一次 fork。在此之后 ttymon 的子进程执行 login，它向用户发出提示，要求输入口令字。一旦完成这一处理，login 执行登录用户的登录 shell，于是到达了图 9-3 中所示的位置。一个区别是用户登录 shell 的父进程现在是 ttymon，而在 getty 登录中，登录 shell 的父进程是 init。

9.3 网络登录

通过串行终端登录至系统和经由网络登录至系统两者之间的主要（物理上的）区别是：网络登录时，在终端和计算机之间的连接不再是点到点的。在网络登录情况下，login 仅仅是一种可用的服务，这与其他网络服务（如 FTP 或 SMTP）的性质相同。

在上节所述的终端登录中，init 知道哪些终端设备可用来进行登录，并为每个设备生成一个 getty 进程。但是，对网络登录情况则有所不同，所有登录都经由内核的网络接口驱动程序（如以太网驱动程序），而且事先并不知道将会有多少这样的登录。因此必须等待一个网络连接请求的到达，而不是使一个进程等待每一个可能的登录。

为使同一个软件既能处理终端登录，又能处理网络登录，系统使用了一种称为伪终端（pseudo terminal）的软件驱动程序，它仿真串行终端的运行行为，并将终端操作映射为网络操作，反之亦然。（在第 19 章，我们将详细说明伪终端。）

290

1. BSD 网络登录

在 BSD 中，有一个 inetd 进程（有时称为因特网超级服务器），它等待大多数网络连接。本节将说明 BSD 网络登录中所涉及的进程序列。关于这些进程的网络程序设计方面的细节请参阅 Stevens、Fenner 和 Rudoff [2004]。

作为系统启动的一部分，init 调用一个 shell，使其执行 shell 脚本/etc/rc。由此 shell 脚本启动一个守护进程 inetd。一旦此 shell 脚本终止，inetd 的父进程就变成 init。inetd 等待 TCP/IP 连接请求到达主机，而当一个连接请求到达时，它执行一次 fork，然后生成的子进程 exec 适当的程序。

假定一个对于 TELNET 服务进程的 TCP 连接请求到达。TELNET 是使用 TCP 协议的远程登录应用程序。在另一台主机（它通过某种形式的网络与服务进程主机相连接）上的用户，或在同一个主机上的一个用户启动 TELNET 客户进程，由此启动登录过程：

```
telnet hostname
```

该客户进程打开一个到 *hostname* 主机的 TCP 连接，在 *hostname* 主机上启动的程序被称为 TELNET 服务进程。然后，客户进程和服务进程之间使用 TELNET 应用协议通过 TCP 连接交换数据。启动客户进程的用户现在登录到了服务进程所在的主机（当然，假定用户在服务进程主机上有一个有效的账号）。图 9-4 显示了在执行 TELNET 服务进程（称为 telnetd）中所涉及的进程序列。

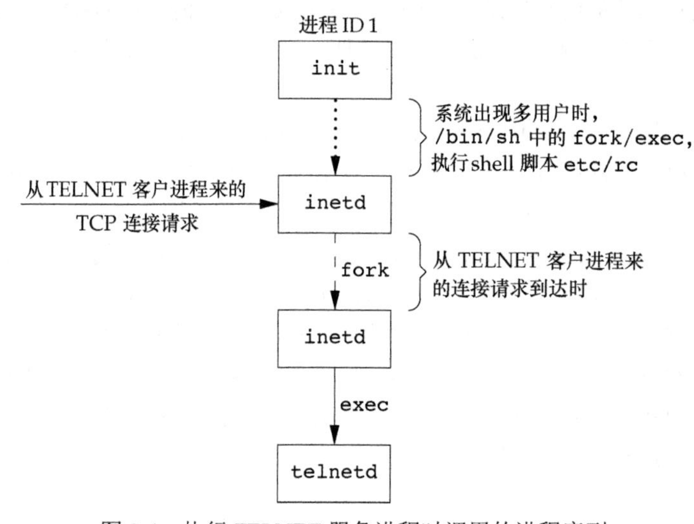

291

图 9-4 执行 TELNET 服务进程时调用的进程序列

然后，telnetd 进程打开一个伪终端设备，并用 fork 分成两个进程。父进程处理通过网络连接的通信，子进程则执行 login 程序。父进程和子进程通过伪终端相连接。在调用 exec 之前，子进程使其文件描述符 0、1、2 与伪终端相连。如果登录正确，login 就执行 9.2 节中所述的同样步骤——更改当前工作目录为起始目录、设置登录用户的组 ID、用户 ID 以及初始环境。然后 login 调用 exec 将其自身替换为登录用户的登录 shell。图 9-5 显示了到达这一点时的进程安排。

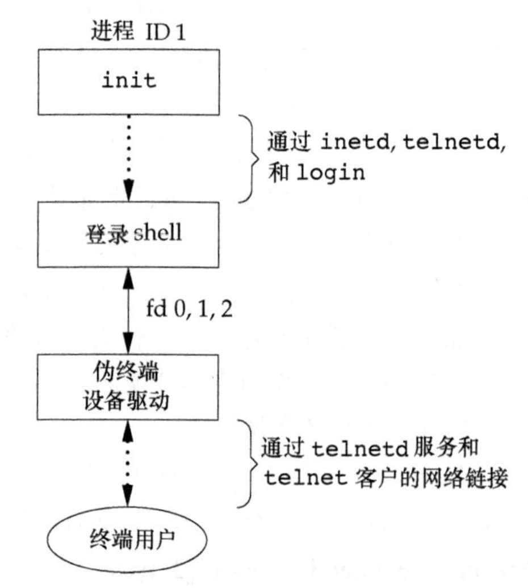

图 9-5 网络登录完成各种设置后的进程安排

很明显，在伪终端设备驱动程序和实际终端用户之间进行了很多工作。第 19 章详细说明伪终端时，我们将介绍与这种安排相关的所有进程。

需要理解的重点是：当通过终端（见图 9-3）或网络（见图 9-5）登录时，我们得到一个登录 shell，其标准输入、标准输出和标准错误要么连接到一个终端设备，要么连接到一个伪终端设备上。在后面几节中我们会了解到这一登录 shell 是一个 POSIX.1 会话的开始，而此终端或伪终端则是会话的控制终端。

2. Mac OS X 网络登录

Mac OS X 是部分地基于 FreeBSD 的，所以其网络登录与 BSD 网络登录基本相同。但 Mac OS X 上 telnet 守护进程是从 launchd 运行的。

292

> telnet 守护进程在 Mac OS X 中默认是禁用的（虽然可以通过 launchctl(1)命令启用）。Mac OS X 上执行网络登录的更好办法是用使 ssh（安全 shell 命令）。

3. Linux 网络登录

除了有些版本使用扩展的因特网服务守护进程 xinetd 代替 inetd 进程外，Linux 网络登录的其他方面与 BSD 网络登录相同。xinetd 进程对它所启动的各种服务的控制比 inetd 提供的控制更加精细。

4. Solaris 网络登录

Solaris 中网络登录的工作过程与 BSD 和 Linux 中的步骤几乎一样。同样使用了类似于 BSD 版的 inetd 服务进程，但是在 Solaris 中，inetd 服务进程在服务管理设施（Service Management Facility，SMF）下作为 restarter 运行。这个 restarter 是守护进程，它负责启动和监视其他守护进程，如果其他守护进程失败的话，restarter 重启这些失效进程。虽然 inetd 服务程序由 SMF 中的主 restarter 启动，但实际上主 restarter 是由 init 程序启动的，最后得到的结果与图 9-5 中一样。

> Solaris 服务管理设施是管理和监视系统服务的框架，提供了一种从影响系统服务的故障中恢复的途径。关于服务管理设施的更多内容，可参阅 Adams[2005]以及 Solaris 系统手册 smf(5)和 inetd(1M)。

9.4 进程组

每个进程除了有一进程 ID 之外，还属于一个进程组，第 10 章讨论信号时还会涉及进程组。

进程组是一个或多个进程的集合。通常，它们是在同一作业中结合起来的（9.8 节将详细讨论作业控制），同一进程组中的各进程接收来自同一终端的各种信号。每个进程组有一个唯一的进程组 ID。进程组 ID 类似于进程 ID——它是一个正整数，并可存放在 pid_t 数据类型中。函数 getpgrp 返回调用进程的进程组 ID。

```
#include <unistd.h>

pid_t getpgrp(void);

                                        返回值：调用进程的进程组 ID
```

在早期 BSD 派生的系统中，该函数的参数是 *pid*，返回该进程的进程组 ID。Single UNIX Specification 定义了 getpgid 函数模仿此种运行行为。

293

```
#include <unistd.h>

pid_t getpgid(pid_t pid);

                        返回值：若成功，返回进程组 ID；若出错，返回-1
```

若 *pid* 是 0，返回调用进程的进程组 ID，于是，

```
getpgid(0);
```

等价于

```
getpgrp();
```

每个进程组有一个组长进程。组长进程的进程组 ID 等于其进程 ID。

进程组组长可以创建一个进程组、创建该组中的进程，然后终止。只要在某个进程组中有一个进程存在，则该进程组就存在，这与其组长进程是否终止无关。从进程组创建开始到其中最后一个进程离开为止的时间区间称为进程组的生命期。某个进程组中的最后一个进程可以终止，也可以转移到另一个进程组。

进程调用 setpgid 可以加入一个现有的进程组或者创建一个新进程组（下一节中将说明用 setsid 也可以创建一个新的进程组）。

```
#include <unistd.h>

int setpgid(pid_t pid, pid_t pgid);
```

返回值：若成功，返回 0；若出错，返回−1

setpgid 函数将 *pid* 进程的进程组 ID 设置为 *pgid*。如果这两个参数相等，则由 *pid* 指定的进程变成进程组组长。如果 *pid* 是 0，则使用调用者的进程 ID。另外，如果 *pgid* 是 0，则由 *pid* 指定的进程 ID 用作进程组 ID。

一个进程只能为它自己或它的子进程设置进程组 ID。在它的子进程调用了 exec 后，它就不再更改该子进程的进程组 ID。

在大多数作业控制 shell 中，在 fork 之后调用此函数，使父进程设置其子进程的进程组 ID，并且也使子进程设置其自己的进程组 ID。这两个调用中有一个是冗余的，但让父进程和子进程都这样做可以保证，在父进程和子进程认为子进程已进入了该进程组之前，这确实已经发生了。如果不这样做，在 fork 之后，由于父进程和子进程运行的先后次序不确定，会因为子进程的组员身份取决于哪个进程首先执行而产生竞争条件。

在讨论信号时，将说明如何将一个信号发送给一个进程（由其进程 ID 标识）或发送给一个进程组（由进程组 ID 标识）。类似地，8.6 节的 waitpid 函数可被用来等待一个进程或者指定进程组中的一个进程终止。

294

9.5 会话

会话（session）是一个或多个进程组的集合。例如，可以具有图 9-6 中所示的安排。其中，在一个会话中有 3 个进程组。

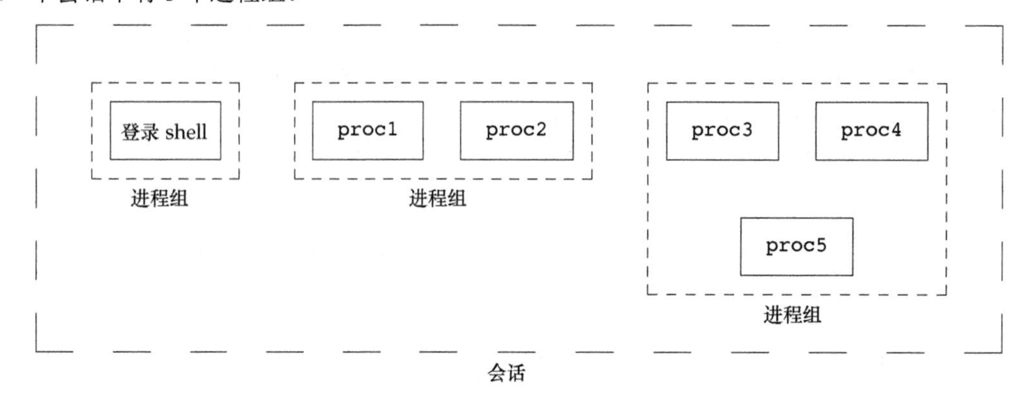

图 9-6 进程组和会话中的进程安排

通常是由 shell 的管道将几个进程编成一组的。例如，图 9-6 中的安排可能是由下列形式的 shell

命令形成的：

```
proc1 | proc2 &
proc3 | proc4 | proc5
```

进程调用 setsid 函数建立一个新会话。

```
#include <unistd.h>

pid_t setsid(void);
```

返回值：若成功，返回进程组 ID；若出错，返回-1

如果调用此函数的进程不是一个进程组的组长，则此函数创建一个新会话。具体会发生以下 3 件事。

（1）该进程变成新会话的*会话首进程*（session leader，会话首进程是创建该会话的进程）。此时，该进程是新会话中的唯一进程。

（2）该进程成为一个新进程组的组长进程。新进程组 ID 是该调用进程的进程 ID。

（3）该进程没有控制终端（下一节讨论控制终端）。如果在调用 setsid 之前该进程有一个控制终端，那么这种联系也被切断。

295

如果该调用进程已经是一个进程组的组长，则此函数返回出错。为了保证不处于这种情况，通常先调用 fork，然后使其父进程终止，而子进程则继续。因为子进程继承了父进程的进程组 ID，而其进程 ID 则是新分配的，两者不可能相等，这就保证了子进程不是一个进程组的组长。

Single UNIX Specification 只说明了会话首进程，而没有类似于进程 ID 和进程组 ID 的会话 ID。显然，会话首进程是具有唯一进程 ID 的单个进程，所以可以将会话首进程的进程 ID 视为会话 ID。会话 ID 这一概念是由 SVR4 引入的。历史上，基于 BSD 的系统并不支持这个概念，但后来改弦易辙也支持了会话 ID。getsid 函数返回会话首进程的进程组 ID。

> 一些实现（如 Solaris）与 Single UNIX Specification 保持一致，在实践中避免使用“会话 ID”这一短语，而是将此称为“会话首进程的进程组 ID”。会话首进程总是一个进程组的组长进程，所以两者是等价的。

```
#include <unistd.h>

pid_t getsid(pid_t pid);
```

返回值：若成功，返回会话首进程的进程组 ID；若出错，返回-1

如若 *pid* 是 0，getsid 返回调用进程的会话首进程的进程组 ID。出于安全方面的考虑，一些实现有如下限制：如若 *pid* 并不属于调用者所在的会话，那么调用进程就不能得到该会话首进程的进程组 ID。

9.6 控制终端

会话和进程组还有一些其他特性。

- 一个会话可以有一个*控制终端*（controlling terminal）。这通常是终端设备（在终端登录情况下）或伪终端设备（在网络登录情况下）。
- 建立与控制终端连接的会话首进程被称为*控制进程*（controlling process）。
- 一个会话中的几个进程组可被分成一个*前台进程组*（foreground process group）以及一个或多个*后台进程组*（background process group）。

- 如果一个会话有一个控制终端，则它有一个前台进程组，其他进程组为后台进程组。
- 无论何时键入终端的中断键（常常是 Delete 或 Ctrl+C），都会将中断信号发送至前台进程组的所有进程。

296

- 无论何时键入终端的退出键（常常是 Ctrl+\），都会将退出信号发送至前台进程组的所有进程。
- 如果终端接口检测到调制解调器（或网络）已经断开连接，则将挂断信号发送至控制进程（会话首进程）。

这些特性示于图 9-7 中。

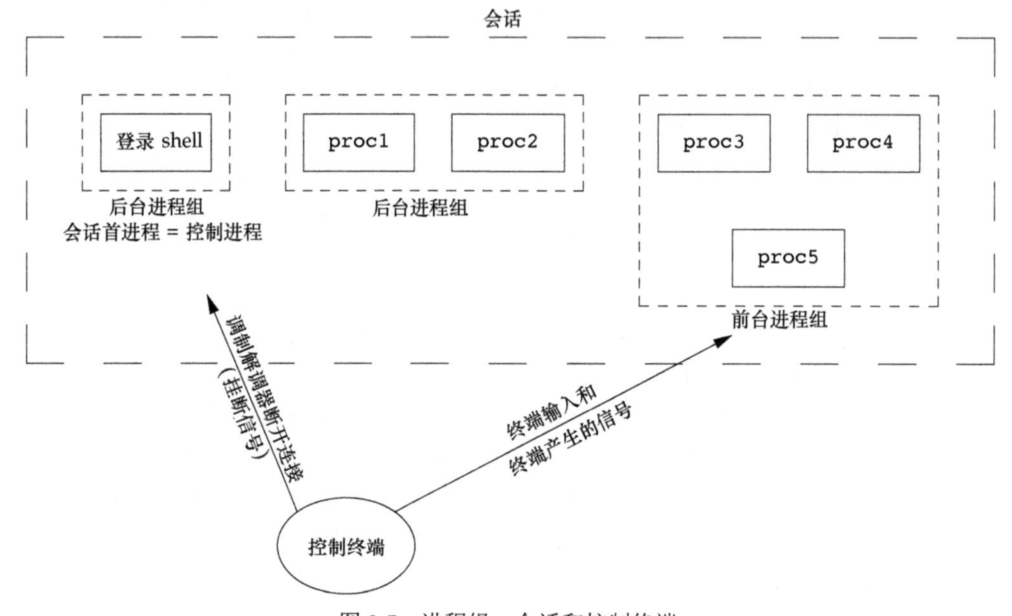

图 9-7　进程组、会话和控制终端

通常，我们不必担心控制终端，登录时，将自动建立控制终端。

> POSIX.1 将如何分配一个控制终端的机制交给具体实现来选择。19.4 节中将说明实际步骤。
>
> 当会话首进程打开第一个尚未与一个会话相关联的终端设备时，只要在调用 `open` 时没有指定 `O_NOCTTY` 标志（见 3.3 节），System V 派生的系统将此作为控制终端分配给此会话。
>
> 当会话首进程用 `TIOCSCTTY` 作为 *request* 参数（第三个参数是空指针）调用 `ioctl` 时，基于 BSD 的系统为会话分配控制终端。为使此调用成功执行，此会话不能已经有一个控制终端（通常 `ioctl` 调用紧跟在 `setsid` 调用之后，`setsid` 保证此进程是一个没有控制终端的会话首进程）。除了以兼容模式支持其他系统以外，基于 BSD 的系统不使用 POSIX.1 中对 `open` 函数所说明的 `O_NOCTTY` 标志。
>
> 图 9-8 总结了本书讨论的 4 个平台分配控制终端的方式。注意，虽然 Mac OS X 10.6.8 是从 BSD 派生出来的，但其分配控制终端的方式如同 System V。

297

方　　法	FreeBSD 8.0	Linux 3.2.0	Mac OS X 10.6.8	Solaris 10
没有指定 `O_NOCTTY` 的 `open`		•	•	•
`TIOCSCTTY` `ioctl` 命令	•	•	•	•

图 9-8　不同的实现分配控制终端的方式

有时不管标准输入、标准输出是否重定向，程序都要与控制终端交互作用。保证程序能与控制终端对话的方法是 `open` 文件 `/dev/tty`。在内核中，此特殊文件是控制终端的同义语。自然地，如果程序没有控制终端，则对于此设备的 open 将失败。

典型的例子是用于读口令的 getpass(3)函数（终端回显被关闭）。这一函数由 crypt(1)程序调用，并可用于管道中。例如：

```
crypt < salaries | lpr
```

将文件 salaries 解密，然后经由管道将输出送至打印缓冲服务程序。因为 crypt 从其标准输入读输入文件，所以标准输入不能用于输入口令。而且，crypt 经过了设计，因此每次运行此程序时都应输入加密口令，这样也就阻止了用户将口令存放在文件中（这会造成安全性漏洞）。

已经知道有一些方法可以破译 crypt 程序使用的密码。关于加密文件的详细情况请参见 Garfinkel 等[2003]。

9.7 函数 tcgetpgrp、tcsetpgrp 和 tcgetsid

需要有一种方法来通知内核哪一个进程组是前台进程组，这样，终端设备驱动程序就能知道将终端输入和终端产生的信号发送到何处（见图 9-7）。

```
#include <unistd.h>

pid_t tcgetpgrp(int fd);

                              返回值：若成功，返回前台进程组 ID；若出错，返回-1

int tcsetpgrp(int fd, pid_t pgrpid);

                                        返回值：若成功，返回 0；若出错，返回-1
```

函数 tcgetpgrp 返回前台进程组 ID，它与在 *fd* 上打开的终端相关联。

如果进程有一个控制终端，则该进程可以调用 tcsetpgrp 将前台进程组 ID 设置为 *pgrpid*。*pgrpid* 值应当是在同一会话中的一个进程组的 ID。*fd* 必须引用该会话的控制终端。

298

大多数应用程序并不直接调用这两个函数。它们通常由作业控制 shell 调用。

给出控制 TTY 的文件描述符，通过 tcgetsid 函数，应用程序就能获得会话首进程的进程组 ID。

```
#include <termios.h>

pid_t tcgetsid(int fd);

                       返回值：若成功，返回会话首进程的进程组 ID；若出错，返回-1
```

需要管理控制终端的应用程序可以调用 tcgetsid 函数识别出控制终端的会话首进程的会话 ID（它等价于会话首进程的进程组 ID）。

9.8 作业控制

作业控制是 BSD 在 1980 年左右增加的一个特性。它允许在一个终端上启动多个作业（进程组），它控制哪一个作业可以访问该终端以及哪些作业在后台运行。作业控制要求以下 3 种形式的支持。

（1）支持作业控制的 shell。

（2）内核中的终端驱动程序必须支持作业控制。

（3）内核必须提供对某些作业控制信号的支持。

> SVR3 提供了一种不同的作业控制，称为 shell 层（shell layer）。但是 POSIX.1 选择了 BSD 形式的作业控制，这也是我们在这里所说明的。POSIX.1 的早期版本中，对作业控制的支持是可选择的，现在则要求所有平台都支持它。

从 shell 使用作业控制功能的角度观察，用户可以在前台或后台启动一个作业。一个作业只是几个进程的集合，通常是一个进程管道。例如：

```
vi main.c
```

在前台启动了只有一个进程组成的作业。下面的命令：

```
pr *.c | lpr &
make all &
```

在后台启动了两个作业。这两个后台作业调用的所有进程都在后台运行。

如前所述，我们需要一个支持作业控制的 shell 以使用由作业控制提供的功能。对于早期的系统，shell 是否支持作业控制比较易于说明。C shell 支持作业控制，Bourne shell 不支持，而 Korn shell 能否支持作业控制取决于主机是否支持作业控制。但是现在 C shell 已被移植到并不支持作业控制的系统上（如 System V 的早期版本），而当用名字 jsh 而不是用 sh 调用 SVR4 中的 Bourne shell 时，它支持作业控制。如果主机支持作业控制，则 Korn shell 继续支持作业控制。Bourne-again shell 也支持作业控制。各种 shell 之间的差别无关紧要时，我们将只是一般地说明支持作业控制的 shell 和不支持作业控制的 shell。

299

当启动一个后台作业时，shell 赋予它一个作业标识符，并打印一个或多个进程 ID。下面的脚本显示了 Korn shell 是如何处理这一点的。

```
$ make all > Make.out &
[1]    1475
$ pr *.c | lpr &
[2]    1490
$                         键入回车
[2] + Done          pr *.c | lpr &
[1] + Done          make all > Make.out &
```

make 是作业编号 1，所启动的进程 ID 是 1475。下一个管道是作业编号 2，其第一个进程的进程 ID 是 1490。当作业完成而且键入回车时，shell 通知作业已经完成。键入回车是为了让 shell 打印其提示符。shell 并不在任意时刻打印后台作业的状态改变——它只在打印其提示符让用户输入新的命令行之前才这样做。如果不这样处理，则当我们正输入一行时，它也可能输出，于是，就会引起混乱。

我们可以键入一个影响前台作业的特殊字符——挂起键（通常采用 Ctrl+Z），与终端驱动程序进行交互作用。键入此字符使终端驱动程序将信号 SIGTSTP 发送至前台进程组中的所有进程，后台进程组作业则不受影响。实际上有 3 个特殊字符可使终端驱动程序产生信号，并将它们发送至前台进程组，它们是：

- 中断字符（一般采用 Delete 或 Ctrl+C）产生 SIGINT；
- 退出字符（一般采用 Ctrl+\）产生 SIGQUIT；
- 挂起字符（一般采用 Ctrl+Z）产生 SIGTSTP。

第 18 章中将说明可将这 3 个字符更改为用户选择的任意其他字符，以及如何使终端驱动程序不处理这些特殊字符。

终端驱动程序必须处理与作业控制有关的另一种情况。我们可以有一个前台作业，若干个后台作业，这些作业中哪一个接收我们在终端上键入的字符呢？只有前台作业接收终端输入。如果后台作业试图读终端，这并不是一个错误，但是终端驱动程序将检测这种情况，并且向后台作业发送一个特定信号 SIGTTIN。该信号通常会停止此后台作业，而 shell 则向有关用户发出这种情况的通知，然后用户就可用 shell 命令将此作业转为前台作业运行，于是它就可读终端。下列操作过程显示了这一点：

```
$ cat > temp.foo &                 在后台启动，但将从标准输入读
[1]     1681
$                                  键入回车
[1] + Stopped (SIGTTIN)            cat > temp.foo &
$ fg %1                            使 1 号作业成为前台作业
cat > temp.foo                     shell 告诉我们现在哪一个作业在前台
hello, world                       输入一行
^D                                 键入文件结束符
$ cat temp.foo                     检查该行已送入文件
hello, world
```

300

> 注意，这个例子在 Mac OS X 10.6.8 上不起作用。在试图把 cat 命令放到前台时，read 返回失败，并将 errno 设为 EINTR。Mac OS X 是基于 FreeBSD 的，在 FreeBSD 下本例运行良好，因此这应该是 Mac OS X 的一个 bug。

shell 在后台启动 cat 进程，但是当 cat 试图读其标准输入（控制终端）时，终端驱动程序知道它是个后台作业，于是将 SIGTTIN 信号送至该后台作业。shell 检测到其子进程的状态改变（回忆 8.6 节中对 wait 和 waitpid 函数的讨论），并通知我们该作业已被停止。然后，我们用 shell 的 fg 命令将此停止的作业送入前台运行（关于作业控制命令，如 fg 和 bg 的详细情况，以及标识不同作业的各种方法请参阅有关 shell 的手册页）。这样做使 shell 将此作业转为前台进程组（tcsetpgrp），并将继续信号（SIGCONT）送给该进程组。因为该作业现在前台进程组中，所以它可以读控制终端。

如果后台作业输出到控制终端又将发生什么呢？这是一个我们可以允许或禁止的选项。通常，可以用 stty(1)命令改变这一选项（第 18 章将说明在程序中如何改变这一选项）。下面显示了这种操作过程：

```
$ cat temp.foo &               在后台执行
[1]     1719
$ hello, world                 提示符后出现后台作业的输出
                               键入回车
[1] + Done          cat temp.foo &
$ stty tostop                  禁止后台作业输出至控制终端
$ cat temp.foo &               在后台再试一次
[1]     1721
$                              键入回车，发现作业已停止
[1] + Stopped(SIGTTOU)            cat temp.foo &
$ fg %1                        在前台恢复停止的作业
cat temp.foo                   shell 告诉我们现在哪一个作业在前台
hello, world                   这是该作业的输出
```

在用户禁止后台作业向控制终端写时，该作业的 cat 命令试图写其标准输出，此时，终端驱动程序识别出该写操作来自于后台进程，于是向该作业发送 SIGTTOU 信号，cat 进程阻塞。与上面的例子一样，当用户使用 shell 的 fg 命令将该作业转为前台时，该作业继续执行直至完成。

图 9-9 总结了前面已说明的作业控制的某些功能。穿过终端驱动程序框的实线表明终端 I/O

301

和终端产生的信号总是从前台进程组连接到实际终端。对应于 SIGTTOU 信号的虚线表明后台进程组进程的输出是否出现在终端是可选择的。

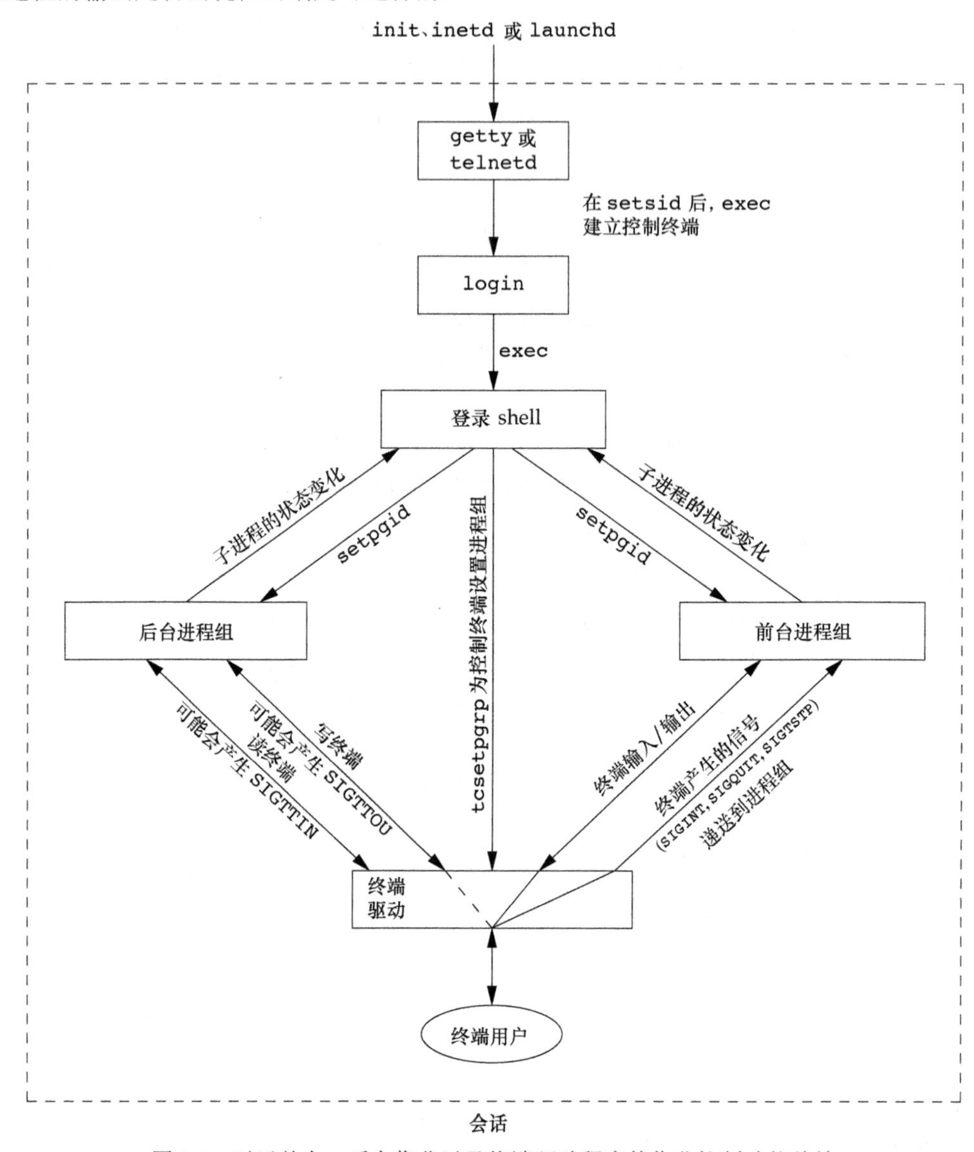

图 9-9 对于前台、后台作业以及终端驱动程序的作业控制功能总结

是否需要作业控制是一个有争议的问题。作业控制是在窗口终端广泛得到应用之前设计和实现的。很多人认为设计得好的窗口系统已经免除了对作业控制的需要。某些人抱怨作业控制的实现要求得到内核、终端驱动程序、shell 以及某些应用程序的支持，是吃力不讨好的事情。某些人在窗口系统中使用作业控制，他们认为两者都需要。不管你的意见如何，作业控制都是 POSIX.1 要求的部分。 302

9.9 shell 执行程序

让我们检验一下 shell 是如何执行程序的，以及这与进程组、控制终端和会话等概念的关系。为此，再次使用 ps 命令。

首先使用不支持作业控制的、在 Solaris 上运行的经典 Bourne shell。如果执行：

```
ps -o pid,ppid,pgid,sid,comm
```

则其输出可能是：

```
  PID  PPID  PGID  SID  COMMAND
  949   947   949  949  sh
 1774   949   949  949  ps
```

ps 的父进程是 shell，这正是我们所期望的。shell 和 ps 命令两者位于同一会话和前台进程组（949）中。因为我们是用一个不支持作业控制的 shell 执行命令时得到该值的，所以称其为前台进程组。

> 某些平台支持一个选项，它使 ps(1)命令打印与会话控制终端相关联的进程组 ID。该值在 TPGID 列中显示。遗憾的是，ps(1)命令的输出在各个 UNIX 版本中都有所不同。例如，Solaris 10 不支持该选项。在 FreeBSD 8.0、Linux 3.2.0 和 Mac OS X 10.6.8 中，命令
>
> ```
> ps -o pid, ppid, pgid, sid, tpgid, comm
> ```
>
> 准确地打印我们想要的信息。
>
> 注意，将进程与终端进程组 ID（TPGID 列）关联起来有点用词不当。进程并没有终端进程控制组。进程属于一个进程组，而进程组属于一个会话。会话可能有也可能没有控制终端。如果它确实有一个控制终端，则此终端设备知道其前台进程的进程组 ID。这一值可以用 tcsetpgrp 函数在终端驱动程序中设置（见图 9-9）。前台进程组 ID 是终端的一个属性，而不是进程的属性。取自终端设备驱动程序的该值是 ps 在 TPGID 列中打印的值。如果 ps 发现此会话没有控制终端，则它在该列打印 0 或者-1，具体值因不同平台而异。

如果在后台执行命令：

```
ps -o pid,ppid,pgid,sid,comm &
```

则唯一改变的值是命令的进程 ID：

```
  PID  PPID  PGID  SID COMMAND
  949   947   949  949 sh
 1812   949   949  949 ps
```

303

因为这种 shell 不知道作业控制，所以没有将后台作业放入自己的进程组，也没有从后台作业处取走控制终端。

现在看一看 Bourne shell 如何处理管道。执行下列命令：

```
ps -o pid,ppid,pgid,sid,comm | cat1
```

其输出是：

```
  PID  PPID  PGID  SID COMMAND
  949   947   949  949 sh
 1823   949   949  949 cat1
 1824  1823   949  949 ps
```

（程序 cat1 是标准 cat 程序的一个副本，只是名字不同。本节还将使用 cat 的另一个名为 cat2 的副本。在一个管道中使用两个 cat 副本时，不同的名字可使我们将它们区分开来。）注意，管道中的最后一个进程是 shell 的子进程，该管道中的第一个进程则是最后一个进程的子进程。从中可以看出，shell fork 一个它自身的副本，然后此副本再为管道中的每条命令各 fork 一个进程。

如果在后台执行此管道：

```
ps -o pid,ppid,pgid,sid,comm | cat1 &
```

则只改变进程ID。因为shell并不处理作业控制，后台进程的进程组ID仍是949，如同会话的进程组ID一样。

如果一个后台进程试图读其控制终端，则会发生什么呢？例如，若执行：

```
cat > temp.foo &
```

在有作业控制时，后台作业被放在后台进程组，如果后台作业试图读控制终端，则会产生信号SIGTTIN。在没有作业控制时，其处理方法是：如果该进程自己没有重定向标准输入，则shell自动将后台进程的标准输入重定向到/dev/null。读/dev/null则产生一个文件结束。这就意味着后台cat进程立即读到文件尾，并正常终止。

前面说明了对后台进程通过其标准输入访问控制终端的适当的处理方法，但是，如果一个后台进程打开/dev/tty并且读该控制终端，又将怎样呢？对此问题的回答是"看情况"。但是这很可能不是我们所期望的。例如：

```
crypt < salaries | lpr &
```

就是这样的一条管道。我们在后台运行它，但是crypt程序打开/dev/tty，更改终端的特性（禁止回显），然后从该设备读，最后重置该终端特性。当执行这条后台管道时，crypt在终端上打印提示符"Password:"，但是shell读取了我们所输入的加密口令，并试图执行以加密口令为名称的命令。我们输送给shell的下一行则被crypt进程取为口令行，于是salaries也就不能正确地被译码，结果将一堆无用的信息送到了打印机。在这里，我们有了两个进程，它们试图同时读同一设备，其结果则依赖于系统。前面说明的作业控制以较好的方式处理一个终端在多个进程间的转接。

304

返回到Bourne shell实例，在一条管道中执行3个进程，我们可以检验Bourne shell使用的进程控制方式：

```
ps -o pid,ppid,pgid,sid,comm | cat1 | cat2
```

其输出为：

```
 PID  PPID  PGID  SID COMMAND
 949   947   949  949 sh
1988   949   949  949 cat2
1989  1988   949  949 ps
1990  1988   949  949 cat1
```

> 如果在你的系统上，输出的命令名不正确，那也不必为此感到惊慌。有时可能会得到类似如下的输出：
>
> ```
>  PID  PPID  PGID  SID  COMMAND
>  949   947   949  949  sh
> 1831   949   949  949  sh
> 1832  1831   949  949  ps
> 1833  1831   949  949  sh
> ```
>
> 造成此种结果的原因是，ps进程与shell产生竞争条件，shell创建一个子进程并由它执行cat命令。在这种情况下，当ps已经获得进程列表并打印时，shell尚未完成exec调用。

再重申一遍，该管道中的最后一个进程是shell的子进程，而执行管道中其他命令的进程则是该最后进程的子进程。图 9-10 显示了所发生的情况。因为该管道线中的最后一个进程是登录 shell 的子进程，当该进程（cat2）终止时，shell 得到通知。

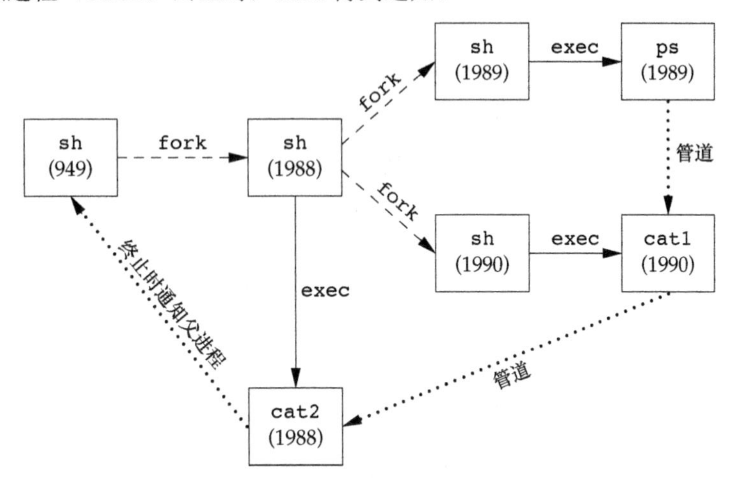

图 9-10 Bourne shell 执行管道 ps | cat1 | cat2 时的进程

305

现在让我们用一个运行在 Linux 上的作业控制 shell 来检验同一个例子。这将显示这些 shell 处理后台作业的方法。在本例中将使用 Bourne-again shell，用其他作业控制 shell 得到的结果几乎是一样的。

```
ps -o pid,ppid,pgid,sid,tpgid,comm
```

其输出为：

```
 PID  PPID  PGID   SID  TPGID COMMAND
2837  2818  2837  2837   5796 bash
5796  2837  5796  2837   5796 ps
```

（从本例开始，以粗体显示前台进程组。）我们立即看到了与 Bourne shell 例子的区别。Bourne-again shell 将前台作业（ps）放入了它自己的进程组（5796）。ps 命令是进程组组长进程，也是该进程组的唯一进程。进一步而言，此进程组具有控制终端，所以它是前台进程组。我们的登录 shell 在执行 ps 命令时是后台进程组。但需要注意的是，这两个进程组 2837 和 5796 都是同一会话的成员。事实上，在本节的各实例中，会话决不会改变。

在后台执行此进程：

```
ps -o pid,ppid,pgid,sid,tpgid,comm &
```

其输出为：

```
 PID  PPID  PGID   SID  TPGID COMMAND
2837  2818  2837  2837   2837 bash
5797  2837  5797  2837   2837 ps
```

再一次，ps 命令被放入它自己的进程组，但是此时进程组（5797）不再是前台进程组，而是一个后台进程组。TPGID 2837 指示前台进程组是登录 shell。

按下列方式在一个管道中执行两个进程：

```
ps -o pid,ppid,pgid,sid,tpgid,comm | cat1
```

其输出为：

```
 PID  PPID  PGID   SID  TPGID COMMAND
2837  2818  2837  2837   5799 bash
5799  2837  5799  2837   5799 ps
5800  2837  5799  2837   5799 cat1
```

两个进程ps和cat1都在一个新进程组(5799)中，这是一个前台进程组。在本例和类似的Bourne shell实例之间能看到另一个区别。Bourne shell首先创建将执行管道中最后一条命令的进程，而此进程是第一个进程的父进程。在这里，Bourne-again shell是两个进程的父进程。但是，如果在后台执行此管道：

306

```
ps -o pid,ppid,pgid,sid,tpgid,comm | cat1 &
```

其结果是类似的，但是ps和cat1现在都处于同一后台进程组。

```
 PID  PPID  PGID   SID  TPGID COMMAND
2837  2818  2837  2837   2837 bash
5801  2837  5801  2837   2837 ps
5802  2837  5801  2837   2837 cat1
```

注意，使用的shell不同，创建各个进程的顺序也可能不同。

9.10 孤儿进程组

我们曾提及，一个其父进程已终止的进程称为孤儿进程（orphan process），这种进程由init进程“收养”。现在我们要说明整个进程组也可成为“孤儿”，以及POSIX.1如何处理它。

实例

考虑一个进程，它fork了一个子进程然后终止。这在系统中是经常发生的，并无异常之处，但是在父进程终止时，如果该子进程停止（用作业控制）又将如何呢？子进程如何继续，以及子进程是否知道它已经是孤儿进程？图9-11显示了这种情形：父进程已经fork了子进程，该子进程停止，父进程则将退出。

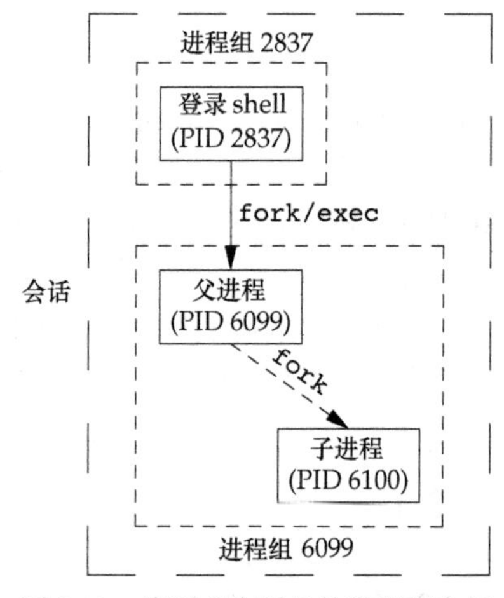

图9-11 将要成为孤儿的进程组实例

构成此种情形的程序示于图9-12中。下面要说明该程序的某些新特性。这里，假定使用了一个作业控制shell。回忆前面所述，shell将前台进程放在它（指前台进程）自己的进程组中（本例中是6099），shell则留在自己的进程组内（2837）。子进程继承其父进程（6099）的进程组。在fork之后：

307

- 父进程睡眠5秒，这是一种让子进程在父进程终止之前运行的一种权宜之计。
- 子进程为挂断信号（SIGHUP）建立信号处理程序。这样就能观察到SIGHUP信号是否已发送给子进程。（第10章将讨论信号处理程序。）
- 子进程用kill函数向其自身发送停止信号（SIGTSTP）。这将停止子进程，类似于用终端挂起字符（Ctrl+Z）停止一个前台作业。
- 当父进程终止时，该子进程成为孤儿进程，所以其父进程ID成为1，也就是init进程ID。

- 现在，子进程成为一个孤儿进程组的成员。POSIX.1 将孤儿进程组（orphaned process group）定义为：该组中每个成员的父进程要么是该组的一个成员，要么不是该组所属会话的成员。对孤儿进程组的另一种描述可以是：一个进程组不是孤儿进程组的条件是——该组中有一个进程，其父进程在属于同一会话的另一个组中。如果进程组不是孤儿进程组，那么在属于同一会话的另一个组中的父进程就有机会重新启动该组中停止的进程。在这里，进程组中每一个进程的父进程（例如，进程 6100 的父进程是进程 1）都属于另一个会话。所以此进程组是孤儿进程组。
- 因为在父进程终止后，进程组包含一个停止的进程，进程组成为孤儿进程组，POSIX.1 要求向新孤儿进程组中处于停止状态的每一个进程发送挂断信号（`SIGHUP`），接着又向其发送继续信号（`SIGCONT`）。
- 在处理了挂断信号后，子进程继续。对挂断信号的系统默认动作是终止该进程，为此必须提供一个信号处理程序以捕捉该信号。因此，我们期望 `sig_hup` 函数中的 `printf` 会在 `pr_ids` 函数中的 `printf` 之前执行。

```
#include "apue.h"
#include <errno.h>

static void
sig_hup(int signo)
{
    printf("SIGHUP received, pid = %ld\n", (long)getpid());
}

static void
pr_ids(char *name)
{
    printf("%s: pid = %ld, ppid = %ld, pgrp = %ld, tpgrp = %ld\n",
        name, (long)getpid(), (long)getppid(), (long)getpgrp(),
        (long)tcgetpgrp(STDIN_FILENO));
    fflush(stdout);
}

int
main(void)
{
    char    c;
    pid_t   pid;

    pr_ids("parent");
    if ((pid = fork()) < 0) {
        err_sys("fork error");
    } else if (pid > 0) {  /* parent */
        sleep(5);          /* sleep to let child stop itself */
    } else {           /* child */
        pr_ids("child");
        signal(SIGHUP, sig_hup);   /* establish signal handler */
        kill(getpid(), SIGTSTP);   /* stop ourself */
        pr_ids("child");  /* prints only if we're continued */
        if (read(STDIN_FILENO, &c, 1) != 1)
            printf("read error %d on controlling TTY\n", errno);
```

```
    }
    exit(0);
}
```

图 9-12 创建一个孤儿进程组

下面是图 9-12 中的程序的输出：

```
$ ./a.out
parent: pid = 6099, ppid = 2837, pgrp = 6099, tpgrp = 6099
child: pid = 6100, ppid = 6099, pgrp = 6099, tpgrp = 6099
$ SIGHUP received, pid = 6100
child: pid = 6100, ppid = 1, pgrp = 6099, tpgrp = 2837
read error 5 on controlling TTY
```

注意，因为两个进程，登录 shell 和子进程都写向终端，所以 shell 提示符和子进程的输出一起出现。正如我们所期望的那样，子进程的父进程 ID 变成 1。

在子进程中调用 pr_ids 后，程序企图读标准输入。如前所述，当后台进程组试图读控制终端时，对该后台进程组产生 SIGTTIN。但在这里，这是一个孤儿进程组，如果内核用此信号停止它，则此进程组中的进程就再也不会继续。POSIX.1 规定，read 返回出错，其 errno 设置为 EIO（在本书所用的系统中其值是 5）。

最后，要注意的是父进程终止时，子进程变成后台进程组，因为父进程是由 shell 作为前台作业执行的。

308 ~ 309

在 19.5 节的 pty 程序中将会看到孤儿进程组的另一个例子。

9.11 FreeBSD 实现

前面说明了进程、进程组、会话和控制终端的各种属性，值得观察一下所有这些是如何实现的。下面简要说明 FreeBSD 中的实现。SVR4 实现的某些详细情况则请参阅 Williams[1989]。图 9-13 显示了 FreeBSD 使用的各种有关数据结构。

下面从 session 结构开始说明图中标出的各个字段。每个会话都分配一个 session 结构（例如，每次调用 setsid 时）。

310

- s_count 是该会话中的进程组数。当此计数器减至 0 时，则可释放此结构。
- s_leader 是指向会话首进程 proc 结构的指针。
- s_ttyvp 是指向控制终端 vnode 结构的指针。
- s_ttyp 是指向控制终端 tty 结构的指针。
- s_sid 是会话 ID。请记住会话 ID 这一概念并非 Single UNIX Specification 的组成部分。

在调用 setsid 时，在内核中分配一个新的 session 结构。s_count 设置为 1，s_leader 设置为调用进程 proc 结构的指针，s_sid 设置为进程 ID，因为新会话没有控制终端，所以 s_ttyvp 和 s_ttyp 设置为空指针。

接着说明 tty 结构。每个终端设备和每个伪终端设备均在内核中分配这样一种结构（第 19 章将对伪终端做更多说明）。

- t_session 指向将此终端作为控制终端的 session 结构（注意，tty 结构指向 session 结构，session 结构也指向 tty 结构）。终端在失去载波信号时使用此指针将挂起信号发送给会话首进程（见图 9-7）。

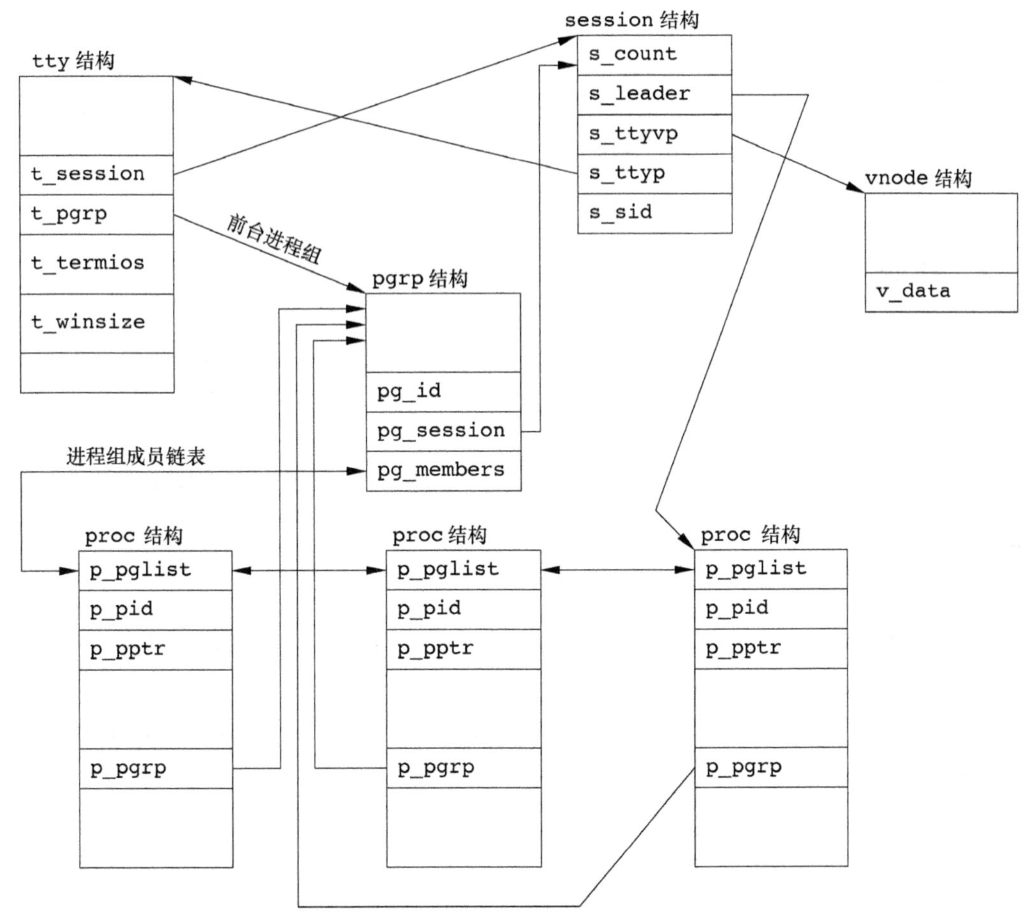

图 9-13 会话和进程组的 FreeBSD 实现

- t_pgrp 指向前台进程组的 pgrp 结构。终端驱动程序用此字段将信号发送给前台进程组。由输入特殊字符（中断、退出和挂起）而产生的 3 个信号被发送至前台进程组。
- t_termios 是包含所有这些特殊字符和与该终端有关信息（如波特率、回显打开或关闭等）的结构。第 18 章将再说明此结构。
- t_winsize 是包含终端窗口当前大小的 winsize 型结构。当终端窗口大小改变时，信号 SIGWINCH 被发送至前台进程组。18.12 节将说明如何设置和获取终端当前窗口大小。

为了找到特定会话的前台进程组，内核从 session 结构开始，然后用 s_ttyp 得到控制终端的 tty 结构，再用 t_pgrp 得到前台进程组的 pgrp 结构。

pgrp 结构包含一个特定进程组的信息。其中各相关字段具体如下。

- pg_id 是进程组 ID。
- pg_session 指向此进程组所属会话的 session 结构。
- pg_members 是指向此进程组 proc 结构表的指针，该 proc 结构代表进程组的成员。proc 结构中 p_pglist 结构是双向链表，指向该组中的下一个进程和上一个进程。直到遇到进程组中的最后一个进程，它的 proc 结构中 p_pglist 结构为空指针。

311

proc 结构包含一个进程的所有信息。

- p_pid 包含进程 ID。

- p_pptr 是指向父进程 proc 结构的指针。
- p_pgrp 指向本进程所属的进程组的 pgrp 结构的指针。
- p_pglist 是一个结构，其中包含两个指针，分别指向进程组中上一个和下一个进程。

最后还有一个 vnode 结构。如前所述，在打开控制终端设备时分配此结构。进程对/dev/tty的所有访问都通过 vnode 结构。

9.12 小结

本章说明了进程组之间的关系——会话，它由若干个进程组组成。作业控制是当今很多 UNIX 系统所支持的功能，本章说明了它是如何由支持作业控制的 shell 实现的。在这些进程关系中也涉及了进程的控制终端/dev/tty。

所有这些进程的关系都使用了很多信号方面的功能。下一章将详细讨论 UNIX 中的信号机制。

习题

9.1 考虑 6.8 节中说明的 utmp 和 wtmp 文件，为什么 logout 记录是由 init 进程写的？对于网络登录的处理与此相同吗？

9.2 编写一段程序调用 fork 并使子进程建立一个新的会话。验证子进程变成了进程组组长且不再有控制终端。

312

第10章

信号

10.1 引言

信号是软件中断。很多比较重要的应用程序都需处理信号。信号提供了一种处理异步事件的方法，例如，终端用户键入中断键，会通过信号机制停止一个程序，或及早终止管道中的下一个程序。

UNIX 系统的早期版本就已经提供信号机制，但是这些系统（如 V7）所提供的信号模型并不可靠。信号可能丢失，而且在执行临界区代码时，进程很难关闭所选择的信号。4.3BSD 和 SVR3 对信号模型都做了更改，增加了可靠信号机制。但是 Berkeley 和 AT&T 所做的更改之间并不兼容。幸运的是，POSIX.1 对可靠信号例程进行了标准化，这正是本章所要说明的。

本章先对信号机制进行综述，并说明每种信号的一般用法。然后分析早期实现的问题。在分析存在的问题之后再说明解决这些问题的方法，这种安排有助于加深对改进机制的理解。本章也包含了很多并非完全正确的实例，这样做的目的是为了对其不足之处进行讨论。

10.2 信号概念

首先，每个信号都有一个名字。这些名字都以 3 个字符 SIG 开头。例如，SIGABRT 是夭折信号，当进程调用 abort 函数时产生这种信号。SIGALRM 是闹钟信号，由 alarm 函数设置的定时器超时后将产生此信号。V7 有 15 种不同的信号，SVR4 和 4.4BSD 均有 31 种不同的信号。FreeBSD 8.0 支持 32 种信号，Mac OS X 10.6.8 以及 Linux 3.2.0 都支持 31 种信号，而 Solaris 10 支持 40 种信号。但是，FreeBSD、Linux 和 Solaris 作为实时扩展都支持另外的应用程序定义的信号。虽然本书不包括 POSIX 实时扩展（有关信息请参阅 Gallmeister[1995]），但是 SUSv4 已经把实时信号接口移至基础规范说明中。

在头文件<signal.h>中，信号名都被定义为正整数常量（信号编号）。

> 实际上，实现将各信号定义在另一个头文件中，但是该头文件又包括在<signal.h>中。内核包括对用户级应用程序有意义的头文件，这被认为是一种不好的形式，所以如若应用程序和内核两者都需使用同一定义，那么就将有关信息放置在内核头文件中，然后用户级头文件再包括该内核头文件。于是，FreeBSD 8.0 和 Mac OS X 10.6.8 将信号定义在<sys/signal.h>中，Linux 3.2.0 将信号定义在<bits/signum.h>中，Solaris 10 将信号定义在<sys/iso/signal_iso.h>中。

不存在编号为 0 的信号。在 10.9 节中将会看到，kill 函数对信号编号 0 有特殊的应用。

POSIX.1 将此种信号编号值称为空信号。

很多条件可以产生信号。

- 当用户按某些终端键时，引发终端产生的信号。在终端上按 Delete 键（或者很多系统中的 Ctrl+C 键）通常产生中断信号（SIGINT）。这是停止一个已失去控制程序的方法。（第18 章将说明此信号可被映射为终端上的任一字符。）
- 硬件异常产生信号：除数为 0、无效的内存引用等。这些条件通常由硬件检测到，并通知内核。然后内核为该条件发生时正在运行的进程产生适当的信号。例如，对执行一个无效内存引用的进程产生 SIGSEGV 信号。
- 进程调用 kill(2)函数可将任意信号发送给另一个进程或进程组。自然，对此有所限制：接收信号进程和发送信号进程的所有者必须相同，或发送信号进程的所有者必须是超级用户。
- 用户可用 kill(1)命令将信号发送给其他进程。此命令只是 kill 函数的接口。常用此命令终止一个失控的后台进程。
- 当检测到某种软件条件已经发生，并应将其通知有关进程时也产生信号。这里指的不是硬件产生条件（如除以 0），而是软件条件。例如 SIGURG（在网络连接上传来带外的数据）、SIGPIPE（在管道的读进程已终止后，一个进程写此管道）以及 SIGALRM（进程所设置的定时器已经超时）。

信号是异步事件的经典实例。产生信号的事件对进程而言是随机出现的。进程不能简单地测试一个变量（如 errno）来判断是否发生了一个信号，而是必须告诉内核“在此信号发生时，请执行下列操作”。

314

在某个信号出现时，可以告诉内核按下列 3 种方式之一进行处理，我们称之为信号的处理或与信号相关的动作。

（1）忽略此信号。大多数信号都可使用这种方式进行处理，但有两种信号却决不能被忽略。它们是 SIGKILL 和 SIGSTOP。这两种信号不能被忽略的原因是：它们向内核和超级用户提供了使进程终止或停止的可靠方法。另外，如果忽略某些由硬件异常产生的信号（如非法内存引用或除以 0），则进程的运行行为是未定义的。

（2）捕捉信号。为了做到这一点，要通知内核在某种信号发生时，调用一个用户函数。在用户函数中，可执行用户希望对这种事件进行的处理。例如，若正在编写一个命令解释器，它将用户的输入解释为命令并执行之，当用户用键盘产生中断信号时，很可能希望该命令解释器返回到主循环，终止正在为该用户执行的命令。如果捕捉到 SIGCHLD 信号，则表示一个子进程已经终止，所以此信号的捕捉函数可以调用 waitpid 以取得该子进程的进程 ID 以及它的终止状态。又例如，如果进程创建了临时文件，那么可能要为 SIGTERM 信号编写一个信号捕捉函数以清除临时文件（SIGTERM 是终止信号，kill 命令传送的系统默认信号是终止信号）。注意，不能捕捉 SIGKILL 和 SIGSTOP 信号。

（3）执行系统默认动作。图 10-1 给出了对每一种信号的系统默认动作。注意，对大多数信号的系统默认动作是终止该进程。

图 10-1 列出了所有信号的名字，说明了哪些系统支持此信号以及对于这些信号的系统默认动作。在 SUS 列中，“•”表示此种信号定义为基本 POSIX.1 规范部分，“XSI”表示该信号定义在 XSI 扩展部分。

在系统默认动作列，“终止+core”表示在进程当前工作目录的 core 文件中复制了该进程的内存映像（该文件名为 core，由此可以看出这种功能很久之前就是 UNIX 的一部分）。大多数 UNIX 系统调试程序都使用 core 文件检查进程终止时的状态。

名字	说明	ISO C	SUS	FreeBSD 8.0	Linux 3.2.0	Mac OS X 10.6.8	Solaris 10	默认动作
SIGABRT	异常终止（abort）	•	•	•	•	•	•	终止+core
SIGALRM	定时器超时（alarm）		•	•	•	•	•	终止
SIGBUS	硬件故障		•	•	•	•	•	终止+core
SIGCANCEL	线程库内部使用						•	忽略
SIGCHLD	子进程状态改变		•	•	•	•	•	忽略
SIGCONT	使暂停进程继续		•	•	•	•	•	继续/忽略
SIGEMT	硬件故障			•	•	•	•	终止+core
SIGFPE	算术异常	•	•	•	•	•	•	终止+core
SIGFREEZE	检查点冻结						•	忽略
SIGHUP	连接断开		•	•	•	•	•	终止
SIGILL	非法硬件指令	•	•	•	•	•	•	终止+core
SIGINFO	键盘状态请求			•		•		忽略
SIGINT	终端中断符	•	•	•	•	•	•	终止
SIGIO	异步 I/O			•	•	•	•	终止/忽略
SIGIOT	硬件故障			•	•	•	•	终止+core
SIGJVM1	Java 虚拟机内部使用						•	忽略
SIGJVM2	Java 虚拟机内部使用						•	忽略
SIGKILL	终止		•	•	•	•	•	终止
SIGLOST	资源丢失						•	终止
SIGLWP	线程库内部使用		•				•	终止/忽略
SIGPIPE	写至无读进程的管道		•	•	•	•	•	终止
SIGPOLL	可轮询事件（poll）				•		•	终止
SIGPROF	梗概时间超时（setitimer）			•	•	•	•	终止
SIGPWR	电源失效/重启动				•		•	终止/忽略
SIGQUIT	终端退出符		•	•	•	•	•	终止+core
SIGSEGV	无效内存引用	•	•	•	•	•	•	终止+core
SIGSTKFLT	协处理器栈故障				•			终止
SIGSTOP	停止		•	•	•	•	•	停止进程
SIGSYS	无效系统调用		XSI	•	•	•	•	终止+core
SIGTERM	终止	•	•	•	•	•	•	终止
SIGTHAW	检查点解冻						•	忽略
SIGTHR	线程库内部使用			•				忽略
SIGTRAP	硬件故障		XSI	•	•	•	•	终止+core
SIGTSTP	终端停止符		•	•	•	•	•	停止进程
SIGTTIN	后台读控制 tty		•	•	•	•	•	停止进程
SIGTTOU	后台写向控制 tty		•	•	•	•	•	停止进程
SIGURG	紧急情况（套接字）		•	•	•	•	•	忽略
SIGUSR1	用户定义信号		•	•	•	•	•	终止
SIGUSR2	用户定义信号		•	•	•	•	•	终止
SIGVTALRM	虚拟时间闹钟（setitimer）		XSI	•	•	•	•	终止
SIGWAITING	线程库内部使用						•	忽略
SIGWINCH	终端窗口大小改变			•	•	•	•	忽略
SIGXCPU	超过 CPU 限制（setrlimit）		XSI	•	•	•	•	终止或终止+core
SIGXFSZ	超过文件长度限制（setrlimit）		XSI	•	•	•	•	终止或终止+core
SIGXRES	超过资源控制						•	忽略

图 10-1 UNIX 系统信号

> 产生 core 文件是大多数 UNIX 系统的实现功能。虽然该功能不是 POSIX.1 的组成部分，但在 Single UNIX Specification XSI 的扩展部分中，这一功能作为一个潜在的特定实现的动作被提及。
>
> 在不同的实现中，core 文件的名字可能不同。例如，在 FreeBSD 8.0 中，core 文件名为 *cmdname*.core，其中 *cmdname* 是接收到信号的进程所执行的命令名。在 Mac OS X 10.6.8 中，core 文件名是 core.*pid*，其中，*pid* 是接收到信号的进程的 ID。（这些系统允许经 sysctl 参数配置 core 文件名。在 Linux 3.2.0 中，core 文件名通过/proc/sys/kernel/core_pattern 进行配置。）
>
> 大多数实现在相应进程的工作目录中包含 core 文件项；但 Mac OS X 将所有 core 文件都放置在/cores 目录中。

315～316

在下列条件下不产生 core 文件：（a）进程是设置用户 ID 的，而且当前用户并非程序文件的所有者；（b）进程是设置组 ID 的，而且当前用户并非该程序文件的组所有者；（c）用户没有写当前工作目录的权限；（d）文件已存在，而且用户对该文件设有写权限；（e）文件太大（回忆 7.11 节中的 RLIMIT_CORE 限制）。core 文件的权限（假定该文件在此之前并不存在）通常是用户读/写，但 Mac OS X 只设置为用户读。

在图 10-1 说明中的“硬件故障”对应于实现定义的硬件故障。这些名字中有很多取自 UNIX 系统早先在 PDP-11 上的实现。请查看你所使用系统的手册，以确切地弄清楚这些信号对应于哪些错误类型。

下面较详细地逐一说明这些信号。

SIGABRT　调用 abort 函数时（见 10.17 节）产生此信号。进程异常终止。

SIGALRM　当用 alarm 函数设置的定时器超时时，产生此信号。详细情况见 10.10 节。若由 setitimer(2)函数设置的间隔时间已经超时时，也产生此信号。

SIGBUS　指示一个实现定义的硬件故障。当出现某些类型的内存故障时（如 14.8 节中说明的），实现常常产生此种信号。

SIGCANCEL　这是 Solaris 线程库内部使用的信号。它不适用于一般应用。

SIGCHLD　在一个进程终止或停止时，SIGCHLD 信号被送给其父进程。按系统默认，将忽略此信号。如果父进程希望被告知其子进程的这种状态改变，则应捕捉此信号。信号捕捉函数中通常要调用一种 wait 函数以取得子进程 ID 和其终止状态。

System V 的早期版本有一个名为 SIGCLD（无 H）的类似信号。这一信号具有与其他信号不同的语义，SVR2 的手册页警告在新的程序中尽量不要使用这种信号。（令人奇怪的是，在 SVR3 和 SVR4 版的手册页中，该警告消失了。）应用程序应当使用标准的 SIGCHLD 信号，但应了解，为了向后兼容，很多系统定义了与 SIGCHLD 等同的 SIGCLD。如果有使用 SIGCLD 的软件，需要查阅系统手册，了解它具体的语义。10.7 节将讨论这两个信号。

SIGCONT　此作业控制信号发送给需要继续运行，但当前处于停止状态的进程。如果接收到此信号的进程处于停止状态，则系统默认动作是使该进程继续运行；否则默认动作是忽略此信号。例如，全屏编辑程序在捕捉到此信号后，使用信号处理程序发出重新绘制终端屏幕的通知。关于进一步的情况见 10.21 节。

317

SIGEMT　指示一个实现定义的硬件故障。

> EMT 这一名字来自 PDP-11 的仿真器陷入（emulator trap）指令。并非所有平台都支持此信号。例如，Linux 只对 SPARC、MIPS 和 PA_RISC 等系统结构支持 SIGEMT。

SIGFPE　　此信号表示一个算术运算异常，如除以 0、浮点溢出等。

SIGFREEZE　　此信号仅由 Solaris 定义。它用于通知进程在冻结系统状态之前需要采取特定动作，例如当系统进入休眠或挂起状态时可能需要做这种处理。

SIGHUP　　如果终端接口检测到一个连接断开，则将此信号送给与该终端相关的控制进程（会话首进程）。见图 9-13，此信号被送给 session 结构中 s_leader 字段所指向的进程。仅当终端的 CLOCAL 标志没有设置时，在上述条件下才产生此信号。（如果所连接的终端是本地的，则设置该终端的 CLOCAL 标志。它告诉终端驱动程序忽略所有调制解调器的状态行。第 18 章将说明如何设置此标志。）

注意，接到此信号的会话首进程可能在后台，作为一个例子，请参见图 9-7。这区别于由终端正常产生的几个信号（中断、退出和挂起），这些信号总是传递给前台进程组。

如果会话首进程终止，也产生此信号。在这种情况，此信号送给前台进程组中的每一个进程。

通常用此信号通知守护进程（见第 13 章）再次读取它们的配置文件。选用 SIGHUP 的理由是，守护进程不会有控制终端，通常决不会接收到这种信号。

SIGILL　　此信号表示进程已执行一条非法硬件指令。

> 4.3BSD 的 abort 函数产生此信号。现在该函数产生 SIGABRT 信号。

SIGINFO　　这是一种 BSD 信号，当用户按状态键（一般采用 Ctrl+T）时，终端驱动程序产生此信号并发送至前台进程组中的每一个进程（见图 9-9）。此信号通常造成在终端上显示前台进程组中各进程的状态信息。

> 虽然 Alpha 平台将 SIGINFO 定义为与 SIGPWR 具有相同值，但是 Linux 并不支持 SIGINFO 信号。这更多是因为需要对 OSF/1 开发的软件提供某种程度的兼容。

318

SIGINT　　当用户按中断键（一般采用 Delete 或 Ctrl+C）时，终端驱动程序产生此信号并发送至前台进程组中的每一个进程（见图 9-9）。当一个进程在运行时失控，特别是它正在屏幕上产生大量不需要的输出时，常用此信号终止它。

SIGIO　　此信号指示一个异步 I/O 事件。在 14.5.2 节中将对此进行讨论。

> 在图 10-1 中，对 SIGIO 的系统默认动作是终止或忽略。遗憾的是，这依赖于系统。在 System V 中，SIGIO 与 SIGPOLL 相同，其默认动作是终止此进程。在 BSD 中，其默认动作是忽略此信号。
>
> Linux 3.2.0 和 Solaris 10 将 SIGIO 定义为与 SIGPOLL 具有相同值，所以默认行为是终止该进程。在 FreeBSD 8.0 和 Mac OS X 10.6.8 中，默认行为是忽略该信号。

SIGIOT　　这指示一个实现定义的硬件故障。

> IOT 这个名字来自于 PDP-11，它是 PDP-11 计算机“输入/输出 TRAP”（input/output TRAP）指令的缩写。System V 的早期版本，由 abort 函数产生此信号。该函数现在产生 SIGABRT 信号。
>
> FreeBSD 8.0、Linux 3.2.0、Mac OS X 10.6.8 和 Solaris 10 将 SIGIOT 定义为与 SIGABRT 具有相同值。

SIGJVM1　　Solaris 上为 Java 虚拟机预留的一个信号。

SIGJVM2　Solaris 上为 Java 虚拟机预留的另一个信号。

SIGKILL　这是两个不能被捕捉或忽略信号中的一个。它向系统管理员提供了一种可以杀死任一进程的可靠方法。

SIGLOST　运行在 Solaris NFSv4 客户端系统中的进程，恢复阶段不能重新获得锁，此时将由这个信号通知该进程。

SIGLWP　此信号由 Solaris 线程库内部使用，并不做一般使用。在 FreeBSD 中，SIGLWP 是 SIGTHR 的别名。

SIGPIPE　如果在管道的读进程已终止时写管道，则产生此信号。15.2 节将说明管道。当类型为 SOCK_STREAM 的套接字已不再连接时，进程写该套接字也产生此信号。我们将在第 16 章说明套接字。

SIGPOLL　这个信号在 SUSv4 中已被标记为弃用，将来的标准可能会将此信号移除。当在一个可轮询设备上发生一个特定事件时产生此信号。14.4.2 节将说明 poll 函数和此信号，它起源于 SVR3，与 BSD 的 SIGIO 和 SIGURG 信号接近。

319

> 在 Linux 和 Solaris 中，SIGPOLL 定义为与 SIGIO 具有相同值。

SIGPROF　这个信号在 SUSv4 中已被标记为弃用，将来的标准可能会将此信号移除。当 setitimer(2)函数设置的梗概统计间隔定时器（profiling interval timer）已经超时时产生此信号。

SIGPWR　这是一种依赖于系统的信号。它主要用于具有不间断电源（UPS）的系统。如果电源失效，则 UPS 起作用，而且通常软件会接到通知。在这种情况下，系统依靠蓄电池电源继续运行，所以无须做任何处理。但是如果蓄电池也将不能支持工作，则软件通常会再次接到通知，此时，系统必须使其各部分都停止运行。这时应当发送 SIGPWR 信号。在大多数系统中，接到蓄电池电压过低信息的进程将信号 SIGPWR 发送给 init 进程，然后由 init 处理停机操作。

> Solaris 10 和有些 Linux 版本在 inittab 文件中有两个记录项用于此种目的：powerfail 以及 powerwait（或 powerokwait）。
>
> 在图 10-1 中，我们将 SIGPWR 的默认动作标记为“终止或忽略”。遗憾的是，这种默认动作依赖于系统。Linux 对此的默认动作是终止相关进程，而 Solaris 的默认动作是忽略该信号。

SIGQUIT　当用户在终端上按退出键（一般采用 Ctrl+\）时，中断驱动程序产生此信号，并发送给前台进程组中的所有进程（见图 9-9）。此信号不仅终止前台进程组（如 SIGINT 所做的那样），同时产生一个 core 文件。

SIGSEGV　指示进程进行了一次无效的内存引用（通常说明程序有错，比如访问了一个未经初始化的指针）。

> 名字 SEGV 代表“段违例”（segmentation violation）。

SIGSTKFLT　此信号仅由 Linux 定义。它出现在 Linux 的早期版本，企图用于数学协处理器的栈故障。该信号并非由内核产生，但仍保留以向后兼容。

SIGSTOP　这是一个作业控制信号，它停止一个进程。它类似于交互停止信号（SIGTSTP），但是 SIGSTOP 不能被捕捉或忽略。

SIGSYS　该信号指示一个无效的系统调用。由于某种未知原因，进程执行了一条机器指令，内核认为这是一条系统调用，但该指令指示系统调用类型的参数却是无效的。这种情况是可能发生的，例如，若用户编写了一道使用新系统调用的程序，然后运行该程序的二进制可执行代码，而所用的操作系统却是不支持该系统调用的较早版本，于是就出现上述情况。

320

SIGTERM　这是由 kill(1)命令发送的系统默认终止信号。由于该信号是由应用程序捕获的，使用 SIGTERM 也让程序有机会在退出之前做好清理工作，从而优雅地终止（相对于 SIGKILL 而言。SIGKILL 不能被捕捉或者忽略）。

SIGTHAW　此信号仅由 Solaris 定义。在被挂起的系统恢复时，该信号用于通知相关进程，它们需要采取特定的动作。

SIGTHR　FreeBSD 线程库预留的信号，它的值定义或与 SIGLWP 相同。

SIGTRAP　指示一个实现定义的硬件故障。

> 此信号名来自于 PDP-11 的 TRAP 指令。当执行断点指令时，实现常用此信号将控制转移至调试程序。

SIGTSTP　交互停止信号，当用户在终端上按挂起键（一般采用 Ctrl+Z）时，终端驱动程序产生此信号。该信号发送至前台进程组中的所有进程（参见图 9-9）。

> 遗憾的是，停止具有不同的含义。当讨论作业控制和信号时，我们谈及停止和继续作业。但是，终端驱动程序一直使用术语“停止”表示用 Ctrl+S 字符终止终端输出，为了继续启动该终端输出，则用 Ctrl+Q 字符。为此，终端驱动程序称产生交互停止信号的字符为挂起字符，而非停止字符。

SIGTTIN　当一个后台进程组进程试图读其控制终端时，终端驱动程序产生此信号（见 9.8 节中对此问题的讨论）。在下列例外情形下不产生此信号：(a) 读进程忽略或阻塞此信号；(b) 读进程所属的进程组是孤儿进程组，此时读操作返回出错，errno 设置为 EIO。

SIGTTOU　当一个后台进程组进程试图写其控制终端时，终端驱动程序产生此信号（见 9.8 节对此问题的讨论）。与上面所述的 SIGTTIN 信号不同，一个进程可以选择允许后台进程写控制终端。第 18 章将讨论如何更改此选项。

如果不允许后台进程写，则与 SIGTTIN 相似，也有两种特殊情况：(a) 写进程忽略或阻塞此信号；(b) 写进程所属进程组是孤儿进程组。在第 2 种情况下不产生此信号，写操作返回出错，errno 设置为 EIO。

不论是否允许后台进程写，一些除写以外的下列终端操作也能产生 SIGTTOU 信号，如 tcsetattr、tcsendbreak、tcdrain、tcflush、tcflow 以及 tcsetpgrp。第 18 章将说明这些终端操作。

321

SIGURG　此信号通知进程已经发生一个紧急情况。在网络连接上接到带外的数据时，可选择地产生此信号。

SIGUSR1　这是一个用户定义的信号，可用于应用程序。

SIGUSR2　这是另一个用户定义的信号，与 SIGUSR1 相似，可用于应用程序。

SIGVTALRM　当一个由 setitimer(2)函数设置的虚拟间隔时间已经超时时，产生此信号。

SIGWAITING　此信号由 Solaris 线程库内部使用，不做他用。

SIGWINCH 内核维持与每个终端或伪终端相关联窗口的大小。进程可以用 ioctl 函数（见 18.12 节）得到或设置窗口的大小。如果进程用 ioctl 的设置窗口大小命令更改了窗口大小，则内核将 SIGWINCH 信号发送至前台进程组。

SIGXCPU Single UNIX Specification 的 XSI 扩展支持资源限制的概念（见 7.11 节）。如果进程超过了其软 CPU 时间限制，则产生此信号。

> 在图 10-1 中，对于 SIGXCPU 的默认动作说明为“终止或终止+core”。该默认动作依赖于操作系统。Linux 3.2.0 和 Solaris 10 支持的默认动作是终止并创建 core 文件；FreeBSD 8.0 和 Mac OS X 10.6.8 支持的默认动作是终止且不产生 core 文件。Single UNIX Specification 要求该默认动作是，异常终止该进程，是否创建 core 文件则留给实现决定。

SIGXFSZ 如果进程超过了其软文件长度限制（见 7.11 节），则产生此信号。

> 如同 SIGXCPU 一样，针对 SIGXFSZ 的默认动作依赖于操作系统。Linux 3.2.0 和 Solaris 10 对此信号的默认动作是终止并创建 core 文件。FreeBSD 8.0 和 Mac OS X 10.6.8 支持的默认动作是终止且不产生 core 文件。Single UNIX Specification 要求该默认动作是异常终止该进程，是否创建 core 文件则留给实现决定。

322

SIGXRES 此信号仅由 Solaris 定义。可选择地使用此信号以通知进程超过了预配置的资源值。Solaris 资源限制机制是一种通用设施，用于控制在独立应用集之间共享资源的使用。

10.3 函数 signal

UNIX 系统信号机制最简单的接口是 signal 函数。

```
#include <signal.h>

void (*signal(int signo, void (*func)(int)))(int);
```

返回值：若成功，返回以前的信号处理配置；若出错，返回 SIG_ERR

> signal 函数由 ISO C 定义。因为 ISO C 不涉及多进程、进程组以及终端 I/O 等，所以它对信号的定义非常含糊，以至于对 UNIX 系统而言几乎毫无用处。
>
> 从 UNIX System V 派生的实现支持 signal 函数，但该函数提供旧的不可靠信号语义（10.4 节将说明这些旧的语义）。提供此函数主要是为了向后兼容要求此旧语义的应用程序，新应用程序不应使用这些不可靠信号。
>
> 4.4BSD 也提供 signal 函数，但它是按照 sigaction 函数定义的（10.14 节将说明 sigaction 函数），所以在 4.4BSD 之下使用它提供新的可靠信号语义。目前大多数系统遵循这种策略，但 Solaris 10 沿用 System V signal 函数的语义。
>
> 因为 signal 的语义与实现有关，所以最好使用 sigaction 函数代替 signal 函数。在 10.14 节讨论 sigaction 函数时，提供了使用该函数的 signal 的一个实现。本书中的所有实例均使用图 10-18 中给出的 signal 函数，这样不管使用何种平台都可以有一致的语义。

signo 参数是图 10-1 中的信号名。*func* 的值是常量 SIG_IGN、常量 SIG_DFL 或当接到此信号后要调用的函数的地址。如果指定 SIG_IGN，则向内核表示忽略此信号（记住有两个信号 SIGKILL 和 SIGSTOP 不能忽略）。如果指定 SIG_DFL，则表示接到此信号后的动作是系统默认动作（见图 10-1

中的最后一列）。当指定函数地址时，则在信号发生时，调用该函数，我们称这种处理为捕捉该信号，称此函数为信号处理程序（signal handler）或信号捕捉函数（signal-catching function）。

signal 函数原型说明此函数要求两个参数，返回一个函数指针，而该指针所指向的函数无返回值（void）。第一个参数 *signo* 是一个整型数，第二个参数是函数指针，它所指向的函数需要一个整型参数，无返回值。signal 的返回值是一个函数地址，该函数有一个整型参数（即最后的(int)）。用自然语言来描述也就是要向信号处理程序传送一个整型参数，而它却无返回值。当调用 signal 设置信号处理程序时，第二个参数是指向该函数（也就是信号处理程序）的指针。signal 的返回值则是指向在此之前的信号处理程序的指针。

> 很多系统用附加的依赖于实现的参数来调用信号处理程序。10.14 节将对此做进一步说明。

本节开头所示的 signal 函数原型太复杂了，如果使用下面的 typedef[Plauger 1992]，则可使其简单一些。

```
typedef void Sigfunc(int);
```

323

然后，可将 signal 函数原型写成：

```
Sigfunc *signal(int, Sigfunc *);
```

我们已将此 typedef 包括在 apue.h 文件中（见附录 B），并随本章中的函数一起使用。

如果查看系统的头文件<signal.h>，则很可能会找到下列形式的声明：

```
#define SIG_ERR  (void (*)())-1
#define SIG_DFL  (void (*)())0
#define SIG_IGN  (void (*)())1
```

这些常量可用于表示“指向函数的指针，该函数要求一个整型参数，而且无返回值”。signal 的第二个参数及其返回值就可用它们表示。这些常量所使用的 3 个值不一定是-1、0 和 1，但它们必须是 3 个值而决不能是任一函数的地址。大多数 UNIX 系统使用上面所示的值。

实例

图 10-2 给出了一个简单的信号处理程序，它捕捉两个用户定义的信号并打印信号编号。10.10 节将说明 pause 函数，它使调用进程在接到一信号前挂起。

```
#include "apue.h"

static void  sig_usr(int); /* one handler for both signals */

int
main(void)
{
    if (signal(SIGUSR1, sig_usr) == SIG_ERR)
        err_sys("can't catch SIGUSR1");
    if (signal(SIGUSR2, sig_usr) == SIG_ERR)
        err_sys("can't catch SIGUSR2");
    for ( ; ; )
        pause();
}

static void
sig_usr(int signo)        /* argument is signal number */
```

```
{
    if (signo == SIGUSR1)
        printf("received SIGUSR1\n");
    else if (signo == SIGUSR2)
        printf("received SIGUSR2\n");
    else
        err_dump("received signal %d\n", signo);
}
```

324

图 10-2 捕捉 SIGUSR1 和 SIGUSR2 的简单程序

我们使该程序在后台运行，并且用 kill(1)命令将信号发送给它。注意，在 UNIX 系统中，杀死（kill）这个术语是不恰当的。kill(1)命令和 kill(2)函数只是将一个信号发送给一个进程或进程组。该信号是否终止进程则取决于该信号的类型，以及进程是否安排了捕捉该信号。

```
$ ./a.out &                    在后台启动进程
[1]     7216                   作业控制 shell 打印作业编号和进程 ID
$ kill -USR1 7216              向该进程发送 SIGUSR1
received SIGUSR1
$ kill -USR2 7216              向该进程发送 SIGUSR2
received SIGUSR2
$ kill 7216                    向该进程发送 SIGTERM
[1]+  Terminated    ./a.out
```

因为执行图 10-2 程序的进程不捕捉 SIGTERM 信号，而对该信号的系统默认动作是终止，所以当向该进程发送 SIGTERM 信号后，该进程就终止。

1. 程序启动

当执行一个程序时，所有信号的状态都是系统默认或忽略。通常所有信号都被设置为它们的默认动作，除非调用 exec 的进程忽略该信号。确切地讲，exec 函数将原先设置为要捕捉的信号都更改为默认动作，其他信号的状态则不变（一个进程原先要捕捉的信号，当其执行一个新程序后，就不能再捕捉了，因为信号捕捉函数的地址很可能在所执行的新程序文件中已无意义）。

一个具体例子是一个交互 shell 如何处理针对后台进程的中断和退出信号。对于一个非作业控制 shell，当在后台执行一个进程时，例如：

```
cc main.c &
```

shell 自动将后台进程对中断和退出信号的处理方式设置为忽略。于是，当按下中断字符时就不会影响到后台进程。如果没有做这样的处理，那么当按下中断字符时，它不但终止前台进程，也终止所有后台进程。

很多捕捉这两个信号的交互程序具有下列形式的代码：

```
void sig_int(int), sig_quit(int);
if (signal(SIGINT, SIG_IGN) != SIG_IGN)
    signal(SIGINT, sig_int);
if (signal(SIGQUIT, SIG_IGN) != SIG_IGN)
    signal(SIGQUIT, sig_quit);
```

325

这样处理后，仅当 SIGINT 和 SIGQUIT 当前未被忽略时，进程才会捕捉它们。

从 signal 的这两个调用中也可以看到这种函数的限制：不改变信号的处理方式就不能确定信号的当前处理方式。我们将在本章的稍后部分说明使用 sigaction 函数可以确定一个信号的处理方式，而无需改变它。

2. 进程创建

当一个进程调用 fork 时，其子进程继承父进程的信号处理方式。因为子进程在开始时复制了父进程内存映像，所以信号捕捉函数的地址在子进程中是有意义的。

10.4 不可靠的信号

在早期的 UNIX 版本中（如 V7），信号是不可靠的。不可靠在这里指的是，信号可能会丢失：一个信号发生了，但进程却可能一直不知道这一点。同时，进程对信号的控制能力也很差，它能捕捉信号或忽略它。有时用户希望通知内核阻塞某个信号：不要忽略该信号，在其发生时记住它，然后在进程做好了准备时再通知它。这种阻塞信号的能力当时并不具备。

> 4.2BSD 对信号机制进行了更改，提供了被称为可靠信号的机制。然后，SVR3 也修改了信号机制，提供了 System V 可靠信号机制。POSIX.1 选择了 BSD 模型作为其标准化的基础。

早期版本中的一个问题是在进程每次接到信号对其进行处理时，随即将该信号动作重置为默认值（在前面运行图 10-2 程序时，每种信号只捕捉一次，从而回避了这一点）。在描述这些早期系统的编程书籍中，有一个经典实例，它与如何处理中断信号相关，其代码与下面所示的相似：

```
    int     sig_int();          /* my signal handling function */
     ⋮
    signal(SIGINT, sig_int);  /* establish handler */
     ⋮
sig_int()
{
    signal(SIGINT, sig_int);  /* reestablish handler for next time */
     ⋮                        /* process the signal ... */
}
```

（由于早期的 C 语言版本不支持 ISO C 的 void 数据类型，所以将信号处理程序声明为 int 类型。）

这段代码的一个问题是：在信号发生之后到信号处理程序调用 signal 函数之间有一个时间窗口。在此段时间中，可能发生另一次中断信号。第二个信号会造成执行默认动作，而对中断信号的默认动作是终止该进程。这种类型的程序段在大多数情况下会正常工作，使得我们认为它们是正确无误的，而实际上却并非如此。

326

这些早期版本的另一个问题是：在进程不希望某种信号发生时，它不能关闭该信号。进程能做的一切就是忽略该信号。有时希望通知系统“阻止下列信号发生，如果它们确实产生了，请记住它们。”能够显现这种缺陷的一个经典实例是下列程序段，它捕捉一个信号，然后设置一个表示该信号已发生的标志：

```
int sig_int();                      /* my signal handling function */
int sig_int_flag;                   /* set nonzero when signal occurs */
main()
{
    signal(SIGINT, sig_int);        /* establish handler */
     ⋮
    while (sig_int_flag == 0)
        pause();                    /* go to sleep, waiting for signal */
     ⋮
}
sig_int()
```

```
{
    signal(SIGINT, sig_int);        /* reestablish handler for next time */
    sig_int_flag = 1;               /* set flag for main loop to examine */
}
```

其中，进程调用 pause 函数使自己休眠，直到捕捉到一个信号。当捕捉到信号时，信号处理程序将标志 sig_int_flag 设置为非 0 值。从信号处理程序返回后，内核自动将该进程唤醒，它检测到该标志为非 0，然后执行它所需做的。但是这里有一个时间窗口，在此窗口中操作可能失误。如果在测试 sig_int_flag 之后、调用 pause 之前发生信号，则此进程在调用 pause 时可能将永久休眠（假定此信号不会再次产生）。于是，这次发生的信号也就丢失了。这是另一个例子，某段代码并不正确，但是大多数时间却能正常工作。要查找并排除这种类型的问题很困难。

10.5 中断的系统调用

早期 UNIX 系统的一个特性是：如果进程在执行一个低速系统调用而阻塞期间捕捉到一个信号，则该系统调用就被中断不再继续执行。该系统调用返回出错，其 errno 设置为 EINTR。这样处理是因为一个信号发生了，进程捕捉到它，这意味着已经发生了某种事情，所以是个好机会应当唤醒阻塞的系统调用。

327

> 在这里，我们必须区分系统调用和函数。当捕捉到某个信号时，被中断的是内核中执行的系统调用。

为了支持这种特性，将系统调用分成两类：低速系统调用和其他系统调用。低速系统调用是可能会使进程永远阻塞的一类系统调用，包括：

- 如果某些类型文件（如读管道、终端设备和网络设备）的数据不存在，则读操作可能会使调用者永远阻塞；
- 如果这些数据不能被相同的类型文件立即接受，则写操作可能会使调用者永远阻塞；
- 在某种条件发生之前打开某些类型文件，可能会发生阻塞（例如要打开一个终端设备，需要先等待与之连接的调制解调器应答）；
- pause 函数（按照定义，它使调用进程休眠直至捕捉到一个信号）和 wait 函数；
- 某些 ioctl 操作；
- 某些进程间通信函数（见第 15 章）。

在这些低速系统调用中，一个值得注意的例外是与磁盘 I/O 有关的系统调用。虽然读、写一个磁盘文件可能暂时阻塞调用者（在磁盘驱动程序将请求排入队列，然后在适当时间执行请求期间），但是除非发生硬件错误，I/O 操作总会很快返回，并使调用者不再处于阻塞状态。

可以用中断系统调用这种方法来处理的一个例子是：一个进程启动了读终端操作，而使用该终端设备的用户却离开该终端很长时间。在这种情况下，进程可能处于阻塞状态几个小时甚至数天，除非系统停机，否则一直如此。

> 对于中断的 read、write 系统调用，POSIX.1 的语义在该标准的 2001 版有所改变。对于如何处理已 read、write 部分数据量的相应系统调用，早期版本允许实现自行选择。如若 read 系统调用已接收并传送数据至应用程序缓冲区，但尚未接收到应用程序请求的全部数据，此时被中断，操作系统可以认为该系统调用失败，并将 errno 设置为 EINTR；另一种处理方式是允许该系统调用成功返回，返回值是已接收到的数据量。与此类似，如若 write 已传输了应用程序缓冲区中的部分数据，然后被中断，操作系统可以认为该系统调用失败，并将 errno 设置为 EINTR；

> 另一种处理方式是允许该系统调用成功返回，返回值是已写部分的数据量。历史上，从 System V 派生的实现将这种系统调用视为失败，而 BSD 派生的实现则处理为部分成功返回。2001 版 POSIX.1 标准采用 BSD 风格的语义。

与被中断的系统调用相关的问题是必须显式地处理出错返回。典型的代码序列（假定进行一个读操作，它被中断，我们希望重新启动它）如下：

```
again:
    if ((n = read(fd, buf, BUFFSIZE)) < 0) {
        if (errno == EINTR)
            goto again;     /* just an interrupted system call */
        /* handle other errors */
    }
```

328

为了帮助应用程序使其不必处理被中断的系统调用，4.2BSD 引进了某些被中断系统调用的自动重启动。自动重启动的系统调用包括：ioctl、read、readv、write、writev、wait 和 waitpid。如前所述，其中前 5 个函数只有对低速设备进行操作时才会被信号中断。而 wait 和 waitpid 在捕捉到信号时总是被中断。因为这种自动重启动的处理方式也会带来问题，某些应用程序并不希望这些函数被中断后重启动。为此 4.3BSD 允许进程基于每个信号禁用此功能。

> POSIX.1 要求只有中断信号的 SA_RESTART 标志有效时，实现才重启动系统调用。在 10.14 节将看到，sigaction 函数使用这个标志允许应用程序请求重启动被中断的系统调用。
>
> 历史上，使用 signal 函数建立信号处理程序时，对于如何处理被中断的系统调用，各种实现的做法各不相同。System V 的默认工作方式是从不重启动系统调用。而 BSD 则重启动被信号中断的系统调用。FreeBSD 8.0、Linux 3.2.0 和 Mac OS X 10.6.8 中，当信号处理程序是用 signal 函数时，被中断的系统调用会重启动。但 Solaris 10 的默认方式是出错返回，将 errno 设置为 EINTR。使用用户自己实现的 signal 函数（见图 10-18）可以避免必须处理这些差异的麻烦。

4.2BSD 引入自动重启动功能的一个理由是：有时用户并不知道所使用的输入、输出设备是否是低速设备。如果我们编写的程序可以用交互方式运行，则它可能读、写终端低速设备。如果在程序中捕捉信号，而且系统并不提供重启动功能，则对每次读、写系统调用就要进行是否出错返回的测试，如果是被中断的，则再调用读、写系统调用。

图 10-3 列出了几种实现所提供的与信号有关的函数及它们的语义。

函数	系统	信号处理程序仍被安装	阻塞信号的能力	被中断系统调用的自动重启动?
signal	ISO C、POSIX.1	未说明	未说明	未说明
	V7、SVR2、SVR3			从不
	SVR4、Solaris			从不
	4.2BSD	•	•	总是
	4.3BSD、4.4BSD、FreeBSD、Linux、Mac OS X	•	•	默认
sigaction	POSIX.1、4.4BSD、SVR4、FreeBSD、Linux、Mac OS X、Solaris	•	•	可选

图 10-3　几种信号实现所提供的功能

应当了解，其他厂商提供的 UNIX 系统可能不同于图 10-3 中所示的情况。例如，SunOS 4.1.2 中的 sigaction 默认方式是重启动被中断的系统调用，这与列在图 10-3 中的各平台不同。

在图10-18中，提供了我们自己的signal函数版本，它自动地尝试重启动被中断的系统调用（除SIGALRM信号外）。在图10-19中则提供了另一个函数signal_intr，它不进行重启动。

在14.4节说明select和poll函数时，还将更多涉及被中断的系统调用。

10.6　可重入函数

进程捕捉到信号并对其进行处理时，进程正在执行的正常指令序列就被信号处理程序临时中断，它首先执行该信号处理程序中的指令。如果从信号处理程序返回（例如没有调用exit或longjmp），则继续执行在捕捉到信号时进程正在执行的正常指令序列（这类似于发生硬件中断时所做的）。但在信号处理程序中，不能判断捕捉到信号时进程执行到何处。如果进程正在执行malloc，在其堆中分配另外的存储空间，而此时由于捕捉到信号而插入执行该信号处理程序，其中又调用malloc，这时会发生什么？又例如，若进程正在执行getpwnam（见6.2节）这种将其结果存放在静态存储单元中的函数，其间插入执行信号处理程序，它又调用这样的函数，这时又会发生什么呢？在malloc例子中，可能会对进程造成破坏，因为malloc通常为它所分配的存储区维护一个链表，而插入执行信号处理程序时，进程可能正在更改此链表。在getpwnam的例子中，返回给正常调用者的信息可能会被返回给信号处理程序的信息覆盖。

Single UNIX Specification说明了在信号处理程序中保证调用安全的函数。这些函数是可重入的并被称为是异步信号安全的（async-signal safe）。除了可重入以外，在信号处理操作期间，它会阻塞任何会引起不一致的信号发送。图10-4列出了这些异步信号安全的函数。没有列入图10-4中

abort	faccessat	linkat	select	socketpair
accept	fchmod	listen	sem_post	stat
access	fchmodat	lseek	send	symlink
aio_error	fchown	lstat	sendmsg	symlinkat
aio_return	fchownat	mkdir	sendto	tcdrain
aio_suspend	fcntl	mkdirat	setgid	tcflow
alarm	fdatasync	mkfifo	setpgid	tcflush
bind	fexecve	mkfifoat	setsid	tcgetattr
cfgetispeed	fork	mknod	setsockopt	tcgetpgrp
cfgetospeed	fstat	mknodat	setuid	tcsendbreak
cfsetispeed	fstatat	open	shutdown	tcsetattr
cfsetospeed	fsync	openat	sigaction	tcsetpgrp
chdir	ftruncate	pause	sigaddset	time
chmod	futimens	pipe	sigdelset	timer_getoverrun
chown	getegid	poll	sigemptyset	timer_gettime
clock_gettime	geteuid	posix_trace_event	sigfillset	timer_settime
close	getgid	pselect	sigismember	times
connect	getgroups	raise	signal	umask
creat	getpeername	read	sigpause	uname
dup	getpgrp	readlink	sigpending	unlink
dup2	getpid	readlinkat	sigprocmask	ulinkat
execl	getppid	recv	sigqueue	utime
execle	getsockname	recvfrom	sigset	utimensat
execv	getsockopt	recvmsg	sigsuspend	utimes
execve	getuid	rename	sleep	wait
_Exit	kill	renameat	socketmark	waitpid
_exit	link	rmdir	socket	write

图10-4　信号处理程序可以调用的可重入函数

的大多数函数是不可重入的，因为（a）已知它们使用静态数据结构；（b）它们调用 malloc 或 free；（c）它们是标准 I/O 函数。标准 I/O 库的很多实现都以不可重入方式使用全局数据结构。注意，虽然在本书的某些实例中，信号处理程序也调用了 printf 函数，但这并不保证产生所期望的结果，信号处理程序可能中断主程序中的 printf 函数调用。

应当了解，即使信号处理程序调用的是图 10-4 中的函数，但是由于每个线程只有一个 errno 变量（回忆 1.7 节对 errno 和线程的讨论），所以信号处理程序可能会修改其原先值。考虑一个信号处理程序，它恰好在 main 刚设置 errno 之后被调用。如果该信号处理程序调用 read 这类函数，则它可能更改 errno 的值，从而取代了刚由 main 设置的值。因此，作为一个通用的规则，当在信号处理程序中调用图 10-4 中的函数时，应当在调用前保存 errno，在调用后恢复 errno。（应当了解，经常被捕捉到的信号是 SIGCHLD，其信号处理程序通常要调用一种 wait 函数，而各种 wait 函数都能改变 errno。）

329 ~ 330

注意，图 10-4 没有包括 longjmp（7.10 节）和 siglongjmp（10.15 节）。这是因为主例程以非可重入方式正在更新一个数据结构时可能产生信号。如果不是从信号处理程序返回而是调用 siglongjmp，那么该数据结构可能是部分更新的。如果应用程序将要做更新全局数据结构这样的事情，而同时要捕捉某些信号，而这些信号的处理程序又会引起执行 siglongjmp，则在更新这种数据结构时要阻塞此类信号。

实例

图 10-5 给出了一段程序，这段程序从信号处理程序 my_alarm 调用非可重入函数 getpwnam，而 my_alarm 每秒钟被调用一次。10.10 节中将说明 alarm 函数。在该程序中调用 alarm 函数使得每秒产生一次 SIGALRM 信号。

331

```
#include "apue.h"
#include <pwd.h>

static void
my_alarm(int signo)
{
    struct passwd *rootptr;

    printf("in signal handler\n");
    if ((rootptr = getpwnam("root")) == NULL)
            err_sys("getpwnam(root) error");
    alarm(1);
}

int
main(void)
{
    struct passwd *ptr;

    signal(SIGALRM, my_alarm);
    alarm(1);
    for ( ; ; ) {
        if ((ptr = getpwnam("sar")) == NULL)
            err_sys("getpwnam error");
        if (strcmp(ptr->pw_name, "sar") != 0)
```

```
        printf("return value corrupted!, pw_name = %s\n",
                ptr->pw_name);
    }
}
```

图 10-5 在信号处理程序中调用不可再入函数

运行该程序时，其结果具有随机性。通常，在信号处理程序经多次迭代返回时，该程序将由 SIGSEGV 信号终止。检查 core 文件，从中可以看到 main 函数已调用 getpwnam，但当 getpwnam 调用 free 时，信号处理程序中断了它的运行，并调用 getpwnam，进而再次调用 free。在信号处理程序调用 free 而主程序也在调用 free 时，malloc 和 free 维护的数据结构就出现了损坏，偶然，此程序会运行若干秒，然后因产生 SIGSEGV 信号而终止。在捕捉到信号后，若 main 函数仍正确运行，其返回值却有时错误，有时正确。

从此实例中可以看出，如果在信号处理程序中调用一个非可重入函数，则其结果是不可预知的。

10.7 SIGCLD 语义

SIGCLD 和 SIGCHLD 这两个信号很容易被混淆。SIGCLD（没有 H）是 System V 的一个信号名，其语义与名为 SIGCHLD 的 BSD 信号不同。POSIX.1 采用 BSD 的 SIGCHLD 信号。

332

BSD 的 SIGCHLD 信号语义与其他信号的语义相类似。子进程状态改变后产生此信号，父进程需要调用一个 wait 函数以检测发生了什么。

System V 处理 SIGCLD 信号的方式不同于其他信号。如果用 signal 或 sigset（早期设置信号配置的，与 SRV3 兼容的函数）设置信号配置，则基于 SVR4 的系统继承了这一具有问题色彩的传统（即兼容性限制）。对于 SIGCLD 的早期处理方式是：

（1）如果进程明确地将该信号的配置设置为 SIG_IGN，则调用进程的子进程将不产生僵死进程。注意，这与其默认动作（SIG_DFL）“忽略”（见图 10-1）不同。子进程在终止时，将其状态丢弃。如果调用进程随后调用一个 wait 函数，那么它将阻塞直到所有子进程都终止，然后该 wait 会返回-1，并将其 errno 设置为 ECHILD。（此信号的默认配置是忽略，但这不会使上述语义起作用。必须将其配置明确指定为 SIG_IGN 才可以。）

> POSIX.1 并未说明在 SIGCHLD 被忽略时应产生的后果，所以这种行为是允许的。Single UNIX Specification 的 XSI 扩展选项要求对于 SIGCHLD 支持这种行为。
>
> 如果 SIGCHLD 被忽略，4.4BSD 总是产生僵死进程。如果要避免僵死进程，则必须等待子进程。在 SVR4 中，如果调用 signal 或 sigset 将 SIGCHLD 的配置设置为忽略，则决不会产生僵死进程。本书讨论的 4 种平台在此方面都追随 SVR4 的行为。
>
> 使用 sigaction 可设置 SA_NOCLDWAIT 标志（见图 10-6）以避免进程僵死。本书讨论的 4 种平台都支持这一点。

（2）如果将 SIGCLD 的配置设置为捕捉，则内核立即检查是否有子进程准备好被等待，如果是这样，则调用 SIGCLD 处理程序。

第 2 种方式改变了为此信号编写处理程序的方法，这一点可在下面的实例中看到。

实例

10.4 节曾提到，进入信号处理程序后，首先要调用 signal 函数以重新设置此信号处理程序（在信号被重置为其默认值时，它可能会丢失，立即重新设置可以减少此窗口时间）。图 10-6 展示了这一点。但此程序不能在某些传统的 System V 平台上正常工作。程序一行行地不断重复输出“SIGCLD received”，最后进程用完其栈空间并异常终止。

333

```
#include    "apue.h"
#include    <sys/wait.h>

static void sig_cld(int);

int
main()
{
    pid_t   pid;

    if (signal(SIGCLD, sig_cld) == SIG_ERR)
        perror("signal error");
    if ((pid = fork()) < 0) {
        perror("fork error");
    } else if (pid == 0) {      /* child */
        sleep(2);
        _exit(0);
    }

    pause(); /* parent */
    exit(0);
}

static void
sig_cld(int signo)     /* interrupts pause() */
{
    pid_t   pid;
    int     status;

    printf("SIGCLD received\n");

    if (signal(SIGCLD, sig_cld) == SIG_ERR) /* reestablish handler */
        perror("signal error");

    if ((pid = wait(&status)) < 0)      /* fetch child status */
        perror("wait error");

    printf("pid = %d\n", pid);
}
```

图 10-6 不能正常工作的 System V SIGCLD 处理程序

> 因为基于 BSD 的系统通常并不支持早期 System V 的 SIGCLD 语义，所以 FreeBSD 8.0 和 Mac OS X 10.6.8 并没有出现此问题。Linux 3.2.0 也没有出现此问题，其原因是，虽然 SIGCLD 和 SIGCHLD 定义为相同的值，但当一个进程安排捕捉 SIGCHLD，并且已经有进程准备好由其父进

> 程等待时，该系统并不调用 SIGCHLD 信号的处理程序。Solaris 10 在此种情况时确实调用该信号处理程序，但在内核中增加了避免此问题的代码。
>
> 虽然本书说明的所有 4 种平台都解决了这一问题，但是应当意识到没有解决这一问题的平台（如 AIX）依然存在。

334

此程序的问题是：在信号处理程序的开始处调用 signal，按照上述第 2 种方式，内核检查是否有需要等待的子进程（因为我们正在处理一个 SIGCLD 信号，所以确实有这种子进程），所以它产生另一个对信号处理程序的调用。信号处理程序调用 signal，整个过程再次重复。

为了解决这一问题，应当在调用 wait 取到子进程的终止状态后再调用 signal。此时仅当其他子进程终止，内核才会再次产生此种信号。

> 如果为 SIGCHLD 建立了一个信号处理程序，又存在一个已终止但父进程尚未等待它的进程，则是否会产生信号？POSIX.1 对此没有做说明。这就允许前面所述的工作方式。但是，POSIX.1 在信号发生时并没有将信号处理重置为其默认值（假定正调用 POSIX.1 的 sigaction 函数设置其配置），于是在 SIGCHLD 处理程序中也就不必再为该信号指定一个信号处理程序。

务必了解你所用的系统实现中 SIGCHLD 信号的语义。也应了解在某些系统中#define SIGCHLD 为 SIGCLD 或反之。更改这种信号的名字使你可以编译为另一个系统编写的程序，但是如果这一程序使用该信号的另一种语义，程序有可能不会正常工作。

> 在本书说明的 4 种平台上，只有 Linux 3.2.0 和 Solaris 10 定义了 SIGCLD，SIGCLD 等同于 SIGCHLD。

10.8 可靠信号术语和语义

我们需要先定义一些在讨论信号时会用到的术语。首先，当造成信号的事件发生时，为进程产生一个信号（或向一个进程发送一个信号）。事件可以是硬件异常（如除以 0）、软件条件（如 alarm 定时器超时）、终端产生的信号或调用 kill 函数。当一个信号产生时，内核通常在进程表中以某种形式设置一个标志。

当对信号采取了这种动作时，我们说向进程**递送**了一个信号。在信号产生（generation）和递送（delivery）之间的时间间隔内，称信号是**未决的**（pending）。

进程可以选用“阻塞信号递送”。如果为进程产生了一个阻塞的信号，而且对该信号的动作是系统默认动作或捕捉该信号，则为该进程将此信号保持为未决状态，直到该进程对此信号解除了阻塞，或者将对此信号的动作更改为忽略。内核在递送一个原来被阻塞的信号给进程时（而不是在产生该信号时），才决定对它的处理方式。于是进程在信号递送给它之前仍可改变对该信号的动作。进程调用 sigpending 函数（见 10.13 节）来判定哪些信号是设置为阻塞并处于未决状态的。

335

如果在进程解除对某个信号的阻塞之前，这种信号发生了多次，那么将如何呢？POSIX.1 允许系统递送该信号一次或多次。如果递送该信号多次，则称这些信号进行了**排队**。但是除非支持 POSIX.1 实时扩展，否则大多数 UNIX 并不对信号排队，而是只递送这种信号一次。

> SUSv4 中，实时信号功能已经移至基础规范的实时扩展部分。随着时间的推移，更多的系统即使不支持实时扩展，也会支持信号排队。我们将在 10.20 节中进一步讨论排队信号。
>
> SVR2 的手册页称，在进程执行 SIGCLD 信号处理程序期间，该信号是用排队方式处理的，虽然在概念层次这可能是真的，但实际并非如此。内核是按照 10.7 节中所述方式产生此信号。SVR3 的手册页对此做了修改，它指明在进程执行 SIGCLD 信号处理程序期间，忽略 SIGCLD 信号。SVR4 手册页删除了有关部分。
>
> AT&T[1990e]中的 SVR4 sigaction(2)手册页称 SA_SIGINFO 标志（见图 10-16）使信号可靠地排队，这是不正确的。表面上内核部分地实现了此功能，但在 SVR4 中并不起作用。令人不可思议的是，SVID（System V 接口定义）对这种可靠队列并未做同样的声明。

如果有多个信号要递送给一个进程，那将如何呢？POSIX.1 并没有规定这些信号的递送顺序。但是 POSIX.1 基础部分建议：在其他信号之前递送与进程当前状态有关的信号，如 SIGSEGV。

每个进程都有一个信号屏蔽字（signal mask），它规定了当前要阻塞递送到该进程的信号集。对于每种可能的信号，该屏蔽字中都有一位与之对应。对于某种信号，若其对应位已设置，则它当前是被阻塞的。进程可以调用 sigprocmask（在 10.12 节中说明）来检测和更改其当前信号屏蔽字。

信号编号可能会超过一个整型所包含的二进制位数，因此 POSIX.1 定义了一个新数据类型 sigset_t，它可以容纳一个信号集。例如，信号屏蔽字就存放在其中一个信号集中。10.11 节将说明对信号集进行操作的 5 个函数。

10.9 函数 kill 和 raise

kill 函数将信号发送给进程或进程组。raise 函数则允许进程向自身发送信号。

> raise 最初是由 ISO C 定义的。后来，为了与 ISO C 标准保持一致，POSIX.1 也包括了该函数。但是 POSIX.1 扩展了 raise 的规范，使其可处理线程（12.8 中讨论线程如何与信号交互）。因为 ISO C 并不涉及多进程，所以它不能定义以进程 ID 作为其参数（如 kill 函数）的函数。

336

```
#include <signal.h>

int kill(pid_t pid, int signo);

int raise(int signo);
```

两个函数返回值：若成功，返回 0；若出错，返回-1

调用

```
raise(signo);
```

等价于调用

```
kill(getpid(), signo);
```

kill 的 *pid* 参数有以下 4 种不同的情况。

- *pid* > 0　　将该信号发送给进程 ID 为 *pid* 的进程。
- *pid* == 0　　将该信号发送给与发送进程属于同一进程组的所有进程（这些进程的进程组 ID 等于发送进程的进程组 ID），而且发送进程具有权限向这些进程发送信号。这里用的术语“所有进程”不包括实现定义的系统进程集。对于大多数 UNIX 系统，系统进程集包括内核进程和 init（*pid* 为 1）。

pid < 0　　将该信号发送给其进程组ID等于*pid*绝对值，而且发送进程具有权限向其发送信号的所有进程。如前所述，所有进程并不包括系统进程集中的进程。

pid == −1　　将该信号发送给发送进程有权限向它们发送信号的所有进程。如前所述，所有进程不包括系统进程集中的进程。

如前所述，进程将信号发送给其他进程需要权限。超级用户可将信号发送给任一进程。对于非超级用户，其基本规则是发送者的实际用户 ID 或有效用户 ID 必须等于接收者的实际用户 ID 或有效用户 ID。如果实现支持`_POSIX_SAVED_IDS`（如 POSIX.1 现在要求的那样），则检查接收者的保存设置用户 ID（而不是有效用户 ID）。在对权限进行测试时也有一个特例：如果被发送的信号是`SIGCONT`，则进程可将它发送给属于同一会话的任一其他进程。

POSIX.1 将信号编号 0 定义为空信号。如果*signo*参数是 0，则`kill`仍执行正常的错误检查，但不发送信号。这常被用来确定一个特定进程是否仍然存在。如果向一个并不存在的进程发送空信号，则`kill`返回-1，`errno`被设置为`ESRCH`。但是，应当注意，UNIX 系统在经过一定时间后会重新使用进程 ID，所以一个现有的具有所给定进程 ID 的进程并不一定就是你所想要的进程。

337

还应理解的是，测试进程是否存在的操作不是原子操作。在`kill`向调用者返回测试结果时，原来已存在的被测试进程此时可能已经终止，所以这种测试并无多大价值。

如果调用`kill`为调用进程产生信号，而且此信号是不被阻塞的，那么在`kill`返回之前，*signo*或者某个其他未决的、非阻塞信号被传送至该进程。（对于线程而言，还有一些附加条件；详细情况见 12.8 节。）

10.10 函数 alarm 和 pause

使用`alarm`函数可以设置一个定时器（闹钟时间），在将来的某个时刻该定时器会超时。当定时器超时时，产生`SIGALRM`信号。如果忽略或不捕捉此信号，则其默认动作是终止调用该`alarm`函数的进程。

```
#include <unistd.h>

unsigned int alarm(unsigned int seconds);
```

返回值：0 或以前设置的闹钟时间的余留秒数

参数*seconds*的值是产生信号`SIGALRM`需要经过的时钟秒数。当这一时刻到达时，信号由内核产生，由于进程调度的延迟，所以进程得到控制从而能够处理该信号还需要一个时间间隔。

> 早期的 UNIX 系统实现曾提出警告，这种信号可能比预定值提前 1 s 发送。POSIX.1 则不允许这样做。

每个进程只能有一个闹钟时间。如果在调用`alarm`时，之前已为该进程注册的闹钟时间还没有超时，则该闹钟时间的余留值作为本次`alarm`函数调用的值返回。以前注册的闹钟时间则被新值代替。

如果有以前注册的尚未超过的闹钟时间，而且本次调用的*seconds*值是 0，则取消以前的闹钟时间，其余留值仍作为`alarm`函数的返回值。

虽然`SIGALRM`的默认动作是终止进程，但是大多数使用闹钟的进程捕捉此信号。如果此时进程要终止，则在终止之前它可以执行所需的清理操作。如果我们想捕捉`SIGALRM`信号，则必须在调用`alarm`之前安装该信号的处理程序。如果我们先调用`alarm`，然后在我们能够安装

SIGALRM 处理程序之前已接到该信号，那么进程将终止。

pause 函数使调用进程挂起直至捕捉到一个信号。

```
#include <unistd.h>

int pause(void);
```

返回值：-1，errno 设置为 EINTR

338

只有执行了一个信号处理程序并从其返回时，pause 才返回。在这种情况下，pause 返回-1，errno 设置为 EINTR。

实例

使用 alarm 和 pause，进程可使自己休眠一段指定的时间。图 10-7 中的 sleep1 函数看似提供了这种功能（其实这里面存在问题，我们很快就会看到）。

```
#include      <signal.h>
#include      <unistd.h>

static void
sig_alrm(int signo)
{
    /* nothing to do, just return to wake up the pause */
}

unsigned int
sleep1(unsigned int seconds)
{
    if (signal(SIGALRM, sig_alrm) == SIG_ERR)
        return(seconds);
    alarm(seconds);         /* start the timer */
    pause();                /* next caught signal wakes us up */
    return(alarm(0));       /* turn off timer, return unslept time */
}
```

图 10-7 sleep 简化而不完整的实现

程序中的 sleep1 函数看起来与将在 10.19 节中说明的 sleep 函数类似，但这种简单实现有以下 3 个问题。

（1）如果在调用 sleep1 之前，调用者已设置了闹钟，则它被 sleep1 函数中的第一次 alarm 调用擦除。可用下列方法更正这一点：检查第一次调用 alarm 的返回值，如其值小于本次调用 alarm 的参数值，则只应等到已有的闹钟超时。如果之前设置的闹钟超时时间晚于本次设置值，则在 sleep1 函数返回之前，重置此闹钟，使其在之前闹钟的设定时间再次发生超时。

（2）该程序中修改了对 SIGALRM 的配置。如果编写了一个函数供其他函数调用，则在该函数被调用时先要保存原配置，在该函数返回前再恢复原配置。更正这一点的方法是：保存 signal 函数的返回值，在返回前重置原配置。

（3）在第一次调用 alarm 和 pause 之间有一个竞争条件。在一个繁忙的系统中，可能 alarm 在调用 pause 之前超时，并调用了信号处理程序。如果发生了这种情况，则在调用 pause 后，如果没有捕捉到其他信号，调用者将永远被挂起。

339

sleep 的早期实现与图 10-7 程序类似，但更正了第 1 个和第 2 个问题。有两种方法可以更正第

3个问题。第一种方法是使用 setjmp，下一个实例将说明这种方法。另一种方法是使用 sigprocmask 和 sigsuspend，10.19 节将说明这种方法。

实例

SVR2 中的 sleep 实现使用了 setjmp 和 longjmp（见 7.10 节），以避免前一个实例的第 3 个问题中说明的竞争条件。此函数的一个简化版本称为 sleep2，示于图 10-8 中（为了缩短实例程序的长度，程序中没有处理上面所说的第 1 个和第 2 个问题）。

```
#include      <setjmp.h>
#include      <signal.h>
#include      <unistd.h>

static jmp_buf    env_alrm;

static void
sig_alrm(int signo)
{
    longjmp(env_alrm, 1);
}

unsigned int
sleep2(unsigned int seconds)
{
    if (signal(SIGALRM, sig_alrm) == SIG_ERR)
        return(seconds);
    if (setjmp(env_alrm) == 0) {
        alarm(seconds);        /* start the timer */
        pause();               /* next caught signal wakes us up */
    }
    return(alarm(0));          /* turn off timer, return unslept time */
}
```

图 10-8 sleep 的另一个不完善的实现

在此函数中，已避免了图 10-7 中具有的竞争条件。即使 pause 从未执行，在发生 SIGALRM 时，sleep2 函数也返回。

但是，sleep2 函数中却有另一个难以察觉的问题，它涉及与其他信号的交互。如果 SIGALRM 中断了某个其他信号处理程序，则调用 longjmp 会提早终止该信号处理程序。图 10-9 显示了这种情况。SIGINT 处理程序中包含了 for 循环语句，它在作者所用系统上的执行时间超过 5s，也就是大于 sleep2 的参数值，这正是我们想要的。整型变量 k 说明为 volatile，这样就阻止了优化编译程序去除循环语句。

340

```
#include "apue.h"

unsigned int      sleep2(unsigned int);
static void       sig_int(int);

int
main(void)
{
    unsigned int  unslept;
```

```
    if (signal(SIGINT, sig_int) == SIG_ERR)
        err_sys("signal(SIGINT) error");
    unslept = sleep2(5);
    printf("sleep2 returned: %u\n", unslept);
    exit(0);
}

static void
sig_int(int signo)
{
    int             i, j;
    volatile int    k;

    /*
     * Tune these loops to run for more than 5 seconds
     * on whatever system this test program is run.
     */
    printf("\nsig_int starting\n");
    for (i = 0; i < 300000; i++)
        for (j = 0; j < 4000; j++)
            k += i * j;
    printf("sig_int finished\n");
}
```

图 10-9 在一个捕捉其他信号的程序中调用 sleep2

执行图 10-9 中的程序，可以通过键入中断字符来中断休眠，运行结果如下：

```
$ ./a.out
^C                          键入中断字符
sig_int starting
sleep2 returned: 0
```

从中可见 sleep2 函数所引起的 longjmp 使另一个信号处理程序 sig_int 提早终止，即使它未完成也会如此。如果将 SVR2 的 sleep 函数与其他信号处理程序一起使用，就可能碰到这种情况。见习题 10.3。

sleep1 和 sleep2 函数的这两个实例是告诉我们在涉及信号时需要有精细而周到的考虑。下面几节将说明解决这些问题的方法，使我们能够可靠地、在不影响其他代码段的情况下处理信号。 341

实例

除了用来实现 sleep 函数外，alarm 还常用于对可能阻塞的操作设置时间上限值。例如，程序中有一个读低速设备的可能阻塞的操作（见 10.5 节），我们希望超过一定时间量后就停止执行该操作。图 10-10 实现了这一点，它从标准输入读一行，然后将其写到标准输出上。

```
#include "apue.h"

static void sig_alrm(int);

int
main(void)
{
    int     n;
```

```
    char     line[MAXLINE];

    if (signal(SIGALRM, sig_alrm) == SIG_ERR)
        err_sys("signal(SIGALRM) error");

    alarm(10);
    if ((n = read(STDIN_FILENO, line, MAXLINE)) < 0)
        err_sys("read error");
    alarm(0);

    write(STDOUT_FILENO, line, n);
    exit(0);
}

static void
sig_alrm(int signo)
{
    /* nothing to do, just return to interrupt the read */
}
```

图 10-10 带时间限制调用 read

这种代码序列在很多 UNIX 应用程序中都能见到，但是这种程序有两个问题。

（1）图 10-10 中的程序具有与图 10-7 中的程序相同的问题：在第一次 alarm 调用和 read 调用之间有一个竞争条件。如果内核在这两个函数调用之间使进程阻塞，不能占用处理器运行，而其时间长度又超过闹钟时间，则 read 可能永远阻塞。大多数这种类型的操作使用较长的闹钟时间，例如 1 分钟或更长一点，使这种问题不会发生，但无论如何这是一个竞争条件。

（2）如果系统调用是自动重启动的，则当从 SIGALRM 信号处理程序返回时，read 并不被中断。在这种情形下，设置时间限制不起作用。

342

在这里我们确实需要中断慢速系统调用。我们将在 10.14 节对此进行详细讨论。

实例

让我们用 longjmp 再实现前面的实例。使用这种方法无需担心一个慢速的系统调用是否被中断，见图 10-11。

```
#include "apue.h"
#include <setjmp.h>

static void      sig_alrm(int);
static jmp_buf   env_alrm;

int
main(void)
{
    int      n;
    char     line[MAXLINE];

    if (signal(SIGALRM, sig_alrm) == SIG_ERR)
        err_sys("signal(SIGALRM) error");
    if (setjmp(env_alrm) != 0)
        err_quit("read timeout");
```

```
    alarm(10);
    if ((n = read(STDIN_FILENO, line, MAXLINE)) < 0)
        err_sys("read error");
    alarm(0);

    write(STDOUT_FILENO, line, n);
    exit(0);
}

static void
sig_alrm(int signo)
{
    longjmp(env_alrm, 1);
}
```

图 10-11 使用 longjmp，带时间限制调用 read

不管系统是否重新启动被中断的系统调用，该程序都会如所预期的那样工作。但是要知道，该程序仍旧有和图 10-8 中的程序相同的与其他信号处理程序交互的问题。

如果要对 I/O 操作设置时间限制，则如上所示可以使用 longjmp，当然也要清楚它可能有与其他信号处理程序交互的问题。另一种选择是使用 select 或 poll 函数，14.4.1 节和 14.4.2 节将对它们进行说明。

343

10.11 信号集

我们需要有一个能表示多个信号——信号集（signal set）的数据类型。我们将在 sigprocmask（下一节中说明）类函数中使用这种数据类型，以便告诉内核不允许发生该信号集中的信号。如前所述，不同的信号的编号可能超过一个整型量所包含的位数，所以一般而言，不能用整型量中的一位代表一种信号，也就是不能用一个整型量表示信号集。POSIX.1 定义数据类型 sigset_t 以包含一个信号集，并且定义了下列 5 个处理信号集的函数。

```
#include <signal.h>

int sigemptyset(sigset_t *set);

int sigfillset(sigset_t *set);

int sigaddset(sigset_t *set, int signo);

int sigdelset(sigset_t * set, int signo);
```

4 个函数返回值：若成功，返回 0；若出错，返回−1

```
int sigismember(const sigset_t *set, int signo);
```

返回值：若真，返回 1；若假，返回 0

函数 sigemptyset 初始化由 *set* 指向的信号集，清除其中所有信号。函数 sigfillset 初始化由 *set* 指向的信号集，使其包括所有信号。所有应用程序在使用信号集前，要对该信号集调用 sigemptyset 或 sigfillset 一次。这是因为 C 编译程序将不赋初值的外部变量和静态变量都初始化为 0，而这是否与给定系统上信号集的实现相对应却并不清楚。

一旦已经初始化了一个信号集，以后就可在该信号集中增、删特定的信号。函数 sigaddset

将一个信号添加到已有的信号集中，sigdelset 则从信号集中删除一个信号。对所有以信号集作为参数的函数，总是以信号集地址作为向其传送的参数。

实例

如果实现的信号数目少于一个整型量所包含的位数，则可用一位代表一个信号的方法实现信号集。例如，本书的后续部分都假定一种实现有 31 种信号和 32 位整型。sigemptyset 函数将整型设置为 0，sigfillset 函数则将整型中的各位都设置为 1。这两个函数可以在<signal.h>头文件中实现为宏：

```
#define sigemptyset(ptr)  (*(ptr) = 0)
#define sigfillset(ptr)   (*(ptr) = ~(sigset_t)0, 0)
```

注意，除了设置信号集中各位为 1 外，sigfillset 必须返回 0，所以使用 C 语言的逗号算符，它将逗号算符后的值作为表达式的值返回。

344

使用这种实现，sigaddset 开启一位（将该位设置为 1），sigdelset 则关闭一位（将该位设置为 0）；sigismember 测试一个指定的位。因为没有信号编号为 0，所以从信号编号中减 1 以得到要处理位的位编号数。图 10-12 给出了这些函数的实现。

```
#include     <signal.h>
#include     <errno.h>

/*
 * <signal.h> usually defines NSIG to include signal number 0.
 */
#define  SIGBAD(signo) ((signo) <= 0 || (signo) >= NSIG)

int
sigaddset(sigset_t *set, int signo)
{
    if (SIGBAD(signo)) {
        errno = EINVAL;
        return(-1);
    }
    *set |= 1 << (signo - 1);       /* turn bit on */
    return(0);
}

int
sigdelset(sigset_t *set, int signo)
{
    if (SIGBAD(signo)) {
        errno = EINVAL;
        return(-1);
    }
    *set &= ~(1 << (signo - 1));   /* turn bit off */
    return(0);
}

int
sigismember(const sigset_t *set, int signo)
{
    if (SIGBAD(signo)) {
        errno = EINVAL;
```

```
        return(-1);
    }
    return((*set & (1 << (signo - 1))) != 0);
}
```

图 10-12 sigaddset、sigdelset 和 sigismember 的实现

也可将这 3 个函数在<signal.h>中实现为各一行的宏，但是 POSIX.1 要求检查信号编号参数的有效性，如果无效则设置 errno。在宏中实现这一点比函数要难。

345

10.12 函数 sigprocmask

10.8 节曾提及一个进程的信号屏蔽字规定了当前阻塞而不能递送给该进程的信号集。调用函数 sigprocmask 可以检测或更改，或同时进行检测和更改进程的信号屏蔽字。

```
#include <signal.h>

int sigprocmask(int how, const sigset_t *restrict set, sigset_t *restrict oset);
```

返回值：若成功，返回 0；若出错，返回-1

首先，若 *oset* 是非空指针，那么进程的当前信号屏蔽字通过 *oset* 返回。

其次，若 *set* 是一个非空指针，则参数 *how* 指示如何修改当前信号屏蔽字。图 10-13 说明了 *how* 可选的值。SIG_BLOCK 是或操作，而 SIG_SETMASK 则是赋值操作。注意，不能阻塞 SIGKILL 和 SIGSTOP 信号。

how	说明
SIG_BLOCK	该进程新的信号屏蔽字是其当前信号屏蔽字和 *set* 指向信号集的并集。*set* 包含了希望阻塞的附加信号
SIG_UNBLOCK	该进程新的信号屏蔽字是其当前信号屏蔽字和 *set* 所指向信号集补集的交集。*set* 包含了希望解除阻塞的信号
SIG_SETMASK	该进程新的信号屏蔽是 *set* 指向的值

图 10-13 用 sigprocmask 更改当前信号屏蔽字的方法

如果 *set* 是个空指针，则不改变该进程的信号屏蔽字，*how* 的值也无意义。

在调用 sigprocmask 后如果有任何未决的、不再阻塞的信号，则在 sigprocmask 返回前，至少将其中之一递送给该进程。

> sigprocmask 是仅为单线程进程定义的。处理多线程进程中信号的屏蔽使用另一个函数。我们将在 12.8 节中对此进行讨论。

实例

图 10-14 程序是一个函数，它打印调用进程信号屏蔽字中的信号名。图 10-20 中的程序和图 10-22 中的程序将调用此函数。

346

```
#include "apue.h"
#include <errno.h>

void
pr_mask(const char *str)
```

```
{
    sigset_t    sigset;
    int         errno_save;

    errno_save = errno;         /* we can be called by signal handlers */
    if (sigprocmask(0, NULL, &sigset) < 0) {
        err_ret("sigprocmask error");
    } else {
        printf("%s", str);
        if (sigismember(&sigset, SIGINT))
            printf(" SIGINT");
        if (sigismember(&sigset, SIGQUIT))
            printf(" SIGQUIT");
        if (sigismember(&sigset, SIGUSR1))
            printf(" SIGUSR1");
        if (sigismember(&sigset, SIGALRM))
            printf(" SIGALRM");

        /* remaining signals can go here  */

        printf("\n");
    }

    errno = errno_save;         /* restore errno */
}
```

图 10-14 为进程打印信号屏蔽字

为了节省空间，没有对图 10-1 中列出的每一种信号测试该屏蔽字（见习题 10.9）。

10.13 函数 sigpending

sigpending 函数返回一信号集，对于调用进程而言，其中的各信号是阻塞不能递送的，因而也一定是当前未决的。该信号集通过 set 参数返回。

347

```
#include <signal.h>

int sigpending(sigset_t *set);
```

返回值：若成功，返回 0；若出错，返回-1

实例

图 10-15 展示了很多前面说明过的信号功能。

```
#include "apue.h"

static void  sig_quit(int);

int
main(void)
{
    sigset_t newmask, oldmask, pendmask;

    if (signal(SIGQUIT, sig_quit) == SIG_ERR)
```

```
        err_sys("can't catch SIGQUIT");

    /*
     * Block SIGQUIT and save current signal mask.
     */
    sigemptyset(&newmask);
    sigaddset(&newmask, SIGQUIT);
    if (sigprocmask(SIG_BLOCK, &newmask, &oldmask) < 0)
        err_sys("SIG_BLOCK error");

    sleep(5);     /* SIGQUIT here will remain pending */

    if (sigpending(&pendmask) < 0)
        err_sys("sigpending error");
    if (sigismember(&pendmask, SIGQUIT))
        printf("\nSIGQUIT pending\n");

    /*
     * Restore signal mask which unblocks SIGQUIT.
     */
    if (sigprocmask(SIG_SETMASK, &oldmask, NULL) < 0)
        err_sys("SIG_SETMASK error");
    printf("SIGQUIT unblocked\n");

    sleep(5);     /* SIGQUIT here will terminate with core file */
    exit(0);
}

static void
sig_quit(int signo)
{
    printf("caught SIGQUIT\n");
    if (signal(SIGQUIT, SIG_DFL) == SIG_ERR)
        err_sys("can't reset SIGQUIT");
}
```

图 10-15 信号设置和 sigprocmask 实例

348

进程阻塞 SIGQUIT 信号，保存了当前信号屏蔽字（以便以后恢复），然后休眠 5 秒。在此期间所产生的退出信号 SIGQUIT 都被阻塞，不递送至该进程，直到该信号不再被阻塞。在 5 秒休眠结束后，检查该信号是否是未决的，然后将 SIGQUIT 设置为不再阻塞。

注意，在设置 SIGQUIT 为阻塞时，我们保存了老的屏蔽字。为了解除对该信号的阻塞，用老的屏蔽字重新设置了进程信号屏蔽字（SIG_SETMASK）。另一种方法是用 SIG_UNBLOCK 使阻塞的信号不再阻塞。但是，应当了解如果编写一个可能由其他人使用的函数，而且需要在函数中阻塞一个信号，则不能用 SIG_UNBLOCK 简单地解除对此信号的阻塞，这是因为此函数的调用者在调用本函数之前可能也阻塞了此信号。在这种情况下必须使用 SIG_SETMASK 将信号屏蔽字恢复为先前的值，这样也就能继续阻塞该信号。10.18 节的 system 函数部分有这样的一个例子。

在休眠期间如果产生了退出信号，那么此时该信号是未决的，但是不再受阻塞，所以在 sigprocmask 返回之前，它被递送到调用进程。从程序的输出中可以看到这一点：SIGQUIT 处理程序（sig_quit）中的 printf 语句先执行，然后再执行 sigprocmask 之后的 printf 语句。

然后该进程再休眠 5 秒。如果在此期间再产生退出信号，那么因为在上次捕捉到该信号时，已将其处理方式设置为默认动作，所以这一次它就会使该进程终止。在下列输出中，当我们在终端键入退出字符 Ctrl+\时，终端打印^\（终端退出字符）：

```
$ ./a.out
^\                              产生信号一次(在 5 s 之内)
SIGQUIT pending                 从 sleep 返回后
caught SIGQUIT                  在信号处理程序中
SIGQUIT unblocked               从 sigprocmask 返回后
^\Quit(coredump)                再次产生信号
$ ./a.out
^\^\^\^\^\^\^\^\^\^\            产生信号 10 次(在 5 s 之内)
SIGQUIT pending
caught SIGQUIT                  只产生信号一次
SIGQUIT unblocked
^\Quit(coredump)                再产生信号
```

shell 发现其子进程异常终止时输出 QUIT(coredump)信息。注意，第二次运行该程序时，在进程休眠期间使 SIGQUIT 信号产生了 10 次，但是解除了对该信号的阻塞后，只向进程传送一次 SIGQUIT。从中可以看出在此系统上没有将信号进行排队。■

10.14 函数 sigaction

sigaction 函数的功能是检查或修改（或检查并修改）与指定信号相关联的处理动作。此函数取代了 UNIX 早期版本使用的 signal 函数。在本节末尾用 sigaction 函数实现了 signal。

349

```
#include <signal.h>

int sigaction(int signo, const struct sigaction *restrict act,
              struct sigaction *restrict oact);
```

返回值：若成功，返回 0；若出错，返回−1

其中，参数 *signo* 是要检测或修改其具体动作的信号编号。若 *act* 指针非空，则要修改其动作。如果 *oact* 指针非空，则系统经由 oact 指针返回该信号的上一个动作。此函数使用下列结构：

```
struct sigaction {
  void     (*sa_handler)(int); /* addr of signal handler, */
                               /* or SIG_IGN, or SIG_DFL */
  sigset_t sa_mask;            /* additional signals to block */
  int      sa_flags;           /* signal options, Figure 10.16 */
  /* alternate handler */
  void     (*sa_sigaction)(int, siginfo_t *, void *);
};
```

当更改信号动作时，如果 sa_handler 字段包含一个信号捕捉函数的地址（不是常量 SIG_IGN 或 SIG_DFL），则 sa_mask 字段说明了一个信号集，在调用该信号捕捉函数之前，这一信号集要加到进程的信号屏蔽字中。仅当从信号捕捉函数返回时再将进程的信号屏蔽字恢复为原先值。这样，在调用信号处理程序时就能阻塞某些信号。在信号处理程序被调用时，操作系统建立的新信号屏蔽字包括正被递送的信号。因此保证了在处理一个给定的信号时，如果这种信号再次发生，那么它会被阻塞到对前一个信号的处理结束为止。回忆 10.8 节，若同一种信号多次发生，通常并不将它们加入队列，所以如果在某种信号被阻塞时，它发生了 5 次，那么对这种信号解除阻塞后，其信号处理函数通常只会被调用一次（上一个例子已经说明了这种特性）。

一旦对给定的信号设置了一个动作，那么在调用 sigaction 显式地改变它之前，该设置就一直有效。这种处理方式与早期的不可靠信号机制不同，符合 POSIX.1 在这方面的要求。

act 结构的 sa_flags 字段指定对信号进行处理的各个选项。图 10-16 详细列出了这些选项的意义。若该标志已定义在基本 POSIX.1 标准中，那么 SUS 列包含"•"；若该标志定义在基本 POSIX.1 标准的 XSI 扩展中，那么该列包含"XSI"。

选项	SUS	FreeBSD 8.0	Linux 3.2.0	Mac OS X 10.6.8	Solaris 10	说明
SA_INTERRUPT			•			由此信号中断的系统调用不自动重启动（XSI 对于 sigaction 的默认处理方式）。详见 10.5 节
SA_NOCLDSTOP	•	•	•	•	•	若 *signo* 是 SIGCHLD，当子进程停止（作业控制），不产生此信号。当子进程终止时，仍旧产生此信号（但请参阅下面说明的 SA_NOCLDWAIT 选项）。若已设置此标志，则当停止的进程继续运行时，作为 XSI 扩展，不产生 SIGCHLD 信号
SA_NOCLDWAIT	•	•	•	•	•	若 *signo* 是 SIGCHLD，则当调用进程的子进程终止时，不创建僵死进程。若调用进程随后调用 wait，则阻塞到它所有子进程都终止，此时返回-1，errno 设置为 ECHILD（见 10.7 节）
SA_NODEFER	•	•	•	•	•	当捕捉到此信号时，在执行其信号捕捉函数时，系统不自动阻塞此信号（除非 sa_mask 包括了此信号）。注意，此种类型的操作对应于早期的不可靠信号
SA_ONSTACK	XSI	•	•	•	•	若用 sigaltstack(2)已声明了一个替换栈，则此信号递送给替换栈上的进程
SA_RESETHAND	•	•	•	•	•	在此信号捕捉函数的入口处，将此信号的处理方式重置为 SIG_DFL，并清除 SA_SIGINFO 标志。注意，此种类型的信号对应于早期的不可靠信号。但是，不能自动重置 SIGILL 和 SIGTRAP 这两个信号的配置。设置此标志使 sigaction 的行为如同设置了 SA_NODEFER 标志
SA_RESTART	•	•	•	•	•	由此信号中断的系统调用自动重启动（参见 10.5 节）
SA_SIGINFO	•	•	•	•	•	此选项对信号处理程序提供了附加信息：一个指向 siginfo 结构的指针以及一个指向进程上下文标识符的指针

图 10-16 处理每个信号的可选标志（sa_flags）

sa_sigaction 字段是一个替代的信号处理程序，在 sigaction 结构中使用了 SA_SIGINFO 标志时，使用该信号处理程序。对于 sa_sigaction 字段和 sa_handler 字段两者，实现可能使用同一存储区，所以应用只能一次使用这两个字段中的一个。

350

通常，按下列方式调用信号处理程序：

```
void  handler(int signo);
```

但是，如果设置了 SA_SIGINFO 标志，那么按下列方式调用信号处理程序：

```
void  handler(int signo, siginfo_t *info, void *context);
```

siginfo 结构包含了信号产生原因的有关信息。该结构的大致样式如下所示。符合 POSIX.1 的所有实现必须至少包括 si_signo 和 si_code 成员。另外，符合 XSI 的实现至少应包含下列字段：

```
struct siginfo {
  int          si_signo;  /* signal number */
  int          si_errno;  /* if nonzero, errno value from <errno.h> */
  int          si_code;   /* additional info (depends on signal) */
  pid_t        si_pid;    /* sending process ID */
  uid_t        si_uid;    /* sending process real user ID */
  void        *si_addr;   /* address that caused the fault */
  int          si_status; /* exit value or signal number */
  union sigval si_value;  /* application-specific value */
  /* possibly other fields also */
};
```

sigval 联合包含下列字段：

```
int   sival_int;
void *sival_ptr;
```

应用程序在递送信号时，在 si_value.sival_int 中传递一个整型数或者在 si_value.sival_ptr 中传递一个指针值。

图 10-17 示出了对于各种信号的 si_code 值，这些信号是由 Single UNIX Specification 定义的。注意，实现可定义附加的代码值。

若信号是 SIGCHLD，则将设置 si_pid、si_status 和 si_uid 字段。若信号是 SIGBUS、SIGILL、SIGFPE 或 SICSEGV，则 si_addr 包含造成故障的根源地址，该地址可能并不准确。si_errno 字段包含错误编号，它对应于造成信号产生的条件，并由实现定义。

信号处理程序的 *context* 参数是无类型指针，它可被强制类型转换为 ucontext_t 结构类型，该结构标识信号传递时进程的上下文。该结构至少包含下列字段：

```
ucontext_t *uc_link;      /* pointer to context resumed when */
                          /* this context returns */
sigset_t    uc_sigmask;   /* signals blocked when this context */
                          /* is active */
stack_t     uc_stack;     /* stack used by this context */
mcontext_t  uc_mcontext;  /* machine-specific representation of */
                          /* saved context */
```

uc_stack 字段描述了当前上下文使用的栈，至少包括下列成员：

```
void   *ss_sp;            /* stack base or pointer */
size_t ss_size;           /* stack size */
int    ss_flags;          /* flags */
```

> 当实现支持实时信号扩展时，用 SA_SIGINFO 标志建立的信号处理程序将造成信号可靠地排队。一些保留信号可由实时应用使用。如果信号由 sigqueue 函数产生，那么 siginfo 结构能包含应用特有的数据（参见 10.20 节）。

351 ~ 353

实例：signal 函数

现在用 sigaction 实现 signal 函数。很多平台都是这样做的（POSIX.1 的基础阐述部分也说明这是 POSIX 所希望的）。另外，有些系统支持老的不可靠信号语义 signal 函数，其目的是实现二进制向后兼容。除非特殊地要求老的不可靠语义（为了向后兼容），否则应当使用下面的 signal 实现，或者直接调用 sigaction（可以在调用 sigaction 时指定 SA_RESETHAND 和 SA_NODEFER 选项以实现旧语义的 signal 函数）。本书中所有调用 signal 的实例均调用图 10-18 中实现的函数。

信号	代码	原因
SIGILL	ILL_ILLOPC	非法操作码
	ILL_ILLOPN	非法操作数
	ILL_ILLADR	非法地址模式
	ILL_ILLTRP	非法陷入
	ILL_PRVOPC	特权操作码
	ILL_PRVREG	特权寄存器
	ILL_COPROC	协处理器出错
	ILL_BADSTK	内部栈出错
SIGFPE	FPE_INTDIV	整数除以 0
	FPE_INTOVF	整数溢出
	FPE_FLTDIV	浮点除以 0
	FPE_FLTOVF	浮点向上溢出
	FPE_FLTUND	浮点向下溢出
	FPE_FLTRES	浮点不精确结果
	FPE_FLTINV	无效浮点操作
	FPE_FLTSUB	下标超出范围
SIGSEGV	SEGV_MAPERR	地址不映射至对象
	SEGV_ACCERR	对于映射对象的无效权限
SIGBUS	BUS_ADRALN	无效地址对齐
	BUS_ADRERR	不存在的物理地址
	BUS_OBJERR	对象特定硬件错
SIGTRAP	TRAP_BRKPT	进程断点陷入
	TRAP_TRACE	进程跟踪陷入
SIGCHLD	CLD_EXITED	子进程已终止
	CLD_KILLED	子进程已异常终止（无 core）
	CLD_DUMPED	子进程已异常终止（有 core）
	CLD_TRAPPED	被跟踪子进程已陷入
	CLD_STOPPED	子进程已停止
	CLD_CONTINUED	停止的子进程已继续
Any	SI_USER	kill 发送的信号
	SI_QUEUE	sigqueue 发送的信号
	SI_TIMER	timer_settime 设置的定时器超时（实时扩展）
	SI_ASYNCIO	异步 I/O 请求完成（实时扩展）
	SI_MESGQ	一条消息到达消息队列（实时扩展）

图 10-17 siginfo_t 代码值

```
#include "apue.h"

/* Reliable version of signal(), using POSIX sigaction().  */
Sigfunc *
signal(int signo, Sigfunc *func)
{
    struct sigaction  act, oact;
```

```
    act.sa_handler = func;
    sigemptyset(&act.sa_mask);
    act.sa_flags = 0;
    if (signo == SIGALRM) {
#ifdef  SA_INTERRUPT
         act.sa_flags |= SA_INTERRUPT;
#endif
    } else {
        act.sa_flags |= SA_RESTART;
    }
    if (sigaction(signo, &act, &oact) < 0)
        return(SIG_ERR);
    return(oact.sa_handler);
}
```

图 10-18 用 sigaction 实现的 signal 函数

注意，必须用 sigemptyset 函数初始化 act 结构的 sa_mask 成员。不能保证 act.sa_mask=0 会做同样的事情。

对除 SIGALRM 以外的所有信号，我们都有意尝试设置 SA_RESTART 标志，于是被这些信号中断的系统调用都能自动重启动。不希望重启动由 SIGALRM 信号中断的系统调用的原因是：我们希望对 I/O 操作可以设置时间限制（请回忆有关图 10-10 的讨论）。

某些早期系统（如 SunOS）定义了 SA_INTERRUPT 标志。这些系统的默认方式是重新启动被中断的系统调用，而指定此标志则使系统调用被中断后不再重启动。Linux 定义 SA_INTERRUPT 标志，以便与使用该标志的应用程序兼容。但是，如若信号处理程序是用 sigaction 设置的，那么其默认方式是不重新启动系统调用。Single UNIX Specification 的 XSI 扩展规定，除非说明了 SA_RESTART 标志，否则 sigaction 函数不再重启动被中断的系统调用。

354

实例：signal_intr 函数

图 10-19 给出的是 signal 函数的另一种版本，它力图阻止被中断的系统调用重启动。

```
#include "apue.h"

Sigfunc *
signal_intr(int signo, Sigfunc *func)
{
    struct sigaction  act, oact;

    act.sa_handler = func;
    sigemptyset(&act.sa_mask);
    act.sa_flags = 0;
#ifdef  SA_INTERRUPT
    ct.sa_flags |= SA_INTERRUPT;
#endif
    if (sigaction(signo, &act, &oact) < 0)
        return(SIG_ERR);
    return(oact.sa_handler);
}
```

图 10-19 signal_intr 函数

如果系统定义了 SA_INTERRUPT 标志，那么为了提高可移植性，我们在 sa_flags 中增加该标志，这样也就阻止了被中断的系统调用的重启动。

10.15 函数 sigsetjmp 和 siglongjmp

7.10 节说明了用于非局部转移的 setjmp 和 longjmp 函数。在信号处理程序中经常调用 longjmp 函数以返回到程序的主循环中，而不是从该处理程序返回。图 10-8 和图 10-11 中已经出现了这种情况。

但是，调用 longjmp 有一个问题。当捕捉到一个信号时，进入信号捕捉函数，此时当前信号被自动地加到进程的信号屏蔽字中。这阻止了后来产生的这种信号中断该信号处理程序。如果用 longjmp 跳出信号处理程序，那么，对此进程的信号屏蔽字会发生什么呢？

> 在 FreeBSD 8.0 和 Mac OS X 10.6.8 中，setjmp 和 longjmp 保存和恢复信号屏蔽字。但是，Linux 3.2.0 和 Solaris 10 并不执行这种操作，虽然 Linux 支持提供 BSD 行为的选项。FreeBSD 8.0 和 Mac OS X 10.6.8 提供函数_setjmp 和_longjmp，它们也不保存和恢复信号屏蔽字。

为了允许两种形式并存，POSIX.1 并没有指定 setjmp 和 longjmp 对信号屏蔽字的作用，而是定义了两个新函数 sigsetjmp 和 siglongjmp。在信号处理程序中进行非局部转移时应当使用这两个函数。

355

```
#include <setjmp.h>

int sigsetjmp(sigjmp_buf env, int savemask);

                        返回值：若直接调用，返回 0；若从 siglongjmp 调用返回，则返回非 0

void siglongjmp(sigjmp_buf env, int val);
```

这两个函数和 setjmp、longjmp 之间的唯一区别是 sigsetjmp 增加了一个参数。如果 *savemask* 非 0，则 sigsetjmp 在 *env* 中保存进程的当前信号屏蔽字。调用 siglongjmp 时，如果带非 0 *savemask* 的 sigsetjmp 调用已经保存了 *env*，则 siglongjmp 从其中恢复保存的信号屏蔽字。

实例

图 10-20 中的程序演示了在信号处理程序被调用时，系统所设置的信号屏蔽字如何自动地包括刚被捕捉到的信号。此程序也示例说明了如何使用 sigsetjmp 和 siglongjmp 函数。

```
#include "apue.h"
#include <setjmp.h>
#include <time.h>

static void                         sig_usr1(int);
static void                         sig_alrm(int);
static sigjmp_buf                   jmpbuf;
static volatile sig_atomic_t        canjump;

int
main(void)
{
    if (signal(SIGUSR1, sig_usr1) == SIG_ERR)
        err_sys("signal(SIGUSR1) error");
```

```
    if (signal(SIGALRM, sig_alrm) == SIG_ERR)
        err_sys("signal(SIGALRM) error");

    pr_mask("starting main: ");         /* Figure 10.14 */

    if (sigsetjmp(jmpbuf, 1)) {

        pr_mask("ending main: ");

        exit(0);
    }
    canjump = 1;  /* now sigsetjmp() is OK */

    for ( ; ; )
        pause();
}
```

356

```
static void
sig_usr1(int signo)
{
    time_t   starttime;

    if (canjump == 0)
        return;             /* unexpected signal, ignore */

    pr_mask("starting sig_usr1: ");

    alarm(3);               /* SIGALRM in 3 seconds */
    starttime = time(NULL);
    for ( ; ; )             /* busy wait for 5 seconds */
        if (time(NULL) > starttime + 5)
            break;

    pr_mask("finishing sig_usr1: ");

    canjump = 0;
    siglongjmp(jmpbuf, 1);/* jump back to main, don't return */
}

static void
sig_alrm(int signo)
{
    pr_mask("in sig_alrm: ");
}
```

图 10-20 信号屏蔽、sigsetjmp 和 siglongjmp 实例

此程序演示了另一种技术，只要在信号处理程序中调用 siglongjmp 就应使用这种技术。仅在调用 sigsetjmp 之后才将变量 canjump 设置为非 0 值。在信号处理程序中检测此变量，仅当它为非 0 值时才调用 siglongjmp。这提供了一种保护机制，使得在 jmpbuf（跳转缓冲）尚未由 sigsetjmp 初始化时，防止调用信号处理程序。（在本程序中，siglongjmp 之后程序很快就结束，但是在较大的程序中，在 siglongjmp 之后的较长一段时间内，信号处理程序可能仍旧被设置）。在一般的 C 代码中（不是信号处理程序），对于 longjmp 并不需要这种保护措施。但是，因为信号可能在任何时候发生，所以在信号处理程序中，需要这种保护措施。

在程序中使用了数据类型 sig_atomic_t，这是由 ISO C 标准定义的变量类型，在写这种类型变量时不会被中断。这意味着在具有虚拟存储器的系统上，这种变量不会跨越页边界，可以用一条机器指令对其进行访问。这种类型的变量总是包括 ISO 类型修饰符 volatile，其原因是：该变量将由两个不同的控制线程——main 函数和异步执行的信号处理程序访问。图 10-21 显示了此程序的执行时间顺序。可将图 10-21 分成三部分：左面部分（对应于 main），中间部分（sig_usr1）和右面部分（sig_alrm）。在进程执行左面部分时，信号屏蔽字是 0（没有信号是阻塞的）。而执行中间部分时，其信号屏蔽字是 SIGUSR1。执行右面部分时，信号屏蔽字是 SIGUSR1 | SIGALRM。 357

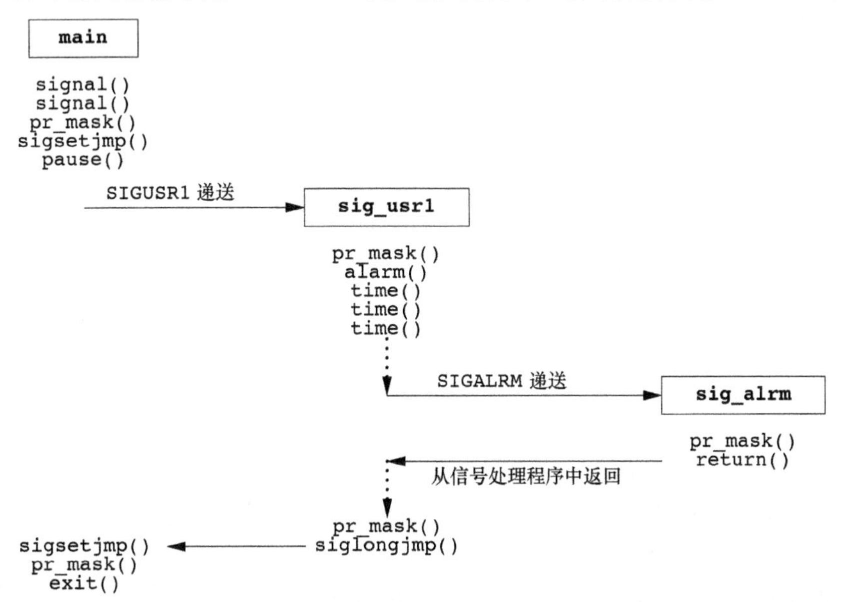

图 10-21 处理两个信号的实例程序的时间顺序

执行图 10-20 程序，得到下面的输出：

```
$ ./a.out &                          在后台启动进程
starting main:
[1]   531                            作业控制 shell 打印其进程 ID
$ kill -USR1 531                     向该进程发送 SIGUSR1
starting sig_usr1: SIGUSR1
$ in sig_alrm: SIGUSR1 SIGALRM
finishing sig_usr1: SIGUSR1
ending main:
                                     键入回车
[1] + Done          ./a.out &
```

该输出与我们所期望的相同：当调用一个信号处理程序时，被捕捉到的信号加到进程的当前信号屏蔽字中。当从信号处理程序返回时，恢复原来的屏蔽字。另外，siglongjmp 恢复了由 sigsetjmp 所保存的信号屏蔽字。

如果在 Linux 中将图 10-20 程序中的 sigsetjmp 和 siglongjmp 分别替换成 setjmp 和 longjmp（在 FreeBSD 中，则替换成_setjmp 和_longjmp），则最后一行输出变成：

```
ending main: SIGUSR1
```

这意味着在调用 setjmp 之后执行 main 函数时，其 SIGUSR1 是阻塞的。这多半不是我们所希望的。 358

10.16　函数 sigsuspend

上面已经说明，更改进程的信号屏蔽字可以阻塞所选择的信号，或解除对它们的阻塞。使用这种技术可以保护不希望由信号中断的代码临界区。如果希望对一个信号解除阻塞，然后 pause 以等待以前被阻塞的信号发生，则又将如何呢？假定信号是 SIGINT，实现这一点的一种不正确的方法是：

```
sigset_t    newmask, oldmask;
sigemptyset(&newmask);
sigaddset(&newmask, SIGINT);
/* block SIGINT and save current signal mask */
if (sigprocmask(SIG_BLOCK, &newmask, &oldmask) < 0)
    err_sys("SIG_BLOCK error");
/* critical region of code */
/* restore signal mask, which unblocks SIGINT */
if (sigprocmask(SIG_SETMASK, &oldmask, NULL) < 0)
    err_sys("SIG_SETMASK error");
/* window is open */
pause();  /* wait for signal to occur */
/* continue processing */
```

如果在信号阻塞时，产生了信号，那么该信号的传递就被推迟直到对它解除了阻塞。对应用程序而言，该信号好像发生在解除对 SIGINT 的阻塞和 pause 之间（取决于内核如何实现信号）。如果发生了这种情况，或者如果在解除阻塞时刻和 pause 之间确实发生了信号，那么就会产生问题。因为可能不会再见到该信号，所以从这种意义上讲，在此时间窗口中发生的信号丢失了，这样就使得 pause 永远阻塞。这是早期的不可靠信号机制的另一个问题。

为了纠正此问题，需要在一个原子操作中先恢复信号屏蔽字，然后使进程休眠。这种功能是由 sigsuspend 函数所提供的。

```
#include <signal.h>

int sigsuspend(const sigset_t *sigmask);
```

返回值：-1，并将 errno 设置为 EINTR

进程的信号屏蔽字设置为由 *sigmask* 指向的值。在捕捉到一个信号或发生了一个会终止该进程的信号之前，该进程被挂起。如果捕捉到一个信号而且从该信号处理程序返回，则 sigsuspend 返回，并且该进程的信号屏蔽字设置为调用 sigsuspend 之前的值。

注意，此函数没有成功返回值。如果它返回到调用者，则总是返回-1，并将 errno 设置为 EINTR（表示一个被中断的系统调用）。

359

实例

图 10-22 显示了保护代码临界区，使其不被特定信号中断的正确方法。

```
#include "apue.h"

static void  sig_int(int);

int
main(void)
{
```

```
    sigset_t    newmask, oldmask, waitmask;

    pr_mask("program start: ");

    if (signal(SIGINT, sig_int) == SIG_ERR)
        err_sys("signal(SIGINT) error");
    sigemptyset(&waitmask);
    sigaddset(&waitmask, SIGUSR1);
    sigemptyset(&newmask);
    sigaddset(&newmask, SIGINT);

    /*
     * Block SIGINT and save current signal mask.
     */
    if (sigprocmask(SIG_BLOCK, &newmask, &oldmask) < 0)
        err_sys("SIG_BLOCK error");

    /*
     * Critical region of code.
     */
    pr_mask("in critical region: ");

    /*
     * Pause, allowing all signals except SIGUSR1.
     */
    if (sigsuspend(&waitmask) != -1)
        err_sys("sigsuspend error");

    pr_mask("after return from sigsuspend: ");

    /*
     * Reset signal mask which unblocks SIGINT.
     */
    if (sigprocmask(SIG_SETMASK, &oldmask, NULL) < 0)
        err_sys("SIG_SETMASK error");

    /*
     * And continue processing ...
     */
    pr_mask("program exit: ");

    exit(0);
}

static void
sig_int(int signo)
{
    pr_mask("\nin sig_int: ");
}
```

图 10-22 保护临界区不被信号中断

360

注意，当 sigsuspend 返回时，它将信号屏蔽字设置为调用它之前的值。在本例中，SIGINT 信号将被阻塞。因此将信号屏蔽恢复为之前保存的值（oldmask）。

运行图 10-22 中的程序得到下面的输出：

```
$ ./a.out
program start:
in critical region: SIGINT
^C                                        键入中断字符
in sig_int: SIGINT SIGUSR1
after return from sigsuspend: SIGINT
program exit:
```

在调用 sigsuspend 时，将 SIGUSRI 信号加到了进程信号屏蔽字中，所以当运行该信号处理程序时，我们得知信号屏蔽字已经改变了。从中可见，在 sigsuspend 返回时，它将信号屏蔽字恢复为调用它之前的值。

实例

sigsuspend 的另一种应用是等待一个信号处理程序设置一个全局变量。图 10-23 中的程序用于捕捉中断信号和退出信号，但是希望仅当捕捉到退出信号时，才唤醒主例程。

```
#include "apue.h"

volatile sig_atomic_t quitflag;    /* set nonzero by signal handler */

static void
sig_int(int signo)    /* one signal handler for SIGINT and SIGQUIT */
{
    if (signo == SIGINT)
        printf("\ninterrupt\n");
    else if (signo == SIGQUIT)
        quitflag = 1; /* set flag for main loop */
}

int
main(void)
{
    sigset_t newmask, oldmask, zeromask;

    if (signal(SIGINT, sig_int) == SIG_ERR)
        err_sys("signal(SIGINT) error");
    if (signal(SIGQUIT, sig_int) == SIG_ERR)
        err_sys("signal(SIGQUIT) error");

    sigemptyset(&zeromask);
    sigemptyset(&newmask);
    sigaddset(&newmask, SIGQUIT);

    /*
     * Block SIGQUIT and save current signal mask.
     */
    if (sigprocmask(SIG_BLOCK, &newmask, &oldmask) < 0)
        err_sys("SIG_BLOCK error");

    while (quitflag == 0)
        sigsuspend(&zeromask);

    /*
```

361

```
     * SIGQUIT has been caught and is now blocked; do whatever.
     */
    quitflag = 0;

    /*
     * Reset signal mask which unblocks SIGQUIT.
     */
    if (sigprocmask(SIG_SETMASK, &oldmask, NULL) < 0)
        err_sys("SIG_SETMASK error");

    exit(0);
}
```

图 10-23 用 sigsuspend 等待一个全局变量被设置

此程序的样本输出是：

```
$ ./a.out
^C                  键入中断字符
interrupt
^C                  再次键入中断字符
interrupt
^C                  再一次
interrupt
^\ $                用退出符终止
```

> 考虑到支持 ISO C 的非 POSIX 系统与 POSIX 系统两者之间的可移植性，在一个信号处理程序中唯一应当做的是为 sig_atomic_t 类型的变量赋一个值。POSIX.1 规定得更多一些，它详细说明了在一个信号处理程序中可以安全地调用的函数列表(见图 10-4)，但是如果这样来编写代码，则它们可能不会正确地在非 POSIX 系统上运行。

实例

可以用信号实现父、子进程之间的同步，这是信号应用的另一个实例。图 10-24 给出了 8.9 节中提到的 5 个例程的实现，它们是 TELL_WAIT、TELL_PARENT、TELL_CHILD、WAIT_PARENT 和 WAIT_CHILD。

362

```
#include "apue.h"

static volatile sig_atomic_t sigflag; /* set nonzero by sig handler */
static sigset_t newmask, oldmask, zeromask;

static void
sig_usr(int signo)    /* one signal handler for SIGUSR1 and SIGUSR2 */
{
    sigflag = 1;
}

void
TELL_WAIT(void)
{
    if (signal(SIGUSR1, sig_usr) == SIG_ERR)
        err_sys("signal(SIGUSR1) error");
```

```
    if (signal(SIGUSR2, sig_usr) == SIG_ERR)
        err_sys("signal(SIGUSR2) error");
    sigemptyset(&zeromask);
    sigemptyset(&newmask);
    sigaddset(&newmask, SIGUSR1);
    sigaddset(&newmask, SIGUSR2);

    /* Block SIGUSR1 and SIGUSR2, and save current signal mask */
    if (sigprocmask(SIG_BLOCK, &newmask, &oldmask) < 0)
        err_sys("SIG_BLOCK error");
}

void
TELL_PARENT(pid_t pid)
{
    kill(pid, SIGUSR2);         /* tell parent we're done */
}

void
WAIT_PARENT(void)
{
    while (sigflag == 0)
        sigsuspend(&zeromask); /* and wait for parent */
    sigflag = 0;

    /* Reset signal mask to original value */
    if (sigprocmask(SIG_SETMASK, &oldmask, NULL) < 0)
        err_sys("SIG_SETMASK error");
}

void
TELL_CHILD(pid_t pid)
{
    kill(pid, SIGUSR1);             /* tell child we're done */
}

void
WAIT_CHILD(void)
{
    while (sigflag == 0)
        sigsuspend(&zeromask); /* and wait for child */
    sigflag = 0;

    /* Reset signal mask to original value */
    if (sigprocmask(SIG_SETMASK, &oldmask, NULL) < 0)
        err_sys("SIG_SETMASK error");
}
```

363

图 10-24 父子进程可用来实现同步的例程

其中使用了两个用户定义的信号：SIGUSR1 由父进程发送给子进程，SIGUSR2 由子进程发送给父进程。图 15-7 显示了使用管道的这 5 个函数的另一种实现。

如果在等待信号发生时希望去休眠，则使用 sigsuspend 函数是非常适当的（正如在前面两个例子中所示），但是如果在等待信号期间希望调用其他系统函数，那么将会怎样呢？遗憾的是，在单线程环境下对此问题没有妥善的解决方法。如果可以使用多线程，则可专门安排一个线程处理信号（见 12.8 节中的讨论）。

如果不使用线程，那么我们能尽力做到最好的是，当信号发生时，在信号捕捉程序中对一个全局变量置 1。例如，若我们捕捉 SIGINT 和 SIGALRM 这两种信号，并用 signal_intr 函数设置这两个信号的处理程序，使得它们中断任一被阻塞的慢速系统调用。当进程阻塞在调用 read 函数等待慢速设备输入时，很可能发生这两种信号（如果设置闹钟以阻止永远等待输入，那么对于 SIGALRM 信号，这种情况尤其会发生）。处理这种问题的代码类似于下面所示：

```
if (intr_flag)          /* flag set by our SIGINT handler */
    handle_intr();
if (alrm_flag)          /* flag set by our SIGALRM handler */
    handle_alrm();
/* signals occurring in here are lost */
while (read( ... ) < 0) {
    if (errno == EINTR) {
        if (alrm_flag)
            handle_alrm();
        else if (intr_flag)
            handle_intr();
    } else {
        /* some other error */
    }
} else if (n == 0) {
    /* end of file */
} else {
    /* process input */
}
```

364

在调用 read 之前测试各全局标志，如果 read 返回一个中断的系统调用错误，则再次进行测试。如果在前两个 if 语句和后随的 read 调用之间捕捉到两个信号中的任意一个，则问题就发生了。正如代码中的注释所指出的，在此处发生的信号丢失了。调用信号处理程序，它们设置了相应的全局变量，但是 read 决不会返回（除非某些数据已准备好可读）。

我们希望实现下列操作步骤。

（1）阻塞 SIGINT 和 SIGALRM。

（2）测试两个全局变量以判别是否发生了一个信号，如果已发生则对此进行处理。

（3）调用 read（或任何其他系统函数）并解除对这两个信号的阻塞，这两个操作应当是一个原子操作。

仅当第 3 步是 pause 操作时，sigsuspend 函数才能帮助我们。

10.17 函数 abort

前面已提及 abort 函数的功能是使程序异常终止。

```
#include <stdlib.h>

void abort(void);
```

此函数不返回值

此函数将 SIGABRT 信号发送给调用进程（进程不应忽略此信号）。ISO C 规定，调用 abort

将向主机环境递送一个未成功终止的通知，其方法是调用 raise(SIGABRT)函数。

ISO C 要求若捕捉到此信号而且相应信号处理程序返回，abort 仍不会返回到其调用者。如果捕捉到此信号，则信号处理程序不能返回的唯一方法是它调用 exit、_exit、_Exit、longjmp 或 siglongjmp（10.15 节讨论了 longjmp 和 siglongjmp 之间的区别）。POSIX.1 也说明 abort 并不理会进程对此信号的阻塞和忽略。

让进程捕捉 SIGABRT 的意图是：在进程终止之前由其执行所需的清理操作。如果进程并不在信号处理程序中终止自己，POSIX.1 声明当信号处理程序返回时，abort 终止该进程。

ISO C 针对此函数的规范将下列问题留由实现决定：是否要冲洗输出流以及是否要删除临时文件（见 5.13 节）。POSIX.1 的要求则更进一步，它要求如果 abort 调用终止进程，则它对所有打开标准 I/O 流的效果应当与进程终止前对每个流调用 fclose 相同。

365

> System V 的早期版本中，abort 函数产生 SIGIOT 信号。更进一步，进程忽略此信号或者捕捉它并从信号处理程序返回，这都是可能的，在返回情况下，abort 返回到它的调用者。
>
> 4.3BSD 产生 SIGILL 信号。在此之前，该函数解除对此信号的阻塞，将其配置恢复为 SIG_DFL（终止并创建 core 文件）。这阻止一个进程忽略或捕捉此信号。
>
> 历史上，abort 的各种实现在如何处理标准 I/O 流方面是并不相同的。对于保护性的程序设计以及为提高可移植性，如果希望冲洗标准 I/O 流，则在调用 abort 之前要执行这种操作。在 err_dump 函数中实现了这一点（见附录 B）。
>
> 因为大多数 UNIX 系统 tmpfile（临时文件）的实现在创建该文件之后立即调用 unlink，所以 ISO C 关于临时文件的警告通常与我们无关。

实例

图 10-25 中的 abort 函数是按 POSIX.1 说明实现的。

```
#include <signal.h>
#include <stdio.h>
#include <stdlib.h>
#include <unistd.h>

void
abort(void)            /* POSIX-style abort() function */
{
    sigset_t           mask;
    struct sigaction   action;

    /* Caller can't ignore SIGABRT, if so reset to default */
    sigaction(SIGABRT, NULL, &action);
    if (action.sa_handler == SIG_IGN) {
        action.sa_handler = SIG_DFL;
        sigaction(SIGABRT, &action, NULL);
    }
    if (action.sa_handler == SIG_DFL)
        fflush(NULL);           /* flush all open stdio streams */

    /* Caller can't block SIGABRT; make sure it's unblocked */
    sigfillset(&mask);
    sigdelset(&mask, SIGABRT); /* mask has only SIGABRT turned off */
```

```
    sigprocmask(SIG_SETMASK, &mask, NULL);
    kill(getpid(), SIGABRT);    /* send the signal */

    /* If we're here, process caught SIGABRT and returned */
    fflush(NULL);               /* flush all open stdio streams */
    action.sa_handler = SIG_DFL;
    sigaction(SIGABRT, &action, NULL);      /* reset to default */
    sigprocmask(SIG_SETMASK, &mask, NULL);  /* just in case ... */
    kill(getpid(), SIGABRT);                /* and one more time */
    exit(1); /* this should never be executed ... */
}
```

图 10-25 abort 的 POSIX.1 实现

366

首先查看是否将执行默认动作，若是则冲洗所有标准 I/O 流。这并不等价于对所有打开的流调用 fclose（因为只冲洗，并不关闭它们），但是当进程终止时，系统会关闭所有打开的文件。如果进程捕捉此信号并返回，那么因为进程可能产生了更多的输出，所以再一次冲洗所有的流。不进行冲洗处理的唯一条件是如果进程捕捉此信号，然后调用_exit 或_Exit。在这种情况下，任何未冲洗的内存中的标准 I/O 缓存都被丢弃。我们假定捕捉此信号，而且_exit 或_Exit 的调用者并不想要冲洗缓冲区。

回忆 10.9 节，如果调用 kill 使其为调用者产生信号，并且如果该信号是不被阻塞的（图 10-25 中的程序保证做到这一点），则在 kill 返回前该信号（或某个未决、未阻塞的信号）就被传送给了该进程。我们阻塞除 SIGABRT 外的所有信号，这样就可知如果对 kill 的调用返回了，则该进程一定已捕捉到该信号，并且也从该信号处理程序返回。

10.18 函数 system

8.13 节已经有了一个 system 函数的实现，但是该版本并不执行任何信号处理。POSIX.1 要求 system 忽略 SIGINT 和 SIGQUIT，阻塞 SIGCHLD。在给出一个正确地处理这些信号的一个版本之前，先说明为什么要考虑信号处理。

实例

图 10-26 中的程序使用 8.13 节中的 system 版本，用其调用 ed(1)编辑器。（ed 编辑器很久以来就是 UNIX 的组成部分。在这里使用它的原因是：它是捕捉中断和退出信号的交互式程序。若从 shell 调用 ed，并键入中断字符，则它捕捉中断信号并打印问号。ed 程序对退出信号的处理方式设置为忽略。）

图 10-26 中的程序用于捕捉 SIGINT 和 SIGCHLD 信号。若调用它则可得：

```
$ ./a.out
a                           将正文追加至编辑器缓冲区
Here is one line of text
.                           行首的点停止追加方式
1,$p                        打印缓冲区中的第一行至最后一行，以便观察其内容
Here is one line of text
w temp.foo                  将缓冲区写至一文件
25                          编辑器称写了 25 字节
q                           离开编辑器
```

```
caught SIGCHLD
```

当编辑器终止时，系统向父进程（a.out 进程）发送 SIGCHLD 信号。父进程捕捉它，执行其处理程序 sig_chid，然后从信号处理程序返回。但是若父进程正捕捉 SIGCHLD 信号（因为它创建了子进程，所以应当这样做以便了解它的子进程在何时终止），那么正在执行 system 函数时，应当阻塞对父进程递送 SIGCHLD 信号。实际上，这就是 POSIX.1 所说明的。否则，当 system 创建的子进程结束时，system 的调用者可能错误地认为，它自己的一个子进程结束了。于是，调用者将会调用一种 wait 函数以获得子进程的终止状态，这样就阻止了 system 函数获得子进程的终止状态，并将其作为它的返回值。

367

```
#include "apue.h"

static void
sig_int(int signo)
{
    printf("caught SIGINT\n");
}

static void
sig_chld(int signo)
{
    printf("caught SIGCHLD\n");
}

int
main(void)
{
    if (signal(SIGINT, sig_int) == SIG_ERR)
        err_sys("signal(SIGINT) error");
    if (signal(SIGCHLD, sig_chld) == SIG_ERR)
        err_sys("signal(SIGCHLD) error");
    if (system("/bin/ed") < 0)
        err_sys("system() error");
    exit(0);
}
```

图 10-26 用 syetem 调用 ed 编辑器

如果再次执行该程序，在这次运行时将一个中断信号传送给编辑器，则可得：

```
$ ./a.out
a                  将正文追加至编辑器缓冲区
hello, world
.                  行首的点停止追加方式
1,$p               打印缓冲区中的第一行至最后一行，以便观察其内容
hello, world
w temp.foo         将缓冲区写至一文件
13                 编辑器称写了 13 字节
^C                 键入中断符
?                  编辑器捕捉信号，打印问号
caught SIGINT      父进程执行同一操作
q                  离开编辑器
caught SIGCHLD
```

368

回忆 9.6 节可知，键入中断字符可使中断信号传送给前台进程组中的所有进程。图 10-27 展示了编

辑器正在运行时的各个进程的关系。

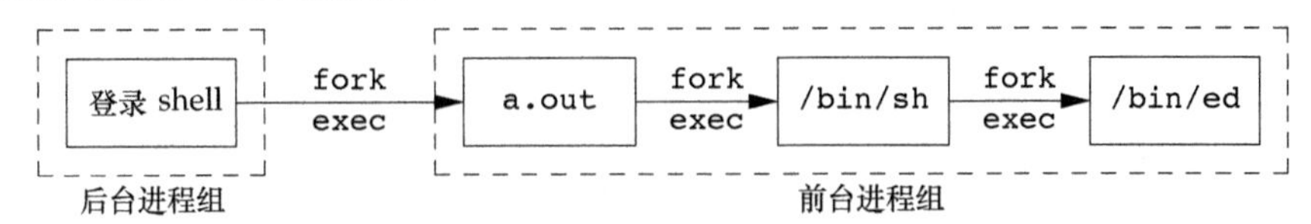

图 10-27 图 10-26 程序运行时的前台和后台进程组

在这一实例中，SIGINT 被送给 3 个前台进程（shell 进程忽略此信号）。从输出中可见，a.out 进程和 ed 进程捕捉该信号。但是，当用 system 运行另一个程序时，不应使父、子进程两者都捕捉终端产生的两个信号：中断和退出。这两个信号只应发送给正在运行的程序：子进程。因为由 system 执行的命令可能是交互式命令（如本例中的 ed），以及因为 system 的调用者在程序执行时放弃了控制，等待该执行程序的结束，所以 system 的调用者就不应接收这两个终端产生的信号。这就是为什么 POSIX.1 规定 system 的调用者在等待命令完成时应当忽略这两个信号的原因。

实例

图 10-28 中的程序是 system 函数的另一个实现，它进行了所要求的信号处理。

```
#include    <sys/wait.h>
#include    <errno.h>
#include    <signal.h>
#include    <unistd.h>

int
system(const char *cmdstring)       /* with appropriate signal handling */
{
    pid_t               pid;
    int                 status;
    struct sigaction    ignore, saveintr, savequit;
    sigset_t            chldmask, savemask;

    if (cmdstring == NULL)
        return(1);                  /* always a command processor with UNIX */

    ignore.sa_handler = SIG_IGN;    /* ignore SIGINT and SIGQUIT */
    sigemptyset(&ignore.sa_mask);
    ignore.sa_flags = 0;
    if (sigaction(SIGINT, &ignore, &saveintr) < 0)
        return(-1);
    if (sigaction(SIGQUIT, &ignore, &savequit) < 0)
        return(-1);
    sigemptyset(&chldmask);         /* now block SIGCHLD */
    sigaddset(&chldmask, SIGCHLD);
    if (sigprocmask(SIG_BLOCK, &chldmask, &savemask) < 0)
        return(-1);

    if ((pid = fork()) < 0) {
        status = -1;    /* probably out of processes */
    } else if (pid == 0) {          /* child */
        /* restore previous signal actions & reset signal mask */
        sigaction(SIGINT, &saveintr, NULL);
```

369

```
        sigaction(SIGQUIT, &savequit, NULL);
        sigprocmask(SIG_SETMASK, &savemask, NULL);

        execl("/bin/sh", "sh", "-c", cmdstring, (char *)0);
        _exit(127);                 /* exec error */
    } else {                        /* parent */
        while (waitpid(pid, &status, 0) < 0)
            if (errno != EINTR) {
                status = -1; /* error other than EINTR from waitpid() */
                break;
            }
    }

    /* restore previous signal actions & reset signal mask */
    if (sigaction(SIGINT, &saveintr, NULL) < 0)
        return(-1);
    if (sigaction(SIGQUIT, &savequit, NULL) < 0)
        return(-1);
    if (sigprocmask(SIG_SETMASK, &savemask, NULL) < 0)
        return(-1);

    return(status);
}
```

图 10-28 system 函数的 POSIX.1 正确实现

如果将图 10-26 中的程序与 system 函数的这一实现相链接，那么所产生的二进制代码与上一个有缺陷的程序相比较，存在如下差别。

（1）当我们键入中断字符或退出字符时，不向调用进程发送信号。

（2）当 ed 命令终止时，不向调用进程发送 SIGCHLD 信号。作为替代，在程序末尾的 sigprocmask 调用对 SIGCHLD 信号解除阻塞之前，SIGCHLD 信号一直被阻塞。而对 sigprocmask 函数的这一次调用是在 system 函数调用 waitpid 获取子进程的终止状态之后。

370

> POSIX.1 说明，在 SIGCHLD 未决期间，如若 wait 或 waitpid 返回了子进程的状态，那么 SIGCHLD 信号不应递送给该父进程，除非另一个子进程的状态也可用。FreeBSD 8.0、Mac OS X 10.6.8 和 Solaris 10 都实现了这种语义，而 Linux 3.2.0 没有实现这种语义，在 system 函数调用了 waitpid 后，SIGCHLD 保持为未决；当解除了对此信号的阻塞后，它被递送至调用者。如果我们在图 10-26 的 sig_chld 函数中调用 wait，Linux 系统将返回-1，并将 errno 设置为 ECHILD，因为 system 函数已取到子进程的终止状态。

很多较早的书中使用下列程序段，它忽略中断和退出信号：

```
if ( (pid = fork()) < 0){
     err_sys("fork error");
}else if (pid == 0) {
     /* child */
     execl(...);
     _exit(127);
}

/* parent */
old_intr = signal(SIGINT, SIG_IGN);
old_quit = signal(SIGQUIT, SIG_IGN);
```

```
waitpid(pid, &status, 0)
signal(SIGINT, old_intr);
signal(SIGQUIT, old_quit);
```

这段代码的问题是：在 fork 之后不能保证父进程还是子进程先运行。如果子进程先运行，父进程在一段时间后再运行，那么在父进程将中断信号的处理更改为忽略之前，就可能产生这种信号。由于这种原因，图 10-28 中在 fork 之前就改变对该信号的配置。

注意，子进程在调用 execl 之前要先恢复这两个信号的处理。如同 8.10 节中所说明的一样，这就允许在调用者配置的基础上，execl 可将它们的配置更改为默认值。

system 的返回值

注意 system 的返回值，它是 shell 的终止状态，但 shell 的终止状态并不总是执行命令字符串进程的终止状态。图 8-23 中有一些例子，其结果正是我们所期望的。如果执行一条如 date 那样的简单命令，其终止状态是 0。执行 shell 命令 exit 44，则得终止状态 44。在信号方面又如何呢？

运行图 8-24 程序，并向正在执行的命令发送一些信号：

```
$ tsys "sleep 30"
^Cnormal termination, exit status = 130      键入中断符
$ tsys "sleep 30"
^\sh: 946 Quit                               键入退出符
normal termination, exit status = 131
```

371

当用中断信号终止 sleep 时，pr_exit 函数（见图 8-5）认为它正常终止。当用退出符杀死 sleep 进程时，会发生同样的事情。终止状态 130、131 又是怎样得到的呢？原来 Bourne shell 有一个在其文档中没有说清楚的特性，其终止状态是 128 加上一个信号编号，该信号终止了正在执行的命令。用交互方式使用 shell 可以看到这一点。

```
$ sh                                确保运行 Bourne shell
$ sh -c "sleep 30"
^C                                  键入中断符
$ echo $?                           打印最后一条命令的终止状态
130
$ sh -c "sleep 30"
^\sh: 962 Quit - core dumped        键入退出符
$ echo $?                           打印最后一条命令的终止状态
131
$ exit                              离开 Bourne shell
```

在所使用的系统中，SIGINT 的值为 2，SIGQUIT 的值为 3，于是给出 shell 终止状态 130、131。

再试一个类似的例子，这一次将一个信号直接送给 shell，然后观察 system 返回什么：

```
$ tsys "sleep 30" &                 这一次在后台启动它
9257
$ ps -f                             查看进程 ID
    UID   PID  PPID  TTY    TIME CMD
    sar  9260   949  pts/5  0:00 ps -f
    sar  9258  9257  pts/5  0:00 sh -c sleep 30
    sar   949   947  pts/5  0:01 /bin/sh
    sar  9257   949  pts/5  0:00 tsys sleep 30
    sar  9259  9258  pts/5  0:00 sleep 30
$ kill -KILL 9258                   杀死 shell 自身
abnormal termination, signal number = 9
```

从中可见，仅当shell本身异常终止时，system的返回值才报告一个异常终止。

> 其他的shell在处理终端产生的信号（如SIGINT和SIGQUIT）时表现出来的行为各不相同。例如在bash和dash中，键入中断或退出符会导致带有对应信号编号的表示异常终止的退出状态。但是，如果发现正在执行sleep的进程并直接给它发送信号，这样信号只会到达单个进程而不是整个前台进程组。这些shell与Bourne shell类似，以正常终止状态128加上信号编号退出。

在编写使用system函数的程序时，一定要正确地解释返回值。如果直接调用fork、exec
372
和wait，则终止状态与调用system是不同的。

10.19 函数sleep、nanosleep和clock_nanosleep

在本书的很多例子中都已使用了sleep函数，在图10-7程序和图10-8程序中有两个sleep的实现，但它们都是有缺陷的。

```
#include <unistd.h>

unsigned int sleep(unsigned int seconds);
```

返回值：0或未休眠完的秒数

此函数使调用进程被挂起直到满足下面两个条件之一。

（1）已经过了*seconds*所指定的墙上时钟时间。

（2）调用进程捕捉到一个信号并从信号处理程序返回。

如同alarm信号一样，由于其他系统活动，实际返回时间比所要求的会迟一些。

在第1种情形，返回值是0。当由于捕捉到某个信号sleep提早返回时（第2种情形），返回值是未休眠完的秒数（所要求的时间减去实际休眠时间）。

尽管sleep可以用alarm函数（见10.10节）实现，但这并不是必需的。如果使用alarm，则这两个函数之间可能相互影响。POSIX.1 标准对这些相互影响并未做任何说明。例如，若先调用alarm(10)，过了3秒后又调用sleep(5)，那么将如何呢？sleep将在5秒后返回（假定在这段时间内没有捕捉到另一个信号），但是否在2秒后又产生另一个SIGALRM信号呢？此细节与具体实现有关。

> FreeBSD 8.0、Linux 3.2.0、Mac OS X 10.6.8和Solaris 10用nanosleep函数实现sleep，使sleep具体实现与信号和闹钟定时器相互独立。考虑到可移植性，不应对sleep的实现进行任何假定，但是如果混合调用sleep和其他与时间有关的函数，则需了解它们之间可能产生的交互。

实例

图10-29给出的是一个POSIX.1 sleep函数的实现。此函数是图10-7程序的修改版，它可靠地处理信号，避免了早期实现中的竞争条件，但是仍未处理与以前设置的闹钟的交互作用（正如前面提到的，POSIX.1并未显式地对这些交互进行定义）。

```
#include "apue.h"

static void
sig_alrm(int signo)
{
    /* nothing to do, just returning wakes up sigsuspend() */
```

```
}

unsigned int
sleep(unsigned int seconds)
{
    struct sigaction  newact, oldact;
    sigset_t          newmask, oldmask, suspmask;
    unsigned int      unslept;

    /* set our handler, save previous information */
    newact.sa_handler = sig_alrm;
    sigemptyset(&newact.sa_mask);
    newact.sa_flags = 0;
    sigaction(SIGALRM, &newact, &oldact);

    /* block SIGALRM and save current signal mask */
    sigemptyset(&newmask);
    sigaddset(&newmask, SIGALRM);
    sigprocmask(SIG_BLOCK, &newmask, &oldmask);

    alarm(seconds);
    suspmask = oldmask;

    /* make sure SIGALRM isn't blocked */
    sigdelset(&suspmask, SIGALRM);

    /* wait for any signal to be caught */
    sigsuspend(&suspmask);

    /* some signal has been caught, SIGALRM is now blocked */

    unslept = alarm(0);

    /* reset previous action */
    sigaction(SIGALRM, &oldact, NULL);

    /* reset signal mask, which unblocks SIGALRM */
    sigprocmask(SIG_SETMASK, &oldmask, NULL);
    return(unslept);
}
```

373

图 10-29 sleep 的可靠实现

与图 10-7 相比，为了可靠地实现 sleep，图 10-29 的代码比较长。程序中没有使用任何形式的非局部转移（如图 10-8 中为了避免在 alarm 和 pause 之间的竞争条件所做的那样），所以对处理 SIGALRM 信号期间可能执行的其他信号处理程序没有任何影响。

nanosleep 函数与 sleep 函数类似，但提供了纳秒级的精度。

```
#include <time.h>

int nanosleep(const struct timespec *reqtp, struct timespec *remtp);
```

返回值：若休眠到要求的时间，返回 0；若出错，返回−1

这个函数挂起调用进程，直到要求的时间已经超时或者某个信号中断了该函数。*reqtp* 参数用秒和纳秒指定了需要休眠的时间长度。如果某个信号中断了休眠间隔，进程并没有终止，*remtp*

374

参数指向的 timespec 结构就会被设置为未休眠完的时间长度。如果对未休眠完的时间并不感兴趣，可以把该参数置为 NULL。

如果系统并不支持纳秒这一精度，要求的时间就会取整。因为 nanosleep 函数并不涉及产生任何信号，所以不需要担心与其他函数的交互。

> nanosleep 函数过去属于 Single UNIX Specification 的定时器选项，现已被移至 SUSv4 的基础部分。

随着多个系统时钟的引入（回忆 6.10 节），需要使用相对于特定时钟的延迟时间来挂起调用线程。clock_nanosleep 函数提供了这种功能。

```
#include <time.h>

int clock_nanosleep(clockid_t clock_id, int flags,
                    const struct timespec *reqtp, struct timespec *remtp);
```

返回值：若休眠要求的时间，返回 0；若出错，返回错误码

clock_id 参数指定了计算延迟时间基于的时钟。时钟标识符列于图 6-8 中。*flags* 参数用于控制延迟是相对的还是绝对的。*flags* 为 0 时表示休眠时间是相对的（例如，希望休眠的时间长度），如果 *flags* 值设置为 TIMER_ABSTIME，表示休眠时间是绝对的（例如，希望休眠到时钟到达某个特定的时间）。

其他的参数 *reqtp* 和 *remtp*，与 *nanosleep* 函数中的相同。但是，使用绝对时间时，*remtp* 参数未使用，因为没有必要。在时钟到达指定的绝对时间值以前，可以为其他的 clock_nanosleep 调用复用 *reqtp* 参数相同的值。

注意，除了出错返回，调用

```
clock_nanosleep(CLOCK_REALTIME, 0, reqtp, remtp);
```

和调用

```
nanosleep(reqtp, remtp);
```

的效果是相同的。使用相对休眠的问题是有些应用对休眠长度有精度要求，相对休眠时间会导致实际休眠时间比要求的长。例如，某个应用程序希望按固定的时间间隔执行任务，就必须获取当前时间，计算下次执行任务的时间，然后调用 nanosleep。在获取当前时间和调用 nanosleep 之间，处理器调度和抢占可能会导致相对休眠时间超过实际需要的时间间隔。即便分时进程调度程序对休眠时间结束后是否会马上执行用户任务并没有给出保证，使用绝对时间还是改善了精度。

375

> 在 Single UNIX Specification 的早期版本中，clock_nanosleep 函数属于时钟选择选项，在 SUSv4 中，该函数已移至基础部分。

10.20 函数 sigqueue

在 10.8 节中，我们介绍了大部分 UNIX 系统不对信号排队。在 POSIX.1 的实时扩展中，有些系统开始增加对信号排队的支持。在 SUSv4 中，排队信号功能已从实时扩展部分移至基础说明部分。

通常一个信号带有一个位信息：信号本身。除了对信号排队以外，这些扩展允许应用程序在

递交信号时传递更多的信息（回忆 10.14 节）。这些信息嵌入在 siginfo 结构中。除了系统提供的信息，应用程序还可以向信号处理程序传递整数或者指向包含更多信息的缓冲区指针。

使用排队信号必须做以下几个操作。

（1）使用 sigaction 函数安装信号处理程序时指定 SA_SIGINFO 标志。如果没有给出这个标志，信号会延迟，但信号是否进入队列要取决于具体实现。

（2）在 sigaction 结构的 sa_sigaction 成员中（而不是通常的 sa_handler 字段）提供信号处理程序。实现可能允许用户使用 sa_handler 字段，但不能获取 sigqueue 函数发送出来的额外信息。

（3）使用 sigqueue 函数发送信号。

```
#include <signal.h>

int sigqueue(pid_t pid, int signo, const union sigval value);

                                返回值：若成功，返回 0；若出错，返回-1
```

sigqueue 函数只能把信号发送给单个进程，可以使用 *value* 参数向信号处理程序传递整数和指针值，除此之外，sigqueue 函数与 kill 函数类似。

信号不能被无限排队。回忆图 2-9 和图 2-11 中的 SIGQUEUE_MAX 限制。到达相应的限制以后，sigqueue 就会失败，将 errno 设为 EAGAIN。

随着实时信号的增强，引入了用于应用程序的独立信号集。这些信号的编号在 SIGRTMIN～SIGRTMAX 之间，包括这两个限制值。注意，这些信号的默认行为是终止进程。

图 10-30 总结了排队信号在本书不同的实现中的行为上的差异。

> Mac OS X 10.6.8 并不支持 sigqueue 或者实时信号。在 Solaris 10 中，sigqueue 在实时库 librt 中。

行为	SUS	FreeBSD 8.0	Linux 3.2.0	Mac OS X 10.6.8	Solaris 10
支持 sigqueue	•	•	•		•
对在 SIGRTMIN 和 SIGRTMAX 之外的信号排队	可选	•			•
即使调用者没使用 SA_SIGINFO 标志，也对信号排队	可选	•	•		

图 10-30 不同平台上排队信号的行为

376

10.21 作业控制信号

在图 10-1 所示的信号中，POSIX.1 认为有以下 6 个与作业控制有关。

SIGCHLD 子进程已停止或终止。

SIGCONT 如果进程已停止，则使其继续运行。

SIGSTOP 停止信号（不能被捕捉或忽略）。

SIGTSTP 交互式停止信号。

SIGTTIN 后台进程组成员读控制终端。

SIGTTOU 后台进程组成员写控制终端。

除 SIGCHLD 以外，大多数应用程序并不处理这些信号，交互式 shell 则通常会处理这些信号的所有工作。当键入挂起字符（通常是 Ctrl+Z）时，SIGTSTP 被送至前台进程组的所有进程。当我们通知 shell 在前台或后台恢复运行一个作业时，shell 向该作业中的所有进程发送 SIGCONT 信号。与此类似，如果向一个进程递送了 SIGTTIN 或 SIGTTOU 信号，则根据系统默认的方式，停止此进程，作业控制 shell 了解到这一点后就通知我们。

一个例外是管理终端的进程，例如，vi(1)编辑器。当用户要挂起它时，它需要能了解到这一点，这样就能将终端状态恢复到 vi 启动时的情况。另外，当在前台恢复它时，它需要将终端状态设置回它所希望的状态，并需要重新绘制终端屏幕。可以在下面的例子中观察到与 vi 类似的程序是如何处理这种情况的。

在作业控制信号间有某些交互。当对一个进程产生 4 种停止信号（SIGTSTP、SIGSTOP、SIGTTIN 或 SIGTTOU）中的任意一种时，对该进程的任一未决 SIGCONT 信号就被丢弃。与此类似，当对一个进程产生 SIGCONT 信号时，对同一进程的任一未决停止信号被丢弃。

注意，如果进程是停止的，则 SIGCONT 的默认动作是继续该进程；否则忽略此信号。通常，对该信号无需做任何事情。当对一个停止的进程产生一个 SIGCONT 信号时，该进程就继续，即使该信号是被阻塞或忽略的也是如此。

实例

图 10-31 中的程序演示了当一个程序处理作业控制时通常所使用的规范代码序列。该程序只是将其标准输入复制到其标准输出，而在信号处理程序中以注释形式给出了管理屏幕的程序所执行的典型操作。

377

```
#include "apue.h"

#define  BUFFSIZE 1024

static void
sig_tstp(int signo)    /* signal handler for SIGTSTP */
{
    sigset_t mask;

    /* ... move cursor to lower left corner, reset tty mode ... */

    /*
     * Unblock SIGTSTP, since it's blocked while we're handling it.
     */
    sigemptyset(&mask);
    sigaddset(&mask, SIGTSTP);
    sigprocmask(SIG_UNBLOCK, &mask, NULL);

    signal(SIGTSTP, SIG_DFL);  /* reset disposition to default */

    kill(getpid(), SIGTSTP);   /* and send the signal to ourself */

    /* we won't return from the kill until we're continued */

    signal(SIGTSTP, sig_tstp); /* reestablish signal handler */

    /* ... reset tty mode, redraw screen ... */
}

int
```

```
main(void)
{
    int     n;
    char    buf[BUFFSIZE];

    /*
     * Only catch SIGTSTP if we're running with a job-control shell.
     */
    if (signal(SIGTSTP, SIG_IGN) == SIG_DFL)
        signal(SIGTSTP, sig_tstp);

    while ((n = read(STDIN_FILENO, buf, BUFFSIZE)) > 0)
        if (write(STDOUT_FILENO, buf, n) != n)
            err_sys("write error");

    if (n < 0)
        err_sys("read error");

    exit(0);
}
```

图 10-31 如何处理 SIGTSTP

当图 10-31 中的程序启动时，仅当 SIGTSTP 信号的配置是 SIG_DFL，它才安排捕捉该信号。其理由是：当此程序由不支持作业控制的 shell（如/bin/sh）启动时，此信号的配置应当设置为 SIG_IGN。实际上，shell 并不显式地忽略此信号，而是由 init 将这 3 个作业控制信号 SIGTSTP、SIGTTIN 和 SIGTTOU 设置为 SIG_IGN。然后，这种配置由所有登录 shell 继承。只有作业控制 shell 才应将这 3 个信号重新设置为 SIG_DFL。

378

当键入挂起字符时，进程接到 SIGTSTP 信号，然后调用该信号处理程序。此时，应当进行与终端有关的处理：将光标移到左下角、恢复终端工作方式等。在将 SIGTSTP 重置为默认值（停止该进程），并且解除了对此信号的阻塞之后，进程向自己发送同一信号 SIGTSTP。因为正在处理 SIGTSTP 信号，而在捕捉该信号期间系统自动地阻塞它，所以应当解除对此信号的阻塞。到达这一点时，系统停止该进程。仅当某个进程（通常是正响应一个交互式 fg 命令的作业控制 shell）向该进程发送一个 SIGCONT 信号时，该进程才继续。我们不捕捉 SIGCONT 信号。该信号的默认配置是继续运行停止的进程，当此发生时，此程序如同从 kill 函数返回一样继续运行。当此程序继续运行时，将 SIGTSTP 信号重置为捕捉，并且做我们所希望做的终端处理（如重新绘制屏幕）。■

10.22 信号名和编号

本节介绍如何在信号编号和信号名之间进行映射。某些系统提供数组

```
extern char *sys_siglist[];
```

数组下标是信号编号，数组中的元素是指向信号名符串的指针。

> FreeBSD 8.0、Linux 3.2.0 和 Mac OS X 10.6.8 都提供这种信号名数组。Solaris 10 也提供信号名数组，但该数组名是_sys_siglist。

可以使用 psignal 函数可移植地打印与信号编号对应的字符串。

```
#include <signal.h>

void psignal(int signo, const char *msg);
```

字符串 *msg*（通常是程序名）输出到标准错误文件，后面跟随一个冒号和一个空格，再后面对该信号的说明，最后是一个换行符。如果 *msg* 为 NULL，只有信号说明部分输出到标准错误文件，该函数类似于 perror（1.7 节）。

如果在 sigaction 信号处理程序中有 siginfo 结构，可以使用 psiginfo 函数打印信号信息。

379

```
#include <signal.h>

void psiginfo(const siginfo_t *info, const char *msg);
```

它的工作方式与 psignal 函数类似。虽然这个函数访问除信号编号以外的更多信息，但不同的平台输出的这些额外信息可能有所不同。

如果只需要信号的字符描述部分，也不需要把它写到标准错误文件中（如可以写到日志文件中），可以使用 strsignal 函数，它类似于 strerror（另见 1.7 节）。

```
#include <string.h>

char *strsignal(int signo);

                                    返回值：指向描述该信号的字符串的指针
```

给出一个信号编号，strsignal 将返回描述该信号的字符串。应用程序可用该字符串打印关于接收到信号的出错消息。

> 本书讨论的所有平台都提供 psignal 和 strsignal 函数，但相互之间有些差别。在 Solaris 10 中，若信号编号无效，strsignal 将返回一个空指针，而 FreeBSD 8.0、Linux 3.2.0 和 Mac OS X 10.6.8 则返回一个字符串，它指出信号编号是不可识别的。
>
> 只有 Linux 3.2.0 和 Solaris 10 支持 psiginfo 函数。

Solaris 提供一对函数，一个函数将信号编号映射为信号名，另一个则反之。

```
#include <signal.h>

int sig2str(int signo, char *str);

int str2sig(const char *str, int *signop);

                        两个函数的返回值：若成功，返回 0；若出错，返回-1
```

在编写交互式程序，其中需接收和打印信号名和信号编号时，这两个函数是有用的。

sig2str 函数将给定信号编号翻译成字符串，并将结果存放在 *str* 指向的存储区。调用者必须保证该存储区足够大，可以保存最长字符串，包括终止 null 字节。Solaris 在 <signal.h>中包含了常量 SIG2STR_MAX，它定义了最大字符串长度。该字符串包括不带“SIG”前缀的信号名。例如，SIGKILL 被翻译为字符串“KILL”，并存放在 *str* 指向的存储缓冲区中。

str2sig 函数将给出的信号名翻译成信号编号。该信号编号存放在 *signop* 指向的整型中。名字要么是不带“SIG”前缀的信号名，要么是表示十进制信号编号的字符串（如“9”）。

380

注意，sig2str 和 str2sig 与常用的函数做法不同，当它们失败时，并不设置 errno。

10.23 小结

信号用于大多数复杂的应用程序中。理解进行信号处理的原因和方式对于高级 UNIX 编程极其重要。本章对 UNIX 信号进行了详细而且比较深入的介绍。首先说明了早期信号实现的问题以及它们是如何显现出来的。然后介绍了 POSIX.1 的可靠信号概念以及所有相关的函数。在此基础上提供了 abort、system 和 sleep 函数的 POSIX.1 实现。最后以观察分析作业控制信号以及信号名和信号编号之间的转换结束。

习题

10.1 删除图 10-2 程序中的 for(;;)语句，结果会怎样？为什么？

10.2 实现 10.22 节中说明的 sig2str 函数。

10.3 画出运行图 10-9 程序时的栈帧情况。

10.4 图 10-11 程序中利用 setjmp 和 longjmp 设置 I/O 操作的超时，下面的代码也常见用于此种目的：

```
signal(SIGALRM, sig_alrm);
alarm(60);
if (setjmp(env_alrm) != 0) {
    /* handle timeout */
    ...
}
...
```

这段代码有什么错误？

10.5 仅使用一个定时器（alarm 或较高精度的 setitimer），构造一组函数，使得进程在该单一定时器基础上可以设置任一数量的定时器。

10.6 编写一段程序测试图 10-24 中父进程和子进程的同步函数，要求进程创建一个文件并向文件写一个整数 0，然后，进程调用 fork，接着，父进程和子进程交替增加文件中的计数器值，每次计数器值增加 1 时，打印是哪一个进程（子进程或父进程）进行了该增加 1 操作。

10.7 在图 10-25 中，若调用者捕捉了 SIGABRT 并从该信号处理程序中返回，为什么不是仅仅调用_exit，而要恢复其默认设置并再次调用 kill？

10.8 为什么在 siginfo 结构（见 10.14 节）的 si_uid 字段中包括实际用户 ID 而非有效用户 ID？

10.9 重写图 10-14 中的函数，要求它处理图 10-1 中的所有信号，每次循环处理当前信号屏蔽字中的一个信号（并不是对每一个可能的信号都循环一次）。

381

10.10 编写一段程序，要求在一个无限循环中调用 sleep(60)函数，每 5 分钟（即 5 次循环）取当前的日期和时间，并打印 tm_sec 字段。将程序执行一晚上，请解释其结果。有些程序，如 cron 守护进程，每分钟运行一次，它是如何处理这类工作的？

10.11 修改图 3-5 的程序，要求：（a）将 BUFFSIZE 改为 100；（b）用 signal_intr 函数捕捉 SIGXFSZ 信号量并打印消息，然后从信号处理程序中返回；（c）如果没有写满请求的字节数，则打印 write 的返回值。将软资源限制 RLIMIT_FSIZE（见 7.11 节）更改为 1 024 字节（在 shell 中设置软资源限制，如果不行就直接在程序中调用 setrlimit），然后复制一个大于 1024 字节的文件，在各种不同的系统上运行新程序，其结果如何？为什么？

10.12 编写一段调用 fwrite 的程序，它使用一个较大的缓冲区（约 1GB），调用 fwrite 前调用 alarm 使得 1s 以后产生信号。在信号处理程序中打印捕捉到的信号，然后返回。fwrite 可以完成吗？结果如何？

382

第 11 章

线程

11.1 引言

在前面的章节中讨论了进程，学习了 UNIX 进程的环境、进程间的关系以及控制进程的不同方式。可以看到在相关的进程间可以存在一定的共享。

本章将进一步深入理解进程，了解如何使用多个控制线程（或者简单地说就是线程）在单进程环境中执行多个任务。一个进程中的所有线程都可以访问该进程的组成部件，如文件描述符和内存。

不管在什么情况下，只要单个资源需要在多个用户间共享，就必须处理一致性问题。本章的最后将讨论目前可用的同步机制，防止多个线程在共享资源时出现不一致的问题。

11.2 线程概念

典型的 UNIX 进程可以看成只有一个控制线程：一个进程在某一时刻只能做一件事情。有了多个控制线程以后，在程序设计时就可以把进程设计成在某一时刻能够做不止一件事，每个线程处理各自独立的任务。这种方法有很多好处。

- 通过为每种事件类型分配单独的处理线程，可以简化处理异步事件的代码。每个线程在进行事件处理时可以采用同步编程模式，同步编程模式要比异步编程模式简单得多。
- 多个进程必须使用操作系统提供的复杂机制才能实现内存和文件描述符的共享，我们将在第 15 章和第 17 章中学习这方面的内容。而多个线程自动地可以访问相同的存储地址空间和文件描述符。
- 有些问题可以分解从而提高整个程序的吞吐量。在只有一个控制线程的情况下，一个单线程进程要完成多个任务，只需要把这些任务串行化。但有多个控制线程时，相互独立的任务的处理就可以交叉进行，此时只需要为每个任务分配一个单独的线程。当然只有在两个任务的处理过程互不依赖的情况下，两个任务才可以交叉执行。
- 交互的程序同样可以通过使用多线程来改善响应时间，多线程可以把程序中处理用户输入输出的部分与其他部分分开。

有些人把多线程的程序设计与多处理器或多核系统联系起来。但是即使程序运行在单处理器上，也能得到多线程编程模型的好处。处理器的数量并不影响程序结构，所以不管处理器的个数多少，程序都可以通过使用线程得以简化。而且，即使多线程程序在串行化任务时不得不阻塞，由于某些线程在阻塞的时候还有另外一些线程可以运行，所以多线程程序在单处理器上运行还是可以改善响应时间和吞吐量。

每个线程都包含有表示执行环境所必需的信息，其中包括进程中标识线程的线程ID、一组寄存器值、栈、调度优先级和策略、信号屏蔽字、errno变量（见1.7节）以及线程私有数据（见12.6节）。一个进程的所有信息对该进程的所有线程都是共享的，包括可执行程序的代码、程序的全局内存和堆内存、栈以及文件描述符。

我们将要讨论的线程接口来自POSIX.1-2001。线程接口也称为"pthread"或"POSIX线程"，原来在POSIX.1-2001中是一个可选功能，但后来SUSv4把它们放入了基本功能。POSIX线程的功能测试宏是_POSIX_THREADS。应用程序可以把这个宏用于#ifdef测试，从而在编译时确定是否支持线程；也可以把_SC_THREADS常数用于调用sysconf函数，进而在运行时确定是否支持线程。遵循SUSv4的系统定义符号_POSIX_THREADS的值为200809L。

11.3 线程标识

就像每个进程有一个进程ID一样，每个线程也有一个线程ID。进程ID在整个系统中是唯一的，但线程ID不同，线程ID只有在它所属的进程上下文中才有意义。

回忆一下进程ID，它是用pid_t数据类型来表示的，是一个非负整数。线程ID是用pthread_t数据类型来表示的，实现的时候可以用一个结构来代表pthread_t数据类型，所以可移植的操作系统实现不能把它作为整数处理。因此必须使用一个函数来对两个线程ID进行比较。

384

```
#include <pthread.h>

int pthread_equal(pthread_t tid1, pthread_t tid2);
```

返回值：若相等，返回非0数值；否则，返回0

> Linux 3.2.0使用无符号长整型表示pthread_t数据类型。Solaris 10把pthread_t数据类型表示为无符号整型。FreeBSD 8.0和Mac OS X 10.6.8用一个指向pthread结构的指针来表示pthread_t数据类型。

用结构表示pthread_t数据类型的后果是不能用一种可移植的方式打印该数据类型的值。在程序调试过程中打印线程ID有时是非常有用的，而在其他情况下通常不需要打印线程ID。最坏的情况是，有可能出现不可移植的调试代码，当然这也算不上是很大的局限性。

线程可以通过调用pthread_self函数获得自身的线程ID。

```
#include <pthread.h>

pthread_t pthread_self(void);
```

返回值：调用线程的线程ID

当线程需要识别以线程ID作为标识的数据结构时，pthread_self函数可以与pthread_equal函数一起使用。例如，主线程可能把工作任务放在一个队列中，用线程ID来控制每个工作线程处理哪些作业。如图11-1所示，主线程把新的作业放到一个工作队列中，由3个工作线程组成的线程池从队列中移出作业。主线程不允许每个线程任意处理从队列顶端取出的作业，而是由主线程控制作业的分配，主线程会在每个待处理作业的结构中放置处理该作业的线程ID，每个工作线程只能移出标有自己线程ID的作业。

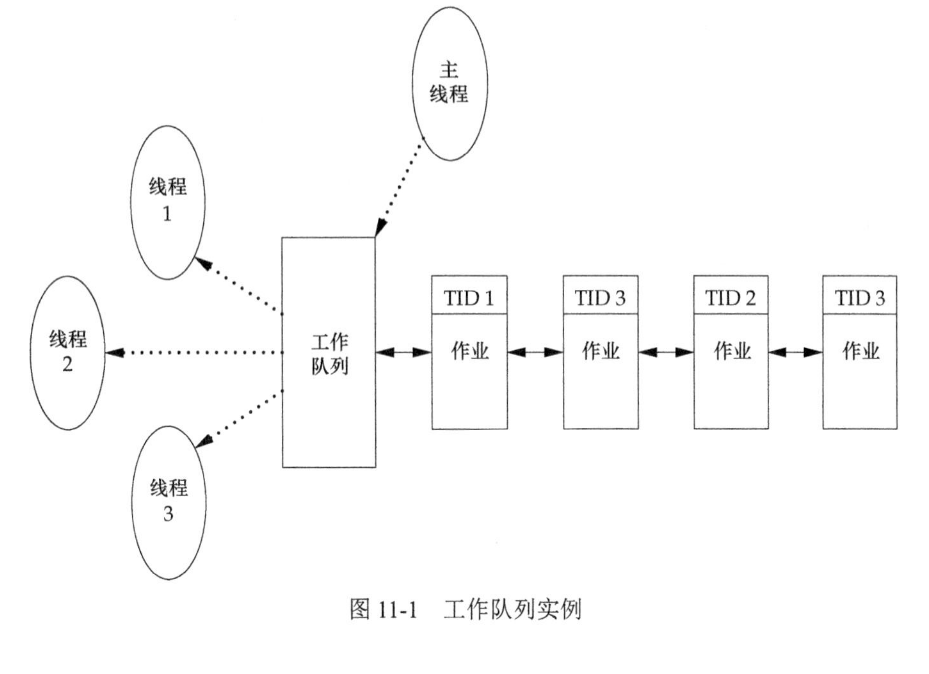

图 11-1 工作队列实例

11.4 线程创建

在传统 UNIX 进程模型中，每个进程只有一个控制线程。从概念上讲，这与基于线程的模型中每个进程只包含一个线程是相同的。在 POSIX 线程（pthread）的情况下，程序开始运行时，它也是以单进程中的单个控制线程启动的。在创建多个控制线程以前，程序的行为与传统的进程并没有什么区别。新增的线程可以通过调用 `pthread_create` 函数创建。

```
#include <pthread.h>

int pthread_create(pthread_t *restrict tidp,
                   const pthread_attr_t *restrict attr,
                   void *(*start_rtn)(void *), void *restrict arg);
```

返回值：若成功，返回 0；否则，返回错误编号

385

当 `pthread_create` 成功返回时，新创建线程的线程 ID 会被设置成 *tidp* 指向的内存单元。*attr* 参数用于定制各种不同的线程属性。我们将在 12.3 节中讨论线程属性，但现在我们把它置为 `NULL`，创建一个具有默认属性的线程。

新创建的线程从 *start_rtn* 函数的地址开始运行，该函数只有一个无类型指针参数 *arg*。如果需要向 *start_rtn* 函数传递的参数有一个以上，那么需要把这些参数放到一个结构中，然后把这个结构的地址作为 *arg* 参数传入。

线程创建时并不能保证哪个线程会先运行：是新创建的线程，还是调用线程。新创建的线程可以访问进程的地址空间，并且继承调用线程的浮点环境和信号屏蔽字，但是该线程的挂起信号集会被清除。

注意，pthread 函数在调用失败时通常会返回错误码，它们并不像其他的 POSIX 函数一样设置 `errno`。每个线程都提供 `errno` 的副本，这只是为了与使用 `errno` 的现有函数兼容。在线程中，从函数中返回错误码更为清晰整洁，不需要依赖那些随着函数执行不断变化的全局状态，这

样可以把错误的范围限制在引起出错的函数中。

实例

386 虽然没有可移植的打印线程 ID 的方法，但是可以写一个小的测试程序来完成这个任务，以便更深入地了解线程是如何工作的。图 11-2 中的程序创建了一个线程，打印了进程 ID、新线程的线程 ID 以及初始线程的线程 ID。

```
#include "apue.h"
#include <pthread.h>

pthread_t ntid;

void
printids(const char *s)
{
    pid_t       pid;
    pthread_t   tid;

    pid = getpid();
    tid = pthread_self();
    printf("%s pid %lu tid %lu (0x%lx)\n", s, (unsigned long)pid,
      (unsigned long)tid, (unsigned long)tid);
}

void *
thr_fn(void *arg)
{
    printids("new thread: ");
    return((void *)0);
}

int
main(void)
{
    int     err;

    err = pthread_create(&ntid, NULL, thr_fn, NULL);
    if (err != 0)
        err_exit(err, "can't create thread");
    printids("main thread:");
    sleep(1);
    exit(0);
}
```

图 11-2 打印线程 ID

这个实例有两个特别之处，需要处理主线程和新线程之间的竞争。（我们将在本章后面的内容中学习如何更好地处理这种竞争。）第一个特别之处在于，主线程需要休眠，如果主线程不休眠，它就可能会退出，这样新线程还没有机会运行，整个进程可能就已经终止了。这种行为特征依赖于操作系统中的线程实现和调度算法。

第二个特别之处在于新线程是通过调用 pthread_self 函数获取自己的线程 ID 的，而不是 387 从共享内存中读出的，或者从线程的启动例程中以参数的形式接收到的。回忆 pthread_create

函数，它会通过第一个参数（*tidp*）返回新建线程的线程 ID。在这个例子中，主线程把新线程 ID 存放在 ntid 中，但是新建的线程并不能安全地使用它，如果新线程在主线程调用 pthread_create 返回之前就运行了，那么新线程看到的是未经初始化的 ntid 的内容，这个内容并不是正确的线程 ID。

在 Solaris 上运行图 11-2 中的程序，得到：

```
$ ./a.out
main thread: pid 20075 tid 1 (0x1)
new thread:  pid 20075 tid 2 (0x2)
```

正如我们期望的，两个线程的进程 ID 相同，但线程 ID 不同。在 FreeBSD 上运行图 11-2 中的程序，得到：

```
$ ./a.out
main thread: pid 37396 tid 673190208 (0x28201140)
new thread:  pid 37396 tid 673280320 (0x28217140)
```

也如我们期望的，两个线程有相同的进程 ID。如果把线程 ID 看成是十进制整数，那么这两个值看起来很奇怪，但是如果把它们转化成十六进制，看起来就更合理了。就像前面提到的，FreeBSD 使用指向线程数据结构的指针作为它的线程 ID。

我们期望 Mac OS X 与 FreeBSD 相似，但事实上，在 Mac OS X 中，主线程 ID 与用 pthread_create 新创建的线程的线程 ID 不在相同的地址范围内：

```
$ ./a.out
main thread: pid 31807 tid 140735073889440 (0x7fff70162ca0)
new thread:  pid 31807 tid 4295716864 (0x1000b7000)
```

相同的程序在 Linux 上运行得到：

```
$ ./a.out
main thread: pid 17874 tid 140693894424320 (0x7ff5d9996700)
new thread:  pid 17874 tid 140693886129920 (0x7ff5d91ad700)
```

尽管 Linux 线程 ID 是用无符号长整型来表示的，但是它们看起来像指针。

> Linux 2.4 和 Linux 2.6 在线程实现上是不同的。Linux 2.4 中，LinuxThreads 是用单独的进程实现每个线程的，这使得它很难与 POSIX 线程的行为匹配。Linux 2.6 中，对 Linux 内核和线程库进行了很大的修改，采用了一个称为 Native POSIX 线程库（Native POSIX Thread Library，NPTL）的新线程实现。它支持单个进程中有多个线程的模型，也更容易支持 POSIX 线程的语义。

11.5 线程终止

如果进程中的任意线程调用了 exit、_Exit 或者_exit，那么整个进程就会终止。与此相类似，如果默认的动作是终止进程，那么，发送到线程的信号就会终止整个进程（12.8 节将讨论信号与线程间是如何交互的）。 388

单个线程可以通过 3 种方式退出，因此可以在不终止整个进程的情况下，停止它的控制流。

（1）线程可以简单地从启动例程中返回，返回值是线程的退出码。

（2）线程可以被同一进程中的其他线程取消。

（3）线程调用 pthread_exit。

```
#include <pthread.h>

void pthread_exit(void *rval_ptr);
```

rval_ptr 参数是一个无类型指针，与传给启动例程的单个参数类似。进程中的其他线程也可以通过调用 pthread_join 函数访问到这个指针。

```
#include <pthread.h>

int pthread_join(pthread_t thread, void **rval_ptr);
```

返回值：若成功，返回 0；否则，返回错误编号

调用线程将一直阻塞，直到指定的线程调用 pthread_exit、从启动例程中返回或者被取消。如果线程简单地从它的启动例程返回，*rval_ptr* 就包含返回码。如果线程被取消，由 *rval_ptr* 指定的内存单元就设置为 PTHREAD_CANCELED。

可以通过调用 pthread_join 自动把线程置于分离状态（马上就会讨论到），这样资源就可以恢复。如果线程已经处于分离状态，pthread_join 调用就会失败，返回 EINVAL，尽管这种行为是与具体实现相关的。

如果对线程的返回值并不感兴趣，那么可以把 *rval_ptr* 设置为 NULL。在这种情况下，调用 pthread_join 函数可以等待指定的线程终止，但并不获取线程的终止状态。

实例

图 11-3 展示了如何获取已终止的线程的退出码。

```
#include "apue.h"
#include <pthread.h>

void *
thr_fn1(void *arg)
{
    printf("thread 1 returning\n");
    return((void *)1);
}

void *
thr_fn2(void *arg)
{
    printf("thread 2 exiting\n");
    pthread_exit((void *)2);
}

int
main(void)
{
    int         err;
    pthread_t   tid1, tid2;
    void        *tret;

    err = pthread_create(&tid1, NULL, thr_fn1, NULL);
    if (err != 0)
        err_exit(err, "can't create thread 1");
    err = pthread_create(&tid2, NULL, thr_fn2, NULL);
```

389

```
    if (err != 0)
        err_exit(err, "can't create thread 2");
    err = pthread_join(tid1, &tret);
    if (err != 0)
        err_exit(err, "can't join with thread 1");
    printf("thread 1 exit code %ld\n", (long)tret);
    err = pthread_join(tid2, &tret);
    if (err != 0)
        err_exit(err, "can't join with thread 2");
    printf("thread 2 exit code %ld\n", (long)tret);
    exit(0);
}
```

图 11-3 获得线程退出状态

运行图 11-3 中的程序，得到的结果是：

```
$ ./a.out
thread 1 returning
thread 2 exiting
thread 1 exit code 1
thread 2 exit code 2
```

可以看到，当一个线程通过调用 pthread_exit 退出或者简单地从启动例程中返回时，进程中的其他线程可以通过调用 pthread_join 函数获得该线程的退出状态。

pthread_create 和 pthread_exit 函数的无类型指针参数可以传递的值不止一个，这个指针可以传递包含复杂信息的结构的地址，但是注意，这个结构所使用的内存在调用者完成调用以后必须仍然是有效的。例如，在调用线程的栈上分配了该结构，那么其他的线程在使用这个结构时内存内容可能已经改变了。又如，线程在自己的栈上分配了一个结构，然后把指向这个结构的指针传给 pthread_exit，那么调用 pthread_join 的线程试图使用该结构时，这个栈有可能已经被撤销，这块内存也已另作他用。

390

实例

图 11-4 中的程序给出了用自动变量（分配在栈上）作为 pthread_exit 的参数时出现的问题。

```
#include "apue.h"
#include <pthread.h>

struct foo {
    int a, b, c, d;
};

void
printfoo(const char *s, const struct foo *fp)
{
    printf("%s", s);
    printf("  structure at 0x%lx\n", (unsigned long)fp);
    printf("  foo.a = %d\n", fp->a);
    printf("  foo.b = %d\n", fp->b);
    printf("  foo.c = %d\n", fp->c);
    printf("  foo.d = %d\n", fp->d);
}
```

```
void *
thr_fn1(void *arg)
{
    struct foo   foo = {1, 2, 3, 4};

    printfoo("thread 1:\n", &foo);
    pthread_exit((void *)&foo);
}

void *
thr_fn2(void *arg)
{
    printf("thread 2: ID is %lu\n", (unsigned long)pthread_self());
    pthread_exit((void *)0);
}

int
main(void)
{
    int         err;
    pthread_t   tid1, tid2;
    struct foo  *fp;

    err = pthread_create(&tid1, NULL, thr_fn1, NULL);
    if (err != 0)
        err_exit(err, "can't create thread 1");
    err = pthread_join(tid1, (void *)&fp);
    if (err != 0)
        err_exit(err, "can't join with thread 1");
    sleep(1);
    printf("parent starting second thread\n");
    err = pthread_create(&tid2, NULL, thr_fn2, NULL);
    if (err != 0)
        err_exit(err, "can't create thread 2");
    sleep(1);
    printfoo("parent:\n", fp);
    exit(0);
}
```

391

图 11-4 pthread_exit 参数的不正确使用

在 Linux 上运行此程序，得到：

```
$ ./a.out
thread 1:
  structure at 0x7f2c83682ed0
  foo.a = 1
  foo.b = 2
  foo.c = 3
  foo.d = 4
parent starting second thread
thread 2: ID is 139829159933696
parent:
  structure at 0x7f2c83682ed0
  foo.a = -2090321472
  foo.b = 32556
```

```
  foo.c = 1
  foo.d = 0
```

当然，运行结果根据内存体系结构、编译器以及线程库的实现会有所不同。在 Solaris 上的结果类似：

```
$ ./a.out
thread 1:
  structure at 0xffffffff7f0fbf30
  foo.a = 1
  foo.b = 2
  foo.c = 3
  foo.d = 4
parent starting second thread
thread 2: ID is 3
parent:
  structure at 0xffffffff7f0fbf30
  foo.a = -1
  foo.b = 2136969048
  foo.c = -1
  foo.d = 2138049024
```

可以看到，当主线程访问这个结构时，结构的内容（在线程 *tid1* 的栈上分配的）已经改变了。注意第二个线程（*tid2*）的栈是如何覆盖第一个线程的栈的。为了解决这个问题，可以使用全局结构，或者用 `malloc` 函数分配结构。

392

在 Mac OS X 上运行的结果有所不同：

```
$ ./a.out
thread 1:
  structure at 0x1000b6f00
  foo.a = 1
  foo.b = 2
  foo.c = 3
  foo.d = 4
parent starting second thread
thread 2: ID is 4295716864
parent:
  structure at 0x1000b6f00
Segmentation fault (core dumped)
```

在这种情况下，父进程试图访问已退出的第一个线程传给它的结构时，内存不再有效，这时得到的是 `SIGSEGV` 信号。

FreeBSD 上，父进程访问内存时，内存并没有被覆写，得到的结果是：

```
thread 1:
  structure at 0xbf9fef88
  foo.a = 1
  foo.b = 2
  foo.c = 3
  foo.d = 4
parent starting second thread
thread 2: ID is 673279680
parent:
  structure at 0xbf9fef88
  foo.a = 1
```

```
foo.b = 2
foo.c = 3
foo.d = 4
```

虽然线程退出后，内存依然是完整的，但我们不能期望情况总是这样的。从其他平台上的结果中可以看出，情况并不都是这样的。

线程可以通过调用 pthread_cancel 函数来请求取消同一进程中的其他线程。

```
#include <pthread.h>

int pthread_cancel(pthread_t tid);
```

返回值：若成功，返回0；否则，返回错误编号

在默认情况下，pthread_cancel 函数会使得由 *tid* 标识的线程的行为表现为如同调用了参数为 PTHREAD_ CANCELED 的 pthread_exit 函数，但是，线程可以选择忽略取消或者控制如何被取消。我们将在 12.7 节中详细讨论。注意 pthread_cancel 并不等待线程终止，它仅仅提出请求。

393

线程可以安排它退出时需要调用的函数，这与进程在退出时可以用 atexit 函数（见 7.3 节）安排退出是类似的。这样的函数称为*线程清理处理程序*（thread cleanup handler）。一个线程可以建立多个清理处理程序。处理程序记录在栈中，也就是说，它们的执行顺序与它们注册时相反。

```
#include <pthread.h>

void pthread_cleanup_push(void (*rtn)(void *), void *arg);

void pthread_cleanup_pop(int execute);
```

当线程执行以下动作时，清理函数 *rtn* 是由 pthread_cleanup_push 函数调度的，调用时只有一个参数 *arg*：

- 调用 pthread_exit 时；
- 响应取消请求时；
- 用非零 *execute* 参数调用 pthread_cleanup_pop 时。

如果 *execute* 参数设置为 0，清理函数将不被调用。不管发生上述哪种情况，pthread_cleanup_pop 都将删除上次 pthread_cleanup_push 调用建立的清理处理程序。

这些函数有一个限制，由于它们可以实现为宏，所以必须在与线程相同的作用域中以匹配对的形式使用。pthread_cleanup_push 的宏定义可以包含字符{，这种情况下，在 pthread_cleanup_pop 的定义中要有对应的匹配字符}。

实例

图 11-5 给出了一个如何使用线程清理处理程序的例子。虽然例子是人为编造的，但它描述了其中涉及的清理机制。注意，虽然我们从来没想过要传一个参数 0 给线程启动例程，但还是需要把 pthread_cleanup_pop 调用和 pthread_cleanup_push 调用匹配起来，否则，程序编译就可能通不过。

```
#include "apue.h"
#include <pthread.h>

void
cleanup(void *arg)
{
```

```
    printf("cleanup: %s\n", (char *)arg);
}

void *
thr_fn1(void *arg)
{
    printf("thread 1 start\n");
    pthread_cleanup_push(cleanup, "thread 1 first handler");
    pthread_cleanup_push(cleanup, "thread 1 second handler");
    printf("thread 1 push complete\n");
    if (arg)
        return((void *)1);
    pthread_cleanup_pop(0);
    pthread_cleanup_pop(0);
    return((void *)1);
}

void *
thr_fn2(void *arg)
{
    printf("thread 2 start\n");
    pthread_cleanup_push(cleanup, "thread 2 first handler");
    pthread_cleanup_push(cleanup, "thread 2 second handler");
    printf("thread 2 push complete\n");
    if (arg)
        pthread_exit((void *)2);
    pthread_cleanup_pop(0);
    pthread_cleanup_pop(0);
    pthread_exit((void *)2);
}

int
main(void)
{
    int         err;
    pthread_t   tid1, tid2;
    void        *tret;

    err = pthread_create(&tid1, NULL, thr_fn1, (void *)1);
    if (err != 0)
        err_exit(err, "can't create thread 1");
    err = pthread_create(&tid2, NULL, thr_fn2, (void *)1);
    if (err != 0)
        err_exit(err, "can't create thread 2");
    err = pthread_join(tid1, &tret);
    if (err != 0)
        err_exit(err, "can't join with thread 1");
    printf("thread 1 exit code %ld\n", (long)tret);
    err = pthread_join(tid2, &tret);
    if (err != 0)
        err_exit(err, "can't join with thread 2");
    printf("thread 2 exit code %ld\n", (long)tret);
    exit(0);
}
```

图 11-5 线程清理处理程序

394
395

在 Linux 或者 Solaris 上运行图 11-5 中的程序会得到：

```
$ ./a.out
thread 1 start
thread 1 push complete
thread 2 start
thread 2 push complete
cleanup: thread 2 second handler
cleanup: thread 2 first handler
thread 1 exit code 1
thread 2 exit code 2
```

从输出结果可以看出，两个线程都正确地启动和退出了，但是只有第二个线程的清理处理程序被调用了。因此，如果线程是通过从它的启动例程中返回而终止的话，它的清理处理程序就不会被调用。还要注意，清理处理程序是按照与它们安装时相反的顺序被调用的。

如果在 FreeBSD 或者 Mac OS X 上运行相同的程序，可以看到程序会出现段异常并产生 core 文件。这是因为在这两个平台上，pthread_cleanup_push 是用宏实现的，而宏把某些上下文存放在栈上。当线程 1 在调用 pthread_cleanup_push 和调用 pthread_cleanup_pop 之间返回时，栈已被改写，而这两个平台在调用清理处理程序时就用了这个被改写的上下文。在 Single UNIX Specification 中，函数如果在调用 pthread_cleanup_push 和 pthread_cleanup_pop 之间返回，会产生未定义行为。唯一的可移植方法是调用 pthread_exit。

现在，让我们了解一下线程函数和进程函数之间的相似之处。图 11-6 总结了这些相似的函数。

进程原语	线程原语	描述
fork	pthread_create	创建新的控制流
exit	pthread_exit	从现有的控制流中退出
waitpid	pthread_join	从控制流中得到退出状态
atexit	pthread_cancel_push	注册在退出控制流时调用的函数
getpid	pthread_self	获取控制流的 ID
abort	pthread_cancel	请求控制流的非正常退出

图 11-6 进程和线程原语的比较

在默认情况下，线程的终止状态会保存直到对该线程调用 pthread_join。如果线程已经被分离，线程的底层存储资源可以在线程终止时立即被收回。在线程被分离后，我们不能用 pthread_join 函数等待它的终止状态，因为对分离状态的线程调用 pthread_join 会产生未定义行为。可以调用 pthread_detach 分离线程。

396

```
#include <pthread.h>

int pthread_detach(pthread_t tid);
```

返回值：若成功，返回 0；否则，返回错误编号

在下一章里，我们将学习通过修改传给 pthread_create 函数的线程属性，创建一个已处于分离状态的线程。

11.6 线程同步

当多个控制线程共享相同的内存时，需要确保每个线程看到一致的数据视图。如果每个线程

使用的变量都是其他线程不会读取和修改的，那么就不存在一致性问题。同样，如果变量是只读的，多个线程同时读取该变量也不会有一致性问题。但是，当一个线程可以修改的变量，其他线程也可以读取或者修改的时候，我们就需要对这些线程进行同步，确保它们在访问变量的存储内容时不会访问到无效的值。

当一个线程修改变量时，其他线程在读取这个变量时可能会看到一个不一致的值。在变量修改时间多于一个存储器访问周期的处理器结构中，当存储器读与存储器写这两个周期交叉时，这种不一致就会出现。当然，这种行为是与处理器体系结构相关的，但是可移植的程序并不能对使用何种处理器体系结构做出任何假设。

图 11-7 描述了两个线程读写相同变量的假设例子。在这个例子中，线程 A 读取变量然后给这个变量赋予一个新的数值，但写操作需要两个存储器周期。当线程 B 在这两个存储器写周期中间读取这个变量时，它就会得到不一致的值。

为了解决这个问题，线程不得不使用锁，同一时间只允许一个线程访问该变量。图 11-8 描述了这种同步。如果线程 B 希望读取变量，它首先要获取锁。同样，当线程 A 更新变量时，也需要获取同样的这把锁。这样，线程 B 在线程 A 释放锁以前就不能读取变量。

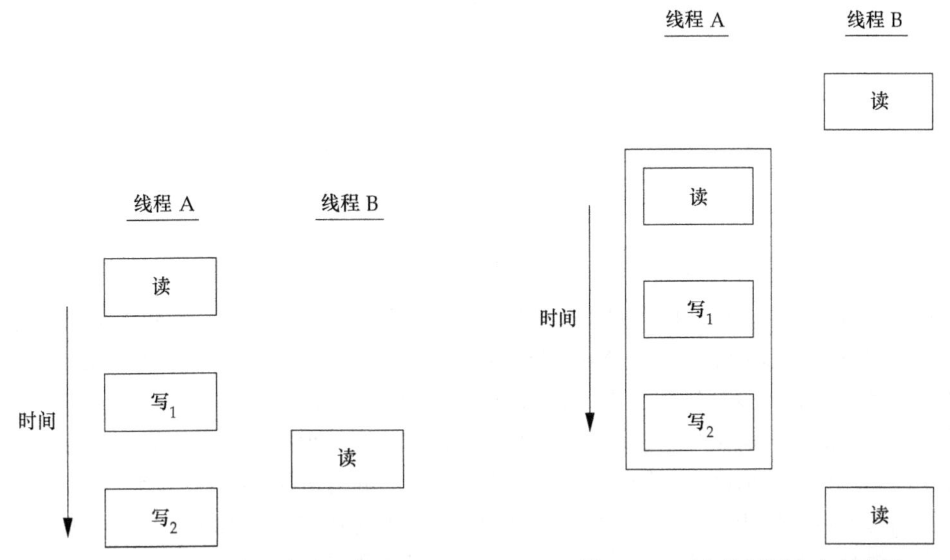

图 11-7 两个线程的交叉存储器周期　　图 11-8 两个线程同步内存访问

397

两个或多个线程试图在同一时间修改同一变量时，也需要进行同步。考虑变量增量操作的情况（图 11-9），增量操作通常分解为以下 3 步。

（1）从内存单元读入寄存器。

（2）在寄存器中对变量做增量操作。

（3）把新的值写回内存单元。

如果两个线程试图几乎在同一时间对同一个变量做增量操作而不进行同步的话，结果就可能出现不一致，变量可能比原来增加了 1，也有可能比原来增加了 2，具体增加了 1 还是 2 要取决于第二个线程开始操作时获取的数值。如果第二个线程执行第 1 步要比第一个线程执行第 3 步要早，第二个线程读到的值与第一个线程一样，为变量加 1，然后写回去，事实上没有实际的效果，总的来说变量只增加了 1。

如果修改操作是原子操作，那么就不存在竞争。在前面的例子中，如果增加 1 只需要一个存储器周期，那么就没有竞争存在。如果数据总是以顺序一致出现的，就不需要额外的同步。当多个线程观察不到数据的不一致时，那么操作就是顺序一致的。在现代计算机系统中，存储访问需要多个总线周期，多处理器的总线周期通常在多个处理器上是交叉的，所以我们并不能保证数据是顺序一致的。

398

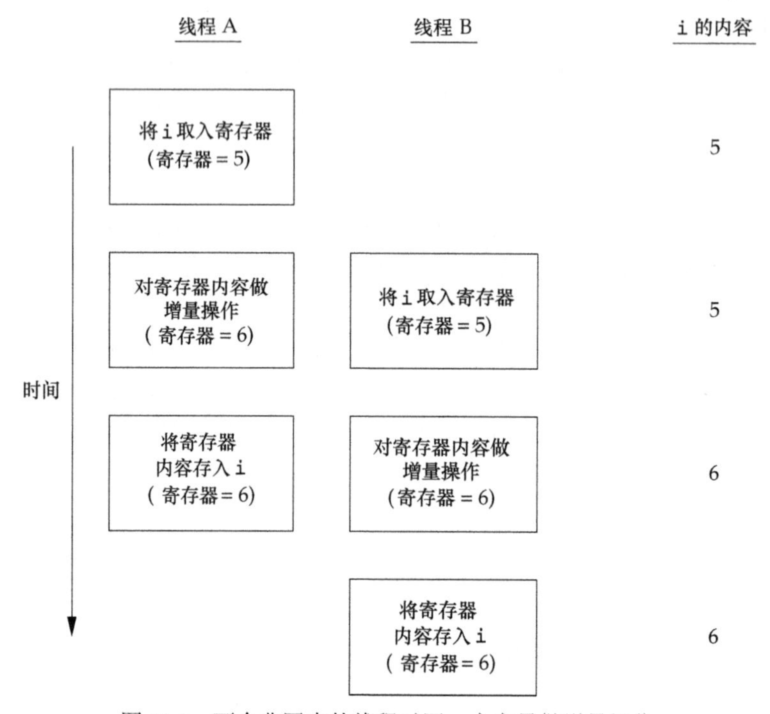

图 11-9　两个非同步的线程对同一个变量做增量操作

在顺序一致环境中，可以把数据修改操作解释为运行线程的顺序操作步骤。可以把这样的操作描述为“线程 A 对变量增加了 1，然后线程 B 对变量增加了 1，所以变量的值就比原来的大 2”，或者描述为“线程 B 对变量增加了 1，然后线程 A 对变量增加了 1，所以变量的值就比原来的大 2”。这两个线程的任何操作顺序都不可能让变量出现除了上述值以外的其他值。

除了计算机体系结构以外，程序使用变量的方式也会引起竞争，也会导致不一致的情况发生。例如，我们可能对某个变量加 1，然后基于这个值做出某种决定。因为这个增量操作步骤和这个决定步骤的组合并非原子操作，所以就给不一致情况的出现提供了可能。

11.6.1　互斥量

可以使用 pthread 的互斥接口来保护数据，确保同一时间只有一个线程访问数据。**互斥量**（mutex）从本质上说是一把锁，在访问共享资源前对互斥量进行设置（加锁），在访问完成后释放（解锁）互斥量。对互斥量进行加锁以后，任何其他试图再次对互斥量加锁的线程都会被阻塞直到当前线程释放该互斥锁。如果释放互斥量时有一个以上的线程阻塞，那么所有该锁上的阻塞线程都会变成可运行状态，第一个变为运行的线程就可以对互斥量加锁，其他线程就会看到互斥量依然是锁着的，只能回去再次等待它重新变为可用。在这种方式下，每次只有一个线程可以向前执行。

399

只有将所有线程都设计成遵守相同数据访问规则的，互斥机制才能正常工作。操作系统并不会为我们做数据访问的串行化。如果允许其中的某个线程在没有得到锁的情况下也可以访问共享资源，那么即使其他的线程在使用共享资源前都申请锁，也还是会出现数据不一致的问题。

互斥变量是用 pthread_mutex_t 数据类型表示的。在使用互斥变量以前，必须首先对它进行初始化，可以把它设置为常量 PTHREAD_MUTEX_INITIALIZER（只适用于静态分配的互斥量），也可以通过调用 pthread_mutex_init 函数进行初始化。如果动态分配互斥量（例如，通过调用 malloc 函数），在释放内存前需要调用 pthread_mutex_destroy。

```
#include <pthread.h>

int pthread_mutex_init(pthread_mutex_t *restrict mutex,
                       const pthread_mutexattr_t *restrict attr);

int pthread_mutex_destroy(pthread_mutex_t *mutex);
```

两个函数的返回值：若成功，返回 0；否则，返回错误编号

要用默认的属性初始化互斥量，只需把 *attr* 设为 NULL。我们将在 12.4 节中讨论互斥量属性。

对互斥量进行加锁，需要调用 pthread_mutex_lock。如果互斥量已经上锁，调用线程将阻塞直到互斥量被解锁。对互斥量解锁，需要调用 pthread_mutex_unlock。

```
#include <pthread.h>

int pthread_mutex_lock(pthread_mutex_t *mutex);

int pthread_mutex_trylock(pthread_mutex_t *mutex);

int pthread_mutex_unlock(pthread_mutex_t *mutex);
```

所有函数的返回值：若成功，返回 0；否则，返回错误编号

如果线程不希望被阻塞，它可以使用 pthread_mutex_trylock 尝试对互斥量进行加锁。如果调用 pthread_mutex_trylock 时互斥量处于未锁住状态，那么 pthread_mutex_trylock 将锁住互斥量，不会出现阻塞直接返回 0，否则 pthread_mutex_trylock 就会失败，不能锁住互斥量，返回 EBUSY。

实例

图 11-10 描述了用于保护某个数据结构的互斥量。当一个以上的线程需要访问动态分配的对象时，我们可以在对象中嵌入引用计数，确保在所有使用该对象的线程完成数据访问之前，该对象内存空间不会被释放。

400

在对引用计数加 1、减 1、检查引用计数是否到达 0 这些操作之前需要锁住互斥量。在 foo_alloc 函数中将引用计数初始化为 1 时没必要加锁，因为在这个操作之前分配线程是唯一引用该对象的线程。但是在这之后如果要将该对象放到一个列表中，那么它就有可能被别的线程发现，这时候需要首先对它加锁。

在使用该对象前，线程需要调用 foo_hold 对这个对象的引用计数加 1。当对象使用完毕时，必须调用 foo_rele 释放引用。最后一个引用被释放时，对象所占的内存空间就被释放。

在这个例子中，我们忽略了线程在调用 foo_hold 之前是如何找到对象的。如果有另一个线程在调用 foo_hold 时阻塞等待互斥锁，这时即使该对象引用计数为 0，foo_rele 释放该对象的内存仍然是不对的。可以通过确保对象在释放内存前不会被找到这种方式来避免上述问题。可以通过下面的例子来看看如何做到这一点。

```
#include <stdlib.h>
#include <pthread.h>

struct foo {
    int             f_count;
    pthread_mutex_t f_lock;
    int             f_id;
    /* ... more stuff here ... */
};

struct foo *
foo_alloc(int id) /* allocate the object */
{
    struct foo *fp;

    if ((fp = malloc(sizeof(struct foo))) != NULL) {
        fp->f_count = 1;
        fp->f_id = id;
        if (pthread_mutex_init(&fp->f_lock, NULL) != 0) {
            free(fp);
            return(NULL);
        }
        /* ... continue initialization ... */
    }
    return(fp);
}

void
foo_hold(struct foo *fp) /* add a reference to the object */
{
    pthread_mutex_lock(&fp->f_lock);
    fp->f_count++;
    pthread_mutex_unlock(&fp->f_lock);
}

void
foo_rele(struct foo *fp) /* release a reference to the object */
{
    pthread_mutex_lock(&fp->f_lock);
    if (--fp->f_count == 0) { /* last reference */
        pthread_mutex_unlock(&fp->f_lock);
        pthread_mutex_destroy(&fp->f_lock);
        free(fp);
    } else {
        pthread_mutex_unlock(&fp->f_lock);
    }
}
```

图 11-10 使用互斥量保护数据结构

11.6.2 避免死锁

如果线程试图对同一个互斥量加锁两次，那么它自身就会陷入死锁状态，但是使用互斥量时，还有其他不太明显的方式也能产生死锁。例如，程序中使用一个以上的互斥量时，如果允许一个线程一直占有第一个互斥量，并且在试图锁住第二个互斥量时处于阻塞状态，但是拥有第二个互斥量的线程也在试图锁住第一个互斥量。因为两个线程都在相互请求另一个线程拥有的资源，所以这两个线程都无法向前运行，于是就产生死锁。

可以通过仔细控制互斥量加锁的顺序来避免死锁的发生。例如，假设需要对两个互斥量 A 和 B 同时加锁。如果所有线程总是在对互斥量 B 加锁之前锁住互斥量 A，那么使用这两个互斥量就不会产生死锁（当然在其他的资源上仍可能出现死锁）。类似地，如果所有的线程总是在锁住互斥量 A 之前锁住互斥量 B，那么也不会发生死锁。可能出现的死锁只会发生在一个线程试图锁住另一个线程以相反的顺序锁住的互斥量。

有时候，应用程序的结构使得对互斥量进行排序是很困难的。如果涉及了太多的锁和数据结构，可用的函数并不能把它转换成简单的层次，那么就需要采用另外的方法。在这种情况下，可以先释放占有的锁，然后过一段时间再试。这种情况可以使用 pthread_mutex_trylock 接口避免死锁。如果已经占有某些锁而且 pthread_mutex_trylock 接口返回成功，那么就可以前进。但是，如果不能获取锁，可以先释放已经占有的锁，做好清理工作，然后过一段时间再重新试。

实例

在这个例子中，我们更新了图 11-10 的程序，展示了两个互斥量的使用方法。在同时需要两个互斥量时，总是让它们以相同的顺序加锁，这样可以避免死锁。第二个互斥量维护着一个用于跟踪 foo 数据结构的散列列表。这样 hashlock 互斥量既可以保护 foo 数据结构中的散列表 fh，又可以保护散列链字段 f_next。foo 结构中的 f_lock 互斥量保护对 foo 结构中的其他字段的访问。

401 ~ 402

```
#include <stdlib.h>
#include <pthread.h>

#define NHASH 29
#define HASH(id) (((unsigned long)id)%NHASH)

struct foo *fh[NHASH];

pthread_mutex_t hashlock = PTHREAD_MUTEX_INITIALIZER;

struct foo {
    int             f_count;
    pthread_mutex_t f_lock;
    int             f_id;
    struct foo      * f_next; /* protected by hashlock */
    /* ... more stuff here ... */
};

struct foo *
foo_alloc(int id) /* allocate the object */
{
    struct foo   *fp;
    int          idx;

    if ((fp = malloc(sizeof(struct foo))) != NULL) {
        fp->f_count = 1;
        fp->f_id = id;
        if (pthread_mutex_init(&fp->f_lock, NULL) != 0) {
```

```
            free(fp);
            return(NULL);
        }
        idx = HASH(id);
        pthread_mutex_lock(&hashlock);
        fp->f_next = fh[idx];
        fh[idx] = fp;
        pthread_mutex_lock(&fp->f_lock);
        pthread_mutex_unlock(&hashlock);
        /* ... continue initialization ... */
        pthread_mutex_unlock(&fp->f_lock);
    }
    return(fp);
}

void
foo_hold(struct foo *fp) /* add a reference to the object */
{
    pthread_mutex_lock(&fp->f_lock);
    fp->f_count++;
    pthread_mutex_unlock(&fp->f_lock);
}

struct foo *
foo_find(int id) /* find an existing object */
{
    struct foo  *fp;

    pthread_mutex_lock(&hashlock);
    for (fp = fh[HASH(id)]; fp != NULL; fp = fp->f_next) {
        if (fp->f_id == id) {
            foo_hold(fp);
            break;
        }
    }
    pthread_mutex_unlock(&hashlock);
    return(fp);
}

void
foo_rele(struct foo *fp) /* release a reference to the object */
{
    struct foo  *tfp;
    int         idx;

    pthread_mutex_lock(&fp->f_lock);
    if (fp->f_count == 1) { /* last reference */
        pthread_mutex_unlock(&fp->f_lock);
        pthread_mutex_lock(&hashlock);
        pthread_mutex_lock(&fp->f_lock);
        /* need to recheck the condition */
        if (fp->f_count != 1) {
            fp->f_count--;
            pthread_mutex_unlock(&fp->f_lock);
            pthread_mutex_unlock(&hashlock);
```

403

```
            return;
        }
        /* remove from list */
        idx = HASH(fp->f_id);
        tfp = fh[idx];
        if (tfp == fp) {
            fh[idx] = fp->f_next;
        } else {
            while (tfp->f_next != fp)
                tfp = tfp->f_next;
            tfp->f_next = fp->f_next;
        }
        pthread_mutex_unlock(&hashlock);
        pthread_mutex_unlock(&fp->f_lock);
        pthread_mutex_destroy(&fp->f_lock);
        free(fp);
    } else {
        fp->f_count--;
        pthread_mutex_unlock(&fp->f_lock);
    }
}
```

图 11-11 使用两个互斥量

404

比较图 11-11 和图 11-10，可以看出，分配函数现在锁住了散列列表锁，把新的结构添加到了散列桶中，而且在对散列列表的锁解锁之前，先锁定了新结构中的互斥量。因为新的结构是放在全局列表中的，其他线程可以找到它，所以在初始化完成之前，需要阻塞其他线程试图访问新结构。

foo_find 函数锁住散列列表锁，然后搜索被请求的结构。如果找到了，就增加其引用计数并返回指向该结构的指针。注意，加锁的顺序是，先在 foo_find 函数中锁定散列列表锁，然后再在 foo_hold 函数中锁定 foo 结构中的 f_lock 互斥量。

现在有了两个锁以后，foo_rele 函数就变得更加复杂了。如果这是最后一个引用，就需要对这个结构互斥量进行解锁，因为我们需要从散列列表中删除这个结构，这样才可以获取散列列表锁，然后重新获取结构互斥量。从上一次获得结构互斥量以来我们可能被阻塞着，所以需要重新检查条件，判断是否还需要释放这个结构。如果另一个线程在我们为满足锁顺序而阻塞时发现了这个结构并对其引用计数加 1，那么只需要简单地对整个引用计数减 1，对所有的东西解锁，然后返回。

这种锁方法很复杂，所以我们需要重新审视原来的设计。我们也可以使用散列列表锁来保护结构引用计数，使事情大大简化。结构互斥量可以用于保护 foo 结构中的其他任何东西。图 11-12 反映了这种变化。

```
#include <stdlib.h>
#include <pthread.h>

#define NHASH 29
#define HASH(id) (((unsigned long)id)%NHASH)

struct foo *fh[NHASH];
pthread_mutex_t hashlock = PTHREAD_MUTEX_INITIALIZER;

struct foo {
    int             f_count; /* protected by hashlock */
    pthread_mutex_t f_lock;
```

```
    int             f_id;
    struct foo      * f_next; /* protected by hashlock */
    /* ... more stuff here ... */
};

struct foo *
foo_alloc(int id) /* allocate the object */
{
    struct foo   *fp;
    int          idx;

    if ((fp = malloc(sizeof(struct foo))) != NULL) {
        fp->f_count = 1;
        fp->f_id = id;
        if (pthread_mutex_init(&fp->f_lock, NULL) != 0) {
            free(fp);
            return(NULL);
        }
        idx = HASH(id);
        pthread_mutex_lock(&hashlock);
        fp->f_next = fh[idx];
        fh[idx] = fp;
        pthread_mutex_lock(&fp->f_lock);
        pthread_mutex_unlock(&hashlock);
        /* ... continue initialization ... */
        pthread_mutex_unlock(&fp->f_lock);
    }
    return(fp);
}

void
foo_hold(struct foo *fp) /* add a reference to the object */
{
    pthread_mutex_lock(&hashlock);
    fp->f_count++;
    pthread_mutex_unlock(&hashlock);
}

struct foo *
foo_find(int id) /* find an existing object */
{
    struct foo   *fp;

    pthread_mutex_lock(&hashlock);
    for (fp = fh[HASH(id)]; fp != NULL; fp = fp->f_next) {
        if (fp->f_id == id) {
            fp->f_count++;
            break;
        }
    }
    pthread_mutex_unlock(&hashlock);
    return(fp);
}

void
```

405

```
foo_rele(struct foo *fp) /* release a reference to the object */
{
    struct foo   *tfp;
    int          idx;

    pthread_mutex_lock(&hashlock);
    if (--fp->f_count == 0) { /* last reference, remove from list */
        idx = HASH(fp->f_id);
        tfp = fh[idx];
        if (tfp == fp) {
            fh[idx] = fp->f_next;
        } else {
            while (tfp->f_next != fp)
                tfp = tfp->f_next;
            tfp->f_next = fp->f_next;
        }
        pthread_mutex_unlock(&hashlock);
        pthread_mutex_destroy(&fp->f_lock);
        free(fp);
    } else {
        pthread_mutex_unlock(&hashlock);
    }
}
```

406

图 11-12 简化的锁

注意，与图 11-11 中的程序相比，图 11-12 中的程序就简单多了。两种用途使用相同的锁时，围绕散列列表和引用计数的锁的排序问题就不存在了。多线程的软件设计涉及这两者之间的折中。如果锁的粒度太粗，就会出现很多线程阻塞等待相同的锁，这可能并不能改善并发性。如果锁的粒度太细，那么过多的锁开销会使系统性能受到影响，而且代码变得复杂。作为一个程序员，需要在满足锁需求的情况下，在代码复杂性和性能之间找到正确的平衡。

11.6.3 函数 pthread_mutex_timedlock

当线程试图获取一个已加锁的互斥量时，pthread_mutex_timedlock 互斥量原语允许绑定线程阻塞时间。pthread_mutex_timedlock 函数与 pthread_mutex_lock 是基本等价的，但是在达到超时时间值时，pthread_mutex_timedlock 不会对互斥量进行加锁，而是返回错误码 ETIMEDOUT。

```
#include <pthread.h>
#include <time.h>

int pthread_mutex_timedlock(pthread_mutex_t *restrict mutex,
                            const struct timespec *restrict tsptr);
```

返回值：若成功，返回 0；否则，返回错误编号

超时指定愿意等待的绝对时间（与相对时间对比而言，指定在时间 *X* 之前可以阻塞等待，而不是说愿意阻塞 *Y* 秒）。这个超时时间是用 timespec 结构来表示的，它用秒和纳秒来描述时间。

实例

图 11-13 给出了如何用 pthread_mutex_timedlock 避免永久阻塞。

407

```
#include "apue.h"
#include <pthread.h>

int
main(void)
{
    int err;
    struct timespec tout;
    struct tm *tmp;
    char buf[64];
    pthread_mutex_t lock = PTHREAD_MUTEX_INITIALIZER;

    pthread_mutex_lock(&lock);
    printf("mutex is locked\n");
    clock_gettime(CLOCK_REALTIME, &tout);
    tmp = localtime(&tout.tv_sec);
    strftime(buf, sizeof(buf), "%r", tmp);
    printf("current time is %s\n", buf);
    tout.tv_sec += 10; /* 10 seconds from now */
    /* caution: this could lead to deadlock */
    err = pthread_mutex_timedlock(&lock, &tout);
    clock_gettime(CLOCK_REALTIME, &tout);
    tmp = localtime(&tout.tv_sec);
    strftime(buf, sizeof(buf), "%r", tmp);
    printf("the time is now %s\n", buf);
    if (err == 0)
        printf("mutex locked again!\n");
    else
        printf("can't lock mvtex again:%s\n",strerror(err));
    exit(0);
}
```

图 11-13 使用 pthread_mutex_timedlock

图 11-13 中的程序运行结果输出如下：

```
$ ./a.out
mutex is locked
current time is 11:41:58 AM
the time is now 11:42:08 AM
can't lock mutex again: Connection timed out
```

这个程序故意对它已有的互斥量进行加锁，目的是演示 pthread_mutex_timedlock 是如何工作的。不推荐在实际中使用这种策略，因为它会导致死锁。

注意，阻塞的时间可能会有所不同，造成不同的原因有多种：开始时间可能在某秒的中间位置，系统时钟的精度可能不足以精确到支持我们指定的超时时间值，或者在程序继续运行前，调度延迟可能会增加时间值。

408

> Mac OS X 10.6.8 还没有支持 pthread_mutex_timedlock，但是 FreeBSD 8.0、Linux 3.2.0 以及 Solaris 10 支持该函数，虽然 Solaris 仍然把它放在实时库 librt 中。Solaris 10 还提供了另一个使用相对超时时间的函数。

11.6.4 读写锁

读写锁（reader-writer lock）与互斥量类似，不过读写锁允许更高的并行性。互斥量要么是锁住状态，要么就是不加锁状态，而且一次只有一个线程可以对其加锁。读写锁可以有 3 种状态：读模式下加锁状态，写模式下加锁状态，不加锁状态。一次只有一个线程可以占有写模式的读写锁，但是多个线程可以同时占有读模式的读写锁。

当读写锁是写加锁状态时，在这个锁被解锁之前，所有试图对这个锁加锁的线程都会被阻塞。当读写锁在读加锁状态时，所有试图以读模式对它进行加锁的线程都可以得到访问权，但是任何希望以写模式对此锁进行加锁的线程都会阻塞，直到所有的线程释放它们的读锁为止。虽然各操作系统对读写锁的实现各不相同，但当读写锁处于读模式锁住的状态，而这时有一个线程试图以写模式获取锁时，读写锁通常会阻塞随后的读模式锁请求。这样可以避免读模式锁长期占用，而等待的写模式锁请求一直得不到满足。

读写锁非常适合于对数据结构读的次数远大于写的情况。当读写锁在写模式下时，它所保护的数据结构就可以被安全地修改，因为一次只有一个线程可以在写模式下拥有这个锁。当读写锁在读模式下时，只要线程先获取了读模式下的读写锁，该锁所保护的数据结构就可以被多个获得读模式锁的线程读取。

读写锁也叫共享互斥锁（shared-exclusive lock）。当读写锁是读模式锁住时，就可以说成是以共享模式锁住的。当它是写模式锁住的时候，就可以说成是以互斥模式锁住的。

与互斥量相比，读写锁在使用之前必须初始化，在释放它们底层的内存之前必须销毁。

```
#include <pthread.h>

int pthread_rwlock_init(pthread_rwlock_t *restrict rwlock,
                        const pthread_rwlockattr_t *restrict attr);

int pthread_rwlock_destroy(pthread_rwlock_t *rwlock);

                    两个函数的返回值：若成功，返回 0；否则，返回错误编号
```

读写锁通过调用 `pthread_rwlock_init` 进行初始化。如果希望读写锁有默认的属性，可以传一个 null 指针给 *attr*，我们将在 12.4.2 节中讨论读写锁的属性。

Single UNIX Specification 在 XSI 扩展中定义了 `PTHREAD_RWLOCK_INITIALIZER` 常量。如果默认属性就足够的话，可以用它对静态分配的读写锁进行初始化。

在释放读写锁占用的内存之前，需要调用 `pthread_rwlock_destroy` 做清理工作。如果 `pthread_rwlock_init` 为读写锁分配了资源，`pthread_rwlock_destroy` 将释放这些资源。如果在调用 `pthread_rwlock_destroy` 之前就释放了读写锁占用的内存空间，那么分配给这个锁的资源就会丢失。 409

要在读模式下锁定读写锁，需要调用 `pthread_rwlock_rdlock`。要在写模式下锁定读写锁，需要调用 `pthread_rwlock_wrlock`。不管以何种方式锁住读写锁，都可以调用 `pthread_rwlock_unlock` 进行解锁。

```
#include <pthread.h>

int pthread_rwlock_rdlock(pthread_rwlock_t  *rwlock);

int pthread_rwlock_wrlock(pthread_rwlock_t  *rwlock);

int pthread_rwlock_unlock(pthread_rwlock_t  *rwlock);

                    所有函数的返回值：若成功，返回 0；否则，返回错误编号
```

各种实现可能会对共享模式下可获取的读写锁的次数进行限制，所以需要检查 `pthread_rwlock_rdlock` 的返回值。即使 `pthread_rwlock_wrlock` 和 `pthread_rwlock_unlock` 有错误返回，而且从技术上来讲，在调用函数时应该总是检查错误返回，但是如果锁设计合理的话，就不需要

检查它们。错误返回值的定义只是针对不正确使用读写锁的情况（如未经初始化的锁），或者试图获取已拥有的锁从而可能产生死锁的情况。但是需要注意，有些特定的实现可能会定义另外的错误返回。

Single UNIX Specification 还定义了读写锁原语的条件版本。

```
#include <pthread.h>

int pthread_rwlock_tryrdlock(pthread_rwlock_t  *rwlock);

int pthread_rwlock_trywrlock(pthread_rwlock_t  *rwlock);
```

两个函数的返回值：若成功，返回0；否则，返回错误编号

可以获取锁时，这两个函数返回0。否则，它们返回错误 EBUSY。这两个函数可以用于我们前面讨论的遵守某种锁层次但还不能完全避免死锁的情况。

实例

图 11-14 中的程序解释了读写锁的使用。作业请求队列由单个读写锁保护。这个例子给出了图 11-1 所示的一种可能的实现，多个工作线程获取单个主线程分配给它们的作业。

410

```
#include <stdlib.h>
#include <pthread.h>

struct job {
    struct job *j_next;
    struct job *j_prev;
    pthread_t   j_id;   /* tells which thread handles this job */
    /* ... more stuff here ... */
};

struct queue {
    struct job      *q_head;
    struct job      *q_tail;
    pthread_rwlock_t q_lock;
};

/*
 * Initialize a queue.
 */
int
queue_init(struct queue *qp)
{
    int err;

    qp->q_head = NULL;
    qp->q_tail = NULL;
    err = pthread_rwlock_init(&qp->q_lock, NULL);
    if (err != 0)
        return(err);
    /* ... continue initialization ... */
    return(0);
}

/*
 * Insert a job at the head of the queue.
 */
```

```
void
job_insert(struct queue *qp, struct job *jp)
{
    pthread_rwlock_wrlock(&qp->q_lock);
    jp->j_next = qp->q_head;
    jp->j_prev = NULL;
    if (qp->q_head != NULL)
        qp->q_head->j_prev = jp;
    else
        qp->q_tail = jp;  /* list was empty */
    qp->q_head = jp;
    pthread_rwlock_unlock(&qp->q_lock);
}

/*
 * Append a job on the tail of the queue.
 */
void
job_append(struct queue *qp, struct job *jp)
{
    pthread_rwlock_wrlock(&qp->q_lock);
    jp->j_next = NULL;
    jp->j_prev = qp->q_tail;
    if (qp->q_tail != NULL)
        qp->q_tail->j_next = jp;
    else
        qp->q_head = jp;  /* list was empty */
    qp->q_tail = jp;
    pthread_rwlock_unlock(&qp->q_lock);
}

/*
 * Remove the given job from a queue.
 */
void
job_remove(struct queue *qp, struct job *jp)
{
    pthread_rwlock_wrlock(&qp->q_lock);
    if (jp == qp->q_head) {
        qp->q_head = jp->j_next;
        if (qp->q_tail == jp)
            qp->q_tail = NULL;
        else
            jp->j_next->j_prev = jp->j_prev;
    } else if (jp == qp->q_tail) {
        qp->q_tail = jp->j_prev;
        jp->j_prev->j_next = jp->j_next;
    } else {
        jp->j_prev->j_next = jp->j_next;
        jp->j_next->j_prev = jp->j_prev;
    }
    pthread_rwlock_unlock(&qp->q_lock);
}

/*
```

411

```
 * Find a job for the given thread ID.
 */
struct job *
job_find(struct queue *qp, pthread_t id)
{
    struct job *jp;

    if (pthread_rwlock_rdlock(&qp->q_lock) != 0)
        return(NULL);

    for (jp = qp->q_head; jp != NULL; jp = jp->j_next)
        if (pthread_equal(jp->j_id, id))
            break;

    pthread_rwlock_unlock(&qp->q_lock);
    return(jp);
}
```

412

图 11-14　使用读写锁

在这个例子中，凡是需要向队列中增加作业或者从队列中删除作业的时候，都采用了写模式来锁住队列的读写锁。不管何时搜索队列，都需要获取读模式下的锁，允许所有的工作线程并发地搜索队列。在这种情况下，只有在线程搜索作业的频率远远高于增加或删除作业时，使用读写锁才可能改善性能。

工作线程只能从队列中读取与它们的线程 ID 匹配的作业。由于作业结构同一时间只能由一个线程使用，所以不需要额外的加锁。

11.6.5　带有超时的读写锁

与互斥量一样，Single UNIX Specification 提供了带有超时的读写锁加锁函数，使应用程序在获取读写锁时避免陷入永久阻塞状态。这两个函数是 pthread_rwlock_timedrdlock 和 pthread_rwlock_timedwrlock。

```
#include <pthread.h>

#include <time.h>

int pthread_rwlock_timedrdlock(pthread_rwlock_t *restrict rwlock,
                               const struct timespec *restrict tsptr);

int pthread_rwlock_timedwrlock(pthread_rwlock_t *restrict rwlock,
                               const struct timespec *restrict tsptr);
```

两个函数的返回值：若成功，返回 0；否则，返回错误编号

这两个函数的行为与它们“不计时的”版本类似。*tsptr* 参数指向 timespec 结构，指定线程应该停止阻塞的时间。如果它们不能获取锁，那么超时到期时，这两个函数将返回 ETIMEDOUT 错误。与 pthread_mutex_timedlock 函数类似，超时指定的是绝对时间，而不是相对时间。

11.6.6　条件变量

条件变量是线程可用的另一种同步机制。条件变量给多个线程提供了一个会合的场所。条件变量与互斥量一起使用时，允许线程以无竞争的方式等待特定的条件发生。

条件本身是由互斥量保护的。线程在改变条件状态之前必须首先锁住互斥量。其他线程在获

得互斥量之前不会察觉到这种改变，因为互斥量必须在锁定以后才能计算条件。

在使用条件变量之前，必须先对它进行初始化。由 pthread_cond_t 数据类型表示的条件变量可以用两种方式进行初始化，可以把常量 PTHREAD_COND_INITIALIZER 赋给静态分配的条件变量，但是如果条件变量是动态分配的，则需要使用 pthread_cond_init 函数对它进行初始化。 413

在释放条件变量底层的内存空间之前，可以使用 pthread_cond_destroy 函数对条件变量进行反初始化（deinitialize）。

```
#include <pthread.h>

int pthread_cond_init(pthread_cond_t *restrict cond,
                      const pthread_condattr_t *restrict attr);

int pthread_cond_destroy(pthread_cond_t *cond);
```

两个函数的返回值：若成功，返回 0；否则，返回错误编号

除非需要创建一个具有非默认属性的条件变量，否则 pthread_cond_init 函数的 *attr* 参数可以设置为 NULL。我们将在 12.4.3 节中讨论条件变量属性。

我们使用 pthread_cond_wait 等待条件变量变为真。如果在给定的时间内条件不能满足，那么会生成一个返回错误码的变量。

```
#include <pthread.h>

int pthread_cond_wait(pthread_cond_t *restrict cond,
                      pthread_mutex_t *restrict mutex);

int pthread_cond_timedwait(pthread_cond_t *restrict cond,
                           pthread_mutex_t *restrict mutex,
                           const struct timespec *restrict tsptr);
```

两个函数的返回值：若成功，返回 0；否则，返回错误编号

传递给 pthread_cond_wait 的互斥量对条件进行保护。调用者把锁住的互斥量传给函数，函数然后自动把调用线程放到等待条件的线程列表上，对互斥量解锁。这就关闭了条件检查和线程进入休眠状态等待条件改变这两个操作之间的时间通道，这样线程就不会错过条件的任何变化。pthread_cond_wait 返回时，互斥量再次被锁住。

pthread_cond_timedwait 函数的功能与 pthread_cond_wait 函数相似，只是多了一个超时（*tsptr*）。超时值指定了我们愿意等待多长时间，它是通过 timespec 结构指定的。

如图 11-13 所示，需要指定愿意等待多长时间，这个时间值是一个绝对数而不是相对数。例如，假设愿意等待 3 分钟。那么，并不是把 3 分钟转换成 timespec 结构，而是需要把当前时间加上 3 分钟再转换成 timespec 结构。

可以使用 clock_gettime 函数（见 6.10 节）获取 timespec 结构表示的当前时间。但是目前并不是所有的平台都支持这个函数，因此，也可以用另一个函数 gettimeofday 获取 timeval 结构表示的当前时间，然后把这个时间转换成 timespec 结构。要得到超时值的绝对时间，可以使用下面的函数（假设阻塞的最大时间使用分来表示的）： 414

```
#include <sys/time.h>
#include <stdlib.h>

void
maketimeout(struct timespec *tsp, long minutes)
{
```

```
        struct timeval now;

        /* get the current time */
        gettimeofday(&now, NULL);
        tsp->tv_sec = now.tv_sec;
        tsp->tv_nsec = now.tv_usec * 1000;  /* usec to nsec */
        /* add the offset to get timeout value */
        tsp->tv_sec += minutes * 60;
    }
```

如果超时到期时条件还是没有出现，pthread_cond_timewait 将重新获取互斥量，然后返回错误 ETIMEDOUT。从 pthread_cond_wait 或者 pthread_cond_timedwait 调用成功返回时，线程需要重新计算条件，因为另一个线程可能已经在运行并改变了条件。

有两个函数可以用于通知线程条件已经满足。pthread_cond_signal 函数至少能唤醒一个等待该条件的线程，而 pthread_cond_broadcast 函数则能唤醒等待该条件的所有线程。

> POSIX 规范为了简化 pthread_cond_signal 的实现，允许它在实现的时候唤醒一个以上的线程。

```
#include <pthread.h>

int pthread_cond_signal(pthread_cond_t *cond);

int pthread_cond_broadcast(pthread_cond_t *cond);
```

两个函数的返回值：若成功，返回 0；否则，返回错误编号

在调用 pthread_cond_signal 或者 pthread_cond_broadcast 时，我们说这是在给线程或者条件发信号。必须注意，一定要在改变条件状态以后再给线程发信号。

实例

415 图 11-15 给出了如何结合使用条件变量和互斥量对线程进行同步。

```
#include <pthread.h>

struct msg {
    struct msg *m_next;
    /* ... more stuff here ... */
};

struct msg *workq;

pthread_cond_t qready = PTHREAD_COND_INITIALIZER;

pthread_mutex_t qlock = PTHREAD_MUTEX_INITIALIZER;

void
process_msg(void)
{
    struct msg *mp;

    for (;;) {
        pthread_mutex_lock(&qlock);
        while (workq == NULL)
            pthread_cond_wait(&qready, &qlock);
```

```
        mp = workq;
        workq = mp->m_next;
        pthread_mutex_unlock(&qlock);
        /* now process the message mp */
    }
}

void
enqueue_msg(struct msg *mp)
{
    pthread_mutex_lock(&qlock);
    mp->m_next = workq;
    workq = mp;
    pthread_mutex_unlock(&qlock);
    pthread_cond_signal(&qready);
}
```

图 11-15 使用条件变量

条件是工作队列的状态。我们用互斥量保护条件，在 while 循环中判断条件。把消息放到工作队列时，需要占有互斥量，但在给等待线程发信号时，不需要占有互斥量。只要线程在调用 pthread_cond_signal 之前把消息从队列中拖出了，就可以在释放互斥量以后完成这部分工作。因为我们是在 while 循环中检查条件，所以不存在这样的问题：线程醒来，发现队列仍为空，然后返回继续等待。如果代码不能容忍这种竞争，就需要在给线程发信号的时候占有互斥量。 416

11.6.7 自旋锁

自旋锁与互斥量类似，但它不是通过休眠使进程阻塞，而是在获取锁之前一直处于忙等（自旋）阻塞状态。自旋锁可用于以下情况：锁被持有的时间短，而且线程并不希望在重新调度上花费太多的成本。

自旋锁通常作为底层原语用于实现其他类型的锁。根据它们所基于的系统体系结构，可以通过使用测试并设置指令有效地实现。当然这里说的有效也还是会导致 CPU 资源的浪费：当线程自旋等待锁变为可用时，CPU 不能做其他的事情。这也是自旋锁只能够被持有一小段时间的原因。

当自旋锁用在非抢占式内核中时是非常有用的：除了提供互斥机制以外，它们会阻塞中断，这样中断处理程序就不会让系统陷入死锁状态，因为它需要获取已被加锁的自旋锁（把中断想成是另一种抢占）。在这种类型的内核中，中断处理程序不能休眠，因此它们能用的同步原语只能是自旋锁。

但是，在用户层，自旋锁并不是非常有用，除非运行在不允许抢占的实时调度类中。运行在分时调度类中的用户层线程在两种情况下可以被取消调度：当它们的时间片到期时，或者具有更高调度优先级的线程就绪变成可运行时。在这些情况下，如果线程拥有自旋锁，它就会进入休眠状态，阻塞在锁上的其他线程自旋的时间可能会比预期的时间更长。

很多互斥量的实现非常高效，以至于应用程序采用互斥锁的性能与曾经采用过自旋锁的性能基本是相同的。事实上，有些互斥量的实现在试图获取互斥量的时候会自旋一小段时间，只有在自旋计数到达某一阈值的时候才会休眠。这些因素，加上现代处理器的进步，使得上下文切换越来越快，也使得自旋锁只在某些特定的情况下有用。

自旋锁的接口与互斥量的接口类似，这使得它可以比较容易地从一个替换为另一个。可以用 pthread_spin_init 函数对自旋锁进行初始化。用 pthread_spin_destroy 函数进行自旋锁的反初始化。

```
#include <pthread.h>

int pthread_spin_init(pthread_spinlock_t *lock, int pshared);

int pthread_spin_destroy(pthread_spinlock_t *lock);
```

两个函数的返回值：若成功，返回0；否则，返回错误编号

只有一个属性是自旋锁特有的，这个属性只在支持线程进程共享同步（Thread Process-Shared Synchronization）选项（这个选项目前在Single UNIX Specification中是强制的，见图2-5）的平台上才用得到。*pshared*参数表示进程共享属性，表明自旋锁是如何获取的。如果它设为PTHREAD_PROCESS_SHARED，则自旋锁能被可以访问锁底层内存的线程所获取，即便那些线程属于不同的进程，情况也是如此。否则*pshared*参数设为PTHREAD_PROCESS_PRIVATE，自旋锁就只能被初始化该锁的进程内部的线程所访问。

417

可以用pthread_spin_lock或pthread_spin_trylock对自旋锁进行加锁，前者在获取锁之前一直自旋，后者如果不能获取锁，就立即返回EBUSY错误。注意，pthread_spin_trylock不能自旋。不管以何种方式加锁，自旋锁都可以调用pthread_spin_unlock函数解锁。

```
#include <pthread.h>

int pthread_spin_lock(pthread_spinlock_t *lock);

int pthread_spin_trylock(pthread_spinlock_t *lock);

int pthread_spin_unlock(pthread_spinlock_t *lock);
```

所有函数的返回值：若成功，返回0；否则，返回错误编号

注意，如果自旋锁当前在解锁状态的话，pthread_spin_lock函数不要自旋就可以对它加锁。如果线程已经对它加锁了，结果就是未定义的。调用pthread_spin_lock会返回EDEADLK错误（或其他错误），或者调用可能会永久自旋。具体行为依赖于实际的实现。试图对没有加锁的自旋锁进行解锁，结果也是未定义的。

不管是pthread_spin_lock还是pthread_spin_trylock，返回值为0的话就表示自旋锁被加锁。需要注意，不要调用在持有自旋锁情况下可能会进入休眠状态的函数。如果调用了这些函数，会浪费CPU资源，因为其他线程需要获取自旋锁需要等待的时间就延长了。

11.6.8 屏障

屏障（barrier）是用户协调多个线程并行工作的同步机制。屏障允许每个线程等待，直到所有的合作线程都到达某一点，然后从该点继续执行。我们已经看到一种屏障，pthread_join函数就是一种屏障，允许一个线程等待，直到另一个线程退出。

但是屏障对象的概念更广，它们允许任意数量的线程等待，直到所有的线程完成处理工作，而线程不需要退出。所有线程达到屏障后可以接着工作。

可以使用pthread_barrier_init函数对屏障进行初始化，用thread_barrier_destroy函数反初始化。

```
#include <pthread.h>

int pthread_barrier_init(pthread_barrier_t *restrict barrier,
                         const pthread_barrierattr_t *restrict attr,
                         unsigned int count);
```

```
int pthread_barrier_destroy(pthread_barrier_t *barrier);
```

两个函数的返回值：若成功，返回 0；否则，返回错误编号

418

初始化屏障时，可以使用 *count* 参数指定，在允许所有线程继续运行之前，必须到达屏障的线程数目。使用 *attr* 参数指定屏障对象的属性，我们会在下一章详细讨论。现在设置 *attr* 为 NULL，用默认属性初始化屏障。如果使用 pthread_barrier_init 函数为屏障分配资源，那么在反初始化屏障时可以调用 pthread_barrier_destroy 函数释放相应的资源。

可以使用 pthread_barrier_wait 函数来表明，线程已完成工作，准备等所有其他线程赶上来。

```
#include <pthread.h>

int pthread_barrier_wait(pthread_barrier_t *barrier);
```

返回值：若成功，返回 0 或者 PTHREAD_BARRIER_SERIAL_THREAD；否则，返回错误编号

调用 pthread_barrier_wait 的线程在屏障计数（调用 pthread_barrier_init 时设定）未满足条件时，会进入休眠状态。如果该线程是最后一个调用 pthread_barrier_wait 的线程，就满足了屏障计数，所有的线程都被唤醒。

对于一个任意线程，pthread_barrier_wait 函数返回了 PTHREAD_BARRIER_SERIAL_THREAD。剩下的线程看到的返回值是 0。这使得一个线程可以作为主线程，它可以工作在其他所有线程已完成的工作结果上。

一旦达到屏障计数值，而且线程处于非阻塞状态，屏障就可以被重用。但是除非在调用了 pthread_barrier_destroy 函数之后，又调用了 pthread_barrier_init 函数对计数用另外的数进行初始化，否则屏障计数不会改变。

实例

图 11-16 给出了在一个任务上合作的多个线程之间如何用屏障进行同步。

```
#include "apue.h"
#include <pthread.h>
#include <limits.h>
#include <sys/time.h>

#define NTHR   8                /* number of threads */
#define NUMNUM 8000000L         /* number of numbers to sort */
#define TNUM   (NUMNUM/NTHR)    /* number to sort per thread */

long nums[NUMNUM];
long snums[NUMNUM];

pthread_barrier_t b;

#ifdef SOLARIS
#define heapsort qsort
#else
extern int heapsort(void *, size_t, size_t,
                    int (*)(const void *, const void *));
#endif

/*
 * Compare two long integers (helper function for heapsort)
```

419

```
 */
int
complong(const void *arg1, const void *arg2)
{
    long l1 = *(long *)arg1;
    long l2 = *(long *)arg2;

    if (l1 == l2)
        return 0;
    else if (l1 < l2)
        return -1;
    else
        return 1;
}

/*
 * Worker thread to sort a portion of the set of numbers.
 */
void *
thr_fn(void *arg)
{
    long    idx = (long)arg;

    heapsort(&nums[idx], TNUM, sizeof(long), complong);
    pthread_barrier_wait(&b);

    /*
     * Go off and perform more work ...
     */
    return((void *)0);
}

/*
 * Merge the results of the individual sorted ranges.
 */
void
merge()
{
    long    idx[NTHR];
    long    i, minidx, sidx, num;

    for (i = 0; i < NTHR; i++)
        idx[i] = i * TNUM;
    for (sidx = 0; sidx < NUMNUM; sidx++) {
        num = LONG_MAX;
        for (i = 0; i < NTHR; i++) {
            if ((idx[i] < (i+1)*TNUM) && (nums[idx[i]] < num)) {
                num = nums[idx[i]];
                minidx = i;
            }
        }
        snums[sidx] = nums[idx[minidx]];
        idx[minidx]++;
    }
}
```

420

```
int
main()
{
    unsigned long     i;
    struct timeval    start, end;
    long long         startusec, endusec;
    double            elapsed;
    int               err;
    pthread_t         tid;

    /*
     * Create the initial set of numbers to sort.
     */
    srandom(1);
    for (i = 0; i < NUMNUM; i++)
        nums[i] = random();

    /*
     * Create 8 threads to sort the numbers.
     */
    gettimeofday(&start, NULL);
    pthread_barrier_init(&b, NULL, NTHR+1);
    for (i = 0; i < NTHR; i++) {
        err = pthread_create(&tid, NULL, thr_fn, (void *)(i * TNUM));
        if (err != 0)
            err_exit(err, "can't create thread");
    }
    pthread_barrier_wait(&b);
    merge();
    gettimeofday(&end, NULL);

    /*
     * Print the sorted list.
     */
    startusec = start.tv_sec * 1000000 + start.tv_usec;
    endusec = end.tv_sec * 1000000 + end.tv_usec;
    elapsed = (double)(endusec - startusec) / 1000000.0;
    printf("sort took %.4f seconds\n", elapsed);
    for (i = 0; i < NUMNUM; i++)
        printf("%ld\n", snums[i]);
    exit(0);
}
```

图 11-16 使用屏障

421

这个例子给出了多个线程只执行一个任务时，使用屏障的简单情况。在更加实际的情况下，工作线程在调用 pthread_barrier_wait 函数返回后会接着执行其他的活动。

在这个实例中，使用 8 个线程分解了 800 万个数的排序工作。每个线程用堆排序算法对 100 万个数进行排序（详细算法请参阅 Knuth[1998]）。然后主线程调用一个函数对这些结果进行合并。

并不需要使用 pthread_barrier_wait 函数中的返回值 PTHREAD_BARRIER_SERIAL_THREAD 来决定哪个线程执行结果合并操作，因为我们使用了主线程来完成这个任务。这也是把屏障计数值设为工作线程数加 1 的原因，主线程也作为其中的一个候选线程。

如果只用一个线程去完成800万个数的堆排序，那么与图11-16中的程序相比，我们将能看到图11-16中的程序在性能上有显著提升。在8核处理器系统上，单线程程序对800万个数进行排序需要12.14秒。同样的系统，使用8个并行线程和1个合并结果的线程，相同的800万个数的排序仅需要1.91秒，速度提升了6倍。

11.7 小结

本章介绍了线程的概念，讨论了现有的创建和销毁线程的POSIX.1原语；此外，还介绍了线程同步问题，讨论了5个基本的同步机制（互斥量、读写锁、条件变量、自旋锁以及屏障），了解了如何使用它们来保护共享资源。

习题

11.1 修改图11-4所示的实例代码，正确地在两个线程之间传递结构。

11.2 在图11-14所示的实例代码中，需要另外添加什么同步（如果需要的话）可以使得主线程改变与挂起作业关联的线程ID？这会对 `job_remove` 函数产生什么影响？

11.3 把图11-15中的技术运用到工作线程实例（图11-1和图11-14）中实现工作线程函数。不要忘记更新 `queue_init` 函数对条件变量进行初始化，修改 `job_insert` 和 `job_append` 函数给工作线程发信号。会出现什么样的困难？

11.4 下面哪个步骤序列是正确的？

（1）对互斥量加锁（`pthread_mutex_lock`）。

（2）改变互斥量保护的条件。

（3）给等待条件的线程发信号（`pthread_cond_broadcast`）。

422

（4）对互斥量解锁（`pthread_mutex_unlock`）。

或者

（1）对互斥量加锁（`pthread_mutex_lock`）。

（2）改变互斥量保护的条件。

（3）对互斥量解锁（`pthread_mutex_unlock`）。

（4）给等待条件的线程发信号（`pthread_cond_broadcast`）。

423

11.5 实现屏障需要什么同步原语？给出 `pthread_barrier_wait` 函数的一个实现。

第 12 章

线程控制

12.1 引言

第 11 章讲了线程以及线程同步的基础知识。本章将讲解控制线程行为方面的详细内容，介绍线程属性和同步原语属性。前面的章节中使用的都是它们的默认行为，没有进行详细介绍。

接下来还将介绍同一进程中的多个线程之间如何保持数据的私有性。最后讨论基于进程的系统调用如何与线程进行交互。

12.2 线程限制

在 2.5.4 节中讨论了 sysconf 函数。Single UNIX Specification 定义了与线程操作有关的一些限制，图 2-11 并没有列出这些限制。与其他的系统限制一样，这些限制也可以通过 sysconf 函数进行查询。图 12-1 总结了这些限制。

限制名称	描述	*name* 参数
PTHREAD_DESTRUCTOR_ITERATIONS	线程退出时操作系统实现试图销毁线程特定数据的最大次数（见 12.6 节）	_SC_THREAD_DESTRUCTOR_ITERATIONS
PTHREAD_KEYS_MAX	进程可以创建的键的最大数目（见 12.6 节）	_SC_THREAD_KEYS_MAX
PTHREAD_STACK_MIN	一个线程的栈可用的最小字节数（见 12.3 节）	_SC_THREAD_STACK_MIN
PTHREAD_THREADS_MAX	进程可以创建的最大线程数（见 12.3 节）	_SC_THREAD_THREADS_MAX

图 12-1　线程限制和 sysconf 的 *name* 参数

与 sysconf 报告的其他限制一样，这些限制的使用是为了增强应用程序在不同的操作系统实现之间的可移植性。例如，如果应用程序需要为它管理的每个文件创建 4 个线程，但是系统却并不允许创建所有这些线程，这时可能就必须限制当前可并发管理的文件数。

图 12-2 给出了本书描述的 4 种操作系统实现中线程限制的值。如果操作系统实现的限制是不确定的，列出的值就是“没有确定的限制”（no limit）。但这并不意味着值是无限制的。

限制名称	FreeBSD 8.0	Linux 3.2.0	Mac OS X 10.6.8	Solaris 10
PTHREAD_DESTRUCTOR_ITERATIONS	4	4	4	没有确定的限制
PTHREAD_KEYS_MAX	256	1 024	512	没有确定的限制
PTHREAD_STACK_MIN	2 048	16 384	8 192	8 192
PTHREAD_THREADS_MAX	没有确定的限制	没有确定的限制	没有确定的限制	没有确定的限制

图 12-2　线程配置限制的实例

> 注意，虽然某个操作系统实现可能没有提供访问这些限制的方法，但这并不意味着这些限制不存在，这只是意味着操作系统实现没有为使用 sysconf 访问这些值提供可用的方法。

12.3　线程属性

pthread 接口允许我们通过设置每个对象关联的不同属性来细调线程和同步对象的行为。通常，管理这些属性的函数都遵循相同的模式。

（1）每个对象与它自己类型的属性对象进行关联（线程与线程属性关联，互斥量与互斥量属性关联，等等）。一个属性对象可以代表多个属性。属性对象对应用程序来说是不透明的。这意味着应用程序并不需要了解有关属性对象内部结构的详细细节，这样可以增强应用程序的可移植性。取而代之的是，需要提供相应的函数来管理这些属性对象。

425 ~ 426

（2）有一个初始化函数，把属性设置为默认值。

（3）还有一个销毁属性对象的函数。如果初始化函数分配了与属性对象关联的资源，销毁函数负责释放这些资源。

（4）每个属性都有一个从属性对象中获取属性值的函数。由于函数成功时会返回 0，失败时会返回错误编号，所以可以通过把属性值存储在函数的某一个参数指定的内存单元中，把属性值返回给调用者。

（5）每个属性都有一个设置属性值的函数。在这种情况下，属性值作为参数按值传递。

在第 11 章所有调用 pthread_create 函数的实例中，传入的参数都是空指针，而不是指向 pthread_attr_t 结构的指针。可以使用 pthread_attr_t 结构修改线程默认属性，并把这些属性与创建的线程联系起来。可以使用 pthread_attr_init 函数初始化 pthread_attr_t 结构。在调用 pthread_attr_init 以后，pthread_attr_t 结构所包含的就是操作系统实现支持的所有线程属性的默认值。

```
#include <pthread.h>

int pthread_attr_init(pthread_attr_t *attr);

int pthread_attr_destroy(pthread_attr_t *attr);
```

两个函数的返回值：若成功，返回 0；否则，返回错误编号

如果要反初始化 pthread_attr_t 结构，可以调用 pthread_attr_destroy 函数。如果 pthread_attr_init 的实现对属性对象的内存空间是动态分配的，pthread_attr_destroy 就会释放该内存空间。除此之外，pthread_attr_destroy 还会用无效的值初始化属性对象，因此，如果该属性对象被误用，将会导致 pthread_create 函数返回错误码。

图 12-3 总结了 POSIX.1 定义的线程属性。POSIX.1 还为线程执行调度（Thread Execution Scheduling）选项定义了额外的属性，用以支持实时应用，但我们并不打算在这里讨论这些属性。图 12-3 同时给出了各个操作系统平台对每个线程属性的支持情况。

名称	描述	FreeBSD 8.0	Linux 3.2.0	Mac OS X 10.6.8	Solaris 10
detachstate	线程的分离状态属性	•	•	•	•
guardsize	线程栈末尾的警戒缓冲区大小（字节数）	•	•	•	•
stackaddr	线程栈的最低地址	•	•	•	•
stacksize	线程栈的最小长度（字节数）	•	•	•	•

图 12-3　POSIX.1 线程属性

11.5 节介绍了分离线程的概念。如果对现有的某个线程的终止状态不感兴趣的话，可以使用 pthread_detach 函数让操作系统在线程退出时收回它所占用的资源。

427

如果在创建线程时就知道不需要了解线程的终止状态，就可以修改 pthread_attr_t 结构中的 *detachstate* 线程属性，让线程一开始就处于分离状态。可以使用 pthread_attr_setdetachstate 函数把线程属性 *detachstate* 设置成以下两个合法值之一：PTHREAD_CREATE_DETACHED，以分离状态启动线程；或者 PTHREAD_CREATE_JOINABLE，正常启动线程，应用程序可以获取线程的终止状态。

```
#include <pthread.h>

int pthread_attr_getdetachstate(const pthread_attr_t *restrict attr,
                                int *detachstate);

int pthread_attr_setdetachstate(pthread_attr_t *attr, int *detachstate);
```

两个函数的返回值：若成功，返回 0；否则，返回错误编号

可以调用 pthread_attr_getdetachstate 函数获取当前的 *detachstate* 线程属性。第二个参数所指向的整数要么设置成 PTHREAD_CREATE_DETACHED，要么设置成 PTHREAD_CREATE_JOINABLE，具体要取决于给定 pthread_attr_t 结构中的属性值。

实例

图 12-4 给出了一个以分离状态创建线程的函数。

```
#include "apue.h"
#include <pthread.h>

int
makethread(void *(*fn)(void *), void *arg)
{
    int             err;
    pthread_t       tid;
    pthread_attr_t  attr;

    err = pthread_attr_init(&attr);
    if (err != 0)
        return(err);
    err = pthread_attr_setdetachstate(&attr, PTHREAD_CREATE_DETACHED);
    if (err == 0)
        err = pthread_create(&tid, &attr, fn, arg);
    pthread_attr_destroy(&attr);
    return(err);
}
```

图 12-4 以分离状态创建线程

注意，此例忽略了 pthread_attr_destroy 函数调用的返回值。在这个实例中，我们对线程属性进行了合理的初始化，因此 pthread_attr_destroy 应该不会失败。但是，如果 pthread_attr_destroy 确实出现了失败的情况，将难以清理：必须销毁刚刚创建的线程，也许这个线程可能已经运行，并且与 pthread_attr_destroy 函数可能是异步执行的。忽略 pthread_attr_destroy 的错误返回可能出现的最坏情况是，如果 pthread_attr_init 已经分配了内存空间，就会有少量的内存泄漏。另一方面，如果 pthread_attr_init 成功地对线程属性进行了初始化，但之后 pthread_attr_destroy 的清理工作失败，那么将没有任何补

428

救策略，因为线程属性结构对应用程序来说是不透明的，可以对线程属性结构进行清理的唯一接口是 pthread_attr_destroy，但它失败了。

对于遵循 POSIX 标准的操作系统来说，并不一定要支持线程栈属性，但是对于遵循 Single UNIX Specification 中 XSI 选项的系统来说，支持线程栈属性就是必需的。可以在编译阶段使用_POSIX_THREAD_ATTR_STACKADDR 和_POSIX_THREAD_ATTR_STACKSIZE 符号来检查系统是否支持每一个线程栈属性。如果系统定义了这些符号中的一个，就说明它支持相应的线程栈属性。或者，也可以在运行阶段把_SC_THREAD_ATTR_STACKADDR 和_SC_THREAD_ATTR_STACKSIZE 参数传给 sysconf 函数，检查运行时系统对线程栈属性的支持情况。

可以使用函数 pthread_attr_getstack 和 pthread_attr_setstack 对线程栈属性进行管理。

```
#include <pthread.h>

int pthread_attr_getstack(const pthread_attr_t *restrict attr,
                          void **restrict stackaddr,
                          size_t *restrict stacksize);

int pthread_attr_setstack(pthread_attr_t *attr,
                          void *stackaddr, size_t stacksize);
```

两个函数的返回值：若成功，返回 0；否则，返回错误编号

对于进程来说，虚地址空间的大小是固定的。因为进程中只有一个栈，所以它的大小通常不是问题。但对于线程来说，同样大小的虚地址空间必须被所有的线程栈共享。如果应用程序使用了许多线程，以致这些线程栈的累计大小超过了可用的虚地址空间，就需要减少默认的线程栈大小。另一方面，如果线程调用的函数分配了大量的自动变量，或者调用的函数涉及许多很深的栈帧（stack frame），那么需要的栈大小可能要比默认的大。

如果线程栈的虚地址空间都用完了，那可以使用 malloc 或者 mmap（见 14.8 节）来为可替代的栈分配空间，并用 pthread_attr_setstack 函数来改变新建线程的栈位置。由 *stackaddr* 参数指定的地址可以用作线程栈的内存范围中的最低可寻址地址，该地址与处理器结构相应的边界应对齐。当然，这要假设 malloc 和 mmap 所用的虚地址范围与线程栈当前使用的虚地址范围不同。

stackaddr 线程属性被定义为栈的最低内存地址，但这并不一定是栈的开始位置。对于一个给定的处理器结构来说，如果栈是从高地址向低地址方向增长的，那么 *stackaddr* 线程属性将是栈的结尾位置，而不是开始位置。

应用程序也可以通过 pthread_attr_getstacksize 和 pthread_attr_setstacksize 函数读取或设置线程属性 *stacksize*。

429

```
#include <pthread.h>

int pthread_attr_getstacksize(const pthread_attr_t  *restrict attr,
                              size_t *restrict stacksize);

int pthread_attr_setstacksize (pthread_attr_t *attr, size_t stacksize);
```

两个函数的返回值：若成功，返回 0；否则，返回错误编号

如果希望改变默认的栈大小，但又不想自己处理线程栈的分配问题，这时使用 pthread_attr_setstacksize 函数就非常有用。设置 *stacksize* 属性时，选择的 *stacksize* 不能小于 PTHREAD_

STACK_MIN。

线程属性 *guardsize* 控制着线程栈末尾之后用以避免栈溢出的扩展内存的大小。这个属性默认值是由具体实现来定义的，但常用值是系统页大小。可以把 *guardsize* 线程属性设置为 0，不允许属性的这种特征行为发生：在这种情况下，不会提供警戒缓冲区。同样，如果修改了线程属性 *stackaddr*，系统就认为我们将自己管理栈，进而使栈警戒缓冲区机制无效，这等同于把 *guardsize* 线程属性设置为 0。

```
#include <pthread.h>

iint pthread_attr_getguardsize(const pthread_attr_t  *restrict attr,
                               size_t *restrict guardsize);

int pthread_attr_setguardsize(pthread_attr_t *attr, size_t guardsize);
```

两个函数的返回值：若成功，返回 0；否则，返回错误编号

如果 *guardsize* 线程属性被修改了，操作系统可能会把它取为页大小的整数倍。如果线程的栈指针溢出到警戒区域，应用程序就可能通过信号接收到出错信息。

Single UNIX Specification 还定义了一些其他的可选线程属性供实时应用程序使用，但在这里不讨论这些属性。

线程还有一些其他的 pthread_attr_t 结构中没有表示的属性：可撤销状态和可撤销类型。我们将在 12.7 节中讨论它们。

12.4 同步属性

就像线程具有属性一样，线程的同步对象也有属性。11.6.7 节中介绍了自旋锁，它有一个属性称为进程共享属性。本节讨论互斥量属性、读写锁属性、条件变量属性和屏障属性。

12.4.1 互斥量属性

互斥量属性是用 pthread_mutexattr_t 结构表示的。第 11 章中每次对互斥量进行初始化时，都是通过使用 PTHREAD_MUTEX_INITIALIZER 常量或者用指向互斥量属性结构的空指针作为参数调用 pthread_mutex_init 函数，得到互斥量的默认属性。 430

对于非默认属性，可以用 pthread_mutexattr_init 初始化 pthread_mutexattr_t 结构，用 pthread_mutexattr_destroy 来反初始化。

```
#include <pthread.h>

int pthread_mutexattr_init(pthread_mutexattr_t *attr);

int pthread_mutexattr_destroy(pthread_mutexattr_t *attr);
```

两个函数的返回值：若成功，返回 0；否则，返回错误编号

pthread_mutexattr_init 函数将用默认的互斥量属性初始化 pthread_mutexattr_t 结构。值得注意的 3 个属性是：进程共享属性、健壮属性以及类型属性。POSIX.1 中，进程共享属性是可选的。可以通过检查系统中是否定义了_POSIX_THREAD_PROCESS_SHARED 符号来判断这个平台是否支持进程共享这个属性，也可以在运行时把_SC_THREAD_PROCESS_SHARED 参数传给 sysconf 函数进行检查。虽然这个选项并不是遵循 POSIX 标准的操作系统必须提供的，但是 Single UNIX Specification 要求遵循 XSI 标准的操作系统支持这个选项。

在进程中，多个线程可以访问同一个同步对象。正如在第 11 章中看到的，这是默认的行为。在这种情况下，进程共享互斥量属性需设置为 PTHREAD_PROCESS_PRIVATE。

我们将在第 14 章和第 15 章中看到，存在这样的机制：允许相互独立的多个进程把同一个内存数据块映射到它们各自独立的地址空间中。就像多个线程访问共享数据一样，多个进程访问共享数据通常也需要同步。如果进程共享互斥量属性设置为 PTHREAD_PROCESS_SHARED，从多个进程彼此之间共享的内存数据块中分配的互斥量就可以用于这些进程的同步。

可以使用 pthread_mutexattr_getpshared 函数查询 pthread_mutexattr_t 结构，得到它的进程共享属性，使用 pthread_mutexattr_setpshared 函数修改进程共享属性。

```
#include <pthread.h>

int pthread_mutexattr_getpshared(const  pthread_mutexattr_t
                                   *restrict attr,
                                 int *restrict pshared);

int pthread_mutexattr_setpshared(pthread_mutexattr_t *attr,
                                 int pshared);
```

两个函数的返回值：若成功，返回 0；否则，返回错误编号

进程共享互斥量属性设置为 PTHREAD_PROCESS_PRIVATE 时，允许 pthread 线程库提供更有效的互斥量实现，这在多线程应用程序中是默认的情况。在多个进程共享多个互斥量的情况下，pthread 线程库可以限制开销较大的互斥量实现。

431

互斥量健壮属性与在多个进程间共享的互斥量有关。这意味着，当持有互斥量的进程终止时，需要解决互斥量状态恢复的问题。这种情况发生时，互斥量处于锁定状态，恢复起来很困难。其他阻塞在这个锁的进程将会一直阻塞下去。

可以使用 pthread_mutexattr_getrobust 函数获取健壮的互斥量属性的值。可以调用 pthread_mutexattr_setrobust 函数设置健壮的互斥量属性的值。

```
#include <pthread.h>

int pthread_mutexattr_getrobust(const pthread_mutexattr_t
                                  *restrict attr,
                                int *restrict robust);

int pthread_mutexattr_setrobust(pthread_mutexattr_t *attr,
                                int robust);
```

两个函数的返回值：若成功，返回 0；否则，返回错误编号

健壮属性取值有两种可能的情况。默认值是 PTHREAD_MUTEX_STALLED，这意味着持有互斥量的进程终止时不需要采取特别的动作。这种情况下，使用互斥量后的行为是未定义的，等待该互斥量解锁的应用程序会被有效地“拖住”。另一个取值是 PTHREAD_MUTEX_ROBUST。这个值将导致线程调用 pthread_mutex_lock 获取锁，而该锁被另一个进程持有，但它终止时并没有对该锁进行解锁，此时线程会阻塞，从 pthread_mutex_lock 返回的值为 EOWNERDEAD 而不是 0。应用程序可以通过这个特殊的返回值获知，若有可能（要保护状态的细节以及如何进行恢复会因不同的应用程序而异），不管它们保护的互斥量状态如何，都需要进行恢复。

使用健壮的互斥量改变了我们使用 pthread_mutex_lock 的方式，因为现在必须检查 3 个返回值而不是之前的两个：不需要恢复的成功、需要恢复的成功以及失败。但是，即使不用健壮的互斥量，也可以只检查成功或者失败。

> 在本书的4个平台中，只有Linux 3.2.0目前支持健壮的线程互斥量。Solaris 10只在它的Solaris线程库中支持健壮的线程互斥量（参阅Solaris手册的mutex_init(3C)获取相关的信息）。但是Solaris 11支持健壮的线程互斥量。

如果应用状态无法恢复，在线程对互斥量解锁以后，该互斥量将处于永久不可用状态。为了避免这样的问题，线程可以调用pthread_mutex_consistent函数，指明与该互斥量相关的状态在互斥量解锁之前是一致的。

432

```
#include <pthread.h>

int pthread_mutex_consistent(pthread_mutex_t *mutex);
```

返回值：若成功，返回0；否则，返回错误编号

如果线程没有先调用pthread_mutex_consistent就对互斥量进行了解锁，那么其他试图获取该互斥量的阻塞线程就会得到错误码ENOTRECOVERABLE。如果发生这种情况，互斥量将不再可用。线程通过提前调用pthread_mutex_consistent，能让互斥量正常工作，这样它就可以持续被使用。

类型互斥量属性控制着互斥量的锁定特性。POSIX.1定义了4种类型。

PTHREAD_MUTEX_NORMAL 一种标准互斥量类型，不做任何特殊的错误检查或死锁检测。

PTHREAD_MUTEX_ERRORCHECK 此互斥量类型提供错误检查。

PTHREAD_MUTEX_RECURSIVE 此互斥量类型允许同一线程在互斥量解锁之前对该互斥量进行多次加锁。递归互斥量维护锁的计数，在解锁次数和加锁次数不相同的情况下，不会释放锁。所以，如果对一个递归互斥量加锁两次，然后解锁一次，那么这个互斥量将依然处于加锁状态，对它再次解锁以前不能释放该锁。

PTHREAD_MUTEX_DEFAULT 此互斥量类型可以提供默认特性和行为。操作系统在实现它的时候可以把这种类型自由地映射到其他互斥量类型中的一种。例如，Linux 3.2.0把这种类型映射为普通的互斥量类型，而FreeBSD 8.0则把它映射为错误检查互斥量类型。

这4种类型的行为如图12-5所示。“不占用时解锁”这一栏指的是，一个线程对被另一个线程加锁的互斥量进行解锁的情况。“在已解锁时解锁”这一栏指的是，当一个线程对已经解锁的互斥量进行解锁时将会发生什么，这通常是编码错误引起的。

互斥量类型	没有解锁时重新加锁？	不占用时解锁？	在已解锁时解锁？
PTHREAD_MUTEX_NORMAL	死锁	未定义	未定义
PTHREAD_MUTEX_ERRORCHECK	返回错误	返回错误	返回错误
PTHREAD_MUTEX_RECURSIVE	允许	返回错误	返回错误
PTHREAD_MUTEX_DEFAULT	未定义	未定义	未定义

图12-5 互斥量类型行为

433

可以用pthread_mutexattr_gettype函数得到互斥量类型属性，用pthread_mutexattr_settype函数修改互斥量类型属性。

```
#include <pthread.h>

int pthread_mutexattr_gettype(const pthread_mutexattr_t *restrict attr, int *restrict type);
```

```
int pthread_mutexattr_settype(pthread_mutexattr_t *attr, int type);
```
两个函数的返回值：若成功，返回0；否则，返回错误编号

回忆11.6.6节中学过的，互斥量用于保护与条件变量关联的条件。在阻塞线程之前，pthread_cond_wait和pthread_cond_timedwait函数释放与条件相关的互斥量。这就允许其他线程获取互斥量、改变条件、释放互斥量以及给条件变量发信号。既然改变条件时必须占有互斥量，使用递归互斥量就不是一个好主意。如果递归互斥量被多次加锁，然后用在调用pthread_cond_wait函数中，那么条件永远都不会得到满足，因为pthread_cond_wait所做的解锁操作并不能释放互斥量。

如果需要把现有的单线程接口放到多线程环境中，递归互斥量是非常有用的，但由于现有程序兼容性的限制，不能对函数接口进行修改。然而，使用递归锁可能很难处理，因此应该只在没有其他可行方案的时候才使用它们。

实例

图12-6描述了一种情况，在这种情况中递归互斥量看起来像是在解决并发问题。假设func1和func2是函数库中现有的函数，其接口不能改变，因为存在调用这两个接口的应用程序，而且应用程序不能改动。

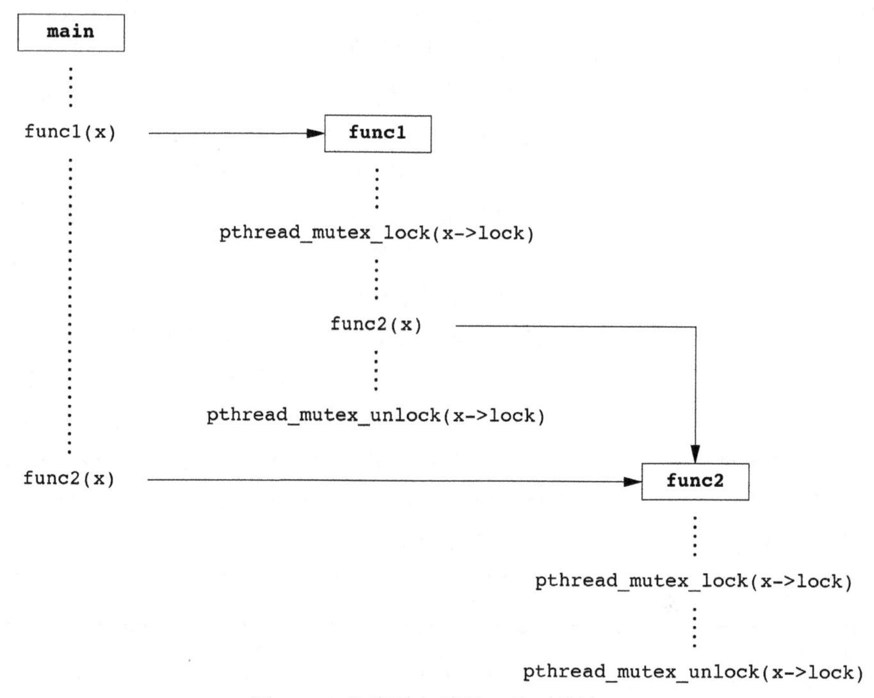

图12-6 使用递归锁的一种可能情况

为了保持接口跟原来相同，我们把互斥量嵌入到了数据结构中，把这个数据结构的地址（x）作为参数传入。这种方案只有在为此数据结构提供分配函数时才可行，所以应用程序并不知道数据结构的大小（假设我们在其中增加互斥量之后必须扩大该数据结构的大小）。

> 如果在最早定义数据结构时，预留了足够的可填充字段，允许把某些填充字段替换成互斥量，这种方法也是可行的。不过遗憾的是，大多数程序员并不善于预测未来，所以这并不是普遍可行的实践。

如果func1和func2函数都必须操作这个结构，而且可能会有一个以上的线程同时访问该

数据结构，那么 func1 和 func2 必须在操作数据以前对互斥量加锁。如果 func1 必须调用 func2，这时如果互斥量不是递归类型的，那么就会出现死锁。如果能在调用 func2 之前释放互斥量，在 func2 返回后重新获取互斥量，那么就可以避免使用递归互斥量，但这也给其他的线程提供了机会，其他的线程可以在 func1 执行期间抓住互斥量的控制，修改这个数据结构。这也许是不可接受的，当然具体的情况要取决于互斥量试图提供什么样的保护。 434

图 12-7 显示了这种情况下使用递归互斥量的一种替代方法。通过提供 func2 函数的私有版本，称之为 func2_locked 函数，可以保持 func1 和 func2 函数接口不变，而且避免使用递归互斥量。要调用 func2_locked 函数，必须占有嵌入在数据结构中的互斥量，这个数据结构的地址是作为参数传入的。func2_locked 的函数体包含 func2 的副本，func2 现在只是获取互斥量，调用 func2_locked，然后释放互斥量。

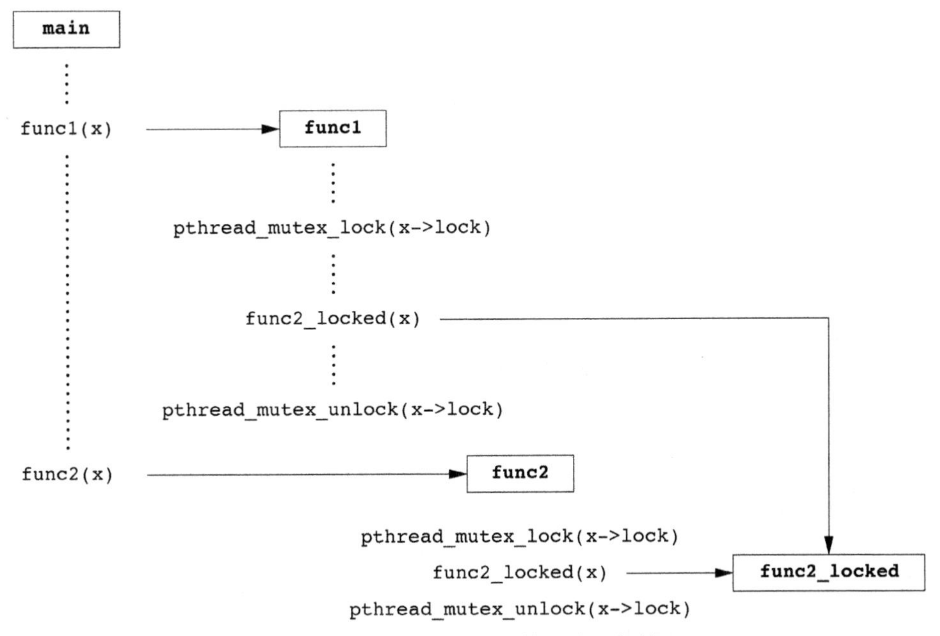

图 12-7 避免使用递归锁的一种可能情况

如果并不一定要保持库函数接口不变，就可以在每个函数中增加第二个参数表明这个结构是否被调用者锁定。但是，如果可以的话，保持接口不变通常是更好的选择，可以避免实现过程中人为加入的东西对原有系统产生不良影响。

提供加锁和不加锁版本的函数，这样的策略在简单的情况下通常是可行的。在更加复杂的情况下，比如，库需要调用库以外的函数，而且可能会再次回调库中的函数时，就需要依赖递归锁。 435

实例

图 12-8 中的程序解释了有必要使用递归互斥量的另一种情况。这里，有一个"超时"(timeout)函数，它允许安排另一个函数在未来的某个时间运行。假设线程并不是很昂贵的资源，就可以为每个挂起的超时函数创建一个线程。线程在时间未到时将一直等待，时间到了以后再调用请求的函数。

```
#include "apue.h"
#include <pthread.h>
#include <time.h>
#include <sys/time.h>
```

436

```
extern int makethread(void *(*)(void *), void *);

struct to_info {
    void        (*to_fn)(void *);  /* function */
    void        *to_arg;           /* argument */
    struct timespec to_wait;       /* time to wait */
};

#define SECTONSEC  1000000000  /* seconds to nanoseconds */

#if !defined(CLOCK_REALTIME) || defined(BSD)
#define clock_nanosleep(ID, FL, REQ, REM)   nanosleep((REQ), (REM))
#endif

#ifndef CLOCK_REALTIME
#define CLOCK_REALTIME 0
#define USECTONSEC 1000        /* microseconds to nanoseconds */

void
clock_gettime(int id, struct timespec *tsp)
{
    struct timeval tv;

    gettimeofday(&tv, NULL);
    tsp->tv_sec = tv.tv_sec;
    tsp->tv_nsec = tv.tv_usec * USECTONSEC;
}
#endif

void *
timeout_helper(void *arg)
{
    struct to_info  *tip;

    tip = (struct to_info *)arg;
    clock_nanosleep(CLOCK_REALTIME, 0, &tip->to_wait, NULL);
    (*tip->to_fn)(tip->to_arg);
    free(arg);
    return(0);
}

void
timeout(const struct timespec *when, void (*func)(void *), void *arg)
{
    struct timespec  now;
    struct to_info   *tip;
    int              err;

    clock_gettime(CLOCK_REALTIME, &now);
    if ((when->tv_sec > now.tv_sec) ||
      (when->tv_sec == now.tv_sec && when->tv_nsec > now.tv_nsec)) {
        tip = malloc(sizeof(struct to_info));
        if (tip != NULL) {
            tip->to_fn = func;
```

437

```
            tip->to_arg = arg;
            tip->to_wait.tv_sec = when->tv_sec - now.tv_sec;
            if (when->tv_nsec >= now.tv_nsec) {
                tip->to_wait.tv_nsec = when->tv_nsec - now.tv_nsec;
            } else {
                tip->to_wait.tv_sec--;
                tip->to_wait.tv_nsec = SECTONSEC - now.tv_nsec +
                  when->tv_nsec;
            }
            err = makethread(timeout_helper, (void *)tip);
            if (err == 0)
                return;
            else
                free(tip);
        }
    }

    /*
     * We get here if (a) when <= now, or (b) malloc fails, or
     * (c) we can't make a thread, so we just call the function now.
     */
    (*func)(arg);
}

pthread_mutexattr_t attr;
pthread_mutex_t mutex;

void
retry(void *arg)
{
    pthread_mutex_lock(&mutex);

    /* perform retry steps ... */

    pthread_mutex_unlock(&mutex);
}

int
main(void)
{
    int             err, condition, arg;
    struct timespec when;

    if ((err = pthread_mutexattr_init(&attr)) != 0)
        err_exit(err, "pthread_mutexattr_init failed");
    if ((err = pthread_mutexattr_settype(&attr,
      PTHREAD_MUTEX_RECURSIVE)) != 0)
        err_exit(err, "can't set recursive type");
    if ((err = pthread_mutex_init(&mutex, &attr)) != 0)
        err_exit(err, "can't create recursive mutex");

    /* continue processing ... */

    pthread_mutex_lock(&mutex);
```

```
    /*
     * Check the condition under the protection of a lock to
     * make the check and the call to timeout atomic.
     */
    if (condition) {
        /*
         * Calculate the absolute time when we want to retry.
         */
        clock_gettime(CLOCK_REALTIME, &when);
        when.tv_sec += 10;    /* 10 seconds from now */
        timeout(&when, retry, (void *)((unsigned long)arg));
    }
    pthread_mutex_unlock(&mutex);

    /* continue processing ... */

    exit(0);
}
```

438

图 12-8　使用递归互斥量

如果我们不能创建线程，或者安排函数运行的时间已过，这时问题就出现了。在这些情况下，我们只需在当前上下文中调用之前请求运行的函数。因为函数要获取的锁和我们现在占有的锁是同一个，所以除非该锁是递归的，否则就会出现死锁。

在图 12-4 中我们使用 makethread 函数以分离状态创建线程。因为传递给 timeout 函数的 func 函数参数将在未来运行，所以我们不希望一直空等线程结束。

可以调用 sleep 等待超时到期，但它提供的时间粒度是秒级的。如果希望等待的时间不是整数秒，就需要用 nanosleep 或者 clock_nanosleep 函数，它们两个提供了更高精度的休眠时间。

> 在未定义 CLOCK_REALTIME 的系统中，我们根据 nanosleep 定义 clock_nanosleep。然而，FreeBSD 8.0 定义这个符号支持 clock_gettime 和 clock_settime，但并不支持 clock_nanosleep。（只有 Linux 3.2.0 和 Solaris 10 目前支持 clock_nanosleep。）
>
> 另外，在未定义 CLOCK_REALTIME 的系统中，我们提供了我们自己的 clock_gettime 实现，该实现调用了 gettimeofday 并把微妙转换成纳秒。

timeout 的调用者需要占有互斥量来检查条件，并且把 retry 函数安排为原子操作。retry 函数试图对同一个互斥量进行加锁。除非互斥量是递归的，否则，如果 timeout 函数直接调用 retry，会导致死锁。

12.4.2　读写锁属性

读写锁与互斥量类似，也是有属性的。可以用 pthread_rwlockattr_init 初始化 pthread_rwlockattr_t 结构，用 pthread_rwlockattr_destroy 反初始化该结构。

```
#include <pthread.h>

int pthread_rwlockattr_init(pthread_rwlockattr_t *attr);

int pthread_rwlockattr_destroy(pthread_rwlockattr_t *attr);
```

两个函数的返回值：若成功，返回 0；否则，返回错误编号

439

读写锁支持的唯一属性是进程共享属性。它与互斥量的进程共享属性是相同的。就像互斥量

的进程共享属性一样，有一对函数用于读取和设置读写锁的进程共享属性。

```
#include <pthread.h>

int pthread_rwlockattr_getpshared(const  pthread_rwlockattr_t *
                                  restrict attr,
                                  int *restrict pshared);

int pthread_rwlockattr_setpshared(pthread_rwlockattr_t *attr,
                                  int pshared);
```

两个函数的返回值：若成功，返回 0；否则，返回错误编号

虽然 POSIX 只定义了一个读写锁属性，但不同平台的实现可以自由地定义额外的、非标准的属性。

12.4.3 条件变量属性

Single UNIX Specification 目前定义了条件变量的两个属性：进程共享属性和时钟属性。与其他的属性对象一样，有一对函数用于初始化和反初始化条件变量属性。

```
#include <pthread.h>

int pthread_condattr_init(pthread_condattr_t *attr);

int pthread_condattr_destroy(pthread_condattr_t *attr);
```

两个函数的返回值：若成功，返回 0；否则，返回错误编号

与其他的同步属性一样，条件变量支持进程共享属性。它控制着条件变量是可以被单进程的多个线程使用，还是可以被多进程的线程使用。要获取进程共享属性的当前值，可以用 pthread_condattr_getpshared 函数。设置该值可以用 pthread_condattr_setpshared 函数。

```
#include <pthread.h>

int pthread_condattr_getpshared(const  pthread_condattr_t *
                                restrict attr,
                                int *restrict pshared);

int pthread_condattr_setpshared(pthread_condattr_t *attr,
                                int pshared);
```

两个函数的返回值：若成功，返回 0；否则，返回错误编号

时钟属性控制计算 pthread_cond_timedwait 函数的超时参数（*tsptr*）时采用的是哪个时钟。合法值取自图 6-8 中列出的时钟 ID。可以使用 pthread_condattr_getclock 函数获取可被用于 pthread_cond_timedwait 函数的时钟 ID，在使用 pthread_cond_timedwait 函数前需要用 pthread_condattr_t 对象对条件变量进行初始化。可以用 pthread_condattr_setclock 函数对时钟 ID 进行修改。 440

```
#include <pthread.h>

int pthread_condattr_getclock(const pthread_condattr_t *
                              restrict attr,
                              clockid_t *restrict clock_id);

int pthread_condattr_setclock(pthread_condattr_t *attr,
                              clockid_t clock_id);
```

两个函数的返回值:若成功，返回 0；否则，返回错误编号

奇怪的是，Single UNIX Specification 并没有为其他有超时等待函数的属性对象定义时钟属性。

12.4.4 屏障属性

屏障也有属性。可以使用 pthread_barrierattr_init 函数对屏障属性对象进行初始化，用 pthread_barrierattr_destroy 函数对屏障属性对象进行反初始化。

```
#include <pthread.h>

int pthread_barrierattr_init(pthread_barrierattr_t *attr);

int pthread_barrierattr_destroy(pthread_barrierattr_t *attr);
```

两个函数的返回值：若成功，返回 0；否则，返回错误编号

目前定义的屏障属性只有进程共享属性，它控制着屏障是可以被多进程的线程使用，还是只能被初始化屏障的进程内的多线程使用。与其他属性对象一样，有一个获取属性值的函数（pthread_barrierattr_getpshared）和一个设置属性值的函数（pthread_barrierattr_ setpshared）。

```
#include <pthread.h>

int pthread_barrierattr_getpshared(const pthread_barrierattr_t *
                                   restrict attr,
                                   int *restrict pshared);

int pthread_barrierattr_setpshared(pthread_barrierattr_t *attr,
                                   int pshared);
```

441 两个函数的返回值：若成功，返回 0；否则，返回错误编号

进程共享属性的值可以是 PTHREAD_PROCESS_SHARED（多进程中的多个线程可用），也可以是 PTHREAD_PROCESS_PRIVATE（只有初始化屏障的那个进程内的多个线程可用）。

12.5 重入

10.6 节讨论了可重入函数和信号处理程序。线程在遇到重入问题时与信号处理程序是类似的。在这两种情况下，多个控制线程在相同的时间有可能调用相同的函数。

如果一个函数在相同的时间点可以被多个线程安全地调用，就称该函数是**线程安全**的。在 Single UNIX Specification 中定义的所有函数中，除了图 12-9 中列出的函数，其他函数都保证是线程安全的。另外，ctermid 和 tmpnam 函数在参数传入空指针时并不能保证是线程安全的。类似地，如果参数 mbstate_t 传入的是空指针，也不能保证 wcrtomb 和 wcsrtombs 函数是线程安全的。

支持线程安全函数的操作系统实现会在<unistd.h>中定义符号_POSIX_THREAD_SAFE_FUNCTIONS。应用程序也可以在 sysconf 函数中传入_SC_THREAD_SAFE_FUNCTIONS 参数在运行时检查是否支持线程安全函数。在 SUSv4 之前，要求所有遵循 XSI 的实现都必须支持线程安全函数，但是在 SUSv4 中，线程安全函数支持这个需求已经要求具体实现考虑遵循 POSIX。

操作系统实现支持线程安全函数这个特性时，对 POSIX.1 中的一些非线程安全函数，它会提供可替代的线程安全版本。图 12-10 列出了这些函数的线程安全版本。这些函数的命名方式与它们的非线程安全版本的名字相似，只不过在名字最后加了_r，表明这些版本是可重入的。很多函数并不是线程安全的，因为它们返回的数据存放在静态的内存缓冲区中。通过修改接口，要求调用者自己提供缓冲区可以使函数变为线程安全。

442

basename	getchar_unlocked	getservent	putc_unlocked
catgets	getdate	getutxent	putchar_unlocked
crypt	getenv	getutxid	putenv
dbm_clearerr	getgrent	getutxline	pututxline
dbm_close	getgrgid	gmtime	rand
dbm_delete	getgrnam	hcreate	readdir
dbm_error	gethostent	hdestroy	setenv
dbm_fetch	getlogin	hsearch	setgrent
dbm_firstkey	getnetbyaddr	inet_ntoa	setkey
dbm_nextkey	getnetbyname	l64a	setpwent
dbm_open	getnetent	lgamma	setutxent
dbm_store	getopt	lgammaf	strerror
dirname	getprotobyname	lgammal	strsignal
dlerror	getprotobynumber	localeconv	strtok
drand48	getprotoent	localtime	system
encrypt	getpwent	lrand48	ttyname
endgrent	getpwnam	mrand48	unsetenv
endpwent	getpwuid	nftw	wcstombs
endutxent	getservbyname	nl_langinfo	wctomb
getc_unlocked	getservbyport	ptsname	

图 12-9 POSIX.1 中不能保证线程安全的函数

getgrgid_r	localtime_r
getgrnam_r	readdir_r
getlogin_r	strerror_r
getpwnam_r	strtok_r
getpwuid_r	ttyname_r
gmtime_r	

图 12-10 替代的线程安全函数

如果一个函数对多个线程来说是可重入的，就说这个函数就是线程安全的。但这并不能说明对信号处理程序来说该函数也是可重入的。如果函数对异步信号处理程序的重入是安全的，那么就可以说函数是异步信号安全的。我们在 10.6 节中讨论可重入函数时，图 10-4 中的函数就是异步信号安全函数。

除了图 12-10 中列出的函数，POSIX.1 还提供了以线程安全的方式管理 FILE 对象的方法。可以使用 flockfile 和 ftrylockfile 获取给定 FILE 对象关联的锁。这个锁是递归的：当你占有这把锁的时候，还是可以再次获取该锁，而且不会导致死锁。虽然这种锁的具体实现并无规定，但要求所有操作 FILE 对象的标准 I/O 例程的动作行为必须看起来就像它们内部调用了 flockfile 和 funlockfile。

```
#include <stdio.h>

int ftrylockfile(FILE *fp);

                    返回值：若成功，返回 0；若不能获取锁，返回非 0 数值

void flockfile(FILE *fp);

void funlockfile(FILE *fp);
```

虽然标准的 I/O 例程可能从它们各自的内部数据结构的角度出发，是以线程安全的方式实现的，但有时把锁开放给应用程序也是非常有用的。这允许应用程序把多个对标准 I/O 函数的调用组合成原子序列。当然，在处理多个 FILE 对象时，需要注意潜在的死锁，需要对所有的锁仔细地排序。

如果标准I/O例程都获取它们各自的锁，那么在做一次一个字符的I/O时就会出现严重的性能下降。在这种情况下，需要对每一个字符的读写操作进行获取锁和释放锁的动作。为了避免这种开销，出现了不加锁版本的基于字符的标准I/O例程。

443

```
#include <stdio.h>

int getchar_unlocked(void);

int getc_unlocked(FILE *fp);
```

两个函数的返回值：若成功，返回下一个字符；若遇到文件尾或者出错，返回EOF

```
int putchar_unlocked(int c);

int putc_unlocked(int c, FILE *fp);
```

两个函数的返回值：若成功，返回c；若出错，返回EOF

除非被flockfile（或ftrylockfile）和funlockfile的调用包围，否则尽量不要调用这4个函数，因为它们会导致不可预期的结果（比如，由于多个控制线程非同步访问数据引起的种种问题）。

一旦对FILE对象进行加锁，就可以在释放锁之前对这些函数进行多次调用。这样就可以在多次的数据读写上分摊总的加解锁的开销。

实例

图12-11显示了getenv（见7.9节）的一个可能实现。这个版本不是可重入的。如果两个线程同时调用这个函数，就会看到不一致的结果，因为所有调用getenv的线程返回的字符串都存储在同一个静态缓冲区中。

```
#include <limits.h>
#include <string.h>

#define MAXSTRINGSZ   4096

static char envbuf[MAXSTRINGSZ];

extern char **environ;

char *
getenv(const char *name)
{
     int i, len;

     len = strlen(name);
     for (i = 0; environ[i] != NULL; i++) {
          if ((strncmp(name, environ[i], len) == 0) &&
            (environ[i][len] == '=')) {
              strncpy(envbuf, &environ[i][len+1], MAXSTRINGSZ-1);
              return(envbuf);
          }
     }
     return(NULL);
}
```

444

图12-11　getenv的非可重入版本

图12-12给出了getenv的可重入的版本。这个版本叫getenv_r。它使用pthread_once

函数来确保不管多少线程同时竞争调用 getenv_r，每个进程只调用 thread_init 函数一次。12.6 节会详细描述 pthread_once 函数。

```
#include <string.h>
#include <errno.h>
#include <pthread.h>
#include <stdlib.h>

extern char **environ;

pthread_mutex_t env_mutex;

static pthread_once_t init_done = PTHREAD_ONCE_INIT;

static void
thread_init(void)
{
    pthread_mutexattr_t attr;

    pthread_mutexattr_init(&attr);
    pthread_mutexattr_settype(&attr, PTHREAD_MUTEX_RECURSIVE);
    pthread_mutex_init(&env_mutex, &attr);
    pthread_mutexattr_destroy(&attr);
}

int
getenv_r(const char *name, char *buf, int buflen)
{
    int i, len, olen;

    pthread_once(&init_done, thread_init);
    len = strlen(name);
    pthread_mutex_lock(&env_mutex);
    for (i = 0; environ[i] != NULL; i++) {
        if ((strncmp(name, environ[i], len) == 0) &&
          (environ[i][len] == '=')) {
            olen = strlen(&environ[i][len+1]);
            if (olen >= buflen) {
                pthread_mutex_unlock(&env_mutex);
                return(ENOSPC);
            }
            strcpy(buf, &environ[i][len+1]);
            pthread_mutex_unlock(&env_mutex);
            return(0);
        }
    }
    pthread_mutex_unlock(&env_mutex);
    return(ENOENT);
}
```

图 12-12　getenv 的可重入（线程安全）版本

445

要使 getenv_r 可重入，需要改变接口，调用者必须提供它自己的缓冲区，这样每个线程可以使用各自不同的缓冲区避免其他线程的干扰。但是，注意，要想使 getenv_r 成为线程安全的，这样做还不够，需要在搜索请求的字符时保护环境不被修改。可以使用互斥量，通过 getenv_r

和 putenv 函数对环境列表的访问进行串行化。

可以使用读写锁，从而允许对 getenv_r 进行多次并发访问，但增加的并发性可能并不会在很大程度上改善程序的性能，这里面有两个原因：第一，环境列表通常并不会很长，所以扫描列表时并不需要长时间地占有互斥量；第二，对 getenv 和 putenv 的调用也不是频繁发生的，所以改善它们的性能并不会对程序的整体性能产生很大的影响。

即使可以把 getenv_r 变成线程安全的，这也不意味着它对信号处理程序是可重入的。如果使用的是非递归的互斥量，线程从信号处理程序中调用 getenv_r 就有可能出现死锁。如果信号处理程序在线程执行 getenv_r 时中断了该线程，这时我们已经占有加锁的 env_mutex，这样其他线程试图对这个互斥量的加锁就会被阻塞，最终导致线程进入死锁状态。所以，必须使用递归互斥量阻止其他线程改变我们正需要的数据结构，还要阻止来自信号处理程序的死锁。问题是 pthread 函数并不保证是异步信号安全的，所以不能把 pthread 函数用于其他函数，让该函数成为异步信号安全的。

12.6　线程特定数据

线程特定数据（thread-specific data），也称为线程私有数据（thread-private data），是存储和查询某个特定线程相关数据的一种机制。我们把这种数据称为线程特定数据或线程私有数据的原因是，我们希望每个线程可以访问它自己单独的数据副本，而不需要担心与其他线程的同步访问问题。

线程模型促进了进程中数据和属性的共享，许多人在设计线程模型时会遇到各种麻烦。那么为什么有人想在这样的模型中促进阻止共享的接口呢？这其中有两个原因。

第一，有时候需要维护基于每线程（per-thread）的数据。因为线程 ID 并不能保证是小而连续的整数，所以就不能简单地分配一个每线程数据数组，用线程 ID 作为数组的索引。即使线程 ID 确实是小而连续的整数，我们可能还希望有一些额外的保护，防止某个线程的数据与其他线程的数据相混淆。

采用线程私有数据的第二个原因是，它提供了让基于进程的接口适应多线程环境的机制。一个很明显的实例就是 errno。回忆 1.7 节中对 errno 的讨论。以前的接口（线程出现以前）把 errno 定义为进程上下文中全局可访问的整数。系统调用和库例程在调用或执行失败时设置 errno，把它作为操作失败时的附属结果。为了让线程也能够使用那些原本基于进程的系统调用和库例程，errno 被重新定义为线程私有数据。这样，一个线程做了重置 errno 的操作也不会影响进程中其他线程的 errno 值。

446

我们知道一个进程中的所有线程都可以访问这个进程的整个地址空间。除了使用寄存器以外，一个线程没有办法阻止另一个线程访问它的数据。线程特定数据也不例外。虽然底层的实现部分并不能阻止这种访问能力，但管理线程特定数据的函数可以提高线程间的数据独立性，使得线程不太容易访问到其他线程的线程特定数据。

在分配线程特定数据之前，需要创建与该数据关联的键。这个键将用于获取对线程特定数据的访问。使用 pthread_key_create 创建一个键。

```
#include <pthread.h>

int pthread_key_create(pthread_key_t *keyp, void (*destructor)(void *));
```

返回值：若成功，返回 0；否则，返回错误编号

创建的键存储在 *keyp* 指向的内存单元中，这个键可以被进程中的所有线程使用，但每个线程把这个键与不同的线程特定数据地址进行关联。创建新键时，每个线程的数据地址设为空值。

除了创建键以外，pthread_key_create 可以为该键关联一个可选择的析构函数。当这个

线程退出时，如果数据地址已经被置为非空值，那么析构函数就会被调用，它唯一的参数就是该数据地址。如果传入的析构函数为空，就表明没有析构函数与这个键关联。当线程调用 pthread_exit 或者线程执行返回，正常退出时，析构函数就会被调用。同样，线程取消时，只有在最后的清理处理程序返回之后，析构函数才会被调用。如果线程调用了 exit、_exit、_Exit 或 abort，或者出现其他非正常的退出时，就不会调用析构函数。

线程通常使用 malloc 为线程特定数据分配内存。析构函数通常释放已分配的内存。如果线程在没有释放内存之前就退出了，那么这块内存就会丢失，即线程所属进程就出现了内存泄漏。

线程可以为线程特定数据分配多个键，每个键都可以有一个析构函数与它关联。每个键的析构函数可以互不相同，当然所有键也可以使用相同的析构函数。每个操作系统实现可以对进程可分配的键的数量进行限制（回忆一下图 12-1 中的 PTHREAD_KEYS_MAX）。

线程退出时，线程特定数据的析构函数将按照操作系统实现中定义的顺序被调用。析构函数可能会调用另一个函数，该函数可能会创建新的线程特定数据，并且把这个数据与当前的键关联起来。当所有的析构函数都调用完成以后，系统会检查是否还有非空的线程特定数据值与键关联，如果有的话，再次调用析构函数。这个过程将会一直重复直到线程所有的键都为空线程特定数据值，或者已经做了 PTHREAD_DESTRUCTOR_ITERATIONS（见图 12-1）中定义的最大次数的尝试。

对所有的线程，我们都可以通过调用 pthread_key_delete 来取消键与线程特定数据值之间的关联关系。

447

```
#include <pthread.h>

int pthread_key_delete(pthread_key_t key);
```

返回值：若成功，返回 0；否则，返回错误编号

注意，调用 pthread_key_delete 并不会激活与键关联的析构函数。要释放任何与键关联的线程特定数据值的内存，需要在应用程序中采取额外的步骤。

需要确保分配的键并不会由于在初始化阶段的竞争而发生变动。下面的代码会导致两个线程都调用 pthread_key_create。

```
void destructor(void *);

pthread_key_t key;
int init_done = 0;

int
threadfunc(void *arg)
{
    if (!init_done) {
        init_done = 1;
        err = pthread_key_create(&key, destructor);
    }
    ⋮
}
```

有些线程可能看到一个键值，而其他的线程看到的可能是另一个不同的键值，这取决于系统是如何调度线程的，解决这种竞争的办法是使用 pthread_once。

```
#include <pthread.h>

pthread_once_t initflag = PTHREAD_ONCE_INIT;
```

```
int pthread_once(pthread_once_t *initflag, void (*initfn)(void));
```

返回值：若成功，返回0；否则，返回错误编号

initflag 必须是一个非本地变量（如全局变量或静态变量），而且必须初始化为 PTHREAD_ONCE_INIT。

如果每个线程都调用 pthread_once，系统就能保证初始化例程 *initfn* 只被调用一次，即系统首次调用 pthread_once 时。创建键时避免出现冲突的一个正确方法如下：

448

```
void destructor(void *);

pthread_key_t key;
pthread_once_t init_done = PTHREAD_ONCE_INIT;
void
thread_init(void)
{
    err = pthread_key_create(&key, destructor);
}

int
threadfunc(void *arg)
{
    pthread_once(&init_done, thread_init);
    ⋮
}
```

键一旦创建以后，就可以通过调用 pthread_setspecific 函数把键和线程特定数据关联起来。可以通过 pthread_getspecific 函数获得线程特定数据的地址。

```
#include <pthread.h>

void *pthread_getspecific(pthread_key_t key);
```

返回值：线程特定数据值；若没有值与该键关联，返回 NULL

```
int pthread_setspecific(pthread_key_t key, const void *value);
```

返回值：若成功，返回0；否则，返回错误编号

如果没有线程特定数据值与键关联，pthread_getspecific 将返回一个空指针，我们可以用这个返回值来确定是否需要调用 pthread_setspecific。

实例

图 12-11 给出了 getenv 的假设实现。接着又给出了一个新的接口，提供的功能相同，不过它是线程安全的（见图 12-12）。但是如果不修改应用程序，直接使用新的接口会出现什么问题呢？这种情况下，可以使用线程特定数据来维护每个线程的数据缓冲区副本，用于存放各自的返回字符串，如图 12-13 所示。

```
#include <limits.h>
#include <string.h>
#include <pthread.h>
#include <stdlib.h>

#define MAXSTRINGSZ   4096
```

```
static pthread_key_t key;
static pthread_once_t init_done = PTHREAD_ONCE_INIT;
pthread_mutex_t env_mutex = PTHREAD_MUTEX_INITIALIZER;

extern char **environ;

static void
thread_init(void)
{
    pthread_key_create(&key, free);
}

char *
getenv(const char *name)
{
    int     i, len;
    char    *envbuf;

    pthread_once(&init_done, thread_init);
    pthread_mutex_lock(&env_mutex);
    envbuf = (char *)pthread_getspecific(key);
    if (envbuf == NULL) {
        envbuf = malloc(MAXSTRINGSZ);
        if (envbuf == NULL) {
            pthread_mutex_unlock(&env_mutex);
            return(NULL);
        }
        pthread_setspecific(key, envbuf);
    }
    len = strlen(name);
    for (i = 0; environ[i] != NULL; i++) {
        if ((strncmp(name, environ[i], len) == 0) &&
          (environ[i][len] == '=')) {
            strncpy(envbuf, &environ[i][len+1], MAXSTRINGSZ-1);
            pthread_mutex_unlock(&env_mutex);
            return(envbuf);
        }
    }
    pthread_mutex_unlock(&env_mutex);
    return(NULL);
}
```

449

图 12-13　线程安全的 getenv 的兼容版本

我们使用 pthread_once 来确保只为我们将使用的线程特定数据创建一个键。如果 pthread_getspecific 返回的是空指针，就需要先分配内存缓冲区，然后再把键与该内存缓冲区关联。否则，如果返回的不是空指针，就使用 pthread_getspecific 返回的内存缓冲区。对析构函数，使用 free 来释放之前由 malloc 分配的内存。只有当线程特定数据值为非空时，析构函数才会被调用。

注意，虽然这个版本的 getenv 是线程安全的，但它并不是异步信号安全的。对信号处理程序而言，即使使用递归的互斥量，这个版本的 getenv 也不可能是可重入的，因为它调用了 malloc，而 malloc 函数本身并不是异步信号安全的。

450

12.7 取消选项

有两个线程属性并没有包含在 pthread_attr_t 结构中，它们是可取消状态和可取消类型。这两个属性影响着线程在响应 pthread_cancel 函数调用时所呈现的行为（见 11.5 节）。

可取消状态属性可以是 PTHREAD_CANCEL_ENABLE，也可以是 PTHREAD_CANCEL_DISABLE。线程可以通过调用 pthread_setcancelstate 修改它的可取消状态。

```
#include <pthread.h>

int pthread_setcancelstate(int state, int *oldstate);
```

返回值：若成功，返回 0；否则，返回错误编号

pthread_setcancelstate 把当前的可取消状态设置为 *state*，把原来的可取消状态存储在由 *oldstate* 指向的内存单元，这两步是一个原子操作。

回忆 11.5 节，pthread_cancel 调用并不等待线程终止。在默认情况下，线程在取消请求发出以后还是继续运行，直到线程到达某个取消点。取消点是线程检查它是否被取消的一个位置，如果取消了，则按照请求行事。POSIX.1 保证在线程调用图 12-14 中列出的任何函数时，取消点都会出现。

accept	mq_timedsend	pthread_join	sendto
aio_suspend	msgrcv	pthread_testcancel	sigsuspend
clock_nanosleep	msgsnd	pwrite	sigtimedwait
close	msync	read	sigwait
connect	nanosleep	readv	sigwaitinfo
creat	open	recv	sleep
fcntl	openat	recvfrom	system
fdatasync	pause	recvmsg	tcdrain
fsync	poll	select	wait
lockf	pread	sem_timedwait	waitid
mq_receive	pselect	sem_wait	waitpid
mq_send	pthread_cond_timedwait	send	write
mq_timedreceive	pthread_cond_wait	sendmsg	writev

图 12-14 POSIX.1 定义的取消点

线程启动时默认的可取消状态是 PTHREAD_CANCEL_ENABLE。当状态设为 PTHREAD_CANCEL_DISABLE 时，对 pthread_cancel 的调用并不会杀死线程。相反，取消请求对这个线程来说还处于挂起状态，当取消状态再次变为 PTHREAD_CANCEL_ENABLE 时，线程将在下一个取消点上对所有挂起的取消请求进行处理。

451

除了图 12-14 中列出的函数，POSIX.1 还指定了图 12-15 中列出的函数作为可选的取消点。

> 图 12-15 中列出的有些函数并没有在本书中进一步讨论，例如，处理消息分类和宽字符集的函数。

如果应用程序在很长的一段时间内都不会调用图 12-14 或图 12-15 中的函数（如数学计算领域的应用程序），那么你可以调用 pthread_testcancel 函数在程序中添加自己的取消点。

```
#include <pthread.h>

void pthread_testcancel(void);
```

调用 pthread_testcancel 时，如果有某个取消请求正处于挂起状态，而且取消并没有置为无效，那么线程就会被取消。但是，如果取消被置为无效，pthread_testcancel 调用就没有任何效果了。

access	fseeko	getwchar	putwc
catclose	fsetpos	glob	putwchar
catgets	fstat	iconv_close	readdir
catopen	fstatat	iconv_open	readdir_r
chmod	ftell	ioctl	readlink
chown	ftello	link	readlinkat
closedir	futimens	linkat	remove
closelog	fwprintf	lio_listio	rename
ctermid	fwrite	localtime	renameat
dbm_close	fwscanf	localtime_r	rewind
dbm_delete	getaddrinfo	lockf	rewinddir
dbm_fetch	getc	lseek	scandir
dbm_nextkey	getc_unlocked	lstat	scanf
dbm_open	getchar	mkdir	seekdir
dbm_store	getchar_unlocked	mkdirat	semop
dlclose	getcwd	mkdtemp	setgrent
dlopen	getdate	mkfifo	sethostent
dprintf	getdelim	mkfifoat	setnetent
endgrent	getgrent	mknod	setprotoent
endhostent	getgrgid	mknodat	setpwent
endnetent	getgrgid_r	mkstemp	setservent
endprotoent	getgrnam	mktime	setutxent
endpwent	getgrnam_r	nftw	stat
endservent	gethostent	opendir	strerror
endutxent	gethostid	openlog	strerror_r
faccessat	gethostname	pathconf	strftime
fchmod	getline	pclose	symlink
fchmodat	getlogin	perror	symlinkat
fchown	getlogin_r	popen	sync
fchownat	getnameinfo	posix_fadvise	syslog
fclose	getnetbyaddr	posix_fallocate	tmpfile
fcntl	getnetbyname	posix_madvise	ttyname
fflush	getnetent	posix_openpt	ttyname_r
fgetc	getopt	posix_spawn	tzset
fgetpos	getprotobyname	posix_spawnp	ungetc
fgets	getprotobynumber	posix_typed_mem_open	ungetwc
fgetwc	getprotoent	printf	unlink
fgetws	getpwent	psiginfo	unlinkat
fmtmsg	getpwnam	psignal	utimensat
fopen	getpwnam_r	pthread_rwlock_rdlock	utimes
fpathconf	getpwuid	pthread_rwlock_timedrdlock	vdprintf
fprintf	getpwuid_r	pthread_rwlock_timedwrlock	vfprintf
fputc	getservbyname	pthread_rwlock_wrlock	vfwprintf
fputs	getservbyport	putc	vprintf
fputwc	getservent	putc_unlocked	vwprintf
fputws	getutxent	putchar	wcsftime
fread	getutxid	putchar_unlocked	wordexp
freopen	getutxline	puts	wprintf
fscanf	getwc	pututxline	wscanf
fseek			

图 12-15 POSIX.1 定义的可选取消点

我们所描述的默认的取消类型也称为**推迟取消**。调用 pthread_cancel 以后，在线程到达取消点之前，并不会出现真正的取消。可以通过调用 pthread_setcanceltype 来修改取消类型。

```
#include <pthread.h>

int pthread_setcanceltype(int type, int *oldtype);
```

返回值：若成功，返回 0；否则，返回错误编号

pthread_setcanceltype 函数把取消类型设置为 *type*（类型参数可以是 PTHREADCANCEL_DEFERRED，也可以是 PTHREAD_CANCEL_ASYNCHRONOUS），把原来的取消类型返回到 *oldtype* 指向的整型单元。

异步取消与推迟取消不同，因为使用异步取消时，线程可以在任意时间撤消，不是非得遇到取消点才能被取消。

12.8 线程和信号

即使是在基于进程的编程范型中，信号的处理有时候也是很复杂的。把线程引入编程范型，就使信号的处理变得更加复杂。

每个线程都有自己的信号屏蔽字，但是信号的处理是进程中所有线程共享的。这意味着单个线程可以阻止某些信号，但当某个线程修改了与某个给定信号相关的处理行为以后，所有的线程都必须共享这个处理行为的改变。这样，如果一个线程选择忽略某个给定信号，那么另一个线程就可以通过以下两种方式撤销上述线程的信号选择：恢复信号的默认处理行为，或者为信号设置一个新的信号处理程序。

进程中的信号是递送到单个线程的。如果一个信号与硬件故障相关，那么该信号一般会被发送到引起该事件的线程中去，而其他的信号则被发送到任意一个线程。

10.12 节讨论了进程如何使用 sigprocmask 函数来阻止信号发送。然而，sigprocmask 的行为在多线程的进程中并没有定义，线程必须使用 pthread_sigmask。

452
~
453

```
#include <signal.h>

int pthread_sigmask(int how, const sigset_t  *restrict set,
                    sigset_t *restrict oset);
```

返回值：若成功，返回 0；否则，返回错误编号

pthread_sigmask 函数与 sigprocmask 函数基本相同，不过 pthread_sigmask 工作在线程中，而且失败时返回错误码，不再像 sigprocmask 中那样设置 errno 并返回-1。*set* 参数包含线程用于修改信号屏蔽字的信号集。*how* 参数可以取下列 3 个值之一：SIG_BLOCK，把信号集添加到线程信号屏蔽字中，SIG_SETMASK，用信号集替换线程的信号屏蔽字；SIG_UNBLOCK，从线程信号屏蔽字中移除信号集。如果 *oset* 参数不为空，线程之前的信号屏蔽字就存储在它指向的 sigset_t 结构中。线程可以通过把 *set* 参数设置为 NULL，并把 *oset* 参数设置为 sigset_t 结构的地址，来获取当前的信号屏蔽字。这种情况中的 *how* 参数会被忽略。

线程可以通过调用 sigwait 等待一个或多个信号的出现。

```
#include <signal.h>

int sigwait(const sigset_t *restrict set, int *restrict signop);
```

返回值：若成功，返回 0；否则，返回错误编号

set 参数指定了线程等待的信号集。返回时，*signop* 指向的整数将包含发送信号的数量。

如果信号集中的某个信号在 sigwait 调用的时候处于挂起状态，那么 sigwait 将无阻塞地返回。在返回之前，sigwait 将从进程中移除那些处于挂起等待状态的信号。如果具体实现支持排队信号，并且信号的多个实例被挂起，那么 sigwait 将会移除该信号的一个实例，其他的实例还要继续排队。

为了避免错误行为发生，线程在调用 sigwait 之前，必须阻塞那些它正在等待的信号。

sigwait 函数会原子地取消信号集的阻塞状态，直到有新的信号被递送。在返回之前，sigwait 将恢复线程的信号屏蔽字。如果信号在 sigwait 被调用的时候没有被阻塞，那么在线程完成对 sigwait 的调用之前会出现一个时间窗，在这个时间窗中，信号就可以被发送给线程。

使用 sigwait 的好处在于它可以简化信号处理，允许把异步产生的信号用同步的方式处理。为了防止信号中断线程，可以把信号加到每个线程的信号屏蔽字中。然后可以安排专用线程处理信号。这些专用线程可以进行函数调用，不需要担心在信号处理程序中调用哪些函数是安全的，因为这些函数调用来自正常的线程上下文，而非会中断线程正常执行的传统信号处理程序。

如果多个线程在 sigwait 的调用中因等待同一个信号而阻塞，那么在信号递送的时候，就只有一个线程可以从 sigwait 中返回。如果一个信号被捕获（例如进程通过使用 sigaction 建立了一个信号处理程序），而且一个线程正在 sigwait 调用中等待同一信号，那么这时将由操作系统实现来决定以何种方式递送信号。操作系统实现可以让 sigwait 返回，也可以激活信号处理程序，但这两种情况不会同时发生。

454

要把信号发送给进程，可以调用 kill（见 10.9 节）。要把信号发送给线程，可以调用 pthread_kill。

```
#include <signal.h>

int pthread_kill(pthread_t thread, int signo);
```

返回值：若成功，返回 0；否则，返回错误编号

可以传一个 0 值的 *signo* 来检查线程是否存在。如果信号的默认处理动作是终止该进程，那么把信号传递给某个线程仍然会杀死整个进程。

注意，闹钟定时器是进程资源，并且所有的线程共享相同的闹钟。所以，进程中的多个线程不可能互不干扰（或互不合作）地使用闹钟定时器（这是习题 12.6 的内容）。

实例

回忆图 10-23 所示的程序，我们等待信号处理程序设置标志表明主程序应该退出。唯一可运行的控制线程就是主线程和信号处理程序，所以阻塞信号足以避免错失标志修改。在线程中，我们需要使用互斥量来保护标志，如图 12-16 中的程序所示。

```
#include "apue.h"
#include <pthread.h>

int          quitflag;    /* set nonzero by thread */
sigset_t     mask;

pthread_mutex_t lock = PTHREAD_MUTEX_INITIALIZER;
pthread_cond_t waitloc = PTHREAD_COND_INITIALIZER;

void *
thr_fn(void *arg)
{
    int err, signo;

    for (;;) {
        err = sigwait(&mask, &signo);
        if (err != 0)
            err_exit(err, "sigwait failed");
```

```
        switch (signo) {
        case SIGINT:
            printf("\ninterrupt\n");
            break;

        case SIGQUIT:
            pthread_mutex_lock(&lock);
            quitflag = 1;
            pthread_mutex_unlock(&lock);
            pthread_cond_signal(&waitloc);
            return(0);

        default:
            printf("unexpected signal %d\n", signo);
            exit(1);
        }
    }
}

int
main(void)
{
    int         err;
    sigset_t    oldmask;
    pthread_t   tid;

    sigemptyset(&mask);
    sigaddset(&mask, SIGINT);
    sigaddset(&mask, SIGQUIT);
    if ((err = pthread_sigmask(SIG_BLOCK, &mask, &oldmask)) != 0)
        err_exit(err, "SIG_BLOCK error");

    err = pthread_create(&tid, NULL, thr_fn, 0);
    if (err != 0)
        err_exit(err, "can't create thread");

    pthread_mutex_lock(&lock);
    while (quitflag == 0)
        pthread_cond_wait(&waitloc, &lock);
    pthread_mutex_unlock(&lock);

    /* SIGQUIT has been caught and is now blocked; do whatever */
    quitflag = 0;

    /* reset signal mask which unblocks SIGQUIT */
    if (sigprocmask(SIG_SETMASK, &oldmask, NULL) < 0)
        err_sys("SIG_SETMASK error");
    exit(0);
}
```

图 12-16 同步信号处理

我们不用依赖信号处理程序中断主控线程，有专门的独立控制线程进行信号处理。在互斥量的保护下改动quitflag的值，这样主控线程不会在调用pthread_cond_signal时错失唤醒调用。在主控线程中使用相同的互斥量来检查标志的值，并且原子地释放互斥量，等待条件的发生。

注意，在主线程开始时阻塞 SIGINT 和 SIGQUIT。当创建线程进行信号处理时，新建线程继承了现有的信号屏蔽字。因为 sigwait 会解除信号的阻塞状态，所有只有一个线程可以用于信号的接收。这可以使我们对主线程进行编码时不必担心来自这些信号的中断。

运行这个程序可以得到与图 10-23 类似的输出结果：

```
$ ./a.out
^?                      输入中断字符
interrupt
^?                      再次输入中断字符
interrupt
^?                      再次输入中断字符
interrupt
^\ $                    现在用退出符终止
```

12.9 线程和 fork

当线程调用 fork 时，就为子进程创建了整个进程地址空间的副本。回忆 8.3 节中讨论的写时复制，子进程与父进程是完全不同的进程，只要两者都没有对内存内容做出改动，父进程和子进程之间还可以共享内存页的副本。

子进程通过继承整个地址空间的副本，还从父进程那儿继承了每个互斥量、读写锁和条件变量的状态。如果父进程包含一个以上的线程，子进程在 fork 返回以后，如果紧接着不是马上调用 exec 的话，就需要清理锁状态。

在子进程内部，只存在一个线程，它是由父进程中调用 fork 的线程的副本构成的。如果父进程中的线程占有锁，子进程将同样占有这些锁。问题是子进程并不包含占有锁的线程的副本，所以子进程没有办法知道它占有了哪些锁、需要释放哪些锁。

如果子进程从 fork 返回以后马上调用其中一个 exec 函数，就可以避免这样的问题。这种情况下，旧的地址空间就被丢弃，所以锁的状态无关紧要。但如果子进程需要继续做处理工作的话，这种策略就行不通，还需要使用其他的策略。

在多线程的进程中，为了避免不一致状态的问题，POSIX.1 声明，在 fork 返回和子进程调用其中一个 exec 函数之间，子进程只能调用异步信号安全的函数。这就限制了在调用 exec 之前子进程能做什么，但不涉及子进程中锁状态的问题。

要清除锁状态，可以通过调用 pthread_atfork 函数建立 fork 处理程序。

457

```
#include <pthread.h>

int pthread_atfork(void (*prepare)(void), void (*parent)(void),
                   void (*child)(void));
```

返回值：若成功，返回 0；否则，返回错误编号

用 pthread_atfork 函数最多可以安装 3 个帮助清理锁的函数。*prepare* fork 处理程序由父进程在 fork 创建子进程前调用。这个 fork 处理程序的任务是获取父进程定义的所有锁。*parent* fork 处理程序是在 fork 创建子进程以后、返回之前在父进程上下文中调用的。这个 fork 处理程序的任务是对 *prepare* fork 处理程序获取的所有锁进行解锁。*child* fork 处理程序在 fork 返回之前在子进程上下文中调用。与 *parent* fork 处理程序一样，*child* fork 处理程序也必须释放 *prepare* fork 处理程序获取的所有锁。

注意，不会出现加锁一次解锁两次的情况，虽然看起来也许会出现。子进程地址空间在创建时就

得到了父进程定义的所有锁的副本。因为 *prepare* fork 处理程序获取了所有的锁，父进程中的内存和子进程中的内存内容在开始的时候是相同的。当父进程和子进程对它们锁的副本进程解锁的时候，新的内存是分配给子进程的，父进程的内存内容是复制到子进程的内存中（写时复制），所以我们就会陷入这样的假象，看起来父进程对它所有的锁的副本进行了加锁，子进程对它所有的锁的副本进行了加锁。父进程和子进程对在不同内存单元的重复的锁都进行了解锁操作，就好像出现了下列事件序列。

（1）父进程获取所有的锁。

（2）子进程获取所有的锁。

（3）父进程释放它的锁。

（4）子进程释放它的锁。

可以多次调用 `pthread_atfork` 函数从而设置多套 fork 处理程序。如果不需要使用其中某个处理程序，可以给特定的处理程序参数传入空指针，它就不会起任何作用了。使用多个 fork 处理程序时，处理程序的调用顺序并不相同。*parent* 和 *child* fork 处理程序是以它们注册时的顺序进行调用的，而 *prepare* fork 处理程序的调用顺序与它们注册时的顺序相反。这样可以允许多个模块注册它们自己的 fork 处理程序，而且可以保持锁的层次。

例如，假设模块 *A* 调用模块 *B* 中的函数，而且每个模块有自己的一套锁。如果锁的层次是 *A* 在 *B* 之前，模块 *B* 必须在模块 *A* 之前设置它的 fork 处理程序。当父进程调用 `fork` 时，就会执行以下的步骤，假设子进程在父进程之前运行：

（1）调用模块 *A* 的 *prepare* fork 处理程序获取模块 *A* 的所有锁。

458

（2）调用模块 *B* 的 *prepare* fork 处理程序获取模块 *B* 的所有锁。

（3）创建子进程。

（4）调用模块 *B* 中的 *child* fork 处理程序释放子进程中模块 *B* 的所有锁。

（5）调用模块 *A* 中的 *child* fork 处理程序释放子进程中模块 *A* 的所有锁。

（6）`fork` 函数返回到子进程。

（7）调用模块 *B* 中的 *parent* fork 处理程序释放父进程中模块 *B* 的所有锁。

（8）调用模块 *A* 中的 *parent* fork 处理程序来释放父进程中模块 *A* 的所有锁。

（9）`fork` 函数返回到父进程。

如果 fork 处理程序是用来清理锁状态的，那么又由谁来负责清理条件变量的状态呢？在有些操作系统的实现中，条件变量可能并不需要做任何清理。但是有些操作系统实现把锁作为条件变量实现的一部分，这种情况下的条件变量就需要清理。问题是目前不存在允许清理锁状态的接口。如果锁是嵌入到条件变量的数据结构中的，那么在调用 `fork` 之后就不能使用条件变量，因为还没有可移植的方法对锁进行状态清理。另外，如果操作系统的实现是使用全局锁保护进程中所有的条件变量数据结构，那么操作系统实现本身可以在 `fork` 库例程中做清理锁的工作，但是应用程序不应该依赖操作系统实现中类似这样的细节。

实例

图 12-17 中的程序描述了如何使用 `pthread_atfork` 和 fork 处理程序。

```
#include "apue.h"
#include <pthread.h>

pthread_mutex_t lock1 = PTHREAD_MUTEX_INITIALIZER;
pthread_mutex_t lock2 = PTHREAD_MUTEX_INITIALIZER;
```

```
void
prepare(void)
{
    int err;

    printf("preparing locks...\n");
    if ((err = pthread_mutex_lock(&lock1)) != 0)
        err_cont(err, "can't lock lock1 in prepare handler");
    if ((err = pthread_mutex_lock(&lock2)) != 0)
        err_cont(err, "can't lock lock2 in prepare handler");
}

void
parent(void)
{
    int err;

    printf("parent unlocking locks...\n");
    if ((err = pthread_mutex_unlock(&lock1)) != 0)
        err_cont(err, "can't unlock lock1 in parent handler");
    if ((err = pthread_mutex_unlock(&lock2)) != 0)
        err_cont(err, "can't unlock lock2 in parent handler");
}

void
child(void)
{
    int err;

    printf("child unlocking locks...\n");
    if ((err = pthread_mutex_unlock(&lock1)) != 0)
        err_cont(err, "can't unlock lock1 in child handler");
    if ((err = pthread_mutex_unlock(&lock2)) != 0)
        err_cont(err, "can't unlock lock2 in child handler");
}

void *
thr_fn(void *arg)
{
    printf("thread started...\n");
    pause();
    return(0);
}

int
main(void)
{
    int         err;
    pid_t       pid;
    pthread_t   tid;

    if ((err = pthread_atfork(prepare, parent, child)) != 0)
        err_exit(err, "can't install fork handlers");
    if ((err = pthread_create(&tid, NULL, thr_fn, 0)) != 0)
```

459

```
        err_exit(err, "can't create thread");

    sleep(2);
    printf("parent about to fork...\n");

    if ((pid = fork()) < 0)
        err_quit("fork failed");
    else if (pid == 0)     /* child */
        printf("child returned from fork\n");
    else      /* parent */
        printf("parent returned from fork\n");
    exit(0);
}
```

460

图 12-17 pthread_atfork 实例

图 12-17 中定义了两个互斥量，lock1 和 lock2，*prepare* fork 处理程序获取这两把锁，*child* fork 处理程序在子进程上下文中释放它们，*parent* fork 处理程序在父进程上下文中释放它们。

运行该程序，得到如下输出：

```
$ ./a.out
thread started...
parent about to fork...
preparing locks...
child unlocking locks...
child returned from fork
parent unlocking locks...
parent returned from fork
```

可以看到，*prepare* fork 处理程序在调用 fork 以后运行，*child* fork 处理程序在 fork 调用返回到子进程之前运行，*parent* fork 处理程序在 fork 调用返回给父进程之前运行。

虽然 pthread_atfork 机制的意图是使 fork 之后的锁状态保持一致，但它还是存在一些不足之处，只能在有限情况下可用。

- 没有很好的办法对较复杂的同步对象（如条件变量或者屏障）进行状态的重新初始化。
- 某些错误检查的互斥量实现在 *child* fork 处理程序试图对被父进程加锁的互斥量进行解锁时会产生错误。
- 递归互斥量不能在 *child* fork 处理程序中清理，因为没有办法确定该互斥量被加锁的次数。
- 如果子进程只允许调用异步信号安全的函数，*child* fork 处理程序就不可能清理同步对象，因为用于操作清理的所有函数都不是异步信号安全的。实际的问题是同步对象在某个线程调用 fork 时可能处于中间状态，除非同步对象处于一致状态，否则无法被清理。
- 如果应用程序在信号处理程序中调用了 fork（这是合法的，因为 fork 本身是异步信号安全的），pthread_atfork 注册的 fork 处理程序只能调用异步信号安全的函数，否则结果将是未定义的。

12.10 线程和 I/O

3.11 节介绍了 pread 和 pwrite 函数。这些函数在多线程环境下是非常有用的，因为进程中的所有线程共享相同的文件描述符。

考虑两个线程，在同一时间对同一个文件描述符进行读写操作。 461

线程 A	线程 B
`lseek(fd, 300, SEEK_SET);`	`lseek(fd, 700, SEEK_SET);`
`read(fd, buf1, 100);`	`read(fd, buf2, 100);`

如果线程 A 执行 lseek 然后线程 B 在线程 A 调用 read 之前调用 lseek，那么两个线程最终会读取同一条记录。很显然这不是我们希望的。

为了解决这个问题，可以使用 pread，使偏移量的设定和数据的读取成为一个原子操作。

线程 A	线程 B
`pread(fd, buf1, 100, 300);`	`pread(fd, buf2, 100, 700);`

使用 pread 可以确保线程 A 读取偏移量为 300 的记录，而线程 B 读取偏移量为 700 的记录。可以使用 pwrite 来解决并发线程对同一文件进行写操作的问题。

12.11 小结

在 UNIX 系统中，线程提供了分解并发任务的另一种模型。线程促进了独立控制线程之间的共享，但也出现了它特有的同步问题。本章中，我们了解了如何调整线程和它们的同步原语，讨论了线程的可重入性，还学习了线程如何与其他面向进程的系统调用进行交互。

习题

12.1 在 Linux 系统中运行图 12-17 中的程序，但把输出结果重定向到一个文件中，并解释结果。

12.2 实现 putenv_r，即 putenv 的可重入版本。确保你的实现既是线程安全的，也是异步信号安全的。

12.3 是否可以通过在 getenv 函数开始的时候阻塞信号，并在 getenv 函数返回之前恢复原来的信号屏蔽字这种方法，让图 12-13 中的 getenv 函数变成异步信号安全的？解释其原因。

12.4 写一个程序练习图 12-13 中的 getenv 版本，在 FreeBSD 上编译并运行程序，会出现什么结果？解释其原因。

12.5 假设可以在一个程序中创建多个线程执行不同的任务，为什么还是有可能会需要用 fork？解释其原因。

12.6 重新实现图 10-29 中的程序，在不使用 nanosleep 或 clock_nanosleep 的情况下使它成为线程安全的。

12.7 调用 fork 以后，是否可以通过首先用 pthread_cond_destroy 销毁条件变量，然后用 pthread_cond_init 初始化条件变量这种方法安全地在子进程中对条件变量进行重新初始化？

12.8 图 12-8 中的 timeout 函数可以大大简化，解释其原因。 462

第 13 章

守护进程

13.1 引言

守护进程（daemon）是生存期长的一种进程。它们常常在系统引导装入时启动，仅在系统关闭时才终止。因为它们没有控制终端，所以说它们是在后台运行的。UNIX 系统有很多守护进程，它们执行日常事务活动。

本章将说明守护进程结构，以及如何编写守护进程程序。因为守护进程没有控制终端，我们需要了解在出现问题时，守护进程如何报告出错情况。

> 有关守护进程这一术语被应用于计算机系统的历史背景，详见 Raymond[1996]。

13.2 守护进程的特征

让我们先来看一些常用的系统守护进程，以及它们是怎样和第 9 章中叙述的进程组、控制终端和会话这三个概念相关联的。ps(1)命令打印系统中各个进程的状态。该命令有多个选项，有关细节请参考系统手册。为了解本节讨论中所需的信息，我们在基于 BSD 的系统下执行：

```
ps -axj
```

选项-a 显示由其他用户所拥有的进程的状态，-x 显示没有控制终端的进程状态，-j 显示与作业有关的信息：会话 ID、进程组 ID、控制终端以及终端进程组 ID。在基于 System V 的系统中，与此相类似的命令是 ps -efj（为了提高安全性，某些 UNIX 系统不允许用户使用 ps 命令查看不属于自己的进程）。ps 的输出大致是：

463

```
UID        PID  PPID   PGID   SID  TTY  COMD
root         1     0      1     1    ?  /sbin/init
root         2     0      0     0    ?  [kthreadd]
root         3     2      0     0    ?  [ksoftirqd/0]
root         6     2      0     0    ?  [migration/0]
root         7     2      0     0    ?  [watchdog/0]
root        21     2      0     0    ?  [cpuset]
root        22     2      0     0    ?  [khelper]
root        26     2      0     0    ?  [sync_supers]
root        27     2      0     0    ?  [bdi-default]
root        29     2      0     0    ?  [kblockd]
root        35     2      0     0    ?  [kswapd0]
root        49     2      0     0    ?  [scsi_eh_0]
root       256     2      0     0    ?  [jbd2/sda5-8]
```

```
root          257    2      0      0    ?  [ext4-dio-unwrit]
syslog        847    1    843    843    ?  rsyslogd -c5
root          906    1    906    906    ?  /usr/sbin/cupsd -F
root         1037    1   1037   1037    ?  /usr/sbin/inetd
root         1067    1   1067   1067    ?  cron
daemon       1068    1   1068   1068    ?  atd
root         8196    1   8196   8196    ?  /usr/sbin/sshd -D
root        13047    2      0      0    ?  [kworker/1:0]
root        14596    2      0      0    ?  [flush-8:0]
root        26464    1  26464  26464    ?  rpcbind -w
statd       28490    1  28490  28490    ?  rpc.statd -L
root        28553    2      0      0    ?  [rpciod]
root        28554    2      0      0    ?  [nfsiod]
root        28561    1  28561  28561    ?  rpc.idmapd
root        28761    2      0      0    ?  [lockd]
root        28764    2      0      0    ?  [nfsd]
root        28775    1  28775  28775    ?  /usr/sbin/rpc.mountd --manage-gids
```

其中，已移去了一些我们不感兴趣的列，如累计 CPU 时间。按照顺序，各列标题的意义分别是用户 ID、进程 ID、父进程 ID、进程组 ID、会话 ID、终端名称以及命令字符串。

> 此 ps 命令在支持会话 ID 的系统（Linux 3.2.0）上运行，9.5 节的 setsid 函数中曾提及会话 ID。简单地说，它就是会话首进程的进程 ID。但是，一些基于 BSD 的系统，如 Mac OS X 10.6.8，将打印与本进程所属进程组对应的 session 结构的地址（见 9.11 节），而非会话 ID 的地址。

系统进程依赖于操作系统实现。父进程 ID 为 0 的各进程通常是内核进程，它们作为系统引导装入过程的一部分而启动。（init 是个例外，它是一个由内核在引导装入时启动的用户层次的命令。）内核进程是特殊的，通常存在于系统的整个生命期中。它们以超级用户特权运行，无控制终端，无命令行。

464

在 ps 的输出实例中，内核守护进程的名字出现在方括号中。该版本的 Linux 使用一个名为 kthreadd 的特殊内核进程来创建其他内核进程，所以 kthreadd 表现为其他内核进程的父进程。对于需要在进程上下文执行工作但却不被用户层进程上下文调用的每一个内核组件，通常有它自己的内核守护进程。例如，在 Linux 中：

- kswapd 守护进程也称为内存换页守护进程。它支持虚拟内存子系统在经过一段时间后将脏页面慢慢地写回磁盘来回收这些页面。
- flush 守护进程在可用内存达到设置的最小阈值时将脏页面冲洗至磁盘。它也定期地将脏页面冲洗回磁盘来减少在系统出现故障时发生的数据丢失。多个冲洗守护进程可以同时存在，每个写回的设备都有一个冲洗守护进程。输出实例中显示出一个名为 flush-8:0 的冲洗守护进程。从名字中可以看出，写回设备是通过主设备号（8）和副设备号（0）来识别的。
- sync_supers 守护进程定期将文件系统元数据冲洗至磁盘。
- jbd 守护进程帮助实现了 ext4 文件系统中的日志功能。

进程 1 通常是 init（Mac OS X 中是 launchd），8.2 节对此做过说明。它是一个系统守护进程，除了其他工作外，主要负责启动各运行层次特定的系统服务。这些服务通常是在它们自己拥有的守护进程的帮助下实现的。

rpcbind 守护进程提供将远程过程调用（Remote Procedure Call，RPC）程序号映射为网络端口号的服务。rsyslogd 守护进程可以被由管理员启用的将系统消息记入日志的任何程序使用。可以在一台实际的控制台上打印这些消息，也可将它们写到一个文件中。（13.4 节将对 syslog 设施进行说明。）

9.3 节已谈到 inetd 守护进程。它侦听系统网络接口，以便取得来自网络的对各种网络服务进程的请求。nfsd、nfsiod、lockd、rpciod、rpc.idmapd、rpc.statd 和 rpc.mountd 守护进程提供对网络文件系统（Network File System，NFS）的支持。注意，前 4 个是内核守护进程，后 3 个是用户级守护进程。

cron 守护进程在定期安排的日期和时间执行命令。许多系统管理任务是通过 cron 每隔一段固定的时间就运行相关程序而得以实现的。atd 守护进程与 cron 类似，它允许用户在指定的时间执行任务，但是每个任务它只执行一次，而非在定期安排的时间反复执行。cupsd 守护进程是个打印假脱机进程，它处理对系统提出的各个打印请求。sshd 守护进程提供了安全的远程登录和执行设施。

注意，大多数守护进程都以超级用户（root）特权运行。所有的守护进程都没有控制终端，其终端名设置为问号。内核守护进程以无控制终端方式启动。用户层守护进程缺少控制终端可能是守护进程调用了 setsid 的结果。大多数用户层守护进程都是进程组的组长进程以及会话的首进程，而且是这些进程组和会话中的唯一进程（rsyslogd 是一个例外）。最后，应当引起注意的是用户层守护进程的父进程是 init 进程。

465

13.3 编程规则

在编写守护进程程序时需遵循一些基本规则，以防止产生不必要的交互作用。下面先说明这些规则，然后给出一个按照这些规则编写的函数 daemonize。

（1）首先要做的是调用 umask 将文件模式创建屏蔽字设置为一个已知值（通常是 0）。由继承得来的文件模式创建屏蔽字可能会被设置为拒绝某些权限。如果守护进程要创建文件，那么它可能要设置特定的权限。例如，若守护进程要创建组可读、组可写的文件，继承的文件模式创建屏蔽字可能会屏蔽上述两种权限中的一种，而使其无法发挥作用。另一方面，如果守护进程调用的库函数创建了文件，那么将文件模式创建屏蔽字设置为一个限制性更强的值（如 007）可能会更明智，因为库函数可能不允许调用者通过一个显式的函数参数来设置权限。

（2）调用 fork，然后使父进程 exit。这样做实现了下面几点。第一，如果该守护进程是作为一条简单的 shell 命令启动的，那么父进程终止会让 shell 认为这条命令已经执行完毕。第二，虽然子进程继承了父进程的进程组 ID，但获得了一个新的进程 ID，这就保证了子进程不是一个进程组的组长进程。这是下面将要进行的 setsid 调用的先决条件。

（3）调用 setsid 创建一个新会话。然后执行 9.5 节中列出的 3 个步骤，使调用进程：（a）成为新会话的首进程，（b）成为一个新进程组的组长进程，（c）没有控制终端。

> 在基于 System V 的系统中，有些人建议在此时再次调用 fork，终止父进程，继续使用子进程中的守护进程。这就保证了该守护进程不是会话首进程，于是按照 System V 规则（见 9.6 节）可以防止它取得控制终端。为了避免取得控制终端的另一种方法是，无论何时打开一个终端设备，都一定要指定 O_NOCTTY。

（4）将当前工作目录更改为根目录。从父进程处继承过来的当前工作目录可能在一个挂载的文件系统中。因为守护进程通常在系统再引导之前是一直存在的，所以如果守护进程的当前工作目录在一个挂载文件系统中，那么该文件系统就不能被卸载。

或者，某些守护进程还可能会把当前工作目录更改到某个指定位置，并在此位置进行它们的全部工作。例如，行式打印机假脱机守护进程就可能将其工作目录更改到它们的 spool 目录上。

（5）关闭不再需要的文件描述符。这使守护进程不再持有从其父进程继承来的任何文件描述符（父进程可能是 shell 进程，或某个其他进程）。可以使用 `open_max` 函数（见 2.17 节）或 `getrlimit` 函数（见 7.11 节）来判定最高文件描述符值，并关闭直到该值的所有描述符。

（6）某些守护进程打开/`dev/null` 使其具有文件描述符 0、1 和 2，这样，任何一个试图读标准输入、写标准输出或标准错误的库例程都不会产生任何效果。因为守护进程并不与终端设备相关联，所以其输出无处显示，也无处从交互式用户那里接收输入。即使守护进程是从交互式会话启动的，但是守护进程是在后台运行的，所以登录会话的终止并不影响守护进程。如果其他用户在同一终端设备上登录，我们不希望在该终端上见到守护进程的输出，用户也不期望他们在终端上的输入被守护进程读取。

466

实例

图 13-1 所示的函数可由一个想要初始化为守护进程的程序调用。

```
#include "apue.h"
#include <syslog.h>
#include <fcntl.h>
#include <sys/resource.h>

void
daemonize(const char *cmd)
{
    int                 i, fd0, fd1, fd2;
    pid_t               pid;
    struct rlimit       rl;
    struct sigaction    sa;

    /*
     * Clear file creation mask.
     */
    umask(0);

    /*
     * Get maximum number of file descriptors.
     */
    if (getrlimit(RLIMIT_NOFILE, &rl) < 0)
        err_quit("%s: can't get file limit", cmd);

    /*
     * Become a session leader to lose controlling TTY.
     */
    if ((pid = fork()) < 0)
        err_quit("%s: can't fork", cmd);
    else if (pid != 0) /* parent */
        exit(0);
    setsid();

    /*
     * Ensure future opens won't allocate controlling TTYs.
     */
    sa.sa_handler = SIG_IGN;
```

467

```
    sigemptyset(&sa.sa_mask);
    sa.sa_flags = 0;
    if (sigaction(SIGHUP, &sa, NULL) < 0)
        err_quit("%s: can't ignore SIGHUP", cmd);
    if ((pid = fork()) < 0)
        err_quit("%s: can't fork", cmd);
    else if (pid != 0) /* parent */
        exit(0);

    /*
     * Change the current working directory to the root so
     * we won't prevent file systems from being unmounted.
     */
    if (chdir("/") < 0)
        err_quit("%s: can't change directory to /", cmd);

    /*
     * Close all open file descriptors.
     */
    if (rl.rlim_max == RLIM_INFINITY)
        rl.rlim_max = 1024;
    for (i = 0; i < rl.rlim_max; i++)
        close(i);

    /*
     * Attach file descriptors 0, 1, and 2 to /dev/null.
     */
    fd0 = open("/dev/null", O_RDWR);
    fd1 = dup(0);
    fd2 = dup(0);

    /*
     * Initialize the log file.
     */
    openlog(cmd, LOG_CONS, LOG_DAEMON);
    if (fd0 != 0 || fd1 != 1 || fd2 != 2) {
        syslog(LOG_ERR, "unexpected file descriptors %d %d %d",
          fd0, fd1, fd2);
        exit(1);
    }
}
```

图 13-1 初始化一个守护进程

若 daemonize 函数由 main 程序调用，然后 main 程序进入休眠状态，那么可以用 ps 命令检查该守护进程的状态：

```
$ ./a.out
$ ps -efj
UID     PID  PPID   PGID    SID  TTY  CMD
sar   13800     1  13799  13799  ?    ./a.out
$ ps -efj | grep 13799
sar   13800     1  13799  13799  ?    ./a.out
```

468

我们也可用 ps 命令验证，没有活动进程存在的 ID 是 13799。这意味着，守护进程在一个孤儿进程组中（见 9.10 节），它不是会话首进程，因此没有机会被分配到一个控制终端。这一结果是在

daemonize 函数中执行第二个 fork 造成的。可以看出，守护进程已经被正确地初始化了。

13.4 出错记录

守护进程存在的一个问题是如何处理出错消息。因为它本就不应该有控制终端，所以不能只是简单地写到标准错误上。我们不希望所有守护进程都写到控制台设备上，因为在很多工作站上控制台设备都运行着一个窗口系统。我们也不希望每个守护进程将它自己的出错消息写到一个单独的文件中。对任何一个系统管理人员而言，如果要关心哪一个守护进程写到哪一个记录文件中，并定期地检查这些文件，那么一定会使他感到头痛。所以，需要有一个集中的守护进程出错记录设施。

> BSD syslog 设施是在伯克利开发的，广泛应用于 4.2BSD。从 BSD 派生的很多系统都支持 syslog。在 SVR4 之前，System V 中从来没有一个集中的守护进程记录设施。在 Single UNIX Specification 的 XSI 扩展中包括了 syslog 函数。

自 4.2BSD 以来，BSD 的 syslog 设施得到了广泛的应用。大多数守护进程都使用这一设施。图 13-2 显示了 syslog 设施的详细组织结构。

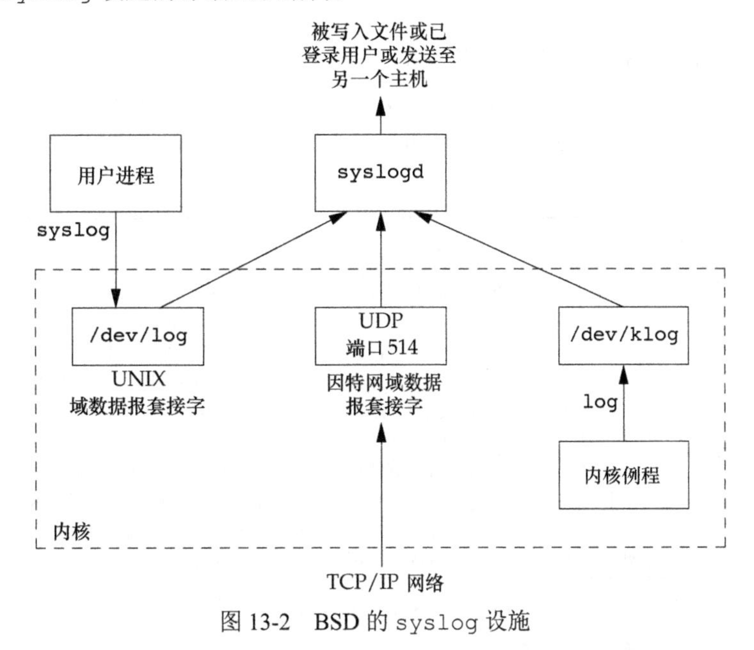

图 13-2 BSD 的 syslog 设施

469

有以下 3 种产生日志消息的方法。

（1）内核例程可以调用 log 函数。任何一个用户进程都可以通过打开（open）并读取（read）/dev/klog 设备来读取这些消息。因为我们无意编写内核例程，所以不再进一步说明此函数。

（2）大多数用户进程（守护进程）调用 syslog(3)函数来产生日志消息。我们将在下面说明其调用序列。这使消息被发送至 UNIX 域数据报套接字/dev/log。

（3）无论一个用户进程是在此主机上，还是在通过 TCP/IP 网络连接到此主机的其他主机上，都可将日志消息发向 UDP 端口 514。注意，syslog 函数从不产生这些 UDP 数据报，它们要求产生此日志消息的进程进行显式的网络编程。

关于UNIX域套接字以及UDP套接字的细节，请参阅Stevens、Fenner和Rudoff[2004]。

通常，syslogd守护进程读取所有3种格式的日志消息。此守护进程在启动时读一个配置文件，其文件名一般为/etc/syslog.conf，该文件决定了不同种类的消息应送向何处。例如，紧急消息可发送至系统管理员（若已登录），并在控制台上打印，而警告消息则可记录到一个文件中。

该设施的接口是syslog函数。

```
#include <syslog.h>

void openlog(const char *ident, int option, int facility);

void syslog(int priority, const char *format, ...);

void closelog(void);

int setlogmask(int maskpri);
```

返回值：前日志记录优先级屏蔽字值

调用openlog是可选择的。如果不调用openlog，则在第一次调用syslog时，自动调用openlog。调用closelog也是可选择的，因为它只是关闭曾被用于与syslogd守护进程进行通信的描述符。

调用openlog使我们可以指定一个*ident*，以后，此*ident*将被加至每则日志消息中。*ident*一般是程序的名称（如cron、inetd）。*option*参数是指定各种选项的位屏蔽。图13-3介绍了可用的*option*（选项）。若在Single UNIX Specification的openlog定义中包括了该选项，则在XSI列中用一个黑点表示。

option	XSI	说明
LOG_CONS	•	若日志消息不能通过UNIX域数据报送至syslogd，则将该消息写至控制台
LOG_NDELAY	•	立即打开至syslogd守护进程的UNIX域数据报套接字，不要等到第一条消息已经被记录时再打开。通常，在记录第一条消息之前，不打开该套接字
LOG_NOWAIT	•	不要等待在将消息记入日志过程中可能已创建的子进程。因为在syslog调用wait时，应用程序可能已获得了子进程的状态，这种处理阻止了与捕捉SIGCHLD信号的应用程序之间产生的冲突
LOG_ODELAY	•	在第一条消息被记录之前延迟打开至syslogd守护进程的连接
LOG_PERROR		除将日志消息发送给syslogd以外，还将它写至标准出错（在Solaris上不可用）
LOG_PID	•	记录每条消息都要包含进程ID。此选项可供对每个不同的请求都fork一个子进程的守护进程使用（与从不调用fork的守护进程相比较，如syslogd）

图13-3 openlog的*option*参数

openlog的*facility*参数值选取自图13-4。注意，Single UNIX Specification只定义了*facility*所有参数值中的一个子集，该子集一般只能用在一个给定的平台上。设置*facility*参数的目的是可以让配置文件说明，来自不同设施的消息将以不同的方式进行处理。如果不调用openlog，或者以*facility*为0来调用它，那么在调用syslog时，可将*facility*作为*priority*参数的一个部分进行说明。

调用syslog产生一个日志消息。其*priority*参数是*facility*和*level*的组合，它们可选取的值分别列于*facility*（见图13-4）和*level*（见图13-5）中。*level*值按优先级从最高到最低依次排列。

facility	XSI	说明
LOG_AUDIT		审计设施
LOG_AUTH		授权程序：login、su、getty 等
LOG_AUTHPRIV		与 LOG_AUTH 相同，但写日志文件时具有权限限制
LOG_CONSOLE		消息写入/dev/console
LOG_CRON		cron 和 at
LOG_DAEMON		系统守护进程：inetd、routed 等
LOG_FTP		FTP 守护进程（ftpd）
LOG_KERN		内核产生的消息
LOG_LOCAL0	•	保留由本地使用
LOG_LOCAL1	•	保留由本地使用
LOG_LOCAL2	•	保留由本地使用
LOG_LOCAL3	•	保留由本地使用
LOG_LOCAL4	•	保留由本地使用
LOG_LOCAL5	•	保留由本地使用
LOG_LOCAL6	•	保留由本地使用
LOG_LOCAL7	•	保留由本地使用
LOG_LPR		行式打印机系统：lpd、lpc 等
LOG_MAIL		邮件系统
LOG_NEWS		Usenet 网络新闻系统
LOG_NTP		网络时间协议系统
LOG_SECURITY		安全子系统
LOG_SYSLOG		syslogd 守护进程本身
LOG_USER	•	来自其他用户进程的消息（默认）
LOG_UUCP		UUCP 系统

图 13-4 openlog 的 *facility* 参数

level	说明
LOG_EMERG	紧急（系统不可使用）（最高优先级）
LOG_ALERT	必须立即修复的情况
LOG_CRIT	严重情况（如硬件设备出错）
LOG_ERR	出错情况
LOG_WARNING	警告情况
LOG_NOTICE	正常但重要的情况
LOG_INFO	信息性消息
LOG_DEBUG	调试消息（最低优先级）

图 13-5 syslog 中的 *level*（按序排列）

将 *format* 参数以及其他所有参数传至 vsprintf 函数以便进行格式化。在 *format* 中，每个出现的%m 字符都先被代换成与 errno 值对应的出错消息字符串（strerror）。

setlogmask 函数用于设置进程的记录优先级屏蔽字。它返回调用它之前的屏蔽字。当设置了记录优先级屏蔽字时，各条消息除非已在记录优先级屏蔽字中进行了设置，否则将不被记录。注意，试图将记录优先级屏蔽字设置为 0 并不会有什么作用。

很多系统也将 logger(1)程序作为向 syslog 设施发送日志消息的方法。虽然 Single UNIX Specification 没有定义任何可选参数，但某些实现允许将该程序的可选参数指定为 *facility*、*level* 和 *ident*。logger 命令是专门为以非交互方式运行的需要产生日志消息的 shell 脚本设计的。

实例

在一个（假定的）行式打印机假脱机守护进程中，可能包含有下面的调用序列：

```
openlog("lpd", LOG_PID, LOG_LPR);
syslog(LOG_ERR, "open error for %s: %m", filename);
```

第一个调用将 *ident* 字符串设置为程序名，指定该进程 ID 要始终被打印，并且将系统默认的 *facility* 设定为行式打印机系统。对 syslog 的调用指定一个出错条件和一个消息字符串。如若不调用 openlog，则第二个调用的形式可能是：

```
syslog(LOG_ERR | LOG_LPR, "open error for %s: %m", filename);
```

其中，将 *priority* 参数指定为 *level* 和 *facility* 的组合。

除了 syslog，很多平台还提供它的一种变体来处理可变参数列表。

```
#include <syslog.h>
#include <stdarg.h>
void vsyslog(int priority, const char *format, va_list arg);
```

470～472

> 本书说明的所有 4 种平台都提供 vsyslog，但 Single UNIX Specification 中并不包括它。注意，如果要使它的声明对应用程序可见，可能需要定义一个额外的符号，例如，在 FreeBSD 中定义__BSD_VISIBLE 或在 Linux 中定义__USE_BSD。

大多数 syslog 实现将使消息短时间处于队列中。如果在此段时间中有重复消息到达，那么 syslog 守护进程不会把它写到日志记录中，而是会打印输出一条类似于“上一条消息重复了 *N* 次”的消息。

13.5　单实例守护进程

为了正常运作，某些守护进程会实现为，在任一时刻只运行该守护进程的一个副本。例如，这种守护进程可能需要排它地访问一个设备。对 cron 守护进程而言，如果同时有多个实例运行，那么每个副本都可能试图开始某个预定的操作，于是造成该操作的重复执行，这很可能导致出错。

如果守护进程需要访问一个设备，而该设备驱动程序有时会阻止想要多次打开/dev 目录下相应设备节点的尝试。这就限制了在一个时刻只能运行守护进程的一个副本。但是如果没有这种设备可供使用，那么我们就需要自行处理。

文件和记录锁机制为一种方法提供了基础，该方法保证一个守护进程只有一个副本在运行。（文件和记录锁将在 14.3 节中讨论。）如果每一个守护进程创建一个有固定名字的文件，并在该文件的整体上加一把写锁，那么只允许创建一把这样的写锁。在此之后创建写锁的尝试都会失败，这向后续守护进程副本指明已有一个副本正在运行。

文件和记录锁提供了一种方便的互斥机制。如果守护进程在一个文件的整体上得到一把写锁，那么在该守护进程终止时，这把锁将被自动删除。这就简化了复原所需的处理，去除了对以前的守护进程实例需要进行清理的有关操作。

实例

图 13-6 所示的函数说明了如何使用文件和记录锁来保证只运行一个守护进程的一个副本。

```
#include <unistd.h>
#include <stdlib.h>
#include <fcntl.h>
#include <syslog.h>
#include <string.h>
#include <errno.h>
#include <stdio.h>
#include <sys/stat.h>

#define LOCKFILE "/var/run/daemon.pid"
#define LOCKMODE (S_IRUSR|S_IWUSR|S_IRGRP|S_IROTH)

extern int lockfile(int);

int
already_running(void)
{
    int     fd;
    char    buf[16];

    fd = open(LOCKFILE, O_RDWR|O_CREAT, LOCKMODE);
    if (fd < 0) {
        syslog(LOG_ERR, "can't open %s: %s", LOCKFILE, strerror(errno));
        exit(1);
    }
    if (lockfile(fd) < 0) {
        if (errno == EACCES || errno == EAGAIN) {
            close(fd);
            return(1);
        }
        syslog(LOG_ERR, "can't lock %s: %s", LOCKFILE, strerror(errno));
        exit(1);
    }
    ftruncate(fd, 0);
    sprintf(buf, "%ld", (long)getpid());
    write(fd, buf, strlen(buf)+1);
    return(0);
}
```

473

图 13-6 保证只运行一个守护进程的一个副本

守护进程的每个副本都将试图创建一个文件，并将其进程 ID 写到该文件中。这使管理人员易于标识该进程。如果该文件已经加了锁，那么 `lockfile` 函数将失败，`errno` 设置为 EACCES 或 EAGAIN，图 13-6 中的函数返回 1，表明该守护进程已在运行。否则将文件长度截断为 0，将进程 ID 写入该文件，图 13-6 中的函数返回 0。

需要将文件长度截断为 0，其原因是之前的守护进程实例的进程 ID 字符串可能长于调用此函数的当前进程的进程 ID 字符串。例如，若以前的守护进程的进程 ID 是 12345，而新实例的进程 ID 是 9999，那么将此进程 ID 写入文件后，在文件中留下的是 99995。将文件长度截断为 0 就解决了此问题。 ■

13.6 守护进程的惯例

在 UNIX 系统中，守护进程遵循下列通用惯例。

- 若守护进程使用锁文件，那么该文件通常存储在/var/run 目录中。然而需要注意的是，守护进程可能需要具有超级用户权限才能在此目录下创建文件。锁文件的名字通常是 *name*.pid，其中，*name* 是该守护进程或服务的名字。例如，cron 守护进程锁文件的名字是/var/run/crond.pid。

474

- 若守护进程支持配置选项，那么配置文件通常存放在/etc 目录中。配置文件的名字通常是 *name*.conf，其中，*name* 是该守护进程或服务的名字。例如，syslogd 守护进程的配置文件通常是/etc/syslog.conf。
- 守护进程可用命令行启动，但通常它们是由系统初始化脚本之一（/etc/rc* 或 /etc/init.d/*）启动的。如果在守护进程终止时，应当自动地重新启动它，则我们可在/etc/inittab 中为该守护进程包括 respawn 记录项，这样，init 就将重新启动该守护进程。（假定系统使用 System V 风格的 init 命令。）
- 若一个守护进程有一个配置文件，那么当该守护进程启动时会读该文件，但在此之后一般就不会再查看它。若某个管理员更改了配置文件，那么该守护进程可能需要被停止，然后再启动，以使配置文件的更改生效。为避免此种麻烦，某些守护进程将捕捉 SIGHUP 信号，当它们接收到该信号时，重新读配置文件。因为守护进程并不与终端相结合，它们或者是无控制终端的会话首进程，或者是孤儿进程组的成员，所以守护进程没有理由期望接收 SIGHUP。于是，守护进程可以安全地重复使用 SIGHUP。

实例

图 13-7 所示的程序说明了守护进程可以重读其配置文件的一种方法。该程序使用 sigwait 以及多线程，对此我们已经在 12.8 节讨论过。

```
#include "apue.h"
#include <pthread.h>
#include <syslog.h>

sigset_t mask;

extern int already_running(void);

void
reread(void)
{
    /* ... */
}

void *
thr_fn(void *arg)
{
    int err, signo;

    for (;;) {
        err = sigwait(&mask, &signo);
        if (err != 0) {
            syslog(LOG_ERR, "sigwait failed");
            exit(1);
        }
```

475

```
        switch (signo) {
        case SIGHUP:
            syslog(LOG_INFO, "Re-reading configuration file");
            reread();
            break;

        case SIGTERM:
            syslog(LOG_INFO, "got SIGTERM; exiting");
            exit(0);

        default:
            syslog(LOG_INFO, "unexpected signal %d\n", signo);
        }
    }
    return(0);
}

int
main(int argc, char *argv[])
{
    int                 err;
    pthread_t           tid;
    char                *cmd;
    struct sigaction    sa;

    if ((cmd = strrchr(argv[0], '/')) == NULL)
        cmd = argv[0];
    else
        cmd++;

    /*
     * Become a daemon.
     */
    daemonize(cmd);

    /*
     * Make sure only one copy of the daemon is running.
     */
    if (already_running()) {
        syslog(LOG_ERR, "daemon already running");
        exit(1);
    }

    /*
     * Restore SIGHUP default and block all signals.
     */
    sa.sa_handler = SIG_DFL;
    sigemptyset(&sa.sa_mask);
    sa.sa_flags = 0;
    if (sigaction(SIGHUP, &sa, NULL) < 0)
        err_quit("%s: can't restore SIGHUP default");
    sigfillset(&mask);
    if ((err = pthread_sigmask(SIG_BLOCK, &mask, NULL)) != 0)
        err_exit(err, "SIG_BLOCK error");
```

476

```
    /*
     * Create a thread to handle SIGHUP and SIGTERM.
     */
    err = pthread_create(&tid, NULL, thr_fn, 0);
    if (err != 0)
        err_exit(err, "can't create thread");

    /*
     * Proceed with the rest of the daemon.
     */
    /* ... */
    exit(0);
}
```

图13-7　守护进程重读配置文件

该程序调用了图13-1中的daemonize来初始化守护进程。从该函数返回后，调用图13-6中的already_running函数以确保该守护进程只有一个副本在运行。到达这一点时，SIGHUP信号仍被忽略，所以需恢复对该信号的系统默认处理方式；否则调用sigwait的线程决不会见到该信号。

如同对多线程程序所推荐的那样，阻塞所有信号，然后创建一个线程处理信号。该线程的唯一工作是等待SIGHUP和SIGTERM。当接收到SIGHUP信号时，该线程调用reread函数重读它的配置文件。当它接收到SIGTERM信号时，会记录消息并退出。

回顾图10-1，SIGHUP和SIGTERM的默认动作是终止进程。因为我们阻塞了这些信号，所以当SIGHUP和SIGTERM的其中一个被发送到守护进程时，守护进程不会消亡。作为替代，调用sigwait的线程在返回时将指示已接收到该信号。

实例

并非所有守护进程都是多线程的。图13-8中的程序说明一个单线程守护进程如何捕捉SIGHUP并重读其配置文件。

```
#include "apue.h"
#include <syslog.h>
#include <errno.h>

extern int lockfile(int);
extern int already_running(void);

void
reread(void)
{
    /* ... */
}

void
sigterm(int signo)
{
    syslog(LOG_INFO, "got SIGTERM; exiting");
    exit(0);
}
```

477

```
void
sighup(int signo)
{
    syslog(LOG_INFO, "Re-reading configuration file");
    reread();
}

int
main(int argc, char *argv[])
{
    char            *cmd;
    struct sigaction sa;

    if ((cmd = strrchr(argv[0], '/')) == NULL)
        cmd = argv[0];
    else
        cmd++;

    /*
     * Become a daemon.
     */
    daemonize(cmd);

    /*
     * Make sure only one copy of the daemon is running.
     */
    if (already_running()) {
        syslog(LOG_ERR, "daemon already running");
        exit(1);
    }

    /*
     * Handle signals of interest.
     */
    sa.sa_handler = sigterm;
    sigemptyset(&sa.sa_mask);
    sigaddset(&sa.sa_mask, SIGHUP);
    sa.sa_flags = 0;
    if (sigaction(SIGTERM, &sa, NULL) < 0) {
        syslog(LOG_ERR, "can't catch SIGTERM: %s", strerror(errno));
        exit(1);
    }
    sa.sa_handler = sighup;
    sigemptyset(&sa.sa_mask);
    sigaddset(&sa.sa_mask, SIGTERM);
    sa.sa_flags = 0;
    if (sigaction(SIGHUP, &sa, NULL) < 0) {
        syslog(LOG_ERR, "can't catch SIGHUP: %s", strerror(errno));
        exit(1);
    }

    /*
     * Proceed with the rest of the daemon.
     */
    /* ... */
```

478

```
    exit(0);
}
```

图 13-8 守护进程重读配置文件的另一种实现

在初始化守护进程后，我们为 SIGHUP 和 SIGTERM 配置了信号处理程序。可以将重读逻辑放在信号处理程序中，也可以只在信号处理程序中设置一个标志，并由守护进程的主线程完成所有的工作。

13.7 客户进程-服务器进程模型

守护进程常常用作服务器进程。确实，我们可以称图 13-2 中的 syslogd 进程为服务器进程，用户进程（客户进程）用 UNIX 域数据报套接字向其发送消息。

一般而言，服务器进程等待客户进程与其联系，提出某种类型的服务要求。图 13-2 中，由 syslogd 服务器进程提供的服务是将一条出错消息记录到日志文件中。

图 13-2 中，客户进程和服务器进程之间的通信是单向的。客户进程向服务器进程发送服务请求，服务器进程则不向客户进程回送任何消息。在下面有关进程通信的几章中，我们将见到大量客户进程和服务器进程之间双向通信的实例。客户进程向服务器进程发送请求，服务器进程则向客户进程回送应答。

在服务器进程中调用 fork 然后 exec 另一个程序来向客户进程提供服务是很常见的。这些服务器进程通常管理着多个文件描述符：通信端点、配置文件、日志文件和类似的文件。最好的情况下，让子进程中的这些文件描述符保持打开状态并无大碍，因为它们很可能不会被在子进程中执行的程序所使用，尤其是那些与服务器端无关的程序。最坏情况下，保持它们的打开状态会导致安全问题——被执行的程序可能有一些恶意行为，如更改服务器端配置文件或欺骗客户端程序使其认为正在与服务器端通信，从而获取未授权的信息。

解决此问题的一个简单方法是对所有被执行程序不需要的文件描述符设置执行时关闭（close-on-exec）标志。图 13-9 展示了一个可以用来在服务器端进程中执行上述工作的函数。

479

```
#include "apue.h"
#include <fcntl.h>

int
set_cloexec(int fd)
{
    int     val;

    if ((val = fcntl(fd, F_GETFD, 0)) < 0)
        return(-1);

    val |= FD_CLOEXEC;          /* enable close-on-exec */

    return(fcntl(fd, F_SETFD, val));
}
```

图 13-9 设置执行时关闭标志

13.8 小结

在大多数 UNIX 系统中，守护进程是一直运行的。为了初始化我们自己的进程，使之作为守护进程运行，需要一些审慎的思索并理解第 9 章中说明的进程之间的关系。本章开发了一个可由守护进程调用的能对其自身正确初始化的函数。

因为守护进程通常没有控制终端，所以本章还讨论了守护进程记录出错消息的几种方法。我们讨论了在大多数 UNIX 系统中，守护进程遵循的若干惯例，给出了几个如何实现某些惯例的实例。

习题

13.1 从图 13-2 可以推测出，直接调用 `openlog` 或第一次调用 `syslog` 都可以初始化 `syslog` 设施，此时一定要打开用于 UNIX 域数据报套接字的特殊设备文件`/dev/log`。如果调用 `openlog` 前，用户进程（守护进程）先调用了 `chroot`，结果会怎么样？

13.2 回顾 13.2 节中 `ps` 输出的示例。唯一一个不是会话首进程的用户层守护进程是 `rsyslogd` 进程。请解释为什么 `rsyslogd` 守护进程不是会话首进程。

13.3 列出你系统中所有有效的守护进程，并说明它们各自的功能。

13.4 编写一段程序调用图 13-1 中 `daemonize` 函数。调用该函数后，它已成为守护进程，再调用 `getlogin`（见 8.15 节）查看该进程是否有登录名。将结果打印到一个文件中。

480

第 14 章

高级 I/O

14.1 引言

本章涵盖众多概念和函数，我们把它们统统都放到高级 I/O 下讨论：非阻塞 I/O、记录锁、I/O 多路转接（select 和 poll 函数）、异步 I/O、readv 和 writev 函数以及存储映射 I/O（mmap）。第 15 章和第 17 章中的进程间通信以及以后各章中的很多实例都要使用本章所描述的概念和函数。

14.2 非阻塞 I/O

10.5 节中曾将系统调用分成两类："低速"系统调用和其他。低速系统调用是可能会使进程永远阻塞的一类系统调用，包括：

- 如果某些文件类型（如读管道、终端设备和网络设备）的数据并不存在，读操作可能会使调用者永远阻塞；
- 如果数据不能被相同的文件类型立即接受（如管道中无空间、网络流控制），写操作可能会使调用者永远阻塞；
- 在某种条件发生之前打开某些文件类型可能会发生阻塞（如要打开一个终端设备，需要先等待与之连接的调制解调器应答，又如若以只写模式打开 FIFO，那么在没有其他进程已用读模式打开该 FIFO 时也要等待）；
- 对已经加上强制性记录锁的文件进行读写；
- 某些 ioctl 操作；
- 某些进程间通信函数（见第 15 章）。

481

我们也曾说过，虽然读写磁盘文件会暂时阻塞调用者，但并不能将与磁盘 I/O 有关的系统调用视为"低速"。

非阻塞 I/O 使我们可以发出 open、read 和 write 这样的 I/O 操作，并使这些操作不会永远阻塞。如果这种操作不能完成，则调用立即出错返回，表示该操作如继续执行将阻塞。

对于一个给定的描述符，有两种为其指定非阻塞 I/O 的方法。

（1）如果调用 open 获得描述符，则可指定 O_NONBLOCK 标志（见 3.3 节）。

（2）对于已经打开的一个描述符，则可调用 fcntl，由该函数打开 O_NONBLOCK 文件状态标志（见 3.14 节）。图 3-12 中的函数可用来为一个描述符打开任一文件状态标志。

System V 的早期版本使用标志 O_NDELAY 指定非阻塞方式。在这些 System V 版本中，如果无数据可读，则 read 返回 0。而 UNIX 系统又常将 read 的返回值 0 解释为文件结束，两者有所混淆。POSIX.1 提供了一个非阻塞标志，它的名字和语义都与 O_NDELAY 不同。确实，在 System V 的早期版本中，当从 read 得到返回值 0 时，我们并不知道该调用是阻塞了还是遇到了文件尾端。POSIX.1 要求，对于一个非阻塞的描述符如果无数据可读，则 read 返回−1，errno 被设置为 EAGAIN。System V 派生的某些平台既支持较旧的 O_NDELAY，又支持 POSIX.1 的 O_NONBLOCK，但在本书的实例中只使用 POSIX.1 规定的特征。较旧的 O_NDELAY 只是为了向后兼容，不应在新应用程序中使用。

4.3BSD 为 fcntl 提供了 FNDELAY 标志，其语义也稍有区别。它不只影响描述符的文件状态标志，还将终端设备或套接字的标志更改成非阻塞的，因此不仅影响共享同一文件表项的用户，而且对终端或套接字的所有用户起作用（4.3BSD 非阻塞 I/O 只对终端和套接字起作用）。另外，如果对一个非阻塞描述符的操作不能无阻塞地完成，那么 4.3BSD 返回 EWOULDBLOCK。现今，基于 BSD 的系统提供 POSIX.1 的 O_NONBLOCK 标志，并且将 EWOULDBLOCK 定义为与 POSIX.1 的 EAGAIN 相同。这些系统提供与其他 POSIX 兼容系统相一致的非阻塞语义：文件状态标志的更改影响同一文件表项的所有用户，但与通过其他文件表项对同一设备的访问无关。

实例

图 14-1 中的程序是一个非阻塞 I/O 的实例，它从标准输入读 500 000 字节，并试图将它们写到标准输出上。该程序先将标准输出设置为非阻塞的，然后用 for 循环进行输出，每次 write 调用的结果都在标准错误上打印。函数 clr_fl 类似于图 3-12 中的 set_fl。这个新函数清除 1 个或多个标志位。 482

```
#include "apue.h"
#include <errno.h>
#include <fcntl.h>

char    buf[500000];

int
main(void)
{
    int     ntowrite, nwrite;
    char    *ptr;

    ntowrite = read(STDIN_FILENO, buf, sizeof(buf));
    fprintf(stderr, "read %d bytes\n", ntowrite);

    set_fl(STDOUT_FILENO, O_NONBLOCK);  /* set nonblocking */

    ptr = buf;
    while (ntowrite > 0) {
        errno = 0;
        nwrite = write(STDOUT_FILENO, ptr, ntowrite);
        fprintf(stderr, "nwrite = %d, errno = %d\n", nwrite, errno);

        if (nwrite > 0) {
            ptr += nwrite;
            ntowrite -= nwrite;
        }
```

```
    }

    clr_fl(STDOUT_FILENO, O_NONBLOCK);  /* clear nonblocking */

    exit(0);
}
```

图14-1 长的非阻塞write

若标准输出是普通文件，则可以期望write只执行一次。

```
$ ls -l /etc/services                          打印文件长度
-rw-r--r-- 1 root     677959 Jun 23  2009 /etc/services
$ ./a.out < /etc/services > temp.file          先试一个普通文件
read 500000 bytes
nwrite = 500000, errno = 0                     一次写
$ ls -l temp.file                              检验输出文件长度
-rw-rw-r-- 1 sar      500000 Apr  1 13:03 temp.file
```

但是，若标准输出是终端，则期望write有时返回小于500 000的一个数字，有时返回错误。下面是运行结果：

483

```
$ ./a.out < /etc/services 2>stderr.out         终端至输出
                                               大量输出至终端……
$ cat stderr.out
read 500000 bytes
nwrite = 999, errno = 0
nwrite = -1, errno = 35
nwrite = -1, errno = 35
nwrite = -1, errno = 35
nwrite = -1, errno = 35
nwrite = 1001, errno = 0
nwrite = -1, errno = 35
nwrite = 1002, errno = 0
nwrite = 1004, errno = 0
nwrite = 1003, errno = 0
nwrite = 1003, errno = 0
nwrite = 1005, errno = 0
nwrite = -1, errno = 35                        61个此类错误
    ⋮
nwrite = 1006, errno = 0
nwrite = 1004, errno = 0
nwrite = 1005, errno = 0
nwrite = 1006, errno = 0
nwrite = -1, errno = 35                        108个此类错误
    ⋮
nwrite = 1006, errno = 0
nwrite = 1005, errno = 0
nwrite = 1005, errno = 0
nwrite = -1, errno = 35                        681个此类错误
    ⋮
                                               等等
nwrite = 347, errno = 0
```

在该系统上，errno值35对应的是EAGAIN。终端驱动程序一次能接受的数据量随系统而变。具体结果还会因登录系统时所使用的方式的不同而不同：在系统控制台上登录、在硬接线的

终端上登录或用伪终端在网络连接上登录。如果你在终端上运行一个窗口系统，那么也是经由伪终端设备与系统交互。■

在此实例中，程序发出了 9 000 多个 `write` 调用，但是只有 500 个真正输出了数据，其余的都只返回了错误。这种形式的循环称为轮询，在多用户系统上用它会浪费 CPU 时间。14.4 节将介绍非阻塞描述符的 I/O 多路转接，这是进行这种操作的一种比较有效的方法。

有时，可以将应用程序设计成使用多线程的（见第 11 章），从而避免使用非阻塞 I/O。如若我们能在其他线程中继续进行，则可以允许单个线程在 I/O 调用中阻塞。这种方法有时能简化应用程序的设计（见第 21 章），但是，线程间同步的开销有时却可能增加复杂性，于是导致得不偿失的后果。 484

14.3 记录锁

当两个人同时编辑一个文件时，其后果将如何呢？在大多数 UNIX 系统中，该文件的最后状态取决于写该文件的最后一个进程。但是对于有些应用程序，如数据库，进程有时需要确保它正在单独写一个文件。为了向进程提供这种功能，商用 UNIX 系统提供了记录锁机制。（第 20 章包含了使用记录锁的数据库函数库。）

记录锁（record locking）的功能是：当第一个进程正在读或修改文件的某个部分时，使用记录锁可以阻止其他进程修改同一文件区。对于 UNIX 系统而言，“记录”这个词是一种误用，因为 UNIX 系统内核根本没有使用文件记录这种概念。一个更适合的术语可能是字节范围锁（byte-range locking），因为它锁定的只是文件中的一个区域（也可能是整个文件）。

1. 历史

对早期 UNIX 系统的其中一个批评是它们不能用来运行数据库系统，其原因是这些系统不支持对部分文件加锁。在 UNIX 系统寻找进入商用计算环境的途径时，很多系统开发小组以各种不同方式增加了对记录锁的支持。

早期的伯克利版本只支持 `flock` 函数。该函数只能对整个文件加锁，不能对文件中的一部分加锁。

SVR3 通过 `fcntl` 函数增加了记录锁功能。在此基础上构造了 `lockf` 函数，它提供了一个简化的接口。这些函数允许调用者对一个文件中任意字节数的区域加锁，长至整个文件，短至文件中的一个字节。

POSIX.1 标准的基础是 `fcntl` 方法。图 14-2 列出了各种系统提供的不同形式的记录锁。注意，Single UNIX Specification 在其 XSI 扩展中包括了 `lockf`。

系统	建议性	强制性	fcntl	lockf	flock
SUS	•		•	XSI	
FreeBSD 8.0	•		•	•	•
Linux 3.2.0	•	•	•	•	•
Mac OS X 10.6.8	•		•	•	•
Solaris 10	•	•	•	•	•

图 14-2 各种 UNIX 系统支持的记录锁形式

本节最后部分将说明建议性锁和强制性锁之间的区别。本书只介绍 POSIX.1 的 `fcntl` 锁。

> 记录锁是 1980 年由 John Bass 最早添加到 V7 上的。内核中相应的系统调用入口项是名为 `locking` 的函数。此函数提供了强制性记录锁功能，它被用在很多 System III 版本中。Xenix 系统采用了此函数，某些基于 Intel 的 System V 派生版本，如 OpenServer 5，在 Xenix 兼容库中仍旧支持该函数。 485

2. fcntl 记录锁

3.14 节中已经给出了 fcntl 函数的原型，为了叙说方便，这里再重复一次。

```
#include <fcntl.h>

int fcntl(int fd, int cmd, .../* struct flock *flockptr */);
```

返回值：若成功，依赖于 *cmd*（见下），否则，返回-1

对于记录锁，*cmd* 是 F_GETLK、F_SETLK 或 F_SETLKW。第三个参数（我们将调用 *flockptr*）是一个指向 flock 结构的指针。

```
struct flock {
  short l_type;      /* F_RDLCK, F_WRLCK, or F_UNLCK */
  short l_whence;    /* SEEK_SET, SEEK_CUR, or SEEK_END */
  off_t l_start;     /* offset in bytes, relative to l_whence */
  off_t l_len;       /* length, in bytes; 0 means lock to EOF */
  pid_t l_pid;       /* returned with F_GETLK */
};
```

对 flock 结构说明如下。

- 所希望的锁类型：F_RDLCK（共享读锁）、F_WRLCK（独占性写锁）或 F_UNLCK（解锁一个区域）。
- 要加锁或解锁区域的起始字节偏移量（l_start 和 l_whence）。
- 区域的字节长度（l_len）。
- 进程的 ID（l_pid）持有的锁能阻塞当前进程（仅由 F_GETLK 返回）。

关于加锁或解锁区域的说明还要注意下列几项规则。

- 指定区域起始偏移量的两个元素与 lseek 函数（见 3.6 节）中最后两个参数类似。l_whence 可选用的值是 SEEK_SET、SEEK_CUR 或 SEEK_END。
- 锁可以在当前文件尾端处开始或者越过尾端处开始，但是不能在文件起始位置之前开始。
- 如若 l_len 为 0，则表示锁的范围可以扩展到最大可能偏移量。这意味着不管向该文件中追加写了多少数据，它们都可以处于锁的范围内（不必猜测会有多少字节被追加写到了文件之后），而且起始位置可以是文件中的任意一个位置。
- 为了对整个文件加锁，我们设置 l_start 和 l_whence 指向文件的起始位置，并且指定长度（l_len）为 0。（有多种方法可以指定文件起始处，但常用的方法是将 l_start 指定为 0，l_whence 指定为 SEEK_SET。）

486

上面提到了两种类型的锁：共享读锁（l_type 为 L_RDLCK）和独占性写锁（L_WRLCK）。基本规则是：任意多个进程在一个给定的字节上可以有一把共享的读锁，但是在一个给定字节上只能有一个进程有一把独占写锁。进一步而言，如果在一个给定字节上已经有一把或多把读锁，则不能在该字节上再加写锁；如果在一个字节上已经有一把独占性写锁，则不能再对它加任何读锁。在图 14-3 中示出了这些兼容性规则。

		请求：读锁	请求：写锁
当前区域	无锁	允许	允许
	有一把或多把读锁	允许	拒绝
	有一把写锁	拒绝	拒绝

图 14-3　不同类型锁彼此之间的兼容性

上面说明的兼容性规则适用于不同进程提出的锁请求，并不适用于单个进程提出的多个锁请求。如果一个进程对一个文件区间已经有了一把锁，后来该进程又企图在同一文件区间再加一把锁，那么新锁将替换已有锁。因此，若一进程在某文件的 16～32 字节区间有一把写锁，然后又试图在 16～32 字节区间加一把读锁，那么该请求将成功执行，原来的写锁会被替换为读锁。

加读锁时，该描述符必须是读打开。加写锁时，该描述符必须是写打开。

下面说明一下 fcntl 函数的 3 种命令。

F_GETLK　判断由 *flockptr* 所描述的锁是否会被另外一把锁所排斥（阻塞）。如果存在一把锁，它阻止创建由 *flockptr* 所描述的锁，则该现有锁的信息将重写 *flockptr* 指向的信息。如果不存在这种情况，则除了将 l_type 设置为 F_UNLCK 之外，*flockptr* 所指向结构中的其他信息保持不变。

F_SETLK　设置由 *flockptr* 所描述的锁。如果我们试图获得一把读锁（l_type 为 F_RDLCK）或写锁（l_type 为 F_WRLCK），而兼容性规则阻止系统给我们这把锁，那么 fcntl 会立即出错返回，此时 errno 设置为 EACCES 或 EAGAIN。

> 虽然 POSIX.1 允许实现返回这两种出错代码中的任何一种，但本书说明的 4 种实现在锁请求不能得到满足时，都返回 EAGAIN。

此命令也用来清除由 *flockptr* 指定的锁（l_type 为 F_UNLCK）。

487

F_SETLKW　这个命令是 F_SETLK 的阻塞版本（命令名中的 W 表示等待（wait））。如果所请求的读锁或写锁因另一个进程当前已经对所请求区域的某部分进行了加锁而不能被授予，那么调用进程会被置为休眠。如果请求创建的锁已经可用，或者休眠由信号中断，则该进程被唤醒。

应当了解，用 F_GETLK 测试能否建立一把锁，然后用 F_SETLK 或 F_SETLKW 企图建立那把锁，这两者不是一个原子操作。因此不能保证在这两次 fcntl 调用之间不会有另一个进程插入并建立一把相同的锁。如果不希望在等待锁变为可用时产生阻塞，就必须处理由 F_SETLK 返回的可能的出错。

> 注意，POSIX.1 并没有说明在下列情况下将发生什么：一个进程在某个文件的一个区间上设置了一把读锁，第二个进程在试图对同一文件区间加一把写锁时阻塞，然后第三个进程则试图在同一文件区间上得到另一把读锁。如果第三个进程只是因为读区间已有一把读锁，而被允许在该区间放置另一把读锁，那么这种实现就可能会使希望加写锁的进程饿死。因此，当对同一区间加另一把读锁的请求到达时，提出加写锁而阻塞的进程需等待的时间延长了。如果加读锁的请求来得很频繁，使得该文件区间始终存在一把或几把读锁，那么欲加写锁的进程就将等待很长时间。

在设置或释放文件上的一把锁时，系统按要求组合或分裂相邻区。例如，若第 100～199 字节是加锁的区，需解锁第 150 字节，则内核将维持两把锁，一把用于第 100～149 字节，另一把用于第 151～199 字节。图 14-4 说明了这种情况下的字节范围锁。

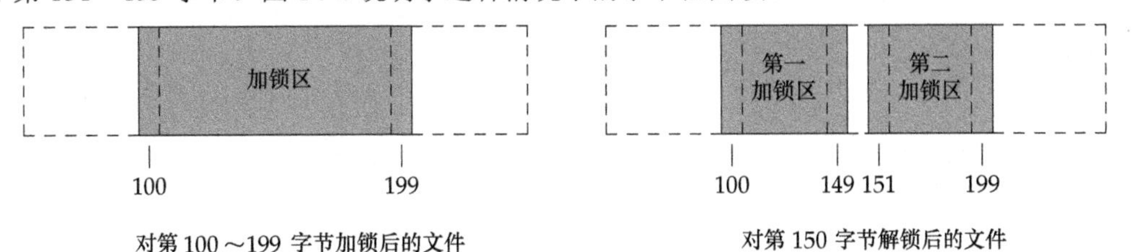

图 14-4　文件字节范围锁

488

假定我们又对第 150 字节加锁，那么系统将会再把 3 个相邻的加锁区合并成一个区（第 100～199 字节）。其结果如图 14-4 中的第一个图所示，又跟开始的时候一样了。

实例：请求和释放一把锁

为了避免每次分配 flock 结构，然后又填入各项信息，可以用图14-5所示的程序中的函数 lock_reg 来处理所有这些细节。

```
#include "apue.h"
#include <fcntl.h>

int
lock_reg(int fd, int cmd, int type, off_t offset, int whence, off_t len)
{
    struct flock  lock;

    lock.l_type = type;          /* F_RDLCK, F_WRLCK, F_UNLCK */
    lock.l_start = offset;       /* byte offset, relative to l_whence */
    lock.l_whence = whence;      /* SEEK_SET, SEEK_CUR, SEEK_END */
    lock.l_len = len;            /* #bytes (0 means to EOF) */

    return(fcntl(fd, cmd, &lock));
}
```

图14-5　加锁或解锁一个文件区域的函数

因为大多数锁调用是加锁或解锁一个文件区域（命令 F_GETLK 很少使用），故通常使用下列5个宏中的一个，这5个宏都定义在 apue.h 中（见附录B）。

```
#define read_lock(fd,offset,whence,len) \
            lock_reg((fd), F_SETLK, F_RDLCK, (offset), (whence), (len))
#define readw_lock(fd,offset,whence,len) \
            lock_reg((fd), F_SETLKW, F_RDLCK, (offset), (whence), (len))
#define write_lock(fd,offset,whence,len) \
            lock_reg((fd), F_SETLK, F_WRLCK, (offset), (whence), (len))
#define writew_lock(fd,offset,whence,len) \
            lock_reg((fd), F_SETLKW, F_WRLCK, (offset), (whence), (len))
#define un_lock(fd,offset,whence,len) \
            lock_reg((fd), F_SETLK, F_UNLCK, (offset), (whence), (len))
```

我们有目的地用与 lseek 函数同样的顺序定义了这些宏中的前3个参数。

实例：测试一把锁

图14-6中定义了一个函数 lock_test，我们将用它测试一把锁。

489

```
#include "apue.h"
#include <fcntl.h>

pid_t
lock_test(int fd, int type, off_t offset, int whence, off_t len)
{
    struct flock  lock;

    lock.l_type = type;          /* F_RDLCK or F_WRLCK */
    lock.l_start = offset;       /* byte offset, relative to l_whence */
    lock.l_whence = whence;      /* SEEK_SET, SEEK_CUR, SEEK_END */
    lock.l_len = len;            /* #bytes (0 means to EOF) */
```

```
    if (fcntl(fd, F_GETLK, &lock) < 0)
        err_sys("fcntl error");

    if (lock.l_type == F_UNLCK)
        return(0);          /* false, region isn't locked by another proc */
    return(lock.l_pid);     /* true, return pid of lock owner */
}
```

图 14-6 测试一个锁条件的函数

如果存在一把锁，它阻塞由参数指定的锁请求，则此函数返回持有这把现有锁的进程的进程 ID，否则此函数返回 0。通常用下面两个宏来调用此函数（它们也定义在 `apue.h` 中）。

```
#define is_read_lockable(fd, offset, whence, len) \
          (lock_test((fd), F_RDLCK, (offset), (whence), (len)) == 0)
#define is_write_lockable(fd, offset, whence, len) \
          (lock_test((fd), F_WRLCK, (offset), (whence), (len)) == 0)
```

注意，进程不能使用 `lock_test` 函数测试它自己是否在文件的某一部分持有一把锁。`F_GETLK` 命令的定义说明，返回信息指示是否有现有的锁阻止调用进程设置它自己的锁。因为 `F_SETLK` 和 `F_SETLKW` 命令总是替换调用进程现有的锁（若已存在），所以调用进程决不会阻塞在自己持有的锁上，于是，`F_GETLK` 命令决不会报告调用进程自己持有的锁。

实例：死锁

如果两个进程相互等待对方持有并且不释放（锁定）的资源时，则这两个进程就处于死锁状态。如果一个进程已经控制了文件中的一个加锁区域，然后它又试图对另一个进程控制的区域加锁，那么它就会休眠，在这种情况下，有发生死锁的可能性。

图 14-7 所示的程序给出了一个死锁的例子。子进程对第 0 字节加锁，父进程对第 1 字节加锁。然后，它们中的每一个又试图对对方已经加锁的字节加锁。在该程序中使用了 8.9 节中介绍的父进程和子进程同步例程（`TELL_`*xxx* 和 `WAIT_`*xxx*），以便每个进程能够等待另一个进程获得它设置的第一把锁。

490

```
#include "apue.h"
#include <fcntl.h>

static void
lockabyte(const char *name, int fd, off_t offset)
{
    if (writew_lock(fd, offset, SEEK_SET, 1) < 0)
        err_sys("%s: writew_lock error", name);
    printf("%s: got the lock, byte %lld\n", name, (long long)offset);
}

int
main(void)
{
    int     fd;
    pid_t   pid;

    /*
     * Create a file and write two bytes to it.
     */
```

```
    if ((fd = creat("templock", FILE_MODE)) < 0)
        err_sys("creat error");
    if (write(fd, "ab", 2) != 2)
        err_sys("write error");

    TELL_WAIT();
    if ((pid = fork()) < 0) {
        err_sys("fork error");
    } else if (pid == 0) {          /* child */
        lockabyte("child", fd, 0);
        TELL_PARENT(getppid());
        WAIT_PARENT();
        lockabyte("child", fd, 1);
    } else {                        /* parent */
        lockabyte("parent", fd, 1);
        TELL_CHILD(pid);
        WAIT_CHILD();
        lockabyte("parent", fd, 0);
    }
    exit(0);
}
```

图 14-7　死锁检测实例

运行图 14-7 中的程序得到：

```
$ ./a.out
parent: got the lock, byte 1
child: got the lock, byte 0
parent: writew_lock error: Resource deadlock avoided
child: got the lock, byte 1
```

检测到死锁时，内核必须选择一个进程接收出错返回。在本实例中，选择了父进程，但这是一个实现细节。在某些系统上，子进程总是接到出错信息，在另一些系统上，父进程总是接到出错信息。在某些系统上，当试图使用多把锁时，有时是子进程接到出错信息，有时则是父进程接到出错信息。

491

3. 锁的隐含继承和释放

关于记录锁的自动继承和释放有 3 条规则。

（1）锁与进程和文件两者相关联。这有两重含义：第一重很明显，当一个进程终止时，它所建立的锁全部释放；第二重则不太明显，无论一个描述符何时关闭，该进程通过这一描述符引用的文件上的任何一把锁都会释放（这些锁都是该进程设置的）。这就意味着，如果执行下列 4 步：

```
fd1 = open(pathname, ...);
read_lock(fd1, ...);
fd2 = dup(fd1);
close(fd2);
```

则在 close(fd2)后，在 fd1 上设置的锁被释放。如果将 dup 替换为 open，其效果也一样：

```
fd1 = open(pathname, ...);
read_lock(fd1, ...);
fd2 = open(pathname, ...)
close(fd2);
```

（2）由 fork 产生的子进程不继承父进程所设置的锁。这意味着，若一个进程得到一把锁，然后调用 fork，那么对于父进程获得的锁而言，子进程被视为另一个进程。对于通过 fork 从父进程处继承过来的描述符，子进程需要调用 fcntl 才能获得它自己的锁。这个约束是有道理的，因为锁的作用是阻止多个进程同时写同一个文件。如果子进程通过 fork 继承父进程的锁，则父进程和子进程就可以同时写同一个文件。

（3）在执行 exec 后，新程序可以继承原执行程序的锁。但是注意，如果对一个文件描述符设置了执行时关闭标志，那么当作为 exec 的一部分关闭该文件描述符时，将释放相应文件的所有锁。

4. FreeBSD 实现

先简要地观察 FreeBSD 实现中使用的数据结构。这会帮助我们进一步理解记录锁的自动继承和释放的第一条规则：锁与进程和文件两者相关联。

考虑一个进程，它执行下列语句（忽略出错返回）。

```
fd1 = open(pathname, ...);
write_lock(fd1, 0, SEEK_SET, 1);    /* parent write locks byte 0 */
if ((pid = fork()) > 0) {           /* parent */
    fd2 = dup(fd1);
    fd3 = open(pathname, ...);
} else if (pid == 0) {
    read_lock(fd1, 1, SEEK_SET, 1); /* child read locks byte 1 */
}
pause();
```

492

图 14-8 显示了父进程和子进程暂停（执行 pause()）后的数据结构情况。

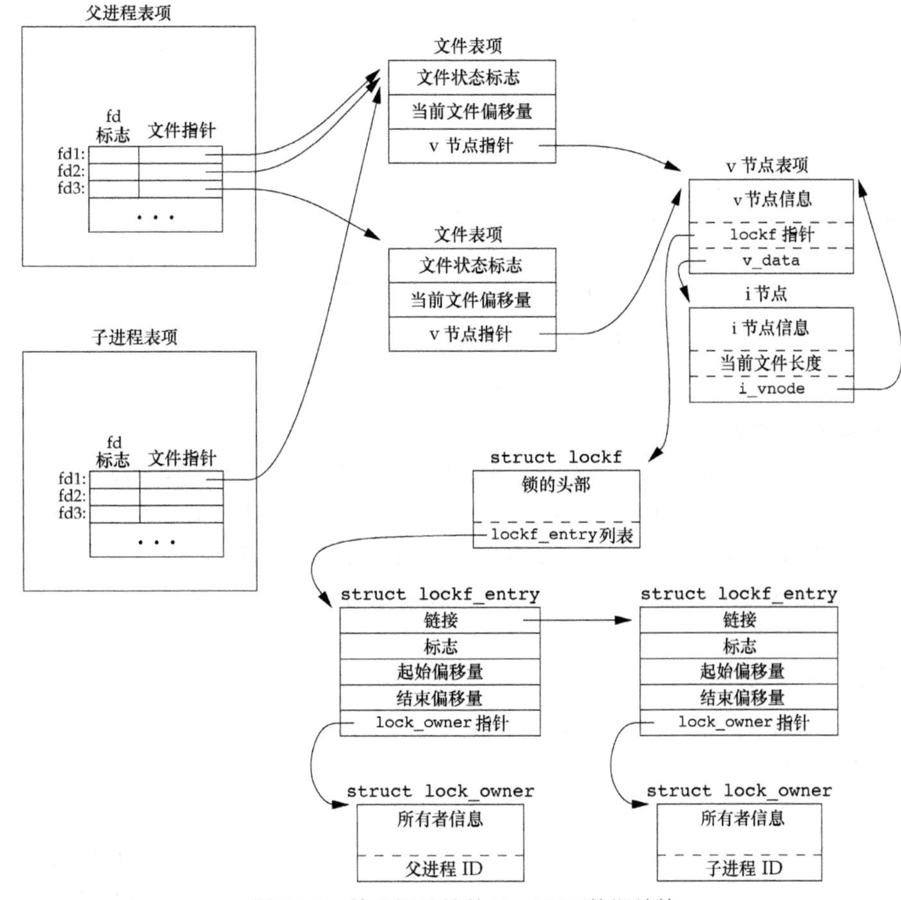

图 14-8 关于记录锁的 FreeBSD 数据结构

前面已经给出了 open、fork 以及 dup 调用后的数据结构（见图 3-9 和图 8-2）。有了记录锁后，在原来的这些图上新加了 lockf 结构，它们由 i 节点结构开始相互链接起来。每个 lockf 结构描述了一个给定进程的一个加锁区域（由偏移量和长度定义的）。图中显示了两个 lockf 结构，一个是由父进程调用 write_lock 形成的，另一个则是由子进程调用 read_lock 形成的。每一个结构都包含了相应的进程 ID。

493

在父进程中，关闭 fd1、fd2 或 fd3 中的任意一个都将释放由父进程设置的写锁。在关闭这 3 个描述符中的任意一个时，内核会从该描述符所关联的 i 节点开始，逐个检查 lockf 链接表中的各项，并释放由调用进程持有的各把锁。内核并不清楚（也不关心）父进程是用这 3 个描述中的哪一个来设置这把锁的。

实例

在图 13-6 所示的程序中，我们了解到，守护进程可用一把文件锁来保证只有该守护进程的唯一副本在运行。图 14-9 展示了 lockfile 函数的实现，守护进程可用该函数在文件上加写锁。

```
#include <unistd.h>
#include <fcntl.h>

int
lockfile(int fd)
{
    struct flock fl;

    fl.l_type = F_WRLCK;
    fl.l_start = 0;
    fl.l_whence = SEEK_SET;
    fl.l_len = 0;
    return(fcntl(fd, F_SETLK, &fl));
}
```

图 14-9　在文件整体上加一把写锁

另一种方法是用 write_lock 函数定义 lockfile 函数。

```
#define  lockfile(fd)  write_lock((fd), 0, SEEK_SET, 0)
```

5. 在文件尾端加锁

在对相对于文件尾端的字节范围加锁或解锁时需要特别小心。大多数实现按照 l_whence 的 SEEK_CUR 或 SEEK_END 值，用 l_start 以及文件当前位置或当前长度得到绝对文件偏移量。但是，常常需要相对于文件的当前长度指定一把锁，但又不能调用 fstat 来得到当前文件长度，因为我们在该文件上没有锁。（在 fstat 和锁调用之间，可能会有另一个进程改变该文件长度。）

考虑以下代码序列：

```
writew_lock(fd, 0, SEEK_END, 0);
write(fd, buf, 1);
un_lock(fd, 0, SEEK_END);
write(fd, buf, 1);
```

494

该代码序列所做的可能并不是你所期望的。它得到一把写锁，该写锁从当前文件尾端起，包括以后可能追加写到该文件的任何数据。假定，该文件偏移量处于文件尾端时，执行第一个 write，这个操作将文件延伸了 1 字节，而该字节将被加锁。跟随其后的是解锁操作，其作用是对以后追加写到文件上的数据不再加锁。但在其之前刚追加写的 1 字节则保留加锁状态。当执行第二个写时，文件尾端又延伸了 1 字节，但该字节并未加锁。由此代码序列造成的文件锁状态如图 14-10 所示。

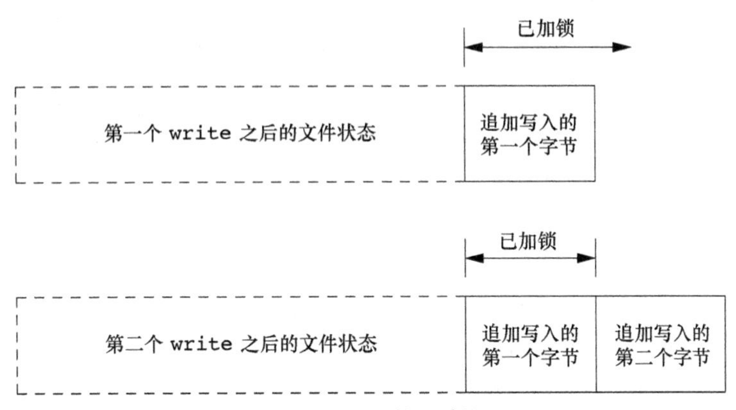

图 14-10　文件区域锁

当对文件的一部分加锁时，内核将指定的偏移量变换成绝对文件偏移量。另外，除了指定一个绝对偏移量（SEEK_SET）之外，fcntl 还允许我们相对于文件中的某个点指定该偏移量，这个点是指当前偏移量（SEEK_CUR）或文件尾端（SEEK_END）。当前偏移量和文件尾端可能会不断变化，而这种变化又不应影响现有锁的状态，所以内核必须独立于当前文件偏移量或文件尾端而记住锁。

如果想解除的锁中包括第一次 write 所写的 1 字节，那么应指定长度为-1。负的长度值表示在指定偏移量之前的字节数。

6. 建议性锁和强制性锁

考虑数据库访问例程库。如果该库中所有函数都以一致的方法处理记录锁，则称使用这些函数访问数据库的进程集为合作进程（cooperating process）。如果这些函数是唯一地用来访问数据库的函数，那么它们使用建议性锁是可行的。但是建议性锁并不能阻止对数据库文件有写权限的任何其他进程写这个数据库文件。不使用数据库访问例程库协同一致的方法来访问数据库的进程是非合作进程。

强制性锁会让内核检查每一个 open、read 和 write，验证调用进程是否违背了正在访问的文件上的某一把锁。强制性锁有时也称为强迫方式锁（enforcement-mode locking）。 495

> 从图 14-2 中可以看出，Linux 3.2.0 和 Solaris 10 提供强制性记录锁，而 FreeBSD 8.0 和 Mac OS X 10.6.8 则不提供。强制性记录锁不是 Single UNIX Specification 的组成部分。在 Linux 中，如果用户想要使用强制性锁，则需要在各个文件系统基础上用 mount 命令的-o mand 选项来打开该机制。

对一个特定文件打开其设置组 ID 位、关闭其组执行位便开启了对该文件的强制性锁机制（回忆图 4-12）。因为当组执行位关闭时，设置组 ID 位不再有意义，所以 SVR3 的设计者借用两者的这种组合来指定对一个文件的锁是强制性的而非建议性的。

如果一个进程试图读（read）或写（write）一个强制性锁起作用的文件，而欲读、写的部分又由其他进程加上了锁，此时会发生什么呢？对这一问题的回答取决于 3 方面的因素：操作类型（read 或 write）、其他进程持有的锁的类型（读锁或写锁）以及 read 或 write 的描述符是阻塞还是非阻塞的。图 14-11 列出了 8 种可能性。

其他进程在该区域上持有的现有锁的类型	阻塞描述符		非阻塞描述符	
	read	write	read	write
读锁	允许	阻塞	允许	EAGAIN
写锁	阻塞	阻塞	EAGAIN	EAGAIN

图 14-11 强制性锁对其他进程的 read 和 write 的影响

除了图 14-11 中的 read 和 write 函数，另一个进程持有的强制性锁也会对 open 函数产生影响。通常，即使正在打开的文件具有强制性记录锁，该 open 也会成功。随后的 read 或 write 依从于图 14-11 中所示的规则。但是，如果欲打开的文件具有强制性记录锁（读锁或写锁），而且 open 调用中的标志指定为 O_TRUNC 或 O_CREAT，则不论是否指定 O_NONBLOCK，open 都立即出错返回，errno 设置为 EAGAIN。

> 只有 Solaris 对 O_CREAT 标志处理为出错。当打开一个具强制性锁的文件时，Linux 允许指定 O_CREAT 标志。对 O_TRUNC 标志产生 open 出错是有意义的，因为对于一个文件来讲，若另一个进程持有它的读锁或写锁，那么它就不能被截短为 0。但是对 O_CREAT 标志在返回时设置出错就没什么意义了，因为该标志表示，只有在该文件不存在时才创建，但由于另一个进程持有该文件的记录锁，所以该文件肯定是存在的。

这种 open 的锁冲突处理方式可能会导致令人惊异的结果。在开发本节习题的时候，我们曾编写过一个测试程序，它打开一个文件（其模式指定为强制性锁），对该文件整体设置一把读锁，然后休眠一段时间。（回忆图 14-11，读锁应当阻止其他进程写该文件。）在这段休眠时间内，用某些典型的 UNIX 系统程序和操作符对该文件进行处理，发现下列情况。

- 可用 ed 编辑器对该文件进行编辑操作，而且编辑结果可以写回磁盘！强制性记录锁根本不起作用。用某些 UNIX 系统版本提供的系统调用跟踪特性，对 ed 操作进行跟踪分析发现，ed 将新内容写到一个临时文件中，然后删除原文件，最后将临时文件名改为原文件名。强制性锁机制对 unlink 函数没有影响，于是这一切就发生了。

496

> 在 FreeBSD 8.0 和 Solaris 10 中，用 truss(1)命令可以得到一个进程的系统调用跟踪信息。Linux 3.2.0 出于相同的目的提供了 strace(1)命令。Mac OS X 10.6.8 提供了 dtruss(1m)命令来追踪系统调用，但该命令的使用需要超级用户的权限。

- 不能用 vi 编辑器编辑该文件。vi 可以读该文件的内容，但是如果试图将新的数据写到该文件中，就会出错返回（EAGAIN）。如果试图将新数据追加写到该文件中，则 write 阻塞。vi 的这种行为与我们所希望的一样。
- 使用 Korn shell 的>和>>操作符重写或追加写该文件，会产生出误信息“cannot create”。
- 在 Bourne shell 下使用>操作符也会出错，但是使用>>操作符时只阻塞，在解除强制性锁后会继续进行处理。（这两种 shell 在执行追加写操作时之所以会产生的差异，是因为 Korn shell 以 O_CREAT 和 O_APPEND 标志打开文件，而上面已提及指定 O_CREAT 会产生出错返回。但是，Bourne shell 在该文件已存在时并不指定 O_CREAT，所以 open 成功，而下一个 write 则阻塞。）

产生的结果随所用操作系统版本的不同而不同。从这样一个习题中可见，在使用强制性锁时还需有所警惕。从 ed 实例可以看到，强制性锁是可以设法避开的。

一个恶意用户可以使用强制性记录锁，对大家都可读的文件加一把读锁，这样就能阻止任何人写该文件（当然，该文件应当是强制性锁机制起作用的，这可能要求该用户能够更改该文件的权限位）。考虑一个数据库文件，它是大家都可读的，并且是强制性锁机制起作用的。如果一个恶意用户要对整个这个文件持有一把读锁，其他进程就不能再写该文件。

实例

图 14-12 中的程序可以用于确定一个系统是否支持强制性锁机制。

```
#include "apue.h"
#include <errno.h>
#include <fcntl.h>
#include <sys/wait.h>

int
main(int argc, char *argv[])
{
    int             fd;
    pid_t           pid;
    char            buf[5];
    struct stat     statbuf;

    if (argc != 2) {
        fprintf(stderr, "usage: %s filename\n", argv[0]);
        exit(1);
    }
    if ((fd = open(argv[1], O_RDWR | O_CREAT | O_TRUNC, FILE_MODE)) < 0)
        err_sys("open error");
    if (write(fd, "abcdef", 6) != 6)
        err_sys("write error");

    /* turn on set-group-ID and turn off group-execute */
    if (fstat(fd, &statbuf) < 0)
        err_sys("fstat error");
    if (fchmod(fd, (statbuf.st_mode & ~S_IXGRP) | S_ISGID) < 0)
        err_sys("fchmod error");

    TELL_WAIT();

    if ((pid = fork()) < 0) {
        err_sys("fork error");
    } else if (pid > 0) {   /* parent */
        /* write lock entire file */
        if (write_lock(fd, 0, SEEK_SET, 0) < 0)
            err_sys("write_lock error");

        TELL_CHILD(pid);

        if (waitpid(pid, NULL, 0) < 0)
            err_sys("waitpid error");
    } else {                /* child */
        WAIT_PARENT();      /* wait for parent to set lock */

        set_fl(fd, O_NONBLOCK);

        /* first let's see what error we get if region is locked */
        if (read_lock(fd, 0, SEEK_SET, 0) != -1)    /* no wait */
```

497

```
            err_sys("child: read_lock succeeded");
        printf("read_lock of already-locked region returns %d\n",
          errno);

        /* now try to read the mandatory locked file */
        if (lseek(fd, 0, SEEK_SET) == -1)
            err_sys("lseek error");
        if (read(fd, buf, 2) < 0)
            err_ret("read failed (mandatory locking works)");
        else
            printf("read OK (no mandatory locking), buf = %2.2s\n",
              buf);
    }
    exit(0);
}
```

498

图 14-12 确定是否支持强制性锁

此程序首先创建一个文件，并使强制性锁机制对其起作用。然后程序分出一个父进程和一个子进程。父进程对整个文件设置一把写锁，子进程则先将该文件的描述符设置为非阻塞的，然后企图对该文件设置一把读锁，我们期望这会出错返回，并希望看到系统返回是 EACCES 或 EAGAIN。接着，子进程将文件读、写位置调整到文件起点，并试图读（read）该文件。如果系统提供强制性锁机制，则 read 应返回 EACCES 或 EAGAIN（因为该描述符是非阻塞的），否则 read 返回所读的数据。在 Solaris 10 上运行此程序（该系统支持强制性锁机制），得到：

```
$ ./a.out  temp.lock
read_lock of already-locked region returns 11
read failed (mandatory locking works): Resource temporarily unavailable
```

查看系统头文件或 intro(2)手册页，可以看到 errno 值 11 对应于 EAGAIN。若在 FreeBSD 8.0 运行此程序，则得到：

```
$ ./a.out temp.lock
read_lock of already_locked region returns 35
read OK (no mandatory locking), buf = ab
```

其中，errno 值 35 对应于 EAGAIN。该系统不支持强制性锁。

实例

让我们回到本节的第一个问题：当两个人同时编辑同一个文件时将会怎样呢？一般的 UNIX 系统文本编辑器并不使用记录锁，所以对此问题的回答仍然是：该文件的最后结果取决于写该文件的最后一个进程。

某些版本的 vi 编辑器使用建议性记录锁。即使我们使用这种版本的 vi 编辑器，它仍然不能阻止其他用户使用另一个没有使用建议性记录锁的编辑器。

若系统提供强制性记录锁，那么我们可以修改自己常用的编辑器来使用它（如果我们有该编辑器的源代码）。如果没有该编辑器的源代码，那么可以试一试下述方法。编写一个 vi 的前端程序。该程序立即调用 fork，然后父进程只等待子进程完成。子进程打开在命令行中指定的文件，使强制性锁起作用，对整个文件设置一把写锁，然后执行 vi。在 vi 运行时，该文件是加了写锁的，所以其他用户不能修改它。当 vi 结束时，父进程从 wait 返回，自编的前端程序结束。

虽然可以编写这种类型的小型前端程序，但它却不起作用。问题出在大多数编辑器读它们的输入文件，然后关闭它。只要引用被编辑文件的描述符关闭了，那么加在该文件上的锁就被释放了。这意味着，在编辑器读了该文件的内容后，随即关闭了该文件，那么锁也就不存在了。这个前端程序中没有任何方法可以阻止这一点。■

在第 20 章中，我们将使用数据库函数库中的记录锁来提供多个进程的并发访问。我们还将提供一些时间测量，以观察记录锁对进程的影响。

499

14.4 I/O 多路转接

当从一个描述符读，然后又写到另一个描述符时，可以在下列形式的循环中使用阻塞 I/O：

```
while ((n=read(STDIN_FILENO, buf, BUFSIZ)) > 0)
    if (write(STDOUT_FILENO, buf, n) != n)
        err_sys("write error");
```

这种形式的阻塞 I/O 到处可见。但是如果必须从两个描述符读，又将如何呢？在这种情况下，我们不能在任一个描述符上进行阻塞读（read），否则可能会因为被阻塞在一个描述符的读操作上而导致另一个描述符即使有数据也无法处理。所以为了处理这种情况需要另一种不同的技术。

让我们观察 telnet(1)命令的结构。该程序从终端（标准输入）读，将所得数据写到网络连接上，同时从网络连接读，将所得数据写到终端上（标准输出）。在网络连接的另一端，telnetd 守护进程读用户键入的命令，并将所读到的送给 shell，这如同用户登录到远程机器上一样。telnetd 守护进程将执行用户键入命令而产生的输出通过 telnet 命令送回给用户，并显示在用户终端上。图 14-13 显示了这种工作情景。

图 14-13 telnet 程序概观

telnet 进程有两个输入，两个输出。我们不能对两个输入中的任一个使用阻塞 read，因为我们不知道到底哪一个输入会得到数据。

处理这种特殊问题的一种方法是，将一个进程变成两个进程（用 fork），每个进程处理一条数据通路。图 14-14 中显示了这种安排。（System V 的 uucp 通信包提供了 cu(1)命令，其结构与此相似。）

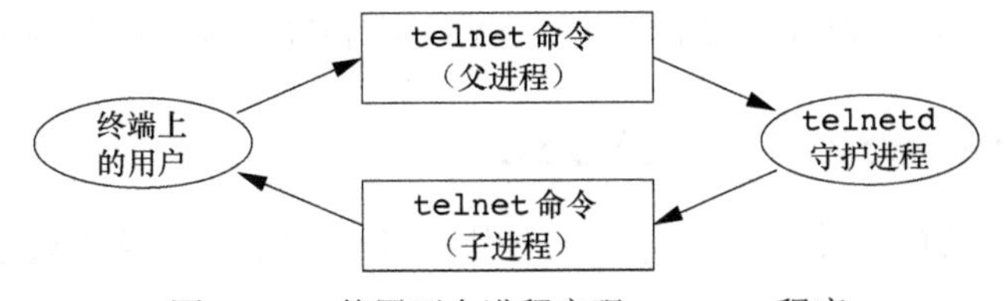

图 14-14 使用两个进程实现 telnet 程序

如果使用两个进程，则可使每个进程都执行阻塞 read。但是这也产生了问题：操作什么时候终止？如果子进程接收到文件结束符（telnetd 守护进程使网络连接断开），那么该子进程终止，然后父进程接收到 SIGCHLD 信号。但是，如果父进程终止（用户在终端上键入了文件结束符），那么父进程应通知子进程停止。为此可以使用一个信号（如 SIGUSR1），但这使程序变得更加复杂。

500

我们可以不使用两个进程，而是用一个进程中的两个线程。虽然这避免了终止的复杂性，但却要求处理两个线程之间的同步，在复杂性方面这可能会得不偿失。

另一个方法是仍旧使用一个进程执行该程序，但使用非阻塞I/O读取数据。其基本思想是：将两个输入描述符都设置为非阻塞的，对第一个描述符发一个 read。如果该输入上有数据，则读数据并处理它。如果无数据可读，则该调用立即返回。然后对第二个描述符作同样的处理。在此之后，等待一定的时间（可能是若干秒），然后再尝试从第一个描述符读。这种形式的循环称为轮询。这种方法的不足之处是浪费CPU时间。大多数时间实际上是无数据可读，因此执行 read 系统调用浪费了时间。在每次循环后要等多长时间再执行下一轮循环也很难确定。虽然轮询技术在支持非阻塞I/O的所有系统上都可使用，但是在多任务系统中应当避免使用这种方法。

还有一种技术称为异步I/O（asynchronous I/O）。利用这种技术，进程告诉内核：当描述符准备好可以进行I/O时，用一个信号通知它。这种技术有两个问题。首先，尽管一些系统提供了各自的受限形式的异步I/O，但POSIX采纳了另外一套标准化接口，所以可移植性成为一个问题（以前，POSIX异步I/O是Single UNIX Specification中是可选设施，但现在，这些接口在SUSv4中是必需的）。System V 提供了 SIGPOLL 信号来支持受限形式的异步I/O，但是仅当描述符引用STREAMS设备时，此信号才起作用。BSD有一个类似的信号 SIGIO，但也有类似的限制：仅当描述符引用终端设备或网络时它才能起作用。

这种技术的第二个问题是，这种信号对每个进程而言只有1个（SIGPOLL 或 SIGIO）。如果使该信号对两个描述符都起作用（在我们正在讨论的实例中，从两个描述符读），那么进程在接到此信号时将无法判别是哪一个描述符准备好了。尽管POSIX.1异步I/O接口允许选择哪个信号作为通知，但能用的信号数量仍远小于潜在的打开文件描述符的数量。为了确定是哪一个描述符准备好了，仍需将这两个描述符都设置为非阻塞的，并顺序尝试执行I/O。我们将在14.5节讨论异步I/O。

一种比较好的技术是使用I/O多路转接（I/O multiplexing）。为了使用这种技术，先构造一张我们感兴趣的描述符（通常都不止一个）的列表，然后调用一个函数，直到这些描述符中的一个已准备好进行I/O时，该函数才返回。poll、pselect 和 select 这3个函数使我们能够执行I/O多路转接。在从这些函数返回时，进程会被告知哪些描述符已准备好可以进行I/O。

> POSIX指定，为了在程序中使用 select，必须包括<sys/select.h>。但较老的系统还要求包括<sys/types.h>、<sys/time.h>和<unistd.h>。查看 select 手册页可以弄清楚你的系统都支持什么。
>
> I/O多路转接在4.2BSD中是用 select 函数提供的。虽然该函数主要用于终端I/O和网络I/O，但它对其他描述符同样是起作用的。SVR3在增加STREAMS机制时增加了 poll 函数。但在SVR4之前，poll 只对STREAMS设备起作用。SVR4支持对任意描述符起作用的 poll。

501

14.4.1 函数 select 和 pselect

在所有POSIX兼容的平台上，select 函数使我们可以执行I/O多路转接。传给 select 的参数告诉内核：

- 我们所关心的描述符；
- 对于每个描述符我们所关心的条件（是否想从一个给定的描述符读，是否想写一个给定的描述符，是否关心一个给定描述符的异常条件）；
- 愿意等待多长时间（可以永远等待、等待一个固定的时间或者根本不等待）。

从 select 返回时，内核告诉我们：

- 已准备好的描述符的总数量；

- 对于读、写或异常这 3 个条件中的每一个，哪些描述符已准备好。

使用这种返回信息，就可调用相应的 I/O 函数（一般是 read 或 write），并且确知该函数不会阻塞。

```
#include <sys/select.h>

int select(int maxfdp1, fd_set *restrict readfds,
           fd_set *restrict writefds, fd_set *restrict exceptfds,
           struct timeval *restrict tvptr);
```

返回值：准备就绪的描述符数目；若超时，返回 0；若出错，返回-1

先来说明最后一个参数，它指定愿意等待的时间长度，单位为秒和微秒（回忆 4.20 节）。有以下 3 种情况。

tvptr == NULL

永远等待。如果捕捉到一个信号则中断此无限期等待。当所指定的描述符中的一个已准备好或捕捉到一个信号则返回。如果捕捉到一个信号，则 select 返回-1，errno 设置为 EINTR。

tvptr->tv_sec == 0 && *tvptr->tv_usec* == 0

根本不等待。测试所有指定的描述符并立即返回。这是轮询系统找到多个描述符状态而不阻塞 select 函数的方法。

tvptr->tv_sec != 0 || *tvptr->tv_usec* != 0

502

等待指定的秒数和微秒数。当指定的描述符之一已准备好，或当指定的时间值已经超过时立即返回。如果在超时到期时还没有一个描述符准备好，则返回值是 0。（如果系统不提供微秒级的精度，则 *tvptr->tv_usec* 值取整到最近的支持值。）与第一种情况一样，这种等待可被捕捉到的信号中断。

> POSIX.1 允许实现修改 timeval 结构中的值，所以在 select 返回后，你不能指望该结构仍旧保持调用 select 之前它所包含的值。FreeBSD 8.0、Mac OS X 10.6.8 和 Solaris 10 都保持该结构中的值不变。但是，若在超时时间尚未到期时，select 就返回，那么 Linux 3.2.0 将用剩余时间值更新该结构。

中间 3 个参数 *readfds*、*writefds* 和 *exceptfds* 是指向描述符集的指针。这 3 个描述符集说明了我们关心的可读、可写或处于异常条件的描述符集合。每个描述符集存储在一个 fd_set 数据类型中。这个数据类型是由实现选择的，它可以为每一个可能的描述符保持一位。我们可以认为它只是一个很大的字节数组，如图 14-15 所示。

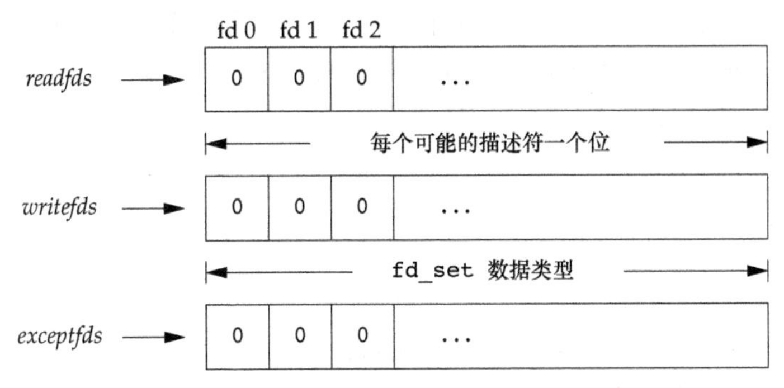

图 14-15 对 select 指定读、写和异常条件描述符

对于 fd_set 数据类型，唯一可以进行的处理是：分配一个这种类型的变量，将这种类型的一个变量值赋给同类型的另一个变量，或对这种类型的变量使用下列 4 个函数中的一个。

```
#include <sys/select.h>

int FD_ISSET(int fd, fd_set *fdset);
```

返回值：若*fd*在描述符集中，返回非0值；否则，返回0

```
void FD_CLR(int fd, fd_set *fdset);

void FD_SET(int fd, fd_set *fdset);

void FD_ZERO(fd_set *fdset);
```

503

这些接口可实现为宏或函数。调用 FD_ZERO 将一个 fd_set 变量的所有位设置为 0。要开启描述符集中的一位，可以调用 FD_SET。调用 FD_CLR 可以清除一位。最后，可以调用 FD_ISSET 测试描述符集中的一个指定位是否已打开。

在声明了一个描述符集之后，必须用 FD_ZERO 将这个描述符集置为 0，然后在其中设置我们关心的各个描述符的位。具体操作如下所示：

```
fd_set  rset;
int     fd;
FD_ZERO(&rset);
FD_SET(fd, &rset);
FD_SET(STDIN_FILENO, &rset);
```

从 select 返回时，可以用 FD_ISSET 测试该集中的一个给定位是否仍处于打开状态：

```
if (FD_ISSET(fd, &rset)) {
        ⋮
}
```

select 的中间 3 个参数（指向描述符集的指针）中的任意一个（或全部）可以是空指针，这表示对相应条件并不关心。如果所有 3 个指针都是 NULL，则 select 提供了比 sleep 更精确的定时器。（回忆 10.19 节，sleep 等待整数秒，而 select 的等待时间则可以小于 1 秒，其实际精度取决于系统时钟。）习题 14.5 给出了这样一个函数。

select 第一个参数 *maxfdp1* 的意思是"最大文件描述符编号值加 1"。考虑所有 3 个描述符集，在 3 个描述符集中找出最大描述符编号值，然后加 1，这就是第一个参数值。也可将第一个参数设置为 FD_SETSIZE，这是<sys/select.h>中的一个常量，它指定最大描述符数（经常是 1024），但是对大多数应用程序而言，此值太大了。确实，大多数应用程序只使用 3～10 个描述符（某些应用程序需要更多的描述符，但这种 UNIX 程序并不典型）。通过指定我们所关注的最大描述符，内核就只需在此范围内寻找打开的位，而不必在 3 个描述符集中的数百个没有使用的位内搜索。

例如，图 14-16 所示的两个描述符集的情况就好像是执行了下述操作：

```
fd_set readset, writeset;
FD_ZERO(&readset);
FD_ZERO(&writeset);
FD_SET(0, &readset);
FD_SET(3, &readset);
FD_SET(1, &writeset);
FD_SET(2, &writeset);
select(4, &readset, &writeset, NULL, NULL);
```

504

因为描述符编号从 0 开始，所以要在最大描述符编号值上加 1。第一个参数实际上是要检查的描述符数（从描述符 0 开始）。

select 有 3 个可能的返回值。

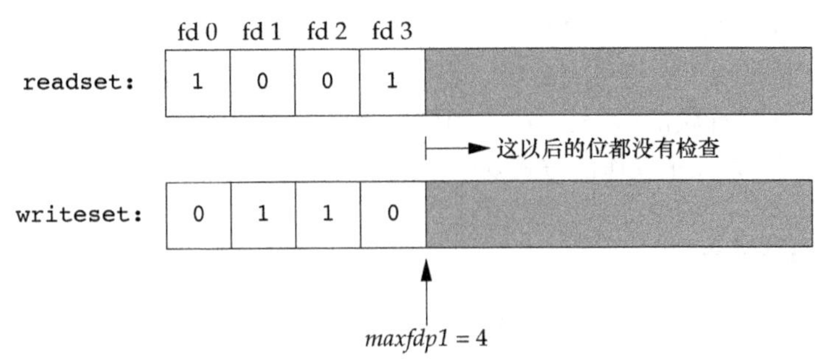

图 14-16　select 的样本描述符集

（1）返回值-1 表示出错。这是可能发生的，例如，在所指定的描述符一个都没准备好时捕捉到一个信号。在此种情况下，一个描述符集都不修改。

（2）返回值 0 表示没有描述符准备好。若指定的描述符一个都没准备好，指定的时间就过了，那么就会发生这种情况。此时，所有描述符集都会置 0。

（3）一个正返回值说明了已经准备好的描述符数。该值是 3 个描述符集中已准备好的描述符数之和，所以如果同一描述符已准备好读和写，那么在返回值中会对其计两次数。在这种情况下，3 个描述符集中仍旧打开的位对应于已准备好的描述符。

对于"准备好"的含义要作一些更具体的说明。

- 若对读集（*readfds*）中的一个描述符进行的 *read* 操作不会阻塞，则认为此描述符是准备好的。
- 若对写集（*writefds*）中的一个描述符进行的 *write* 操作不会阻塞，则认为此描述符是准备好的。
- 若对异常条件集（*exceptfds*）中的一个描述符有一个未决异常条件，则认为此描述符是准备好的。现在，异常条件包括：在网络连接上到达带外的数据，或者在处于数据包模式的伪终端上发生了某些条件。（Stevens[1990]的 15.10 节中描述了后一种条件。）
- 对于读、写和异常条件，普通文件的文件描述符总是返回准备好。

505

一个描述符阻塞与否并不影响 select 是否阻塞，理解这一点很重要。也就是说，如果希望读一个非阻塞描述符，并且以超时值为 5 秒调用 select，则 select 最多阻塞 5s。相类似，如果指定一个无限的超时值，则在该描述符数据准备好，或捕捉到一个信号之前，select 会一直阻塞。

如果在一个描述符上碰到了文件尾端，则 select 会认为该描述符是可读的。然后调用 read，它返回 0，这是 UNIX 系统指示到达文件尾端的方法。（很多人错误地认为，当到达文件尾端时，select 会指示一个异常条件。）

POSIX.1 也定义了一个 select 的变体，称为 pselect。

```
#include <sys/select.h>

int pselect(int maxfdp1, fd_set *restrict readfds,
            fd_set *restrict writefds, fd_set *restrict exceptfds,
            const struct timespec *restrict tsptr,
            const sigset_t *restrict sigmask);
```

返回值：准备就绪的描述符数目；若超时，返回 0；若出错，返回-1

除下列几点外，pselect 与 select 相同。

- select 的超时值用 timeval 结构指定，但 pselect 使用 timespec 结构（回忆 4.2 节中 timespec 结构的定义）。timespec 结构以秒和纳秒表示超时值，而非秒和微秒。如果平台支持这样的时间精度，那么 timespec 就能提供更精准的超时时间。

- pselect 的超时值被声明为 const，这保证了调用 pselect 不会改变此值。
- pselect 可使用可选信号屏蔽字。若 sigmask 为 NULL，那么在与信号有关的方面，pselect 的运行状况和 select 相同。否则，sigmask 指向一信号屏蔽字，在调用 pselect 时，以原子操作的方式安装该信号屏蔽字。在返回时，恢复以前的信号屏蔽字。

14.4.2 函数 poll

poll 函数类似于 select，但是程序员接口有所不同。虽然 poll 函数是 System V 引入进来支持 STREAMS 子系统的，但是 poll 函数可用于任何类型的文件描述符。

506

```
#include <poll.h>

int poll(struct pollfd fdarray[], nfds_t nfds, int timeout);
```

返回值：准备就绪的描述符数目；若超时，返回 0；若出错，返回-1

与 select 不同，poll 不是为每个条件（可读性、可写性和异常条件）构造一个描述符集，而是构造一个 pollfd 结构的数组，每个数组元素指定一个描述符编号以及我们对该描述符感兴趣的条件。

```
struct pollfd {
  int   fd;       /* file descriptor to check, or < 0 to ignore */
  short events;   /* events of interest on fd */
  short revents;  /* events that occurred on fd */
};
```

fdarray 数组中的元素数由 *nfds* 指定。

> 由于历史原因，在如何声明 *nfds* 参数方面有几种不同的方式。SVR3 将 *nfds* 的类型指定为 unsigned long，这似乎是太大了。在 SVR4 手册[AT&T 1990d]中，poll 原型的第二个参数的数据类型为 size_t（见图 2-21 中的基本系统数据类型）。但在<poll.h>包含的实际原型中，第二个参数的数据类型仍指定为 unsigned long。Single UNIX Specification 定义了新类型 nfds_t，该类型允许实现选择对其合适的类型并且隐藏了应用细节。注意，因为返回值表示数组中满足事件的项数，所以这种类型必须大得足以保存一个整数。
>
> 对应于 SVR4 的 SVID[AT&T 1989]上显示，poll 的第一个参数是 struct pollfd *fdarray*[]，而 SVR4 手册页[AT&T 1990d]上则显示该参数为 struct pollfd **fdarray*。在 C 语言中，这两种声明是等价的。我们使用第一种声明是为了重申 fdarray 指向的是一个结构数组，而不是指向单个结构的指针。

应将每个数组元素的 events 成员设置为图 14-17 中所示值的一个或几个，通过这些值告诉内核我们关心的是每个描述符的哪些事件。返回时，revents 成员由内核设置，用于说明每个描述符发生了哪些事件。（注意，poll 没有更改 events 成员。这与 select 不同，select 修改其参数以指示哪一个描述符已准备好了。）

图 14-17 中的前 4 行测试的是可读性，接下来的 3 行测试的是可写性，最后 3 行测试的是异常条件。最后 3 行是由内核在返回时设置的。即使在 events 字段中没有指定这 3 个值，如果相应条件发生，在 revents 中也会返回它们。

> 有些 poll 事件的名字中包含 *BAND*，它指的是 STREAMS 当中的优先级波段。想要了解关于 STREAMS 和优先级波段的更多信息，可以查看 Rago[1993]。

标志名	输入至 events?	从 revents 得到结果?	说明
POLLIN	•	•	可以不阻塞地读高优先级数据以外的数据(等效于 POLLRDNORM|POLLRDBAND)
POLLRDNORM	•	•	可以不阻塞地读普通数据
POLLRDBAND	•	•	可以不阻塞地读优先级数据
POLLPRI	•	•	可以不阻塞地读高优先级数据
POLLOUT	•	•	可以不阻塞地写普通数据
POLLWRNORM	•	•	与 POLLOUT 相同
POLLWRBAND	•	•	可以不阻塞地写优先级数据
POLLERR		•	已出错
POLLHUP		•	已挂断
POLLNVAL		•	描述符没有引用一个打开文件

图 14-17 poll 的 events 和 revents 标志

507

当一个描述符被挂断(POLLHUP)后，就不能再写该描述符，但是有可能仍然可以从该描述符读取到数据。

poll 的最后一个参数指定的是我们愿意等待多长时间。如同 select 一样，有 3 种不同的情形。

timeout == −1

永远等待。(某些系统在<stropts.h>中定义了常量 INFTIM，其值通常是-1。)当所指定的描述符中的一个已准备好，或捕捉到一个信号时返回。如果捕捉到一个信号，则 poll 返回-1，errno 设置为 EINTR。

timeout == 0

不等待。测试所有描述符并立即返回。这是一种轮询系统的方法，可以找到多个描述符的状态而不阻塞 poll 函数。

timeout > 0

等待 *timeout* 毫秒。当指定的描述符之一已准备好，或 *timeout* 到期时立即返回。如果 *timeout* 到期时还没有一个描述符准备好，则返回值是 0。(如果系统不提供毫秒级精度，则 *timeout* 值取整到最近的支持值。)

理解文件尾端与挂断之间的区别是很重要的。如果我们正从终端输入数据，并键入文件结束符，那么就会打开 POLLIN，于是我们就可以读文件结束指示(read 返回 0)。revents 中的 POLLHUP 没有打开。如果正在读调制解调器，并且电话线已挂断，我们将接到 POLLHUP 通知。

与 select 一样，一个描述符是否阻塞不会影响 poll 是否阻塞。

select 和 poll 的可中断性

中断的系统调用的自动重启是由 4.2BSD 引入的(见 10.5 节)，但当时 select 函数是不重启的。这种特性在大多数系统中一直延续了下来，即使指定了 SA_RESTART 选项也是如此。但是，在 SVR4 上，如果指定了 SA_RESTART，那么 select 和 poll 也是自动重启的。为了在将软件移植到 SVR4 派生的系统上时阻止这一点，如果信号有可能会中断 select 或 poll，就要使用 signal_intr 函数(见图 10-19)。

508

> 本书说明的各种实现在接到一信号时都不重启动 poll 和 select，即便使用了 SA_RESTART 标志也是如此。

14.5 异步I/O

使用上一节说明的 select 和 poll 可以实现异步形式的通知。关于描述符的状态，系统并不主动告诉我们任何信息，我们需要进行查询（调用 select 或 poll）。如在第10章中所述，信号机构提供了一种以异步形式通知某种事件已发生的方法。由BSD和System V派生的所有系统都提供了某种形式的异步I/O，使用一个信号（在System V中是SIGPOLL，在BSD中是SIGIO）通知进程，对某个描述符所关心的某个事件已经发生。我们在前面的章节中提到过，这些形式的异步I/O是受限制的：它们并不能用在所有的文件类型上，而且只能使用一个信号。如果要对一个以上的描述符进行异步I/O，那么在进程接收到该信号时并不知道这一信号对应于哪一个描述符。

SUSv4中将通用的异步I/O机制从实时扩展部分调整到基本规范部分。这种机制解决了这些陈旧的异步I/O设施存在的局限性。

在我们了解使用异步I/O的不同方法之前，需要先讨论一下成本。在用异步I/O的时候，要通过选择来灵活处理多个并发操作，这会使应用程序的设计复杂化。更简单的做法可能是使用多线程，使用同步模型来编写程序，并让这些线程以异步的方式运行。

使用POSIX异步I/O接口，会带来下列麻烦。

- 每个异步操作有3处可能产生错误的地方：一处在操作提交的部分，一处在操作本身的结果，还有一处在用于决定异步操作状态的函数中。
- 与POSIX异步I/O接口的传统方法相比，它们本身涉及大量的额外设置和处理规则。

> 事实上，并不能把非异步I/O函数称作“同步”的，因为尽管它们相对于程序流来说是同步的，但相对于I/O来说并非如此。回忆第3章中关于同步写的讨论。当从 write 函数的调用返回时，写的数据是持久的，我们称这个写操作为“同步”的。也不能依靠把传统的调用归类为“标准”的I/O调用来区别传统的I/O函数和异步I/O函数，因为这样会使它们和标准I/O库中的函数调用相混淆。为了避免产生这种混淆，本节中我们把 read 和 write 函数归类为“传统”的I/O函数。

- 从错误中恢复可能会比较困难。举例来说，如果提交了多个异步写操作，其中一个失败了，下一步我们应该怎么做？如果这些写操作是相关的，那么可能还需要撤销所有成功的写操作。

509

14.5.1 System V异步I/O

在System V中，异步I/O是STREAMS系统的一部分，它只对STREAMS设备和STREAMS管道起作用。System V的异步I/O信号是SIGPOLL。

为了对一个STREAMS设备启动异步I/O，需要调用 ioctl，将它的第二个参数（*request*）设置成 I_SETSIG。第三个参数是由图14-18中的一个或多个常量构成的整型值。这些常量是在<stropts.h>中定义的。

与STREAMS机制相关的接口在SUSv4中已被标记为弃用，所以这里不讨论它们的任何细节。关于STREAMS的信息详见Rago[1993]。

除了调用 ioctl 指定产生 SIGPOLL 信号的条件以外，还应为该信号建立信号处理程序。回忆图10-1，对于 SIGPOLL 的默认动作是终止该进程，所以应当在调用 ioctl 之前建立信号处理程序。

常量	说明
S_INPUT	可以不阻塞地读取数据（非高优先级数据）
S_RDNORM	可以不阻塞地读取普通数据
S_RDBAND	可以不阻塞地读取优先级数据
S_BANDURG	若此常量和 S_RDBAND 一起指定，当我们可以不阻塞地读取优先数据时，产生 SIGURG 信号而非 SIGPOLL
S_HIPRI	可以不阻塞地读取高优先级数据
S_OUTPUT	可以不阻塞地写普通数据
S_WRNORM	与 S_OUTPUT 相同
S_WRBAND	可以不阻塞地写优先级数据
S_MSG	包含 SIGPOLL 信号的消息已经到达流头部
S_ERROR	流有错误
S_HANGUP	流已挂起

图 14-18 产生 SIGPOLL 信号的条件

14.5.2 BSD 异步 I/O

在 BSD 派生的系统中，异步 I/O 是信号 SIGIO 和 SIGURG 的组合。SIGIO 是通用异步 I/O 信号，SIGURG 则只用来通知进程网络连接上的带外数据已经到达。

为了接收 SIGIO 信号，需执行以下 3 步。

（1）调用 signal 或 sigaction 为 SIGIO 信号建立信号处理程序。

（2）以命令 F_SETOWN（见 3.14 节）调用 fcntl 来设置进程 ID 或进程组 ID，用于接收对于该描述符的信号。

510

（3）以命令 F_SETFL 调用 fcntl 设置 O_ASYNC 文件状态标志（见图 3-10），使在该描述符上可以进行异步 I/O。

第 3 步仅能对指向终端或网络的描述符执行，这是 BSD 异步 I/O 设施的一个基本限制。

对于 SIGURG 信号，只需执行第 1 步和第 2 步。该信号仅对引用支持带外数据的网络连接描述符而产生，如 TCP 连接。

14.5.3 POSIX 异步 I/O

POSIX 异步 I/O 接口为对不同类型的文件进行异步 I/O 提供了一套一致的方法。这些接口来自实时草案标准，该标准是 Single UNIX Specification 的可选项。在 SUSv4 中，这些接口被移到了基本部分中，所以现在所有的平台都被要求支持这些接口。

这些异步 I/O 接口使用 AIO 控制块来描述 I/O 操作。aiocb 结构定义了 AIO 控制块。该结构至少包括下面这些字段（具体的实现可能还包含有额外的字段）：

```
struct aiocb {
  int                    aio_fildes;       /* file descriptor */
  off_t                  aio_offset;       /* file offset for I/O */
  volatile   void       *aio_buf;          /* buffer for I/O */
  size_t                 aio_nbytes;       /* number of bytes to transfer */
  int                    aio_reqprio;      /* priority */
  struct sigevent        aio_sigevent;     /* signal information */
  int                    aio_lio_opcode;   /* operation for list I/O */
};
```

aio_fildes 字段表示被打开用来读或写的文件描述符。读或写操作从 aio_offset 指定的偏移量开始。对于读操作，数据会复制到缓冲区中，该缓冲区从 aio_buf 指定的地址开始。对于写操作，数据会从这个缓冲区中复制出来。aio_nbytes 字段包含了要读或写的字节数。

注意，异步 I/O 操作必须显式地指定偏移量。异步 I/O 接口并不影响由操作系统维护的文件偏移量。只要不在同一个进程里把异步 I/O 函数和传统 I/O 函数混在一起用在同一个文件上，就不会导致什么问题。同时值得注意的是，如果使用异步 I/O 接口向一个以追加模式（使用 O_APPEND）打开的文件中写入数据，AIO 控制块中的 aio_offset 字段会被系统忽略。

其他字段和传统 I/O 函数中的不一致。应用程序使用 aio_reqprio 字段为异步 I/O 请求提示顺序。然而，系统对于该顺序只有有限的控制能力，因此不一定能遵循该提示。aio_lio_opcode 字段只能用于基于列表的异步 I/O，我们在稍后再讨论它。aio_sigevent 字段控制，在 I/O 事件完成后，如何通知应用程序。这个字段通过 sigevent 结构来描述。

511

```
struct sigevent {
  int              sigev_notify;                    /* notify type */
  int              sigev_signo;                     /* signal number */
  union sigval     sigev_value;                     /* notify argument */
  void (*sigev_notify_function)(union sigval);      /* notify function */
  pthread_attr_t *sigev_notify_attributes;          /* notify attrs */
};
```

sigev_notify 字段控制通知的类型。取值可能是以下 3 个中的一个。

SIGEV_NONE　　异步 I/O 请求完成后，不通知进程。

SIGEV_SIGNAL　　异步 I/O 请求完成后，产生由 sigev_signo 字段指定的信号。如果应用程序已选择捕捉信号，且在建立信号处理程序的时候指定了 SA_SIGINFO 标志，那么该信号将被入队（如果实现支持排队信号）。信号处理程序会传送给一个 siginfo 结构，该结构的 si_value 字段被设置为 sigev_value（如果使用了 SA_SIGINFO 标志）。

SIGEV_THREAD　　当异步 I/O 请求完成时，由 sigev_notify_function 字段指定的函数被调用。sigev_value 字段被传入作为它的唯一参数。除非 sigev_notify_attributes 字段被设定为 pthread 属性结构的地址，且该结构指定了一个另外的线程属性，否则该函数将在分离状态下的一个单独的线程中执行。

在进行异步 I/O 之前需要先初始化 AIO 控制块，调用 aio_read 函数来进行异步读操作，或调用 aio_write 函数来进行异步写操作。

```
#include <aio.h>

int aio_read(struct aiocb *aiocb);

int aio_write(struct aiocb *aiocb);
```

两个函数的返回值：若成功，返回 0；若出错，返回−1

当这些函数返回成功时，异步 I/O 请求便已经被操作系统放入等待处理的队列中了。这些返回值与实际 I/O 操作的结果没有任何关系。I/O 操作在等待时，必须注意确保 AIO 控制块和数据库缓冲区保持稳定；它们下面对应的内存必须始终是合法的，除非 I/O 操作完成，否则不能被复用。

要想强制所有等待中的异步操作不等待而写入持久化的存储中，可以设立一个 AIO 控制块并调用 aio_fsync 函数。

512

```
#include <aio.h>

int aio_fsync(int op, struct aiocb *aiocb);
```

返回值：若成功，返回 0；若出错，返回-1

AIO 控制块中的 aio_fildes 字段指定了其异步写操作被同步的文件。如果 *op* 参数设定为 O_DSYNC，那么操作执行起来就会像调用了 fdatasync 一样。否则，如果 *op* 参数设定为 O_SYNC，那么操作执行起来就会像调用了 fsync 一样。

像 aio_read 和 aio_write 函数一样，在安排了同步时，aio_fsync 操作返回。在异步同步操作完成之前，数据不会被持久化。AIO 控制块控制我们如何被通知，就像 aio_read 和 aio_write 函数一样。

为了获知一个异步读、写或者同步操作的完成状态，需要调用 aio_error 函数。

```
#include <aio.h>

int aio_error(const struct aiocb *aiocb);
```

返回值：（见下）

返回值为下面 4 种情况中的一种。

0	异步操作成功完成。需要调用 aio_return 函数获取操作返回值。
-1	对 aio_error 的调用失败。这种情况下，errno 会告诉我们为什么。
EINPROGRESS	异步读、写或同步操作仍在等待。
其他情况	其他任何返回值是相关的异步操作失败返回的错误码。

如果异步操作成功，可以调用 aio_return 函数来获取异步操作的返回值。

```
#include <aio.h>

ssize_t aio_return(const struct aiocb *aiocb);
```

返回值：（见下）

直到异步操作完成之前，都需要小心不要调用 aio_return 函数。操作完成之前的结果是未定义的。还需要小心对每个异步操作只调用一次 aio_return。一旦调用了该函数，操作系统就可以释放掉包含了 I/O 操作返回值的记录。

如果 aio_return 函数本身失败，会返回-1，并设置 errno。其他情况下，它将返回异步操作的结果，即会返回 read、write 或者 fsync 在被成功调用时可能返回的结果。

513

执行 I/O 操作时，如果还有其他事务要处理而不想被 I/O 操作阻塞，就可以使用异步 I/O。然而，如果在完成了所有事务时，还有异步操作未完成时，可以调用 aio_suspend 函数来阻塞进程，直到操作完成。

```
#include <aio.h>

int aio_suspend(const struct aiocb *const list[], int nent,
                const struct timespec *timeout);
```

返回值：若成功，返回 0；若出错，返回-1

aio_suspend 可能会返回三种情况中的一种。如果我们被一个信号中断，它将会返回-1，并将 errno 设置为 EINTR。如果在没有任何 I/O 操作完成的情况下，阻塞的时间超过了函数中可选的 *timeout* 参数所指定的时间限制，那么 aio_suspend 将返回-1，并将 errno 设置为 EAGAIN（不想设置任何时间限制的话，可以把空指针传给 *timeout* 参数）。如果有任何 I/O 操作完成，aio_suspend将返回0。如果在我们调用aio_suspend操作时，所有的异步I/O操作都已完成，那么aio_suspend将在不阻塞的情况下直接返回。

*list*参数是一个指向AIO控制块数组的指针，*nent*参数表明了数组中的条目数。数组中的空指针会被跳过，其他条目都必须指向已用于初始化异步I/O操作的AIO控制块。

当还有我们不想再完成的等待中的异步I/O操作时，可以尝试使用aio_cancel函数来取消它们。

```
#include <aio.h>

int aio_cancel(int fd, struct aiocb *aiocb);
```

返回值：（见下）

*fd*参数指定了那个未完成的异步I/O操作的文件描述符。如果*aiocb*参数为NULL，系统将会尝试取消所有该文件上未完成的异步I/O操作。其他情况下，系统将尝试取消由AIO控制块描述的单个异步I/O操作。我们之所以说系统"尝试"取消操作，是因为无法保证系统能够取消正在进程中的任何操作。

aio_cancel函数可能会返回以下4个值中的一个。

AIO_ALLDONE　所有操作在尝试取消它们之前已经完成。

AIO_CANCELED　所有要求的操作已被取消。

AIO_NOTCANCELED　至少有一个要求的操作没有被取消。

514

-1　对aio_cancel的调用失败，错误码将被存储在errno中。

如果异步I/O操作被成功取消，对相应的AIO控制块调用aio_error函数将会返回错误ECANCELED。如果操作不能被取消，那么相应的AIO控制块不会因为对aio_cancel的调用而被修改。

还有一个函数也被包含在异步I/O接口当中，尽管它既能以同步的方式来使用，又能以异步的方式来使用，这个函数就是lio_listio。该函数提交一系列由一个AIO控制块列表描述的I/O请求。

```
#include <aio.h>

int lio_listio(int mode, struct aiocb *restrict const list[restrict],
               int nent, struct sigevent *restrict sigev);
```

返回值：若成功，返回0；若出错，返回-1

*mode*参数决定了I/O是否真的是异步的。如果该参数被设定为LIO_WAIT，lio_listio函数将在所有由列表指定的I/O操作完成后返回。在这种情况下，*sigev*参数将被忽略。如果*mode*参数被设定为LIO_NOWAIT，lio_listio函数将在I/O请求入队后立即返回。进程将在所有I/O操作完成后，按照*sigev*参数指定的，被异步地通知。如果不想被通知，可以把*sigev*设定为NULL。注意，每个AIO控制块本身也可能启用了在各自操作完成时的异步通知。被*sigev*参数指定的异步通知是在此之外另加的，并且只会在所有的I/O操作完成后发送。

*list*参数指向AIO控制块列表，该列表指定了要运行的I/O操作的。*nent*参数指定了数组中的元素个数。AIO控制块列表可以包含NULL指针，这些条目将被忽略。

在每一个AIO控制块中，aio_lio_opcode字段指定了该操作是一个读操作（LIO_READ）、写操作（LIO_WRITE），还是将被忽略的空操作（LIO_NOP）。读操作会按照对应的AIO控制块被传给了aio_read函数来处理。类似地，写操作会按照对应的AIO控制块被传给了aio_write函数来处理。

实现会限制我们不想完成的异步I/O操作的数量。这些限制都是运行时不变量，其总结如图14-19所示。

可以通过调用sysconf函数并把*name*参数设置为_SC_IO_LISTIO_MAX来设定AIO_LISTIO_MAX的值。类似地，可以通过调用sysconf并把*name*参数设置为_SC_AIO_MAX来设定 AIO_MAX 的值，通过调用 sysconf 并把其参数设置为_SC_AIO_PRIO_DELTA_MAX 来设定 AIO_PRIO_DELTA_MAX 的值。

名称	描述	可接受的最小值
AIO_LISTIO_MAX	单个列表 I/O 调用中的最大 I/O 操作数	_POSIX_AIO_LISTIO_MAX (2)
AIO_MAX	未完成的异步 I/O 操作的最大数目	_POSIX_AIO_MAX (1)
AIO_PRIO_DELTA_MAX	进程可以减少的其异步 I/O 优先级的最大值	0

图 14-19　POSIX.1 中的异步 I/O 运行时不变量的值

515

引入 POSIX 异步操作 I/O 接口的初衷是为实时应用提供一种方法，避免在执行 I/O 操作时阻塞进程。接下来就让我们来看一个使用这些接口的例子。

实例

虽然我们不会在本文中讨论实时编程，但因为 POSIX 异步 I/O 接口现在是 Single UNIX Specification 的基本部分，所以我们要了解一下怎么使用它们。为了对比异步 I/O 接口和相应的传统 I/O 接口，我们来研究一个任务，将一个文件从一种格式翻译成另一种格式。

图 14-20 中展示的程序，使用 20 世纪 80 年代流行的 USENET 新闻系统中使用的 ROT-13 算法，翻译文件，该算法原本用于将文本中的带有侵犯性的或者含有剧透和笑话笑点部分的文本模糊化。该算法将文本中的英文字符 a～z 和 A～Z 分别循环向右偏移 13 个字母位移，但不改变其他字符。

```
#include "apue.h"
#include <ctype.h>
#include <fcntl.h>

#define BSZ 4096

unsigned char buf[BSZ];

unsigned char
translate(unsigned char c)
{
    if (isalpha(c)) {
        if (c >= 'n')
            c -= 13;
        else if (c >= 'a')
            c += 13;
        else if (c >= 'N')
            c -= 13;
        else
            c += 13;
    }
    return(c);
}

int
main(int argc, char* argv[])
{
    int  ifd, ofd, i, n, nw;
```

516

```
    if (argc != 3)
        err_quit("usage: rot13 infile outfile");
    if ((ifd = open(argv[1], O_RDONLY)) < 0)
        err_sys("can't open %s", argv[1]);
    if ((ofd = open(argv[2], O_RDWR|O_CREAT|O_TRUNC, FILE_MODE)) < 0)
        err_sys("can't create %s", argv[2]);

    while ((n = read(ifd, buf, BSZ)) > 0) {
        for (i = 0; i < n; i++)
            buf[i] = translate(buf[i]);
        if ((nw = write(ofd, buf, n)) != n) {
            if (nw < 0)
                err_sys("write failed");
            else
                err_quit("short write (%d/%d)", nw, n);
        }
    }

    fsync(ofd);
    exit(0);
}
```

图14-20 用ROT-13翻译一个文件

程序中的I/O部分是很直接的：从输入文件中读取一个块，翻译之，然后再把这个块写到输出文件中。重复该步骤直到遇到文件尾端，read返回0。图14-21中的程序展示了如何使用等价的异步I/O函数做同样的任务。

```
#include "apue.h"
#include <ctype.h>
#include <fcntl.h>
#include <aio.h>
#include <errno.h>

#define BSZ 4096
#define NBUF 8

enum rwop {
    UNUSED = 0,
    READ_PENDING = 1,
    WRITE_PENDING = 2
};

struct buf {
    enum rwop     op;
    int           last;
    struct aiocb  aiocb;
    unsigned char data[BSZ];
};

struct buf bufs[NBUF];
unsigned char
translate(unsigned char c)
{
    /* same as before */
```

517

```
}

int
main(int argc, char* argv[])
{
    int                     ifd, ofd, i, j, n, err, numop;
    struct stat             sbuf;
    const struct aiocb      *aiolist[NBUF];
    off_t                   off = 0;

    if (argc != 3)
        err_quit("usage: rot13 infile outfile");
    if ((ifd = open(argv[1], O_RDONLY)) < 0)
        err_sys("can't open %s", argv[1]);
    if ((ofd = open(argv[2], O_RDWR|O_CREAT|O_TRUNC, FILE_MODE)) < 0)
        err_sys("can't create %s", argv[2]);
    if (fstat(ifd, &sbuf) < 0)
        err_sys("fstat failed");

    /* initialize the buffers */
    for (i = 0; i < NBUF; i++) {
        bufs[i].op = UNUSED;
        bufs[i].aiocb.aio_buf = bufs[i].data;
        bufs[i].aiocb.aio_sigevent.sigev_notify = SIGEV_NONE;
        aiolist[i] = NULL;
    }

    numop = 0;
    for (;;) {
        for (i = 0; i < NBUF; i++) {
            switch (bufs[i].op) {
            case UNUSED:
                /*
                 * Read from the input file if more data
                 * remains unread.
                 */
                if (off < sbuf.st_size) {
                    bufs[i].op = READ_PENDING;
                    bufs[i].aiocb.aio_fildes = ifd;
                    bufs[i].aiocb.aio_offset = off;
                    off += BSZ;
                    if (off >= sbuf.st_size)
                        bufs[i].last = 1;
                    bufs[i].aiocb.aio_nbytes = BSZ;
                    if (aio_read(&bufs[i].aiocb) < 0)
                        err_sys("aio_read failed");
                    aiolist[i] = &bufs[i].aiocb;
                    numop++;
                }
                break;

            case READ_PENDING:
                if ((err = aio_error(&bufs[i].aiocb)) == EINPROGRESS)
                    continue;
                if (err != 0) {
```

518

```
                if (err == -1)
                    err_sys("aio_error failed");
                else
                    err_exit(err, "read failed");
            }

            /*
             * A read is complete; translate the buffer
             * and write it.
             */
            if ((n = aio_return(&bufs[i].aiocb)) < 0)
                err_sys("aio_return failed");
            if (n != BSZ && !bufs[i].last)
                err_quit("short read (%d/%d)", n, BSZ);
            for (j = 0; j < n; j++)
                bufs[i].data[j] = translate(bufs[i].data[j]);
            bufs[i].op = WRITE_PENDING;
            bufs[i].aiocb.aio_fildes = ofd;
            bufs[i].aiocb.aio_nbytes = n;
            if (aio_write(&bufs[i].aiocb) < 0)
                err_sys("aio_write failed");
            /* retain our spot in aiolist */
            break;

        case WRITE_PENDING:
            if ((err = aio_error(&bufs[i].aiocb)) == EINPROGRESS)
                continue;
            if (err != 0) {
                if (err == -1)
                    err_sys("aio_error failed");
                else
                    err_exit(err, "write failed");
            }

            /*
             * A write is complete; mark the buffer as unused.
             */
            if ((n = aio_return(&bufs[i].aiocb)) < 0)
                err_sys("aio_return failed");
            if (n != bufs[i].aiocb.aio_nbytes)
                err_quit("short write (%d/%d)", n, BSZ);
            aiolist[i] = NULL;
            bufs[i].op = UNUSED;
            numop--;
            break;
        }
    }
    if (numop == 0) {
        if (off >= sbuf.st_size)
            break;
    } else {
        if (aio_suspend(aiolist, NBUF, NULL) < 0)
            err_sys("aio_suspend failed");
    }
}
```

519

```
    bufs[0].aiocb.aio_fildes = ofd;
    if (aio_fsync(O_SYNC, &bufs[0].aiocb) < 0)
        err_sys("aio_fsync failed");
    exit(0);
}
```

图 14-21 用 ROT-13 和异步 I/O 翻译一个文件

注意，我们使用了 8 个缓冲区，因此可以有最多 8 个异步 I/O 请求处于等待状态。令人惊讶的是，实际上这可能会降低性能，因为如果读操作是以无序的方式提交给文件系统的，操作系统提前读的算法便会失效。

在检查操作的返回值之前，必须确认操作已经完成。当 aio_error 返回的值既非 EINPROGRESS 亦非-1 时，表明操作完成。除了这些值之外，如果返回值是 0 以外的任何值，说明操作失败了。一旦检查过这些情况，便可以安全地调用 aio_return 来获取 I/O 操作的返回值了。

只要还有事情要做，就可以提交异步 I/O 操作。当存在未使用的 AIO 控制块时，可以提交一个异步读操作。读操作完成后，翻译缓冲区中的内容并将它提交给一个异步写请求。当所有 AIO 控制块都在使用中时，通过调用 aio_suspend 等待操作完成。

在把一个块写入输出文件时，我们保留了在从输入文件读取数据时的偏移量。因而写的顺序并不重要。这一策略仅在输入文件中每个字符和输出文件中对应的字符的偏移量相同的情况下适用，我们在输出文件中既没有添加字符也没有删除字符。

这个实例中并没有使用异步通知，因为使用同步编程模型更加简单。如果在 I/O 操作进行时还有别的事情要做，那么额外的工作可以包含在 for 循环当中。然而，如果需要阻止这些额外的工作延迟翻译文件的任务，那么就需要组织下代码使用异步通知。多任务情况下，决定程序如何建构之前需要先考虑各个任务的优先级。 520

14.6 函数 readv 和 writev

readv 和 writev 函数用于在一次函数调用中读、写多个非连续缓冲区。有时也将这两个函数称为散布读（scatter read）和聚集写（gather write）。

```
#include <sys/uio.h>

ssize_t readv(int fd, const struct iovec *iov, int iovcnt);

ssize_t writev(int fd, const struct iovec *iov, int iovcnt);
```

两个函数的返回值：已读或已写的字节数；若出错，返回-1

这两个函数的第二个参数是指向 iovec 结构数组的一个指针：

```
struct iovec {
  void   *iov_base; /* starting address of buffer */
  size_t  iov_len;  /* size of buffer */
};
```

iov 数组中的元素数由 *iovcnt* 指定，其最大值受限于 IOV_MAX（回忆图 2-11）。图 14-22 显示了这两个函数的参数和 iovec 结构之间的关系。

writev 函数从缓冲区中聚集输出数据的顺序是：*iov*[0]、*iov*[1] 直至 *iov*[*iovcnt*-1]。writev 返回输出的字节总数，通常应等于所有缓冲区长度之和。

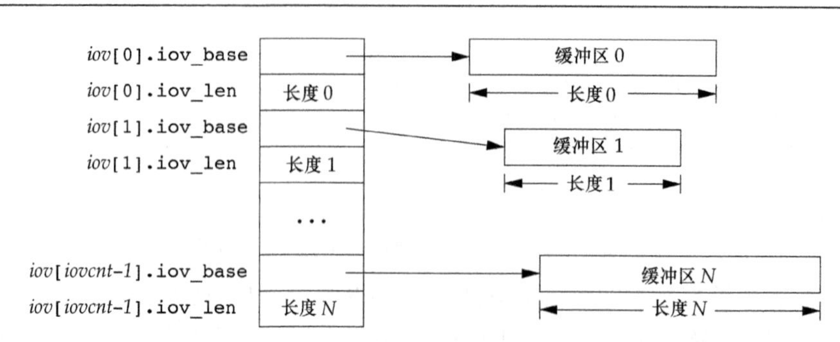

图 14-22　readv 和 writev 的 iovec 结构

readv 函数则将读入的数据按上述同样顺序散布到缓冲区中。readv 总是先填满一个缓冲区，然后再填写下一个。readv 返回读到的字节总数。如果遇到文件尾端，已无数据可读，则返回 0。

521

> 这两个函数始于 4.2BSD，后来，SVR4 也提供它们。在 Single UNIX Specification 的 XSI 扩展中包括了这两个函数。

实例

在 20.8 节的_db_writeidx 函数中，需将两个缓冲区中的内容连续地写到一个文件中。第二个缓冲区是调用者传递过来的一个参数，第一个缓冲区是我们创建的，它包含了第二个缓冲的长度以及文件中其他信息的文件偏移量。有以下 3 种方法可以实现这一要求。

（1）调用两次 write，每个缓冲区一次。

（2）分配一个大到足以包含两个缓冲区的新缓冲区。将两个缓冲区的内容复制到新缓冲区中。然后对这个新缓冲区调用一次 write。

（3）调用 writev 输出两个缓冲区。

20.8 节的解决方案使用了 writev，但是将它与另外两种方法进行比较，对我们是很有启发的。图 14-23 显示了上面所述 3 种方法的结果。

操作	Linux（Intel x86）			Mac OS X（Intel x86）		
	用户	系统	时钟	用户	系统	时钟
两次 write	0.06	2.04	2.13	0.85	8.33	13.83
缓冲区复制，然后一次 write	0.03	1.13	1.16	0.70	4.87	9.25
一次 writev	0.04	1.21	1.26	0.43	5.34	9.24

图 14-23　比较 writev 和其他技术所得的时间结果

用于测量的测试程序输出一个 100 字节的头文件，接着又输出 200 字节的数据。这样做 1 048 576 次，产生了一个 300 MB 的文件。该测试程序有 3 个版本——针对图 14-23 中的每一种测量技术编写了一个版本。使用 times（见 8.17 节）测得它们在写操作前、后各使用的用户 CPU 时间、系统 CPU 时间和时钟时间。这 3 个时间的单位都是秒。

正如我们所预料的，调用两次 write 的系统时间比调用一次 write 或 writev 的长，这与图 3-6 的结果类似。

接着要注意的是，在缓冲区复制后跟随一个 write 所用的 CPU 时间（用户时间加系统时间）要少于调用一次 writev 所耗费的 CPU 时间。对于单一 write 的情况，我们先将用户层次的两个缓冲区复制到一个分段缓冲区（staging buffer），然后在调用 write 时内核将该分段缓冲区中的数据复制到其内部缓冲区。对于 writev 的情况，因为内核只需将数据直接复制进其分段缓冲区，所以复制工作应当会少一些。但是，对于这种少量数据，使用 writev 的固定成本大于收益。随着需复制数据的增加，程序中复制缓冲区的成本也会增多，此时，writev 这种替代方法将更具吸引力。

> 不要依据图 14-23 中的数字对 Linux 和 Mac OS X 之间的相对性能作过多的推断。这两种计算机有很大差别：它们有不同的处理器结构、不同数量的 RAM 以及不同速度的磁盘。为了在操作系统之间进行公平的比较，需要对每一种操作系统都使用相同的硬件。

522

总之，应当用尽量少的系统调用次数来完成任务。如果我们只写少量的数据，将会发现自己复制数据然后使用一次 write 会比用 writev 更合算。但也可能发现，我们管理自己的分段缓冲区会增加程序额外的复杂性成本，所以从性能成本的角度来看不合算。

14.7 函数 readn 和 writen

管道、FIFO 以及某些设备（特别是终端和网络）有下列两种性质。

（1）一次 read 操作所返回的数据可能少于所要求的数据，即使还没达到文件尾端也可能是这样。这不是一个错误，应当继续读该设备。

（2）一次 write 操作的返回值也可能少于指定输出的字节数。这可能是由某个因素造成的，例如，内核输出缓冲区变满。这也不是错误，应当继续写余下的数据。（通常，只有非阻塞描述符，或捕捉到一个信号时，才发生这种 write 的中途返回。）

在读、写磁盘文件时从未见到过这种情况，除非文件系统用完了空间，或者接近了配额限制，不能将要求写的数据全部写出。

通常，在读、写一个管道、网络设备或终端时，需要考虑这些特性。下面两个函数 readn 和 writen 的功能分别是读、写指定的 *N* 字节数据，并处理返回值可能小于要求值的情况。这两个函数只是按需多次调用 read 和 write 直至读、写了 *N* 字节数据。

```
#include "apue.h"

ssize_t readn(int fd, void *buf, size_t nbytes);

ssize_t writen(int fd, void *buf, size_t nbytes);
```

两个函数的返回值：读、写的字节数；若出错，返回−1

> 类似于本书很多实例所使用的出错处理例程，我们定义这两个函数的目的是便于在后面实例中使用。readn 和 writen 函数并不是哪个标准的组成部分。

在要将数据写到上面提到的文件类型上时，就可调用 writen，但是仅当事先就知道要接收数据的数量时，才调用 readn。图 14-24 包含了 readn 和 writen 的实现，在后面的实例中，我们还会用到。

523

```
#include "apue.h"

ssize_t              /* Read "n" bytes from a descriptor */
readn(int fd, void *ptr, size_t n)
{
```

```
    size_t nleft;
    ssize_t nread;

    nleft = n;
    while (nleft > 0) {
        if ((nread = read(fd, ptr, nleft)) < 0) {
            if (nleft == n)
                return(-1); /* error, return -1 */
            else
                break; /* error, return amount read so far */
        } else if (nread == 0) {
            break; /* EOF */
        }
        nleft -= nread;
        ptr += nread;
    }
    return(n - nleft); /* return >= 0 */
}

ssize_t           /* Write "n" bytes to a descriptor  */
writen(int fd, const void *ptr, size_t n)
{
    size_t        nleft;
    ssize_t       nwritten;

    nleft = n;
    while (nleft > 0) {
        if ((nwritten = write(fd, ptr, nleft)) < 0) {
            if (nleft == n)
                return(-1); /* error, return -1 */
            else
                break;     /* error, return amount written so far */
        } else if (nwritten == 0) {
            break;
        }
        nleft -= nwritten;
        ptr   += nwritten;
    }
    return(n - nleft);     /* return >= 0 */
}
```

图14-24　readn和writen函数

注意，若在已经读、写了一些数据之后出错，则这两个函数返回的是已传输的数据量，而非错误。与此类似，在读时，如达到文件尾端，而且在此之前已成功地读了一些数据，但尚未满足所要求的量，则readn返回已复制到调用者缓冲区中的字节数。

524

14.8　存储映射I/O

存储映射I/O（memory-mapped I/O）能将一个磁盘文件映射到存储空间中的一个缓冲区上，于是，当从缓冲区中取数据时，就相当于读文件中的相应字节。与此类似，将数据存入缓冲区时，相应字节就自动写入文件。这样，就可以在不使用read和write的情况下执行I/O。

> 存储映射 I/O 伴随虚拟存储系统已经用了很多年。1981 年，4.1BSD 以其 vread 和 vwrite 函数提供了一种不同形式的存储映射 I/O。4.2BSD 中删除了这两个函数，试图替换成 mmap 函数。但是 4.2BSD 实际上并没有包含 mmap 函数（原因见 McKusick 等[1996]中 2.5 节的描述）。Gingell、Moran 和 Shannon[1987]描述了 mmap 的一种实现。SUSv4 把 mmap 函数从可选项规范中移到了基础规范中。所有的遵循 POSIX 的系统都需要支持它。

为了使用这种功能，应首先告诉内核将一个给定的文件映射到一个存储区域中。这是由 mmap 函数实现的。

```
#include <sys/mman.h>

void *mmap(void *addr, size_t len, int prot, int flag, int fd, off_t off);
```

返回值：若成功，返回映射区的起始地址；若出错，返回 MAP_FAILED

addr 参数用于指定映射存储区的起始地址。通常将其设置为 0，这表示由系统选择该映射区的起始地址。此函数的返回值是该映射区的起始地址。

fd 参数是指定要被映射文件的描述符。在文件映射到地址空间之前，必须先打开该文件。*len* 参数是映射的字节数，*off* 是要映射字节在文件中的起始偏移量（有关 *off* 值的一些限制将在后面说明）。

prot 参数指定了映射存储区的保护要求，如图 14-25 所示。

prot	说明
PROT_READ	映射区可读
PROT_WRITE	映射区可写
PROT_EXEC	映射区可执行
PROT_NONE	映射区不可访问

图 14-25　映射存储区的保护要求

可将 *prot* 参数指定为 PROT_NONE，也可指定为 PROT_READ、PROT_WRITE 和 PROT_EXEC 的任意组合的按位或。对指定映射存储区的保护要求不能超过文件 open 模式访问权限。例如，若该文件是只读打开的，那么对映射存储区就不能指定 PROT_WRITE。

在说明 *flag* 参数之前，先看一下存储映射文件的基本情况。图 14-26 显示了一个存储映射文件。（见图 7-6 中所示的典型进程的存储器安排。）在此图中，“起始地址”是 mmap 的返回值。映射存储区位于堆和栈之间：这属于实现细节，各种实现之间可能不同。 525

下面是 *flag* 参数影响映射存储区的多种属性。

MAP_FIXED　　返回值必须等于 *addr*。因为这不利于可移植性，所以不鼓励使用此标志。如果未指定此标志，而且 *addr* 非 0，则内核只把 *addr* 视为在何处设置映射区的一种建议，但是不保证会使用所要求的地址。将 *addr* 指定为 0 可获得最大可移植性。

> 在遵循 POSIX 的系统中，对 MAP_FIXED 标志的支持是可选择的，但遵循 XSI 的系统则要求支持 MAP_FIXED。

MAP_SHARED　　这一标志描述了本进程对映射区所进行的存储操作的配置。此标志指定存储操作修改映射文件，也就是，存储操作相当于对该文件的 write。必须指定本标志或下一个标志（MAP_PRIVATE），但不能同时指定两者。

MAP_PRIVATE　　本标志说明，对映射区的存储操作导致创建该映射文件的一个私有副本。 526

所有后来对该映射区的引用都是引用该副本。（此标志的一种用途是用于调试程序，它将程序文件的正文部分映射至存储区，但允许用户修改其中的指令。任何修改只影响程序文件的副本，而不影响原文件。）

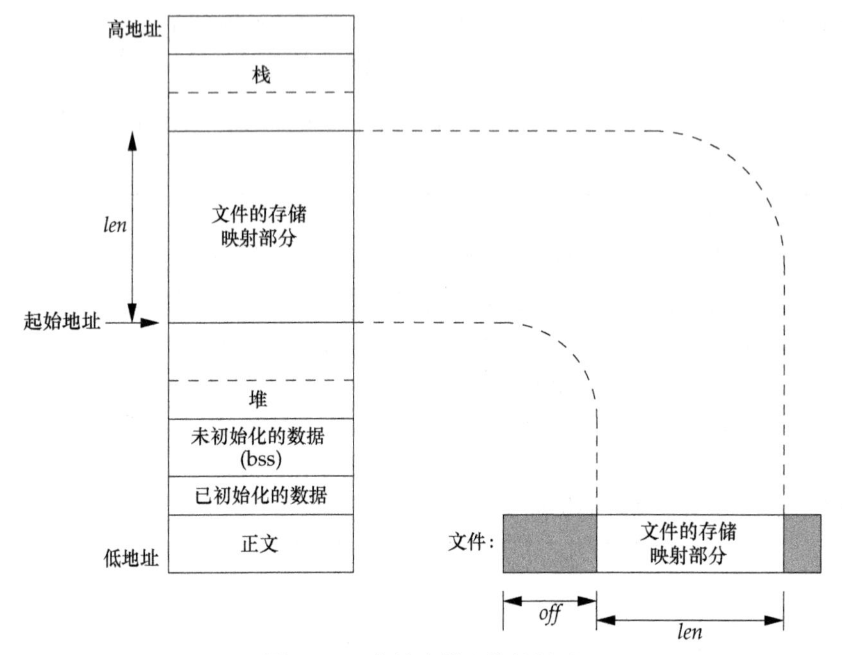

图 14-26　存储映射文件的例子

每种实现都可能还有另外一些 MAP_xxx 标志值，它们是那种实现所特有的。详细情况请参见你所使用系统的 mmap(2)手册页。

off 的值和 *addr* 的值（如果指定了 MAP_FIXED）通常被要求是系统虚拟存储页长度的倍数。虚拟存储页长可用带参数_SC_PAGESIZE 或_SC_PAGE_SIZE 的 sysconf 函数（见 2.5.4 节）得到。因为 *off* 和 *addr* 常常指定为 0，所以这种要求一般并不重要。

> 这一要求通常是由系统实现强加的。尽管 Single UNIX Specification 不再要求满足该条件，但是所有本书中讲到的除了 FreeBSD 8.0 以外的所有平台都满足了这一要求。FreeBSD 8.0 允许我们使用任意的地址对齐和偏移对齐，只要对齐匹配即可。

既然映射文件的起始偏移量受系统虚拟存储页长度的限制，那么如果映射区的长度不是页长的整数倍时，会怎么样呢？假定文件长为 12 字节，系统页长为 512 字节，则系统通常提供 512 字节的映射区，其中后 500 字节被设置为 0。可以修改后面的这 500 字节，但任何变动都不会在文件中反映出来。于是，不能用 mmap 将数据添加到文件中。我们必须先加长该文件，如后面的图 14-27 中的程序所示。

与映射区相关的信号有 SIGSEGV 和 SIGBUS。信号 SIGSEGV 通常用于指示进程试图访问对它不可用的存储区。如果映射存储区被 mmap 指定成了只读的，那么进程试图将数据存入这个映射存储区的时候，也会产生此信号。如果映射区的某个部分在访问时已不存在，则产生 SIGBUS 信号。例如，假设用文件长度映射了一个文件，但在引用该映射区之前，另一个进程已将该文件截断。此时，如果进程试图访问对应于该文件已截去部分的映射区，将会接收到 SIGBUS 信号。

子进程能通过 fork 继承存储映射区（因为子进程复制父进程地址空间，而存储映射区是该地址空间中的一部分），但是由于同样的原因，新程序则不能通过 exec 继承存储映射区。

调用 mprotect 可以更改一个现有映射的权限。

```
#include <sys/mman.h>

int mprotect(void *addr, size_t len, int prot);
```

返回值：若成功，返回 0；若出错，返回-1

prot 的合法值与 mmap 中 *prot* 参数的一样（见图 14-25）。请注意，地址参数 *addr* 的值必须是系统页长的整数倍。

如果修改的页是通过 MAP_SHARED 标志映射到地址空间的，那么修改并不会立即写回到文件中。相反，何时写回脏页由内核的守护进程决定，决定的依据是系统负载和用来限制在系统失败事件中的数据损失的配置参数。因此，如果只修改了一页中的一个字节，当修改被写回到文件中时，整个页都会被写回。

527

如果共享映射中的页已修改，那么可以调用 msync 将该页冲洗到被映射的文件中。msync 函数类似于 fsync（见 3.13 节），但作用于存储映射区。

```
#include <sys/mman.h>

int msync(void *addr, size_t len, int flags);
```

返回值：若成功，返回 0；若出错，返回-1

如果映射是私有的，那么不修改被映射的文件。与其他存储映射函数一样，地址必须与页边界对齐。

flags 参数使我们对如何冲洗存储区有某种程度的控制。可以指定 MS_ASYNC 标志来简单地调试要写的页。如果希望在返回之前等待写操作完成，则可指定 MS_SYNC 标志。一定要指定 MS_ASYNC 和 MS_SYNC 中的一个。

MS_INVALIDATE 是一个可选标志，允许我们通知操作系统丢弃那些与底层存储器没有同步的页。若使用了此标志，某些实现将丢弃指定范围中的所有页，但这种行为并不是必需的。

> msync 函数包含在 Single UNIX Specification 的 XSI 选项中。因此，所有 UNIX 系统必须支持它。

当进程终止时，会自动解除存储映射区的映射，或者直接调用 munmap 函数也可以解除映射区。关闭映射存储区时使用的文件描述符并不解除映射区。

```
#include <sys/mman.h>

int munmap(void *addr, size_t len);
```

返回值：若成功，返回 0；若出错，返回-1

munmap 并不影响被映射的对象，也就是说，调用 munmap 并不会使映射区的内容写到磁盘文件上。对于 MAP_SHARED 区磁盘文件的更新，会在我们将数据写到存储映射区后的某个时刻，按内核虚拟存储算法自动进行。在存储区解除映射后，对 MAP_PRIVATE 存储区的修改会被丢弃。

实例

图 14-27 中的程序用存储映射 I/O 复制文件（类似于 cp(1)命令）。

528

```
#include "apue.h"
#include <fcntl.h>
#include <sys/mman.h>
```

```
#define COPYINCR (1024*1024*1024)  /* 1 GB */

int
main(int argc, char *argv[])
{
    int          fdin, fdout;
    void         *src, *dst;
    size_t       copysz;
    struct stat  sbuf;
    off_t        fsz = 0;

    if (argc != 3)
        err_quit("usage: %s <fromfile> <tofile>", argv[0]);

    if ((fdin = open(argv[1], O_RDONLY)) < 0)
        err_sys("can't open %s for reading", argv[1]);

    if ((fdout = open(argv[2], O_RDWR | O_CREAT | O_TRUNC,
      FILE_MODE)) < 0)
        err_sys("can't creat %s for writing", argv[2]);

    if (fstat(fdin, &sbuf) < 0)             /* need size of input file */
        err_sys("fstat error");

    if (ftruncate(fdout, sbuf.st_size) < 0) /* set output file size */
        err_sys("ftruncate error");

    while (fsz < sbuf.st_size) {
        if ((sbuf.st_size - fsz) > COPYINCR)
            copysz = COPYINCR;
        else
            copysz = sbuf.st_size - fsz;

        if ((src = mmap(0, copysz, PROT_READ, MAP_SHARED,
          fdin, fsz)) == MAP_FAILED)
            err_sys("mmap error for input");
        if ((dst = mmap(0, copysz, PROT_READ | PROT_WRITE,
          MAP_SHARED, fdout, fsz)) == MAP_FAILED)
            err_sys("mmap error for output");

        memcpy(dst, src, copysz);           /* does the file copy */
        munmap(src, copysz);
        munmap(dst, copysz);
        fsz += copysz;
    }
    exit(0);
}
```

529

图 14-27 用存储映射 I/O 复制文件

该程序首先打开两个文件，然后调用 fstat 得到输入文件的长度。在为输入文件调用 mmap 和设置输出文件长度时都需使用输入文件长度。可以调用 ftruncate 设置输出文件的长度。如果不设置输出文件的长度，则对输出文件调用 mmap 也可以，但是对相关存储区的第一次引用会产生 SIGBUS 信号。

然后对每个文件调用 mmap，将文件映射到内存，最后调用 memcpy 将输入缓冲区的内容复制到输出缓冲区。为了限制使用内存的量，我们每次最多复制 1 GB 的数据（如果系统没有足够的内存，可能无法把一个很大的文件中的所有内容都映射到内存中）。在映射文件中的后一部分数据之前，我们需要解除前一部分数据的映射。

在从输入缓冲区（src）取数据字节时，内核自动读输入文件；在将数据存入输出缓冲区（dst）时，内核自动将数据写到输出文件中。

> 数据被写到文件的确切时间依赖于系统的页管理算法。某些系统设置了守护进程，在系统运行期间，它慢条斯理地将改写过的页写到磁盘上。如果想要确保数据安全地写到文件中，则需在进程终止前以 MS_SYNC 标志调用 msync。

将存储区映射复制与用 read 和 write 进行的复制（缓冲区长度为 8 192）相比较，得到图 14-28 中所示的结果。其中，时间单位是秒，被复制文件的长度是 300 MB。注意，我们并没有在退出前将数据同步到磁盘。

操作	Linux 3.2.0（Intel x86）			Solaris 10（SPARC）		
	用户	系统	时钟	用户	系统	时钟
read/write	0.01	0.54	5.67	0.29	10.60	43.67
mmap/memcpy	0.08	0.65	22.54	1.89	8.56	38.42

图 14-28 read/write 与 mmap/memcpy 比较的时间结果

在 Linux 3.2.0 和 Solaris 10 中，两种方法的总的 CPU 时间（用户时间+系统时间）几乎是相同的。在 Solaris 中，使用 mmap 和 memcpy 复制，与使用 read 和 write 相比，花费了更多的用户时间，但却减少了系统时间。在 Linux 中，用户时间的结果很相似，但是用 read 和 write 消耗的系统时间要比使用 mmap 和 memcpy 略好一些。这两种版本的方法是殊途同归的。

二者的主要区别在于，与 mmap 和 memcpy 相比，read 和 write 执行了更多的系统调用，并做了更多的复制。read 和 write 将数据从内核缓冲区中复制到应用缓冲区（read），然后再把数据从应用缓冲区复制到内核缓冲区（write）。而 mmap 和 memcpy 则直接把数据从映射到地址空间的一个内核缓冲区复制到另一个内核缓冲区。当引用尚不存在的内存页时，这样的复制过程就会作为处理页错误的结果而出现（每次错页读发生一次错误，每次错页写发生一次错误）。如果系统调用和额外的复制操作的开销和页错误的开销不同，那么这两种方法中就会有一种比另一种表现更好。

530

在 Linux 3.2.0 中，相对于运行时间，两种版本的程序在时钟时间上显示出了巨大的差异：使用 read 和 write 的版本完成任务比使用 mmap 和 memcpy 的版本快了 4 倍。然而在 Solaris 10 中，使用 mmap 和 memcpy 的版本比使用 read 和 write 的版本要快。既然二者的 CPU 时间几乎是相同的，为何它们的时钟时间差异却如此之大呢？一种可能是，在一种版本中需要较长的时间来等待 I/O 完成。这个等待时间并没有计算在 CPU 的处理时间中。另一种可能是，某些系统处理的时间可能并没有在程序中计算，比如系统守护进程把页写到磁盘中的操作。由于需要为读和写分配页，系统的守护进程会帮助我们准备可用的页。如果页的写操作是随机的而非连续的，那么把它们写入磁盘所需要的时间会更长，因此在页可以被用来复用之前所需等待的时间也会更长。

有的系统将一个普通文件复制到另一个普通文件中时，存储映射 I/O 可能会比较快。但是有一些限制，例如，不能用这种技术在某些设备之间（如网络设备或终端设备）进行复制，并且在对被复制的文件进行映射后，也要注意该文件的长度是否改变。尽管如此，某些应用程序仍然能得益于存储映射 I/O，因为它处理的是存储空间而不是读、写一个文件，所以常常可以简化算法。从存储映射 I/O 中得益的一个例子是对帧缓冲设备的操作，该设备引用位图式显示（bit-mapped display）。

Krieger、Stumm 和 Unrau[1992]描述了一个使用存储映射 I/O 的标准 I/O 库（见第 5 章）。

15.9 节还会提到存储映射 I/O，其中还举了一个例子，说明如何使用存储映射 I/O 在两个相关进程间提供共享存储区。

14.9 小结

本章描述了很多高级 I/O 功能，其中有许多将用在后面章节的实例中。

- 非阻塞 I/O——发一个 I/O 操作，不使其阻塞。
- 记录锁（在第 20 章中有一个实例，该实例会对此进行更详细的讨论）。
- I/O 多路转接——`select` 和 `poll` 函数（在后面的很多实例中会用到这两个函数）。
- `readv` 和 `writev` 函数（在后面的很多实例中也会用到这两个函数）。
- 存储映射 I/O（`mmap`）。

531

习题

14.1 编写一个测试程序说明你所用系统在下列情况下的运行情况：一个进程在试图对一个文件的某个范围加写锁的时候阻塞，之后其他进程又提出了一些相关的加读锁请求。试图加写锁的进程会不会因此而饿死？

14.2 查看你所用系统的头文件，并研究 `select` 和 4 个 `FD_`宏的实现。

14.3 系统头文件通常对 `fd_set` 数据类型可以处理的最大描述符数有一个内置的限制，假设需要将描述符数增加到 2048，该如何实现？

14.4 比较处理信号量集的函数（见 10.11 节）和处理 `fd_set` 描述符集的函数，并比较这两类函数在你系统上的实现。

14.5 用 `select` 或 `poll` 实现一个与 `sleep` 类似的函数 `sleep_us`，不同之处是要等待指定的若干微秒。比较这个函数和 BSD 中的 `usleep` 函数。

14.6 是否可以利用建议性记录锁来实现图 10-24 中的函数 `TELL_WAIT`、`TELL_PARENT`、`TELL_CHILD`、`WAIT_PARENT` 以及 `WAIT_CHILD`？如果可以，编写这些函数并测试其功能。

14.7 用非阻塞写来确定管道的容量。将其值与第 2 章的 `PIPE_BUF` 值进行比较。

14.8 重写图 14-21 中的程序来制作一个过滤器：从标准输入中读入并向标准输出写，但是要使用异步 I/O 接口。为了使之能正常工作，你都需要修改些什么？记住，无论你的标准输出被连接到终端、管道还是一个普通文件，都应该得到相同的结果。

14.9 回忆图 14-23，在你的系统上找到一个损益平衡点，从此点开始，使用 `writev` 将快于你自己使用单个 `write` 复制数据。

14.10 运行图 14-27 中的程序复制一个文件，检查输入文件的上一次访问时间是否更新了？

14.11 在图 14-27 的程序中，在调用 `mmap` 后调用 `close` 关闭输入文件，以验证关闭描述符不会使内存映射 I/O 失效。

532

第 15 章

进程间通信

15.1 引言

第 8 章说明了进程控制原语，并且观察了如何调用多个进程。但是这些进程之间交换信息的唯一途径就是传送打开的文件，可以经由 fork 或 exec 来传送，也可以通过文件系统来传送。本章将说明进程之间相互通信的其他技术——进程间通信（InterProcess Communication，IPC）。

过去，UNIX 系统 IPC 是各种进程通信方式的统称，但是，这些通信方式中极少有能在所有 UNIX 系统实现中进行移植的。随着 POSIX 和 The Open Group（以前是 X/Open）标准化的推进和影响的扩大，情况已得到改善，但差别仍然存在。图 15-1 摘要列出了本书讨论的 4 种实现所支持的不同形式的 IPC。

IPC 类型	SUS	FreeBSD 8.0	Linux 3.2.0	Mac OS X 10.6.8	Solaris 10
半双工管道	•	（全）	•	•	（全）
FIFO	•	•	•	•	•
全双工管道	允许	•、UDS	UDS	UDS	•、UDS
命名全双工管道	废弃的	UDS	UDS	UDS	•、UDS
XSI 消息队列	XSI	•	•	•	•
XSI 信号量	XSI	•	•	•	•
XSI 共享存储	XSI	•	•	•	•
消息队列（实时）	MSG 选项	•	•		•
信号量	•	•	•	•	•
共享存储（实时）	SHM 选项	•	•	•	•
套接字	•	•	•	•	•
STREAMS	废弃的				•

图 15-1 UNIX 系统 IPC 摘要

注意，虽然 Single UNIX Specification（“SUS”列）要求的是半双工管道，但允许实现支持全双工管道。即使应用程序在编写时假定基础操作系统只支持半双工管道，支持全双工管道的实现也能用这种应用程序正常工作。图中使用“（全）”表示用全双工管道支持半双工管道的实现。

在图 15-1 中，我们在支持基本功能的位置处标注了一个黑点。对于全双工管道，如果该特征是经由 UNIX 域套接字（UNIX domain socket，见 17.2 节）支持的，则在相应列中标注“UDS”。某些实现用管道和 UNIX 域套接字来支持该特征，所以这些位置上标有“•、UDS”。

IPC 接口作为 POSIX.1 实时扩展的一部分，也是 Single UNIX Specification 中的选项。在 SUSv4 中，信号量接口从可选规范移到了基本规范中。

虽然命名全双工管道作为被挂载的基于 STREAMS 的管道使用，但是 Single UNIX Specification

将它标记成弃用的。

> 尽管 Linux 中 OpenSS7 项目的“Linux Fast-STREAMS”包支持 STREAMS，但是这个包最近都没有更新。从 2008 年以来最新的包版本只到内核版本 2.6.26。

图 15-1 中前 10 种 IPC 形式通常限于同一台主机的两个进程之间的 IPC。最后两行（套接字和 STREAMS）是仅有的支持不同主机上两个进程之间 IPC 的两种形式。

我们将与 IPC 有关的讨论分成 3 章。本章讨论经典的 IPC：管道、FIFO、消息队列、信号量以及共享存储。下一章讨论使用套接字机制的网络 IPC。第 17 章说明 IPC 的某些高级特征。

15.2 管道

管道是 UNIX 系统 IPC 的最古老形式，所有 UNIX 系统都提供此种通信机制。管道有以下两种局限性。

（1）历史上，它们是半双工的（即数据只能在一个方向上流动）。现在，某些系统提供全双工管道，但是为了最佳的可移植性，我们决不应预先假定系统支持全双工管道。

（2）管道只能在具有公共祖先的两个进程之间使用。通常，一个管道由一个进程创建，在进程调用 fork 之后，这个管道就能在父进程和子进程之间使用了。

我们将会看到 FIFO（见 15.5 节）没有第二种局限性，UNIX 域套接字（见 17.2 节）没有这两种局限性。

533 ~ 534

尽管有这两种局限性，半双工管道仍是最常用的 IPC 形式。每当在管道中键入一个命令序列，让 shell 执行时，shell 都会为每一条命令单独创建一个进程，然后用管道将前一条命令进程的标准输出与后一条命令的标准输入相连接。

管道是通过调用 pipe 函数创建的。

```
#include <unistd.h>

int pipe(int fd[2]);
```

返回值：若成功，返回 0，若出错，返回-1

经由参数 *fd* 返回两个文件描述符：*fd*[0]为读而打开，*fd*[1]为写而打开。*fd*[1]的输出是 *fd*[0]的输入。

> 最初在 4.3BSD 和 4.4BSD 中，管道是用 UNIX 域套接字实现的。虽然 UNIX 域套接字默认是全双工的，但这些操作系统阻碍了用于管道的套接字，以至于这些管道只能以半双工模式操作。
>
> POSIX.1 允许实现支持全双工管道。对于这些实现，*fd*[0]和 *fd*[1]以读/写方式打开。

图 15-2 中给出了两种描绘半双工管道的方法。左图显示管道的两端在一个进程中相互连接，右图则强调数据需要通过内核在管道中流动。

fstat 函数（见 4.2 节）对管道的每一端都返回一个 FIFO 类型的文件描述符。可以用 S_ISFIFO 宏来测试管道。

> POSIX.1 规定 stat 结构的 st_size 成员对于管道是未定义的。但是当 fstat 函数应用于管道读端的文件描述符时，很多系统在 st_size 中存储管道中可用于读的字节数。但是，这是不可移植的。

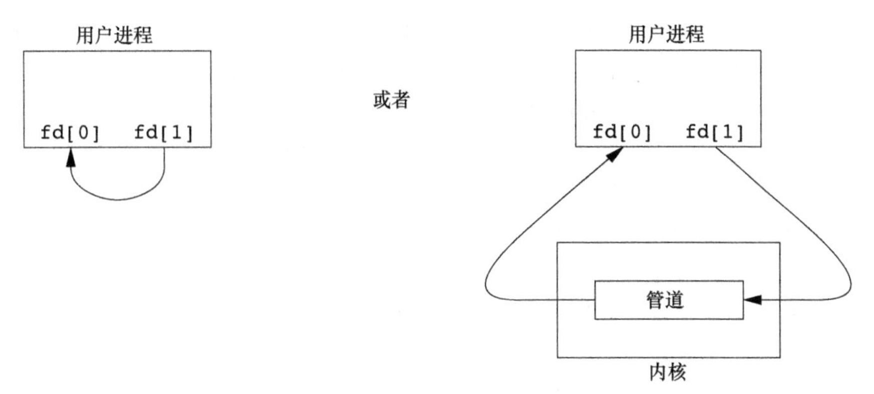

图 15-2　描绘半双工管道的两种方法

单个进程中的管道几乎没有任何用处。通常，进程会先调用 pipe，接着调用 fork，从而创建从父进程到子进程的 IPC 通道，反之亦然。图 15-3 显示了这种情况。 535

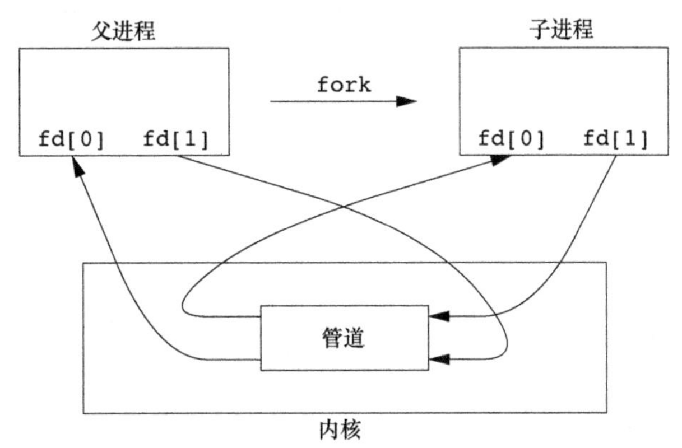

图 15-3　fork 之后的半双工管道

fork 之后做什么取决于我们想要的数据流的方向。对于从父进程到子进程的管道，父进程关闭管道的读端（fd[0]），子进程关闭写端（fd[1]）。图 15-4 显示了在此之后描述符的状态结果。

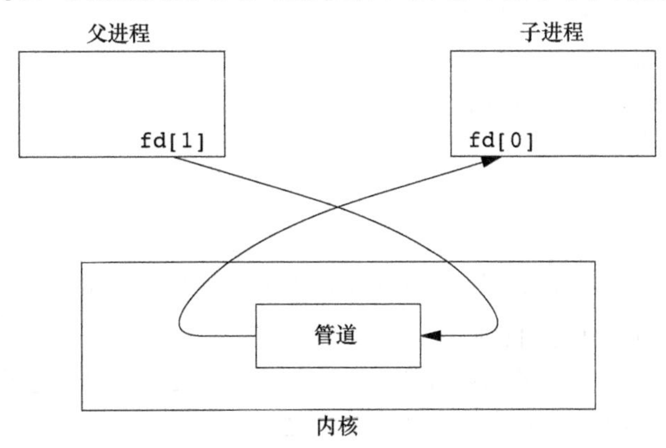

图 15-4　从父进程到子进程的管道

对于一个从子进程到父进程的管道，父进程关闭 fd[1]，子进程关闭 fd[0]。

当管道的一端被关闭后，下列两条规则起作用。

(1) 当读（read）一个写端已被关闭的管道时，在所有数据都被读取后，read 返回 0，表示文件结束。（从技术上来讲，如果管道的写端还有进程，就不会产生文件的结束。可以复制一个管道的描述符，使得有多个进程对它具有写打开文件描述符。但是，通常一个管道只有一个读
536
进程和一个写进程。下一节介绍FIFO时，会看到对于单个的FIFO常常有多个写进程。）

（2）如果写（write）一个读端已被关闭的管道，则产生信号SIGPIPE。如果忽略该信号或者捕捉该信号并从其处理程序返回，则write返回-1，errno设置为EPIPE。

在写管道（或FIFO）时，常量PIPE_BUF规定了内核的管道缓冲区大小。如果对管道调用write，而且要求写的字节数小于等于PIPE_BUF，则此操作不会与其他进程对同一管道（或FIFO）的write操作交叉进行。但是，若有多个进程同时写一个管道（或FIFO），而且我们要求写的字节数超过PIPE_BUF，那么我们所写的数据可能会与其他进程所写的数据相互交叉。用pathconf或fpathconf函数（见图2-12）可以确定PIPE_BUF的值。

实例

图15-5程序创建了一个从父进程到子进程的管道，并且父进程经由该管道向子进程传送数据。

```
#include "apue.h"

int
main(void)
{
    int     n;
    int     fd[2];
    pid_t   pid;
    char    line[MAXLINE];

    if (pipe(fd) < 0)
        err_sys("pipe error");
    if ((pid = fork()) < 0) {
        err_sys("fork error");
    } else if (pid > 0) {                   /* parent */
        close(fd[0]);
        write(fd[1], "hello world\n", 12);
    } else {                                /* child */
        close(fd[1]);
        n = read(fd[0], line, MAXLINE);
        write(STDOUT_FILENO, line, n);
    }
    exit(0);
}
```

图15-5　经由管道从父进程向子进程传送数据

注意，这里的管道方向和图15-4中的是一致的。

在上面的例子中，直接对管道描述符调用了read和write。更有趣的是将管道描述符复制到了标准输入或标准输出上。通常，子进程会在此之后执行另一个程序，该程序或者从标准输入
537
（已创建的管道）读数据，或者将数据写至其标准输出（该管道）。

实例

试着编写一个程序，其功能是每次一页地显示已产生的输出。已经有很多UNIX系统公用程

序具有分页功能，因此无需再构造一个新的分页程序，只要调用用户最喜爱的分页程序就可以了。为了避免先将所有数据写到一个临时文件中，然后再调用系统中有关程序显示该文件，我们希望通过管道将输出直接送到分页程序。为此，先创建一个管道，fork 一个子进程，使子进程的标准输入成为管道的读端，然后调用 exec，执行用的分页程序。图 15-6 中的程序显示了如何实现这些操作。（本例要求在命令行中有一个参数指定要显示的文件的名称。通常，这种类型的程序要求在终端上显示的数据已经在存储器中了。）

```
#include "apue.h"
#include <sys/wait.h>

#define  DEF_PAGER    "/bin/more"      /* default pager program */

int
main(int argc, char *argv[])
{
    int       n;
    int       fd[2];
    pid_t     pid;
    char      *pager, *argv0;
    char      line[MAXLINE];
    FILE      *fp;

    if (argc != 2)
        err_quit("usage: a.out <pathname>");

    if ((fp = fopen(argv[1], "r")) == NULL)
        err_sys("can't open %s", argv[1]);
    if (pipe(fd) < 0)
        err_sys("pipe error");

    if ((pid = fork()) < 0) {
        err_sys("fork error");
    } else if (pid > 0) {                               /* parent */
        close(fd[0]);     /* close read end */

        /* parent copies argv[1] to pipe */
        while (fgets(line, MAXLINE, fp) != NULL) {
            n = strlen(line);
            if (write(fd[1], line, n) != n)
                err_sys("write error to pipe");
        }
        if (ferror(fp))
            err_sys("fgets error");

        close(fd[1]);     /* close write end of pipe for reader */

        if (waitpid(pid, NULL, 0) < 0)
            err_sys("waitpid error");
        exit(0);
    } else {                                        /* child */
        close(fd[1]); /* close write end */
        if (fd[0] != STDIN_FILENO) {
            if (dup2(fd[0], STDIN_FILENO) != STDIN_FILENO)
```

538

```
            err_sys("dup2 error to stdin");
        close(fd[0]); /* don't need this after dup2 */
    }

    /* get arguments for execl() */
    if ((pager = getenv("PAGER")) == NULL)
        pager = DEF_PAGER;
    if ((argv0 = strrchr(pager, '/')) != NULL)
        argv0++;           /* step past rightmost slash */
    else
        argv0 = pager;     /* no slash in pager */

    if (execl(pager, argv0, (char *)0) < 0)
        err_sys("execl error for %s", pager);
  }
  exit(0);
}
```

图 15-6 将文件复制到分页程序

在调用 fork 之前，先创建一个管道。调用 fork 之后，父进程关闭其读端，子进程关闭其写端。然后子进程调用 dup2，使其标准输入成为管道的读端。当执行分页程序时，其标准输入将是管道的读端。

将一个描述符复制到另一个上（在子进程中，fd[0]复制到标准输入），在复制之前应当比较该描述符的值是否已经具有所希望的值。如果该描述符已经具有所希望的值，并且调用了 dup2 和 close，那么该描述符的副本将关闭。（回忆 3.12 节中所述，当 dup2 中的两个参数值相等时的操作。）在本程序中，如果 shell 没有打开标准输入，那么程序开始处的 fopen 应已使用描述符 0，也就是最小未使用的描述符，所以 fd[0]决不会等于标准输入。尽管如此，无论何时调用 dup2 和 close 将一个描述符复制到另一个上，作为一种保护性的编程措施，都要先将两个描述符进行比较。

请注意，我们是如何尝试使用环境变量 PAGER 获得用户分页程序名称的。如果这种操作没有成功，则使用系统默认值。这是环境变量的常见用法。

实例

回忆 8.9 节中的 5 个函数：TELL_WAIT、TELL_PARENT、TELL_CHILD、WAIT_PARENT 和 WAIT_CHILD。图 10-24 中提供了一个使用信号的实现。图 15-7 则提供了一个使用管道的实现。

539

```
#include "apue.h"

static int   pfd1[2], pfd2[2];

void
TELL_WAIT(void)
{
    if (pipe(pfd1) < 0 || pipe(pfd2) < 0)
        err_sys("pipe error");
}

void
TELL_PARENT(pid_t pid)
```

```
{
    if (write(pfd2[1], "c", 1) != 1)
        err_sys("write error");
}

void
WAIT_PARENT(void)
{
    char c;

    if (read(pfd1[0], &c, 1) != 1)
        err_sys("read error");

    if (c != 'p')
        err_quit("WAIT_PARENT: incorrect data");
}

void
TELL_CHILD(pid_t pid)
{
    if (write(pfd1[1], "p", 1) != 1)
        err_sys("write error");
}

void
WAIT_CHILD(void)
{
    char    c;

    if (read(pfd2[0], &c, 1) != 1)
        err_sys("read error");

    if (c != 'c')
        err_quit("WAIT_CHILD: incorrect data");
}
```

图 15-7　让父进程和子进程同步的例程

540

如图 15-8 中所示，我们在调用 fork 之前创建了两个管道。父进程在调用 TELL_CHILD 时，经由上一个管道写一个字符“p”，子进程在调用 TELL_PARENT 时，经由下一个管道写一个字符“c”。相应的 WAIT_XXX 函数调用 read 读一个字符，没有读到字符时则阻塞（休眠等待）。

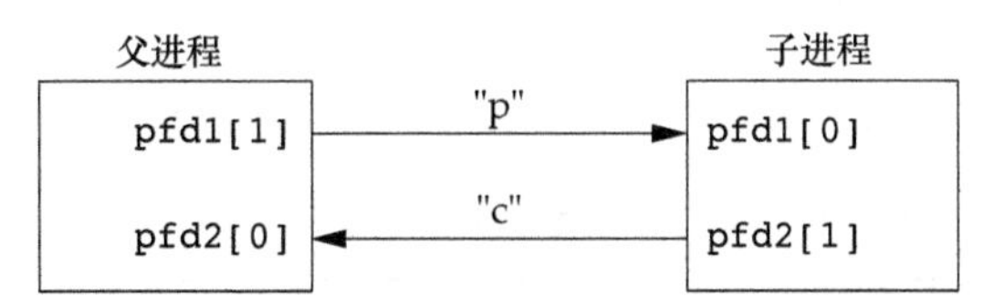

图 15-8　用两个管道实现父进程和子进程同步

注意，每一个管道都有一个额外的读取进程，这没有关系。也就是说，除了子进程从 pfd1[0] 读取，父进程也有上一个管道的读端。因为父进程并没有执行对该管道的读操作，所以这不会影响我们。

15.3 函数 popen 和 pclose

常见的操作是创建一个连接到另一个进程的管道，然后读其输出或向其输入端发送数据，为此，标准 I/O 库提供了两个函数 popen 和 pclose。这两个函数实现的操作是：创建一个管道，fork 一个子进程，关闭未使用的管道端，执行一个 shell 运行命令，然后等待命令终止。

```
#include <stdio.h>

FILE *popen(const char *cmdstring, const char *type);
                                  返回值：若成功，返回文件指针；若出错，返回 NULL

int pclose(FILE *fp);
                      返回值：若成功，返回 cmdstring 的终止状态；若出错，返回-1
```

函数 popen 先执行 fork，然后调用 exec 执行 *cmdstring*，并且返回一个标准 I/O 文件指针。如果 *type* 是"r"，则文件指针连接到 *cmdstring* 的标准输出（见图 15-9）。

如果 *type* 是"w"，则文件指针连接到 *cmdstring* 的标准输入，如图 15-10 所示。

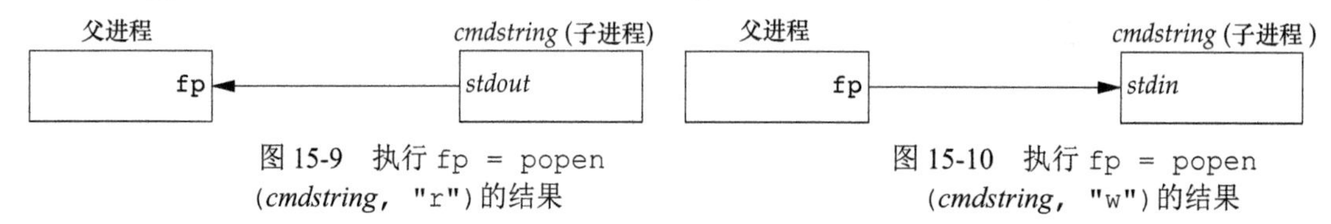

图 15-9 执行 fp = popen(*cmdstring*, "r")的结果

图 15-10 执行 fp = popen(*cmdstring*, "w")的结果

541

有一种方法可以帮助我们记住 popen 的最后一个参数及其作用，这就是与 fopen 进行类比。如果 *type* 是"r"，则返回的文件指针是可读的，如果 *type* 是"w"，则是可写的。

pclose 函数关闭标准 I/O 流，等待命令终止，然后返回 shell 的终止状态。（我们曾在 8.6 节中描述过终止状态，8.13 节描述的 system 函数也返回终止状态。）如果 shell 不能被执行，则 pclose 返回的终止状态与 shell 已执行 exit(127)一样。

cmdstring 由 Bourne shell 以下列方式执行：

```
sh -c cmdstring
```

这表示 shell 将扩展 *cmdstring* 中的任何特殊字符。例如，可以使用：

```
fp = popen("ls *.c" , "r");
```

或者

```
fp = popen("cmd 2>&1" , "r");
```

实例

用 popen 重写图 15-6 中的程序，其结果如图 15-11 所示。

```
#include "apue.h"
#include <sys/wait.h>

#define PAGER   "${PAGER:-more}" /* environment variable, or default */

int
main(int argc, char *argv[])
```

```
{
    char line[MAXLINE];
    FILE *fpin, *fpout;

    if (argc != 2)
        err_quit("usage: a.out <pathname>");
    if ((fpin = fopen(argv[1], "r")) == NULL)
        err_sys("can't open %s", argv[1]);

    if ((fpout = popen(PAGER, "w")) == NULL)
        err_sys("popen error");

    /* copy argv[1] to pager */
    while (fgets(line, MAXLINE, fpin) != NULL) {
        if (fputs(line, fpout) == EOF)
            err_sys("fputs error to pipe");
    }
    if (ferror(fpin))
        err_sys("fgets error");
    if (pclose(fpout) == -1)
        err_sys("pclose error");

    exit(0);
}
```

542

图 15-11 用 popen 向分页程序传送文件

使用 popen 减少了需要编写的代码量。

shell 命令${PAGER:-more}的意思是：如果 shell 变量 PAGER 已经定义，且其值非空，则使用其值，否则使用字符串 more。

实例：函数 popen 和 pclose

图 15-12 中的程序是我们编写的 popen 和 pclose。

```
#include "apue.h"
#include <errno.h>
#include <fcntl.h>
#include <sys/wait.h>

/*
 * Pointer to array allocated at run-time.
 */
static pid_t *childpid = NULL;

/*
 * From our open_max(), {Figure 2.17}.
 */
static int      maxfd;

FILE *
popen(const char *cmdstring, const char *type)
{
    int     i;
    int     pfd[2];
```

543

```
    pid_t   pid;
    FILE    *fp;

    /* only allow "r" or "w" */
    if ((type[0] != 'r' && type[0] != 'w') || type[1] != 0) {
        errno = EINVAL;
        return(NULL);
    }

    if (childpid == NULL) {        /* first time through */
        /* allocate zeroed out array for child pids */
        maxfd = open_max();
        if ((childpid = calloc(maxfd, sizeof(pid_t))) == NULL)
            return(NULL);
    }

    if (pipe(pfd) < 0)
        return(NULL);  /* errno set by pipe() */
    if (pfd[0] >= maxfd || pfd[1] >= maxfd) {
        close(pfd[0]);
        close(pfd[1]);
        errno = EMFILE;
        return(NULL);
    }

    if ((pid = fork()) < 0) {
        return(NULL);  /* errno set by fork() */
    } else if (pid == 0) {                              /* child */
        if (*type == 'r') {
            close(pfd[0]);
            if (pfd[1] != STDOUT_FILENO) {
                dup2(pfd[1], STDOUT_FILENO);
                close(pfd[1]);
            }
        } else {
            close(pfd[1]);
            if (pfd[0] != STDIN_FILENO) {
                dup2(pfd[0], STDIN_FILENO);
                close(pfd[0]);
            }
        }

        /* close all descriptors in childpid[] */
        for (i = 0; i < maxfd; i++)
            if (childpid[i] > 0)
                close(i);

        execl("/bin/sh", "sh", "-c", cmdstring, (char *)0);
        _exit(127);
    }

    /* parent continues... */
    if (*type == 'r') {
        close(pfd[1]);
        if ((fp = fdopen(pfd[0], type)) == NULL)
```

```
            return(NULL);
    } else {
        close(pfd[0]);
        if ((fp = fdopen(pfd[1], type)) == NULL)
            return(NULL);
    }

    childpid[fileno(fp)] = pid;    /* remember child pid for this fd */
    return(fp);
}

int
pclose(FILE *fp)
{
    int     fd, stat;
    pid_t   pid;

    if (childpid == NULL) {
        errno = EINVAL;
        return(-1);              /* popen() has never been called */
    }

    fd = fileno(fp);
    if (fd >= maxfd) {
        errno = EINVAL;
        return(-1);              /* invalid file descriptor */
    }
    if ((pid = childpid[fd]) == 0) {
        errno = EINVAL;
        return(-1);              /* fp wasn't opened by popen() */
    }

    childpid[fd] = 0;
    if (fclose(fp) == EOF)
        return(-1);

    while (waitpid(pid, &stat, 0) < 0)
        if (errno != EINTR)
            return(-1);          /* error other than EINTR from waitpid() */

    return(stat);    /* return child's termination status */
}
```

544

图 15-12 popen 函数和 pclose 函数

虽然 popen 的核心部分与本章中前面用过的代码类似，但是增加了很多需要考虑的细节。首先，每次调用 popen 时，应当记住所创建的子进程的进程 ID，以及其文件描述符或 FILE 指针。我们选择在数组 childpid 中保存子进程 ID，并用文件描述符作为其下标。于是，当以 FILE 指针作为参数调用 pclose 时，调用标准 I/O 函数 fileno 得到文件描述符，然后取得子进程 ID，并用其作为参数调用 waitpid。因为一个进程可能调用 popen 多次，所以在动态分配 childpid 数组时（第一次调用 popen 时），其数组长度应当是最大文件描述符数，于是该数组中可以存放与最大文件描述符数相同的子进程 ID 数。

545

注意，图 2-17 中的 open_max 函数可以返回打开文件的最大个数的近似值，如果这个值与系统不相关的话。注意不要使用那种其值大于（或等于）open_max 函数返回值的管道文件描述符。对于 popen，如果 open_max 函数返回的值恰巧非常小，那我们会关闭管道文件描述符并将 errno 设置为 EMFILE，以此表明这里的很多文件描述符是打开的，最后返回-1。对于 pclose，如果对应于文件指针参数的描述符比所期望的大，则将 errno 设置为 EINVAL，并返回-1。

调用 pipe 和 fork，然后为 popen 函数中的每个进程复制合适的描述符，这个过程和我们在本章前面所做的相类似。

POSIX.1 要求 popen 关闭那些以前调用 popen 打开的、现在仍然在子进程中打开着的 I/O 流。为此，在子进程中从头逐个检查 childpid 数组的各个元素，关闭仍旧打开着的描述符。

若 pclose 的调用者已经为信号 SIGCHLD 设置了一个信号处理程序，则 pclose 中的 waitpid 调用将返回一个错误 EINTR。因为允许调用者捕捉此信号（或者任何其他可能中断 waitpid 调用的信号），所以当 waitpid 被一个捕捉到的信号中断时，我们只是再次调用 waitpid。

注意，如果应用程序调用 waitpid，并且获得了 popen 创建的子进程的退出状态，那么我们会在应用程序调用 pclose 时调用 waitpid，如果发现子进程已不再存在，将返回-1，将 errno 设置为 ECHILD。这正是这种情况下 POSIX.1 所要求的。

> 如果一个信号中断了 wait，pclose 的一些早期版本会返回错误 EINTR。pclose 的一些早期版本在 wait 期间，会阻塞或忽略信号 SIGINT、SIGQUIT 和 SIGHUP。这是 POSIX.1 所不允许的。

注意，popen 决不应由设置用户 ID 或设置组 ID 程序调用。当它执行命令时，popen 等同于：

```
execl("/bin/sh", "sh", "-c", command, NULL);
```

它在从调用者继承的环境中执行 shell，并由 shell 解释执行 *command*。一个恶意用户可以操控这种环境，使得 shell 能以设置 ID 文件模式所授予的提升了的权限以及非预期的方式执行命令。

popen 特别适用于执行简单的过滤器程序，它变换运行命令的输入或输出。当命令希望构造它自己的管道时，就是这种情形。

实例

考虑一个应用程序，它向标准输出写一个提示，然后从标准输入读 1 行。使用 popen，可以在应用程序和输入之间插入一个程序以便对输入进行变换处理。图 15-13 显示了这种情况下的进程安排。

546

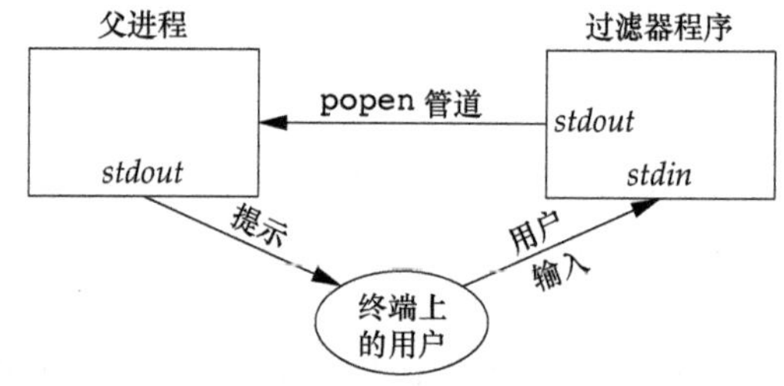

图 15-13 用 popen 对输入进行变换处理

对输入进行的变换可能是路径名扩充，或者是提供一种历史机制（记住以前输入的命令）。

图 15-14 是一个简单的用于演示这个操作的过滤程序。它将标准输入复制到标准输出，在复制时将大写字符变换为小写字符。在写完换行符之后，要仔细冲洗（用 fflush）标准输出，这样做的理由将在下一节介绍协同进程时讨论。

```
#include "apue.h"
#include <ctype.h>

int
main(void)
{
```

```
    int     c;

    while ((c = getchar()) != EOF) {
        if (isupper(c))
            c = tolower(c);
        if (putchar(c) == EOF)
            err_sys("output error");
        if (c == '\n')
            fflush(stdout);
    }
    exit(0);
}
```

图 15-14　将大写字符变换成小写字符的过滤程序

将这个过滤程序编译成可执行文件 myuclc，然后图 15-15 的程序会用 popen 调用它。

```
#include "apue.h"
#include <sys/wait.h>

int
main(void)
{
    char    line[MAXLINE];
    FILE    *fpin;

    if ((fpin = popen("myuclc", "r")) == NULL)
        err_sys("popen error");
    for ( ; ; ) {
        fputs("prompt> ", stdout);
        fflush(stdout);
        if (fgets(line, MAXLINE, fpin) == NULL) /* read from pipe */
            break;
        if (fputs(line, stdout) == EOF)
            err_sys("fputs error to pipe");
    }
    if (pclose(fpin) == -1)
        err_sys("pclose error");
    putchar('\n');
    exit(0);
}
```

547

图 15-15　调用大写/小写过滤程序读取命令

因为标准输出通常是行缓冲的，而提示并不包含换行符，所以在写了提示之后，需要调用 fflush。

15.4　协同进程

UNIX 系统过滤程序从标准输入读取数据，向标准输出写数据。几个过滤程序通常在 shell 管道中线性连接。当一个过滤程序既产生某个过滤程序的输入，又读取该过滤程序的输出时，它就变成了协同进程（coprocess）。

Korn shell 提供了协同进程[Bolsky and Korn 1995]。Bourne shell、Bourne-again shell 和 C shell

并没有提供将进程连接成协同进程的方法。协同进程通常在shell的后台运行，其标准输入和标准输出通过管道连接到另一个程序。虽然初始化一个协同进程，并将其输入和输出连接到另一个进程的shell语法是十分奇特的（详细情况见Bolsky和Korn[1995]中的第62～63页），但是协同进程的工作方式在C程序中也是非常有用的。

popen只提供连接到另一个进程的标准输入或标准输出的一个单向管道，而协同进程则有连接到另一个进程的两个单向管道：一个接到其标准输入，另一个则来自其标准输出。我们想将数据写到其标准输入，经其处理后，再从其标准输出读取数据。

实例

让我们通过一个实例来观察协同进程。进程创建两个管道：一个是协同进程的标准输入，另一个是协同进程的标准输出。图15-16显示了这种安排。

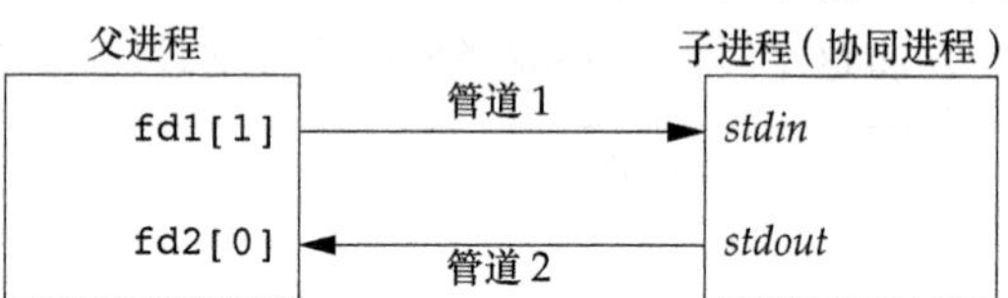

图15-16 通过写协同进程的标准输入和读取它的标准输出来驱动协同进程

图15-17中的程序是一个简单的协同进程，它从其标准输入读取两个数，计算它们的和，然后将和写至其标准输出。（协同进程通常会做比这更有意义的工作。设计本实例的目的是帮助了解将进程连接起来所需的各种管道设施。）

548

```
#include "apue.h"

int
main(void)
{
    int     n, int1, int2;
    char    line[MAXLINE];

    while ((n = read(STDIN_FILENO, line, MAXLINE)) > 0) {
        line[n] = 0;        /* null terminate */
        if (sscanf(line, "%d%d", &int1, &int2) == 2) {
            sprintf(line, "%d\n", int1 + int2);
            n = strlen(line);
            if (write(STDOUT_FILENO, line, n) != n)
                err_sys("write error");
        } else {
            if (write(STDOUT_FILENO, "invalid args\n", 13) != 13)
                err_sys("write error");
        }
    }
    exit(0);
}
```

图15-17 将两个数相加的简单过滤程序

对此程序进行编译，将其可执行目标代码存入名为add2的文件。

图15-18中的程序从其标准输入读取两个数之后调用add2协同进程，并将协同进程送来的值写到其标准输出。

```
#include "apue.h"
```

```
static void  sig_pipe(int);        /* our signal handler */

int
main(void)
{
    int     n, fd1[2], fd2[2];
    pid_t   pid;
    char    line[MAXLINE];

    if (signal(SIGPIPE, sig_pipe) == SIG_ERR)
        err_sys("signal error");

    if (pipe(fd1) < 0 || pipe(fd2) < 0)
        err_sys("pipe error");

    if ((pid = fork()) < 0) {
        err_sys("fork error");
    } else if (pid > 0) {                          /* parent */
        close(fd1[0]);
        close(fd2[1]);

        while (fgets(line, MAXLINE, stdin) != NULL) {
            n = strlen(line);
            if (write(fd1[1], line, n) != n)
                err_sys("write error to pipe");
            if ((n = read(fd2[0], line, MAXLINE)) < 0)
                err_sys("read error from pipe");
            if (n == 0) {
                err_msg("child closed pipe");
                break;
            }
            line[n] = 0;  /* null terminate */
            if (fputs(line, stdout) == EOF)
                err_sys("fputs error");
        }

        if (ferror(stdin))
            err_sys("fgets error on stdin");
        exit(0);
    } else {                                       /* child */
        close(fd1[1]);
        close(fd2[0]);
        if (fd1[0] != STDIN_FILENO) {
            if (dup2(fd1[0], STDIN_FILENO) != STDIN_FILENO)
                err_sys("dup2 error to stdin");
            close(fd1[0]);
        }

        if (fd2[1] != STDOUT_FILENO) {
            if (dup2(fd2[1], STDOUT_FILENO) != STDOUT_FILENO)
                err_sys("dup2 error to stdout");
            close(fd2[1]);
        }
        if (execl("./add2", "add2", (char *)0) < 0)
            err_sys("execl error");
```

549

550

```
    }
    exit(0);
}

static void
sig_pipe(int signo)
{
    printf("SIGPIPE caught\n");
    exit(1);
}
```

图 15-18 驱动 add2 过滤程序的程序

这个程序创建了两个管道，父进程、子进程各自关闭它们不需使用的管道端。必须使用两个管道：一个用作协同进程的标准输入，另一个则用作它的标准输出。然后，子进程调用 dup2 使管道描述符移至其标准输入和标准输出，最后调用了 execl。

若编译和运行图 15-18 中的程序，它会按预期工作。此外，若图 15-18 中的程序在等待输入的时候杀死了 add2 协同进程，然后又输入两个数，那么程序对没有读进程的管道进行写操作时，会调用信号处理程序（见习题 15.4）。

实例

在协同进程 add2（见图 15-17）中，我们故意使用了底层 I/O（UNIX 系统调用）：read 和 write。如果使用标准 I/O 来改写该协同进程，会怎么样呢？图 15-19 所示的程序就是改写后的版本。

```
#include "apue.h"

int
main(void)
{
    int     int1, int2;
    char    line[MAXLINE];

    while (fgets(line, MAXLINE, stdin) != NULL) {
        if (sscanf(line, "%d%d", &int1, &int2) == 2) {
            if (printf("%d\n", int1 + int2) == EOF)
                err_sys("printf error");
        } else {
            if (printf("invalid args\n") == EOF)
                err_sys("printf error");
        }
    }
    exit(0);
}
```

551

图 15-19 将两个数相加的过滤程序，使用标准 I/O

若图 15-18 中的程序调用这个新的协同进程，则它不再工作。问题出在默认的标准 I/O 缓冲机制上。当调用图 15-19 中的程序时，对标准输入的第一个 fgets 引起标准 I/O 库分配一个缓冲区，并选择缓冲的类型。因为标准输入是一个管道，所以标准 I/O 库默认是全缓冲的。标准输出也是如此。当 add2 从其标准输入读取而发生阻塞时，图 15-18 中的程序从管道读时也发生阻塞，于是产生了死锁。

这里，可以对将要运行的这一协同进程加以控制。我们可以修改图 15-19 中的程序，在

while 循环之前加上下面 4 行：

```
if (setvbuf(stdin, NULL, _IOLBF, 0) != 0)
    err_sys("setvbuf error");
if (setvbuf(stdout, NULL, _IOLBF, 0)!= 0)
    err_sys("setvbuf error");
```

这些代码行使得：当有一行可用时，fgets 就返回；当输出一个换行符时，printf 立即执行 fflush 操作。对 setvbuf 进行的这些显式调用使得图 15-19 中的程序能正常工作了。

如果不能修改管道输出的目标程序，则需使用其他技术。例如，如果在程序中使用 awk(1) 作为协同进程（代替 add2 程序），则下列命令行不能工作：

```
#! /bin/awk/ -f
{ print $1 + $2 }
```

不能工作的原因还是标准 I/O 的缓冲机制问题。但是在这种情况下，无法改变 awk 的工作方式（除非有 awk 的源代码）。我们不能修改 awk 的可执行代码，于是也就不能更改处理其标准 I/O 缓冲的方式。

对这种问题的一般解决方法是使被调用（在本例中是 awk）的协同进程认为它的标准输入和输出都被连接到了一个终端。这使得协同进程中的标准 I/O 例程对这两个 I/O 流进行行缓冲，这类似于前面所做的显式调用 setvbuf。第 19 章将用伪终端实现这种方法。

15.5 FIFO

FIFO 有时被称为命名管道。未命名的管道只能在两个相关的进程之间使用，而且这两个相关的进程还要有一个共同的创建了它们的祖先进程。但是，通过 FIFO，不相关的进程也能交换数据。

第 14 章中已经提及 FIFO 是一种文件类型。通过 stat 结构（见 4.2 节）的 st_mode 成员的编码可以知道文件是否是 FIFO 类型。可以用 S_ISFIFO 宏对此进行测试。

创建 FIFO 类似于创建文件。确实，FIFO 的路径名存在于文件系统中。

552

```
#include <sys/stat.h>

int mkfifo(const char *path, mode_t mode);

int mkfifoat(int fd, const char *path, mode_t mode);
```

两个函数的返回值：若成功，返回 0；若出错，返回-1

mkfifo 函数中 *mode* 参数的规格说明与 open 函数中 *mode* 的相同（见 3.3 节）。新 FIFO 的用户和组的所有权规则与 4.6 节所述的相同。

mkfifoat 函数和 mkfifo 函数相似，但是 mkfifoat 函数可以被用来在 *fd* 文件描述符表示的目录相关的位置创建一个 FIFO。像其他*at 函数一样，这里有 3 种情形：

（1）如果 *path* 参数指定的是绝对路径名，则 *fd* 参数会被忽略掉，并且 mkfifoat 函数的行为和 mkfifo 类似。

（2）如果 *path* 参数指定的是相对路径名，则 *fd* 参数是一个打开目录的有效文件描述符，路径名和目录有关。

（3）如果 *path* 参数指定的是相对路径名，并且 *fd* 参数有一个特殊值 AT_FDCWD，则路径名以当前目录开始，mkfifoat 和 mkfifo 类似。

当我们用 mkfifo 或者 mkfifoat 创建 FIFO 时，要用 open 来打开它。确实，正常的文件 I/O 函数（如 close、read、write 和 unlink）都需要 FIFO。

> 应用程序可以用 mknod 和 mknodat 函数创建 FIFO。因为 POSIX.1 原先并没有包括 mknod 函数，所以 mkfifo 是专门为 POSIX.1 设计的。mknod 和 mknodat 函数现在已包括在 POSIX.1 的 XSI 扩展中。
>
> POSIX.1 也包括了对 mkfifo(1)命令的支持。本书讨论的 4 种平台都提供此命令。因此，可以用一条 shell 命令创建一个 FIFO，然后用一般的 shell I/O 重定向对其进行访问。

当 open 一个 FIFO 时，非阻塞标志（O_NONBLOCK）会产生下列影响。

- 在一般情况下（没有指定 O_NONBLOCK），只读 open 要阻塞到某个其他进程为写而打开这个 FIFO 为止。类似地，只写 open 要阻塞到某个其他进程为读而打开它为止。
- 如果指定了 O_NONBLOCK，则只读 open 立即返回。但是，如果没有进程为读而打开一个 FIFO，那么只写 open 将返回-1，并将 errno 设置成 ENXIO。

类似于管道，若 write 一个尚无进程为读而打开的 FIFO，则产生信号 SIGPIPE。若某个 FIFO 的最后一个写进程关闭了该 FIFO，则将为该 FIFO 的读进程产生一个文件结束标志。

553

一个给定的 FIFO 有多个写进程是常见的。这就意味着，如果不希望多个进程所写的数据交叉，则必须考虑原子写操作。和管道一样，常量 PIPE_BUF 说明了可被原子地写到 FIFO 的最大数据量。

FIFO 有以下两种用途。

（1）shell 命令使用 FIFO 将数据从一条管道传送到另一条时，无需创建中间临时文件。

（2）客户进程-服务器进程应用程序中，FIFO 用作汇聚点，在客户进程和服务器进程二者之间传递数据。

我们各用一个实例来说明这两种用途。

实例：用 FIFO 复制输出流

FIFO 可用于复制一系列 shell 命令中的输出流。这就防止了将数据写向中间磁盘文件（类似于使用管道来避免中间磁盘文件）。但是不同的是，管道只能用于两个进程之间的线性连接，而 FIFO 是有名字的，因此它可用于非线性连接。

考虑这样一个过程，它需要对一个经过过滤的输入流进行两次处理。图 15-20 显示了这种安排。

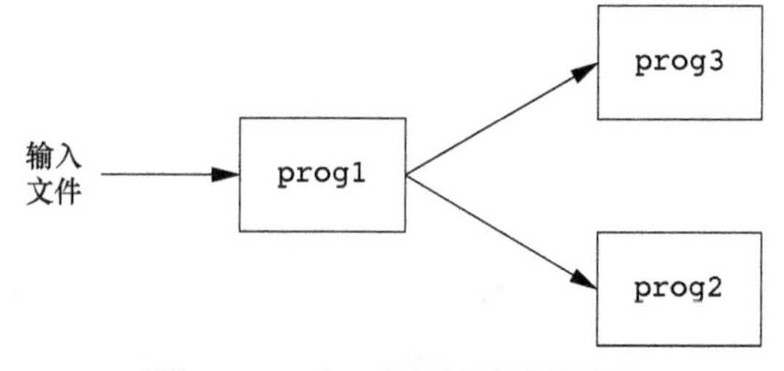

图 15-20 对一个经过过滤的输入流进行两次处理的过程

使用 FIFO 和 UNIX 程序 tee(1)就可以实现这样的过程而无须使用临时文件。（tee 程序将其标准输入同时复制到其标准输出以及其命令行中命名的文件中。）

```
mkfifo fifo1
prog3 < fifo1 &
prog1 < infile | tee fifo1 | prog2
```

创建 FIFO，然后在后台启动 prog3，从 FIFO 读数据。然后启动 prog1，用 tee 将其输出发送到 FIFO 和 prog2。图 15-21 显示了进程安排。

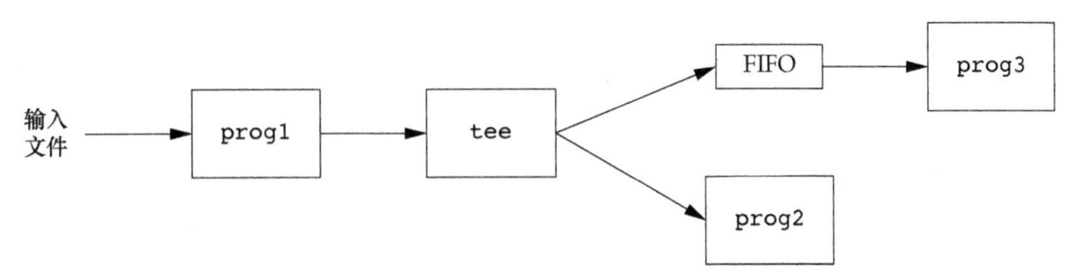

图 15-21 使用 FIFO 和 tee 将一个流发送到两个不同的进程

实例：使用 FIFO 进行客户进程-服务器进程通信

FIFO 的另一个用途是在客户进程和服务器进程之间传送数据。如果有一个服务器进程，它与很多客户进程有关，每个客户进程都可将其请求写到一个该服务器进程创建的众所周知的 FIFO 中（“众所周知”的意思是：所有需与服务器进程联系的客户进程都知道该 FIFO 的路径名）。图 15-22 显示了这种安排。

554

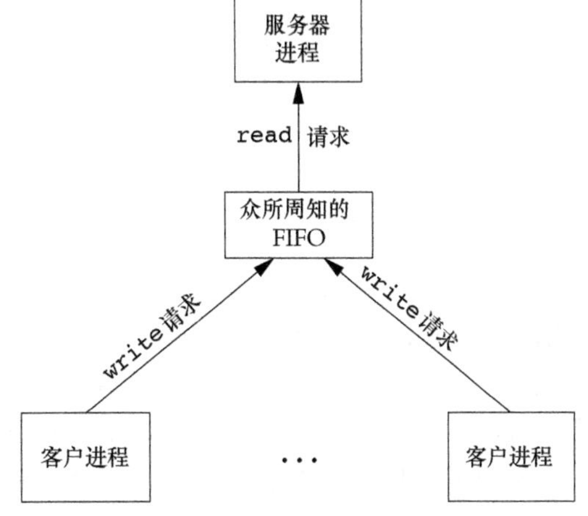

图 15-22 客户进程用 FIFO 向服务器进程发送请求

因为该 FIFO 有多个写进程，所以客户进程发送给服务器进程的请求的长度要小于 PIPE_BUF 字节。这样就能避免客户进程的多次写之间的交叉。

在这种类型的客户进程-服务器进程通信中使用 FIFO 的问题是：服务器进程如何将回答送回各个客户进程。不能使用单个 FIFO，因为客户进程不可能知道何时去读它们的响应以及何时响应其他客户进程。一种解决方法是，每个客户进程都在其请求中包含它的进程 ID。然后服务器进程为每个客户进程创建一个 FIFO，所使用的路径名是以客户进程的进程 ID 为基础的。例如，服务器进程可以用名字/tmp/serv1.*XXXXX* 创建 FIFO，其中 *XXXXX* 被替换成客户进程的进程 ID。图 15-23 显示了这种安排。

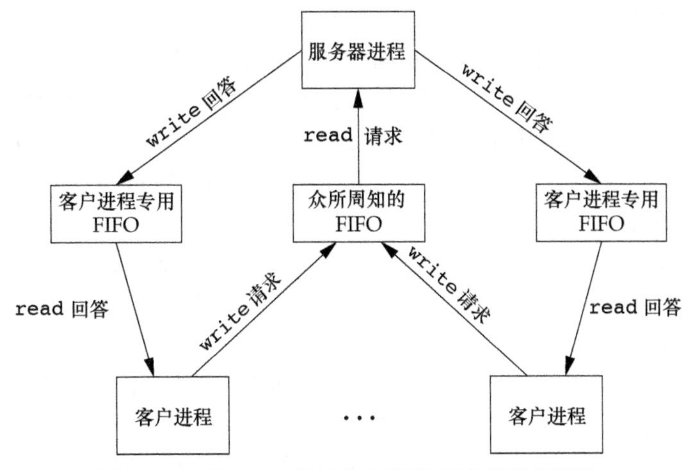

图 15-23 用 FIFO 进行客户进程-服务器进程通信

虽然这种安排可以工作，但服务器进程不能判断一个客户进程是否崩溃终止，这就使得客户

555

进程专用 FIFO 会遗留在文件系统中。另外，服务器进程还必须得捕捉 SIGPIPE 信号，因为客户进程在发送一个请求后有可能没有读取响应就终止了，于是留下一个只有写进程（服务器进程）而无读进程的客户进程专用 FIFO。

按照图 15-23 中的安排，如果服务器进程以只读方式打开众所周知的 FIFO（因为它只需读该 FIFO），则每当客户进程个数从 1 变成 0 时，服务器进程就将在 FIFO 中读到（read）一个文件结束标志。为使服务器进程免于处理这种情况，一种常用的技巧是使服务器进程以读-写方式打开该众所周知的 FIFO（见习题 15.10）。

15.6 XSI IPC

有 3 种称作 XSI IPC 的 IPC：消息队列、信号量以及共享存储器。它们之间有很多相似之处。本节先介绍它们相类似的特征，后面几节将说明这些 IPC 各自的特殊功能。

> XSI IPC 函数是紧密地基于 System V 的 IPC 函数的。这 3 种类型的 XSI IPC 源自于 1970 年的一种称为“Columbus UNIX”的 AT&T 内部版本。后来它们被添加到 System V 上。由于 XSI IPC 不使用文件系统命名空间，而是构造了它们自己的命名空间，为此常常受到批评。

15.6.1 标识符和键

每个内核中的 IPC 结构（消息队列、信号量或共享存储段）都用一个非负整数的标识符（identifier）加以引用。例如，要向一个消息队列发送消息或者从一个消息队列取消息，只需要知道其队列标识符。与文件描述符不同，IPC 标识符不是小的整数。当一个 IPC 结构被创建，然后又被删除时，与这种结构相关的标识符连续加 1，直至达到一个整型数的最大正值，然后又回转到 0。

556

标识符是 IPC 对象的内部名。为使多个合作进程能够在同一 IPC 对象上汇聚，需要提供一个外部命名方案。为此，每个 IPC 对象都与一个键（key）相关联，将这个键作为该对象的外部名。

无论何时创建 IPC 结构（通过调用 msgget、semget 或 shmget 创建），都应指定一个键。这个键的数据类型是基本系统数据类型 key_t，通常在头文件<sys/types.h>中被定义为长整型。这个键由内核变换成标识符。

有多种方法使客户进程和服务器进程在同一 IPC 结构上汇聚。

（1）服务器进程可以指定键 IPC_PRIVATE 创建一个新 IPC 结构，将返回的标识符存放在某处（如一个文件）以便客户进程取用。键 IPC_PRIVATE 保证服务器进程创建一个新 IPC 结构。这种技术的缺点是：文件系统操作需要服务器进程将整型标识符写到文件中，此后客户进程又要读这个文件取得此标识符。

IPC_PRIVATE 键也可用于父进程子关系。父进程指定 IPC_PRIVATE 创建一个新 IPC 结构，所返回的标识符可供 fork 后的子进程使用。接着，子进程又可将此标识符作为 exec 函数的一个参数传给一个新程序。

（2）可以在一个公用头文件中定义一个客户进程和服务器进程都认可的键。然后服务器进程指定此键创建一个新的 IPC 结构。这种方法的问题是该键可能已与一个 IPC 结构相结合，在此情况下，get 函数（msgget、semget 或 shmget）出错返回。服务器进程必须处理这一错误，删除已存在的 IPC 结构，然后试着再创建它。

（3）客户进程和服务器进程认同一个路径名和项目 ID（项目 ID 是 0～255 之间的字符值），

接着，调用函数 ftok 将这两个值变换为一个键。然后在方法（2）中使用此键。ftok 提供的唯一服务就是由一个路径名和项目 ID 产生一个键。

```
#include <sys/ipc.h>

key_t ftok(const char *path, int id);

                    返回值：若成功，返回键；若出错，返回(key_t)-1
```

path 参数必须引用一个现有的文件。当产生键时，只使用 *id* 参数的低 8 位。

ftok 创建的键通常是用下列方式构成的：按给定的路径名取得其 stat 结构（见 4.2 节）中的部分 st_dev 和 st_ino 字段，然后再将它们与项目 ID 组合起来。如果两个路径名引用的是两个不同的文件，那么 ftok 通常会为这两个路径名返回不同的键。但是，因为 i 节点编号和键通常都存放在长整型中，所以创建键时可能会丢失信息。这意味着，对于不同文件的两个路径名，如果使用同一项目 ID，那么可能产生相同的键。 557

3 个 get 函数（msgget、semget 和 shmget）都有两个类似的参数：一个 *key* 和一个整型 *flag*。在创建新的 IPC 结构（通常由服务器进程创建）时，如果 *key* 是 IPC_PRIVATE 或者和当前某种类型的 IPC 结构无关，则需要指明 *flag* 的 IPC_CREAT 标志位。为了引用一个现有队列（通常由客户进程创建），*key* 必须等于队列创建时指明的 *key* 的值，并且 IPC_CREAT 必须不被指明。

注意，决不能指定 IPC_PRIVATE 作为键来引用一个现有队列，因为这个特殊的键值总是用于创建一个新队列。为了引用一个用 IPC_PRIVATE 键创建的现有队列，一定要知道这个相关的标识符，然后在其他 IPC 调用中（如 msgsnd、msgrcv）使用该标识符，这样可以绕过 get 函数。

如果希望创建一个新的 IPC 结构，而且要确保没有引用具有同一标识符的一个现有 IPC 结构，那么必须在 *flag* 中同时指定 IPC_CREAT 和 IPC_EXCL 位。这样做了以后，如果 IPC 结构已经存在就会造成出错，返回 EEXIST（这与指定了 O_CREAT 和 O_EXCL 标志的 open 相类似）。

15.6.2 权限结构

XSI IPC 为每一个 IPC 结构关联了一个 ipc_perm 结构。该结构规定了权限和所有者，它至少包括下列成员：

```
struct ipc_perm {
  uid_t  uid;  /* owner's effective user id */
  gid_t  gid;  /* owner's effective group id */
  uid_t  cuid; /* creator's effective user id */
  gid_t  cgid; /* creator's effective group id */
  mode_t mode; /* access modes */
  ⋮
};
```

每个实现会包括另外一些成员。如欲了解你所用系统中它的完整定义，请参见<sys/ipc.h>。

在创建 IPC 结构时，对所有字段都赋初值。以后，可以调用 msgctl、semctl 或 shmctl 修改 uid、gid 和 mode 字段。为了修改这些值，调用进程必须是 IPC 结构的创建者或超级用户。修改这些字段类似于对文件调用 chown 和 chmod。

mode 字段的值类似于图 4-6 中所示的值，但是对于任何 IPC 结构都不存在执行权限。另外，消息队列和共享存储使用术语“读”和“写”，而信号量则用术语“读”和“更改”（alter）。图 15-24 显示了每种 IPC 的 6 种权限。 558

权限	位
用户读	0400
用户写（更改）	0200
组读	0040
组写（更改）	0020
其他读	0004
其他写（更改）	0002

图 15-24 XSI IPC 权限

某些实现定义了表示每种权限的符号常量，但是这些常量并不包括在 Single UNIX Specification 中。

15.6.3 结构限制

所有 3 种形式的 XSI IPC 都有内置限制。大多数限制可以通过重新配置内核来改变。在对这 3 种形式的 IPC 中的每一种进行描述时，我们都会指出它的限制。

> 在报告和修改限制方面，每种平台都有自己的方法。FreeBSD 8.0、Linux 3.2.0 和 Mac OS X 10.6.8 提供了 `sysctl` 命令来观察和修改内核配置参数。在 Solaris 10 中，可以用 `prctl` 命令来改变内核 IPC 的限制。
>
> 在 Linux 中，可以运行 `ipcs -l` 来显示 IPC 相关的限制。在 FreeBSD 中，等效的命令是 `ipcs -T`。在 Solaris 中，可以通过运行 `sysdef -y` 来找到可调节参数。

15.6.4 优点和缺点

XSI IPC 的一个基本问题是：IPC 结构是在系统范围内起作用的，没有引用计数。例如，如果进程创建了一个消息队列，并且在该队列中放入了几则消息，然后终止，那么该消息队列及其内容不会被删除。它们会一直留在系统中直至发生下列动作为止：由某个进程调用 `msgrcv` 或 `msgctl` 读消息或删除消息队列；或某个进程执行 `ipcrm`(1)命令删除消息队列；或正在自举的系统删除消息队列。将此与管道相比，当最后一个引用管道的进程终止时，管道就被完全地删除了。对于 FIFO 而言，在最后一个引用 FIFO 的进程终止时，虽然 FIFO 的名字仍保留在系统中，直至被显式地删除，但是留在 FIFO 中的数据已被删除了。

XSI IPC 的另一个问题是：这些 IPC 结构在文件系统中没有名字。我们不能用第 3 章和第 4 章中所述的函数来访问它们或修改它们的属性。为了支持这些 IPC 对象，内核中增加了十几个全新的系统调用（`msgget`、`semop`、`shmat` 等）。我们不能用 `ls` 命令查看 IPC 对象，不能用 `rm` 命令删除它们，也不能用 `chmod` 命令修改它们的访问权限。于是，又增加了两个新命令 `ipcs`(1)和 `ipcrm`(1)。

559

因为这些形式的 IPC 不使用文件描述符，所以不能对它们使用多路转接 I/O 函数（`select` 和 `poll`）。这使得它很难一次使用一个以上这样的 IPC 结构，或者在文件或设备 I/O 中使用这样的 IPC 结构。例如，如果没有某种形式的忙等循环（busy-wait loop），就不能使一个服务器进程等待将要放在两个消息队列中任意一个中的消息。

Andrade、Carges 和 Kovach[1989]对使用 System V IPC 构建的一个事务处理系统进行了综述。他们认为 System V IPC 使用的命名空间（标识符）是一个优点，而不是前面所说的问题，理由是使用标识符使一个进程只要使用单个函数调用（`msgsnd`）就能将一个消息发送到一个队列，而其他形式的 IPC 则通常还要调用 `open`、`write` 和 `close`。这种说法是错误的。为了避免使用键和调用 msgget，客户进程总要以某种方式获得服务器进程队列的标识符。分派给特定队列的标识符取决于在创建该队列时，有多少消息队列已经存在，也取决于自内核自举以来，内核中将分配给新队列的表项已经使用了多少次。这是一个动态值，无法猜到或事先存放在一个头文件中。正如 15.6.1 节所述，至少服务器进程应将分配给队列的标识符写到一个文件中以便客户进程读取。

这些作者列举的消息队列的其他优点是：它们是可靠的、流控制的以及面向记录的；它们可以用非先进先出次序处理。图 15-25 对这些不同形式 IPC 的某些特征进行了比较。

IPC 类型	无连接？	可靠的？	流控制？	记录？	消息类型或优先级？
消息队列	否	是	是	是	是
STREAMS	否	是	是	是	是
UNIX 域流套接字	否	是	是	否	否
UNIX 域数据报套接字	是	是	否	是	否
FIFO（非 STREAMS）	否	是	是	否	否

图 15-25 不同形式 IPC 之间的特征比较

（我们将在第 16 章中描述流和数据报套接字，在 17.2 节中描述 UNIX 域套接字。）图 15-25 中的“无连接”指的是无需先调用某种形式的打开函数就能发送消息的能力。如前所述，因为需要有某种技术来获得队列标识符，所以我们并不认为消息队列是无连接的。因为所有这些形式的 IPC 被限制在一台主机上，所以它们都是可靠的。当消息通过网络传送时，就要考虑丢失消息的可能性。“流控制”的意思是：如果系统资源（缓冲区）短缺，或者如果接收进程不能再接收更多消息，则发送进程就要休眠。当流控制条件消失时，发送进程应自动唤醒。

图 15-25 中没有显示的一个特征是：IPC 设施能否自动地为每个客户进程创建一个到服务器进程的唯一连接。第 17 章将说明 UNIX 流套接字可以提供这种能力。下面 3 节将对 3 种形式的 XSI IPC 进行详细的描述。 560

15.7 消息队列

消息队列是消息的链接表，存储在内核中，由消息队列标识符标识。在本节中，我们把消息队列简称为队列，其标识符简称为队列 ID。

> Single UNIX Specification 的消息传送选项中包括一种替代的 IPC 消息队列接口，该接口来源于 POSIX 实时扩展。本书不讨论这个接口。

msgget 用于创建一个新队列或打开一个现有队列。msgsnd 将新消息添加到队列尾端。每个消息包含一个正的长整型类型的字段、一个非负的长度以及实际数据字节数（对应于长度），所有这些都在将消息添加到队列时，传送给 msgsnd。msgrcv 用于从队列中取消息。我们并不一定要以先进先出次序取消息，也可以按消息的类型字段取消息。

每个队列都有一个 msqid_ds 结构与其相关联：

```
struct msqid_ds {
  struct ipc_perm     msg_perm;        /* see Section 15.6.2 */
  msgqnum_t           msg_qnum;        /* # of messages on queue */
  msglen_t            msg_qbytes;      /* max # of bytes on queue */
  pid_t               msg_lspid;       /* pid of last msgsnd() */
  pid_t               msg_lrpid;       /* pid of last msgrcv() */
```

```
  time_t          msg_stime;      /* last-msgsnd() time */
  time_t          msg_rtime;      /* last-msgrcv() time */
  time_t          msg_ctime;      /* last-change time */
     ⋮
};
```

此结构定义了队列的当前状态。结构中所示的各成员是由 Single UNIX Specification 定义的。具体实现可能包括标准中没有定义的另一些字段。

图 15-26 列出了影响消息队列的系统限制。“导出的”表示这种限制来源于其他限制。例如，在 Linux 系统中，最大消息数是根据最大队列数和队列中所允许的最大数据量来决定的。其中最大队列数还要根据系统上安装的 RAM 的数量来决定。注意，队列的最大字节数限制进一步限制了队列中将要存储的消息的最大长度。

调用的第一个函数通常是 msgget，其功能是打开一个现有队列或创建一个新队列。

说明	典型值			
	FreeBSD 8.0	Linux 3. 2. 0	Mac OS X 10. 6.8	Solaris 10
可发送的最长消息的字节数	16 384	8 192	不支持	2 048
一个特定队列的最大字节数（亦即队列中所有消息长度之和）	2 048	16 384	不支持	4 096
系统中最大消息队列数	40	16	不支持	50
系统中最大消息数	40	导出的	不支持	40

561

图 15-26　影响消息队列的系统限制

```
#include <sys/msg.h>

int msgget(key_t key, int flag);

                        返回值：若成功，返回消息队列 ID；若出错，返回-1
```

15.6.1 节说明了将 *key* 变换成一个标识符的规则，并且讨论了是创建一个新队列还是引用一个现有队列。在创建新队列时，要初始化 msqid_ds 结构的下列成员。

- ipc_perm 结构按 15.6.2 节中所述进行初始化。该结构中的 mode 成员按 *flag* 中的相应权限位设置。这些权限用图 15-24 中的值指定。
- msg_qnum、msg_lspid、msg_lrpid、msg_stime 和 msg_rtime 都设置为 0。
- msg_ctime 设置为当前时间。
- msg_qbytes 设置为系统限制值。

若执行成功，msgget 返回非负队列 ID。此后，该值就可被用于其他 3 个消息队列函数。

msgctl 函数对队列执行多种操作。它和另外两个与信号量及共享存储有关的函数（semctl 和 shmctl）都是 XSI IPC 的类似于 ioctl 的函数（亦即垃圾桶函数）。

```
#include <sys/msg.h>

int msgctl(int msqid, int cmd, struct msqid_ds *buf);

                        返回值：若成功，返回 0；若出错，返回-1
```

cmd 参数指定对 *msqid* 指定的队列要执行的命令。

IPC_STAT　取此队列的 msqid_ds 结构，并将它存放在 *buf* 指向的结构中。

IPC_SET　将字段 msg_perm.uid、msg_perm.gid、msg_perm.mode 和 msg_qbytes 从 *buf* 指向的结构复制到与这个队列相关的 msqid_ds 结构中。此命令只能由下列

两种进程执行：一种是其有效用户 ID 等于 msg_perm.cuid 或 msg_perm.uid，另一种是具有超级用户特权的进程。只有超级用户才能增加 msg_qbytes 的值。

IPC_RMID 从系统中删除该消息队列以及仍在该队列中的所有数据。这种删除立即生效。仍在使用这一消息队列的其他进程在它们下一次试图对此队列进行操作时，将得到 EIDRM 错误。此命令只能由下列两种进程执行：一种是其有效用户 ID 等于 msg_perm.cuid 或 msg_perm.uid；另一种是具有超级用户特权的进程。

562

这 3 条命令（IPC_STAT、IPC_SET 和 IPC_RMID）也可用于信号量和共享存储。

调用 msgsnd 将数据放到消息队列中。

```
#include <sys/msg.h>

int msgsnd(int msqid, const void *ptr, size_t nbytes, int flag);
```

返回值：若成功，返回 0；若出错，返回-1

正如前面提及的，每个消息都由 3 部分组成：一个正的长整型类型的字段、一个非负的长度（*nbytes*）以及实际数据字节数（对应于长度）。消息总是放在队列尾端。

ptr 参数指向一个长整型数，它包含了正的整型消息类型，其后紧接着的是消息数据（若 *nbytes* 是 0，则无消息数据）。若发送的最长消息是 512 字节的，则可定义下列结构：

```
struct mymesg {
  long mtype;       /* positive message type */
  char mtext[512];  /* message data, of length nbytes */
};
```

ptr 就是一个指向 mymesg 结构的指针。接收者可以使用消息类型以非先进先出的次序取消息。

> 某些平台既支持 32 位环境，又支持 64 位环境。这影响到长整型和指针的大小。例如，在 64 位 SPARC 系统中，Solaris 允许 32 位应用程序和 64 位应用程序同时存在。如果一个 32 位应用程序要经由管道或套接字与一个 64 位应用程序交换此结构，就会出问题。因为在 32 位应用程序中，长整型的大小是 4 字节，而在 64 位应用程序中，长整型的大小是 8 字节。这意味着，32 位应用程序期望 mtext 字段在结构起始地址后的第 4 字节处开始，而 64 位应用程序则期望 mtext 字段在结构起始地址后的第 8 字节处开始。在这种情况下，64 位应用程序的 mtype 字段的一部分会被 32 位应用程序视为 mtext 字段的组成部分，而 32 位应用程序的 mtext 字段的前 4 字节会被 64 位应用程序解释为 mtype 字段的组成部分。
>
> 但是，XSI 消息队列就不会发生这种问题。Solaris 实现的 IPC 系统调用的 32 位版本和 64 位版本具有不同的入口点。这些系统调用知道如何处理 32 位应用程序与 64 位应用程序的通信操作，并对类型字段做了特殊处理以避免它干扰消息的数据部分。唯一的潜在问题是，当 64 位应用程序向 32 位应用程序发送消息时，如果它在 8 字节类型字段中设置的值大于 32 位应用程序中 4 字节类型字段可表示的值，那么 32 位应用程序在其 mtype 字段中得到的将是一个截短了的类型值。

参数 *flag* 的值可以指定为 IPC_NOWAIT。这类似于文件 I/O 的非阻塞 I/O 标志（见 14.2 节）。若消息队列已满（或者是队列中的消息总数等于系统限制值，或队列中的字节总数等于系统限制值），则指定 IPC_NOWAIT 使得 msgsnd 立即出错返回 EAGAIN。如果没有指定 IPC_NOWAIT，则进程会一直阻塞到：有空间可以容纳要发送的消息；或者从系统中删除了此队列；或者捕捉到一个信号，并从信号处理程序返回。在第二种情况下，会返回 EIDRM 错误（“标识符被删除”）。最后一种情况则返回 EINTR 错误。

563

注意，对删除消息队列的处理不是很完善。因为每个消息队列没有维护引用计数器（打开文件有这种计数器），所以在队列被删除以后，仍在使用这一队列的进程在下次对队列进行操作时会出错返回。信号量机构也以同样方式处理其删除。相反，删除一个文件时，要等到使用该文件的最后一个进程关闭了它的文件描述符以后，才能删除文件中的内容。

当 msgsnd 返回成功时，消息队列相关的 msqid_ds 结构会随之更新，表明调用的进程 ID（msg_lspid）、调用的时间（msg_stime）以及队列中新增的消息（msg_qnum）。

msgrcv 从队列中取用消息。

```
#include <sys/msg.h>

ssize_t msgrcv(int msqid, void *ptr, size_t nbytes, long type, int flag);
```

返回值：若成功，返回消息数据部分的长度；若出错，返回-1

和 msgsnd 一样，*ptr* 参数指向一个长整型数（其中存储的是返回的消息类型），其后跟随的是存储实际消息数据的缓冲区。*nbytes* 指定数据缓冲区的长度。若返回的消息长度大于 *nbytes*，而且在 *flag* 中设置了 MSG_NOERROR 位，则该消息会被截断（在这种情况下，没有通知告诉我们消息截断了，消息被截去的部分被丢弃）。如果没有设置这一标志，而消息又太长，则出错返回 E2BIG（消息仍留在队列中）。

564

参数 *type* 可以指定想要哪一种消息。

type == 0　返回队列中的第一个消息。

type > 0　返回队列中消息类型为 *type* 的第一个消息。

type < 0　返回队列中消息类型值小于等于 *type* 绝对值的消息，如果这种消息有若干个，则取类型值最小的消息。

type 值非 0 用于以非先进先出次序读消息。例如，若应用程序对消息赋予优先权，那么 *type* 就可以是优先权值。如果一个消息队列由多个客户进程和一个服务器进程使用，那么 *type* 字段可以用来包含客户进程的进程 ID（只要进程 ID 可以存放在长整型中）。

可以将 *flag* 值指定为 IPC_NOWAIT，使操作不阻塞，这样，如果没有所指定类型的消息可用，则 msgrcv 返回-1，error 设置为 ENOMSG。如果没有指定 IPC_NOWAIT，则进程会一直阻塞到有了指定类型的消息可用，或者从系统中删除了此队列（返回-1，error 设置为 EIDRM），或者捕捉到一个信号并从信号处理程序返回（这会导致 msgrcv 返回-1，errno 设置为 EINTR）。

msgrcv 成功执行时，内核会更新与该消息队列相关联的 msgid_ds 结构，以指示调用者的进程 ID（msg_lrpid）和调用时间（msg_rtime），并指示队列中的消息数减少了 1 个（msg_qnum）。

实例：消息队列与全双工管道的时间比较

如若需要客户进程和服务器进程之间的双向数据流，可以使用消息队列或全双工管道。（回忆图 15-1，通过 UNIX 域套接字机制，见 17.2 节，可以使全双工管道可用，而某些平台通过 pipe 函数提供全双工管道。）

图 15-27 显示了在 Solaris 上 3 种技术在时间方面的比较，这 3 种技术是：消息队列、全双工（STREAMS）管道和 UNIX 域套接字。测试程序先创建 IPC 通道，调用 fork，然后从父进程向子进程发送约 200MB 数据。数据发送的方式是：对于消息队列，调用 100 000 次 msgsnd，每个消息长度为 2 000 字节；对于全双工管道和 UNIX 域套接字，调用 100 000 次 write，每次写 2 000 字节。时间都以秒为单位。

操作	用户	系统	时钟
消息队列	0.58	4.16	5.09
全双工管道	0.61	4.30	5.24
UNIX 域套接字	0.59	5.58	7.49

图 15-27　在 Solaris 上 3 种 IPC 的时间比较

从这些数字中可见，消息队列原来的实施目的是提供高于一般速度的 IPC，但现在与其他形式的 IPC 相比，在速度方面已经没有什么差别了。（在原来实施消息队列时，可用的其他形式的 IPC 就只有半双工管道这一种。）考虑到使用消息队列时遇到的问题（见 15.6.4 节），我们得出的结论是，在新的应用程序中不应当再使用它们。

565

15.8 信号量

信号量与已经介绍过的 IPC 机构（管道、FIFO 以及消息列队）不同。它是一个计数器，用于为多个进程提供对共享数据对象的访问。

> Single UNIX Specification 包括了另外一套信号量接口，该接口原来是实时扩展的一部分。我们将在 15.10 节讨论这种接口。

为了获得共享资源，进程需要执行下列操作。

（1）测试控制该资源的信号量。

（2）若此信号量的值为正，则进程可以使用该资源。在这种情况下，进程会将信号量值减 1，表示它使用了一个资源单位。

（3）否则，若此信号量的值为 0，则进程进入休眠状态，直至信号量值大于 0。进程被唤醒后，它返回至步骤（1）。

当进程不再使用由一个信号量控制的共享资源时，该信号量值增 1。如果有进程正在休眠等待此信号量，则唤醒它们。

为了正确地实现信号量，信号量值的测试及减 1 操作应当是原子操作。为此，信号量通常是在内核中实现的。

常用的信号量形式被称为*二元信号量*（binary semaphore）。它控制单个资源，其初始值为 1。但是，一般而言，信号量的初值可以是任意一个正值，该值表明有多少个共享资源单位可供共享应用。

遗憾的是，XSI 信号量与此相比要复杂得多。以下 3 种特性造成了这种不必要的复杂性。

（1）信号量并非是单个非负值，而必需定义为含有一个或多个信号量值的集合。当创建信号量时，要指定集合中信号量值的数量。

（2）信号量的创建（`semget`）是独立于它的初始化（`semctl`）的。这是一个致命的缺点，因为不能原子地创建一个信号量集合，并且对该集合中的各个信号量值赋初值。

（3）即使没有进程正在使用各种形式的 XSI IPC，它们仍然是存在的。有的程序在终止时并没有释放已经分配给它的信号量，所以我们不得不为这种程序担心。后面将要说明的 *undo* 功能就是处理这种情况的。

内核为每个信号量集合维护着一个 `semid_ds` 结构：

```
struct semid_ds {
  struct ipc_perm  sem_perm;    /* see Section 15.6.2 */
```

566

```
    unsigned short   sem_nsems;   /* # of semaphores in set */
    time_t           sem_otime;   /* last-semop() time */
    time_t           sem_ctime;   /* last-change time */
      ⋮
  };
```

Single UNIX Specification 定义了上面所示的各字段，但是具体实现可在 semid_ds 结构中定义添加的成员。

每个信号量由一个无名结构表示，它至少包含下列成员：

```
struct {
  unsigned short  semval;      /* semaphore value, always >= 0 */
  pid_t           sempid;      /* pid for last operation */
  unsigned short  semncnt;     /* # processes awaiting semval>curval */
  unsigned short  semzcnt;     /* # processes awaiting semval==0 */
    ⋮
};
```

图 15-28 列出了影响信号量集合的系统限制。

说明	典型值			
	FreeBSD 8.0	Linux 3.2.0	Mac OS X 10.6.8	Solaris 10
任一信号量的最大值	32 767	32 767	32 767	65 535
任一信号量的最大退出时的调整值	16 384	32 767	16 384	32 767
系统中信号量集的最大数量	10	128	87 381	128
系统中信号量的最大数量	60	32 000	87 381	导出的
每个信号量集中的信号量的最大数量	60	250	87 381	512
系统中 undo 结构的最大数量	30	32 000	87 381	导出的
每个 undo 结构中 undo 项的最大数量	10	无限制	10	导出的
每个 semop 调用中操作的最大数量	100	32	5	512

图 15-28　影响信号量的系统限制

当我们想使用 XSI 信号量时，首先需要通过调用函数 semget 来获得一个信号量 ID。

```
#include <sys/sem.h>

int semget(key_t key, int nsems, int flag);
```

返回值：若成功，返回信号量 ID；若出错，返回-1

15.6.1 节说明了将 *key* 变换为标识符的规则，讨论了是创建一个新集合，还是引用一个现有集合。创建一个新集合时，要对 semid_ds 结构的下列成员赋初值。

- 按 15.6.2 节中所述，初始化 ipc_perm 结构。该结构中的 mode 成员被设置为 *flag* 中的相应权限位。这些权限是用图 15-24 中的值设置的。
- sem_otime 设置为 0。
- sem_ctime 设置为当前时间。
- sem_nsems 设置为 *nsems*。

nsems 是该集合中的信号量数。如果是创建新集合（一般在服务器进程中），则必须指定 *nsems*。如果是引用现有集合（一个客户进程），则将 *nsems* 指定为 0。

semctl 函数包含了多种信号量操作。

```
#include <sys/sem.h>

int semctl(int semid, int semnum, int  cmd, ... /* union semun arg */);
```

返回值：（见下）

第 4 个参数是可选的，是否使用取决于所请求的命令，如果使用该参数，则其类型是 semun，它是多个命令特定参数的联合（union）：

```
union semun {
  int              val;     /* for SETVAL */
  struct semid_ds *buf;     /* for IPC_STAT and IPC_SET */
  unsigned short  *array;   /* for GETALL and SETALL */
};
```

567

注意，这个选项参数是一个联合，而非指向联合的指针。

> 通常应用程序必须定义 semun 联合。然而，在 FreeBSD 8.0 中，semun 已经由<sys/sem.h>为我们定义好了。

cmd 参数指定下列 10 种命令中的一种，这些命令是运行在 *semid* 指定的信号量集合上的。其中有 5 种命令是针对一个特定的信号量值的，它们用 *semnum* 指定该信号量集合中的一个成员。*semnum* 值在 0 和 *nsems*-1 之间，包括 0 和 *nsems*-1。

- IPC_STAT　对此集合取 semid_ds 结构，并存储在由 *arg.buf* 指向的结构中。
- IPC_SET　按 *arg.buf* 指向的结构中的值，设置与此集合相关的结构中的 sem_perm.uid、sem_perm.gid 和 sem_perm.mode 字段。此命令只能由两种进程执行：一种是其有效用户 ID 等于 sem_perm.cuid 或 sem_perm.uid 的进程；另一种是具有超级用户特权的进程。
- IPC_RMID　从系统中删除该信号量集合。这种删除是立即发生的。删除时仍在使用此信号量集合的其他进程，在它们下次试图对此信号量集合进行操作时，将出错返回 EIDRM。此命令只能由两种进程执行：一种是其有效用户 ID 等于 sem_perm.cuid 或 sem_perm.uid 的进程；另一种是具有超级用户特权的进程。
- GETVAL　返回成员 *semnum* 的 semval 值。
- SETVAL　设置成员 *semnum* 的 semval 值。该值由 *arg.val* 指定。
- GETPID　返回成员 *semnum* 的 sempid 值。
- GETNCNT　返回成员 *semnum* 的 semncnt 值。
- GETZCNT　返回成员 *semnum* 的 semzcnt 值。
- GETALL　取该集合中所有的信号量值。这些值存储在 *arg.array* 指向的数组中。
- SETALL　将该集合中所有的信号量值设置成 *arg.array* 指向的数组中的值。

对于除 GETALL 以外的所有 GET 命令，semctl 函数都返回相应值。对于其他命令，若成功则返回值为 0，若出错，则设置 errno 并返回-1。

函数 semop 自动执行信号量集合上的操作数组。

```
#include <sys/sem.h>

int semop(int semid, struct sembuf semoparray[], size_t nops);
```

返回值：若成功，返回 0；若出错，返回-1

参数 *semoparray* 是一个指针，它指向一个由 sembuf 结构表示的信号量操作数组：

568

```
struct sembuf {
  unsigned short      sem_num;      /* member # in set (0, 1, ..., nsems-1 */
  short               sem_op;       /* operation(negative, 0,or pasitive */)
  short               sem_flg;      /* IPC_NOWAIT, SEM_UNDO */
};
```

参数 *nops* 规定该数组中操作的数量（元素数）。

对集合中每个成员的操作由相应的 sem_op 值规定。此值可以是负值、0 或正值。（下面的讨论将提到信号量的“undo”标志。此标志对应于相应的 sem_flg 成员的 SEM_UNDO 位。）

（1）最易于处理的情况是 sem_op 为正值。这对应于进程释放的占用的资源数。sem_op 值会加到信号量的值上。如果指定了 undo 标志，则也从该进程的此信号量调整值中减去 sem_op。

（2）若 sem_op 为负值，则表示要获取由该信号量控制的资源。

如若该信号量的值大于等于 sem_op 的绝对值（具有所需的资源），则从信号量值中减去 sem_op 的绝对值。这能保证信号量的结果值大于等于 0。如果指定了 undo 标志，则 sem_op 的绝对值也加到该进程的此信号量调整值上。

如果信号量值小于 sem_op 的绝对值（资源不能满足要求），则适用下列条件。

a. 若指定了 IPC_NOWAIT，则 semop 出错返回 EAGAIN。

b. 若未指定 IPC_NOWAIT，则该信号量的 semncnt 值加 1（因为调用进程将进入休眠状态），然后调用进程被挂起直至下列事件之一发生。

   i. 此信号量值变成大于等于 sem_op 的绝对值（即某个进程已释放了某些资源）。此信号量的 semncnt 值减 1（因为已结束等待），并且从信号量值中减去 sem_op 的绝对值。如果指定了 undo 标志，则 sem_op 的绝对值也加到该进程的此信号量调整值上。

   ii. 从系统中删除了此信号量。在这种情况下，函数出错返回 EIDRM。

   iii. 进程捕捉到一个信号，并从信号处理程序返回，在这种情况下，此信号量的 semncnt 值减 1（因为调用进程不再等待），并且函数出错返回 EINTR。

569

（3）若 sem_op 为 0，这表示调用进程希望等待到该信号量值变成 0。

如果信号量值当前是 0，则此函数立即返回。

如果信号量值非 0，则适用下列条件。

a. 若指定了 IPC_NOWAIT，则出错返回 EAGAIN。

b. 若未指定 IPC_NOWAIT，则该信号量的 semzcnt 值加 1（因为调用进程将进入休眠状态），然后调用进程被挂起，直至下列的一个事件发生。

   i. 此信号量值变成 0。此信号量的 semzcnt 值减 1（因为调用进程已结束等待）。

   ii. 从系统中删除了此信号量。在这种情况下，函数出错返回 EIDRM。

   iii. 进程捕捉到一个信号，并从信号处理程序返回。在这种情况下，此信号量的 semzcnt 值减 1（因为调用进程不再等待），并且函数出错返回 EINTR。

semop 函数具有原子性，它或者执行数组中的所有操作，或者一个也不做。

exit 时的信号量调整

正如前面提到的，如果在进程终止时，它占用了经由信号量分配的资源，那么就会成为一个问题。无论何时只要为信号量操作指定了 SEM_UNDO 标志，然后分配资源（sem_op 值小于 0），那么内核就会记住对于该特定信号量，分配给调用进程多少资源（sem_op 的绝对值）。当该进程终止时，不论自愿或者不自愿，内核都将检验该进程是否还有尚未处理的信号量调整值，如果有，则按调整值对相应信号量值进行处理。

如果用带 SETVAL 或 SETALL 命令的 semctl 设置一个信号量的值，则在所有进程中，该信号量的调整值都将设置为 0。

实例：信号量、记录锁和互斥量的时间比较

如果在多个进程间共享一个资源，则可使用这 3 种技术中的一种来协调访问。我们可以使用映射到两个进程地址空间中的信号量、记录锁或者互斥量。对这 3 种技术两两之间在时间上的差别进行比较是有益的。

若使用信号量，则先创建一个包含一个成员的信号量集合，然后将该信号量值初始化为 1。为了分配资源，以 sem_op 为-1 调用 semop。为了释放资源，以 sem_op 为+1 调用 semop。对每个操作都指定 SEM_UNDO，以处理在未释放资源条件下进程终止的情况。

若使用记录锁，则先创建一个空文件，并且用该文件的第一个字节（无需存在）作为锁字节。为了分配资源，先对该字节获得一个写锁。释放该资源时，则对该字节解锁。记录锁的性质确保了当一个锁的持有者进程终止时，内核会自动释放该锁。 570

若使用互斥量，需要所有的进程将相同的文件映射到它们的地址空间里，并且使用 PTHREAD_PROCESS_SHARED 互斥量属性在文件的相同偏移处初始化互斥量。为了分配资源，我们对互斥量加锁。为了释放锁，我们解锁互斥量。如果一个进程没有释放互斥量而终止，恢复将是非常困难的，除非我们使用鲁棒互斥量（回忆 12.4.1 节中讨论的 pthread_mutex_consistent 函数）。

图 15-29 显示了在 Linux 上，使用这 3 种不同技术进行锁操作所需的时间。在每一种情况下，资源都被分配、释放 1 000 000 次。这同时由 3 个不同的进程执行。图 15-29 中所示的时间是 3 个进程的总计，单位是秒。

操作	用户	系统	时钟
带 undo 的信号量	0.50	6.08	7.55
建议性记录锁	0.51	9.06	4.38
共享存储中的互斥量	0.21	0.40	0.25

图 15-29 Linux 上锁替代技术的时间比较

在 Linux 上，记录锁比信号量快，但是共享存储中的互斥量的性能比信号量和记录锁的都要优越。如果我们能单一资源加锁，并且不需要 XSI 信号量的所有花哨功能，那么记录锁将比信号量要好。原因是它使用起来更简单、速度更快（在这个平台上），当进程终止时系统会管理遗留下来的锁。尽管对于这种平台来说，在共享存储中使用互斥量是一个更快的选择，但是我们依然喜欢使用记录锁，除非要特别考虑性能。这样做有两个原因。首先，在多个进程间共享的内存中使用互斥量来恢复一个终止的进程更难。其次，进程共享的互斥量属性还没有得到普遍支持。在 Single UNIX Specification 的老版本中，这是可选的。尽管在 SUSv4 中依然是可选的，但是现在，所有遵循 XSI 的实现都要求使用它。

> 在本书讨论的 4 个平台中，只有 Linux 3.2.0 和 Solaris 10 当前支持进程共享的互斥量属性。 571

15.9 共享存储

共享存储允许两个或多个进程共享一个给定的存储区。因为数据不需要在客户进程和服务器进程之间复制，所以这是最快的一种 IPC。使用共享存储时要掌握的唯一窍门是，在多个进程之间同步访问一个给定的存储区。若服务器进程正在将数据放入共享存储区，则在它做完这一操作

之前，客户进程不应当去取这些数据。通常，信号量用于同步共享存储访问。（不过正如前节最后部分所述，也可以用记录锁或互斥量。）

> Single UNIX Specification 在其共享存储对象选项中包括了访问共享存储的替代接口，这些接口源于实时扩展。本书不讨论这些接口。

我们已经看到了共享存储的一种形式，就是在多个进程将同一个文件映射到它们的地址空间的时候。XSI 共享存储和内存映射的文件的不同之处在于，前者没有相关的文件。XSI 共享存储段是内存的匿名段。

内核为每个共享存储段维护着一个结构，该结构至少要为每个共享存储段包含以下成员：

```
struct shmid_ds {
  struct ipc_perm shm_perm;    /* see Section 15.6.2 */
  size_t          shm_segsz;   /* size of segment in bytes */
  pid_t           shm_lpid;    /* pid of last shmop() */
  pid_t           shm_cpid;    /* pid of creator */
  shmatt_t        shm_nattch;  /* number of current attaches */
  time_t          shm_atime;   /* last-attach time */
  time_t          shm_dtime;   /* last-detach time */
  time_t          shm_ctime;   /* last-change time */
  ⋮
};
```

（按照支持共享存储段的需要，每种实现会增加其他结构成员。）

shmatt_t 类型定义为无符号整型，它至少与 unsigned short 一样大。图 15-30 列出了影响共享存储的系统限制。

说明	典型值			
	FreeBSD 8.0	Linux 3. 2. 0	Mac OS X 10. 6.8	Solaris 10
共享存储段的最大字节长度	33 554 432	32 768	4 194 304	导出的
共享存储段的最小字节长度	1	1	1	1
系统中共享存储段的最大段数	192	4 096	32	128
每个进程共享存储段的最大段数	128	4 096	8	128

图 15-30　影响共享存储的系统限制

调用的第一个函数通常是 shmget，它获得一个共享存储标识符。

```
#include <sys/shm.h>

int shmget(key_t key, size_t size, int flag);
```

返回值：若成功，返回共享存储 ID；若出错，返回-1

15.6.1 节说明了将 *key* 变换成一个标识符的规则，以及是创建一个新共享存储段，还是引用一个现有的共享存储段。当创建一个新段时，初始化 shmid_ds 结构的下列成员。

572

- ipc_perm 结构按 15.6.2 节中所述进行初始化。该结构中的 mode 按 *flag* 中的相应权限位设置。这些权限用图 15-24 中的值指定。
- shm_lpid、shm_nattach、shm_atime 和 shm_dtime 都设置为 0。
- shm_ctime 设置为当前时间。
- shm_segsz 设置为请求的 *size*。

参数 *size* 是该共享存储段的长度，以字节为单位。实现通常将其向上取为系统页长的整倍数。但是，若应用指定的 *size* 值并非系统页长的整倍数，那么最后一页的余下部分是不可使用的。如果正在创建一个新段（通常在服务器进程中），则必须指定其 *size*。如果正在引用一个现存的段（一个客户进程），则将 *size* 指定为 0。当创建一个新段时，段内的内容初始化为 0。

shmctl 函数对共享存储段执行多种操作。

```
#include <sys/shm.h>

int shmctl(int shmid, int cmd, struct shmid_ds *buf);
```

返回值：若成功，返回 0；若出错，返回-1

cmd 参数指定下列 5 种命令中的一种，使其在 *shmid* 指定的段上执行。

IPC_STAT　取此段的 shmid_ds 结构，并将它存储在由 *buf* 指向的结构中。

IPC_SET　按 *buf* 指向的结构中的值设置与此共享存储段相关的 shmid_ds 结构中的下列 3 个字段：shm_perm.uid、shm_perm.gid 和 shm_perm.mode。此命令只能由下列两种进程执行：一种是其有效用户 ID 等于 shm_perm.cuid 或 shm_perm.uid 的进程；另一种是具有超级用户特权的进程。

IPC_RMID　从系统中删除该共享存储段。因为每个共享存储段维护着一个连接计数（shmid_ds 结构中的 shm_nattch 字段），所以除非使用该段的最后一个进程终止或与该段分离，否则不会实际上删除该存储段。不管此段是否仍在使用，该段标识符都会被立即删除，所以不能再用 shmat 与该段连接。此命令只能由下列两种进程执行：一种是其有效用户 ID 等于 shm_perm.cuid 或 shm_perm.uid 的进程；另一种是具有超级用户特权的进程。

Linux 和 Solaris 提供了另外两种命令，但它们并非 Single UNIX Specification 的组成部分。

SHM_LOCK　在内存中对共享存储段加锁。此命令只能由超级用户执行。

SHM_UNLOCK　解锁共享存储段。此命令只能由超级用户执行。

573

一旦创建了一个共享存储段，进程就可调用 shmat 将其连接到它的地址空间中。

```
#include <sys/shm.h>

void *shmat(int shmid, const void *addr, int flag);
```

返回值：若成功，返回指向共享存储段的指针；若出错，返回-1

共享存储段连接到调用进程的哪个地址上与 *addr* 参数以及 *flag* 中是否指定 SHM_RND 位有关。

- 如果 *addr* 为 0，则此段连接到由内核选择的第一个可用地址上。这是推荐的使用方式。
- 如果 *addr* 非 0，并且没有指定 SHM_RND，则此段连接到 *addr* 所指定的地址上。
- 如果 *addr* 非 0，并且指定了 SHM_RND，则此段连接到（*addr*-(*addr* mod SHMLBA)）所表示的地址上。SHM_RND 命令的意思是“取整”。SHMLBA 的意思是“低边界地址倍数”，它总是 2 的乘方。该算式是将地址向下取最近 1 个 SHMLBA 的倍数。

除非只计划在一种硬件上运行应用程序（这在当今是不大可能的），否则不应指定共享存储段所连接到的地址。而是应当指定 *addr* 为 0，以便由系统选择地址。

如果在 *flag* 中指定了 SHM_RDONLY 位，则以只读方式连接此段，否则以读写方式连接此段。

shmat 的返回值是该段所连接的实际地址，如果出错则返回-1。如果 shmat 成功执行，那么内核将使与该共享存储段相关的 shmid_ds 结构中的 shm_nattch 计数器值加 1。

当对共享存储段的操作已经结束时，则调用 shmdt 与该段分离。注意，这并不从系统中删除其标识符以及其相关的数据结构。该标识符仍然存在，直至某个进程（一般是服务器进程）带IPC_RMID命令的调用shmctl特地删除它为止。

```
#include <sys/shm.h>

int shmdt(const void *addr);
```

返回值：若成功，返回0；若出错，返回-1

*addr*参数是以前调用shmat时的返回值。如果成功，shmdt将使相关shmid_ds结构中的shm_nattch计数器值减1。

实例

574

内核将以地址0连接的共享存储段放在什么位置上与系统密切相关。图15-31中的程序打印了一些特定系统存放各种类型的数据的位置信息。

```
#include "apue.h"
#include <sys/shm.h>

#define  ARRAY_SIZE   40000
#define  MALLOC_SIZE  100000
#define  SHM_SIZE     100000
#define  SHM_MODE     0600 /* user read/write */

char array[ARRAY_SIZE];    /* uninitialized data = bss */

int
main(void)
{
    int     shmid;
    char    *ptr, *shmptr;

    printf("array[] from %p to %p\n", (void *)&array[0],
      (void *)&array[ARRAY_SIZE]);
    printf("stack around %p\n", (void *)&shmid);

    if ((ptr = malloc(MALLOC_SIZE)) == NULL)
        err_sys("malloc error");
    printf("malloced from %p to %p\n", (void *)ptr,
      (void *)ptr+MALLOC_SIZE);

    if ((shmid = shmget(IPC_PRIVATE, SHM_SIZE, SHM_MODE)) < 0)
        err_sys("shmget error");
    if ((shmptr = shmat(shmid, 0, 0)) == (void *)-1)
        err_sys("shmat error");
    printf("shared memory attached from %p to %p\n", (void *)shmptr,
      (void *)shmptr+SHM_SIZE);

    if (shmctl(shmid, IPC_RMID, 0) < 0)
        err_sys("shmctl error");

    exit(0);
}
```

图15-31 打印各种类型的数据存放的位置

在一个基于 Intel 的 64 位 Linux 系统上运行此程序，其输出如下：

```
$ ./a.out
array[] from 0x6020c0 to 0x60bd00
stack around 0x7fff957b146c
malloced from 0x9e3010 to 0x9fb6b0
shared memory attached from 0x7fba578ab000 to 0x7fba578c36a0
```

图 15-32 显示了这种情况，这与图 7-6 中所示的典型存储区布局类似。注意，共享存储段紧靠在栈之下。

575

回忆一下 mmap 函数（见 14.8 节），它可将一个文件的若干部分映射至进程地址空间。这在概念上类似于用 shmat XSI IPC 函数连接一个共享存储段。两者之间的主要区别是，用 mmap 映射的存储段是与文件相关联的，而 XSI 共享存储段则并无这种关联。

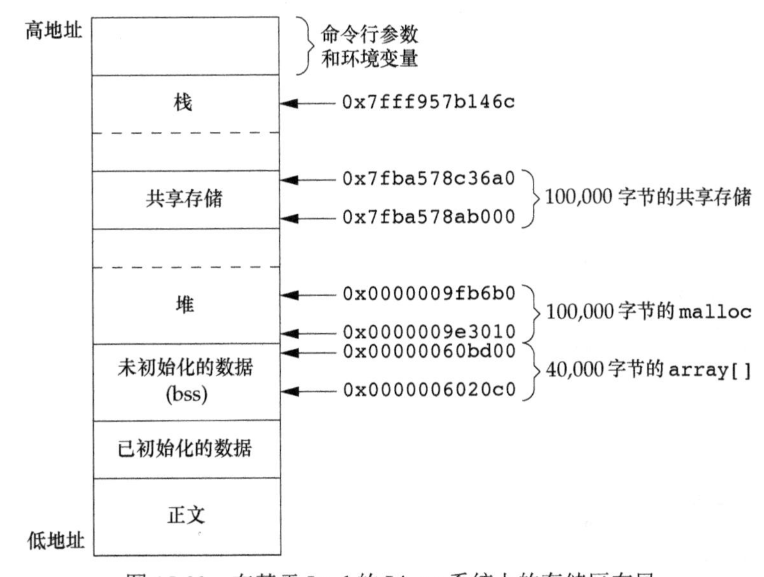

图 15-32　在基于 Intel 的 Linux 系统上的存储区布局

实例：/dev/zero 的存储映射

共享存储可由两个不相关的进程使用。但是，如果进程是相关的，则某些实现提供了一种不同的技术。

> 下面说明的技术用于 FreeBSD 8.0、Linux 3.2.0 和 Solaris 10。Mac OS X 10.6.8 当前并不支持将字符设备映射至进程地址空间。

在读设备/dev/zero 时，该设备是 0 字节的无限资源。它也接收写向它的任何数据，但又忽略这些数据。我们对此设备作为 IPC 的兴趣在于，当对其进行存储映射时，它具有一些特殊性质。

- 创建一个未命名的存储区，其长度是 mmap 的第二个参数，将其向上取整为系统的最近页长。
- 存储区都初始化为 0。
- 如果多个进程的共同祖先进程对 mmap 指定了 MAP_SHARED 标志，则这些进程可共享此存储区。

576 图15-33中的程序是使用此特殊设备的一个例子。

```
#include "apue.h"
#include <fcntl.h>
#include <sys/mman.h>

#define  NLOOPS       1000
#define  SIZE         sizeof(long) /* size of shared memory area */

static int
update(long *ptr)
{
    return((*ptr)++);     /* return value before increment */
}

int
main(void)
{
    int       fd, i, counter;
    pid_t     pid;
    void      *area;

    if ((fd = open("/dev/zero", O_RDWR)) < 0)
        err_sys("open error");
    if ((area = mmap(0, SIZE, PROT_READ | PROT_WRITE, MAP_SHARED,
      fd, 0)) == MAP_FAILED)
        err_sys("mmap error");
    close(fd);      /* can close /dev/zero now that it's mapped */

    TELL_WAIT();

    if ((pid = fork()) < 0) {
        err_sys("fork error");
    } else if (pid > 0) {          /* parent */
        for (i = 0; i < NLOOPS; i += 2) {
            if ((counter = update((long *)area)) != i)
                err_quit("parent: expected %d, got %d", i, counter);

            TELL_CHILD(pid);
            WAIT_CHILD();
        }
    } else {                       /* child */
        for (i = 1; i < NLOOPS + 1; i += 2) {
            WAIT_PARENT();

            if ((counter = update((long *)area)) != i)
                err_quit("child: expected %d, got %d", i, counter);

            TELL_PARENT(getppid());
        }
    }

    exit(0);
}
```
577

图15-33 在父进程、子进程之间使用/dev/zero的存储映射I/O的IPC

该程序打开此/dev/zero 设备，然后指定长整型的长度调用 mmap。注意，一旦存储区映射成功，我们就要关闭（close）此设备。然后，进程创建一个子进程。因为在调用 mmap 时指定了 MAP_SHARED，所以一个进程写到存储映射区的数据可被另一进程见到。（如果已指定 MAP_PRIVATE，则此程序不能工作。）

然后，父进程、子进程交替运行，它们使用 8.9 节中的同步函数各自对共享存储映射区中的长整型数加 1。存储映射区由 mmap 初始化为 0。父进程先对它进行增 1 操作，使其成为 1，然后子进程对其进行增 1 操作，使其成为 2，然后父进程使其成为 3，依此类推。注意，当在 update 函数中对长整型值增 1 时，因为增加的是其值，而不是指针，所以必须使用括号。

以上述方式使用/dev/zero 的优点是：在调用 mmap 创建映射区之前，无需存在一个实际文件。映射/dev/zero 自动创建一个指定长度的映射区。这种技术的缺点是：它只在两个相关进程之间起作用。但在相关进程之间使用线程可能更为简单有效（见第 11 章和第 12 章）。注意，无论使用哪一种技术，都需对共享数据进行同步访问。

实例：匿名存储映射

很多实现提供了一种类似于/dev/zero 的设施，称为匿名存储映射。为了使用这种功能，要在调用 mmap 时指定 MAP_ANON 标志，并将文件描述符指定为-1。结果得到的区域是匿名的（因为它并不通过一个文件描述符与一个路径名相结合），并且创建了一个可与后代进程共享的存储区。

> 本书讨论的 4 种平台都支持匿名存储映射设施。但是注意，Linux 为此设备定义了 MAP_ANONYMOUS 标志，并将 MAP_ANON 标志定义为与它相同的值以改善应用的可移植性。

为使图 15-33 中的程序应用这个设施，我们对它做了 3 处修改：（a）删除了/dev/zero 的 open 语句，（b）删除了 *fd* 的 close 语句，（c）将 mmap 调用修改如下：

```
if ((area = mmap(0, SIZE, PROT_READ | PROT_WRITE,
                 MAP_ANON | MAP_SHARED, -1, 0)) == MAP_FAILED)
```

此调用指定了 MAP_ANON 标志，并将文件描述符设置为-1。图 15-33 中的程序的其余部分没变。

最后两个实例说明了在多个无关进程之间如何使用共享存储段。如果在两个无关进程之间要使用共享存储段，那么有两种替代的方法。一种是应用程序使用 XSI 共享存储函数，另一种是使用 mmap 将同一文件映射至它们的地址空间，为此使用 MAP_SHARED 标志。

578

15.10 POSIX 信号量

POSIX 信号量机制是 3 种 IPC 机制之一，3 种 IPC 机制源于 POSIX.1 的实时扩展。Single UNIX Specification 将 3 种机制（消息队列、信号量和共享存储）置于可选部分中。在 SUSv4 之前，POSIX 信号量接口已经被包含在信号量选项中。在 SUSv4 中，这些接口被移至了基本规范，而消息队列和共享存储接口依然是可选的。

POSIX 信号量接口意在解决 XSI 信号量接口的几个缺陷。

- 相比于 XSI 接口，POSIX 信号量接口考虑到了更高性能的实现。
- POSIX 信号量接口使用更简单：没有信号量集，在熟悉的文件系统操作后一些接口被模式化了。尽管没有要求一定要在文件系统中实现，但是一些系统的确是这么实现的。
- POSIX 信号量在删除时表现更完美。回忆一下，当一个 XSI 信号量被删除时，使用这个信号量标识符的操作会失败，并将 errno 设置成 EIDRM。使用 POSIX 信号量时，操作能继续正常工作直到该信号量的最后一次引用被释放。

POSIX 信号量有两种形式：命名的和未命名的。它们的差异在于创建和销毁的形式上，但其他工作一样。未命名信号量只存在于内存中，并要求能使用信号量的进程必须可以访问内存。这意味着它们只能应用在同一进程中的线程，或者不同进程中已经映射相同内存内容到它们的地址空间中的线程。相反，命名信号量可以通过名字访问，因此可以被任何已知它们名字的进程中的线程使用。

我们可以调用 sem_open 函数来创建一个新的命名信号量或者使用一个现有信号量。

```
#include <semaphore.h>

sem_t *sem_open(const char *name, int oflag, ... /* mode_t mode,
                unsigned int value */ );
```

返回值：若成功，返回指向信号量的指针；若出错，返回 SEM_FAILED

当使用一个现有的命名信号量时，我们仅仅指定两个参数：信号量的名字和 *oflag* 参数的 0 值。当这个 *oflag* 参数有 O_CREAT 标志集时，如果命名信号量不存在，则创建一个新的。如果它已经存在，则会被使用，但是不会有额外的初始化发生。

当我们指定 O_CREAT 标志时，需要提供两个额外的参数。*mode* 参数指定谁可以访问信号量。*mode* 的取值和打开文件的权限位相同：用户读、用户写、用户执行、组读、组写、组执行、其他读、其他写和其他执行。赋值给信号量的权限可以被调用者的文件创建屏蔽字修改（见 4.5 节和 4.8 节）。注意，只有读和写访问要紧，但是当我们打开一个现有信号量时接口不允许指定模式。实现经常为读和写打开信号量。

579

在创建信号量时，*value* 参数用来指定信号量的初始值。它的取值是 0～SEM_VALUE_MAX（见图 2-9）。

如果我们想确保创建的是信号量，可以设置 *oflag* 参数为 O_CREAT|O_EXCL。如果信号量已经存在，会导致 sem_open 失败。

为了增加可移植性，在选择信号量命名时必须遵循一定的规则。

- 名字的第一个字符应该为斜杠（/）。尽管没有要求 POSIX 信号量的实现要使用文件系统，但是如果使用了文件系统，我们就要在名字被解释时消除二义性。
- 名字不应包含其他斜杠以此避免实现定义的行为。例如，如果文件系统被使用了，那么名字/mysem 和//mysem 会被认定为是同一个文件名，但是如果实现没有使用文件系统，那么这两种命名可以被认为是不同的（考虑下如果实现把名字哈希运算转换成一个用来识别信号量的整数值会发生什么）。
- 信号量名字的最大长度是实现定义的。名字不应该长于_POSIX_NAME_MAX（见图 2-8）个字符长度。因为这是使用文件系统的实现能允许的最大名字长度的限制。

如果想在信号量上进行操作，sem_open 函数会为我们返回一个信号量指针，用于传递到其他信号量函数上。当完成信号量操作时，可以调用 sem_close 函数来释放任何信号量相关的资源。

```
#include <semaphore.h>

int sem_close(sem_t *sem);
```

返回值：若成功，返回 0；若出错，返回-1

如果进程没有首先调用 sem_close 而退出，那么内核将自动关闭任何打开的信号量。注意，这不会影响信号量值的状态——如果已经对它进行了增 1 操作，这并不会仅因为退出而改变。类似地，如果调用 sem_close，信号量值也不会受到影响。在 XSI 信号量中没有类似 SEM_UNDO 标志的机制。

可以使用 sem_unlink 函数来销毁一个命名信号量。

```
#include <semaphore.h>

int sem_unlink(const char *name);
```

返回值：若成功，返回 0；若出错，返回-1

580

sem_unlink 函数删除信号量的名字。如果没有打开的信号量引用，则该信号量会被销毁。否则，销毁将延迟到最后一个打开的引用关闭。

不像 XSI 信号量，我们只能通过一个函数调用来调节 POSIX 信号量的值。计数减 1 和对一个二元信号量加锁或者获取计数信号量的相关资源是相类似的。

> 注意，信号量和 POSIX 信号量之间是没有差别的。是采用二元信号量还是用计数信号量取决于如何初始化和使用信号量。如果一个信号量只是有值 0 或者 1，那么它就是二元信号量。当二元信号量是 1 时，它就是“解锁的”，如果它的值是 0，那就是“加锁的”。

可以使用 sem_wait 或者 sem_trywait 函数来实现信号量的减 1 操作。

```
#include <semaphore.h>

int sem_trywait(sem_t *sem);

int sem_wait(sem_t *sem);
```

两个函数的返回值：若成功，返回 0；若出错则，返回-1

使用 sem_wait 函数时，如果信号量计数是 0 就会发生阻塞。直到成功使信号量减 1 或者被信号中断时才返回。可以使用 sem_trywait 函数来避免阻塞。调用 sem_trywait 时，如果信号量是 0，则不会阻塞，而是会返回-1 并且将 errno 置为 EAGAIN。

第三个选择是阻塞一段确定的时间。为此，可以使用 sem_timewait 函数。

```
#include <semaphore.h>

#include <time.h>

int sem_timedwait(sem_t *restrict sem,
                  const struct timespec *restrict tsptr);
```

返回值：若成功，返回 0；若出错，返回-1

想要放弃等待信号量的时候，可以用 *tsptr* 参数指定绝对时间。超时是基于 CLOCK_ REALTIME 时钟的（回忆图 6-8）。如果信号量可以立即减 1，那么超时值就不重要了，尽管指定的可能是过去的某个时间，信号量的减 1 操作依然会成功。如果超时到期并且信号量计数没能减 1，sem_timedwait 将返回-1 且将 errno 设置为 ETIMEDOUT。

可以调用 sem_post 函数使信号量值增 1。这和解锁一个二元信号量或者释放一个计数信号量相关的资源的过程是类似的。

581

```
#include <semaphore.h>

int sem_post(sem_t *sem);
```

返回值：若成功，返回 0；若出错，返回-1

调用 sem_post 时，如果在调用 sem_wait（或者 sem_timedwait）中发生进程阻塞，那么进程会被唤醒并且被 sem_post 增 1 的信号量计数会再次被 sem_wait（或者 sem_timedwait）减 1。

当我们想在单个进程中使用POSIX信号量时，使用未命名信号量更容易。这仅仅改变创建和销毁信号量的方式。可以调用 sem_init 函数来创建一个未命名的信号量。

```
#include <semaphore.h>

int sem_init(sem_t *sem, int pshared, unsigned int value);
```

返回值：若成功，返回0；若出错，返回-1

pshared 参数表明是否在多个进程中使用信号量。如果是，将其设置成一个非0值。*value* 参数指定了信号量的初始值。

需要声明一个 sem_t 类型的变量并把它的地址传递给 sem_init 来实现初始化，而不是像 sem_open 函数那样返回一个指向信号量的指针。如果要在两个进程之间使用信号量，需要确保 *sem* 参数指向两个进程之间共享的内存范围。

对未命名信号量的使用已经完成时，可以调用 sem_destroy 函数丢弃它。

```
#include <semaphore.h>

int sem_destroy(sem_t *sem);
```

返回值：若成功，返回0；若出错，返回-1

调用 sem_destroy 后，不能再使用任何带有 sem 的信号量函数，除非通过调用 sem_init 重新初始化它。

sem_getvalue 函数可以用来检索信号量值。

```
#include <semaphore.h>

int sem_getvalue(sem_t *restrict sem, int *restrict valp);
```

返回值：若成功，返回0；若出错，返回-1

成功后，*valp* 指向的整数值将包含信号量值。但是请注意，我们试图要使用我们刚读出来的值的时候，信号量的值可能已经变了。除非使用额外的同步机制来避免这种竞争，否则 sem_getvalue 函数只能用于调试。

582

> Mac OS X 10.6.8 不支持 sem_getvalue 函数。

实例

介绍POSIX接口的动机之一就是，通过设计，它们的性能要明显好于现有XSI信号量接口。下面将了解现有系统是否达到了这个目标，尽管这些系统没有设计支持实时的应用。

在图15-34中，让3个进程在两种平台（Linux 3.2.0和Solaris 10）上竞争分配和释放信号量1 000 000次，比较了分别使用XSI信号量（不带 SEM_UNDO）和POSIX信号量时的性能。

操作	Solaris 10			Linux 3.2.0		
	用户	系统	时钟	用户	系统	时钟
XSI信号量	11.85	15.85	27.91	0.33	5.93	7.33
POSIX信号量	13.72	10.52	24.44	0.26	0.75	0.41

图15-34 信号量实现的时间比较

在图15-34中可以看到，在Solaris系统中，POSIX信号量相对于XSI信号量在时间上仅提高了12%，但是在Linux系统中却提高了94%（近18倍的速度）。如果跟踪程序，我们会发现，POSIX信号量的 Linux 实现将文件映射到了进程地址空间中，并且没有使用系统调用来操作各自的信号量。

实例

回忆图 12-5，Single UNIX Specification 并没用定义当一个线程对一个普通互斥量加锁，而另一个线程试图去解锁它的情况，但是这种情况下错误检查互斥量和递归互斥量会产生错误。因为二元信号量可以像互斥量一样来使用，我们可以使用信号量来创建自己的锁原语从而提供互斥。

假设我们将要创建自己的锁，这种锁能被一个线程加锁而被另一线程解锁，那么它的结构可能是这样的：

```
struct slock {
  sem_t *semp;
  char    name[_POSIX_NAME_MAX];
};
```

图 15-35 中的程序展示了基于信号量的互斥原语的实现。

```
#include "slock.h"
#include <stdlib.h>
#include <stdio.h>
#include <unistd.h>
#include <errno.h>

struct slock *
s_alloc()
{
     struct slock *sp;
     static int cnt;

     if ((sp = malloc(sizeof(struct slock))) == NULL)
         return(NULL);
     do {
         snprintf(sp->name, sizeof(sp->name), "/%ld.%d", (long)getpid(),
           cnt++);
         sp->semp = sem_open(sp->name, O_CREAT|O_EXCL, S_IRWXU, 1);
     } while ((sp->semp == SEM_FAILED) && (errno == EEXIST));
     if (sp->semp == SEM_FAILED) {
         free(sp);
         return(NULL);
     }
     sem_unlink(sp->name);
     return(sp);
}

void
s_free(struct slock *sp)
{
     sem_close(sp->semp);
     free(sp);
}

int
s_lock(struct slock *sp)
```

583

```
{
    return(sem_wait(sp->semp));
}

int
s_trylock(struct slock *sp)
{
    return(sem_trywait(sp->semp));
}

int
s_unlock(struct slock *sp)
{
    return(sem_post(sp->semp));
}
```

图 15-35 使用 POSIX 信号量的互斥

根据进程 ID 和计数器来创建名字。我们不会刻意用互斥量去保护计数器，因为当两个竞争的线程同时调用 s_alloc 并以同一个名字结束时，在调用 sem_open 中使用 O_EXCL 标志将会使其中一个线程成功而另一个线程失败，失败的线程会将 errno 设置成 EEXIST，所以对于这种情况，我们只是再次尝试。注意，我们打开一个信号量后断开了它的连接。这销毁了名字，所以导致其他进程不能再次访问它，这也简化了进程结束时的清理工作。

584

15.11 客户进程-服务器进程属性

下面详细说明客户进程和服务器进程的某些属性，这些属性受到它们之间所使用的各种 IPC 类型的影响。最简单的关系类型是使客户进程 fork 然后 exec 所希望的服务器进程。在 fork 之前先创建两个半双工管道使数据可在两个方向传输。图 15-16 是这种安排的一个例子。所执行的服务器进程可能是一个设置用户 ID 的程序，这使它具有了特权。另外，服务器进程查看客户进程的实际用户 ID 就可以决定客户进程的真实身份。（回忆 8.10 节，从中可了解到在 exec 前后实际用户 ID 和实际组 ID 并没有改变。）

在这种安排下，可以构建一个 open 服务器进程（open server）。（17.5 节提供了这种客户进程-服务器进程机制的一种实现。）它为客户进程打开文件而不是客户进程自己调用 open 函数。这样就可以在正常的 UNIX 用户权限、组权限以及其他权限之上或之外，增加附加的权限检查。假定服务器进程执行的是设置用户 ID 程序，这给予了它附加的权限（很可能是 root 权限）。服务器进程用客户进程的实际用户 ID 来决定是否给予它对所请求文件的访问权限。使用这种方式，可以构建一个服务器进程，它允许某些用户获得通常没有的访问权限。

在此例子中，因为服务器进程是父进程的子进程，所以它所能做的就是将文件内容传送给父进程。尽管这种方式对普通文件工作得很好，但是对有些文件却不能工作，如特殊设备文件。我们希望能做的是使服务器进程打开所要求的文件，并传回文件描述符。但是实际情况却是父进程可向子进程传送打开文件描述符，而子进程却不能向父进程传回文件描述符（除非使用专门的编程技术，这将在第 17 章介绍）。

图 15-23 中展示了另一种类型的服务器进程。这种服务器进程是一个守护进程，所有客户进程用某种形式的 IPC 与其联系。对于这种形式的客户进程-服务器进程关系，不能使用管道。需

要使用一种形式的命名 IPC，如 FIFO 或消息队列。使用 FIFO 时，如果服务器进程必须将数据送回客户进程，则对每个客户进程都要有单独使用的 FIFO。如果客户进程-服务器进程应用程序只有客户进程向服务器进程发送数据，则只需要一个众所周知的 FIFO。（System V 行式打印机假脱机程序使用这种形式的客户进程-服务器进程。客户进程是 lp(1)命令，服务器进程是 lpsched 守护进程。因为只有从客户进程到服务器进程的数据流，所有只需使用一个 FIFO。没有需要送回客户进程的数据。）

使用消息队列则存在多种可能性。

（1）在服务器进程和所有客户进程之间只使用一个队列，使用每个消息的类型字段指明谁是消息的接受者。例如，客户进程可以用设置为 1 的类型字段来发送它们的消息。在请求之中应包括客户进程的进程 ID。此后，服务器进程在发送响应消息时，将类型字段设置为客户进程的进程 ID。服务器进程只接受类型字段为 1 的消息（msgrcv 的第 4 个参数），客户进程则只接受类型字段等于它们进程 ID 的消息。

（2）另一种方法是每个客户进程使用一个单独的消息队列。在向服务器进程发送第一个请求之前，每个客户进程先使用键 IPC_PRIVATE 创建它自己的消息队列。服务器进程也有它自己的队列，其键或标识符是所有客户进程都知道的。客户进程将其第一个请求发送到服务器进程的众所周知的队列上，该请求中应包含其客户进程消息队列的队列 ID。服务器进程将其第一个响应发送到此客户进程队列，此后的所有请求和响应都在此队列上交换。 585

使用消息队列的这两种技术都可以用共享内存段和同步方法（信号量或记录锁）来实现。

使用这种类型的客户进程-服务器进程关系（客户进程和服务器进程是无关进程）的问题是服务器进程如何准确地标识客户进程。除非服务器进程正在执行一种非特权操作，否则服务器进程知道客户进程的身份是很重要的。例如，若服务器进程是一个设置用户 ID 程序，就有这种要求。虽然所有这几种形式的 IPC 都经由内核，但是它们并未提供任何设施使内核能够标识发送者。

对于消息队列，如果在客户进程和服务器进程之间使用一个专用队列（于是一次只有一个消息在该队列上），那么队列的 msg_lspid 包含了对方进程的进程 ID。但是当客户进程将请求发送给服务器进程时，我们想要的是客户进程的有效用户 ID，而不是它的进程 ID。现在还没有一种可移植的方法，在已知进程 ID 情况下可以得到有效用户 ID。（自然地，内核在进程表项中保持有这两种值，但是除非彻底检查内核存储空间，否则已知一个，无法得到另一个。）

我们将在 17.2 节中使用下列技术，使服务器进程可以标识客户进程。这一技术可使用 FIFO、消息队列、信号量以及共享存储。在下面的说明中假定按图 15-23 使用了 FIFO。客户进程必须创建它自己的 FIFO，并且设置该 FIFO 的文件访问权限，使得只允许用户读和用户写。假定服务器进程具有超级用户特权（或者它很可能并不关心客户进程的真实标识），那么服务器进程仍可读、写此 FIFO。当服务器进程在众所周知的 FIFO 上接收到客户进程的第一个请求时（它应当包含客户进程专用 FIFO 的标识），服务器进程调用针对客户进程专用 FIFO 的 stat 或 fstat。服务器进程假设：客户进程的有效用户 ID 是 FIFO 的所有者（stat 结构的 st_uid 字段）。服务器进程验证该 FIFO 只有用户读和用户写权限。服务器进程还应检查与该 FIFO 有关的 3 个时间量（stat 结构的 st_atime、st_mtime 和 st_ctime 字段），要检查它们与当前时间是否很接近（如不早于当前时间 15 秒或 30 秒）。如果一个恶意客户进程可以创建一个 FIFO，使另一个用户成为其所有者，并且设置该文件的权限位为用户读和用户写，那么在系统中就存在了其他基础性的安全问题。 586

为了用 XSI IPC 实现这种技术，回想一下与每个消息队列、信号量以及共享存储段相关的 ipc_perm 结构，它标识了 IPC 结构的创建者（cuid 和 cgid 字段）。和使用 FIFO 的实例一样，服务器进程应当要求客户进程创建该IPC结构，并使客户进程将访问权设置为只允许用户读和用户写。服务器进程也应检验与该IPC相关的时间值与当前时间是否很接近（因为这些IPC结构在显式地删除之前一直存在）。

在17.3节中，将会看到进行这种身份验证的一种更好的方法，就是内核提供客户进程的有效用户ID和有效组ID。套接字子系统在两个进程之间传送文件描述符时可以做到这一点。

15.12　小结

本章详细说明了进程间通信的多种形式：管道、命名管道（FIFO）、通常称为XSI IPC的3种形式的IPC（消息队列、信号量和共享存储），以及POSIX提供的替代信号量机制。信号量实际上是同步原语而不是IPC，常用于共享资源（如共享存储段）的同步访问。对于管道，我们说明了popen函数的实现、协同进程以及使用标准I/O库缓冲机制时可能遇到的问题。

经过分别对消息队列与全双工管道的时间以及信号量与记录锁的时间进行比较，提出了下列建议：要学会使用管道和FIFO，因为这两种基本技术仍可有效地应用于大量的应用程序。在新的应用程序中，要尽可能避免使用消息队列以及信号量，而应当考虑全双工管道和记录锁，它们使用起来会简单得多。共享存储仍然有它的用途，虽然通过mmap函数（见14.8节）也能提供同样的功能。

下一章将介绍网络IPC，它们使进程能够跨越计算机的边界进行通信。

习题

15.1　在图15-6的程序中，在父进程代码的末尾删除waitpid前的close，结果将如何？

15.2　在图15-6的程序中，在父进程代码的末尾删除waitpid，结果将如何？

15.3　如果popen函数的参数是一个不存在的命令，会造成什么结果？编写一段小程序对此进行测试。

15.4　在图15-18的程序中，删除信号处理程序，执行该程序，然后终止子进程。输入一行输入后，怎样才能说明父进程是由SIGPIPE终止的？

587

15.5　在图15-18的程序中，用标准I/O库代替进行管道读、写的read和write。

15.6　POSIX.1加入waitpid函数的理由之一是，POSIX.1之前的大多数系统不能处理下面的代码。

```
if ( (fp = popen("/bin/true", "r")) == NULL )
      ...
if ( (rc = system("sleep 100")) == -1)
      ...
if (pclose(fp) == -1)
      ...
```

若在这段代码中不使用waitpid函数会如何？用wait代替呢？

15.7　当一个管道被写者关闭后，解释select和poll是如何处理该管道的输入描述符的。为了确定答案是否正确，编两个小测试程序，一个用select，另一个用poll。

当一个管道的读端被关闭时，请重做此习题以查看该管道的输出描述符。

15.8　如果popen以*type*为"r"执行*cmdstring*，并将结果写到标准错误输出，结果会如何？

15.9 既然 popen 函数能使 shell 执行它的 *cmdstring* 参数，那么 cmdstring 终止时会产生什么结果？（提示：画出与此相关的所有进程。）

15.10 POSIX.1 特别声明没有定义为读写而打开 FIFO。虽然大多数 UNIX 系统允许读写 FIFO，但是请用非阻塞方法实现为读写而打开 FIFO。

15.11 除非文件包含敏感数据或机密数据，否则允许其他用户读文件不会造成损害。但是，如果一个恶意进程读取了被一个服务器进程和几个客户进程使用的消息队列中的一条消息后，会产生什么后果？恶意进程需要知道哪些信息就可以读消息队列？

15.12 编写一段程序完成下面的工作。执行一个循环 5 次，在每次循环中，创建一个消息队列，打印该队列的标识符，然后删除队列。接着再循环 5 次，在每次循环中利用键 IPC_PRIVATE 创建消息队列，并将一条消息放在队列中。程序终止后用 ipcs(1)查看消息队列。解释队列标识符的变化。

15.13 描述如何在共享存储段中建立一个数据对象的链接列表。列表指针如何存储？

15.14 画出图 15-33 中的程序运行时下列值随时间变化的曲线图：父进程和子进程中的变量 i、共享存储区中的长整型值以及 update 函数的返回值。假设子进程在 fork 后先运行。

15.15 使用 15.9 节中的 XSI 共享存储函数代替共享存储映射区，改写图 15-33 中的程序。

15.16 使用 15.8 节中的 XSI 信号量函数改写图 15-33 中的程序，实现父进程与子进程间的交替。

15.17 使用建议性记录锁改写图 15-33 中的程序，实现父进程与子进程间的交替。

15.18 使用 15.10 节中的 POSIX 信号量函数改写图 15-33 中的程序，实现父进程与子进程间的交替。 588

第 16 章

网络 IPC：套接字

16.1 引言

上一章我们考察了各种 UNIX 系统所提供的经典进程间通信机制（IPC）：管道、FIFO、消息队列、信号量以及共享存储。这些机制允许在同一台计算机上运行的进程可以相互通信。本章将考察不同计算机（通过网络相连）上的进程相互通信的机制：网络进程间通信（network IPC）。

在本章中，我们将描述套接字网络进程间通信接口，进程用该接口能够和其他进程通信，无论它们是在同一台计算机上还是在不同的计算机上。实际上，这正是套接字接口的设计目标之一：同样的接口既可以用于计算机间通信，也可以用于计算机内通信。尽管套接字接口可以采用许多不同的网络协议进行通信，但本章的讨论限制在因特网事实上的通信标准：TCP/IP 协议栈。

POSIX.1 中指定的套接字 API 是基于 4.4 BSD 套接字接口的。尽管这些年套接字接口有些细微的变化，但是当前的套接字接口与 20 世纪 80 年代早期 4.2BSD 所引入的接口很类似。

本章仅是一个套接字 API 的概述。Stevens、Fenner 和 Rudoff[2004]在有关 UNIX 系统网络编程的权威性文献中详细讨论了套接字接口。

589

16.2 套接字描述符

套接字是通信端点的抽象。正如使用文件描述符访问文件，应用程序用套接字描述符访问套接字。套接字描述符在 UNIX 系统中被当作是一种文件描述符。事实上，许多处理文件描述符的函数（如 read 和 write）可以用于处理套接字描述符。

为创建一个套接字，调用 socket 函数。

```
#include <sys/socket.h>

int socket (int domain, int type, int protocol);
```

返回值：若成功，返回文件（套接字）描述符；若出错，返回-1

参数 *domain*（域）确定通信的特性，包括地址格式（在下一节详细描述）。图 16-1 总结了由 POSIX.1 指定的各个域。各个域都有自己表示地址的格式，而表示各个域的常数都以 AF_开头，意指地址族（address family）。

我们将在 17.2 节讨论 UNIX 域。大多数系统还定义了 AF_LOCAL 域，这是 AF_UNIX 的别名。AF_UNSPEC 域可以代表“任何”域。历史上，有些平台支持其他网络协议，如 AF_IPX 域代表的 NetWare 协议族，但这些协议的域常数没有被 POSIX.1 标准定义。

域	描述
AF_INET	IPv4 因特网域
AF_INET6	IPv6 因特网域
AF_UNIX	UNIX 域
AF_UNSPEC	未指定

图 16-1 套接字通信域

参数 *type* 确定套接字的类型，进一步确定通信特征。图 16-2 总结了由 POSIX.1 定义的套接字类型，但在实现中可以自由增加其他类型的支持。

类型	描述
SOCK_DGRAM	固定长度的、无连接的、不可靠的报文传递
SOCK_RAW	IP 协议的数据报接口（在 POSIX.1 中为可选）
SOCK_SEQPACKET	固定长度的、有序的、可靠的、面向连接的报文传递
SOCK_STREAM	有序的、可靠的、双向的、面向连接的字节流

图 16-2 套接字类型

参数 *protocol* 通常是 0，表示为给定的域和套接字类型选择默认协议。当对同一域和套接字类型支持多个协议时，可以使用 *protocol* 选择一个特定协议。在 AF_INET 通信域中，套接字类型 SOCK_STREAM 的默认协议是传输控制协议（Transmission Control Protocol，TCP）。在 AF_INET 通信域中，套接字类型 SOCK_DGRAM 的默认协议是 UDP。图 16-3 列出了为因特网域套接字定义的协议。

590

协议	描述
IPPROTO_IP	IPv4 网际协议
IPPROTO_IPV6	IPv6 网际协议（在 POSX.1 中为可选）
IPPROTO_ICMP	因特网控制报文协议（Internet Control Message Protocol）
IPPROTO_RAW	原始 IP 数据包协议（在 POSX.1 中为可选）
IPPROTO_TCP	传输控制协议
IPPROTO_UDP	用户数据报协议（User Datagram Protocol）

图 16-3 为因特网域套接字定义的协议

对于数据报（SOCK_DGRAM）接口，两个对等进程之间通信时不需要逻辑连接。只需要向对等进程所使用的套接字送出一个报文。

因此数据报提供了一个无连接的服务。另一方面，字节流（SOCK_STREAM）要求在交换数据之前，在本地套接字和通信的对等进程的套接字之间建立一个逻辑连接。

数据报是自包含报文。发送数据报近似于给某人邮寄信件。你能邮寄很多信，但你不能保证传递的次序，并且可能有些信件会丢失在路上。每封信件包含接收者地址，使这封信件独立于所有其他信件。每封信件可能送达不同的接收者。

相反，使用面向连接的协议通信就像与对方打电话。首先，需要通过电话建立一个连接，连接建立好之后，彼此能双向地通信。每个连接是端到端的通信链路。对话中不包含地址信息，就像呼叫两端存在一个点对点虚拟连接，并且连接本身暗示特定的源和目的地。

SOCK_STREAM 套接字提供字节流服务，所以应用程序分辨不出报文的界限。这意味着从 SOCK_STREAM 套接字读数据时，它也许不会返回所有由发送进程所写的字节数。最终可以获得发送过来的所有数据，但也许要通过若干次函数调用才能得到。

SOCK_SEQPACKET 套接字和 SOCK_STREAM 套接字很类似，只是从该套接字得到的是基于报文的服务而不是字节流服务。这意味着从 SOCK_SEQPACKET 套接字接收的数据量与对方所发送的一致。流控制传输协议（Stream Control Transmission Protocol，SCTP）提供了因特网域上的顺序数据包服务。

SOCK_RAW 套接字提供一个数据报接口，用于直接访问下面的网络层（即因特网域中的 IP 层）。使用这个接口时，应用程序负责构造自己的协议头部，这是因为传输协议（如 TCP 和 UDP）被绕过了。当创建一个原始套接字时，需要有超级用户特权，这样可以防止恶意应用程序绕过内建安全机制来创建报文。

591

调用 socket 与调用 open 相类似。在两种情况下，均可获得用于 I/O 的文件描述符。当不再需要该文件描述符时，调用 close 来关闭对文件或套接字的访问，并且释放该描述符以便重新使用。

虽然套接字描述符本质上是一个文件描述符，但不是所有参数为文件描述符的函数都可以接受套接字描述符。图 16-4 总结了到目前为止所讨论的大多数以文件描述符为参数的函数使用套接字描述符时的行为。未指定和由实现定义的行为通常意味着该函数对套接字描述符无效。例如，lseek 不能以套接字描述符为参数，因为套接字不支持文件偏移量的概念。

函数	使用套接字时的行为
close（见 3.5 节）	释放套接字
Dup 和 dup2（见 3.12 节）	和一般文件描述符一样复制
fchdir（见 4.23 节）	失败，并且将 errno 设置为 ENOTDIR
fchomod（见 4.9 节）	未指定
fchown（见 4.11 节）	由实现定义
fcntl（见 3.14 节）	支持一些命令，包括 F_DUPFD、F_DUPFD_CLOEXEC、F_GETFD、F_GETFL、F_GETOWN、F_SETFD、F_SETFL 和 F_SETOWN
Fdatasync 和 fsync（见 3.13 节）	由实现定义
fstat（见 4.2 节）	支持一些 stat 结构成员，但如何支持由实现定义
ftruncate（见 4.13 节）	未指定
ioctl（见 3.15 节）	支持部分命令，依赖于底层设备驱动
lseek（见 3.6 节）	由实现定义（通常失败时会将 errno 设为 ESPIPE）
mmap（见 14.8 节）	未指定
poll（见 14.4.2 节）	正常工作
Pread 和 pwrite（见 3.11 节）	失败时会将 errno 设为 ESPIPE
read（见 3.7 节）和 readv（见 14.6 节）	与没有任何标志位的 recv（见 16.5 节）等价
select（见 14.4.1 节）	正常工作
write（见 3.8 节）和 writev（见 14.6 节）	与没有任何标志位的 send（见 16.5 节）等价

图 16-4　文件描述符函数使用套接字时的行为

套接字通信是双向的。可以采用 shutdown 函数来禁止一个套接字的 I/O。

```
#include <sys/socket.h>

int shutdown (int sockfd, int how);
```

返回值：若成功，返回 0；若出错，返回−1

如果 *how* 是 SHUT_RD（关闭读端），那么无法从套接字读取数据。如果 *how* 是 SHUT_WR（关闭写端），那么无法使用套接字发送数据。如果 *how* 是 SHUT_RDWR，则既无法读取数据，又无法发送数据。

592

能够关闭（close）一个套接字，为何还使用 shutdown 呢？这里有若干理由。首先，只有最后一个活动引用关闭时，close 才释放网络端点。这意味着如果复制一个套接字（如采用 dup），要直到关闭了最后一个引用它的文件描述符才会释放这个套接字。而 shutdown 允许使一个套接字处于不活动状态，和引用它的文件描述符数目无关。其次，有时可以很方便地关闭套接字双向传输中的一个方向。例如，如果想让所通信的进程能够确定数据传输何时结束，可以关闭该套接字的写端，然而通过该套接字读端仍可以继续接收数据。

16.3 寻址

上一节学习了如何创建和销毁一个套接字。在学习用套接字做一些有意义的事情之前，需要知道如何标识一个目标通信进程。进程标识由两部分组成。一部分是计算机的网络地址，它可以帮助标识网络上我们想与之通信的计算机；另一部分是该计算机上用端口号表示的服务，它可以帮助标识特定的进程。

16.3.1 字节序

与同一台计算机上的进程进行通信时，一般不用考虑字节序。字节序是一个处理器架构特性，用于指示像整数这样的大数据类型内部的字节如何排序。图 16-5 显示了一个 32 位整数中的字节是如何排序的。

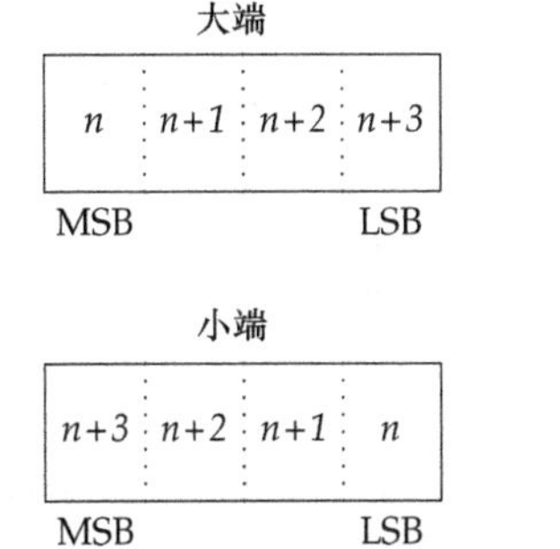

图 16-5 一个 32 位整数的字节序

593

如果处理器架构支持大端（big-endian）字节序，那么最大字节地址出现在最低有效字节（Least Significant Byte，LSB）上。小端（little-endian）字节序则相反：最低有效字节包含最小字节地址。注意，不管字节如何排序，最高有效字节（Most Significant Byte，MSB）总是在左边，最低有效字节总是在右边。因此，如果想给一个 32 位整数赋值 0x04030201，不管字节序如何，最高有效字节都将包含 4，最低有效字节都将包含 1。如果接下来想将一个字符指针（cp）强制转换到这个整数地址，就会看到字节序带来的不同。在小端字节序的处理器上，cp[0]指向最低有效字节因而包含 1，cp[3]指向最高有效字节因而包含 4。相比较而言，在大端字节序的处理器上，cp[0]指向最高有效字节因而包含 4，cp[3]指向最低有效字节因而包含 1。图 16-6 总结了本文所讨论的 4 种平台的字节序。

操作系统	处理器架构	字节序
FreeBSD 8.0	Intel Pentium	小端
Linux 3.2.0	Intel Core i5	小端
Mac OS X 10.6.8	Intel Core 2 Duo	小端
Solaris 10	Sun SPARC	大端

图 16-6 测试平台的字节序

> 有些处理器可以配置成大端，也可以配置成小端，因而使问题变得更让人困惑。

网络协议指定了字节序，因此异构计算机系统能够交换协议信息而不会被字节序所混淆。TCP/IP 协议栈使用大端字节序。应用程序交换格式化数据时，字节序问题就会出现。对于 TCP/IP，地址用网络字节序来表示，所以应用程序有时需要在处理器的字节序与网络字节序之间转换它们。例如，以一种易读的形式打印一个地址时，这种转换很常见。

对于 TCP/IP 应用程序，有 4 个用来在处理器字节序和网络字节序之间实施转换的函数。

```
#include <arpa/inet.h>

uint32_t htonl(uint32_t hostint32);
                                        返回值：以网络字节序表示的32位整数
uint16_t htons(uint16_t hostint16);
                                        返回值：以网络字节序表示的16位整数
uint32_t ntohl(uint32_t netint32);
                                        返回值：以主机字节序表示的32位整数
uint16_t ntohs(uint16_t netint16);
                                        返回值：以主机字节序表示的16位整数
```

h表示"主机"字节序，n表示"网络"字节序。l表示"长"（即4字节）整数，s表示"短"（即2字节）整数。虽然在使用这些函数时包含的是<arpa/inet.h>头文件，但系统实现经常是在其他头文件中声明这些函数的，只是这些头文件都包含在<arpa/inet.h>中。对于系统来说，把这些函数实现为宏也是很常见的。

594

16.3.2 地址格式

一个地址标识一个特定通信域的套接字端点，地址格式与这个特定的通信域相关。为使不同格式地址能够传入到套接字函数，地址会被强制转换成一个通用的地址结构sockaddr：

```
struct sockaddr {
  sa_family_t        sa_family;    /* address family */
  char               sa_data[];    /* variable-length address */
  ⋮
};
```

套接字实现可以自由地添加额外的成员并且定义sa_data成员的大小。例如，在Linux中，该结构定义如下：

```
struct sockaddr {
  sa_family_t        sa_family;    /* address family */
  char               sa_data[14];  /* variable-length address */
};
```

但是在FreeBSD中，该结构定义如下：

```
struct sockaddr {
  unsigned char      sa_len;       /* total length */
  sa_family_t        sa_family;    /* address family */
  char               sa_data[14];  /* variable-length address */
};
```

因特网地址定义在<netinet/in.h>头文件中。在IPv4因特网域（AF_INET）中，套接字地址用结构sockaddr_in表示：

```
struct in_addr {
  in_addr_t          s_addr;       /* IPv4 address */
};

struct sockaddr_in {
  sa_family_t        sin_family;   /* address family */
  in_port_t          sin_port;     /* port number */
```

```
  struct in_addr  sin_addr;         /* IPv4 address */
};
```

数据类型 in_port_t 定义成 uint16_t。数据类型 in_addr_t 定义成 uint32_t。这些整数类型在<stdint.h>中定义并指定了相应的位数。

与 AF_INET 域相比较，IPv6 因特网域（AF_INET6）套接字地址用结构 sockaddr_in6 表示：

```
struct in6_addr {
  uint8_t           s6_addr[16];        /* IPv6 address */
};
struct sockaddr_in6 {
  sa_family_t       sin6_family;        /* address family */
  in_port_t         sin6_port;          /* port number */
  uint32_t          sin6_flowinfo;      /* traffic class and flow info */
  struct in6_addr   sin6_addr;          /* IPv6 address*/
  uint32_t          sin6_scope_id;      /* set of interfaces for scope */
};
```

595

这些都是 Single UNIX Specification 要求的定义。每个实现可以自由添加更多的字段。例如，在 Linux 中，sockaddr_in 定义如下：

```
struct sockaddr_in {
  sa_family_t       sin_family;      /* address family */
  in_port_t         sin_port;        /* port number */
  struct in_addr    sin_addr;        /* IPv4 address */
  unsigned char     sin_zero[8];     /* filler */
};
```

其中成员 sin_zero 为填充字段，应该全部被置为 0。

注意，尽管 sockaddr_in 与 sockaddr_in6 结构相差比较大，但它们均被强制转换成 sockaddr 结构输入到套接字例程中。在 17.2 节，将会看到 UNIX 域套接字地址的结构与上述两个因特网域套接字地址格式的不同。

有时，需要打印出能被人理解而不是计算机所理解的地址格式。BSD 网络软件包含函数 inet_addr 和 inet_ntoa，用于二进制地址格式与点分十进制字符表示（a.b.c.d）之间的相互转换。但是这些函数仅适用于 IPv4 地址。有两个新函数 inet_ntop 和 inet_pton 具有相似的功能，而且同时支持 IPv4 地址和 IPv6 地址。

```
#include <arpa/inet.h>

const char *inet_ntop(int domain, const void *restrict addr,
                      char *restrict str, socklen_t size);
```

返回值：若成功，返回地址字符串指针；若出错，返回 NULL

```
int inet_pton(int domain, const char * restrict str,
              void *restrict addr);
```

返回值：若成功，返回 1；若格式无效，返回 0；若出错，返回-1

函数 inet_ntop 将网络字节序的二进制地址转换成文本字符串格式。inet_pton 将文本字符串格式转换成网络字节序的二进制地址。参数 *domain* 仅支持两个值：AF_INET 和 AF_INET6。

对于 inet_ntop，参数 *size* 指定了保存文本字符串的缓冲区（*str*）的大小。两个常数用于简化工作：INET_ADDRSTRLEN 定义了足够大的空间来存放一个表示 IPv4 地址的文本字符串；INET6_ADDRSTRLEN 定义了足够大的空间来存放一个表示 IPv6 地址的文本字符串。对于

inet_pton，如果 *domain* 是 AF_INET，则缓冲区 *addr* 需要足够大的空间来存放一个 32 位地址，[596] 如果 *domain* 是 AF_INET6，则需要足够大的空间来存放一个 128 位地址。

16.3.3 地址查询

理想情况下，应用程序不需要了解一个套接字地址的内部结构。如果一个程序简单地传递一个类似于 sockaddr 结构的套接字地址，并且不依赖于任何协议相关的特性，那么可以与提供相同类型服务的许多不同协议协作。

历史上，BSD 网络软件提供了访问各种网络配置信息的接口。6.7 节简要讨论了网络数据文件和用来访问这些文件的函数。本节将更详细地讨论一些细节，并且引入新的函数来查询寻址信息。

这些函数返回的网络配置信息被存放在许多地方。这个信息可以存放在静态文件（如 /etc/hosts 和/etc/services）中，也可以由名字服务管理，如域名系统（Domain Name System，DNS）或者网络信息服务（Network Information Service，NIS）。无论这个信息放在何处，都可以用同样的函数访问它。

通过调用 gethostent，可以找到给定计算机系统的主机信息。

```
#include <netdb.h>

struct hostent *gethostent(void);

                            返回值：若成功，返回指针；若出错，返回 NULL
void sethostent(int stayopen);

void endhostent(void);
```

如果主机数据库文件没有打开，gethostent 会打开它。函数 gethostent 返回文件中的下一个条目。函数 sethostent 会打开文件，如果文件已经被打开，那么将其回绕。当 *stayopen* 参数设置成非 0 值时，调用 gethostent 之后，文件将依然是打开的。函数 endhostent 可以关闭文件。

当 gethostent 返回时，会得到一个指向 hostent 结构的指针，该结构可能包含一个静态的数据缓冲区，每次调用 gethostent，缓冲区都会被覆盖。hostent 结构至少包含以下成员：

```
struct hostent{
  char   *h_name;       /* name of host */
  char  **h_aliases;    /* pointer to alternate host name array */
  int     h_addrtype;   /* address type */
  int     h_length;     /* length in bytes of address */
  char  **h_addr_list;  /* pointer to array of network addresses */
  ⋮
};
```

返回的地址采用网络字节序。

另外两个函数 gethostbyname 和 gethostbyaddr，原来包含在 hostent 函数中，现在 [597] 则被认为是过时的。SUSv4 已经删除了它们。马上将会看到它们的替代函数。

能够采用一套相似的接口来获得网络名字和网络编号。

```
#include <netdb.h>

struct netent *getnetbyaddr (uint32_t net, int type);

struct netent *getnetbyname(const char *name);
```

```
struct netent *getnetent(void);
```

3 个函数的返回值：若成功，返回指针；若出错，返回 NULL

```
void setnetent(int stayopen);

void endnetent(void);
```

netent 结构至少包含以下字段：

```
struct netent {
  char      *n_name;        /* network name */
  char     **n_aliases;     /* alternate network name array pointer */
  int        n_addrtype;    /* address type */
  uint32_t   n_net;         /* network number */
  ⋮
};
```

网络编号按照网络字节序返回。地址类型是地址族常量之一（如 AF_INET）。

我们可以用以下函数在协议名字和协议编号之间进行映射。

```
#include <netdb.h>

struct protoent *getprotobyname(const char *name);

struct protoent *getprotobynumber(int proto);

struct protoent *getprotoent(void);
```

3 个函数的返回值：若成功，返回指针；若出错，返回 NULL

```
void setprotoent(int stayopen);

void endprotoent(void);
```

POSIX.1 定义的 protoent 结构至少包含以下成员：

```
struct protoent {
  char   *p_name;           /* protocol name */
  char  **p_ aliases;       /* pointer to altername protocol name array */
  int     p_proto;          /* protocol number */
  ⋮
};
```

服务是由地址的端口号部分表示的。每个服务由一个唯一的众所周知的端口号来支持。可以使用函数 getservbyname 将一个服务名映射到一个端口号，使用函数 getservbyport 将一个端口号映射到一个服务名，使用函数 getservent 顺序扫描服务数据库。 598

```
#include <netdb.h>

struct servent *getservbyname(const char *name, const char *proto);

struct servent *getserbyport(int port, const char *proto);

struct servent *getservent(void);
```

3 个函数的返回值：若成功，返回指针，若出错，返回 NULL

```
void setservent(int stayopen);

void endservent(void);
```

servent 结构至少包含以下成员：

```
struct servent{
  char   *s_name;           /* service name */
```

```
    char   **s_aliases;        /* pointer to alternate service name array */
    int      s_port;           /* port  number */
    char    *s_proto;          /* name of protocol */
    ⋮
};
```

POSIX.1 定义了若干新的函数，允许一个应用程序将一个主机名和一个服务名映射到一个地址，或者反之。这些函数代替了较老的函数 gethostbyname 和 gethostbyaddr。

getaddrinfo 函数允许将一个主机名和一个服务名映射到一个地址。

```
#include <sys/socket.h>
#include <netdb.h>

int getaddrinfo(const char *restrict host,
                const char *restrict service,
                const struct addrinfo *restrict hint,
                struct addrinfo **restrict res);
```

返回值：若成功，返回0；若出错，返回非0错误码

```
void freeaddrinfo(struct addrinfo *ai);
```

需要提供主机名、服务名，或者两者都提供。如果仅仅提供一个名字，另外一个必须是一个空指针。主机名可以是一个节点名或点分格式的主机地址。

getaddrinfo 函数返回一个链表结构 addrinfo。可以用 freeaddrinfo 来释放一个或多个这种结构，这取决于用 ai_next 字段链接起来的结构有多少。

599

addrinfo 结构的定义至少包含以下成员：

```
struct addrinfo {
    int               ai_flags;       /* customize behavior */
    int               ai_family;      /* address family */
    int               ai_socktype;    /* socket type */
    int               ai_protocol;    /* protocol */
    socklen_t         ai_addrlen;     /* length in bytes of address */
    struct sockaddr  *ai_addr;        /* address */
    char             *ai_canonname;   /* canonical name of host */
    struct addrinfo  *ai_next;        /* next in list */
    ⋮
};
```

可以提供一个可选的 *hint* 来选择符合特定条件的地址。*hint* 是一个用于过滤地址的模板，包括 ai_family、ai_flags、ai_protocol 和 ai_socktype 字段。剩余的整数字段必须设置为0，指针字段必须为空。图16-7总结了 ai_flags 字段中的标志，可以用这些标志来自定义如何处理地址和名字。

标志	描述
AI_ADDRCONFIG	查询配置的地址类型（IPv4 或 IPv6）
AI_ALL	查找 IPv4 和 IPv6 地址（仅用于 AI_V4MAPPED）
AI_CANONNAME	需要一个规范的名字（与别名相对）
AI_NUMERICHOST	以数字格式指定主机地址，不翻译
AI_NUMERICSERV	将服务指定为数字端口号，不翻译
AI_PASSIVE	套接字地址用于监听绑定
AI_V4MAPPED	如没有找到 IPv6 地址，返回映射到 IPv6 格式的 IPv4 地址

图16-7 addrinfo 结构的标志

如果 getaddrinfo 失败，不能使用 perror 或 strerror 来生成错误消息，而是要调用 gai_strerror 将返回的错误码转换成错误消息。

```
#include <netdb.h>

const char *gai_strerror(int error);
```

返回值：指向描述错误的字符串的指针

getnameinfo 函数将一个地址转换成一个主机名和一个服务名。

```
#include <sys/socket.h>

#include <netdb.h>

int getnameinfo(const struct sockaddr *restrict addr, socklen_t alen,
                char *restrict host, socklen_t hostlen,
                char *restrict service, socklen_t servlen, int flags);
```

返回值：若成功，返回 0；若出错，返回非 0 值

600

套接字地址（*addr*）被翻译成一个主机名和一个服务名。如果 *host* 非空，则指向一个长度为 *hostlen* 字节的缓冲区用于存放返回的主机名。同样，如果 *service* 非空，则指向一个长度为 *servlen* 字节的缓冲区用于存放返回的主机名。

flags 参数提供了一些控制翻译的方式。图 16-8 总结了支持的标志。

标志	描述
NI_DGRAM	服务基于数据报而非基于流
NI_NAMEREQD	如果找不到主机名，将其作为一个错误对待
NI_NOFQDN	对于本地主机，仅返回全限定域名的节点名部分
NI_NUMERICHOST	返回主机地址的数字形式，而非主机名
NI_NUMERICSCOPE	对于 IPv6，返回范围 ID 的数字形式，而非名字
NI_NUMERICSERV	返回服务地址的数字形式（即端口号），而非名字

图 16-8 getnameinfo 函数的标志

实例

图 16-9 说明了 getaddrinfo 函数的使用方法。

```
#include "apue.h"
#if defined(SOLARIS)
#include <netinet/in.h>
#endif
#include <netdb.h>
#include <arpa/inet.h>
#if defined(BSD)
#include <sys/socket.h>
#include <netinet/in.h>
#endif

void
print_family(struct addrinfo *aip)
{
    printf(" family ");
    switch (aip->ai_family) {
    case AF_INET:
```

```
        printf("inet");
        break;
    case AF_INET6:
        printf("inet6");
        break;
    case AF_UNIX:
        printf("unix");
        break;
    case AF_UNSPEC:
        printf("unspecified");
        break;
    default:
        printf("unknown");
    }
}

void
print_type(struct addrinfo *aip)
{
    printf(" type ");
    switch (aip->ai_socktype) {
    case SOCK_STREAM:
        printf("stream");
        break;
    case SOCK_DGRAM:
        printf("datagram");
        break;
    case SOCK_SEQPACKET:
        printf("seqpacket");
        break;
    case SOCK_RAW:
        printf("raw");
        break;
    default:
        printf("unknown (%d)", aip->ai_socktype);
    }
}

void
print_protocol(struct addrinfo *aip)
{
    printf(" protocol ");
    switch (aip->ai_protocol) {
    case 0:
        printf("default");
        break;
    case IPPROTO_TCP:
        printf("TCP");
        break;
    case IPPROTO_UDP:
        printf("UDP");
        break;
    case IPPROTO_RAW:
        printf("raw");
        break;
```

601

602

```
    default:
        printf("unknown (%d)", aip->ai_protocol);
    }
}

void
print_flags(struct addrinfo *aip)
{
    printf("flags");
    if (aip->ai_flags == 0) {
        printf(" 0");
    } else {
        if (aip->ai_flags & AI_PASSIVE)
            printf(" passive");
        if (aip->ai_flags & AI_CANONNAME)
            printf(" canon");
        if (aip->ai_flags & AI_NUMERICHOST)
            printf(" numhost");
        if (aip->ai_flags & AI_NUMERICSERV)
            printf(" numserv");
        if (aip->ai_flags & AI_V4MAPPED)
            printf(" v4mapped");
        if (aip->ai_flags & AI_ALL)
            printf(" all");
    }
}

int
main(int argc, char *argv[])
{
    struct addrinfo        *ailist, *aip;
    struct addrinfo         hint;
    struct sockaddr_in     *sinp;
    const char             *addr;
    int                     err;
    char                    abuf[INET_ADDRSTRLEN];

    if (argc != 3)
        err_quit("usage: %s nodename service", argv[0]);
    hint.ai_flags = AI_CANONNAME;
    hint.ai_family = 0;
    hint.ai_socktype = 0;
    hint.ai_protocol = 0;
    hint.ai_addrlen = 0;
    hint.ai_canonname = NULL;
    hint.ai_addr = NULL;
    hint.ai_next = NULL;
    if ((err = getaddrinfo(argv[1], argv[2], &hint, &ailist)) != 0)
        err_quit("getaddrinfo error: %s", gai_strerror(err));
    for (aip = ailist; aip != NULL; aip = aip->ai_next) {
        print_flags(aip);
        print_family(aip);
        print_type(aip);
        print_protocol(aip);
        printf("\n\thost %s", aip->ai_canonname?aip->ai_canonname:"-");
```

603

```
        if (aip->ai_family == AF_INET) {
            sinp = (struct sockaddr_in *)aip->ai_addr;
            addr = inet_ntop(AF_INET, &sinp->sin_addr, abuf,
                 INET_ADDRSTRLEN);
            printf(" address %s", addr?addr:"unknown");
            printf(" port %d", ntohs(sinp->sin_port));
        }
        printf("\n");
    }
    exit(0);
}
```

图16-9 打印主机和服务信息

这个程序说明了 getaddrinfo 函数的使用方法。如果有多个协议为指定的主机提供给定的服务，程序会打印出多条信息。本实例仅打印了与IPv4一起工作的那些协议（ai_family 为 AF_INET）的地址信息。如果想将输出限制在 AF_INET 协议族，可以在提示中设置 ai_family 字段。

在一个测试系统上运行这个程序时，得到了以下输出：

```
$ ./a.out harry nfs
flags canon family inet type stream protocol TCP
    host harry address 192.168.1.99 port 2049
flags canon family inet type datagram protocol UDP
    host harry address 192.168.1.99 port 2049
```

16.3.4 将套接字与地址关联

将一个客户端的套接字关联上一个地址没有多少新意，可以让系统选一个默认的地址。然而，对于服务器，需要给一个接收客户端请求的服务器套接字关联上一个众所周知的地址。客户端应有一种方法来发现连接服务器所需要的地址，最简单的方法就是服务器保留一个地址并且注册在 /etc/services 或者某个名字服务中。

使用 bind 函数来关联地址和套接字。

```
#include <sys/socket.h>

int bind(int sockfd, const struct sockaddr *addr, socklen_t len);
```

返回值：若成功，返回0；若出错，返回-1

对于使用的地址有以下一些限制。

- 在进程正在运行的计算机上，指定的地址必须有效；不能指定一个其他机器的地址。
- 地址必须和创建套接字时的地址族所支持的格式相匹配。

604

- 地址中的端口号必须不小于1 024，除非该进程具有相应的特权（即超级用户）。
- 一般只能将一个套接字端点绑定到一个给定地址上，尽管有些协议允许多重绑定。

对于因特网域，如果指定IP地址为 INADDR_ANY（<netinet/in.h>中定义的），套接字端点可以被绑定到所有的系统网络接口上。这意味着可以接收这个系统所安装的任何一个网卡的数据包。在下一节中可以看到，如果调用 connect 或 listen，但没有将地址绑定到套接字上，系统会选一个地址绑定到套接字上。

可以调用 getsockname 函数来发现绑定到套接字上的地址。

```
#include <sys/socket.h>

int getsockname(int sockfd, struct sockaddr *restrict addr,
                socklen_t *restrict alenp);
```

返回值：若成功，返回 0；若出错，返回-1

调用 getsockname 之前，将 *alenp* 设置为一个指向整数的指针，该整数指定缓冲区 sockaddr 的长度。返回时，该整数会被设置成返回地址的大小。如果地址和提供的缓冲区长度不匹配，地址会被自动截断而不报错。如果当前没有地址绑定到该套接字，则其结果是未定义的。

如果套接字已经和对等方连接，可以调用 getpeername 函数来找到对方的地址。

```
#include <sys/socket.h>

int getpeername(int sockfd, struct sockaddr *restrict addr,
                socklen_t *restrict alenp);
```

返回值：若成功，返回 0；若出错，返回-1

除了返回对等方的地址，函数 getpeername 和 getsockname 一样。

16.4 建立连接

如果要处理一个面向连接的网络服务（SOCK_STREAM 或 SOCK_SEQPACKET），那么在开始交换数据以前，需要在请求服务的进程套接字（客户端）和提供服务的进程套接字（服务器）之间建立一个连接。使用 connect 函数来建立连接。

```
#include <sys/socket.h>

int connect(int sockfd, const struct sockaddr *addr, socklen_t len);
```

返回值：若成功，返回 0；若出错，返回-1

605

在 connect 中指定的地址是我们想与之通信的服务器地址。如果 *sockfd* 没有绑定到一个地址，connect 会给调用者绑定一个默认地址。

当尝试连接服务器时，出于一些原因，连接可能会失败。要想一个连接请求成功，要连接的计算机必须是开启的，并且正在运行，服务器必须绑定到一个想与之连接的地址上，并且服务器的等待连接队列要有足够的空间（后面会有更详细的介绍）。因此，应用程序必须能够处理 connect 返回的错误，这些错误可能是由一些瞬时条件引起的。

实例

图 16-10 显示了一种如何处理瞬时 connect 错误的方法。如果一个服务器运行在一个负载很重的系统上，就很有可能发生这些错误。

```
#include "apue.h"
#include <sys/socket.h>

#define MAXSLEEP 128

int
connect_retry(int sockfd, const struct sockaddr *addr, socklen_t alen)
```

```
{
    int numsec;

    /*
     * Try to connect with exponential backoff.
     */
    for (numsec = 1; numsec <= MAXSLEEP; numsec <<= 1) {
        if (connect(sockfd, addr, alen) == 0) {
            /*
             * Connection accepted.
             */
            return(0);
        }

        /*
         * Delay before trying again.
         */
        if (numsec <= MAXSLEEP/2)
            sleep(numsec);
    }
    return(-1);
}
```

图16-10　支持重试的connect

这个函数展示了指数补偿（exponential backoff）算法。如果调用connect失败，进程会休眠一小段时间，然后进入下次循环再次尝试，每次循环休眠时间会以指数级增加，直到最大延迟为2分钟左右。

606

然而图16-10中的代码存在一个问题：代码是不可移植的。它在Linux和Solaris上可以工作，但是在FreeBSD和Mac OS X上却不能按预期工作。在基于BSD的套接字实现中，如果第一次连接尝试失败，那么在TCP中继续使用同一个套接字描述符，接下来仍旧会失败。这就是一个协议相关的行为从（协议无关的）套接字接口中显露出来变得应用程序可见的例子。这些都是历史原因，因此Single UNIX Specification警告，如果connect失败，套接字的状态会变成未定义的。

因此，如果connect失败，可迁移的应用程序需要关闭套接字。如果想重试，必须打开一个新的套接字。这种更易于迁移的技术如图16-11所示。

```
#include "apue.h"
#include <sys/socket.h>

#define MAXSLEEP 128

int
connect_retry(int domain, int type, int protocol,
              const struct sockaddr *addr, socklen_t alen)
{
    int numsec, fd;

    /*
     * Try to connect with exponential backoff.
     */
    for (numsec = 1; numsec <= MAXSLEEP; numsec <<= 1) {
        if ((fd = socket(domain, type, protocol)) < 0)
            return(-1);
```

```
        if (connect(fd, addr, alen) == 0) {
            /*
             * Connection accepted.
             */
            return(fd);
        }
        close(fd);

        /*
         * Delay before trying again.
         */
        if (numsec <= MAXSLEEP/2)
            sleep(numsec);
    }
    return(-1);
}
```

图 16-11 可迁移的支持重试的连接代码

需要注意的是，因为可能要建立一个新的套接字，给 connect_retry 函数传递一个套接字描述符参数是没有意义。我们现在返回一个已连接的套接字描述符给调用者，而并非返回一个表示调用成功的值。

607

如果套接字描述符处于非阻塞模式（该模式将在 16.8 节中进一步讨论），那么在连接不能马上建立时，connect 将会返回-1 并且将 errno 设置为特殊的错误码 EINPROGRESS。应用程序可以使用 poll 或者 select 来判断文件描述符何时可写。如果可写，连接完成。

connect 函数还可以用于无连接的网络服务（SOCK_DGRAM）。这看起来有点矛盾，实际上却是一个不错的选择。如果用 SOCK_DGRAM 套接字调用 connect，传送的报文的目标地址会设置成 connect 调用中所指定的地址，这样每次传送报文时就不需要再提供地址。另外，仅能接收来自指定地址的报文。

服务器调用 listen 函数来宣告它愿意接受连接请求。

```
#include <sys/socket.h>

int listen(int sockfd, int backlog);
```

返回值：若成功，返回 0；若出错，返回-1

参数 *backlog* 提供了一个提示，提示系统该进程所要入队的未完成连接请求数量。其实际值由系统决定，但上限由<sys/socket.h>中的 SOMAXCONN 指定。

> Solaris 系统忽略了<sys/socket.h>中的 SOMAXCONN。具体的最大值取决于每个协议的实现。对于 TCP，其默认值为 128。

一旦队列满，系统就会拒绝多余的连接请求，所以 *backlog* 的值应该基于服务器期望负载和处理量来选择，其中处理量是指接受连接请求与启动服务的数量。

一旦服务器调用了 listen，所用的套接字就能接收连接请求。使用 accept 函数获得连接请求并建立连接。

```
#include <sys/socket.h>

int accept(int sockfd, struct sockaddr *restrict addr,
           socklen_t *restrict len);
```

返回值：若成功，返回文件（套接字）描述符；若出错，返回-1

函数accept所返回的文件描述符是套接字描述符，该描述符连接到调用connect的客户端。这个新的套接字描述符和原始套接字（*sockfd*）具有相同的套接字类型和地址族。传给accept的原始套接字没有关联到这个连接，而是继续保持可用状态并接收其他连接请求。

如果不关心客户端标识，可以将参数*addr*和*len*设为NULL。否则，在调用accept之前，将*addr*参数设为足够大的缓冲区来存放地址，并且将*len*指向的整数设为这个缓冲区的字节大小。返回时，accept会在缓冲区填充客户端的地址，并且更新指向*len*的整数来反映该地址的大小。

608

如果没有连接请求在等待，accept会阻塞直到一个请求到来。如果*sockfd*处于非阻塞模式，accept会返回-1，并将errno设置为EAGAIN或EWOULDBLOCK。

> 本文中讨论的所有平台都将EAGAIN定义为EWOULDBLOCK。

如果服务器调用accept，并且当前没有连接请求，服务器会阻塞直到一个请求到来。另外，服务器可以使用poll或select来等待一个请求的到来。在这种情况下，一个带有等待连接请求的套接字会以可读的方式出现。

实例

图16-12显示了一个函数，可以用来分配和初始化套接字供服务器进程使用。

```
#include "apue.h"
#include <errno.h>
#include <sys/socket.h>

int
initserver(int type, const struct sockaddr *addr, socklen_t alen,
  int qlen)
{
    int fd;
    int err = 0;

    if ((fd = socket(addr->sa_family, type, 0)) < 0)
        return(-1);
    if (bind(fd, addr, alen) < 0)
        goto errout;
    if (type == SOCK_STREAM || type == SOCK_SEQPACKET) {
        if (listen(fd, qlen) < 0)
            goto errout;
    }
    return(fd);

errout:
    err = errno;
    close(fd);
    errno = err;
    return(-1);
}
```

图16-12 初始化一个套接字端点供服务器进程使用

可以看到，TCP有一些奇怪的地址复用规则，这使得这个例子不完备。图16-22显示了有关这个函数的另一个版本，可以绕过这些规则，解决此版本的主要缺陷。

609

16.5 数据传输

既然一个套接字端点表示为一个文件描述符，那么只要建立连接，就可以使用 read 和 write 来通过套接字通信。回忆前面所讲，通过在 connect 函数里面设置默认对等地址，数据报套接字也可以被“连接”。在套接字描述符上使用 read 和 write 是非常有意义的，因为这意味着可以将套接字描述符传递给那些原先为处理本地文件而设计的函数。而且还可以安排将套接字描述符传递给子进程，而该子进程执行的程序并不了解套接字。

尽管可以通过 read 和 write 交换数据，但这就是这两个函数所能做的一切。如果想指定选项，从多个客户端接收数据包，或者发送带外数据，就需要使用 6 个为数据传递而设计的套接字函数中的一个。

3 个函数用来发送数据，3 个用于接收数据。首先，考查用于发送数据的函数。

最简单的是 send，它和 write 很像，但是可以指定标志来改变处理传输数据的方式。

```
#include <sys/socket.h>

ssize_t send(int sockfd, const void *buf, size_t nbytes, int flags);
```

返回值：若成功，返回发送的字节数；若出错，返回-1

类似 write，使用 send 时套接字必须已经连接。参数 *buf* 和 *nbytes* 的含义与 write 中的一致。

然而，与 write 不同的是，send 支持第 4 个参数 *flags*。3 个标志是由 Single UNIX Specification 定义的，但是具体系统实现支持其他标志的情况也是很常见的。图 16-13 总结了这些标志。

标志	描述	POSIX.1	FreeBSD 8.0	Linux 3.2.0	Mac OS X 10.6.8	Solaris 10
MSG_CONFIRM	提供链路层反馈以保持地址映射有效			•		
MSG_DONTROUTE	勿将数据包路由出本地网络		•	•	•	•
MSG_DONTWAIT	允许非阻塞操作（等价于使用 O_NONBLOCK）		•	•	•	•
MSG_EOF	发送数据后关闭套接字的发送端		•		•	
MSG_EOR	如果协议支持，标记记录结束	•	•	•	•	•
MSG_MORE	延迟发送数据包允许写更多数据			•		
MSG_NOSIGNAL	在写无连接的套接字时不产生 SIGPIPE 信号	•	•	•		
MSG_OOB	如果协议支持，发送带外数据（见 16.7 节）	•	•	•	•	•

图 16-13 send 套接字调用标志

即使 send 成功返回，也并不表示连接的另一端的进程就一定接收了数据。我们所能保证的只是当 send 成功返回时，数据已经被无错误地发送到网络驱动程序上。

对于支持报文边界的协议，如果尝试发送的单个报文的长度超过协议所支持的最大长度，那么 send 会失败，并将 errno 设为 EMSGSIZE。对于字节流协议，send 会阻塞直到整个数据传输完成。函数 sendto 和 send 很类似。区别在于 sendto 可以在无连接的套接字上指定一个目标地址。

```
#include <sys/socket.h>

ssize_t sendto(int sockfd, const void *buf, size_t nbytes, int flags,
               const struct sockaddr *destaddr, socklen_t destlen);
```

返回值：若成功，返回发送的字节数；若出错，返回-1

对于面向连接的套接字，目标地址是被忽略的，因为连接中隐含了目标地址。对于无连接的套接字，除非先调用 connect 设置了目标地址，否则不能使用 send。sendto 提供了发送报文的另一种方式。

通过套接字发送数据时，还有一个选择。可以调用带有 msghdr 结构的 sendmsg 来指定多重缓冲区传输数据，这和 writev 函数很相似（见 14.6 节）。

```
#include <sys/socket.h>

ssize_t sendmsg(int sockfd, const struct msghdr *msg, int flags);
```

返回值：若成功，返回发送的字节数；若出错，返回-1

POSIX.1 定义了 msghdr 结构，它至少有以下成员：

```
struct msghdr {
  void          *msg_name;        /* optional address */
  socklen_t      msg_namelen;     /* address size in bytes */
  struct iovec  *msg_iov;         /* array of I/O buffers */
  int            msg_iovlen;      /* number of elements in array */
  void          *msg_control;     /* ancillary data */
  socklen_t      msg_controllen;  /* number of ancillary bytes */
  int            msg_flags;       /* flags for received message */
  ⋮
};
```

610
~
611

在 14.6 节中可以看到 iovec 结构。在 17.4 节中可以看到辅助数据的使用。

函数 recv 和 read 相似，但是 recv 可以指定标志来控制如何接收数据。

```
#include <sys/socket.h>

ssize_t recv(int sockfd, void *buf, size_t nbytes, int flags);
```

返回值：返回数据的字节长度；若无可用数据或对等方已经按序结束，返回 0；若出错，返回-1

图 16-14 总结了这些标志。仅有 3 个标志是 Single UNIX Specification 定义的。

标志	描述	POSIX.1	FreeBSD 8.0	Linux 3.2.0	Mac OS X 10.6.8	Solaris 10
MSG_CMSG_CLOEXEC	为 UNIX 域套接字上接收的文件描述符设置执行时关闭标志（见 17.4 节）			•		
MSG_DONTWAIT	启用非阻塞操作（相当于使用 O_NONBLOCK）		•	•		•
MSG_ERRQUEUE	接收错误信息作为辅助数据			•		
MSG_OOB	如果协议支持，获取带外数据（见 16.7 节）	•	•	•	•	•
MSG_PEEK	返回数据包内容而不真正取走数据包	•	•	•	•	•
MSG_TRUNC	即使数据包被截断，也返回数据包的实际长度			•		
MSG_WAITALL	等待直到所有的数据可用（仅 SOCK_STREAM）	•	•	•	•	•

图 16-14 recv 套接字调用标志

当指定 MSG_PEEK 标志时，可以查看下一个要读取的数据但不真正取走它。当再次调用 read 或其中一个 recv 函数时，会返回刚才查看的数据。

对于 SOCK_STREAM 套接字，接收的数据可以比预期的少。MSG_WAITALL 标志会阻止这种行为，直到所请求的数据全部返回，recv 函数才会返回。对于 SOCK_DGRAM 和 SOCK_SEQPACKET 套接字，MSG_WAITALL 标志没有改变什么行为，因为这些基于报文的套接字类型一次读取就返回整个报文。

如果发送者已经调用 shutdown（见 16.2 节）来结束传输，或者网络协议支持按默认的顺序关闭并且发送端已经关闭，那么当所有的数据接收完毕后，recv 会返回 0。

612

如果有兴趣定位发送者，可以使用 recvfrom 来得到数据发送者的源地址。

```
#include <sys/socket.h>

ssize_t recvfrom(int sockfd, void *restrict buf, size_t len, int flags,
                 struct sockaddr *restrict addr,
                 socklen_t *restrict addrlen);
```

返回值：返回数据的字节长度；若无可用数据或对等方已经按序结束，返回 0；若出错，返回-1

如果 *addr* 非空，它将包含数据发送者的套接字端点地址。当调用 recvfrom 时，需要设置 *addrlen* 参数指向一个整数，该整数包含 *addr* 所指向的套接字缓冲区的字节长度。返回时，该整数设为该地址的实际字节长度。

因为可以获得发送者的地址，recvfrom 通常用于无连接的套接字。否则，recvfrom 等同于 recv。

为了将接收到的数据送入多个缓冲区，类似于 readv（见 14.6 节），或者想接收辅助数据（见 17.4 节），可以使用 recvmsg。

```
#include <sys/socket.h>

ssize_t recvmsg(int sockfd, struct msghdr *msg, int flags);
```

返回值：返回数据的字节长度；若无可用数据或对等方已经按序结束，返回 0；若出错，返回-1

recvmsg 用 msghdr 结构（在 sendmsg 中见到过）指定接收数据的输入缓冲区。可以设置参数 *flags* 来改变 recvmsg 的默认行为。返回时，msghdr 结构中的 msg_flags 字段被设为所接收数据的各种特征。（进入 recvmsg 时 msg_flags 被忽略。）recvmsg 中返回的各种可能值总结在图 16-15 中。我们将在第 17 章看到使用 recvmsg 的实例。

标志	描述	POSIX.1	FreeBSD 8.0	Linux 3.2.0	Mac OS X 10.6.8	Solaris 10
MSG_CTRUNC	控制数据被截断	•	•	•	•	•
MSG_EOR	接收记录结束符	•	•	•	•	•
MSG_ERRQUEUE	接收错误信息作为辅助数据			•		
MSG_OOB	接收带外数据	•	•	•	•	•
MSG_TRUNC	一般数据被截断	•	•	•	•	•

图 16-15 从 recvmsg 中返回的 msg_flags 标志

613

实例：面向连接的客户端

图 16-16 显示了一个与服务器通信的客户端从系统的 uptime 命令获得输出。我们把这个服务称为“远程正常运行时间”（remote uptime）（简写为“ruptime”）。

```
#include "apue.h"
#include <netdb.h>
#include <errno.h>
#include <sys/socket.h>

#define BUFLEN        128

extern int connect_retry(int, int, int, const struct sockaddr *,
    socklen_t);

void
print_uptime(int sockfd)
{
    int      n;
    char     buf[BUFLEN];

    while ((n = recv(sockfd, buf, BUFLEN, 0)) > 0)
        write(STDOUT_FILENO, buf, n);
    if (n < 0)
        err_sys("recv error");
}

int
main(int argc, char *argv[])
{
    struct addrinfo   *ailist, *aip;
    struct addrinfo   hint;
    int               sockfd, err;

    if (argc != 2)
        err_quit("usage: ruptime hostname");
    memset(&hint, 0, sizeof(hint));
    hint.ai_socktype = SOCK_STREAM;
    hint.ai_canonname = NULL;
    hint.ai_addr = NULL;
    hint.ai_next = NULL;
    if ((err = getaddrinfo(argv[1], "ruptime", &hint, &ailist)) != 0)
        err_quit("getaddrinfo error: %s", gai_strerror(err));
    for (aip = ailist; aip != NULL; aip = aip->ai_next) {
        if ((sockfd = connect_retry(aip->ai_family, SOCK_STREAM, 0,
          aip->ai_addr, aip->ai_addrlen)) < 0) {
            err = errno;
        } else {
            print_uptime(sockfd);
            exit(0);
        }
    }
    err_exit(err, "can't connect to %s", argv[1]);
}
```

614

图16-16 用于从服务器获取正常运行时间的客户端命令

这个程序连接服务器，读取服务器发送过来的字符串并将其打印到标准输出。因为使用的是SOCK_STREAM套接字，所以不能保证调用一次recv就会读取整个字符串，因此需要重复调用直到它返回0。

如果服务器支持多重网络接口或多重网络协议，函数 getaddrinfo 可能会返回多个候选地址供使用。轮流尝试每个地址，当找到一个允许连接到服务的地址时便可停止。使用图 16-11 中的 connect_retry 函数来与服务器建立一个连接。

实例：面向连接的服务器

图 16-17 展示了服务器程序，用来提供 uptime 命令的输出到图 16-16 所示的客户端程序。

```
#include "apue.h"
#include <netdb.h>
#include <errno.h>
#include <syslog.h>
#include <sys/socket.h>

#define BUFLEN   128
#define QLEN 10

#ifndef HOST_NAME_MAX
#define HOST_NAME_MAX 256
#endif

extern int initserver(int, const struct sockaddr *, socklen_t, int);

void
serve(int sockfd)
{
    int       clfd;
    FILE     *fp;
    char      buf[BUFLEN];

    set_cloexec(sockfd);
    for (;;) {
        if ((clfd = accept(sockfd, NULL, NULL)) < 0) {
            syslog(LOG_ERR, "ruptimed: accept error: %s",
              strerror(errno));
            exit(1);
        }
        set_cloexec(clfd);
        if ((fp = popen("/usr/bin/uptime", "r")) == NULL) {
            sprintf(buf, "error: %s\n", strerror(errno));
            send(clfd, buf, strlen(buf), 0);
        } else {
            while (fgets(buf, BUFLEN, fp) != NULL)
                send(clfd, buf, strlen(buf), 0);
            pclose(fp);
        }
        close(clfd);
    }
}

int
main(int argc, char *argv[])
{
    struct addrinfo   *ailist, *aip;
```

615

```
    struct addrinfo    hint;
    int                sockfd, err, n;
    char              *host;

    if (argc != 1)
        err_quit("usage: ruptimed");
    if ((n = sysconf(_SC_HOST_NAME_MAX)) < 0)
        n = HOST_NAME_MAX; /* best guess */
    if ((host = malloc(n)) == NULL)
        err_sys("malloc error");
    if (gethostname(host, n) < 0)
        err_sys("gethostname error");
    daemonize("ruptimed");
    memset(&hint, 0, sizeof(hint));
    hint.ai_flags = AI_CANONNAME;
    hint.ai_socktype = SOCK_STREAM;
    hint.ai_canonname = NULL;
    hint.ai_addr = NULL;
    hint.ai_next = NULL;
    if ((err = getaddrinfo(host, "ruptime", &hint, &ailist)) != 0) {
        syslog(LOG_ERR, "ruptimed: getaddrinfo error: %s",
          gai_strerror(err));
        exit(1);
    }
    for (aip = ailist; aip != NULL; aip = aip->ai_next) {
        if ((sockfd = initserver(SOCK_STREAM, aip->ai_addr,
          aip->ai_addrlen, QLEN)) >= 0) {
            serve(sockfd);
            exit(0);
        }
    }
    exit(1);
}
```

616

图16-17 提供系统正常运行时间的服务器程序

为了找到它的地址，服务器需要获得其运行时的主机名。如果主机名的最大长度不确定，可以使用HOST_NAME_MAX代替。如果系统没定义HOST_NAME_MAX，可以自己定义。POSIX.1要求主机名的最大长度至少为255字节，不包括终止null字符，因此定义HOST_NAME_MAX为256来包括终止null字符。

服务器调用gethostname获得主机名，查看远程正常运行时间服务的地址。可能会有多个地址返回，但我们简单地选择第一个来建立被动套接字端点（即一个只用于监听连接请求的地址）。处理多个地址作为习题留给读者。

使用图16-12的initserver函数来初始化套接字端点，在这个端点上等待到来的连接请求。（实际上，使用的是图16-22的版本；在16.6节中讨论套接字选项时，可以了解其中的原因。）

实例：另一个面向连接的服务器

前面说过，采用文件描述符来访问套接字是非常有意义的，因为它允许程序对联网环境的网络访问一无所知。图16-18中所示的服务器程序版本说明了这一点。服务器没有从uptime命令中读取输出并发送到客户端，而是将uptime命令的标准输出和标准错误安排成为连接到客户端的套接字端点。

```
#include "apue.h"
#include <netdb.h>
#include <errno.h>
#include <syslog.h>
#include <fcntl.h>
#include <sys/socket.h>
#include <sys/wait.h>

#define QLEN 10

#ifndef HOST_NAME_MAX
#define HOST_NAME_MAX 256
#endif

extern int initserver(int, const struct sockaddr *, socklen_t, int);

void
serve(int sockfd)
{
    int     clfd, status;
    pid_t   pid;

    set_cloexec(sockfd);
    for (;;) {
        if ((clfd = accept(sockfd, NULL, NULL)) < 0) {
            syslog(LOG_ERR, "ruptimed: accept error: %s",
              strerror(errno));
            exit(1);
        }
        if ((pid = fork()) < 0) {
            syslog(LOG_ERR, "ruptimed: fork error: %s",
              strerror(errno));
            exit(1);
        } else if (pid == 0) { /* child */
            /*
             * The parent called daemonize (Figure 13.1), so
             * STDIN_FILENO, STDOUT_FILENO, and STDERR_FILENO
             * are already open to /dev/null.  Thus, the call to
             * close doesn't need to be protected by checks that
             * clfd isn't already equal to one of these values.
             */
            if (dup2(clfd, STDOUT_FILENO) != STDOUT_FILENO ||
              dup2(clfd, STDERR_FILENO) != STDERR_FILENO) {
                syslog(LOG_ERR, "ruptimed: unexpected error");
                exit(1);
            }
            close(clfd);
            execl("/usr/bin/uptime", "uptime", (char *)0);
            syslog(LOG_ERR, "ruptimed: unexpected return from exec: %s",
              strerror(errno));
        } else {        /* parent */
            close(clfd);
            waitpid(pid, &status, 0);
```

617

```
        }
    }
}

int
main(int argc, char *argv[])
{
    struct addrinfo    *ailist, *aip;
    struct addrinfo     hint;
    int                 sockfd, err, n;
    char               *host;

    if (argc != 1)
        err_quit("usage: ruptimed");
    if ((n = sysconf(_SC_HOST_NAME_MAX)) < 0)
        n = HOST_NAME_MAX; /* best guess */
    if ((host = malloc(n)) == NULL)
        err_sys("malloc error");
    if (gethostname(host, n) < 0)
        err_sys("gethostname error");
    daemonize("ruptimed");
    memset(&hint, 0, sizeof(hint));
    hint.ai_flags = AI_CANONNAME;
    hint.ai_socktype = SOCK_STREAM;
    hint.ai_canonname = NULL;
    hint.ai_addr = NULL;
    hint.ai_next = NULL;
    if ((err = getaddrinfo(host, "ruptime", &hint, &ailist)) != 0) {
        syslog(LOG_ERR, "ruptimed: getaddrinfo error: %s",
          gai_strerror(err));
        exit(1);
    }
    for (aip = ailist; aip != NULL; aip = aip->ai_next) {
        if ((sockfd = initserver(SOCK_STREAM, aip->ai_addr,
          aip->ai_addrlen, QLEN)) >= 0) {
            serve(sockfd);
            exit(0);
        }
    }
    exit(1);
}
```

618

图16-18　用于说明命令直接写到套接字的服务器程序

我们没有采用 popen 来运行 uptime 命令，并从连接到命令标准输出的管道读取输出，而是采用 fork 创建了一个子进程，然后使用 dup2 使 STDIN_FILENO 的子进程副本对/dev/null 开放，使 STDOUT_FILENO 和 STDERR_FILENO 的子进程副本对套接字端点开放。当执行 uptime 时，命令将结果写到它的标准输出，该标准输出是连接到套接字的，所以数据被送到 ruptime 客户端命令。

父进程可以安全地关闭连接到客户端的文件描述符，因为子进程仍旧让它打开着。父进程会等待子进程处理完毕再继续，所以子进程不会变成僵死进程。由于运行 uptime 命令不会花费太长的时间，所以父进程在接受下一个连接请求之前，可以等待子进程退出。然而，如果子进程运行的时间比较长的话，这种策略就未必适合了。■

前面的实例采用的都是面向连接的套接字。但如何选择合适的套接字类型呢？何时采用面向连接的套接字，何时采用无连接的套接字呢？答案取决于我们要做的工作量和能够容忍的出错程度。

对于无连接的套接字，数据包到达时可能已经没有次序，因此如果不能将所有的数据放在一个数据包里，则在应用程序中就必须关心数据包的次序。数据包的最大尺寸是通信协议的特征。另外，对于无连接的套接字，数据包可能会丢失。如果应用程序不能容忍这种丢失，必须使用面向连接的套接字。

容忍数据包丢失意味着两种选择。一种选择是，如果想和对等方可靠通信，就必须对数据包编号，并且在发现数据包丢失时，请求对等应用程序重传，还必须标识重复数据包并丢弃它们，因为数据包可能会延迟或疑似丢失，可能请求重传之后，它们又出现了。

619

另一种选择是，通过让用户再次尝试那个命令来处理错误。对于简单的应用程序，这可能就足够了，但对于复杂的应用程序，这种选择通常不可行。因此，一般在这种情况下使用面向连接的套接字比较好。

面向连接的套接字的缺陷在于需要更多的时间和工作来建立一个连接，并且每个连接都需要消耗较多的操作系统资源。

实例：无连接的客户端

图 16-19 中的程序是采用数据报套接字接口的 uptime 客户端命令版本。

```
#include "apue.h"
#include <netdb.h>
#include <errno.h>
#include <sys/socket.h>

#define BUFLEN       128
#define TIMEOUT      20

void
sigalrm(int signo)
{
}

void
print_uptime(int sockfd, struct addrinfo *aip)
{
    int      n;
    char     buf[BUFLEN];

    buf[0] = 0;
    if (sendto(sockfd, buf, 1, 0, aip->ai_addr, aip->ai_addrlen) < 0)
        err_sys("sendto error");
    alarm(TIMEOUT);
    if ((n = recvfrom(sockfd, buf, BUFLEN, 0, NULL, NULL)) < 0) {
        if (errno != EINTR)
            alarm(0);
        err_sys("recv error");
    }
    alarm(0);
    write(STDOUT_FILENO, buf, n);
```

```
}

int
main(int argc, char *argv[])
{
    struct addrinfo     *ailist, *aip;
    struct addrinfo     hint;
    int                 sockfd, err;
    struct sigaction    sa;

    if (argc != 2)
        err_quit("usage: ruptime hostname");
    sa.sa_handler = sigalrm;
    sa.sa_flags = 0;
    sigemptyset(&sa.sa_mask);
    if (sigaction(SIGALRM, &sa, NULL) < 0)
        err_sys("sigaction error");
    memset(&hint, 0, sizeof(hint));
    hint.ai_socktype = SOCK_DGRAM;
    hint.ai_canonname = NULL;
    hint.ai_addr = NULL;
    hint.ai_next = NULL;
    if ((err = getaddrinfo(argv[1], "ruptime", &hint, &ailist)) != 0)
        err_quit("getaddrinfo error: %s", gai_strerror(err));

    for (aip = ailist; aip != NULL; aip = aip->ai_next) {
        if ((sockfd = socket(aip->ai_family, SOCK_DGRAM, 0)) < 0) {
            err = errno;
        } else {
            print_uptime(sockfd, aip);
            exit(0);
        }
    }

    fprintf(stderr, "can't contact %s: %s\n", argv[1], strerror(err));
    exit(1);
}
```

620

图16-19 采用数据报服务的客户端命令

除了增加安装一个 SIGALRM 的信号处理程序以外，基于数据报的客户端中的 main 函数和面向连接的客户端中的类似。使用 alarm 函数来避免调用 recvfrom 时的无限期阻塞。

对于面向连接的协议，需要在交换数据之前连接到服务器。对于服务器来说，到来的连接请求已经足够判断出所需提供给客户端的服务。但是对于基于数据报的协议，需要有一种方法通知服务器来执行服务。本例中，只是简单地向服务器发送了1字节的数据。服务器将接收它，从数据包中得到地址，并使用这个地址来传送它的响应。如果服务器提供多个服务，可以使用这个请求数据来表示需要的服务，但由于服务器只做一件事情，1字节数据的内容是无关紧要的。

如果服务器不在运行状态，客户端调用 recvfrom 便会无限期阻塞。对于这个面向连接的实例，如果服务器不运行，connect 调用会失败。为了避免无限期阻塞，可以在调用 recvfrom 之前设置警告时钟。

621

实例：无连接的服务器

图 16-20 所示的程序是 uptime 服务器的数据报版本。

```
#include "apue.h"
#include <netdb.h>
#include <errno.h>
#include <syslog.h>
#include <sys/socket.h>

#define BUFLEN        128
#define MAXADDRLEN    256

#ifndef HOST_NAME_MAX
#define HOST_NAME_MAX 256
#endif

extern int initserver(int, const struct sockaddr *, socklen_t, int);

void
serve(int sockfd)
{
    int                 n;
    socklen_t           alen;
    FILE               *fp;
    char                buf[BUFLEN];
    char                abuf[MAXADDRLEN];
    struct sockaddr    *addr = (struct sockaddr *)abuf;

    set_cloexec(sockfd);
    for (;;) {
        alen = MAXADDRLEN;
        if ((n = recvfrom(sockfd, buf, BUFLEN, 0, addr, &alen)) < 0) {
            syslog(LOG_ERR, "ruptimed: recvfrom error: %s",
              strerror(errno));
            exit(1);
        }
        if ((fp = popen("/usr/bin/uptime", "r")) == NULL) {
            sprintf(buf, "error: %s\n", strerror(errno));
            sendto(sockfd, buf, strlen(buf), 0, addr, alen);
        } else {
            if (fgets(buf, BUFLEN, fp) != NULL)
                sendto(sockfd, buf, strlen(buf), 0, addr, alen);
            pclose(fp);
        }
    }
}

int
main(int argc, char *argv[])
{
    struct addrinfo    *ailist, *aip;
    struct addrinfo     hint;
    int                 sockfd, err, n;
```

```
    char            *host;

    if (argc != 1)
        err_quit("usage: ruptimed");
    if ((n = sysconf(_SC_HOST_NAME_MAX)) < 0)
        n = HOST_NAME_MAX; /* best guess */
    if ((host = malloc(n)) == NULL)
        err_sys("malloc error");
    if (gethostname(host, n) < 0)
        err_sys("gethostname error");
    daemonize("ruptimed");
    memset(&hint, 0, sizeof(hint));
    hint.ai_flags = AI_CANONNAME;
    hint.ai_socktype = SOCK_DGRAM;
    hint.ai_canonname = NULL;
    hint.ai_addr = NULL;
    hint.ai_next = NULL;
    if ((err = getaddrinfo(host, "ruptime", &hint, &ailist)) != 0) {
        syslog(LOG_ERR, "ruptimed: getaddrinfo error: %s",
          gai_strerror(err));
        exit(1);
    }
    for (aip = ailist; aip != NULL; aip = aip->ai_next) {
        if ((sockfd = initserver(SOCK_DGRAM, aip->ai_addr,
          aip->ai_addrlen, 0)) >= 0) {
            serve(sockfd);
            exit(0);
        }
    }
    exit(1);
}
```

图 16-20 基于数据报提供系统正常运行时间的服务器

服务器在 recvfrom 阻塞等待服务请求。当一个请求到达时，保存请求者地址并使用 popen 来运行 uptime 命令。使用 sendto 函数将输出发送到客户端，将目标地址设置成刚才的请求者地址。 ■

16.6 套接字选项

套接字机制提供了两个套接字选项接口来控制套接字行为。一个接口用来设置选项，另一个接口可以查询选项的状态。可以获取或设置以下 3 种选项。

（1）通用选项，工作在所有套接字类型上。

（2）在套接字层次管理的选项，但是依赖于下层协议的支持。

（3）特定于某协议的选项，每个协议独有的。

623

Single UNIX Specification 定义了套接字层的选项（上述选项中的前两个选项类型）。

可以使用 setsockopt 函数来设置套接字选项。

```
#include <sys/socket.h>

int setsockopt(int sockfd, int level, int option, const void *val,
               socklen_t len);
```

返回值：若成功，返回 0；若出错，返回-1

参数 *level* 标识了选项应用的协议。如果选项是通用的套接字层次选项，则 *level* 设置成 SOL_SOCKET。否则，*level* 设置成控制这个选项的协议编号。对于 TCP 选项，*level* 是 IPPROTO_TCP，对于 IP，*level* 是 IPPROTO_IP。图 16-21 总结了 Single UNIX Specification 中定义的通用套接字层次选项。

选项	参数 *val* 的类型	描述
SO_ACCEPTCONN	int	返回信息指示该套接字是否能被监听（仅 getsockopt）
SO_BROADCAST	int	如果*val 非 0，广播数据报
SO_DEBUG	int	如果*val 非 0，启用网络驱动调试功能
SO_DONTROUTE	int	如果*val 非 0，绕过通常路由
SO_ERROR	int	返回挂起的套接字错误并清除（仅 getsockopt）
SO_KEEPALIVE	int	如果*val 非 0，启用周期性 keep-alive 报文
SO_LINGER	struct linger	当还有未发报文而套接字已关闭时，延迟时间
SO_OOBINLINE	int	如果*val 非 0，将带外数据放在普通数据中
SO_RCVBUF	int	接收缓冲区的字节长度
SO_RCVLOWAT	int	接收调用中返回的最小数据字节数
SO_RCVTIMEO	struct timeval	套接字接收调用的超时值
SO_REUSEADDR	int	如果*val 非 0，重用 bind 中的地址
SO_SNDBUF	int	发送缓冲区的字节长度
SO_SNDLOWAT	int	发送调用中传送的最小数据字节数
SO_SNDTIMEO	struct timeval	套接字发送调用的超时值
SO_TYPE	int	标识套接字类型（仅 getsockopt）

图 16-21 套接字选项

参数 *val* 根据选项的不同指向一个数据结构或者一个整数。一些选项是 on/off 开关。如果整数非 0，则启用选项。如果整数为 0，则禁止选项。参数 *len* 指定了 *val* 指向的对象的大小。

可以使用 getsockopt 函数来查看选项的当前值。

```
#include <sys/socket.h>

int getsockopt(int sockfd, int level, int option, void *restrict val,
               socklen_t *restrict lenp);
```

返回值：若成功，返回 0；若出错，返回-1

624

参数 *lenp* 是一个指向整数的指针。在调用 getsockopt 之前，设置该整数为复制选项缓冲区的长度。如果选项的实际长度大于此值，则选项会被截断。如果实际长度正好小于此值，那么返回时将此值更新为实际长度。

实例

当服务器终止并尝试立即重启时，图 16-12 中的函数将无法正常工作。通常情况下，除非超时（超时时间一般是几分钟），否则 TCP 的实现不允许绑定同一个地址。幸运的是，套接字选项 SO_REUSEADDR 可以绕过这个限制，如图 16-22 所示。

```
#include "apue.h"
#include <errno.h>
#include <sys/socket.h>

int
initserver(int type, const struct sockaddr *addr, socklen_t alen,
```

```
  int qlen)
{
    int fd, err;
    int reuse = 1;

    if ((fd = socket(addr->sa_family, type, 0)) < 0)
        return(-1);
    if (setsockopt(fd, SOL_SOCKET, SO_REUSEADDR, &reuse,
      sizeof(int)) < 0)
        goto errout;
    if (bind(fd, addr, alen) < 0)
        goto errout;
    if (type == SOCK_STREAM || type == SOCK_SEQPACKET)
        if (listen(fd, qlen) < 0)
            goto errout;
    return(fd);

errout:
    err = errno;
    close(fd);
    errno = err;
    return(-1);
}
```

图16-22 采用地址复用初始化套接字端点供服务器使用

为了启用 SO_REUSEADDR 选项，设置了一个非0值的整数，并把这个整数地址作为 *val* 参数传递给了 setsockopt。将 *len* 参数设置成了一个整数大小来表明 *val* 所指的对象的大小。

625

16.7 带外数据

带外数据（out-of-band data）是一些通信协议所支持的可选功能，与普通数据相比，它允许更高优先级的数据传输。带外数据先行传输，即使传输队列已经有数据。TCP 支持带外数据，但是 UDP 不支持。套接字接口对带外数据的支持很大程度上受 TCP 带外数据具体实现的影响。

TCP 将带外数据称为紧急数据（urgent data）。TCP 仅支持一个字节的紧急数据，但是允许紧急数据在普通数据传递机制数据流之外传输。为了产生紧急数据，可以在3个 send 函数中的任何一个里指定 MSG_OOB 标志。如果带 MSG_OOB 标志发送的字节数超过一个时，最后一个字节将被视为紧急数据字节。

如果通过套接字安排了信号的产生，那么紧急数据被接收时，会发送 SIGURG 信号。在3.14节和14.5.2节中可以看到，在 fcntl 中使用 F_SETOWN 命令来设置一个套接字的所有权。如果 fcntl 中的第三个参数为正值，那么它指定的就是进程ID。如果为非-1的负值，那么它代表的就是进程组ID。因此，可以通过调用以下函数安排进程接收套接字的信号：

```
fcntl(sockfd, F_SETOWN, pid);
```

F_GETOWN 命令可以用来获得当前套接字所有权。对于 F_SETOWN 命令，负值代表进程组ID，正值代表进程ID。因此，调用

```
owner = fcntl(sockfd, F_GETOWN, 0);
```

将返回 owner，如果 owner 为正值，则等于配置为接收套接字信号的进程的 ID。如果 owner 为负值，其绝对值为接收套接字信号的进程组的 ID。

TCP 支持紧急标记（urgent mark）的概念，即在普通数据流中紧急数据所在的位置。如果采用套接字选项 SO_OOBINLINE，那么可以在普通数据中接收紧急数据。为帮助判断是否已经到达紧急标记，可以使用函数 sockatmark。

```
#include <sys/socket.h>

int sockatmark(int sockfd);
```

返回值：若在标记处，返回 1；若没在标记处，返回 0；若出错，返回−1

当下一个要读取的字节在紧急标志处时，sockatmark 返回 1。

当带外数据出现在套接字读取队列时，select 函数（见 14.4.1 节）会返回一个文件描述符并且有一个待处理的异常条件。可以在普通数据流上接收紧急数据，也可以在其中一个 recv 函数中采用 MSG_OOB 标志在其他队列数据之前接收紧急数据。TCP 队列仅用一个字节的紧急数据。如果在接收当前的紧急数据字节之前又有新的紧急数据到来，那么已有的字节会被丢弃。

626

16.8 非阻塞和异步 I/O

通常，recv 函数没有数据可用时会阻塞等待。同样地，当套接字输出队列没有足够空间来发送消息时，send 函数会阻塞。在套接字非阻塞模式下，行为会改变。在这种情况下，这些函数不会阻塞而是会失败，将 errno 设置为 EWOULDBLOCK 或者 EAGAIN。当这种情况发生时，可以使用 poll 或 select 来判断能否接收或者传输数据。

Single UNIX Specification 包含通用异步 I/O 机制（见 14.5 节）的支持。套接字机制有其自己的处理异步 I/O 的方式，但是这在 Single UNIX Specification 中没有标准化。一些文献把经典的基于套接字的异步 I/O 机制称为“基于信号的 I/O”，区别于 Single UNIX Specification 中的通用异步 I/O 机制。

在基于套接字的异步 I/O 中，当从套接字中读取数据时，或者当套接字写队列中空间变得可用时，可以安排要发送的信号 SIGIO。启用异步 I/O 是一个两步骤的过程。

（1）建立套接字所有权，这样信号可以被传递到合适的进程。

（2）通知套接字当 I/O 操作不会阻塞时发信号。

可以使用 3 种方式来完成第一个步骤。

（1）在 fcntl 中使用 F_SETOWN 命令。

（2）在 ioctl 中使用 FIOSETOWN 命令。

（3）在 ioctl 中使用 SIOCSPGRP 命令。

要完成第二个步骤，有两个选择。

（1）在 fcntl 中使用 F_SETFL 命令并且启用文件标志 O_ASYNC。

（2）在 ioctl 中使用 FIOASYNC 命令。

虽然有多种选项，但它们没有得到普遍支持。图 16-23 总结了本文讨论的平台支持这些选项的情况。

机制	POSIX.1	FreeBSD 8.0	Linux 3.2.0	Mac OS X 10.6.8	Solaris 10
`fcntl(fd, F_SETOWN, pid)`	•	•	•	•	•
`ioctl(fd, FIOSETOWN, pid)`		•	•	•	•
`ioctl(fd, SIOCSPGRP, pid)`		•	•	•	•
`fcntl(fd, F_SETFL, flags|O_ASYNC)`		•	•	•	
`ioctl(fd, FIOASYNC, &n);`		•	•	•	•

627

图16-23　套接字异步I/O管理命令

16.9　小结

本章考察了IPC机制，这些机制允许进程与不同计算机上的以及同一计算机上的其他进程通信。我们讨论了套接字端点如何命名，在连接服务器时，如何发现所用的地址。

我们给出了采用无连接的（即基于数据报的）套接字和面向连接的套接字的客户端和服务器的实例，还简要讨论了异步和非阻塞的套接字I/O，以及用于管理套接字选项的接口。

下一章将会考察一些高级IPC主题，包括在同一台计算机上如何使用套接字在两个进程之间传送文件描述符。

习题

16.1　写一个程序判断所使用系统的字节序。

16.2　写一个程序，在至少两种不同的平台上打印出所支持套接字的 `stat` 结构成员，并且描述这些结果的不同之处。

16.3　图16-17的程序只在一个端点上提供了服务。修改这个程序，同时支持多个端点（每个端点具有一个不同的地址）上的服务。

16.4　写一个客户端程序和服务端程序，返回指定主机上当前运行的进程数量。

16.5　在图16-18的程序中，服务器等待子进程执行 `uptime`，子进程完成后退出，服务器才接受下一个连接请求。重新设计服务器，使得处理一个请求时并不拖延处理到来的连接请求。

16.6　写两个库例程：一个在套接字上允许异步I/O，一个在套接字上不允许异步I/O。使用图16-23来保证函数能够在所有平台上运行，并且支持尽可能多的套接字类型。

628

第 17 章

高级进程间通信

17.1 引言

前面两章讨论了 UNIX 系统提供的各种 IPC，其中包括管道和套接字。本章介绍一种高级 IPC——UNIX 域套接字机制，并说明它的应用方法。这种形式的 IPC 可以在同一计算机系统上运行的两个进程之间传送打开文件描述符。服务进程可以使它们的打开文件描述符与指定的名字相关联，同一系统上运行的客户进程可以使用这些名字与服务器进程汇聚。我们还会了解到操作系统如何为每一个客户进程提供一个独用的 IPC 通道。

17.2 UNIX 域套接字

UNIX 域套接字用于在同一台计算机上运行的进程之间的通信。虽然因特网域套接字可用于同一目的，但 UNIX 域套接字的效率更高。UNIX 域套接字仅仅复制数据，它们并不执行协议处理，不需要添加或删除网络报头，无需计算校验和，不要产生顺序号，无需发送确认报文。

UNIX 域套接字提供流和数据报两种接口。UNIX 域数据报服务是可靠的，既不会丢失报文也不会传递出错。UNIX 域套接字就像是套接字和管道的混合。可以使用它们面向网络的域套接字接口或者使用 socketpair 函数来创建一对无命名的、相互连接的 UNIX 域套接字。


```
#include <sys/socket.h>

int socketpair(int domain, int type, int protocol, int sockfd[2]);
```

返回值：若成功，返回 0；若出错，返回-1

虽然接口足够通用，允许 socketpair 用于其他域，但一般来说操作系统仅对 UNIX 域提供支持。

一对相互连接的 UNIX 域套接字可以起到全双工管道的作用：两端对读和写开放（见图 17-1）。我们将其称为 fd 管道（fd-pipe），以便与普通的半双工管道区分开来。

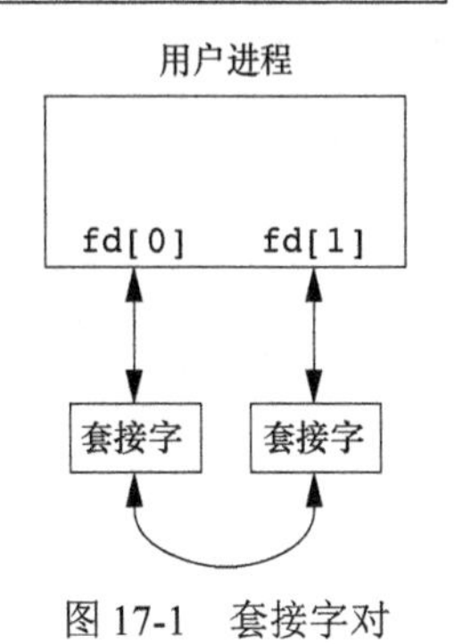

图 17-1 套接字对

实例：fd_pipe 函数

图 17-2 展示了 fd_pipe 函数，它使用 socketpair 函数来创建一对相互连接的 UNIX 域流套接字。

```
#include "apue.h"
#include <sys/socket.h>
```

```
/*
 * Returns a full-duplex pipe (a UNIX domain socket) with
 * the two file descriptors returned in fd[0] and fd[1].
 */
int
fd_pipe(int fd[2])
{
    return(socketpair(AF_UNIX, SOCK_STREAM, 0, fd));
}
```

图 17-2 创建一个全双工管道

> 某些基于BSD的系统使用UNIX域套接字来实现管道。但当调用pipe时，第一描述符的写端和第二描述符的读端都是关闭的。为了得到全双工管道，必须直接调用socketpair。

630

实例：借助UNIX域套接字轮询XSI消息队列

15.6.4节曾经提到XSI消息队列的使用存在一个问题，即不能将它们和poll或者select一起使用，这是因为它们不能关联到文件描述符。然而，套接字是和文件描述符相关联的，消息到达时，可以用套接字来通知。对每个消息队列使用一个线程。每个线程都会在msgrcv调用中阻塞。当消息到达时，线程会把它写入一个UNIX域套接字的一端。当poll指示套接字可以读取数据时，应用程序会使用这个套接字的另外一端来接收这个消息。

图17-3中的程序说明了这个技术。main函数中创建了一些消息队列和UNIX域套接字，并为每个消息队列开启了一个新线程。然后它在一个无限循环中用poll来轮询选择一个套接字端点。当某个套接字可读时，程序可以从套接字中读取数据并把消息打印到标准输出上。

```
#include "apue.h"
#include <poll.h>
#include <pthread.h>
#include <sys/msg.h>
#include <sys/socket.h>

#define NQ       3          /* number of queues */
#define MAXMSZ   512        /* maximum message size */
#define KEY      0x123      /* key for first message queue */

struct threadinfo {
    int qid;
    int fd;
};

struct mymesg {
    long mtype;
    char mtext[MAXMSZ];
};

void *
helper(void *arg)
{
    int             n;
    struct mymesg   m;
```

```
    struct threadinfo     *tip = arg;

    for(;;) {
        memset(&m, 0, sizeof(m));
        if ((n = msgrcv(tip->qid, &m, MAXMSZ, 0, MSG_NOERROR)) < 0)
            err_sys("msgrcv error");
        if (write(tip->fd, m.mtext, n) < 0)
            err_sys("write error");
    }
}

int
main()
{
    int                    i, n, err;
    int                    fd[2];
    int                    qid[NQ];
    struct pollfd          pfd[NQ];
    struct threadinfo      ti[NQ];
    pthread_t              tid[NQ];
    char                   buf[MAXMSZ];

    for (i = 0; i < NQ; i++) {
        if ((qid[i] = msgget((KEY+i), IPC_CREAT|0666)) < 0)
            err_sys("msgget error");

        printf("queue ID %d is %d\n", i, qid[i]);

        if (socketpair(AF_UNIX, SOCK_DGRAM, 0, fd) < 0)
            err_sys("socketpair error");
        pfd[i].fd = fd[0];
        pfd[i].events = POLLIN;
        ti[i].qid = qid[i];
        ti[i].fd = fd[1];
        if ((err = pthread_create(&tid[i], NULL, helper, &ti[i])) != 0)
            err_exit(err, "pthread_create error");
    }

    for (;;) {
        if (poll(pfd, NQ, -1) < 0)
            err_sys("poll error");
        for (i = 0; i < NQ; i++) {
            if (pfd[i].revents & POLLIN) {
                if ((n = read(pfd[i].fd, buf, sizeof(buf))) < 0)
                    err_sys("read error");
                buf[n] = 0;
                printf("queue id %d, message %s\n", qid[i], buf);
            }
        }
    }

    exit(0);
}
```

631

图 17-3　使用 UNIX 域套接字轮询 XSI 消息队列

注意，我们使用的是数据报（SOCK_DGRAM）套接字而不是流套接字。这样做可以保持消息边界，以保证从套接字里一次只读取一条消息。

这种技术可以（非直接地）在消息队列中运用 poll 或者 select。只要为每个队列分配一个线程的开销以及每个消息额外复制两次（一次写入套接字，另一次从套接字里读取出来）的开销是可接受的，这种技术就会使 XSI 消息队列的使用更加容易。

632

使用图 17-4 中所示的程序给图 17-3 中所示的测试程序发送消息。

```
#include "apue.h"
#include <sys/msg.h>

#define MAXMSZ 512

struct mymesg {
    long mtype;
    char mtext[MAXMSZ];
};

int
main(int argc, char *argv[])
{
    key_t key;
    long qid;
    size_t nbytes;
    struct mymesg m;

    if (argc != 3) {
        fprintf(stderr, "usage: sendmsg KEY message\n");
        exit(1);
    }
    key = strtol(argv[1], NULL, 0);
    if ((qid = msgget(key, 0)) < 0)
        err_sys("can't open queue key %s", argv[1]);
    memset(&m, 0, sizeof(m));
    strncpy(m.mtext, argv[2], MAXMSZ-1);
    nbytes = strlen(m.mtext);
    m.mtype = 1;
    if (msgsnd(qid, &m, nbytes, 0) < 0)
        err_sys("can't send message");
    exit(0);
}
```

图 17-4 给 XSI 消息队列发送消息

这个程序需要两个参数：消息队列关联的键值以及一个包含消息主体的字符串。发送消息到服务器端时，它会打印如下信息：

```
$ ./pollmsg &                               在后台运行服务器
[1] 12814
$ queue ID 0 is 196608
queue ID 1 is 196609
queue ID 2 is 196610
$ ./sendmsg 0x123 "hello, world"            给第一个队列发送一条消息
queue id 196608, message hello, world
$ ./sendmsg 0x124 "just a test"             给第二个队列发送一条消息
```

```
queue id 196609, message just a test
$ ./sendmsg 0x125 "bye"                     给第三个队列发送一条消息
queue id 196610, message bye
```

633

命名 UNIX 域套接字

虽然 socketpair 函数能创建一对相互连接的套接字，但是每一个套接字都没有名字。这意味着无关进程不能使用它们。

在 16.3.4 节中学习了如何将一个地址绑定到一个因特网域套接字上。恰如因特网域套接字一样，可以命名 UNIX 域套接字，并可将其用于告示服务。但是要注意，UNIX 域套接字使用的地址格式不同于因特网域套接字。

回忆 16.3 节，套接字地址格式会随实现而变。UNIX 域套接字的地址由 sockaddr_un 结构表示。在 Linux 3.2.0 和 Solaris 10 中，sockaddr_un 结构在头文件<sys/un.h>中的定义如下：

```
struct sockaddr_un {
     sa_family_t  sun_family;          /* AF_UNIX */
     char         sun_path[108];       /* pathname */
};
```

但是在 FreeBSD 8.0 和 Mac OS X 10.6.8 中，sockaddr_un 结构的定义如下：

```
struct sockaddr_un {
     unsigned char  sun_len;          /* sockaddr length */
     sa_family_t    sun_family;       /* AF_UNIX */
     char           sun_path[104];    /* pathname */
};
```

sockaddr_un 结构的 sun_path 成员包含一个路径名。当我们将一个地址绑定到一个 UNIX 域套接字时，系统会用该路径名创建一个 S_IFSOCK 类型的文件。

该文件仅用于向客户进程告示套接字名字。该文件无法打开，也不能由应用程序用于通信。

如果我们试图绑定同一地址时，该文件已经存在，那么 bind 请求会失败。当关闭套接字时，并不自动删除该文件，所以必须确保在应用程序退出前，对该文件执行解除链接操作。

实例

图 17-5 所示的程序是一个将地址绑定到 UNIX 域套接字的例子。

运行此程序时，bind 请求成功执行。但是，若第二次运行该程序，则出错返回，其原因是该文件已经存在。在删除该文件之前，该程序不会再成功运行。

```
$ ./a.out                                              运行该程序
UNIX domain socket bound
$ ls -l foo.socket                                     查看套接字文件
srwxrw-xr-x 1 sar       0 May 18 00:44 foo.socket
$ ./a.out                                              试图再次运行该程序
bind failed: Address already in use
$ rm foo.socket                                        删除该套接字文件
$ ./a.out                                              第三次运行该程序
UNIX domain socket bound                               现在成功啦
```

```
#include "apue.h"
#include <sys/socket.h>
#include <sys/un.h>

int
main(void)
{
    int fd, size;
    struct sockaddr_un un;

    un.sun_family = AF_UNIX;
    strcpy(un.sun_path, "foo.socket");
    if ((fd = socket(AF_UNIX, SOCK_STREAM, 0)) < 0)
        err_sys("socket failed");
    size = offsetof(struct sockaddr_un, sun_path) + strlen(un.sun_path);
    if (bind(fd, (struct sockaddr *)&un, size) < 0)
        err_sys("bind failed");
    printf("UNIX domain socket bound\n");
    exit(0);
}
```

图 17-5　将地址绑定到 UNIX 域套接字

确定绑定地址长度的方法是，先计算 sun_path 成员在 sockaddr_un 结构中的偏移量，然后将结果与路径名长度（不包括终止 null 字符）相加。因为 sockaddr_un 结构中 sun_path 之前的成员与实现相关，所以我们使用<stddef.h>头文件（包括在 apue.h 中）中的 offsetof 宏计算 sun_path 成员从结构开始处的偏移量。如果查看<stddef.h>，则可见到类似于下列形式的定义：

```
#define offsetof(TYPE, MEMBER) ((int)&((TYPE *)0)->MEMBER)
```

假定该结构从地址 0 开始，此表达式求得成员起始地址的整型值。

17.3　唯一连接

服务器进程可以使用标准 bind、listen 和 accept 函数，为客户进程安排一个唯一 UNIX 域连接。客户进程使用 connect 与服务器进程联系。在服务器进程接受了 connect 请求后，在服务器进程和客户进程之间就存在了唯一连接。这种风格的操作与我们在图 16-16 和图 16-17 中所示的对因特网域套接字的操作相同。

634
≀
635

图 17-6 展示了客户进程和服务器进程存在连接之前二者的情形。服务器端把它的套接字绑定到 sockaddr_un 的地址并监听新的连接请求。图 17-7 展示了在服务器端接受客户端连接请求后，客户端和服务器端之间建立的唯一的连接。

现在，我们将开发 3 个函数，使用这些函数可以在运行于同一台计算机上的两个无关进程之间创建唯一连接。这些函数模仿了在 16.4 节中讨论过的面向连接的套接字函数。这里，我们将 UNIX 域套接字应用于底层通信机制。

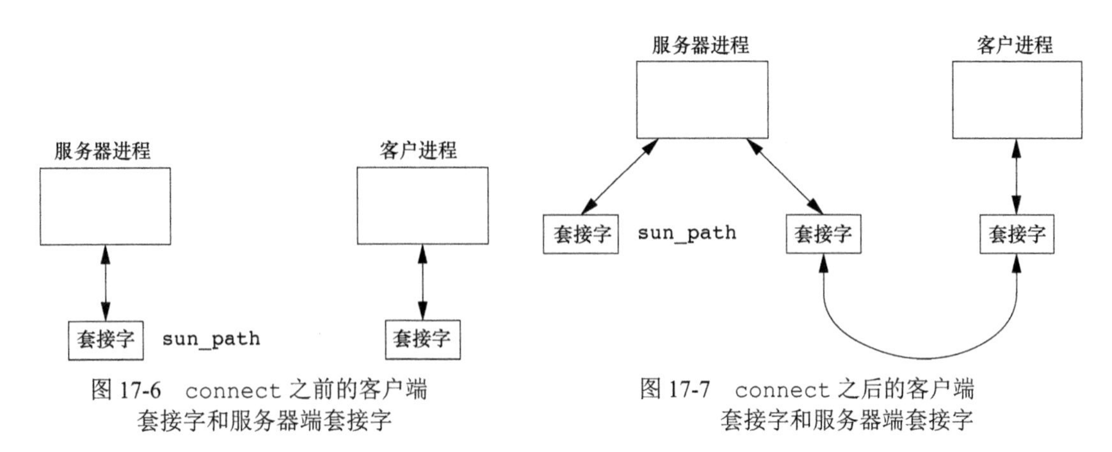

图 17-6 connect 之前的客户端套接字和服务器端套接字

图 17-7 connect 之后的客户端套接字和服务器端套接字

```
#include "apue.h"

int serv_listen(const char *name);
```

返回值：若成功，返回要监听的文件描述符；若出错，返回负值

```
int serv_accept(int listenfd, uid_t *uidptr);
```

返回值：若成功，返回新文件描述符；若出错，返回负值

```
int cli_conn(const char *name);
```

返回值：若成功，返回文件描述符；若出错，返回负值

服务器进程可以调用 serv_listen 函数（见图 17-8）声明它要在一个众所周知的名字（文件系统中的某个路径名）上监听客户进程的连接请求。当客户进程想要连接至服务器进程时，它们将使用该名字。serv_listen 函数的返回值是用于接收客户进程连接请求的服务器 UNIX 域套接字。

服务器进程可以使用 serv_accept 函数（见图 17-9）等待客户进程连接请求的到达。当一个请求到达时，系统自动创建一个新的 UNIX 域套接字，并将它与客户端套接字连接，最后将这个新套接字返回给服务器。此外，客户进程的有效用户 ID 存放在 *uidptr* 指向的存储区中。

客户进程调用 cli_conn 函数（见图 17-10）连接至服务器进程。客户进程指定的 *name* 参数必须与服务器进程调用 serv_listen 函数时所用的名字相同。函数返回时，客户进程得到接连至服务器进程的文件描述符。

图 17-8 给出了 serv_listen 函数。

```
#include "apue.h"
#include <sys/socket.h>
#include <sys/un.h>
#include <errno.h>

#define QLEN	10

/*
 * Create a server endpoint of a connection.
 * Returns fd if all OK, <0 on error.
 */
int
serv_listen(const char *name)
{
	int					fd, len, err, rval;
```

```
    struct sockaddr_un  un;

    if (strlen(name) >= sizeof(un.sun_path)) {
        errno = ENAMETOOLONG;
        return(-1);
    }

    /* create a UNIX domain stream socket */
    if ((fd = socket(AF_UNIX, SOCK_STREAM, 0)) < 0)
        return(-2);

    unlink(name);     /* in case it already exists */

    /* fill in socket address structure */
    memset(&un, 0, sizeof(un));
    un.sun_family = AF_UNIX;
    strcpy(un.sun_path, name);
    len = offsetof(struct sockaddr_un, sun_path) + strlen(name);

    /* bind the name to the descriptor */
    if (bind(fd, (struct sockaddr *)&un, len) < 0) {
        rval = -3;
        goto errout;
    }

    if (listen(fd, QLEN) < 0) {    /* tell kernel we're a server */
        rval = -4;
        goto errout;
    }
    return(fd);

errout:
    err = errno;
    close(fd);
    errno = err;
    return(rval);
}
```

637

图17-8 serv_listen函数

首先，调用socket创建一个UNIX域套接字。然后将欲赋给套接字的众所周知的路径名填入sockaddr_un结构。该结构是调用bind的参数。注意，不需要设置某些平台提供的sun_len字段，因为操作系统会用传送给bind函数的地址长度设置该字段。

最后，调用listen函数（见16.4节）来通知内核该进程将作为服务器进程等待客户进程的连接请求。当收到一个客户进程的连接请求后，服务器进程调用serv_accept函数(见图17-9)。

```
#include "apue.h"
#include <sys/socket.h>
#include <sys/un.h>
#include <time.h>
#include <errno.h>

#define STALE   30  /* client's name can't be older than this (sec) */

/*
```

```
 * Wait for a client connection to arrive, and accept it.
 * We also obtain the client's user ID from the pathname
 * that it must bind before calling us.
 * Returns new fd if all OK, <0 on error
 */
int
serv_accept(int listenfd, uid_t *uidptr)
{
    int                 clifd, err, rval;
    socklen_t           len;
    time_t              staletime;
    struct sockaddr_un  un;
    struct stat         statbuf;
    char                *name;

    /* allocate enough space for longest name plus terminating null */
    if ((name = malloc(sizeof(un.sun_path) + 1)) == NULL)
        return(-1);
    len = sizeof(un);
    if ((clifd = accept(listenfd, (struct sockaddr *)&un, &len)) < 0) {
        free(name);
        return(-2);     /* often errno=EINTR, if signal caught */
    }

    /* obtain the client's uid from its calling address */
    len -= offsetof(struct sockaddr_un, sun_path); /* len of pathname */
    memcpy(name, un.sun_path, len);
    name[len] = 0;          /* null terminate */
    if (stat(name, &statbuf) < 0) {
        rval = -3;
        goto errout;
    }

#ifdef  S_ISSOCK    /* not defined for SVR4 */
    if (S_ISSOCK(statbuf.st_mode) == 0) {
        rval = -4;      /* not a socket */
        goto errout;
    }
#endif

    if ((statbuf.st_mode & (S_IRWXG | S_IRWXO)) ||
        (statbuf.st_mode & S_IRWXU) != S_IRWXU) {
          rval = -5;  /* is not rwx------ */
          goto errout;
    }

    staletime = time(NULL) - STALE;
    if (statbuf.st_atime < staletime ||
        statbuf.st_ctime < staletime ||
        statbuf.st_mtime < staletime) {
          rval = -6;  /* i-node is too old */
          goto errout;
    }

    if (uidptr != NULL)
```

638

```
        *uidptr = statbuf.st_uid;  /* return uid of caller */
    unlink(name);     /* we're done with pathname now */
    free(name);
    return(clifd);

errout:
    err = errno;
    close(clifd);
    free(name);
    errno = err;
    return(rval);
}
```

639

图 17-9　serv_accept 函数

服务器进程在调用 serv_accept 中阻塞，等待一个客户进程调用 cli_conn。从 accept 返回时，返回值是连接到客户进程的崭新的描述符。另外，accept 函数也经由其第二个参数（指向 sockaddr_un 结构的指针）返回客户进程赋给其套接字的路径名（包含客户进程 ID 的名字）。接着，程序复制这个路径名，并确保它是以 null 终止的（如果路径名占用了 sockaddr_un 结构里的 sun_path 成员所有的可用空间，那就没有空间存放终止 null 字符）。然后，调用 stat 函数验证：该路径名确实是一个套接字；其权限仅允许用户读、用户写以及用户执行。还要验证与套接字相关联的 3 个时间参数不比当前时间早 30 秒。（回忆 6.10 节，time 函数返回当前时间和日期，用公元 1970 年 1 月 1 日 00:00:00 以来经过的秒数表示。）

如若通过了所有这些检验，则可认为客户进程的身份（其有效用户 ID）是该套接字的所有者。虽然这种检验并不完善，但这是对当前系统所能做到的最佳方案。（如若内核能通过 accept 的参数返回有效用户 ID，则会更好一些。）

客户进程调用 cli_conn 函数（见图 17-10）对连到服务器进程的连接进行初始化。

```
#include "apue.h"
#include <sys/socket.h>
#include <sys/un.h>
#include <errno.h>

#define   CLI_PATH       "/var/tmp/"
#define   CLI_PERM       S_IRWXU          /* rwx for user only */

/*
 * Create a client endpoint and connect to a server.
 * Returns fd if all OK, <0 on error.
 */
int
cli_conn(const char *name)
{
    int                   fd, len, err, rval;
    struct sockaddr_un    un, sun;
    int                   do_unlink = 0;

    if (strlen(name) >= sizeof(un.sun_path)) {
        errno = ENAMETOOLONG;
        return(-1);
    }
```

```
    /* create a UNIX domain stream socket */
    if ((fd = socket(AF_UNIX, SOCK_STREAM, 0)) < 0)
        return(-1);

    /* fill socket address structure with our address */
    memset(&un, 0, sizeof(un));
    un.sun_family = AF_UNIX;
    sprintf(un.sun_path, "%s%05ld", CLI_PATH, (long)getpid());
    len = offsetof(struct sockaddr_un, sun_path) + strlen(un.sun_path);

    unlink(un.sun_path);        /* in case it already exists */
    if (bind(fd, (struct sockaddr *)&un, len) < 0) {
        rval = -2;
        goto errout;
    }
    if (chmod(un.sun_path, CLI_PERM) < 0) {
        rval = -3;
        do_unlink = 1;
        goto errout;
    }

    /* fill socket address structure with server's address */
    memset(&sun, 0, sizeof(sun));
    sun.sun_family = AF_UNIX;
    strcpy(sun.sun_path, name);
    len = offsetof(struct sockaddr_un, sun_path) + strlen(name);
    if (connect(fd, (struct sockaddr *)&sun, len) < 0) {
        rval = -4;
        do_unlink = 1;
        goto errout;
    }
    return(fd);

errout:
    err = errno;
    close(fd);
    if (do_unlink)
        unlink(un.sun_path);
    errno = err;
    return(rval);
}
```

640

图 17-10 cli_conn 函数

调用 socket 函数创建 UNIX 域套接字的客户进程端，然后用客户进程专有的名字填入 sockaddr_un 结构。

此例中没让系统选择默认地址，其原因是，如果这样处理，服务器进程将不能区分各个客户进程（如果不为 UNIX 域套接字显式地绑定名字，内核会代表我们隐式地绑定一个地址且不会在文件系统创建文件来表示这个套接字）。于是，我们绑定自己的地址，但在开发使用套接字的客户端程序时通常并不采用这一步骤。

绑定的路径名的最后 5 个字符来自客户进程 ID。仅在该路径名已存在时调用 unlink。然后，调用 bind 将名字赋给客户进程套接字。这在文件系统中创建了一个套接字文件，所用的名字与被绑定的路径名一样。接着，调用 chmod 关闭除用户读、用户写以及用户执行以外的其他权限。

在 serv_accept 中，服务器进程检验这些权限以及套接字用户 ID 以验证客户进程的身份。

641

然后，必须填充另一个 sockaddr_un 结构，这次用的是服务进程众所周知的路径名。最后，调用 connect 函数初始化与服务进程的连接。

17.4 传送文件描述符

在两个进程之间传送打开文件描述符的技术是非常有用的。因此可以对客户进程-服务器进程应用进行不同的设计。它使一个进程（通常是服务器进程）能够处理打开一个文件所要做的一切操作（包括将网络名翻译为网络地址、拨号调制解调器、协商文件锁等）以及向调用进程送回一个描述符，该描述符可被用于以后的所有 I/O 函数。涉及打开文件或设备的所有细节对客户进程而言都是透明的。

下面进一步说明从一个进程向另一个进程“传送一个打开文件描述符”的含义。回忆图 3-8，其中显示了两个进程，它们打开了同一文件。虽然它们共享同一个 v 节点，但每个进程都有它自己的文件表项。

当一个进程向另一个进程传送一个打开文件描述符时，我们想让发送进程和接收进程共享同一文件表项。图 17-11 显示了所期望的安排。

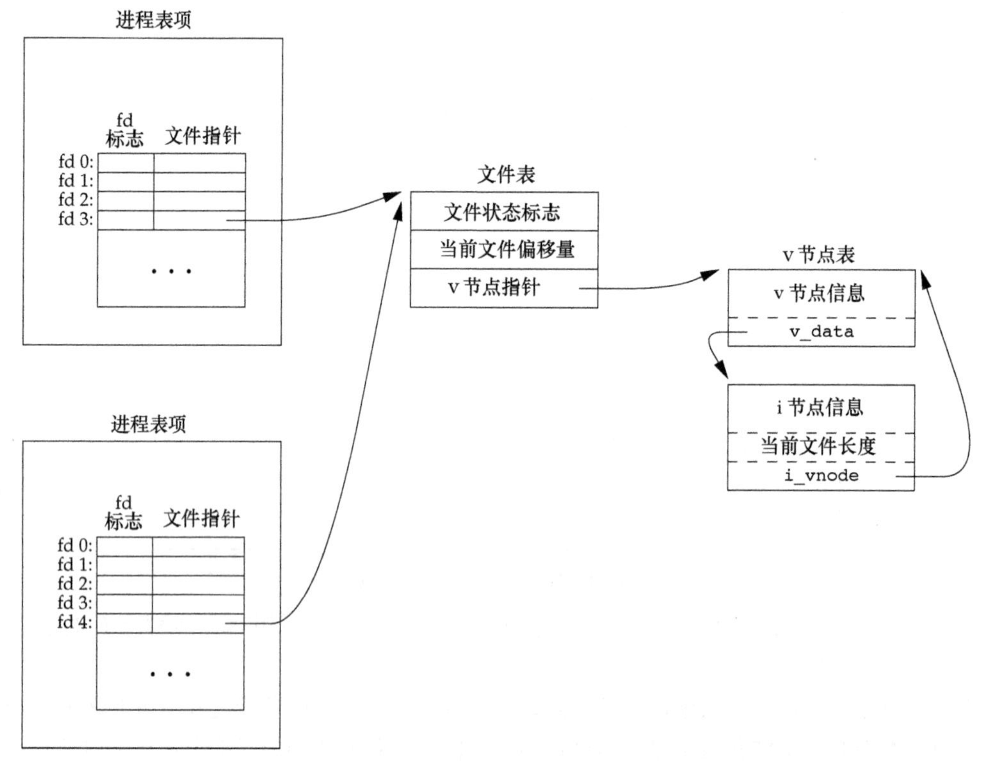

图 17-11 从顶部进程传送一个打开文件至底部进程

在技术上，我们是将指向一个打开文件表项的指针从一个进程发送到另外一个进程。该指针被分配存放在接收进程的第一个可用描述符项中。（注意，不要造成错觉，以为发送进程和接收进程中的描述符编号是相同的，它们通常是不同的。）两个进程共享同一个打开文件表，这与 fork 之后的父进程和子进程共享打开文件表的情况完全相同（见图 8-2）。

当发送进程将描述符传送给接收进程后，通常会关闭该描述符。发送进程关闭该描述符并不会真的关闭该文件或设备，其原因是该描述符仍被视为由接收进程打开（即使接收进程尚未接收到该描述符）。

下面定义本章用以发送和接收文件描述符的 3 个函数。本节后面会给出这 3 个函数的代码。

```
#include "apue.h"

int send_fd(int fd, int fd_to_send);

int send_err(int fd, int status, const char *errmsg);
```

两个函数的返回值：若成功，返回 0；若出错，返回-1

```
int recv_fd(int fd, ssize_t (*userfunc)(int, const void *, size_t));
```

返回值：若成功，返回文件描述符；若出错，返回负值

642

当一个进程（通常是服务器进程）想将一个描述符传送给另一个进程时，可以调用 send_fd 或 send_err。等待接收描述符的进程（客户进程）调用 recv_fd。

send_fd 使用 *fd* 代表的 UNIX 域套接字发送描述符 *fd_to_send*。send_err 使用 *fd* 发送 *errmsg* 以及后随的 *status* 字节。*status* 的值应在-1～-255。

客户进程调用 recv_fd 接收描述符。如果一切正常（发送者调用了 send_fd），则函数返回值为非负描述符。否则，返回值是由 send_err 发送的 *status*（-1～-255 的一个负值）。另外，如果服务器进程发送了一条出错消息，则客户进程调用它自己的 *userfunc* 函数处理该消息。*userfunc* 的第一个参数是常量 STDERR_FILENO，然后是指向出错消息的指针及其长度。*userfunc* 函数的返回值是已写的字节数或负的出错编号值。客户进程常将普通的 write 函数指定为 *userfunc*。

我们实现用于这 3 个函数的我们自己制定的协议。为发送一个描述符，send_fd 先发送 2 字节 0，然后是实际描述符。为了发送一条出错消息，send_err 发送 *errmsg*，然后是 1 字节 0，最后是 *status* 字节的绝对值（1～255）。recv_fd 函数读取套接字中所有字节直至遇到 null 字符。null 字符之前的所有字符都传送给调用者的 *userfunc*。recv_fd 读取的下一个字节是状态（*status*）字节。若状态字节为 0，则表示一个描述符已传送过来，否则表示没有描述符可接收。

643

send_err 函数在将出错消息写到套接字后，即调用 send_fd 函数，如图 17-12 所示。

```
#include "apue.h"

/*
 * Used when we had planned to send an fd using send_fd(),
 * but encountered an error instead. We send the error back
 * using the send_fd()/recv_fd() protocol.
 */
int
send_err(int fd, int errcode, const char *msg)
{
    int     n;

    if ((n = strlen(msg)) > 0)
        if (writen(fd, msg, n) != n)    /* send the error message */
            return(-1);

    if (errcode >= 0)
        errcode = -1;   /* must be negative */

    if (send_fd(fd, errcode) < 0)
```

```
        return(-1);

    return(0);
}
```

图 17-12 send_err 函数

为了用 UNIX 域套接字交换文件描述符，调用 sendmsg(2)和 recvmsg(2)函数（见 16.5 节）。这两个函数的参数中都有一个指向 msghdr 结构的指针，该结构包含了所有关于要发送或要接收的消息的信息。该结构的定义大致如下：

```
struct msghdr {
    void          *msg_name;        /* optional address */
    socklen_t      msg_namelen;     /* address size in bytes */
    struct iovec  *msg_iov;         /* array of I/O buffers */
    int            msg_iovlen;      /* number of elements in array */
    void          *msg_control;     /* ancillary data */
    socklen_t      msg_controllen;  /* number of ancillary bytes */
    int            msg_flags;       /* flags for received message */
};
```

前两个元素通常用于在网络连接上发送数据报，其中目的地址可以由每个数据报指定。接下来的两个元素使我们可以指定一个由多个缓冲区构成的数组（散布读和聚集写），这与对 readv 和 writev 函数（见 14.6 节）的说明一样。msg_flags 字段包含了描述接收到的消息的标志，图 16-15 总结了这些标志。

644

两个元素处理控制信息的传送和接收。msg_control 字段指向 cmsghdr（控制信息头）结构，msg_controllen 字段包含控制信息的字节数。

```
struct cmsghdr {
    socklen_t  cmsg_len;     /* data byte count, including header */
    int        cmsg_level;   /* originating protocol */
    int        cmsg_type;    /* protocol-specific type */
    /* followed by the actual control message data */
};
```

为了发送文件描述符，将 cmsg_len 设置为 cmsghdr 结构的长度加一个整型的长度（描述符的长度），cmg_level 字段设置为 SOL_SOCKET，cmsg_type 字段设置为 SCM_RIGHTS，用以表明在传送访问权。（SCM 是 Socket-level Control Message 的缩写，即套接字级控制消息。）访问权仅能通过 UNIX 域套接字传送。描述符紧随 cmsg_type 字段之后存储，用 CMSG_DATA 宏获得该整型量的指针。

在此定义 3 个宏，用于访问控制数据，一个宏用于帮助计算 cmsg_len 所使用的值。

```
#include <sys/socket.h>

unsigned char *CMSG_DATA(struct cmsghdr *cp);

                              返回值：返回一个指针，指向与 cmsghdr 结构相关联的数据

struct cmsghdr *CMSG_FIRSTHDR(struct msghdr *mp);

                  返回值：返回一个指针，指向与 msghdr 结构相关联的第一个 cmsghdr 结构；
                                                          若无这样的结构，返回 NULL

struct cmsghdr *CMSG_NXTHDR(struct msghdr *mp,
                            struct cmsghdr *cp);
```

```
                         返回值：返回一个指针，指向与 msghdr 结构相关联的下一个 cmsghdr
                                 结构，该 msghdr 结构给出了当前的 cmsghdr 结构；若当前
                                 cmsghdr 结构已是最后一个，返回 NULL
unsigned int CMSG_LEN(unsigned int nbytes);
                                 返回值：返回为 nbytes 长的数据对象分配的长度
```

> Single UNIX Specification 定义了前 3 个宏，但没有定义 CMSG_LEN。

CMSG_LEN 宏返回存储 *nbytes* 长的数据对象所需的字节数，它先将 *nbytes* 加上 cmsghdr 结构的长度，然后按处理器体系结构的对齐要求进行调整，最后再向上取整。

图 17-13 中的程序是 UNIX 域套接字的 send_fd 函数，它通过 UNIX 域套接字传递文件描述符。sendmsg 调用被用来传送协议数据（包括 null 字节和状态字节）以及描述符。

645

```
#include "apue.h"
#include <sys/socket.h>

/* size of control buffer to send/recv one file descriptor */
#define CONTROLLEN  CMSG_LEN(sizeof(int))

static struct cmsghdr *cmptr = NULL;    /* malloc'ed first time */

/*
 * Pass a file descriptor to another process.
 * If fd<0, then -fd is sent back instead as the error status.
 */
int
send_fd(int fd, int fd_to_send)
{
    struct iovec    iov[1];
    struct msghdr   msg;
    char            buf[2];     /* send_fd()/recv_fd() 2-byte protocol */

    iov[0].iov_base     = buf;
    iov[0].iov_len      = 2;
    msg.msg_iov         = iov;
    msg.msg_iovlen      = 1;
    msg.msg_name        = NULL;
    msg.msg_namelen     = 0;

    if (fd_to_send < 0) {
        msg.msg_control    = NULL;
        msg.msg_controllen = 0;
        buf[1] = -fd_to_send;       /* nonzero status means error */
        if (buf[1] == 0)
            buf[1] = 1;     /* -256, etc. would screw up protocol */
    } else {
        if (cmptr == NULL && (cmptr = malloc(CONTROLLEN)) == NULL)
            return(-1);
        cmptr->cmsg_level   = SOL_SOCKET;
        cmptr->cmsg_type    = SCM_RIGHTS;
        cmptr->cmsg_len     = CONTROLLEN;
        msg.msg_control     = cmptr;
        msg.msg_controllen = CONTROLLEN;
        *(int *)CMSG_DATA(cmptr) = fd_to_send;      /* the fd to pass */
```

```
        buf[1] = 0;         /* zero status means OK */
    }

    buf[0] = 0;             /* null byte flag to recv_fd() */
    if (sendmsg(fd, &msg, 0) != 2)
        return(-1);
    return(0);
}
```

646

图 17-13 通过 UNIX 域套接字发送文件描述符

为了接收一个文件描述符（见图 17-14），我们为 cmsghdr 结构和描述符分配了足够大的空间，设置 msg_control 指向该分配到的存储区，然后调用了 recvmsg。使用 CMSG_LEN 宏计算所需的空间总量。

读取 UNIX 域套接字，直至读到 null 字节，它位于最后的状态字节之前。null 字节之前是一条来自发送者的出错消息。

```
#include "apue.h"
#include <sys/socket.h>        /* struct msghdr */

/* size of control buffer to send/recv one file descriptor */
#define CONTROLLEN  CMSG_LEN(sizeof(int))

static struct cmsghdr     *cmptr = NULL;    /* malloc'ed first time */

/*
 * Receive a file descriptor from a server process.  Also, any data
 * received is passed to (*userfunc)(STDERR_FILENO, buf, nbytes).
 * We have a 2-byte protocol for receiving the fd from send_fd().
 */
int
recv_fd(int fd, ssize_t (*userfunc)(int, const void *, size_t))
{
    int             newfd, nr, status;
    char            *ptr;
    char            buf[MAXLINE];
    struct iovec    iov[1];
    struct msghdr   msg;

    status = -1;
    for ( ; ; ) {
        iov[0].iov_base   = buf;
        iov[0].iov_len    = sizeof(buf);
        msg.msg_iov       = iov;
        msg.msg_iovlen    = 1;
        msg.msg_name      = NULL;
        msg.msg_namelen   = 0;
        if (cmptr == NULL && (cmptr = malloc(CONTROLLEN)) == NULL)
            return(-1);
        msg.msg_control    = cmptr;
        msg.msg_controllen = CONTROLLEN;
        if ((nr = recvmsg(fd, &msg, 0)) < 0) {
            err_ret("recvmsg error");
            return(-1);
        } else if (nr == 0) {
```

```
            err_ret("connection closed by server");
            return(-1);
        }

        /*
         * See if this is the final data with null & status.  Null
         * is next to last byte of buffer; status byte is last byte.
         * Zero status means there is a file descriptor to receive.
         */
        for (ptr = buf; ptr < &buf[nr]; ) {
            if (*ptr++ == 0) {
                if (ptr != &buf[nr-1])
                    err_dump("message format error");
                status = *ptr & 0xFF;      /* prevent sign extension */
                if (status == 0) {
                    if (msg.msg_controllen < CONTROLLEN)
                        err_dump("status = 0 but no fd");
                    newfd = *(int *)CMSG_DATA(cmptr);
                } else {
                    newfd = -status;
                }
                nr -= 2;
            }
        }
        if (nr > 0 && (*userfunc)(STDERR_FILENO, buf, nr) != nr)
            return(-1);
        if (status >= 0)            /* final data has arrived */
            return(newfd);          /* descriptor, or -status */
    }
}
```

647

图 17-14 通过 UNIX 域套接字接收文件描述符

注意，该程序总是准备接收一个描述符（在每次调用 recvmsg 之前，设置 msg_control 和 msg_controllen），但是仅当 msg_controllen 返回的是非 0 值时，才确实接收到描述符。

回忆 serv_accept 函数（见图 17-9）确定调用者身份的步骤。如果内核能够把调用者的证书在调用 accept 之后返回给调用处会更好。某些 UNIX 域套接字的实现提供类似的功能，但它们的接口不同。

> FreeBSD 8.0 和 Linux 3.2.0 都支持通过 UNIX 域套接字发送证书，但它们的实现方式不同。Mac OS X 10.6.8 是部分从 FreeBSD 派生出来的，但禁止传送证书。Solaris 10 不支持通过 UNIX 域套接字传送证书，然而它支持从一个通过 STREAMS 管道传输文件描述符的进程中获得证书，这里我们不讨论它的细节。

在 FreeBSD 中，将证书作为 cmsgcred 结构传送。

```
#define CMGROUP_MAX 16
struct cmsgcred {
    pid_t cmcred_pid;              /* sender's process ID */
    uid_t cmcred_uid;              /* sender's real UID */
    uid_t cmcred_euid;             /* sender's effective UID */
    gid_t cmcred_gid;              /* sender's real GID */
```

```
        short cmcred_ngroups;              /* number of groups */
        gid_t cmcred_groups[CMGROUP_MAX];  /* groups */
    };
```

648

在传送证书时，仅需为 cmsgcred 结构保留存储空间。内核将填充该结构以防止应用程序伪装成具有另一种身份。

在 Linux 中，将证书作为 ucred 结构传送。

```
    struct ucred {
        pid_t pid;    /* sender's process ID */
        uid_t uid;    /* sender's user ID */
        gid_t gid;    /* sender's group ID */
    };
```

与 FreeBSD 不同，Linux 需要在传输前初始化这个结构。内核会确保应用程序要么能够使用对应调用者的值，要么有使用其他值的合适权限。

图 17-15 显示了更新过后的 send_fd 函数，它包含了发送进程的证书。

```
#include "apue.h"
#include <sys/socket.h>

#if defined(SCM_CREDS)              /* BSD interface */
#define CREDSTRUCT          cmsgcred
#define SCM_CREDTYPE        SCM_CREDS
#elif defined(SCM_CREDENTIALS)      /* Linux interface */
#define CREDSTRUCT          ucred
#define SCM_CREDTYPE        SCM_CREDENTIALS
#else
#error passing credentials is unsupported!
#endif

/* size of control buffer to send/recv one file descriptor */
#define RIGHTSLEN     CMSG_LEN(sizeof(int))
#define CREDSLEN      CMSG_LEN(sizeof(struct CREDSTRUCT))
#define  CONTROLLEN   (RIGHTSLEN + CREDSLEN)

static struct cmsghdr     *cmptr = NULL;    /* malloc'ed first time */

/*
 * Pass a file descriptor to another process.
 * If fd<0, then -fd is sent back instead as the error status.
 */
int
send_fd(int fd, int fd_to_send)
{
    struct CREDSTRUCT   *credp;
    struct cmsghdr      *cmp;
    struct iovec        iov[1];
    struct msghdr       msg;
    char                buf[2];     /* send_fd/recv_ufd 2-byte protocol */

    iov[0].iov_base = buf;
    iov[0].iov_len  = 2;
    msg.msg_iov     = iov;
    msg.msg_iovlen  = 1;
```

649

```
    msg.msg_name    = NULL;
    msg.msg_namelen = 0;
    msg.msg_flags = 0;
    if (fd_to_send < 0) {
        msg.msg_control    = NULL;
        msg.msg_controllen = 0;
        buf[1] = -fd_to_send;  /* nonzero status means error */
        if (buf[1] == 0)
            buf[1] = 1;   /* -256, etc. would screw up protocol */
    } else {
        if (cmptr == NULL && (cmptr = malloc(CONTROLLEN)) == NULL)
            return(-1);
        msg.msg_control    = cmptr;
        msg.msg_controllen = CONTROLLEN;
        cmp = cmptr;
        cmp->cmsg_level  = SOL_SOCKET;
        cmp->cmsg_type   = SCM_RIGHTS;
        cmp->cmsg_len    = RIGHTSLEN;
        *(int *)CMSG_DATA(cmp) = fd_to_send;    /* the fd to pass */
        cmp = CMSG_NXTHDR(&msg, cmp);
        cmp->cmsg_level  = SOL_SOCKET;
        cmp->cmsg_type   = SCM_CREDTYPE;
        cmp->cmsg_len    = CREDSLEN;
        credp = (struct CREDSTRUCT *)CMSG_DATA(cmp);
#if defined(SCM_CREDENTIALS)
        credp->uid = geteuid();
        credp->gid = getegid();
        credp->pid = getpid();
#endif
        buf[1] = 0;       /* zero status means OK */
    }
    buf[0] = 0;           /* null byte flag to recv_ufd() */
    if (sendmsg(fd, &msg, 0) != 2)
        return(-1);
    return(0);
}
```

图 17-15 通过 UNIX 域套接字发送证书

注意，只有在 Linux 上才需要初始化证书结构。

图 17-16 中的 `recv_ufd` 函数是 `recv_fd` 的修改版，它通过一个引用参数返回发送者的用户 ID。

```
#include "apue.h"
#include <sys/socket.h>          /* struct msghdr */
#include <sys/un.h>

#if defined(SCM_CREDS)           /* BSD interface */
#define CREDSTRUCT        cmsgcred
#define CR_UID            cmcred_uid
#define SCM_CREDTYPE      SCM_CREDS
#elif defined(SCM_CREDENTIALS)   /* Linux interface */
#define CREDSTRUCT        ucred
#define CR_UID            uid
#define CREDOPT           SO_PASSCRED
#define SCM_CREDTYPE      SCM_CREDENTIALS
#else
```

650

```
#error passing credentials is unsupported!
#endif

/* size of control buffer to send/recv one file descriptor */
#define RIGHTSLEN     CMSG_LEN(sizeof(int))
#define CREDSLEN      CMSG_LEN(sizeof(struct CREDSTRUCT))
#define  CONTROLLEN   (RIGHTSLEN + CREDSLEN)

static struct cmsghdr     *cmptr = NULL;        /* malloc'ed first time */

/*
 * Receive a file descriptor from a server process.  Also, any data
 * received is passed to (*userfunc)(STDERR_FILENO, buf, nbytes).
 * We have a 2-byte protocol for receiving the fd from send_fd().
 */
int
recv_ufd(int fd, uid_t *uidptr,
         ssize_t (*userfunc)(int, const void *, size_t))
{
    struct cmsghdr        *cmp;
    struct CREDSTRUCT     *credp;
    char                  *ptr;
    char                  buf[MAXLINE];
    struct iovec          iov[1];
    struct msghdr         msg;
    int                   nr;
    int                   newfd = -1;
    int                   status = -1;
#if defined(CREDOPT)
    const int             on = 1;

    if (setsockopt(fd, SOL_SOCKET, CREDOPT, &on, sizeof(int)) < 0) {
        err_ret("setsockopt error");
        return(-1);
    }
#endif
    for ( ; ; ) {
        iov[0].iov_base = buf;
        iov[0].iov_len  = sizeof(buf);
        msg.msg_iov     = iov;
        msg.msg_iovlen  = 1;
        msg.msg_name    = NULL;
        msg.msg_namelen = 0;
        if (cmptr == NULL && (cmptr = malloc(CONTROLLEN)) == NULL)
            return(-1);
        msg.msg_control    = cmptr;
        msg.msg_controllen = CONTROLLEN;
651     if ((nr = recvmsg(fd, &msg, 0)) < 0) {
            err_ret("recvmsg error");
            return(-1);
        } else if (nr == 0) {
            err_ret("connection closed by server");
            return(-1);
        }
```

```
        /*
         * See if this is the final data with null & status.  Null
         * is next to last byte of buffer; status byte is last byte.
         * Zero status means there is a file descriptor to receive.
         */
        for (ptr = buf; ptr < &buf[nr]; ) {
            if (*ptr++ == 0) {
                if (ptr != &buf[nr-1])
                    err_dump("message format error");
                status = *ptr & 0xFF; /* prevent sign extension */
                if (status == 0) {
                    if (msg.msg_controllen != CONTROLLEN)
                        err_dump("status = 0 but no fd");

                    /* process the control data */
                    for (cmp = CMSG_FIRSTHDR(&msg);
                      cmp != NULL; cmp = CMSG_NXTHDR(&msg, cmp)) {
                        if (cmp->cmsg_level != SOL_SOCKET)
                            continue;
                        switch (cmp->cmsg_type) {
                        case SCM_RIGHTS:
                            newfd = *(int *)CMSG_DATA(cmp);
                            break;
                        case SCM_CREDTYPE:
                            credp = (struct CREDSTRUCT *)CMSG_DATA(cmp);
                            *uidptr = credp->CR_UID;
                        }
                    }
                } else {
                    newfd = -status;
                }
                nr -= 2;
            }
        }
        if (nr > 0 && (*userfunc)(STDERR_FILENO, buf, nr) != nr)
            return(-1);
        if (status >= 0)              /* final data has arrived */
            return(newfd);            /* descriptor, or -status */
    }
}
```

图17-16　通过UNIX域套接字接收证书

在FreeBSD中，指定SCM_CREDS表示要传送证书。在Linux中，则使用SCM_CREDENTIALS。 652

17.5　打开服务器进程第1版

使用文件描述符传送技术开发一个open服务器进程——一个由一个进程执行以打开一个或多个文件。该服务器进程不是将文件内容送回调用进程，而是送回一个打开文件描述符。这使该服务器进程对任何类型的文件（如设备或套接字）而不单是普通文件都能起作用。客户进程和服务器进程用IPC交换最小量的信息：从客户进程到服务器进程传送文件名和打开模式，而从服务器进程到客户进程返回描述符。文件内容不需通过IPC交换。

将服务器进程设计成一个单独的可执行程序（或者是由客户进程执行的，这正是本节所说明的；或者是由守护服务器进程执行的，将在下一节进行说明）有很多优点。

- 任何客户进程都能很容易地和服务器进程联系，这类似于客户进程调用一个库函数。我们没有将特定服务硬编码在应用程序中，而是设计了一种可供重用的设施。
- 如若需要更改服务器进程，那么也只影响一个程序。相反，更新一个库函数可能需要更新调用此库函数的所有程序（即用连接编辑器重新连接）。共享库函数可以简化这种更新（见 7.7 节）。
- 服务器进程可以是一个设置用户 ID 程序，于是使其具有客户进程没有的附加权限。注意，库函数（或共享库函数）不能提供这种能力。

客户进程创建一个 fd 管道，然后调用 fork 和 exec 来调用服务器进程。客户进程使用一端经 fd 管道发送请求，服务器进程使用另一端经 fd 管道回送响应。

定义客户进程和服务器进程间的应用程序协议如下。

（1）客户进程通过 fd 管道向服务器进程发送“open *<pathname>* *<openmode>*\0”形式的请求。*<openmode>*是数值，以 ASCII 十进制数表示，是 open 函数的第二个参数。该请求字符串以 null 字符终止。

（2）服务器进程调用 send_fd 或 send_err 回送打开描述符或出错消息。

这是一个进程向其父进程发送打开描述符的实例。17.6 节将修改此实例来使用一个守护服务器进程，它的服务器进程将一个描述符发送给一个完全无关的进程。

首先要有一个头文件 open.h（见图 17-17），它包括标准头文件，并且定义了函数原型。

```
#include "apue.h"
#include <errno.h>

#define  CL_OPEN "open"             /* client's request for server */

int      csopen(char *, int);
```

653

图 17-17 open.h 头文件

main 函数（见图 17-18）是一个循环，它先从标准输入读一个路径名，然后将该文件复制到标准输出。它调用 csopen 函数来联系 open 服务器进程，从其返回一个打开描述符。

```
#include     "open.h"
#include     <fcntl.h>

#define  BUFFSIZE     8192

int
main(int argc, char *argv[])
{
    int      n, fd;
    char     buf[BUFFSIZE];
    char     line[MAXLINE];

    /* read filename to cat from stdin */
    while (fgets(line, MAXLINE, stdin) != NULL) {
        if (line[strlen(line) - 1] == '\n')
            line[strlen(line) - 1] = 0; /* replace newline with null */
```

```
        /* open the file */
        if ((fd = csopen(line, O_RDONLY)) < 0)
            continue;    /* csopen() prints error from server */

        /* and cat to stdout */
        while ((n = read(fd, buf, BUFFSIZE)) > 0)
            if (write(STDOUT_FILENO, buf, n) != n)
                err_sys("write error");
        if (n < 0)
            err_sys("read error");
        close(fd);
    }

    exit(0);
}
```

图17-18　main函数

函数csopen（见图17-19）在创建了fd管道之后，进行了服务器进程的fork和exec操作。

```
#include    "open.h"
#include    <sys/uio.h>     /* struct iovec */

/*
 * Open the file by sending the "name" and "oflag" to the
 * connection server and reading a file descriptor back.
 */
int
csopen(char *name, int oflag)
{
    pid_t           pid;
    int             len;
    char            buf[10];
    struct iovec    iov[3];
    static int      fd[2] = { -1, -1 };

    if (fd[0] < 0) {    /* fork/exec our open server first time */
        if (fd_pipe(fd) < 0) {
            err_ret("fd_pipe error");
            return(-1);
        }
        if ((pid = fork()) < 0) {
            err_ret("fork error");
            return(-1);
        } else if (pid == 0) {          /* child */
            close(fd[0]);
            if (fd[1] != STDIN_FILENO &&
              dup2(fd[1], STDIN_FILENO) != STDIN_FILENO)
                err_sys("dup2 error to stdin");
            if (fd[1] != STDOUT_FILENO &&
              dup2(fd[1], STDOUT_FILENO) != STDOUT_FILENO)
                err_sys("dup2 error to stdout");
            if (execl("./opend", "opend", (char *)0) < 0)
                err_sys("execl error");
        }
        close(fd[1]);               /* parent */
```

654

```
    }
    sprintf(buf, " %d", oflag);              /* oflag to ascii */
    iov[0].iov_base = CL_OPEN " ";           /* string concatenation */
    iov[0].iov_len  = strlen(CL_OPEN) + 1;
    iov[1].iov_base = name;
    iov[1].iov_len  = strlen(name);
    iov[2].iov_base = buf;
    iov[2].iov_len  = strlen(buf) + 1;      /* +1 for null at end of buf */
    len = iov[0].iov_len + iov[1].iov_len + iov[2].iov_len;
    if (writev(fd[0], &iov[0], 3) != len) {
        err_ret("writev error");
        return(-1);
    }

    /* read descriptor, returned errors handled by write() */
    return(recv_fd(fd[0], write));
}
```

图 17-19　csopen 函数

子进程关闭 fd 管道的一端，父进程关闭另一端。作为服务器进程，子进程也将 fd 管道的一端复制到其标准输入和标准输出。（另一种可选择的方案是，将描述符 fd[1] 的 ASCII 表示形式作为一个参数传送给服务器进程。）

父进程将包含路径名和打开模式的请求发送给服务器进程。最后，父进程调用 recv_fd 返回描述符或出错消息。如果服务器进程返回出错消息，那么父进程调用 write，向标准错误输出该消息。

655

现在，让我们来看看 open 服务器进程。其程序是 opend，由图 17-19 中的子进程执行。首先，要有一个 opend.h 头文件（见图 17-20），它包括标准头文件，并且声明了全局变量和函数原型。

```
#include "apue.h"
#include <errno.h>

#define  CL_OPEN "open"          /* client's request for server */

extern char   errmsg[];          /* error message string to return to client */
extern int    oflag;             /* open() flag: O_xxx ... */
extern char  *pathname;          /* of file to open() for client */

int       cli_args(int, char **);
void      handle_request(char *, int, int);
```

图 17-20　opend.h 头文件

main 函数（见图 17-21）经 fd 管道（它的标准输入）读来自客户进程的请求，然后调用函数 handle_request。

```
#include     "opend.h"

char      errmsg[MAXLINE];
int       oflag;
char     *pathname;

int
main(void)
{
```

```
    int     nread;
    char    buf[MAXLINE];

    for ( ; ; ) {/* read arg buffer from client, process request */
        if ((nread = read(STDIN_FILENO, buf, MAXLINE)) < 0)
            err_sys("read error on stream pipe");
        else if (nread == 0)
            break;      /* client has closed the stream pipe */
        handle_request(buf, nread, STDOUT_FILENO);
    }
    exit(0);
}
```

图 17-21 服务器进程 main 函数第1版

图17-22中的 handle_request 函数承担了全部工作。它调用函数 buf_args 将客户进程请求分解成标准 argv 型的参数表，然后调用函数 cli_args 处理客户进程的参数。如果一切正常，则调用 open 打开相应文件，接着调用 send_fd，经由 fd 管道（它的标准输出）将描述符回送给客户进程。如果出错则调用 send_err 回送一则出错消息，其中使用了前面说明的客户进程-服务器进程协议。 656

```
#include    "opend.h"
#include    <fcntl.h>

void
handle_request(char *buf, int nread, int fd)
{
    int     newfd;

    if (buf[nread-1] != 0) {
        snprintf(errmsg, MAXLINE-1,
          "request not null terminated: %*.*s\n", nread, nread, buf);
        send_err(fd, -1, errmsg);
        return;
    }
    if (buf_args(buf, cli_args) < 0) {  /* parse args & set options */
        send_err(fd, -1, errmsg);
        return;
    }
    if ((newfd = open(pathname, oflag)) < 0) {
        snprintf(errmsg, MAXLINE-1, "can't open %s: %s\n", pathname,
          strerror(errno));
        send_err(fd, -1, errmsg);
        return;
    }
    if (send_fd(fd, newfd) < 0)         /* send the descriptor */
        err_sys("send_fd error");
    close(newfd);     /* we're done with descriptor */
}
```

图 17-22 handle_request 函数第1版

客户进程请求是一个以 null 终止的字符串，它包含由空格分隔的参数。图17-23中的 buf_args 函数将字符串分解成标准 argv 型参数表，并调用用户函数处理参数。我们使用 ISO C 函数 strtok 将字符串分割成独立的参数。

```
#include "apue.h"

#define  MAXARGC      50  /* max number of arguments in buf */
#define  WHITE    " \t\n"  /* white space for tokenizing arguments */

/*
 * buf[] contains white-space-separated arguments.  We convert it to an
 * argv-style array of pointers, and call the user's function (optfunc)
 * to process the array.  We return -1 if there's a problem parsing buf,
 * else we return whatever optfunc() returns.  Note that user's buf[]
 * array is modified (nulls placed after each token).
 */
int
buf_args(char *buf, int (*optfunc)(int, char **))
{
    char     *ptr, *argv[MAXARGC];
    int      argc;

    if (strtok(buf, WHITE) == NULL)         /* an argv[0] is required */
        return(-1);
    argv[argc = 0] = buf;
    while ((ptr = strtok(NULL, WHITE)) != NULL) {
       if (++argc >= MAXARGC-1)    /* -1 for room for NULL at end */
           return(-1);
       argv[argc] = ptr;
    }
    argv[++argc] = NULL;

    /*
     * Since argv[] pointers point into the user's buf[],
     * user's function can just copy the pointers, even
     * though argv[] array will disappear on return.
     */
    return((*optfunc)(argc, argv));
}
```

657

图17-23 buf_args函数

buf_args调用的服务器进程函数是cli_args（见图17-24）。它验证客户进程发送的参数个数是否正确，然后将路径名和打开模式存储在全局变量中。

```
#include "opend.h"

/*
 * This function is called by buf_args(), which is called by
 * handle_request().  buf_args() has broken up the client's
 * buffer into an argv[]-style array, which we now process.
 */
int
cli_args(int argc, char **argv)
{
    if (argc != 3 || strcmp(argv[0], CL_OPEN) != 0) {
        strcpy(errmsg, "usage: <pathname> <oflag>\n");
        return(-1);
    }
```

```
    pathname = argv[1];         /* save ptr to pathname to open */
    oflag = atoi(argv[2]);
    return(0);
}
```

图 17-24 cli_args 函数

这样也就完成了 open 服务器进程，它由客户进程执行 fork 和 exec 来调用。在 fork 之前创建了一个 fd 管道，然后客户进程和服务器进程用其进行通信。在这种安排下，每个客户进程都有一个服务器进程。

658

17.6 打开服务器进程第 2 版

在上一节中，我们开发了一个 open 服务器进程，由客户进程执行 fork 和 exec 调用，它说明了如何从子程序向父程序传送文件描述符。本节将开发一个守护进程方式的 open 服务器进程。一个服务器进程处理所有客户进程的请求。由于避免了使用 fork 和 exec，我们期望这个设计会更有效。在客户进程和服务器进程之间仍使用 UNIX 域套接字连接，并用实例说明在两个无关进程之间如何传送文件描述符。我们将使用 17.3 节引入的 3 个函数：serv_listen、serv_accept 和 cli_conn。这个服务器进程还将演示一个服务器进程如何处理多个客户进程，为此要用到 14.4 节中说明的 select 和 poll 函数。

本节所述的客户进程类似于 17.5 节中的客户进程。实际上，文件 main.c 是完全相同的（见图 17-18）。我们将在 open.h 头文件（见图 17-17）中加入下面这行：

```
#define CS_OPEN "/tmp/opend.socket" /* server's well-known name */
```

因为在此例中调用的是 cli_conn 而非 fork 和 exec，所以文件 open.c 与图 17-19 中的不同。修改后如图 17-25 所示。

```
#include     "open.h"
#include     <sys/uio.h>       /* struct iovec */

/*
 * Open the file by sending the "name" and "oflag" to the
 * connection server and reading a file descriptor back.
 */
int
csopen(char *name, int oflag)
{
    int                 len;
    char                buf[12];
    struct iovec        iov[3];
    static int          csfd = -1;

    if (csfd < 0) {      /* open connection to conn server */
        if ((csfd = cli_conn(CS_OPEN)) < 0) {
            err_ret("cli_conn error");
            return(-1);
        }
    }

    sprintf(buf, " %d", oflag);        /* oflag to ascii */
```

```
    iov[0].iov_base = CL_OPEN " "; /* string concatenation */
    iov[0].iov_len  = strlen(CL_OPEN) + 1;
    iov[1].iov_base = name;
    iov[1].iov_len  = strlen(name);
    iov[2].iov_base = buf;
    iov[2].iov_len  = strlen(buf) + 1;  /* null always sent */
    len = iov[0].iov_len + iov[1].iov_len + iov[2].iov_len;
    if (writev(csfd, &iov[0], 3) != len) {
        err_ret("writev error");
        return(-1);
    }

    /* read back descriptor; returned errors handled by write() */
    return(recv_fd(csfd, write));
}
```

659

图 17-25 csopen 函数第 2 版

客户进程与服务器进程之间使用的协议仍然相同。

接下来再看服务器进程。头文件 opend.h（见图 17-26）包括了标准头文件，并且声明了全局变量和函数原型。

```
#include "apue.h"
#include <errno.h>

#define  CS_OPEN "/tmp/opend.socket"    /* well-known name */
#define  CL_OPEN "open"                 /* client's request for server */

extern int    debug;       /* nonzero if interactive (not daemon) */
extern char   errmsg[];    /* error message string to return to client */
extern int    oflag;       /* open flag: O_xxx ... */
extern char  *pathname;    /* of file to open for client */

typedef struct {       /* one Client struct per connected client */
  int    fd;           /* fd, or -1 if available */
  uid_t  uid;
} Client;

extern Client*client;              /* ptr to malloc'ed array */
extern int        client_size;     /* # entries in client[] array */

int       cli_args(int, char **);
int       client_add(int, uid_t);
void      client_del(int);
void      loop(void);
void      handle_request(char *, int, int, uid_t);
```

图 17-26 opend.h 头文件第 2 版

因为此服务器进程处理所有客户进程，所以它必须保存每个客户进程连接的状态。这是用在 opend.h 头文件中声明的 client 数组实现的。图 17-27 定义了 3 个处理此数组的函数。

```
#include     "opend.h"

#define  NALLOC   10       /* # client structs to alloc/realloc for */
```

660

```
static void
client_alloc(void)          /* alloc more entries in the client[] array */
{
    int     i;

    if (client == NULL)
        client = malloc(NALLOC * sizeof(Client));
    else
        client = realloc(client, (client_size+NALLOC)*sizeof(Client));
    if (client == NULL)
        err_sys("can't alloc for client array");

    /* initialize the new entries */
    for (i = client_size; i < client_size + NALLOC; i++)
        client[i].fd = -1;     /* fd of -1 means entry available */

    client_size += NALLOC;
}

/*
 * Called by loop() when connection request from a new client arrives.
 */
int
client_add(int fd, uid_t uid)
{
    int     i;

    if (client == NULL)         /* first time we're called */
        client_alloc();
again:
    for (i = 0; i < client_size; i++) {
        if (client[i].fd == -1) {  /* find an available entry */
            client[i].fd = fd;
            client[i].uid = uid;
            return(i);/* return index in client[] array */
        }
    }

    /* client array full, time to realloc for more */
    client_alloc();
    goto again;        /* and search again (will work this time) */
}

/*
 * Called by loop() when we're done with a client.
 */
void
client_del(int fd)
{
    int     i;

    for (i = 0; i < client_size; i++) {
        if (client[i].fd == fd) {
            client[i].fd = -1;
            return;
```

661

```
        }
    }
    log_quit("can't find client entry for fd %d", fd);
}
```

图 17-27 处理 client 数组的 3 个函数

第一次调用 client_add 时，它调用 client_alloc，client_alloc 又调用 malloc 为该数组的 10 个登记项分配空间。在这 10 个登记项全部用完后，如若再调用 client_add，那么 client_alloc 函数将调用 realloc 来分配附加空间。依靠这种动态空间分配，我们无需在编译时将估计的数组长度值放入头文件中从而限制 client 数组的长度。如果出错，这些函数将调用 log_函数（见附录 B），因为我们假定服务器进程是守护进程。

通常服务器进程会作为守护进程运行，但我们想提供一个让其前台运行的选项，同时能够把分析信息发送到标准错误输出。这应该能使服务器更容易评测和调试，特别是当用户没有权限读取那些分析信息经常写入的日志文件时。可以使用一个命令行选项来控制服务器是否在前台运行或者作为守护进程在后台运行。

一个系统的所有命令遵循相同的约定是非常重要的，因为这会提高它的易用性。如果有人熟悉某条命令的选项风格，那么若后面的命令使用了其他的风格，他就很容易犯错。

处理命令行空格就很容易发生这样的问题。有些命令需要它的选项和其参数以空格隔开，而另一些则希望它的参数直接跟在它的选项之后。如果没有遵循一个一致的规则，用户就得记住所有命令的语法，或者在尝试和调错中调用这些命令。

Single UNIX Specification 包括了一系列的约定和规范来保证命令行语法的一致性，其中包括一些建议，如“限制每个命令行选项为一个单一的阿拉伯字符”以及“所有选项必须以‘-’作为开头字符”。

幸运的是，getopt 函数能够帮助命令开发者以一致的方式处理命令行选项。

```
#include <unistd.h>

int getopt(int argc, char * const argv[], const char *options);

extern int optind, opterr, optopt;

extern char *optarg;
```

返回值：若所有选项被处理完，返回-1；否则，返回下一个选项字符

662

参数 *argc* 和 *argv* 与传入 main 函数的一样。*options* 参数是一个包含该命令支持的选项字符的字符串。如果一个选项字符后面接了一个冒号，则表示该选项需要参数；否则，该选项不需要额外参数。举例来说，如果一条命令的用法说明如下：

```
command [-i] [-u username] [-z] filename
```

则我们可以给 getopt 传送一个"iu:z"作为 *options* 字符串。

函数 getopt 一般用在循环体内，循环直到 getopt 返回-1 时退出。每次迭代中，getopt 会返回下一个选项。应用程序负责筛选这些选项，判断是否有冲突，getopt 仅负责解释选项并保证一个标准的格式。

当遇到无效的选项时，getopt 返回一个问题标记（question mark）而不是这个字符。如果选项缺少参数，getopt 也会返回一个问题标记，但如果选项字符串的第一个字符是冒号，getopt 会直接返回冒号。而特殊的“--”格式则会导致 getopt 停止处理选项并返回-1。这允许用户传递以“-”开头但不是选项的参数。例如，如果有一个名字为“-bar”的文件，下面的命令行是无法删除这个文件的：

```
rm -bar
```

因为 rm 会试图把-bar 解释为选项。正确的删除文件的命令应该是：

```
rm -- -bar
```

getopt 函数支持以下 4 个外部变量。

optarg 如果一个选项需要参数，在处理该选项时，getopt 会设置 optarg 指向该选项的参数字符串。

opterr 如果一个选项发生了错误，getopt 会默认打印一条出错消息。应用程序可以通过设置 opterr 参数为 0 来禁止这个行为。

optind 用来存放下一个要处理的字符串在 argv 数组里的下标。它从 1 开始，每处理一个参数，getopt 都会对其递增 1。

optopt 如果处理选项时发生了错误，getopt 会设置 optopt 指向导致出错的选项字符串。

open 服务器进程的 main 函数（见图 17-28）定义全局变量，处理命令行选项，并且调用 loop 函数。如果以-d 选项调用服务器进程，则服务器进程将以交互方式运行而非守护进程方式。测试服务器进程时会用到这个选项。

```
#include     "opend.h"
#include     <syslog.h>

int       debug, oflag, client_size, log_to_stderr;
char      errmsg[MAXLINE];
char     *pathname;
Client   *client = NULL;

int
main(int argc, char *argv[])
{
    int     c;

    log_open("open.serv", LOG_PID, LOG_USER);

    opterr = 0;          /* don't want getopt() writing to stderr */
    while ((c = getopt(argc, argv, "d")) != EOF) {
        switch (c) {
        case 'd':        /* debug */
            debug = log_to_stderr = 1;
            break;

        case '?':
            err_quit("unrecognized option: -%c", optopt);
        }
    }

    if (debug == 0)
        daemonize("opend");

    loop();       /* never returns */
}
```

图 17-28 服务器进程 main 函数第 2 版

663

loop 函数是服务器进程的无限循环。我们将给出该函数的两种版本。图 17-29 是使用 select 的一种版本。图 17-30 所示的程序是使用 poll 的另一种版本。

```
#include    "opend.h"
#include    <sys/select.h>

void
loop(void)
{
    int     i, n, maxfd, maxi, listenfd, clifd, nread;
    char    buf[MAXLINE];
    uid_t   uid;
    fd_set  rset, allset;

    FD_ZERO(&allset);

    /* obtain fd to listen for client requests on */
    if ((listenfd = serv_listen(CS_OPEN)) < 0)
        log_sys("serv_listen error");
    FD_SET(listenfd, &allset);
    maxfd = listenfd;
    maxi = -1;

    for ( ; ; ) {
        rset = allset;              /* rset gets modified each time around */
        if ((n = select(maxfd + 1, &rset, NULL, NULL, NULL)) < 0)
            log_sys("select error");

        if (FD_ISSET(listenfd, &rset)) {
            /* accept new client request */
            if ((clifd = serv_accept(listenfd, &uid)) < 0)
                log_sys("serv_accept error: %d", clifd);
            i = client_add(clifd, uid);
            FD_SET(clifd, &allset);
            if (clifd > maxfd)
                maxfd = clifd;    /* max fd for select() */
            if (i > maxi)
                maxi = i;     /* max index in client[] array */
            log_msg("new connection: uid %d, fd %d", uid, clifd);
            continue;
        }

        for (i = 0; i <= maxi; i++) {       /* go through client[] array */
            if ((clifd = client[i].fd) < 0)
                continue;
            if (FD_ISSET(clifd, &rset)) {
                /* read argument buffer from client */
                if ((nread = read(clifd, buf, MAXLINE)) < 0) {
                    log_sys("read error on fd %d", clifd);
                } else if (nread == 0) {
                    log_msg("closed: uid %d, fd %d",
                      client[i].uid, clifd);
                    client_del(clifd);/* client has closed cxn */
                    FD_CLR(clifd, &allset);
                    close(clifd);
```

664

```
                } else { /* process client's request */
                    handle_request(buf, nread, clifd, client[i].uid);
                }
            }
        }
    }
}
```

图 17-29 使用 select 的 loop 函数

此函数调用 serv_listen（见图 17-8）创建服务器进程与客户进程连接的端点。此函数的其余部分是一个循环，它从 select 调用开始。在 select 返回后，可能会发生下面两种情况。

（1）描述符 listenfd 可以随时读取，这意味着一个新客户进程已调用了 cli_conn。为了处理这种情况，我们将调用 serv_accept（见图 17-9），然后为新客户进程更新 client 数组以及与该新客户进程相关的簿记信息。（我们要跟踪 select 的第一个参数的最高描述符编号，还要跟踪使用中的 client 数组的最高下标。）

665

（2）一个现有的客户进程的连接可以随时读取。这意味着该客户进程已经终止，或者该客户进程已发送一个新请求。如果 read 返回 0（文件结束），则表示客户进程已终止。如果 read 返回的值大于 0，则表示有一个新请求需处理，可以调用 request 来处理。

用 allset 描述符集跟踪当前使用的描述符。当新客户进程连接至服务器进程时，会打开此描述符集的相应位。当该客户进程终止时，会关闭相应位。

因为客户进程的所有描述符都由内核自动关闭（包括与服务器进程的连接），所以我们总能知道什么时候客户进程终止了，该终止是否是自愿的。这与 XSI IPC 机制不同。

使用 poll 函数的 loop 函数如图 17-30 所示。

```
#include    "opend.h"
#include    <poll.h>

#define NALLOC   10  /* # pollfd structs to alloc/realloc */

static struct pollfd *
grow_pollfd(struct pollfd *pfd, int *maxfd)
{
    int             i;
    int             oldmax = *maxfd;
    int             newmax = oldmax + NALLOC;

    if ((pfd = realloc(pfd, newmax * sizeof(struct pollfd))) == NULL)
        err_sys("realloc error");
    for (i = oldmax; i < newmax; i++) {
        pfd[i].fd = -1;
        pfd[i].events = POLLIN;
        pfd[i].revents = 0;
    }
    *maxfd = newmax;
    return(pfd);
}

void
loop(void)
```

666

```
{
    int             i, listenfd, clifd, nread;
    char            buf[MAXLINE];
    uid_t           uid;
    struct pollfd   *pollfd;
    int             numfd = 1;
    int             maxfd = NALLOC;

    if ((pollfd = malloc(NALLOC * sizeof(struct pollfd))) == NULL)
        err_sys("malloc error");
    for (i = 0; i < NALLOC; i++) {
        pollfd[i].fd = -1;
        pollfd[i].events = POLLIN;
        pollfd[i].revents = 0;
    }

    /* obtain fd to listen for client requests on */
    if ((listenfd = serv_listen(CS_OPEN)) < 0)
        log_sys("serv_listen error");
    client_add(listenfd, 0);   /* we use [0] for listenfd */
    pollfd[0].fd = listenfd;

    for ( ; ; ) {
        if (poll(pollfd, numfd, -1) < 0)
            log_sys("poll error");

        if (pollfd[0].revents & POLLIN) {
            /* accept new client request */
            if ((clifd = serv_accept(listenfd, &uid)) < 0)
                log_sys("serv_accept error: %d", clifd);
            client_add(clifd, uid);

            /* possibly increase the size of the pollfd array */
            if (numfd == maxfd)
                pollfd = grow_pollfd(pollfd, &maxfd);
            pollfd[numfd].fd = clifd;
            pollfd[numfd].events = POLLIN;
            pollfd[numfd].revents = 0;
            numfd++;
            log_msg("new connection: uid %d, fd %d", uid, clifd);
        }

        for (i = 1; i < numfd; i++) {
            if (pollfd[i].revents & POLLHUP) {
                goto hungup;
            } else if (pollfd[i].revents & POLLIN) {
                /* read argument buffer from client */
                if ((nread = read(pollfd[i].fd, buf, MAXLINE)) < 0) {
                    log_sys("read error on fd %d", pollfd[i].fd);
                } else if (nread == 0) {
hungup:
                    /* the client closed the connection */
                    log_msg("closed: uid %d, fd %d",
                      client[i].uid, pollfd[i].fd);
                    client_del(pollfd[i].fd);
```

```
                    close(pollfd[i].fd);
                    if (i < (numfd-1)) {
                        /* pack the array */
                        pollfd[i].fd = pollfd[numfd-1].fd;
                        pollfd[i].events = pollfd[numfd-1].events;
                        pollfd[i].revents = pollfd[numfd-1].revents;
                        i--;      /* recheck this entry */
                    }
                    numfd--;
                } else {        /* process client's request */
                    handle_request(buf, nread, pollfd[i].fd,
                      client[i].uid);
                }
            }
        }
    }
}
```

667

图 17-30 使用 poll 的 loop 函数

为使打开描述符的数量能与客户进程数量相当，我们动态地为 pollfd 结构的数字分配空间，所使用的策略与 client_alloc 函数分配 client 数组（见图 17-27）时所使用的相同。

pollfd 数组中的第一个登记项（下标号为 0）用于 listenfd 描述符。新客户进程连接的到达由 listenfd 描述符中的 POLLIN 指示。如同前述，调用 serv_accept 来接受该连接。

对于一个现有的客户进程，应当处理来自 poll 的两个不同事件：由 POLLHUP 指示的客户进程终止，由 POLLIN 指示的来自现有客户进程的一个新请求。即使连接的服务器端还在读取数据，客户端也能够关闭它这端的连接。即使连接的一端已经被标记为挂起状态，服务器仍然可以读取在它那端队列里的数据。当然，服务器在收到客户端的挂起消息时用 close 关闭到客户端的连接，可有效地抛弃所有队列里的数据。剩下的请求也没必要处理，因为我们已经无法发回响应的信息。

如同此函数的 select 版本，调用 request 函数（见图 17-31）处理来自客户进程的新请求。此函数类似于其早期版本（见图 17-22）。它调用同一函数 buf_args（见图 17-23），buf_args 又调用 cli_args（见图 17-24），但是，因为它是在一个守护进程中运行的，所以它在日志文件中记录出错消息，而不是在标准错误上打印它们。

```
#include    "opend.h"
#include    <fcntl.h>

void
handle_request(char *buf, int nread, int clifd, uid_t uid)
{
    int     newfd;

    if (buf[nread-1] != 0) {
        snprintf(errmsg, MAXLINE-1,
          "request from uid %d not null terminated: %*.*s\n",
          uid, nread, nread, buf);
        send_err(clifd, -1, errmsg);
        return;
    }
    log_msg("request: %s, from uid %d", buf, uid);
```

668

```
    /* parse the arguments, set options */
    if (buf_args(buf, cli_args) < 0) {
        send_err(clifd, -1, errmsg);
        log_msg(errmsg);
        return;
    }

    if ((newfd = open(pathname, oflag)) < 0) {
        snprintf(errmsg, MAXLINE-1, "can't open %s: %s\n",
          pathname, strerror(errno));
        send_err(clifd, -1, errmsg);
        log_msg(errmsg);
        return;
    }

    /* send the descriptor */
    if (send_fd(clifd, newfd) < 0)
        log_sys("send_fd error");
    log_msg("sent fd %d over fd %d for %s", newfd, clifd, pathname);
    close(newfd);     /* we're done with descriptor */
}
```

图 17-31 request 函数

这就完成了 open 服务器进程第 2 版，它仅使用一个守护进程就处理了所有的客户进程请求。

17.7 小结

本章的关键点是如何在两个进程之间传送文件描述符，以及服务器进程如何接受来自客户进程的唯一连接。虽然所有平台都支持 UNIX 域套接字（见图 15-1），但是各种实现都有不同之处，这使我们很难开发可移植的应用程序。

整章都使用了 UNIX 域套接字。我们了解了如何用它们来实现一个全双工的管道以及如何利用它们来适应 14.4 节的 I/O 多路转接函数以间接地用于 XSI 消息队列中。

本章给出了 open 服务器进程的两个版本。一个版本由客户进程用 fork 和 exec 直接调用，另一版本是一个守护服务器进程处理所有客户进程请求。这两个版本均采用文件描述符传送和接收函数。

我们还展示了如何使用 getopt 函数来保证命令行参数处理的一致性。最终的 open 服务器进程版本使用了 getopt 函数、17.3 节中引入的客户进程-服务器进程连接函数和 14.4 节中的 I/O 多路转接函数。

669

习题

17.1 我们选择使用图 17-3 中的 UNIX 域数据报套接字，因为它们能够保留消息边界。描述如果使用常规的管道实现需要哪些必要的改动。我们应当如何避免额外的两次消息复制呢？

17.2 使用本章描述的文件描述符传送函数以及 8.9 节中描述的父进程和子进程同步例程，编写具有下列功能的程序。该程序调用 fork，子进程打开一个现有的文件并将打开文件描述符传送给父进程。然后，子进程调用 lseek 确定该文件的当前读、写位置，通知父进程。父进程读该文件的当前偏移量，并打印它以便验证。若此文件按上述方式从子进程传递到父进程，则父进程和子进程应共享同一个文件表项，所以当子进程每次更改该文件当前偏移量时，这种更改应该也会影响父进程的描述符。使子进程将该文件定位至一个不同偏移量，并再次通知父进程。

17.3 图 17-20 和图 17-21 中的程序分别定义和声明了全局变量，两者的区别是什么？

17.4 改写 `buf_args` 函数（见图 17-23），删除其中对 `argv` 数组长度的编译时限制。请用动态存储分配。

17.5 描述优化图 17-29 和图 17-30 中的 `loop` 函数的方法，并实现之。

17.6 在 `serv_listen` 函数（见图 17-8）中，如果文件已经存在，我们要先对代表 UNIX 域套接字的文件名解除链接。为了防止误删除不是套接字的文件，我们可以先调用 `stat` 来验证文件类型。解释这种做法存在的两个问题。

17.7 请给出两种可能的方法，使得单次调用 `sendmsg` 可以传递多个文件描述符。尝试实现你的方法并验证你的操作系统是否支持这样的方法。

670

第 18 章

终端 I/O

18.1 引言

无论在哪种操作系统中，终端 I/O 的处理都是非常烦琐的一部分，UNIX 系统也不例外。在大多数版本的编程手册中，终端 I/O 手册页常常是最长的几个部分之一。

在 20 世纪 70 年代后期，系统Ⅲ在 V7 的基础上发展出一套不同的终端例程，由此使得 UNIX 终端 I/O 处理分立为两种不同的风格。一种是系统Ⅲ的风格，由 System V 延续下来，另一种是 V7 的风格，它成为 BSD 派生的系统终端 I/O 处理的标准。如同信号一样，POSIX.1 在这两种风格的基础上制定了终端 I/O 标准。本章将介绍 POSIX.1 的所有终端函数，以及某些平台特有的增加部分。

终端 I/O 系统之所以如此复杂，部分原因是人们将其应用在众多的事物上：终端、计算机之间的直接连接、调制解调器以及打印机等。

18.2 概述

终端 I/O 有两种不同的工作模式。

（1）规范模式输入处理。在这种模式中，对终端输入以行为单位进行处理。对于每个读请求，终端驱动程序最多返回一行。

671

（2）非规范模式输入处理。输入字符不装配成行。

如果不做特殊处理，则默认模式是规范模式。例如，若 shell 将标准输入重定向到终端，并用 `read` 和 `write` 将标准输入复制到标准输出，则终端以规范模式进行工作，每次 `read` 最多返回一行。处理整个屏幕的程序（如 `vi` 编辑器）使用非规范模式，原因是它的命令可能是由单个字符组成的，并且不以换行符终止。另外，该编辑器并不希望系统对特殊字符进行处理，因为这些字符很可能与编辑命令中使用的字符重叠。例如，Ctrl+D 字符通常是终端的文件结束符，但在 `vi` 中它是向下滚动半个屏幕的命令。

> V7 和较早的 BSD 风格类的终端驱动程序支持 3 种终端输入模式：（a）精细加工模式（输入装配成行，并对特殊字符进行处理）；（b）原始模式（输入不装配成行，也不对特殊字符进行处理）；（c）cbreak 模式（输入不装配成行，但对某些特殊字符进行处理）。图 18-20 显示了将终端设置为 cbreak 或原始模式的 POSIX.1 函数。

POSIX.1 定义了 11 个特殊输入字符，其中 9 个可以更改。本书已经用到了其中几个，例如文件结束符（通常是 Ctrl+D）和挂起字符（通常是 Ctrl+Z）。18.3 节将对这些字符逐一进行说明。

可以认为终端设备是由通常位于内核中的终端驱动程序控制的。每个终端设备都有一个输入队列和一个输出队列，如图 18-1 所示。

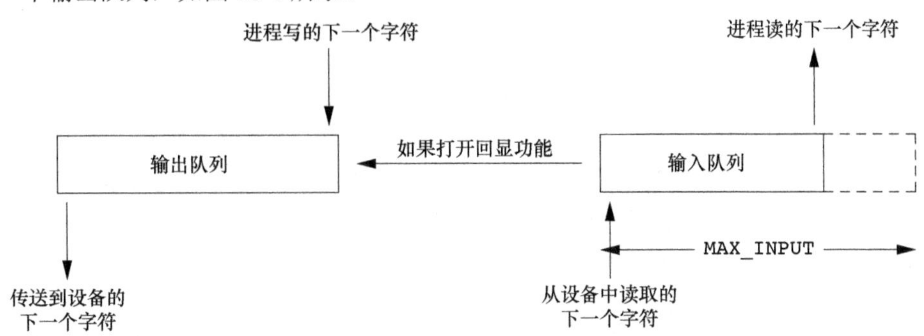

图 18-1　终端设备的输入、输出队列的逻辑结构

对此图要说明以下几点。

- 如果打开了回显功能，则在输入队列和输出队列之间有一个隐含的连接。
- 输入队列的长度 MAX_INPUT（见图 2-11）是有限值。当一个特定设备的输入队列已经填满时，系统的行为将依赖于实现。这种情况发生时大多数 UNIX 系统回显响铃字符。

672

- 图中没有显示另一个输入限制 MAX_CANON。这个限制是一个规范输入行的最大字节数。
- 虽然输出队列的长度通常也是有限的，但是程序并不能获得这个定义其长度的常量，因为当输出队列将要填满时，内核便直接使写进程休眠，直至写队列中有可用的空间。
- 我们将说明如何使用冲洗函数 tcflush 冲洗输入或输出队列。与此类似，在说明 tcsetattr 函数时，将会了解到如何通知系统只有在输出队列为空时，才能改变一个终端的属性。（例如，想要改变输出属性时就要这样做。）也可以通知系统，让它在改变终端属性时丢弃输入队列中的所有东西。（如果正在改变输入属性，或者在规范模式和非规范模式之间进行转换，就需要这样做，以免以错误的模式对以前输入的字符进行解释。）

大多数 UNIX 系统在一个称为终端行规程（terminal line discipline）的模块中进行全部的规范处理。可以将这个模块设想成一个盒子，位于内核通用读、写函数和实际设备驱动程序之间（见图 18-2）。

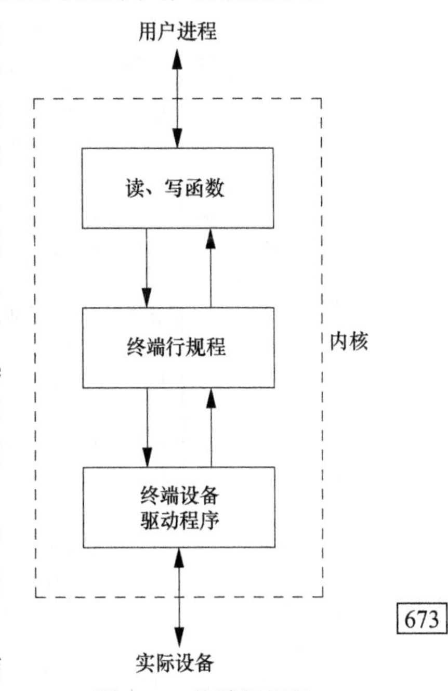

图 18-2　终端行规程

由于将规范处理分离为单独的模块，所有的终端驱动程序都能够一致地支持规范处理。在第 19 章讨论伪终端时还将使用此图。

673

所有可以检测和更改的终端设备特性都包含在 termios 结构中。该结构定义在头文件<termios.h>中，本章使用这一头文件。

```
struct termios {
  tcflag_t  c_iflag;       /* input flags */
  tcflag_t  c_oflag;       /* output flags */
  tcflag_t  c_cflag;       /* control flags */
  tcflag_t  c_lflag;       /* local flags */
  cc_t      c_cc[NCCS];    /* control characters */
};
```

粗略地说，输入标志通过终端设备驱动程序控制字符的输入（例如，剥除输入字节的第8位，允许输入奇偶校验），输出标志则控制驱动程序输出（例如，执行输出处理、将换行符转换为CR/LF），控制标志影响RS-232串行线（例如，忽略调制解调器的状态线、每个字符的一个或两个停止位），本地标志影响驱动程序和用户之间的接口（例如，回显打开或关闭、可视地擦除字符、允许终端产生的信号以及对后台输出的作业控制停止信号）。

类型tcflag_t的长度足以保存每个标志值，它经常被定义为unsigned int或者unsigned long。c_cc数组包含了所有可以更改的特殊字符。NCCS是该数组中元素的数量，其典型值在15～20（因为大多数UNIX实现支持的特殊字符都比POSIX.1所定义的11个要多）。cc_t类型的长度足以保存每个特殊字符，典型的是unsigned char。

> POSIX标准之前的System V版本有一个名为<termio.h>的头文件和一个名为termio的数据结构。为了与先前版本有所区别，POSIX.1在这些名字后加了一个s。

图18-3至图18-6列出了所有可以更改以影响终端设备特性的终端标志。注意，虽然Single UNIX Specification定义了供所有平台启动所用的公共子集，但所有实现都有自己的扩充部分。这些扩充部分大多来自各系统之间的历史差异。18.5节将对这些标志值进行详细的讨论。

标志	说明	POSIX.1	FreeBSD 8.0	Linux 3.2.0	Mac OS X 10.6.8	Solaris 10
CBAUDEXT	扩充的波特率					•
CCAR_OFLOW	输出的DCD流控制		•		•	
CCTS_OFLOW	输出的CTS流控制		•		•	•
CDSR_OFLOW	输出的DSR流控制		•		•	
CDTR_IFLOW	输入的DTR流控制		•		•	
CIBAUDEXT	扩充输入波特率					•
CIGNORE	忽略控制标志		•		•	
CLOCAL	忽略调制解调器状态行	•	•	•	•	•
CMSPAR	标记或空奇偶性			•		
CREAD	启用接收装置	•	•	•	•	•
CRTSCTS	启用硬件流控制		•	•	•	•
CRTS_IFLOW	输入的RTS流控制		•		•	•
CRTSXOFF	启用输入硬件流控制					•
CSIZE	字符大小屏蔽字	•	•	•	•	•
CSTOPB	发送两个停止位，否则发送1位	•	•	•	•	•
HUPCL	最后关闭时挂断	•	•	•	•	•
MDMBUF	与CCAR_OFLOW相同		•		•	
PARENB	启用奇偶校验	•	•	•	•	•
PAREXT	标记或空奇偶性					•
PARODD	奇校验，否则为偶校验	•	•	•	•	•

图18-3 c_cflag终端标志

标志	说明	POSIX.1	FreeBSD 8.0	Linux 3.2.0	Mac OS X 10.6.8	Solaris 10
BRKINT	接到 BREAK 时产生 SIGINT	•	•	•	•	•
ICRNL	将输入的 CR 转换为 NL	•	•	•	•	•
IGNBRK	忽略 BREAK 条件	•	•	•	•	•
IGNCR	忽略 CR	•	•	•	•	•
IGNPAR	忽略奇偶校验出错的字符	•	•	•	•	•
IMAXBEL	在输入队列满时振铃		•	•	•	•
INLCR	将输入的 NL 转换为 CR	•	•	•	•	•
INPCK	打开输入奇偶校验	•	•	•	•	•
ISTRIP	剥除输入字符的第 8 位	•	•	•	•	•
IUCLC	将输入的大写字符转换成小写字符			•		•
IUTF8	输入是 UTF-8			•	•	
IXANY	使任何字符都重新启动输出	•	•	•	•	•
IXOFF	使启用/禁用输入流控制起作用	•	•	•	•	•
IXON	使启用/禁用输出流控制起作用	•	•	•	•	•
PARMRK	标记奇偶检验错误	•	•	•	•	•

图 18-4 c_iflag 终端标志

标志	说明	POSIX.1	FreeBSD 8.0	Linux 3.2.0	Mac OS X 10.6.8	Solaris 10
ALTWERASE	使用替换 WERASE 算法		•		•	
ECHO	启用回显	•	•	•	•	•
ECHOCTL	回显控制字符为^（Char）		•	•	•	•
ECHOE	可视地擦除字符	•	•	•	•	•
ECHOK	回显杀死符	•	•	•	•	•
ECHOKE	杀死的可见擦除		•	•	•	•
ECHONL	回显 NL	•	•	•	•	•
ECHOPRT	硬拷贝的可见擦除方式		•	•	•	•
EXTPROC	外部字符处理		•		•	
FLUSHO	冲洗输出		•	•	•	•
ICANON	规范输入	•	•	•	•	•
IEXTEN	使扩充的输入字符处理起作用	•	•	•	•	•
ISIG	使终端产生的信号起作用	•	•	•	•	•
NOFLSH	在中断或退出后不冲洗	•	•	•	•	•
NOKERNINFO	无来自 STATUS 的内核输出		•		•	
PENDIN	重新键入未决输入		•	•	•	•
TOSTOP	对于后台输出发送 SIGTTOU	•	•	•	•	•
XCASE	规范的大/小写表示			•		•

图 18-5 c_lflag 终端标志

给出了所有可用的选项后，如何才能检测和更改终端设备的这些特性呢？图 18-7 总结并列出了 Single UNIX Specification 所定义的对终端设备进行操作的各个函数。（列出的所有函数都是 POSIX 基本规范的组成部分。9.7 节已说明了 tcgetpgrp、tcgetsid 和 tcsetpgrp 函数。）

注意，对终端设备，Single UNIX Specification 没有使用经典的 ioctl，而是使用了图 18-7 中列出的 13 个函数。这样做的理由是：对于终端设备的 ioctl 函数，其最后一个参数的数据类型随执行动作的不同而改变。因此，不可能对参数进行类型检查。

标志	说明	POSIX.1	FreeBSD 8.0	Linux 3.2.0	Mac OS X 10.6.8	Solaris 10
BSDLY	退格延迟屏蔽字	XSI		•		•
CRDLY	CR 延迟屏蔽字	XSI		•		•
FFDLY	换页延迟屏蔽字	XSI		•		•
NLDLY	NL 延迟屏蔽字	XSI		•		•
OCRNL	将输出的 CR 映射为 NL	XSI	•	•		•
OFDEL	填充符为 DEL，否则为 NUL	XSI		•		•
OFILL	延迟使用填充符	XSI		•		•
OLCUC	将输出的小写字符映射为大写字符			•		•
ONLCR	将 NL 映射为 CR-NL	XSI	•	•	•	•
ONLRET	NL 执行 CR 功能	XSI	•	•		•
ONOCR	在 0 列不输出 CR	XSI	•	•		•
ONOEOT	在输出中丢弃 EOT 字符（^D）		•		•	
OPOST	执行输出处理	•	•	•	•	•
OXTABS	将制表符扩充为空格		•		•	
TABDLY	水平制表符延迟屏蔽字	XSI		•		•
VTDLY	垂直制表符延迟屏蔽字	XSI		•		•

图 18-6　c_oflag 终端标志

函数	说明
tcgetattr	获取属性（termios 结构）
tcsetattr	设置属性（termios 结构）
cfgetispeed	获得输入速度
cfgetospeed	获得输出速度
cfsetispeed	设置输入速度
cfsetospeed	设置输出速度
tcdrain	等待所有输出都被传输
tcflow	挂起传输或接收
tcflush	冲洗未决输入和/或输出
tcsendbreak	发送 BREAK 字符
tcgetpgrp	获得前台进程组 ID
tcsetpgrp	设置前台进程组 ID
tcgetsid	得到控制 TTY 的会话首进程的进程组 ID

图 18-7　终端 I/O 函数汇总

虽然在终端设备上进行操作的只有 13 个函数，但是图 18-7 中的前两个函数（tcgetattr 和 tcsetattr）能处理大约 70 种不同的标志（见图 18-3 至图 18-6）。终端设备有大量选项可供使用，此外，对于某个特定设备（假设其为终端、调制解调器、打印机或任何其他设备），决定其需要哪些选项对我们来说也是一种挑战，这些都使得对终端设备的处理变得异常复杂。

图 18-7 中列出的 13 个函数之间的关系如图 18-8 所示。

> POSIX.1 没有指定将波特率信息存储在 termios 结构中的什么地方，它依赖于实现的细节。某些系统，如 Solaris，将此信息存储在 c_cflag 字段中。Linux 和 BSD 派生的系统，如 FreeBSD 和 Mac OS X，则在此结构中有两个分开的字段：一个存储输入速度，另一个存储输出速度。

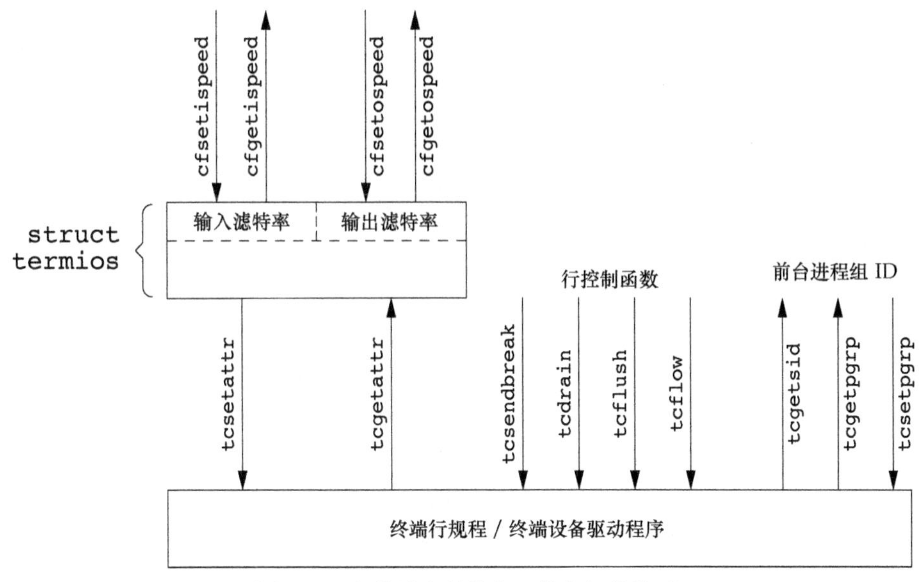

图 18-8 与终端有关的各函数之间的关系

674 ~ 677

18.3 特殊输入字符

POSIX.1 定义了 11 个在输入时要特殊处理的字符。实现定义了另外一些特殊字符。图 18-9 总结并列出了这些特殊字符。

字符	说明	c_cc 下标	由……启用		典型值	POSIX.1	FreeBSD 8.0	Linux 3.2.0	Mac OS X 10.6.8	Solaris 10
			字段	标志						
CR	回车	（不能更改）	c_lflag	ICANON	\r	•	•	•	•	•
DISCARD	丢弃输出	VDISCARD	c_lflag	IEXTEN	^O		•	•	•	•
DSUSP	延迟挂起（SIGTSTP）	VDSUSP	c_lflag	ISIG	^Y		•		•	•
EOF	文件结束	VEOF	c_lflag	ICANON	^D	•	•	•	•	•
EOL	行结束	VEOL	c_lflag	ICANON		•	•	•	•	•
EOL2	供替换的行结束	VEOL2	c_lflag	ICANON			•	•	•	•
ERASE	向前擦除字符	VERASE	c_lflag	ICANON	^H, ^?	•	•	•	•	•
ERASE2	供替换的向前擦除字符	VERASE2	c_lflag	ICANON	^H, ^?		•			
INTR	中断信号（SIGINT）	VINTR	c_lflag	ISIG	^?, ^C	•	•	•	•	•
KILL	擦行	VKILL	c_lflag	ICANON	^U	•	•	•	•	•
LNEXT	下一个字符的字面值	VLNEXT	c_lflag	IEXTEN	^V		•	•	•	•
NL	换行	（不能更改）	c_lflag	ICANON	\n	•	•	•	•	•
QUIT	退出信号（SIGQUIT）	VQUIT	c_lflag	ISIG	^\	•	•	•	•	•
REPRINT	再打印全部输入	VREPRINT	c_lflag	ICANON	^R		•	•	•	•
START	恢复输出	VSTART	c_iflag	IXON/IXOFF	^Q	•	•	•	•	•

图 18-9 终端特殊输入字符汇总

字符	说明	c_cc 下标	由……启用		典型值	POSIX.1	FreeBSD 8.0	Linux 3.2.0	Mac OS X 10.6.8	Solaris 10
			字段	标志						
STATUS	状态请求	VSTATUS	c_lflag	ICANON	^T		•		•	
STOP	停止输出	VSTOP	c_iflag	IXON/ IXOFF	^S	•	•	•	•	•
SUSP	挂起信号 (SIGTSTP)	VSUSP	c_lflag	ISIG	^Z	•	•	•	•	•
WERASE	向前擦除一个字	VWERASE	c_lflag	ICANON	^W		•	•	•	•

图 18-9 终端特殊输入字符汇总（续）

在 POSIX.1 的 11 个特殊字符中，其中有 9 个字符的值可以任意更改。不能更改的两个特殊字符是换行符和回车符（分别是\n 和\r），也可能是 STOP 和 START 字符（依赖于实现）。为了更改，只需要修改 termios 结构中 c_cc 数组的相应项。该数组中的元素都用名字作为下标进行引用，每个名字都以字母 V 开头（见图 18-9 中的第 3 列）。

POSIX.1 允许禁止使用这些字符。若将 c_cc 数组中的某项设置为_POSIX_VDISABLE 的值，则禁止使用相应特殊字符。

> 在 Single UNIX Specification 的早期版本中，支持_POSIX_VDISABLE 是可选项，现在则是必选项。
>
> 本书讨论的 4 种平台都支持此特性。Linux 3.2.0 和 Solaris 10 将_POSIX_VDISABLE 定义为 0，而 FreeBSD 8.0 和 Mac OS X 10.6.8 则将其定义为 0xff。
>
> 某些早期的 UNIX 系统所用的方法是：若与某一特性相应的特殊输入字符是 0，则禁止使用该特性。

678

实例

在详细说明各特殊字符之前，先看一个更改特殊字符的小程序。图 18-10 所示的程序禁用中断字符，并将文件结束符设置为 Ctrl+B。

```
#include "apue.h"
#include <termios.h>

int
main(void)
{
    struct termios    term;
    long              vdisable;

    if (isatty(STDIN_FILENO) == 0)
        err_quit("standard input is not a terminal device");

    if ((vdisable = fpathconf(STDIN_FILENO, _PC_VDISABLE)) < 0)
        err_quit("fpathconf error or _POSIX_VDISABLE not in effect");

    if (tcgetattr(STDIN_FILENO, &term) < 0) /* fetch tty state */
        err_sys("tcgetattr error");

    term.c_cc[VINTR] = vdisable;    /* disable INTR character */
    term.c_cc[VEOF]  = 2;           /* EOF is Control-B */

    if (tcsetattr(STDIN_FILENO, TCSAFLUSH, &term) < 0)
```

```
        err_sys("tcsetattr error");

    exit(0);
}
```

图 18-10 禁用中断字符并更改文件结束符

对此程序要说明以下几点。

- 仅当标准输入是终端设备时才修改终端特殊字符。调用 isatty（见 18.9 节）对此进行检测。
- 用 fpathconf 获取_POSIX_VDISABLE 值。
- 函数 tcgetattr（见 18.4 节）从内核获取 termios 结构。在修改了此结构后，调用 tcsetattr 函数设置属性，只有我们所希望修改的属性被更改了，而其他属性保持不变。
- 禁用中断键与忽略中断信号是不同的。图 18-10 中的程序所做的只是禁用使终端驱动程序产生 SIGINT 信号的特殊字符。我们仍可使用 kill 函数将该信号发送至进程。 ■

679

下面较详细地说明各个特殊字符。我们称这些字符为特殊输入字符，但是其中有两个字符——STOP 和 START（Ctrl+S 组合键和 Ctrl+Q 组合键），在输出时也要进行特殊处理。注意，这些字符中的大多数在被终端驱动程序识别并进行特殊处理后会被丢弃，并不将它们返回给执行读终端操作的进程。返回给读进程的例外字符是换行符（NL、EOL、EOL2）和回车符（CR）。

CR　　回车符。不能更改此字符。以规范模式进行输入时识别此字符。在已设置 ICANON（规范模式）和 ICRNL（将 CR 映射为 NL）但并未设置 IGNCR（忽略 CR）时，CR 字符会被转换成 NL，并具有与 NL 字符相同的作用。此字符返回给读进程（很可能是在转换为 NL 之后）。

DISCARD　　丢弃符。在扩充模式（IEXTEN）下进行输入时识别此字符。在输入另一个 DISCARD 字符之前或在丢弃条件被清除之前（见 FLUSHO 选项），此字符使后续输出都被丢弃。此字符在处理后即被丢弃（即不传送给读进程）。

DSUSP　　延迟挂起作业控制字符（delayed-suspend job-control character）。在扩充模式（IEXTEN）下，若支持作业控制，并且已设置 ISIG 标志，则在输入时识别此字符。与 SUSP 字符的相同之处是：延迟挂起字符产生 SIGTSTP 信号，该信号被发送至前台进程组中的所有进程（见图 9-7）。但是，信号产生的时间并不是在键入延迟挂起字符之时，而是在某个进程从控制终端读到此字符时才产生。此字符在处理后即被丢弃（即不传送给读进程）。

EOF　　文件结束符。以规范模式（ICANON）进行输入时识别此字符。当键入此字符时，等待被读的所有字节都被立即传送给读进程。如果没有字节等待读，则返回 0。在行首输入一个 EOF 字符是向程序指示文件结束的正常方式。此字符在规范模式下处理后即被丢弃（即不传送给读进程）。

EOL　　附加的行定界符，与 NL 作用相同。以规范模式（ICANON）进行输入时识别此字符，并将此字符返回给读进程。但是此字符不常用。

EOL2　　另一个行定界符，与 NL 作用相同。对此字符的处理方式与 EOL 字符相同。

ERASE　　向前擦除字符（退格）。以规范模式（ICANON）输入时识别此字符。它擦除行中的前一个字符，但不会超越行首字符擦除上一行中的字符。此字符在规范模式下处理后即被丢弃（即不传送给读进程）。

680

ERASE2 供替换的向前擦除字符（退格）。对此字符的处理与向前擦除字符（ERASE）完全相同。

INTR 中断字符。若已设置 ISIG 标志，则在输入中识别此字符。它产生 SIGINT 信号，该信号被送至前台进程组中的所有进程（见图 9-7）。此字符在处理后即被丢弃（即不传送给读进程）。

KILL 杀死字符。（名字"杀死"在这里又一次被误用，kill 函数是用来将某一信号发送给进程的，而此字符应被称为行擦除符，它与信号毫无关系。）以规范模式（ICANON）输入时识别此字符。它擦除一整行，并在处理后即被丢弃（即不传送给读进程）。

LNEXT 下一个字符的字面值（literal-next character）。以扩充方式（IEXTEN）输入时识别此字符，它使下一个字符的任何特殊含意都被忽略。这对本节提及的所有特殊字符都起作用。使用这一字符可向程序键入任何字符。LNEXT 字符在处理后即被丢弃，但输入的下一个字符被传送给读进程。

NL 换行字符，也被称为行定界符。不能更改此字符。以规范模式（ICANON）输入时识别此字符。此字符返回给读进程。

QUIT 退出字符。若已设置 ISIG 标志，则在输入中识别此字符。它产生 SIGQUIT 信号，该信号又被送至前台进程组中的所有进程（见图 9-7）。此字符在处理后即被丢弃（即不传送给读进程）。

回忆图 10-1，INTR 和 QUIT 的区别是：QUIT 字符不仅按默认规则终止进程，而且还产生一个 core 文件。

REPRINT 再打印字符。以扩充规范模式（设置了 IEXTEN 和 ICANON 标志）进行输入时识别此字符。它使所有未读的输入被输出（再回显）。此字符在处理后即被丢弃（即不传送给读进程）。

START 启动字符。若已设置 IXON 标志，则在输入中识别此字符。若已设置 IXOFF 标志，则自动产生此字符作为输出。已设置 IXON 时，接收到的 START 字符使停止的输出（由以前输入的 STOP 字符造成）重新启动。在此情形下，此字符在处理后即被丢弃（即不传送给读进程）。

已设置 IXOFF 标志时，若新的输入不会使输入缓冲区溢出，则终端驱动程序自动产生一个 START 字符来恢复以前被停止的输入。

681

STATUS BSD 的状态请求字符。以扩充规范模式（设置了 IEXTEN 和 ICANON 标志）进行输入时识别此字符。它产生 SIGINFO 信号，该信号又被送至前台进程组中的所有进程（见图 9-7）。另外，如果没有设置 NOKERNINFO 标志，则有关前台进程组的状态信息也显示在终端上。此字符在处理后即被丢弃（即不传送给读进程）。

STOP 停止字符。若已设置 IXON 标志，则在输入中识别此字符。若已设置 IXOFF 标志，则自动产生此字符作为输出。已设置 IXON 时，接收到 STOP 字符则停止输出。在此情形下，此字符在处理后即被丢弃（即不传送给读进程）。当输入一个 START 字符后，被停止的输出重新启动。

已设置 IXOFF 时，终端驱动程序自动产生一个 STOP 字符以防止输入缓冲区溢出。

SUSP 挂起作业控制字符。若支持作业控制并且已设置 ISIG 标志，则在输入中识别此字符。它产生 SIGTSTP 信号，该信号又被送至前台进程组的所有进程（见图 9-7）。此字符在处理后即被丢弃（即不传送给读进程）。

WERASE 字擦除字符。以扩充规范模式（设置了 IEXTEN 和 ICANON 标志）进行输入时识别此字符。它使前一个字被擦除。首先，它向前跳过任意一个空白字符（空格或制表符），然后再向前跃过前一记号，使光标处在前一个记号的第一个字符位置上。通常，前一个记号在碰到一个空白字符时即终止。但是，可通过设置 ALTWERASE 标志来改变这个行为。此标志使前一个记号在碰到第一个非字母、非数字字符时即终止。此字符在处理后即被丢弃（即不传送给读进程）。

需要为终端设备定义的另一个"字符"是 BREAK 字符。BREAK 实际上并不是一个字符，而是在异步串行数据传送时发生的一个条件。根据串行接口的不同，可以有多种方式通知设备驱动程序发生了 BREAK 条件。

> 大多数早期的串行终端都有一个标记为 BREAK 的键，用其可以产生 BREAK 条件，这就是为什么大多数人认为 BREAK 就是一个字符的原因。某些较新的终端键盘没有 BREAK 键。在 PC 上，BREAK 键可能有其他用途。例如，键入 Ctrl+BREAK 可中断 Windows 命令解释器。

对于异步串行数据传送，BREAK 是一个 0 值的位序列，其持续时间长于要求发送一个字节的时间。整个 0 值位序列被视为是一个 BREAK。18.8 节将说明如何用 tcsendbreak 函数发送一个 BREAK。

682

18.4 获得和设置终端属性

为了获得和设置 termios 结构，可以调用 tcgetattr 和 tcsetattr 函数。这样就可以检测和修改各种终端选项标志和特殊字符，使终端按我们所希望的方式进行操作。

```
#include <termios.h>

int tcgetattr(int fd, struct termios *termptr);

int tcsetattr(int fd, int opt, const struct termios *termptr);
```

两个函数的返回值：若成功，返回 0；若出错，返回-1

这两个函数都有一个指向 termios 结构的指针作为其参数，它们或者返回当前终端的属性，或者设置该终端的属性。因为这两个函数只对终端设备进行操作，所以若 *fd* 没有引用终端设备则出错返回-1，errno 设置为 ENOTTY。

tcsetattr 的参数 *opt* 使我们可以指定在什么时候新的终端属性才起作用。*opt* 可以指定为下列常量中的一个。

TCSANOW 更改立即发生。

TCSADRAIN 发送了所有输出后更改才发生。若更改输出参数则应使用此选项。

TCSAFLUSH 发送了所有输出后更改才发生。更进一步，在更改发生时未读的所有输入数据都被丢弃（冲洗）。

tcsetattr 函数的返回状态在使用时易产生混淆。如果它执行了任意一种所要求的动作，即使未能执行所有要求的动作，它也返回 OK（表示成功）。如果该函数返回 OK，则我们有责任检查该函数是否执行了所有要求的动作。这就意味着，在调用 tcsetattr 设置所希望的属性后，需调用 tcgetattr，然后将实际终端属性与所希望的属性相比较，以检测两者是否有区别。

在终端第一次被打开时，其属性视具体情况而定。一些系统可能会将终端属性初始化为具体实现所定义的值，另一些系统可能会保留并使用最后一次使用终端时的属性值。通过打开一个带有O_TTY_INIT标志（见3.3节）的驱动设备，可以确认终端的行为是否遵循标准，这样就能在调用tcgetattr时，确保初始化termios结构中的任何非标准部分，使得在修改属性和调用tcgetattr时，终端的表现符合预期。

18.5 终端选项标志

本节将列出所有不同的终端选项标志，扩展图18-3至图18-6中的说明。我们将按字母顺序列出各个选项并指出每个选项出现在4个终端标志字段中的哪一个。（从选项名字中看不出它所处的字段。）还将说明每个选项是否是Single UNIX Specification定义的，并列出了支持该选项的平台。

683

列出的所有选项标志（除所谓的屏蔽字标志外）都用一位或多位（设置或清除）表示。屏蔽字标志定义多个位，它们组合在一起，可以定义一组值。屏蔽字标志有一个定义名，每个值也有一个名字。例如，为了设置字符长度，首先用字符长度屏蔽字标志CSIZE将表示字符长度的位清0，然后设置下列值之一：CS5、CS6、CS7或CS8。

由Linux和Solaris支持的6个延迟值也有屏蔽字标志：BSDLY、CRDLY、FFDLY、NLDLY、TABDLY和VTDLY。对于每个延迟值的长度请参阅Solaris中的termio(7I)手册页。在所有情况下，延迟屏蔽字为0就表示没有延迟。如果指定了延迟，则由OFILL和OFDEL标志决定是由驱动器进行实际延迟还是只传输填充字符。

实例

图18-11演示了如何使用这些屏蔽字标志取一个值或者设置一个值。

```
#include "apue.h"
#include <termios.h>

int
main(void)
{
    struct termios   term;

    if (tcgetattr(STDIN_FILENO, &term) < 0)
        err_sys("tcgetattr error");

    switch (term.c_cflag & CSIZE) {
    case CS5:
        printf("5 bits/byte\n");
        break;
    case CS6:
        printf("6 bits/byte\n");
        break;
    case CS7:
        printf("7 bits/byte\n");
        break;
    case CS8:
        printf("8 bits/byte\n");
        break;
    default:
        printf("unknown bits/byte\n");
    }
```

```
    term.c_cflag &= ~CSIZE;         /* zero out the bits */
    term.c_cflag |= CS8;        /* set 8 bits/byte */
    if (tcsetattr(STDIN_FILENO, TCSANOW, &term) < 0)
        err_sys("tcsetattr error");

    exit(0);
}
```

图 18-11 tcgetattr 和 tcsetattr 实例

684

下面说明各选项标志。

ALTWERASE (c_lflag，FreeBSD、Mac OS X）已设置此标志时，若输入 WERASE 字符，则使用一个替换的字擦除算法。它不是向前移动到前一个空白字符为止，而是向前移动到第一个非字母、非数字字符为止。

BRKINT (c_iflag，POSIX.1、FreeBSD、Linux、Mac OS X、Solaris）若已设置此标志，而未设置 IGNBRK，则在接到 BREAK 时，冲洗输入、输出队列，并产生一个 SIGINT 信号。如果此终端设备是一个控制终端，则此信号就是为前台进程组产生的。

若未设置 IGNBRK 和 BRKINT，但是设置了 PARMRK，则 BREAK 被读作一个 3 字节序列\377、\0 和\0；若也未设置 PARMRK，则 BREAK 被读作单个字符\0。

BSDLY (c_oflag，XSI、Linux、Solaris）退格延迟屏蔽字。此屏蔽字的值是 BS0 或 BS1。

CBAUDEXT (c_cflag，Solaris）扩充的波特率。用于允许大于 B38400 的波特率。（将在 18.7 节讨论波特率。）

CCAR_OFLOW (c_cflag，FreeBSD、Mac OS X）使用 RS-232 调制解调器 DCD（Data-Carrier-Detect，数据载波检测）信号打开输出的硬件流控制。这与早期的 MDMBUF 标志相同。

CCTS_OFLOW (c_cflag，FreeBSD、Mac OS X、Solaris）使用 RS-232 CTS（Clear-To-Send，清除发送）信号打开输出的硬件流控制。

CDSR_OFLOW (c_cflag，FreeBSD、Mac OS X）根据 RS-232 DSR（Data-Set-Ready，数据准备就绪）信号进行输出的流控制。

CDTR_IFLOW (c_cflag，FreeBSD，Mac OS X）根据 RS-232 DTR（Data-Terminal-Ready，数据终端就绪）信号进行输入的流控制。

CIBAUDEXT (c_cflag，Solaris）扩充的输入波特率。用于允许大于 B38400 的输入波特率。（将在 18.7 节讨论波特率。）

CIGNORE (c_cflag，FreeBSD、Mac OS X）忽略控制标志。

CLOCAL (c_cflag，POSIX.1、FreeBSD、Linux、Mac OS X、Solaris）若设置，则忽略调制解调器状态线。这通常意味着该设备是直接连接的。例如，若未设置此标志，则打开一个终端设备常常会遭遇阻塞，直到调制解调器回应呼叫并建立连接。

CMSPAR (c_oflag，Linux）选择标记或空奇偶校验。若已设置 PARODD，则奇偶校验位总是 1（标记奇偶校验）。否则奇偶校验位总是 0（空奇偶校验）。

CRDLY　（c_oflag，XSI、Linux、Solaris）回车延迟屏蔽字。此屏蔽字的可能值是 CR0、CR1、CR2 和 CR3。

685

CREAD　（c_cflag，POSIX.1、FreeBSD、Linux、Mac OS X、Solaris）若设置，则接收者被启用，可以接收字符。

CRTSCTS　（c_cflag，FreeBSD、Linux、Mac OS X、Solaris）其行为依赖于平台。对于 Solaris，若设置该标志，则允许带外硬件流控制。在另外 3 个平台上，则既允许带内硬件流控制，又允许带外硬件流控制（等价于 CCTS_OFLOW|CRTS_IFLOW）。

CRTS_IFLOW　（c_cflag，FreeBSD、Mac OS X、Solaris）输入的 RTS（Request-To-Send，请求发送）流控制。

CRTSXOFF　（c_cflag，Solaris）若设置，则允许带内硬件流控制，RS-232 RTS 信号的状态控制了流控制。

CSIZE　（c_cflag，POSIX.1、FreeBSD、Linux、Mac OS X、Solaris）此字段是一个屏蔽字标志，它指定发送和接收的每个字节的位数。此长度不包括可能有的奇偶校验位。由此屏蔽字定义的字段值是 CS5、CS6、CS7 和 CS8，分别表示每个字节包含 5 位、6 位、7 位和 8 位。

CSTOPB　（c_cflag，POSIX.1、FreeBSD、Linux、Mac OS X、Solaris）若设置，则使用两个停止位，否则只使用一个停止位。

ECHO　（c_lflag，POSIX.1、FreeBSD、Linux、Mac OS X、Solaris）若设置，则将输入字符回显到终端设备。在规范模式和非规范模式下都可以回显输入字符。

ECHOCTL　（c_lflag，FreeBSD、Linux、Mac OS X、Solaris）若设置并且也设置 ECHO，则除 ASCII TAB、ASCII NL 以及 START 和 STOP 字符外，其他 ASCII 控制字符（ASCII 字符集中 0 至八进制 37 对应的字符）都被回显为^*X*，其中，*X* 是相应控制字符加上八进制 100 所构成的字符。例如，ASCII Ctrl+A 字符（八进制 1）被回显为^A。ASCII DELETE 字符（八进制 177）则回显为^?。若未设置此标志，则 ASCII 控制字符按其原样回显。如同 ECHO 标志，在规范模式和非规范模式下，此标志对控制字符回显都起作用。

应当了解的是，某些系统以不同方式回显 EOF 字符，因为 EOF 的典型值是 Ctrl+D（而 Ctrl+D 是 ASCII EOT 字符，它可能使某些终端挂断）。请查看有关手册。

ECHOE　（c_lflag，POSIX.1、FreeBSD、Linux、Mac OS X、Solaris）若设置并且也设置 ICANON，则 ERASE 字符从显示中擦除当前行中的最后一个字符。这通常是在终端驱动程序中写一个 3 字符序列实现的，该序列是：退格、空格、退格。

若支持 WERASE 字符，则 ECHOE 用一个或若干个上述 3 字符序列擦除前一个字。

若支持 ECHOPRT 标志，则这里说明的关于 ECHOE 的动作是在假定未设置 ECHOPRT 标志的条件下得出的。

686

ECHOK　（c_lflag，POSIX.1、FreeBSD、Linux、Mac OS X、Solaris）若设置并且也设置 ICANON，则 KILL 字符从显示中擦除当前行，或者输出 NL 字符（用以强调已擦除整个行）。

若支持 ECHOKE 标志，则关于 ECHOK 的说明是在假定未设置 ECHOKE 标志的条件下得出的。

ECHOKE　　(c_lflag，FreeBSD、Linux、Mac OS X、Solaris）若设置并且也设置 ICANON，则回显 KILL 字符的方式是擦除行中的每一个字符。擦除每个字符的方法则由 ECHOE 和 ECHOPRT 标志选择。

ECHONL　　(c_lflag，POSIX.1、FreeBSD、Linux、Mac OS X、Solaris）若设置并且也设置 ICANON，即使没有设置 ECHO，也回显 NL 字符。

ECHOPRT　　(c_lflag，FreeBSD、Linux、Mac OS X、Solaris）若设置并且也设置 ICANON 和 ECHO，则 ERASE 字符（以及 WERASE 字符，若受到支持）使所有正被擦除的字符按它们被擦除的方式被打印。这一方法常在硬拷贝终端上显示其作用，它可以使我们确切地看到哪些字符正被删除。

EXTPROC　　(c_lflag，FreeBSD、Linux、Mac OS X）若设置，规范字符处理在操作系统之外执行。如果串行通信外设卡能够通过执行某些行规程处理减轻主机处理器负载，那么就可以这样设置。在使用伪终端时（见第 19 章），也可以这样设置。

FFDLY　　(c_oflag，XSI、Linux、Solaris）换页延迟屏蔽字。此屏蔽字标志值是 FF0 或 FF1。

FLUSHO　　(c_lflag，FreeBSD、Linux、Mac OS X、Solaris）若设置，则冲洗输出。当键入 DISCARD 字符时设置此标志。当键入另一个 DISCARD 字符时，此标志被清除。可以通过设置或清除此终端标志来设置或清除此条件。

HUPCL　　(c_cflag，POSIX.1、FreeBSD、Linux、Mac OS X、Solaris）若设置，则当最后一个进程关闭设备时，调制解调器控制线降至低电平（也就是调制解调器的连接断开）。

ICANON　　(c_lflag，POSIX.1、FreeBSD、Linux、Mac OS X、Solaris）若设置，则按规范模式工作（见 18.10 节）。这使下列字符起作用：EOF、EOL、EOL2、ERASE、KILL、REPRINT、STATUS 和 WERASE。输入字符被装配成行。

如果不以规范模式工作，则读请求直接从输入队列取字符。在至少接到 MIN 个字节或两个字节之间的超时值 TIME 到期时，read 才返回。详细情况参见 18.11 节。

687

ICRNL　　(c_iflag，POSIX.1、FreeBSD、Linux、Mac OS X、Solaris）若设置并且未设置 IGNCR，则将接收到的 CR 字符转换成 NL 字符。

IEXTEN　　(c_lflag，POSIX.1、FreeBSD、Linux、Mac OS X、Solaris）若设置，则识别并处理扩展的、由实现定义的特殊字符。

IGNBRK　　(c_iflag，POSIX.1、FreeBSD、Linux、Mac OS X、Solaris）在已设置时，忽略输入中的 BREAK 条件。关于 BREAK 条件是产生 SIGINT 信号还是被作为数据读取，见 BRKINT。

IGNCR　　(c_iflag，POSIX.1、FreeBSD、Linux、Mac OS X、Solaris）若设置，则忽略接收到的 CR 字符。若未设置此标志，而设置了 ICRNL 标志，则有可能将接收到的 CR 字符转换成 NL 字符。

IGNPAR　　(c_iflag，POSIX.1、FreeBSD、Linux、Mac OS X、Solaris）在已设置时，忽略带有结构出错（非 BREAK）或奇偶出错的输入字节。

IMAXBEL　　(c_iflag，FreeBSD、Linux、Mac OS X、Solaris）当输入队列满时响铃。

INLCR　　(c_iflag，POSIX.1、FreeBSD、Linux、Mac OS X、Solaris）若设置，则将接收到的 NL 字符转换成 CR 字符。

INPCK （c_iflag，POSIX.1、FreeBSD、Linux、Mac OS X、Solaris）在已设置时，使输入奇偶校验起作用。若未设置 INPCK，则使输入奇偶校验不起作用。

奇偶“产生和检测”和“输入奇偶校验”是两件不同的事。奇偶位的产生和检测是由 PARENB 标志控制的。设置该标志后通常会使串行接口的设备驱动程序对输出字符产生奇偶位，对输入字符则验证其奇偶性。PARODD 标志决定该奇偶性应当是奇还是偶。如果一个其奇偶性错误的输入字符到来，则检查 INPCK 标志的状态。若已设置此标志，则检查 IGNPAR 标志（以决定是否应忽略带奇偶出错的输入字节）；若不应忽略此输入字节，则检查 PARMRK 标志以决定应该向读进程传送哪些字符。

ISIG （c_lflag，POSIX.1、FreeBSD、Linux、Mac OS X、Solaris）若设置，则判别输入字符是否是要产生终端信号的特殊字符（INTR、QUIT、SUSP 和 DSUSP）；若是，则产生相应信号。

ISTRIP （c_iflag，POSIX.1、FreeBSD、Linux、Mac OS X、Solaris）在已设置此标志时，有效输入字节被剥离为 7 位。在未设置时，则处理全部 8 位。

688

IUCLC （c_iflag，Linux、Solaris）将输入的大写字符转换成小写字符。

IUTF8 （c_iflag，Linux、Mac OS X）允许使用 UTF-8 多字节字符进行字符擦除处理。

IXANY （c_iflag，XSI、FreeBSD、Linux、Mac OS X、Solaris）使任何字符都能重新启动输出。

IXOFF （c_iflag，POSIX.1、FreeBSD、Linux、Mac OS X、Solaris）若设置，则使启动-停止输入控制起作用。当终端驱动程序发现输入队列将要填满时，输出一个 STOP 字符。此字符应当由发送数据的设备识别，并使该设备停止。此后，当把输入队列中的字符处理完毕之后，终端驱动程序将输出一个 START 字符，使该设备恢复发送数据。

IXON （c_iflag，POSIX.1、FreeBSD、Linux、Mac OS X、Solaris）若设置，则使启动-停止输出控制起作用。当终端驱动程序接收到一个 STOP 字符时，输出停止。在输出停止时，下一个 START 字符恢复输出。若未设置此标志，则 START 和 STOP 字符由进程作为一般字符读取。

MDMBUF （c_cflag，FreeBSD、Mac OS X）按照调制解调器的载波标志进行输出流控制。这是 CCAR_OFLOW 标志的曾用名。

NLDLY （c_oflag，XSI、Linux、Solaris）换行延迟屏蔽字。此屏蔽字的值是 NL0 或 NL1。

NOFLSH （c_lflag，POSIX.1、FreeBSD、Linux、Mac OS X、Solaris）按系统默认，当终端驱动程序产生 SIGINT 和 SIGQUIT 信号时，输入和输出队列都被冲洗。另外，当它产生 SIGSUSP 信号时，输入队列被冲洗。若已设置 NOFLSH 标志，则在这些信号产生时，不对输入、输出队列进行常规冲洗。

NOKERNINFO （c_lflag，FreeBSD、Mac OS X）在已设置时，此标志阻止 STATUS 字符打印前台进程组的信息。但是无论是否设置此标志，STATUS 字符都会使 SIGINFO 信号被发送至前台进程组。

OCRNL （c_oflag，XSI、FreeBSD、Linux、Solaris）若设置，则将输出的 CR 字符转换成 NL 字符。

OFDEL (c_oflag，XSI、Linux、Solaris）若设置，则输出填充字符是 ASCII DEL；否则是 ASCII NUL。见 OFILL 标志。

OFILL (c_oflag，XSI、Linux、Solaris）若设置，则传递填充字符（ASCII DEL 或 ASCII NUL，见 OFDEL 标志）以实现延迟，而不使用时间延迟。见 6 个延迟屏蔽字标志：BSDLY、CRDLY、FFDLY、NLDLY、TABDLY 和 VTDLY。

689

OLCUC (c_oflag，Linux、Solaris）若设置，则将小写字符转换成大写字符。

NLCR (c_oflag，XSI、FreeBSD、Linux、Mac OS X、Solaris）若设置，将输出的 NL 字符转换成 CR-NL 字符。

ONLRET (c_oflag，XSI、FreeBSD、Linux、Solaris）若设置，则假定输出的 NL 字符执行回车功能。

ONOCR (c_oflag，XSI、FreeBSD、Linux、Solaris）若设置，则在 0 列不输出 CR 字符。

ONOEOT (c_oflag，FreeBSD、Mac OS X）若设置，则在输出中丢弃 EOT（^D）字符。在某些将 Ctrl+D 解释为挂断的终端上，设置此标志可能是必需的。

OPOST (c_oflag，POSIX.1、FreeBSD、Linux、Mac OS X、Solaris）若设置，则进行实现定义的输出处理。关于 c_oflag 字段的各种实现定义标志，见图 18-6。

OXTABS (c_oflag，FreeBSD、Mac OS X）若设置，则制表符在输出中被扩展为空格。这与将水平制表符延迟（TABDLY）设置为 XTABS 或 TAB3 所产生的效果相同。

PARENB (c_cflag，POSIX.1、FreeBSD、Linux、Mac OS X、Solaris）若设置，则对输出字符产生奇偶位，对输入字符执行奇偶校验。若已设置 PARODD，则奇偶校验是奇校验；否则是偶校验。另见对 INPCK、IGNPAR 和 PARMRK 标志的讨论。

PAREXT (c_cflag，Solaris）选择标记或空奇偶性。若 PARODD 设置，则奇偶位总是 1（标记奇偶性）；否则，奇偶位总是 0（空奇偶性）。

PARMRK (c_iflag，POSIX.1、FreeBSD、Linux、Mac OS X、Solaris）在已设置时，若未设置 IGNPAR，则带有结构出错（非 BREAK）的字节或带有奇偶出错的字节将被进程读作一个 3 字符序列\377、\0 和 *X*，其中 *X* 是接收到的出错字节。若未设置 ISTRIP，则一个有效的\377 被传送给进程时为\377，\377。若未设置 IGNPAR 和 PARMRK，则带有结构出错误或奇偶出错的字节都被读作一个字符\0。

PARODD (c_cflag，POSIX.1、FreeBSD、Linux、Mac OS X、Solaris）若设置，则输出和输入字符的奇偶性都是奇，否则为偶。注意，PARENB 标志控制奇偶性的产生和检测。

在已设置 CMSPAR 或 PAREXT 标志时，PARODD 标志也控制是否使用标记或空奇偶性。

PENDIN (c_lflag，FreeBSD、Linux、Mac OS X、Solaris）若设置，则在下一个字符输入时，尚未读的任何输入都由系统重新打印。这一动作与键入 REPRINT 字符时的作用相类似。

690

TABDLY (c_oflag，XSI、Linux、Mac OS X、Solaris）水平制表符延迟屏蔽字。此屏蔽字的值是 TAB0、TAB1、TAB2 或 TAB3。

XTABS 的值等于 TAB3。此值使系统将制表符扩展成空格。系统假定制表符的长度为 8 个空格，不能更改此假定。

TOSTOP (c_lflag，POSIX.1、FreeBSD、Linux、Mac OS X、Solaris）若设置，并且该实现支持作业控制，则将信号 SIGTTOU 送到试图写控制终端的一个后台进程的进程组。按默认，此信号暂停该进程组中所有进程。如果写控制终端的后台进程忽略或阻塞此信号，则终端驱动程序不产生此信号。

VTDLY (c_oflag，XSI、Linux、Solaris）垂直制表延迟屏蔽字。此屏蔽字的值是 VT0 和 VT1。

XCASE (c_lflag，Linux、Solaris）若设置，并且也设置 ICANON，则终端被假定为只支持大写字符，全部输入转换为小写字符。要想输入一个大写字符，要在其前面加一个反斜杠。与之类似，系统输出大写字符时，也要在其前面加一个反斜杠。(如今这个选项标志已弃用，因为只支持大写字符的终端即使不是全部，也是绝大部分都已经不存在了。)

18.6 stty 命令

上节说明的所有选项都可以被检查和更改：在程序中用 tcgetattr 和 tcsetattr 函数（见 18.4 节）进行检查和更改；在命令行（或 shell 脚本）中用 stty(1)命令进行检查和更改。简单地说，stty(1)命令就是图 18-7 中所列的前 6 个函数的接口。如果以-a 选项执行此命令，则显示终端的所有选项：

```
$ stty -a
speed 9600 baud; 25 rows; 80 columns;
lflags: icanon isig iexten echo echoe -echok echoke -echonl echoctl
        -echoprt -altwerase -noflsh -tostop -flusho pendin -nokerninfo
        -extproc
iflags: -istrip icrnl -inlcr -igncr ixon -ixoff ixany imaxbel -ignbrk
        brkint -inpck -ignpar -parmrk
oflags: opost onlcr -ocrnl -oxtabs -onocr -onlret
cflags: cread cs8 -parenb -parodd hupcl -clocal -cstopb -crtscts
        -dsrflow -dtrflow -mdmbuf
cchars: discard = ^O; dsusp = ^Y; eof = ^D; eol = <undef>;
        eol2 = <undef>; erase = ^H; erase2 = ^?; intr = ^C; kill = ^U;
        lnext = ^V; min = 1; quit = ^; reprint = ^R; start = ^Q;
        status = ^T; stop = ^S; susp = ^Z; time = 0; werase = ^W;
```

691

若在选项名前有一个连字符，表示该选项禁用。最后 4 行显示各终端特殊字符（见 18.3 节）的当前设置。第 1 行显示当前终端窗口的行数和列数，18.12 节将对终端窗口大小进行讨论。

> stty 命令使用它的标准输入获得和设置终端的选项标志。虽然，某些较早的实现使用标准输出，但 POSIX.1 要求使用标准输入。本书讨论的 4 种实现提供了在标准输入上操作的 stty 版本。这意味着如果希望了解名为 ttyla 的终端的设置，那么可以键入
>
> ```
> stty -a </dev/ttyla
> ```

18.7 波特率函数

术语波特率（baud rate）是一个历史沿用的术语，现在它指的是“位/秒”(bit per second)。虽然大

多数终端设备对输入和输出使用同一波特率，但是只要硬件许可，可以将它们设置为两个不同值。

```
#include <termios.h>

speed_t cfgetispeed(const struct termios *termptr);

speed_t cfgetospeed(const struct termios *termptr);

                                        两个函数的返回值：波特率值

int cfsetispeed(struct termios *termptr, speed_t speed);

int cfsetospeed(struct termios *termptr, speed_t speed);

                          两个函数的返回值：若成功，返回 0；出错，返回-1
```

两个 cfget 函数的返回值，以及两个 cfset 函数的 *speed* 参数都是下列常量之一：B50、B75、B110、B134、B150、B200、B300、B600、B1200、B1800、B2400、B4800、B9600、B19200 或 B38400。常量 B0 表示“挂断”。在调用 tcsetattr 时，如若将输出波特率指定为 B0，则调制解调器的控制线就不再起作用。

> 大多数系统定义了另外的波特率值，如 B57600 以及 B115250。

使用这些函数时，必须认识到输入、输出波特率是存储在设备的 termios 结构中的，如图 18-8 所示。在调用两个 cfget 函数中的任意一个之前，要先用 tcgetattr 获得设备的 termios 结构。与此类似，在调用两个 cfset 函数中的任意一个之后，要做的就是在 termios 结构中设置波特率。为使这种更改影响到设备，应当调用 tcsetattr 函数。即使所设置的两个波特率中的任意一个出错，在调用 tcsetattr 之前可能也不会发现这个错误。

692

这 4 个波特率函数的存在使应用程序不必考虑具体实现在 termios 结构中表示波特率的不同方法。Linux 和 BSD 派生的平台趋向于存储波特率的数值。（即 9 600 波特率存储成值 9 600），然而，System V 派生的平台（如 Solaris）趋向于以位屏蔽方式编码波特率。从 cfget 函数得到的速度值以及向 cfset 函数传送的速度值都未转换，与它们存储在 termios 结构中的表示形式一样。

18.8 行控制函数

下列 4 个函数提供了终端设备的行控制能力。4 个函数都要求参数 *fd* 引用一个终端设备，否则出错返回-1，errno 设置为 ENOTTY。

```
#include <termios.h>

int tcdrain(int fd);

int tcflow(int fd, int action);

int tcflush(int fd, int queue);

int tcsendbreak(int fd, int duration);

                    4 个函数的返回值：若成功，返回 0；若出错，返回-1
```

tcdrain 函数等待所有输出都被传递。tcflow 函数用于对输入和输出流控制进行控制。*action* 参数必定是下列 4 个值之一。

TCOOFF	输出被挂起。
TCOON	重新启动以前被挂起的输出。
TCIOFF	系统发送一个 STOP 字符，这将使终端设备停止发送数据。

TCION 系统发送一个 START 字符，这将使终端设备恢复发送数据。

tcflush 函数冲洗（抛弃）输入缓冲区（其中的数据是终端驱动程序已接收到，但用户程序尚未读取的）或输出缓冲区（其中的数据是用户程序已经写入，但尚未被传递的）。*queue* 参数必定是下列 3 个常量之一。

TCIFLUSH 冲洗输入队列。

TCOFLUSH 冲洗输出队列。

693

TCIOFLUSH 冲洗输入队列和输出队列。

tcsendbreak 函数在一个指定的时间区间内发送连续的 0 值位流。若 *duration* 参数为 0，则此种传递延续 0.25～0.5 秒。POSIX.1 说明若 *duration* 非 0，则传递时间依赖于实现。

18.9 终端标识

历史上，在大多数 UNIX 系统版本中，控制终端的名字一直是/dev/tty。POSIX.1 提供了一个运行时函数，可用来确定控制终端的名字。

```
#include <stdio.h>

char *ctermid(char *ptr);
```

返回值：若成功，返回指向控制终端名的指针；若出错，返回指向空字符串的指针

如果 *ptr* 非空，则被认为是一个指针，指向长度至少为 L_ctermid 字节的数组，进程的控制终端名存储在该数组中。常量 L_ctermid 被定义在<stdio.h>中。若 *ptr* 是一个空指针，则该函数为数组（通常作为静态变量）分配空间。同样，进程的控制终端名存储在该数组中。

在这两种情况中，该数组的起始地址都被作为函数值返回。因为大多数 UNIX 系统都使用/dev/tty 作为控制终端名，所以此函数的主要作用是改善向其他操作系统的可移植性。

> 当调用 ctermid 函数时，本书说明的所有 4 种平台都返回字符串/dev/tty。

实例：ctermid 函数

图 18-12 给出的是 POSIX.1 ctermid 函数的一个实现。

```
#include    <stdio.h>
#include    <string.h>

static char ctermid_name[L_ctermid];

char *
ctermid(char *str)
{
    if (str == NULL)
        str = ctermid_name;
    return(strcpy(str, "/dev/tty"));    /* strcpy() returns str */
}
```

694

图 18-12 POSIX.1 ctermid 函数的实现

注意，因为我们无法确定调用者的缓冲区大小，所以也就不能防止过度使用该缓冲区。

另外还有两个 UNIX 系统比较感兴趣的函数：isatty 和 ttyname。如果文件描述符引用一

个终端设备，则 isatty 返回真。ttyname 返回的是在该文件描述符上打开的终端设备的路径名。

```
#include <unistd.h>

int isatty(int fd);
```

返回值：若为终端设备，返回 1（真）；否则，返回 0（假）

```
char *ttyname(int fd);
```

返回值：指向终端路径名的指针；若出错，返回 NULL

实例：isatty 函数

如图 18-13 所示，isatty 函数很容易实现。我们只尝试使用了其中一个终端专用函数（如果成功执行，它不改变任何东西），并查看了其返回值。

```
#include     <termios.h>

int
isatty(int fd)
{
    struct termios    ts;

    return(tcgetattr(fd, &ts) != -1); /* true if no error (is a tty) */
}
```

图 18-13 POSIX.1 isatty 函数的实现

使用图 18-14 中的程序测试 isatty 函数。

```
#include "apue.h"

int
main(void)
{
    printf("fd 0: %s\n", isatty(0) ? "tty" : "not a tty");
    printf("fd 1: %s\n", isatty(1) ? "tty" : "not a tty");
    printf("fd 2: %s\n", isatty(2) ? "tty" : "not a tty");
    exit(0);
}
```

图 18-14 测试 isatty 函数

695

运行图 18-14 中的程序，得到如下输出：

```
$ ./a.out
fd 0: tty
fd 1: tty
fd 2: tty
$ ./a.out </etc/passwd 2>/dev/null
fd 0: not a tty
fd 1: tty
fd 2: not a tty
```

实例：ttyname 函数

ttyname 函数（见图 18-15）比较长，因为它要搜索所有设备表项，寻找匹配项。

```
#include    <sys/stat.h>
#include    <dirent.h>
#include    <limits.h>
#include    <string.h>
#include    <termios.h>
#include    <unistd.h>
#include    <stdlib.h>

struct devdir {
    struct devdir    *d_next;
    char             *d_name;
};

static struct devdir    *head;
static struct devdir    *tail;
static char             pathname[_POSIX_PATH_MAX + 1];

static void
add(char *dirname)
{
    struct devdir       *ddp;
    int                 len;

    len = strlen(dirname);

    /*
     * Skip ., .., and /dev/fd.
     */
    if ((dirname[len-1] == '.') && (dirname[len-2] == '/' ||
      (dirname[len-2] == '.' && dirname[len-3] == '/')))
        return;
    if (strcmp(dirname, "/dev/fd") == 0)
        return;
    if ((ddp = malloc(sizeof(struct devdir))) == NULL)
        return;
    if ((ddp->d_name = strdup(dirname)) == NULL) {
        free(ddp);
        return;
    }

    ddp->d_next = NULL;
    if (tail == NULL) {
        head = ddp;
        tail = ddp;
    } else {
        tail->d_next = ddp;
        tail = ddp;
    }
}

static void
cleanup(void)
{
    struct devdir    *ddp, *nddp;
```

696

```
    ddp = head;
    while (ddp != NULL) {
        nddp = ddp->d_next;
        free(ddp->d_name);
        free(ddp);
        ddp = nddp;
    }
    head = NULL;
    tail = NULL;
}

static char *
searchdir(char *dirname, struct stat *fdstatp)
{
    struct stat     devstat;
    DIR             *dp;
    int             devlen;
    struct dirent   *dirp;

    strcpy(pathname, dirname);
    if ((dp = opendir(dirname)) == NULL)
        return(NULL);
    strcat(pathname, "/");
    devlen = strlen(pathname);
    while ((dirp = readdir(dp)) != NULL) {
        strncpy(pathname + devlen, dirp->d_name,
          _POSIX_PATH_MAX - devlen);

        /*
         * Skip aliases.
         */
        if (strcmp(pathname, "/dev/stdin") == 0 ||
          strcmp(pathname, "/dev/stdout") == 0 ||
          strcmp(pathname, "/dev/stderr") == 0)
            continue;
        if (stat(pathname, &devstat) < 0)
            continue;
        if (S_ISDIR(devstat.st_mode)) {
            add(pathname);
            continue;
        }
        if (devstat.st_ino == fdstatp->st_ino &&
          devstat.st_dev == fdstatp->st_dev) {   /* found a match */
            closedir(dp);
            return(pathname);
        }
    }

    closedir(dp);
    return(NULL);
}

char *
ttyname(int fd)
{
```

697

```
    struct stat      fdstat;
    struct devdir    *ddp;
    char             *rval;

    if (isatty(fd) == 0)
        return(NULL);
    if (fstat(fd, &fdstat) < 0)
        return(NULL);
    if (S_ISCHR(fdstat.st_mode) == 0)
        return(NULL);

    rval = searchdir("/dev", &fdstat);
    if (rval == NULL) {
        for (ddp = head; ddp != NULL; ddp = ddp->d_next)
            if ((rval = searchdir(ddp->d_name, &fdstat)) != NULL)
                break;
    }

    cleanup();
    return(rval);
}
```

图 18-15 POSIX.1 ttyname 函数的实现

此处使用的技术是读/dev 目录，寻找具有相同设备号和 i 节点编号的表项。回忆 4.24 节，每个文件系统都有一个唯一的设备号（stat 结构中的 st_dev 字段，见 4.2 节），文件系统中的每个目录项都有一个唯一的 i 节点编号（stat 结构中的 st_ino 字段）。在此函数中，假定在找到一个匹配的设备号和匹配的 i 节点号时，就能找到所希望的目录项。也能验证这两个表项与 st_rdev 字段（终端设备的主设备号和次设备号）相匹配，还能验证该目录项是一个字符特殊文件。但是，因为已经验证了文件描述符参数既是一个终端设备，又是一个字符特殊文件，而且因为在 UNIX 系统中，匹配的设备号和 i 节点编号是唯一的，所以不再需要进行另外的比较。

698

终端名可能在/dev 的子目录中。于是，需要搜索/dev 下的整个文件系统树。我们跳过了少数几个可能会产生不正确结果或奇怪结果的目录：/dev/.、/dev/..和/dev/fd。我们也跳过了一些别名：/dev/stdin、/dev/stdout 以及/dev/stderr，因为它们是/dev/fd 目录中文件的符号链接。

使用图 18-16 中的程序测试这一实现。

```
#include "apue.h"

int
main(void)
{
    char *name;
    if (isatty(0)) {
        name = ttyname(0);
        if (name == NULL)
            name = "undefined";
    } else {
        name = "not a tty";
    }
```

```
    printf("fd 0: %s\n", name);

    if (isatty(1)) {
        name = ttyname(1);
        if (name == NULL)
            name = "undefined";
    } else {
        name = "not a tty";
    }
    printf("fd 1: %s\n", name);

    if (isatty(2)) {
        name = ttyname(2);
        if (name == NULL)
            name = "undefined";
    } else {
        name = "not a tty";
    }
    printf("fd 2: %s\n", name);

    exit(0);
}
```

图 18-16 测试 ttyname 函数

699

运行图 18-16 中的程序，得到：

```
$ ./a.out < /dev/console 2> /dev/null
fd 0: /dev/console
fd 1: /dev/ttys001
fd 2: not a tty
```

18.10 规范模式

规范模式很简单：发一个读请求，当一行已经输入后，终端驱动程序即返回。以下几个条件造成读返回。

- 所请求的字节数已读到时，读返回。无需读一个完整的行。如果读了部分行，那么也不会丢失任何信息，下一次读从前一次读的停止处开始。
- 当读到一个行定界符时，读返回。回忆 18.3 节，在规范模式中，下列字符被解释为“行结束”：NL、EOL、EOL2 和 EOF。另外，在 18.5 节中也曾说明，如若已设置 ICRNL，但未设置 IGNCR，则 CR 字符的作用与 NL 字符一样，也终止一行。
  在这 5 个行界定符中，只有一个 EOF 符在终端驱动程序对其进行处理后即被丢弃。其他 4 个字符则作为其所处行的最后一个字符返回给调用者。
- 如果捕捉到信号，并且该函数不再自动重启（见 10.5 节），则读也返回。

实例：getpass 函数

下面说明 getpass 函数，它读入用户在终端上键入的口令。此函数由 login(1)和 crypt(1)程序调用。为了读取口令，该函数必须关闭回显，但仍可使终端以规范模式进行工作，因为不管键入什么作为口令都能构成一个完整行。图 18-17 显示了 UNIX 系统中的一个典型实现。

```
#include     <signal.h>
#include     <stdio.h>
#include     <termios.h>

#define  MAX_PASS_LEN      8        /* max #chars for user to enter */

char *
getpass(const char *prompt)
{
    static char     buf[MAX_PASS_LEN + 1];  /* null byte at end */
    char            *ptr;
    sigset_t        sig, osig;
    struct termios  ts, ots;
    FILE            *fp;
    int             c;

    if ((fp = fopen(ctermid(NULL), "r+")) == NULL)
        return(NULL);
    setbuf(fp, NULL);

    sigemptyset(&sig);
    sigaddset(&sig, SIGINT);            /* block SIGINT */
    sigaddset(&sig, SIGTSTP);           /* block SIGTSTP */
    sigprocmask(SIG_BLOCK, &sig, &osig);    /* and save mask */

    tcgetattr(fileno(fp), &ts);         /* save tty state */
    ots = ts;                           /* structure copy */
    ts.c_lflag &= ~(ECHO | ECHOE | ECHOK | ECHONL);
    tcsetattr(fileno(fp), TCSAFLUSH, &ts);
    fputs(prompt, fp);

    ptr = buf;
    while ((c = getc(fp)) != EOF && c != '\n')
        if (ptr < &buf[MAX_PASS_LEN])
            *ptr++ = c;
    *ptr = 0;                  /* null terminate */
    putc('\n', fp);            /* we echo a newline */

    tcsetattr(fileno(fp), TCSAFLUSH, &ots); /* restore TTY state */
    sigprocmask(SIG_SETMASK, &osig, NULL);  /* restore mask */
    fclose(fp);                /* done with /dev/tty */
    return(buf);
}
```

图18-17 getpass函数的实现

在此例中，应当考虑以下几个方面。

- 调用ctermid函数打开控制终端，而不是直接将/dev/tty写在程序中。
- 只是读、写控制终端，如果不能以读、写模式打开此设备则出错返回。还有一些其他的使用约定。在GNU C函数库版本中，如果不能以读、写模式打开控制终端，则getpass读取标准输入，写到标准错误。在Solaris版本中，如果不能打开控制终端，则getpass失败。
- 阻塞两个信号SIGINT和SIGTSTP。如果不这样做，在输入INTR字符时就会使程序异常中止，并使终端仍处于禁止回显状态。与此相类似，输入 SUSP 字符时将使程序停止，并且在禁止回显状态下返回到 shell。在禁止回显时，我们选择了阻塞这两个信号。如果这两个信号是在读取口令期间产生的，则它们会一直被保持，直到 getpass 返回，阻塞才会解除。也有其他方法来处理这些信号。有些 getpass 版本忽略 SIGINT（保存它以前的动作），在返回前将其动作恢复为以前的值。这就意味着，在该信号被忽略期间所发生的这种信号都会丢失。其他版本捕捉 SIGINT（保存它以前的动作），如果捕捉到此信号，则在恢复终端状态和信号动作后，用 kill 函数发送此信号。没有一个 getpass 版本捕捉、忽略或阻塞 SIGQUIT，所以输入 QUIT 字符就会使程序异常中止，并且很可能使终端保持在禁止回显状态。

700～701

- 请注意，某些 shell，尤其是 Korn shell，在以交互方式读输入时都使终端处于回显状态。这些 shell 是提供命令行编辑的 shell，因此在每次输入一条交互命令时都处理终端状态。所以如果在这种 shell 下调用此程序，并且用 QUIT 字符使其异常中止，则这种 shell 可能会恢复回显状态。其他不提供命令行编辑的 shell（如 Bourne shell）将使程序异常中止，并使终端保持在不回显状态。如果对终端做了这种操作，则 stty 命令能使终端恢复到回显状态。
- 使用标准 I/O 读、写控制终端。我们特地将流设置为不带缓冲的，否则在流的读、写之间可能会有某些交叉（这样就需要多次调用 fflush）。也可使用不带缓冲的 I/O（见第 3 章），但是在这种情况下就只能用 read 来模仿 getc 函数。
- 最多只存储 8 个字符作为口令。输入的其他多余字符则全部被忽略。

图 18-18 中的程序调用 getpass 并且打印我们输入的内容。这是为了验证 ERASE 和 KILL 字符能否正常工作（如同它们在规范模式下应该表现的那样）。

```
#include "apue.h"

char    *getpass(const char *);

int
main(void)
{
    char    *ptr;

    if ((ptr = getpass("Enter password:")) == NULL)
        err_sys("getpass error");
    printf("password: %s\n", ptr);

    /* now use password (probably encrypt it) ... */

    while (*ptr != 0)
        *ptr++ = 0;        /* zero it out when we're done with it */
    exit(0);
}
```

图 18-18 调用 getpass 函数

702

如果调用 getpass 函数的程序使用的是明文口令，那么为了安全起见，在程序完成后应在内存中清除它。如果该程序会产生其他用户可能读取的 core 文件（回忆 10.2 节，core 的系统默认许可权使每个用户都能读它），或者如果某个其他进程能够设法读该进程的存储空间，则它们就可能会读到这个明文口令。（“明文”是指我们在 getpass 打印的提示符处键入的口令。大多数 UNIX 系统程序会对这个明文口令进行修改，将它转换成一个“加密”口令。例如，口令文件（见 6.2 节）中的 pw_passwd 字段包含的是加密口令，而不是明文口令。）

18.11　非规范模式

可以通过关闭 termios 结构中 c_lflag 字段的 ICANON 标志来指定非规范模式。在非规范模式中，输入数据不装配成行，不处理下列特殊字符（见 18.3 节）：ERASE、KILL、EOF、NL、EOL、EOL2、CR、REPRINT、STATUS 和 WERASE。

如前所述，规范模式很容易理解：系统每次至多返回一行。但在非规范模式下，系统如何知道在什么时候将数据返回给我们呢？如果它一次返回一个字节，那么系统开销就会过大。（回忆图 3-6，从中可以看到每次读一个字节的开销有多大。如果每次返回的数据加倍，那么系统调用的开销就可以减半。）在启动读数据之前，往往不知道要读多少数据，所以系统不能总是一次返回多个字节。

解决方法是，当已读了指定量的数据后，或者已经超过了给定量的时间后，即通知系统返回。这种技术使用了 termios 结构中 c_cc 数组的两个变量：MIN 和 TIME。c_cc 数组中的这两个元素的下标名为 VMIN 和 VTIME。

MIN 指定一个 read 返回前的最小字节数。TIME 指定等待数据到达的分秒数（分秒为秒的 1/10）。有下列 4 种情形。

情形 A：MIN>0，TIME>0

TIME 指定一个字节间定时器（interbyte timer），它只在第一个字节被接收时启动。在该定时器超时之前，若已接到 MIN 个字节，则 read 返回 MIN 个字节。如果在接到 MIN 个字节之前，该定时器已超时，则 read 返回已接收到的字节。（因为定时器是在第一个字节被接收后启动的，所以在定时器超时时，read 至少会返回一个字节。）在这种情形中，第一个字节被接收之前，调用者会一直阻塞。如果在调用 read 时数据已经可用，则就如同在 read 后数据被立即接收了一样。

情形 B：MIN>0，TIME==0

703

read 在接收到 MIN 个字节之前不返回。这会造成 read 无限期阻塞。

情形 C：MIN==0，TIME>0

TIME 指定一个调用 read 时启动的读定时器。（与情形 A 相比较，两者是不同的。在情形 A 中，非 0 TIME 表示字节间定时器，该定时器要等到第一个字节被接收时才启动。）在接到一个字节或者该定时器超时时，read 即返回。如果是定时器超时，则 read 返回 0。

情形 D：MIN==0，TIME==0

如果有数据可用，则 read 最多返回所要求的字节数。如果无数据可用，则 read 立即返回 0。

在所有这些情形中，MIN 只是最小值。如果程序要求的数据多于 MIN 个字节，那么它或许能接收到所要求的字节数。这也适用于 MIN==0 的情形 C 和情形 D。

图 18-19 总结并列出了非规范模式输入的 4 种不同情形。在这个图中，*nbytes* 是 read 的第三个参数（返回的最大字节数）。

	MIN > 0	MIN == 0
TIME > 0	A：在定时器超时前， read 返回[MIN, *nbytes*]； 如果定时器超时， read 返回[1, MIN]。 （TIME=字节间定时器。 调用者会无限期阻塞。）	C：在定时器超时前， read 返回[1, *nbytes*]； 如果定时器超时， read 返回 0。 （TIME=read 定时器。）
TIME == 0	B：当有可用数据时， read 返回[MIN, *nbytes*]。 （调用者可无限期阻塞。）	D：read 立即返回[0, *nbytes*]。

图 18-19 非规范输入的 4 种情形

> 请注意，POSIX.1 允许下标 VMIN 和 VTIME 的值分别与 VEOF 和 VEOL 的相同。确实，Solaris 就是这样做的，这样就提供了与 System V 的早期版本的兼容性。但是，这也带来了可移植性问题。从非规范模式转换为规范模式时，必须恢复 VEOF 和 VEOL。如果 VMIN 等于 VEOF，且不恢复它们的值，那么当把 VMIN 的典型值设置为 1 时，文件结束符就变成了 Ctrl+A。解决这一问题最简单的方法是：在要转入非规范模式时，将整个 termios 结构保存起来，以后再要转回规范模式时恢复它。

实例

图 18-20 中的程序定义了函数 tty_cbreak 和 tty_raw，它们将终端分别设置为 cbreak 模式（cbreak mode）和原始模式（raw mode）。（术语 cbreak 和原始来自于 V7 的终端驱动程序。）tty_reset 函数的功能是将终端恢复到原始的工作状态（也就是调用 tty_cbreak 或 tty_raw 之前的工作状态）。

如果已调用 tty_cbreak，那么在调用 tty_raw 之前需要调用 tty_reset。如果已调用 tty_raw，然后又要调用 tty_cbreak，那么在此之前同样也要调用 tty_reset。这减少了出错时终端处于不可用状态的机会。

704

该程序还提供了另外两个函数：tty_atexit 和 tty_termios。tty_atexit 可被登记为退出处理程序，以保证 exit 恢复终端工作模式。tty_termios 则返回一个指向原来规范模式下 termios 结构的指针。

```
#include "apue.h"
#include <termios.h>
#include <errno.h>

static struct termios       save_termios;
static int                  ttysavefd = -1;
static enum { RESET, RAW, CBREAK }  ttystate = RESET;

int
tty_cbreak(int fd)      /* put terminal into a cbreak mode */
{
    int             err;
    struct termios  buf;

    if (ttystate != RESET) {
        errno = EINVAL;
        return(-1);
```

```
    }
    if (tcgetattr(fd, &buf) < 0)
        return(-1);
    save_termios = buf;    /* structure copy */

    /*
     * Echo off, canonical mode off.
     */
    buf.c_lflag &= ~(ECHO | ICANON);

    /*
     * Case B: 1 byte at a time, no timer.
     */
    buf.c_cc[VMIN] = 1;
    buf.c_cc[VTIME] = 0;
    if (tcsetattr(fd, TCSAFLUSH, &buf) < 0)
        return(-1);

    /*
     * Verify that the changes stuck.  tcsetattr can return 0 on
     * partial success.
     */
    if (tcgetattr(fd, &buf) < 0) {
        err = errno;
        tcsetattr(fd, TCSAFLUSH, &save_termios);
        errno = err;
        return(-1);
    }
    if ((buf.c_lflag & (ECHO | ICANON)) || buf.c_cc[VMIN] != 1 ||
      buf.c_cc[VTIME] != 0) {
        /*
         * Only some of the changes were made.  Restore the
         * original settings.
         */
        tcsetattr(fd, TCSAFLUSH, &save_termios);
        errno = EINVAL;
        return(-1);
    }

    ttystate = CBREAK;
    ttysavefd = fd;
    return(0);
}

int
tty_raw(int fd)        /* put terminal into a raw mode */
{
    int             err;
    struct termios  buf;

    if (ttystate != RESET) {
        errno = EINVAL;
        return(-1);
    }
    if (tcgetattr(fd, &buf) < 0)
```

705

```
        return(-1);
    save_termios = buf;    /* structure copy */

    /*
     * Echo off, canonical mode off, extended input
     * processing off, signal chars off.
     */
    buf.c_lflag &= ~(ECHO | ICANON | IEXTEN | ISIG);

    /*
     * No SIGINT on BREAK, CR-to-NL off, input parity
     * check off, don't strip 8th bit on input, output
     * flow control off.
     */
    buf.c_iflag &= ~(BRKINT | ICRNL | INPCK | ISTRIP | IXON);

    /*
     * Clear size bits, parity checking off.
     */
    buf.c_cflag &= ~(CSIZE | PARENB);

    /*
     * Set 8 bits/char.
     */
    buf.c_cflag |= CS8;

    /*
     * Output processing off.
     */
    buf.c_oflag &= ~(OPOST);

    /*
     * Case B: 1 byte at a time, no timer.
     */
    buf.c_cc[VMIN] = 1;
    buf.c_cc[VTIME] = 0;
    if (tcsetattr(fd, TCSAFLUSH, &buf) < 0)
        return(-1);

    /*
     * Verify that the changes stuck.  tcsetattr can return 0 on
     * partial success.
     */
    if (tcgetattr(fd, &buf) < 0) {
        err = errno;
        tcsetattr(fd, TCSAFLUSH, &save_termios);
        errno = err;
        return(-1);
    }
    if ((buf.c_lflag & (ECHO | ICANON | IEXTEN | ISIG)) ||
      (buf.c_iflag & (BRKINT | ICRNL | INPCK | ISTRIP | IXON)) ||
      (buf.c_cflag & (CSIZE | PARENB | CS8)) != CS8 ||
      (buf.c_oflag & OPOST) || buf.c_cc[VMIN] != 1 ||
      buf.c_cc[VTIME] != 0) {
        /*
```

706

```
        * Only some of the changes were made.  Restore the
        * original settings.
        */
       tcsetattr(fd, TCSAFLUSH, &save_termios);
       errno = EINVAL;
       return(-1);
    }

    ttystate = RAW;
    ttysavefd = fd;
    return(0);
}

int
tty_reset(int fd)      /* restore terminal's mode */
{
    if (ttystate == RESET)
        return(0);
    if (tcsetattr(fd, TCSAFLUSH, &save_termios) < 0)
        return(-1);
    ttystate = RESET;
    return(0);
}

void
tty_atexit(void)       /* can be set up by atexit(tty_atexit) */
{
    if (ttysavefd >= 0)
        tty_reset(ttysavefd);
}

struct termios *
tty_termios(void)      /* let caller see original tty state */
{
    return(&save_termios);
}
```

707

图18-20 将终端模式设置为cbreak模式或原始模式

cbreak模式的定义如下。

- 非规范模式。如本节开始处所述，这种模式关闭了对某些输入字符的处理。这种模式没有关闭对信号的处理，所以用户始终可以键入一个能够触发终端产生信号的字符。请注意，调用者应当捕捉这些信号，否则这种信号就有可能终止程序，并且使终端保持在cbreak模式。

  作为一般规则，在编写更改终端模式的程序时，应当捕捉大多数信号，以便在程序终止前恢复终端模式。
- 关闭回显。
- 每次输入一个字节。为此，将MIN设置为1，将TIME设置为0。这是图18-19中的情形B。至少有一个字节可用时，read才返回。

对原始模式的定义如下。

- 非规范模式。也关闭了对信号产生字符（ISIG）和扩充输入字符（IEXTEN）的处理。

另外还禁用了 BRKINT 字符，使 BREAK 字符不再产生信号。

- 关闭回显。
- 禁止输入中的 CR 到 NL 映射（ICRNL）、输入奇偶检测（INPCK）、剥离输入字节的第 8 位（ISTRIP）以及输出流控制（IXON）。
- 8 位字符（CS8），且禁用奇偶校验（PARENB）。
- 禁止所有输出处理（OPOST）。
- 每次输入一个字节（MIN=1，TIME=0）。

图 18-21 中的程序测试原始模式和 cbreak 模式。

708

```
#include "apue.h"

static void
sig_catch(int signo)
{
    printf("signal caught\n");
    tty_reset(STDIN_FILENO);
    exit(0);
}

int
main(void)
{
    int     i;
    char    c;

    if (signal(SIGINT, sig_catch) == SIG_ERR)   /* catch signals */
        err_sys("signal(SIGINT) error");
    if (signal(SIGQUIT, sig_catch) == SIG_ERR)
        err_sys("signal(SIGQUIT) error");
    if (signal(SIGTERM, sig_catch) == SIG_ERR)
        err_sys("signal(SIGTERM) error");

    if (tty_raw(STDIN_FILENO) < 0)
        err_sys("tty_raw error");
    printf("Enter raw mode characters, terminate with DELETE\n");
    while ((i = read(STDIN_FILENO, &c, 1)) == 1) {
        if ((c &= 255) == 0177)         /* 0177 = ASCII DELETE */
            break;
        printf("%o\n", c);
    }
    if (tty_reset(STDIN_FILENO) < 0)
        err_sys("tty_reset error");
    if (i <= 0)
        err_sys("read error");
    if (tty_cbreak(STDIN_FILENO) < 0)
        err_sys("tty_cbreak error");
    printf("\nEnter cbreak mode characters, terminate with SIGINT\n");
    while ((i = read(STDIN_FILENO, &c, 1)) == 1) {
        c &= 255;
        printf("%o\n", c);
    }
    if (tty_reset(STDIN_FILENO) < 0)
```

```
        err_sys("tty_reset error");
    if (i <= 0)
        err_sys("read error");

    exit(0);
}
```

709

图18-21　测试原始终端模式和cbreak终端模式

运行图18-21中的程序，可以观察这两种终端工作模式的工作情况。

```
$ ./a.out
Enter raw mode characters, terminate with DELETE
                                                      4
                                                        33
                                                          133
                                                             61
                                                               70
                                                                 176
                                         键入Delete
Enter cbreak mode characters, terminate with SIGINT
1                                        键入Ctrl+A
10                                       键入退格
signal caught                            键入中断键
```

在原始模式中，输入的字符是Ctrl+D（04）和特殊功能键F7。在所用的终端上，此功能键产生5个字符：ESC（033）、[（0133）、1（061）、8（070）和~（0176）。注意，在原始模式下关闭了输出处理（~OPOST），所以在每个字符后没有得到回车符。另外还要注意的是，在cbreak模式下，不对输入特殊字符进行处理（因此没对Ctrl+D、文件结束符和退格进行特殊处理），但是仍对终端产生的信号进行处理。

18.12　终端窗口大小

大多数UNIX系统都提供了一种跟踪当前终端窗口大小的方法，在窗口大小发生变化时，使内核通知前台进程组。内核为每个终端和伪终端都维护了一个winsize结构：

```
struct winsize {
  unsigned short ws_row;       /* rows, in characters */
  unsigned short ws_col;       /* columns, in characters */
  unsigned short ws_xpixel;    /* horizontal size, pixels (unused) */
  unsigned short ws_ypixel;    /* vertical size, pixels (unused) */
};
```

此结构的规则如下。

- 用ioctl（见3.15节）的TIOCGWINSZ命令可以取此结构的当前值。
- 用ioctl的TIOCSWINSZ命令可以将此结构的新值存储到内核中。如果此新值与存储在内核中的当前值不同，则前台进程组会收到SIGWINCH信号。（注意，从图10-1中可以看出，此信号的系统默认动作是被忽略。）

710

- 除了存储此结构的当前值以及在此值改变时产生一个信号以外，内核对该结构不进行任何其他操作。对结构中的值进行解释完全是应用程序的工作。

提供这种功能的目的是，当窗口大小发生变化时应用程序能够得到通知（如vi编辑器）。应用程序接收此信号后，可以获取窗口大小的新值，然后重绘屏幕。

实例

图 18-22 所示的程序打印当前窗口大小，然后休眠。每次窗口大小改变时，程序就捕捉到 SIGWINCH 信号，然后打印新的窗口大小。我们必须用一个信号终止此程序。

```
#include "apue.h"
#include <termios.h>
#ifndef  TIOCGWINSZ
#include <sys/ioctl.h>
#endif

static void
pr_winsize(int fd)
{
    struct winsize   size;

    if (ioctl(fd, TIOCGWINSZ, (char *) &size) < 0)
        err_sys("TIOCGWINSZ error");
    printf("%d rows, %d columns\n", size.ws_row, size.ws_col);
}

static void
sig_winch(int signo)
{
    printf("SIGWINCH received\n");
    pr_winsize(STDIN_FILENO);
}

int
main(void)
{
    if (isatty(STDIN_FILENO) == 0)
        exit(1);
    if (signal(SIGWINCH, sig_winch) == SIG_ERR)
        err_sys("signal error");
    pr_winsize(STDIN_FILENO);      /* print initial size */
    for ( ; ; )                    /* and sleep forever */
        pause();
}
```

图 18-22 打印窗口大小

711

在一个带窗口终端的系统上运行图 18-22 中的程序得到：

```
$ ./a.out
35 rows, 80 columns                     初始大小
SIGWINCH received                       更改窗口大小：捕捉到信号
40 rows, 123 columns
SIGWINCH received                       再一次
42 rows, 33 columns
^C $                                    键入中断键以终止
```

18.13 termcap、terminfo和curses

termcap的意思是终端能力（terminal capability），它涉及文本文件/etc/termcap和一套读此文件的例程。termcap这种技术是在伯克利开发的，注意是为了支持vi编辑器。termcap文件包含了对各种终端的说明：终端支持哪些功能（如行数、列数、终端是否支持退格），如何使终端执行某些操作（如清屏、将光标移动到给定位置）。把这些信息从编译过的程序中取出来并把它们放在易于编辑的文本文件中，这样就使得vi编辑器能在很多不同的终端上运行。

最后，将支持termcap文件的例程从vi编辑器中抽取出来，放在一个单独的curses库中。为使这套库可供要进行屏幕处理的任何程序使用，还增加了很多功能。

termcap这种技术并不是很完善。当越来越多的终端被加到数据文件中时，为找到一个特定的终端，需要花费更长的时间扫描此数据文件。这个数据文件还用两个字符的名字来标识不同的终端属性。这些缺陷迫使开发人员开发出了terminfo以及与其相关的curses库。在terminfo中，终端说明基本上都是文本说明的编译版本，在运行时易于被快速定位。terminfo最初由SVR2开始使用，此后所有System V的版本都使用它。

> 历史上，基于System V的系统使用terminfo，BSD派生的系统使用termcap，但是现在，系统通常两者都提供。然而Mac OS X仅支持terminfo。

Goodheart[1991]对terminfo和curses库进行了详细说明，但此书已不再增印。Strang[1986]说明了curses函数库的伯克利版本。Strang、Mui和O'Reilly[1988]则对termcap和terminfo进行了说明。

不论是termcap还是terminfo，它们本身都不处理本章所述及的问题：更改终端的模式、更改终端特殊字符、处理窗口大小等。它们所提供的是在各种终端上执行典型操作（清屏、移动光标）的方法。另一方面，在本章所述问题方面，curses能提供某种具体细节方面的帮助。curses提供了很多函数，用来设置原始模式、设置cbreak模式、打开和关闭回显等。注意，curses库是为基于字符的哑终端设计的，而如今，它们大部分已被以基于像素的图形终端所代替。

712

18.14 小结

终端有很多特征和选项，其中大多数都可按需进行更改。本章描述了很多更改终端操作（即更改特殊输入字符和可选择标志）的函数，还介绍了可对终端设备进行设置或恢复的各个终端特殊字符以及众多选项。

终端的输入模式有两种——规范的（每次一行）和非规范的。本章中包含了若干这两种工作模式的实例，也提供了一些函数，它们在POSIX.1终端选项和较早的BSD cbreak模式及原始模式之间进行映射。本章还说明了如何获取和改变终端窗口大小。

习题

18.1 编写一个调用 tty_raw 并且不恢复终端模式就终止的程序。如果系统提供 reset(1)命令（本书说明的 4 种平台全都提供），使用该命令恢复终端模式。

18.2 c_cflag 字段的 PARODD 标志允许我们设置奇检验或偶校验，而 BSD 中的 tip 程序也允许奇偶校验位为 0 或 1。它是如何实现的？

18.3 如果你系统中的 stty(1)命令输出 MIN 和 TIME 值，做下面的练习。登录系统两次，其中一次登录时打开 vi 编辑器，在另外一次登录中用 stty 命令确定 vi 设置的 MIN 和 TIME 值（因为 vi 将终端设置为非规范模式）。（如果你的终端上有窗口系统正在运行，那么你也可以进行同样的测试，方法是：登录一次，然后用两个分开的窗口。）

713

第19章

伪终端

19.1 引言

在第9章中，我们了解到，终端登录是经由自动提供终端语义的终端设备进行的。在终端和运行程序之间有一个终端行规程（见图18-2），通过该规程我们能够设置终端的特殊字符（如退格、行删除、中断等）。但是，当一个登录请求到达网络连接时，终端行规程并不是自动被加载到网络连接和登录shell之间的。图9-5显示了一个伪终端（pseudo terminal）设备驱动程序，用于提供终端语义。

伪终端除了用于网络登录，还有其他用途，本章将对此进行介绍。首先概要叙述如何使用伪终端，接着讨论某些特殊使用情况。然后，提供在多种平台下用于创建伪终端的函数，并使用这些函数编写一个程序，我们将该程序称为pty。将看到pty程序的各种用途：抄录在终端上输入和输出的所有字符（script(1)程序）；运行协同进程来避免图15-19中的程序遇到的缓冲区问题。

19.2 概述

伪终端这个术语是指，对于一个应用程序而言，它看上去像一个终端，但事实上它并不是一个真正的终端。图19-1显示了使用伪终端时，

715

相关进程的典型安排。图中的关键点如下。

- 通常，一个进程打开伪终端主设备，然后调用fork。子进程建立一个新的会话，打开一个相应的伪终端从设备，将其文件描述符复制到标准输入、标准输出和标准错误，然后调用exec。伪终端从设备成为子进程的控制终端。
- 对于伪终端从设备上的用户进程来说，其标准输入、标准输出和标准错误都是终端设备。通过这些描述符，用户进程能够处理第18章中的所有终端I/O函数。但是因为伪终端从设备不是真正的终端设备，所以无意义的函数调用（例如，改变波特率、发送中断符、设置奇偶校验）将被忽略。

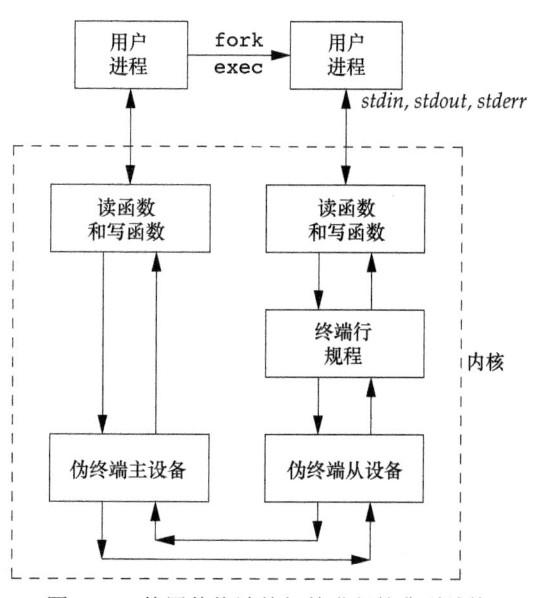

图19-1　使用伪终端的相关进程的典型结构

- 任何写到伪终端主设备的都会作为从设备的输入，反之亦然。事实上，所有从设备端的输入都来自于伪终端主设备上的用户进程。这看起来就像一个双向管道，但从设备上的终端行规程使我们拥有普通管道没有的其他处理能力。

图 19-1 显示了 FreeBSD、Mac OS X 或 Linux 系统中的伪终端结构。19.3 节将介绍如何打开这些设备。

在 Solaris 中，伪终端是使用 STREAMS 子系统构建的（见 14.4 节）。图 19-2 详细描述了 Solaris 中各个伪终端 STREAMS 模块的安排。虚线框中的两个 STREAMS 模块是可选的。pckt 和 ptem 模块帮助提供伪终端特有的语义。另外两个模块（ldterm 和 ttcompat）提供行规程处理。19.3 节将展示如何建立这些 STREAMS 模块的安排。

现在简化以上图示，不再画出图 19-1 中的“读函数和写函数”或图 19-2 中的“流首”。同时使用缩写“PTY”表示伪终端，并将图 19-2 中所有伪终端从设备之上的 STREAMS 模块合并在一起表示为“终端行规程”模块，像图 19-1 中的那样。

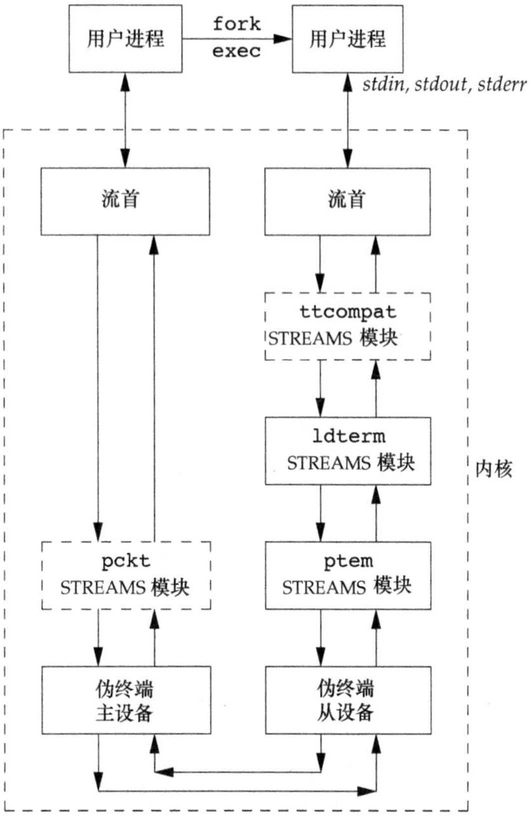

图 19-2 Solaris 中的伪终端安排

716

现在，我们来考察伪终端的某些典型用途。

1. **网络登录服务器**

伪终端可用于构造提供网络登录的服务器。典型的例子是 telnetd 和 rlogind 服务器。Stevens[1990]中的第 15 章详细讨论了提供 rlogin 服务的步骤。一旦登录 shell 运行在远端主机上，即可得到图 19-3 中所示的安排。telnetd 服务器使用类似的安排。

在 rlogind 服务器和登录 shell 之间有两个 exec 调用，这是因为 login 程序通常是在两个 exec 之间检验用户是否合法。

717

图 19-3 的一个关键点是，驱动 PTY 主设备的进程通常同时在读写另一个 I/O 流。本例中另一个 I/O 流是 TCP/IP 框。这表示该进程必然使用了某种形式的诸如 select 或 poll 这样的 I/O 多路转接（见 14.4 节），或者被分成两个进程或线程。

2. **窗口系统终端模拟**

窗口系统通常提供一个终端模拟器，这样我们就能在熟悉的命令行环境中通过 shell 来运行程序。终端模拟器作为 shell 和窗口管理器之间的媒介。每个 shell 在自己的窗口中执行。这个安排（两个 shell 运行在不同窗口）如图 19-4 所示。

shell 将自己的标准输入、标准输出、标准错误连接到 PTY 的从设备端。终端模拟器程序打开 PTY 的主设备。终端模拟器除了作为窗口子系统的接口，还要负责模拟一种特殊的终端，这意味着它需要根据它所模拟的设备类型来响应返回码。这些码列在 termcap 和 terminfo 数据库中。

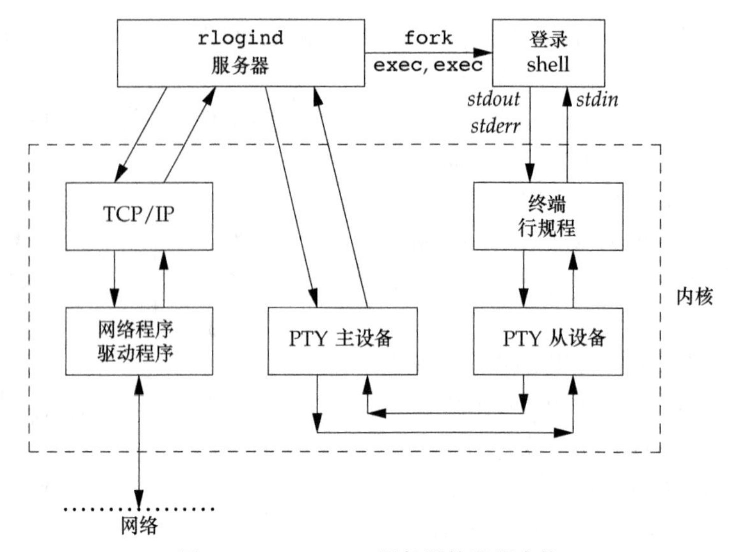

图 19-3 rlogind 服务器的进程安排

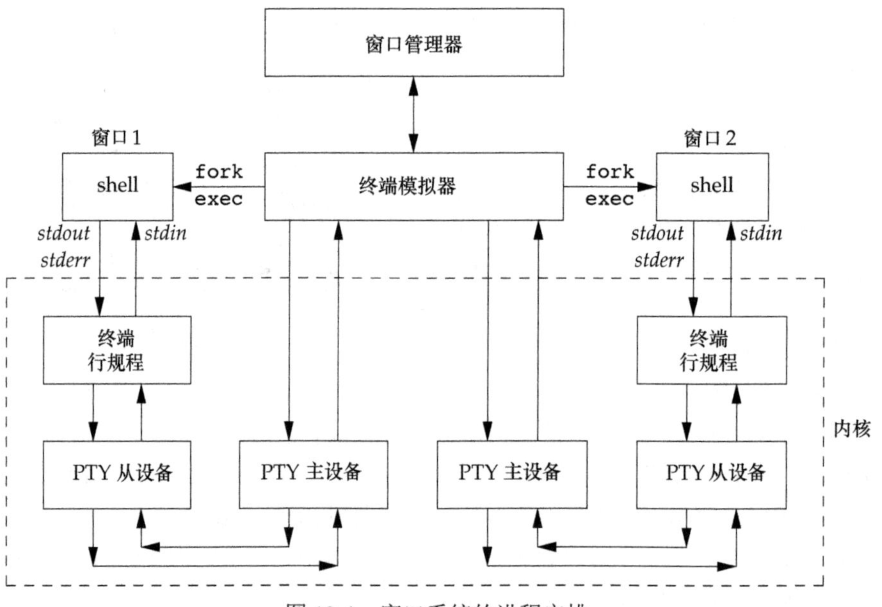

图 19-4 窗口系统的进程安排

当用户改变终端模拟器窗口的大小时，窗口管理器会通知终端模拟器。终端模拟器在 PTY 的主设备端发出 TIOCSWINSZ ioctl 命令来设置从设备的窗口大小。如果新的窗口大小和当前的不同，内核会发送一个 SIGWINCH 信号给前台 PTY 从设备的进程组。如果应用程序在窗口大小改变时需要重绘屏幕，它就会捕捉这个 SIGWINCH 信号，然后发出 TIOCSWINSZ ioctl 命令获得新的屏幕尺寸并重绘屏幕。

718

3. script 程序

script(1)程序是随大多数 UNIX 系统提供的，它将终端会话期间的所有输入和输出信息复制到一个文件中。为完成此工作，该程序将自己置于终端和一个新调用的登录 shell 之间。图 19-5 详细描述了 script 程序有关的交互。这里要特别指出，script 程序通常是从登录 shell 启动的，该 shell 还要等待 script 程序的终止。

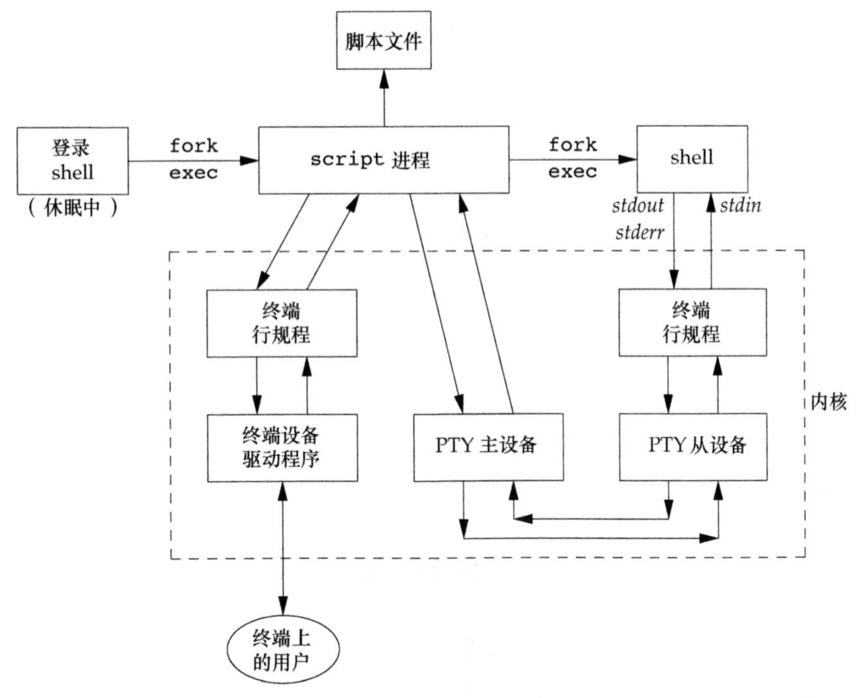

图 19-5 script 程序

script 程序运行时，位于 PTY 从设备上的终端行规程的所有输出都将复制到脚本文件中（通常称为 typescript）。因为击键通常由该行规程模块回显，所以该脚本文件也包括了输入的内容。但是，因为键入的口令不会回显，所以该脚本文件不会包含口令。

> 在编写本书第 1 版时，Rich Stevens 用 script 程序获取实例程序的输出。这样避免了手工复制程序输出可能带来的错误。但是，使用 script 的不足之处是必须处理脚本文件中的控制字符。 719

在 19.5 节开发了通用的 pty 程序后，我们将看到使用 pty 程序和一个简单的 shell 脚本就能够实现一个新版本的 script 程序。

4. expect 程序

伪终端可以用来在非交互模式中驱动交互式程序的运行。许多硬连线程序需要一个终端才能运行，passwd(1)命令就是一个例子，它要求用户在系统提示后输入口令。

为了支持批处理操作模式而修改所有交互式程序是非常麻烦的，与这种处理相比，一个更好的解决方法是通过一个脚本来驱动交互式程序。expect 程序[Libes 1990, 1991, 1994]提供了这样的方法。类似于 19.5 节的 pty 程序，它使用伪终端来运行其他程序。并且，expect 还提供了一种编程语言用于检查运行程序的输出，以确定用什么作为输入发送给该程序。当一个源自脚本的交互式的程序正在运行时，不能仅仅是将脚本中的所有内容复制到程序中去，或者将程序的输出送至脚本，而是必须要向程序发送某个输入，检查它的输出，并决定下一步发送给程序的内容。 720

5. 运行协同进程

在图 15-19 所示的协同进程的例子中，我们不能调用使用标准 I/O 库进行输入、输出的协同进程，这是因为当通过管道与协同进程进行通信时，标准 I/O 库会完全缓冲标准输入和标准输出，从而引起死锁。如果协同进程是一个已经编译的程序而我们又没有源程序，则无法在源程序中加入 fflush 语句来解决这个问题。图 15-16 显示了一个进程驱动协同进程的情况。我们需要做的是将一个伪终端放到两个进程之间（如图 19-6 所示），诱使协同进程认为它是由终端驱动的，而非另一个进程。

图 19-6　用伪终端驱动一个协同进程

现在协同进程的标准输入和标准输出就像终端设备一样，所以标准 I/O 库会将这两个流设置成行缓冲。

父进程有两种方法在自身和协同进程之间获得伪终端。（这种情况下的父进程可以类似图 15-18 中的程序，使用两个管道和协同进程进行通信。）一个方法是，父进程直接调用 pty_fork 函数（见 19.4 节）而不是调用 fork。另一种方法是，exec 该 pty 程序（见 19.5 节），将协同进程作为参数。我们将在给出 pty 程序后介绍这两种方法。

6. 观看长时间运行程序的输出

使用任何一个标准 shell，可以将一个需要长时间运行的程序放到后台运行。但是，如果将该程序的标准输出重定向到一个文件，并且它产生的输出又不多，那么我们就不能方便地监控程序的进展，因为标准 I/O 库将完全缓冲它的标准输出。我们看到的将只是标准 I/O 库函数写到输出文件中的成块输出，有时甚至可能是长度为 8 192 字节的数据块。

如果有源程序，则可以加入 fflush 调用强制标准 I/O 缓冲区在某些节点冲洗或者把缓冲模式改成使用 setvbuf 的行缓冲。然而，如果没有源程序，可以在 pty 程序下运行该程序，让标准 I/O 库认为标准输出是终端。图 19-7 显示了这个安排，我们将这个缓慢输出的程序称为 slowout。从登录 shell 到 pty 进程的 fort/exec 箭头是用虚线表示的，为的是强调 pty 进程是作为后台任务运行的。

721

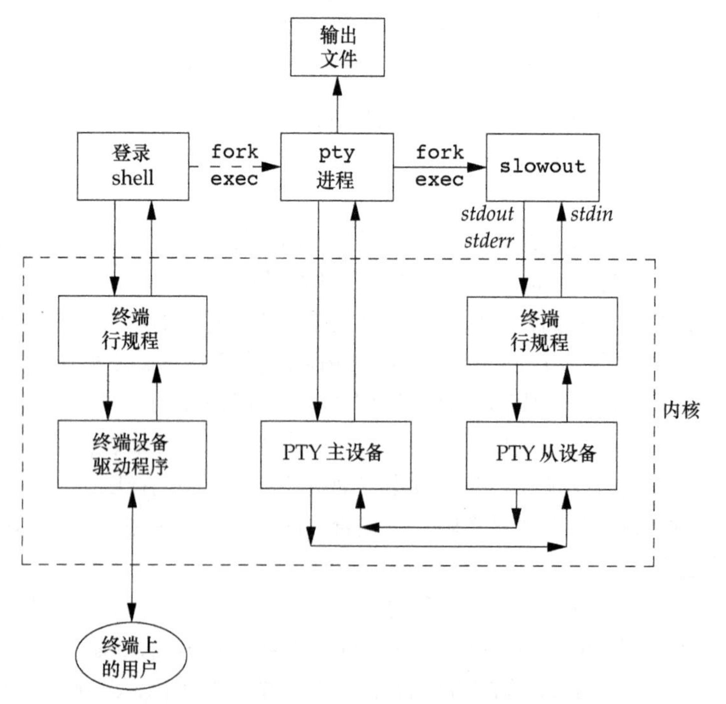

图 19-7　使用伪终端运行一个缓慢输出的程序

19.3 打开伪终端设备

PTY 表现得就像物理终端设备一样，因此应用程序就无须在意它们在使用的是何种设备。然而，在打开 PTY 设备文件时，应用程序并不需要设置 O_TTY_INIT 标识。Single UNIX Specification 已经要求 PTY 从设备端第一次被打开的时候要初始化，这样该设备正常工作所需要的所有非标准 termios 标识就都被设置了。这个要求旨在允许 PTY 设备和遵循 POSIX 的调用 tcgetattr 和 tcsetattr 的应用程序正确地运行。

各种平台打开伪终端设备的方法有所不同。在 Single UNIX Specification 的 XSI 扩展中包含了很多函数，试图统一这些方法。这些函数的基础是 SVR4 用于管理基于 STREAMS 的伪终端的一组函数。posix_openpt 函数提供了一种可移植的方法来打开下一个可用伪终端主设备。

```
#include <stdlib.h>
#include <fcntl.h>
int posix_openpt(int oflag);
```

返回值：若成功，返回下一个可用的 PTY 主设备文件描述符；若出错，返回-1

722

参数 *oflag* 是一个位屏蔽字，指定如何打开主设备，它类似于 open(2)的 *oflag* 参数，但是并不支持所有打开标志。对于 posix_openpt，可以指定 O_RDWR 来打开主设备进行读、写，指定 O_NOCTTY 来防止主设备成为调用者的控制终端。其他打开标志都会导致未定义的行为。

在伪终端从设备可用之前，它的权限必须设置，以便应用程序可以访问它。grantpt 函数提供这样的功能：它把从设备节点的用户 ID 设置为调用者的实际用户 ID，设置其组 ID 为一非指定值，通常是可以访问该终端设备的组。权限被设置为：对个体所有者是读/写，对组所有者是写（0620）。

实现通常将 PTY 从设备的组所有者设置为 tty 组。把那些要对系统中所有活动终端具有写权限的程序（如 wall(1)和 write(1)）的设置组 ID 设置为 tty 组。因为在 PTY 从设备上 tty 组的写权限是被允许的，所以这些程序就可以向活动终端写入。

```
#include <stdlib.h>
int grantpt(int fd);
int unlockpt(int fd);
```

两个函数的返回值：若成功，返回 0；若出错，返回-1

为了更改从设备节点的权限，grantpt 可能需要 fork 并 exec 一个设置用户 ID 程序（如在 Solaris 中是/usr/lib/pt_chmod）。于是，如果调用者捕捉到 SIGCHLD 信号，那么其行为是未说明的。

unlockpt 函数用于准予对伪终端从设备的访问，从而允许应用程序打开该设备。阻止其他进程打开从设备后，建立该设备的应用程序有机会在使用主、从设备之前正确地初始化这些设备。

注意，在 grantpt 和 unlockpt 这两个函数中，文件描述符参数是与伪终端主设备关联的文件描述符。

如果给定了伪终端主设备的文件描述符，那么可以用 ptsname 函数找到伪终端从设备的路径名。这使应用程序可以独立于给定平台的某种特定约定而标识从设备。注意，该函数返回的名字可能存储在静态存储中，因此后续的调用可能会覆盖它。

```
#include <stdlib.h>

char *ptsname(int fd);
```

返回值：若成功，返回指向PTY从设备名的指针；若出错，返回NULL

723

图19-8总结了Single UNIX Specification中的伪终端函数，指出了本书讨论的4种平台分别支持哪些函数。

函数	说明	XSI	FreeBSD 8.0	Linux 3.2.0	Mac OS X 10.6.8	Solaris 10
grantpt	更改PTY从设备的权限	•	•	•	•	•
posix_openpt	打开一个PTY主设备	•	•	•	•	•
ptsname	返回PTY从设备的名字	•	•	•	•	•
unlockpt	允许打开PTY从设备	•	•	•	•	•

图19-8　XSI伪终端函数

> 在FreeBSD中，grantpt和unlockpt除了参数验证外不执行任何操作，PTY是通过正确的权限动态地创建出来的。注意，FreeBSD定义O_NOCTTY标志只是为了兼容调用posix_openpt的应用程序。在FreeBSD中打开终端设备并不会引起分配控制终端的副作用，所以O_NOCTTY标志并无作用。

Single UNIX Specification已经改善了此方面的可移植性，但是差距仍然存在。我们提供了两个处理所有这些细节的函数：ptym_open和ptys_open。ptym_open打开下一个可用的PTY主设备，ptys_open打开相应的从设备。

```
#include "apue.h"

int ptym_open(char *pts_name, int pts_namesz);
```

返回值：若成功，返回PTY主设备文件描述符；若出错，返回-1

```
int ptys_open(char *pts_name);
```

返回值：若成功，返回PTY从设备文件描述符；若出错，返回-1

通常，不直接调用这两个函数，而是由函数pty_fork（见19.4节）调用它们，并且还会fork出一个子进程。

ptym_open函数打开下一个可用的PTY主设备。调用者必须分配一个数组来存放主设备或从设备的名字，并且如果调用成功，相应的从设备名会通过*pts_name*返回。然后，这个名字传给用来打开该从设备的ptys_open函数。缓冲区的字节长度由*pts_namesz*传送，使得ptym_open函数不会复制比该缓冲区长的字符串。

在说明pty_fork函数之后，提供两个函数来打开这两个设备的原因将会很明显。通常，一个进程调用ptym_open来打开一个主设备并且得到从设备名。该进程然后fork子进程，子进程在调用setsid建立新的会话后调用ptys_open打开从设备。这就是从设备如何成为子进程控制终端的过程（见图19-9）。

```
#include "apue.h"
#include <errno.h>
#include <fcntl.h>
#if defined(SOLARIS)
#include <stropts.h>
#endif
```

724

```
int
ptym_open(char *pts_name, int pts_namesz)
{
    char    *ptr;
    int     fdm, err;

    if ((fdm = posix_openpt(O_RDWR)) < 0)
        return(-1);
    if (grantpt(fdm) < 0)           /* grant access to slave */
        goto errout;
    if (unlockpt(fdm) < 0)          /* clear slave's lock flag */
        goto errout;
    if ((ptr = ptsname(fdm)) == NULL)  /* get slave's name */
        goto errout;

    /*
     * Return name of slave.  Null terminate to handle
     * case where strlen(ptr) > pts_namesz.
     */
    strncpy(pts_name, ptr, pts_namesz);
    pts_name[pts_namesz - 1] = '\0';
    return(fdm);                    /* return fd of master */
errout:
    err = errno;
    close(fdm);
    errno = err;
    return(-1);
}

int
ptys_open(char *pts_name)
{
    int fds;
#if defined(SOLARIS)
    int err, setup;
#endif

    if ((fds = open(pts_name, O_RDWR)) < 0)
        return(-1);

#if defined(SOLARIS)
    /*
     * Check if stream is already set up by autopush facility.
     */
    if ((setup = ioctl(fds, I_FIND, "ldterm")) < 0)
        goto errout;

    if (setup == 0) {
        if (ioctl(fds, I_PUSH, "ptem") < 0)
            goto errout;
        if (ioctl(fds, I_PUSH, "ldterm") < 0)
            goto errout;
        if (ioctl(fds, I_PUSH, "ttcompat") < 0) {
errout:
            err = errno;
```

725

```
            close(fds);
            errno = err;
            return(-1);
        }
    }
#endif
    return(fds);
}
```

图 19-9 伪终端打开函数

ptym_open 函数用 XSI PTY 函数找到并打开一个未被使用的 PTY 主设备，并初始化对应的 PTY 从设备。ptys_open 函数打开的是 PTY 从设备。然而在 Solaris 系统中，在 PTY 从设备表现得像个终端前，我们可能需要多做几步工作。

在 Solaris 中，打开从设备后，我们可能需要将 3 个 STREAMS 模块压入从设备的流中。伪终端仿真模块（ptem）和终端行规程模块（ldterm）合在一起像一个真正的终端一样工作。ttcompat 提供了对早期系统（如 V7、4BSD 和 Xenix）的 ioctl 调用的兼容性。这是一个可选的模块，但是因为对于网络登录，它是自动压入的，所以我们将它压入到从设备的流中。

也可能并不需要压入这 3 个模块，其原因是，它们可能已经位于流中。STREAMS 系统支持一种称为 autopush（自动压入）的工具，它允许系统管理员配置一张模块列表，只要打开一个特定设备，就将这些模块压入流中（详见 Rago[1993]）。使用 I_FIND ioctl 命令观察 ldterm 是否已在流中。如果是，则认为该流已用 autopush 机制配置，这样就无需再压入相应模块。

Linux、Mac OS X 和 Solaris 都遵循历史上 System V 的行为：如果调用者是一个还没有控制终端的会话首进程，这个打开（open）的调用会分配一个 PTY 从设备作为控制终端。如果不想让这种情况发生，可以在打开（open）时设置 O_NOCTTY 标志。然而，在 FreeBSD 中，打开 PTY 从设备不会产生分配其作为控制终端的副作用，下一节将探讨如何在 FreeBSD 中分配控制终端。

19.4 函数 pty_fork

现在使用上一节介绍的两个函数 ptym_open 和 ptys_open 来编写一个新函数，我们称之为 pty_fork。这个新函数具有如下功能：用 fork 调用打开主设备和从设备，创建作为会话首进程的子进程并使其具有控制终端。

726

```
#include "apue.h"

#include <termios.h>

pid_t pty_fork(int *ptrfdm, char *slave_name, int slave_namesz,
               const struct termios *slave_termios,
               const struct winsize *slave_winsize);
```

返回值：子进程中返回 0；父进程中返回子进程的进程 ID；若出错，返回−1

PTY 主设备的文件描述符通过 *ptrfdm* 指针返回。

如果 *slave_name* 不为空，从设备名被存储在该指针指向的存储区中。调用者必须为该存储区分配空间。

如果指针 *slave_termios* 不为空，则系统使用该指针所引用的结构初始化从设备的终端行规程。如果该指针为空，那么系统将会把从设备的 termios 结构设置成实现定义的初始状态。类似地，如果*slave_winsize*指针不为空，那么按该指针所引用的结构初始化从设备的窗口大小。如果该指针为空，winsize结构通常被初始化为0。

图19-10显示了该函数的代码。它调用相应的ptym_open和ptys_open函数，在本书讨论的4种平台上，pty_fork函数都能工作。

```
#include "apue.h"
#include <termios.h>

pid_t
pty_fork(int *ptrfdm, char *slave_name, int slave_namesz,
         const struct termios *slave_termios,
         const struct winsize *slave_winsize)
{
    int     fdm, fds;
    pid_t   pid;
    char    pts_name[20];

    if ((fdm = ptym_open(pts_name, sizeof(pts_name))) < 0)
        err_sys("can't open master pty: %s, error %d", pts_name, fdm);

    if (slave_name != NULL) {
        /*
         * Return name of slave.  Null terminate to handle case
         * where strlen(pts_name) > slave_namesz.
         */
        strncpy(slave_name, pts_name, slave_namesz);
        slave_name[slave_namesz - 1] = '\0';
    }

    if ((pid = fork()) < 0) {
        return(-1);
    } else if (pid == 0) {        /* child */
        if (setsid() < 0)
            err_sys("setsid error");

        /*
         * System V acquires controlling terminal on open().
         */
        if ((fds = ptys_open(pts_name)) < 0)
            err_sys("can't open slave pty");
        close(fdm);       /* all done with master in child */

#if defined(BSD)
        /*
         * TIOCSCTTY is the BSD way to acquire a controlling terminal.
         */
        if (ioctl(fds, TIOCSCTTY, (char *)0) < 0)
            err_sys("TIOCSCTTY error");
#endif
        /*
         * Set slave's termios and window size.
         */
        if (slave_termios != NULL) {
            if (tcsetattr(fds, TCSANOW, slave_termios) < 0)
```

```
            err_sys("tcsetattr error on slave pty");
        }
        if (slave_winsize != NULL) {
            if (ioctl(fds, TIOCSWINSZ, slave_winsize) < 0)
                err_sys("TIOCSWINSZ error on slave pty");
        }

        /*
         * Slave becomes stdin/stdout/stderr of child.
         */
        if (dup2(fds, STDIN_FILENO) != STDIN_FILENO)
            err_sys("dup2 error to stdin");
        if (dup2(fds, STDOUT_FILENO) != STDOUT_FILENO)
            err_sys("dup2 error to stdout");
        if (dup2(fds, STDERR_FILENO) != STDERR_FILENO)
            err_sys("dup2 error to stderr");
        if (fds != STDIN_FILENO && fds != STDOUT_FILENO &&
          fds != STDERR_FILENO)
            close(fds);
        return(0);        /* child returns 0 just like fork() */
    } else {              /* parent */
        *ptrfdm = fdm;    /* return fd of master */
        return(pid);      /* parent returns pid of child */
    }
}
```

图 19-10 pty_fork 函数

在打开 PTY 主设备后，调用 fork。正如前面提到的，子进程先调用 setsid 建立新的会话，然后才调用 ptys_open。当调用 setsid 时，子进程还不是一个进程组的首进程，因此执行 9.5 节中列出的 3 个操作步骤：(a) 子进程创建一个新的会话，它是该会话的首进程；(b) 子进程创建一个新的进程组；(c) 子进程断开与以前可能有的控制终端的关联，于是不再有控制终端。在 Linux、Mac OS X 和 Solaris 系统中，当调用 ptys_open 时，从设备成为新会话的控制终端。在 FreeBSD 系统中，必须调用 TIOCSCTTY ioctl 来分配一个控制终端。(回想图 9-8，其他 3 个平台也支持 TIOCSCTTY ioctl 命令，但是只有在 FreeBSD 中需要我们去调用它。)

termios 和 winsize 这两个结构在子进程中初始化。最后从设备的文件描述符被复制到子进程的标准输入、标准输出和标准错误中。这意味着不管子进程以后调用 exec 执行何种程序，它都具有同 PTY 从设备（其控制终端）联系起来的上述 3 个描述符。

在调用 fork 后，父进程返回 PTY 主设备的描述符以及子进程的进程 ID。下一节将在 pty 程序中使用 pty_fork 函数。

19.5 pty 程序

编写 pty 程序的目的是用

```
pty prog arg1 arg2
```

来代替

```
prog arg1 arg2
```

当用 pty 来执行另一个程序时，那个程序在一个它自己的会话中执行，并和一个伪终端连接。

让我们查看 pty 程序的源代码。第一个文件（见图 19-11）包含 main 函数。它调用上一节的 pty_fork 函数。

```
#include "apue.h"
#include <termios.h>

#ifdef LINUX
#define OPTSTR "+d:einv"
#else
#define OPTSTR "d:einv"
#endif

static void  set_noecho(int);       /* at the end of this file */
void         do_driver(char *);     /* in the file driver.c */
void         loop(int, int);        /* in the file loop.c */

int
main(int argc, char *argv[])
{
    int             fdm, c, ignoreeof, interactive, noecho, verbose;
    pid_t           pid;
    char           *driver;
    char            slave_name[20];
    struct termios  orig_termios;
    struct winsize  size;

    interactive = isatty(STDIN_FILENO);
    ignoreeof = 0;
    noecho = 0;
    verbose = 0;
    driver = NULL;

    opterr = 0;         /* don't want getopt() writing to stderr */
    while ((c = getopt(argc, argv, OPTSTR)) != EOF) {
        switch (c) {
        case 'd':       /* driver for stdin/stdout */
            driver = optarg;
            break;

        case 'e':       /* noecho for slave pty's line discipline */
            noecho = 1;
            break;

        case 'i':       /* ignore EOF on standard input */
            ignoreeof = 1;
            break;

        case 'n':       /* not interactive */
            interactive = 0;
            break;

        case 'v':       /* verbose */
            verbose = 1;
```

727
~
729

```
                break;

            case '?':
                err_quit("unrecognized option: -%c", optopt);
            }
    }
    if (optind >= argc)
        err_quit("usage: pty [ -d driver -einv ] program [ arg ... ]");

    if (interactive) {      /* fetch current termios and window size */
        if (tcgetattr(STDIN_FILENO, &orig_termios) < 0)
            err_sys("tcgetattr error on stdin");
        if (ioctl(STDIN_FILENO, TIOCGWINSZ, (char *) &size) < 0)
            err_sys("TIOCGWINSZ error");
        pid = pty_fork(&fdm, slave_name, sizeof(slave_name),
          &orig_termios, &size);
    } else {
        pid = pty_fork(&fdm, slave_name, sizeof(slave_name),
          NULL, NULL);
    }

    if (pid < 0) {
        err_sys("fork error");
    } else if (pid == 0) {              /* child */
        if (noecho)
            set_noecho(STDIN_FILENO); /* stdin is slave pty */

        if (execvp(argv[optind], &argv[optind]) < 0)
            err_sys("can't execute: %s", argv[optind]);
    }

    if (verbose) {
        fprintf(stderr, "slave name = %s\n", slave_name);
        if (driver != NULL)
            fprintf(stderr, "driver = %s\n", driver);
    }

    if (interactive && driver == NULL) {
        if (tty_raw(STDIN_FILENO) < 0) /* user's tty to raw mode */
            err_sys("tty_raw error");
        if (atexit(tty_atexit) < 0)    /* reset user's tty on exit */
            err_sys("atexit error");
    }

    if (driver)
        do_driver(driver);    /* changes our stdin/stdout */

    loop(fdm, ignoreeof);     /* copies stdin -> ptym, ptym -> stdout */

    exit(0);
}

static void
set_noecho(int fd)            /* turn off echo (for slave pty) */
{
```

730

```
    struct termios    stermios;

    if (tcgetattr(fd, &stermios) < 0)
        err_sys("tcgetattr error");

    stermios.c_lflag &= ~(ECHO | ECHOE | ECHOK | ECHONL);

    /*
     * Also turn off NL to CR/NL mapping on output.
     */
    stermios.c_oflag &= ~(ONLCR);

    if (tcsetattr(fd, TCSANOW, &stermios) < 0)
        err_sys("tcsetattr error");
}
```

图 19-11　pty 程序的 main 函数

下一节介绍 pty 程序的不同用途时，将看到多种命令行选项。getopt 函数帮助我们以协调一致的模式分析命令行参数。为了在 Linux 系统中强制 POSIX 行为，我们将选项字符串的第一个字符设置为加号。

731

在调用 pty_fork 前，我们获取 termios 和 winsize 结构的当前值，将其作为参数传递给 pty_fork。通过这种方法，PTY 从设备具有和当前终端相同的初始状态。

子进程从 pty_fork 返回后，可选地关闭了 PTY 从设备的回显，然后调用 execvp 来执行命令行指定的程序。所有余下的命令行参数将成为该程序的参数。

父进程可选地将用户终端设置为原始模式。在这种情况下，父进程还要设置退出处理程序，使得在调用 exit 时复原终端状态。下一节将描述 do_driver 函数。

接下来，父进程调用函数 loop（见图 19-12），该函数仅仅是将从标准输入接收到的所有内容复制到 PTY 主设备，并将 PTY 主设备接收到的所有内容复制到标准输出。尽管使用 select 或 poll 的单进程或多线程是可行的，但是为了有所变化，这里使用了两个进程。

```
#include "apue.h"

#define  BUFFSIZE 512

static void  sig_term(int);
static volatile sig_atomic_t   sigcaught;   /* set by signal handler */

void
loop(int ptym, int ignoreeof)
{
    pid_t    child;
    int      nread;
    char     buf[BUFFSIZE];

    if ((child = fork()) < 0) {
        err_sys("fork error");
    } else if (child == 0) {   /* child copies stdin to ptym */
        for ( ; ; ) {
            if ((nread = read(STDIN_FILENO, buf, BUFFSIZE)) < 0)
                err_sys("read error from stdin");
            else if (nread == 0)
```

```
                break;        /* EOF on stdin means we're done */
            if (writen(ptym, buf, nread) != nread)
                err_sys("writen error to master pty");
        }

        /*
         * We always terminate when we encounter an EOF on stdin,
         * but we notify the parent only if ignoreeof is 0.
         */
        if (ignoreeof == 0)
            kill(getppid(), SIGTERM); /* notify parent */
        exit(0); /* and terminate; child can't return */
    }

    /*
     * Parent copies ptym to stdout.
     */
    if (signal_intr(SIGTERM, sig_term) == SIG_ERR)
        err_sys("signal_intr error for SIGTERM");

    for ( ; ; ) {
        if ((nread = read(ptym, buf, BUFFSIZE)) <= 0)
            break;        /* signal caught, error, or EOF */
        if (writen(STDOUT_FILENO, buf, nread) != nread)
            err_sys("writen error to stdout");
    }

    /*
     * There are three ways to get here: sig_term() below caught the
     * SIGTERM from the child, we read an EOF on the pty master (which
     * means we have to signal the child to stop), or an error.
     */
    if (sigcaught == 0)   /* tell child if it didn't send us the signal */
        kill(child, SIGTERM);

    /*
     * Parent returns to caller.
     */
}

/*
 * The child sends us SIGTERM when it gets EOF on the pty slave or
 * when read() fails.  We probably interrupted the read() of ptym.
 */
static void
sig_term(int signo)
{
    sigcaught = 1;        /* just set flag and return */
}
```

732

图 19-12 loop 函数

注意，因为使用了两个进程，所以一个终止时，必须通知另一个。我们用 SIGTERM 信号进行这种通知。

19.6 使用pty程序

接下来看几个pty程序的应用实例，并了解使用不同命令行选项的必要性。

如果使用 Korn shell，那么我们执行命令：

```
pty ksh
```

会得到一个运行在伪终端下的全新 shell。

如果文件ttyname包含了图 18-16 中所示的程序，那么可按如下模式执行pty程序： 733

```
$ who
sar console May 19 16:47
sar ttys000 May 19 16:47
sar ttys001 May 19 16:48
sar ttys002 May 19 16:48
sar ttys003 May 19 16:49
sar ttys004 May 19 16:49          ttys004 是当前使用的最高 PTY 设备
$ pty ttyname                     在 PTY 上运行图 18-16 中的程序
fd 0: /dev/ttys005                ttys005 是下一个可用的 PTY
fd 1: /dev/ttys005
fd 2: /dev/ttys005
```

1. utmp文件

6.8 节讨论过记录当前登录到 UNIX 系统的用户的utmp文件。那么在伪终端上运行程序的用户是否被认为是登录了呢？如果是用telnetd和rlogind远程登录，显然在伪终端上登录的用户应该在utmp文件中有相应记录项。但是，通过窗口系统或script类程序在伪终端上运行 shell 的用户是否应该在utmp文件中有相应记录项呢？有的系统有记录，有的没有。如果在utmp文件中没有记录的话，who(1)程序一般不会显示相应伪终端正在被使用。

除非utmp文件允许其他用户的写权限（这被认为是一个安全漏洞），否则一般使用伪终端的程序将不能对utmp文件进行写操作。

2. 作业控制交互

当在pty下运行作业控制 shell 时，它能够正常地运行。例如，

```
pty ksh
```

将在pty下运行 Korn shell。我们能够在这个新 shell 下运行程序并使用作业控制，这如同在登录 shell 中一样。但如果在pty下运行一个交互式程序而不是作业控制 shell，例如，

```
pty cat
```

那么在键入作业控制挂起字符之前该程序的运行一切正常。而在键入作业控制挂起字符时，作业控制挂起字符将会被显示为^Z，并且被忽略。在早期基于 BSD 的系统中，cat进程终止，pty进程终止，回到初始登录 shell。为了明白其中的原因，我们需要检查所有相关的进程以及这些进程所属的进程组和会话。图 19-13 显示了pty cat运行时的安排。

键入挂起字符（Ctrl+Z）时，它被cat进程下的行规程模块所识别，这是因为pty将终端（在pty父进程之下）设置为原始模式。但内核不会停止cat进程，这是因为它属于一个孤儿进程组（见 9.10 节）。cat的父进程是pty父进程，它属于另一个会话。 734

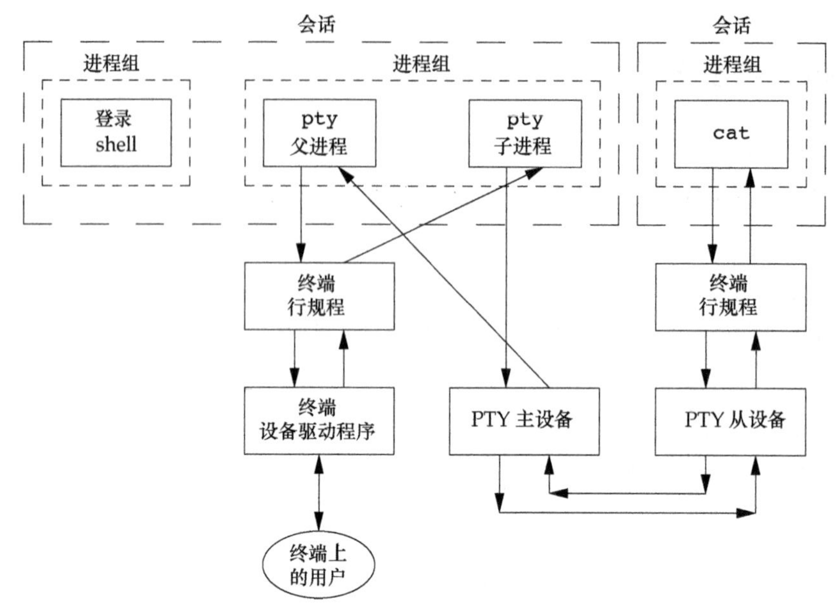

图 19-13 pty cat 的进程组和会话

历史上，不同的系统处理这种情况的方法也不同。POSIX.1 只是说明 SIGTSTP 信号不能被发送给进程。4.3BSD 的派生系统向进程递送一个它从不捕获的 SIGKILL 信号。4.4BSD 没有采用发送 SIGKILL 信号的方法，转而采用符合于 POSIX.1 的处理方法。如果 SIGTSTP 信号具有默认配置，并且传递给孤儿进程组中的一个进程，那么 4.4BSD 的内核会无声息地丢弃 SIGTSTP 信号。大多数当前的实现都采用这种处理模式。

当我们使用 pty 来运行作业控制 shell 时，被这个新 shell 调用的作业绝不会是任何孤儿进程组的成员，这是因为作业控制 shell 总是属于同一个会话。在这种情况下，键入的 Ctrl+Z 被发送到由 shell 调用的进程，而不是 shell 本身。

让 pty 调用的进程能够处理作业控制信号的唯一的方法是：另外增加一个 pty 命令行标志，使 pty 子进程自己能够识别作业挂起字符（在 pty 子进程中），而不是让该字符穿越所有路程而到达另一个行规程模块。

3. 检查长时间运行程序的输出

735

另一个使用 pty 进行作业控制交互的实例见图 19-7。如果运行一个缓慢产生输出的程序：

```
pty slowout > file.out &
```

当子进程试图从标准输入（终端）读入数据时，pty 进程立刻停止运行。这是因为该作业是一个后台作业，并且当它试图访问终端时会使作业控制停止。如果将标准输入重定向使得 pty 不从终端读取数据，如：

```
pty slowout < /dev/null > file.out &
```

那么 pty 程序也立即停止，因为它从标准输入和终端读取到一个文件结束符。解决这个问题的方法是使用-i 选项，这个选项的含义是忽略来自标准输入的文件结束符：

```
pty -i slowout < /dev/null > file.out &
```

这个标志导致在遇到文件结束符时，图 19-13 的 pty 子进程退出，但子进程不会告诉父进程终止。相反，父进程一直将 PTY 从设备的输出复制到标准输出（本例中是文件 file.out）。

4. script 程序

使用 pty 程序可以把 script(1)程序实现成下面 shell 脚本：

```
#!/bin/sh
pty "${SHELL:-/bin/sh}" | tee typescript
```

一旦执行这个 shell 脚本，即可执行 ps 命令来观察进程之间的关系。图 19-14 详细地显示了这些关系。

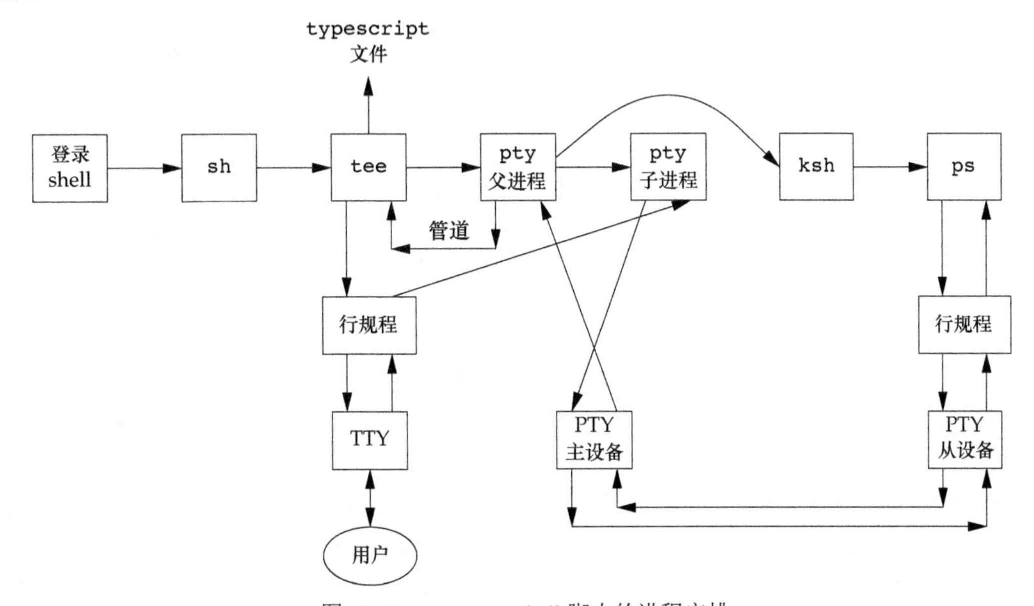

图 19-14 script shell 脚本的进程安排

736

在这个例子中，假设 SHELL 变量是 Korn shell（可能是/bin/ksh）。如前面所述，script 仅仅是将新的 shell（和它调用的所有的子进程）的输出复制出来，但是因为 PTY 从设备上的行规程模块通常允许回显，所以绝大多数键入也都被写到 typescript 文件中。

5. 运行协同进程

在图 15-8 所示的程序中，协同进程不能使用标准 I/O 函数，其原因是标准输入和标准输出不是终端，所以标准 I/O 函数会将它们放到缓冲区中。如果把

```
if (execl("./add2", "add2", (char *)0) < 0)
```

替换成

```
if (execl("./pty", "pty", "-e", "add2", (char *)0) < 0)
```

在 pty 下运行协同进程，该程序即使使用了标准 I/O 仍然可以正确运行。

图 19-15 显示了在使用伪终端作为协同进程的输入和输出时，进程的安排。这是图 19-6 的扩充，它显示了所有的进程连接和数据流。框中的“驱动程序”是按前面的说明更改了 execl 的图 15-8 的程序。

这一实例显示了-e（不回显）选项对 pty 程序的重要性。因为 pty 程序的标准输入没有连接到终端，所以它不以交互方式运行。在图 19-11 程序中，interactive 标志默认为假，这是因为对 isatty 调用的返回是假。这意味着真正终端上的行规程保持在规范模式下，并允许回显。指定-e 选项后，关掉了 PTY 从设备上的行规程模块的回显。如果不这样做，则键入的每一个

737

字符都将被两个行规程模块各回显一次。

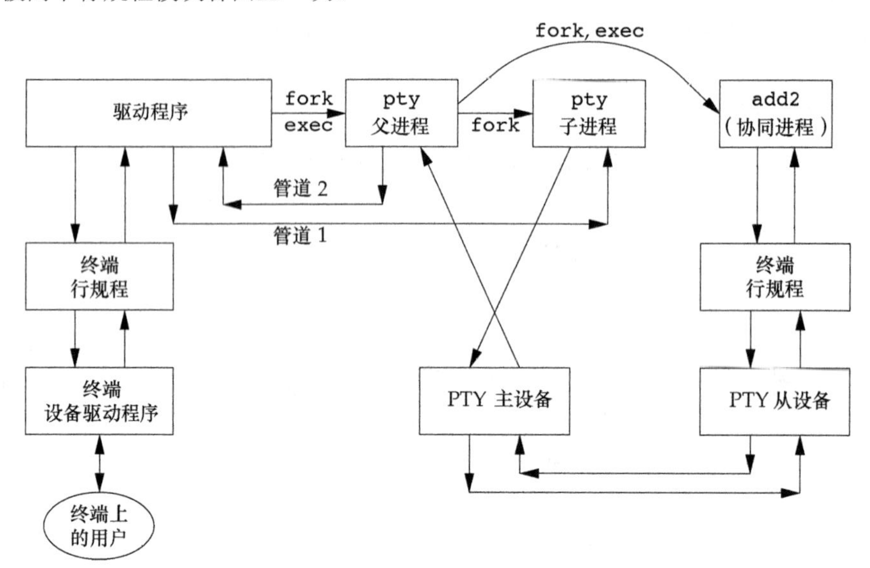

图 19-15 运行一个协同进程，以伪终端作为其输入和输出

还能用-e 选项关闭 termios 结构的 ONLCR 标志，以防止所有协同进程的输出被回车和换行符终止。

在不同的系统上测试这个例子，会遇到 14.7 节中描述 readn 和 writen 函数时顺便提到的同样问题。当描述符引用的不是普通磁盘文件时，从 read 返回的数据量可能会因两个实现之间的不同而有所区别。使用 pty 的协同进程实例产生了非预期的结果，其原因可追溯至图 15-18 的程序中读管道的 read 函数，它返回的结果不足一行。解决方法是不使用图 15-18 中的程序，而是要使用来自于习题 15.5 针对这个程序的另外一个版本，这个版本改用标准 I/O 库，将两个管道的标准 I/O 流都设置为行缓冲。这样，fgets 函数将会读完一个整行。图 15-18 的程序中的 while 循环假设发送到协同进程的每一行都会带来一行的返回结果。

6．非交互地驱动交互式程序

虽然让 pty 运行任意协同进程，甚至交互式的协同进程的想法很诱人，但这是行不通的。问题在于 pty 只是将其标准输入复制到 PTY，并将来自 PTY 的数据复制到其标准输出，而并不关心具体发送的或得到的是什么数据。

举个例子，我们可以在 pty 下运行 telnet 命令，直接与远程主机对话：

```
pty telnet 192.168.1.3
```

这样做与直接键入 telnet 192.168.1.3 相比，并没有带来更多的好处，但我们可能希望在一个脚本中运行 telnet 程序，其目的很可能是要检验远程主机的某个条件。如果 telnet.cmd 文件包括下面 4 行：

```
sar
passwd
uptime
exit
```

第 1 行是登录到远程主机时使用的用户名，第 2 行是口令，第 3 行是希望运行的命令，第 4 行终止此会话。如果按下列方式运行此脚本：

```
pty -i < telnet.cmd telnet 192.168.1.3
```

那么，它不会像我们所想的那样操作。而是，telnet.cmd 文件的内容在还没有得到机会提示我们输入账户名和口令之前，就被发送到了远程主机。当它关闭回显而读口令时，login 使用 tcsetattr 选项，于是丢弃了已在队列中的所有数据。这样一来，我们发送的数据就被丢掉了。

738

当以交互方式运行 telnet 程序时，我们等待远程主机发出输入口令的提示，然后再键入口令，但是 pty 程序不知道这样做。这就是需要一个比 pty 更巧妙的程序，如 expect，从脚本文件驱动交互式程序的原因。

即使如前所示那样从图 15-18 程序运行 pty，这也没有任何帮助。因为图 15-18 中的程序认为它在一个管道写入的每一行都会在另一个管道产生一行。对于一个交互式程序，输入一行可能产生多行输出。更进一步，图 15-18 中的程序在从协同进程读之前，它总是先发送一行给该进程。如果想在发送给协同进程一些数据之前从协同进程处读，这种策略就行不通了。

有一些从 shell 脚本驱动交互式程序的方法。可以在 pty 上增加一种命令语言和一个解释器。但是一个适当的命令语言可能十倍于 pty 程序的大小。另一种选择是使用命令语言并用 pty_fork 函数来调用交互式程序，这正是 expect 程序所做的。

我们将采用一种不同的途径，使用选项-d 使 pty 程序的输入和输出与驱动进程连接起来。该驱动进程的标准输出是 pty 的标准输入，反之亦然。这有点像协同进程，只是在 pty 的“另一边”。此种进程结构与图 19-15 中所示的几乎相同，只是在这种场景中，由 pty 来完成驱动进程的 fork 和 exec。而且我们在 pty 和驱动进程二者之间使用的是一个双向的流管道，而不是两个半双工管道。

图 19-16 展示的是 do_driver 函数的源代码，在使用-d 选项时，该函数由 pty（见图 19-11）的 main 函数调用。

```
#include "apue.h"

void
do_driver(char *driver)
{
    pid_t    child;
    int      pipe[2];

    /*
     * Create a full-duplex pipe to communicate with the driver.
     */
    if (fd_pipe(pipe) < 0)
        err_sys("can't create stream pipe");

    if ((child = fork()) < 0) {
        err_sys("fork error");
    } else if (child == 0) {        /* child */
        close(pipe[1]);

        /* stdin for driver */
        if (dup2(pipe[0], STDIN_FILENO) != STDIN_FILENO)
            err_sys("dup2 error to stdin");
```

739

```
        /* stdout for driver */
        if (dup2(pipe[0], STDOUT_FILENO) != STDOUT_FILENO)
            err_sys("dup2 error to stdout");
        if (pipe[0] != STDIN_FILENO && pipe[0] != STDOUT_FILENO)
            close(pipe[0]);

        /* leave stderr for driver alone */
        execlp(driver, driver, (char *)0);
        err_sys("execlp error for: %s", driver);
    }

    close(pipe[0]);        /* parent */
    if (dup2(pipe[1], STDIN_FILENO) != STDIN_FILENO)
        err_sys("dup2 error to stdin");
    if (dup2(pipe[1], STDOUT_FILENO) != STDOUT_FILENO)
        err_sys("dup2 error to stdout");
    if (pipe[1] != STDIN_FILENO && pipe[1] != STDOUT_FILENO)
        close(pipe[1]);

    /*
     * Parent returns, but with stdin and stdout connected
     * to the driver.
     */
}
```

图 19-16　pty 程序的 do_driver 函数

通过我们自己编写由 pty 调用的驱动程序，可以按我们所希望的方式驱动交互式程序。即使驱动程序有和 pty 连接在一起的标准输入和标准输出，驱动进程仍然可以通过读、写/dev/tty 同用户交互。这个解决方法仍不如 expect 程序通用，但是它用不到 50 行的代码提供了 pty 的一种实用的选项。

19.7　高级特性

伪终端还有其他特性，我们在这里简略提一下。Sun Microsystems[2002]和 BSD pts(4)的手册页对此有更详细的说明。

1. 打包模式

打包模式（packet mode）能够使 PTY 主设备了解到 PTY 从设备的状态变化。在 Solaris 系统中，可以通过将 STREAMS 模块 pckt 压入 PTY 主设备端来设置这种模式。图 19-2 显示了这种可选模块。在 FreeBSD、Linux 和 Mac OS X 中，可以用 TIOCPKT ioctl 命令来设置这种模式。

Solaris 和其他平台相比较，具体的打包模式有所不同。在 Solaris 中，读取 PTY 主设备的进程必须调用 getmsg 从流首取得消息，这是因为 pckt 模块将一些事件转化成了无数据的 STREAMS 消息。在其他平台中，每一次对 PTY 主设备的读操作都会返回带有可选数据的状态字节。

740

无论实现细节如何，打包模式的目的是，当 PTY 从设备上的行规程模块出现以下事件时，通知进程从 PTY 主设备读取数据：读队列被冲洗；写队列被冲洗，输出被停止（如 Ctrl+S），输出重新开始，XON/XOFF 流控制被禁用后重新启用，XON/XOFF 流控制被启用后重新禁用。这些事件由 rlogin 客户进程和 rlogind 服务器进程使用。

2. 远程模式

PTY 主设备可以用 TIOCREMOTE ioctl 命令将 PTY 从设备设置成远程模式。虽然 FreeBSD、Mac OS X 10.6.8 和 Solaris 10 使用同样的命令来启用或禁用这个特性，但是在 Solaris 中，ioctl 的第三个参数是一个整型数，而在 Mac OS X 中则是一个指向整型数的指针。（FreeBSD 8.0 和 Linux 3.2.0 不支持这一命令。）

当 PTY 主设备将 PTY 从设备设置成这种模式时，它通知 PTY 从设备上的行规程模块对从主设备接收到的任何数据都不进行任何处理，不管从设备 termios 结构中的规范或非规范标志是否设置，都是这样。远程模式适用于窗口管理器这种进行自己的行编辑的应用程序。

3. 窗口大小变化

PTY 主设备上的进程可以用 TIOCSWINSZ ioctl 命令来设置从设备的窗口大小。如果新的大小和当前的大小不同，SIGWINCH 信号将被发送到 PTY 从设备的前台进程组。

4. 信号发生

读、写 PTY 主设备的进程可以向 PTY 从设备的进程组发送信号。在 Solaris 10 中，可以用 TIOCSIGNAL ioctl 命令做到这一点。在 FreeBSD 8.0、Linux 3.2.0 和 Mac OS X 10.6.8 中，用 TIOCSIG ioctl 来做到这一点。在这两种情况下，第三个参数都是信号编号值。

19.8 小结

本章开始部分简要叙述了如何使用伪终端，并观察了某些应用实例。接着，分析说明了在本书讨论的 4 种平台上打开伪终端所需的代码。然后用此代码提供了通用 pty_fork 函数，它可用于多种不同的应用。该函数是小程序（pty）的基础，我们使用这一程序揭示了伪终端的许多属性。

伪终端在大多数 UNIX 系统中每天都被用来进行网络登录。我们还检查了伪终端的许多其他用途，从 script 程序到使用批处理脚本来驱动交互式程序等。

741

习题

19.1 当用 telnet 或 rlogin 远程登录到一个 BSD 系统上时，像我们在 19.3 节讨论过的那样，PTY 从设备的所有权和权限被设置。该过程是如何发生的？

19.2 使用 pty 程序来确定你的系统用于初始化 PTY 从设备的 termios 结构和 winsize 结构的值。

19.3 重写 loop 函数（见图 19-12），使之成为使用 select 或 poll 的单个进程。

19.4 在子进程中，pty_fork 返回后，标准输入、标准输出和标准错误都以读写模式打开。能够将标准输入变成只读，另两个变成只写吗？

19.5 在图 19-13 中，指出哪些进程组是前台的，哪些进程组是后台的，并指出会话首进程。

19.6 在图 19-13 中，当键入文件终止符时，进程终止的顺序是什么？如果可能的话，用进程会计信息验证之。

19.7 script(1)程序通常在输出文件头增加一行说明它的开始时间，在输出文件末尾增加一行说明它的结束时间。将这些特性添加到本章展示的简单的 shell 脚本中。

19.8 解释为什么在下面的例子中，即使程序 ttyname（见图 18-16）只产生输出而不读入的情况下，文件 data 的内容还被输出到终端上。

```
$ cat data                          一个两行的文件
hello,
world
$ pty -i < data ttyname -i          -i 表示忽略 stdin 的文件结束标志
hello,                              这两行来自何处?
world
fd 0:/dev/ttys005                   我们期望 ttyname 输出这 3 行
fd 1:/dev/ttys005
fd 2:/dev/ttys005
```

19.9 编写一个调用 pty_fork 的程序，该程序有一个子进程，该子进程 exec 另一个你写的程序。子进程 exec 的新程序能够捕获 SIGTERM 和 SIGWINCH。当捕获到信号时，要打印出有关消息，并且对于后一种信号，还要打印终端窗口大小。然后让父进程用 19.7 节描述过的 ioctl 命令向 PTY 从设备的进程组发送 SIGTERM 信号。从 PTY 从设备读回消息并验证捕获到了该信号。接下来由父进程设置 PTY 从设备窗口的大小，并再读回 PTY 从设备的输出。让父进程退出（exit）并确定 PTY 从设备进程是否也要终止；如果要终止，应如何终止？

742

第 20 章

数据库函数库

20.1 引言

20 世纪 80 年代早期，UNIX 系统被认为不适合运行多用户数据库系统（见 Stonebraker[1981] 和 Weinberger[1982]）。早期的系统（如 V7），因为没有提供任何形式的 IPC 机制（除了半双工管道），也没有提供任何形式的字节范围锁机制，所以确实不适合运行多用户数据库系统。但是，这些缺陷中的大多数都已得到纠正。到 20 世纪了 80 年代后期，UNIX 系统已为运行可靠的、多用户的数据库系统提供了一个适合的环境。自那时以来，很多商业公司都已提供这种数据库系统。

本章将开发一个简单的、多用户数据库的 C 函数库。调用此函数库提供的 C 语言函数，其他程序可以获取和存储数据库中的记录。（这类数据库通常被称为键-值存储。）这个 C 函数库只是一个完整的数据库系统的一部分，我们并不开发其他部分（如查询语言等），关于其他部分可以参阅专门介绍数据库的教科书。我们感兴趣的是数据库函数库与 UNIX 的接口，以及这些接口与前面各章节所涉及主题的关系（如 14.3 节的字节范围锁）。

20.2 历史

dbm(3)是一个在 UNIX 系统中很流行的数据库函数库，它由 Ken Thompson 开发，使用了动态散列结构。最初，它与 V7 一起提供，并出现在所有 BSD 版本中，也包含在 SVR4 的 BSD 兼容函数库中[AT&T 1990c]。BSD 的开发者扩充了 dbm 函数库，并将它称为 ndbm。ndbm 函数库包括在 BSD 和 SVR4 中。ndbm 函数是 Single UNIX Specification 的 XSI 扩展标准的一部分。

Seltzer 和 Yigit[1991]中详细介绍了 dbm 函数库使用的动态散列算法的历史，以及这个库的其他实现方法，如 dbm 函数库的 GNU 版本 gdbm。但是，这些实现的一个根本限制是它们都不支持多个进程对数据库的并发更新。它们都没有提供并发控制（如记录锁机制）。

4.4BSD 提供了一个新的库——db(3)，该库支持 3 种不同的访问模式：面向记录、散列和 B 树。同样，db 也没有提供并发控制（这一点在 db(3)手册页的 BUGS 部分说得很清楚）。

> Oracle 提供了几个版本的 db 函数库，它们支持并发访问、锁机制和事务。

大部分商用数据库函数库提供多进程同时更新数据库所需要的并发控制。这些系统一般都使用 14.3 节中介绍的建议记录锁机制，但是，它们也常常实现自己的锁原语，以避免为获得一把无竞争锁而需的系统调用开销。这些商用系统通常用 B+树[Comer 1979]或某种动态散列技术，如线性散列[Litwin 1980]或者可扩展的散列[Fagin et al. 1979]来实现数据库。

图 20-1 列出了本书说明的 4 种操作系统常用的数据库函数库。注意在 Linux 上，gdbm 库既支持 dbm 函数库，又支持 ndbm 函数库。

函数库	POSIX.1	FreeBSD 8.0	Linux 3.2.0	Mac OS X 10.6.8	Solaris 10
dbm			gdbm		•
ndbm	XSI	•	gdbm	•	•
db		•	•	•	

图 20-1 多种平台支持的数据库函数库

20.3 函数库

本章开发的函数库类似于 ndbm 函数库，但增加了并发控制机制，从而允许多进程同时更新同一数据库。本节将首先描述数据库函数库的 C 语言接口，下一节再讨论其实现。

当打开一个数据库时，通过返回值得到一个代表数据库的句柄（一个不透明指针）。将用此句柄作为参数来调用其他数据库函数。

744

```
#include "apue_db.h"

DBHANDLE db_open(const char *pathname, int oflag, ... /* int mode */);

                              返回值：若成功，返回数据库句柄；若失败，返回 NULL

void db_close(DBHANDLE db);
```

如果 db_open 成功返回，则将建立两个文件：*pathname.idx* 和 *pathname.dat*，*pathname.idx* 是索引文件，*pathname.dat* 是数据文件。参数 *oflag* 作为传递给 open（见 3.3 节）的第二个参数，来指定这些文件的打开模式（只读、读/写或如果文件不存在则创建等）。如果需要建立新的数据库，*mode* 将作为第三个参数传递给 open（文件访问权限）。

当不再使用数据库时，调用 db_close 来关闭数据库。db_close 将关闭索引文件和数据文件，并释放数据库使用过程中分配到的所有用于内部缓冲区的存储空间。

当向数据库中存入一条新的记录时，必须提供一个此记录的键，以及与此键相关联的数据。如果此数据库存储的是人事信息，键可以是员工 ID，数据可以是此员工的姓名、地址、电话号码以及受聘日期等。实现要求每条记录的键必须是唯一的（例如，不会有两个员工记录有同样的员工 ID）。

```
#include "apue_db.h"

int db_store(DBHANDLE db, const char *key, const char *data, int flag);

                              返回值：若成功，返回 0；若出错，返回非 0 值（见下）
```

key 和 *data* 是由 null 字符终止的字符串。它们可以包含除了 null 字符外的任何字符，如换行符。

flag 参数只能是 DB_INSERT（插入一条新记录）、DB_REPLACE（替换一条已有的记录）或 DB_STORE（插入一条新记录或替换一条已有的记录，只要合适无论哪一种都可以）。这 3 个常数定义在 apue_db.h 头文件中。如果使用 DB_INSERT 或 DB_STORE，并且记录并不存在，则插入一条新记录。如果使用 DB_REPLACE 或 DB_STORE，并且该记录已经存在，则用新记录替换已有记录。如果使用 DB_REPLACE，而记录不存在，则将 errno 设置为 ENOENT，返回值为-1，并且不加入新记录。如果使用 DB_INSERT，而记录已经存在，则不插入新记录，返回值为 1。在这

里，返回 1 以区别于一般的出错返回（-1）。

通过指定键 *key* 可以从数据库中获取一条记录。

```
#include "apue_db.h"

char *db_fetch(DBHANDLE db, const char *key);
```

返回值：若成功，返回指向数据的指针；若没有找到记录，返回 NULL

如果找到了记录，返回指向通过 *key* 存放的数据的指针。通过指定 *key*，也可以在数据库中删除一条记录。

745

```
#include "apue_db.h"

int db_delete(DBHANDLE db, const char *key);
```

返回值：若成功，返回 0；若没有找到记录，返回-1

除了通过指定 *key* 获取记录外，还可以逐条记录地访问数据库。为此，首先调用 db_rewind 回滚到数据库的第一条记录，然后在每一次循环中调用 db_nextrec，顺序地读每条记录。

```
#include "apue_db.h"

void db_rewind(DBHANDLE db);

char *db_nextrec(DBHANDLE db, char *key);
```

返回值：若成功，返回指向数据的指针；若到达数据库文件的尾端，返回 NULL

如果 *key* 是非空指针，db_nextrec 将这个指针复制到存储区域开始的内存位置，然后返回这个指针。

db_nextrec 不保证其返回记录的顺序，只保证对数据库中的每一条记录只读取一次。如果顺序存储 3 条键分别为 A、B、C 的记录，则无法确定 db_nextrec 将按什么顺序返回这 3 条记录。它可能按 B、A、C 的顺序返回，也可能按其他顺序。实际的顺序由数据库的实现决定。

这 7 个函数提供了数据库函数库的接口。接下来介绍实现。

20.4 实现概述

访问数据库的函数库通常使用两个文件来存储信息：一个索引文件和一个数据文件。索引文件包括实际的索引值（键）和一个指向数据文件中对应数据记录的指针。有许多技术可用来组织索引文件以提高按键查询的速度和效率，散列表和 B+树是两种常用的技术。我们采用固定大小的散列表来组织索引文件结构，并采用链表法解决散列冲突。在介绍 db_open 时，曾提到将创建两个文件：一个以.idx 为后缀的索引文件和一个以.dat 为后缀的数据文件。

我们将键和索引以 null 结尾的字符串形式存储，它们不能包含任意的二进制数据。有些数据库系统用二进制形式存储数值数据（如用 1 字节、2 字节或 4 字节存储一个整数）以节省存储空间，这样一来使函数复杂化，也使数据库文件在不同的平台间移植比较困难。例如，网络上有两个系统使用不同的二进制格式存储整数，如果想要这两个系统都能够访问数据库，就必须解决不同存储格式的问题（今天不同体系结构的系统在网络上共享文件已经很常见了）。按照字符串形式存储所有的记录，包括键和数据，能使这一切变得简单。这确实需要使用更多的磁盘空间，但降低了获得可移植性需要付出的代价。

746

db_store 要求对于每个键，只有一条对应的记录。有些数据库系统允许多条记录使用同样的键，并提供方法访问与一个键相关的所有记录。另外，我们只有一个索引文件，这意味着每个数据记录只能有一个键（我们不支持次键）。有些数据库允许一条记录拥有多个键，并且对每一个键使用一个索引文件。当插入或删除一条记录时，要对所有的索引文件进行相应的修改。（一个拥有多个索引的例子是员工库文件。可以将员工 ID 作为键，也可以将员工的社会保险号作为键。由于员工的名字并不保证唯一，所以名字不能作为键。）

图 20-2 是数据库实现的基本结构。

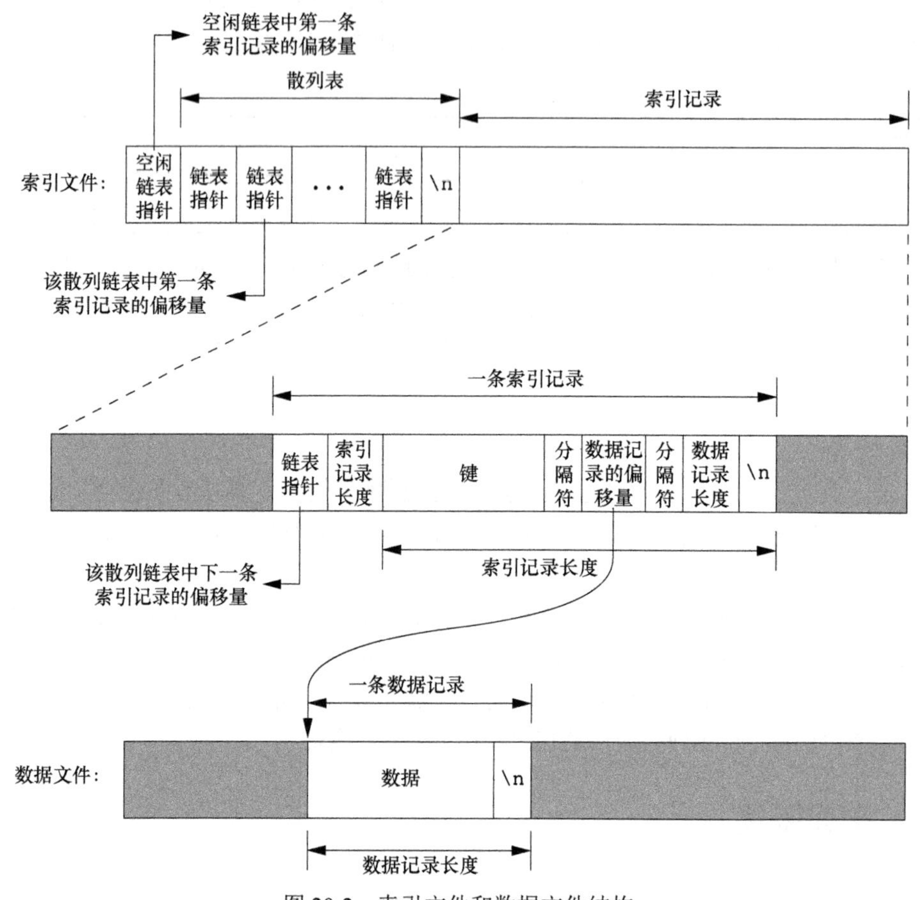

图 20-2　索引文件和数据文件结构

索引文件由 3 部分组成：空闲链表指针、散列表和索引记录。图 20-2 中，所有指针字段中实际存储的是 ASCII 码数字形式的文件偏移量。 747

当给定一个键，要在数据库中寻找一条记录时，db_fetch 根据该键计算散列值，由此散列值可确定一条散列链（链表指针字段可以为 0，表示一条空的散列链）。沿着这条散列链，可以找到所有具有这一散列值的索引记录。当遇到一个索引记录的链表指针字段为 0 时，表示到达了此散列链的末尾。

下面来看一个实际的数据库文件。图 20-3 所示的程序建立了一个新的数据库，并且写入了 3 条记录。由于所有的字段都以 ASCII 字符的形式存储在数据库中，所以可以用任何标准的 UNIX 系统工具来查看索引文件和数据文件：

```
$ ls -l db4.*
-rw-r--r--  1 sar       28 Oct 19 21:33 db4.dat
-rw-r--r--  1 sar       72 Oct 19 21:33 db4.idx
```

```
$ cat db4.idx
   0  53  35    0
   0  10Alpha:0:6
   0  10beta:6:14
  17  11gamma:20:8
$ cat db4.dat
data1
Data for beta
record3
```

为了使这个例子紧凑，将每个指针字段的大小设置为 4 个 ASCII 字符，将散列链的数量设置为 3 条。由于每一个指针中记录的是一个文件偏移量，所以 4 个 ASCII 字符限制了一个索引文件或数据文件的大小最多只能为 10000 字节。当在 20.9 节做性能测试时，将指针字段的大小设为 6 个字符（这样文件大小可以达到 1000000 字节），将散列链数量设为 100。

```
#include "apue.h"
#include "apue_db.h"
#include <fcntl.h>

int
main(void)
{
    DBHANDLE     db;

    if ((db = db_open("db4", O_RDWR | O_CREAT | O_TRUNC,
      FILE_MODE)) == NULL)
        err_sys("db_open error");

    if (db_store(db, "Alpha", "data1", DB_INSERT) != 0)
        err_quit("db_store error for alpha");
    if (db_store(db, "beta", "Data for beta", DB_INSERT) != 0)
        err_quit("db_store error for beta");
    if (db_store(db, "gamma", "record3", DB_INSERT) != 0)
        err_quit("db_store error for gamma");

    db_close(db);
    exit(0);
}
```

图 20-3 建立一个数据库并写入 3 条记录

索引文件的第一行为：

```
0  53  35    0
```

分别为空闲链表指针（0 表示空闲链表为空）和 3 个散列链的指针：53、35 和 0。下一行：

```
0  10Alpha:0:6
```

显示了一条索引记录的结构。第一个 4 字符字段（0）为链表指针，表示这一条记录是此散列链的最后一条。下一个 4 字符字段（10）为 *idx len*（索引记录长度），表示此索引记录剩余部分的长度。用两个 `read` 操作来读取一条索引记录：第一个 `read` 读取这两个固定长度的字段（链表指针和索引记录长度），然后再根据索引记录长度来读取后面的不定长部分。剩下的 3 个字段为：键、数据记录的偏移量和数据记录的长度。这 3 个字段用分隔符隔开，此处使用的分隔符是冒号。由于这 3 个字段都是不定长的，所以需要一个专门的分隔符，而且这个分隔符不能出现在键中。最后用一个

\n（换行符）结束这一条索引记录。由于在索引记录长度字段中已经有了记录的长度，所以这个换行符并不是必需的，加上换行符是为了把各条索引记录分开，这样就可以用标准的UNIX系统工具（如cat和more）来查看索引文件。键字段是将记录写入数据库时指定的值。数据记录在数据文件中的偏移量为0，长度为6。从数据文件中可看到数据记录确实从0开始，长度为6字节。（与索引文件一样，这里自动在每条数据记录的后面追加一个换行符，以便于使用UNIX系统工具。在调用db_fetch时，此换行符不作为数据返回。）

如果在这个例子中跟踪3条散列链，可以看到第一条散列链上第一条记录的偏移量是53（gamma）。这条链上下一条记录的偏移量为17（alpha），并且是这条链上的最后一条记录。第二条散列链上的第一条记录的偏移量是35（beta），且是此链上最后一条记录。第三条散列链为空。

请注意，索引文件中键的顺序和数据文件中对应数据记录的顺序与图20-3程序中调用db_store的顺序一样。由于在调用db_open时使用了O_TRUNC标志，索引文件和数据文件都被截断了，整个数据库相当于重新初始化。在这种情况下，db_store将新的索引记录和数据记录追加到对应的文件末尾。后面将看到，db_store还可以重复使用这两个文件中已删除记录原来对应的空间。

使用固定大小的散列表作为索引是一个妥协。当每个散列链都不太长时，这个方法能保证快速地访问。我们的目的是能够快速地查找任一键，同时又不使用太复杂的数据结构（如B树或动态散列表）。动态散列表的优点是能保证仅用两次磁盘存取就能找到数据记录（详见Litwin[1980]或Fagin等[1979]）。B树能够用（已排序的）键的顺序来遍历数据库（采用散列表的db_nextrec函数就做不到这一点）。

748~749

20.5 集中式或非集中式

当有多个进程访问同一数据库时，有两种方法可实现库函数。

（1）集中式。由一个进程作为数据库管理者，所有的数据库访问工作由此进程完成。其他进程通过IPC机制与此中心进程进行联系。

（2）非集中式。每个库函数使用要求的并发控制（加锁），然后发起自己的I/O函数调用。

使用这两种技术的数据库系统都有。如果有适当的加锁例程，因为避免了使用IPC，那么非集中式方法一般要快一些。图20-4描绘了集中式方法的操作。

750

图中特意表示出IPC像绝大多数UNIX系统的消息传递一样需要经过操作系统内核（15.9节中说明的共享存储不需要这种经过内核的复制）。在集中方式下，中心控制进程将记录读出，然后通过IPC机制将数据传递给请求进程。这是这种设计的不足之处。注意，集中式数据库管理进程是唯一对数据库文件进行I/O操作的进程。

集中式的优点是能够根据需要来对操作模式进行调整。例如，可以通过中心进程给不同的进程赋予不同的优先级，这会影响到中心进程对I/O操作的调度。而用非集中式方法则很难做到这一点。在这种情况下，只能依赖于操作系统内核的磁盘I/O调度策略和加锁策略（例如，当3个进程同时等待一个即将可用的锁时，我们无法确定哪个进程将得到这个锁）。

集中式方法的另一个优点是，恢复要比非集中式方法容易。在集中式方法中，所有状态信息都集中存放在一处，所以，如若杀死了数据库进程，只需在该处查看，以识别出需要解决的未完成事务，然后将数据库恢复到一致状态。

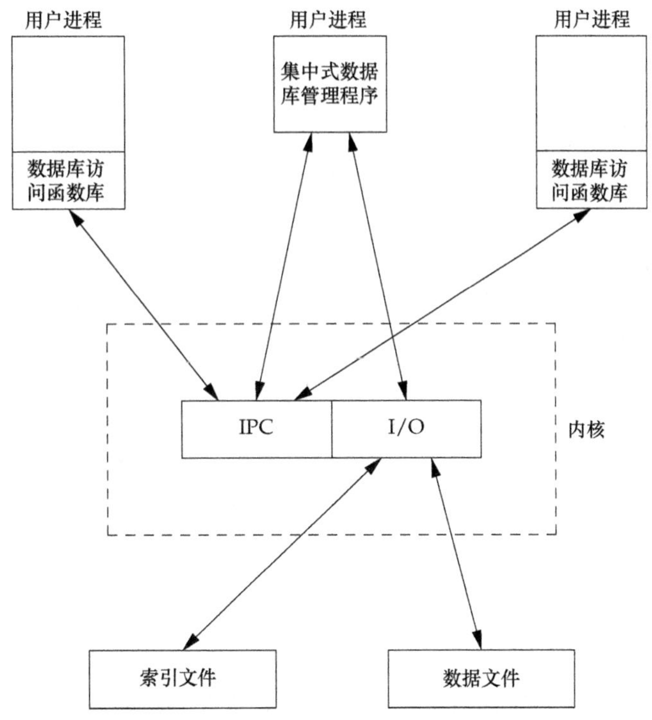

图 20-4 集中式数据库访问

图 20-5 描绘了非集中式方法，本章的实现就是采用这种方法。

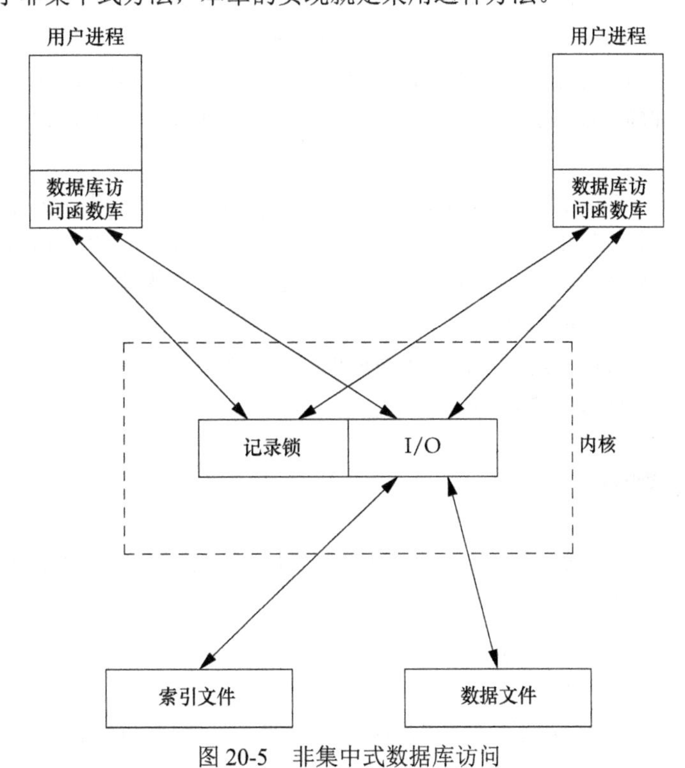

图 20-5 非集中式数据库访问

751

调用数据库库函数执行 I/O 的用户进程是合作进程，它们使用字节范围记录锁机制来实现并发控制。

20.6 并发

由于很多系统的实现都采用两个文件（一个索引文件和一个数据文件）的方法，所以在此也使用这种方法，这要求能够控制对两个文件的加锁。有很多方法可用来对两个文件进行加锁。

1. 粗粒度锁

最简单的加锁方法是将这两个文件中的一个作为整个数据库的锁，并要求调用者在对数据库进行操作前必须获得这个锁。这种加锁方式称为*粗粒度锁*（coarse-grained locking）。例如，可以认为一个进程对索引文件的0字节加了读锁后，才能读整个数据库；一个进程对索引文件的0字节加了写锁后，就能写整个数据库。可以使用UNIX系统的字节范围锁机制来控制每次可以有多个读进程，而只能有一个写进程（见图14-3）。db_fetch和db_nextrec函数要求具有读锁，而db_delete、db_store和db_open则要求具有写锁。（db_open要求写锁的原因是如果要创建新文件的话，要在索引文件前端建立空闲区链表以及散列链表。）

粗粒度锁的问题是它限制了并发。用粗粒度锁时，当一个进程向一条散列链中添加一条记录时，其他进程无法访问另一条散列链上的记录。

2. 细粒度锁

细粒度锁（fine-grained locking）的方法改进了粗粒度锁，提供了更高的并发性。一个读进程或写进程在操作一条记录前必须先获得此记录所在散列链的读锁或写锁。一条散列链允许同时有多个读进程，但只能有一个写进程。其次，一个写进程在访问空闲区链表（如db_delete或db_store）前，必须获得空闲区链表的写锁。最后，当db_store向索引文件或数据文件末尾追加一条新记录时，必须获得对应文件相应区域的写锁。

期望细粒度锁能比粗粒度锁能提供更高的并发性。20.9节将给出一些实际的比较测试结果。20.8节给出了细粒度锁实现的源代码，并讨论锁的实现细节（粗粒度锁是这个细粒度锁实现的简化）。

在源代码中，直接调用了read、readv、write和writev。没有使用标准I/O函数库。虽然使用标准I/O函数库也可以使用字节范围锁，但是需要非常复杂的缓冲管理。例如，标准I/O缓冲区的数据在5分钟之前被另一个进程修改了，那么我们就不希望fgets返回的数据是10分钟之前读入标准I/O缓冲区的数据。

752

以上对并发的讨论依据的是对数据库函数库的简单需求。商业系统一般有更多的需要。关于并发更多的细节可以参见Data[2004]的第16章。

20.7 构造函数库

数据库的函数库由两个文件构成，一个公用的C头文件以及一个C源文件。我们可以用下列命令构造一个静态函数库。

```
gcc -I../include -Wall -c db.c
ar rsv libapue_db.a db.o
```

因为我们在数据库函数库中使用了一些我们自己的公共函数，所以希望与libapue_db.a相连接的应用程序也需要与libapue.a相连接。

另一方面，如果想构建数据库函数库的动态共享库版本，可使用下列命令：

```
gcc -I../include -Wall -fPIC -c db.c
gcc -shared -Wl,-soname,libapue_db.so.1 -o libapue_db.so.1 \
    -L../lib -lapue -lc db.o
```

构建成的共享库 libapue_db.so.1 需放置在动态连接程序/载入程序（dynamic linker/loader）能够找到的一个公用目录中。还可以将共享库放置在一个私有目录中，修改 LD_LIBRARY_PATH 环境变量，使动态连接程序/载入程序的搜索路径包含该私有目录。

> 在不同平台间，构建共享库的步骤会有所不同。这里说明的步骤是在带 GNU C 编译器的 Linux 系统中进行的。

20.8 源代码

本节解释我们编写的数据库函数库源代码，先从头文件 apue_db.h 开始。函数库源代码以及调用此函数库的所有应用程序都包含这一头文件。

从此处开始，实例程序的编排方式在很多方面与前面的实例程序编排有所不同。首先，因为源代码较长，为此加了行号，这使得通过行号联系相应的源代码进行讨论更加方便。其次，对源代码的说明紧随相关源代码之后。

> 这种风格受到 John Lions 解释 UNIX V6 操作系统源代码的书[Lions 1977, 1996]的影响，这使得解释说明大量源代码更为简易。

注意，此处对空白行不编号。虽然某些工具（如 pr(1)）的正常操作与这些空白行是有关的，但是我们对它们并无任何兴趣。

753

```
1   #ifndef _APUE_DB_H
2   #define _APUE_DB_H

3   typedef   void *  DBHANDLE;

4   DBHANDLE  db_open(const char *, int, ...);
5   void      db_close(DBHANDLE);
6   char     *db_fetch(DBHANDLE, const char *);
7   int       db_store(DBHANDLE, const char *, const char *, int);
8   int       db_delete(DBHANDLE, const char *);
9   void      db_rewind(DBHANDLE);
10  char     *db_nextrec(DBHANDLE, char *);

11  /*
12   * Flags for db_store().
13   */
14  #define DB_INSERT     1    /* insert new record only */
15  #define DB_REPLACE    2    /* replace existing record */
16  #define DB_STORE      3    /* replace or insert */

17  /*
18   * Implementation limits.
19   */
20  #define IDXLEN_MIN    6    /* key, sep, start, sep, length, \n */
21  #define IDXLEN_MAX 1024    /* arbitrary */
```

```
22 #define DATLEN_MIN     2     /* data byte, newline */
23 #define DATLEN_MAX 1024      /* arbitrary */

24 #endif /* _APUE_DB_H */
```

[1～3]　使用符号_APUE_DB_H 以保证只包括该头文件一次。DBHANDLE 类型表示对数据库的一个有效引用，用于隔离应用程序和数据库的实现细节。将此技术与标准 I/O 库向应用程序提供 FILE 结构相比较，两者相似。

[4～10]　接着，声明了数据库函数库公有函数的原型。因为使用函数库的应用程序包括了此头文件，所以这里不再声明函数库私有函数的原型。

[11～24]　定义了可以传送给 db_store 函数的合法标志。其后是实现的基本限制。如果希望支持更大的数据库，可以更改这些限制。

最小索引记录长度由 IDXLEN_MIN 指定。这表示 1 字节键、1 字节分隔符、1 字节起始偏移量，另一个 1 字节分隔符、1 字节长度和终止换行符。（回忆图 20-2 中索引记录的格式。）一条索引记录通常长于 IDXLEN_MIN 字节，这只是最小长度。

754

下一个文件是 db.c，它是库函数的 C 源文件。为简化起见，将所有函数都放在一个文件中。这样处理的优点是只要将私有函数声明为 static，就可对外将它隐蔽起来。

```
1    #include "apue.h"
2    #include "apue_db.h"
3    #include <fcntl.h>     /* open & db_open flags */
4    #include <stdarg.h>
5    #include <errno.h>
6    #include <sys/uio.h>    /* struct iovec */

7    /*
8     * Internal index file constants.
9     * These are used to construct records in the
10    * index file and data file.
11    */
12   #define IDXLEN_SZ     4    /* index record length (ASCII chars) */
13   #define SEP         ':'    /* separator char in index record */
14   #define SPACE       ' '    /* space character */
15   #define NEWLINE    '\n'    /* newline character */

16   /*
17    * The following definitions are for hash chains and free
18    * list chain in the index file.
19    */
20   #define PTR_SZ         7    /* size of ptr field in hash chain */
21   #define PTR_MAX   999999    /* max file offset = 10**PTR_SZ - 1 */
22   #define NHASH_DEF    137    /* default hash table size */
23   #define FREE_OFF       0    /* free list offset in index file */
24   #define HASH_OFF PTR_SZ     /* hash table offset in index file */

25   typedef unsigned long DBHASH;  /* hash values */
26   typedef unsigned long COUNT;   /* unsigned counter */
```

[1～6]　使用了一些私有函数库中的函数，所以程序中包括了 apue.h。当然，apue.h 也包括若干标准头文件，包括<stdio.h>和<unistd.h>。因为 db_open 函数使用由<stdarg.h>定义的可变参数函数，所以程序中也包括了<stdarg.h>。

[7~26] 索引记录的长度说明为 IDXLEN_SZ。我们用某些字符（如冒号、换行符）作为数据库中的分隔符。当删除一记录时，在其中全部填入空格符。
其中一些定义为常量的值也可定义为变量，只是会使实现复杂一些。例如，设定散列表的大小为 137 记录项，也许更好的方法是让 db_open 的调用者根据预期的数据库大小通过参数来设定这个值，然后将该值存在索引文件的最前面。 755

```
27  /*
28   *Library's private representation of the database.
29   */
30  typedef struct {
31    int    idxfd;      /* fd for index file */
32    int    datfd;      /* fd for data file */
33    char  *idxbuf;     /* malloc'ed buffer for index record */
34    char  *datbuf;     /* malloc'ed buffer for data record*/
35    char  *name;       /* name db was opened under */
36    off_t  idxoff;     /* offset in index file of index record */
37                       /* key is at (idxoff + PTR_SZ + IDXLEN_SZ) */
38    size_t idxlen;     /* length of index record */
39                       /* excludes IDXLEN_SZ bytes at front of record */
40                       /* includes newline at end of index record */
41    off_t  datoff;     /* offset in data file of data record */
42    size_t datlen;     /* length of data record */
43                       /* includes newline at end */
44    off_t  ptrval;     /* contents of chain ptr in index record */
45    off_t  ptroff;     /* chain ptr offset pointing to this idx record */
46    off_t  chainoff;    /* offset of hash chain for this index record */
47    off_t  hashoff;    /* offset in index file of hash table */
48    DBHASH nhash;      /* current hash table size */
49    COUNT  cnt_delok;        /* delete OK */
50    COUNT  cnt_delerr;       /* delete error */
51    COUNT  cnt_fetchok;      /* fetch OK */
52    COUNT  cnt_fetcherr;     /* fetch error */
53    COUNT  cnt_nextrec;      /* nextrec */
54    COUNT  cnt_stor1;        /* store: DB_INSERT, no empty, appended */
55    COUNT  cnt_stor2;        /* store: DB_INSERT, found empty, reused */
56    COUNT  cnt_stor3;        /* store: DB_REPLACE, diff len, appended */
57    COUNT  cnt_stor4;        /* store: DB_REPLACE, same len, overwrote */
58    COUNT  cnt_storerr;      /* store error */
59  } DB;
```

[27~48] 在 DB 结构中记录一个打开数据库的所有信息。db_open 函数返回 DB 结构的指针 DBHANDLE 值。这个指针被用于其他所有函数，而该结构本身则不面向调用者。
因为在数据库中以 ASCII 形式存放指针和长度，所以将这些转换为数字值，并存放在 DB 结构中。也存放散列表长度，虽然一般而言，这是定长的，但也有可能为加强该函数库，允许调用者在创建数据库时指定该长度（见习题 20.7）。

[49~59] DB 结构的最后 10 个字段对成功和不成功的操作进行计数。如果想要分析数据库的性能，则可编写一个函数返回这些统计值。但目前我们仅保持这些计数器，并未编写此种函数。 756

```
60    /*
61     *Internal functions.
62     */
63    static DB     *_db_alloc(int);
```

```
64    static void    _db_dodelete(DB *);
65    static int     _db_find_and_lock(DB *, const char *, int);
66    static int     _db_findfree(DB *, int, int);
67    static void    _db_free(DB *);
68    static DBHASH  _db_hash(DB *, const char *);
69    static char    *_db_readdat(DB *);
70    static off_t   _db_readidx(DB *, off_t);
71    static off_t   _db_readptr(DB *, off_t);
72    static void    _db_writedat(DB *, const char *, off_t, int);
73    static void    _db_writeidx(DB *, const char *, off_t, int, off_t);
74    static void    _db_writeptr(DB *, off_t, off_t);

75    /*
76     *Open or create a database.  Same arguments as open(2).
77     */
78    DBHANDLE
79    db_open(const char *pathname, int oflag, ...)
80    {
81      DB            *db;
82      int           len, mode;
83      size_t        i;
84      char          asciiptr[PTR_SZ + 1],
85                    hash[(NHASH_DEF + 1) * PTR_SZ + 2];
86                        /* +2 for newline and null */
87      struct stat  statbuff;

88      /*
89       * Allocate a DB structure, and the buffers it needs.
90       */
91      len = strlen(pathname);
92      if ((db = _db_alloc(len)) == NULL)
93          err_dump("db_open: _db_alloc error for DB");
```

[60～74]　选择用db_开头来命名用户可调用（公有）的所有函数，用_db_开头来命名内部（私有）函数。公有函数在函数库头文件apue_db.h中声明。内部函数声明为static，所以只有同一文件中的其他函数才能调用它们（该文件包含函数库实现）。

757

[75～93]　db_open函数的参数与open(2)相同。如果调用者想要创建数据库文件，那么用可选择的第三个参数指定文件权限。db_open函数打开索引文件和数据文件，在必要时初始化索引文件。该函数调用_db_alloc来为DB结构分配空间，并初始化此结构。

```
94      db->nhash   = NHASH_DEF;/* hash table size */
95      db->hashoff = HASH_OFF;     /* offset in index file of hash table */
96      strcpy(db->name, pathname);
97      strcat(db->name, ".idx");

98      if (oflag & O_CREAT) {
99          va_list ap;

100         va_start(ap, oflag);
101         mode = va_arg(ap, int);
102         va_end(ap);

103         /*
104          * Open index file and data file.
```

```
105              */
106             db->idxfd = open(db->name, oflag, mode);
107             strcpy(db->name + len, ".dat");
108             db->datfd = open(db->name, oflag, mode);
109         } else {
110             /*
111              * Open index file and data file.
112              */
113             db->idxfd = open(db->name, oflag);
114             strcpy(db->name + len, ".dat");
115             db->datfd = open(db->name, oflag);
116         }

117         if (db->idxfd < 0 || db->datfd < 0) {
118             _db_free(db);
119             return(NULL);
120         }
```

[94～97] 继续初始化 DB 结构。调用者传入的路径名指定数据库文件名的前缀。追加后缀.idx 以构成数据库索引文件的名字。

[98～108] 如果调用者想要创建数据库文件，那么使用<stdarg.h>中的可变参数函数以找到可选的第三个参数。然后，使用 open 创建并打开索引文件和数据文件。注意，数据文件的文件名以索引文件同样的前缀开始，但后缀为.dat。

[109～116] 如果调用者没有指定 O_CREAT 标志，那么正在打开已有的数据库文件。此时，只用两个参数调用 open。

[117～120] 如果在打开或创建任一数据库文件时出错，则调用_db_free 清除 DB 结构，然后对调用者返回 NULL。如果一个文件 open 成功而另一个失败，_db_free 将关闭该打开文件描述符。我们很快就会见到这一操作。

758

```
121         if ((oflag & (O_CREAT | O_TRUNC)) == (O_CREAT | O_TRUNC)) {
122             /*
123              * If the database was created, we have to initialize
124              * it.  Write lock the entire file so that we can stat
125              * it, check its size, and initialize it, atomically.
126              */
127             if (writew_lock(db->idxfd, 0, SEEK_SET, 0) < 0)
128                 err_dump("db_open: writew_lock error");

129             if (fstat(db->idxfd, &statbuff) < 0)
130                 err_sys("db_open: fstat error");

131             if (statbuff.st_size == 0) {
132                 /*
133                  * We have to build a list of (NHASH_DEF + 1) chain
134                  * ptrs with a value of 0.  The +1 is for the free
135                  * list pointer that precedes the hash table.
136                  */
137                 sprintf(asciiptr, "%*d", PTR_SZ, 0);
```

[121～130] 如果正在建立数据库，则必须正确地加锁。考虑两个进程试图同时建立同一个数据库的情况。第一个进程运行到调用 fstat，并且在 fstat 返回后被内核阻塞。

这时第二个进程调用 db_open，发现索引文件的长度为 0，然后初始化空闲链表和散列链表。第二个进程继续运行，向数据库中写入了一条记录。这时第二个进程被阻塞，第一个进程在调用 fstat 后立刻继续运行，它发现索引文件的长度为 0（因为第一个进程调用 fstat 在前，然后第二个进程再初始化索引文件），所以第一个进程重新初始化空闲链表和散列链表，第二个进程写入的记录就被抹去了。避免发生这种情况的方法是进行加锁，为此可以使用 14.3 节中的 readw_lock、writew_lock 和 un_lock 这 3 个宏。

[131～137] 如果索引文件的长度是 0，那么这是刚刚被创建的，所以需要初始化它所包含的空闲列表指针和散列链指针。注意，使用格式字符串%*d 将数据库指针从整型转换为 ASCII 字符串。（在_db_writeidx 和_db_writeptr 中还将使用这种格式字符串。）这一格式告诉 sprintf 取 PTR_SZ 参数，用它作为下一个参数的最小字段宽度，在此例中，它是 0（此处，因为正在创建一数据库，所以将指针初始化为 0）。其作用是强迫创建的字符串至少包含 PTR_SZ 个字符（在左边用空格充填）。在_db_writeidx 和_db_writeptr 中，将传送一个非 0 指针值，但是首先将验证指针值不大于 PTR_MAX，以保证写入数据库的指针字符串恰好为 PTR_SZ(7)个字符。

759

```
138                 hash[0] = 0;
139                 for (i = 0; i < NHASH_DEF + 1; i++)
140                     strcat(hash, asciiptr);
141                 strcat(hash, "\n");
142                 i = strlen(hash);
143                 if (write(db->idxfd, hash, i) != i)
144                     err_dump("db_open: index file init write error");
145             }
146             if (un_lock(db->idxfd, 0, SEEK_SET, 0) < 0)
147                 err_dump("db_open: un_lock error");
148         }
149         db_rewind(db);
150         return(db);
151     }

152     /*
153      * Allocate & initialize a DB structure and its buffers.
154      */
155     static DB *
156     _db_alloc(int namelen)
157     {
158         DB          *db;

159         /*
160          * Use calloc, to initialize the structure to zero.
161          */
162         if ((db = calloc(1, sizeof(DB))) == NULL)
163             err_dump("_db_alloc: calloc error for DB");
164         db->idxfd = db->datfd = -1;               /* descriptors */

165         /*
166          * Allocate room for the name.
```

```
167      * +5 for ".idx" or ".dat" plus null at end.
168      */
169     if ((db->name = malloc(namelen + 5)) == NULL)
170         err_dump("_db_alloc: malloc error for name");
```

[138～151] 继续初始化新创建的数据库。构造散列表，将它写到索引文件中。然后，解锁索引文件，重置数据库文件指针，返回 DB 结构指针作为句柄，以便调用者以后用于其他数据库函数。

[152～164] db_open 调用函数_db_alloc 为 DB 结构分配空间，包括一个索引缓冲区和一个数据缓冲区。用 calloc 分配存储区来存放 DB 结构，并将该存储区各存储单元全部初始化为 0。这产生了一个副作用，也就是将数据库文件描述符也设置为 0，为此需将它们重新设置为-1，表示它们至此还不是有效的。

[165～170] 分配空间以存放数据库索引文件和数据文件的名字。如 db_open 中所说明的那样，更改它们的名字后缀以便引用索引文件或数据文件。

760

```
171     /*
172      * Allocate an index buffer and a data buffer.
173      * +2 for newline and null at end.
174      */
175     if ((db->idxbuf = malloc(IDXLEN_MAX + 2)) == NULL)
176         err_dump("_db_alloc: malloc error for index buffer");
177     if ((db->datbuf = malloc(DATLEN_MAX + 2)) == NULL)
178         err_dump("_db_alloc: malloc error for data buffer");
179     return(db);
180 }

181 /*
182  * Relinquish access to the database.
183  */
184 void
185 db_close(DBHANDLE h)
186 {
187     _db_free((DB *)h);      /* closes fds, free buffers & struct */
188 }

189 /*
190  * Free up a DB structure, and all the malloc'ed buffers it
191  * may point to.  Also close the file descriptors if still open.
192  */
193 static void
194 _db_free(DB *db)
195 {
196     if (db->idxfd >= 0)
197         close(db->idxfd);
198     if (db->datfd >= 0)
199         close(db->datfd);
```

[171～180] 为索引文件和数据文件的缓冲区分配空间。索引缓冲区和数据缓冲区的大小在 apue_db.h 中定义。可以通过让这些缓冲区按需要动态扩张来增强数据库函数库。其方法可以是记录这两个缓冲区的大小，然后在需要更大的缓冲区时调用 realloc。最后，返回指向已分配到的 DB 结构的指针。

[181～188] db_close 函数只是一个包装，它将数据库句柄强制类型转换为 DB 结构的指针，将它传送给_db_free 函数，由该函数释放资源以及 DB 结构。

[189～199] db_open 在打开索引文件和数据文件时如果发生错误，会调用_db_free 函数释放资源。应用程序在结束对数据库的使用后，db_close 也会调用_db_free。如果数据库索引文件的文件描述符有效，那么关闭该文件。对数据文件描述符也进行同样处理。（回忆在_db_alloc 中分配一个新的 DB 结构时，将每个文件描述符都初始化为-1。如果不能打开两个数据库文件中的一个，相应文件描述符仍为-1，也就是无需关闭它。）

761

```
200     if (db->idxbuf != NULL)
201         free(db->idxbuf);
202     if (db->datbuf != NULL)
203         free(db->datbuf);
204     if (db->name != NULL)
205         free(db->name);
206     free(db);
207 }

208 /*
209  * Fetch a record.  Return a pointer to the null-terminated data.
210  */
211 char *
212 db_fetch(DBHANDLE h, const char *key)
213 {
214     DB      *db = h;
215     char    *ptr;

216     if (_db_find_and_lock(db, key, 0) < 0) {
217         ptr = NULL;             /* error, record not found */
218         db->cnt_fetcherr++;
219     } else {
220         ptr = _db_readdat(db);  /* return pointer to data */
221         db->cnt_fetchok++;
222     }

223     /*
224      * Unlock the hash chain that _db_find_and_lock locked.
225      */
226     if (un_lock(db->idxfd, db->chainoff, SEEK_SET, 1) < 0)
227         err_dump("db_fetch: un_lock error");
228     return(ptr);
229 }
```

[200～207] 接着，释放动态分配的缓冲区。可以安全地将一个空指针传递给 free 函数，这样也就无需事先检查每个缓冲区指针的值，但是我们认为只释放已分配的对象是一种较好的编程风格。（并非所有释放程序都像 free 那样容忍差错。）最后，释放 DB 结构占用的存储区。

[208～218] 函数 db_fetch 根据给定的键来读取一条记录。它调用_db_find_and_lock 在数据库中查找记录。若不能找到该记录，则将返回值（ptr）设置为 NULL，将不成功的记录搜索计数器值加 1。因为从_db_find_and_lock 返回时，数据库索

引文件是加锁的，所以先要解锁，然后再返回。

[219～229] 如果找到了记录，调用_db_readdat 读相应的数据记录，并将成功记录搜索计数器值加 1。在返回前，调用 un_lock 对索引文件解锁。然后，返回所找到记录的指针（如果没有找到所需记录，则返回 NULL）。

762

```
230 /*
231  * Find the specified record.  Called by db_delete, db_fetch,
232  * and db_store.  Returns with the hash chain locked.
233  */
234 static int
235 _db_find_and_lock(DB *db, const char *key, int writelock)
236 {
237     off_t offset, nextoffset;

238     /*
239      * Calculate the hash value for this key, then calculate the
240      * byte offset of corresponding chain ptr in hash table.
241      * This is where our search starts.  First we calculate the
242      * offset in the hash table for this key.
243      */
244     db->chainoff = (_db_hash(db, key) * PTR_SZ) + db->hashoff;
245     db->ptroff = db->chainoff;

246     /*
247      * We lock the hash chain here.  The caller must unlock it
248      * when done.  Note we lock and unlock only the first byte.
249      */
250     if (writelock) {
251         if (writew_lock(db->idxfd, db->chainoff, SEEK_SET, 1) < 0)
252             err_dump("_db_find_and_lock: writew_lock error");
253     } else {
254         if (readw_lock(db->idxfd, db->chainoff, SEEK_SET, 1) < 0)
255             err_dump("_db_find_and_lock: readw_lock error");
256     }

257     /*
258      * Get the offset in the index file of first record
259      * on the hash chain (can be 0).
260      */
261     offset = _db_readptr(db, db->ptroff);
```

[230～237] _db_find_and_lock 函数在函数库内部用于按给定的键查找记录。在搜索记录时，如果想在索引文件上加一把写锁，则将 writelock 参数设置为非 0 值。如果将 writelock 参数设置为 0，则在搜索记录时，在索引文件上加读锁。

[238～256] 在_db_find_and_lock 中准备遍历散列链。将键转换为散列值，用其计算在文件中相应散列链的起始地址（chainoff）。在遍历散列链前，等待获得锁。注意，只锁该散列链开始处的第一个字节。这种方式允许多个进程同时搜索不同的散列链，因此增加了并发性。

[257～261] 调用_db_readptr 读散列链中的第一个指针。如果该函数返回 0，则该散列链为空。

763

```
262     while (offset != 0) {
263         nextoffset = _db_readidx(db, offset);
```

```
264       if (strcmp(db->idxbuf, key) == 0)
265           break;        /* found a match */
266       db->ptroff = offset; /* offset of this (unequal) record */
267       offset = nextoffset; /* next one to compare */
268    }
269    /*
270     * offset == 0 on error (record not found).
271     */
272    return(offset == 0 ? -1 : 0);
273 }

274 /*
275  * Calculate the hash value for a key.
276  */
277 static DBHASH
278 _db_hash(DB *db, const char *key)
279 {
280   DBHASH      hval = 0;
281   char        c;
282   int         i;

283   for (i = 1; (c = *key++) != 0; i++)
284       hval += c * i;        /* ascii char times its 1-based index */
285   return(hval % db->nhash);
286 }
```

[262～268] while 循环遍历散列链中的每一条索引记录，并比较键。调用函数_db_readidx读取每条索引记录。它将当前记录的键填入 DB 结构中的 idxbuf 字段。如果_db_readidx 返回 0，则已到达散列链的最后一记录项。

[269～273] 如果在循环后，offset 为 0，说明已达到散列链末端而且没有找到匹配键，于是返回-1。否则，找到了匹配记录（用 break 语句退出了循环），所以返回 0 表示成功。此时，ptroff 字段包含前一索引记录的地址，datoff 包含数据记录的地址，datlen 是数据记录的长度。当沿着散列链进行遍历时，必须始终保存当前索引记录的前一条索引记录，其中有一个指针指向当前索引记录。这样做在删除一条记录时很有用，因为必须修改当前索引记录的前一条记录的链指针以删除当前记录。

[274～286] _db_hash 根据给定的键计算散列值。它将键中的每一个 ASCII 字符乘以这个字符在字符串中以 1 开始的索引号，将这些结果加起来，除以散列表记录项数，将余数作为这个键的散列值。回忆散列表记录项数是 137，它是一个素数，按 Knuth[1998]，素数散列通常能提供良好的分布特性。

764

```
287 /*
288  * Read a chain ptr field from anywhere in the index file:
289  * the free list pointer, a hash table chain ptr, or an
290  * index record chain ptr.
291  */
292 static off_t
293 _db_readptr(DB *db, off_t offset)
294 {
295   char      asciiptr[PTR_SZ + 1];

296   if (lseek(db->idxfd, offset, SEEK_SET) == -1)
```

```
297         err_dump("_db_readptr: lseek error to ptr field");
298     if (read(db->idxfd, asciiptr, PTR_SZ) != PTR_SZ)
299         err_dump("_db_readptr: read error of ptr field");
300     asciiptr[PTR_SZ] = 0;        /* null terminate */
301     return(atol(asciiptr));
302 }

303 /*
304  * Read the next index record.  We start at the specified offset
305  * in the index file.  We read the index record into db->idxbuf
306  * and replace the separators with null bytes.  If all is OK we
307  * set db->datoff and db->datlen to the offset and length of the
308  * corresponding data record in the data file.
309  */
310 static off_t
311 _db_readidx(DB *db, off_t offset)
312 {
313     ssize_t             i;
314     char                *ptr1, *ptr2;
315     char                asciiptr[PTR_SZ + 1], asciilen[IDXLEN_SZ + 1];
316     struct iovec        iov[2];
```

[287～302] `_db_readptr` 函数读取以下 3 种不同链表指针中的任意一种：(a) 索引文件最开始处指向空闲链表中第一个索引记录的指针，(b) 散列表中指向散列链的第一条索引记录的指针，(c) 存放在每条索引记录开始处、指向下一条记录的指针（这里的索引记录既可以处于一条散列链表中，也可以处于空闲链表中）。返回前，将指针从 ASCII 形式转换为长整型。此函数不进行任何加锁操作，所以其调用者应事先做好必要的加锁。

[303～316] `_db_readidx` 函数用于从索引文件的指定偏移量处读取索引记录。如果成功，该函数将返回链表中下一条记录的偏移量。该函数还填充 `DB` 结构的许多字段：`idxoff` 包含索引文件中当前记录的偏移量，`ptrval` 包含在散列链表中下一个索引项的偏移量，`idxlen` 包含当前索引记录的长度，`idxbuf` 包含实际索引记录，`datoff` 包含数据文件中该记录的偏移量，`datlen` 包含该数据记录的长度。

765

```
317     /*
318      * Position index file and record the offset.  db_nextrec
319      * calls us with offset==0, meaning read from current offset.
320      * We still need to call lseek to record the current offset.
321      */
322     if ((db->idxoff = lseek(db->idxfd, offset,
323       offset == 0 ? SEEK_CUR : SEEK_SET)) == -1)
324         err_dump("_db_readidx: lseek error");

325     /*
326      * Read the ascii chain ptr and the ascii length at
327      * the front of the index record.  This tells us the
328      * remaining size of the index record.
329      */
330     iov[0].iov_base = asciiptr;
331     iov[0].iov_len  = PTR_SZ;
332     iov[1].iov_base = asciilen;
333     iov[1].iov_len  = IDXLEN_SZ;
```

```
334      if ((i = readv(db->idxfd, &iov[0], 2)) != PTR_SZ + IDXLEN_SZ) {
335          if (i == 0 && offset == 0)
336              return(-1);       /* EOF for db_nextrec */
337          err_dump("_db_readidx: readv error of index record");
338      }

339      /*
340       * This is our return value; always >= 0.
341       */
342      asciiptr[PTR_SZ] = 0;          /* null terminate */
343      db->ptrval =  toll(asciiptr);  /* offset of next key in chain */

344      asciilen[IDXLEN_SZ] = 0;       /* null terminate */
345      if ((db->idxlen = atoi(asciilen)) < IDXLEN_MIN ||
346        db->idxlen > IDXLEN_MAX)
347          err_dump("_db_readidx: invalid length");
```

[317～324] 按调用者提供的参数查找索引文件偏移量。在 DB 结构中记录该偏移量，为此即使调用者想要在当前文件偏移量处读记录（设置 offset 为 0），仍需要调用 lseek 以确定当前偏移量。因为在索引文件中，索引记录决不会存放在偏移量为 0 处，所以可以放心地使用 0 表示“从当前偏移量处读”。

[325～338] 调用 readv 读在索引记录开始处的两个定长字段：指向下一索引记录的链指针和该索引记录余下部分的长度（余下部分是变长的）。

[339～347] 将下一记录的偏移量转换为整型，并存放到 ptrval 字段中（这将被用作此函数的返回值）。然后将索引记录的长度转换为整型，并存放到 idxlen 字段中。

766

```
348      /*
349       * Now read the actual index record.  We read it into the key
350       * buffer that we malloced when we opened the database.
351       */
352      if ((i = read(db->idxfd, db->idxbuf, db->idxlen)) != db->idxlen)
353          err_dump("_db_readidx: read error of index record");
354      if (db->idxbuf[db->idxlen-1] != NEWLINE)    /* sanity check */
355          err_dump("_db_readidx: missing newline");
356      db->idxbuf[db->idxlen-1] = 0;      /* replace newline with null */

357      /*
358       * Find the separators in the index record.
359       */
360      if ((ptr1 = strchr(db->idxbuf, SEP)) == NULL)
361          err_dump("_db_readidx: missing first separator");
362      *ptr1++ = 0;                       /* replace SEP with null */

363      if ((ptr2 = strchr(ptr1, SEP)) == NULL)
364          err_dump("_db_readidx: missing second separator");
365      *ptr2++ = 0;                       /* replace SEP with null */

366      if (strchr(ptr2, SEP) != NULL)
367          err_dump("_db_readidx: too many separators");

368      /*
369       * Get the starting offset and length of the data record.
370       */
```

```
371      if ((db->datoff = atol(ptr1)) < 0)
372          err_dump("_db_readidx: starting offset < 0");
373      if ((db->datlen = atol(ptr2)) <= 0 || db->datlen > DATLEN_MAX)
374          err_dump("_db_readidx: invalid length");
375      return(db->ptrval);          /* return offset of next key in chain */
376  }
```

[348～356] 将索引记录的变长部分读入 DB 结构中的 idxbuf 字段。该记录应以换行符结尾。用 null 字符代替换行符。如果索引文件已遭破坏，那么调用 err_dump 函数终止 core 文件。

[357～367] 将索引记录划分成 3 个字段：键、对应数据记录的偏移量和数据记录的长度。strchr 函数在给定字符串中找到第一个指定字符。这里，我们要寻找的是记录中分隔字段的字符（SEP，此处定义为冒号）。

[368～376] 将数据记录偏移量和数据记录长度转换为整型，并将它们存放在 DB 结构中。然后，返回在散列链中下一条记录的偏移量。注意，我们并不读数据记录，这由调用者自己完成。例如，在 db_fetch 中，在_db_find_and_lock 按键找到索引记录前是不读取数据记录的。

767

```
377  /*
378   * Read the current data record into the data buffer.
379   * Return a pointer to the null-terminated data buffer.
380   */
381  static char *
382  _db_readdat(DB *db)
383  {
384    if (lseek(db->datfd, db->datoff, SEEK_SET) == -1)
385        err_dump("_db_readdat: lseek error");
386    if (read(db->datfd, db->datbuf, db->datlen) != db->datlen)
387        err_dump("_db_readdat: read error");
388    if (db->datbuf[db->datlen-1] != NEWLINE)  /* sanity check */
389        err_dump("_db_readdat: missing newline");
390    db->datbuf[db->datlen-1] = 0; /* replace newline with null */
391    return(db->datbuf);      /* return pointer to data record */
392  }

393  /*
394   * Delete the specified record.
395   */
396  int
397  db_delete(DBHANDLE h, const char *key)
398  {
399    DB          *db = h;
400    int         rc = 0;            /* assume record will be found */

401    if (_db_find_and_lock(db, key, 1) == 0) {
402        _db_dodelete(db);
403        db->cnt_delok++;
404    } else {
405        rc = -1;                   /* not found */
406        db->cnt_delerr++;
407    }
408    if (un_lock(db->idxfd, db->chainoff, SEEK_SET, 1) < 0)
```

```
409         err_dump("db_delete: un_lock error");
410     return(rc);
411 }
```

[377～392] 在 datoff 和 datlen 已经被正确初始化后，_db_readdat 函数将数据记录的内容读入 DB 结构中的 datbuf 字段指向的缓冲区。

[393～411] db_delete 函数用于删除与给定键匹配的一条记录。使用_db_find_and_lock 来判断在数据库中该记录是否存在。如果存在，则调用_db_dodelete 函数执行删除该记录的操作。_db_find_and_lock 的第三个参数控制对散列链是加读锁还是写锁。此处，因为可能执行更改该链表的操作，所以要加一把写锁。_db_find_and_lock 返回时，这把锁仍旧存在，为此不管是否找到了所需的记录，都需要解除这把锁。

768

```
412 /*
413  * Delete the current record specified by the DB structure.
414  * This function is called by db_delete and db_store, after
415  * the record has been located by _db_find_and_lock.
416  */
417 static void
418 _db_dodelete(DB *db)
419 {
420     int         i;
421     char        *ptr;
422     off_t       freeptr, saveptr;

423     /*
424      * Set data buffer and key to all blanks.
425      */
426     for (ptr = db->datbuf, i = 0; i < db->datlen - 1; i++)
427         *ptr++ = SPACE;
428     *ptr = 0;  /* null terminate for _db_writedat */
429     ptr = db->idxbuf;
430     while (*ptr)
431         *ptr++ = SPACE;

432     /*
433      * We have to lock the free list.
434      */
435     if (writew_lock(db->idxfd, FREE_OFF, SEEK_SET, 1) < 0)
436         err_dump("_db_dodelete: writew_lock error");

437     /*
438      * Write the data record with all blanks.
439      */
440     _db_writedat(db, db->datbuf, db->datoff, SEEK_SET);
```

[412～431] _db_dodelete 函数执行从数据库中删除一条记录的所有操作。(该函数也可以由 db_store 调用。)此函数的大部分工作仅仅是更新空闲链表以及与键对应的散列链。当一条记录被删除后，将其键和数据记录设为空。本章后面将提到的函数 db_nextrec 要用到这一点。

[432～440] 调用 writew_lock 对空闲链表加写锁，这样能防止两个进程同时删除不同链表

上的记录时产生相互影响，因为要将被删除的记录添加到空闲链表中，这将改变空闲链表指针，而一次只能有一个进程能这样做。

调用函数_db_writedat 清空数据记录。这时_db_writedat 并不对数据文件加写锁，这是因为 db_delete 对这条记录的散列链已经加了写锁，这保证不会再有其他进程能够读、写这条记录。

769

```
441     /*
442      * Read the free list pointer.  Its value becomes the
443      * chain ptr field of the deleted index record.  This means
444      * the deleted record becomes the head of the free list.
445      */
446     freeptr = _db_readptr(db, FREE_OFF);

447     /*
448      * Save the contents of index record chain ptr,
449      * before it's rewritten by _db_writeidx.
450      */
451     saveptr = db->ptrval;

452     /*
453      * Rewrite the index record.  This also rewrites the length
454      * of the index record, the data offset, and the data length,
455      * none of which has changed, but that's OK.
456      */
457     _db_writeidx(db, db->idxbuf, db->idxoff, SEEK_SET, freeptr);

458     /*
459      * Write the new free list pointer.
460      */
461     _db_writeptr(db, FREE_OFF, db->idxoff);

462     /*
463      * Rewrite the chain ptr that pointed to this record being
464      * deleted.  Recall that _db_find_and_lock sets db->ptroff to
465      * point to this chain ptr.  We set this chain ptr to the
466      * contents of the deleted record's chain ptr, saveptr.
467      */
468     _db_writeptr(db, db->ptroff, saveptr);
469     if (un_lock(db->idxfd, FREE_OFF, SEEK_SET, 1) < 0)
470         err_dump("_db_dodelete: un_lock error");
471 }
```

[441～461] 读空闲链表指针，接着修改索引记录。让这条记录的下一条记录指针指向空闲链表的第一条记录（如果空闲链表为空，则这个新的链表指针置为 0）。清除键之后用正被删除索引记录的偏移量更新空闲链表指针，也就是使其指向当前删除的这条记录。这意味着空闲链表的处理基于后进先出（虽然是以首次适应算法来删除空闲链表项），也就是说被删除的记录都被添加到空闲链表头部。

没有为每个文件分别设置空闲链表。将一个删除的索引记录添加到空闲链表时，该索引记录仍指向已删除的数据记录。当然还有更好的处理方法，但复杂性会增加。

[462～471] 修改散列链中前一条记录的指针，使其指向正删除记录之后的记录，这样就从散列链中移除了要删除的记录。最后对空闲链表解锁。

770

```
472 /*
473  * Write a data record.  Called by _db_dodelete (to write
474  * the record with blanks) and db_store.
475  */
476 static void
477 _db_writedat(DB *db, const char *data, off_t offset, int whence)
478 {
479     struct iovec     iov[2];
480     static char      newline = NEWLINE;

481     /*
482      * If we're appending, we have to lock before doing the lseek
483      * and write to make the two an atomic operation.  If we're
484      * overwriting an existing record, we don't have to lock.
485      */
486     if (whence == SEEK_END) /* we're appending, lock entire file */
487         if (writew_lock(db->datfd, 0, SEEK_SET, 0) < 0)
488             err_dump("_db_writedat: writew_lock error");

489     if ((db->datoff = lseek(db->datfd, offset, whence)) == -1)
490         err_dump("_db_writedat: lseek error");
491     db->datlen = strlen(data) + 1; /* datlen includes newline */

492     iov[0].iov_base = (char *) data;
493     iov[0].iov_len  = db->datlen - 1;
494     iov[1].iov_base = &newline;
495     iov[1].iov_len  = 1;
496     if (writev(db->datfd, &iov[0], 2) != db->datlen)
497         err_dump("_db_writedat: writev error of data record");

498     if (whence == SEEK_END)
499         if (un_lock(db->datfd, 0, SEEK_SET, 0) < 0)
500             err_dump("_db_writedat: un_lock error");
501 }
```

[472～491] 调用函数_db_writedat 写一个数据记录。当删除一记录时，调用函数_db_writedat 清空数据记录；这时_db_writedat 并不对数据文件加写锁，因为 db_delete 对这条记录的散列链已经加了写锁，这保证不会再有其他进程能够读、写这条记录。在本节稍后处说明 db_store 函数时，会遇到_db_writedat 函数追加写数据文件的情况，此时就必须对该文件加锁。

定位到要写数据记录的位置。要写的字节数是记录长度加 1 字节，这个字节是表示记录终止的换行符。

[492～501] 设置 iovec 数组，调用 writev 写数据记录和换行符。不能想当然地认为调用者缓冲区的尾端有空间可以追加换行符，所以应该将换行符写入另一个缓冲区，然后再从该缓冲区写至数据记录。如果正在对文件追加一条记录，那么就释放早先获得的锁。

771

```
502 /*
503  * Write an index record.  _db_writedat is called before
504  * this function to set the datoff and datlen fields in the
505  * DB structure, which we need to write the index record.
```

```
506  */
507 static void
508 _db_writeidx(DB *db, const char *key,
509              off_t offset, int whence, off_t ptrval)
510 {
511     struct iovec iov[2];
512     char         asciiptrlen[PTR_SZ + IDXLEN_SZ + 1];
513     int          len;

514     if ((db->ptrval = ptrval) < 0 || ptrval > PTR_MAX)
515         err_quit("_db_writeidx: invalid ptr: %d", ptrval);
516     sprintf(db->idxbuf, "%s%c%lld%c%ld\n", key, SEP,
517       (long long)db->datoff, SEP, (long)db->datlen);
518     len = strlen(db->idxbuf);
519     if (len < IDXLEN_MIN || len > IDXLEN_MAX)
520         err_dump("_db_writeidx: invalid length");
521     sprintf(asciiptrlen, "%*lld%*d", PTR_SZ, (long long)ptrval,
522     IDXLEN_SZ, len);

523     /*
524      * If we're appending, we have to lock before doing the lseek
525      * and write to make the two an atomic operation.  If we're
526      * overwriting an existing record, we don't have to lock.
527      */
528     if (whence == SEEK_END)        /* we're appending */
529         if (writew_lock(db->idxfd, ((db->nhash+1)*PTR_SZ)+1,
530           SEEK_SET, 0) < 0)
531             err_dump("_db_writeidx: writew_lock error");
```

[502～522] 调用_db_writeidx 函数写一条索引记录。在验证散列链中下一个指针有效后，创建索引记录，并将它的后半部分存放到 idxbuf 中。需要索引记录这一部分的长度以创建该记录的前半部分，而前半部分被存放到局部变量 asciiptrlen 中。注意，使用强制类型转换使得 sprintf 语句的参数的长度与格式说明中相匹配，这样做是因为 off_t 和 size_t 数据类型的长度因平台不同而不同。32 位系统也能提供 64 位文件偏移量，所以不能假定 off_t 数据类型的长度。

[523～531] 和_db_writedat 一样，只有在追加新索引记录时这一函数才需要加锁。_db_dodelete 调用此函数是为了重写一条已有的索引记录。在这种情况下，调用者已经在散列链上加了写锁，所以不再需要加另外的锁。

772

```
532     /*
533      * Position the index file and record the offset.
534      */
535     if ((db->idxoff = lseek(db->idxfd, offset, whence)) == -1)
536         err_dump("_db_writeidx: lseek error");

537     iov[0].iov_base = asciiptrlen;
538     iov[0].iov_len  = PTR_SZ + IDXLEN_SZ;
539     iov[1].iov_base = db->idxbuf;
540     iov[1].iov_len  = len;
541     if (writev(db->idxfd, &iov[0], 2) != PTR_SZ + IDXLEN_SZ + len)
542         err_dump("_db_writeidx: writev error of index record");
```

```
543     if (whence == SEEK_END)
544         if (un_lock(db->idxfd, ((db->nhash+1)*PTR_SZ)+1,
545           SEEK_SET, 0) < 0)
546             err_dump("_db_writeidx: un_lock error");
547 }

548 /*
549  * Write a chain ptr field somewhere in the index file:
550  * the free list, the hash table, or in an index record.
551  */
552 static void
553 _db_writeptr(DB *db, off_t offset, off_t ptrval)
554 {
555     char    asciiptr[PTR_SZ + 1];

556     if (ptrval < 0 || ptrval > PTR_MAX)
557         err_quit("_db_writeptr: invalid ptr: %d", ptrval);
558     sprintf(asciiptr, "%*lld", PTR_SZ, (long long)ptrval);

559     if (lseek(db->idxfd, offset, SEEK_SET) == -1)
560         err_dump("_db_writeptr: lseek error to ptr field");
561     if (write(db->idxfd, asciiptr, PTR_SZ) != PTR_SZ)
562         err_dump("_db_writeptr: write error of ptr field");
563 }
```

[532～547]　定位到开始写索引记录的位置，将该偏移量存入 DB 结构的 idxoff 字段。因为在两个独立的缓冲区中构建索引记录，所以调用 writev 将它存放到索引文件中。如果是追加写该文件，则释放在定位操作前获得的锁。从并发运行进程追加新记录到数据库的角度思考问题，那么这把锁使定位操作和写操作成为原子操作。

[548～563]　_db_writeptr 被用于将一散列链指针写至索引文件中。验证该指针在索引文件的边界范围内，然后将它转换成 ASCII 字符串。按指定的偏移量在索引文件中定位，然后将该指针 ASCII 字符串写入索引文件。

773

```
564 /*
565  * Store a record in the database.  Return 0 if OK, 1 if record
566  * exists and DB_INSERT specified, -1 on error.
567  */
568 int
569 db_store(DBHANDLE h, const char *key, const char *data, int flag)
570 {
571     DB      *db = h;
572     int     rc, keylen, datlen;
573     off_t   ptrval;

574     if (flag != DB_INSERT && flag != DB_REPLACE &&
575       flag != DB_STORE) {
576         errno = EINVAL;
577         return(-1);
578     }
579     keylen = strlen(key);
580     datlen = strlen(data) + 1;      /* +1 for newline at end */
581     if (datlen < DATLEN_MIN || datlen > DATLEN_MAX)
582         err_dump("db_store: invalid data length");
```

```
583     /*
584      * _db_find_and_lock calculates which hash table this new record
585      * goes into (db->chainoff), regardless of whether it already
586      * exists or not. The following calls to _db_writeptr change the
587      * hash table entry for this chain to point to the new record.
588      * The new record is added to the front of the hash chain.
589      */
590     if (_db_find_and_lock(db, key, 1) < 0) { /* record not found */
591         if (flag == DB_REPLACE) {
592             rc = -1;
593             db->cnt_storerr++;
594             errno = ENOENT;        /* error, record does not exist */
595             goto doreturn;
596         }
```

[564～582] db_store 函数的功能是将一条记录添加到数据库中。首先验证参数 flag 的值。然后，检查数据记录长度是否有效。如果无效，则删除 core 文件并终止。作为一个例子这样处理无可厚非，但如果构造正式应用的函数库，那么最好返回出错状态而非终止，这样可以给应用程序一个恢复的机会。

[583～596] 调用_db_find_and_lock 以查看这个记录是否已经存在。如果记录并不存在且指定的标志为 DB_INSERT 或 DB_STORE，或者记录存在且指定的标志为 DB_REPLACE 或 DB_STORE，那么这些都是允许的。替换一条已有的记录意味着键不变，而数据记录很可能不同。注意，因为 db_store 很可能会改变散列链，所以调用_db_find_and_lock 的最后一个参数指明要对散列链加写锁。

774

```
597         /*
598          * _db_find_and_lock locked the hash chain for us; read
599          * the chain ptr to the first index record on hash chain.
600          */
601         ptrval = _db_readptr(db, db->chainoff);

602         if (_db_findfree(db, keylen, datlen) < 0) {
603             /*
604              * Can't find an empty record big enough. Append the
605              * new record to the ends of the index and data files.
606              */
607             _db_writedat(db, data, 0, SEEK_END);
608             _db_writeidx(db, key, 0, SEEK_END, ptrval);

609             /*
610              * db->idxoff was set by _db_writeidx.  The new
611              * record goes to the front of the hash chain.
612              */
613             _db_writeptr(db, db->chainoff, db->idxoff);
614             db->cnt_stor1++;
615         } else {
616             /*
617              * Reuse an empty record. _db_findfree removed it from
618              * the free list and set both db->datoff and db->idxoff.
619              * Reused record goes to the front of the hash chain.
620              */
```

```
621             _db_writedat(db, data, db->datoff, SEEK_SET);
622             _db_writeidx(db, key, db->idxoff, SEEK_SET, ptrval);
623             _db_writeptr(db, db->chainoff, db->idxoff);
624             db->cnt_stor2++;
625         }
```

[597～601]　在调用_db_find_and_lock 后，代码分成 4 种情况。前两种情况中，没有找到足够大的空闲记录，所以添加一条新纪录。读散列链上第一项的偏移量。

[602～614]　第 1 种情况：调用_db_findfree 在空闲链表中搜索一条已删除的记录，它的键长度和数据长度与参数 keylen 和 datlen 相同。如果没有找到对应大小的空闲记录，这意味着要将这条新记录追加到索引文件和数据文件的末尾。调用_db_writedat 写数据部分，调用_db_writeidx 写索引部分，调用_db_writeptr 将新记录添加到对应的散列链的头部。将执行此种情况的计数器（cnt_stor1）值加 1，以便观察数据库的运行状况。

[615～625]　第 2 种情况：_db_findfree 找到对应大小的空记录，然后将这条空记录从空闲链表中移除（稍后就会看到_db_findfree 的实现），写入新的索引记录和数据记录，然后，如同第 1 种情况一样，将新记录添加到对应的散列链的头部。将执行此种情况的计数器（cnt_stor2）值加 1，以便观察数据库的运行状况。

775

```
626     } else {                        /* record found */
627         if (flag == DB_INSERT) {
628             rc = 1;         /* error, record already in db */
629             db->cnt_storerr++;
630             goto doreturn;
631         }

632         /*
633          * We are replacing an existing record.  We know the new
634          * key equals the existing key, but we need to check if
635          * the data records are the same size.
636          */
637         if (datlen != db->datlen) {
638             _db_dodelete(db); /* delete the existing record */

639             /*
640              * Reread the chain ptr in the hash table
641              * (it may change with the deletion).
642              */
643             ptrval = _db_readptr(db, db->chainoff);

644             /*
645              * Append new index and data records to end of files.
646              */
647             _db_writedat(db, data, 0, SEEK_END);
648             _db_writeidx(db, key, 0, SEEK_END, ptrval);

649             /*
650              * New record goes to the front of the hash chain.
651              */
652             _db_writeptr(db, db->chainoff, db->idxoff);
```

```
653                 db->cnt_stor3++;
654             } else {
```

[626~631] 另两种情况是具有相同键的记录在数据库中已存在，如果不想替换该记录，则设置表示一条记录已经存在的返回码，将存储出错计数的计数器 cnt_storerr 值加 1，然后跳转至函数末尾，在此处理公共返回逻辑。

[632~654] 第 3 种情况：要替换一条已有记录，而新数据记录的长度与已有记录的长度不一样。调用_db_dodelete 删除已有记录，将该删除记录放在空闲链表头部。然后，调用_db_writedat 和_db_writeidx 将新记录追加到索引文件和数据文件的末尾（也可以用其他方法，如可以再找一找是否有数据大小正好的已删除的记录项）。最后调用_db_writeptr 将新记录添加到对应的散列链的头部。DB 结构中的 cnt_stor3 计数器记录发生此种情况的次数。

776

```
655                 /*
656                  * Same size data, just replace data record.
657                  */
658                 _db_writedat(db, data, db->datoff, SEEK_SET);
659                 db->cnt_stor4++;
660             }
661         }
662         rc = 0;         /* OK */

663     doreturn:   /* unlock hash chain locked by _db_find_and_lock */
664         if (un_lock(db->idxfd, db->chainoff, SEEK_SET, 1) < 0)
665             err_dump("db_store: un_lock error");
666         return(rc);
667     }

668     /*
669      * Try to find a free index record and accompanying data record
670      * of the correct sizes.  We're only called by db_store.
671      */
672     static int
673     _db_findfree(DB *db, int keylen, int datlen)
674     {
675         int     rc;
676         off_t offset, nextoffset, saveoffset;

677         /*
678         * Lock the free list.
679         */
680         if (writew_lock(db->idxfd, FREE_OFF, SEEK_SET, 1) < 0)
681           err_dump("_db_findfree: writew_lock error");

682           /*
683           * Read the free list pointer.
684           */
685           saveoffset = FREE_OFF;
686           offset = _db_readptr(db, saveoffset);
```

[655~661] 第 4 种情况：替换一条已有记录，而新数据记录的长度与已有记录的长度恰好一样。这是最容易的情况，只需要重写数据记录即可，并将这种情况的计数器（cnt_ stor4）值加 1。

[662～667] 在正常情况下，设置表示成功的返回码，然后进入公共返回逻辑。对散列链解锁（这把锁是由调用_db_find_and_lock 而加上的），然后返回调用者。

[668～686] *db*findfree 函数试图找到一个指定大小的空闲索引记录和相关联的数据记录。需要对空闲链表加写锁以避免与其他使用空闲链表的进程互相影响。在对空闲链表加写锁后，得到空闲链表的头指针地址。

777

```
687     while (offset != 0) {
688         nextoffset = _db_readidx(db, offset);
689         if (strlen(db->idxbuf) == keylen && db->datlen == datlen)
690             break;        /* found a match */
691         saveoffset = offset;
692         offset = nextoffset;
693     }

694     if (offset == 0) {
695         rc = -1; /* no match found */
696     } else {
697         /*
698          * Found a free record with matching sizes.
699          * The index record was read in by _db_readidx above,
700          * which sets db->ptrval.  Also, saveoffset points to
701          * the chain ptr that pointed to this empty record on
702          * the free list.  We set this chain ptr to db->ptrval,
703          * which removes the empty record from the free list.
704          */
705         _db_writeptr(db, saveoffset, db->ptrval);
706         rc = 0;

707         /*
708          * Notice also that _db_readidx set both db->idxoff
709          * and db->datoff.  This is used by the caller, db_store,
710          * to write the new index record and data record.
711          */
712     }

713     /*
714      * Unlock the free list.
715      */
716     if (un_lock(db->idxfd, FREE_OFF, SEEK_SET, 1) < 0)
717         err_dump("_db_findfree: un_lock error");
718     return(rc);
719 }
```

[687～693] _db_findfree 中的 while 循环遍历空闲链表以搜寻一个能够匹配键长度和数据长度的索引记录项。在这个简单的实现中，只有当一个已删除记录的键长度及数据长度与要插入的新记录的键长度及数据长度一样时才重用已删除记录的空间。还有其他更好的算法，但复杂度会增加。

[694～712] 如果找不到所要求键长度和数据长度的可用记录，则设置表示失败的返回码。否则，将已找到记录的下一个链指针写至前一记录的链表指针。这样就从空闲链表中移除了该记录。

[713~719] 一旦结束对空闲链表的操作，立即释放写锁。然后对调用者返回状态码。 778

```
720  /*
721   * Rewind the index file for db_nextrec.
722   * Automatically called by db_open.
723   * Must be called before first db_nextrec.
724   */
725  void
726  db_rewind(DBHANDLE h)
727  {
728      DB      *db = h;
729      off_t   offset;

730      offset = (db->nhash + 1) * PTR_SZ;  /* +1 for free list ptr */

731      /*
732       * We're just setting the file offset for this process
733       * to the start of the index records; no need to lock.
734       * +1 below for newline at end of hash table.
735       */
736      if ((db->idxoff = lseek(db->idxfd, offset+1, SEEK_SET)) == -1)
737          err_dump("db_rewind: lseek error");
738  }

739  /*
740   * Return the next sequential record.
741   * We just step our way through the index file, ignoring deleted
742   * records.  db_rewind must be called before this function is
743   * called the first time.
744   */
745  char *
746  db_nextrec(DBHANDLE h, char *key)
747  {
748      DB      *db = h;
749      char    c;
750      char    *ptr;
```

[720~738] db_rewind 函数用于把数据库重置到“起始状态”，将索引文件的文件偏移量设置为指向第一条索引记录（紧跟在散列表之后）。（回忆图 20-2 中索引文件的结构。）

[739~750] db_nextrec 函数返回数据库的下一条记录。返回值是指向数据缓冲区的指针。如果调用者提供的 key 参数非空，将相应的键复制到该缓冲区中。调用者负责分配可以存放键的足够大的缓冲区。大小为 IDXLEN_MAX 字节的缓冲区足够存放任意键。记录按数据库文件中存放的顺序逐一返回。也就是说，记录并不按键值大小排序。另外，db_nextrec 并不跟随散列链表，所以已删除的记录也会被读取，但是不向调用者返回这种已删除记录。 779

```
751      /*
752       * We read lock the free list so that we don't read
753       * a record in the middle of its being deleted.
754       */
755      if (readw_lock(db->idxfd, FREE_OFF, SEEK_SET, 1) < 0)
756          err_dump("db_nextrec: readw_lock error");
```

```
757     do {
758         /*
759          * Read next sequential index record.
760          */
761         if (_db_readidx(db, 0) < 0) {
762             ptr = NULL;        /* end of index file, EOF */
763             goto doreturn;
764         }

765         /*
766          * Check if key is all blank (empty record).
767          */
768         ptr = db->idxbuf;
769         while ((c = *ptr++) != 0  &&  c == SPACE)
770             ;    /* skip until null byte or nonblank */
771     } while (c == 0); /* loop until a nonblank key is found */

772     if (key != NULL)
773         strcpy(key, db->idxbuf);   /* return key */
774     ptr = _db_readdat(db); /* return pointer to data buffer */
775     db->cnt_nextrec++;

776 doreturn:
777     if (un_lock(db->idxfd, FREE_OFF, SEEK_SET, 1) < 0)
778         err_dump("db_nextrec: un_lock error");
779     return(ptr);
780 }
```

[751～756] 对空闲链表加读锁，使得正在读该链表时，其他进程不能从中移除记录。

[757～771] 调用_db_readidx 读下一个记录。传送给该函数的偏移量参数值为 0，以此通知该函数从当前偏移量继续读索引记录。因为正在逐条顺序读索引文件，所以会读到已删除的记录。仅需返回有效记录，所以跳过键是全空格的记录（回忆_db_dodelete 函数以设置全空格方式清除键）。

[772～780] 当找到一有效键时，如果调用者已提供缓冲区，则将该键复制到该缓冲区。然后读数据记录，并将返回值设置为指向包含数据记录的内部缓冲区的指针值。将统计计数器值加 1，对空闲链表解锁，最后返回指向数据记录的指针。

780

通常在下列形式的循环中使用 db_rewind 和 db_nextrec 这两个函数：

```
db_rewind(db);
while ((ptr = db_nextrec(db, key)) != NULL) {
    /* process record */
}
```

前面曾警告过，记录的返回没有一定的顺序，它们并不按键的顺序返回。

如果 db_nextrec 函数在循环中被调用时数据库正在被修改，则 db_nextrec 返回的记录只是变化中的数据库在某一时间点的快照（snapshot）。db_nextrec 被调用时总是返回一条“正确”的记录，也就是说它不会返回一条已删除的记录。但有可能一条记录刚被 db_nextrec 返回后就被删除。类似地，如果 db_nextrec 刚跳过一条已删除的记录，这条记录的空间就被一条新记录重用，除非用 db_rewind 重新遍历一遍，否则在结果中看不到这条新的记录。如果通过 db_nextrec 获得一份数据库的准确的“冻结”的快照很重要，则在这段时间内应该不做插入和删除操作。

下面来看 db_nextrec 使用的加锁。因为并不使用任何散列链表，也不能判断每条记录属于哪条散列链。所以有可能当 db_nextrec 读取一条记录时，其索引记录正在被删除。为了防止这种情况，db_nextrec 对空闲链表加读锁，这样就可避免与_db_dodelete 和_db_findfree 相互影响。

在结束对 db.c 源文件的说明之前，对向文件末尾追加索引记录或数据记录时的加锁再做一些说明。在第 1 种和第 3 种情况中，db_store 调用_db_writeidx 和_db_writedat 时，第 3 个参数为 0，第 4 个参数为 SEEK_END。这里，第 4 个参数作为一个标志用来告诉这两个函数，新的记录将被追加到文件的末尾。_db_writeidx 用到的技术是对索引文件加写锁，加锁的范围从散列链的末尾到文件的末尾。这不会影响其他数据库的读进程和写进程（这些进程将对散列链加锁），但如果其他进程此时调用 db_store 来追加数据则会被锁住。_db_writedat 使用的方法是对整个数据文件加写锁。同样这也不会影响其他数据库的读进程和写进程（它们甚至不对数据文件加锁），但如果其他用户此时调用 db_store 来向数据文件追加数据则会被锁住（见习题 20.3）。

20.9 性能

为了测试这一数据库函数库，也为了获得一些与典型应用的数据访问模式有关的时间测量数据，编写了一个测试程序。该程序接受两个命令行参数：要创建的子进程的个数和每个子进程向数据库写的数据记录的条数（*nrec*）。然后（通过调用 db_open）创建一个空的数据库，通过 fork 创建指定数目的子进程，等待所有子进程结束。每个子进程执行以下步骤。 781

（1）向数据库写 *nrec* 条记录。

（2）通过键值读回 *nrec* 条记录。

（3）执行下面的循环 *nrec*×5 次。

（a）随机读一条记录。

（b）每循环 37 次，随机删除一条记录。

（c）每循环 11 次，随机插入一条记录并读取这条记录。

（d）每循环 17 次，随机替换一条记录为新记录。在连续两次替换中，一次用同样大小的记录替换，一次用比以前更长的记录替换。

（4）将此子进程写的所有记录删除。每删除一条记录，随机地查找 10 条记录。

DB 结构的 cnt_xxx 变量记录对数据库进行的操作数，这些变量的值在函数中增加。每个子进程的操作数一般都会与其他子进程不一样，因为每个子进程用来选择记录的随机数生成器是根据其进程 ID 来初始化的。每个子进程操作的典型计数值见图 20-6。

读取的次数大约是存储和删除的 10 倍，这可能是许多数据库应用程序的典型情况。

每一个子进程只对该子进程所写的记录执行这些操作（读取、存储和删除）。由于所有的子进程对同一个数据库进行操作（虽然对不同的记录），所以会使用并发控制。数据库中的记录总数与子进程数成比例。（当只有一个子进程时，一开始有 *nrec* 条记录写入数据库；当有两个子进程时，一开始有 *nrec*×2 条记录写入数据库，依此类推。）

通过运行测试程序的 3 个不同版本来比较加粗粒度锁和加细粒度锁提供的并发，并且比较 3 种不同的加锁方式（不加锁、建议性锁和强制性锁）。第一个版本使用 20.8 节中的源代码，称为细粒度锁版本。第二个版本通过改变加锁调用而使用粗粒度锁，20.6 节对此已介绍过。第三个版 782

本将所有加锁例程均去掉，这样可以计算出加锁的开销。通过改变数据库文件的权限标志位，还可以使第一个版本和第二个版本（加细粒度锁和加粗粒度锁）使用建议性锁或强制性锁（本节所有的测试中，仅对加细粒度锁的实现测量了采用强制性锁的时间）。

操作	调用 fcntl（每个操作）		操作计数（*nrec*=2 000）
	粗粒度锁	细粒度锁	
db_store、DB_INSERT，无空白记录，追加	2	8	2 920
db_store、DB_INSERT，重用空白记录	2	4	468
db_store、DB_REPLACE，数据长度不同，追加	2	8	405
db_store、DB_REPLACE，数据长度相同	2	2	416
db_store，没有找到记录	2	2	71
db_fetch，找到记录	2	2	32 873
db_fetch，没有找到记录	2	2	2966
db_delete，找到记录	2	4	3 388
db_delete，没有找到记录	2	2	422

图 20-6　每个子进程操作的典型计数值

本节所有的测试都是在一台运行 Linux 3.2.0 的 Intel Core-i5 系统上运行的。这个系统拥有 4 个内核，因此可以允许至多 4 个进程并发运行。

1. 单进程的结果

图 20-7 显示了只有一个子进程运行的结果，*nrec* 分别为 2 000、6 000 和 12 000。

nrec	不加锁			建议性锁						强制性锁		
				粗粒度锁			细粒度锁			细粒度锁		
	用户	系统	时钟	用户	系统	时钟	用户	系统	时钟	用户	系统	时钟
2 000	0.10	0.22	0.33	0.17	0.33	0.51	0.13	0.38	0.51	0.14	0.43	0.58
6 000	0.59	1.32	1.91	0.88	2.13	3.03	0.90	2.14	3.05	0.99	2.52	3.53
12 000	4.37	9.58	13.97	5.38	12.60	18.01	5.34	12.63	18.01	5.53	15.03	20.60

图 20-7　单子进程、不同的 *nrec* 和不同的加锁方法

最后 12 列显示的是以秒为单位的时间。在所有的情况下，用户 CPU 时间加上系统 CPU 时间都基本上等于时钟时间。这一组测试受 CPU 限制而不是受磁盘操作限制。

中间 6 列（建议性锁）对加粗粒度锁和加细粒度锁的结果基本一样。这是可以理解的，因为对于单个进程来说加粗粒度锁和加细粒度锁并没有区别，除了额外的 fcntl 调用。

比较不加锁和加建议性锁，可以看到加锁调用在系统 CPU 时间上增加了 32%～73%。即使这些锁实际上并没有使用过（因为只有一个进程运行），fcntl 系统调用仍会有一些时间的开销。用户 CPU 时间对 4 种不同的加锁方法基本上一样，这是因为用户代码基本上是一样的（除了调用 fcntl 的次数有些不同）。

关于图 20-7 要注意的最后一点是强制性锁比建议性锁增加了 13%～19%的系统 CPU 时间。由于对加强制性细粒度锁和加建议性细粒度锁的调用次数是一样的，所以增加的系统开销来自读和写。

783

最后的测试是有多个子进程的不加锁的程序。与预期的一样，结果是随机的错误。一般错误情况包括：添加到数据库中的记录找不到、测试程序异常退出等。几乎每次运行测试程序，都有不同的错误发生。这是典型的竞争条件——多个进程在没有任何加锁的情况下修改同一个文件，错误情况不可预测。

2. 多进程的结果

下一组测试主要目的是比较粗粒度锁和细粒度锁的不同。前面说过，由于加细粒度锁时数据库的各个部分被锁住的时间比加粗粒度锁少，所以从直觉上说，加细粒度锁应该能提供更好的并发性。图 20-8 显示了 *nrec* 取 2000，子进程数从 1～16 的测试结果。

进程数	建议性锁							强制性锁			
	粗粒度锁			细粒度锁			Δ时钟	细粒度锁			Δ系统
	用户	系统	时钟	用户	系统	时钟	百分比	用户	系统	时钟	百分比
1	0.14	0.35	0.50	0.14	0.35	0.50	0	0.15	0.42	0.58	20
2	0.60	1.43	1.88	0.54	1.36	1.10	71	0.65	2.01	1.59	48
3	0.97	2.67	3.18	1.37	3.73	2.20	45	1.62	5.67	3.28	52
4	2.38	6.17	5.59	2.83	8.15	4.07	37	3..29	12.35	6.31	52
5	3.72	10.17	8.37	4.28	11.86	6.09	37	4.96	18.47	9.49	56
6	5.02	14.52	11.52	6.04	17.46	8.89	30	6.66	26.38	13.22	51
7	7.00	20.16	15.84	8.06	23.23	11.88	33	9.12	36.13	18.09	56
8	9.12	26.20	20.31	10.50	30.50	15.48	31	11.81	47.20	23.49	55
9	11.60	33.91	25.64	13.40	37.80	19.29	33	14.54	60.23	29.66	59
10	14.28	42.24	31.35	16.39	47.01	23.74	32	17.84	74.05	36.27	58
11	17.37	51.12	37.50	19.71	56.59	28.57	31	21.57	90.14	44.10	59
12	20.70	60.48	44.24	23.47	66.10	33.34	33	25.57	108.94	53.11	65
13	25.13	70.67	51.96	27.70	77.76	39.21	33	29.71	133.31	63.07	71
14	28.40	82.23	59.88	32.34	91.45	46.22	30	34.22	155.80	73.86	70
15	32.23	94.26	68.30	36.32	102.97	51.82	32	39.05	180.66	84.14	75
16	37.24	107.87	78.67	42.17	118.20	59.72	32	44.11	208.28	96.82	76

图 20-8 *nrec*=2000 时不同加锁方法的比较

所有的用户时间、系统时间和时钟时间的单位均为秒。所有这些时间均是父进程与所有子进程的总和。关于这些数据有许多需要考虑。

首先要注意的是，当使用多进程时，用户时间和系统时间之和超过了时钟时间。乍看起来这有点奇怪，不过当采用多核时是正常的。此时，所有并发的进程在运行时其时间会累积起来；所显示的 CPU 处理时间是程序运行的所有核运转的时间之和。因为可以并发多个进程（每个核运行一个进程），所以 CPU 处理时间会超过时钟时间。

第 8 列（标记为“Δ时钟”），是加建议性粗粒度锁与加建议性细粒度锁的运行时钟时间的百分比差。从中可以看到使用细粒度锁得到了多大的并发性。在运行测试的系统上，对于单一进程加粗粒度锁与加细粒度锁相比效果几乎相同。而对于多进程，使用粗粒度锁的时间消耗会增大（约 30%）。

784

我们希望从粗粒度锁到细粒度锁时钟时间会减少，当启用多进程后结果也确实如此。然而，我们预期当对任意数量的进程使用细粒度锁时系统时间仍然会保持较高值，因为使用细粒度锁会发出更多的 `fcntl` 调用。如果将图 20-6 中的 `fcntl` 调用次数加在一起，会发现对于粗粒度锁其平均值为 87858，对于细粒度锁其平均值为 115520。基于此，我们认为由于增加了 31%的 `fcntl` 调用，所以会增加细粒度锁的系统时间。然而，在测试中加细粒度锁的两个进程其系统时间减少了，超过两个进程的系统时间只有小幅增加，这让人困惑。

出现这种情况有两个原因。首先，图 20-7 显示，当没有对锁进行竞争时，粗粒度锁和细粒度锁的时间之间没有显著的差别。这说明对于额外的 `fcntl` 调用所引起的 CPU 负载并没有影响测试程序的性能。其次，使用粗粒度锁时，持有锁的时间较长，这也就增加了其他进程因等待该锁而陷入阻塞的可能性；而使用细粒度锁时，加锁的时间较短，进程被阻塞的可能性就降低了。如果计算 fcntl 的阻塞次数，会发现在使用粗粒度锁时，进程阻塞频率更高。例如，当有 4 个进程时，使用粗粒度锁的阻塞次数几乎是使用细粒度锁的阻塞次数的 5 倍。正是这些粗粒度锁需要休眠和唤醒进程的额外时间增加了系统时间，最终降低了两种锁的系统时间差异。

最后一列（标记为“△系统”），是从加建议性细粒度锁到加强制性细粒度锁的系统 CPU 时间百分比的增量。从这些值可以看到，随着并发数的增加，强制性锁显著增加了系统时间（20%～76%）。

由于所有这些测试的用户代码几乎一样（对加建议性细粒度锁和强制性细粒度锁增加了一些 fcntl 调用），因此预期对每一行的用户 CPU 时间应基本一样。

> 当我们第一次运行这些测试时，测试显示对于多进程完成锁的使用，其粗粒度锁的用户时间几乎是细粒度锁的两倍。因为两个数据库版本是相同的，除了调用 fcntl 的次数不同，因此这说不通。在调查研究之后，我们发现使用粗粒度锁时会有更多的竞争，进程也就会等待更久，操作系统于是就决定降低 CPU 时钟频率来节约电量。在使用细粒度锁时，会有更多的活动，于是系统提高了 CPU 时钟频率。这使得使用粗粒度锁比使用细粒度锁运行得慢。在禁用系统频率调整特性后，我们的测试结果就没有这些偏差了，用户时间的差别也就小多了。

785 图 20-8 的第一行与图 20-7 中的 *nrec* 取 2000 的那一行很相似。这与预期一致。

图 20-9 是图 20-8 中加建议性细粒度锁的数据图。我们绘制了进程数从 1～16 的时钟时间，也绘制了用户 CPU 时间除以进程数后的每进程用户 CPU 时间，另外还绘制了每进程系统 CPU 时间。

注意，这两个每进程 CPU 时间都是线性的，但时钟时间是非线性的。可能的原因是：当进程数增大时，操作系统用于进程切换的 CPU 时间增多。操作系统的开销会增加时钟时间，但不会影响单个进程的 CPU 时间。

用户 CPU 时间随进程数增加的原因可能是因为数据库中有了更多的记录。每一条散列链更长，所以_db_find_and_lock 函数平均要运行更长时间来找到一条记录。

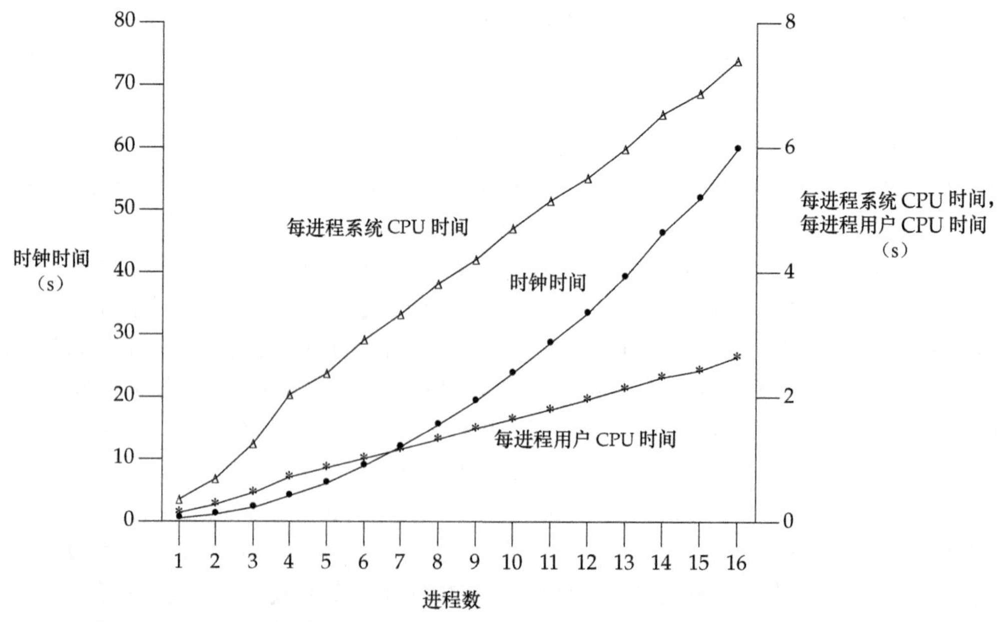

图 20-9　图 20-8 中使用建议性细粒度锁的数据

20.10 小结

本章详细介绍了一个数据库函数库的设计与实现。考虑到篇幅，这个函数库尽可能小和简单，但也包括了多进程并发访问需要的对记录加锁的功能。

此外，还使用不同数量的进程以及不同的加锁方法：不加锁、建议性锁（细粒度锁和粗粒度锁）和强制性锁，研究了这个函数库的性能。可以看到加建议性锁比不加锁在时钟时间上增加了29%～59%，加强制性锁比加建议性锁耗时再增加约15%。 786

习题

20.1 在_db_dodelete 中使用的加锁是比较保守的。例如，如果等到真正要用空闲链表时再加锁，则可获得更大的并发性。如果将调用 writew_lock 移到调用_db_writedat 和_db_readptr 之间会发生什么呢？

20.2 如果 db_nextrec 不对空闲链表加读锁而被读的记录正在被删除，描述在怎样的情况下，db_nextrec 会返回正确的键但是空的（不正确的）数据记录。（提示：查看_db_dodelete。）

20.3 20.8 节的结尾部分描述了_db_writeidx 和_db_writedat 的加锁。我们说过这种加锁不会干涉除了调用 db_store 之外的其他的读进程和写进程。如果改为强制性锁，这还成立吗？

20.4 怎样把 fsync 集成到这个数据库函数库中？

20.5 在 db_store 中，先写数据记录，然后再写索引记录。如果将顺序颠倒，会发生什么？

20.6 建立一个新的数据库并写入一些记录。写一个程序调用 db_nextrec 来读数据库中的每条记录，并调用_db_hash 来计算每条记录的散列值。根据每条散列链上的记录数画出直方图。_db_hash 中的散列函数是否能满足需求？

20.7 修改数据库函数，使得索引文件中散列链的数目可以在数据库建立时指定。

20.8 比较两种情况下数据库函数的性能：（a）数据库与测试程序在同一台机器上；（b）数据库与测试程序在不同的机器上，经由 NFS 进行访问。这个数据库函数库提供的记录锁机制还能工作吗？

20.9 只有当键缓冲区和数据缓冲区与其所需的大小精确匹配时，数据库才会返回空闲链表记录。请修改数据库以使空闲链表可以使用于较大的缓冲区来满足需求。应该如何更改数据库的永久格式来支持这种特性呢？

20.10 在实现了习题 20.9 的方案后，编写一个工具以使数据库格式可以从一种转换为另一种。 787

第 21 章

与网络打印机通信

21.1 引言

现在我们开发一个能够与网络打印机通信的程序。这些打印机通过以太网与多个计算机互联，并且通常既支持纯文本文件也支持 PostScript 文件。尽管一些应用程序也支持其他通信协议，但一般使用网络打印协议（Internet Printing Protocol，IPP）与打印机通信。

我们将描述两个程序：打印假脱机守护进程（print spooler daemon）将作业发送到打印机；命令行程序将打印作业提交到假脱机守护进程。因为假脱机守护进程必须处理很多操作（与客户端通信来提交作业、与打印机通信、读文件、扫描目录等），这就提供了一个机会来使用前面章节所提到的函数。例如，使用线程（第 11 章和第 12 章）来简化假脱机守护进程的设计，使用套接字（第 16 章）在调度文件打印的程序和打印假脱机守护进程之间通信，也可以在打印假脱机守护进程与网络打印机之间通信。

21.2 网络打印协议

网络打印协议（IPP）为建立基于网络的打印系统指定了通信规则。通过将一个 IPP 服务器嵌入到带网卡的打印机中，打印机就能够对许多计算机系统的请求加以服务。这些计算机系统实际上并不需要在同一个物理网络中。因为 IPP 是建立在标准的因特网协议上的，所以任何一台能够与打印机建立 TCP/IP 连接的计算机都能向打印机提交打印作业。

IPP 由一系列 IETF 标准文档（Requests For Comment，RFC）说明。IEEE 相关的打印协议工作组（Printing Protocol Workgroup）制定了标准草案。图 21-1 列出了 IPP 的主要文档，还有许多其他文档进一步说明了过程管理、作业属性等信息。

文件	标题
RFC 2567	IPP 设计目标
RFC 2568	IPP 模型与协议架构的基本原理
RFC 2911	IPP/1.1：模型与语义
RFC 2910	IPP/1.1：编码与传输
RFC 3196	IPP/1.1：实现者指南
候选标准 5100.12-2011	IPP 2.0，第 2 版

图 21-1　基本的 IPP 文档

候选标准 5100.12-2100 指明实现提供的所有功能都要能够支持符合不同的 IPP 标准版本。有许多建议性的 IPP 协议扩展（具体的功能在 IPP 相关文档中定义）。将这些功能分组创建出不同的一致性分级；每一级是一个不同的协议版本。对于兼容性，每个更高的一致性级别要符合低版本定义的大多数要求。本章的示例中使用的是 IPP 1.1 版本。

IPP 建立在超文本传输协议（Hypertext Transfer Protocol，HTTP）之上（21.3 节）。HTTP 又建立在 TCP/IP 之上。IPP 报文的结构如图 21-2 所示。

以太网首部	IP 首部	TCP 首部	HTTP 首部	IPP 首部	要打印的数据

图 21-2　IPP 报文结构

IPP 是请求响应协议。客户端发送请求到服务器，服务器用响应报文回答这个请求。IPP 首部包含一个域来指示所需操作，这些操作可以定义成提交打印作业、取消打印作业、获取作业属性、获取打印机属性、暂停和重启打印机、挂起一个作业和释放一个挂起的作业。

图 21-3 显示了一个 IPP 首部的结构。前两个字节表示 IPP 版本号，对于 1.1 版本协议，每个字节的值是 1。对于一个请求协议，接下来两个字节包含一个值来指示请求操作的类型。对于一个响应协议，这两个字节包含一个状态码。

790

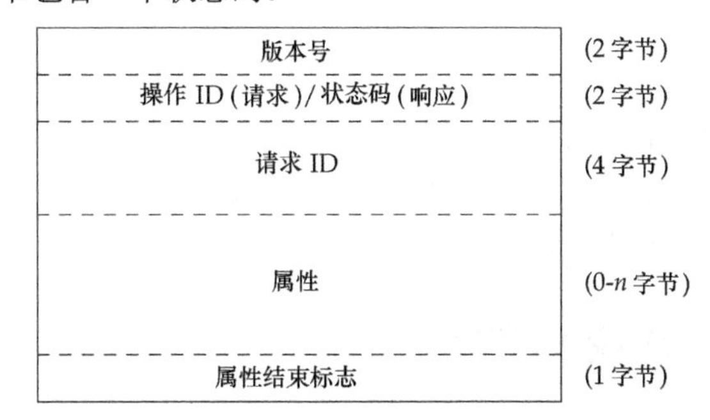

图 21-3　IPP 首部结构

接下来 4 字节包含一个整数以标识请求，使得请求和响应相匹配。接着是可选的属性，然后用属性结束标志终止。紧接着属性结束标志之后是任何与请求相关联的数据。

在首部，整数以有符号二进制补码以及大端字节序（即网络字节序）方式存储。属性按照组来存储。每个组都以标识该组的一个字节开始。在每一个组中，属性通常表示为：1 字节的标志，然后是 2 字节属性名长度，接着是属性名，然后是 2 字节属性值长度，最后是属性值本身。属性值可以编码成字符串、二进制整数或者更为复杂的结构，如日期/时间戳。

图 21-4 显示了 `attributes-charset` 属性是如何编码成 `utf-8` 类型的值的。

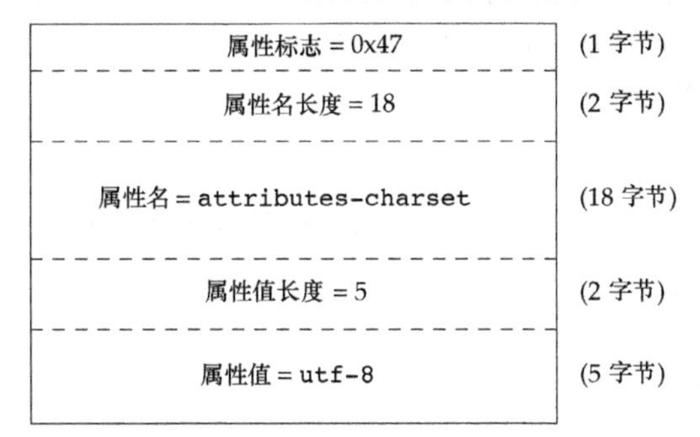

图 21-4　IPP 属性编码样例

根据所请求的操作，一些属性需要在请求报文中提供，而另一些是可选的。例如，图 21-5 显示了用于为打印作业请求定义的属性。

791

属性	状态	描述
attributes-charset	必需	text 或 name 类型属性所使用的字符集
attributes-natural-language	必需	text 或 name 类型属性所使用的自然语言
printer-uri	必需	打印机的统一资源标识符
requesting-user-name	可选	提交作业的用户名（如果可以，可用于认证）
job-name	可选	用于区别多个作业的作业名
ipp-attribute-fidelity	可选	如果为真，告诉打印机如果属性不匹配就拒绝作业；否则，打印机尽可能打印作业
document-name	可选	文档名（如适合打印一个旗标）
document-format	可选	文档格式（如纯文本、PostScript）
document-natural-language	可选	文档的自然语言
compression	可选	压缩文档的算法
job-k-octets	可选	以 1 024 字节单位计算的文档大小
job-impressions	可选	作业中提交的图（嵌入在页面中的图像）的数量
job-media-sheets	可选	作业打印张数

图 21-5 打印作业请求的属性

IPP 首部包含了文本和二进制混合数据。属性名存储为文本，而数据大小存储为二进制整数。这使得构建和分析首部的过程变得复杂，因为需要考虑诸如网络字节序、主机处理器是否在任意字节边界编址对齐之类的问题。一个较好的可选方案是将首部设计成仅包含文本。这样以稍微膨胀一些协议报文为代价简化处理过程。

21.3 超文本传输协议 HTTP

HTTP V1.1 由 RFC 2616 说明。HTTP 也是请求响应协议。请求报文包含的一个开始行，跟着是首部行，接着是空白行，然后是一个可选的实体主体。在我们这种情况，实体主体包含 IPP 首部和数据。

HTTP 首部是 ASCII 码，每行以回车（`\r`）和换行符（`\n`）结束。开始行包含一个 *method* 来指示客户端请求的操作、一个统一资源定位符（Uniform Resource Locator，URL）来描述服务器和协议、一个字符串来表示 HTTP 版本。IPP 所用的方法仅为 `POST`，用于将数据发送到服务器。

首部行指定属性，如实体主体的格式和长度。一个首部行包含一个属性名，后紧随一个冒号，接着是可选的空格符，然后是属性值，最后以回车和换行符结束。例如，为了指定实体主体包含 IPP 报文，应包含如下的首部行：

792

```
Content-Type: application/ipp
```

下面是对于作者使用的 Xerox Phaser 8560 打印机的打印请求的 HTTP 首部样例。

```
POST /ipp HTTP/1.1^M
Content-Length: 21931^M
Content-Type: application/ipp^M
Host: phaser8560:631^M
^M
```

Content-Length 行指明了 HTTP 报文中数据的字节大小。这个长度不包含了 HTTP 首部的大小，但包括 IPP 首部的大小。Host 行指明了要发送报文的服务器主机名称和端口号。

每行后面的^M 是换行符前的回车符。换行符不能被显示成可打印字符。注意，首部的最后一行是空的，只有回车和换行符。

HTTP 响应报文的起始行包含了版本字符串，紧接着的是一个数字状态码和状态信息，最后以一个回车和换行结束。HTTP 响应报文的剩余部分和请求报文的格式一样：首部之后是一个空白行和可选的实体主体。

打印机需要发送给我们如下的报文作为打印请求的回应：

```
HTTP/1.1 200 OK^M
Content-Type: application/ipp^M
Cache-Control: no-cache, no-store, must-revalidate^M
Expires: THU, 26 OCT 1995 00:00:00 GMT^M
Content-Length: 215^M
Server: Allegro-Software-RomPager/4.34^M
^M
```

对于打印假脱机守护进程，我们只关心报文的第一行：它说明了请求成功或者用数字错误码以及一个短字符串表示请求失败。剩下的报文包含了附加信息，可以通过在客户端和服务器间的节点来控制缓存以及表明运行在服务器上的软件版本号。

21.4 打印假脱机技术

本章中我们开发的程序是一个基本的打印假脱机守护进程。一个简单的用户命令发送一个文件到打印假脱机守护进程；假脱机守护进程将其保存到磁盘，将请求送入队列，最终将文件发送到打印机。

所有的 UNIX 系统至少提供一个打印假脱机系统。FreeBSD 安装的是 BSD 的打印假脱机系统 LPD（参见 lpd(8)和 Stevens [1990]第 13 章）。Linux 和 Mac OS X 包括 CUPS，即 Common UNIX Printing System（参见 cupsd(8)）。Solaris 提供标准的 System V 打印假脱机守护进程（参见 lp(1)和 lpsched(1M)）。在本章中，我们的兴趣不在于这些假脱机系统本身，而是如何与网络打印机通信。我们需要开发一个假脱机系统能够解决多用户访问单一资源（打印机）问题。

793

我们使用一个简单的命令行程序读取一个文件，将其送到打印假脱机守护进程。这个命令行程序由一个选项来强制将文件按照文本来处理（默认是 PostScript 文件）。这个命令行程序是 print。

在我们的打印假脱机守护进程 printd 中，使用多线程将任务分解给守护进程来完成。

- 一个线程在套接字上监听从运行 print 的客户端发来的新打印请求。
- 对于每个客户端产生一个独立的线程，将要打印的文件复制到假脱机区域。
- 一个线程与打印机通信，一次发送一个队列中的作业。
- 一个线程处理信号。

图 21-6 显示如何将这些组件整合在一起。

打印配置文件是/etc/printer.conf。这个文件标识了运行打印假脱机守护进程的服务器主机名和网络打印机的主机名。以 printserver 关键字开始的行标识了假脱机守护进程。以

printer 关键字开始的行标识了打印机，空格符之后跟着打印机的主机名。

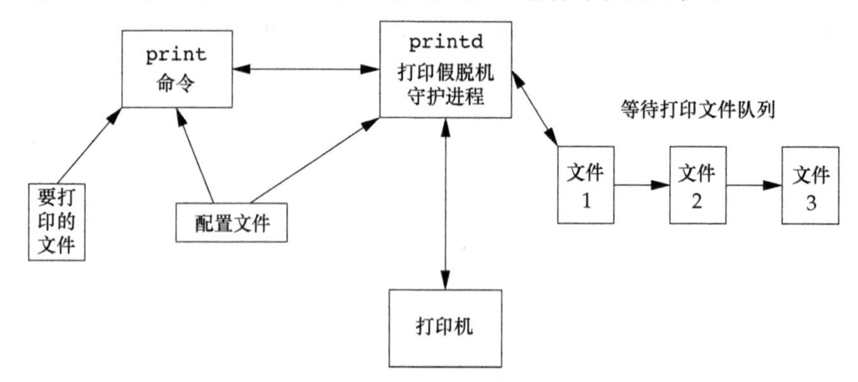

图 21-6　打印假脱机组件

一个打印机配置文件样例可能包含下列行：

```
printserver   fujin
printer       phaser8560
```

其中 fujin 是运行打印假脱机守护进程的计算机系统主机名，phaser8560 是网络打印机的主机名。我们假设这些名字已经在/etc/hosts 中列出或者已经通过正在使用的任意服务进行了注册，这样我们就可以将这些名字转换成网络地址。

794

可以在运行打印假脱机守护进程的同一台机器上运行 print 命令，也可以在同一个网络中的任意机器上运行它。我们只需配置在/etc/printer.conf 中的 printserver 字段即可，因为只有守护进程需要知道打印机名称。

安全

拥有超级用户特权的程序可能让计算机系统受到攻击。这些程序通常并不比其他程序更脆弱，但是被攻破时将导致攻击者能够完全访问你的计算机系统。

本章中的打印假脱机守护进程拥有超级用户特权，在这个例子中能够将一个特权 TCP 端口号绑定一个套接字。为了使守护进程能更好地抵御攻击，我们可以：

- 按照最少特权的原则（8.11 节）设计守护进程。我们获得一个绑定到特权端口的套接字之后，可以将守护进程的用户 ID 和组的 ID 更改为非 root（如 lp）。所有用于存储队列中打印作业的文件和目录的拥有者应该是非特权用户。如果被攻击，这种情况下攻击者只能通过守护进程访问打印子系统。虽然这仍然是一个隐患，但是比起攻击者可以完全访问系统，其危害性已大大降低了。
- 审计守护进程源代码中所有已知的潜在脆弱性漏洞，如缓冲区溢出。
- 对不期望或者可疑的行为做日志，这样可以引起管理员注意并进一步调查。

21.5　源代码

本章的源代码有 5 个文件，不包括在前面章节中所用的一些公共库例程。

ipp.h	包含 IPP 定义的头文件。
print.h	包含公用的常数、数据结构定义以及实用工具例程的声明的头文件。
util.c	用于两个程序的实用工具例程。

print.c　　用于打印文件的命令行程序 C 代码。

printd.c　　用于打印假脱机守护进程的 C 代码。

我们按照所列次序依次分析每个文件。

首先从 ipp.h 头文件开始。

795

```
1   #ifndef _IPP_H
2   #define _IPP_H
3   /*
4    * Defines parts of the IPP protocol between the scheduler
5    * and the printer.  Based on RFC2911 and RFC2910.
6    */

7   /*
8    * Status code classes.
9    */
10  #define STATCLASS_OK(x)       ((x) >= 0x0000 && (x) <= 0x00ff)
11  #define STATCLASS_INFO(x)     ((x) >= 0x0100 && (x) <= 0x01ff)
12  #define STATCLASS_REDIR(x)    ((x) >= 0x0300 && (x) <= 0x03ff)
13  #define STATCLASS_CLIERR(x)   ((x) >= 0x0400 && (x) <= 0x04ff)
14  #define STATCLASS_SRVERR(x)   ((x) >= 0x0500 && (x) <= 0x05ff)

15  /*
16   * Status codes.
17   */
18  #define STAT_OK             0x0000  /* success */
19  #define STAT_OK_ATTRIGN     0x0001  /* OK; some attrs ignored */
20  #define STAT_OK_ATTRCON     0x0002  /* OK; some attrs conflicted */

21  #define STAT_CLI_BADREQ     0x0400  /* invalid client request */
22  #define STAT_CLI_FORBID     0x0401  /* request is forbidden */
23  #define STAT_CLI_NOAUTH     0x0402  /* authentication required */
24  #define STAT_CLI_NOPERM     0x0403  /* client not authorized */
25  #define STAT_CLI_NOTPOS     0x0404  /* request not possible */
26  #define STAT_CLI_TIMOUT     0x0405  /* client too slow */
27  #define STAT_CLI_NOTFND     0x0406  /* no object found for URI */
28  #define STAT_CLI_OBJGONE    0x0407  /* object no longer available */
29  #define STAT_CLI_TOOBIG     0x0408  /* requested entity too big */
30  #define STAT_CLI_TOOLNG     0x0409  /* attribute value too large */
31  #define STAT_CLI_BADFMT     0x040a  /* unsupported doc format */
32  #define STAT_CLI_NOTSUP     0x040b  /* attributes not supported */
33  #define STAT_CLI_NOSCHM     0x040c  /* URI scheme not supported */
34  #define STAT_CLI_NOCHAR     0x040d  /* charset not supported */
35  #define STAT_CLI_ATTRCON    0x040e  /* attributes conflicted */
36  #define STAT_CLI_NOCOMP     0x040f  /* compression not supported */
37  #define STAT_CLI_COMPERR    0x0410  /* data can't be decompressed */
38  #define STAT_CLI_FMTERR     0x0411  /* document format error */
39  #define STAT_CLI_ACCERR     0x0412  /* error accessing data */
```

[1～14]　ipp.h 从标准的#ifdef 开始，用于防止同一文件被包含两次的错误。然后定义 IPP 状态码的类（参见 RFC 2911 的第 13 节）。

[15～39]　定义基于 RFC 2911 的状态码，但是本程序不使用，这些状态码的使用留给读者作为练习（参见习题 21.1）。

796

```
40  #define STAT_SRV_INTERN     0x0500  /* unexpected internal error */
```

```
41 #define STAT_SRV_NOTSUP    0x0501 /* operation not supported */
42 #define STAT_SRV_UNAVAIL   0x0502 /* service unavailable */
43 #define STAT_SRV_BADVER    0x0503 /* version not supported */
44 #define STAT_SRV_DEVERR    0x0504 /* device error */
45 #define STAT_SRV_TMPERR    0x0505 /* temporary error */
46 #define STAT_SRV_REJECT    0x0506 /* server not accepting jobs */
47 #define STAT_SRV_TOOBUSY   0x0507 /* server too busy */
48 #define STAT_SRV_CANCEL    0x0508 /* job has been canceled */
49 #define STAT_SRV_NOMULTI   0x0509 /* multi-doc jobs unsupported */

50 /*
51  * Operation IDs
52  */
53 #define OP_PRINT_JOB           0x02
54 #define OP_PRINT_URI           0x03
55 #define OP_VALIDATE_JOB        0x04
56 #define OP_CREATE_JOB          0x05
57 #define OP_SEND_DOC            0x06
58 #define OP_SEND_URI            0x07
59 #define OP_CANCEL_JOB          0x08
60 #define OP_GET_JOB_ATTR        0x09
61 #define OP_GET_JOBS            0x0a
62 #define OP_GET_PRINTER_ATTR    0x0b
63 #define OP_HOLD_JOB            0x0c
64 #define OP_RELEASE_JOB         0x0d
65 #define OP_RESTART_JOB         0x0e
66 #define OP_PAUSE_PRINTER       0x10
67 #define OP_RESUME_PRINTER      0x11
68 #define OP_PURGE_JOBS          0x12

69 /*
70  * Attribute Tags.
71  */
72 #define TAG_OPERATION_ATTR     0x01 /* operation attributes tag */
73 #define TAG_JOB_ATTR           0x02 /* job attributes tag */
74 #define TAG_END_OF_ATTR        0x03 /* end of attributes tag */
75 #define TAG_PRINTER_ATTR       0x04 /* printer attributes tag */
76 #define TAG_UNSUPP_ATTR        0x05 /* unsupported attributes tag */
```

[40～49] 继续定义状态码。0x500～0x5ff是服务器错误码。RFC 2911中13.1.1节至13.1.5节描述了所有的状态码。

[50～68] 接着定义各种操作ID。IPP中定义的每个操作有一个ID(参见RFC 2911的4.4.15节)。在本例中，仅用到打印作业操作。

797 [69～76] 属性标志限定了IPP中请求和响应报文的属性组。这些值定义在RFC 2910的3.5.1节。

```
77 /*
78  * Value Tags.
79  */
80 #define TAG_UNSUPPORTED        0x10 /* unsupported value */
81 #define TAG_UNKNOWN            0x12 /* unknown value */
82 #define TAG_NONE               0x13 /* no value */
83 #define TAG_INTEGER            0x21 /* integer */
84 #define TAG_BOOLEAN            0x22 /* boolean */
85 #define TAG_ENUM               0x23 /* enumeration */
```

```
86 #define TAG_OCTSTR            0x30 /* octetString */
87 #define TAG_DATETIME          0x31 /* dateTime */
88 #define TAG_RESOLUTION        0x32 /* resolution */
89 #define TAG_INTRANGE          0x33 /* rangeOfInteger */
90 #define TAG_TEXTWLANG         0x35 /* textWithLanguage */
91 #define TAG_NAMEWLANG         0x36 /* nameWithLanguage */
92 #define TAG_TEXTWOLANG        0x41 /* textWithoutLanguage */
93 #define TAG_NAMEWOLANG        0x42 /* nameWithoutLanguage */
94 #define TAG_KEYWORD           0x44 /* keyword */
95 #define TAG_URI               0x45 /* URI */
96 #define TAG_URISCHEME         0x46 /* uriScheme */
97 #define TAG_CHARSET           0x47 /* charset */
98 #define TAG_NATULANG          0x48 /* naturalLanguage */
99 #define TAG_MIMETYPE          0x49 /* mimeMediaType */

100 struct ipp_hdr {
101   int8_t  major_version;  /* always 1 */
102   int8_t  minor_version;  /* always 1 */
103   union {
104       int16_t op; /* operation ID */
105       int16_t st; /* status */
106   } u;
107   int32_t request_id;     /* request ID */
108   char    attr_group[1];  /* start of optional attributes group */
109   /* optional data follows */
110 };

111 #define operation u.op
112 #define status u.st

113 #endif /* _IPP_H */
```

[77～99]　值标志指示每个属性和参数的格式，由 RFC 2910 的 3.5.2 节定义。

[100～113]　定义 IPP 首部的结构。请求报文与响应报文的首部一样，除了请求中的操作 ID 被响应中的状态码代替。

在头文件尾部我们用#endif 来匹配文件开始的#ifdef。

798

下一个文件是 print.h 头文件。

```
1  #ifndef _PRINT_H
2  #define _PRINT_H

3  /*
4   * Print server header file.
5   */
6  #include <sys/socket.h>
7  #include <arpa/inet.h>
8  #include <netdb.h>
9  #include <errno.h>

10 #define CONFIG_FILE          "/etc/printer.conf"
11 #define SPOOLDIR             "/var/spool/printer"
12 #define JOBFILE              "jobno"
13 #define DATADIR              "data"
14 #define REQDIR               "reqs"
```

```
15 #if defined(BSD)
16 #define LPNAME                          "daemon"
17 #elif defined(MACOS)
18 #define LPNAME                          "_lp"
19 #else
20 #define LPNAME                          "lp"
21 #endif
```

[1～9]　在这个头文件中包含所需要的所有头文件。应用程序只需简单地包含 print.h，而不需要跟踪所有的头文件依赖关系。

[10～14]　定义实现所需的文件和目录。包含打印守护进程和网络打印机主机名的配置文件在/etc/printer.conf 中。需要打印的文件副本在目录/var/spool/printer/data 中；对于每个请求的控制信息在目录/var/spool/printer/reqs 中。包含下一个作业编号的文件是/var/spool/printer/jobno。

目录必须由管理员创建并且由运行打印守护进程的账户所有。如果这些目录不存在，守护进程也不会创建这些目录，因为守护进程需要 root 权限来创建/var/spool 中的目录。我们的设计初衷是当以 root 权限运行时，尽量让守护进程少做一些事情，以减少产生安全漏洞的可能。

[15～21]　接着定义运行打印守护进程的账户名。在 Linux 和 Solaris 中，这个账户名是 lp。在 Mac OS X 中，账户名是_lp。FreeBSD 没有为打印守护进程定义单独的账户，所以我们使用为系统守护进程保留的账户。

799

```
22 #define FILENMSZ    64
23 #define FILEPERM    (S_IRUSR|S_IWUSR)

24 #define USERNM_MAX     64
25 #define JOBNM_MAX     256
26 #define MSGLEN_MAX     512

27 #ifndef HOST_NAME_MAX
28 #define HOST_NAME_MAX  256
29 #endif

30 #define IPP_PORT        631
31 #define QLEN             10

32 #define IBUFSZ          512   /* IPP header buffer size */
33 #define HBUFSZ          512   /* HTTP header buffer size */
34 #define IOBUFSZ        8192   /* data buffer size */

35 #ifndef ETIME
36 #define ETIME ETIMEDOUT
37 #endif

38 extern int getaddrlist(const char *, const char *,
39   struct addrinfo **);
40 extern char *get_printserver(void);
41 extern struct addrinfo *get_printaddr(void);
42 extern ssize_t tread(int, void *, size_t, unsigned int);
43 extern ssize_t treadn(int, void *, size_t, unsigned int);
44 extern int connect_retry(int, int, int, const struct sockaddr *,
```

```
45     socklen_t);
46 extern int initserver(int, const struct sockaddr *, socklen_t,
47     int);
```

[22～34] 接下来定义限制和常量。FILEPERM 是创建要打印的文件副本使用的权限。这个权限是被限制的，因为我们不希望普通用户在等待打印时能够读取他人的文件。我们定义 HOST_NAME_MAX 作为用 sysconf 不能够确定系统的限制时能够支持的最大的主机名。IPP 被定义为使用端口 631。QLEN 是传递给 listen 的 backlog 参数(具体细节见 16.4 节)。

[35～37] 一些平台没有定义错误码 ETIME，因此另外定义一个错误码，使得在这些系统上有意义。当读超时时，返回这个错误码（我们不希望在从套接字读的时候服务器无限期地阻塞）。

[38～47] 接着，定义所有包含在 util.c 中的公共例程（稍后将分析这些例程）。注意，图 16-11 中的 connect_retry 函数和图 16-22 中的 initserver 函数没有包含在 util.c 中。 800

```
48 /*
49  * Structure describing a print request.
50  */
51 struct printreq {
52     uint32_t size;                  /* size in bytes */
53     uint32_t flags;                 /* see below */
54     char usernm[USERNM_MAX];        /* user's name */
55     char jobnm[JOBNM_MAX];          /* job's name */
56 };

57 /*
58  * Request flags.
59  */
60 #define PR_TEXT        0x01         /* treat file as plain text */

61 /*
62  * The response from the spooling daemon to the print command.
63  */
64 struct printresp {
65     uint32_t retcode;               /* 0=success, !0=error code */
66     uint32_t jobid;                 /* job ID */
67     char msg[MSGLEN_MAX];           /* error message */
68 };

69 #endif /* _PRINT_H */
```

[48～69] printreq 结构和 printresp 结构定义了 print 程序和打印假脱机守护进程之间的协议。print 程序发送 printreq 结构到打印假脱机守护进程，该结构定义了作业大小（以字节为单位）、作业性质、用户名和作业名。打印假脱机守护进程用 printresp 结构回应，该结构包括返回码、作业 ID 和错误消息（如果请求失败）。PR_TEXT 作业性质表明要打印的文件只能被视为纯文本（而不是 PostScript）。我们为所有的标志定义一个掩码而非对每个标志定义一个独立的字段。尽管目前只定义了一个标志值，将来还可以增加更多性质来扩展这个协议。例如，我们可以在增加一个标志位用来请求双面打印。不需要改变结构的大小就可以有 31 个额外的标志位的空间。改变结构的大小意味着可能会引入客户端和服务器的兼容性问题，除非对两边同时更新。另一个可选方案就是增加一个报文版本号，以允许不同版本的结构有所改变。

注意，对协议结构中的所有整数显式地定义了一个长度，这可以在客户端与服务器的整数长度不同时避免错位的结构元素。

801

下一个文件我们考察 util.c，该文件包含实用工具例程。

```
 1 #include "apue.h"
 2 #include "print.h"
 3 #include <ctype.h>
 4 #include <sys/select.h>

 5 #define MAXCFGLINE 512
 6 #define MAXKWLEN   16
 7 #define MAXFMTLEN  16

 8 /*
 9  * Get the address list for the given host and service and
10  * return through ailistpp. Returns 0 on success or an error
11  * code on failure. Note that we do not set errno if we
12  * encounter an error.
13  *
14  * LOCKING: none.
15  */
16 int
17 getaddrlist(const char *host, const char *service,
18   struct addrinfo **ailistpp)
19 {
20    int             err;
21    struct addrinfo hint;

22    hint.ai_flags = AI_CANONNAME;
23    hint.ai_family = AF_INET;
24    hint.ai_socktype = SOCK_STREAM;
25    hint.ai_protocol = 0;
26    hint.ai_addrlen = 0;
27    hint.ai_canonname = NULL;
28    hint.ai_addr = NULL;
29    hint.ai_next = NULL;
30    err = getaddrinfo(host, service, &hint, ailistpp);
31    return(err);
32 }
```

[1～7] 首先定义了这个文件中函数中的限制。MAXCFGLINE 是打印机配置文件的行的最大长度、MAXKWLEN 是配置文件中关键字的最大长度、MAXFMTLEN 是传给 sscanf 的格式化字符串的最大长度。

[8～32] 第一个函数是 getaddrlist，是 getaddrinfo（16.3.3 节）的封装，因为我们常常用同样的结构来调用 getaddrinfo。注意，在这个函数中不需要互斥锁。每个函数前面的 LOCKING 注释是用于多线程锁定的文档编写。这一注释列出了可能的关于锁的假设，告知该函数所需要获得或释放的锁，并告知调用这个函数所需要持有的锁。

802

```
33 /*
34  * Given a keyword, scan the configuration file for a match
35  * and return the string value corresponding to the keyword.
36  *
37  * LOCKING: none.
```

```
38  */
39 static char *
40 scan_configfile(char *keyword)
41 {
42   int             n, match;
43   FILE            *fp;
44   char            keybuf[MAXKWLEN], pattern[MAXFMTLEN];
45   char            line[MAXCFGLINE];
46   static char     valbuf[MAXCFGLINE];

47   if ((fp = fopen(CONFIG_FILE, "r")) == NULL)
48       log_sys("can't open %s", CONFIG_FILE);
49   sprintf(pattern, "%%%ds %%%ds", MAXKWLEN-1, MAXCFGLINE-1);
50   match = 0;
51   while (fgets(line, MAXCFGLINE, fp) != NULL) {
52       n = sscanf(line, pattern, keybuf, valbuf);
53       if (n == 2 && strcmp(keyword, keybuf) == 0) {
54           match = 1;
55           break;
56       }
57   }
58   fclose(fp);
59   if (match != 0)
60       return(valbuf);
61   else
62       return(NULL);
63 }
```

[33～46] scan_configfile 函数搜索打印机配置文件中指定的关键字。

[47～63] 以读方式打开配置文件，根据搜索模式建立格式字符串。符号%%%ds 建立一个格式指示器来限定字符串长度，这样在栈中存放字符串的缓冲区就不会溢出。在文件中一次读取一行，并且扫描被空格符分开的两个字符串；如果找到它们，就用关键字与第一个字符串比较。如果找到一个匹配或者读到文件尾，则循环结束并关闭文件。如果关键字匹配，则返回一个指向包含关键字后面的字符串的缓冲区的指针；否则返回 NULL。
返回的字符串存放在静态缓冲区（valbuf）中，该缓冲区会被紧接的调用覆盖。因此，scan_configfile 不能用于多线程程序，除非能够小心地避免同时有多个线程调用它。

803

```
64 /*
65  * Return the host name running the print server or NULL on error.
66  *
67  * LOCKING: none.
68  */
69 char *
70 get_printserver(void)
71 {
72   return(scan_configfile("printserver"));
73 }

74 /*
75  * Return the address of the network printer or NULL on error.
76  *
77  * LOCKING: none.
```

```
78  */
79 struct addrinfo *
80 get_printaddr(void)
81 {
82     int              err;
83     char             *p;
84     struct addrinfo *ailist;

85     if ((p = scan_configfile("printer")) != NULL) {
86         if ((err = getaddrlist(p, "ipp", &ailist)) != 0) {
87             log_msg("no address information for %s", p);
88             return(NULL);
89         }
90         return(ailist);
91     }
92     log_msg("no printer address specified");
93     return(NULL);
94 }
```

[64～73] get_printserver 仅仅是一个简单的函数封装函数，它通过调用 scan_configfile 找到运行打印假脱机守护进程的计算机系统名。

[74～94] 使用 get_printaddr 函数找到网络打印机的地址。除了通过配置文件中的打印机名找到相应的网络地址之外，该函数与前面的函数类似。

get_printserver 和 get_printaddr 均调用 scan_configfile。如果不能打开打印机配置文件，scan_configfile 就调用 log_sys 打印出错消息并退出。尽管 get_printserver 由客户端命令调用，get_printaddr 由守护进程程序调用，但两者均可调用 log_sys，因为通过设置一个全局变量可以安排日志函数将其打印到标准错误，而不是输出到日志文件。

804

```
95 /*
96  * "Timed" read - timout specifies the # of seconds to wait before
97  * giving up (5th argument to select controls how long to wait for
98  * data to be readable).  Returns # of bytes read or -1 on error.
99  *
100  * LOCKING: none.
101  */
102 ssize_t
103 tread(int fd, void *buf, size_t nbytes, unsigned int timout)
104 {
105     int              nfds;
106     fd_set           readfds;
107     struct timeval  tv;

108     tv.tv_sec = timout;
109     tv.tv_usec = 0;
110     FD_ZERO(&readfds);
111     FD_SET(fd, &readfds);
112     nfds = select(fd+1, &readfds, NULL, NULL, &tv);
113     if (nfds <= 0) {
114         if (nfds == 0)
115             errno = ETIME;
116         return(-1);
117     }
```

```
118   return(read(fd, buf, nbytes));
119 }
```

[95～107] tread 的函数读取指定的字节数，在放弃以前至多阻塞 *timout* 秒。当我们从一个套接字或一个管道读数据时这个函数很有用。如果在指定的时间期限内没有接收数据，返回-1 并将 errno 设为 ETIME。如果在时间期限内有数据可用，返回最多 *nbytes* 字节的数据，但是如果数据没有及时到达，我们可以返回比要求的少的数据。我们用 tread 在打印假脱机守护进程上防止拒绝服务攻击。一个恶意用户可能重复尝试连接到守护进程而不发送数据，只是为了阻止其他用户提交打印作业。通过一个合理时间内放弃的方式，我们防止这种情况发生。其巧妙之处在于选择一个合理的超时值，当系统负载比较低和任务花费更长时间时，该值足够大能够防止过早夭折。如果我们选择的值太大，通过允许守护进程程序消耗太多资源去处理挂起请求，可能导致拒绝服务攻击。

[108～119] 使用 select 等待指定的文件描述符可读。如果在要读取的数据可用之前超时，select 返回 0，这种情况将 errno 设为 ETIME。如果 select 失败或超时，返回-1；否则返回任何可用数据。

805

```
120 /*
121  * "Timed" read - timout specifies the number of seconds to wait
122  * per read call before giving up, but read exactly nbytes bytes.
123  * Returns number of bytes read or -1 on error.
124  *
125  * LOCKING: none.
126  */
127 ssize_t
128 treadn(int fd, void *buf, size_t nbytes, unsigned int timout)
129 {
130     size_t  nleft;
131     ssize_t nread;

132     nleft = nbytes;
133     while (nleft > 0) {
134         if ((nread = tread(fd, buf, nleft, timout)) < 0) {
135             if (nleft == nbytes)
136                 return(-1);     /* error, return -1 */
137             else
138                 break;          /* error, return amount read so far */
139         } else if (nread == 0) {
140             break;              /* EOF */
141         }
142         nleft -= nread;
143         buf += nread;
144     }
145     return(nbytes - nleft);     /* return >= 0 */
146 }
```

[120～146] 还提供了 tread 的变体 treadn，它仅读取指定的字节数。这和 14.7 节中描述的 readn 类似，但是附加了一个超时参数。

为了正好读取 *nbytes* 字节，必须进行多次 read 调用。其困难之处在于尝试将单个超时值应用到多个 read 调用。这里不想用闹钟，因为在多线程应用中信号会变乱；也不能依赖系统根据 select 的返回更新 timeval 结构，以指示剩余的时间，因为许多平台不支持这个（14.5.1节）。因此，这种情况需要折中并定义一个超时值应用到单独的 read 调用。它限制循环中每次迭代的等待时间，而不是限制总的等待时间。总等待的最大时间由 *nbytes*×*timout* 秒限定（最坏情况下，一次仅接收一个字节）。

用 nleft 记录要读取的剩余字节数。如果 tread 失败并在上一个迭代中已经接收到数据，则停止 while 循环并返回读取的字节数；否则返回-1。

806

接下来是用于提交打印作业的命令程序。C 源代码文件是 print.c。

```
 1 /*
 2  * The client command for printing documents. Opens the file
 3  * and sends it to the printer spooling daemon. Usage:
 4  *     print [-t] filename
 5  */
 6 #include "apue.h"
 7 #include "print.h"
 8 #include <fcntl.h>
 9 #include <pwd.h>

10 /*
11  * Needed for logging funtions.
12  */
13 int log_to_stderr = 1;

14 void submit_file(int, int, const char *, size_t, int);

15 int
16 main(int argc, char *argv[])
17 {
18     int               fd, sockfd, err, text, c;
19     struct stat       sbuf;
20     char              *host;
21     struct addrinfo   *ailist, *aip;

22     err = 0;
23     text = 0;
24     while ((c = getopt(argc, argv, "t")) != -1) {
25         switch (c) {
26         case 't':
27             text = 1;
28             break;

29         case '?':
30             err = 1;
31             break;
32         }
33     }
```

[1～14] 需要定义一个 log_to_stderr 整数，通过这个整数能够使用库中的日志函数。如果该整数设为非 0 值，错误消息将被送到一个标准错误流而非日志文件中。尽管在 print.c 中没有使用任何日志函数，但将 util.o 链接到 print.o 构建了一个可执行的 print 命令，并且 util.c 包含用于用户命令行程序和守护进程的函数。

[15～33] 支持一个选项，即-t，强行使文件按照文本格式打印（而不是其他格式，如 PostScript 格式）。使用 getopt 函数来处理命令选项。

807

```
34    if (err || (optind != argc - 1))
35        err_quit("usage: print [-t] filename");
36    if ((fd = open(argv[optind], O_RDONLY)) < 0)
37        err_sys("print: can't open %s", argv[optind]);
38    if (fstat(fd, &sbuf) < 0)
39        err_sys("print: can't stat %s", argv[optind]);
40    if (!S_ISREG(sbuf.st_mode))
41        err_quit("print: %s must be a regular file\n", argv[optind]);

42    /*
43     * Get the hostname of the host acting as the print server.
44     */
45   if ((host = get_printserver()) == NULL)
46       err_quit("print: no print server defined");
47   if ((err = getaddrlist(host, "print", &ailist)) != 0)
48        err_quit("print: getaddrinfo error: %s", gai_strerror(err));

49   for (aip = ailist; aip != NULL; aip = aip->ai_next) {
50        if ((sfd = connect_retry(AF_INET, SOCK_STREAM, 0,
51           aip->ai_addr, aip->ai_addrlen)) < 0) {
52               err = errno;
```

[34～41] 当 getopt 处理完命令选项，将变量 optind 设为指向第一个非选项参数的下标。如果这是一个值而非最后一个参数的下标，那么说明它是错误的参数个数（只支持一个非选项参数）。错误处理包括：检查是否能够打开要打印的文件；检查是否是一个常规文件（而不是一个目录或者其他类型的文件）。

[42～48] 通过调用 util.c 中的 get_printserver 函数取得打印假脱机守护进程名，并且调用 getaddrlist（也在 util.c 中）将主机名转换成一个网络地址。

注意，指定服务名为“print”。在系统上安装打印假脱机守护进程时，需要确保 /etc/services（或等价的数据库）有打印机服务的条目。当为守护进程选择一个端口时，最好选择特权端口，以防止恶意用户程序假装成一个打印假脱机守护进程，而实际上是要偷取打印文件的副本。这意味着端口号应小于 1024（回忆 16.3.4 节），并且守护进程运行时必须具有超级用户特权以便能够绑定一个保留端口。

[49～52] 使用 getaddrinfo 返回的地址列表来尝试连接到守护进程，然后使用能够连接的第一个地址发送文件到守护进程。

808

```
53        } else {
54            submit_file(fd, sfd, argv[optind], sbuf.st_size, text);
55            exit(0);
56        }
57    }
58    err_exit(err, "print: can't contact %s", host);
59  }

60  /*
61   * Send a file to the printer daemon.
62   */
63   void
64   submit_file(int fd, int sockfd, const char *fname, size_t nbytes,
65               int text)
66  {
67    int                 nr, nw, len;
68    struct passwd       *pwd;
69    struct printreq     req;
```

```
70      struct printresp    res;
71      char                buf[IOBUFSZ];

72      /*
73       * First build the header.
74       */
75      if ((pwd = getpwuid(geteuid())) == NULL) {
76          strcpy(req.usernm, "unknown");
77      } else {
78          strncpy(req.usernm, pwd->pw_name, USERNM_MAX-1);
79          req.usernm[USERNM_MAX-1] = '\0';
80      }
```

[53～59]　如果能够连接到打印假脱机守护进程，则调用 submit_file 将要打印的文件传送到守护进程，然后用返回值 0 表示成功后退出。如果不能连接到任何地址，那么就调用 err_exit 来打印错误消息并且返回 1 表示失败后退出（附录 B 包含了 err_exit 的源代码和其他错误例程）。

[60～80]　submit_file 发送打印机请求到守护进程并读取响应消息。首先，建立 printreq 请求头。使用 geteuid 来获得调用者的有效用户 ID 并将其传给 getpwuid 以便查找在系统口令文件中的用户。将该用户名复制到请求头。如果不能识别用户，在请求首部中使用字符串"unknown"。从口令文件中复制用户名时，为避免写超出请求首部的用户名缓冲区，可以使用 strncpy。如果用户名比缓冲区长，strncpy 不会在缓冲区中存储终止 null 字节，因此我们需要自己来做。

809

```
81      req.size = htonl(nbytes);

82      if (text)
83          req.flags = htonl(PR_TEXT);
84      else
85          req.flags = 0;

86      if ((len = strlen(fname)) >= JOBNM_MAX) {
87          /*
88           * Truncate the filename (+-5 accounts for the leading
89           * four characters and the terminating null).
90           */
91          strcpy(req.jobnm, "... ");
92          strncat(req.jobnm, &fname[len-JOBNM_MAX+5], JOBNM_MAX-5);
93      } else {
94          strcpy(req.jobnm, fname);
95      }

96      /*
97       * Send the header to the server.
98       */
99      nw = writen(sockfd, &req, sizeof(struct printreq));
100     if (nw != sizeof(struct printreq)) {
101         if (nw < 0)
102             err_sys("can't write to print server");
103         else
104             err_quit("short write (%d/%d) to print server",
105               nw, sizeof(struct printreq));
106     }
```

[81～95] 将要打印的文件转成网络字节序后，将其文件长度保存在请求首部。如果文件按纯文本格式打印，在请求首部保存 PR_TEXT 标志。通过将这些整数转化成网络字节序，可以在打印假脱机守护进程在其他计算机系统运行的同时在客户端系统上运行 print 命令。那么，即便这些系统使用不同字节序的处理器，这些命令仍可运行（在 16.3.1 节讨论过字节序）。

将作业名设为要打印的文件名。如果作业名的长度超出了报文所能容纳的作业名字段长度，那么仅复制可容纳的作业名的最后部分。这样就有效地将作业名的开头部分截去，并代入省略符，以表示该字段还有更多的字符。

[96～106] 然后使用 writen 将请求头发送到守护进程（回忆一下我们曾在图 14-24 中介绍过的 writen 函数）。writen 函数使用多个 write 调用来传输指定数量的数据。如果写入失败或者传输少于期望的数据，将打印错误消息然后退出。

810

```
107     /*
108      * Now send the file.
109      */
110     while ((nr = read(fd, buf, IOBUFSZ)) != 0) {
111         nw = writen(sockfd, buf, nr);
112         if (nw != nr) {
113             if (nw < 0)
114                 err_sys("can't write to print server");
115             else
116                 err_quit("short write (%d/%d) to print server",
117                   nw, nr);
118         }
119     }

120     /*
121      * Read the response.
122      */
123     if ((nr = readn(sockfd, &res, sizeof(struct printresp))) !=
124       sizeof(struct printresp))
125         err_sys("can't read response from server");
126     if (res.retcode != 0) {
127         printf("rejected: %s\n", res.msg);
128         exit(1);
129     } else {
130         printf("job ID %ld\n", (long)ntohl(res.jobid));
131     }
132 }
```

[107～119] 将首部发送到守护进程后，发送要打印的文件。同时读取文件的 IOBUFSZ 字节并用 writen 发送数据到守护进程。如果写失败或者写少了，那么就打印错误信息并退出。

[120～132] 把要打印的文件发送给守护进程后，读取守护进程的响应数据。如果请求失败，返回码（retcode）为非零值，并且将响应中的本文形式的错误信息打印出来。如果请求成功，将打印作业 ID，用户此后可以使用此 ID 引用该请求。（我们将写一个命令取消一个挂起的打印请求留作练习；作业 ID 可以用于取消作业请求，其作用是从打印队列中识别要删除的作业，参见习题 21.5）。当 submin_file 返回到 main 函数时，退出，表明请求成功。

注意，一个成功的守护进程响应并不意味着打印机可以打印该文件，仅仅意味着守护进程成功地将其加入到打印作业队列。

现在 print 命令已经完全了解过了。我们要看的最后一个 C 源代码文件是打印假脱机守护进程。

811

```
 1 /*
 2  * Print server daemon.
 3  */
 4 #include "apue.h"
 5 #include <fcntl.h>
 6 #include <dirent.h>
 7 #include <ctype.h>
 8 #include <pwd.h>
 9 #include <pthread.h>
10 #include <strings.h>
11 #include <sys/select.h>
12 #include <sys/uio.h>

13 #include "print.h"
14 #include "ipp.h"

15 /*
16  * These are for the HTTP response from the printer.
17  */
18 #define HTTP_INFO(x)    ((x) >= 100 && (x) <= 199)
19 #define HTTP_SUCCESS(x) ((x) >= 200 && (x) <= 299)

20 /*
21  * Describes a print job.
22  */
23 struct job {
24     struct job       *next;     /* next in list */
25     struct job       *prev;     /* previous in list */
26     long              jobid;    /* job ID */
27     struct printreq   req;      /* copy of print request */
28 };

29 /*
30  * Describes a thread processing a client request.
31  */
32 struct worker_thread {
33     struct worker_thread  *next;     /* next in list */
34     struct worker_thread  *prev;     /* previous in list */
35     pthread_t              tid;      /* thread ID */
36     int                    sockfd;   /* socket */
37 };
```

[1～19] 打印假脱机守护进程包括前面看到的 IPP 头文件，因为守护进程需要用这个协议与打印机通信。HTTP_INFO 和 HTTP_SUCCESS 宏定义了 HTTP 请求的状态（IPP 建立在 HTTP 之上）。RFC 2616 第 10 节定义了 HTTP 状态码。

[20～37] 假脱机守护进程使用 job 和 worker_thread 结构来跟踪相应的打印作业和接受打印请求的线程。

812

```
38 /*
39  * Needed for logging.
40  */
```

```
41 int                     log_to_stderr = 0;

42 /*
43  * Printer-related stuff.
44  */
45 struct addrinfo         *printer;
46 char                    *printer_name;
47 pthread_mutex_t         configlock = PTHREAD_MUTEX_INITIALIZER;
48 int                     reread;

49 /*
50  * Thread-related stuff.
51  */
52 struct worker_thread    *workers;
53 pthread_mutex_t         workerlock = PTHREAD_MUTEX_INITIALIZER;
54 sigset_t                mask;

55 /*
56  * Job-related stuff.
57  */
58 struct job              *jobhead, *jobtail;
59 int                     jobfd;
```

[38～41] 日志函数需要定义 log_to_stderr 变量，并且将其设为 0，将日志消息发送到系统日志而不是标准错误。在 print.c 中，即使在用户命令中不使用日志，也定义 log_to_stderr 并将其设置为 1。如果将实用工具函数拆分为两个独立的文件：一个用于服务器，另一个用于客户端命令，则可以避免这种情况。

[42～48] 使用全局指针变量 printer 来保存打印机的网络地址。在 printer_name 中保存打印机的主机名。configlock 用于防止访问 reread 变量，该变量用来表示守护进程需要再次读取配置文件，原因可能是管理员改变了打印机网络地址。

[49～54] 接着，定义与线程相关的变量。使用 workers 作为双向链表的头部，该表用于接收来自客户端的文件。采用 workerlock 互斥量来保护该表。变量 mask 用于线程的信号掩码。

[55～59] 对于挂起作业的链表，定义 jobhead 为表头，jobtail 为表尾。该表也是双向链表，但是需要将作业加入到表尾，所以需要一个指针来记住表尾。至于表中工作者线程的顺序是无关紧要的。因此可以将它们加入到表头而不需要记住尾指针。jobfd 是作业文件的文件描述符。

813

```
60 int32_t                 nextjob;
61 pthread_mutex_t         joblock = PTHREAD_MUTEX_INITIALIZER;
62 pthread_cond_t          jobwait = PTHREAD_COND_INITIALIZER;

63 /*
64  * Function prototypes.
65  */
66 void       init_request(void);
67 void       init_printer(void);
68 void       update_jobno(void);
69 int32_t    get_newjobno(void);
70 void       add_job(struct printreq *, int32_t);
71 void       replace_job(struct job *);
72 void       remove_job(struct job *);
73 void       build_qonstart(void);
```

```
74 void         *client_thread(void *);
75 void         *printer_thread(void *);
76 void         *signal_thread(void *);
77 ssize_t      readmore(int, char **, int, int *);
78 int          printer_status(int, struct job *);
79 void         add_worker(pthread_t, int);
80 void         kill_workers(void);
81 void         client_cleanup(void *);

82 /*
83  * Main print server thread.  Accepts connect requests from
84  * clients and spawns additional threads to service requests.
85  *
86  * LOCKING: none.
87  */
88 int
89 main(int argc, char *argv[])
90 {
91   pthread_t           tid;
92   struct addrinfo     *ailist, *aip;
93   int                 sockfd, err, i, n, maxfd;
94   char                *host;
95   fd_set              rendezvous, rset;
96   struct sigaction    sa;
97   struct passwd       *pwdp;
```

[60～62] nextjob 是接收的下一个打印作业的 ID。互斥量 joblock 保护作业表，同时还有 jobwait 代表的条件变量。

[63～81] 声明此文件中所有余下的函数的原型。提前做好这些工作可以使得在文件中放置函数时不用担心函数调用的顺序。

[82～97] 打印假脱机守护进程的 main 函数执行两个任务：初始化守护进程然后处理来自客户端的连接请求。

814

```
 98   if (argc != 1)
 99       err_quit("usage: printd");
100   daemonize("printd");

101   sigemptyset(&sa.sa_mask);
102   sa.sa_flags = 0;
103   sa.sa_handler = SIG_IGN;
104   if (sigaction(SIGPIPE, &sa, NULL) < 0)
105       log_sys("sigaction failed");
106   sigemptyset(&mask);
107   sigaddset(&mask, SIGHUP);
108   sigaddset(&mask, SIGTERM);
109   if ((err = pthread_sigmask(SIG_BLOCK, &mask, NULL)) != 0)
110       log_sys("pthread_sigmask failed");

111   n = sysconf(_SC_HOST_NAME_MAX);
112   if (n < 0) /* best guess */
113       n = HOST_NAME_MAX;
114   if ((host = malloc(n)) == NULL)
115       log_sys("malloc error");
116   if (gethostname(host, n) < 0)
117       log_sys("gethostname error");
```

```
118     if ((err = getaddrlist(host, "print", &ailist)) != 0) {
119         log_quit("getaddrinfo error: %s", gai_strerror(err));
120         exit(1);
121     }
```

[98～100] 守护进程没有任何选项（唯一的参数是命令名自身），所以如果 argc 不为 1，调用 err_quit 打印错误信息然后退出。调用图 13-1 所示程序中的 daemonize 函数成为一个守护进程。在此之后，不能在标准错误上打印错误消息，而是对其记录日志。

[101～110] 忽略 SIGPIPE。接下来将要写套接字文件描述符，并且不想让写错误触发 SIGPIPE，因为其默认动作是杀死进程。下一步，设置线程信号掩码，包括 SIGHUP 和 SIGTERM。创建的所有进程均继承这个信号掩码。使用 SIGHUP 信号告诉守护进程再次读取配置文件，SIGTERM 信号告诉守护进程执行清理工作并优雅地退出。

[111～117] 调用 sysconf 来获取主机名的最大长度。如果 sysconf 失败或者没有定义该限制，采用 HOST_NAME_MAX 作为最佳选择。有时，平台已经定义了此常量，但如果没有定义，则在 print.h 中选择属于自己的值。分配内存来保存主机名并调用 gethostname 来获取。

[118～121] 接下来，尝试找到用于守护进程提供打印假脱机服务的网络地址。 815

```
122     FD_ZERO(&rendezvous);
123     maxfd = -1;
124     for (aip = ailist; aip != NULL; aip = aip->ai_next) {
125         if ((sockfd = initserver(SOCK_STREAM, aip->ai_addr,
126           aip->ai_addrlen, QLEN)) >= 0) {
127             FD_SET(sockfd, &rendezvous);
128             if (sockfd > maxfd)
129                 maxfd = sockfd;
130         }
131     }
132     if (maxfd == -1)
133         log_quit("service not enabled");

134     pwdp = getpwnam(LPNAME);
135     if (pwdp == NULL)
136         log_sys("can't find user %s", LPNAME);
137     if (pwdp->pw_uid == 0)
138         log_quit("user %s is privileged", LPNAME);
139     if (setgid(pwdp->pw_gid) < 0 || setuid(pwdp->pw_uid) < 0)
140         log_sys("can't change IDs to user %s", LPNAME);

141     init_request();
142     init_printer();
```

[122～131] 清零 rendezvous 变量，该变量将与 select 一起用来等待客户端连接请求。将最大文件描述符初始化为-1，以确保所分配的第一个文件描述符会大于 maxfd。对于每个需要提供服务的网络地址，调用 initserver（见图 16-22）来分配和初始化一个套接字。如果 initserver 成功，将其文件描述符加入 fd_set；如果该描述符大于现有最大值 maxfd，将 maxfd 设为该描述符值。

[132～133] 走完整个 addrinfo 结构列表后，如果 maxfd 仍为-1，不能启动打印假脱机服务，

记录日志然后退出。

[134～140] 守护进程需要超级用户特权来绑定一个套接字到保留端口。完成绑定后，通过将用户ID改变为lp的用户ID（回忆21.4节的安全方面的讨论）降低该程序特权。这里想遵循最小特权原则，以避免在守护进程中将系统暴露给任何可能的攻击。调用getpwnam来找到与用户lp相关的口令条目。如果没有此用户，或者lp具有超级用户特权，记录日志然后退出。否则，调用setuid将实际用户ID和有效用户ID改为lp用户ID。为了避免暴露系统，如果不能减少特权，那么就选择不提供任何服务。

[141～142] 调用init_request来初始化作业请求并确保只有一个守护进程副本正在运行。调用init_printer初始化打印机信息（稍后就可以看到这两个函数）。

816

```
143     err = pthread_create(&tid, NULL, printer_thread, NULL);
144     if (err == 0)
145         err = pthread_create(&tid, NULL, signal_thread, NULL);
146     if (err != 0)
147         log_exit(err, "can't create thread");
148     build_qonstart();

149     log_msg("daemon initialized");

150     for (;;) {
151         rset = rendezvous;
152         if (select(maxfd+1, &rset, NULL, NULL, NULL) < 0)
153             log_sys("select failed");
154         for (i = 0; i <= maxfd; i++) {
155             if (FD_ISSET(i, &rset)) {
156                 /*
157                  * Accept the connection and handle the request.
158                  */
159                 if ((sockfd = accept(i, NULL, NULL)) < 0)
160                     log_ret("accept failed");
161                 pthread_create(&tid, NULL, client_thread,
162                   (void *)((long)sockfd));
163             }
164         }
165     }
166     exit(1);
167 }
```

[143～149] 创建一个处理信号的线程和一个与打印机通信的线程。（通过限制打印机只与一个线程通信，可以简化与打印机相关的数据结构的锁定。）然后调用build_qonstart在/var/spool/printer目录中搜索任何挂起的作业。对于找到的每个作业，将建立一个结构，让打印机线程将该作业的文件送到打印机。至此，完成守护进程的设置，因此记录一条日志消息，表明守护进程初始化成功完成。

[150～167] 将rendezvous fd_set结构复制到rset，然后调用select等待其中的一个文件描述符变为可读。必须复制rendezvous，因为select会修改传入的fd_set结构来包含满足事件的文件描述符。既然服务器已经将套接字初始化完毕，一个可读的文件描述符就意味着一个连接请求需要处理。当select返回时，检查rset来获取一个可读的文件描述符。如果找到一个，调用accept接受该请求。如果失败，记录日志然后继续检查更多的可读文件描述符。否则，创建一个线程来处理客户端请求。主

817

线程 main 一直循环，将请求发送到其他线程处理，永远不应到达 exit 语句。

```
168 /*
169  * Initialize the job ID file. Use a record lock to prevent
170  * more than one printer daemon from running at a time.
171  *
172  * LOCKING: none, except for record-lock on job ID file.
173  */
174 void
175 init_request(void)
176 {
177  int          n;
178  char         name[FILENMSZ];

179  sprintf(name, "%s/%s", SPOOLDIR, JOBFILE);
180  jobfd = open(name, O_CREAT|O_RDWR, S_IRUSR|S_IWUSR);
181  if (write_lock(jobfd, 0, SEEK_SET, 0) < 0)
182      log_quit("daemon already running");
183  /*
184   * Reuse the name buffer for the job counter.
185   */
186  if ((n = read(jobfd, name, FILENMSZ)) < 0)
187      log_sys("can't read job file");
188  if (n == 0)
189      nextjob = 1;
190  else
191      nextjob = atol(name);
192 }
```

[168～182] 函数 init_request 做两件事：在作业文件/var/spool/printer/jobno 上放一个记录锁，然后读该文件并确定下一个要赋值的作业编号。在整个文件上放置一把写锁，表明守护进程正在运行。如果当前已有一个守护进程正在运行，想启动另外一个打印假脱机守护进程副本，该程序将无法获得写锁，然后就退出。因此，同时只能有一个守护进程在运行。（图 13-6 中使用过这种技术，在 14.3 节中讨论过 write_lock 宏。）

[183～192] 作业文件包含一个 ASCII 码的整数字符串来表示下一个作业编号。如果文件刚创建并且为空，那么将 nextjob 设置为 1。否则，使用 atol 将字符串转换为整数并将其作为下一个作业编号。让 jobfd 对于作业文件保持打开状态，因此当作业创建时能够更新作业编号。不能关闭该文件，因为这将释放已经放置在上面的写锁。在一个长整型数长度为 64 位的系统上，至少需要一个 21 字节的缓冲区来存放代表最大长整型数的字符串。这里重用文件名缓冲区，因为在 print.h 中 FILENMSZ 定义为 64。 818

```
193 /*
194  * Initialize printer information from configuration file.
195  *
196  * LOCKING: none.
197  */
198 void
199 init_printer(void)
200 {
201   printer = get_printaddr();
202   if (printer == NULL)
203       exit(1); /* message already logged */
204   printer_name = printer->ai_canonname;
```

```
205     if (printer_name == NULL)
206         printer_name = "printer";
207     log_msg("printer is %s", printer_name);
208 }

209 /*
210  * Update the job ID file with the next job number.
211  * Doesn't handle wrap-around of job number.
212  *
213  * LOCKING: none.
214  */
215 void
216 update_jobno(void)
217 {
218     char    buf[32];

219     if (lseek(jobfd, 0, SEEK_SET) == -1)
220         log_sys("can't seek in job file");
221     sprintf(buf, "%d", nextjob);
222     if (write(jobfd, buf, strlen(buf)) < 0)
223         log_sys("can't update job file");
224 }
```

[193～208] init_printer用于设置打印机名和地址。调用get_printaddr（来自util.c）获得打印机地址。如果失败，记录日志并退出。当找不到打印机地址时，get_printaddr会记录自己的错误信息日志。如果打印机地址未找到，将addrinfo中的ai_canonname设为打印机名。如果该字段为空，将打印机名设为默认值。注意，将正在使用的打印机名也记录在日志中，以帮助管理员能够诊断假脱机系统的问题。

[209～224] update_jobno函数用于在作业文件/var/spool/printer/jobno中写入下一个作业编号。首先，找到文件开头。然后，将整数作业编号转换为一个字符串并写入文件。如果写入失败，记录日志并退出。作业编号自动递增。如何处理回绕的作业编号留作一个练习（见习题21.9）。

819

```
225 /*
226  * Get the next job number.
227  *
228  * LOCKING: acquires and releases joblock.
229  */
230 int32_t
231 get_newjobno(void)
232 {
233     int32_t jobid;

234     pthread_mutex_lock(&joblock);
235     jobid = nextjob++;
236     if (nextjob <= 0)
237         nextjob = 1;
238     pthread_mutex_unlock(&joblock);
239     return(jobid);
240 }

241 /*
242  * Add a new job to the list of pending jobs. Then signal
```

```
243   * the printer thread that a job is pending.
244   *
245   * LOCKING: acquires and releases joblock.
246   */
247  void
248  add_job(struct printreq *reqp, int32_t jobid)
249  {
250      struct job *jp;

251      if ((jp = malloc(sizeof(struct job))) == NULL)
252          log_sys("malloc failed");
253      memcpy(&jp->req, reqp, sizeof(struct printreq));
```

[225～240] get_newjobno 函数用于获得下一个作业编号。首先将 joblock 互斥量锁住。递增 nextjob 变量，并处理回绕的情况。然后解锁互斥量并返回递增前的 nextjob 值。多个线程可以同时调用 get_newjobno；需要串行化访问下一个作业编号，因此每个线程得到一个唯一的作业编号。（见图 11-9，考察在这种情况下，如果不串行化线程会发生什么情况。）

[241～253] add_job 函数用于在挂起的打印作业列表中增加一个新的作业请求。首先为 job 结构分配空间。如果失败，记录日志并退出。此时，打印请求已经安全地存储在磁盘上；当打印假脱机守护进程重启时，会重新读取这些请求。当为新作业分配完空间，将客户端的请求结构复制到作业结构。在 print.h 中一个 job 结构包含一对列表指针，一个作业 ID 和一个从客户端 print 命令发送过来的 printreq 结构副本。

820

```
254      jp->jobid = jobid;
255      jp->next = NULL;
256      pthread_mutex_lock(&joblock);
257      jp->prev = jobtail;
258      if (jobtail == NULL)
259          jobhead = jp;
260      else
261          jobtail->next = jp;
262      jobtail = jp;
263      pthread_mutex_unlock(&joblock);
264      pthread_cond_signal(&jobwait);
265  }
266  /*
267   * Replace a job back on the head of the list.
268   *
269   * LOCKING: acquires and releases joblock.
270   */
271  void
272  replace_job(struct job *jp)
273  {
274      pthread_mutex_lock(&joblock);
275      jp->prev = NULL;
276      jp->next = jobhead;
277      if (jobhead == NULL)
278          jobtail = jp;
279      else
280          jobhead->prev = jp;
```

```
281     jobhead = jp;
282     pthread_mutex_unlock(&joblock);
283 }
```

[254～265] 保存作业ID并锁住joblock互斥量以获得对打印作业链表的独占访问。将在该链表尾增加新的作业结构。将新的作业结构的前项指针（previous pointer）指向链表中最后一个作业。如果链表为空，将jobhead指向新的结构。否则，将链表中最后一项的后项指针（next pointer）指向新的结构。然后设置jobtail指向新的结构。对互斥量解锁，然后给打印机线程发信号，告诉该线程另一个作业可用了。

[266～283] 函数replace_job用于将作业插入到挂起作业队列头部。需要获得joblock互斥量，将job结构中的前项指针设为NULL，将后项指针指向表头。如果表为空，将jobtail指向插入的job结构。否则，将表中第一个作业结构的前项指针指向插入的job结构。然后将jobhead指向插入的job结构，成为新的表头。最后，释放joblock互斥量。

821

```
284 /*
285  * Remove a job from the list of pending jobs.
286  *
287  * LOCKING: caller must hold joblock.
288  */
289 void
290 remove_job(struct job *target)
291 {
292     if (target->next != NULL)
293         target->next->prev = target->prev;
294     else
295         jobtail = target->prev;
296     if (target->prev != NULL)
297         target->prev->next = target->next;
298     else
299         jobhead = target->next;
300 }

301 /*
302  * Check the spool directory for pending jobs on start-up.
303  *
304  * LOCKING: none.
305  */
306 void
307 build_qonstart(void)
308 {
309     int                 fd, err, nr;
310     int32_t             jobid;
311     DIR                 *dirp;
312     struct dirent       *entp;
313     struct printreq     req;
314     char                dname[FILENMSZ], fname[FILENMSZ];

315     sprintf(dname, "%s/%s", SPOOLDIR, REQDIR);
316     if ((dirp = opendir(dname)) == NULL)
317         return;
```

[284～300] remove_job将给定的作业从挂起的作业列表中删除。调用者必须已经持有

joblock 互斥量。如果后项指针不为空，将下一个条目的前项指针指向被删除目标的前项指针所指向的条目。否则，该条目为列表中最后一个，因此将 jobtail 指向被删除目标的前项指针所指向的条目。如果被删除目标的前项指针不为空，将前一个条目的后项指针指向被删除目标的后项指针所指向的条目。否则，这个是表中第一个条目，因此将 jobhead 指向被删除目标后面的那个条目。

[301～317] 当守护进程启动时，调用 build_qonstart 从存储在/var/spool/printer/reqs 中的磁盘文件建立一个内存中的打印作业列表。如果不能打开该目录，表示没有打印作业要处理，因此就返回。

822

```
318     while ((entp = readdir(dirp)) != NULL) {
319         /*
320          * Skip "." and ".."
321          */
322         if (strcmp(entp->d_name, ".") == 0 ||
323           strcmp(entp->d_name, "..") == 0)
324             continue;

325         /*
326          * Read the request structure.
327          */
328         sprintf(fname, "%s/%s/%s", SPOOLDIR, REQDIR, entp->d_name);
329         if ((fd = open(fname, O_RDONLY)) < 0)
330             continue;
331         nr = read(fd, &req, sizeof(struct printreq));
332         if (nr != sizeof(struct printreq)) {
333             if (nr < 0)
334                 err = errno;
335             else
336                 err = EIO;
337             close(fd);
338             log_msg("build_qonstart: can't read %s: %s",
339               fname, strerror(err));
340             unlink(fname);
341             sprintf(fname, "%s/%s/%s", SPOOLDIR, DATADIR,
342               entp->d_name);
343             unlink(fname);
344             continue;
345         }
346         jobid = atol(entp->d_name);
347         log_msg("adding job %d to queue", jobid);
348         add_job(&req, jobid);
349     }
350     closedir(dirp);
351 }
```

[318～324] 在目录中一次读取一个条目，忽略.和..。

[325～345] 对于每个条目，创建一个文件完全路径名并只读打开。如果 open 调用失败，跳过该文件。否则，将读取保存在文件中的 printreq 结构。如果不能读取整个结构，关闭该文件，记录日志并 unlink 该文件。然后建立相应数据文件的完全路径名，再 unlink 该文件。

[346～351] 如果能够读取一个完整的 printreq 结构，将文件名转换为作业 ID（文件名就是

823

其作业 ID)，记录日志，然后将请求加入到挂起的打印作业列表。当读完整个目录，readdir 返回 NULL，关闭目录然后返回。

```
352  /*
353   * Accept a print job from a client.
354   *
355   * LOCKING: none.
356   */
357  void *
358  client_thread(void *arg)
359  {
360      int                 n, fd, sockfd, nr, nw, first;
361      int32_t             jobid;
362      pthread_t           tid;
363      struct printreq     req;
364      struct printresp    res;
365      char                name[FILENMSZ];
366      char                buf[IOBUFSZ];

367      tid = pthread_self();
368      pthread_cleanup_push(client_cleanup, (void *)((long)tid));
369      sockfd = (long)arg;
370      add_worker(tid, sockfd);

371      /*
372       * Read the request header.
373       */
374      if ((n = treadn(sockfd, &req, sizeof(struct printreq), 10)) !=
375        sizeof(struct printreq)) {
376          res.jobid = 0;
377          if (n < 0)
378              res.retcode = htonl(errno);
379          else
380              res.retcode = htonl(EIO);
381          strncpy(res.msg, strerror(res.retcode), MSGLEN_MAX);
382          writen(sockfd, &res, sizeof(struct printresp));
383          pthread_exit((void *)1);
384      }
```

[352～370] 当连接请求被接受时，main 中派生出 client_thread。其作用是从客户端 print 命令中接收要打印的文件。为每个客户端打印请求分别创建一个独立的线程。
首先是安装线程清理处理程序（见 11.5 节中线程清理处理程序的讨论）。清理处理程序是 client_cleanup，将在后面用到。它仅带一个参数：线程 ID。然后调用 add_worker 来创建一个 worker_thread 结构并将其加入到活跃的客户端线程列表中。

[371～384] 此时，完成了线程的初始化任务，因此从客户端读取请求头。如果客户端发送的数据少于期望或遇到错误，则响应一个消息，该消息指出错误的原因，然后调用 pthread_exit 结束线程。

824

```
385      req.size = ntohl(req.size);
386      req.flags = ntohl(req.flags);

387      /*
388       * Create the data file.
389       */
```

```
390     jobid = get_newjobno();
391     sprintf(name, "%s/%s/%ld", SPOOLDIR, DATADIR, jobid);
392     fd = creat(name, FILEPERM);
393     if (fd < 0) {
394         res.jobid = 0;
395         res.retcode = htonl(errno);
396         log_msg("client_thread: can't create %s: %s", name,
397           strerror(res.retcode));
398         strncpy(res.msg, strerror(res.retcode), MSGLEN_MAX);
399         writen(sockfd, &res, sizeof(struct printresp));
400         pthread_exit((void *)1);
401     }

402     /*
403      * Read the file and store it in the spool directory.
404      * Try to figure out if the file is a PostScript file
405      * or a plain text file.
406      */
407     first = 1;
408     while ((nr = tread(sockfd, buf, IOBUFSZ, 20)) > 0) {
409         if (first) {
410             first = 0;
411             if (strncmp(buf, "%!PS", 4) != 0)
412                 req.flags |= PR_TEXT;
413         }
```

[385～401] 将请求头中的整数字段转换成主机字节序，调用 get_newjobno 来保存这个打印请求的下一个作业编号。建立作业数据文件，名为/var/spool/printer/data/*jobid*，*jobid* 是请求的作业 ID。采用权限许可来防止其他人读取这些文件(print.h 中定义 FILEPERM 为 S_IRUSR|S_IWUSR)。如果不能创建该文件，记录错误日志，发送失败响应给客户端，调用 pthread_exit 结束线程。

[402～413] 读取来自客户端的文件内容，要将其写入数据文件的私有副本中。但是在写任何东西之前，需要在第一次循环时检查一下是否是 PostScript 文件。如果该文件不是以%!PS 模式开头，可以假定为其为纯文本文件，这种情况下在请求头中设置 PR_TEXT 标志。(如果在 print 命令中有-t 标志，那么客户端也会设置此标志。) 尽管 PostScript 程序不要求以模式%!PS 开始，但文档格式指南（Adobe Systems [1999]）强烈推荐这种方式。

825

```
414         nw = write(fd, buf, nr);
415         if (nw != nr) {
416             res.jobid = 0;
417             if (nw < 0)
418                 res.retcode = htonl(errno);
419             else
420                 res.retcode = htonl(EIO);
421             log_msg("client_thread: can't write %s: %s", name,
422               strerror(res.retcode));
423             close(fd);
424             strncpy(res.msg, strerror(res.retcode), MSGLEN_MAX);
425             writen(sockfd, &res, sizeof(struct printresp));
426             unlink(name);
427             pthread_exit((void *)1);
428         }
429     }
```

```
430     close(fd);

431     /*
432      * Create the control file. Then write the
433      * print request information to the control
434      * file.
435      */
436     sprintf(name, "%s/%s/%d", SPOOLDIR, REQDIR, jobid);
437     fd = creat(name, FILEPERM);
438     if (fd < 0) {
439         res.jobid = 0;
440         res.retcode = htonl(errno);
441         log_msg("client_thread: can't create %s: %s", name,
442           strerror(res.retcode));
443         strncpy(res.msg, strerror(res.retcode), MSGLEN_MAX);
444         writen(sockfd, &res, sizeof(struct printresp));
445         sprintf(name, "%s/%s/%d", SPOOLDIR, DATADIR, jobid);
446         unlink(name);
447         pthread_exit((void *)1);
448     }
```

[414～430] 将来自客户端的数据写入到数据文件。如果 write 失败，记录错误日志，关闭数据文件的文件描述符，发送出错消息给客户端，删除数据文件，调用 pthread_exit 退出。注意，不需要显式关闭套接字文件描述符。当调用 pthread_exit 时，线程清理处理程序会处理这些事情。

当接收到所有要打印的数据，关闭数据文件的文件描述符。

[431～448] 接下来，创建文件/var/spool/printer/reqs/*jobid* 以记住打印请求。如果失败，记录错误日志，发送出错响应给客户端，删除数据文件，终止线程。

826

```
449     nw = write(fd, &req, sizeof(struct printreq));
450     if (nw != sizeof(struct printreq)) {
451         res.jobid = 0;
452         if (nw < 0)
453             res.retcode = htonl(errno);
454         else
455             res.retcode = htonl(EIO);
456         log_msg("client_thread: can't write %s: %s", name,
457           strerror(res.retcode));
458         close(fd);
459         strncpy(res.msg, strerror(res.retcode), MSGLEN_MAX);
460         writen(sockfd, &res, sizeof(struct printresp));
461         unlink(name);
462         sprintf(name, "%s/%s/%d", SPOOLDIR, DATADIR, jobid);
463         unlink(name);
464         pthread_exit((void *)1);
465     }
466     close(fd);

467     /*
468      * Send response to client.
469      */
470     res.retcode = 0;
471     res.jobid = htonl(jobid);
472     sprintf(res.msg, "request ID %d", jobid);
```

```
473     writen(sockfd, &res, sizeof(struct printresp));

474     /*
475      * Notify the printer thread, clean up, and exit.
476      */
477     log_msg("adding job %d to queue", jobid);
478     add_job(&req, jobid);
479     pthread_cleanup_pop(1);
480     return((void *)0);
481 }
```

[449～465] 将 printreq 结构写入控制文件。如果出错，则记录日志，关闭控制文件描述符，发送失败响应给客户端，删除数据和控制文件，终止线程。

[466～473] 关闭控制文件的文件描述符，并发送消息给客户端，该消息包括作业 ID 和成功状态（retcode 设为 0）。

[474～481] 调用 add_job 将接收的文件加入到挂起作业列表中，调用 pthread_cleanup_pop 完成清理过程。当返回时线程终止。

注意，线程退出之前，必须关闭不再使用的任何文件描述符。与线程终止不同，当一个线程退出并且进程中仍有其他线程时，文件描述符不会自动关闭。如果不关闭不需要的文件描述符，终将耗尽资源。

827

```
482   /*
483    * Add a worker to the list of worker threads.
484    *
485    * LOCKING: acquires and releases workerlock.
486    */
487   void
488   add_worker(pthread_t tid, int sockfd)
489   {
490       struct worker_thread    *wtp;

491       if ((wtp = malloc(sizeof(struct worker_thread))) == NULL) {
492           log_ret("add_worker: can't malloc");
493           pthread_exit((void *)1);
494       }
495       wtp->tid = tid;
496       wtp->sockfd = sockfd;
497       pthread_mutex_lock(&workerlock);
498       wtp->prev = NULL;
599       wtp->next = workers;
500       if (workers != NULL)
501           workers ->prev = wtp;
502
503       workers = wtp;
504       pthread_mutex_unlock(&workerlock);
505   }

506   /*
507    * Cancel (kill) all outstanding workers.
508    *
509    * LOCKING: acquires and releases workerlock.
510    */
511   void
```

```
512    kill_workers(void)
513    {
514        struct worker_thread    *wtp;

515        pthread_mutex_lock(&workerlock);
516        for (wtp = workers; wtp != NULL; wtp = wtp->next)
517            pthread_cancel(wtp->tid);
518        pthread_mutex_unlock(&workerlock);
519    }
```

[482～505]　add_worker 将一个 worker_thread 结构加入活动线程列表中。分配该结构需要的内存，初始化它，锁住 workerlock 互斥量，将结构加入到列表的头部，然后解锁互斥量。

[506～519]　kill_workers 函数遍历工作者线程列表,然后一一删除。遍历列表时持有 workerlock 互斥量。注意，pthread_cancel 仅仅将线程列入删除计划，实际的删除动作在每个线程到达下一个删除点时发生。

828

```
520    /*
521     * Cancellation routine for the worker thread.
522     *
523     * LOCKING: acquires and releases workerlock.
524     */
525    void
526    client_cleanup(void *arg)
527    {
528        struct worker_thread    *wtp;
529        pthread_t               tid;

530        tid = (pthread_t)((long)arg);
531        pthread_mutex_lock(&workerlock);
532        for (wtp = workers; wtp != NULL; wtp = wtp->next) {
533            if (wtp->tid == tid) {
534                if (wtp->next != NULL)
535                    wtp->next->prev = wtp->prev;
536                if (wtp->prev != NULL)
537                    wtp->prev->next = wtp->next;
538                else
539                    workers = wtp->next;
540                break;
541            }
542        }
543        pthread_mutex_unlock(&workerlock);
544        if (wtp != NULL) {
545            close(wtp->sockfd);
546            free(wtp);
547        }
548    }
```

[520～542]　函数 client_cleanup 是与客户端命令通信的工作者线程的线程清理程序。当线程调用 pthread_exit 时，或者用一个非 0 参数调用 pthread_cleanup_pop，或者响应一个删除请求时，client_cleanup 函数会被调用。其参数是终止线程的线程 ID。

锁住 workerlock 互斥量然后搜索工作者线程列表，直到找到一个匹配的线程 ID。

当找到一个匹配时，从列表中删除工作者线程结构并且停止搜索。

[543~548] 解锁 workerlock 互斥量，关闭线程用于和客户端通信的套接字文件描述符，然后释放 worker_thread 结构的内存。

既然要获得 workerlock 互斥量，当 kill_workers 函数正在遍历列表时，如果一个线程到达一个删除点时，必须等待直到 kill_workers 释放互斥量时才可以继续处理。

829

```
549    /*
550     * Deal with signals.
551     *
552     * LOCKING: acquires and releases configlock.
553     */
554    void *
555    signal_thread(void *arg)
556    {
557        int     err, signo;

558        for (;;) {
559          err = sigwait(&mask, &signo);
560          if (err != 0)
561              log_quit("sigwait failed: %s", strerror(err));
562          switch (signo) {
563          case SIGHUP:
564              /*
565               * Schedule to re-read the configuration file.
566               */
567              pthread_mutex_lock(&configlock);
568              reread = 1;
569              pthread_mutex_unlock(&configlock);
570              break;

571          case SIGTERM:
572              kill_workers();
573              log_msg("terminate with signal %s", strsignal(signo));
574              exit(0);

575          default:
576              kill_workers();
577              log_quit("unexpected signal %d", signo);
578          }
579      }
580    }
```

[549~562] 函数 signal_thread 由负责处理信号的线程运行。在 main 函数中初始化信号掩码，该掩码包括 SIGHUP 和 SIGTERM。这里，调用 sigwait 来等待这些信号中的一个出现。如果 sigwait 失败，记录出错日志并退出。

[563~570] 如果接收到 SIGHUP，然后获得 configlock 互斥量，将 reread 变量设为 1，释放互斥量。这就告诉打印机守护进程在其处理循环的下一次迭代时再次读取配置文件。

[571~574] 如果接收到 SIGTERM，调用 kill_workers 来杀死所有的工作者线程，记录日志，然后调用 exit 终止进程。

[575~580] 如果接收到非期望的信号，则杀死工作者线程并调用 log_quit 来记录日志然

830

后退出。

```
581  /*
582   * Add an option to the IPP header.
583   *
584   * LOCKING: none.
585   */
586  char *
587  add_option(char *cp, int tag, char *optname, char *optval)
588  {
589      int    n;
590      union {
591          int16_t s;
592          char c[2];
593      }         u;

594      *cp++ = tag;
595      n = strlen(optname);
596      u.s = htons(n);
597      *cp++ = u.c[0];
598      *cp++ = u.c[1];
699      strcpy(cp, optname);
600      cp += n;
601      n = strlen(optval);
602      u.s = htons(n);
603      *cp++ = u.c[0];
604      *cp++ = u.c[1];
605      strcpy(cp, optval);
606      return(cp + n);
607  }
```

[581～593] 函数 add_option 用于在送到打印机的 IPP 首部中添加一个选项，回忆图 21-4，属性的格式是 1 字节的描述属性类型的标志，然后是以 2 字节的二进制整数形式存储的属性名字的长度，接着是名字，属性值的长度，最后是属性值本身。

IPP 没有打算去控制嵌入在首部的二进制整数的对齐方式。一些处理器架构，例如 SPARC，并不能从任意地址装入一个整数。这意味着不能通过如下方式在 IPP 首部存放一个整数：该方式将一个指针转换成 int16_t 指向在首部存放整数的地址。相反，需要一次复制 1 字节整数。这就是为什么我们定义一个包含 16 位整数和 2 字节数组的 union。

[594～607] 在首部存储标志并将属性名字的长度转换为网络字节序。一次复制 1 个字节到首部。接着复制属性名字。重复这个过程，继续复制属性值，并返回首部中下一个应该开始的部分的地址。

831

```
608  /*
609   * Single thread to communicate with the printer.
610   *
611   * LOCKING: acquires and releases joblock and configlock.
612   */
613  void *
614  printer_thread(void *arg)
615  {
616      struct job      *jp;
```

```
617     int                 hlen, ilen, sockfd, fd, nr, nw, extra;
618     char                *icp, *hcp, *p;
619     struct ipp_hdr      *hp;
620     struct stat         sbuf;
621     struct iovec        iov[2];
622     char                name[FILENMSZ];
623     char                hbuf[HBUFSZ];
624     char                ibuf[IBUFSZ];
625     char                buf[IOBUFSZ];
626     char                str[64];
627     struct timespec ts = { 60, 0 };   /* 1 minute */

628     for (;;) {
629         /*
630          * Get a job to print.
631          */
632     pthread_mutex_lock(&joblock);
633     while (jobhead == NULL) {
634         log_msg("printer_thread: waiting...");
635         pthread_cond_wait(&jobwait, &joblock);
636     }
637     remove_job(jp = jobhead);
638     log_msg("printer_thread: picked up job %d", jp->jobid);
639     pthread_mutex_unlock(&joblock);
640     update_jobno();
```

[608～627] 函数 printer_thread 由与网络打印机通信的线程运行。使用 icp 和 ibuf 来建立 IPP 首部。使用 hcp 和 hbuf 建立 HTTP 首部。需要在独立的缓冲区中建立首部。HTTP 首部包括 ASCII 表示的长度字段，而且在拼装出 IPP 首部之前，并不知道应该预留多大的空间。在一次调用中使用 writev 来写这两个头。

[628～640] 打印机线程在一个等待将作业传送到打印机的无限循环中运行。使用 joblock 互斥量来保护作业列表。如果作业没有挂起，使用 pthread_cond_wait 来等待到来的作业。当一个作业准备好时，调用 remove_job 将其从列表中删除。此时仍持有互斥量，因此释放互斥量并调用 update_jobno 将下一个作业号编写入到/var/spool/printer/jobno。

832

```
641         /*
642          * Check for a change in the config file.
643          */
644         pthread_mutex_lock(&configlock);
645         if (reread) {
646             freeaddrinfo(printer);
647             printer = NULL;
648             printer_name = NULL;
649             reread = 0;
650             pthread_mutex_unlock(&configlock);
651             init_printer();
652         } else {
653             pthread_mutex_unlock(&configlock);
654         }

655         /*
656          * Send job to printer.
```

```
657          */
658         sprintf(name, "%s/%s/%ld", SPOOLDIR, DATADIR, jp->jobid);
659         if ((fd = open(name, O_RDONLY)) < 0) {
660             log_msg("job %ld canceled - can't open %s: %s",
661               jp->jobid, name, strerror(errno));
662             free(jp);
663             continue;
664         }
665         if (fstat(fd, &sbuf) < 0) {
666             log_msg("job %ld canceled - can't fstat %s: %s",
667               jp->jobid, name, strerror(errno));
668             free(jp);
669             close(fd);
670             continue;
671         }
```

[641～654] 现在有了要打印的作业，检查一下配置文件有无改变。锁住 configlock 互斥量并检查 reread 变量。如果该值非 0，那么释放旧的 addrinfo 列表，清空指针，解锁互斥量，然后调用 init_printer 来重新初始化指针信息。既然从 main 线程初始化后只有这个上下文可以查看并可能更改打印机信息，因此除了使用 configlock 互斥量来保护 reread 标志的状态外，不需要任何其他的同步手段。注意，尽管在此函数中获得和释放两个不同互斥量，但是并没有同时持有两个互斥量，因此不需要建立一个锁层次（见 11.6.2 节）。

[655～671] 如果不能打开数据文件，则记录出错日志，释放 job 结构，然后继续。打开文件之后，调用 fstat 来找到文件的大小。如果失败，记录出错日志并清理，然后继续。

833

```
672         if ((sockfd = connect_retry(AF_INET, SOCK_STREAM, 0,
673           printer->ai_addr, printer->ai_addrlen)) < 0) {
674             log_msg("job %d deferred - can't contact printer: %s",
675               jp->jobid, strerror(errno));
676             goto defer;
677         }

678         /*
679          * Set up the IPP header.
680          */
681         icp = ibuf;
682         hp = (struct ipp_hdr *)icp;
683         hp->major_version = 1;
684         hp->minor_version = 1;
685         hp->operation = htons(OP_PRINT_JOB);
686         hp->request_id = htonl(jp->jobid);
687         icp += offsetof(struct ipp_hdr, attr_group);
688         *icp++ = TAG_OPERATION_ATTR;
689         icp = add_option(icp, TAG_CHARSET, "attributes-charset",
690           "utf-8");
691         icp = add_option(icp, TAG_NATULANG,
692           "attributes-natural-language", "en-us");
693         sprintf(str, "http://%s/ipp", printer_name);
694         icp = add_option(icp, TAG_URI, "printer-uri", str);
695         icp = add_option(icp, TAG_NAMEWOLANG,
696           "requesting-user-name", jp->req.usernm);
```

```
697         icp = add_option(icp, TAG_NAMEWOLANG, "job-name",
698           jp->req.jobnm);
```

[672～677] 打开一个连接到打印机的流套接字。如果 connect_retry 调用失败，跳到 defer 处，在这里清理、延迟一段时间，然后再尝试。

[678～698] 接下来，建立 IPP 首部。其操作是打印作业（print-job）请求。使用 htons 将 2 字节的操作 ID 从主机转换为网络字节序，使用 htonl 将 4 字节的作业 ID 从主机转换为网络字节序。完成首部的初始化之后，设置标志值来指示其后跟随操作属性。调用 add_option 将属性添加到报文中。图 12-5 列出了打印作业请求所需的操作属性，前 3 个是必需的。将字符集设为 UTF-8，该字符集是打印机必须支持的；指定语言为 en-us，即代表美国英语（U.S. English）；另外一个必需的属性是 URI（Uniform Resource Identifier），将其设为 http://printer_name/ipp。

推荐使用 requesting-user-name 属性，但不是必需的。job-name 属性也是可选的。print 命令将要打印的文件名作为作业名发送，该名字能够帮助用户区别多个要处理的作业。

834

```
699         if (jp->req.flags & PR_TEXT) {
700             p = "text/plain";
701             extra = 1;
702         } else {
703             p = "application/postscript";
704             extra = 0;
705         }
706         icp = add_option(icp, TAG_MIMETYPE, "document-format", p);
707         *icp++ = TAG_END_OF_ATTR;
708         ilen = icp - ibuf;

709         /*
710          * Set up the HTTP header.
711          */
712         hcp = hbuf;
713         sprintf(hcp, "POST /ipp HTTP/1.1\r\n");
714         hcp += strlen(hcp);
715         sprintf(hcp, "Content-Length: %ld\r\n",
716           (long)sbuf.st_size + ilen + extra);
717         hcp += strlen(hcp);
718         strcpy(hcp, "Content-Type: application/ipp\r\n");
719         hcp += strlen(hcp);
720         sprintf(hcp, "Host: %s:%d\r\n", printer_name, IPP_PORT);
721         hcp += strlen(hcp);
722         *hcp++ = '\r';
723         *hcp++ = '\n';
724         hlen = hcp - hbuf;
```

[699～708] 提供的最后一个属性是 document-format。如果省略该属性，则假定文件格式是打印机默认格式。对于 PostScript 打印机，格式可能是 PostScript，但是一些打印机可以自动检测格式并在 PostScript 与纯文本或 PCL（HP 的打印机命令语言）格式间做选择。如果 PR_TEXT 标志被设置，则将文档格式设置为 text/plain。否则，设置为 application/postscript。然后在属性结束处用结束属性标志定界并计算 IPP 首部的大小。

整数 extra 用来记录任何可能需要传输到打印机的附加字符。稍后会看到，需要发送一个附加字符以能够可靠地打印纯文本。当要计算内容长度时，需要考虑这个附加字符。

[709～724] 现在知道了 IPP 首部的大小，可以建立 HTTP 首部。将 Context-Length 设为 IPP 首部的字节长度加上要打印文件的大小再加上需要发送的附加字符的长度。Content-Type 为 application/ipp。用回车换行符结束 HTTP 首部。最后，计算 HTTP 首部的大小。

835

```
725         /*
726          * Write the headers first. Then send the file.
727          */
728         iov[0].iov_base = hbuf;
729         iov[0].iov_len = hlen;
730         iov[1].iov_base = ibuf;
731         iov[1].iov_len = ilen;
732         if (writev(sockfd, iov, 2) != hlen + ilen) {
733             log_ret("can't write to printer");
734             goto defer;
735         }

736         if (jp->req.flags & PR_TEXT) {
737             /*
738              * Hack: allow PostScript to be printed as plain text.
739              */
740             if (write(sockfd, "\b", 1) != 1) {
741                 log_ret("can't write to printer");
742                 goto defer;
743             }
744         }

745         while ((nr = read(fd, buf, IOBUFSZ)) > 0) {
746             if ((nw = writen(sockfd, buf, nr)) != nr) {
747                 if (nw < 0)
748                   log_ret("can't write to printer");
749                 else
750                   log_msg("short write (%d/%d) to printer", nw, nr);
751                 goto defer;
752             }
753         }
```

[725～735] 将 iovec 数组的第一个元素指向 HTTP 首部，第二个元素指向 IPP 首部。然后采用 writev 将两个首部送往打印机。如果写失败或者写入少于请求的字节数，则记录日志并跳转到 defer，在这里清理并延迟一段时间，然后再次尝试。

[736～744] 即使指明了纯文本，Phaser 8560 还是会自动检测文档格式。为了防止它识别出要以纯文本格式打印的文件的开头，将退格作为第一个发送字符，这个字符不会被打印出来，并且能够使自动识别文件格式功能失效。这就可以打印 PostScript 源文件而不用打印 PostScript 文件的镜像。

[745～753] 通过 IOBUFSZ 块将数据文件发往打印机。当套接字缓冲区满的时候，write 的发送少于请求，因此可以用 write 处理这种情况。当写首部时，不必担心这种情况，因为它们都很小，但要打印的文件却是很大的。

836

```
754         if (nr < 0) {
755             log_ret("can't read %s", name);
756             goto defer;
757         }

758         /*
759          * Read the response from the printer.
760          */
761         if (printer_status(sockfd, jp)) {
762             unlink(name);
763             sprintf(name, "%s/%s/%d", SPOOLDIR, REQDIR, jp->jobid);
764             unlink(name);
765             free(jp);
766             jp = NULL;
767         }
768 defer:
769         close(fd);
770         if (sockfd >= 0)
771             close(sockfd);
772         if (jp != NULL) {
773             replace_job(jp);
774             nanosleep(&ts, NULL);
775         }
776     }
777 }

778 /*
779  * Read data from the printer, possibly increasing the buffer.
780  * Returns offset of end of data in buffer or -1 on failure.
781  *
782  * LOCKING: none.
783  */
784 ssize_t
785 readmore(int sockfd, char **bpp, int off, int *bszp)
```

[754～757] 读到文件末尾时，read 返回 0。如果读失败，记录错误信息日志并跳至 defer。

[758～767] 将文件发送给打印机后，调用 printer_status 来读取打印机对于请求的响应。如果成功，printer_status 返回一个非 0 值，就可以删除数据文件和控制文件。然后释放 job 结构，将其指针设为 NULL，然后到达 defer 标签。

[768～777] 在 defer 标签处，关闭打开的数据文件描述符。如果套接字描述符是有效的，也将其关闭。如出错，jp 指向要打印作业的作业结构，这样就可以将作业放在挂起作业列表的头部然后延迟 1 分钟。如果成功，jp 为 NULL，此时只需回到循环开始处，获得下一个要打印的作业。

[778～785] readmore 函数用于读取来自打印机的部分响应消息。

837

```
786 {
787     ssize_t nr;
788     char    *bp = *bpp;
789     int     bsz =*bszp;

790     if (off >= bsz) {
791         bsz += IOBUFSZ;
792         if ((bp = realloc(*bpp, bsz)) == NULL)
```

```
793             log_sys("readmore: can't allocate bigger read buffer");
794         *bszp =bsz;
795         *bpp =bp;
796     }
797     if ((nr = tread(sockfd, &bp[off], bsz-off, 1)) > 0)
798        return(off+nr);
799     else
800         return(-1);
801 }

802 /*
803  * Read and parse the response from the printer. Return 1
804  * if the request was successful, and 0 otherwise.
805  *
806  * LOCKING: none.
807  */
808 int
809 printer_status(int sfd, struct job *jp)
810 {
811     int             i, success, code, len, found, bufsz, datsz;
812     int32_t         jobid;
813     ssize_t         nr;
814     char            *bp, *cp, *statcode, *reason, *contentlen;
815     struct ipp_hdr h;

816     /*
817      * Read the HTTP header followed by the IPP response header.
818      * They can be returned in multiple read attempts. Use the
819      * Content-Length specifier to determine how much to read.
820      */
```

[786～801]　如果到达缓冲区尾部，通过相应的参数 bpp 和 bszp 重新分配一个大一点的缓冲区并返回该新的缓冲区的起始地址以及缓冲区大小。上述任何一种情况下，从缓冲区已读数据的末尾开始读取缓冲区所能容纳的尽可能多的数据。返回相应的已读数据的新偏移量。如果 read 失败，或者超时，返回-1。

[802～820]　printer_status 函数读取打印机对一个打印作业请求的响应消息。不知道打印机会如何响应：也许会在多个报文中回送一个响应，也许在一个报文中回送完整的响应，或者包括一个中间确认，诸如 HTTP 100 Continue 报文。需要处理所有的可能性。

838

```
821     success =0 ;
822     bufsz =IOBUFSZ;
823     if ((bp = malloc(IOBUFSZ)) == NULL)
824         log_sys("printer_status: can't allocate read buffer");

825     while ((nr = tread(sfd, bp, bufsz, 5)) > 0) {
826         /*
827          * Find the status. Response starts with "HTTP/x.y"
828          * so we can skip the first 8 characters.
829          */
830         cp = bp + 8;
831         datsz =nr;
832         while (isspace((int)*cp))
833             cp++;
834         statcode =cp;
```

```
835         while (isdigit((int)*cp))
836             cp++;
837         if (cp == statcode) { /* Bad format; log it and move on */
838             log_msg(bp);
839         } else {
840             *cp++ ='\0';
841             reason =cp;
842             while (*cp != '\r' && *cp != '\n')
843                 cp++;
844             *cp ='\0';
845             code =atoi(statcode);
846             if (HTTP_INFO(code))
847                 continue;
848             if (!HTTP_SUCCESS(code)) { /* probable error: log it */
849                 bp[datsz] ='\0';
850                 log_msg("error: %s", reason);
851                 break;
852             }
```

[821～838] 分配一个缓冲区并读取来自打印机的数据，期望5秒之内有可用的响应。跳过`HTTP/1.1`和报文开始的所有空格，然后是数字状态码。如果不是，在日志中记录报文的内容。

[839～844] 如果在响应中找到一个数字状态码，将其开始的非数字字符转换成null字节（这一字符是某种形式的空白）。接下来是一个表明原因的字符串（文本消息）。搜索回车或换行符，并采用null字节结束文本字符串。

[845～852] 调用`atoi`函数将状态码字符串转化成一个整数。如果仅是提供信息的报文，将其忽略并继续循环。我们期望看到的要么是成功消息要么是出错消息。如果得到出错消息，记录出错日志并退出循环。

839

```
853             /*
854              * HTTP request was okay, but still need to check
855              * IPP status. Search for the Content-Length.
856              */
857             i = cp - bp;
858             for (;;) {
859                 while (*cp != 'C' && *cp != 'c' && i < datsz) {
860                     cp++;
861                     i++;
862                 }
863                 if (i >= datsz) { /* get more header */
864                     if ((nr = readmore(sfd, &bp, i, &bufsz)) < 0) {
865                         goto out;
866                     } else {
867                         cp =&bp[i];
868                         datsz += nr;
869                     }
870                 }

871                 if (strncasecmp(cp, "Content-Length:", 15) == 0) {
872                     cp += 15;
873                     while (isspace((int)*cp))
874                         cp++;
875                     contentlen =cp;
876                     while (isdigit((int)*cp))
877                         cp++;
```

```
878                     *cp++ ='\0';
879                     i = cp - bp;
880                     len =atoi(contentlen);
881                     break;
882                 } else {
883                     cp++;
884                     i++;
885                 }
886             }
```

[853～870]　如果HTTP请求成功，需要检查IPP状态。搜索整个报文直到找到 Content-Length 属性。HTTP 首部的关键字是大小写敏感的，因此需要同时检查小写和大写字符。如果缓冲区空间耗尽，需要调用 readmore，通过它再调用 realloc 增加缓冲区大小。因为缓冲区地址可能改变，需要调整 cp 指向正确的缓冲区位置。

[871～886]　使用 strncasecmp 函数进行大小写敏感比较。如果找到 Content-Length 属性字符串，就搜索它的值。将数字字符串转换为整数并退出这个 for 循环。如果比较失败，继续逐个字节搜索缓冲区。如果直到缓冲区末尾仍未找到 Content-Length 属性，就从打印机读取更多数据并继续搜索。

840

```
887             if (i >= datsz) { /* get more header */
888                 if ((nr = readmore(sfd, &bp, i, &bufsz)) < 0) {
889                     goto out;
890                 } else {
891                     cp =&bp[i];
892                     datsz += nr;
893                 }
894             }

895             found =0 ;
896             while (!found) { /* look for end of HTTP header */
897                 while (i < datsz - 2) {
898                     if (*cp == '\n' && *(cp + 1) == '\r' &&
899                       *(cp + 2) == '\n') {
900                         found =1 ;
901                         cp += 3;
902                         i += 3;
903                         break;
904                     }
905                     cp++;
906                     i++;
907                 }
908                 if (i >= datsz) { /* get more header */
909                     if ((nr = readmore(sfd, &bp, i, &bufsz)) < 0) {
910                         goto out;
911                     } else {
912                         cp =&bp[i];
913                         datsz += nr;
914                     }
915                 }
916             }

917             if (datsz - i < len) { /* get more header */
918                 if ((nr = readmore(sfd, &bp, i, &bufsz)) < 0) {
919                     goto out;
```

```
920                 } else {
921                     cp =&bp[i];
922                     datsz += nr;
```

[887～916] 现在知道报文的长度了（通过 Content-Length 属性）。如果耗尽缓冲区，那么从打印机再次读取。接下来搜索 HTTP 首部的末尾（空白行）。如果找到了，就设置 found 标志并跳过空白行。无论何时调用 readmore，都要将 cp 设置为与之前指向的缓冲区偏移量相同，以防止重分配时缓冲区地址改变。

[917～922] 如果找到 HTTP 首部的末尾，计算 HTTP 首部所用的字节数。如果读取的值减去 HTTP 首部的大小后不等于 IPP 报文的数据长度（该值从内容长度 Content-Length 中计算），需要读取更多的数据。

841

```
923                 }
924             }

925             memcpy(&h, cp, sizeof) (struct ipp_hdr);
926             i = ntohs(h.status);
927             jobid = ntohl(h.request_id);

928             if (jobid != jp->jobid) {
929                 /*
930                  * Different jobs. Ignore it.
931                  */
932                 log_msg("jobid %d status code %d", jobid, i);
933                 break;
934             }

935             if (STATCLASS_OK(i))
936                 success = 1;
937             break;
938         }
939     }

940   out:
941       free(bp);
942       if (nr < 0) {
943           log_msg("jobid %d: error reading printer response: %s",
944             jobid, strerror(errno));
945       }
946       return(success);
947   }
```

[923～927] 从 IPP 首部中获取状态和作业 ID。两者均以网络字节序的整数形式存储，因此需要调用 ntohs 和 ntohl 将其转换为主机字节序。

[928～939] 如果作业 ID 不匹配，表明并非是对我们请求的响应，那么记录日志并退出外层 while 循环。如果 IPP 状态指示为成功，保存返回值并退出循环。

[940～947] 在退出之前，要释放用来存放响应报文的缓冲区。如果打印请求成功则返回 1，否则失败，返回 0。

842

这里总结本章中这个扩展的例子。本章中的程序在 Xerox Phaser 8560 网络 PostScript 打印机上测试。遗憾的是，当文档格式设置为 text/plain 时，这个打印机并没有禁止它的自动识别格式功能。我们使用了一个小技巧，使得在想要以纯文本格式对待一个文档时，打印机不自动识别文档格式。一种替代的方法是使用诸如 a2ps(1)这样的实用工具将源打印成一个 PostScript 程序。a2ps(1)可以在打印前封装 PostScript 程序。

21.6 小结

本章仔细考查了两个完整的程序：一个打印假脱机守护进程将作业发送到网络打印机和一个命令行程序将打印作业提交到假脱机守护进程。这给我们一个机会，考查在一个实际程序中使用前面章节所讲述的许多特性，如线程、I/O 多路技术、文件 I/O、套接字 I/O 以及信号。

习题

21.1 将 ipp.h 中所列的 IPP 错误码转换成错误消息。然后修改打印假脱机守护进程，当 IPP 首部指示有打印机错误时，在 printer_status 函数结尾处记录日志。

21.2 增强 print 命令和 printd 守护进程，使得用户可以请求双面打印，并支持横向打印和纵向打印。

21.3 修改打印假脱机守护进程，当其开始时，能够联系打印机并找出所支持的特性，这样守护进程就不会请求打印机不支持的选项。

21.4 写一个命令行程序来报告挂起的打印作业状态。

21.5 写一个命令行程序来取消一个挂起的打印作业。使用作业 ID 作为命令参数来指明取消哪个作业。如果防止一个用户取消另一个用户的打印作业？

21.6 在打印假脱机守护进程中支持多个打印机，并包括将一个打印作业从本打印机移到另一个打印机的方式。

21.7 解释为什么在打印机守护进程中，当信号处理线程捕捉到 SIGHUP 并将 reread 设置为 1 时，不需要唤醒打印机线程？

21.8 在 printer_status 函数中，通过查找 HTTP 的 Content-Length 属性搜索 IPP 报文的长度。这一技术在使用块传输编码的打印机上不起作用。在 RFC 2616 中查找块消息是如何格式化的，然后修改 printer_status，使其也能够支持这种形式的响应。

21.9 在 update_jobno 函数中，当下一个作业编号从最大正值回绕到 1 时（参见 get_newjobno），可能会将一个较大的编号改写为一个较小的编号。这可能导致守护进程重启时读到一个错误的编号。对于这一问题是否有简单的解决方法？

843

附录 A 函数原型

本附录包含了正文中说明过的标准 ISO C、POSIX 和 UNIX 系统的函数原型。通常我们想了解的是函数的参数（`fgets` 的哪一个参数是文件指针？）或者返回值（`sprintf` 返回的是指针还是计数值？）。这些函数原型还说明了要包含哪些头文件，以获得特定常量的定义，或获得 ISO C 函数原型，以帮助在编译时进行错误检测。

每个函数原型的引用页号出现在为该函数列出的第一个头文件的右边。引用页号提供的是包含该函数原型的页。为获得该函数原型的附加信息可参阅该页。

某些函数原型仅受本书说明的 4 种平台中某几种的支持。另外，某些平台支持的函数标志在另一些平台上并不提供支持。对于这些情况，我们通常列出提供支持的平台。但是对于有些情况，我们列出了不提供支持的平台。

> 本附录中标注的页码为英文版原书的页码，与书中页边标注的页码对应。

void **abort**(void);
<stdlib.h> p. 365
此函数不返回值

int **accept**(int *sockfd*, struct sockaddr *restrict *addr*,
socklen_t *restrict *len*);
<sys/socket.h> p. 608
返回值：若成功，返回文件（套接字）描述符；若出错则返回-1

845

int **access**(const char *path*, int *mode*);
<unistd.h> p. 102
mode：R_OK、W_OK、X_OK、F_OK
返回值：若成功，返回 0；若出错，返回-1

int **aio_cancel**(int *fd*, struct aiocb *aiocb*);
<aio.h> p. 514
返回值：AIO_ALLDONE、AIO_CANCELED、AIO_NOTCANCELED；若出错，返回-1

int **aio_error**(const struct aiocb *aiocb*);
<aio.h> p. 513
返回值：若操作成功，返回 0；若操作仍在进行中，返回 EINPROGRESS；若操作失败，返回错误码；若出错，返回-1

int **aio_fsync**(int *op*, struct aiocb *aiocb*);
<aio.h> p. 513
返回值：若成功，返回 0；若出错，返回-1

int **aio_read**(struct aiocb *aiocb*);
<aio.h> p. 512
返回值：若成功则，返回 0；若出错则返回-1

ssize_t **aio_return**(const struct aiocb *aiocb*);

<aio.h> p. 513
返回值：异步操作的结果；若出错，返回-1

int **aio_suspend**(const struct aiocb *const list[], int nent,
const struct timespec *timeout);
<aio.h> p. 514
返回值：若成功，返回0；若出错，返回-1

int **aio_write**(struct aiocb *aiocb);
<aio.h> p. 512
返回值：若成功，返回0；若出错，返回-1

unsigned
int **alarm**(unsigned int seconds);
<unistd.h> p. 338
返回值：0或以前设置的闹钟时间的余留秒数

int **atexit**(void (*func)(void));
<stdlib.h> p. 200
返回值：若成功，返回0；若出错，返回非0

846

int **bind**(int sockfd, const struct sockaddr *addr, socklen_t len);
<sys/socket.h> p. 604
返回值：若成功，返回0；若出错，返回-1

void ***calloc**(size_t nobj, size_t size);
<stdlib.h> p. 207
返回值：若成功，返回非空指针；若出错，返回NULL

speed_t **cfgetispeed**(const struct termios *termptr);
<termios.h> p. 692
返回值：返回波特率值

speed_t **cfgetospeed**(const struct termios *termptr);
<termios.h> p. 692
返回值：返回波特率值

int **cfsetispeed**(struct termios *termptr, speed_t speed);
<termios.h> p. 692
返回值：若成功，返回0；若出错，返回-1

int **cfsetospeed**(struct termios *termptr, speed_t speed);
<termios.h> p. 692
返回值：若成功，返回0；若出错，返回-1

int **chdir**(const char *path);
<unistd.h> p. 135
返回值：若成功，返回0；若出错，返回-1

int **chmod**(const char *path, mode_t mode);
<sys/stat.h> p. 106
mode：S_IS[UG]ID、S_ISVTX、
S_I[RWX](USR|GRP|OTH)
返回值：若成功，返回0；若出错，返回-1

int **chown**(const char *path, uid_t owner, gid_t group);
<unistd.h> p. 109
返回值：若成功，返回0；若出错，返回-1

void **clearerr**(FILE *fp);
<stdio.h> p. 151

int **clock_getres**(clockid_t clock_id, struct timespec *tsp);

```
                    <sys/time.h>                                        p. 190
                    clock_id: CLOCK_REALTIME、CLOCK_MONOTONIC、
                              CLOCK_PROCESS_CPUTIME_ID、
                              CLOCK_THREAD_CPUTIME_ID
                    返回值：若成功，返回 0；若出错，返回-1
```

847

```
int             clock_gettime(clockid_t clock_id, struct timespec *tsp);
                    <sys/time.h>                                        p. 189
                    clock_id: CLOCK_REALTIME、CLOCK_MONOTONIC、
                              CLOCK_PROCESS_CPUTIME_ID、
                              CLOCK_THREAD_CPUTIME_ID
                    返回值：若成功，返回 0；若出错，返回-1

int             clock_nanosleep(clockid_t clock_id, int flags,
                      const struct timespec *reqtp,
                      structtimespec *remtp);
                    <time.h>                                            p. 375
                    clock_id: CLOCK_REALTIME、CLOCK_MONOTONIC、
                              CLOCK_PROCESS_CPUTIME_ID、
                              CLOCK_THREAD_CPUTIME_ID
                    flags: TIMER_ABSTIME
                    返回值：若休眠够要求的时间，返回 0；若失败，返回错误码

int             clock_settime(clockid_t clock_id, const struct timespec *tsp);
                    <sys/time.h>                                        p. 190
                    clock_id: CLOCK_REALTIME、CLOCK_MONOTONIC、
                              CLOCK_PROCESS_CPUTIME_ID、
                              CLOCK_THREAD_CPUTIME_ID
                    返回值：若成功，返回 0；若出错，返回-1

int             close(int fd);
                    <unistd.h>                                          p. 66
                    返回值：若成功，返回 0；若出错，返回-1

int             closedir(DIR *dp);
                    <dirent.h>                                          p. 130
                    返回值：若成功，返回 0；若出错，返回-1

void            closelog(void);
                    <syslog.h>                                          p. 470

unsigned
char            *CMSG_DATA(struct cmsghdr *cp);
                    <sys/socket.h>                                      p. 645
                    返回值：一个指针，指向与 cmsghdr 结构相关联的数据

struct
cmsghdr         *CMSG_FIRSTHDR(struct msghdr *mp);
                    <sys/socket.h>                                      p. 645
                    返回值：一个指针，指向与 msghdr 结构相关联的第一个 cmsghdr 结构；若
                          无这样的结构，返回 NULL
```

848

```
unsigned
int             CMSG_LEN(unsigned int nbytes);
                    <sys/socket.h>                                      p. 645
                    返回值：为 nbytes 长的数据对象分配的长度

struct
cmsghdr         *CMSG_NXTHDR(struct msghdr *mp, struct cmsghdr *cp);
                    <sys/socket.h>                                      p. 645
                    返回值：一个指针，指向与msghdr 结构相关联的下一个msghdr 结构，该msghdr
```

结构给出了当前的 cmsghdr 结构；若当前 cmsghdr 结构已是最后一个，返回 NULL

int **connect**(int *sockfd*, const struct sockaddr **addr*, socklen_t *len*);
<sys/socket.h> p. 605
返回值：若成功，返回 0；若出错，返回-1

int **creat**(const char **path*, mode_t *mode*);
<fcntl.h> p. 66
mode：S_IS[UG]ID、S_ISVTX、
S_I[RWX](USR|GRP|OTH)
返回值：若成功，返回为只写打开的文件描述符；若出错，返回-1

char ***ctermid**(char **ptr*);
<stdio.h> p. 694
返回值：若成功，返回指向控制终端名的指针；若出错，返回指向空字符串的指针

int **dprintf**(int *fd*, const char *restrict *format*, ...);
<stdio.h> p. 159
返回值：若成功，返回输出字符数；若输出出错，返回负值

int **dup**(int *fd*);
<unistd.h> p. 79
返回值：若成功，返回新的文件描述符；若出错，返回-1

int **dup2**(int *fd*, int *fd2*);
<unistd.h> p. 79
返回值：若成功，返回新的文件描述符；若出错，返回-1

void **endgrent**(void);
<grp.h> p. 183

849

void **endhostent**(void);
<netdb.h> p. 597

void **endnetent**(void);
<netdb.h> p. 598

void **endprotoent**(void);
<netdb.h> p. 598

void **endpwent**(void);
<pwd.h> p. 180

void **endservent**(void);
<netdb.h> p. 599

void **endspent**(void);
<shadow.h> p. 182
平台：Linux 3.2.0、Solaris 10

int **execl**(const char **path*, const char **arg0*, ... /* (char *) 0 */);
<unistd.h> p. 249
返回值：若出错，返回-1；若成功，不返回

int **execle**(const char **path*, const char **arg0*, ... /* (char *) 0, char *const *envp*[] */);
<unistd.h> p. 249
返回值：若出错，返回-1；若成功，不返回

int **execlp**(const char **filename*, const char **arg0*, ... /* (char *) 0 */);

<unistd.h> p. 249
返回值：若出错，返回-1；若成功，不返回

int **execv**(const char **path*, char *const *argv*[]);
<unistd.h> p. 249
返回值：若出错，返回-1；若成功，不返回

int **execve**(const char **path*, char *const *argv*[], char *const *envp*[]);
<unistd.h> p. 249
返回值：若出错，返回-1；若成功，不返回

int **execvp**(const char **filename*, char *const *argv*[]);
<unistd.h> p. 249
返回值：若出错，返回-1；若成功，不返回

void **_Exit**(int *status*);
<stdlib.h> p. 198
这个函数从不返回

void **_exit**(int *status*);
<unistd.h> p. 198
这个函数从不返回

850

void **exit**(int *status*);
<stdlib.h> p. 198
这个函数从不返回

int **faccessat**(int *fd*, const char **path*, int *mode*, int *flag*);
<unistd.h> p. 102
mode: R_OK、W_OK、X_OK、F_OK
flag: AT_EACCESS
返回值：若成功，返回0；若出错，返回-1

int **fchdir**(int *fd*);
<unistd.h> p. 135
返回值：若成功，返回0；若出错，返回-1

int **fchmod**(int *fd*, mode_t *mode*);
<sys/stat.h> p. 106
mode: S_IS[UG]ID、S_ISVTX、S_I[RWX](USR|GRP|OTH)
返回值：若成功，返回0；若出错，返回-1

int **fchmodat**(int *fd*, const char **path*, mode_t *mode*, int *flag*);
<sys/stat.h> p. 106
mode: S_IS[UG]ID, S_ISVTX, S_I[RWX](USR|GRP|OTH)
flag: AT_SYMLINK_NOFOLLOW
返回值：若成功，返回0；若出错，返回-1

int **fchown**(int *fd*, uid_t *owner*, gid_t *group*);
<unistd.h> p. 109
返回值：若成功，返回0；若出错，返回-1

int **fchownat**(int *fd*, const char **path*, uid_t *owner*, gid_tgroup, int *flag*);
<unistd.h> p. 109
flag: AT_SYMLINK_NOFOLLOW
返回值：若成功，返回0；若出错，返回-1

```
int        fclose(FILE *fp);
                      <stdio.h>                                                p. 150
                      返回值：若成功，返回0；若出错，返回EOF

int        fcntl(int fd, int cmd, ... /* int arg */ );
                      <fcntl.h>                                                p. 82
                      cmd：F_DUPFD、F_DUPFD_CLOEXEC、F_GETFD、
                           F_SETFD、F_GETFL、F_SETFL、F_GETOWN、
                           F_SETOWN、F_GETLK、F_SETLK、F_SETLKW
                      返回值：若成功，依赖于cmd；若出错，返回-1

int        fdatasync(int fd);
                      <unistd.h>                                               p. 81
                      返回值：若成功，返回0；若出错，返回-1
                      平台：Linux 3.2.0、Solaris 10

void       FD_CLR(int fd, fd_set *fdset);
                      <sys/select.h>                                           p. 503

int        FD_ISSET(int fd, fd_set *fdset);
                      <sys/select.h>                                           p. 503
                      返回值：若fd在描述符集中，返回非0值；否则，返回0

FILE       *fdopen(int fd, const char *type);
                      <stdio.h>                                                p. 148
                      type："r"、"w"、"a"、"r+"、"w+"、"a+"
                      返回值：若成功，返回文件指针；若出错，返回NULL

DIR        *fdopendir(int fd);
                      <dirent.h>                                               p. 130
                      返回值：若成功，返回指针；若出错，返回NULL

void       FD_SET(int fd, fd_set *fdset);
                      <sys/select.h>                                           p. 503

void       FD_ZERO(fd_set *fdset);
                      <sys/select.h>                                           p. 503

int        feof(FILE *fp);
                      <stdio.h>                                                p. 151
                      返回值：若到达流的文件尾端，返回非0（真）；否则，返回0（假）

int        ferror(FILE *fp);
                      <stdio.h>                                                p. 151
                      返回值：若流出错，返回非0（真）；否则，返回0（假）

int        fexecve(int fd, char *const argv[], char *const envp[]);
                      <unistd.h>                                               p. 249
                      返回值：若出错，返回-1；若成功，不返回值

int        fflush(FILE *fp);
                      <stdio.h>                                                p. 147
                      返回值：若成功，返回0；若出错，返回EOF

int        fgetc(FILE *fp);
                      <stdio.h>                                                p. 150
                      返回值：若成功，返回下一个字符；若已到达文件尾端或出错，返回EOF

int        fgetpos(FILE *restrict fp, fpos_t *restrict pos);
                      <stdio.h>                                                p. 158
                      返回值：若成功，返回0；若出错，返回非0

char       *fgets(char *restrict buf, int n, FILE *restrict fp);
```

851
852

```
                          <stdio.h>                                                      p. 152
                          返回值：若成功，返回 buf；若已到达文件尾端或出错，返回 NULL

int         fileno(FILE *fp);
                          <stdio.h>                                                      p. 164
                          返回值：与该流相关联的文件描述符；若出错，返回-1

void        flockfile(FILE *fp);
                          <stdio.h>                                                      p. 443

FILE        *fmemopen(void *restrict buf, size_t size,
                    const char *restrict type);
                          <stdio.h>                                                      p. 171
                          type："r"、"w"、"a"、"r+"、"w+"、"a+"
                          返回值：若成功，返回流指针；若错误，返回 NULL

FILE        *fopen(const char *restrict path, const char *restrict type);
                          <stdio.h>                                                      p. 148
                          type："r"、"w"、"a"、"r+"、"w+"、"a+"
                          返回值：若成功，返回文件指针；若出错，返回 NULL

pid_t       fork(void);
                          <unistd.h>                                                     p. 229
                          返回值：若在子进程中，返回0；若在父进程中，返回子进程ID；若出错，返回-1

long        fpathconf(int fd, int name);
                          <unistd.h>                                                     p. 42
                          name：_PC_ASYNC_IO、_PC_CHOWN_RESTRICTED、
                                _PC_FILESIZEBITS、_PC_LINK_MAX、
                                _PC_MAX_CANON、_PC_MAX_INPUT、
                                _PC_NAME_MAX、_PC_NO_TRUNC、_PC_PATH_MAX、
                                _PC_PIPE_BUF、_PC_PRIO_IO、_PC_SYMLINK_MAX、
                                _PC_SYNC_IO、_PC_TIMESTAMP_RESOLUTION、
                                _PC_2_SYMLINKS、_PC_VDISABLE
                          返回值：若成功，返回相应值；若出错，返回-1
```

853

```
int         fprintf(FILE *restrict fp, const char *restrict format, ...);
                          <stdio.h>                                                      p. 159
                          返回值：若成功，返回输出字符数；若输出出错，返回负值

int         fputc(int c, FILE *fp);
                          <stdio.h>                                                      p. 152
                          返回值：若成功，返回 c；若出错，返回 EOF

int         fputs(const char *restrict str, FILE *restrict fp);
                          <stdio.h>                                                      p. 153
                          返回值：若成功，返回非负值；若出错，返回 EOF

size_t      fread(void *restrict ptr, size_t size, size_t nobj,
                  FILE *restrict fp);
                          <stdio.h>                                                      p. 156
                          返回值：读的对象数

void        free(void *ptr);
                          <stdlib.h>                                                     p. 207

void        freeaddrinfo(struct addrinfo *ai);
                          <sys/socket.h>                                                 p. 599
                          <netdb.h>

FILE        *freopen(const char *restrict path, const char *restrict type, FILE *restrict fp);
                          <stdio.h>                                                      p. 148
```

type: "r"、"w"、"a"、"r+"、"w+"、"a+"
返回值：若成功，返回文件指针；若出错，返回 NULL

int fscanf(FILE *restrict fp, const char *restrict format, ...);
<stdio.h> p. 162
返回值：赋值的输入项数；若输入出错或在任一转换前已到达文件尾端，返回 EOF

int fseek(FILE *fp, long offset, int whence);
<stdio.h> p. 158
whence：SEEK_SET、SEEK_CUR、SEEK_END
返回值：若成功，返回 0；若出错，返回-1

int fseeko(FILE *fp, off_t offset, int whence);
<stdio.h> p. 158
whence：SEEK_SET、SEEK_CUR、SEEK_END
返回值：若成功，返回 0；若出错，返回-1

854

int fsetpos(FILE *fp, const fpos_t *pos);
<stdio.h> p. 158
返回值：若成功，返回 0；若出错，返回非 0

int fstat(int fd, struct stat *buf);
<sys/stat.h> p. 93
返回值：若成功，返回 0；若出错，返回非-1

int fstatat(int fd, const char *restrict path,
struct stat *restrict buf, int flag);
<sys/stat.h> p. 93
flag：AT_SYMLINK_NOFOLLOW
返回值：若成功；返回 0；若出错，返回-1

int fsync(int fd);
<unistd.h> p. 81
返回值：若成功，返回 0；若出错则返回-1

long ftell(FILE *fp);
<stdio.h> p. 158
返回值：若成功，返回当前文件位置指示器；若出错，返回-1L

off_t ftello(FILE *fp);
<stdio.h> p. 158
返回值：若成功，返回当前文件位置指示器；若出错，返回(off_t)-1

key_t ftok(const char *path, int id);
<sys/ipc.h> p. 557
返回值：若成功，返回键；若出错，返回(key_t)-1

int ftruncate(int fd, off_t length);
<unistd.h> p. 112
返回值：若成功，返回 0；若出错，返回-1

int ftrylockfile(FILE *fp);
<stdio.h> p. 443
返回值：若成功，返回 0；若不能获取锁，返回非 0 数值

void funlockfile(FILE *fp);
<stdio.h> p. 443

int futimens(int fd, const struct timespec times[2]);
<sys/stat.h> p. 126
返回值：若成功，返回 0；若出错，返回-1

855

int fwide(FILE *fp, int mode);

<stdio.h> p. 144
<wchar.h>
返回值：若流是宽定向的，返回正值；若流是字节定向的，返回负值；若流是未定向的，返回 0

size_t **fwrite**(const void *restrict *ptr*, size_t *size*, size_t *nobj*,
FILE *restrict *fp*);
<stdio.h> p. 156
返回值：写的对象数

const
char ***gai_strerror**(int *error*);
<netdb.h> p. 600
返回值：指向描述错误的字符串的指针

int **getaddrinfo**(const char *restrict *host*, const char *restrict *service*,
const struct addrinfo *restrict *hint*,
struct addrinfo **restrict *res*);
<sys/socket.h> p. 599
<netdb.h>
返回值：若成功，返回 0；若出错，返回非 0 错误码

int **getc**(FILE **fp*);
<stdio.h> p. 150
返回值：若成功，返回下一个字符；若已到达文件尾端或出错，返回 EOF

int **getchar**(void);
<stdio.h> p. 150
返回值：若成功，返回下一个字符；若已到达文件尾端或出错，返回 EOF

int **getchar_unlocked**(void);
<stdio.h> p. 444
返回值：若成功，返回下一个字符；若已到达文件尾或者出错，返回 EOF

int **getc_unlocked**(FILE **fp*);
<stdio.h> p. 444
返回值：若成功，返回下一个字符；若已到达文件尾或者出错，返回 EOF

char ***getcwd**(char **buf*, size_t *size*);
<unistd.h> p. 136
返回值：若成功，返回 *buf*；若出错，返回 NULL

gid_t **getegid**(void);
<unistd.h> p. 228
返回值：调用进程的有效组 ID

856

char ***getenv**(const char **name*);
<stdlib.h> p. 210
返回值：指向与 *name* 关联的 *value* 的指针；若未找到，返回 NULL

uid_t **geteuid**(void);
<unistd.h> p. 228
返回值：调用进程的有效用户 ID

gid_t **getgid**(void);
<unistd.h> p. 228
返回值：调用进程的实际组 ID

struct
group ***getgrent**(void);
<grp.h> p. 183
返回值：若成功，返回指针；若出错或到达文件尾端，返回 NULL

```
struct
group       *getgrgid(gid_t gid);
                 <grp.h>                                         p. 182
                 返回值：若成功，返回指针；若出错，返回 NULL

struct
group       *getgrnam(const char *name);
                 <grp.h>                                         p. 182
                 返回值：若成功，返回指针；若出错，返回 NULL

int         getgroups(int gidsetsize, gid_t grouplist[]);
                 <unistd.h>                                      p. 184
                 返回值：若成功，返回附属组 ID 数量；若出错，返回-1

struct
hostent     *gethostent(void);
                 <netdb.h>                                       p. 597
                 返回值：若成功，返回指针；若出错，返回 NULL

int         gethostname(char *name, int namelen);
                 <unistd.h>                                      p. 188
                 返回值：若成功，返回 0；若出错，返回-1

char        *getlogin(void);
                 <unistd.h>                                      p. 275
                 返回值：若成功，返回指向登录名字符串的指针；若出错，返回 NULL

int         getnameinfo(const struct sockaddr *restrict addr,
                 socklen_t alen, char *restrict host,
                 socklen_t hostlen, char *restrict service,
                 socklen_t servlen, unsigned int flags);
                 <sys/socket.h>                                  p. 600
                 <netdb.h>
                 flags: NI_DGRAM、NI_NAMEREQD、NI_NOFQDN、
                     NI_NUMERICHOST、NI_NUMERICSCOPE、
                     NI_NUMERICSERV
                 返回值：若成功，返回 0；若出错，返回非 0 值

struct
netent      *getnetbyaddr(uint32_t net, int type);
                 <netdb.h>                                       p. 598
                 返回值：若成功，返回指针；若出错，返回 NULL

struct
netent      *getnetbyname(const char *name);
                 <netdb.h>                                       p. 598
                 返回值：若成功，返回指针；若出错，返回 NULL

struct
netent      *getnetent(void);
                 <netdb.h>                                       p. 598
                 返回值：若成功，返回指针；若出错，返回 NULL

int         getopt(int argc, char * const argv[], const char *options);
                 <fcntl.h>                                       p. 662
                 extern int opterr, optind, optopt;
                 extern char *optarg;
                 返回值：下一个选项字符；若所有选项被处理完，返回-1

int         getpeername(int sockfd, struct sockaddr *restrict addr,
                 socklen_t *restrict alenp);
```

857

```
                                <sys/socket.h>                                              p. 605
                                返回值：若成功，返回0；若出错，返回-1

pid_t           getpgid(pid_t pid);
                                <unistd.h>                                                  p. 294
                                返回值：若成功，返回进程组ID；若出错，返回-1

pid_t           getpgrp(void);
                                <unistd.h>                                                  p. 293
                                返回值：调用进程的进程组ID

pid_t           getpid(void);
                                <unistd.h>                                                  p. 228
                                返回值：调用进程的进程ID

pid_t           getppid(void);
                                <unistd.h>                                                  p. 228
                                返回值：调用进程的父进程ID

int             getpriority(int which, id_t who);
                                <sys/resource.h>                                            p. 277
                                which：PRIO_PROCESS、PRIO_PGRP、PRIO_USER
                                返回值：若成功，返回-NZERO～NZERO-1的友好值；若出错，返回-1

struct
protoent        *getprotobyname(const char *name);
                                <netdb.h>                                                   p. 598
                                返回值：若成功，返回指针；若出错，返回NULL

struct
protoent        *getprotobynumber(int proto);
                                <netdb.h>                                                   p. 598
                                返回值：若成功，返回指针；若出错，返回NULL

struct
protoent        *getprotoent(void);
                                <netdb.h>                                                   p. 598
                                返回值：若成功，返回指针；若出错，返回NULL

struct
passwd          *getpwent(void);
                                <pwd.h>                                                     p. 180
                                返回值：若成功，返回指针；若出错或到达文件尾端，返回NULL

struct
passwd          *getpwnam(const char *name);
                                <pwd.h>                                                     p. 179
                                返回值：若成功，返回指针；若出错，返回NULL

struct
passwd          *getpwuid(uid_t uid);
                                <pwd.h>                                                     p. 179
                                返回值：若成功，返回指针；若出错，返回NULL

int             getrlimit(int resource, struct rlimit *rlptr);
                                <sys/resource.h>                                            p. 220
                                resource：RLIMIT_CORE, RLIMIT_CPU,
                                          RLIMIT_DATA, RLIMIT_FSIZE,
                                          RLIMIT_NOFILE, RLIMIT_STACK,
                                          RLIMIT_AS（FreeBSD 8.0、Linux 3.2.0、
                                                          Solaris 10），
                                          RLIMIT_MEMLOCK（FreeBSD 8.0、Linux 3.2.0、
```

858
859

```
                                        Mac OS X 10.6.8），
                              RLIMIT_MSGQUEUE（Linux 3.2.0），
                              RLIMIT_NICE（Linux 3.2.0），
                              RLIMIT_NPROC（FreeBSD 8.0、Linux 3.2.0、
                                           Mac OS X 10.6.8），
                              RLIMIT_NPTS（FreeBSD 8.0），
                              RLIMIT_RSS（FreeBSD 8.0、Linux 3.2.0、
                                         Mac OS X 10.6.8），
                              RLIMIT_SBSIZE（FreeBSD 8.0），
                              RLIMIT_SIGPENDING（Linux 3.2.0），
                              RLIMIT_SWAP（FreeBSD 8.0），
                              RLIMIT_VMEM（Solaris 10）
                    返回值：若成功，返回 0；若出错，返回-1

char        *gets(char *buf);
                    <stdio.h>                                              p. 152
                    返回值：若成功，返回 buf；若已到达文件尾端或出错，返回 NULL

struct
servent     *getservbyname(const char *name, const char *proto);
                    <netdb.h>                                              p. 599
                    返回值：若成功，返回指针；若出错，返回 NULL

struct
servent     *getservbyport(int port, const char *proto);
                    <netdb.h>                                              p. 599
                    返回值：若成功，返回指针；若出错，返回 NULL

struct
servent     *getservent(void);
                    <netdb.h>                                              p. 599
                    返回值：若成功，返回指针；若出错，返回 NULL

pid_t       getsid(pid_t pid);
                    <unistd.h>                                             p. 296
                    返回值：若成功，返回会话首进程的进程组 ID；若出错，返回-1

int         getsockname(int sockfd, struct sockaddr *restrict addr,
                   socklen_t *restrict alenp);
                    <sys/socket.h>                                         p. 605
                    返回值：若成功，返回 0；若出错，返回-1

int         getsockopt(int sockfd, int level, int option, void *restrict val,
                  socklen_t *restrict lenp);
                    <sys/socket.h>                                         p. 624
                    返回值：若成功，返回 0；若出错，返回-1

struct
spwd        *getspent(void);
                    <shadow.h>                                             p. 182
                    返回值：若成功，返回指针；若出错，返回 NULL
                    平台：Linux 3.2.0、Solaris 10

struct
spwd        *getspnam(const char *name);
                    <shadow.h>                                             p. 182
                    返回值：若成功，返回指针；若出错，返回 NULL
                    平台：Linux 3.2.0、Solaris 10

int         gettimeofday(struct timeval *restrict tp,
                    void *restrict tzp);
```

860

```
                    <sys/time.h>                                         p. 190
                    返回值：总是返回 0

uid_t        getuid(void);
                    <unistd.h>                                           p. 228
                    返回值：调用进程的实际用户 ID

struct
tm           *gmtime(const time_t *calptr);
                    <time.h>                                             p. 192
                    返回值：指向分解的 tm 结构的指针；若出错，返回 NULL

int          grantpt(int fd);
                    <stdlib.h>                                           p. 723
                    返回值：若成功，返回 0；若出错，返回-1

uint32_t     htonl(uint32_t hostint32);
                    <arpa/inet.h>                                        p. 594
                    返回值：以网络字节序表示的 32 位整数

uint16_t     htons(uint16_t hostint16);
                    <arpa/inet.h>                                        p. 594
                    返回值：以网络字节序表示的 16 位整数

const
char         *inet_ntop(int domain, const void *restrict addr,
                   char *restrict str, socklen_t size);
                    <arpa/inet.h>                                        p. 596
                    返回值：若成功，返回地址字符串指针；若出错，返回 NULL

int          inet_pton(int domain, const char *restrict str,
                  void *restrict addr);
                    <arpa/inet.h>                                        p. 596
                    返回值：若成功，返回 1；若格式无效，返回 0；若出错，返回-1

int          initgroups(const char *username, gid_t basegid);
                    <grp.h>     /* Linux & Solaris */                    p. 184
                    <unistd.h> /* FreeBSD & Mac OS X */
                    返回值：若成功，返回 0；若出错，返回-1

int          ioctl(int fd, int request, ...);
                    <unistd.h>     /* System V */                        p. 87
                    <sys/ioctl.h> /* BSD and Linux */
                    返回值：若出错，返回-1；若成功，返回其他值

int          isatty(int fd);
                    <unistd.h>                                           p. 695
                    返回值：若为终端设备，返回 1（真）；否则，返回 0（假）

int          kill(pid_t pid, int signo);
                    <signal.h>                                           p. 337
                    返回值：若成功，返回 0；若出错，返回-1

int          lchown(const char *path, uid_t owner, gid_t group);
                    <unistd.h>                                           p. 109
                    返回值：若成功，返回 0；若出错，返回-1

int          link(const char *existingpath, const char *newpath);
                    <unistd.h>                                           p. 116
                    返回值：若成功，返回 0；若出错，返回-1

int          linkat(int efd, const char *existingpath, int nfd,
                 const char *newpath, int flag);
```

861

<unistd.h> p. 116
862
flag: AT_SYMLINK_NOFOLLOW
返回值：若成功，返回0；若出错，返回-1

int lio_listio(int mode, struct aiocb *restrict const list[restrict],
int nent, struct sigevent *restrict sigev);
<aio.h> p. 515
mode: LIO_NOWAIT、LIO_WAIT
返回值：若成功，返回0；若出错，返回-1

int listen(int sockfd, int backlog);
<sys/socket.h> p. 608
返回值：若成功，返回0；若出错，返回-1

struct
tm *localtime(const time_t *calptr);
<time.h> p. 192
返回值：指向分解的tm结构的指针；若出错，返回NULL

void longjmp(jmp_buf env, int val);
<setjmp.h> p. 215
这个函数不返回

off_t lseek(int fd, off_t offset, int whence);
<unistd.h> p. 67
whence: SEEK_SET、SEEK_CUR、SEEK_END
返回值：若成功，返回新的文件偏移量；若出错，返回-1

int lstat(const char *restrict path, struct stat *restrict buf);
<sys/stat.h> p. 93
返回值：若成功，返回0；若出错，返回-1

void *malloc(size_t size);
<stdlib.h> p. 207
返回值：若成功，返回非空指针；若出错，返回NULL

int mkdir(const char *path, mode_t mode);
<sys/stat.h> p. 129
mode: S_IS[UG]ID、S_ISVTX、
S_I[RWX](USR|GRP|OTH)
返回值：若成功，返回0；若出错，返回-1

int mkdirat(int fd, const char *path, mode_t mode);
<sys/stat.h> p. 129
mode: S_IS[UG]ID、S_ISVTX、
S_I[RWX](USR|GRP|OTH)
863
返回值：若成功，返回0；若出错，返回-1

char *mkdtemp(char *template);
<stdlib.h> p. 169
返回值：若成功，返回指向目录名的指针；若出错，返回NULL

int mkfifo(const char *path, mode_t mode);
<sys/stat.h> p. 553
mode: S_IS[UG]ID、S_ISVTX、
S_I[RWX](USR|GRP|OTH)
返回值：若成功，返回0；若出错，返回-1

int mkfifoat(int fd, const char *path, mode_t mode);
<sys/stat.h> p. 553
mode: S_IS[UG]ID、S_ISVTX、
S_I[RWX](USR|GRP|OTH)

返回值：若成功，返回 0；若出错，返回-1

int　**mkstemp**(char **template*);
<stdlib.h>　p. 169
返回值：若成功，返回文件描述符；若出错，返回-1

time_t　**mktime**(struct tm **tmptr*);
<time.h>　p. 192
返回值：若成功，返回日历时间；若出错，返回-1

void　***mmap**(void **addr*, size_t *len*, int *prot*, int *flag*, int *fd*, off_t *off*);
<sys/mman.h>　p. 525
prot：PROT_READ、PROT_WRITE、PROT_EXEC、PROT_NONE
flag：MAP_FIXED、MAP_SHARED、MAP_PRIVATE
返回值：若成功，返回映射区的起始地址；若出错，返回 MAP_FAILED

int　**mprotect**(void **addr*, size_t *len*, int *prot*);
<sys/mman.h>　p. 527
返回值：若成功，返回 0；若出错，返回-1

int　**msgctl**(int *msqid*, int *cmd*, struct msqid_ds **buf*);
<sys/msg.h>　p. 562
cmd：IPC_STAT、IPC_SET、IPC_RMID
返回值：若成功，返回 0，若出错，返回-1

int　**msgget**(key_t *key*, int *flag*);
<sys/msg.h>　p. 562
flag：IPC_CREAT、IPC_EXCL
返回值：若成功，返回消息队列 ID；若出错，返回-1

864

ssize_t　**msgrcv**(int *msqid*, void **ptr*, size_t *nbytes*, long *type*, int *flag*);
<sys/msg.h>　p. 564
flag：IPC_NOWAIT、MSG_NOERROR
返回值：若成功，返回消息数据部分的长度；若出错，返回-1

int　**msgsnd**(int *msqid*, const void **ptr*, size_t *nbytes*, int *flag*);
<sys/msg.h>　p. 563
flag：IPC_NOWAIT
返回值：若成功，返回 0；若出错，返回-1

int　**msync**(void **addr*, size_t *len*, int *flags*);
<sys/mman.h>　p. 528
flag：MS_ASYNC、MS_INVALIDATE、MS_SYNC
返回值：若成功，返回 0；若出错，返回-1

int　**munmap**(void **addr*, size_t *len*);
<sys/mman.h>　p. 528
返回值：若成功，返回 0；若出错，返回-1

int　**nanosleep**(const struct timespec **reqtp*, struct timespec **remtp*);
<time.h>　p. 374
返回值：若休眠够要求的时间，返回 0；若出错，返回-1

int　**nice**(int *incr*);
<unistd.h>　p. 276
返回值：若成功，返回新的友好值减掉 NZERO；若出错，返回-1

uint32_t　**ntohl**(uint32_t *netint32*);
<arpa/inet.h>　p. 594
返回值：以主机字节序表示的 32 位整数

uint16_t **ntohs**(uint16_t *netint16*);
<arpa/inet.h> p. 594
返回值：以主机字节序表示的 16 位整数

int **open**(const char **path*, int *oflag*, ... /* mode_t *mode* */);
<fcntl.h> p. 62
oflag：O_RDONLY、O_WRONLY、O_RDWR、O_EXEC、
O_SEARCH;
O_APPEND、O_CLOEXEC、O_CREAT、
O_DIRECTORY、O_DSYNC、O_EXCL、
O_NOCTTY、O_NOFOLLOW、O_NONBLOCK、
O_RSYNC、O_SYNC、O_TRUNC、O_TTY_INIT
mode：S_IS[UG]ID、S_ISVTX、
S_I[RWX](USR|GRP|OTH)
返回值：若成功，返回文件描述符；若出错，返回-1
平台：在 FreeBSD 8.0 和 Mac OS X 10.6.8 中还有一个 O_FSYNC 标志

865

int **openat**(int *fd*, const char **path*, int *oflag*, ...
/* mode_t *mode* */);
<fcntl.h> p. 62
oflag：O_RDONLY、O_WRONLY、O_RDWR、O_EXEC、
O_SEARCH;
O_APPEND、O_CLOEXEC、O_CREAT、
O_DIRECTORY、O_DSYNC、O_EXCL、
O_NOCTTY、O_NOFOLLOW、O_NONBLOCK、
O_RSYNC、O_SYNC、O_TRUNC、O_TTY_INIT
mode：S_IS[UG]ID、S_ISVTX、
S_I[RWX](USR|GRP|OTH)
返回值：若成功，返回文件描述符；若出错，返回-1
平台：在 FreeBSD 8.0 和 Mac OS X 10.6.8 中还有一个 O_FSYNC 标志

DIR ***opendir**(const char **path*);
<dirent.h> p. 130
返回值：若成功，返回指针；若出错，返回 NULL

void **openlog**(const char **ident*, int *option*, int *facility*);
<syslog.h> p. 470
option：LOG_CONS、LOG_NDELAY、LOG_NOWAIT、
LOG_ODELAY、LOG_PERROR、LOG_PID
facility：LOG_AUTH、LOG_AUTHPRIV、LOG_CRON、
LOG_DAEMON、LOG_FTP、LOG_KERN、
LOG_LOCAL[0-7]、LOG_LPR、LOG_MAIL、
LOG_NEWS、LOG_SYSLOG、LOG_USER、LOG_UUCP

FILE ***open_memstream**(char ***bufp*, size_t **sizep*);
<stdio.h> p. 173
返回值：若成功，返回流指针；若出错，返回 NULL

FILE ***open_wmemstream**(wchar_t ***bufp*, size_t **sizep*);
<wchar.h> p. 173
返回值：若成功，返回流指针；若出错，返回 NULL

long **pathconf**(const char **path*, int *name*);
<unistd.h> p. 42
name：_PC_ASYNC_IO、_PC_CHOWN_RESTRICTED、
_PC_FILESIZEBITS、_PC_LINK_MAX、
_PC_MAX_CANON、_PC_MAX_INPUT、
_PC_NAME_MAX、_PC_NO_TRUNC、_PC_PATH_MAX、
_PC_PIPE_BUF、_PC_PRIO_IO、_PC_SYMLINK_MAX、

_PC_SYNC_IO、_PC_TIMESTAMP_RESOLUTION、
_PC_2_SYMLINKS、_PC_VDISABLE
返回值：若成功，返回相应值；若出错，返回-1

int　**pause**(void);
<unistd.h>　p. 338
返回值：-1，errno 设置为 EINTR

866

int　**pclose**(FILE *fp);
<stdio.h>　p. 541
返回值：若成功，返回 popen 函数中 *cmdstring* 的终止状态；若出错，返回-1

void　**perror**(const char *msg);
<stdio.h>　p. 15

int　**pipe**(int *fd*[2]);
<unistd.h>　p. 535
返回值：若成功，返回 0；若出错，返回-1

int　**poll**(struct pollfd *fdarray*[], nfds_t *nfds*, int *timeout*);
<poll.h>　p. 506
返回值：准备就绪的描述符数；若超时，返回 0；若出错，返回-1

FILE　***popen**(const char *cmdstring, const char *type);
<stdio.h>　p. 541
type："r"，"w"
返回值：若成功，返回文件指针；若出错，返回 NULL

int　**posix_openpt**(int *oflag*);
<stdlib.h>　p. 722
<fcntl.h>
oflag：O_RWDR、O_NOCTTY
返回值：若成功，返回下一个可用的 PTY 主设备文件描述符；若出错，返回-1

ssize_t　**pread**(int *fd*, void *buf, size_t *nbytes*, off_t *offset*);
<unistd.h>　p. 78
返回值：读到的字节数；若已到达文件尾端，返回 0；若出错，返回-1

int　**printf**(const char *restrict *format*, ...);
<stdio.h>　p. 159
返回值：若成功，返回输出字符数；若输出出错，返回负值

int　**pselect**(int *maxfdp1*, fd_set *restrict readfds,
fd_set *restrict writefds, fd_set *restrict exceptfds,
const struct timespec *restrict tsptr,
const sigset_t *restrict sigmask);
<sys/select.h>　p. 506
返回值：准备就绪的描述符数；若超时，返回 0；若出错，返回-1

void　**psiginfo**(const siginfo_t *info, const char *msg);
<signal.h>　p. 379

867

void　**psignal**(int *signo*, const char *msg);
<signal.h>　p. 379
<siginfo.h> /* on Solaris */

int　**pthread_atfork**(void (*prepare)(void), void (*parent)(void),
void (*child)(void));
<pthread.h>　p. 458
返回值：若成功，返回 0；否则，返回错误编号

int　**pthread_attr_destroy**(pthread_attr_t *attr);
<pthread.h>　p. 427

返回值：若成功，返回0；否则，返回错误编号

```
int  pthread_attr_getdetachstate(const pthread_attr_t *attr,
                                 int *detachstate);
        <pthread.h>                                          p. 428
```
返回值：若成功，返回0；否则，返回错误编号

```
int  pthread_attr_getguardsize(const pthread_attr_t
                               *restrict attr,
                               size_t *restrict guardsize);
        <pthread.h>                                          p. 430
```
返回值：若成功，返回0；否则，返回错误编号

```
int  pthread_attr_getstack(const pthread_attr_t *restrict attr,
                           void **restrict stackaddr,
                           size_t *restrict stacksize);
        <pthread.h>                                          p. 429
```
返回值：若成功，返回0；否则，返回错误编号

```
int  pthread_attr_getstacksize(const pthread_attr_t
                               *restrict attr,
                               size_t *restrict stacksize);
        <pthread.h>                                          p. 430
```
返回值：若成功，返回0；否则，返回错误编号

```
int  pthread_attr_init(pthread_attr_t *attr);
        <pthread.h>                                          p. 427
```
返回值：若成功，返回0；否则，返回错误编号

```
int  pthread_attr_setdetachstate(pthread_attr_t *attr,
                                 int detachstate);
        <pthread.h>                                          p. 428
```
detachstate：PTHREAD_CREATE_DETACHED、PTHREAD_CREATE_JOINABLE

返回值：若成功，返回0；否则，返回错误编号

868

```
int  pthread_attr_setguardsize(pthread_attr_t *attr,
                               size_t guardsize);
        <pthread.h>                                          p. 430
```
返回值：若成功，返回0；否则，返回错误编号

```
int  pthread_attr_setstack(const pthread_attr_t *attr,
                           void *stackaddr, size_t *stacksize);
        <pthread.h>                                          p. 429
```
返回值：若成功，返回0；否则，返回错误编号

```
int  pthread_attr_setstacksize(pthread_attr_t *attr,
                               size_t stacksize);
        <pthread.h>                                          p. 430
```
返回值：若成功，返回0；否则，返回错误编号

```
int  pthread_barrierattr_destroy(pthread_barrierattr_t *attr);
        <pthread.h>                                          p. 441
```
返回值：若成功，返回0；否则，返回错误编号

```
int  pthread_barrierattr_getpshared(const pthread_barrierattr_t
                                    *restrict attr,
                                    int *restrict pshared);
        <pthread.h>                                          p. 441
```
返回值：若成功，返回0；否则，返回错误编号

```
int  pthread_barrierattr_init(pthread_barrierattr_t *attr);
```

```
                         <pthread.h>                                          p. 441
                         返回值：若成功，返回0；否则，返回错误编号

int      pthread_barrierattr_setpshared(pthread_barrierattr_t *attr,
                                        int pshared);
                         <pthread.h>                                          p. 441
                         pshared: PTHREAD_PROCESS_PRIVATE、
                                  PTHREAD_PROCESS_SHARED
                         返回值：若成功，返回0；否则，返回错误编号

int      pthread_barrier_destroy(pthread_barrier_t *barrier);
                         <pthread.h>                                          p. 418
                         返回值：若成功，返回0；否则，返回错误编号

int      pthread_barrier_init(pthread_barrier_t *restrict barrier,
                              constpthread_barrierattr_t
                                *restrict attr,
                              unsigned int count);
                         <pthread.h>                                          p. 418
                         返回值：若成功，返回0；否则，返回错误编号

int      pthread_barrier_wait(pthread_barrier_t *barrier);
                         <pthread.h>                                          p. 419
                         返回值：若成功，返回0或者 PTHREAD_BARRIER_SERIAL_THREAD;
                                 否则，返回错误编号

int      pthread_cancel(pthread_t tid);
                         <pthread.h>                                          p. 393
                         返回值：若成功，返回0；否则，返回错误编号

Void     pthread_cleanup_pop(int execute);
                         <pthread.h>                                          p. 394

void  pthread_cleanup_push(void (*rtn)(void *), void *arg);
                         <pthread.h>                                          p. 394

int      pthread_condattr_destroy(pthread_condattr_t *attr);
                         <pthread.h>                                          p. 440
                         返回值：若成功，返回0；否则，返回错误编号

int      pthread_condattr_getclock(const pthread_condattr_t
                                     *restrict attr,
                                   clockid_t *restrict clock_id);
                         <pthread.h>                                          p. 441
                         返回值：若成功，返回0；否则，返回错误编号

int      pthread_condattr_getpshared(const pthread_condattr_t
                                       *restrict attr,
                                     int *restrict pshared);
                         <pthread.h>                                          p. 440
                         返回值：若成功，返回0；否则，返回错误编号

int      pthread_condattr_init(pthread_condattr_t *attr);
                         <pthread.h>                                          p. 440
                         返回值：若成功，返回0；否则，返回错误编号

int      pthread_condattr_setclock(pthread_condattr_t *attr,
                                   clockid_t clock_id);
                         <pthread.h>                                          p. 441
                         返回值：若成功，返回0；否则，返回错误编号

int      pthread_condattr_setpshared(pthread_condattr_t *attr,
```

869

int pshared);
<pthread.h> p. 440
pshared: PTHREAD_PROCESS_PRIVATE、PTHREAD_PROCESS_SHARED
返回值：若成功，返回0；否则，返回错误编号

870

int pthread_cond_broadcast(pthread_cond_t *cond);
<pthread.h> p. 415
返回值：若成功，返回0；否则，返回错误编号

int pthread_cond_destroy(pthread_cond_t *cond);
<pthread.h> p. 414
返回值：若成功，返回0；否则，返回错误编号

int pthread_cond_init(pthread_cond_t *restrict cond,
const pthread_condattr_t *restrict attr);
<pthread.h> p. 414
返回值：若成功，返回0；否则，返回错误编号

int pthread_cond_signal(pthread_cond_t *cond);
<pthread.h> p. 415
返回值：若成功，返回0；否则，返回错误编号

int pthread_cond_timedwait(pthread_cond_t *restrict cond,
pthread_mutex_t *restrict mutex,
const struct timespec
*restrict timeout);
<pthread.h> p. 414
返回值：若成功，返回0；否则，返回错误编号

int pthread_cond_wait(pthread_cond_t *restrict cond,
pthread_mutex_t *restrict mutex);
<pthread.h> p. 414
返回值：若成功，返回0；否则，返回错误编号

int pthread_create(pthread_t *restrict tidp,
const pthread_attr_t *restrict attr,
void *(*start_rtn)(void *),
void *restrict arg);
<pthread.h> p. 385
返回值：若成功，返回0；否则，返回错误编号

int pthread_detach(pthread_t tid);
<pthread.h> p. 397
返回值：若成功，返回0；否则，返回错误编号

int pthread_equal(pthread_t tid1, pthread_t tid2);
<pthread.h> p. 385
返回值：若相等，返回非0数值；否则，返回0

void pthread_exit(void *rval_ptr);
<pthread.h> p. 389

871

void *pthread_getspecific(pthread_key_t key);
<pthread.h> p. 449
返回值：线程特定数据值；若没有值与该键关联，返回NULL

int pthread_join(pthread_t thread, void **rval_ptr);
<pthread.h> p. 389
返回值：若成功，返回0；否则，返回错误编号

int pthread_key_create(pthread_key_t *keyp,

```
                    void (*destructor)(void *));
                <pthread.h>                                                  p. 447
                返回值：若成功，返回0；否则，返回错误编号

int        pthread_key_delete(pthread_key_t key);
                <pthread.h>                                                  p. 448
                返回值：若成功，返回0；否则，返回错误编号

int        pthread_kill(pthread_t thread, int signo);
                <signal.h>                                                   p. 455
                返回值：若成功，返回0；否则，返回错误编号

int        pthread_mutexattr_destroy(pthread_mutexattr_t *attr);
                <pthread.h>                                                  p. 431
                返回值：若成功，返回0；否则，返回错误编号

int        pthread_mutexattr_getpshared(const pthread_mutexattr_t
                                        *restrict attr,
                                        int *restrict pshared);
                <pthread.h>                                                  p. 431
                返回值：若成功，返回0；否则，返回错误编号

int        pthread_mutexattr_getrobust(const pthread_mutexattr_t
                                       *restrict attr,
                                       int *restrict robust);
                <pthread.h>                                                  p. 432
                返回值：若成功，返回0；否则，返回错误编号
int        pthread_mutexattr_gettype(const pthread_mutexattr_t
                                     *restrict attr,
                                     int *restrict type);
                <pthread.h>                                                  p. 434
                返回值：若成功，返回0；否则，返回错误编号

int        pthread_mutexattr_init(pthread_mutexattr_t *attr);
                <pthread.h>                                                  p. 431
                返回值：若成功，返回0；否则，返回错误编号

int        pthread_mutexattr_setpshared(pthread_mutexattr_t *attr,
                                        int pshared);
                <pthread.h>                                                  p. 431
                pshared: PTHREAD_PROCESS_PRIVATE、
                         PTHREAD_PROCESS_SHARED
                返回值：若成功，返回0；否则，返回错误编号                          872

int        pthread_mutexattr_setrobust(pthread_mutexattr_t *attr,
                                       int robust);
                <pthread.h>                                                  p. 432
                robust: PTHREAD_MUTEX_ROBUST、
                        PTHREAD_MUTEX_STALLED
                返回值：若成功，返回0；否则，返回错误编号

int        pthread_mutexattr_settype(pthread_mutexattr_t *attr, int type);
                <pthread.h>                                                  p. 434
                type: PTHREAD_MUTEX_NORMAL、
                      PTHREAD_MUTEX_ERRORCHECK、
                      PTHREAD_MUTEX_RECURSIVE、
                      PTHREAD_MUTEX_DEFAULT
                返回值：若成功，返回0；否则，返回错误编号

int        pthread_mutex_consistent(pthread_mutex_t *mutex);
                <pthread.h>                                                  p. 433
```

返回值：若成功，返回 0；否则，返回错误编号

int **pthread_mutex_destroy**(pthread_mutex_t *mutex);
<pthread.h> p. 400
返回值：若成功，返回 0；否则，返回错误编号

int **pthread_mutex_init**(pthread_mutex_t *restrict mutex,
const pthread_mutexattr_t *restrict attr);
<pthread.h> p. 400
返回值：若成功，返回 0；否则，返回错误编号

int **pthread_mutex_lock**(pthread_mutex_t *mutex);
<pthread.h> p. 400
返回值：若成功，返回 0；否则，返回错误编号

int **pthread_mutex_timedlock**(pthread_mutex_t *restrict mutex,
const struct timespec *restrict tsptr);
<pthread.h> p. 407
<time.h>
返回值：若成功则，返回 0；否则，返回错误编号

int **pthread_mutex_trylock**(pthread_mutex_t *mutex);
<pthread.h> p. 400
返回值：若成功，返回 0；否则，返回错误编号

873

int **pthread_mutex_unlock**(pthread_mutex_t *mutex);
<pthread.h> p. 400
返回值：若成功，返回 0；否则，返回错误编号

int **pthread_once**(pthread_once_t *initflag, void (*initfn)(void));
<pthread.h> p. 448
pthread_once_t initflag= PTHREAD_ONCE_INIT;
返回值：若成功，返回 0；否则，返回错误编号

int **pthread_rwlockattr_destroy**(pthread_rwlockattr_t *attr);
<pthread.h> p. 439
返回值：若成功，返回 0；否则，返回错误编号

int **pthread_rwlockattr_getpshared**(const pthread_rwlockattr_t
*restrict attr,
int *restrict pshared);
<pthread.h> p. 440
返回值：若成功，返回 0；否则，返回错误编号

int **pthread_rwlockattr_init**(pthread_rwlockattr_t *attr);
<pthread.h> p. 439
返回值：若成功，返回 0；否则，返回错误编号

int **pthread_rwlockattr_setpshared**(pthread_rwlockattr_t *attr,
int pshared);
<pthread.h> p. 440
pshared：PTHREAD_PROCESS_PRIVATE、
PTHREAD_PROCESS_SHARED
返回值：若成功，返回 0；否则，返回错误编号

int **pthread_rwlock_destroy**(pthread_rwlock_t *rwlock);
<pthread.h> p. 409
返回值：若成功，返回 0；否则，返回错误编号

int **pthread_rwlock_init**(pthread_rwlock_t *restrict rwlock,
const pthread_rwlockattr_t
*restrict attr);

<pthread.h> p. 409
返回值：若成功，返回0；否则，返回错误编号

int **pthread_rwlock_rdlock**(pthread_rwlock_t *rwlock);
<pthread.h> p. 410
返回值：若成功，返回0；否则，返回错误编号

874

int **pthread_rwlock_timedrdlock**(pthread_rwlock_t *restrict *rwlock*,
const struct timespec
*restrict *tsptr*);
<pthread.h> p. 413
<time.h>
返回值：若成功，返回0；否则，返回错误编号

int **pthread_rwlock_timedwrlock**(pthread_rwlock_t *restrict *rwlock*,
const struct timespec
*restrict *tsptr*);
<pthread.h> p. 413
<time.h>
返回值：若成功，返回0；否则，返回错误编号

int **pthread_rwlock_tryrdlock**(pthread_rwlock_t *rwlock);
<pthread.h> p. 410
返回值：若成功，返回0；否则，返回错误编号

int **pthread_rwlock_trywrlock**(pthread_rwlock_t *rwlock);
<pthread.h> p. 410
返回值：若成功，返回0；否则，返回错误编号

int **pthread_rwlock_unlock**(pthread_rwlock_t *rwlock);
<pthread.h> p. 410
返回值：若成功，返回0；否则，返回错误编号

int **pthread_rwlock_wrlock**(pthread_rwlock_t *rwlock);
<pthread.h> p. 410
返回值：若成功，返回0；否则，返回错误编号

pthread_t **pthread_self**(void);
<pthread.h> p. 385
返回值：调用线程的线程ID

int **pthread_setcancelstate**(int *state*, int *oldstate);
<pthread.h> p. 451
state：PTHREAD_CANCEL_ENABLE、
PTHREAD_CANCEL_DISABLE
返回值：若成功，返回0；否则，返回错误编号

int **pthread_setcanceltype**(int *type*, int *oldtype);
<pthread.h> p. 453
type：PTHREAD_CANCEL_DEFERRED、
PTHREAD_CANCEL_ASYNCHRONOUS
返回值：若成功，返回0；否则，返回错误编号

875

int **pthread_setspecific**(pthread_key_t *key*, const void *value);
<pthread.h> p. 449
返回值：若成功，返回0；否则，返回错误编号

int **pthread_sigmask**(int *how*, const sigset_t *restrict *set*,
sigset_t *restrict *oset*);
<signal.h> p. 454
how：SIG_BLOCK、SIG_UNBLOCK、SIG_SETMASK
返回值：若成功，返回0；否则，返回错误编号

int **pthread_spin_destroy**(pthread_spinlock_t **lock*);
<pthread.h> p. 417
返回值：若成功，返回0；否则，返回错误编号

int **pthread_spin_init**(pthread_spinlock_t **lock*, int *pshared*);
<pthread.h> p. 417
pshared：PTHREAD_PROCESS_PRIVATE、
PTHREAD_PROCESS_SHARED
返回值：若成功，返回0；否则，返回错误编号

int **pthread_spin_lock**(pthread_spinlock_t **lock*);
<pthread.h> p. 418
返回值：若成功，返回0；否则，返回错误编号

int **pthread_spin_trylock**(pthread_spinlock_t **lock*);
<pthread.h> p. 418
返回值：若成功，返回0；否则，返回错误编号

int **pthread_spin_unlock**(pthread_spinlock_t **lock*);
<pthread.h> p. 418
返回值：若成功，返回0；否则，返回错误编号

void **pthread_testcancel**(void);
<pthread.h> p. 453

char ***ptsname**(int *fd*);
<stdlib.h> p. 723
返回值：若成功，返回指向PTY从设备名的指针；若出错，返回NULL

int **putc**(int *c*, FILE **fp*);
<stdio.h> p. 152
返回值：若成功，返回*c*；若出错，返回EOF

876

int **putchar**(int *c*);
<stdio.h> p. 152
返回值：若成功，返回*c*；若出错，返回EOF

int **putchar_unlocked**(int *c*);
<stdio.h> p. 444
返回值：若成功，返回*c*；若出错，返回EOF

int **putc_unlocked**(int *c*, FILE **fp*);
<stdio.h> p. 444
返回值：若成功，返回*c*；若出错，返回EOF

int **putenv**(char **str*);
<stdlib.h> p. 212
返回值：若成功，返回0；若出错，返回非0

int **puts**(const char **str*);
<stdio.h> p. 153
返回值：若成功，返回非负值；若出错，返回EOF

ssize_t **pwrite**(int *fd*, const void **buf*, size_t *nbytes*, off_t *offset*);
<unistd.h> p. 78
返回值：若成功，返回已写的字节数；若出错，返回-1

int **raise**(int *signo*);
<signal.h> p. 337
返回值：若成功，返回0；若出错，返回-1

ssize_t **read**(int *fd*, void **buf*, size_t *nbytes*);
<unistd.h> p. 71

返回值：读到的字节数；若已到达文件尾端，返回 0；若出错，返回-1

```
struct
dirent        *readdir(DIR *dp);
                   <dirent.h>                                         p. 130
```
返回值：若成功，返回指针；若在目录尾或出错，返回 NULL

```
ssize_t       readlink(const char *restrict path, char *restrict buf,
                   size_t bufsize);
                   <unistd.h>                                         p. 123
```
返回值：若成功，返回读取的字节数；若出错，返回-1

```
ssize_t       readlinkat(int fd, const char* restrict path,
                   char *restrict buf, size_t bufsize);
                   <unistd.h>                                         p. 123
```
返回值：若成功，返回读取的字节数；若出错，返回-1

```
ssize_t       readv(int fd, const struct iovec *iov, int iovcnt);
                   <sys/uio.h>                                        p. 521
```
返回值：若成功，返回已读的字节数；若出错，返回-1

877

```
void          *realloc(void *ptr, size_t newsize);
                   <stdlib.h>                                         p. 207
```
返回值：若成功，返回非空指针；若出错，返回 NULL

```
ssize_t       recv(int sockfd, void *buf, size_t nbytes, int flags);
                   <sys/socket.h>                                     p. 612
                   flags: MSG_PEEK, MSG_OOB, MSG_WAITALL,
                       MSG_CMSG_CLOEXEC（Linux 3.2.0），
                       MSG_DONTWAIT（FreeBSD 8.0、Linux 3.2.0、
                                    Solaris 10），
                       MSG_ERRQUEUE（Linux 3.2.0），
                       MSG_TRUNC（Linux 3.2.0）
```
返回值：数据的字节长度；若无可用数据或对等方已经按序结束，返回 0；若出错，返回-1

```
ssize_t       recvfrom(int sockfd, void *restrict buf, size_t len, int flags,
                   struct sockaddr *restrict addr,
                   socklen_t *restrict addrlen);
                   <sys/socket.h>                                     p. 613
                   flags: MSG_PEEK, MSG_OOB, MSG_WAITALL,
                       MSG_CMSG_CLOEXEC（Linux 3.2.0），
                       MSG_DONTWAIT（FreeBSD 8.0、Linux 3.2.0、
                                    Solaris 10），
                       MSG_ERRQUEUE（Linux 3.2.0），
                       MSG_TRUNC（Linux 3.2.0）
```
返回值：数据的字节长度；若无可用数据或对等方已经按序结束，返回 0；若出错，返回-1

```
ssize_t       recvmsg(int sockfd, struct msghdr *msg, int flags);
                   <sys/socket.h>                                     p. 613
                   flags: MSG_PEEK, MSG_OOB, MSG_WAITALL,
                       MSG_CMSG_CLOEXEC（Linux 3.2.0），
                       MSG_DONTWAIT（FreeBSD 8.0、Linux 3.2.0、
                                    Solaris 10），
                       MSG_ERRQUEUE（Linux 3.2.0），
                       MSG_TRUNC（Linux 3.2.0）
```
返回值：数据的字节长度；若无可用数据或对等方已经按序结束，返回 0；若出错，返回-1

```
int          remove(const char *path);
                     <stdio.h>                                     p. 119
                     返回值：若成功，返回0；若出错，返回-1

int          rename(const char *oldname, const char *newname);
                     <stdio.h>                                     p. 119
                     返回值：若成功，返回0；若出错，返回-1
```

878

```
int          renameat(int oldfd, const char *oldname, int newfd,
                  const char *newname);
                     <stdio.h>                                     p. 119
                     返回值：若成功，返回0；若出错，返回-1

void         rewind(FILE *fp);
                     <stdio.h>                                     p. 158

void         rewinddir(DIR *dp);
                     <dirent.h>                                    p. 130

int          rmdir(const char *path);
                     <unistd.h>                                    p. 130
                     返回值：若成功，返回0；若出错，返回-1

int          scanf(const char *restrict format, ...);
                     <stdio.h>                                     p. 162
                     返回值：赋值的输入项数；若输入出错或在任一转换前已到达文件尾端，返回EOF

void         seekdir(DIR *dp, long loc);
                     <dirent.h>                                    p. 130

int          select(int maxfdp1, fd_set *restrict readfds,
                fd_set *restrict writefds, fd_set *restrict exceptfds,
                struct timeval *restrict tvptr);
                     <sys/select.h>                                p. 502
                     返回值：准备就绪的描述符数；若超时，返回0；若出错，返回-1

int          sem_close(sem_t *sem);
                     <semaphore.h>                                 p. 580
                     返回值：若成功，返回0；若出错，返回-1

int          semctl(int semid, int semnum, int cmd, ...
                /* union semun arg */ );
                     <sys/sem.h>                                   p. 567
                     cmd: IPC_STAT、IPC_SET、IPC_RMID、GETPID、
                          GETNCNT、GETZCNT、GETVAL、SETVAL、
                          GETALL、SETALL
                     返回值：（返回值取决于命令）；若出错，返回-1

int          sem_destroy(sem_t *sem);
                     <semaphore.h>                                 p. 582
                     返回值：若成功，返回0；若出错，返回-1
```

879

```
int          semget(key_t key, int nsems, int flag);
                     <sys/sem.h>                                   p. 567
                     flag: IPC_CREAT、IPC_EXCL
                     返回值：若成功，返回信号量ID；若出错，返回-1

int          sem_getvalue(sem_t *restrict sem, int *restrict valp);
                     <semaphore.h>                                 p. 582
                     返回值：若成功，返回0；若出错，返回-1

int          sem_init(sem_t *sem, int pshared, unsigned int value);
                     <semaphore.h>                                 p. 582
```

返回值：若成功，返回0；若出错，返回-1

```
int        semop(int semid, struct sembuf semoparray[], size_t nops);
               <sys/sem.h>                                              p. 568
               返回值：若成功，返回0；若出错，返回-1

sem_t      *sem_open(const char *name, int oflag, ... /* mode_t mode,
               unsigned int value */ );
               <semaphore.h>                                            p. 579
               flag: IPC_CREAT、IPC_EXCL
               返回值：若成功，返回指向信号量的指针；若出错，返回 SEM_FAILED

int        sem_post(sem_t *sem);
               <semaphore.h>                                            p. 582
               返回值：若成功，返回0；若出错，返回-1

int        sem_timedwait(sem_t *restrict sem,
                const struct timespec *restrict tsptr);
               <semaphore.h>                                            p. 581
               <time.h>
               返回值：若成功，返回0；若出错，返回-1

int        sem_trywait(sem_t *sem);
               <semaphore.h>                                            p. 581
               返回值：若成功，返回0；若出错，返回-1

int        sem_unlink(const char *name);
               <semaphore.h>                                            p. 580
               返回值：若成功，返回0；若出错，返回-1

int        sem_wait(sem_t *sem);
               <semaphore.h>                                            p. 581
               返回值：若成功，返回0；若出错，返回-1
```

880

```
ssize_t    send(int sockfd, const void *buf, size_t nbytes, int flags);
               <sys/socket.h>                                           p. 610
               flags: MSG_EOR, MSG_OOB, MSG_NOSIGNAL,
                   MSG_CONFIRM（Linux 3.2.0），
                   MSG_DONTROUTE（FreeBSD 8.0、Linux 3.2.0、
                                 Mac OS X 10.6.8、Solaris 10），
                   MSG_DONTWAIT（FreeBSD 8.0、Linux 3.2.0、
                                 Mac OS X 10.6.8、Solaris 10），
                   MSG_EOF（FreeBSD 8.0、Mac OS X 10.6.8），
                   MSG_MORE（Linux 3.2.0）
               返回值：若成功，返回发送的字节数；若出错，返回-1

ssize_t    sendmsg(int sockfd, const struct msghdr *msg, int flags);
               <sys/socket.h>                                           p. 611
               flags: MSG_EO, MSG_OOB, MSG_NOSIGNAL,
                   MSG_CONFIRM（Linux 3.2.0），
                   MSG_DONTROUTE（FreeBSD 8.0、Linux 3.2.0、Mac OS X 10.6.8、
                                 Solaris 10），
                   MSG_DONTWAIT（FreeBSD 8.0、Linux 3.2.0、Mac OS X 10.6.8、
                                 Solaris 10），
                   MSG_EOF（FreeBSD 8.0、Mac OS X 10.6.8），
                   MSG_MORE（Linux 3.2.0）
               返回值：若成功，返回发送字节数；若出错，返回-1

ssize_t    sendto(int sockfd, const void *buf, size_t nbytes, int flags,
           const struct sockaddr *destaddr, socklen_t destlen);
               <sys/socket.h>                                           p. 610
```

flags：MSG_EOR，MSG_OOB，MSG_NOSIGNAL，
MSG_CONFIRM（Linux 3.2.0），
MSG_DONTROUTE（FreeBSD 8.0、Linux 3.2.0、Mac OS X 10.6.8、Solaris 10），
MSG_DONTWAIT（FreeBSD 8.0、Linux 3.2.0、Mac OS X 10.6.8、Solaris 10），
MSG_EOF（FreeBSD 8.0、Mac OS X 10.6.8），
MSG_MORE（Linux 3.2.0）
返回值：若成功，返回发送的字节数；若出错，返回-1

void **setbuf**(FILE *restrict *fp*, char *restrict *buf*);
<stdio.h> p. 146

int **setegid**(gid_t *gid*);
<unistd.h> p. 258
返回值：若成功，返回0；若出错，返回-1

int **setenv**(const char **name*, const char **value*, int *rewrite*);
<stdlib.h> p. 212
返回值：若成功，返回0；若出错，返回-1

881

int **seteuid**(uid_t *uid*);
<unistd.h> p. 258
返回值：若成功，返回0；若出错，返回-1

int **setgid**(gid_t *gid*);
<unistd.h> p. 256
返回值：若成功，返回0；若出错，返回-1

void **setgrent**(void);
<grp.h> p. 183

int **setgroups**(int *ngroups*, const gid_t *grouplist*[]);
<grp.h> /* Linux */ p. 184
<unistd.h> /* FreeBSD, Mac OS X, and Solaris */
返回值：若成功，返回0；若出错，返回-1

void **sethostent**(int *stayopen*);
<netdb.h> p. 597

int **setjmp**(jmp_buf *env*);
<setjmp.h> p. 215
返回值：若直接调用，返回0；若从longjmp返回，返回非0

int **setlogmask**(int *maskpri*);
<syslog.h> p. 470
返回值：前日志记录优先级屏蔽字值

void **setnetent**(int *stayopen*);
<netdb.h> p. 598

int **setpgid**(pid_t *pid*, pid_t *pgid*);
<unistd.h> p. 294
返回值：若成功，返回0；若出错，返回-1

int **setpriority**(int *which*, id_t *who*, int *value*);
<sys/resource.h> p. 277
which：PRIO_PROCESS、PRIO_PGRP、PRIO_USER
返回值：若成功，返回0；若出错，返回-1

void **setprotoent**(int *stayopen*);
<netdb.h> p. 598

void **setpwent**(void);
<pwd.h> p. 180

882

```
int        setregid(gid_t rgid, gid_t egid);
                  <unistd.h>                                         p. 257
                  返回值：若成功，返回0；若出错，返回-1

int        setreuid(uid_t ruid, uid_t euid);
                  <unistd.h>                                         p. 257
                  返回值：若成功，返回0；若出错，返回-1

int        setrlimit(int resource, const struct rlimit *rlptr);
                  <sys/resource.h>                                   p. 220
                  resource: RLIMIT_CORE, RLIMIT_CPU,
                            RLIMIT_DATA, RLIMIT_FSIZE,
                            RLIMIT_NOFILE、RLIMIT_STACK,
                            RLIMIT_AS（FreeBSD 8.0、Linux 3.2.0、
                                      Solaris 10）,
                            RLIMIT_MEMLOCK（FreeBSD 8.0、Linux 3.2.0、
                                           Mac OS X 10.6.8）,
                            RLIMIT_MSGQUEUE（Linux 3.2.0）,
                            RLIMIT_NICE（Linux 3.2.0）,
                            RLIMIT_NPROC（FreeBSD 8.0、Linux 3.2.0、
                                         Mac OS X 10.6.8）,
                            RLIMIT_NPTS（FreeBSD 8.0）,
                            RLIMIT_RSS（FreeBSD 8.0、Linux 3.2.0、
                                       Mac OS X 10.6.8）,
                            RLIMIT_SBSIZE（FreeBSD 8.0）,
                            RLIMIT_SIGPENDING（Linux 3.2.0）,
                            RLIMIT_SWAP（FreeBSD 8.0）,
                            RLIMIT_VMEM（Solaris 10）
                  返回值：若成功，返回0；若出错，返回-1

void       setservent(int stayopen);
                  <netdb.h>                                          p. 599

pid_t      setsid(void);
                  <unistd.h>                                         p. 295
                  返回值：若成功，返回进程组ID；若出错，返回-1

int        setsockopt(int sockfd, int level, int option, const void *val,
                socklen_t len);
                  <sys/socket.h>                                     p. 624
                  返回值：若成功，返回0；若出错，返回-1

void       setspent(void);
                  <shadow.h>                                         p. 182
                  平台：Linux 3.2.0、Solaris 10

int        setuid(uid_t uid);
                  <unistd.h>                                         p. 256
                  返回值：若成功，返回0；若出错，返回-1

int        setvbuf(FILE *restrict fp, char *restrict buf, int mode,
             size_t size);
                  <stdio.h>                                          p. 146
                  mode: _IOFBF、_IOLBF、_IONBF
                  返回值：若成功，返回0；若出错，返回非0

void       *shmat(int shmid, const void *addr, int flag);
                  <sys/shm.h>                                        p. 574
                  flag: SHM_RND、SHM_RDONLY
                  返回值：若成功，返回指向共享存储段的指针；若出错，返回-1
```

883

```
int         shmctl(int shmid, int cmd, struct shmid_ds *buf);
                   <sys/shm.h>                                              p. 573
                   cmd: IPC_STAT, IPC_SET, IPC_RMID,
                        SHM_LOCK（Linux 3.2.0、Solaris 10），
                        SHM_UNLOCK（Linux 3.2.0、Solaris 10）
                   返回值：若成功，返回0；若出错，返回-1

int         shmdt(const void *addr);
                   <sys/shm.h>                                              p. 574
                   返回值：若成功，返回0；若出错，返回-1

int         shmget(key_t key, size_t size, int flag);
                   <sys/shm.h>                                              p. 572
                   flag: IPC_CREAT、IPC_EXCL
                   返回值：若成功，返回非负共享存储ID；若出错，返回-1

int         shutdown(int sockfd, int how);
                   <sys/socket.h>                                           p. 592
                   how: SHUT_RD、SHUT_WR、SHUT_RDWR
                   返回值：若成功，返回0；若出错，返回-1

int         sig2str(int signo, char *str);
                   <signal.h>                                               p. 380
                   返回值：若成功，返回0；若出错，返回-1
                   平台：Solaris 10

int         sigaction(int signo, const struct sigaction *restrict act,
                 struct sigaction *restrict oact);
                   <signal.h>                                               p. 350
                   返回值：若成功，返回0；若出错，返回-1

int         sigaddset(sigset_t *set, int signo);
                   <signal.h>                                               p. 344
                   返回值：若成功，返回0；若出错，返回-1

int         sigdelset(sigset_t *set, int signo);
                   <signal.h>                                               p. 344
                   返回值：若成功，返回0；若出错，返回-1

int         sigemptyset(sigset_t *set);
                   <signal.h>                                               p. 344
                   返回值：若成功，返回0；若出错，返回-1

int         sigfillset(sigset_t *set);
                   <signal.h>                                               p. 344
                   返回值：若成功，返回0；若出错，返回-1

int         sigismember(const sigset_t *set, int signo);
                   <signal.h>                                               p. 344
                   返回值：若真，返回1；若假，返回0；若出错，返回-1

void        siglongjmp(sigjmp_buf env, int val);
                   <setjmp.h>                                               p. 356
                   此函数不返回

void        (*signal(int signo, void (*func)(int)))(int);
                   <signal.h>                                               p. 323
                   返回值：若成功，返回以前的信号处理配置；若出错，返回SIG_ERR

int         sigpending(sigset_t *set);
                   <signal.h>                                               p. 347
                   返回值：若成功，返回0；若出错，返回-1
```

884

int **sigprocmask**(int *how*, const sigset_t *restrict *set*,
sigset_t *restrict *oset*);
<signal.h> p. 346
how: SIG_BLOCK、SIG_UNBLOCK、SIG_SETMASK
返回值：若成功，返回0；若出错，返回-1

int **sigqueue**(pid_t *pid*, int *signo*, const union sigval *value*)
<signal.h> p. 376
返回值：若成功，返回0；若出错，返回-1

int **sigsetjmp**(sigjmp_buf *env*, int *savemask*);
<setjmp.h> p. 356
返回值：若直接调用，返回0；若从siglongjmp调用返回，返回非0值

885

int **sigsuspend**(const sigset_t **sigmask*);
<signal.h> p. 359
返回值：-1，errno设置为EINTR

int **sigwait**(const sigset_t *restrict *set*, int *restrict *signop*);
<signal.h> p. 454
返回值：若成功，返回0；否则，返回错误编号

unsigned int **sleep**(unsigned int *seconds*);
<unistd.h> p. 373
返回值：0或未休眠的秒数

int **snprintf**(char *restrict *buf*, size_t *n*,
const char *restrict *format*, ...);
<stdio.h> p. 159
返回值：若缓冲区足够大，返回存入数组的字符数；若编码出错，返回负值

int **sockatmark**(int *sockfd*);
<sys/socket.h> p. 626
返回值：若在标记处，返回1；若没在标记处，返回0；若出错，返回-1

int **socket**(int *domain*, int *type*, int *protocol*);
<sys/socket.h> p. 590
type: SOCK_STREAM、SOCK_DGRAM、SOCK_SEQPACKET
返回值：若成功，返回文件（套接字）描述符；若出错，返回-1

int **socketpair**(int *domain*, int *type*, int *protocol*, int *sockfd*[2]);
<sys/socket.h> p. 630
type: SOCK_STREAM、SOCK_DGRAM、SOCK_SEQPACKET
返回值：若成功，返回0；若出错，返回-1

int **sprintf**(char *restrict *buf*, const char *restrict *format*, ...);
<stdio.h> p. 159
返回值：若成功，返回存入数组的字符数；若编码出错，返回负值

int **sscanf**(const char *restrict *buf*,
const char *restrict *format*, ...);
<stdio.h> p. 162
返回值：赋值的输入项数；若输入出错或在任一转换前已到达文件尾端，返回EOF

886

int **stat**(const char *restrict *path*, struct stat *restrict *buf*);
<sys/stat.h> p. 93
返回值：若成功，返回0；若出错，返回-1

int **str2sig**(const char **str*, int **signop*);
<signal.h> p. 380
返回值：若成功，返回0；若出错，返回-1

平台：Solaris 10

char *strerror(int *errnum*);
<string.h> p. 15
返回值：指向消息字符串的指针

size_t **strftime**(char *restrict *buf*, size_t *maxsize*,
const char *restrict *format*,
const struct tm *restrict *tmptr*);
<time.h> p. 192
返回值：若有空间，返回存入数组的字符数；否则，返回0

size_t **strftime_l**(char *restrict *buf*, size_t *maxsize*,
const char *restrict *format*,
const struct tm *restrict *tmptr*, locale_t *locale*);
<time.h> p. 192
返回值：若有空间，返回存入数组的字符数；否则，返回0

char ***strptime**(const char *restrict *buf*, const char *restrict *format*,
struct tm *restrict *tmptr*);
<time.h> p. 195
返回值：指向上次解析的字符的下一个字符的指针；否则，返回NULL

char ***strsignal**(int *signo*);
<string.h> p. 380
返回值：说明该信号字符串的指针

int **symlink**(const char *actualpath, const char *sympath);
<unistd.h> p. 123
返回值：若成功，返回0；若出错，返回-1

int **symlinkat**(const char *actualpath, int *fd*, const char *sympath);
<unistd.h> p. 123
返回值：若成功，返回0；若出错，返回-1

887

void **sync**(void);
<unistd.h> p. 81

long **sysconf**(int *name*);
<unistd.h> p. 42
name：_SC_ARG_MAX、_SC_ASYNCHRONOUS_IO、
_SC_ATEXIT_MAX、_SC_BARRIERS、
_SC_CHILD_MAX、_SC_CLK_TCK、
_SC_CLOCK_SELECTION、_SC_COLL_WEIGHTS_MAX、
_SC_DELAYTIMER_MAX、_SC_HOST_NAME_MAX、
_SC_IOV_MAX、_SC_JOB_CONTROL、
_SC_LINE_MAX、_SC_LOGIN_NAME_MAX、
_SC_MAPPED_FILED、_SC_MEMORY_PROTECTION、
_SC_NGROUPS_MAX、_SC_OPEN_MAX、
_SC_PAGESIZE、_SC_PAGE_SIZE、
_SC_READER_WRITER_LOCKS、
_SC_REALTIME_SIGNALS、_SC_RE_DUP_MAX、
_SC_RTSIG_MAX、_SC_SAVED_IDS、
_SC_SEMAPHORES、_SC_SEM_NSEMS_MAX、
_SC_SEM_VALUE_MAX、_SC_SHELL、
_SC_SIGQUEUE_MAX、_SC_SPIN_LOCKS、
_SC_STREAM_MAX、_SC_SYMLOOP_MAX、
_SC_THREAD_SAFE_FUNCTIONS、
_SC_THREADS、_SC_TIMER_MAX、
_SC_TIMERS、_SC_TTY_NAME_MAX、

_SC_TZNAME_MAX、_SC_VERSION、
_SC_XOPEN_CRYPT、_SC_XOPEN_REALTIME、
_SC_XOPEN_REALTIME_THREADS、_SC_XOPEN_SHM
_SC_XOPEN_VERSION
返回值：若成功，返回相应值；若出错，返回-1

void **syslog**(int *priority*, char **format*, ...);
<syslog.h> p. 470

int **system**(const char **cmdstring*);
<stdlib.h> p. 265
返回值：shell 的终端状态

int **tcdrain**(int *fd*);
<termios.h> p. 693
返回值：若成功，返回 0；若出错，返回-1

int **tcflow**(int *fd*, int *action*);
<termios.h> p. 693
action：TCOOFF、TCOON、TCIOFF、TCION
返回值：若成功，返回 0；若出错，返回-1

int **tcflush**(int *fd*, int *queue*);
<termios.h> p. 693
queue：TCIFLUSH、TCOFLUSH、TCIOFLUSH
返回值：若成功，返回 0；若出错，返回-1

888

int **tcgetattr**(int *fd*, struct termios **termptr*);
<termios.h> p. 683
返回值：若成功，返回 0；若出错，返回-1

pid_t **tcgetpgrp**(int *fd*);
<unistd.h> p. 298
返回值：若成功，返回前台进程组 ID；若出错，返回-1

pid_t **tcgetsid**(int *fd*);
<termios.h> p. 299
返回值：若成功，返回会话首进程的进程组 ID；若出错，返回-1

int **tcsendbreak**(int *fd*, int *duration*);
<termios.h> p. 693
返回值：若成功，返回 0；若出错，返回-1

int **tcsetattr**(int *fd*, int *opt*, const struct termios **termptr*);
<termios.h> p. 683
opt：TCSANOW、TCSADRAIN、TCSAFLUSH
返回值：若成功，返回 0；若出错，返回-1

int **tcsetpgrp**(int *fd*, pid_t *pgrpid*);
<unistd.h> p. 298
返回值：若成功，返回 0；若出错，返回-1

long **telldir**(DIR **dp*);
<dirent.h> p. 130
返回值：与 *dp* 关联的目录中的当前位置

time_t **time**(time_t **calptr*);
<time.h> p. 189
返回值：若成功，返回时间值；若出错，返回-1

clock_t **times**(struct tms **buf*);
<sys/times.h> p. 280
返回值：若成功，经过的墙上时钟时间；若出错，返回-1

FILE ***tmpfile**(void);
<stdio.h> p. 167
返回值：若成功，返回文件指针；若出错，返回 NULL

char ***tmpnam**(char *ptr);
<stdio.h> p. 167
返回值：指向唯一路径名的指针；若出错，返回 NULL

889

int **truncate**(const char *path, off_t length);
<unistd.h> p. 112
返回值：若成功，返回 0；若出错，返回-1

char ***ttyname**(int fd);
<unistd.h> p. 695
返回值：指向终端路径名的指针；若出错，返回 NULL

mode_t **umask**(mode_t cmask);
<sys/stat.h> p. 104
返回值：之前的文件模式创建屏蔽字

int **uname**(struct utsname *name);
<sys/utsname.h> p. 187
返回值：若成功，返回非负值；若出错，返回-1

int **ungetc**(int c, FILE *fp);
<stdio.h> p. 151
返回值：若成功，返回 c；若出错，返回 EOF

int **unlink**(const char *path);
<unistd.h> p. 117
返回值：若成功，返回 0；若出错，返回-1

int **unlinkat**(int fd, const char *path, int flag);
<unistd.h> p. 117
flag：AT_REMOVEDIR
返回值：若成功，返回 0；若出错，返回-1

int **unlockpt**(int fd);
<stdlib.h> p. 723
返回值：若成功，返回 0；若出错，返回-1

int **unsetenv**(const char *name);
<stdlib.h> p. 212
返回值：若成功，返回 0；若出错，返回-1

int **utimensat**(int fd, const char *path,
const struct timespec times[2], int flag);
<sys/stat.h> p. 126
flag：AT_SYMLINK_NOFOLLOW
返回值：若成功，返回 0；若出错，返回-1

int **utimes**(const char *path, const struct timeval times[2]);
<sys/time.h> p. 127
返回值：若成功，返回 0；若出错，返回-1

890

int **vdprintf**(int fd, const char *restrict format, va_list arg);
<stdarg.h> p. 161
<stdio.h>
返回值：若成功，返回输出字符数；若输出出错，返回负值

int **vfprintf**(FILE *restrict fp, const char *restrict format,
va_list arg);

```
                         <stdarg.h>                                          p. 161
                         <stdio.h>
                         返回值：若成功，返回输出字符数；若输出出错，返回负值

int           vfscanf(FILE *restrict fp, const char *restrict format, va_list arg);
                         <stdarg.h>                                          p. 163
                         <stdio.h>
                         返回值：指定的输入项目数；若输入出错或在任一转换前文件结束，返回 EOF

int           vprintf(const char *restrict format, va_list arg);
                         <stdarg.h>                                          p. 161
                         <stdio.h>
                         返回值：若成功，返回输出字符数；若输出出错，返回负值

int           vscanf(const char *restrict format, va_list arg);
                         <stdarg.h>                                          p. 163
                         <stdio.h>
                         返回值：指定的输入项目数；若输入出错或在任一转换前文件结束，返回 EOF

int           vsnprintf(char *restrict buf, size_t n,
                     const char *restrict format, va_list arg);
                         <stdarg.h>                                          p. 161
                         <stdio.h>
                         返回值：若缓冲区足够大，返回存入数组的字符数；若编码出错，返回负值

int           vsprintf(char *restrict buf, const char *restrict format,
                   va_list arg);
                         <stdarg.h>                                          p. 161
                         <stdio.h>
                         返回值：若成功，返回存入数组的字符数；若编码出错，返回负值

int           vsscanf(const char *restrict buf, const char *restrict format,
                  va_list arg);
                         <stdarg.h>                                          p. 163
                         <stdio.h>
                         返回值：指定的输入项目数；若输入出错或在任一转换前文件结束，返回 EOF

void          vsyslog(int priority, const char *format, va_list arg);
                         <syslog.h>                                          p. 472
                         <stdarg.h>
                         平台：FreeBSD 8.0、Linux 3.2.0、Mac OS X 10.6.8、Solaris 10

pid_t         wait(int *statloc);
                         <sys/wait.h>                                        p. 238
                         返回值：若成功，返回进程 ID；若出错，返回 0 或-1

int           waitid(idtype_t idtype, id_t id, siginfo_t *infop, int options);
                         <sys/wait.h>                                        p. 244
                         idtype: P_PID、P_PGID、P_ALL
                         options: WCONTINUED、WEXITED、WNOHANG、WNOWAIT、WSTOPPED
                         返回值：若成功，返回 0；若出错，返回-1
                         平台：Linux 3.2.0、Solaris 10

pid_t         waitpid(pid_t pid, int *statloc, int options);
                         <sys/wait.h>                                        p. 238
                         options: WCONTINUED、WNOHANG、WUNTRACED
                         返回值：若成功，返回进程 ID；若出错，返回 0 或-1

pid_t         wait3(int *statloc, int options, struct rusage *rusage);
                         <sys/types.h>                                       p. 245
                         <sys/wait.h>
```

891

<sys/time.h>
<sys/resource.h>
options：WNOHANG、WUNTRACED
返回值：若成功，返回进程ID；若出错，返回0或-1
平台：FreeBSD 8.0、Linux 3.2.0、Mac OS X 10.6.8、Solaris 10

pid_t **wait4**(pid_t *pid*, int **statloc*, int *options*, struct rusage **rusage*);
<sys/types.h> p. 245
<sys/wait.h>
<sys/time.h>
<sys/resource.h>
options：WNOHANG、WUNTRACED
返回值：若成功，返回进程ID；若出错，返回0或-1
892
平台：FreeBSD 8.0、Linux 3.2.0、Mac OS X 10.6.8、Solaris 10

ssize_t **write**(int *fd*, const void **buf*, size_t *nbytes*);
<unistd.h> p. 72
返回值：若成功，返回已写的字节数；若出错，返回-1

ssize_t **writev**(int *fd*, const struct iovec **iov*, int *iovcnt*);
<sys/uio.h> p. 521
893
返回值：若成功，返回已写的字节数；若出错，返回-1

附录 B 其他源代码

B.1 本书使用的头文件

本书中的大多数程序都包含头文件 apue.h，如图 B-1 所示。其中定义了常量（如 MAXLINE）和我们自编函数的原型。

大多数程序都需要包含下列头文件：<stdio.h>、<stdlib.h>（其中有 exit 函数原型）和<unistd.h>（其中包含所有标准 UNIX 函数的原型），因此头文件 apue.h 自动包含了这些系统头文件，同时还包含了<string.h>。这样就减少了本书中所有程序的长度。

```
/*
 * Our own header, to be included before all standard system headers.
 */
#ifndef _APUE_H
#define _APUE_H

#define _POSIX_C_SOURCE 200809L

#if defined(SOLARIS)          /* Solaris 10 */
#define _XOPEN_SOURCE 600
#else
#define _XOPEN_SOURCE 700
#endif

#include <sys/types.h>        /* some systems still require this */
#include <sys/stat.h>
#include <sys/termios.h>      /* for winsize */

#if defined(MACOS) || !defined(TIOCGWINSZ)
#include <sys/ioctl.h>
#endif

#include <stdio.h>            /* for convenience */
#include <stdlib.h>           /* for convenience */
#include <stddef.h>           /* for offsetof */
#include <string.h>           /* for convenience */
#include <unistd.h>           /* for convenience */
#include <signal.h>           /* for SIG_ERR */

#define MAXLINE 4096          /* max line length */

/*
```

```
 * Default file access permissions for new files.
 */
#define FILE_MODE    (S_IRUSR | S_IWUSR | S_IRGRP | S_IROTH)

/*
 * Default permissions for new directories.
 */
#define DIR_MODE     (FILE_MODE | S_IXUSR | S_IXGRP | S_IXOTH)

typedef void         Sigfunc(int);/* for signal handlers */

#define min(a,b)     ((a) < (b) ? (a) : (b))
#define max(a,b)     ((a) > (b) ? (a) : (b))

/*
 * Prototypes for our own functions.
 */
char     *path_alloc(size_t *);                    /* Figure 2.16 */
long      open_max(void);                          /* Figure 2.17 */

int      set_cloexec(int);                         /* Figure 13.9 */
void     clr_fl(int, int);
void     set_fl(int, int);                         /* Figure 3.12 */

void     pr_exit(int);                             /* Figure 8.5 */

void     pr_mask(const char *);                    /* Figure 10.14 */
Sigfunc  *signal_intr(int, Sigfunc *);             /* Figure 10.19 */

void     daemonize(const char *);                  /* Figure 13.1 */

void     sleep_us(unsigned int);                   /* Exercise 14.5 */
ssize_t  readn(int, void *, size_t);               /* Figure 14.24 */
ssize_t  writen(int, const void *, size_t);        /* Figure 14.24 */

int      fd_pipe(int *);                           /* Figure 17.2 */
int      recv_fd(int, ssize_t (*func)(int,
                 const void *, size_t));           /* Figure 17.14 */
int      send_fd(int, int);                        /* Figure 17.13 */
int      send_err(int, int,
                  onst char *);                    /* Figure 17.12 */
int      serv_listen(const char *);                /* Figure 17.8 */
int      serv_accept(int, uid_t *);                /* Figure 17.9 */
int      cli_conn(const char *);                   /* Figure 17.10 */
int      buf_args(char *, int (*func)(int,
                  char **));                       /* Figure 17.23 */

int      tty_cbreak(int);                          /* Figure 18.20 */
int      tty_raw(int);                             /* Figure 18.20 */
int      tty_reset(int);                           /* Figure 18.20 */
void     tty_atexit(void);                         /* Figure 18.20 */
struct termios *tty_termios(void);                 /* Figure 18.20 */

int       ptym_open(char *, int);                  /* Figure 19.9 */
int       ptys_open(char *);                       /* Figure 19.9 */
```

896

```
#ifdef   TIOCGWINSZ
pid_t     pty_fork(int *, char *, int, const struct termios *,
                   const struct winsize *);      /* Figure 19.10 */
#endif

int      lock_reg(int, int, int, off_t, int, off_t); /* Figure 14.5 */

#define  read_lock(fd, offset, whence, len) \
            lock_reg((fd), F_SETLK, F_RDLCK, (offset), (whence), (len))
#define  readw_lock(fd, offset, whence, len) \
            lock_reg((fd), F_SETLKW, F_RDLCK, (offset), (whence), (len))
#define  write_lock(fd, offset, whence, len) \
            lock_reg((fd), F_SETLK, F_WRLCK, (offset), (whence), (len))
#define  writew_lock(fd, offset, whence, len) \
            lock_reg((fd), F_SETLKW, F_WRLCK, (offset), (whence), (len))
#define  un_lock(fd, offset, whence, len) \
            lock_reg((fd), F_SETLK, F_UNLCK, (offset), (whence), (len))

pid_t    lock_test(int, int, off_t, int, off_t);     /* Figure 14.6 */

#define  is_read_lockable(fd, offset, whence, len) \
            (lock_test((fd), F_RDLCK, (offset), (whence), (len)) == 0)
#define  is_write_lockable(fd, offset, whence, len) \
             (lock_test((fd), F_WRLCK, (offset), (whence), (len)) == 0)

void     err_msg(const char *, ...);              /* Appendix B */
void     err_dump(const char *, ...) __attribute__((noreturn));
void     err_quit(const char *, ...) __attribute__((noreturn));
void     err_cont(int, const char *, ...);
void     err_exit(int, const char *, ...) __attribute__((noreturn));
void     err_ret(const char *, ...);
void     err_sys(const char *, ...) __attribute__((noreturn));

void     log_msg(const char *, ...);              /* Appendix B */
void     log_open(const char *, int, int);
void     log_quit(const char *, ...) __attribute__((noreturn));
void     log_ret(const char *, ...);
void     log_sys(const char *, ...) __attribute__((noreturn));
void     log_exit(int, const char *, ...) __attribute__((noreturn));

void     TELL_WAIT(void);              /* parent/child from Section 8.9 */
void     TELL_PARENT(pid_t);
void     TELL_CHILD(pid_t);
void     WAIT_PARENT(void);
void     WAIT_CHILD(void);

#endif   /* _APUE_H */
```

897

图 B-1　头文件 apue.h

程序中先包括 apue.h，然后再包括一般系统头文件，这样就使我们易于做到下列各点：可以先定义一些在此后包括的头文件可能要求的部分；能够控制头文件被包括的顺序；能够重定义某些部分，而这正是为隐藏两个系统之间的差别而需要解决的。

B.2 标准出错例程

我们提供了两套出错函数，用于本书中大多数实例以处理各种出错情况。一套以 err_开头，并向标准错误输出一条出错消息。另一套以 log_开头，用于守护进程（见第 13 章），它们多半没有控制终端。

之所以提供我们自己的出错函数，是为了能够编写只有一行 C 代码的出错处理程序，例如：

```
if (出错条件)
    err_dump(带任意参数的 printf 格式);
```

这样就不再需要使用下列代码：

```
if (出错条件) {
    char buf[200];

    sprintf(buf, 带任意参数的 printf 格式);
    perror(buf);
    abort();
}
```

我们的出错处理函数使用了 ISO C 的变长参数表功能。其详细说明见 Kernighan 和 Ritchie[1988]的 7.3 节。应当注意的是，这个 ISO C 功能与早期系统（如 SVR3 和 4.3BSD）提供的 varargs 功能不同。宏的名字相同，但更改了某些宏的参数。

898

图 B-2 列出了各个出错函数之间的区别。

函　数	从 strerror 添加字符串？	strerror 的参数	终止？
err_dump	是	errno	abort();
err_exit	是	显式参数	exit(1);
err_msg	否		return;
err_quit	否		exit(1);
err_ret	是	errno	return;
err_sys	是	errno	exit(1);
err_cont	是	显式参数	return;
log_msg	否		return;
log_quit	否		exit(2);
log_ret	是	errno	return;
log_sys	是	errno	exit(2);
log_exit	是	显式参数	exit(2);

图 B-2 标准出错函数

图 B-3 包括了输出至标准错误的各个出错函数。

```
#include "apue.h"
#include <errno.h>        /* for definition of errno */
#include <stdarg.h>       /* ISO C variable aruments */

static void  err_doit(int, int, const char *, va_list);

/*
 * Nonfatal error related to a system call.
```

```
 * Print a message and return.
 */
void
err_ret(const char *fmt, ...)
{
    va_list      ap;

    va_start(ap, fmt);
    err_doit(1, errno, fmt, ap);
    va_end(ap);
}

/*
 * Fatal error related to a system call.
 * Print a message and terminate.
 */
void
err_sys(const char *fmt, ...)
{
    va_list      ap;

    va_start(ap, fmt);
    err_doit(1, errno, fmt, ap);
    va_end(ap);
    exit(1);
}

/*
 * Nonfatal error unrelated to a system call.
 * Error code passed as explict parameter.
 * Print a message and return.
 */
void
err_cont(int error, const char *fmt, ...)
{
    va_list      ap;

    va_start(ap, fmt);
    err_doit(1, error, fmt, ap);
    va_end(ap);
}

/*
 * Fatal error unrelated to a system call.
 * Error code passed as explict parameter.
 * Print a message and terminate.
 */
void
err_exit(int error, const char *fmt, ...)
{
    va_list      ap;

    va_start(ap, fmt);
    err_doit(1, error, fmt, ap);
    va_end(ap);
```

899

```
    exit(1);
}

/*
 * Fatal error related to a system call.
 * Print a message, dump core, and terminate.
 */
void
err_dump(const char *fmt, ...)
{
    va_list     ap;

    va_start(ap, fmt);
    err_doit(1, errno, fmt, ap);
    va_end(ap);
    abort();        /* dump core and terminate */
    exit(1);        /* shouldn't get here */
}

/*
 * Nonfatal error unrelated to a system call.
 * Print a message and return.
 */
void
err_msg(const char *fmt, ...)
{
    va_list     ap;

    va_start(ap, fmt);
    err_doit(0, 0, fmt, ap);
    va_end(ap);
}

/*
 * Fatal error unrelated to a system call.
 * Print a message and terminate.
 */
void
err_quit(const char *fmt, ...)
{
    va_list     ap;

    va_start(ap, fmt);
    err_doit(0, 0, fmt, ap);
    va_end(ap);
    exit(1);
}

/*
 * Print a message and return to caller.
 * Caller specifies "errnoflag".
 */
static void
err_doit(int errnoflag, int error, const char *fmt, va_list ap)
{
```

900

```
    char    buf[MAXLINE];

    vsnprintf(buf, MAXLINE-1, fmt, ap);
    if (errnoflag)
        snprintf(buf+strlen(buf), MAXLINE-strlen(buf)-1, ": %s",
          strerror(error));
    strcat(buf, "\n");
    fflush(stdout);         /* in case stdout and stderr are the same */
    fputs(buf, stderr);
    fflush(NULL);           /* flushes all stdio output streams */
}
```

图 B-3 输出至标准错误的出错函数

图 B-4 包括了各 log_XXX 出错函数。若进程不以守护进程方式运行，那么调用者应当定义变量 log_to_stderr，并将其设置为非 0 值。在这种情况下，出错消息被发送至标准错误。若 log_to_stderr 标志为 0，则使用 syslog 设施（见 13.4 节）。

901

```
/*
 * Error routines for programs that can run as a daemon.
 */

#include "apue.h"
#include <errno.h>          /* for definition of errno */
#include <stdarg.h>         /* ISO C variable arguments */
#include <syslog.h>

static void  log_doit(int, int, int, const char *, va_list ap);

/*
 * Caller must define and set this: nonzero if
 * interactive, zero if daemon
 */
extern int   log_to_stderr;

/*
 * Initialize syslog(), if running as daemon.
 */
void
log_open(const char *ident, int option, int facility)
{
    if (log_to_stderr == 0)
        openlog(ident, option, facility);
}

/*
 * Nonfatal error related to a system call.
 * Print a message with the system's errno value and return.
 */
void
log_ret(const char *fmt, ...)
{
    va_list     ap;

    va_start(ap, fmt);
```

```
    log_doit(1, errno, LOG_ERR, fmt, ap);
    va_end(ap);
}

/*
 * Fatal error related to a system call.
 * Print a message and terminate.
 */
void
log_sys(const char *fmt, ...)
{
    va_list      ap;

    va_start(ap, fmt);
    log_doit(1, errno, LOG_ERR, fmt, ap);
    va_end(ap);
    exit(2);
}

/*
 * Nonfatal error unrelated to a system call.
 * Print a message and return.
 */
void
log_msg(const char *fmt, ...)
{
    va_list      ap;

    va_start(ap, fmt);
    log_doit(0, 0, LOG_ERR, fmt, ap);
    va_end(ap);
}

/*
 * Fatal error unrelated to a system call.
 * Print a message and terminate.
 */
void
log_quit(const char *fmt, ...)
{
    va_list      ap;

    va_start(ap, fmt);
    log_doit(0, 0, LOG_ERR, fmt, ap);
    va_end(ap);
    exit(2);
}

/*
 * Fatal error related to a system call.
 * Error number passed as an explicit parameter.
 * Print a message and terminate.
 */
void
log_exit(int error, const char *fmt, ...)
```

902

```
{
    va_list     ap;

    va_start(ap, fmt);
    log_doit(1, error, LOG_ERR, fmt, ap);
    va_end(ap);
    exit(2);
}

/*
 * Print a message and return to caller.
 * Caller specifies "errnoflag" and "priority".
 */
static void
log_doit(int errnoflag, int error, int priority, const char *fmt,
         va_list ap)
{
    char    buf[MAXLINE];

    vsnprintf(buf, MAXLINE-1, fmt, ap);
    if (errnoflag)
        snprintf(buf+strlen(buf), MAXLINE-strlen(buf)-1, ": %s",
          strerror(error));
    strcat(buf, "\n");
    if (log_to_stderr) {
        fflush(stdout);
        fputs(buf, stderr);
        fflush(stderr);
    } else {
    syslog(priority, "%s", buf);
    }
}
```

903

图 B-4 用于守护进程的出错函数

904

附录 C

部分习题答案

第 1 章

1.1 这个习题利用 ls(1)命令的下面两个参数：-i 打印文件或目录的 i 节点编号（4.14 节详细讨论了 i 节点）；-d 仅打印目录信息，而不是打印目录中所有文件的信息。

执行下列命令：

```
$ ls -ldi /etc/. /etc/..            -i 要求打印 i 节点编号
162561 drwxr-xr-x  66 root    4096 Feb  5 03:59 /etc/./
     2 drwxr-xr-x  19 root    4096 Jan 15 07:25 /etc/../
$ ls -ldi /. /..                   .和..的 i 节点编号均为 2
     2 drwxr-xr-x  19 root    4096 Jan 15 07:25 /./
     2 drwxr-xr-x  19 root    4096 Jan 15 07:25 /../
```

1.2 UNIX 系统是多道程序或多任务系统，所以，在图 1-6 所示程序运行的同时其他两个进程也在运行。

1.3 因为 perror 的 *msg* 参数是一个指针，perror 就可以改变 *msg* 指向的字符串。然而使用限定符 const 限制了 perror 不能修改 *msg* 指针指向的字符串。而对于 strerror，其错误号参数是整数类型，并且 C 是按值传递所有参数，因此即使 strerror 函数想修改参数的值也修改不了，也就没有必要使用 const 属性。（如果对 C 中函数参数的处理不是很清楚，可参见 Kernighan 和 Ritchie[1988]的 5.2 节。）

905

1.4 在 2038 年。将 time_t 数据类型定为 64 位整型，就可以解决该问题了。如果它现在是 32 位整型，那么为使应用程序正常工作，应当对其重编译。但是这一问题还有更糟糕之处。某些文件系统及备份介质以 32 位整型存放时间。对于这些同样需要加以更新，但又需要能读旧的格式。

1.5 大约 248 天。

第 2 章

2.1 下面是 FreeBSD 中使用的技术。在头文件<machine/_types.h>中定义可在多个头文件中出现的基本数据类型。例如：

```
#ifndef _MACHINE__TYPES_H_
#define _MACHINE__TYPES_H_

typedef int              __int32_t;
typedef unsigned int     __uint32_t;
   ⋮
typedef __uint32_t      __size_t;
```

```
⋮
#endif /* _MACHINE__TYPES_H_ */
```

在每个可以定义基本数据类型 size_t 的头文件中，包含下面的语句序列。

```
#ifndef _SIZE_T_DECLARED
typedef __size_t     size_t;
#define _SIZE_T_DECLARED
#endif
```

这样，实际上只执行一次 size_t 的 typedef。

2.3 如果 OPEN_MAX 是未确定的或大得出奇（即等于 LONG_MAX），那么可以使用 getrlimit 得到每个进程的最大打开文件描述符数。因为可以修改对每个进程的限制，所以我们不能将前一个调用得到的值高速缓存起来（它可能已被更改），见图 C-1。

906

```
#include "apue.h"
#include <limits.h>
#include <sys/resource.h>

#define OPEN_MAX_GUESS  256

long
open_max(void)
{
    long openmax;
    struct rlimit rl;

    if ((openmax = sysconf(_SC_OPEN_MAX)) < 0 ||
      openmax == LONG_MAX) {
        if (getrlimit(RLIMIT_NOFILE, &rl) < 0)
            err_sys("can't get file limit");
        if (rl.rlim_max == RLIM_INFINITY)
            openmax = OPEN_MAX_GUESS;
        else
            openmax = rl.rlim_max;
    }
    return(openmax);
}
```

图 C-1 标识最大可能文件描述符的替换方法

第3章

3.1 所有磁盘 I/O 都要经过内核的块缓存区（也称为内核的缓冲区高速缓存）。唯一例外的是对原始磁盘设备的 I/O，但是我们不考虑这种情况（Bach[1986]的第 3 章讲述了这种缓存区高速缓存的操作）。既然 read 或 write 的数据都要被内核缓冲，那么术语“不带缓冲的 I/O”指的是在用户的进程中对这两个函数不会自动缓冲，每次 read 或 write 就要进行一次系统调用。

3.3 每次调用 open 函数就分配一个新的文件表项。但是因为两次打开的是同一个文件，则两个文件表项指向相同的 v 节点。调用 dup 引用已存在的文件表项（此处指 fd1 的文件表项），见图 C-2。当 F_SETFD 作用于 fd1 时，只影响 fd1 的文件描述符标志；F_SETFL 作用于 fd1 时，则影响 fd1 及 fd2 指向的文件表项。

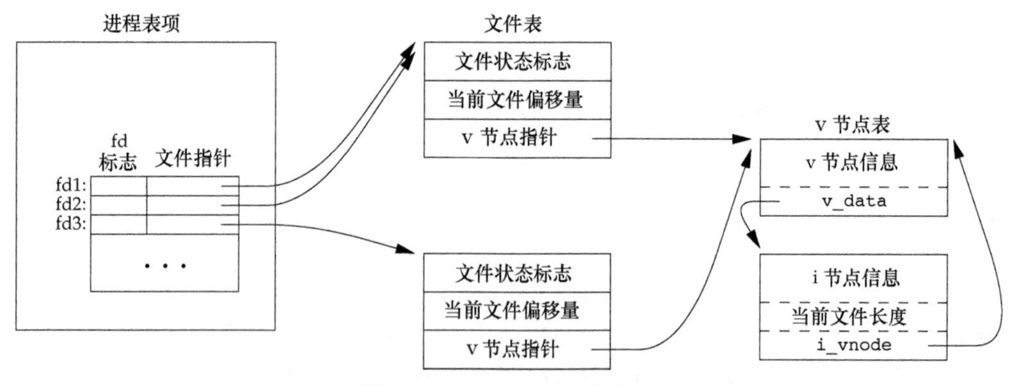

图 C-2　open 和 dup 的结果

3.4　如果 fd 是 1，执行 dup2(fd, 1)后返回 1，但没有关闭文件描述符 1（见 3.12 节）。调用 3 次 dup2 后，3 个描述符指向相同的文件表项，所以不需要关闭描述符。

907

如果 fd 为 3，调用 3 次 dup2 后，有 4 个描述符指向相同的文件表项，这种情况下就需要关闭描述符 3。

3.5　因为 shell 从左到右处理命令行，所以

```
./a.out > outfile 2>&1
```

首先设置标准输出到 outfile，然后执行 dup 将标准输出复制到描述符 2（标准错误）上，其结果是将标准输出和标准错误设置为同一个的文件，即描述符 1 和 2 指向同一个文件表项。而对于命令行

```
./a.out 2>&1 > outfile
```

由于首先执行 dup，所以描述符 2 成为终端（假设命令是交互执行的），标准输出重定向到 outfile。结果是描述符 1 指向 outfile 的文件表项，描述符 2 指向终端的文件表项。

3.6　这种情况下，仍然可以用 lseek 和 read 函数读文件中任意一个位置的内容。但是 write 函数在写数据之前会自动将文件偏移量设置为文件尾，所以写文件时只能从文件尾端开始。

第 4 章

4.1　stat 函数总是跟随符号链接（见图 4-17），所以该程序决不会显示文件类型是“符号链接”。例如，正如本书正文中所示，/dev/cdrom 是/dev/sr0 的一个符号链接，但是 stat 函数的结果只显示/dev/cdrom 是一个块特殊文件，而不报告它是一个符号链接。若符号链接指向一个不存在的文件，stat 会出错返回。

908

4.2　将关闭该文件的所有访问权限。

```
$ umask 777
$ date > temp.foo
$ ls -l temp.foo
---------- 1 sar          29 Feb  5 14:06 temp.foo
```

4.3　下面的命令显示了关闭用户读权限时所发生的情况。

```
$ data > foo
$ chmod u-r foo        关闭用户读权限
$ ls -l foo            验证文件的权限
```

```
--w-r--r--  1 sar        29 Feb  5 14:21 foo
$ cat foo            读文件
cat: foo: Permission denied
```

4.4　如果用 open 或 creat 创建已经存在的文件，则该文件的访问权限位不变。运行图 4-9 中的程序可以验证这点。

```
$ rm foo bar              删除文件
$ data > foo              创建文件
$ data > bar
$ chmod a-r foo bar      关闭所有的读权限
$ ls -l foo bar          验证其权限
--w-------   1 sar       29 Feb  5 14:25 bar
--w-------   1 sar       29 Feb  5 14:25 foo
$ ./a.out                运行图 4-9 程序
$ ls -l foo bar          检查文件的权限和大小
--w-------   1 sar        0 Feb  5 14:26 bar
--w-------   1 sar        0 Feb  5 14:26 foo
```

可以看出访问权限没有改变，但是文件被截断了。

4.5　目录的长度从来不会是 0，因为它总是包含 . 和 .. 两项。符号链接的长度指其路径名包含的字符数，由于路径名中至少有一个字符，所以长度也不为 0。

4.7　当创建新的 core 文件时，内核对其访问权限有一个默认设置，在本例中是 rw-r--r--。这一默认值可能会也可能不会被 umask 的值修改。shell 对创建的重定向的新文件也有一个默认的访问权限，本例中为 rw-rw-rw-，这个值总是被当前的 umask 修改，在本例中 umask 为 02。

4.8　不能使用 du 的原因是它需要文件名，如

```
du tempfile
```

或目录名，如

```
du .
```

只有当 unlink 函数返回时才释放 tempfile 的目录项，du .命令没有计算仍然被 tempfile 占用的空间。本例中只能使用 df 命令查看文件系统中实际可用的空闲空间。　909

4.9　如果被删除的链接不是该文件的最后一个链接，则不会删除该文件。此时，文件的状态更改时间被更新。但是，如果被删除的链接是最后一个链接，则该文件将被物理删除。这时再去更新文件的状态更改时间就没有意义，因为包含文件所有信息的 i 节点将会随着文件的删除而被释放。

4.10　用 opendir 打开一个目录后，递归调用函数 dopath。假设 opendir 使用一个文件描述符，并且只有在处理完目录后才调用 closedir 释放描述符，这就意味着每次降一级就要使用另外一个描述符。所以进程可打开的最大描述符数就限制了我们可以遍历的文件系统树的深度。Single UNIX Specification 的 XSI 扩展中说明的 ftw 允许调用者指定使用的描述符数，这隐含着可以关闭描述符并且重用它们。

4.12　chroot 函数被因特网文件传输协议（Internet File Transfer Protocol，FTP）程序用于辅助安全性。系统中没有账户的用户（也称为*匿名* FTP）放在一个单独的目录下，利用 chroot 将此目录当作新的根目录，就可以阻止用户访问此目录以外的文件。

chroot 也用于在另一台机器上构造一个文件系统层次结构的副本，然后修改此副本，不会

更改原来的文件系统。这可用于测试新软件包的安装。

chroot 只能由超级用户执行，一旦更改了一个进程的根，该进程及其后代进程就再也不能恢复至原先的根。

4.13 首先调用 stat 函数取得文件的 3 个时间值，然后调用 utimes 设置期望的值。在调用 utimes 时我们不希望改变的值应当是 stat 中相应的值。

4.14 finger(1)对邮箱调用 stat 函数，最近一次的修改时间是上一次接收邮件的时间，最近访问时间是上一次读邮件的时间。

4.15 cpio 和 tar 存储的只是归档文件的修改时间（st_mtim）。因为文件归档时一定会读它，所以该文件的访问时间对应于创建归档文件的时间，因此没有存储其访问时间。cpio 的-a 选项可以在读输入文件后重新设置该文件的访问时间，于是创建归档文件不改变文件的访问时间。（但是，重置文件的访问时间确实改变了状态更改时间。）状态更改时间没有存储在文挡上，因为即使它曾被归档，在抽取时也不能设置其值。（utimes 函数极其相关的 futimens 和 utimensta 函数可以更改的仅仅是访问时间和修改时间。）

910

对 tar 来说，在抽取文件时，其默认方式是复原归档时的修改时间值，但是 tar 的-m 选项则将修改时间设置为抽取文件时的时间，而不是复原归档时的修改时间值。对于 tar，无论何种情况，在抽取后，文件的访问时间均是抽取文件时的时间。

另一方面，cpio 将访问时间和修改时间设置为抽取文件时的时间。默认情况下，它并不试图将修改时间设置为归档时的值。cpio 的-m 选项将文件的修改时间和访问时间设置为归档时的值。

4.16 内核对目录树的深度没有内在的限制，但是如果路径名的长度超出了 PATH_MAX，则有许多命令会失败。图 C-3 程序创建了一个深度为 1 000 的目录树，每一级目录名有 45 个字符。在所有平台上我们都能构建这样的结构，但并不是在所有平台上都能用 getcwd 得到第 1 000 级目录的绝对路径名。在 Mac OS X 10.6.8 中，当到达长路径的目录尾部时，getcwd 就不再成功了。在 FreeBSD 8.0、Linux 3.2.0 和 Solaris 10 中，getcwd 可以获得路径名，但是需要多次调用 realloc 得到一个足够大的缓冲区。在 Linux 3.2.0 上运行该程序后得到：

```
$ ./a.out
getcwd failed, size = 4096: Numerical result out of range
getcwd failed, size = 4196: Numerical result out of range
...                        省略了 418 行
getcwd failed, size = 45896: Numerical result out of range
getcwd failed, size = 45996: Numerical result out of range
length = 46004
                           显示 46004 字节的路径名
```

然而，不能用 cpio 归档此目录，因为文件名太长了。事实上，cpio 在所有 4 种平台上都不能归档此目录。于此对比的是，在 FreeBSD 8.0、Linux 3.2.0 和 Mac OS X 10.6.8 上，可以用 tar 归档此目录。然而，在 Linux 3.2.0 上，我们不能从归档文件中抽取出目录的层次结构。

```c
#include "apue.h"
#include <fcntl.h>

#define  DEPTH    1000          /* directory depth */
#define  STARTDIR "/tmp"
#define  NAME     "alonglonglonglonglonglonglonglonglonglongname"
#define  MAXSZ    (10*8192)
```

```
int
main(void)
{
    int      i;
    size_t   size;
    char     *path;

    if (chdir(STARTDIR) < 0)
        err_sys("chdir error");

    for (i = 0; i < DEPTH; i++) {
        if (mkdir(NAME, DIR_MODE) < 0)
            err_sys("mkdir failed, i = %d", i);
        if (chdir(NAME) < 0)
            err_sys("chdir failed, i = %d", i);
    }

    if (creat("afile", FILE_MODE) < 0)
        err_sys("creat error");

    /*
     * The deep directory is created, with a file at the leaf.
     * Now let's try to obtain its pathname.
     */
    path = path_alloc(&size);
    for ( ; ; ) {
        if (getcwd(path, size) != NULL) {
            break;
        } else {
            err_ret("getcwd failed, size = %ld", (long)size);
            size += 100;
            if (size > MAXSZ)
                err_quit("giving up");
            if ((path = realloc(path, size)) == NULL)
                err_sys("realloc error");
        }
    }
    printf("length = %ld\n%s\n", (long)strlen(path), path);

    exit(0);
}
```

图C-3　创建深目录树

4.17 /dev 目录关闭了一般用户的写访问权限，以防止普通用户删除目录中的文件名。这就意味着 unlink 失败。

第5章

5.2 fgets 函数读入数据，直到行结束或缓冲区满（当然会留出一个字节存放终止 null 字节）。同样，fputs 只负责将缓冲区的内容输出直到遇到一个 null 字节，而并不考虑缓冲区中是否包含换行符。所以，如果将 MAXLINE 设得很小，这两个函数仍然会正常工作；只不过在缓冲区较大时，函数被执行的次数要多于 MAXLINE 值设置得较大的时候。

911~912

如果这些函数删除或添加换行符（如 gets 和 puts 函数的操作），则必须保证对于最长的行，缓冲区也足够大。

5.3 当 printf 没有输出任何字符时，如 printf("");，函数调用返回 0。

5.4 这是一个比较常见的错误。getc 以及 getchar 的返回值是 int 类型，而不是 char 类型。由于 EOF 经常定义为-1，那么如果系统使用的是有符号的字符类型，程序还可以正常工作。但如果使用的是无符号字符类型，那么返回的 EOF 被保存到字符 c 后将不再是-1，所以，程序会进入死循环。本书说明的 4 种平台都使用带符号字符，所以实例代码都能工作。

5.5 使用方法为：先调用 fflush 后调用 fsync。fsync 所使用的参数由 fileno 函数获得。如果不调用 fflush，所有的数据仍然在内存缓冲区中，此时调用 fsync 将没有任何效果。

5.6 当程序交互运行时，标准输入和标准输出均为行缓冲方式。每次调用 fgets 时标准输出设备将自动冲洗。

5.7 基于 BSD 系统的 fmemopen 的实现如图 C-4 所示。

```
#include <stdio.h>
#include <stdlib.h>
#include <string.h>
#include <errno.h>

/*
 * Our internal structure tracking a memory stream
 */
struct memstream
{
    char     *buf;    /* in-memory buffer */
    size_t   rsize;   /* real size of buffer */
    size_t   vsize;   /* virtual size of buffer */
    size_t   curpos;  /* current position in buffer */
    int      flags;   /* see below */
};

/* flags */
#define MS_READ        0x01    /* open for reading */
#define MS_WRITE       0x02    /* open for writing */
#define MS_APPEND      0x04    /* append to stream */
#define MS_TRUNCATE    0x08    /* truncate the stream on open */
#define MS_MYBUF       0x10    /* free buffer on close */

#ifndef MIN
#define MIN(a, b) ((a) < (b) ? (a) : (b))
#endif

static int mstream_read(void *, char *, int);
static int mstream_write(void *, const char *, int);
static fpos_t mstream_seek(void *, fpos_t, int);
static int mstream_close(void *);
static int type_to_flags(const char *__restrict type);
static off_t find_end(char *buf, size_t len);

FILE *
fmemopen(void *__restrict buf, size_t size,
    const char *__restrict type)
```

913

```
{
    struct memstream *ms;
    FILE *fp;

    if (size == 0) {
        errno = EINVAL;
        return(NULL);
    }
    if ((ms = malloc(sizeof(struct memstream))) == NULL) {
        errno = ENOMEM;
        return(NULL);
    }
    if ((ms->flags = type_to_flags(type)) == 0) {
        errno = EINVAL;
        free(ms);
        return(NULL);
    }
    if (buf == NULL) {
        if ((ms->flags & (MS_READ|MS_WRITE)) !=
          (MS_READ|MS_WRITE)) {
            errno = EINVAL;
            free(ms);
            return(NULL);
        }
        if ((ms->buf = malloc(size)) == NULL) {
            errno = ENOMEM;
            free(ms);
            return(NULL);
        }
        ms->rsize = size;
        ms->flags |= MS_MYBUF;
        ms->curpos = 0;
    } else {
        ms->buf = buf;
        ms->rsize = size;
        if (ms->flags & MS_APPEND)
            ms->curpos = find_end(ms->buf, ms->rsize);
        else
            ms->curpos = 0;
    }
    if (ms->flags & MS_APPEND) {              /* "a" mode */
        ms->vsize = ms->curpos;
    } else if (ms->flags & MS_TRUNCATE) {    /* "w" mode */
        ms->vsize = 0;
    } else {                                  /* "r" mode */
        ms->vsize = size;
    }
    fp = funopen(ms, mstream_read, mstream_write,
      mstream_seek, mstream_close);
    if (fp == NULL) {
        if (ms->flags & MS_MYBUF)
            free(ms->buf);
        free(ms);
    }
    return(fp);
```

914

```
}

static int
type_to_flags(const char *__restrict type)
{
    const char *cp;
    int flags = 0;

    for (cp = type; *cp != 0; cp++) {
        switch (*cp) {
        case 'r':
            if (flags != 0)
                return(0);    /* error */
            flags |= MS_READ;
            break;

        case 'w':
            if (flags != 0)
                return(0);    /* error */
            flags |= MS_WRITE|MS_TRUNCATE;
            break;

        case 'a':
            if (flags != 0)
                return(0);    /* error */
            flags |= MS_APPEND;
            break;

        case '+':
            if (flags == 0)
                return(0);    /* error */
            flags |= MS_READ|MS_WRITE;
            break;

        case 'b':
            if (flags == 0)
                return(0);    /* error */
            break;

        default:
            return(0);        /* error */
        }
    }
    return(flags);
}

static off_t
find_end(char *buf, size_t len)
{
    off_t off = 0;

    while (off < len) {
        if (buf[off] == 0)
            break;
        off++;
```

915

```
    }
    return(off);
}

static int
mstream_read(void *cookie, char *buf, int len)
{
    int nr;
    struct memstream *ms = cookie;

    if (!(ms->flags & MS_READ)) {
        errno = EBADF;
        return(-1);
    }
    if (ms->curpos >= ms->vsize)
        return(0);

    /* can only read from curpos to vsize */
    nr = MIN(len, ms->vsize - ms->curpos);
    memcpy(buf, ms->buf + ms->curpos, nr);
    ms->curpos += nr;
    return(nr);
}

static int
mstream_write(void *cookie, const char *buf, int len)
{
    int nw, off;
    struct memstream *ms = cookie;

    if (!(ms->flags & (MS_APPEND|MS_WRITE))) {
        errno = EBADF;
        return(-1);
    }
    if (ms->flags & MS_APPEND)
        off = ms->vsize;
    else
        off = ms->curpos;
    nw = MIN(len, ms->rsize - off);
    memcpy(ms->buf + off, buf, nw);
    ms->curpos = off + nw;
    if (ms->curpos > ms->vsize) {
        ms->vsize = ms->curpos;
        if (((ms->flags & (MS_READ|MS_WRITE)) ==
          (MS_READ|MS_WRITE)) && (ms->vsize < ms->rsize))
            *(ms->buf + ms->vsize) = 0;
    }
    if ((ms->flags & (MS_WRITE|MS_APPEND)) &&
      !(ms->flags & MS_READ)) {
        if (ms->curpos < ms->rsize)
            *(ms->buf + ms->curpos) = 0;
        else
            *(ms->buf + ms->rsize - 1) = 0;
    }
    return(nw);
```

916

```
}

static fpos_t
mstream_seek(void *cookie, fpos_t pos, int whence)
{
    int off;
    struct memstream *ms = cookie;

    switch (whence) {
    case SEEK_SET:
        off = pos;
        break;
    case SEEK_END:
        off = ms->vsize + pos;
        break;
    case SEEK_CUR:
        off = ms->curpos + pos;
        break;
    }
    if (off < 0 || off > ms->vsize) {
        errno = EINVAL;
        return -1;
    }
    ms->curpos = off;
    return(off);
}

static int
mstream_close(void *cookie)
{
    struct memstream *ms = cookie;

    if (ms->flags & MS_MYBUF)
        free(ms->buf);
    free(ms);
    return(0);
}
```

917

图 C-4 BSD 系统的 fmemopen 实现

第 6 章

6.1 6.3 节讲述了在 Linux 和 Solaris 系统中访问阴影口令文件的函数。不能使用 6.2 节所述函数返回的 pw_passwd 字段值与加密口令相比较，因为此字段不是加密的口令。正确的方法是使用阴影口令文件中对应用户的加密口令字段来进行比较。

在 FreeBSD 和 Mac OS X 中，口令文件的阴影是自动建立的。FreeBSD 8.0 中，仅当调用者的有效用户 ID 为 0 时，getpwnam 或 getpwuid 函数返回的 passed 结构中的 pw_passwd 字段包含有加密口令。在 Mac OS X 10.6.8 上，加密口令不能通过这些接口访问。

6.2 在 Linux 3.2.0 和 Solaris 10 中，图 C-5 程序输出加密口令。当然，除非有超级用户权限，否则调用 getspnam 将返回 EACCES 错误。

```
#include "apue.h"
#include <shadow.h>
```

```
int
main(void)         /* Linux/Solaris version */
{
    struct spwd   *ptr;

    if ((ptr = getspnam("sar")) == NULL)
        err_sys("getspnam error");
    printf("sp_pwdp = %s\n", ptr->sp_pwdp == NULL ||
      ptr->sp_pwdp[0] == 0 ?  "(null)" : ptr->sp_pwdp);
    exit(0);
}
```

图 C-5 在 Linux 和 Solaris 系统中输出加密口令

在 FreeBSD 8.0 中，具有超级用户权限时，图 C-6 程序将输出加密口令，否则 pw_passed 的返回值为星号（*）。在 Mac OS X 10.6.8 中，不管其运行时的用户权限是什么都输出星号。

```
#include "apue.h"
#include <pwd.h>

int
main(void)         /* FreeBSD/Mac OS X version */
{
    struct passwd     *ptr;

    if ((ptr = getpwnam("sar")) == NULL)
        err_sys("getpwnam error");
    printf("pw_passwd = %s\n", ptr->pw_passwd == NULL ||
      ptr->pw_passwd[0] == 0 ?  "(null)" : ptr->pw_passwd);
    exit(0);
}
```

918

图 C-6 在 FreeBSD 和 Mac OS X 中输出加密口令

6.5 图 C-7 程序以类似于 date 命令的格式输出日期。

```
#include "apue.h"
#include <time.h>

int
main(void)
{
    time_t          caltime;
    struct tm       *tm;
    char            line[MAXLINE];

    if ((caltime = time(NULL)) == -1)
        err_sys("time error");
    if ((tm = localtime(&caltime)) == NULL)
        err_sys("localtime error");
    if (strftime(line, MAXLINE, "%a %b %d %X %Z %Y\n", tm) == 0)
        err_sys("strftime error");
    fputs(line, stdout);
    exit(0);
}
```

图 C-7 以 date(1)的格式输出日期和时间

图 C-7 中程序的运行结果如下：

```
$ ./a.out                                  作者的默认格式是美国东部
Wed Jul 25 22:58:32 EDT 2012
$ TZ=US/Mountain ./a.out                   美国山地时间
Wed Jul 25 20:58:32 MDT 2012
$ TZ=Japan ./a.out                         日本
Thu Jul 26 11:58:32 JST 2012
```

第 7 章

7.1 原因在于 printf 的返回值（输出的字符数）变成了 main 函数的返回值。为了验证这一结论，改变打印字符串的长度，然后运行程序，查看返回值是否与新的字符串长度值匹配。当然，并不是所有的系统都会出现该情况。还要注意的是，如果在 gcc 中允许 ISO C 扩展的编译选项，返回值将总是 0，这是标准要求的。

919

7.2 当程序处于交互运行方式时，标准输出通常处于行缓冲方式，所以当输出换行符时，上次的结果才被真正输出。如果标准输出被定向到一个文件，而标准输出处于全缓冲方式，则当标准 I/O 清理操作执行时，结果才真正被输出。

7.3 由于 agrc 和 argv 的副本不像 environ 一样保存在全局变量中，所以在大多数 UNIX 系统中没有其他办法。

7.4 当 C 程序解引用一个空指针出错时，执行该程序的进程将终止。可以利用这种方法终止进程。

7.5 定义如下：

```
typedef void   Exitfunc(void);
int atexit(Exitfunc *func);
```

7.6 calloc 将分配的内存空间初始化为 0。但是 ISO C 并不保证 0 值与浮点 0 或空指针的值相同。

7.7 只有通过 exec 函数执行一个程序时，才会分配堆和栈（见 8.10 节）。

7.8 可执行文件（a.out）包含了用于调试 core 文件的符号表信息。用 strip(1)命令可以删除这些信息，对两个 a.out 文件执行这条命令，它们的大小减为 798 760 和 6200 字节。

7.9 没有使用共享库时，可执行文件的大部分都被标准 I/O 库所占用。

7.10 这段代码不正确。因为在自动变量 val 已经不存在之后，代码还通过指针引用这个已经不存在的自动变量。自动变量 val 在复合语句开始的左花括号之后声明了，但当该复合语句结束时，即在匹配的右花括号之后，自动变量就不存在了。

第 8 章

8.1 为了仿真子进程终止时关闭标准输出的行为，在调用 exit 之前加下列代码行：

```
fclose(stdout);
```

为了观察其效果，用下面几行代替程序中调用 printf 的语句。

```
i = printf("pid = %ld, glob = %d, var = %d\n",
    (long)getpid(), glob, var);
sprintf(buf, "%d\n", i);
write(STDOUT_FILENO, buf, strlen(buf));
```

还需要定义变量 i 和 buf。

920

这里假设子进程调用 exit 时关闭标准 I/O 流，但不关闭文件描述符 STDOUT_FILENO。有些版本的标准 I/O 库会关闭与标准输出相关联的文件描述符从而引起 write 标准输出失败。在这种情况下，调用 dup 将标准输出复制到另一个描述符，write 则使用新复制的文件描述符。

8.2　可以通过图 C-8 程序来说明这个问题。

```
#include "apue.h"

static void  f1(void), f2(void);

int
main(void)
{
    f1();
    f2();
    _exit(0);
}

static void
f1(void)
{
    pid_t    pid;

    if ((pid = vfork()) < 0)
        err_sys("vfork error");
    /* child and parent both return */
}

static void
f2(void)
{
    char     buf[1000];        /* automatic variables */
    int      i;

    for (i = 0; i < sizeof(buf); i++)
        buf[i] = 0;
}
```

图 C-8　错误使用 vfork 的例子

当函数 f1 调用 vfork 时，父进程的栈指针指向 f1 函数的栈帧，见图 C-9。vfork 使得子进程先执行然后从 f1 返回，接着子进程调用 f2，并且 f2 的栈帧覆盖了 f1 的栈帧，在 f2 中子进程将自动变量 buf 的值置为 0，即将栈中的 1 000 字节的值都置为 0。从 f2 返回后子进程调用_exit，这时栈中 main 栈帧以下的内容已经被 f2 修改了。然后，父进程从 vfork 调用后恢复继续，并从 f1 返回。返回信息虽然常常保存在栈中，但是多半可能已经被子进程修改了。对于这个例子，父进程恢复继续执行的结果要依赖于你所使用的 UNIX 系统的实现特征（如返回信息保存在栈帧中的具体位置、修改动态变量时覆盖了哪些信息等）。通常的结果是一个 core 文件，但在你的系统中，产生的结果可能不同。

921

8.4　在图 8-13 中，我们先让父进程输出，但是当父进程输出完毕子进程要输出时，要让父进程终止。是父进程先终止还是子进程先执行输出，要依赖于内核对两个进程的调度（另一个竞争条件）。

在父进程终止后，shell会开始执行下一个程序，它也许会干扰子进程的输出。为了避免这种情况，要在子进程完成输出后才终止父进程。用下面的语句替换程序中 fork 后面的代码。

```
else if (pid == 0) {
    WAIT_PARENT();              /* parent goes first */
    charatatime("output from child\n");
    TELL_PARENT(getppid());     /* tell parent we're done */
} else {
    charatatime("output from parent\n");
    TELL_CHILD(pid);            /* tell child we're done */
    WAIT_CHILD();               /* wait for child to finish */
}
```

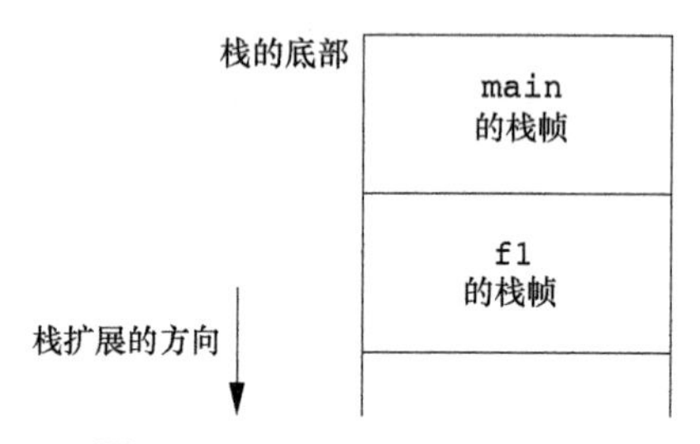

图 C-9　调用 vfork 时的栈帧

由于只有终止父进程才能开始下一个程序，而该程序让子进程先运行，所以不会出现上面的情况。

8.5　对 argv[2]打印的是相同的值（/home/sar/bin/testinterp）。原因是 execlp 在结束时调用了 execve，并且与直接调用 execl 的路径名相同。回忆图 8-15。

922

8.6　图 C-10 程序创建了一个僵死进程。

```
#include "apue.h"

#ifdef SOLARIS
#define PSCMD    "ps -a -o pid,ppid,s,tty,comm"
#else
#define PSCMD    "ps -o pid,ppid,state,tty,command"
#endif

int
main(void)
{
    pid_t    pid;

    if ((pid = fork()) < 0)
        err_sys("fork error");
    else if (pid == 0)          /* child */
        exit(0);

    /* parent */
    sleep(4);
    system(PSCMD);

    exit(0);
}
```

图 C-10　创建一个僵死进程并用 ps 查看其状态

执行程序结果如下（ps(1)用 Z 表示僵死进程）：

```
$ ./a.out
 PID  PPID S TT         COMMAND
2369  2208 S pts/2       -bash
7230  2369 S pts/2       ./a.out
7231  7230 Z pts/2       [a.out] <defunct>
7232  7230 S pts/2       sh -c ps -o pid,ppid,state,tty,command
7233  7232 R pts/2       ps -o pid,ppid,state,tty,command
```

第9章

9.1 因为 init 是登录 shell 的父进程，当登录 shell 终止时它收到 SIGCHLD 信号量，所以 init 进程知道什么时候终端用户注销。

网络登录没有包含 init，在 utmp 和 wtmp 文件中的登录项和相应的注销项是由一个处理登录并检测注销的进程写的（本例中为 telnetd）。 923

第10章

10.1 当程序第一次接收到发送给它的信号时就终止了。因为一捕捉到信号，pause 函数就返回。

10.2 栈帧见图 C-11。

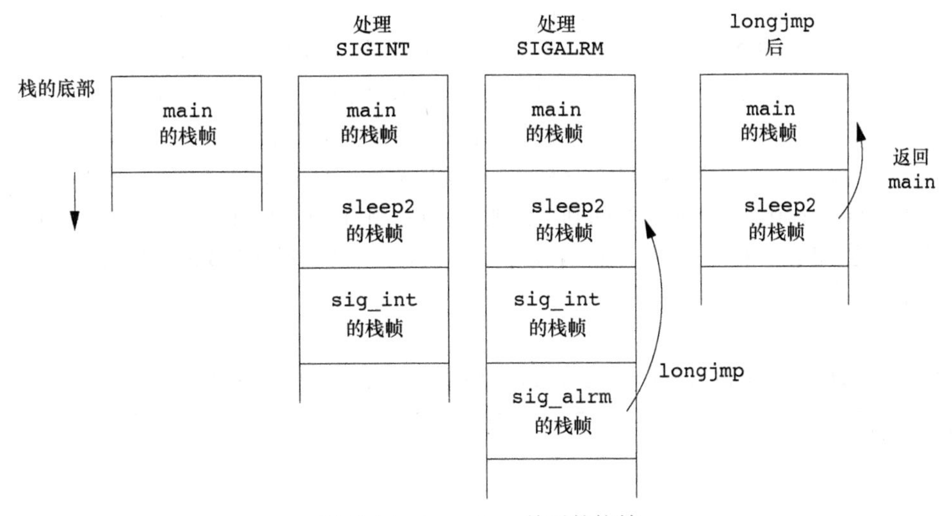

图 C-11 longjmp 前后的栈帧

在 sig_alrm 中通过 longjmp 返回 sleep2，有效地避免了继续执行 sig_int。从这一点，sleep2 返回 main（回忆图 10-8）。

10.4 在第一次调用 alarm 和 setjmp 之间又有一次竞争条件。如果进程在调用 alarm 和 setjmp 之间被内核阻塞了，闹钟时间超过后就调用信号处理程序，然后调用 longjmp。但是由于没有调用过 setjmp，所以没有设置 env_alrm 缓冲区。如果 longjmp 的跳转缓冲区没有被 setjmp 初始化，则说明 longjmp 的操作是未定义的。

10.5 参见 Don Libes 的论文“Implementing Software Timers”（*C users Journal*, Vol. 8, no. 11, Nov. 1990）中的例子。

10.7 如果仅仅调用_exit，则进程终止状态不能表示该进程是由于 SIGABRT 信号而终止的。

924

10.8 如果信号是由其他用户的进程发出的，进程必须设置用户 ID 为根或者是接收进程的所有者，否则 kill 不能执行。所以实际用户 ID 为信号的接收者提供了更多的信息。

10.10 对于本书作者所用的一个系统，每 60～90 分钟增加一秒，这个误差是因为每次调用 sleep 都要调度一次将来的时间事件，但是由于 CPU 调度，有时并没有在事件发生时立即被唤醒。另外一个原因是进程开始运行和再次调用 sleep 都需要一定量的时间。

cron 守护进程这样的程序每分钟都要获取当前时间，它首先设置一个休眠周期，然后在下一分钟开始时唤醒。（将当前时间转换成本地时间并查看 tm_sec 值。）每一分钟，设置下一个休眠周期，使得在下一分钟开始时可以唤醒。大多数调用是 sleep(60)，偶尔有一个 sleep(59)用于在下一分钟同步。但是，若在进程中花费了许多时间执行命令或者系统的负载重、调度慢，这时休眠值可能远小于 60。

10.11 在 Linux 3.2.0、Mac OS X 10.6.8 和 Solaris 10 中，从来没有调用过 SIGXFSZ 的信号处理程序，一旦文件的大小达到 1 024 时，write 就返回 24。

在 FreeBSD 8.0 中，当文件大小已达到 1 000 字节，在下一次准备写 100 字节时调用该信号处理程序，write 返回-1，并且将 errno 设置为 EFBIG（文件太大）。

在所有 4 种平台上，如果在当前文件偏移量处（文件尾端）尝试再一次 write，将收到 SIGXFSZ 信号，write 将失败，返回-1，并将 errno 设置为 EFBIG。

10.12 结果依赖于标准 I/O 库的实现：fwrite 函数如何处理一个被中断的 write。

例如，在 Linux 3.2.0 上，当使用 fwrite 函数写一个大的缓冲区时，fwrite 以相同的字节数直接调用 write。在 write 系统调用当中，闹钟时间到，但我们直到写结束才看到信号。看上去就好像在 write 系统调用进行当中内核阻塞了信号。

与此不同的是，在 Solaris 10 中，fwrite 函数调用以 8 KB 的增量调用 write，直到写完整个要求的字节数。当闹钟时间到，会被捕捉到，中断 write 回到 fwrite。当从信号处理程序返回时，返回到 fwrite 函数内部的循环，并继续以 8 KB 的增量写。

第 11 章

925

11.1 图 C-12 给出了一个没有使用自动变量，而采用动态内存分配的程序。

```
#include "apue.h"
#include <pthread.h>

struct foo {
    int a, b, c, d;
};

void
printfoo(const char *s, const struct foo *fp)
{
    fputs(s, stdout);
    printf("  structure at 0x%lx\n", (unsigned long)fp);
    printf("  foo.a = %d\n", fp->a);
    printf("  foo.b = %d\n", fp->b);
    printf("  foo.c = %d\n", fp->c);
    printf("  foo.d = %d\n", fp->d);
}
```

```
void *
thr_fn1(void *arg)
{
    struct foo *fp;

    if ((fp = malloc(sizeof(struct foo))) == NULL)
        err_sys("can't allocate memory");
    fp->a = 1;
    fp->b = 2;
    fp->c = 3;
    fp->d = 4;
    printfoo("thread:\n", fp);
    return((void *)fp);
}

int
main(void)
{
    int err;
    pthread_t tid1;
    struct foo *fp;

    err = pthread_create(&tid1, NULL, thr_fn1, NULL);
    if (err != 0)
        err_exit(err, "can't create thread 1");
    err = pthread_join(tid1, (void *)&fp);
    if (err != 0)
        err_exit(err, "can't join with thread 1");
    printfoo("parent:\n", fp);
    exit(0);
}
```

图 C-12 线程返回值的正确使用

926

11.2 要改变挂起作业的线程 ID，必须持有写模式下的读写锁，防止 ID 在改变过程中有其他线程在搜索该列表。目前定义该接口的方式存在的问题在于：调用 job_find 找到该作业以及调用 job_remove 从列表中删除该作业这两个时间之间作业 ID 可以改动。这个问题可以通过在 job 结构中嵌入引用计数和互斥量，然后让 job_find 增加引用计数的方法来解决。这样修改 ID 的代码就可以避免对列表中非零引用计数的任何作业进行 ID 改动的情况。

11.3 首先，列表是由读写锁保护的，但条件变量需要互斥量对条件进行保护。其次，每个线程等待满足的条件应该是有某个作业进行处理时需要的条件，所以需要创建每线程数据结构来表示这个条件。或者，可以把互斥量和条件变量嵌入到 queue 结构中，但这意味着所有的工作线程将等待相同的条件。如果有很多工作线程存在，当唤醒了许多线程但又没有工作可做时，就可能出现惊群效应问题，最后导致 CPU 资源的浪费，并且增加了锁的争夺。

11.4 这根据具体情况而定。总的来说，两种情况都可能是正确的，但每一种方法都有不足之处。在第一种情况下，等待线程会被安排在调用 pthread_cond_broadcast 之后运行。如果程序运行在多处理器上，由于还持有互斥锁（pthread_cond_wait 返回持有的互斥锁），一些线程就会运行而且马上阻塞。在第二种情况下，运行线程可以在第 3 步和第 4 步之间获取互斥锁，然后使条件失效，最后释放互斥锁。接着，当调用 pthread_cond_broadcast

时，条件不再为真，线程无需运行。这就是为什么唤醒线程必须重新检查条件，不能仅仅因为 pthread_cond_wait 返回就假定条件就为真。

第12章

12.1 就像人们首先会猜到的，这并不是一个多线程问题。这些标准 I/O 例程事实上是线程安全的。我们调用 fork 时，每个进程获得了标准 I/O 数据结构的一份副本。程序运行时把标准输出定向到终端时，输出是行缓冲的，所以每次打印一行时，标准 I/O 库就把该行写到终端上。但是，如果把标准输出重定向到文件的话，则标准输出就是全缓冲的。当缓冲区满或者进程关闭流时，输出才会写到文件。在这个例子中，执行 fork 时，缓冲区中包含了还未写的几个打印行，所以当父进程和子进程最终冲洗缓冲区中的副本时，最初的复制内容就会写入文件。

12.3 理论上来讲，如果在信号处理程序运行时阻塞所有的信号，那么就能使函数成为异步信号安全的。问题是我们并不能知道调用的某个函数可能并没有屏蔽已经被阻塞的信号，这样通过另一个信号处理程序可能会使该函数变成可重入的。

927

12.4 在 FreeBSD 8.0 上，程序抛出 core。用 gdb 的话，可以看到程序初始化过程将调用线程函数，这些函数调用 getenv 找到环境变量 LIBPTHREAD_SPINLOOPS 和 LIBPTHREAD_YIELDLOOPS 的值。然而，我们的线程安全版本的 getenv 回调 pthread 库函数会处于一种中间的不一致状态。另外，线程初始化函数会调用 malloc，并在 malloc 中调用 getenv 来查找环境变量 MALLOC_OPTIONS 的值。

为了避开这个问题，我们可以合理假定程序启动是单线程的，并使用一个标志来指示线程初始化已经通过我们的 getenv 来完成了。但这个标志为假时，我们版本的 getenv 会和不可重入版本一样操作（并且避免调用任何 pthread 函数和 malloc）。然后我们提供一个独立的初始化函数来调用 pthread_once，而非从 getenv 里面来调用它。这就要求在调用 getenv 之前程序调用我们的初始化函数。这就解决了我们的问题，因为只有程序启动初始化完成后才能进行。当程序调用了我们的初始化函数后，这个版本的 getenv 就是线程安全的。

12.5 如果希望在一个程序中运行另一个程序，还需要 fork（即在调用 exec 之前）。

12.6 图 C-13 给出了使用 select 实现线程安全的 sleep 函数，延迟一定数量的时间。它是线程安全的，因为它并不使用任何未经保护的全局或静态数据，并且只调用其他线程安全的函数。

```
#include <unistd.h>
#include <time.h>
#include <sys/select.h>

unsigned
sleep(unsigned seconds)
{
    int n;
    unsigned slept;
    time_t start, end;
    struct timeval tv;

    tv.tv_sec = seconds;
    tv.tv_usec = 0;
    time(&start);
    n = select(0, NULL, NULL, NULL, &tv);
    if (n == 0)
```

```
        return(0);
    time(&end);
    slept = end - start;
    if (slept >= seconds)
        return(0);
    return(seconds - slept);
}
```

图 C-13　sleep 的线程安全实现

12.7 很多时候条件变量的实现都使用互斥锁来保护它的内部结构。由于这是实现细节，因而通常是被隐藏起来的，所以在 fork 处理程序中没有可移植的方法获取或释放锁。既然在调用 fork 后并不能确定条件变量中的内部锁状态，所以在子进程中使用条件变量是不安全的。

第 13 章

13.1 如果进程调用 chroot，它就不能打开/dev/log。解决的办法是，守护进程在调用 chroot 之前调用选项为 LOG_NDELAY 的 openlog。它打开特殊设备文件（UNIX 域数据报套接字）并生成一个描述符，即使调用了 chroot 之后，该描述符仍然是有效的。这种场景在诸如 ftpd（文件传输协议守护进程）这样的守护进程中出现，为了安全起见，专门调用了 chroot，但仍需要调用 syslog 来对出错条件记录日志。

13.4 图 C-14 展示了一种解决方案。

```
#include "apue.h"

int
main(void)
{
    FILE *fp;
    char *p;

    daemonize("getlog");
    p = getlogin();
    fp = fopen("/tmp/getlog.out", "w");
    if (fp != NULL) {
        if (p == NULL)
            fprintf(fp, "no login name\n");
        else
            fprintf(fp, "login name: %s\n", p);
    }
    exit(0);
}
```

图 C-14　调用 daemonize 然后获得登录名

928 ~ 929

其结果依赖于不同的系统实现。daemonize 关闭所有打开文件描述符，然后向/dev/null 再打开前 3 个。这意味着进程不再有控制终端，所以 getlogin 不能在 utmp 文件中看到进程的登录项。于是在 Linux 3.2.0 和 Solaris 10 中，我们发现守护进程没有登录名。

但是在 FreeBSD 8.0 和 Mac OS X 10.6.8 中，登录名是由进程表维护的，并且在执行 fork 时复制。也就是说，除非其父进程没有登录名（如系统自引导时调用 init），否则进程总能获得其登录名。

第14章

14.1 测试程序如图 C-15 所示。

```
#include "apue.h"
#include <fcntl.h>
#include <errno.h>

void
sigint(int signo)
{
}

int
main(void)
{
    pid_t pid1, pid2, pid3;
    int fd;

    setbuf(stdout, NULL);
    signal_intr(SIGINT, sigint);

    /*
     * Create a file.
     */
    if ((fd = open("lockfile", O_RDWR|O_CREAT, 0666)) < 0)
        err_sys("can't open/create lockfile");

    /*
     * Read-lock the file.
     */
    if ((pid1 = fork()) < 0) {
        err_sys("fork failed");
    } else if (pid1 == 0) {    /* child */
        if (lock_reg(fd, F_SETLK, F_RDLCK, 0, SEEK_SET, 0) < 0)
            err_sys("child 1: can't read-lock file");
        printf("child 1: obtained read lock on file\n");
        pause();
        printf("child 1: exit after pause\n");
        exit(0);
    } else {       /* parent */
        sleep(2);
    }

    /*
     * Parent continues ... read-lock the file again.
     */
    if ((pid2 = fork()) < 0) {
        err_sys("fork failed");
    } else if (pid2 == 0) {    /* child */
        if (lock_reg(fd, F_SETLK, F_RDLCK, 0, SEEK_SET, 0) < 0)
            err_sys("child 2: can't read-lock file");
        printf("child 2: obtained read lock on file\n");
        pause();
```

930

```
        printf("child 2: exit after pause\n");
        exit(0);
    } else {        /* parent */
        sleep(2);
    }

    /*
     * Parent continues ... block while trying to write-lock
     * the file.
     */
    if ((pid3 = fork()) < 0) {
        err_sys("fork failed");
    } else if (pid3 == 0) {    /* child */
        if (lock_reg(fd, F_SETLK, F_WRLCK, 0, SEEK_SET, 0) < 0)
            printf("child 3: can't set write lock: %s\n",
              strerror(errno));
        printf("child 3 about to block in write-lock...\n");
        if (lock_reg(fd, F_SETLKW, F_WRLCK, 0, SEEK_SET, 0) < 0)
            err_sys("child 3: can't write-lock file");
        printf("child 3 returned and got write lock????\n");
        pause();
        printf("child 3: exit after pause\n");
        exit(0);
    } else {        /* parent */
        sleep(2);
    }

    /*
     * See if a pending write lock will block the next
     * read-lock attempt.
     */
    if (lock_reg(fd, F_SETLK, F_RDLCK, 0, SEEK_SET, 0) < 0)
        printf("parent: can't set read lock: %s\n",
          strerror(errno));
    else
        printf("parent: obtained additional read lock while"
          " write lock is pending\n");
    printf("killing child 1...\n");
    kill(pid1, SIGINT);
    printf("killing child 2...\n");
    kill(pid2, SIGINT);
    printf("killing child 3...\n");
    kill(pid3, SIGINT);
    exit(0);
}
```

931

图C-15　判断记录锁的行为

在FreeBSD 8.0、Linux 3.2.0和Mac OS X 10.6.8上，记录锁的行为是相同的，后增加的读者可使未决的写者不断等待。运行该程序得到

```
child 1: obtained read lock on file
child 2: obtained read lock on file
child 3: can't set write lock: Resource temporarily unavailable
child 3 about to block in write-lock...
parent: obtained additional read lock while write lock is pending
```

```
killing child 1...
child 1: exit after pause
killing child 2...
child 2: exit after pause
killing child 3...
child 3: can't write-lock file: Interrupted system call
```

14.2 大多数系统将数据类型 fd_set 定义为只包含一个成员的结构，该成员为一个长整型数组。数组中每一位（bit）对应于一个描述符。4 个 FD_宏通过开、关或测试指定的位对这个数组进行操作。

将之定义为一个包含数组的结构而不仅仅是一个数组的原因是：通过 C 语言的赋值语句，可以使 fd_set 类型的变量相互赋值。

14.3 大多数系统允许用户在包括头文件<sys/select.h>前定义常量 FD_SETSIZE。例如，我们可以写下面这样的代码来定义 fd_set 数据类型，使其可以包含 2 048 个描述符：

```
#define FD_SETSIZE 2048
#include <sys/select.h>
```

遗憾的是，事情并非如此简单。为了在现代系统使用该技术，我们需要做以下几件事情。

（1）在包含任何头文件之前，我们需要定义哪种符号来防止包含<sys/select.h>。一些系统会使用一个单独的符号来保护 fd_set 类型的定义，我们也需要如此定义。

932

例如，在 FreeBSD 8.0 中，我们需要定义_SYS_SELECT_H_来防止包含<sys/select.h>，定义_FD_SET 来防止包含 fd_set 数据类型的定义。

（2）有时，为了和旧应用程序兼容，<sys/types.h>定义了 fd_set 的大小，所以我们必须首先包含它，然后去掉 FD_SETSIZE 的定义。注意，一些系统用__FD_SETSIZE 来代替。

（3）想能够使用 select 时，我们需要重新定义 FD_SETSIZE（或__FD_SETSIZE）来最大化文件描述符的数量。

（4）我们需要取消定义第一步定义的符号。

（5）最终，我们能够包含<sys/select.h>。

在运行程序之前，我们需要配置系统允许我们打开所需的文件描述符数量，这样我们能够实际利用的文件描述符数量达到 FD_SETSIZE 个。

14.4 下面列出了功能类似的函数。

FD_ZERO	sigemptyset
FD_SET	sigaddset
FD_CLR	sigdelset
FD_ISSET	sigismember

没有与 sigfillset 对应的 FD_xxx 函数。对信号量集来说，指向信号量集的指针总是第一个参数，信号编号是第二个参数。对于描述符来说，描述符编号是第一个参数，指向描述符集的指针是第二个参数。

14.5 利用 select 实现的程序见图 C-16。

```
#include "apue.h"
#include <sys/select.h>

void
sleep_us(unsigned int nusecs)
```

```
{
    struct timeval    tval;

    tval.tv_sec = nusecs / 1000000;
    tval.tv_usec = nusecs % 1000000;
    select(0, NULL, NULL, NULL, &tval);
}
```

图 C-16　用 select 实现 sleep_us 函数

利用 poll 实现的程序见图 C-17。

933

```
#include <poll.h>

void
sleep_us(unsigned int nusecs)
{
    struct pollfd     dummy;
    int               timeout;

    if ((timeout = nusecs / 1000) <= 0)
        timeout = 1;
    poll(&dummy, 0, timeout);
}
```

图 C-17　用 poll 实现 sleep_us 函数

如 BSD usleep(3)手册页中所说明的，usleep 使用 nanosleep 函数，该函数没有与调用进程设置的定时器交互。

14.6 不行。我们可以使 TELL_WAIT 创建一个临时文件，其中 1 字节用做父进程的锁，另外 1 字节用作子进程的锁。WAIT_CHILD 使得父进程等待获取子进程字节上的锁，TELL_PARENT 使得子进程释放子进程字节上的锁。但是问题在于，调用 fork 会释放所有子进程中的锁，使得子进程开始运行时不具有任何它自己的锁。

14.7 图 C-18 中示出了一种解决方法。

```
#include "apue.h"
#include <fcntl.h>

int
main(void)
{
    int i, n;
    int fd[2];

    if (pipe(fd) < 0)
        err_sys("pipe error");
    set_fl(fd[1], O_NONBLOCK);

    /* write 1 byte at a time until pipe is full */
    for (n = 0; ; n++) {
        if ((i = write(fd[1], "a", 1)) != 1) {
            printf("write ret %d, ", i);
            break;
        }
    }
```

```
    printf("pipe capacity = %d\n", n);
    exit(0);
}
```

934

图C-18 用非阻塞写计算管道的容量

下表列出了在本书所述的4种平台上计算出来的值。

平台	管道容量（字节）
FreeBSD 8.0	65 536
Linux 3.2.0	65 536
Mac OS X 10.6.8	16 384
Solaris 10	16 384

这些值可能与对应的PIPE_BUF值不同，其原因是，PIPE_BUF被定义为可被自动原子地写至一个管道的最大数据量。这里，我们计算的是一个管道独立于任何原子性限制可保持的数据量。

14.10 图14-27中的程序是否更新输入文件的上一次访问时间依赖于操作系统以及文件所属的文件系统的类型。在所有4种平台中，当文件具有给定操作系统默认的文件系统类型，上一次访问时间就会更新。

第15章

15.1 如果管道的写端总是不关闭，则读者就决不会看到文件结束符。分页程序就会一直阻塞在读标准输入。

15.2 父进程向管道写完最后一行以后就终止，当父进程终止时管道的读端自动关闭。但是由于子进程（分页程序）要等待输出的页，所以父进程可能比子进程领先一个管道缓冲区。如果正在运行的是一个可对命令行进行编辑的交互式shell，如Korn shell，那么当父进程终止时，shell多半会改变终端的模式并打印一个提示。这个无疑会影响已经对终端模式进行修改的分页程序（由于大部分分页程序在等待处理下一个页面时将终端置为非正规模式）。

15.3 因为执行了shell，所以popen返回一个文件指针。但是shell不能执行不存在的命令，因此在标准错误上打印下面信息后终止：

```
sh: line 1: ./a.out: No such file or directory
```

其退出状态为127（该值取决于shell的类型）。pclose返回该命令的终止状态，这如同从waitpid返回一样。

15.4 当父进程终止时，用shell看它的终止状态。对于Bourne shell、Bourne-again shell和Korn shell，所用的命令是echo $?，打印的结果是128加信号编号。

15.5 首先加入下面的声明：

935

```
FILE *fpin, *fpout;
```

然后用fdopen关联管道描述符和标准I/O流，并将流设置为行缓冲的。在从标准输入读的while循环之前做此工作。

```
if ((fpin = fdopen(fd2[0], "r")) == NULL)
    err_sys("fdopen error");
if ((fpout = fdopen(fd1[1], "w")) == NULL)
    err_sys("fdopen error");
```

```
if (setvbuf(fpin, NULL, _IOLBF, 0) < 0)
    err_sys("setvbuf error");
if (setvbuf(fpout, NULL, _IOLBF, 0) < 0)
    err_sys("setvbuf error");
```

while 循环中的 write 和 read 用下面的语句代替：

```
if (fputs(line, fpout) == EOF)
    err_sys("fputs error to pipe");
if (fgets(line, MAXLINE, fpin) == NULL) {
    err_msg("child closed pipe");
    break;
}
```

15.6 system 函数调用了 wait，终止的第一个子进程是由 popen 产生的。因为该子进程不是 system 创建的，所以它将再次调用 wait 并一直阻塞到 sleep 完成。然后 system 返回。当 pclose 调用 wait 时，由于没有子进程可等待所以返回出错，导致 pclose 也返回出错。

15.7 尽管具体细节会随平台不同而不同（见图 C-19），但是 select 表明描述符是可读的。调用 read 读完所有的数据后，返回 0 就表明到达了文件尾端。但是对于 poll 来说，若返回 POLLHUP 事件，则表明也许仍有数据可读。但是一旦读完了所有的数据，read 就返回 0 表明到达了文件尾端。在读完了所有的数据后，POLLIN 事件就不会再返回了，即使需要再调用一次 read 以接收文件尾端通知（返回值为 0）。

操　　作	FreeBSD 8.0	Linux 3.2.0	Mac OS X 10.6.8	Solaris 10
管道写端关闭时读端上的 select	R/W/E	R	R/W	R/W/E
管道写端关闭时读端上的 poll	R/HUP	HUP	INV	HUP
管道读端关闭时写端上的 select	R/W/E	R/W	R/W	R/W
管道读端关闭时写端上的 poll	R/HUP	W/ERR	INV	HUP

图 C-19　select 和 poll 的管道行为

图 C-19 中所示的条件包括 R（可读）、W（可写）、E（异常）、HUP（挂断）、ERR（错误）和 INV（无效文件描述符）。对于引用已被读者关闭的管道的输出描述符来说，select 表明该描述符是可写的。但当我们调用 write 时，产生 SIGPIPE 信号。如果忽略该信号或从其信号处理程序中返回，write 就会失败，将 error 设置成 EPIPE。而对于 poll，具体的行为则会根据平台的不同而不同。 936

15.8 子进程向标准错误写的内容同样也会在父进程的标准错误中出现。只要在 *cmdstring* 中包含 shell 重定向 2>&1，就可以将标准错误发回给父进程。

15.9 popen 函数 fork 一个子进程，子进程执行 shell。然后 shell 再调用 fork，最后由 shell 的子进程执行命令串。当 *cmdstring* 终止时，shell 恰好在等待该事件。然后 shell 退出，而这一事件又是 pclose 中的 waitpid 所等待的。

15.10 解决的办法是打开（open）FIFO 两次：一次读；一次写。我们决不会使用为写而打开的描述符，但是使该描述符打开就可在客户数从 1 变为 0 时，阻止产生文件尾端。打开 FIFO 两次需要注意下列操作方式（如非阻塞 open 所要求的）：第一次以非阻塞、只读方式 open；第二次以阻塞、只写方式 open。（如果先用非阻塞、只写方式 open，将返回错误。）然后关闭读描述符的非阻塞属性。参见图 C-20 所示的代码。

```
#include "apue.h"
#include <fcntl.h>

#define FIFO    "temp.fifo"

int
main(void)
{
    int     fdread, fdwrite;

    unlink(FIFO);
    if (mkfifo(FIFO, FILE_MODE) < 0)
        err_sys("mkfifo error");
    if ((fdread = open(FIFO, O_RDONLY | O_NONBLOCK)) < 0)
        err_sys("open error for reading");
    if ((fdwrite = open(FIFO, O_WRONLY)) < 0)
        err_sys("open error for writing");
    clr_fl(fdread, O_NONBLOCK);
    exit(0);
}
```

图 C-20 以非阻塞方式打开 FIFO 进行读、写操作

15.11 随意读取现行队列中的消息会干扰客户进程-服务器进程协议，导致丢失客户进程请求或者服务器进程的响应。只要知道队列的标识符或者该队列允许所有的用户读，进程就可以读队列。

15.13 由于服务器进程和各客户进程可能会将段连接到不同的地址，所以在共享存储段中决不会存储实际物理地址。相反，当在共享存储段中建立链表时，链表指针的值会设置为共享存储段内另一对象的偏移量。偏移量为所指对象的实际地址减去共享存储段的起始地址。

937

15.14 图 C-21 显示了相关的事件。

父进程的 i 设置成	子进程的 i 设置成	共享值设置成	update 返回	注释
		0		由 mmap 初始化
	1			子进程先运行，然后被阻塞
0				父进程运行
		1		
			0	然后父进程被阻塞
		2		子进程继续
			1	
	3			然后子进程被阻塞
2				父进程继续
		3		
			2	然后父进程被阻塞
		4		
			3	
	5			然后子进程被阻塞
4				父进程继续

图 C-21 图 15-33 中父进程和子进程之间的交替过程

第 16 章

16.1　图 C-22 显示了一个打印系统字节序的程序。

```
#include <stdio.h>
#include <stdlib.h>
#include <inttypes.h>

int
main(void)
{
    uint32_t          i = 0x04030201;
    unsigned char     *cp = (unsigned char *)&i;

    if (*cp == 1)
        printf("little-endian\n");
    else if (*cp == 4)
        printf("big-endian\n");
    else
        printf("who knows?\n");
    exit(0);
}
```

图 C-22　判断系统字节序

938

16.3　对于我们将要监听的每个端点，需要绑定到一个合适的地址，并对应每个描述符在 fd_set 结构中写一条记录。然后使用 select 等待从多个端点来的连接请求。回忆 16.4 节，当一个连接请求达到时，一个被动的端点将会变得可读。当一个连接请求真的到达时，我们接受该请求，并如以前一样处理。

16.5　在 main 过程中，通过调用我们的 signal 函数（见图 10-18）来捕捉 SIGCHLD，该函数将使用 sigaction 来安装处理程序指定可重启的系统调用选项。下一步，从 serve 函数中删除 waitpid 调用。当 fork 完子进程来处理请求后，父进程关闭新的文件描述符并继续监听新的连接请求。最后，需要一个针对于 SIGCHLD 的信号处理程序，如下：

```
void
sigchld(int signo)
{
    while (waitpid((pid_t)-1, NULL, WNOHANG) > 0)
        ;
}
```

16.6　为了允许异步套接字 I/O，需要使用 F_SETOWN fcntl 命令建立套接字所有权，然后使用 FIOASYNC ioctl 命令允许异步信号。为了不允许异步套接字 I/O，只要简单地禁用异步信号即可。我们混合使用 fcntl 和 ioctl 命令的理由是，想找到最可移植的方法。代码如图 C-23 所示。

```
#include "apue.h"
#include <errno.h>
#include <fcntl.h>
#include <sys/socket.h>
#include <sys/ioctl.h>
#if defined(BSD) || defined(MACOS) || defined(SOLARIS)
```

```
#include <sys/filio.h>
#endif

int
setasync(int sockfd)
{
    int n;

    if (fcntl(sockfd, F_SETOWN, getpid()) < 0)
        return(-1);
    n = 1;
    if (ioctl(sockfd, FIOASYNC, &n) < 0)
        return(-1);
    return(0);
}

int
clrasync(int sockfd)
{
    int n;

    n = 0;
    if (ioctl(sockfd, FIOASYNC, &n) < 0)
        return(-1);
    return(0);
}
```

939

图C-23　允许与不允许异步套接字I/O

第17章

17.1　常规管道提供了一个字节流接口。为了确定消息边界，我们必须增加给每个消息增加一个头部来指示长度。但这个仍涉及两个额外的复制操作：一个是写入至管道，另一个是从管道读出。更加有效的方法是仅将管道用于告知主线程有一个新消息可用。我们用单个字节用作通知。采用这种方法，我们需要移动 mymesg 结构到 threadinfo 结构，并使用一个互斥量（mutex）和一个条件变量（condition variable）来防止辅助线程在主线程完成之前重新使用 mymesg 结构。解决方案如图C-24所示。

```
#include "apue.h"
#include <poll.h>
#include <pthread.h>
#include <sys/msg.h>
#include <sys/socket.h>

#define NQ        3        /* number of queues */
#define MAXMSZ    512      /* maximum message size */
#define KEY       0x123    /* key for first message queue */

struct mymesg {
    long        mtype;
    char        mtext[MAXMSZ+1];
};
```

```
struct threadinfo {
    int              qid;
    int              fd;
    int              len;
    pthread_mutex_t  mutex;
    pthread_cond_t   ready;
    struct mymesg    m;
};

void *
helper(void *arg)
{
    int                  n;
    struct threadinfo    *tip = arg;

    for(;;) {
        memset(&tip->m, 0, sizeof(struct mymsg));
        if ((n = msgrcv(tip->qid, &tip->m, MAXMSZ, 0,
          MSG_NOERROR)) < 0)
            err_sys("msgrcv error");
        tip->len = n;
        pthread_mutex_lock(&tip->mutex);
        if (write(tip->fd, "a", sizeof(char)) < 0)
            err_sys("write error");
        pthread_cond_wait(&tip->ready, &tip->mutex);
        pthread_mutex_unlock(&tip->mutex);
    }
}

int
main()
{
    char                 c;
    int                  i, n, err;
    int                  fd[2];
    int                  qid[NQ];
    struct pollfd        pfd[NQ];
    struct threadinfo    ti[NQ];
    pthread_t            tid[NQ];

    for (i = 0; i < NQ; i++) {
        if ((qid[i] = msgget((KEY+i), IPC_CREAT|0666)) < 0)
            err_sys("msgget error");

        printf("queue ID %d is %d\n", i, qid[i]);

        if (socketpair(AF_UNIX, SOCK_DGRAM, 0, fd) < 0)
            err_sys("socketpair error");
        pfd[i].fd = fd[0];
        pfd[i].events = POLLIN;
        ti[i].qid = qid[i];
        ti[i].fd = fd[1];
        if (pthread_cond_init(&ti[i].ready, NULL) != 0)
            err_sys("pthread_cond_init error");
        if (pthread_mutex_init(&ti[i].mutex, NULL) != 0)
```

940

```
            err_sys("pthread_mutex_init error");
        if ((err = pthread_create(&tid[i], NULL, helper,
          &ti[i])) != 0)
            err_exit(err, "pthread_create error");
    }

    for (;;) {
        if (poll(pfd, NQ, -1) < 0)
            err_sys("poll error");
        for (i = 0; i < NQ; i++) {
            if (pfd[i].revents & POLLIN) {
                if ((n = read(pfd[i].fd, &c, sizeof(char))) < 0)
                    err_sys("read error");
                ti[i].m.mtext[ti[i].len] = 0;
                printf("queue id %d, message %s\n", qid[i],
                  ti[i].m.mtext);
                pthread_mutex_lock(&ti[i].mutex);
                pthread_cond_signal(&ti[i].ready);
                pthread_mutex_unlock(&ti[i].mutex);
            }
        }
    }

    exit(0);
}
```

941

图C-24 使用管道的XSI消息轮询

17.3 声明指定了标识符集合的属性（如数据类型）。如果声明也导致分配了存储单元，那么这就是定义。在头文件 opend.h 中，我们用 extern 存储类声明了 3 个全局变量，这时并没有为它们分配存储单元。在文件 main.c 中，我们定义了 3 个全局变量。有时，我们也会在定义全局变量时就初始化它，但通常是使用 C 的默认值。

17.5 select 和 poll 返回就绪的描述符个数作为函数值。当将这些就绪描述符都处理完后，操作 client 数组的循环就可以终止。

17.6 建议的解决方案存在的第一个问题是，在文件可能发生变化的地方，调用 stat 和调用 unlink 之间存在竞争。第二个问题是，如果名字是一个指向 UNIX 域套接字文件的符号链接，那么 stat 会报告名字是一个套接字（回想一下后面跟一个符号链接的 stat 函数），但是调用 unlink 时，实际上我们是删除了这个符号链接而不是套接字文件。为了解决第二个问题，应该使用 lstat 而不是 stat，但这解决不了第一个问题。

17.7 第一种选择是将两个文件描述符在一个控制消息中的发送，每一个文件描述符存储在相邻的内存位置中。下面的代码展示了这种方法：

942

```
struct msghdr msg;
struct cmsghdr *cmptr;
int *ip;
if ((cmptr = calloc(1, CMSG_LEN(2*sizeof(int)))) == NULL)
      err_sys("calloc error");
msg.msg_control = cmptr;
msg.msg_controllen = CMSG_LEN(2*sizeof(int));
/* continue initializing msghdr... */
cmptr->cmsg_len = CMSG_LEN(2*sizeof(int));
cmptr->cmsg_level = SOL_SOCKET;
```

```
cmptr->cmsg_type = SCM_RIGHTS;
ip = (int *)CMSG_DATA(cmptr);
*ip++ = fd1;
*ip = fd2;
```

这种方法在本书中涉及的4个平台上全都可以工作。第二种选择是将两个独立的 cmsghdr 结构打包到一个消息中。

```
struct msghdr msg;
struct cmsghdr *cmptr;

if ((cmptr = calloc(1, 2*CMSG_LEN(sizeof(int)))) == NULL)
      err_sys("calloc error");
msg.msg_control = cmptr;
msg.msg_controllen = 2*CMSG_LEN(sizeof(int));
/* continue initializing msghdr... */
cmptr->cmsg_len = CMSG_LEN(sizeof(int));
cmptr->cmsg_level = SOL_SOCKET;
cmptr->cmsg_type = SCM_RIGHTS;
*(int *)CMSG_DATA(cmptr) = fd1;
cmptr = CMPTR_NXTHDR(&msg, cmptr);
cmptr->cmsg_len = CMSG_LEN(sizeof(int));
cmptr->cmsg_level = SOL_SOCKET;
cmptr->cmsg_type = SCM_RIGHTS;
*(int *)CMSG_DATA(cmptr) = fd2;
```

与第一种方法不同，这个方法只在 FreeBSD 8.0 上能工作。

第18章

18.1 注意，由于终端是非规范模式的，所以必须要用换行符而不是回车符终止 reset 命令。

18.2 它为128个字符建了一张表，根据用户的要求设置最高位（奇偶校验位）。然后使用8位I/O处理奇偶位的产生。

18.3 如果你使用的是窗口终端，那么你无需登录两次。在两个分开的窗口之间，你可以做这样的实验。在 Solaris 中，运行 stty -a，并且将标准输入重定向到运行 vi 的终端。结果显示 vi 设置 MIN 为 1、TIME 为 1。read 调用会一直等待，直到至少键入一个字符，但是该字符输入后，只对后继的字符等待十分之一秒即返回。

943

第19章

19.1 telnetd 和 rlogind 两个服务器均以超级用户权限运行，所以它们都可以成功地调用 chown 和 chmod。

19.2 执行 pty -n stty -a 以避免伪终端从设备的 termios 结构和 winsize 结构初始化。

19.4 很不幸，fcntl 的 F_SETFL 命令不允许改变读写状态。

19.5 有3个进程组：（1）登录 shell，（2）pty 父进程和子进程，（3）cat 进程。前两个进程组组成了一个会话，其中，登录 shell 为会话首进程。第二个会话仅包含 cat 进程。第一个进程组（登录 shell）是后台进程组，其他两个进程组是前台进程组。

19.6 首先，当 cat 从其行规程模块接收到文件结束符时会终止。这导致 PTY 从设备终止，进而导致 PTY 主设备终止。接着，对于正从 PTY 主设备读取的 pty 父进程产生一个文件结束符。该父进程将 SIGTERM 信号发送给子进程，于是子进程终止。（子进程不捕捉该信号。）

最后，父进程调用 main 函数尾端的 exit(0)。

图 8-29 所示程序的相关输出为：

```
cat     e =     270, chars =     274, stat =    0:
pty     e =     262, chars =      40, stat =   15: F    X
pty     e =     288, chars =     188, stat =    0:
```

19.7 这可通过使用 shell 的 echo 命令和 date(1) 命令实现，它们都在一个子 shell 中：

```
#!/bin/sh
(echo "Script started on " `date`;
 pty "${SHELL:-/bin/sh}";
 echo "Script done on " `date`) | tee typescript
```

19.8 PTY 从设备上的行规程能够回显，所以 pty 从其标准输入所读取的以及写向 PTY 主设备的按默认都回显。尽管程序（ttyname）从不读取数据，但是该回显也可通过从设备上的行规程模块实现。

第 20 章

20.1 _db_dodelete 中保守的加锁操作是为了避免和 db_nextrec 发生竞争条件。如果没有使用写锁保护_db_writedat 调用，则有可能在 db_nextrec 读某个记录时，该记录已被删除：db_nextrec 首先读入一个索引记录，判定该记录非空，接着读数据记录，但是在它调用_db_readidx 和_db_readdat 之间，该记录却可能被_db_dodelete 删除了。

944

20.2 假定 db_nextrec 调用_db_readidx，它将记录的键读入索引缓冲区。然后，该进程被内核调度进程暂停，另一个进程运行，它刚好调用 db_delete 删除了这一条记录，使得索引文件和数据记录文件中对应部分都被清空。当第一个进程恢复执行并调用_db_readdat（在 db_nextrec 函数体中）时，返回的是空数据记录。db_nextrec 中的读锁使得读入索引记录的过程和读入数据记录的过程是一个原子操作（对于其他操作同一数据库的合作进程而言）。

20.3 强制性锁对其他的读进程和写进程产生了影响。在_db_writeidx 和_db_writedat 设置的锁被解除之前，其他的读操作和写操作都将被阻塞。

20.5 在写索引记录之前写数据记录，通过这一方法来防止如下情形：若该进程在两次写之间被杀死从而产生不正常的记录。如果进程先写索引记录，而在写数据记录之前被杀死，那么就会得到一个有效的索引记录，但它却指向一个无效的数据记录。

第 21 章

21.5 这里有一些提示。有两个地方可以检查队列中的作业：打印守护进程的队列和网络打印机的内部队列。注意，不要让一个用户可以取消其他用户的打印作业。当然，超级用户可以取消任何作业。

21.7 不需要唤醒守护进程，因为知道需要打印一个文件时才需要重读配置文件。printer_thread 函数在每次向打印机发送作业之前检查是否需要重读配置文件。

21.9 需要使用 null 字节来终止写到作业文件的字符串(strlen 在计算字符串长度时不包含终止 null 字节)。有两种简单的方法：要么对写入的字节数加 1，要么使用 dprintf 函数而不是调用 sprintf 和 write。

945

参考书目

Accetta, M., Baron, R., Bolosky, W., Golub, D., Rashid, R., Tevanian, A., and Young, M. 1986. "Mach: A New Kernel Foundation for UNIX Development," *Proceedings of the 1986 Summer USENIX Conference*, pp. 93-113, Atlanta, GA.

> 介绍 Mach 操作系统的一篇文章。

Adams, J., Bustos, D., Hahn, S., Powell, D., and Praza, L. 2005. "Solaris Service Management Facility: Modern System Startup and Administration," *Proceedings of the 19th Large Installation System Administration Conference (LISA'05)*, pp. 225-236, San Diego, CA.

> 描述 Solaris 中的 Service Management Facility（SMF）的一篇文章，它提供了一个框架，用于启动和监控管理流程，以及从影响其提供服务的故障中恢复。

Adobe Systems Inc. 1999. *PostScript Language Reference Manual, Third Edition*. Addison-Wesley, Reading, MA.

> PostScript 语言的参考手册。

Aho, A. V. , Kernighan, B. W., and Weinberger, P. J. 1988. *The AWK Programming Language*. Addison-Wesley, Reading, MA.

> 这本书对 awk 程序设计语言进行了完整的说明。这本书所说明的 awk 有时被称为 nawk（new awk）。

Andrade, J.M., Carges, M. T., and Kovach, K. R. 1989. "Building a Transaction Processing System on UNIX Systems," *Proceedings of the 1989 USENIX Transaction Processing Workshop*, pp. 13-22, Pittsburgh, PA.

> 说明 AT&T Tuxedo 事务处理系统。

Arnold, J. Q. 1986. "Shared Libraries on UNIX System V," *Proceedings of the 1986 Summer USENIX Conference*, pp. 395-404, Atlanta, GA.

> 说明 SVR3 中共享库的实现。

AT&T. 1989. *System V Interface Definition, Third Edition*. Addison-Wesley, Reading, MA.

> 本书为四卷本，说明系统 V 的源代码界面和运行时的行为。其第 3 版对应于 SVR4。1991 年出版了第 5 卷，它包含了第 1～4 卷中更新的命令和函数部分。现已绝版。

AT&T. 1990a. *UNIX Research System Programmer's Manual, Tenth Edition, Volume I*. Saunders College Publishing, Fort Worth, TX.

> 这是 Research UNIX 第 10 版（V10）的《UNIX 程序员手册》。它包含了传统的 UNIX 手册页（第 1～9 节）。

947

AT&T. 1990b. *UNIX Research System Papers, Tenth Edition, Volume II.* Saunders College Publishing, Fort Worth, TX.

Research UNIX 第 10 版（V10）第 2 卷，它包含了说明该系统各个方面的 40 篇文章。

AT&T. 1990c. *UNIX System V Release 4 BSD/XENIX Compatability Guide*. Prentice Hall, Englewood Cliffs, NJ.

包含说明兼容库的手册页。

AT&T. 1990d. *UNIX System V Release 4 Programmer's Guide: STREAMS*. Prentice Hall, Englewood Cliffs, NJ.

说明 SVR4 的 STREAMS（流）系统。

AT&T. 1990e. *UNIX System V Release 4 Programmer's Reference Manual*. Prentice Hall, Englewood Cliffs, NJ.

本书是针对 Intel 80386 处理器的 SVR4 实现的程序员参考手册。它包含第 1 节（命令）、第 2 节（系统调用）、第 3 节（子例程）、第 4 节（文件格式）和第 5 节（其他）。

AT&T. 1991. *UNIX System V Release 4 System Administrator's Reference Manual*. Prentice Hall, Englewood Cliffs, NJ.

这本书是针对 Intel 80386 处理器的 SVR4 实现的管理员参考手册。它包含第 1 节（命令）、第 4 节（文件格式）、第 5 节（其他）、第 7 节（特殊文件）。

Bach, M. J. 1986. *The Design of the UNIX Operating System*. Prentice Hall, Englewood Cliffs, N J.

这本书详细说明 UNIX 操作系统的设计和实现。虽然这本书并不提供 UNIX 源代码（因为这是 AT&T 的财产），但提供并讨论了 UNIX 内核使用的很多算法及数据结构。这本书说明的是 SVR2。

Bolsky, M. I., and Korn, D. G. 1995. *The New KornShell Command and Programming Language, Second Edition* Prentice Hall, Englewood Cliffs, N J.

说明如何使用作为命令解释器和编程语言的 Korn shell。

Bovet, D. P. and Cesati, M. *Understanding the Linux Kernel, Third Edition.* O'Reilly Media, Sebastopol, CA.

全面描述了 Linux 2.6 内核体系结构。

Chen, D., Barkley, R. E., and Lee, T. P. 1990. "Insuring Improved VM Performance: Some NoFault Policies," *Proceedings of the 1990 Winter USENIX Conference*, pp. 11-22, Washington, DC.

948

这篇论文说明对 SVR4 虚拟存储器实现的更改，其目的是改善该系统性能，特别是 `fork` 和 `exec` 的性能。

Comer, D. E. 1979. "The Ubiquitous B-Tree," *ACM Computing Surveys*, vol. 11, no. 2, pp. 121-137 (June).

对于 B 树的一篇很好的综述文章。

Date, C. J. 2004. *An Introduction to Database Systems, Eighth Edition*. Addison-Wesley, Boston, MA.

对数据库的全面概述。

Evans, J. 2006. "A Scalable Concurrent malloc Implementation for FreeBSD," *Proceedings of BSDCan*.

一篇描述 FreeBSD 中使用的动态存储分配函数库 `jemalloc` 实现的文章。

Fagin, R., Nievergelt, J., Pippenger, N., and Strong, H. R. 1979. "Extendible Hashing—A Fast Access Method for Dynamic Files," *ACM Transactions on Databases,* vol. 4, no. 3, pp. 315-344 (September).

说明可扩展散列技术的一篇文章。

Fowler, G. S., Korn, D. G., and Vo, K. P. 1989. "An Efficient File Hierarchy Walker," *Proceedings of the 1989 Summer USENIX Conference*, pp. 173-188, Baltimore, MD.

说明一个替代的库函数，其作用是遍历文件系统层次结构。

Gallmeister, B. O. 1995. *POSIX.4: Programming for the Real World.* O'Reilly & Associates, Sebastopol, CA.

说明 POSIX 标准的实时接口。

Garfinkel, S., Spafford, G., and Schuartz A. 2003. *Practical UNIX & Interent Security*, *Third Edition* O'Reilly & Associates, Sebastopol, CA.

这本书详细说明 UNIX 系统的安全性。

Ghemawat, S., and Menage, P. 2005. "TCMalloc: Thread-Caching Malloc. "

Google 的 `TCMalloc` 存储分配器的概要描述。

Gingell, R.A., Lee, M., Dang, X.T., and Weeks, M. S. 1987. "Shared Libraries in SunOS," *Proceedings of the 1987 Summer USENIX Conference*, pp. 131-145, Phoenix, AZ.

说明 SunOS 共享库的实现。

Gingell, R.A., Moran, J.P., and Shannon, W. A. 1987. "Virtual Memory Architecture in SunOS," *Proceedings of the 1987 Summer USENIX Conference*, pp. 81-94, Phoenix, AZ.

说明 `mmap` 函数的起始实现，以及虚拟存储器设计中的有关问题。

Goodheart, B. 1991. *UNIX Curses Explained.* Prentice Hall, Englewood Cliffs, NJ.

这本书详细说明 `terminfo` 和 `curses` 函数库。现已绝版。

Hume, A.G. 1988. "A Tale of Two Greps," *Software Practice and Experience*, vol. 18, no.11, pp. 1063-1072.

讨论 `grep` 性能改进的一篇有价值的论文。

949

IEEE. 1990. *Information Technology—Portable Operating System Interface (POSIX) Part 1: System Application Program Interface (API) [C Language]*. IEEE (Dec.).

这是第一个 POSIX 标准，它定义了基于 UNIX 操作系统的 C 语言系统界面标准。这常称为 POSIX.1。现在它是 Open Group[2008]发布的 Single UNIX Specification 的一部分。

ISO. 1999. *International Standard ISO/IEC 9899—Programming Language C*. ISO/IEC.

> C 语言及标准函数库的官方标准。虽然该标准在 2011 年被新版本取代，但是本书中描述的系统仍然遵循该标准 1999 年的版本。该标准的 PDF 版本可以在线购买。

ISO. 2011. *International Standard ISO/IEC 9899, Information Technology—Programming Languages—C*. ISO/IEC.

> C 语言及标准库官方标准的最新版，替代 1999 年版。该标准的 PDF 版本可以在线购买。

Kernighan, B.W., and Pike, R. 1984. *The UNIX Programming Environment.* Prentice Hall, Englewood Cliffs, NJ.

> 这本书是对 UNIX 程序设计附加细节的参考书，包含了许多 UNIX 命令和实用程序，如 `grep`、`sed`、`awk` 和 Bourne shell。

Kernighan, B.W., and Ritchie, D. M. 1988. *The C Programming Language, Second Edition*. Prentice Hall, Englewood Cliffs, NJ.

> 这本书说明 C 程序设计语言的 ANSI 标准。附录 B 中包含了 ANSI 标准定义的函数库说明。

Kerrisk, M. 2010. *The Linux Programming Interface.* No Starch Press, San Francisco, CA.

> 如果觉得这本书篇幅太大，这里只是一半的篇幅，但只关注 Linux 编程接口。

Kleiman, S. R. 1986. "Vnodes: An Architecture for Multiple File System Types in Sun Unix," *Proceedings of the 1986 Summer USENIX Conference*, pp. 238-247, Atlanta, GA.

> 说明了原先的 v 节点实现。

Knuth, D. E. 1998. *The Art of Computer Programming, Volume 3: Sorting and Searching, Second Edition*. Addison-Wesley, Boston, MA.

> 描述分类和搜索算法。

Korn, D. G., and Vo, K. P. 1991. "SFIO: Safe/Fast String/File IO," *Proceedings of the 1991 Summer USENIX Conference*, pp. 235-255, Nashville, TN.

> 说明了标准 I/O 函数库的一种替代品。

Krieger, O., Stumm, M., and Unrau, R. 1992. "Exploiting the Advantages of Mapped Files for Stream I/O," *Proceedings of the 1992 Winter USENIX Conference*, pp. 27-42, San Francisco, CA.

950

> 一种标准 I/O 函数库的替代品，它基于映射文件。

Leffler, S. J., McKusick, M. K., Karels, M. J., and Quarterman, J. S. 1989. *The Design and Implementation of the 4.3BSD UNIX Operatin System*. Addison-Wesley, Reading, MA.

> 这本书对 4.3BSD UNIX 系统进行完整的说明，所说明的是 4.3BSD 的 Tahoe 版。现已绝版。

Lennert, D. 1987. "How to Write a UNIX Daemon," *;login:*, vol. 12, no. 4, pp. 17-23 (July/August).

说明如何编写 UNIX 系统中的守护进程。

Libes, D. 1990. "expect: Curing Those Uncontrollable Fits of Interaction," *Proceedings of the 1990 Summer USENIX Conference*, pp. 183-192, Anaheim, CA.

对 expect 程序及其实现的说明。

Libes, D. 1991. "expect: Scripts for Controlling Interactive Processes," *Computing Systems*, vol. 4, no.2, pp. 99-125(Spring).

本文提供了很多 expect 脚本。

Libes, D. 1994. *Exploring Expect*. O'Reilly & Associates, Sebastopol, CA.

使用 expect 程序的一本全书。

Lions, J. 1977. *A Commentary on the UNIX Operating System*. AT&T Bell Laboratories, Murray Hill, NJ.

说明第 6 版 UNIX System 的源代码。只供 AT&T 的雇员、签有合同的人员及内部使用，但在 AT&T 之外也有大量副本流传。

Lions, J. 1996. *Lions' Commentary on UNIX 6th Edition*. Peer-to-Peer Communications, San Jose, CA.

说明第 6 版 UNIX System 的源代码，是 1977 经典著作的公开可用版。

Litwin, W. 1980. "Linear Hashing: A New Tool for File and Table Addressing," *Proceedings of the 6th International Conference on Very Large Databases*, pp. 212-223, Montreal, Canada.

说明线性散列技术的一篇文章。

McKusick, M. K., Bostic, K., Karels, M. J., and Quarterman, J. S. 1996. *The Design and Implementation of the 4.4BSD Operating System*. Addison-Wesley, Reading, MA.

一本完整地描述 4.4BSD 操作系统的著作。

McKusick, M. K., and Neville-Neil, G. V. 2005. *The Design and Implementation of the FreeBSD Operating System*. Addison-Wesley, Boston, MA.

一本完整地描述 FreeBSD 操作系统 5.2 版的著作。

McDougall, R., and Mauro, J. 2007. *Solaris Internals: Solaris 10 and OpenSolaris Kernel Architecture, Second Edition*. Prentice Hall, Upper Saddle River, NJ.

一本讲解 Solaris 10 操作系统内部结构的书。书中也包括 OpenSolaris 的内容。

Morris, R., and Thomopson, K. 1979. "UNIX Password Security," *Communications of the ACM*, vol. 22, no. 11, pp. 594-597 (Nov.).

说明 UNIX 口令方案设计的历史演变。

Nemeth, E., Snyder, G., Seebass, S., and Hein, T. R. 2001. *UNIX System Administration Handbook, Third Edition*. Prentice Hall, Upper Saddle River, NJ.

一本详细说明了管理 UNIX 系统的很多细节的书。

The Open Group. 2008. *The Single UNIX Specification, Version 4*. The Open Group, Berkshire, UK.

POSIX 和 X/Open 标准组合成一种规范。其 HTML 版可在线免费阅读。

Pike, R., Presotto, D., Dorward, S., Flandrena, B., Thompson, K., Trickey, H., and Winterbottom, P. 1995. "Plan 9 from Bell Labs," *Plan 9 Programmer's Manual Volume 2.* AT&T, Reading, MA.

这本书描述 Plan 9 操作系统，Plan 9 是由研发 UNIX 系统的同一部门开发的。

Plauger, P. J. 1992. *The Standard C Library*. Prentice Hall, Englewood Cliffs, NJ.

这是一本 ANSI C 函数库的全书，包含了该库完整的 C 语言实现。

Presotto, D. L., and Ritchie, D. M. 1990. "Interprocess Communication in the Ninth Edition UNIX System," *Software Practice and Experience*, vol. 20, no. S1, pp. S1/3-S1/17 (June).

本文说明 Research UNIX System 第 9 版提供的 IPC 设施，它是由 AT&T 贝尔实验室的信息科学研究部开发的。这种 IPC 的基础是流输入输出系统，它也包括全双工管道，通过它在进程之间可以传送文件描述符，还包括对服务器的唯一客户连接。本文的一个副本也刊载在 AT&T[1990b]。

Rago, S. A. 1993. *UNIX System V Network Programming*. Addison-Wesley, Reading, MA.

这本书书描述 UNIX System V Release 4 的基于 STREAMS 的网络编程环境。

Raymond, E. S., ed. 1996. *The New Hacker's Dictionary, Third Edition*. MIT Press, Cambridge, MA.

这本书中定义了大量计算机黑客的术语。

Salus, P. H. 1994. *A Quarter Century of UNIX*. Addison-Wesley, Reading, MA.

从 1969 至 1994 年间的 UNIX 系统的历史。

Seltzer, M., and Olson, M. 1992. "LIBTP: Portable, Modular Transactions for UNIX," *Proceedings of the 1992 Winter USENIX Conference*, pp. 9-25, San Francisco, CA.

说明对 db(3)库的修改，它来自实现了事务的 4.4BSD。

Seltzer, M., and Yigit, O. 1991. "A New Hashing Package for UNIX," *Proceedings of the 1991 Winter USENIX Conference*, pp.173-184, Dallas, TX.

说明 dtm(3)库及其各种实现，以及一种新的散列处理软件包。

Singh, A. 2006. *Mac OS X Internals: A Systems Approach*. Addison-Wesley, Upper Saddle River, NJ.

关于 Mac OS X 操作系统设计的 1600 页的内容。

Stevens, W. R. 1990. *UNIX Nerwork Programming*. Prentice Hall, Englewood Cliffs, NJ.

详细说明 UNIX 系统下的网络编程。该书的后续版本的内容与其第 1 版相比有很大变动。

Stevens, W. R., Fenner, B., and Rudoff, A. M. 2004. *UNIX Network Programming, Volume 1, Third Edition*. Addison-Wesley, Boston, MA.

952

详细说明 UNIX 系统下的网络编程。其第 2 版进行了重新设计并分成两卷，第 3 版则做了更新。

Stonebraker, M. R. 1981. "Operating System Support for Database Management," *Communications of the ACM*, vol. 24, no. 7, pp. 412-418 (July).

> 描述操作系统的服务以及它们如何对数据库操作产生影响。

Strang, J. 1986. *Programming with curses*. O'Reilly & Associates, Sebastopol, CA.

> 一本有关伯克利版本的 curses 的书。

Strang, J., Mui, L., and O'Reilly, T. 1988. *termcap & terminfo, Third Edition*. O'Reilly & Associates, Sebastopol, CA.

> 一本有关 termcap 和 terminfo 的书。

Sun Microsystems. 2005. *STREAMS Programming Guide*. Sun Microsystems, Santa Clara, CA.

> 说明在 Solaris 平台上的 STREAMS 编程。

Thompson, K. 1978. "UNIX Implementation," *The Bell Systern Technical Journal*, vol. 57, no. 6, pp. 1931-1946 (July-Aug.).

> 说明 UNIX 第 7 版的某些实现细节。

Vo, Kiem-Phong. 1996. "Vmalloc: A General and Efficient Memory Allocator," *Software Practice and Experience*, vol. 26, no. 3, pp. 357-374.

> 说明一种灵活的存储分配器。

Wei, J., and Pu, C. 2005. "TOCTTOU Vulnerabilities in UNIX_Style File Systems: An Anatomical Study," *Proceedings of the 4th USENIX Conference on File and Storage Technologoes (FAST'05)*, pp. 155-167, San Francisco, CA.

> 说明 UNIX 文件系统接口中 TOCTTOU 的弱点。

Weinberger, P. J. 1982. "Making UNIX Operating Systems Safe for Database," *The Bell Systern Technical Journal*, vol. 61, no. 9, pp. 2407-2422 (Nov.).

> 说明在早期 UNIX 系统中实现数据库的某些问题。

Weinstock, C. B., and Wulf, W. A. 1988. ''Quick Fit: An Efficient Algorithm for Heap Storage Allocation,'' *SIGPLAN Notices*, vol. 23, no. 10, pp. 141-148.

> 描述了适用于各种应用程序的内存分配算法。

Williams, T. 1989. "Session Management in System V Release 4," *Proceedings of the 1989 Winter USENIX Conference*, pp. 365-375, San Diego, CA.

> 说明 POSIX.1 接口所基于的在 SVR4 中的会话计体系结构，包括进程组、作业控制和控制终端。这本书也描述了现存方法的安全性。

X/Open. 1989. *X/Open Portability Guide.* Prentice Hall, Englewood Cliffs, NJ.

> 这本书为七卷本，包括下列各部分内容：命令和公用程序（第 1 卷）、系统界面和头文件（第 2 卷）、补充定义（第 3 卷）、程序设计语言（第 4 卷）、数据管理（第 5 卷）、窗口管理（第 6 卷）以及网络服务（第 7 卷）。

953

索引

标有“definition of”的函数子项指向函数原型出现的地方，当该函数可用时，指向函数的源代码。文中定义的用于后续例子中的函数也包含在索引中，例如图 3-11 中的 set_fl 函数。较大例子（第 17、19、20 和 21 章）中的某些部分是外部函数的定义，为了便于理解这些大例子，这些外部函数的定义也包含在本索引中。另外，本索引还包括许多例子中出现的重要函数和常量，如 select 和 poll。不过几乎每个例子中都会出现的一般函数（如 exit）出现在例子中时并没有为它们建立索引。

> 本索引中的页码为英文版原书的页码，与书中页边标注的页码对应。

B

C

D

E

F

G

H

I

N

O

P

Q

R

S

T

U

V

W

X

Y

Z